머리말

요즘 국민건강의 중요성에 대한 인식이 높아지면서 음식과 요리 분야에서 전문건강 웰빙시대에 접어들었습니다. 이러한 시대의 흐름에 따라 조리산업기사와 조리기능장 자격을 갖춘 전문화된 인력에 대한 필요성도 급증하고 있습니다.

음식문화에 대한 전문성과 고급화에 따라 수준 높은 전문지식이 절대적으로 필요하게 되면서 조리산업기사와 조리기능장 등의 자격시험을 준비하는 수험생들이 급격하게 증가하고 있습니다. 이에 따라 단기간에 효율적으로 학습하여 희망하는 자격시험에 합격할 수 있도록 수험생들에게 실질적인 도움을 드리기 위해 그동안의 현장경험과 조리실무지식 및 다년간의 교단 경험을 토대로 교재를 출간하게 되었습니다.

본 교재는 바쁘고 고된 현업에 종사하면서 조리산업기사와 조리기능장 자격시험까지 준비하는 수험생들이 좀 더 쉽게 합격의 결과를 이룰 수 있도록 최근 개정된 관련 법령과 새로 바뀐 출제기준에 따라 구성하였습니다. 우선 핵심이론을 Check Note와 함께 정리하였고, 출제빈도가 높은 문제를 엄선하여 출제가 예상되는 문제만 수록하여 문제풀이를 통해 실전에 대비할 수 있도록 구성하였습니다. 또한 손글씨로 요약한 핵심이론을 부록으로 제공하여 완벽한 최종 시험대비가 가능하도록 하였으며, 최근 출제경향 분석에 따른 CBT 기출복원 모의고사를 조리기능장과 조리산업기사 종목별로 수록하여 짧은 시간에 효율적이고 집중적인 학습이 가능하도록 하였습니다.

본 교재가 조리기능장과 조리산업기사 자격시험을 준비하는 모든 수험생들에게 합격의 영광을 가져다주길 바라며, 더불어 요리를 사랑하는 여러분이 자격증 취득 후 조리 분야에서 최고가 될 수 있는 기회가 되길 바랍니다.

국가공인 조리기능장 전경철 편저

조리산업기사 시험정보

▎조리산업기사란?

- **자격명** : 조리산업기사
- **영문명** : Industrial Engineer Cook
- **관련부처** : 식품의약품안전처
- **시행기관** : 한국산업인력공단
- **직무내용** : 메뉴 계획에 따라 식재료를 선정, 구매, 검수, 보관 및 저장하며, 맛과 영양을 고려하여 안전하고 위생적으로 음식을 조리하고 조리기구와 시설관리 및 급식·외식경영을 수행하는 직무

▎조리산업기사 응시료

- **필기** : 19,400원
- **실기** : 52,500원(한식), 51,300원(양식), 57,900원(중식), 57,700원(일식), 56,200원(복어)

▎조리산업기사 취득방법

구분		내용
시험과목	필기	위생 및 안전관리, 식재료 관리 및 외식경영, 한식 · 양식 · 중식 · 일식 · 복어조리(택1)
	실기	한식, 양식, 중식, 일식, 복어 조리작업(택1)
검정방법	필기	객관식 4지 택일형, 과목당 20문항(과목당 30분)
	실기	작업형(2시간 정도)
합격기준	필기	100점을 만점으로 하여 과목당 40점 이상, 전과목 평균 60점 이상(과락있음)
	실기	100점 만점에 60점 이상

▌ 조리산업기사 합격률

연도	한식 필기			양식 필기			중식 필기			일식 필기			복어 필기		
	응시	합격	합격률 (%)	응시	합격	합격률 (%)	응시	합격	합격률 (%)	응시	합격	합격률 (%)	응시	합격	합격률 (%)
2023	841	383	45.5	197	103	52.3	157	75	47.8	95	54	56.8	147	98	66.7
2022	830	359	43.3	171	89	52	130	63	48.5	0	0	0	102	61	59.8
2021	904	538	59.5	157	85	54.1	73	46	63	49	27	55.1	76	51	67.1
2020	587	270	46	73	30	41.1	42	21	50	13	4	30.8	49	33	67.3
2019	645	299	46.4	65	33	50.8	46	27	58.7	18	7	38.9	60	43	71.7

조리기능장
시험정보

▌ 조리기능장이란?

- **자격명** : 조리기능장
- **영문명** : Master Craftsman Cook
- **관련부처** : 식품의약품안전처
- **시행기관** : 한국산업인력공단
- **직무내용** : 한식, 양식, 일식, 중식, 복어조리부문의 책임자로서 제공될 음식에 대한 개발 및 계획을 세우고 조리할 재료를 선정, 구입, 검수, 보관 및 저장하며 적절한 조리기구를 선택하여 맛과 영양, 위생적인 음식을 제공, 관리하고, 조리시설, 기구, 조리장과 급식 및 외식 등을 총괄하는 직무

▌ 조리기능장 응시료

- **필기** : 34,400원
- **실기** : 85,000원

▌ 조리기능장 취득방법

구분		내용
시험과목	필기	공중보건, 식품위생 및 관련법규, 식품학, 조리이론 및 급식관리
	실기	조리작업
검정방법	필기	객관식 4지 택일형, 60문항(60분)
	실기	작업형(5시간 정도)
합격기준	필기	100점 만점에 60점 이상
	실기	100점 만점에 60점 이상

| 조리기능장 합격률

연도	필기			실기		
	응시	합격	합격률(%)	응시	합격	합격률(%)
2023	510	205	40.2	442	50	11.3
2022	464	204	44	461	53	11.5
2021	530	252	47.5	478	56	11.7
2020	496	219	44.2	481	53	11
2019	558	240	43	485	43	8.9

이 책의 구성과 특징

✓ 핵심이론

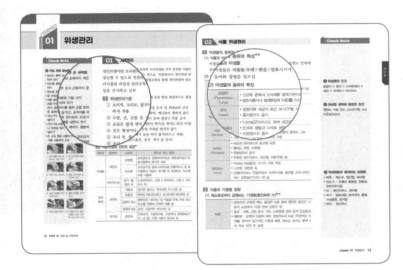

Point 1
기출분석을 통한 빈출 핵심내용의 강조로 학습 포인트 제시

Point 2
학습에 도움이 되는 내용을 Check Note에 따로 정리하여 이해와 암기에 도움

✓ 단원별 기출복원문제

Point 1
단원별로 자주 출제된 문제만 엄선하여 문제풀이 능력 향상에 도움

Point 2
핵심 포인트만 콕 잡어 쉽고 명확한 해설로 문제 해결력 향상

✅ 자격시험별 CBT 기출복원 모의고사

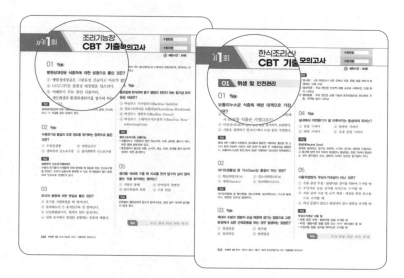

Point 1
조리기능장 실전 대비를 위한 CBT 기출복원 모의고사 3회분 제공

Point 2
조리산업기사 한식·양식·중식·일식·복어 각 종목별로 CBT 기출복원 모의고사 5회분 제공

✅ 최종점검 손글씨 핵심요약

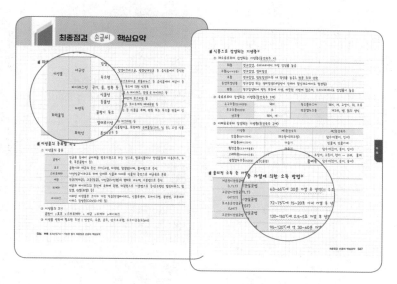

Point 1
꼭 알아야 할 중요한 핵심만을 골라서 눈이 편한 손글씨로 최종마무리

Point 2
부록만 핸드북으로 분리할 수 있어 휴대하면서 최종점검 가능

CONTENTS
목차

Study check 표 활용법

스스로 학습 계획을 세워서 체크하는 과정을 통해 학습자의 학습능률을 향상시키기 위해 구성하였습니다.
각 단원의 학습을 완료할 때마다 날짜를 기입하고 체크하여, 자신만의 3회독 플래너를 완성시켜보세요.

제1편 조리산업기사·기능장 통합편

제1편

조리산업기사 · 기능장 통합편

PART
01

위생 및 안전관리

CHAPTER 01

위생관리

✅ 작업 전에 올바른 손 세척법

- 흐르는 물에 손과 손목까지 깨끗하게 씻기
- 비누를 충분히 손과 손톱까지 묻히기
- 양손을 문지르며 거품 내기
- 양 손등을 비벼 닦기
- 손톱 솔에 비누를 묻혀 손톱 밑과 손톱 주변을 잘 씻고, 손깍지를 끼면서 꼼꼼하게 문지르며 30초가량 충분히 거품을 내면서 씻기
- 비눗기가 없어질 때까지 충분히 헹구기
- 건조기에 손을 비비면서 문지르거나 일회용 종이 타월을 사용하여 말리기
- 손 소독 젤을 사용하거나 손 소독기를 사용하여 소독

1. 손에 물을 적신 후 비누로 거품 내기

2. 양 손바닥을 비벼 닦기

3. 깍지 끼고 비비기

4. 솔로 손바닥을 문지르며 닦기

5. 솔로 손등을 문지르며 닦기

6. 솔로 손톱을 문지르기

7. 흐르는 물로 헹구기

8. 수전을 잠그고 종이 타월로 손을 닦은 후 수전 주위 닦기

01 개인 위생관리

개인위생이란 조리원의 위생적인 복장과 조리과정을 거쳐 안전한 식품이 생산될 수 있도록 점검하고 관리하는 것으로, 작업장마다 개인위생 관리지침과 작업장 관리수칙에 근거한 위생교육을 통해 개인위생의 필요성을 인식하고 실천

1 위생관리기준

① 조리복, 조리모, 앞치마, 조리안전화 등을 항상 위생적으로 청결하게 착용
② 두발, 손, 손톱 등 신체 부위의 청결 유지 및 위생습관 준수
③ 손톱은 짧게 깎아 청결하게 유지하며, 매니큐어 칠하지 않기
④ 짙은 화장이나 시계, 반지, 귀걸이 등의 장신구 착용 금지
⑤ 조리 전, 중, 후에 항상 손을 깨끗이 씻기(손 씻기는 30초 이상)
⑥ 조리 과정 중 머리, 코 등 신체 부위를 만지지 않기
⑦ 조리 과정 중 기침, 재채기 등을 하지 않기(마스크 착용)
⑧ 작업장 근무수칙 준수(흡연, 음주, 취식 등 금지)

2 식품위생에 관련된 질병★

대분류	중분류	소분류	원인균 또는 물질
미생물	세균성	감염형	살모넬라균, 장염비브리오균, 병원성대장균 등 음식물에서 증식한 세균
		독소형	포도상구균, 클로스트리디움 보툴리누스 등 음식물에서 세균이 증식할 때 발생하는 독소에 의한 식중독
	바이러스성	공기, 물, 접촉 등	노로바이러스, 간염 A 바이러스, 간염 E 바이러스 등
화학물질	자연독	식물성	감자의 솔라닌, 독버섯의 무스카린 등
		동물성	복어의 테트로도톡신, 모시조개의 베네루핀 등
		곰팡이 독소	황변미의 시트리닌 등 식품을 부패, 변질 또는 독소를 만들어 인체에 해를 줌
		알레르기성	꽁치, 고등어의 히스타민 등
	화학성	혼입독	잔류농약, 식품첨가물, 포장재의 유해물질(구리, 납 등), 오염 식품의 중금속 등

02 식품 위생관리

1 미생물의 종류와 특성★★

(1) 식품과 미생물
미생물은 식품을 부패·변질·발효시키며, 식품의 섭취로 인체에 들어와 질병을 일으킴

(2) 미생물의 종류와 특징

곰팡이 (Filamentous Fungi)	• 진균류 중에서 균사체를 발육기관으로 하는 것 • 발효식품이나 항생물질에 이용 예 치즈, 누룩, 푸른곰팡이 등
효모 (Yeast)	• 곰팡이와 세균의 중간 크기(구형, 타원형, 달걀형) • 출아법으로 증식
스피로헤타 (Spirochaeta)	• '나선상균'이라고도 하며 세균류로 분류 • 단세포 생물과 다세포 생물의 중간 • 이분법으로 증식 • 매독, 재귀열, 매종, 전염성 황달, 바일병 등
세균 (Bacteria)	• '진정세균'이라고도 함 • 간균(막대균), 구균(알균), 나선균(나선형)의 형태로 나눔 • 그람 양성균과 그람 음성균으로 구분
리케차 (Rickettsia)	• 세균과 바이러스의 중간에 속함 • 형태는 원형, 타원형 • 이분법으로 증식 • 유행성 발진티푸스, 발진열, Q열(큐열) 등
바이러스 (Virus)	• '여과성 미생물'로 크기가 가장 작음 • 나선형, 타원형 등 • 간염바이러스, 인플루엔자, 모자이크병, 광견병, 코로나바이러스 감염증(COVID-19) 등

2 식품과 기생충 질환

(1) 채소류로부터 감염되는 기생충(중간숙주 ✕)★★

회충	• 분변으로 오염된 채소, 불결한 손을 통해 침입한 충란은 사람의 소장에서 75일 만에 성충이 됨 • 증상 : 복통, 간담 증세, 구토, 소화장애, 변비 등의 전신증세 • 예방법 : 분변의 위생적 처리, 청정채소의 보급, 위생적인 식생활, 환자의 정기적인 구충제 복용, 채소는 흐르는 물에 5회 이상 씻은 후 섭취

✔ 미생물의 크기

곰팡이 > 효모 > 스피로헤타 > 세균 > 리케차 > 바이러스

✔ 미생물 생육에 필요한 조건

영양소, 수분, 온도, 산소요구량, 수소이온농도(pH)

✔ 위생해충이 매개하는 감염병

- 벼룩 : 페스트, 발진열, 재귀열
- 진드기 : 유행성 출혈열, 양충병, 쯔쯔가무시증
- 이 : 발진티푸스, 재귀열
- 모기 : 일본뇌염, 말라리아, 황열, 사상충증, 뎅기열
- 파리 : 장티푸스

구충 (십이지장충)	• 충란이 부화, 탈피한 유충이 경피침입 또는 경구침입하여 소장 상부에 기생함 • 증상 : 빈혈증, 소화장애 등 • 예방법 : 회충과 같으며, 인분을 사용한 밭에서 맨발 작업 금지
요충	• 성숙한 충란이 사람의 손이나 음식물을 통하여 경구침입, 항문 주위 산란 • 증상 : 항문소양증, 집단감염(가족 내 감염률 높음) • 예방법 : 침구나 내의 등의 청결 유지
동양모양선충	• 경구감염 또는 경피감염(내염성이 강해 절임채소에서도 발견됨) • 증상 : 장점막에 염증, 복통, 설사, 피곤감, 빈혈 • 예방법 : 분변의 위생적 처리, 청정채소 섭취
편충	• 경구감염되어 맹장 부위에 기생함 • 따뜻한 지방에 많은데, 우리나라에서도 감염률이 높음 • 예방법 : 분변의 위생적 처리, 손 청결, 청정채소 섭취

(2) 육류로부터 감염되는 기생충(중간숙주 1개)

유구조충 (갈고리촌충)	• 감염경로 : 돼지 → 사람 • 예방법 : 돼지고기 생식 또는 불완전 가열한 것의 섭취 금지, 분변에 의한 오염 방지
무구조충 (민촌충)	• 감염경로 : 소 → 사람 • 예방법 : 소고기의 생식 금지, 분변에 의한 오염 방지
선모충	• 감염경로 : 돼지, 개 → 사람 • 예방법 : 돼지고기를 75℃ 이상 가열 후 섭취
톡소플라스마	• 감염경로 : 돼지, 개, 고양이 → 사람 • 예방법 : 돼지고기 생식 금지, 고양이 배설물에 의한 식품 오염 방지
만손열두조충	• 감염경로 : 개구리, 뱀, 닭의 생식 • 예방법 : 생식 금지

(3) 어패류로부터 감염되는 기생충(중간숙주 2개)

기생충	제1중간숙주	제2중간숙주
간흡충 (간디스토마)	왜우렁이 (쇠우렁)	담수어 (붕어, 잉어)
폐흡충 (폐디스토마)	다슬기	민물게, 민물가재
횡천흡충 (요코가와흡충)	다슬기	담수어 (은어, 붕어, 잉어)

| 고래회충
(아니사키스충) | 갑각류 | 오징어, 고등어, 청어 |
| 광절열두조충
(긴촌충) | 물벼룩 | 담수어
(연어, 송어, 숭어) |

3 살균 및 소독의 종류와 방법★★

(1) 살균ㆍ소독ㆍ방부의 정의

살균 또는 멸균	병원균, 아포, 병원미생물 등을 포함하여 모든 미생물균을 사멸시키는 것
소독	병원미생물을 죽이거나 반드시 죽이지는 못하더라도 그 병원성을 약화시켜서 감염력을 없애는 것
방부	미생물의 성장ㆍ증식을 억제하여 식품의 부패를 방지하고, 발효 진행을 억제시키는 것

(2) 소독 방법의 구분

1) 물리적 소독 방법

① 무가열에 의한 방법

자외선조사	• 자외선의 살균력은 파장 범위가 2,500∼2,600 Å(옹스트롬) 정도일 때 가장 강함 • 공기, 물, 식품, 기구, 용기소독에 사용 • 일광소독(실외소독), 자외선소독(실내소독)에 사용
방사선조사	• 식품에 방사선을 방출하는 코발트60(60Co) 등을 물질에 조사시켜 균을 죽이는 방법 • 장기 저장을 목적으로 사용
세균여과법	• 액체식품 등을 세균여과기로 걸러서 균을 제거시키는 방법 • 바이러스는 너무 작아서 걸러지지 않음

② 가열에 의한 방법★★

저온장시간 살균법	• LTLT(Low Temperature Long Time) • 63∼65℃에서 30분간 가열 후 급랭 • 우유, 술, 주스, 소스 등의 살균에 사용되며, 영양 손실이 적음
고온단시간 살균법	• HTST(High Temperature Short Time) • 72∼75℃에서 15∼20초 내에 가열 후 급랭 • 우유, 과즙 등의 살균에 사용
초고온순간 살균법	• UHT(Ultra High Temperature) • 130∼150℃에서 0.5∼5초간 가열 후 급랭 • 직접 살균법 : 140∼150℃에서 0.5∼5초간 살균 • 간접 살균법 : 125∼135℃에서 0.5∼5초간 살균

제
01
편

Check Note

✅ **소독력의 강도**

살균 또는 멸균 > 소독 > 방부

✅ **자외선 살균의 특징**

- 침투력이 약하여 표면 살균만 가능함
- 자외선 살균 등의 거리는 물체에 가까울수록 좋으나 보통 50cm 정도가 적당함
- 사용법이 간단하고 균에 내성을 주지 않음
- 자외선 중 특정 영역의 파장이 미생물의 살균에 효과적임(살균력이 가장 강한 파장 : 2,500 ∼ 2,600Å)

고온장시간 살균법	• 95~120℃에서 30~60분간 가열 살균 • 냉각처리를 하지 않음
화염멸균법	• 불에 타지 않는 물건(금속류, 유리병, 백금, 도자기류 등)의 소독을 위하여 불꽃에 20초 이상 가열하는 방법 • 표면의 미생물을 살균시킬 수 있음
유통증기 멸균법	• 100℃의 유통증기에서 30~60분간 가열하는 방법 • 의류, 침구류 소독에 사용
유통증기 간헐멸균법	• 100℃의 유통증기에서 24시간마다 15~20분간씩 3회 계속 가열하는 방법 • 아포를 형성하는 균(내열성균)을 죽일 수 있음
건열멸균법	• 건열멸균기(Dry Oven)에 넣고 150~160℃에서 30분 이상 가열하는 방법 • 유리기구, 주사바늘, 도자기류 소독에 사용
고압증기멸균법	• 고압증기멸균솥(오토클레이브)을 이용하여 121℃(압력 15파운드)에서 15~20분간 살균하는 방법 • 멸균 효과가 우수함(통조림 살균)
자비소독 (열탕소독)	• 끓는 물(100℃)에서 30분간 가열하는 방법 • 행주, 식기 등의 소독에 이용 • 아포를 죽일 수 없기에 완전 멸균은 되지 않음

2) 화학적 소독 방법

염소 (차아염소산나트륨)	수돗물, 과일, 채소, 식기소독에 사용	
	수돗물 소독 시 잔류 염소	0.2ppm
	과일, 채소, 식기소독 시 농도	50~100ppm
표백분 (클로로칼키)	수영장 소독 및 채소, 식기소독에 사용	
석탄산 (3%)	• 화장실(분뇨), 하수도 등의 오물 소독에 사용 • 온도 상승에 따라 살균력도 비례하여 증가	
	장점	살균력 안정(유기물에도 살균력이 약화되지 않음)
	단점	독한 냄새, 강한 독성, 강한 자극성, 금속부식성
역성비누 (양성비누)	과일, 채소, 식기소독 및 조리자의 손 소독에 사용	
크레졸비누 (3%)	• 화장실(분뇨), 하수도 등의 오물 소독에 사용 • 석탄산보다 소독력과 냄새가 강함	
과산화수소(3%)	자극성이 약하여 피부 상처 및 입 안의 상처 소독에 사용	
포름알데히드 (포름알데하이드) (기체)	병원, 도서관, 거실 등의 소독에 사용	

✔ **석탄산계수**

▪ (다른) 소독약의 희석배수
　석탄산의 희석배수

▪ 살균력 비교 시 이용 : 석탄산계수가 낮으면 살균력이 떨어짐

✔ **역성비누의 사용**

▪ 보통비누와 함께 사용 시 : 보통비누로 먼저 때를 씻어낸 후 역성비누를 사용

▪ 실제 사용농도 : 과일, 채소, 식기 소독은 0.01~0.1%, 손 소독은 10%로 사용

포르말린	• 포름알데히드(포름알데하이드)를 물에 녹여서 만든 30~40%의 수용액 • 변소(분뇨), 하수도, 진개 등의 오물 소독에 이용
생석회	저렴하여서 변소(분뇨), 하수도, 진개 등의 오물 소독에 가장 우선으로 사용
승홍수(0.1%)	금속부식성이 있어 비금속기구의 소독에 주로 이용
에틸알코올(70%)	금속기구, 손 소독에 사용
에틸렌옥사이드 (기체)	식품 및 의약품 소독에 사용
과망간산칼륨 (과망가니즈산칼륨) (KMnO₄)	산화력에 가장 강한 소독 효과가 있으며, 0.2~0.5%의 수용액을 사용

4 식품의 위생적 취급기준

조리과정	주방 식재료의 위생적 취급관리
조리 전	• 유통기한 및 신선도 확인 • 식품은 바닥에서 60cm 이상의 높이에 보관 및 조리 • 재료는 검수 후 신속하게(30분 이내) 건냉소, 냉장(0~10℃), 냉동(18℃ 이하)보관 • 식재료 전처리 과정은 25℃ 이하에서 2시간 이내 처리 • 식재료는 내부 온도가 15℃ 이하로 전처리 • 손을 깨끗이 씻고, 칼, 도마, 칼 손잡이 등을 청결하게 세척하여 교차오염 방지
조리 중	• 채소, 과일은 세제로 1차 세척 후 차아염소산용액 50~75ppm 농도에서 5분간 침지 후 물에 헹구기(물 4L당 락스 유효염소 4%인 5~7ml 사용) • 해동된 식재료의 재냉동 사용금지 • 개봉한 통조림은 별도의 용기에 냉장보관(품목명, 원산지, 날짜 표시) • 식품 가열은 중심부 온도가 75℃(패류는 85℃)에서 1분 이상 조리 • 칼, 도마, 장갑 등은 용도별 구분 사용 • 채소 → 육류 → 어류 → 가금류 순서로 손질
조리 후	• 익힌 음식과 날 음식은 별도 냉장보관 또는 익힌 음식은 윗칸 보관으로 교차오염 방지 • 보관 시 네임태그 부착(품목명, 날짜, 시간 등 표시) • 조리된 음식은 5℃ 이하 또는 60℃ 이상에서 보관 • 가열한 음식은 즉시 제공 또는 냉각하여 냉장 또는 냉동보관 • 음식물 재사용 금지

제 01 편

Check Note

✔ 소독의 종류

- 증기 및 열탕 소독
  - 작업장 기물류, 도마, 행주 등의 세척에 매우 적합
  - 110~120℃에서 30분 이상 하거나 열탕 소독은 30초 이상 함
- 역성비누 소독 : 피부에 직접 닿지 않도록 주의
- 소독액을 이용한 소독(세척)
  - 주방의 작업대, 기물 및 장비, 도마 등을 세척하는 데 좋은 방법
  - 종류 : 염소 용액제, 옥소 소독제, 강력 살균 세척 소독제 등
- 성분별 희석 방법

성분 및 함량	희석 방법
차아염소산 나트륨 (유효염소 4%)	• 원액을 물과 200배(200ppm) 희석하여 사용 • 원액 5ml에 물을 채워 1L로 함
요오드 (아이오딘) (1.75%)	원액 1.5ml에 물을 채워 1L로 함
에탄올	• 주정원액 사용 시 700ml 물을 채워 1L로 희석 • 알코올 제제 : 원액 그대로 사용

✅ **식품 취급기준 준수**

전처리 과정 중	• 식품 취급 등의 작업은 바닥으로부터 60cm 이상 높이에서 실시 • 냉장·냉동 식품의 절단, 소분 등 처리 시 식품 온도가 15℃를 넘지 않도록 소량씩 취급 • 냉동육류, 어패류는 냉장고에서 자연해동 • 생선은 세척하기 전에 내장이나 지느러미 등을 제거할 때와 다른 도마를 사용하여 2차 오염을 방지 • 내포장재는 식품과 직접 닿기 때문에 식품과 똑같은 위생관리가 필요
조리 작업 중	• 식품안전 조리온도 및 시간 기준을 중심온도 75℃(어패류는 85℃)에서 1분 이상 조리하도록 규정 • 조리 식품 중 가장 두꺼운 부위를 온도 측정하여 1회 조리 분량마다 3회 이상 측정 • 조리 후 냉각기준을 준수하여 빠른 시간 안에 식품이 5~60℃를 벗어나도록 하는 것으로 60℃ → 21℃는 2시간 이내, 21℃ → 5℃는 4시간 이내 냉각 필수
배식 중	• 조리 종료 후 2시간 이내 급식하도록 하며, 적온이 유지되도록 보온·보냉 장비를 사용 • 배식 시 찬 음식은 5℃ 이하, 따뜻한 음식은 60℃ 이상 유지

✅ **조리 완료 및 배식 시(매장 내 오더 반출) 교차오염의 방지**

- 매장 여건상 열장 온도를 유지할 수 없는 경우 : 가열조리 완료 시점에서 배식 완료까지의 소요시간을 2시간 이내로 관리하여 미생물 증식 방지
- 2시간 초과 시 시간 단축이 어려운 경우 : 오븐 등의 대량조리 기기를 확보하여 조리시간을 단축하거나 온장고(보온·보냉 배식대) 등을 구비하여 온도 관리

5 **식품첨가물과 유해물질 혼입**

(1) 식품첨가물의 분류

1) 식품의 보존성을 높이는 첨가제

① 보존료(방부제)

ㄱ 미생물의 증식을 억제하여 식품의 변질, 부패를 막고 신선도를 유지시키기 위해 사용

ㄴ 무독성으로 기호에 맞고 미량으로도 효과가 있으며, 가격이 저렴해야 함

데히드로초산나트륨	버터, 치즈, 마가린에 첨가
프로피온산나트륨, 프로피온산칼슘	빵, 과자류에 첨가
안식향산나트륨	과실·채소류, 탄산음료, 간장, 식초에 첨가
소르빈산나트륨, 소르빈산칼륨	육제품, 절임식품, 케첩, 된장에 첨가

② **산화방지제(항산화제)** : 식품의 산화에 의한 변질현상을 방지하기 위해 사용

BHA (부틸히드록시아니솔)	식용유지류, 마요네즈, 추잉껌 등
BHT (디부틸히드록시톨루엔)	식용유지류, 버터류, 곡류 등(BHA와 유사 사용)
몰식자산프로필	식용유지류, 버터류
에리소르빈산염 (수용성)	색소 산화 방지작용으로 사용기준 없음

③ **천연항산화제(천연산화방지제)** : 비타민 E(토코페롤), 비타민 C(아스코르빈산), 참기름(세사몰), 목화씨(고시폴)

2) 관능을 만족시키는 첨가제

① **정미료(조미료)** : 식품에 감칠맛을 부여하기 위해 사용

천연정미료	글루탐산나트륨(다시마, 된장, 간장), 이노신산(가다랑어 말린 것), 호박산(조개), 구아닌산(표고버섯)
화학정미료	글리신(향료), 5-구아닐산이나트륨(표고버섯의 정미), 구연산나트륨(안정제), L-글루탐산나트륨(다시마의 정미), d-주석산나트륨

② 감미료 : 식품에 감미(단맛)를 부여하기 위해 사용

사카린나트륨	설탕의 300배(허용식품과 사용량에 대한 제한이 있음) • 사용가능 : 건빵, 생과자, 청량음료수 • 사용불가 : 식빵, 이유식, 백설탕, 포도당, 물엿, 벌꿀, 알 사탕류
D – 솔(소)비톨	설탕의 0.7배(당 알코올로 충치예방에 적당), 과일 통조림, 냉동품의 변성방지제
글리실리진산 나트륨	간장, 된장 외에 사용 금지
아스파탐	설탕의 150배, 청량음료, 빵류, 과자류(0.5% 사용)

③ 착색료 : 식품의 가공공정에서 변질 및 변색되는 식품의 색을
복원하기 위해 사용

천연착색료	천연색소, 식물에서 용해되어 나온 색소 또는 식물 · 동물 에서 추출한 색소
합성착색료	• 타르색소 : 식용색소 녹색, 황색, 적색 1, 2, 3 • 비타르계 : β–카로틴(치즈, 버터, 마가린), 황산품(과채 류, 저장품), 동클로로필린나트륨

④ 발색제(색소고정제) : 자체 무색이어서 스스로 색을 나타내지 못
하지만, 식품 중의 색소 성분과 반응하여 그 색을 고정(보존) 또
는 발색하는 데 사용

육류 발색제	아질산나트륨(아질산염) → 니트로사민(발암물질) 생성
과채류 발색제	황산제1철, 황산제2철, 염화제1철, 염화제2철

⑤ 표백제 : 원래의 색을 없애거나 퇴색을 방지하고, 흰 것을 더 희
게 하려고 사용

산화제	과산화수소
환원제	(아)황산염, 무수아황산

3) 품질유지 또는 품질개량에 사용되는 첨가제

① 유화제(계면활성제) : 혼합이 잘되지 않는 2종류의 액체를 유화
시키기 위해 사용

합성유화제	글리세린지방산에스테르, 소르비탄지방산에스테르, 폴리 소르베이트
천연유화제	레시틴

- **품질개량제(결착제)** : 식품의 결착력을 증대시키고 식품의 변색 및 변질을 방지시키는 첨가물(맛의 조성, 식품의 풍미 향상, 식품 조직의 개량) ⑨ 복합인산염
- **소맥분(밀가루) 개량제** : 밀가루의 표백 및 숙성기간을 단축시켜 제빵 효과 및 저해물질을 파괴시키며, 살균 효과도 있는 첨가물 ⑨ 과산화벤조일(희석)(밀가루), 브롬화칼륨(브로민화칼륨), 과황산암모늄, 이산화염소, 과붕산나트륨
- **증점제(호료)** : 식품의 결착성(점착성)을 증가시켜 교질상 미각을 증진시키는 첨가물

천연호료	카제인, 구아검, 알긴산, 젤란검, 카라기난
합성호료	알긴산나트륨, 알긴산암모늄, 알긴산칼슘, 변성전분, 카제인나트륨

② **피막제** : 과일의 선도를 장시간 유지하도록 표면에 피막을 만들어 호흡작용을 적당히 제한하고, 수분의 증발을 방지하기 위해 사용

초산비닐수지	피막제 이외의 껌 기초제로도 사용
몰폴린지방산염	과채 표피(특히 감귤류)
천연피막제	밀납, 석유 왁스, 카나우바 왁스, 쌀겨 왁스

4) 식품의 제조·가공 과정에서 필요한 첨가제

식품제조용 첨가제	황산, 수산화나트륨(복숭아, 밀감 등의 통조림 제조 시 박피제)
소포(거품제거)제	거품을 없애기 위하여 사용되는 첨가물(규소수지, 실리콘수지)
팽창제	• 밀가루 제품 제조 시 반죽을 팽창시키는 목적으로 사용 • 효모(천연), 명반, 탄산수소나트륨, 탄산수소암모늄, 탄산암모늄

5) 영양강화제 및 기타 첨가물

영양강화제	식품의 영양강화를 목적으로 사용되는 첨가물(비타민, 무기질, 아미노산)
이형제	제빵 시 빵틀로부터 빵을 잘 분리해 내기 위해 사용하는 첨가물(유동파라핀, 잔존량 0.15% 이하)
껌 기초제	• 껌에 적당한 점성과 탄력성을 갖게 하여 그 풍미를 유지하기 위한 첨가물 • 초산비닐수지(피막제로도 사용) • 에스테르검, 폴리부텐, 폴리이소부틸렌(껌 기초제 이외로는 사용할 수 없음)
추출제	일종의 용매로, 천연식품 중에서 성분을 용해·추출하기 위해 사용되는 첨가물(n－헥산)

(2) 유해물질

1) 중금속 유해물질과 중독증상

금속명	주요 중독경로	중독증상
납(Pb)	기구	복통, 구토, 설사, 중추신경장애
구리(Cu)	첨가물, 식기, 용기	구토, 위통, 잔열감, 현기증
아연(Zn)	식기, 용기	설사, 구토, 복통, 두통
카드뮴(Cd)	식기, 기구	구토, 경련, 설사, 이타이이타이병
비소(As)	농약, 첨가물	위통, 설사, 구토, 출혈, 흑피증
안티몬(Sb)	식기	구토, 설사, 출혈, 경련
수은(Hg)	체온계	구토, 복통, 설사, 경련, 허탈, 미나마타병

2) 조리 및 가공 중에 생기는 유해물질

벤조피렌	• 고온 또는 식품첨가물질이 원인 • 식품을 가열하면 성분이 변화하면서 발암물질이 생성됨 예 불에 탄 고기
니트로소화합물 (나이트로소화합물)	산성 조건의 아질산과 2급 아민이 식품 가공 중에 발암물질 로 생성됨
아크릴아마이드	전분이 많은 감자류와 곡류 등을 높은 온도에서 가열할 때 생성됨 예 감자튀김, 과자, 피자 등을 만들 때 생성됨

03 작업장 위생관리

1 작업장 위생 및 위해요소

(1) 작업장 위생관리

① 작업장은 매일 1회 이상 청소하고 청결을 유지
② 식품은 항상 보관시설과 냉장시설에 위생적으로 보관
③ 조리기기와 기구는 사용 후에 깨끗이 세척하여 소독한 후 정돈하여 보관
④ 쓰레기는 발생 즉시 분리수거 후 폐기물 용기에 담아 위생적으로 처리
⑤ 급수는 수돗물 또는 공공 시험기관에서 음용에 적합하다고 인정한 것만 사용
⑥ 매주 1회 이상은 소독제로 소독
⑦ 환기를 자주 하여 공기를 순환시킴

(2) 주방기구별 위해요소관리

주방기구	위해요소관리
조리시설, 조리기구	• 살균소독제로 세척, 소독 후 사용 • 열탕소독 또는 염소소독으로 세척 및 소독
기계 및 설비	• 설비 본체 부품 분해 → 부품은 깨끗한 장소로 이동 → 뜨거운 물로 1차 세척 → 스펀지에 세제를 묻혀 이물질 제거 후 씻어내기 • 설비 부품은 뜨거운 물 또는 200ppm의 차아염소산나트륨 용액에 5분간 담근 후에 세척
싱크대	약알칼리성 세제로 씻고, 70% 알코올로 분무소독
도마, 칼	뜨거운 물로 1차 세척 → 스펀지에 세제를 묻혀 이물질 제거 후 씻어내기 → 뜨거운 물(80℃) 또는 200ppm의 차아염소산나트륨 용액에 5분간 담근 후에 세척

✅ **작업환경 위생관리**

■ 일정한 온도를 유지하고, 습기가 높으므로 창문을 열어 통풍과 환기에 유의
■ 환기를 위한 후드(hood)나 필터(filter) 청소는 한 달에 1회 이상 실시
■ 작업장은 해충의 침입 방지를 위해 방충망이나 해충 퇴치기를 설치
■ 쥐의 침입을 막기 위해 쥐약, 쥐덫, 초음파 퇴치기, 에어 커튼(air curtain)이나 에어 샤워 등의 시설을 설치 및 관리
■ 작업 종료 후 지정된 곳에 폐기물을 보관하고 방역 처리

✅ **조리작업 시 작업장 위생관리 수칙**

■ 모든 음식은 60℃ 이상 또는 5℃ 이하로 보관
■ 식품위생법상 세척제 구분에 따라 1종은 채소 또는 과일용 세척제, 2종은 식기류용 세척제, 3종은 식품의 가공·조리기구용 세척제로서 사용(1종을 2종 및 3종으로 사용 가능하나, 3종은 2종 또는 1종으로 사용하지 못함)
■ 행주는 1회용이나 면 행주를 사용
■ 유독성 화학 물질은 음식이나 조리기구, 각종 주방 설비에서 격리하여 보관

칼, 행주	끓는 물에서 30초 이상 열탕소독
기타	• 바닥의 균열 및 파손 시 즉시 보수하여 오물이 끼지 않도록 관리 • 출입문·창문 등에는 방충시설을 설치 • 방충·방서용 금속망의 굵기는 30메쉬(Mesh)가 적당

2 해썹(HACCP) 관리기준

(1) 식품안전관리인증기준(HACCP, Hazard Analysis and Critical Control Point)

개념	• HACCP은 위해분석(HA; Hazard Analysis)과 중요관리점 (CCP; Critical Control Point)으로 구성 • HA는 위해 가능성이 있는 요소를 전체적인 공정 과정의 흐름에 따라 분석·평가하는 것이며, CCP는 확인된 위해한 요소 중에서 중점적으로 다루어야 하는 위해요소를 뜻함
목적	사전에 위해요소들을 예방하며, 식품의 안전성을 확보하는 것
제도 도입의 필요성	외식업체 (전문레스토랑)의 측면	• 자율적인 위생관리 체계 구축 • 모든 식품의 안전성 보장으로 생산된 요리 상품이나 메뉴 생산 • 외식업체(전문레스토랑)나 단체급식소의 이미지 제고와 신뢰성 향상 • 모든 위해요소를 사전에 관리하여 제품 생산성 효율 극대화 • 제품의 사고 사전예방으로 사업체, 급식업체의 경제적 이익 발생
	소비자의 측면	• 외식 메뉴 상품에 대한 브랜드 이미지 향상 • 급식소 메뉴 상품에 대한 신뢰도 향상 • 메뉴 상품의 안전성 확보
국내 도입	• 1995년 12월 29일 식품위생법에 HACCP 제도 도입, 식품위생법 제48조에 식품안전관리인증기준에 대한 조항 신설 • 1996년 12월 식품위해요소중점관리기준(보건복지부 고시) 제정 • 2015년 12월 식품 및 축산물 안전관리인증기준 제정 고시 • 2020년 12월 식품안전관리인증기준의 교육훈련기관 지정 및 취소 등에 관한 사항 명시 • 식품의 생산, 유통, 소비의 전 과정에서 식품관리의 예방차원에서 지속적으로 식품의 안전성(Safety) 확보와 건전성 및 품질을 확보함은 물론 식품업체의 자율적이고 과학적 위생관리 방식의 정착과 국제기준 및 규격과의 조화를 도모하고자 신설

(2) HACCP의 주요절차인 7원칙 12절차를 준수

『학교급식 위생관리 지침서』의 학교 급식소 HACCP 제도 절차에 따름

1) 절차 1 : 선행요건 개발

식품 오염방지를 위한 선행요건	• 기구나 도구를 식재료와 조리된 식품 구분 사용 또는 소독 후 사용 • 조리된 식품 오염방지 • 해충관리 • 세제와 같은 독성물질은 표시한 후 음식이 보관되지 않은 장소에 보관 • 조리장 청결관리 • 조리용수 관리 • 종사원이 사용하는 화장실 관리
개인 위생관리를 위한 선행요건	• 유증상자 조리작업에서 배제(건강검진, 건강문진표 작성, 일일 건강 확인) • 올바른 손 세척 • 조리장 내 음식 섭취, 흡연 금지
설비·기구 관리를 위한 선행요건	• 식품접촉 기구 소독관리 • 주기적인 온도계 검·교정 • 세척기의 유지관리

2) 절차 2 : 조리공정 분류

비가열 조리공정	가열공정이 전혀 없는 조리공정(무침, 겉절이, 냉채, 샐러드, 과일 등)
가열조리 후 처리공정	식재료를 가열조리한 후 수작업을 거치는 가열조리 공정, 가 열조리 후 냉각과정을 거치는 공정(볶음밥, 비빔밥, 잡채, 나 물 등)
가열조리 공정	가열조리 후 바로 배식하는 조리공정(국, 찌개, 탕, 찜, 볶음, 조림, 튀김, 전 등)

3) 절차 3 : 위해요소분석

4) 절차 4 : CCP와 한계기준 설정

CCP 1	식단 검토	한계기준 : 생 동물성 음식과 자연 독 함 유 음식 배제
CCP 2	안전을 위해 시간·온도 관리가 필요한 식단의 공정관리	한계기준 : 혼합시점을 배식 시작 1시간 30분 이내로 지정
CCP 3	검수	한계기준 : 냉장식품 10℃ 이하, 냉동식 품은 녹았던 흔적 없이 얼어 있어야 함

✔ **열장음식**(Hot holding Food)
식중독을 유발하는 미생물 포자의 발아, 증식이 억제되는 온도 범위인 57℃ 이상으로 보관하는 음식

✔ **기록 유지 시 문서화해야 할 내용**
■ 일반적 위생관리 기준 및 관리사항
■ 조리사·조리종사자 위생교육 계획 및 실적
■ HACCP 관리기준(지침서로 갈음)
■ CCP에 대하여 모니터링한 기록 (1년간 CCP별로 편철보관)
■ HACCP 자체검증 결과표(개선조치의 구체적인 내용)
■ HACCP팀 회의록(HACCP 자체검증 결과표로 대체 가능)

| CCP 4 | 식품 취급 및 조리과정 | 한계기준 : 식품 중심온도 75℃(패류 85℃) 1분 이상 가열조리, 유효 염소농도 100ppm 5분 침지 혹은 동등한 효과를 가진 살균 소독제의 용법 준수, 전처리·조리장소 및 시간 구분 |
| CCP 5 | 운반 및 배식 과정 | 한계기준 : 열장음식 57℃ 이상 유지, 열장 불가 시 조리 후 2시간 내 배식 완료, 배식 시 오염방지 |

5) 절차 5 : 감시절차 수립

6) 절차 6 : 개선조치 방법 설정

7) 절차 7 : 검증 수행

8) 절차 8 : 기록 유지

9) 절차 9 : 주기적인 감사 실시
   교육청 주관하에 연 2회 위생점검 시 감사 실시 또는 외부 전문가에 의한 컨설팅에 의해 실시 가능

(3) **국제식품규격위원회에 의해 규정된 7원칙 12절차에 따라 HACCP 시스템을 현장에 적용**

1) HACCP 준비 5단계
   ① HACCP 연구팀 구성 : 급식책임자, 조리책임자 등으로 팀을 구성
   ② 제품에 관한 내용을 상세하게 작성
   ③ 제품의 용도 확인 : 병원급식, 노인, 영유아, 임산부, 면역력이 약한 자 등 위해 물질에 민감한 소비집단의 위해성 평가에 반영
   ④ 음식 생산의 조리공정 흐름도(flow diagram) 작성
      ㉠ 식재료 입고에서부터 요리상품의 출고까지 전 조리과정을 상세하게 알 수 있게 작성
      ㉡ 교육부의 학교급식 HACCP 모델 개발 시 조리공정별로 비가열 조리공정, 가열조리 후 처리과정, 가열조리 공정으로 구분하여 작성
   ⑤ 음식 생산의 조리공정 흐름도를 현장 확인 : 작성된 조리공정 흐름도가 실제 조리과정 중의 공정과 일치하는지 확인

2) HACCP 수행단계 7원칙
   ① 원칙 1 : 위해요소(HA) 분석
   ② 원칙 2 : 중요관리점(CCP) 결정

③ **원칙 3** : 중요관리점(CCP)에 대한 한계기준 설정

④ **원칙 4** : 중요관리점(CCP)에 대한 모니터링 체계 확립

⑤ **원칙 5** : 개선조치 방법 수립[반품 또는 납품업체의 경고 조치, 제품 폐기, 단계평가(세척, 헹굼, 소독)]

⑥ **원칙 6** : 검증방법 설정

⑦ **원칙 7** : 문서화 및 기록 유지 방법 수립(HACCP 각 단계에 대한 기록 유지)

3 작업장 교차오염 발생요소

(1) 교차오염의 정의

① 미생물의 오염수준이 낮은 식품에 여러 매개체를 통해 미생물이 전이되는 현상

② 식재료, 기구, 기물, 사람, 용수 등에 있던 미생물이 오염이 제거된 음식, 기구, 기물로 전이가 일어나는 것

(2) 교차오염 발생요소별 원인과 방안

교차오염 발생요소	발생원인	방안
식재료 입고, 전처리 과정	많은 양의 식재료가 원재료 상태로 들어와 준비하는 과정에서 교차오염 발생 가능성이 높음	원 식재료의 전처리 과정에서 세심한 청결 상태 유지와 식재료의 관리 필요
채소, 과일 준비 코너, 생선 취급 코너	칼, 도마, 장갑 등에서 교차오염 발생	칼, 도마, 장갑 등 용도별 구분 사용 필요
행주, 나무도마 등	행주, 나무도마 등에서 교차오염 발생	집중적인 위생관리 및 교체, 세척 살균 요함
작업장 바닥, 트렌치 등	작업장 바닥, 트렌치 등에서 교차오염 발생	집중적인 위생관리 및 세척 살균, 건조 요함

4 식품위해요소 취급규칙

(1) 위해(Hazard)

식품위생법 제4조 "썩거나 상하거나 설익은 것, 유독·유해물질이 들어 있거나 묻어 있는 것 또는 그러할 염려가 있는 것, 병을 일으키는 미생물에 오염되었거나 그러할 염려가 있는 것, 불결하거나 다른 물질이 섞이거나 첨가 및 기타 사유로 인체의 건강을 해할 우려가 있는 것"에서 규정하고 있는 생물학적, 화학적 또는 물리적 요소를 말함

■ 식품 취급 및 조리과정
- 소독된 도구나 고무장갑, 일회용 라텍스(latex) 장갑 사용
- 일회용 비닐 위생 장갑은 사용 금지
- 포기 채소는 잎을 분리하여 세척 (절단 → 세척 → 소독 → 헹굼)
- 소독한 채소, 과일은 여러 번 먹는 물로 헹굼

■ 전처리 과정
- 세척수는 세정대 용량의 2/3 내에서 사용
- 생선·육류는 먹는 물로 충분히 씻음
- 육류의 핏물(갈비, 사골, 잡뼈 등)을 뺄 때 1시간 이상 소요되는 경우는 냉장 상태 유지
- 난류는 세척·코팅과정을 거친 제품(등급 판정란 권장)을 사용하고, 냉암소(0~15℃) 보관
- 생선, 육류의 해동은 냉장 상태에서 하고, 급속 해동 시에는 흐르는 찬물(21℃ 이하)에서 하되, 해동된 식품의 표면 온도는 5℃ 이하 유지

✅ 예방조치 방법
예방조치 방법은 한 가지 이상의 방법이 필요할 수 있고, 어떤 한 가지 예방조치 방법으로 여러 위해요소를 통제할 수 있음

생물학적 위해요소 (Biological hazards, B)	원·부자재, 공정에 내재하면서 인체의 건강을 해할 우려가 있는 리스테리아 모노사이토제네스(Listeria monocytogenes), 장출혈성 대장균, 대장균, 대장균군, 바이러스, 효모, 곰팡이, 기생충 등
화학적 위해요소 (Chemical hazards, C)	제품에 내재하면서 인체의 건강을 해할 우려가 있는 중금속, 항생물질, 항균물질, 농약 사용 기준초과 또는 사용 금지된 식품 첨가물 등
물리적 위해요소 (Physical hazards, P)	원료와 제품에 내재하면서 인체의 건강을 해할 우려가 있는 인자 중에서 돌조각, 쇳조각, 플라스틱 조각, 유리조각, 머리카락 등

(2) 위해요소분석 기본 절차의 작성

위해의 종류 파악	• 위해의 종류 : 생물학적, 화학적, 물리적 위해 • 위해의 정도에 따라 인체 영향에 심각성 여부를 판단할 수 있음
위해요소 분석표 작성	• 생물학적, 화학적, 물리적 위해요소와 발생원인 등을 모두 파악하여 목록화 • 위해요소 발생 가능성과 심각성의 평가 방법 수행, 위해 발생 빈도 및 증상, 사망률, 예후 등 잠재적 위해요소에 대해 위해를 평가 • 예방조치 및 관리 방법, 수립·파악된 잠재적 위해요소의 발생원인과 각 위해요소를 안전한 수준으로 예방하거나 완전히 제거 또는 허용할 수 있는 수준까지 감소시킬 수 있는 예방조치 방법이 있는지를 확인하여 기재

5 위생적인 식품조리

(1) 개인위생

① 위생복, 위생모, 위생화, 장갑 등을 청결하게 관리
② 두발, 수염, 손톱 등 개인위생을 청결하게 잘 지킴
③ 시계, 반지, 목걸이, 귀걸이, 머리핀 등 장신구를 착용하거나 식육에 노출되면 안 됨
④ 앞치마, 토시, 장갑, 행주 등을 청결하게 관리
⑤ 피부병, 심한 감기 등 전염성 질병에 걸렸거나 또는 식육의 안전성에 영향을 미칠 수 있는 심한 외상 등이 없어야 함

(2) 작업 전 위생 상태

① 작업대, 도마, 칼, 칼갈이 등을 깨끗하게 함

② 식육과 접촉되는 장비(슬라이스기, 골절기, 믹서 등), 도구 등의 표면에는 털, 찌꺼기 등을 깨끗하게 제거함

③ 냉장(냉동)실 적정 온도(냉장 5℃ 이하, 냉동 −18℃ 이하)를 유지하며, 내부는 청결하게 관리함

④ 청소도구는 일정 장소에 정리·정돈함

⑤ 화장실, 탈의실 등은 청결하게 유지함

⑥ 벽면, 천장은 이물, 먼지, 거미줄 등을 제거하여 청결하게 유지함

⑦ 바닥 및 배수구는 청결하게 관리함

6 식품별 유통, 조리, 생산 시스템

(1) 물류(유통) 센터 관리 시스템

검품(수)	검품 또는 검수란 모든 식품에 대한 유효일자, 양, 품질, 온도, 이물질, 차량 상태 등 물리적, 생·화학적 위해요소를 확인하기 위한 수단
유효일자	규정된 보관·취급 조건하에서 식품의 생·화학적 인자를 고려하여 사람이 섭취했을 때 인체에 해(害)가 없음을 표기한 날짜
냉장 온도	식품의 신선도 유지를 위한 온도대로 0~10℃ 이하
관능검사	식품의 이상 유·무를 신체의 오감을 통해 검사하는 것
이물질	정상 식품의 성분이 아닌 물질이 포함된 것
생물학적 검사	식품의 생물학적 이상 유·무를 측정하기 위한 방법으로, 주로 병원성 미생물과 오염지표성 세균을 검사
입고	식품을 운반하여 검수장을 통해 들어오는 것
반품	입고 식품에 대한 검수 결과 이상 발생 시 납품업체로 되돌려 보내는 것

(2) 식품의 가공·조리

1) 식품의 해동

냉장해동	• 냉동된 제품을 냉장실에서 해동하는 방법 • 0~10℃ 이하의 냉장고에서 해동
유수해동	• 흐르는 물로 식품을 해동하는 방법 • 식수로 적합한 물을 사용해야 하며, 21℃ 이하의 차가운 물로 2시간 이내에 해동 가능함
마이크로웨이브 해동	• 마이크로웨이브 오븐을 이용한 해동은 짧은 시간에 가능함 • 냉동 채소, 핫도그, 떡, 빵 등 부피가 작은 식품을 해동할 때 사용

Check Note

✓ 식품 조리 장비 및 기구의 위생관리

■ 오염방지를 위해 식재료의 반입, 검수, 세정, 식품저장고 등을 구별

■ 조리작업장 시설 위생관리
  • 통풍, 환기를 위한 시설이 정상 가동될 수 있도록 수시로 점검
  • 환기 후드 및 필터는 한 달에 1회 이상 분해 청소
  • 조리대와 작업대는 오전 오후로 매일 뜨거운 물이나 알코올로 소독
  • 작업장 바닥은 매일 세제로 세척
  • 전용 수세설비 비치

■ 조리작업장 기구 위생관리
  • 미생물 번식이 쉬운 식기와 기구의 세척과 소독에 유의
  • 기기의 위생표준은 국내에서는 아직 정해져 있지 않으나, 미국 NSF에서는 장비는 청소가 쉽게 가능하고 기기의 표면은 독소가 없어야 하며 음식물의 색, 냄새, 맛에 영향을 주지 않아야 한다고 표준을 정하고 있음

✓ 식품 유통의 정의

■ 식품 유통 : 식품의 생산과 소비를 이어주는 중간 기능 및 생산품의 이동에 관계되는 모든 경제활동으로서 물류 유통을 의미

■ 물류 유통을 통해 최종 제품이 소비자에게 위생적으로 안전하게 제공될 수 있는 유통과정, 즉 물류관리 시스템을 의미

❷ 채소·과일 등 식재료의 세척·살균방법

- 싱크대는 채소류, 어패류, 육류로 각각 구분하여 사용
- 부득이 한 개의 싱크대로 세척할 때에는 '채소류 → 육류 → 어패류 → 가금류' 순으로 세척
- 미생물이나 이물질의 세척을 위하여 흐르는 물에 세척
- 농약을 제거할 때는 담금물에 넣어 세척
- 세제는 1종은 2종·3종으로 사용 가능하나, 3종은 2종·1종으로 사용 금지
- 2, 3종 세척제 사용 후에는 잔류하지 않도록 음용에 적합한 물로 씻음

❷ TCS Food

- TCS Food(Time/Temperature Control for Safety Food)란 안전을 위해 시간·온도 관리가 필요한 식품
- 세균 증식이 용이한 음식으로 병원성 미생물의 증식이나 독소 형성을 막기 위해 시간 또는 온도 관리가 필요한 식품과 음식을 총칭

2) 생 채소·과일 세척 및 소독

세척	표면에서 식품과 다른 여러 형태의 오염물질을 제거하는 과정
소독	식품 접촉 표면에 존재하는 미생물을 위생상 안전한 수준으로 감소 또는 제거하는 과정

3) 식품의 조리

① 식품의 특성에 따라 규정된 온도를 준수하여 조리하면 식품에 존재할 수 있는 미생물을 안전한 수준으로 낮출 수 있음
② 유해 세균을 없애기 위해 식품의 내부를 완전히 익힘
③ 식품을 조리하는 과정에서 위해 세균 수는 안전한 수준으로 낮출 수 있음
④ 미생물의 특성에 따라 생성된 포자의 독소는 파괴되지 않음, 즉 조리 시 식품별 안전한 규정 온도를 준수하여 조리함

04 식중독 관리

1 세균성 및 바이러스성 식중독

(1) 세균성 식중독

1) 감염형 식중독

① 살모넬라 식중독

특징	쥐, 파리, 바퀴벌레에 의해 식품을 오염시키는 균
원인균	살모넬라균
증상	두통, 심한 위장염 증상, 38~40℃의 급격한 발열
원인식품	육류 및 어패류의 가공품, 우유 및 유제품, 채소 샐러드 등
잠복기	12~24시간
예방대책	열에 약하여 60℃에서 30분이면 사멸

② 장염비브리오 식중독

특징	해안지방에 가까운 바닷물(3~4% 식염농도) 등에 사는 호염성 세균으로 그람음성간균
원인균	비브리오균
증상	위장의 통증과 설사(혈변), 구토, 약간의 발열
원인식품	어패류(생것으로 먹을 때나 칼, 도마, 식기 등에 의해 2차 오염)
잠복기	10~18시간

예방대책	• 5℃ 이하에서 음식을 보존하고, 60℃에서 5분간 가열하면 균이 사멸 • 조리할 때 청결하게 하고, 2차 오염을 막기 위해 칼, 도마, 식기, 용기 등의 소독을 철저히 함

③ 병원성대장균 식중독

특징	사람이나 동물의 장관 내에 살고 있는 균으로 물이나 흙 속에 존재하며, 식품과 함께 입을 통해 체내에 들어오면 장염을 일으키는 식중독
원인균	병원성대장균
증상	급성 대장염
원인식품	우유, 가정에서 만든 마요네즈
잠복기	13시간 정도
예방대책	동물의 분변오염 방지

④ 웰치균 식중독

특징	편성혐기성균으로 아포(내열성균으로 열에 강함)를 형성하며, 조리 중에 잘 죽지 않음
원인균	웰치균(식중독의 원인균은 A형)
증상	설사, 복통
원인식품	육류 및 어패류의 가공품
잠복기	8~22시간
예방대책	분변오염 방지, 조리 후 식품을 급히 냉각시킨 다음 저온(10℃ 이하)에서 보존하거나 60℃ 이상으로 보존

2) 독소형 식중독

① (황색)포도상구균 식중독

특징	화농성 질환자에 의해 감염되며, 120℃에서 20분간 열을 가해도 균이 사멸되지 않음
원인균	(황색)포도상구균
원인독소	엔테로톡신(Enterotoxin, 장독소)은 열에 강하여 가열하여도 파괴되지 않으며, 균이 사멸되어도 독소는 남음
증상	구토, 복통, 설사
원인식품	우유, 유제품, 떡, 도시락, 김밥
잠복기	잠복기가 가장 짧은 식후 3시간
예방대책	손에 상처나 화농(고름)이 있는 사람은 식품 취급을 금지

Check Note

✅ **캄필로박터균 식중독**
■ 원인균 : 캄필로박터균
■ 증상 : 설사, 복통, 권태감, 발열, 구토
■ 원인식품 : 식육 및 그 가공품
■ 잠복기 : 2~7일
■ 예방대책 : 조리 시 청결에 주의하고 육류 섭취 시 축산물 내부까지 65℃에서 10분 이상 가열 후 섭취

✅ **세균성 식중독과 경구감염병**

세균성 식중독	경구감염병 (소화기계 감염병)
식중독균에 오염된 식품을 섭취하여 발병	감염병균에 오염된 식품과 물의 섭취로 경구 감염
식품에 많은 양의 균 또는 독소에 의해 발병	식품에 적은 양의 균으로 발병
살모넬라 외에는 2차 감염이 없음	2차 감염이 있음
짧은 잠복기	긴 잠복기
면역성 없음	면역성 있음

✅ **독소형 식중독**
식품 내에 병원체의 증식으로 생성된 독소에 의한 식중독으로 잠복기가 가장 짧은 것이 특징임

② 클로스트리디움 보툴리눔 식중독

원인균	보툴리누스균(A, B, C, D, E, F, G형 중 A, B, E, F형이 원인균)
원인독소	뉴로톡신(Neurotoxin, 신경독소)은 열에 의해 파괴
증상	신경마비증상
원인식품	살균이 불충분한 통조림, 햄, 소시지 등 가공품
잠복기	식후 12~36시간
예방대책	통조림 및 소시지 등의 위생적 보관과 가공처리 철저

(2) 바이러스성 식중독

① 노로바이러스

특징	겨울철 감염률이 높음
원인균	노로바이러스
증상	오한, 구토, 복통, 설사
원인식품	감염자의 대변 또는 구토물에 의해서 음식이나 물, 감염자가 접촉한 물건의 표면 접촉으로 감염
잠복기	12~48시간
예방 및 치료	예방 백신이나 항바이러스제가 없으며, 대부분 며칠 내 자연적으로 회복됨

2 자연독 식중독

(1) 동물성 식중독

① 복어

원인독소	테트로도톡신(Tetrodotoxin)
치사량	2mg
독성시기	봄철 5~6월 산란기에 가장 강함
독성부위	난소 > 간 > 내장 > 피부
증상	식후 30분~5시간 만에 발병하여 지각마비, 근육마비, 구토, 호흡곤란, 의식불명으로 사망하며, 치사율은 50~60%임
예방대책	복어는 전문 조리사만이 요리하도록 하고, 유독 부위를 완벽히 제거한 후 섭취

② 검은 조개, 섭조개(홍합)

원인독소	삭시톡신
증상	신체마비, 호흡곤란, 치사율 10%

③ 모시조개, 굴, 바지락

원인독소	베네루핀
증상	구토, 복통, 변비, 치사율 44~50%

④ 소라, 고둥

원인독소	테트라민

(2) 식물성 식중독

감자 중독	원인 독소	• 감자의 발아한 부분 또는 녹색 부분의 솔라닌(Solanine) • 부패한 감자에는 셉신이란 독성물질이 생성되어 중독을 일으킴
	예방 대책	• 감자의 싹 트는 부분과 녹색 부분은 제거해야 함 • 감자보관 시 서늘한 곳에 보관
독버섯 중독	원인 독소	무스카린, 무스카리딘, 팔린, 아마니타톡신, 필지오린, 뉴린, 콜린, 코플린
	종류	• 위장형 중독 : 무당버섯, 화경버섯(증상 : 구토, 설사, 복통 등의 위장장애) • 콜레라형 중독 : 마귀곰보버섯, 알광대버섯(증상 : 경련, 헛소리, 혼수상태) • 신경계 장애형 중독 : 파리버섯, 광대버섯, 미치광이버섯 (증상 : 중추신경장애, 광증, 근육경련) • 혈액형 중독(증상 : 콜레라형 위장장애, 용혈작용, 황달)
기타 유독물질		• 청매, 살구씨, 복숭아씨 : 아미그달린(Amygdalin) • 독미나리 : 시큐톡신(Cicutoxin) • 목화씨 : 고시폴(Gossypol) • 피마자 : 리신(Ricin) • 독보리 : 테물린(Temuline) • 미치광이풀 : 아트로핀(Atropine)

3 화학적 식중독

(1) 농약에 의한 식중독

① 유기인계(신경독)

증상	구역질, 구토, 니코틴(nicotine) 증상(전신경련, 근력감퇴), 동공 축소, 땀 흘림, 중추신경 마비 증상
종류	파라티온, 말라티온, 다이아지논, 테프(TEPP)
예방	농약 살포 시 흡입주의, 수확 15일 전 살포 금지, 과채류의 산성액 세척 등

② 유기염소계

증상	복통, 두통, 운동마비, 설사, 경련 등 중추신경 마비 증상을 일으키며 중증일 경우 사망

제 01 편

◇ 아미그달린

■ 복숭아씨, 은행의 종자 등에는 아미그달린이라는 청산배당체가 함유되어 있고, 이것은 아미그달라제에 의해 분해되어 청산을 생산해 중독을 일으킴

■ 중독의 원인인 청산은 치명률이 높아 순식간에 사망에 이르게 함

◇ 채소, 과일의 농약 세척 방법

■ 20분간 물에 담근 후 흐르는 물에 씻어 농약 등 해로운 유해물질 제거

■ 식품의약품안전처에 따르면 과일, 채소 등에 묻은 농약 제거를 위하여 종류에 따라 1~5분 정도 물에 담가 두었다가 흐르는 물에 씻음

■ 국내산 과일, 채소류는 손으로 잘 문질러가며 흐르는 물과 고인 물에 충분히 씻어줌

유기인계 농약	• 가장 많이 사용하는 농약 • 살균제, 살충제로 사용 • 인체에 대한 잔류성은 낮으나 독성이 강하여 급성중독을 유발
유기염소계 농약	• 독성은 약하나 생물체 내에 잔류하여 축적되는 단점으로 인하여 사용 금지 • 지용성 물질로 동물의 지방, 신경조직에 축적 • DDT, BHC 등 • 신경 독성물질로 중추신경계에 작용
유기수은계 농약	• 살균제로 벼의 도열병 예방이나 종자 소독에 사용 • 알킬수은계[메톡시에틸(Methoxyethyl)염화수은], 페닐수은계[초산 페닐수은(phenylmercuric acetate)] 등
카바메이트 (carbamate) 계 농약	• 살충제, 제초제로 많이 사용 • 카바릴(carbaryl), BPMC, CPMC 등 • 유기인계 농약에 비해 배설, 회복 속도가 빠르고 잔류성이 낮음
유기불소제	• 쥐약이나 진딧물 등의 살충제로 사용 • fratol, fussol, nissol 등 • 독성이 강하여 체내에 구연산 축적을 일으킴 • 복통, 두통, 구토 등 유발, 중증 시 보행 및 언어장애, 혼수상태 후 사망에 이름

종류	DDT, BHC
예방	농약 살포 시 흡입주의, 수확 15일 전 살포 금지 등

③ 유기수은계

증상	시야 축소, 언어장애, 경련 등 중추신경 장애
종류	메틸염화수은, 메틸요오드화수은(메틸아이오딘화수은), EMP, PMA

④ 비소화합물

증상	목구멍과 식도의 수축현상, 위통, 설사, 혈변, 소변량 감소
종류	비산칼슘
예방	농약 살포 시 흡입주의, 수확 15일 전 살포 금지 등

4 곰팡이 독소

(1) 아플라톡신 중독

원인곰팡이	아스퍼질러스 플라브스
원인식품	재래식 된장, 곶감, 땅콩, 곡류
독소	아플라톡신(간장독)

(2) 맥각 중독

원인균	맥각균
원인식품	보리, 밀, 호밀
독소	에르고톡신(간장독), 에르고타민

(3) 황변미 중독

원인곰팡이	푸른곰팡이(페니실리움)
원인식품	저장미(14~15%의 수분 함유)
독소	시트리닌(신장독), 시트리오비리딘(신경독), 아이슬랜디톡신(간장독)

(4) 알레르기 식중독(부패성 식중독)

원인균	프로테우스 모르가니(Proteus morganii)균
원인식품	꽁치, 고등어 등 붉은살 어류 및 그 가공품을 섭취했을 때 발생
독소	히스타민(Histamine)으로 아미노산의 하나인 히스티딘(Histidine)으로부터 합성되는 체내 생물학적 아민의 하나
치료약	항히스타민제(Antihistamine) 투여

1 식품위생법 및 관계법규

(1) 용어의 정의

식품	모든 음식물(의약으로 섭취하는 것은 제외)
식품첨가물	식품을 제조·가공·조리 또는 보존하는 과정에서 감미, 착색, 표백 또는 산화방지 등을 목적으로 식품에 사용되는 물질(이 경우 기구·용기·포장을 살균·소독하는 데 사용되어 간접적으로 식품으로 옮아갈 수 있는 물질 포함)
화학적 합성품	화학적 수단으로 원소 또는 화합물에 분해반응 외의 화학반응을 일으켜 얻은 물질
기구	식품 또는 식품첨가물에 직접 닿는 기계·기구나 그 밖의 물건(농업과 수산업에서 식품을 채취하는 데에 쓰는 기계·기구나 그 밖의 물건 및 「위생용품 관리법」에 따른 위생용품은 제외)으로 음식을 먹을 때 사용하거나 담는 것과 식품 또는 식품첨가물의 채취·제조·가공·조리·저장·소분·운반·진열할 때 사용하는 것
용기·포장	식품 또는 식품첨가물을 넣거나 싸는 것으로서 식품 또는 식품첨가물을 주고받을 때 함께 건네는 물품
위해	식품, 식품첨가물, 기구 또는 용기·포장에 존재하는 위험요소로서 인체의 건강을 해치거나 해칠 우려가 있는 것
영업	식품 또는 식품첨가물을 채취·제조·가공·조리·저장·소분·운반 또는 판매하거나 기구 또는 용기·포장을 제조·운반·판매하는 업(농업과 수산업에 속하는 식품 채취업은 제외), 공유주방을 운영하는 업과 공유주방에서 식품제조업 등을 영위하는 업을 포함
영업자	영업허가를 받은 자나 영업신고를 한 자 또는 영업등록을 한 자
식품위생	식품, 식품첨가물, 기구 또는 용기·포장을 대상으로 하는 음식에 관한 위생
집단급식소	영리를 목적으로 하지 아니하면서 특정 다수인에게 계속하여 음식물을 공급하는 기숙사, 학교·유치원·어린이집, 병원, 사회복지시설, 산업체, 국가·지방자치단체 및 공공기관, 그 밖의 후생기관 등에 해당되는 곳의 급식시설로서 1회 50명 이상에게 식사를 제공하는 급식소

✔ 식품 등의 취급

■ 누구든지 판매(판매 외의 불특정 다수인에 대한 제공을 포함)를 목적으로 식품 또는 식품첨가물을 채취·제조·가공·사용·조리·저장·소분·운반 또는 진열을 할 때에는 깨끗하고 위생적으로 하여야 함
■ 영업에 사용하는 기구 및 용기·포장은 깨끗하고 위생적으로 다루어야 함
■ 식품, 식품첨가물, 기구 또는 용기·포장(식품 등)의 위생적인 취급에 관한 기준은 총리령으로 정함

(2) 식품 및 식품첨가물

1) 위해식품 등의 판매 등 금지

① 썩거나 상하거나 설익어서 인체의 건강을 해칠 우려가 있는 것

② 유독·유해물질이 들어 있거나 묻어 있는 것 또는 그러할 염려가 있는 것(다만, 식품의약품안전처장이 인체의 건강을 해칠 우려가 없다고 인정하는 것은 제외)

③ 병을 일으키는 미생물에 오염되었거나 그러할 염려가 있어 인체의 건강을 해칠 우려가 있는 것

④ 불결하거나 다른 물질이 섞이거나 첨가된 것 또는 그 밖의 사유로 인체의 건강을 해칠 우려가 있는 것

⑤ 안전성 심사 대상인 농·축·수산물 등 가운데 안전성 심사를 받지 아니하였거나 안전성 심사에서 식용으로 부적합하다고 인정된 것

⑥ 수입이 금지된 것 또는 수입신고를 하지 아니하고 수입한 것

⑦ 영업자가 아닌 자가 제조·가공·소분한 것

(3) 기구와 용기·포장

1) 유독기구 등의 판매·사용금지

유독·유해물질이 들어 있거나 묻어 있어 인체의 건강을 해칠 우려가 있는 기구 및 용기·포장과 식품 또는 식품첨가물에 직접 닿으면 해로운 영향을 끼쳐 인체의 건강을 해칠 우려가 있는 기구 및 용기·포장을 판매하거나 판매할 목적으로 제조·수입·저장·운반·진열하거나 영업에 사용하여서는 아니 됨

2) 기구 및 용기·포장에 관한 기준과 규격

① 식품의약품안전처장은 국민보건을 위하여 필요한 경우에는 판매하거나 영업에 사용하는 기구 및 용기·포장에 관하여 다음의 사항을 정하여 고시함

㉠ 제조 방법에 관한 기준

㉡ 기구 및 용기·포장과 그 원재료에 관한 규격

② 식품의약품안전처장은 ①에 따라 기준과 규격이 고시되지 아니한 기구 및 용기·포장의 기준과 규격을 인정받으려는 자에게 ①의 사항을 제출하게 하여 식품의약품안전처장이 지정한 식품전문 시험·검사기관 또는 총리령으로 정하는 시험·검사기관의 검토를 거쳐 ①에 따라 기준과 규격이 고시될 때까지 해당 기구 및 용기·포장의 기준과 규격으로 인정할 수 있음

(4) 유전자변형식품 등의 표시

① 다음의 어느 하나에 해당하는 생명공학기술을 활용하여 재배·육성된 농산물·축산물·수산물 등을 원재료로 하여 제조·가공한 식품 또는 식품첨가물(유전자변형식품 등)은 유전자변형식품임을 표시하여야 함(제조·가공 후에 유전자변형 디엔에이(DNA; Deoxyribonucleic acid) 또는 유전자변형 단백질이 남아 있는 유전자변형식품 등에 한정함)

  ㉠ 인위적으로 유전자를 재조합하거나 유전자를 구성하는 핵산을 세포 또는 세포 내 소기관으로 직접 주입하는 기술

  ㉡ 분류학에 따른 과(科)의 범위를 넘는 세포융합기술

② ①에 따라 표시하여야 하는 유전자변형식품 등은 표시가 없으면 판매하거나 판매할 목적으로 수입·진열·운반하거나 영업에 사용하여서는 아니 됨

③ ①에 따른 표시의무자, 표시대상 및 표시방법 등에 필요한 사항은 식품의약품안전처장이 정함

(5) 식품위생감시원의 직무★★★

① 식품 등의 위생적 취급에 관한 기준의 이행 지도

② 수입·판매 또는 사용 등이 금지된 식품 등의 취급 여부에 관한 단속

③ 규정에 따른 표시 또는 광고 기준의 위반 여부에 관한 단속

④ 출입·검사에 필요한 식품 등의 수거

⑤ 시설기준의 적합 여부의 확인·검사

⑥ 영업자 및 종업원의 건강진단 및 위생교육의 이행 여부의 확인·지도

⑦ 조리사 및 영양사의 법령 준수사항 이행 여부의 확인·지도

⑧ 행정처분의 이행 여부 확인

⑨ 식품 등의 압류·폐기 등

⑩ 영업소의 폐쇄를 위한 간판 제거 등의 조치

⑪ 그 밖에 영업자의 법령 이행 여부에 관한 확인·지도

(6) 영업

1) 허가를 받아야 하는 영업 및 허가관청

① **식품조사처리업** : 식품의약품안전처장

② **단란주점영업, 유흥주점영업** : 특별자치시장·특별자치도지사 또는 시장·군수·구청장

제 01 편

🗐 **Check Note**

✔ **식품위생감시원**

- 관계 공무원의 직무와 그 밖에 식품위생에 관한 지도 등 식품의약품안전처(대통령령으로 정하는 그 소속 기관을 포함), 특별시·광역시·특별자치시·도·특별자치도 또는 시·군·구에 식품 위생감시원을 둠

- 식품위생감시원의 자격·임명·직무범위, 그 밖에 필요한 사항은 대통령령으로 정함

- 임명권자 : 식품의약품안전처장, 시·도지사 또는 시장·군수·구청장

2) **영업신고를 해야 하는 업종**

특별자치시장・특별자치도지사 또는 시장・군수・구청장에게 신고를 하여야 하는 영업

① 즉석판매제조・가공업

② 식품운반업

③ 식품소분・판매업

④ 식품냉동・냉장업

⑤ 용기・포장류 제조업(자신의 제품을 포장하기 위하여 용기・포장류를 제조하는 경우는 제외)

⑥ 휴게음식점영업, 일반음식점영업, 위탁급식영업 및 제과점영업

3) **영업등록을 해야 하는 업종**

특별자치시장・특별자치도지사 또는 시장・군수・구청장에게 등록을 하여야 하는 영업

① 식품제조・가공업(「주세법」의 주류를 제조하는 경우에는 식품의약품안전처장에게 등록)

② 식품첨가물제조업

③ 공유주방 운영업

4) **건강진단 대상자**

① 식품 또는 식품첨가물(화학적 합성품 또는 기구 등의 살균・소독제는 제외)을 채취, 제조, 가공, 조리, 저장, 운반 또는 판매하는 일에 직접 종사하는 영업자 및 그 종업원(완전 포장된 식품 또는 식품첨가물을 운반 또는 판매하는 일에 종사하는 사람은 제외)

② 건강진단을 받아야 하는 영업자 및 그 종업원은 영업 시작 전 또는 영업에 종사하기 전에 미리 건강진단을 받아야 함

5) **영업에 종사하지 못하는 질병의 종류**★★★

① 콜레라, 장티푸스, 파라티푸스, 세균성이질, 장출혈성대장균감염증, A형 간염

② 결핵(비감염성인 경우는 제외)

③ 피부병 또는 그 밖의 고름형성(화농성) 질환

④ 후천성 면역결핍증(성매개감염병에 관한 건강진단을 받아야 하는 영업에 종사하는 사람만 해당)

6) 식품위생교육시간★★

영업자와 종업원	영업자(식용얼음판매업자와 식품자동판매기영업자는 제외)	3시간
	유흥주점영업의 유흥종사자	2시간
	집단급식소를 설치·운영하는 자	3시간
영업을 하려는 자	식품제조·가공업, 식품첨가물제조업, 공유주방운영업의 영업을 하려는 자	8시간
	식품운반업, 식품소분·판매업, 식품보존업, 용기·포장류 제조업의 영업을 하려는 자	4시간
	즉석판매제조·가공업, 식품접객업의 영업을 하려는 자	6시간
	집단급식소를 설치·운영하려는 자	6시간

(7) 조리사 및 영양사 등

1) 조리사를 두어야 하는 영업 등★★★

① 상시 1회 50명 이상에게 식사를 제공하는 집단급식소 운영자
② 식품접객업 중 복어독 제거가 필요한 복어를 조리·판매하는 영업을 하는 자

2) 영양사를 두어야 하는 영업

상시 1회 50명 이상에게 식사를 제공하는 집단급식소 운영자

3) 집단급식소에 근무하는 조리사와 영양사의 직무★★

조리사의 직무	영양사의 직무
• 집단급식소에서의 식단에 따른 조리 업무[식재료의 전(前)처리에서부터 조리, 배식 등의 전 과정] • 구매식품의 검수 지원 • 급식설비 및 기구의 위생·안전실무 • 그 밖에 조리실무에 관한 사항	• 집단급식소에서의 식단 작성, 검식(檢食) 및 배식관리 • 구매식품의 검수(檢受) 및 관리 • 급식시설의 위생적 관리 • 집단급식소의 운영일지 작성 • 종업원에 대한 영양 지도 및 식품위생교육

4) 조리사의 면허★★

조리사가 되려는 자는 「국가기술자격법」에 따라 해당 기능분야의 자격을 얻은 후 특별자치시장·특별자치도지사·시장·군수·구청장의 면허를 받아야 함

식품의약품안전처장 또는 특별자치시장·특별자치도지사·시장·군수·구청장은 조리사가 다음의 어느 하나에 해당하면 그 면허를 취소하거나 6개월 이내의 기간을 정하여 업무정지를 명할 수 있음

- 결격사유 중 어느 하나에 해당하게 된 경우 → 면허취소
- 식품위생 수준 및 자질향상을 위해 필요한 경우 받아야 하는 교육을 받지 아니한 경우
- 식중독이나 그 밖에 위생과 관련한 중대한 사고 발생에 직무상의 책임이 있는 경우
- 면허를 타인에게 대여하여 사용하게 한 경우
- 업무정지기간 중에 조리사의 업무를 하는 경우 → 면허취소

(8) 조리사의 면허취소 등의 행정처분

위반사항	행정처분기준		
	1차 위반	2차 위반	3차 위반
조리사의 결격사유 중 어느 하나에 해당하게 된 경우	면허취소	–	–
교육을 받지 아니한 경우	시정명령	업무정지 15일	업무정지 1개월
식중독이나 그 밖에 위생과 관련된 중대한 사고 발생에 직무상 책임이 있는 경우	업무정지 1개월	업무정지 2개월	면허취소
면허를 타인에게 대여하여 사용하게 한 경우	업무정지 2개월	업무정지 3개월	면허취소
업무정지기간 중에 조리사의 업무를 한 경우	면허취소	–	–

(9) 벌칙

1) 3년 이상의 징역

다음의 어느 하나에 해당하는 질병에 걸린 동물을 사용하여 판매할 목적으로 식품 또는 식품첨가물을 제조·가공·수입 또는 조리한 자

① 소해면상뇌증(광우병)

② 탄저병

③ 가금 인플루엔자

2) 1년 이상의 징역

다음의 어느 하나에 해당하는 원료 또는 성분 등을 사용하여 판매할 목적으로 식품 또는 식품첨가물을 제조·가공·수입 또는 조리한 자

① 마황(麻黃)　　　② 부자(附子)

③ 천오(川烏)　　　④ 초오(草烏)

⑤ 백부자(白附子)　⑥ 섬수

⑦ 백선피(白鮮皮)　⑧ 사리풀

3) 제조·가공·수입·조리한 식품 또는 식품첨가물을 판매하였을 때에는 그 판매금액의 2배 이상 5배 이하에 해당하는 벌금을 병과함

4) 10년 이하의 징역 또는 1억원 이하의 벌금에 처하거나 이를 병과

① 썩거나 상한 것, 병을 일으키는 미생물에 오염되거나 건강을 해칠 물질이 첨가된 것, 식용으로 부적합한 것, 수입이 금지된 것 또는 수입신고를 하지 아니라고 수입한 것, 영업자가 아닌 자가 제조·가공·소분한 것, 병든 동물 고기의 판매 등, 위해식품 등의 판매 등 금지 규정을 위반한 자

② 유독·유해물질이 들어 있거나 묻어 있어 인체의 건강을 해칠 우려가 있는 기구 및 용기·포장을 판매하거나 판매할 목적으로 제조·수입·저장·운반·진열하거나 영업에 사용한 자

③ 영업 종류별 또는 영업소별 허위신고를 하거나, 영업의 등록·변경등록 또는 변경신고를 위반한 자

④ ①~③의 죄로 금고 이상의 형을 선고받고 그 형이 확정된 후 5년 이내에 다시 ①~③의 죄를 범한 자는 1년 이상 10년 이하의 징역에 처함

⑤ ④의 경우 그 해당 식품 또는 식품첨가물을 판매한 때에는 그 판매금액의 4배 이상 10배 이하에 해당하는 벌금을 병과함

5) 5년 이하의 징역 또는 5천만원 이하의 벌금에 처하거나 이를 병과

① 기준과 규격에 맞지 아니하는 식품 또는 식품첨가물을 판매하거나 판매할 목적으로 제조·수입·가공·사용·조리·저장·소분·운반·보존 또는 진열한 자

② 기준과 규격에 맞지 아니한 기구 및 용기·포장을 판매하거나 판매할 목적으로 제조·수입·저장·운반·진열하거나 영업에 사용한 자

③ 거짓이나 부정한 방법으로 식품위생검사기관 지정을 받은 경우, 고의 또는 중대한 과실로 거짓의 식품위생검사에 관한 성적서를 발급한 경우, 식품위생검사 업무정지 처분기간 중에 식품위생검사 업무를 행하는 경우 해당하는 위반행위를 한 자

④ 영업시간 및 영업행위의 제한 준수를 위반한 자

⑤ 관계 공무원의 압류·폐기처분 명령 및 위해식품 등의 회수·폐기명령, 위해식품 등의 공표명령을 위반한 자

⑥ 영업정지 명령을 위반하고 영업을 계속한 자

6) 3년 이하의 징역 또는 3천만원 이하의 벌금

① 표시기준에 맞지 않는 식품 등을 판매하거나 판매할 목적으로 수입·진열·운반하거나 영업에 사용한 경우

② 허위표시, 과대광고, 과대포장 등의 금지 관련 조항을 위반한 자

③ 위해식품 등에 대한 긴급대응 조치에 따라 제조·판매가 금지된 식품을 제조·판매한 자

④ 휴업·재개업·폐업 또는 경미한 사항 변경 시 신고의무를 이행하지 아니한 자

⑤ 조리사 또는 영양사가 아닌 자가 이 명칭을 사용한 자

⑥ 수입 식품 등의 통관 전 검사의무를 위반한 자

Check Note

제01편

✅ **3년 이하의 징역 또는 3천만원 이하의 벌금이나 병과**

■ 조리사를 두지 않은 식품접객영업자와 집단급식소의 운영자
■ 영양사를 두지 않은 집단급식소의 운영자

⑦ 영업자가 지켜야 할 사항을 지키지 않은 자

⑧ 오염예방조치를 하지 아니한 자

⑨ 영업정지 명령, 영업소 폐쇄명령을 위반하여 계속 영업하거나 제조한 자

⑩ 제조정지 명령을 위반한 자

⑪ 관계 공무원이 부착한 봉인 또는 게시문 등을 함부로 제거하거나 손상시킨 자

⑫ 식중독 원인조사를 거부·방해 또는 기피한 자

7) 500만원 이하의 과태료

① 건강진단과 위생교육을 받지 않은 경우

② 식중독 환자나 그 의심이 있는 자를 진단하였거나 사체를 검안한 의사가 보고를 하지 않은 경우

③ 식품위생관리인을 선임 또는 해임신고를 하지 않았거나 허위보고를 한 경우

④ 식품 및 식품첨가물의 생산실적 등을 보고하지 아니하거나 허위보고를 한 경우

⑤ 시설의 개수명령을 위반한 경우

⑥ 집단급식소를 설치·운영하고자 하는 자가 신고를 하지 않았거나 허위신고를 한 경우

⑦ 조리사 및 영양사 보수교육의 의무를 위반한 경우

2 식품 등의 표시 · 광고에 관한 법령

(1) 용어의 정의

표시	식품, 식품첨가물, 기구, 용기·포장, 건강기능식품, 축산물(이하 "식품 등") 및 이를 넣거나 싸는 것(그 안에 첨부되는 종이 등 포함)에 적는 문자·숫자 또는 도형
영양표시	식품, 식품첨가물, 건강기능식품, 축산물에 들어있는 영양성분의 양(量) 등 영양에 관한 정보를 표시하는 것
나트륨 함량 비교 표시	식품의 나트륨 함량을 동일하거나 유사한 유형의 식품의 나트륨 함량과 비교하여 소비자가 알아보기 쉽게 색상과 모양을 이용하여 표시하는 것
공고	라디오·텔레비전·신문·잡지·인터넷·인쇄물·간판 또는 그 밖의 매체를 통하여 음성·음향·영상 등의 방법으로 식품 등에 관한 정보를 나타내거나 알리는 행위
소비기한	식품 등에 표시된 보관방법을 준수할 경우 섭취하여도 안전에 이상이 없는 기한

✔ **300만원 이하의 과태료**

- 식품접객업자가 영업신고증, 영업허가증 또는 조리사면허증 보관 의무를 준수하지 아니한 경우나 유흥주점영업자가 종업원 명부 비치·기록 및 관리 의무를 준수하지 아니한 자
- 소비자로부터 이물 발견신고를 받고 보고하지 아니한 자
- 식품이력추적관리 등록사항이 변경된 경우 변경사유가 발생한 날부터 1개월 이내에 신고하지 아니한 자
- 식품이력추적관리정보를 목적 외에 사용한 자

(2) 표시의 기준

식품, 식품첨가물 또는 축산물	• 제품명, 내용량 및 원재료명 • 영업소 명칭 및 소재지 • 소비자 안전을 위한 주의사항 • 제조연월일, 소비기한 또는 품질유지기한 • 그 밖에 소비자에게 해당 식품, 식품첨가물 또는 축산물에 관한 정보를 제공하기 위하여 필요한 사항으로서 총리령으로 정하는 사항
기구 또는 용기·포장	• 재질 • 영업소 명칭 및 소재지 • 소비자 안전을 위한 주의사항 • 그 밖에 소비자에게 해당 기구 또는 용기·포장에 관한 정보를 제공하기 위하여 필요한 사항으로서 총리령으로 정하는 사항

(3) 영양표시

표시 대상 영양성분	열량, 나트륨, 탄수화물, 당류, 지방, 트랜스지방(Trans Fat), 포화지방(Saturated Fat), 콜레스테롤(Cholesterol), 단백질, 영양표시나 영양강조표시를 하려는 경우에는 1일 영양성분 기준치에 명시된 영양성분
영양성분의 표시사항	영양성분의 명칭, 영양성분의 함량, 1일 영양성분 기준치에 대한 비율

(4) 부당한 표시 또는 광고행위의 금지

① 질병의 예방·치료에 효능이 있는 것으로 인식할 우려가 있는 표시 또는 광고

② 식품 등을 의약품으로 인식할 우려가 있는 표시 또는 광고

③ 건강기능식품이 아닌 것을 건강기능식품으로 인식할 우려가 있는 표시 또는 광고

④ 거짓·과장된 표시 또는 광고

⑤ 소비자를 기만하는 표시 또는 광고

⑥ 다른 업체나 다른 업체의 제품을 비방하는 표시 또는 광고

⑦ 객관적인 근거 없이 자기 또는 자기의 식품 등을 다른 영업자나 다른 영업자의 식품 등과 부당하게 비교하는 표시 또는 광고

⑧ 사행심을 조장하거나 음란한 표현을 사용하여 공중도덕이나 사회윤리를 현저하게 침해하는 표시 또는 광고

⑨ 총리령으로 정하는 식품 등이 아닌 물품의 상호, 상표 또는 용기·포장 등과 동일하거나 유사한 것을 사용하여 해당 물품으로 오인·혼동할 수 있는 표시 또는 광고

(5) 부당한 표시 또는 광고 행위의 금지를 위반한 경우의 벌칙
  ① (4)의 ①~③을 위반하여 표시 또는 광고를 한 자는 10년 이하의 징역 또는 1억원 이하의 벌금에 처하거나 이를 병과할 수 있음
  ② ①의 죄로 형을 선고받고 그 형이 확정된 후 5년 이내에 다시 ①의 죄를 범한 자는 1년 이상 10년 이하의 징역에 처함
  ③ ②의 경우 해당 식품 등을 판매하였을 때에는 그 판매가격의 4배 이상 10배 이하에 해당하는 벌금을 병과함

(6) 3년 이하의 징역 또는 3천만원 이하의 벌금
  ① 표시의 기준을 위반하여 식품 등(건강기능식품은 제외)을 판매하거나 판매할 목적으로 제조·가공·소분·수입·포장·보관·진열 또는 운반하거나 영업에 사용한 자
  ② 품목 등의 제조정지 규정에 따른 품목 또는 품목류 제조정지 명령을 위반한 자
  ③ 「수입식품안전관리 특별법」상 영업의 등록 등에 따라 영업등록을 한 자로서 영업정지 명령을 위반하여 계속 영업한 자
  ④ 「식품위생법」상 영업허가 등에 따라 영업신고를 한 자로서 영업정지 명령 또는 영업소 폐쇄명령을 위반하여 계속 영업한 자
  ⑤ 「식품위생법」상 영업허가 등에 따라 영업등록을 한 자로서 영업정지 명령을 위반하여 계속 영업한 자
  ⑥ 「축산물 위생관리법」상 영업의 허가에 따라 영업허가를 받은 자로서 영업정지 명령을 위반하여 계속 영업한 자
  ⑦ 「축산물 위생관리법」상 영업의 신고에 따라 영업신고를 한 자로서 영업정지 명령 또는 영업소 폐쇄명령을 위반하여 계속 영업한 자

단원별 기출복원문제

01 세균의 아포까지 사멸시킬 수 있는 살균법은?

① 저온장시간살균법 ② 초고온순간살균법

③ 고압증기멸균법 ④ 열탕소독

02 장염비브리오에 의한 식중독의 특성으로 옳지 않은 것은? 빈출

① 원인 세균의 이름은 Vibrio Parahemolyticus이며, 그람음성의 통성혐기성 간균으로 호염성 세균이다.

② 생선을 날로 섭취하는 우리나라와 일본에서 많이 발생하는 식중독이다.

③ 독소형 식중독이므로 섭취 전 재가열로 충분한 예방이 어렵기 때문에 균이 오염되지 않도록 하는 것이 중요하다.

④ 오염된 식품과 접촉된 행주, 도마에서 유래되는 2차 오염도 중요한 오염경로이다.

03 화학성 식중독과 관계 깊은 것은?

① 무스카린(Muscarine)

② 메탄올(Methanol)

③ 테트로도톡신(Tetrodotoxin)

④ 솔라닌(Solanine)

04 장티푸스 감염지역에서 가장 중요시해야 하는 관리 방법은?

① 보건교육 실시

② 환자 격리 및 후송

③ 소독 및 건강보균자의 색출

④ 예방접종 실시

01 ③

해설 고압증기멸균법은 121℃에서 15~20분간 소독하여 아포를 포함한 모든 균을 사멸시킬 수 있다.

02 ③

해설 장염비브리오는 감염형 식중독으로, 장염비브리오균은 60℃에서 5분간의 가열로 사멸하므로 가열 섭취하면 충분히 예방할 수 있다.

03 ②

해설
• 화학성 식중독은 유해 중금속, 농약, 불량첨가물 등에 의한 식중독이다.
• 무스카린은 독버섯 식중독, 테트로도톡신은 복어 식중독, 솔라닌은 감자 식중독의 원인 독소로 이들에 의한 식중독은 자연독에 의한 식중독으로 분류된다.

04 ③

해설 장티푸스는 건강보균자가 많으므로 환자보다도 보균자가 감염원으로서 더욱 위험하다. 따라서 건강보균자를 색출하여 격리하는 것이 가장 중요하다.

05 ③

해설
- 에틸알코올 : 70%
- 과산화수소 : 2.5~3.5%
- 양성(역성)비누 : 과일·채소·식기 소독은 0.01~0.1%, 손 소독은 10%로 사용

06 ②

해설 위생해충이 매개하는 감염병
- 벼룩 : 페스트, 발진열
- 진드기 : 유행성 출혈열, 양충병
- 이 : 발진티푸스, 재귀열
- 모기 : 일본뇌염, 말라리아, 황열, 사상충증
- 파리 : 장티푸스

07 ②

해설 HACCP
- 식품위생법상 식품안전관리인증기준을 말한다.
- 식품의약품안전처장은 식품의 원료관리, 제조·가공·조리·소분·유통의 모든 과정에서 위해한 물질이 식품에 섞이거나 식품이 오염되는 것을 방지하기 위하여 각 과정의 위해요소를 확인·평가하여 중점적으로 관리하는 기준을 식품별로 정하여 고시할 수 있다.

08 ④

해설 미생물 생육에 필요한 조건에는 적정 영양소, 수분, 온도, pH, 산소요구량 등이 있다.

05 다음 중 소독제의 사용 비율이 옳은 것은? 빈출

① 에틸알코올 - 100%
② 과산화수소 - 35%
③ 석탄산 - 3~5%
④ 양성비누 - 20%

06 다음 중 발진티푸스를 매개하는 곤충은?

① 벼룩
② 이
③ 모기
④ 파리

07 식품위생법에서 의미하는 식품의 원료, 제조, 가공 및 유통의 각 단계에서 발생할 수 있는 위해요소를 분석 관리하여 식품의 안전성을 확보하는 제도란?

① 회수제도(Recall)
② HACCP
③ 공표제도
④ ISO인증

08 세균의 번식이 잘 되는 식품과 가장 거리가 먼 것은? 빈출

① 온도가 적당한 식품
② 습기가 있는 식품
③ 영양분이 많은 식품
④ 양이 많은 식품

09 세균성 식중독 중에서 잠복기가 가장 짧은 것은? ⭐빈출

① 클로스트리디움 보툴리눔 식중독
② 장구균 식중독
③ 살모넬라 식중독
④ 포도상구균 식중독

10 조리사의 화농병소와 관계가 깊은 식중독은?

① 병원성대장균 식중독
② 포도상구균 식중독
③ 장염비브리오 식중독
④ 살모넬라 식중독

11 다음 중 살균력 기준을 나타내는 소독약품은?

① 표백분
② 석탄산
③ 역성비누
④ 크레졸

12 물컵 등 소독에 사용될 수 있는 자외선 식기 살균에 대한 설명으로 옳은 것은?

① 자외선에 의한 살균은 살균력이 커서 모든 물체의 내부까지 완전히 살균된다.
② 자외선 살균 등의 거리는 물체로부터 멀수록 좋다.
③ 자외선 식기 살균기를 계속 사용하는 경우 균에 내성을 줄 수 있다.
④ 자외선 중 특정 영역의 파장이 미생물의 살균에 효과적이다.

---

09 ④
해설 세균성 식중독의 잠복기는 보통 12~36시간으로 비교적 짧은 편인데, 그중에서도 포도상구균 식중독은 잠복기가 식후 3시간 정도로 가장 짧다.

10 ②
해설 화농성 질환의 대표적인 원인균인 포도상구균에 의한 식중독은 포도상구균이 식품 중에 번식할 때 형성되는 엔테로톡신이라는 독소에 의해 일어난다. 따라서 손이나 몸에 화농이 있는 사람은 식품 취급을 금해야 한다.

11 ②
해설 **석탄산**
• 석탄산은 햇볕이나 유기물질 등에도 소독력이 약화되지 않아 살균력 비교 시 이용된다.
• 석탄산계수 = $\dfrac{\text{소독액의 희석배수}}{\text{석탄산 희석배수}}$

12 ④
해설 **자외선 살균의 특징**
• 침투력이 약하여 표면 살균만 가능하다.
• 자외선 살균 등의 거리는 물체에 가까울수록 좋으나 보통 50cm 정도가 적당하다.
• 사용법이 간단하고 균에 내성을 주지 않는다.
• 살균력이 가장 강한 파장은 2,500~2,600Å이다.

13 ②

해설 포도상구균 장독소는 엔테로톡신이며, 내열성이 강해 120℃에서 20분간 가열해도 파괴되지 않는다.

14 ①

해설 간흡충은 민물고기의 생식 외에도 민물고기를 취급한 손이나 도마 또는 만연 지역에서는 생수에 의해서 감염될 수 있다.

15 ④

해설
· 휴게음식점영업 : 음주행위가 허용되지 아니하는 영업
· 유흥주점영업 : 주로 주류를 조리·판매하는 영업
· 단란주점영업 : 주로 주류를 조리·판매하는 영업
· 일반음식점영업 : 식사와 함께 부수적으로 음주행위가 허용되는 영업

16 ④

해설 독소형 식중독은 식품 내에 병원체가 증식하여 생성한 독소에 의해 생기는 식중독으로, 엔테로톡신 독소에 의한 포도상구균 식중독과 뉴로톡신(신경독) 독소에 의한 클로스트리디움 보툴리눔 식중독이 있다.

13 황색 포도상구균에 의한 식중독의 예방 방법과 관련된 내용으로 옳지 않은 것은? 빈출

① 식품 취급자의 개인위생이 특히 중요하다.
② 엔테로톡신은 열에 쉽게 파괴되기 때문에 섭취 전 가열 원칙을 잘 지킨다.
③ 화농성 질환을 앓고 있는 사람이 음식을 다루지 않도록 해야 한다.
④ 식품은 저온에서 보관하고 조리 후에는 가능한 한 빨리 먹도록 한다.

14 다음 중 민물고기를 생식한 일이 없는데도 간흡충에 감염될 가능성이 있는 경우인 것은?

① 요리기구를 통하여 감염
② 오염된 채소를 생식했을 경우 감염
③ 가재, 게 등의 생식으로 감염
④ 소고기의 생식으로 인한 감염

15 다음 중 주류를 판매할 수 없는 영업의 종류는?

① 유흥주점 영업
② 단란주점 영업
③ 일반음식점 영업
④ 휴게음식점 영업

16 다음 중 독소형 세균성 식중독은? 빈출

① 리스테리아 식중독과 복어독 식중독
② 살모넬라 식중독과 장염비브리오 식중독
③ 맥각류 식중독과 프로테우스 식중독
④ 포도상구균 식중독과 클로스트리디움 보툴리눔 식중독

17 식품의 표시 · 광고에 대한 설명으로 옳은 것은?

① 허위표시 · 과대광고의 범위에는 용기 · 포장만 해당하며, 인터넷을 활용한 제조 방법 · 품질 · 영양가에 대한 정보는 해당하지 않는다.

② 자사 제품과 직 · 간접적으로 관련하여 각종 협회 및 학회 단체의 감사장 또는 상장, 체험기 등을 활용하여 "인증", "보증" 또는 "추천"을 받았다는 내용을 사용하는 광고는 가능하다.

③ 인체의 건전한 성장 및 발달과 건강한 활동을 유지하는 데 도움을 준다는 표현은 허위표시 · 과대광고에 해당하지 않는다.

④ 질병의 치료에 효능이 있다는 내용의 표시 · 광고는 허위표시 · 과대광고에 해당하지 않는다.

18 다음 중 조개류 중독의 원인이 되는 식품은?

① 아트로핀(Atropine)

② 사포게닌(Sapogenin)

③ 베네루핀(Venerupin)

④ 무스카린(Muscarine)

19 경구감염병과 비교할 때 세균성 식중독이 가지는 일반적인 특성으로 옳은 것은? 빈출

① 잠복기가 짧다.

② 폭발적 · 집단적으로 발생한다.

③ 소량의 균으로도 발병한다.

④ 2차 발병률이 높다.

20 다음 중 조리사로서 영업에 종사할 수 없는 질병이 아닌 것은? 빈출

① 피부병 기타 화농성 질환

② 소화기계의 감염병

③ 비활동성의 B형 간염

④ 감염성의 결핵

17 ③

해설
식품의 표시 · 광고에 있어 인체의 건전한 성장 및 발달에 도움을 준다는 표현은 허위표시 · 과대광고에 해당하지 않는다.

18 ③

해설
• 베네루핀 : 모시조개, 바지락
• 아트로핀 : 미치광이풀
• 사포게닌 : 콩류
• 무스카린 : 독버섯의 유독 성분

19 ①

해설 세균성 식중독은 일반적으로 잠복기가 짧고 대량의 균(독소)에 의해 발병되며, 살모넬라 외에는 2차 감염이 없고 면역이 되지 않는 특징을 가진다.

20 ③

해설 영업에 종사하지 못하는 질병
• 콜레라, 장티푸스, 파라티푸스, 세균성이질, 장출혈성대장균감염증, A형간염
• 결핵(비감염성인 경우 제외)
• 피부병 또는 그 밖의 고름형성(화농성) 질환
• 후천성 면역결핍증(AIDS)

02 안전관리

CHAPTER 02

Check Note

✓ 안전관리 지침서

작업장 내의 작업 시 주방기기 및 시설의 조작방법과 기능을 익히고, 안전수칙을 철저히 준수하여 안전 사고를 예방하기 위해 안전관리 지침서를 작성해야 함

- 조리업무의 전 과정에서 작업 중 상처, 부상 등의 사고가 일어나지 않도록 시설·설비 점검실시
- 조리종사자는 기기 안전 취급, 작업방법, 작업동작 등에 대하여 정기적 안전교육 받아야 함
- 작업장에서는 안정된 자세로 조리 작업에 임하고 바닥의 상태를 고려하여 뛰지 않도록 함
- 조리 작업에 편리한 작업복과 조리안전화를 착용
- 조리 작업한 음식물 등을 이동할 때는 앞뒤를 살피고 안전장갑, 운반 기구로 이동
- 조리기계·기구의 안전작동 방법 교육을 실시하고 관리책임자를 지정
- 작업장에서는 시설·설비의 점검 및 안전검사를 위해 관계 규정을 만들고, 시설·설비의 안전검사를 정기적으로 실시하며, 점검 결과를 기록·유지
- 작업장 내에 안전·보건 표지를 부착하고 항상 안전한 작업 자세 갖기

01 개인 안전관리

조리업무에서의 안전관리란 조리업무를 수행함에 있어 사고 예방과 위해 관리를 하여 조리종사자, 조리시설, 고객 등을 위험으로부터 보호하는 작업

1 개인 안전관리 점검표

구분	점검 내용	체크(∨)
1	적당한 보호구(미끄럼 방지 조리안전화 등)를 착용했는지 여부	
2	뜨거운 물품이나 조리 완제품을 다루기 전에 긴 장갑, 긴 앞치마를 착용했는지 여부	
3	작업 시 서두르지 않도록 작업시간이 적정하게 부여되었는지 여부	
4	바닥의 물기, 음식물 잔재물, 물 호스 등 넘어짐 사고 원인을 바로 제거하였는지 여부	
5	식재료 적재 시 적당한 높이(작업자의 가슴 아래)로 적재하는지 여부	
6	뜨거운 물체와 화염과의 접촉을 방지하도록 작업구역이 구분되어 있는지 여부	
7	칼 등 날카로운 도구를 이용한 작업 시 작업 안전수칙을 준수하였는지 여부	
8	채소 절단기 등 주방기기 청소 시 전원 차단 후 청소하는지 여부	
9	냉동 식자재는 미리 해동 후 작업하는지 여부	
10	가스 사용 시 안전수칙을 숙지하였는지 여부	
11	화재 발생 시 소방 및 대피방법을 숙지하였는지 여부	
12	소화기 및 소화전의 작동 및 사용방법을 숙지하였는지 여부	
13	무거운 식재료 운반 시 이동식 운반기 등 보조기구를 사용하는지 여부	
14	무거운 물체 운반 시 2인 1조로 작업을 실시하는지 여부	
15	위험하거나 사고가 자주 발생하는 지점에 안전표지판을 부착하였는지 여부	
16	응급상황, 위기상황 발생 시 대처할 수 있는지 여부	
17	작업 전·중·후 주기적으로 스트레칭을 실시하였는지 여부	

2 작업 안전관리

작업 안전관리는 조리 작업의 수행에 있어서 작업자는 물론 시설의 안전을 유지·관리하기 위해 필요로 함

(1) 조리작업장 안전사고 유형별 위험요소와 예방대책

① 바닥에 물, 기름 등으로 인해 미끄러질 위험에 대비
② 통로 확보 및 통행로에 물품을 적재하거나 방치하는 것에 대비
③ 장애물(문턱·배관·패인 곳)로 인해 넘어질 위험이 있을 때를 대비
④ 작업장·계단·통로에 적정한 조명 설치
⑤ 계단에 난간 설치, 답단(딛는 계단) 끝에 미끄럼 방지 조치를 함
⑥ 미끄럼 방지용 안전 장화·작업화 등을 착용
⑦ 재료운반 대차 및 배식차에 끼일 위험에 대비
⑧ 양념 재료(마늘·파·양파 등)가 분쇄기·절단기에 말려들 위험에 대비
⑨ 기계의 회전체(벨트·체인·날개 등)에 방호 덮개를 설치
⑩ 리프트(lift), 덤웨이터의 안전한 사용 방법을 숙지
⑪ 절단기·분쇄기 칼날 부위에 베임 방지용 덮개를 설치
⑫ 칼날 등에 베일 위험을 방지하는 조치를 함
⑬ 전기 기계·기구에 감전 예방용 접지 상태를 확인
⑭ 누전차단기 설치 및 월 1회 이상 동작 여부를 점검
⑮ 급식실 후드(Hood) 청소 등의 작업 시 추락할 위험에 대비
⑯ 고온 스팀 사용장소에 고온 경고 또는 화상 주의 표지 게시 여부를 확인
⑰ 조리작업장의 화재 시 대책을 세우고 교육을 시행
⑱ 물질안전보건자료(MSDS)의 게시 또는 비치 및 교육을 시행
⑲ 취급 용기 및 포장에 MSDS 경고 표지를 부착
⑳ 근골격계에 부담되는 작업 시 유해요인 조사를 하고 이에 맞춰 작업

(2) 칼 사용의 방법

사용안전	• 칼을 사용할 때는 정신 집중과 안정된 자세로 작업 • 칼을 실수로 떨어뜨렸을 때는 잡지 말고 피할 것 • 본래 목적 이외에 사용하지 말 것
이동안전	• 주방에서 칼을 들고 다른 장소로 옮기지 않을 것 • 옮겨야 하는 때에는 칼끝이 정면이 아닌 지면을 향하게 하고 칼날은 뒤로 가게 하여 옮길 것
보관안전	• 칼은 정해진 장소의 안전함에 넣어서 보관할 것 • 칼을 보이지 않는 곳, 싱크대 등에 두지 말 것

Check Note

✓ 재난의 원인 4요소

- 인간(Man)
- 기계(Machine)
- 매체(Media)
- 관리(Management)

✓ 작업장 내 안전사고의 3요인

인적 요인	정서적 요인, 행동적 요인, 생리적 요인
물적 요인	각종 기계, 장비, 시설물 등의 요인
환경적 요인	주방의 환경적·물리적·시설적 요인

✓ 개인 안전사고 유형

- 칼의 베임
- 화상
- 골절 및 근육파열
- 화재
- 폭발

3 개인 안전사고 예방 및 응급조치

(1) 개인 안전사고

1) 개인 안전사고 예방

재해 발생의 원인	• 부적합한 지식 • 부적절한 태도와 습관 • 불충분한 기술 • 불안전한 행동 • 위험한 작업환경
안전사고 예방과정	위험요인 제거 → 위험요인 차단 → 위험사건 오류 예방 → 위험사건 오류 교정 → 위험사건 발생 이후 재발방지 조치 제한(심각도)

2) 안전교육

안전교육의 목적	상해, 사망 또는 재산의 피해를 일으키는 불의의 사고를 예방하는 것
안전교육의 필요성	• 안전불감증 의식 변화, 안전에 대한 국민의식 변화, 사업주의 안전경영, 근로자의 안전수칙 준수 등 필요 • 외부적인 위험으로부터 자신의 신체와 생명을 보호 • 물체에 대한 사람들의 비정상적인 접촉으로 인한 직업병과 산업재해 예방 • 과거의 재해경험으로 쌓은 지식과 함께 안전문화 교육을 통한 기계·기구·설비와 생산기술의 안전적 사용 • 교육을 통해 사업장의 위험성이나 유해성에 관한 지식, 기능 및 태도의 안전한 변화 이행

3) 응급상황 시 행동단계

현장조사(Check) → 119신고(Call) → 처치 및 도움(Care)

(2) 사고 유형별 응급처치

낙상 사고	혼자 일어날 수 있는 경우에는 다친 곳이 없나 확인 후 천천히 일어나고, 골절 의심 시에는 해당 부위를 만지지 말게 하고 응급 치료기관에 보내도록 함
화상 사고	• 불, 기름, 수증기로 인한 화상을 입었을 때는 환부가 붉게 변하며, 따가움과 열감이 느껴짐 • 1도 화상의 경우 : 차가운 물로 씻거나 얼음, 얼음 팩을 사용하여 환부를 식힌 후 물집이 생기면 병원 치료를 받도록 함 • 강한 산성, 알칼리성을 띠는 독성 화학물질 노출에 의한 화상을 입은 경우 : 노출 부위를 생리 식염수나 소독약을 활용하여 세척 후 병원 치료를 받음
전기기구로 인한 사고	감전이나 전기로 인한 화상 사고 시 신경 손상 등의 위험이 있으므로 전기를 차단한 후 응급구조 요청을 해야 함

골절 사고	환자를 함부로 만지지 말고 골절된 부분을 고정하고 움직이지 않도록 하여 병원으로 후송함
화재 사고	얼굴에 화상을 입지 않도록 두 손으로 얼굴을 감싸고 바닥에 몸을 뒹굴어서 불이 꺼지도록 함

4 산업안전보건법

(1) 산업안전보건법의 목적 및 적용 범위

목적	산업안전·보건에 관한 기준을 확립하고, 그 책임의 소재를 명확하게 하여 안전하고 쾌적한 작업환경을 조성함으로써 근로자의 안전과 보건을 유지·증진함
적용 범위	모든 사업 또는 사업장에 적용되는 것이 원칙이나, 유해·위험의 정도, 사업의 종류·규모 및 사업의 소재지 등을 고려하여 대통령령이 정하는 사업에 대하여는 법의 일부만 적용

(2) 용어 정의

산업재해	노무를 제공하는 사람이 업무에 관계되는 건설물·설비·원재료·가스·증기·분진 등에 의하거나 작업 또는 그 밖의 업무로 사망 또는 부상하거나 질병에 걸리는 것
중대재해	산업재해 중 사망 등 재해 정도가 심하거나 다수의 재해자가 발생한 경우로서 고용노동부령으로 정하는 재해 • 사망자가 1명 이상 발생한 재해 • 3개월 이상의 요양이 필요한 부상자가 동시에 2명 이상 발생한 재해 • 부상자 또는 직업성 질병자가 동시에 10명 이상 발생한 재해

(3) 산업안전보건법의 특징

복잡성 및 다양성	사업장 기계·설비의 다양화, 유해물질 사용량의 급증, 작업공정 및 기계장치의 복잡성 증가 등에 따라 유해·위험요소는 더욱 복잡화·다양화·대형화하는 추세이며, 이러한 각각의 유해·위험요소를 제거 또는 방지하기 위해서 산업안전보건법의 내용도 점점 복잡하고 다양해지고 있음
기술성	산업현장에서 사용되는 각종 기계·기구·설비 및 유해물질 등에 의한 유해·위험요소를 제거하기 위해서는 전문기술성이 필요해짐
강제성 및 규제성	산업재해에 대해 총체적인 책임을 지는 사업주에게 안전보건 확보 의무 등 많은 부분에 대한 규제가 필요함

1 조리장비·도구의 종류와 특징, 용도

(1) 전문레스토랑 조리장비

냉동·냉장고	매장 규모에 따라 소형 냉장(0~5℃)·냉동실(-18℃ 이하)에 식품을 보관
컨벡션 오븐	가스, 전기를 사용하여 오븐 내에 설치되어 있는 환풍기에 의해 공기를 순환시켜 대류에 의해 로스팅(roasting)하여 식품을 가열하는 방식
마이크로포스 (micropos)	메뉴 오더 후 작업장으로 전송되어 출력하기 위한 장비
훈제기	육류나 가금류, 생선을 이용하여 소시지, 햄을 만들 수 있도록 훈제하는 장비
샐러맨더	생선류 등의 일식 구이요리를 하기 위한 장비
그라인더 민스기	육류, 가금류, 채소, 만두 등의 속재료를 갈아야 할 때 사용하는 장비
오리 화덕	오리를 건조시켜 구울 때 사용하는 장비
반죽기	주로 밀가루를 섞을 때 사용하며, 다른 식재료를 섞음
제빙기	얼음 만드는 기계

(2) 단체급식소 조리장비

냉동·냉장고	급식소 규모에 따라 소형 냉동·냉장고나 창고형 냉장(0~5℃)·냉동실(-18℃ 이하)에 식품을 보관
세정대	• 개수공간의 수에 따라서 1조, 2조, 3조 세정대로 구분 • 작업장에서 식품을 씻을 때 채소, 육류, 어류 등으로 분류하여 사용
보온고	많은 양의 조리된 음식을 따뜻하게 보관하며, 자동온도조절기가 부착되어 내부온도를 65~80℃로 일정하게 유지
양문형 냉장고	조리된 음식을 차게 보관하며 내부온도를 3~5℃로 유지
절단기	주로 많은 양의 채소를 절단하는 데 사용(채소 절단기, 분쇄기, 슬라이서, 골절기, 연육기 등)
탈피기	감자, 고구마, 당근, 무 등 채소의 껍질 손질
혼합기	• 믹서기 : 주로 식재료를 혼합하여 밀가루나 케이크를 반죽할 때 사용 • 블렌더 : 혼합, 액화, 분쇄 등의 작용으로 액체를 저어서 일정하게 만드는 것

세미기	• 대규모의 급식소에서 수압에 의해 대량의 쌀이나 잡곡류를 세척 • 주로 20kg의 쌀을 씻는 데 5분 정도 사용
취반기	• 급식소의 규모에 따라 밥을 짓는 용도로 사용 • 가스식 : 주로 100~300명 사이의 소량의 밥을 지을 때 3단식 가스 밥솥을 사용하며, 1단은 50명분의 밥 가능 • 스팀식 : 주로 500명 이상의 많은 인원의 밥을 하기 위해 사용
튀김기	• 각종 튀김 조리에 사용 • 튀김기 위에 냄새와 연기 제거를 위해 후드를 꼭 설치
오븐	주로 동물성 식품인 육류, 생선, 닭고기 등의 식품이나 빵, 케이크, 쿠키 등을 고온으로 굽거나 찔 때 사용
만능조리기	회전식 프라이팬이라고도 하며 부침, 볶음, 구이 등의 조리를 하나의 장비로 가능한, 이용범위가 넓은 기기
스팀 쿠커	채소, 달걀, 육류 등의 식품을 압력을 이용하여 단시간에 쪄 내는 장비로, 압력으로 인한 위험에 주의
스팀 솥	증기를 이용하여 국·찌개·수프·죽 등을 끓일 때, 많은 양의 볶음·조림을 하거나 삶을 때, 찜 요리를 할 때도 사용
번철 (가스 그리들)	• 철판으로 된 번철은 대량으로 전, 스테이크 등 기름을 사용하여 구울 때 사용 • 기름을 사용할 때 잘 흐를 수 있도록 경사지게 함 • 상판 온도가 120~454℃를 유지할 수 있도록 자동온도 조절장치 부착
식기세척기	매장용 식기, 작업장용 조리도구를 대량으로 세척 후 고온으로 건조하여 사용

2 조리장비 · 도구의 분해 및 조립 방법

냉동 · 냉장고	전원 차단 후 냉동·냉장고 내부의 식품을 꺼낸 후 냉동고의 얼음과 성에를 제거
절단기	플러그를 뺀 후 기계를 분해하여 세제로 세척 후 온수로 헹궈 낸 후 건조하여 다시 조립
탈피기	전원 상태에서 물을 뿌려가며 청소 후 전원을 끈 상태에서 세제로 깨끗이 씻어 건조시킨 후 콘센트에서 플러그를 제거하여 보관
혼합기	사용 후 칼을 분리하여 세제로 세척 후 건조하여 칼을 끼워 재사용
세미기	사용 후 물로 깨끗이 씻은 후 기계에 물기가 남아 있지 않도록 건조

제 01 편

Check Note

✔ 조리(보조)도구 구분

■ 칼의 분류

일반 칼	보통작업에 쓰이는 약 35cm 정도의 칼로 가지런히 썰 때는 세워서 당겨 썰고, 세게 내리쳐서 생선 뼈 등을 썰 때 사용되는 다용도 칼
회칼	생선회를 켤 때 쓰는 칼로 수평이 잘 맞고 어느 정도 무게가 있으며 길이는 21cm 이상
샤프닝 스틸 (야스리)	칼, 가위 등의 무뎌진 칼날을 세울 때 사용

■ 조리 보조도구

감자 깎기 (필러)	감자, 무, 당근 등의 껍질을 얇게 벗기기 위하여 사용
치즈 스크래퍼	단단한 치즈를 얇게 긁을 때 사용
스키머	구멍이 뚫려 있는 조금 큰 수저로 국물을 제거한 순수한 식품을 건져내기 위하여 사용하는 도구
에그 슬라이서	삶은 달걀을 모양을 살려 얇게 썰기 위한 도구
스패츌러	케이크나 쿠키에 생크림, 버터크림, 치즈 등을 올려 놓고 매끈하게 모양을 내기 위해 사용하는 도구
초밥 비빔통	초밥을 만들기 위하여 초밥용 밥을 지어 담아 놓는 도구

취반기	사용 후에는 물로 씻어 물이 고이지 않도록 하여 건조
튀김기	사용한 기름이 식은 후 다른 용기에 담아 통 내부를 전용 세정제로 세척
스팀 솥, 스팀 쿠커	기계별로 사용 후에는 세제를 이용하여 솥 내부, 스팀 쿠커용 용기를 씻어 건조시켜 보관
오븐, 컨벡션 오븐	사용 후 오븐 전용 용기를 세제로 씻어 건조
번철 (가스 그리들)	뜨겁게 달군 후 세제를 사용하여 세척 후 기름칠을 해두어 길을 들임
반죽기	사용 후 반죽기 내의 솥과 믹서기를 분리하여 세제로 세척 후 건조
식기세척기	세척기 내의 물을 뺀 후 세척제를 사용하여 깨끗이 세척 후 내부, 배수로, 여과기, 필터를 주기적으로 세척 및 교체
제빙기	통을 비운 후 전원을 차단하여 뜨거운 물로 제빙기 안을 세제로 세척·건조시킨 후 재작동

3 조리장비 · 도구 안전관리 지침

① 사용 방법을 숙지하고 전문가의 지시에 따라 사용
② 조리장비·도구에 무리가 가지 않도록 유의
③ 이상이 생기면 즉시 사용을 중지하고 조치를 취함
④ 전기 사용 장비는 수분을 피하고 전기사용량, 사용법을 확인한 후 사용
⑤ 모터에 물, 이물질 등이 들어가지 않도록 하고 청결하게 관리
⑥ 장비의 사용 용도 이외에는 사용을 금함
⑦ 정기점검, 일상점검, 긴급점검을 함

4 조리장비 · 도구의 작동 원리

냉동 · 냉장고	냉동·냉장고 내부에서 순환하는 냉매가 액체에서 기체로 변화함으로써 작동
절단기	전기 모터를 통해 회전하는 칼날이 내장되어 있어서 채소류를 여러 종류의 모양이나 크기로 절단
탈피기	분사력, 진공압, 공기 증폭으로 껍질과 뿌리 부분의 흙을 제거하여 이물질을 배출구로 보내 제거
혼합기	용기가 360도 회전하며 발생하는 진동 낙차로 인해 혼합되는 원리
세미기	물을 분사함과 동시에 회전하며 쌀을 씻음

✔ 조리장비 · 도구의 안전점검

일상 점검	• 주방관리자가 매일 육안으로 점검 • 조리도구, 전기, 가스 등의 이상 여부 확인 후 그 결과 기록·유지
정기 점검	• 안전관리책임자가 매년 1회 이상 정기적으로 점검 • 조리도구, 전기, 가스 등의 성능 여부 확인 후 그 결과 기록·유지
긴급 점검	• 손상점검 : 재해나 사고로 인한 구조적 손상 등에 대하여 긴급히 시행 • 특별점검 : 결함이 의심되거나 사용 제한 중인 시설물의 사용 여부를 확인할 때 시행

취반기	증기·가스·전기 등을 열원으로 이용
튀김기	전기로 기름을 데워 음식을 튀김
스팀 솥, 스팀 쿠커	스테인리스 뚜껑 안의 수증기로 음식을 골고루 익힘
오븐, 컨벡션 오븐	가스 또는 상하부 전열판을 통해 내부를 뜨겁게 하여 그 열기로 음식을 익힘
번철(가스 그리들)	일반 부탄가스를 연료로 음식을 조리
반죽기	반죽용 회전날개가 서로 다른 속도로 회전하면서 자동으로 밀가루와 물 등의 성질이 다른 물질의 재료를 고르게 섞어 혼합
식기세척기	전용 세제가 들어 있는 물을 강하게 분사하여 세척
제빙기	압축기에 들어온 저온·저압의 가스를 고온·고압으로 압축시켜 액화하여 기화시키는 과정을 통해 물이 얼음으로 변함

5 주방도구 활용

조리 작업장에서는 능률적이고 효율적인 조리 작업을 위해서 작업공정의 표준화를 이루고, 고성능의 조리장비와 편리한 도구 사용이 필요함

① 성능, 크기와 용량이 작업장의 공간에 적합할 것
② 조리장비·도구는 단순하고 사용하기 쉬울 것
③ 요리하기에 적합한 용도로 사용할 수 있어야 하고, 청소가 쉬울 것
④ 복잡한 조리장비·도구는 사용하고 난 후 유지관리를 위하여 쉽게 분해와 조립이 용이할 것
⑤ 조리장비·도구는 되도록 가격이 경제적이고 유지비가 적게 들며, 애프터서비스(A/S)가 편리할 것

03 작업환경 안전관리

1 작업장 환경관리

조명 관리	• 근로자 이동통로 : 75Lux 이상 • 전처리실 및 조리실 작업대 권장 조도 : 220Lux 이상 • 식재료 및 물품 검수 장소 권장 조도 : 540Lux 이상
온도 관리	• 사업장의 실내온도와 실외온도의 차이 : 8℃ 이내 • 적정온도 　- 통상적으로 18~26℃ 유지 　- 절기별 : 봄·가을(22℃), 여름철(25~26℃), 겨울철(18~21℃)

📎 **Check Note**

✅ **스팀 자동 취반기와 연속식 취반기**
많은 인원의 밥을 하기 위해 사용
■ 스팀 자동 취반기 : 취반 솥의 내압이 상승하여 취반 시간이 단축되므로 연료소비량이 절감됨
■ 연속식 취반기 : 1,000명 이상의 인원을 급식하기 위하여 저장된 쌀을 '운반 → 세미 → 취반기'로 이동하여 물을 부어 가스 직화식으로 취반에서 뜸까지 자동 컨베이어에 의해 이루어지므로 인건비 절약

✅ **조리작업장 환경요소**
■ 온도·습도의 조절, 조명시설, 작업장 내부의 색·소음·환기, 조리종사자의 건강관리 등
■ 작업환경 조사 실시 절차 : 일정 통보 → 예비 조사 → 검토 및 조사 실시 → 결과 통보

✅ **조리작업장의 시설 설비 구비**

- 조리장 기구와 설비는 최소 15cm 이상의 간격을 두어 주변 청소가 가능하도록 함
- 조리작업장은 '식재료의 전처리 → 조리 → 분배 → 저장 → 배식'의 순으로 흐름을 연결하여 교차 오염으로부터 안전하게 관리하고, 폐기물의 동선도 이 흐름에 맞춰서 식품을 오염하는 일이 없도록 다른 경로나 장소를 이용하거나 시차를 두어 폐기
- 병원식이나 기내식 등 고도의 위생관리를 요구하는 곳은 식품의 전처리장과 조리장이 분리되어 있음
- 식품별로 채소·과일·육류·어패류·가금류 처리 구역으로 구분하여 세척 전후로 엄격하게 구분하여 관리
- 많은 양의 음식을 취급하는 급식시설이나 매장이 큰 곳에서는 냉장시설을 갖추고 냉장실은 문턱이 없이 안에서 열 수 있어야 함
- 냉장실은 5℃ 이하를 유지하도록 하고, 냉동실은 −18℃ 이하로 유지
- 조명은 바닥에서 75cm 높이에서 110럭스(lx) 이상이 되어야 물건의 식별이 가능하고 청소가 용이함

습도 관리	• 매장의 적정습도 : 50%(낮은 습도는 피부, 코 등의 건조를 일으키고, 높은 습도는 정신이상을 일으킬 수 있음) • 작업장의 적정습도 : 80%(물을 많이 사용하여 습기가 많음)
정리정돈	• 작업 전 작업장 주위의 통로, 작업장 청소 • 사용한 장비 및 도구는 제자리에 정리 • 굴러다니기 쉬운 것은 받침대 사용 • 적재물은 사용 시기와 용도별로 구분·정리 • 부식 및 발화 가연제 등 위험물질은 별도로 구분·보관
작업장 바닥, 벽, 천장	• 바닥 : 조리 장비·기기의 이동이 편리하도록 가능한 한 턱을 두지 않도록 함 • 벽 : 바닥에서 최소한 1.5m 높이까지는 내구성, 내수성이 있는 자재로 마감하고, 조리작업장 내의 전기 콘센트는 바닥으로부터 1.2m 이상 높이의 방수용으로 설치해야 함 • 천장 : 천장의 재질은 내수성, 내습성, 내화성이 있고 바닥으로부터 2.5m 이상이 되도록 함
급·배수 시설	• 급수 : 수전의 높이는 바닥에서 95~105cm로 하고, 고무호스는 되도록 사용하지 않으며, 사용할 때는 개폐형 노즐(gun type nozzle)로 벽에 감아서 사용 • 급탕 설비 : 온도조절장치를 설치하여야 하며, 용도별 온수 온도는 조리용수 45~50℃, 기름 설거지를 위한 온도는 70~90℃, 식기 소독이나 세척기용 온수는 90~100℃가 적당 • 배수 : 배수로는 청소가 쉽도록 너비는 20cm 이상, 깊이는 최저 15cm는 되도록 함

2 작업장 안전관리

① 작업장 안전관리는 주방에서 조리작업을 수행하는 데 있어서 작업자와 시설의 안전기준을 확인하고, 안전수칙을 준수, 예방활동을 수행하는 데 목적이 있음

② 안전관리시설 및 안전용품 관리

③ 작업장 주변의 정리정돈 점검

④ 작업장 안전관리 지침서 작성

⑤ 유해, 위험, 화학물질을 처리기준에 따라 관리

⑥ 안전관리책임자는 법정 안전교육을 실시해야 함

⑦ 관리감독자의 지위에 있는 사람은 반기마다 8시간 이상 또는 연간 16시간 이상의 정기교육을 필함

3 화재예방 및 화재진압

① 화재의 원인이 될 수 있는 곳을 사전에 점검하고 화재진압기를 배치, 사용
② 인화성 물질의 적정 보관 여부 점검
③ 소화기구의 화재안전기준에 따른 소화기 비치 및 관리, 소화전함 관리 상태 등 점검
④ 비상조명의 예비전원 작동상태 점검
⑤ 비상구, 비상통로의 확보 상태 확인
⑥ 출입구, 복도, 통로 등의 적재물 비치 여부 점검
⑦ 자동확산 소화용구 설치의 적합성 등에 대하여 점검

4 유해, 위험, 화학물질 관리

(1) 화학물질 취급관리 업무 7단계

단계	구분	내용
1단계	화학물질 취급 제품 목록 정리	• 제품 정리 및 화학물질(취급 제품)의 목록 정리 • 최소한의 필수 제품만 구비 후 사용
2단계	안정한 제품 사용	상시 사용하는 제품은 유해화학물질 함유량 1% 미만인 제품 사용
3단계	제품 보관 및 MSDS 비치	• 화학물질 함유 제품은 식재료 창고와 분리하여 보관 • 대상물질 취급 장소나 취급 근로자가 쉽게 볼 수 있는 장소에 비치
4단계	작업공정별 관리 요령 게시	사용하는 제품의 물질안전보건자료(MSDS)를 참고하여 작성
5단계	MSDS 경고 표지 부착	소분 용기에 덜어 사용하면 경고 표시 부착 필수(용기에 이미 경고 표기가 되어 있는 경우에는 추가로 부착 필요 없음)
6단계	MSDS 교육	화학물질을 취급하는 근로자의 안전, 보건을 위해 해당 근로자에게 MSDS를 교육하고, 시간 및 내용을 기록 보존
7단계	적절한 개인 보호구 착용	제품 취급 시 흡입되는 피부 접속을 최소화할 수 있는 마스크, 보안경, 손목 토시, 마스크, 장갑 등 착용

(2) 조리장의 유해인자 관리

① 주방의 유해인자 관리는 근로자의 안전과 건강을 보장하는 데 중요함

제 01 편

Check Note

✅ **조리작업장 시설·도구의 세척과 소독**

■ **세척 방법**

세제 사용 세척법	세정액에 의해 오염된 시설물을 제거
합성세제 사용법	중성세제는 침투, 흡착, 팽윤, 유화, 분산 등의 5가지 작용과 함께 20% 전후의 계면활성제가 함유되어 있어 일반적인 시판 세제액을 500~1,000배로 희석하여 사용
소독제 사용 세척법	소독제로는 차아염소산나트륨이 있지만, 화학 처리된 식기의 변색을 유발하므로 2~5분 담궈 염소 냄새가 나지 않도록 함

■ **세제의 종류와 용도**

디스탄 (distan)	은도금류에 묻은 오물을 제거한 뒤 3~5초간 디스탄 용기에 담갔다가 더운 물(90℃)에 헹군 뒤 닦기
린스 (linse)	1,000ppm 미만의 소량을 사용
사니솔 (sanisol)	60~70℃의 뜨거운 물에 0.2~0.3% 물과 혼합해서 사용
오븐 클리너 (oven cleaner)	오븐이나 그릴들을 세척할 때 80~90℃로 달군 후에 사용
론자 (lonza)	식기세척기에 사용 시 약 10분 정도 가동한 후에 사용
팬 클리너 (fan cleaner)	물 : 클리너 비율을 1 : 3으로 희석하여 사용
액시드 클리너 (acid cleaner)	오물세척 작용과 스케일(scale) 제거 작용
디스프테인 (dispstain)	플라스틱이나 도자기류, 유리 그릇류, 프라이팬 타일 벽 등에 사용

✔ **조리작업장 안전관리 체계의 7요소**
① 사업주의 안전보건 경영에 대한 리더십
② 안전관리에 대한 의견 제시
③ 작업환경 내 위험요소 탐색
④ 위험요소 제거 및 대체·통제 방안 마련
⑤ 응급상황 발생 시 위기관리 매뉴얼 마련
⑥ 사업장 내 모든 일하는 사람의 안전보건 확보
⑦ 안전관리 체계 정기점검 및 개선

✔ **조리작업장 누전차단기(ELB : Electronic Leak Break) 안전사고 위험요소와 예방대책**
■ 누전차단기 설치 및 월 1회 이상 동작 여부를 점검
■ 월 1회 이상 주기적으로 적색·녹색 버튼을 누르는 동작 테스트를 함
■ 정격감도 전류가 30mA 이하이고, 작동시간은 0.03초 이내의 것을 사용

② 적극적인 위험 관리와 예방조치는 근로자의 안전과 작업의 효율성을 높임

주방의 유해인자 인식	• 주방은 다양한 유해인자로 인해 근로자의 건강이 위협받는 환경임 • 고온, 유해 화학물질, 소음 및 중량물 취급은 근로자에게 부담
고온 환경	• 주방은 오랜 시간 고온에 노출되는 환경임 • 고온은 탈수, 열사병, 열 스트레스를 유발할 수 있음
소음 문제	• 주방의 기계 및 장비 소음은 청력 손상 가능 • 지속적인 소음 노출은 스트레스 증가와 청력 감소
화학물질 노출의 위험	• 청소용품, 방충제, 요리 과정에서 발생하는 연기는 유해 화학물질을 포함 • 이러한 물질은 호흡기 문제, 피부 자극, 알레르기 반응을 유발
중량물 취급의 부담	• 무거운 식재료와 조리 도구의 취급은 근골격계 문제를 유발 • 잘못된 자세와 반복적인 움직임은 만성 통증과 부상의 원인
예방 및 관리 전략	• 적절한 환기 시스템과 냉방 장치 설치는 고온 환경을 완화 • 개인 보호 장비(PPE) 사용과 안전한 작업 방법 교육은 화학물질 노출을 줄임 • 정기적인 소음 레벨 측정과 보호 장비 제공은 청력 보호에 필수 • 인체공학적 도구 사용과 근무 중 적절한 휴식은 근골격계 부담을 감소

5 **정기적 안전교육 실시**

(1) 안전교육

조리작업장에서 조리종사자의 안전 및 보건에 대한 교육을 통틀어서 실시하며, 안전보건교육이라고도 함

(2) 조리종사자 정기교육
① 산업안전 및 사고 예방에 관한 사항
② 산업보건 및 직업병 예방에 관한 사항
③ 건강증진 및 질병 예방에 관한 사항
④ 유해·위험 작업환경 관리에 관한 사항
⑤ 산업안전보건법령 및 산업재해보상보험제도에 관한 사항
⑥ 직무 스트레스 예방 및 관리에 관한 사항
⑦ 직장 내 괴롭힘, 고객의 폭언 등으로 인한 건강장해 예방 및 관리에 관한 사항

6 안전사고 예방을 위한 개인 안전관리 대책

(1) 위험도 경감의 원칙

① 사고 발생 예방과 피해 심각도의 억제

② 위험도 경감전략의 핵심 요소 : 위험요인 제거, 위험발생 경감, 사고피해 경감

③ 사람, 절차, 장비의 3가지 시스템 구성요소를 고려함

(2) 안전사고 예방과정

① 위험요인 제거

② 위험요인 차단 : 안전 방벽 설치

③ 예방(오류) : 위험 사건을 초래할 수 있는 인적, 기술적, 조직적 오류 예방

④ 교정(오류) : 위험 사건을 초래할 수 있는 인적, 기술적, 조직적 오류 교정

⑤ 제한(심각도) : 위험 사건 발생 이후 재발 방지를 위한 대응 및 개선 조치

Check Note

단원별 기출복원문제

01 안전교육의 목적으로 옳지 않은 것은? 빈출

① 개인과 집단의 안전성을 최고로 발달시키는 교육이다.
② 인간의 생명 존엄성을 인식시키는 것이다.
③ 안전한 생활을 영위하기 위해 사고 시 빠른 처리를 위해 실시한다.
④ 안전교육은 재해를 사전에 예방하기 위해 실시한다.

02 응급처치의 목적으로 옳지 않은 것은?

① 119 신고부터 부상이나 질병의 의학적 처치 없이도 회복이 가능하도록 도와주는 행위까지도 포함한다.
② 건강이 위독한 환자에게는 전문적인 의료가 꼭 실시되어야 하기 때문에 기다린다.
③ 생명을 유지시키면서 더 이상의 상태 악화를 방지 또는 지연시키는 것이다.
④ 긴급하게 다친 사람이나 급성질환자에게 사고 현장에서 즉시 취하는 조치이다.

03 안전사고 예방에서 위험도 경감의 원칙으로 거리가 먼 것은?

① 사고발생 예방과 피해 심각도를 억제한다.
② 위험요인 제거, 위해발생 경감, 사고피해 경감이 해당된다.
③ 사람, 절차, 장비의 3가지 시스템 구성요소를 고려하여 다양한 위험도 경감접근법을 검토한다.
④ 위험요인 제거가 무엇보다도 중요하다.

04 재해발생의 원인으로 거리가 먼 것은? 빈출

① 부적합한 지식   ② 태도와 습관
③ 불완전한 행동과 기술   ④ 위험한 환경

05 작업장에서 안전사고가 발생했을 때 가장 먼저 해야 하는 조치는?

★빈출

① 작업을 중단하고 즉시 관리자에게 보고한다.
② 사고원인 물질과 도구를 회수한다.
③ 모든 작업자를 대피시킨다.
④ 출혈이 있으면 출혈부위를 심장보다 낮게 하여 빠르게 병원으로 이송한다.

06 조리장의 관리에 대한 설명 중 적절하지 않은 것은?
① 충분한 내구력이 있는 구조일 것
② 배수 및 청소가 쉬운 구조일 것
③ 창문이나 출입구 등은 방서 · 방충을 위한 금속망, 설비구조일 것
④ 바닥과 바닥으로부터 10cm까지의 내벽은 내수성 자재의 구조일 것

07 조리실의 설비에 관한 설명으로 옳은 것은? ★빈출
① 조리실 바닥의 물매는 청소 시 물이 빠지도록 1/10 정도로 해야 한다.
② 조리실의 바닥 면적은 창 면적의 1/2~1/5로 한다.
③ 배수관 트랩의 형태 중 찌꺼기가 많은 오수의 경우 곡선형이 효과적이다.
④ 환기설비인 후드(Hood)의 경사각은 30°로 후드의 형태는 4방 개방형이 가장 효율적이다.

08 주방의 시설 설비에 대한 설명으로 옳지 않은 것은? ★빈출
① 식당의 면적 - 피급식자 1인당 1㎡ 이상
② 조리 작업대의 높이 - 82~90cm
③ 산업체 주방의 면적 - 식당 면적의 1/3~1/2
④ 식당의 위치 - 지하 1층

05 ①

해설
• 작업을 중단하고 즉시 관리자에게 보고한다.
• 환자가 움직일 수 있는 상황이면 다른 조리 종사원과의 접촉을 피하여 격리시킨다.
• 경미한 상처는 소독하고 포비돈 용액 또는 항생제를 함유한 연고 등을 바른다.
• 출혈이 있는 경우 상처부위를 눌러 지혈시키고, 출혈이 계속되면 출혈부위를 심장보다 높게 하여 병원으로 이송한다.

06 ④

해설 조리장은 바닥과 바닥으로부터 1.5m까지의 내벽은 내수성 자재를 사용한다.

07 ④

해설 조리장의 환기설비인 후드는 4방 개방형이 가장 효과적이다.

08 ④

해설 식당의 위치는 지하보다는 지상 1층이 좋다.

09 주방을 드라이 키친으로 만들고자 한다. 잘못된 방법은? ✔빈출

① 대형 케틀(Kettle) 밑부분의 바닥은 주방 바닥보다 높게 한다.
② 작업 도중 물, 식재료 등을 떨어뜨리지 않는다.
③ 주방 내의 환기를 시킨다.
④ 기기 배치를 과학적·효율적으로 한다.

10 샐러맨더의 사용법으로 잘못된 것은?

① 샐러맨더의 발열망은 수시로 약품 처리하여 청소해 준다.
② 철판을 꺼낸 후 정해진 작업대에서 작업한다.
③ 철판을 꺼낼 때 방온장갑을 사용한다.
④ 불을 점화할 때 성냥을 켜고 나서 가스 코크를 돌린다.

11 식기세척기를 이용하여 건조할 때 식기세척기 내부의 공기 온도로 적합한 것은? ✔빈출

① 65℃   ② 85℃
③ 100℃   ④ 120℃

12 배수의 형식 중 수조형에 속하지 않는 것은?

① 그리스트랩   ② 드럼트랩
③ 관트랩   ④ S트랩

13 조리작업에 사용되는 기계·기구·전기·가스 등의 설비기능 이상 여부와 보호구 성능 유지 등에 대한 정기점검은 최소 매년 몇 회 이상 실시해야 하는가?

① 1회   ② 2회
③ 3회   ④ 제한 없음

14 주방관리자가 매일 조리기구 및 장비를 사용하기 전에 육안을 통해 주방 내에서 취급하는 기계·기구·전기·가스 등의 이상 여부와 보호구의 관리실태 등을 점검하고 그 결과를 기록·유지하는 점검은?

🌟빈출

① 정기점검   ② 일상점검
③ 긴급점검   ④ 특별점검

15 식당 통로의 동선 넓이로 적당한 것은? 🌟빈출

① 0.8~1.5m
② 1.0~1.5m
③ 1.0~1.2m
④ 1.2~1.5m

16 주방에서의 안전장구로 옳지 않은 것은?

① 조리복, 조리모
② 조리안전화, 조리모
③ 앞치마, 개인안전
④ 안전 장갑, 앞치마

17 음식 안전관리란 조리사가 주방에서 일어날 수 있는 사고와 재해에 대하여 예방 활동을 하는 능력이다. 이에 대한 설명으로 옳지 않은 것은?

① 안전기준 확인
② 방서 장비와 활동
③ 안전수칙 준수
④ 안전예방 활동

---

14 ②

해설 일상점검의 내용이다.

15 ②

해설 식당 통로의 동선 넓이는 1.0~1.5m가 가장 적당하다.

16 ③

해설
• 주방에서의 안전장구라 함은 조리복, 조리안전화, 앞치마, 조리모, 안전 장갑 등을 말한다.
• 안전관리의 대상은 개인안전, 주방 환경, 조리장비 및 기구, 가스, 위험물(가열된 기름, 뜨거운 물), 전기, 소화기 등을 말한다.

17 ②

해설 방서 장비와 활동은 음식 안전관리에 해당하는 내용이 아니다. 소독, 방충 및 방서 장비와 활동에는 물리적, 화학적, 전기적인 도구·장비와 관리활동이 포함된다.

18 ③

<u>해설</u> **환기**

- 자연 환기 : 실내와 실외의 온도차를 작업장의 창문으로 들어오는 신선한 공기의 대류 현상으로 조절하는 것
- 송풍기 : 팬(fan)을 이용하며, 대규모 급식시설에서 외부 공기를 실내공기와 교환하여 환기하는 방법
- 배기용 후드 : 조리작업장의 냄새, 열과 증기를 방출시키는 것으로 후드와 연결된 덕트를 외벽이나 지붕 위에 설치해서 빨아들이도록 하는 방법

19 ④

<u>해설</u> **작업환경 안전점검의 순서**
조리작업장 실태 파악 → 사업장과 조리작업장 결함 발견 → 사고와 재해의 대책 결정 → 대책 시행 및 비상조치 계획 수립

20 ①

<u>해설</u> 사업장의 실내온도와 실외온도의 차이는 8℃ 이내가 되도록 한다.

18 다음 중 조리장의 환기 방법으로 옳지 않은 것은? ^{빈출}

① 자연 환기
② 송풍기
③ 냉방기
④ 배기용 후드

19 작업환경 안전점검 관리에서 설비의 불안전 상태나 조리종사자의 작동 실수로부터 일어나는 결함을 발견하여 안전대책을 세우기 위한 활동으로 안전점검의 첫 번째 순서는?

① 사업장과 조리작업장 결함 발견
② 사고와 재해의 대책 결정
③ 대책 시행 및 비상조치 계획 수립
④ 조리작업장 실태 파악

20 작업환경 안전관리 시 조리작업장 및 사업장의 온습도를 관리하여 안전사고를 예방하는데, 이에 대한 내용으로 옳지 않은 것은? ^{빈출}

① 사업장의 실내온도와 실외온도의 차이는 12℃ 이내가 되도록 한다.
② 조리작업장의 온도는 통상적으로 18~26℃를 유지한다.
③ 하절기에 따라 봄·가을은 22℃, 여름은 25~26℃, 겨울은 18~ 21℃가 적당하다.
④ 적절한 매장의 실내습도는 50%, 작업장은 물을 많이 사용하여 습기가 많기 때문에 80%를 유지한다.

03 공중보건

01 공중보건의 개념

1 공중보건의 개념

(1) 공중보건의 정의

질병을 예방하고 건강을 유지·증진시킴으로써 육체적·정신적인 능력을 발휘할 수 있게 하기 위한 과학적 지식을 사회의 조직적 노력으로 사람들에게 적용하는 기술(개인의 질병치료는 해당하지 않음)

(2) 건강의 정의

① WHO에서 정의한 건강 : 단순한 질병이나 허약의 부재 상태만이 아니라 육체적·정신적·사회적 안녕의 완전한 상태

② 건강의 3요소 : 유전, 환경, 개인의 행동·습관

(3) 공중보건의 대상

개인이 아닌 지역사회의 전 주민이며 더 나아가서 국민 전체가 대상

(4) 공중보건의 범위

감염병 예방학, 환경위생학, 식품위생학, 산업보건학, 모자보건학, 정신보건학, 학교보건학, 보건통계학 등

(5) 보건수준의 평가지표

① 한 지역이나 국가의 보건 수준을 나타내는 지표 : 영아사망률(대표적 지표), 보통(조)사망률, 질병이환율

② 한 나라의 보건 수준을 표시하여 다른 나라와 비교할 수 있도록 하는 건강지표 : 평균수명, 보통(조)사망률, 비례사망지수

영아사망률	$\dfrac{\text{연간 영아사망 수}}{\text{연간 출생아 수}} \times 1,000$
보통(조)사망률	$\dfrac{\text{연간 사망자 수}}{\text{그 해 인구 수}} \times 1,000$
평균수명	인간의 생존 기대기간
비례사망지수	$\dfrac{50\text{세 이상의 사망자 수}}{\text{연간 총 사망자 수}} \times 100$

Check Note

◆ 세계보건기구(WHO; World Health Organization)

■ 창설시기 : 1948년 4월
■ 우리나라 가입시기 : 1949년 6월
■ 본부 위치 : 스위스 제네바
■ 주요 기능
· 국제적인 보건사업의 지휘 및 조정
· 회원국에 대한 기술지원 및 자료공급
· 전문가 파견에 의한 기술자문 활동

◆ 영아 관련 개념

■ 영아는 환경 악화나 비위생적인 환경에 가장 예민한 시기이므로 영아사망률은 국가의 보건 수준을 파악하는 중요한 지표가 됨
■ 영아 : 생후 1년 미만의 아기
■ 신생아 : 생후 28일(4주) 미만의 아기

✔ 파장의 단파순

자외선 < 가시광선 < 적외선

✔ 인공조명 시 유의사항

■ 조도는 작업상 충분하고 균등(최고와 최저의 조도 차는 30% 이내)해야 함
■ 광색은 주광색(태양빛)에 가깝게 함
■ 유해가스가 발생하지 않아야 함
■ 폭발과 발화의 위험성이 없어야 함
■ 작업상 눈 보호를 위해서는 간접조명이 좋음(광원은 좌상방에 위치하는 것이 좋음)

1 일광★★

자외선 (태양광선의 약 5%)	• 일광의 3분류 중 파장이 가장 짧음 • 2,500~2,800Å(옹스트롬)일 때 살균력이 가장 강하여 소독에 이용 • 도르노선(Dorno선, 건강선) : 생명선이라고도 하며, 자외선 파장의 범위가 2,800~3,200Å(280~310nm 또는 290~320nm)일 때 인체에 유익 • 효과 : 비타민 D 생성(구루병 예방), 관절염 치료 효과, 신진대사 및 적혈구 생성 촉진, 결핵균·디프테리아균·기생충 사멸에 효과적 • 부작용 : 피부암 유발, 결막 및 각막에 손상
가시광선 (태양광선의 약 34%)	• 파장범위 : 3,800~7,800Å(380~780nm) • 사람에게 색채를 부여하고 밝기나 명암을 구분하는 파장 • 눈에 적당한 조도 : 100~1,000Lux
적외선 (열선, 태양광선의 약 52%)	• 파장범위 : 7,800~30,000Å(780~3,000nm) • 일광 3분류 중 가장 긴 파장 • 지구상에 열을 주어 온도를 높여 주는 것으로 피부에 닿으면 열이 생기므로 심하게 쬐면 일사병과 백내장, 홍반을 유발할 수 있음

2 공기 및 대기오염

(1) 공기의 구성

질소(N_2)	공기 중에 약 78% 존재
산소(O_2)	• 공기 중에 약 21%(가장 원활함) 존재 • 10% 이하가 되면 호흡곤란 • 7% 이하가 되면 질식사 유발
이산화탄소 (CO_2)	• 실내공기오염의 측정지표로 이용 • 위생학적 허용한계 : 0.1%(1,000ppm) • 7% 이상은 호흡곤란, 10% 이상은 질식 유발

(2) 대기오염

대기오염은 호흡기계 질병, 식물의 고사, 건물의 부식 등을 유발함

일산화탄소 (CO)	• 탄소 성분이 불완전연소할 때 발생하는 무색, 무미, 무취, 무자극성 기체 📕 연탄이 타기 시작할 때와 꺼질 때, 자동차 배기가스 등에서 발생 • 혈중 헤모글로빈과의 결합력이 산소(O_2)에 비해 250~300배 강해 조직 내의 산소결핍을 유발하여 중독을 일으킴 • 위생학적 허용한계 : 8시간 기준 0.01%(100ppm) • 1,000ppm 이상이면 생명의 위험

아황산가스 (SO₂)	• 실외공기(대기)오염의 측정지표로 사용 • 중유의 연소 과정에서 발생 **예** 자동차 배기가스 • 호흡곤란과 호흡기계 점막의 염증 유발, 농작물의 피해, 금속 부식
기타	질소산화물, 옥시던트(광화학 스모그 형성), 분진(공사장)

3 상하수도, 오물처리 및 수질오염

(1) 상수도

1) 개념 : 상수를 운반하는 시설

2) 정수 과정 : 취수 → 침전 → 여과 → 소독 → 급수

침수	강, 호수의 물을 침사지로 보냄
침전	• 보통침전 : 유속을 조정하여 부유물을 침전시키는 방법 • 약품침전 : 황산알루미늄, 염화 제1철, 염화 제2철(응집제) 등 응집제를 주입하여 침전하는 방법
여과	• 완속여과 : 보통침전 시(사면대치법) • 급속여과 : 약품침전 시(역류세척법)
소독	• 일반적으로 염소소독을 사용 • 잔류염소량은 0.2ppm을 유지(단, 제빙용수, 수영장, 감염병이 발생할 때는 0.4ppm 유지)
급수	살균·소독된 물이 배수지에서 필요한 곳으로 용수로를 통해 공급

(2) 하수도

1) 개념 : 하수는 천수와 인간의 생활에서 배출되는 오수를 의미하며, 하수도는 오수를 처리하기 위한 시설

2) 하수처리 과정 : 예비처리 → 본처리 → 오니처리

예비처리	침전과정으로, 보통침전과 약품침전(황산알루미늄, 염화 제1, 2철+소석회)을 이용
본처리	• 혐기성 처리 : 부패조법, 임호프탱크법, 혐기성소화(메탄발효법) • 호기성 처리 : 활성오니법(활성슬러지법, 가장 진보된 방법), 살수여과법, 산화지법, 회전원판법
오니처리	소화법, 소각법, 퇴비법, 사상건조법 등

3) 하수의 위생검사

BOD (생화학적 산소요구량)	• 하수의 오염도 • BOD가 높다는 것은 하수오염도가 높다는 의미 • BOD는 20ppm 이하여야 함

제 01 편

Check Note

✓ 군집독(실내공기오염)

■ 개념 : 환기가 이루어지지 않는 밀폐된 실내(공연장, 강연장)에 다수인이 장시간 밀집되어 있을 경우 두통, 구토 등을 느끼는 증상

■ 원인 : 산소 부족, 구취, 체취, 공기의 이화학적 조성변화

■ 예방 : 실내공기 환기

■ 공기 중 먼지에 의해 진폐증이 유발될 수 있음

✓ 염소소독

■ 장점 : 강한 살균력과 우수한 잔류효과, 조작의 간편성, 경제성

■ 단점 : 독성과 냄새

DO (용존산소량)	• 수중에 용해되어 있는 산소량 • DO의 수치가 낮으면 오염도가 높다는 의미 • DO는 4~5ppm 이상이어야 함
COD (화학적 산소요구량)	• 물속의 유기물질을 산화제로 산화시킬 때 소모되는 산화제의 양에 상당하는 산소량 • COD가 높다는 것은 오염도가 높다는 의미 • COD는 5ppm 이하여야 함

(3) 오물처리

1) 분뇨처리

① 감염병이나 기생충 질환 유발 가능

② **방법** : 비료화법, 소화처리법, 화학적 처리법, 습식산화법 등

2) 진개(쓰레기)처리

매립법	• 쓰레기를 땅속에 묻고 흙으로 덮는 방법 • 진개의 두께는 2m를 초과하지 않아야 함(복토의 두께는 0.6~1m가 가장 적당)
비료화법 (고속 퇴비화)	쓰레기를 발효시켜 비료로 이용
소각법	가장 위생적인 방법이나 대기오염의 원인 우려가 있음

(4) 수질오염★★

수은(Hg) 중독	• 공장폐수에 함유된 유기수은에 오염된 어패류를 사람이 섭취함으로써 발생 • 미나마타병(증상 : 손의 지각이상, 언어장애, 시력약화 등) 발생
카드뮴(Cd) 중독	• 아연, 연(납)광산에서 배출된 폐수를 벼농사에 사용하면서 카드뮴의 중독으로 인해 오염된 농작물을 섭취함으로써 발생 • 이타이이타이병(증상 : 골연화증, 신장기능 장애, 단백뇨 등) 발생
PCB 중독 (쌀겨유 중독)	• 미강유 제조 시 가열매체로 사용하는 PCB가 기름에 혼입되어 중독되는 것으로, 카네미유증이라고도 함 • 미강유 중독에 의해 발생(증상 : 식욕부진, 구토, 체중감소, 흑피증 등)

(5) 물(H_2O)

1) **물의 필요량** : 인체의 2/3(60~70%)를 차지, 1일 필요량은 2~3L

2) 물로 인한 질병

우치, 충치	불소가 없거나 적게 함유된 물을 장기간 음용 시 발생
반상치	불소가 과다하게 함유된 물을 장기간 음용 시 발생

♥ 물의 종류

경수(센물)	연수(단물)
칼슘염과 마그네슘염 다량 함유	칼슘염과 마그네슘염 거의 없음
거품이 잘 일어나지 않음	거품이 잘 일어남
끈끈함	미끄러움

청색아 (Blue Baby)	질산염이 과다하게 함유된 물을 장기간 음용 시 소아가 청색증으로 사망할 수 있음
설사	황산마그네슘($MgSO_4$)이 과다하게 함유된 물의 음용 시 발생

3) 먹는 물의 수질기준

일반세균	1ml 중 100CFU(Colony Forming Unit)를 넘지 아니할 것
총 대장균	• 100ml에서 검출되지 아니할 것 • 수질·분변오염의 지표, 위생지표 세균으로 사용 • 상수도 기준 시 대장균이 조금만 검출되어도 안 됨 • 수질검사 시 오염의 지표로 사용

4 구충구서

(1) 구충·구서의 일반적 원칙

① 가장 근본적인 대책은 발생원인 및 서식처 제거
② 광범위하게 동시에 실시
③ 생태, 습성에 따라 실시
④ 발생 초기에 실시

(2) 위생해충의 피해

① 모기, 벼룩 등에 물렸을 때 병원체가 운반되어 피부를 통해 질병을 전파
② 흡혈, 영양분의 탈취, 체내의 기생 등으로 인한 질병 유발
③ 알레르기 현상, 피부염, 수면방해 등 유발

03 산업보건관리

1 산업보건의 개념

(1) 산업장의 환경관리

산업공장의 조건	• 폭발, 화재, 오폐수 및 폐기물처리, 소음 등 공해 발생을 방지하여 건전하고 안전한 환경이어야 함 • 주거와 교통수단, 보건시설, 여가시설 등과 부지, 용수, 운반, 기후, 풍토 등을 고려하여야 함
작업환경의 조건	채광과 조명설비, 난방과 냉방, 온도와 습도 조절, 공기환기 조정설비와 소음방지설비, 진동방지설비와 재해예방과 피난설비를 갖추어야 함

✔ **대장균이 먹는 물에서 검출되면 오염수로 판정하는 이유**

■ 사람이나 동물의 대장에서 서식하므로 병원성 세균의 존재 추정이 가능함
■ 인축의 배설물에 의한 오염이 이루어졌음을 뜻하고 따라서 병원성 세균의 존재 추정이 가능함

Check Note

산업장이 갖춰야 할 시설	작업 현장에서 배출되는 여러 산업폐기물과 폐수를 처리하기 위한 시설과 후생복지시설이 필요

(2) 근로자관리

1) 근로와 영양

고온에서의 근로자	소금, 비타민 A, B₁, C 필요
저온에서의 근로자	비타민 A, B, C, D 필요
중노동 근로자	비타민류와 Ca 필요
심한 노동 근로자	탄수화물, 단백질, 비타민 B 필요
소음 작업 근로자	비타민 B 필요

2) 산업피로(심리)
① 산업피로 요인

작업적 인자	근로시간·작업시간의 연장, 휴식시간·휴일의 부족, 주야 근무의 연속, 수일간의 연속근무, 작업강도 과대, 에너지대사율 과다, 작업조건의 불량, 작업환경의 불량 등
신체적 인자	약한 체력(연소자와 고령자), 체력저하(수면부족, 과음, 생리적 현상, 임신), 신체적 결함(시력, 청력, 신체결함), 각종 질병 등
심리적 인자	작업의욕 저하, 흥미상실, 작업불안, 구속감, 인간관계 마찰, 과중한 책임감, 각종 불만, 성격 부적응 등

◇ 여성 근로자와 연소 근로자
- 여성 근로자 : 공업독물(납, 벤젠, 비소, 수은) 취급 작업 시 유산, 조산, 사산의 우려가 있으므로 이에 대한 고려가 필요
- 연소 근로자 : 우리나라 근로기준법에서는 13세 미만인 자는 고용하지 못하도록 규제화하고 있음

◇ 산업피로
- 육체적·정신적으로 몸이 힘들다는 주관적인 느낌 외에 작업 능률이 떨어지며, 신체의 변화를 가져오는 현상
- 산업피로는 생산성의 저하와 재해와 질병의 원인임

② 산업피로 대책(작업조건 대책)

작업 방법의 개선	예방대책(작업숙련, 동적 작업화, 작업량 조절, 급식시간의 적정, 쾌적한 작업환경, 여가와 레크리에이션, 수면 등)
근로자에 대한 대책	적정한 배치(신체적·정신적 특성 고려), 피로회복(휴식, 휴양, 오락) 등
기타	인간관계 조정, 정신보건관리, 주거의 안정, 체력관리 등

3) 산업재해
① **개념** : 산업안전보건법상 산업재해란 산업활동으로 인해 발생하는 사고로 인적·물적 손해를 일으키는 것을 의미함

② **산업재해발생의 원인**

　㉠ 인적원인

관리상 원인	작업지식 부족, 작업미숙, 인원의 부족이나 과잉, 작업진행의 혼란, 연락불충분, 작업 방법 불량, 작업속도 부적당, 기타 사고의 대처능력 불충분

생리적 원인	체력부족, 신체적 결함, 피로, 수면부족, 생리 및 임신, 음주, 약물복용, 질병 등
심리적 원인	정신력 부족과 결함, 심로, 규칙 및 명령 불이행, 부주의, 행동의 무리 및 불완전, 착오, 무기력, 경솔, 불만, 갈등 등

ⓒ 환경적 원인 : 산업시설물 불량, 기계와 공구·재료의 불량·부적격한 취급품 등이 가장 중요한 요인이며, 작업장 내의 온도·환기·소음 등의 환경과 정리정돈 불량, 복장 불량, 안전장치의 미비, 감독자의 재해예방에 대한 태도 등

2 직업병관리

(1) 직업병의 정의
근로자들이 작업환경 중에 노출되어 일어나는 특정 질병

(2) 원인별 직업병의 구분

물리적 요인	고열환경 (이상고온)	열중증(열피로, 열경련, 열허탈증, 열쇠약증, 열사병)
	저온환경 (이상저온)	동상, 참호족염, 동창
	고압환경 (이상고기압)	잠함병(잠수병) : 물에서 발생되며 주로 잠수부, 해녀에게 발생
	저압환경 (이상저기압)	항공병, 고산병 : 산에서 발생
	소음	직업성 난청, 청력장애
	분진	진폐증(먼지), 석면폐증(석면), 규폐증(유리규산), 활석폐증(활석)
	방사선	조혈기능 장애, 피부점막의 궤양과 암 생성, 백내장, 생식기 장애
	자외선 및 적외선	피부 및 눈의 장애
화학적 요인 (공업중독)	납(Pb)중독	연중독, 소변 중에 코프로포피린 검출, 체중감소, 염기성 과립적혈구의 수 증가, 요독증 증세
	수은(Hg)중독	구내염, 미나마타병의 원인물질, 언어장애, 지각이상
	크롬(Cr)중독	비염, 기관지염, 피부점막궤양
	카드뮴(Cd)중독	이타이이타이병의 원인물질, 단백뇨, 골연화증, 폐기능 및 신장기능장애

📎 **Check Note**

✔ 참호족(Trench/Immersion Foot)
직접 동결상태에 이르지 않더라도 한랭에 계속해서 장기간 노출되고, 동시에 지속적으로 습기나 물에 잠기게 되면 참호족이 되는데, 이는 지속적인 국소의 산소결핍 때문

✔ 직업성 난청
- 소음이 심한 곳에서 근무하는 사람들에게 나타나는 직업병
- 4,000Hz에서 조기 발견할 수 있음

✔ 규폐증
- 증상 : 호흡곤란, 지속성 기침, 다량의 담액, 흉통, 혈담 등
- 발생원 : 토석채취장, 암석가공장, 도자기공장, 금속작업장, 주물공장, 유리공장, 건축공사장

04 역학 및 질병관리

1 역학 일반

(1) 역학의 정의

인간집단에 발생하는 모든 질병(유행병)을 집단현상으로 의학적 · 생태학적 · 보건학적으로 진단학을 연구하는 학문

(2) 역학의 3대 요인

병인적 인자	감염원으로서 병원체가 충분하게 존재해야 함
환경적 인자	감염원에 접촉할 기회나 감염경로가 있어야 함
숙주적 인자	성별, 연령, 종족, 직업, 결혼상태, 식습관 등

2 급만성 질병관리

(1) 질병 발생의 원인과 대책★★★

감염원 (병원체, 병원소)	• 병독이나 병원체를 직접 인간에게 가져오는 질병의 원인이 될 수 있는 모든 것 − 병원체 : 세균, 바이러스, 리케차, 진균, 기생충 등 − 병원소 : 인간, 동물, 토양, 먼지 등 • 감염원에 대한 대책 : 환자, 보균자를 색출하여 격리
감염경로 (환경)	• 병원체가 새로운 숙주(사람)에게 전파하는 과정이 있어야만 질병이 성립됨 • 음식물 · 공기 · 접촉 · 매개 · 개달물 등을 매개로 질병이 전파 • 감염경로에 대한 대책 : 손을 자주 소독
숙주의 감수성 및 면역성	• 감염병이 자주 유행하더라도 병원체에 대한 저항성 또는 면역성을 가지게 되면 질병은 발생하지 않음 • 숙주의 감수성에 대한 대책 : 질병에 대한 저항력의 증진, 예방접종

3 생활습관병 및 만성질환

(1) 양친에게서 감염되거나 유전되는 질병

감염병	매독, 두창, 풍진
비감염성	혈우병, 당뇨병, 알레르기, 정신발육지연, 색맹, 유전적 농아 등

(2) 식사의 부적합으로 일어나는 질병

과식 · 과다 지방식	비만증, 관상동맥, 심장질환, 고혈압, 당뇨병
식염의 과다 및 자극성 식품	고혈압

뜨거운 음식 섭취	식도암, 후두암 및 위암의 발생률이 높음
특수영양소 (비타민, 무기질) 결핍증	각기병(비타민 B₁), 구루병(비타민 D), 빈혈(철분), 펠라그라 증(피부병 : 나이아신), 갑상선종[요오드(아이오딘)], 충치(불 소 결핍), 반상치(불소 과다)

05 보건관리

1 보건행정 및 보건통계

(1) 보건행정

지역주민의 질병예방·생명연장과 육체적·정신적 안녕 및 효율적인 건강 증진을 위하여 행해지는 행정

(2) 보건행정의 종류

1) 일반보건행정

① 보건소의 설치 목적 : 보건행정을 합리적으로 운영하고 국민보건의 질을 향상하기 위하여 설치(보건소는 시·군·구 단위로 하나씩 설치함)

② 보건소의 업무 : 지역 보건의료정책의 기획, 조사·연구 및 평가, 보건의료기관 등에 대한 지도·관리·육성과 국민보건 향상을 위한 지도·관리

2) 산업보건행정(근로보건)

산업체에서 근무하는 근로자를 대상으로 작업환경의 질적 개선, 산업재해 예방 및 근로자의 복지시설 관리와 안전교육 등의 문제를 담당

3) 학교보건행정

학생과 교직원을 대상으로 하는 학교보건 사업으로, 학교급식을 통한 영양교육, 건강교육 등을 담당

(3) 보건통계

1) 보건통계의 정의

집단의 개연적 특성을 파악 및 인식하고 그것을 표현하는 방법에 대한 것으로, 출생·사망·질병 등 인구 특성의 현상이나 그 대상을 관찰하여 얻은 수치를 집계 및 처리, 분석하여 결론을 구하는 것

2) 보건통계의 활용

① 국가나 지역사회의 보건 상태 평가 자료로 활용

② 보건사업의 필요성 확인 자료로 활용

③ 보건사업에 대한 공공지원 촉구 자료로 활용

④ 보건사업 행정 지침으로 활용

⑤ 보건사업의 기초자료로 활용

2 인구와 보건

(1) 인구

① 한 나라 또는 일정한 지역에 거주하고 있는 사람의 수(집단)

② 일반적으로 14세 이하와 65세 이상의 인구 비율을 참고로 하며, 인구의 크기는 자연 증가(출생과 사망의 차이)와 사회 증가(유입과 유출의 차이)로 결정

(2) 인구의 구성

인구 형태	유형	특징
피라미드형 (인구증가)		• 후진국형 • 인구가 증가될 수 있으며, 출생률은 높고 사망률은 낮은 형태
종형 (인구정체)		• 이상적인 형 • 인구 출생률과 사망률이 낮은 형태로, 14세 이하가 65세 인구의 2배 정도가 되는 형태
항아리형 (인구감소)		• 선진국형 • 평균수명이 높아지는 형태로, 인구가 점차 감퇴하는 형태
별형 (인구유입)		• 도시형 • 도시지역의 인구 구성으로 생산층 인구가 점차 증가하는 형태
기타형 (인구유출)		• 농촌형 • 농촌지역에서 인구가 유출되는 형태로 생산층 인구가 점차 감소하는 형태

3 보건영양

영양	인간이 생명을 유지하기 위해 외부로부터 영양소를 함유한 음식물을 섭취하여 성장과 생활을 계속 영위하는 것
영양소	성장과 건강 유지, 질병 예방을 위한 생리적 기능을 원활하게 하는 식품 속에 들어 있는 영양의 기본자원 ※ 5대 영양소 : 당질, 단백질, 지질, 무기질, 비타민

4 모자보건, 성인 및 노인보건

(1) 모자보건

목적	모체와 영유아에게 전문적인 보건의료서비스를 제공하여 모성과 영유아의 사망률을 저하하며, 신체적·정신적 건강과 정서 발달을 유지·증진하고, 유전적 잠재력을 최대한 발휘할 수 있게 하는 것

대상	• 모성보건 : 임신(산전관리)과 분만(분만관리), 수유하는 기간에 있는 여성(산후관리) • 모성사망 : 임신과 분만, 산욕에 관계되는 합병증 등의 이상으로 발생한 사망 • 모성사망의 주요 원인 : 임신중독증, 출혈(출산 전후), 감염증(패혈증, 산욕열), 자궁 외 임신, 유산 등 • 임신중독증의 원인 : 단백질과 티아민(Thiamin) 부족으로 인한 빈혈과 고혈압, 단백뇨, 부종(3대 증상)의 증상

(2) 성인병

정의	성인에게 발생하는 질병으로 현대병이라고도 하며, 중년기에 발병하여 사망률이 높고, 기능장애가 심하여 사회활동에 지장을 줌
한국인의 10대 사망원인	• 암 • 자살 • 교통사고 • 폐렴 • 심장질환(심근경색, 허혈성 심장질환) • 만성하기도 질환(만성기관지염, 호흡기질환) • 당뇨병 • 뇌혈관질환(뇌졸중 등) • 고혈압성 질환 • 간질환(간경화 등)

(3) 노인보건

순환기 계통	고혈압, 심근경색증, 동맥경화증, 협심증 등
소화기 계통	만성 위염, 십이지장궤양, 위궤양
비뇨기 계통	만성 방광염, 전립선 비대증 등
호흡기 계통	기관지염, 폐렴 등
뇌순환기 계통	뇌경색, 뇌혈전, 뇌출혈 등
뇌신경 계통	노인성 치매증, 뇌혈관성 치매증 등
근·골격 계통	골다공증, 요통, 관절염, 변형성 척추증 등
기타	백내장, 시력장애, 난청, 피부질환, 치아질환 등

5 학교보건

목적	학교의 보건관리에 필요한 사항을 규정하여 학생과 교직원의 건강을 보호·증진함
중요성	• 학교는 여러 가지 측면에서 지역사회의 중심 역할을 함 • 학생들은 그 인구가 많아 보건교육 대상자로 가장 효과적임 • 교직원의 보건에 관한 지식은 큰 효과를 발생함 • 학생은 가장 왕성한 성장 시기임

01 한 국가와 지역사회 보건 수준 평가의 가장 대표적 지표는 무엇인가? ✈빈출

① 평균수명
② 질병이환율
③ 모성사망률
④ 영아사망률

02 다음 중 WHO에서 말하는 한 국가의 보건 수준을 다른 국가와 비교할 때의 건강지표는 어느 것인가? ✈빈출

① 평균수명, 조사망률, 비례사망지수
② 조사망률, 질병이환율, 비례사망지수
③ 평균수명, 조사망률, 질병이환율
④ 조사망률, 영아사망률, 모성사망률

03 다음 중 인공조명 시 고려할 사항이 아닌 것은?

① 경제성
② 조도
③ 광색
④ 주광량

04 다음 중 자외선이 인체에 미치는 영향으로 옳지 않은 것은? ✈빈출

① 피부암 유발
② 백내장
③ 살균작용
④ 변비

05 다음 중 음료수 오염의 지표가 되는 것은? ✈빈출

① 대장균수
② 탁도
③ 경도
④ 증발잔류량

05 ①

해설 대장균이 먹는 물에서 검출되면 오염수로 판정하는 이유

• 사람이나 동물의 대장에서 서식하므로 병원성 세균의 존재 추정이 가능하기 때문이다.
• 인축의 배설물에 의한 오염이 이루어졌음을 뜻하고 따라서 병원성 세균의 존재 추정이 가능하기 때문이다.

---

06 고온 작업을 할 때 충분히 섭취해야 할 영양소는?

① 식염
② 비타민 D
③ 지방질
④ 칼슘

06 ①

해설
• 고온노동 : 식염, 비타민 A, B, C
• 저온노동 : 지방질, 비타민 A, B, D
• 중노동 : 비타민, 칼슘 강화식품

---

07 인구 증가란 무엇을 뜻하는가? ✈빈출

① 연초인구와 사망지수
② 전입인구와 전출인구
③ 출생인구와 사망인구
④ 자연증가와 사회증가

07 ④

해설 인구의 증가
인구의 증감은 출생과 사망으로 결정되며, 국민의 경제성·공업화·산업화와 보건관리 수준 등의 사회적 영향을 받는다.
• 자연증가 : 출생과 사망의 차이에 의한 증가
• 사회증가 : 전입·전출의 차이에 의한 증가

---

08 다수인이 밀집한 실내공기가 물리·화학적 조성의 변화로 불쾌감, 두통, 현기증 등을 일으키는 것은?

① 진균독
② 자연독
③ 산소중독
④ 군집독

08 ④

해설 군집독
• 공연장 등 환기가 이루어지지 않은 실내에 다수인이 밀집해 있는 곳에서 두통, 불쾌감, 구토, 현기증, 식욕 저하 등을 느끼는 현상을 말한다.
• 군집독이 생기는 원인은 산소(O_2) 감소, 이산화탄소(CO_2) 증가와 고온 고습의 상태에서 유해가스 및 취기, 체취, 구취 등에 의해서 복합적으로 발생한다.

제 01 편

09 ③

해설 **염소소독법**

- 장점 : 강한 살균력과 우수한 잔류
  효과, 조작의 간편성, 경제성
- 단점 : 독성과 냄새(잔류염소량은
  0.2ppm 유지하며, 수영장·제빙용
  수·감염병 발생 시는 0.4ppm 유지)

10 ①

해설

- 공동매개체 : 공동사용으로 여러
  가지 병원체가 존재하며, 물·우유
  ·음식 등을 통해 사용하는 사람에
  게 여러 가지 질병을 유발한다.
- 파리는 콜레라, 디프테리아, 장티푸
  스 등 특정 질병을 기계적으로 매
  개한다.

11 ③

해설 **카드뮴 중독**

- 공장의 폐수나 오염된 음료수의 장
  기간 복용 시 발생하며, 이타이이타
  이병을 일으킨다.
- 중독증상 : 설사, 구토, 복통과 의
  식불명
- 만성중독 : 신장 장애와 골연화증
  등 유발(3대 증상 : 단백뇨, 신장기
  능 장애, 폐기종)

12 ④

해설

- 생화학적 산소요구량(BOD)은 5ppm
  이하여야 수중생물이 생존할 수
  있다.
- BOD의 수치가 높으면 부패성 유기
  물질이 많다는 것을 뜻하므로 수중
  생물이 생존하기가 힘들다.

09 다음 중 음료수의 일반적인 소독법은? 빈출

① 자외선 소독법
② 오존
③ 염소소독법
④ 폭기법

10 다음 중 공동매개체라고 할 수 없는 것은?

① 파리
② 물
③ 우유
④ 공기

11 음료수 및 식품에 오염되어 신장(콩팥) 장애를 유발하는 유독물질은 무엇인가?

① 시안화합물
② 구리
③ 카드뮴
④ 크롬

12 다음 중 하수의 생화학적 산소요구량(BOD)은 하수 중의 무엇에 의해 좌우되는가? 빈출

① 수소이온농도
② 경도
③ 탁도
④ 유기물량

13 규폐증을 일으키는 원인 물질은?

① 납가루
② 유리규산
③ 면가루
④ 석탄먼지

13 ②
해설 **규폐증**
• 증상 : 호흡곤란, 지속성 기침, 다량의 담액, 흉통, 혈담 등
• 발생원 : 토석채취장, 암석가공공장, 도자기공장, 금속작업장, 주물공장, 유리공장, 건축공사장

14 불량환경 조건에서 발생하는 직업병의 조건이 아닌 것은?

① 온도와 습도
② 분진
③ 소음
④ 작업 자세

14 ④
해설
• 불량환경 조건 : 작업장 내의 온도와 습도, 환기, 소음, 진동, 기압, 분진, 유해가스, 증기 등이 불량한 경우 건강장애나 직업병이 발생한다.
• 부적당한 근로조건 : 근로시간, 근로강도, 작업 자세, 작업과중, 작업속도, 휴식시간 등이 적절하게 이루어지지 않을 때 건강장애나 직업병이 발생할 수 있다.

15 사람과 동물이 같은 병원체에 의하여 발생하는 인축공통감염병은? 빈출

① 결핵
② 디프테리아
③ 천열
④ 콜레라

15 ①
해설 **인축공통감염병**
• 소 : 결핵, 탄저, 파상열, 살모넬라증
• 말 : 탄저, 유행성 뇌염, 살모넬라증
• 돼지 : 살모넬라증, 파상열, 탄저, 일본뇌염
• 양 : 탄저, 파상열
• 개 : 광견병, 톡소플라스마증
• 고양이 : 살모넬라증, 톡소플라스마증
• 쥐 : 페스트, 발진열, 살모넬라증, 렙토스피라증, 양충병

16 당뇨병의 3대 증상은? 빈출

① 다식, 다갈, 다뇨
② 다뇨, 전신권태, 피로
③ 다갈, 피로, 쇠약
④ 다식, 다뇨, 전신쇠약

16 ①
해설 당뇨병은 포도당 대사의 이상으로 인하여 다식, 다갈, 다뇨의 증상이 나타난다.

17 ④

해설 **학교급식의 장점**
- 바람직한 생활식습관 습득
- 편식 교정
- 균형 있는 영양식
- 국민의 식생활 개선
- 건강증진과 체력 향상에 기여
- 합리적인 영양 섭취 등

18 ④

해설 **잠함병**
- 고기압 환경에서 일하는 잠수 및 잠함작업 등 해저작업을 할 때 해면에서 10m 깊이로 내려갈 때마다 정상적인 대기압에 1기압씩 더하여 30m 깊이에서 일할 때는 4기압의 압력을 받는다.
- 증상 : 피부소양감, 사지관절통, 척추증상에 의한 마비·반신불수·전신불수, 내이장애, 뇌의 혈액순환장애, 호흡기계장애 등

19 ④

해설 **활성오니법**
- 산소를 충분히 공급한 상태에서 유기물을 산화시키는 방법이다.
- 처리 과정 : 하수 → 스크린 → 침사조 → 활성오니조 → 침전조 → 방류 등

20 ④

해설 생화학적 산소요구량(BOD) 측정은 유기물질을 20℃에서 5일간 안정화하는 데 소비되는 산소량을 의미한다.

17 다음 중 학교급식의 장점으로 적절하지 않은 것은?

① 바람직한 식생활 습관을 익힐 수 있다.
② 편식을 교정할 수 있는 좋은 기회가 된다.
③ 균형된 영양식을 할 수 있다.
④ 배식 인원이 증가한다.

18 잠함병의 증상과 관련이 없는 것은?

① 피부소양감
② 척추증상에 의한 반신불수
③ 뇌의 혈액순환장애
④ 허약자의 신경장애

19 활성오니법은 무엇을 하는 데 사용하는 방법인가? 빈출

① 쓰레기처리 방법
② 대기오염 제거 방법
③ 상수도오염 제거 방법
④ 도시하수처리 방법

20 생화학적 산소요구량(BOD) 측정 시 온도와 측정기간은? 빈출

① 10℃에서 7일간
② 20℃에서 7일간
③ 10℃에서 5일간
④ 20℃에서 5일간

PART

02

식재료관리 및 외식경영

CHAPTER

01 재료관리

✔ **식품저장관리**

식품의 품질을 영양학적으로 손실 없이 유지시키거나 식품의 맛, 향, 색, 조직감, 신선도 등을 지속시키는 것

✔ **식품의 보관**

냉장·냉동 식품의 관리	• 식품이 입고되면 식품명, 입고일자, 용량 등을 기록 • 식품의 보관·출고는 선입선출 • 냉장·냉동고 내부 용적의 70% 이상은 보관 금지 • 생식품과 조리된 식품을 구별하여 보관 • 냉장고는 5℃ 이하, 냉동고는 -18℃ 이하로 내부 온도 유지
식품 창고의 관리	• 보관 식품은 바닥에 닿지 않게 보관 • 식품류별로 분류하여 보관 • 온도 15~25℃, 습도 65~75%를 유지 • 통풍과 환기에 주의 및 방충·방서 철저 • 식품은 철저한 세정과 소독을 통하여 외부로부터 유입된 이물질과 미생물 제거

01 저장관리

1 식재료 냉동·냉장·창고 저장관리

(1) 저장관리

정의	식재료의 사용량과 일시가 결정되어 구매를 통해 구입한 식재료를 철저한 검수 과정을 거쳐 출고할 때까지 손실 없이 합리적인 방법으로 보관하는 과정
목적	입고된 재료 또는 제품을 품목별, 품질 특성별, 규격별로 분류한 후 적합한 저장 방법으로 저장고에 위생적인 상태로 보관 • 폐기에 의한 재료 손실을 최소화함으로써 원재료의 적정 재고를 유지 • 재료를 위생적이며 안전하게 보관함으로써 올바른 출고관리 • 출고된 재료의 양을 조절·관리하여 재료 낭비로 인한 원가 상승을 막음 • 출고된 재료는 매일 총계를 내어 정확한 출고량을 파악·관리 • 유실 및 도난 방지

(2) 냉장·냉동 관리

- 냉장·냉동고는 정기적으로 청소하고 성에가 생기지 않도록 관리
- 냉동고는 내용물 확인을 위하여 품목을 네임태그로 구분 표시 또는 품목별로 위치를 정하여 관리
- 선입선출 및 장시간 저장하지 않도록 함
- 노로바이러스는 영하 -20℃ 이하의 낮은 온도에서도 오래 생존하고, 단 10개의 입자로도 감염될 수 있으므로 식품이 감염되지 않도록 주의 필요
- 1차 조리된 음식은 반드시 뚜껑, 랩을 덮어 관리(교차오염 방지)
- 냉장고에 식품을 보관 시에는 뚜껑을 덮거나 래핑(Wrapping)을 하여 바람이나 냉기에 마르지 않고 위생적으로 안전하게 보관

1) 냉동저장

① 냉동저장 식품의 품질유지

냉동 탑차	• 적재함을 단열재로 방열하여 외부로부터 열의 침투를 감소시켜 냉각된 식품의 수송 시 온도 상승을 지연시킴 • 주로 단거리로 축산물, 수산물, 유가공품 등의 수송에 이용

| 드라이아이스를 이용한 보냉차 | • 냉각력이 크고 시설비가 저렴함
• 중·단거리 수송에 많이 이용 |

② 냉동저장 시 품질 변화

단백질 변성	동결에 의한 탈수 현상이 일어나기 때문에 조직이 손상됨
동결에 의한 냉동화상	• 냉동화상은 냉동식품의 조직, 향미, 색깔, 영양가를 비가역적으로 변화시킴 • 냉동화상을 방지하기 위해서는 공기와의 접촉을 막기 위하여 포장을 잘해서 보관해야 함
해동	냉동 시 생긴 얼음 결정이 녹으면 조직이 연해지거나 드립(drip) 현상, 중량 감소, 수분 증발, 산화 등 발생함
드립 현상	• 냉동식품이 녹으면 식품 자체에서 나오는 수분을 드립이라 하며 이런 현상을 "드립 현상"이라 함 • 드립이 많이 흘러나오면 식품 중의 수분, 수용성 단백질, 비타민, 염류 등이 흘러나옴으로써 식품의 가치가 떨어지고 중량도 감소함
비타민의 감소	냉동 상태에서 비타민 C의 손실 유지

③ 냉동 중의 식품품질 변화 방지

공기 차단	• 냉동저장 중의 식품에 산소가 접촉하면 변색, 유지의 산화 등의 현상이 나타나므로 빙의를 입히거나 플라스틱 필름 등으로 포장함 • 빙의를 입히는 방법 : 물뿌리개로 물을 뿌리거나, 냉동식품을 물에 담갔다가 꺼내는 방법 • 포장을 할 때에는 내수성, 내유성이 있고 저온에서 견딜 수 있게 함
첨가물 이용	단백질 변성 방지를 위하여 당, 알코올, 아미노산류를 첨가
온도	급속 동결을 하여 최대 빙결정 생성대를 15분 이내에 통과하도록 하며, 저장온도를 일정하게 유지하여 저장
세균오염도	냉동 전에 식품 표면의 세균을 감소시키기 위하여 어패류의 경우 맑은 물로 세척 또는 식품방부제 용액으로 씻음

④ 냉동저장 식품 해동

⊙ 해동방법은 냉동식품의 종류, 형태, 크기, 포장 유무, 해동 후의 이용목적, 경제성, 상품가치 등을 고려하여 선택

⊙ 포도나 딸기 등의 냉동과실은 냉동상태에서 바로 주스 등을 제조

ⓒ 시금치 등의 냉동채소는 전처리로 데치기가 되어 있으므로 열탕에 넣어서 녹이거나 끓는 물에 포장된 채로 담가 해동과 가열처리를 동시에 실시

ⓔ 빵 제품의 해동은 온도를 급속히 올려 노화가 되는 $-4\sim15℃$의 온도 범위에 머무는 시간을 최소화

ⓜ 스테이크, 지짐류 등은 기름에 지지거나 하여 가열과 동시에 해동

2) 냉장저장

① 냉장저장 효과

㉠ 미생물의 생육 억제

㉡ 저온에서는 효소 활성이 원활하지 않아 수확 후 호흡, 증산, 발근 및 발아 등의 대사 작용 억제

㉢ 식품의 품질 저하

② 냉장저장 중 일어나는 식품의 변화

생물학적 변화	선도저하	과일, 채소 등은 냉장 중에서도 성숙작용이 계속되고 있어 식품의 선도가 떨어지고 맛이 나빠짐
	효소의 작용	효소의 반응속도는 냉동보다는 냉장 중에 더욱 촉진
	미생물의 번식	냉장에서는 미생물의 번식을 완전히 중지시킬 수는 없으므로 오랜 기간 냉장보관 금지
	저온 장해	• 열대나 아열대 지방의 청과물 중에 저온상태로 두면 생리적 균형이 깨져 장해를 일으키는 것이 있음 • $0\sim15℃$ 사이의 청과물의 생리 변조에 의해 생기는 변질을 저온 장해(chilling injury)라고 함 例 고구마, 바나나, 파인애플, 호박, 토마토 등
물리적 변화	수분 증발	• 냉장 중에는 식품 중의 수분이 증발하여 중량의 감소 현상이 나타남 • 과일, 채소는 위축·연화·변색 등의 현상이 나타나 수분이 증발되면 산화작용도 동시에 진행되기 때문에 비타민 C의 감소 현상이 나타남
	노화	조리되었거나 가공된 식품 중의 전분은 α화 되어 있다가 시간이 지남에 따라 β화 되는데, 냉장했을 때는 β화 현상이 더욱 촉진되면서 풍미가 떨어짐
화학적 변화		• 냉장 중에 색, 향미의 변화가 있음 • 식물성 색소인 엽록소는 페오피틴(pheophytin)으로 카로티노이드(carotenoid)와 안토시아닌(anthocyanin)은 산화되어 퇴색하며, 동물성 색소인 미오글로빈(myoglobin)도 산화되어 갈변함

③ 냉장식품 저장관리

  ㉠ 냉장은 식품을 0~10℃로 저장해서 미생물의 생육을 억제하고
    저장기간을 연장시키기 위한 것
  ㉡ 냉해와 관계없는 과채류는 동결점보다 약간 높은 0℃ 부근에서
    90%의 상대습도를 유지
  ㉢ 냉해에 약한 과채류는 10℃, 80~90%의 상대습도에서 냉장
  ㉣ 저온창고를 공동으로 이용할 경우 버터는 냄새를 흡수하므로
    냄새나는 식품과 떨어지게 놓아야 함

④ 냉장저장법

빙장법		• 얼음을 깨뜨려 조각나게 부수고, 식품을 조각난 얼음 속에 묻어 낮은 온도를 유지시켜 저장하는 방법 • 어류의 단기저장, 수송에 많이 이용
	장점	간편하고 빠른 냉각으로 저온유지를 할 수 있으며, 식품이 얼음에 덮여 있어 식품 표면의 건조를 막을 수 있음
	단점	단기 보존에만 사용되며, 조각난 얼음으로 인해 식품이 손상될 수 있음
냉각 해수법		• 배에서 해수를 냉동기로 냉각 후 생선을 투입하여 운반하는 것 • 어류의 단기 저장이나 수송에 편리
염수빙		소금 등의 염을 얼린 얼음을 사용하는 방법
드라이 아이스 (dry ice)		• 액화 탄산가스를 동결 고화시켜 드라이아이스를 만들어 저장하는 방법 • −80℃에 가까운 저온을 얻을 수 있고, 녹으면 기화하여 CO_2 가스가 억제효과를 일으켜 식품의 보존성이 좋아짐
냉장고 또는 냉장실 (냉장창고) 이용		• 냉장고에 식품을 가득 채울 경우, 찬 공기가 잘 순환되지 않기 때문에 전체 용량의 70% 정도를 넣는 것이 바람직 • 반드시 제품의 식품 표시사항(보관 방법)을 확인한 후 보관
빙온저장		• 수분이 어는 온도에 가깝게 저장하는 방법 • 반동결 저장이라고도 하며, 육류와 어패류의 저장에 이용
CA (Controlled Atmosphere) 저장법		• 생체식품의 저장성을 연장하기 위하여 실시 • 저장고 내의 공기조성을 인위적으로 변화시키고 냉장하여 증산 및 호흡속도를 늦춰 청과물의 저장 중 선도를 유지하는 방법 • 추숙, 연화, 발아 및 유기산의 감소 억제, 변색 방지, 방충 및 방제에 효과
	플라스틱 밀봉 포장	플라스틱 필름을 이용하여 청과물을 밀봉 및 저장함으로써 개방 상태로 저장하는 것보다 선도를 유지할 수 있음

✔ **저장관리의 목적**

■ 식재료의 손실을 방지하기 위한 출고관리를 수행
■ 저장·출고는 사용시점에서 이루어지도록 관리
■ 적정재고량을 유지하기 위하여 부패, 폐기, 발효에 의한 손실을 최소화
■ 저장된 재료는 식품수불부를 만들어 입출고 시 관리
■ 창고는 식품군별 적정 저장온도 및 습도 등의 환경유지를 통하여 품질을 유지

✔ **저장시설(식품창고 저장)**

■ 식품과 비식품을 구분하여 보관
■ 세척제, 소독제 등도 별도로 보관
■ 식품창고에 저장할 수 있는 재료는 곡물·건어물과 같은 건조식품류, 캔류, 유제품류, 유지류, 조미료류, 근채류 등 15~25℃의 온도와 50~60%의 상대습도를 갖춰 보존이 가능한 식품 저장
■ 식품보관 선반은 벽과 바닥으로부터 15cm 이상, 천장으로부터 약 45cm 거리두기
■ 직사광선은 피하고 실온 유지 및 통풍이 잘 되도록 환기창이나 환기시설을 함
■ 방습·통풍·환기 등의 조건을 맞추기 위해 온도계·습도계 비치
■ 많은 양의 물건은 제품명과 유통기한을 반드시 표기하고, 유통기한이 보이도록 진열
■ 사용은 입고 순서대로 선입선출
■ 식품은 외포장 제거 후 보관하고, 정리정돈 상태를 유지
■ 포장지의 유통기한을 확인하고, 입고된 순서대로 사용
■ 방서·방충에도 유의

CA저장	• 밀폐된 냉장고 내에서 CA저장 조건에 맞는 산소 및 이산화탄소의 농도에 도달하고, 농도에 도달한 후에는 이산화탄소 소거제(수산화나트륨, 수산화칼슘) 등으로 과잉의 이산화탄소를 제거하여 이산화탄소를 일정하게 계속 유지하는 방법 • 경제적이고 편리한 반면 비연속식이며, 다량 사용해야 효과가 나타나고 이산화탄소 농도 조절에 어려움
Generator 방식의 CA저장	• 냉장고 내의 산소 농도를 저장조건에 알맞은 CA 상태로 낮추는데, 공기 중의 산소를 탄화수소 연료(메탄가스, 프로판가스)의 연소에 의하여 산소의 소모가 급속히 진행되도록 하는 방법 • 저장 효과 면에서는 우수하나, 운전경비가 고가이고 액화가스 연료 사용으로 위험함

2 식재료 건조창고 저장관리

① 상하지 않는 식품을 15~21℃, 습도 50~60%에서 장기간 저장
② 적절한 환풍과 해충의 침입을 방지
③ 용기 뚜껑은 밀폐해야 하고, 바닥에 직접 놓지 말고 벽과 바닥으로부터 일정 간격을 띄어 보관

3 저장고 환경관리

(1) 식자재의 저장

식자재가 입고되어 음식으로 조리되기까지 품질과 선도를 최상의 상태로 유지해야 함

(2) 저장고 환경

품질과 선도를 최상의 상태로 유지하기 위해서는 보관기간 동안 오염을 방지하기 위하여 바닥과 벽으로부터 간격을 띄워야 하고 보관실의 온·습도 관리 등 보관 조건을 준수해야 함

(3) 저장고 선정 시 유의사항

① 온도가 너무 높지 않은 곳(25℃ 이하)
② 습기가 없는 곳
③ 통풍이 잘 되는 곳
④ 잠금장치가 가능할 것
⑤ 바닥과 벽면으로부터 이격할 것
⑥ 직접 햇빛이 들어오지 않는 곳
⑦ 해충이 유입되지 않는 곳

4 저장관리의 원칙

저장 위치 표시의 원칙	다양한 재료와 제품의 저장 위치를 손쉽게 알 수 있도록 물품별 카드에 의거하여 재료와 제품의 위치를 쉽게 파악할 수 있어야 함
분류 저장의 원칙	재료의 식별이 어렵지 않게 명칭, 용도 및 기능별로 분류하여 효율적인 저장 관리가 이루어질 수 있도록 동종 물품끼리 저장해야 함
품질 보존의 원칙	재료의 성질과 적절한 온도·습도 등의 특성을 고려하여 저장하고, 재료와 제품의 변질을 최소화하고 사용할 수 있는 상태로 보존할 것
선입선출 (FIFO : First-In, First-Out)의 원칙	재료가 효율적으로 순환되기 위하여 유효 일자나 입고일을 꼭 기록하고, 먼저 구입하거나 생산한 것부터 순차적으로 판매·제조하는 것으로, 재료의 선도를 최대한 유지하고 낭비의 가능성을 최소화할 것
안전성 확보의 원칙	저장 물품의 부적절한 유출을 방지하기 위해서는 저장고의 방범 관리와 출입 시간 및 절차를 준수할 것
공간 활용 극대화의 원칙	저장 시설에 있어서 충분한 저장 공간의 확보가 중요하며, 재료 자체가 점유하는 공간 외에 이동의 효율성과 운송 공간도 고려할 것

02 재고관리

1 재료 재고관리

재고관리의 의의	• 물품의 수요가 발생했을 때 신속하고 경제적으로 적응할 수 있도록 재고를 최적의 상태로 관리하는 절차 • 발주시기, 발주량, 적정 재고수준을 결정하고 이를 시행하는 제반 과정의 포함 • 식재료의 재고량을 정확하게 파악하여 적정한 재고량 유지 • 식품저장의 입출고량은 전표를 통해 파악하는데, 현물과 재고량이 일치하도록 관리해야 함 • 식재료의 구매에서부터 출고 과정에 이르기까지 식재료의 수량은 정확하게 일치해야 함
재고관리의 효과	• 정확한 재고수량 파악으로 적정 주문량을 결정함으로써 구매비용 절감 • 도난, 부주의, 부패에 의한 손실 최소화 • 적정 재고수준을 유지함으로써 유지비용 감소 • 물품 부족으로 인한 생산계획의 차질이 발생하지 않음

Check Note

✔ 냉장보관 외 식품의 보관방법

양파, 당근, 연근	• 통풍이 잘 되고 서늘한 곳에 보관 • 양파는 양파망과 같은 자루에 넣어 매달아 보관
감자, 고구마	• 차고 어두운 곳에 보관 • 냉장보관 시에는 전분이 변해서 맛이 떨어짐
바나나	온도가 낮으면 저온 장해를 일으켜 껍질이 검게 변함
마늘	한꺼번에 다져서 사각 모양의 용기에 넣어 냉동보관 후 사용
식빵	냉동보관 후 해동하여 사용

✔ 재고 조사의 목적

- 저장품목의 재고를 유지하는 데 이용
- 장부상의 수량과 실제 수량과의 비교 시 필요
- 원가계산의 자료로 이용
- 재무보고서에 필요한 재고자산 정보를 제공
- 표준원가와 실제원가 비교 시 자료로 사용
- 재고회전율과 보유일수 등 재고관리에 필요한 정보를 제공

✔ 재고량 조사 방법

영구재고 시스템	• '계속재고 조사법' • 물품을 사면 계속적으로 입고 및 출고 시에 기록함으로써 물품의 목록과 수량을 알고 적정 재고량을 유지하게 하는 방법
실사재고 시스템	• 주기적으로 보유하고 있는 물품의 수량과 목록을 확인하여 기록하는 방법 • 영구재고 시스템의 정확성을 점검하기 위해 시행

2 재료의 보관기간 관리 – 식품 품질관리 시행

① 조리된 재료에 제조일자와 네임택(name tag)을 붙임
② 조리된 순서에 따라 선·후로 적재
③ 조리된 재료의 신선상태와 숙성상태를 관리

3 상비량과 사용 시기 조절

(1) 출고관리

1) 출고시점에 따른 분류

직접 출고	당일 필요한 식재료로서 신선식품이나 부패하기 쉬운 식재료를 당일 구입하여 출고하는 방법
저장 출고	오랜 기간 저장하여도 품질에 이상이 없는 식재료를 일정 기간 사용할 양을 구입하여 저장하고, 출고전표에 의해 출고하므로 손실을 막을 수 있음

2) 출고방법에 따른 분류

선입선출법	• 구입일이 빠른 식재료부터 순서대로 먼저 출고하는 방법 • First – In, First – Out
후입선출법	• 가장 최근에 구입한 식재료를 먼저 출고하는 방법 • Last – In, First – Out

(2) 선입선출법에 따른 출고

① 모든 식재료는 입고된 날짜대로 순서대로 정리
② 식재료와 물품의 유통기한에 따라 유통기한이 짧은 것부터 긴 것의 선·후 순서대로 정리
③ 대부분의 식재료 출고 방법으로 사용하며, 식재료의 부패와 유통기한 초과를 방지하여 신선하고 안전하게 소모할 수 있음
④ 가장 먼저 들어온 품목을 나중에 입고된 품목들보다 먼저 사용하며, 마감 재고액에 가장 최근에 구매한 식품의 단가가 반영됨
⑤ 시간의 변동에 따라 재고가를 높게 책정하고 싶을 때 사용

(3) 식재료 출고 시 유의사항을 준수

① 식재료 청구서에 대한 신속한 처리를 하기 위해 출고업무 담당자는 서류의 접수와 처리시간을 나누어 시간을 두어 설정하는 것이 업무상 효율적임
② 식재료 청구서는 창고관리 장부에 보관
③ 출고된 품목은 매일 업무종료와 함께 집계하여 정리
④ 창고출납 담당자는 식재료의 규격 및 무게를 정확히 기재하고 기록을 남김

4 재료 유실방지 및 보안관리

물품 보관창고의 철저한 보안	• 물품 보관창고의 열쇠는 보안을 담당하는 부서에서 보관하고, 재고에 관한 기록도 유지·관리 • 책임 소재를 확실히 하기 위하여 관리담당자를 단일화 • 도난과 부주의에 의한 손실을 최소화할 수 있도록 열쇠관리, 창 고관리 책임자의 권한과 책임, 출입 통제, 입고 및 출고 절차 등 의 규정을 체계적으로 관리
보안관리의 원칙 준용	• 저장고별로 잠금장치를 설치 • 열쇠관리는 담당 책임자를 정함 • 입고 및 출고 시간을 정해서 절차나 규정을 정례화 • 저장고 출입 시 담당 관리자나 책임자로 제한하여 관리 • 저장고의 책임자를 지정하여 권한과 책임을 명확하게 함

03 식재료의 성분

1 수분

(1) 기능

영양소 운반, 장기보호, 노폐물 방출, 소화액 구성요소, 체온조절,
윤활작용 등

(2) 수분 부족 증상

체내의 정상적인 수분 양보다 10% 이상 줄어들면 열, 경련, 혈액순환
장애 증상이 발생하며, 수분이 20% 이상 손실되면 사망에 이르게 됨

(3) 유리수와 결합수

유리수 (자유수, Free Water)	식품 중에 유리상태로 존재하는 물
결합수 (Bound Water)	식품 중에 탄수화물이나 단백질 분자의 일부분을 형성하는 물

(4) 수분활성도(Water Activity, Aw)

임의의 온도에서 식품이 나타내는 수증기압(P)을 그 온도의 순수한
물의 최대 수증기압으로 나눈 것

① 순수한 물의 활성도는 1(물의 Aw=1)

② 수분활성도가 작다는 것은 그 식품 중에 미생물이 사용할 수 있는
자유수의 함량이 낮다는 것을 의미하므로, 미생물이 성장하기 힘든
조건이 되어 식품의 저장성을 높일 수 있음

③ 일반식품의 수분활성도는 항상 1보다 작음(일반식품의 Aw<1)

제
01
편

Check Note

✅ **식재료의 개념 및 중요성**

■ 식재료란 메뉴를 만들기 위한 기
본재료이자 판매자와 구매자 간에
서 유통되면서 음식에 들어가는
모든 재료를 의미함

■ 음식 사업에서는 제조업보다 비율
이 낮지만, 메뉴의 원가는 30% 정
도로 함

✅ **식품 및 식재료 품질관리
(Quality Control)의 정의**

작업장에서 조리과정 중 통계적 방
법을 이용하여 불량품의 발생원인
을 발견하고, 그것을 제거함으로써
품질의 유지와 향상을 꾀하는 것

✅ **식품 및 식재료 품질관리 효과**

■ 조리종사자에게 상품의 질에 대한
책임을 갖고 품질수준을 높일 수
있게 함

■ 조리작업 중의 실수가 적어져 불
량품, 폐기량, 수정 등의 경비 절감

■ 상품품질의 차이가 감소하여 품질
이 향상됨

■ 상품의 불량률이 감소하여 생산량
의 저감과 수율의 향상을 측정할
수 있음

■ 소비자가 요구하는 품질의 제품을
공급할 수 있게 되어 소비자에게
만족을 줌

■ 식재료 품질관리를 시행함으로써
고객에게 신용을 높일 수 있음

2 탄수화물

(1) 탄수화물의 특성

구성요소	C(탄소), H(수소), O(산소)			
1g당 열량	4kcal			
1일 총 섭취	열량	65%	소화율	98%
최종분해산물	포도당			
소화효소	말타아제, 락타아제, 프티알린, 아밀롭신, 사카라아제			

(2) 탄수화물의 분류 : 가수분해하여 생성된 당의 분자 수에 따라 분류

1) **단당류★** : 탄수화물의 가장 간단한 구성단위로 더 이상 가수분해 또는 소화되지 않음

① **오탄당(탄소 5개)** : 아라비노스, 리보스, 자일로스

② **육탄당(탄소 6개)**

포도당 (Glucose)	• 탄수화물의 최종 분해산물 • 포유동물의 혈액에 0.1% 함유
과당 (Fructose)	• 당류 중 단맛이 가장 강함 • 과일, 벌꿀 등에 많이 함유되어 있으며 물에 잘 녹음
갈락토스 (Galactose)	• 유당에 함유되어 결합 상태로만 존재(단독으로 존재 불가) • 젖당의 구성성분 • 포유동물의 유즙에 존재(우뭇가사리의 주성분)

2) **이당류** : 단당류 2개가 결합된 당

맥아당 (Maltose, 엿당)	• 포도당 2분자가 결합한 당 • 엿기름에 많으며, 물엿의 주성분
서당 (Sucrose, 자당, 설탕)	• 포도당과 과당이 결합한 당 • 160℃ 이상으로 가열하면 캐러멜화하여 갈색 색소인 캐러멜이 됨(과일, 사탕수수, 사탕무에 함유)
유당 (Lactose, 젖당)	• 갈락토스와 포도당이 결합한 당 • 동물의 유즙에 존재하는 것으로 감미가 거의 없음 • 유산균과 젖산균의 정장작용 • 칼슘과 단백질의 흡수를 도움

3) **다당류** : 단당류가 2개 이상 또는 그 이상이 결합된 것으로 분자량이 큰 탄수화물이며, 물에 용해되지 않고 단맛도 없음

전분(Starch)	주로 곡류에 함유되어 있는 전분(식물성 전분)
글리코겐 (Glycogen)	• 동물의 몸에 저장된 탄수화물 • 간이나 근육, 조개류에 함유
섬유소 (Cellulose)	• 인간의 소화액 중에는 섬유소를 분해하는 효소가 없으므로 이를 소화하지 못함 • 장 점막을 자극해서 소화운동을 촉진시켜 변비를 예방함
펙틴 (Pectin)	• 소화되지 않는 다당류로 세포막과 세포막 사이에 있는 층에 주로 존재함 • 뜨거운 물에 풀리며, 설탕과 산의 존재로 겔(gel)화될 수 있음(잼과 젤리) • 각종 과실류와 감귤류의 껍질 등에 다량 함유
이눌린(Inulin)	과당의 결합체로 달리아에 많이 함유되어 있음(도라지)
갈락탄	한천에 들어 있는 소화되지 않는 다당류
키틴(Chitin)	게, 가재, 새우 등의 껍데기에 다량 함유
덱스트린	• 뿌리나 채소즙에 많음 • 전분의 가수분해 과정에서 얻어지는 중간산물
한천(Agar)	• 우뭇가사리를 주원료로 하여 동결건조시킨 제품 • 물과의 친화력이 강해 수분을 일정한 형태로 유지하고, 겔(gel) 형성력이 우수함 • 양갱, 젤리, 유제품 등의 안정제

(3) 탄수화물의 기능

① 에너지 공급원(1g당 4kcal의 에너지 발생)으로 전체 열량의 65%를 당질에서 공급(지방 20%, 단백질 15% 공급이 가장 이상적임)

② 단백질 절약작용

③ 장내 운동성을 도움

④ 지방의 완전연소에 관여

3 지질

(1) 지질의 특성

구성요소	C(탄소), H(수소), O(산소)		
1g당 열량	9kcal		
1일 총 섭취	열량	20%	소화율	95%
최종분해산물	지방산과 글리세롤		
소화효소	리파아제, 스테압신		

(2) 지방산의 분류

포화지방산	• 융점이 높아 상온에서 고체로 존재하며 이중결합이 없는 지방산 • 동물성 지방에 많이 함유 • 팔미트산, 스테아르산 등
불포화지방산	• 융점이 낮아 상온에서 액체로 존재하며 이중결합이 있는 지방산 • 식물성 지방에 많이 함유 • 올레산, 리놀레산, 리놀렌산, 아라키돈산 등
필수지방산	• 정상적인 건강을 유지하는 데 필요하며, 체내에서 합성되지 않으므로 식사를 통해 공급되어야 함 • 불포화지방산의 리놀레산, 리놀렌산, 아라키돈산으로, 비타민 F라고 부름 • 대두유, 옥수수유 등 식물성 기름에 다량 함유

(3) 지질의 종류

단순지질	• 지방산과 글리세롤의 에스테르 • 중성지방이라고 하며, 지질 중에서 양이 제일 많음
복합지질	• 단순지질에 지방산과 글리세롤의 에스테르에 다른 화합물이 더 결합된 지질 • 인지질(인 + 단순지질), 당지질(당 + 단순지질)
유도지질	• 단순지질, 복합지질의 가수분해로 얻어지는 지용성 물질 • 스테로이드, 콜레스테롤, 에르고스테롤, 스콸렌, 지방산 등

(4) 지방의 영양 효과

① 지용성 비타민(비타민 A, D, E, K, F)의 흡수를 도움
② 발생하는 열량이 높음(1g당 에너지원 : 9kcal)
③ 고온 단시간에 조리할 수 있으므로 영양분의 손실이 적음
④ 콜레스테롤(세포막의 주성분)에 대한 효과가 있음
⑤ 당질과 마찬가지로 활동력이나 체온을 발생하게 하는 에너지원

4 단백질

(1) 단백질의 특성

구성요소	C(탄소), H(수소), O(산소), N(질소)			
1g당 열량	4kcal			
1일 총 섭취	열량	15%	소화율	92%
최종분해산물	아미노산			
소화효소	펩신, 트립신, 에렙신			

(2) 아미노산의 종류

필수 아미노산	• 체내에서 생성할 수 없어 음식물로 섭취해야 하는 아미노산 • 종류(8가지) : 발린, 루신, 이소루신, 트레오닌, 페닐알라닌, 트립토판, 메티오닌(황 함유), 리신 • 성장기의 어린이 : 필수아미노산(8가지) + 아르기닌, 히스티딘을 추가해서 10가지
불필수 아미노산	체내에서도 합성이 되는 아미노산

(3) 단백질의 분류

1) 성분에 따른 분류

단순단백질	• 아미노산으로 구성 • 알부민, 글로불린, 글루테닌, 프롤라민 등
복합단백질	• 아미노산에 인, 당, 색소 등이 결합되어 구성 • 인단백질(우유의 카제인), 당단백질(뮤신), 색소단백질, 지단백질
유도단백질	• 열, 산, 알칼리 작용으로 변성 또는 분해를 받은 단백질 • 변성단백질(젤라틴, 응고단백질), 분해단백질(펩톤)

2) 영양학적 분류

완전 단백질	• 생명유지 및 성장에 필요한 모든 필수아미노산이 충분히 들어 있는 단백질 • 우유(카제인), 달걀(알부민, 글로불린)
부분적 불완전 단백질	• 필수아미노산을 모두 가지고는 있으나 그 양이 충분치 않거나 각 필수아미노산들이 균형 있게 들어 있지 않은 단백질 • 생명유지에는 도움이 되지만 성장에는 도움이 되지 않는 단백질 • 쌀(오리제닌), 밀(글리아딘)
불완전 단백질	• 하나 또는 그 이상의 필수아미노산이 결여된 단백질 • 생명유지와 성장 모두에 도움이 되지 않는 단백질 • 옥수수(제인) → 트립토판 부족

5 무기질

(1) 무기질의 기능

① 산과 염기의 평형유지　② 필수적 신체 구성성분
③ 신경의 자극 전달　④ 체조직의 성장
⑤ 생리적 반응을 위한 촉매　⑥ 수분의 평형유지
⑦ 근육 수축성의 조절

(2) 무기질의 종류와 특성

1) 다량무기질

구분	기능 및 특징	급원식품	결핍증
칼슘 (Ca)	• 무기질 중 가장 많음 • 골격과 치아 구성 • 비타민 K : 혈액 응고에 관여 • 비타민 D : 칼슘 흡수 촉진 • 수산 : 칼슘 흡수 방해(칼슘과 결합하여 결석 형성)	멸치, 우유 및 유제품, 뼈째 먹는 생선	골다공증, 골격과 치아의 발육 불량
인 (P)	• 골격과 치아 구성 • 세포의 성장을 도움 • 인과 칼슘의 적정 섭취 비율 1 : 1	곡류, 우유, 육류, 난황	골격과 치아의 발육 불량, 성장 정지, 골연화증
마그네슘 (Mg)	• 골격과 치아 구성 • 신경의 자극 전달 작용 • 효소작용의 촉매	견과류, 코코아, 곡류, 두류, 채소류	떨림증, 신경불안, 근육의 수축
나트륨 (Na)	• 근육수축에 관여 • 수분균형 및 산·염기 평형 유지 • 삼투압 조절 • 과잉 시 고혈압, 심장병 유발	소금, 식품첨가물의 나트륨(Na)	저혈압, 근육경련, 식욕부진
칼륨 (K)	• 근육수축에 관여 • 삼투압 조절 • 신경의 자극 전달 작용 • 세포내액에 존재	육류, 과일류, 채소류, 감자, 토마토	저혈압, 근육의 긴장 저하, 식욕부진

2) 미량무기질

구분	기능 및 특징	급원식품	결핍증
철분 (Fe)	• 헤모글로빈(혈색소) 구성성분 • 혈액 생성 시 중요 영양소 • 체내에서 산소운반 • 면역유지	간, 난황, 육류, 녹황색 채소류	철분 결핍성 빈혈(영양 결핍성 빈혈)
구리 (Cu)	• 철분 흡수(헤모글로빈 합성 촉진) • 항산화 기능	채소류, 간, 해조류, 달걀	빈혈, 백혈구 감소증
코발트 (Co)	• 비타민 B_{12}의 구성요소 • 적혈구 형성에 중요	채소류, 간 어류	악성빈혈
불소 (F)	• 골격과 치아를 단단하게 함 • 음용수에 1ppm 정도 불소 → 충치 예방 • 과잉증 : 반상치	해조류	충치(우치)

요오드 (아이오딘, I)	• 갑상선호르몬 구성 • 유즙 분비 촉진 • 과잉증 : 갑상선 기능항진증	해조류(미역 · 갈조류), 어육	갑상선종, 발육 정지
아연 (Zn)	• 적혈구와 인슐린(부족 시 당뇨 병)의 구성성분 • 면역기능	해산물, 달걀, 두류	발육장애, 탈모

6 비타민

(1) 비타민의 기능과 특성

① 유기물질로 되어 있음

② 필수물질이나, 인체에 미량만 필요함

③ 에너지나 신체구성 물질로 사용하지 않음

④ 대사작용 조절 물질(보조효소의 역할)

⑤ 여러 가지 비타민은 결핍증을 예방 또는 방지함

⑥ 대부분 체내에서 합성되지 않으므로 음식물을 통해서 섭취

(2) 비타민의 분류

1) 지용성 비타민(비타민 A, D, E, F, K)

구분	기능 및 특징	급원식품	결핍증
비타민 A (레티놀)	• 상피세포 보호 • 눈의 기능을 좋게 함 • β – 카로틴은 체내에 흡수 되면 비타민 A로 전환	간, 난황, 버터, 당근, 시금치	야맹증, 안구건 조증, 안염, 각막 연화증, 결막염
비타민 D (칼시페롤)	• 칼슘의 흡수 촉진 • 뼈 성장에 필요, 골격과 치 아의 발육 촉진 • 자외선에 의해 인체 내에서 합성	건조식품(말린 생선류, 버섯류)	구루병, 골연화 증, 유아 발육 부족
비타민 E (토코페롤)	• 항산화성(노화 방지) • 항불임성 비타민 • 생식세포의 정상 작용 유지	곡물의 배아, 녹 색채소, 식물성 기름	노화 촉진, 불임 증, 근육위축증
비타민 F (필수지방산)	• 신체 성장, 발육 • 체내 합성 안 되는 불포화 지방산	식물성 기름	피부염, 피부건 조, 성장지연
비타민 K (필로퀴논)	• 혈액응고(지혈작용) • 장내 세균에 의해 합성	녹색채소, 난황류, 간, 콩류	혈액응고 지연 (혈우병)

2) 수용성 비타민

구분	기능 및 특징	급원식품	결핍증
비타민 B₁ (티아민)	• 탄수화물 대사에 필요 • 위액 분비 촉진 • 마늘의 알리신 : 흡수율을 증가시킴	돼지고기, 곡류의 배아	각기병, 식욕 부진
비타민 B₂ (리보플라빈)	• 성장촉진 • 피부, 점막 보호	우유, 간, 육류, 달걀	구순구각염, 설염, 백내장
비타민 B₆ (피리독신)	• 항피부염 인자 • 신경전달물질, 적혈구 합성에 관여 • 장내 세균에 의해 합성	육류, 간, 효모, 배아	피부염
비타민 B₁₂ (시아노 코발라민)	• 성장 촉진, 조혈작용 • 코발트(Co) 함유	살코기, 선지, 생선(고등어), 간, 난황, 해조류	악성빈혈
비타민 C (아스코르브산)	• 체내 산화·환원작용 • 알칼리에 약하고, 산화·열에 불안정 • 철·칼슘 흡수 촉진 • 피로 회복, 항산화 작용	신선한 과일, 채소	괴혈병, 면역력 감소
비타민 B₃ (나이아신, 니코틴산)	• 탄수화물의 대사 촉진 • 트립토판(필수아미노산) 60mg 섭취 시 → 나이아신 1mg 생성	닭고기, 어류, 유제품, 땅콩, 쌀겨	펠라그라 피부병

7 식품의 색

(1) 식물성 색소

클로로필	• 식물의 잎, 줄기에 있는 <u>녹색 색소</u>(엽록소), 마그네슘(Mg) 함유
	• <u>지용성</u> 색소로 물에 녹지 않음
	• 산에 불안정(식초물) : 녹갈색, 페오피틴 생성
	• 알칼리에 안정(소다 첨가) : 진한 녹색, 비타민 C 등이 파괴되고, 조직이 연화됨
	• 열에 불안정하여 오래 가열 시 갈색으로 변함
	  예 쑥을 데친 후 즉시 찬물에 담가야 함
	  예 오이를 볶은 후 즉시 펼쳐놓음
	  예 시금치를 데칠 때 뚜껑을 열고 데침

플라보노이드	안토시안	• 꽃, 과일(사과, 딸기, 포도, 가지 등) 등에 있는 적색, 자색 등의 색소 • 수용성 색소로 가공 중에 쉽게 변색됨 • 산성(촛물) : 적색 • 알칼리(소다 첨가) : 청색 • 중성 : 보라색 　例 가지를 삶을 때 백반을 넣으면 보라색 유지
	안토잔틴	• 색이 엷은 채소에 들어 있는 백색, 담황색의 수용성 색소(무, 옥수수, 연근, 감자, 밀가루) • 수용성 색소로 산에 대해서는 안정하나 알칼리에 대해서는 불안정함 • 산 : 흰색 　例 우엉, 연근을 삶을 때 식초를 넣으면 더욱 하얗게 됨 • 알칼리 : 진한 황색
카로티노이드		• 식물성·동물성 식품에 널리 존재하는 황색, 적색, 주황색의 색소(당근, 늙은 호박, 토마토, 난황 등) • 지용성 색소로 물에 녹지 않고 기름에 잘 녹는 프로비타민 A의 기능이 있음 • 산과 알칼리에 거의 변화를 받지 않고, 열에 안정적이어서 조리 중 손실이 적음 • 광선(빛)에 민감함

(2) 동물성 색소

미오글로빈 (육색소)	• 육류의 근육 속에 함유된 적자색, 철(Fe) 함유 • 생육(적자색) → 산소와 결합 시 옥시미오글로빈(선명한 적색) → 가열 시 메트미오글로빈(갈색 또는 회색)
헤모글로빈 (혈색소)	• 육류의 혈액 속에 함유된 적색, 철(Fe) 함유 • 가공 시 질산칼륨이나 아질산칼륨 첨가하면 선홍색 유지
일부 카로티노이드	연어나 송어살의 분홍색
아스타잔틴 (타로티노이드계)	• 새우, 가재, 게에 포함된 색소 • 가열 또는 부패에 의해 붉은색으로 변함
헤모시아닌	연체동물에 포함된 파란색 색소로, 익혔을 때 적자색으로 변함 　例 문어, 오징어를 삶으면 적자색으로 변함

8 식품의 갈변

(1) 효소적 갈변(페놀 화합물 → 멜라닌으로 전환)

폴리페놀 옥시다아제 (Polyphenol Oxidase)	• 폴리페놀 산화 효소 • 과일이나 채소를 자르거나 껍질을 벗겼을 때의 갈변, 홍차의 갈변
티로시나아제 (Tyrosinase)	감자 절단면의 갈변

(2) 비효소적 갈변★

캐러멜화 (Caramel) 반응	• 당류를 고온(180~200℃)으로 가열했을 때 점조성을 띠는 적갈색 물질로 변하는 현상 • 간장, 소스, 약식 등
아미노 – 카르보닐 (Amino – carboyl) 반응	• 마이야르 반응 • 아미노기와 카르보닐기가 공존하는 경우 멜라노이딘을 형성하며 발생하는 갈변 • 온도, pH, 당의 종류, 수분, 농도 등의 영향을 받음 • 식빵, 케이크, 간장, 된장 등의 갈변
아스코르빈산 (Ascorbic Acid)의 산화반응	• 아스코르빈산(비타민 C)은 과채류의 가공식품에 항산화제 및 항갈변제로 이용되나, 비가역적으로 산화되면 항산화제로의 기능을 상실하고 갈색 물질 형성 • 오렌지, 감귤류 과일주스(pH 낮을수록 갈변현상 큼)

9 식품의 맛과 냄새

(1) 식품의 맛

1) 기본적인 맛[헤닝(Henning)의 4원미]

단맛	• 천연감미료 : 포도당, 과당, 젖당, 전화당, 유당, 맥아당 • 인공감미료 : 사카린, 솔(소)비톨, 아스파탐
신맛 (산미료)	• 산이 해리되어 생성된 수소 이온의 맛 • pH가 같을 경우 무기산보다 유기산의 신맛이 더 강함 • 초산(식초), 젖산(요구르트), 사과산(사과), 주석산(포도), 구연산(딸기, 감귤류), 호박산(조개)
짠맛	• 소금 농도가 1~2%일 때 좋은 짠맛이 남 • 식염(염화나트륨)
쓴맛	소량의 쓴맛은 식욕을 촉진 • 카페인 : 커피, 초콜릿 • 모르핀 : 양귀비 • 후물론 : 맥주 • 니코틴 : 담배 • 테오브로민 : 코코아 • 헤스페리딘 : 귤껍질 • 쿠쿠르비타신 : 오이 꼭지 • 데인 : 차류

2) 맛의 현상★

맛의 대비 (강화)	서로 다른 정미성분을 섞었을 때 주정미성분의 맛이 강화되는 현상 예 설탕 용액에 소금을 넣으면 단맛이 증가 예 단팥죽에 소금을 넣으면 팥의 단맛이 증가
맛의 억제 (손실현상)	서로 다른 정미성분을 섞었을 때 주정미성분의 맛이 약화되는 현상 예 커피에 설탕을 넣으면 쓴맛이 단맛에 의해 억제 예 신맛이 강한 과일에 설탕을 넣으면 신맛이 억제
맛의 상승	같은 정미성분을 섞었을 때 원래의 맛보다 강화되는 현상 예 설탕에 포도당을 넣으면 단맛이 증가
맛의 변조	한 가지 정미성분을 맛본 직후 다른 정미성분을 맛보면 정상적으로 느껴지지 않는 경우 예 쓴 한약을 먹은 후 물을 마시면 물맛이 달게 느껴짐 예 오징어를 먹은 후 귤을 먹으면 쓰게 느껴짐
맛의 순응 (피로)	같은 정미성분을 계속 맛볼 때 미각이 둔해져 역치가 높아지는 현상
맛의 상쇄	두 종류의 정미성분이 섞여 있을 때 각각의 맛보다는 조화된 맛을 느끼는 현상 예 김치의 짠맛과 신맛, 청량음료의 단맛과 신맛의 조화

3) 맛의 온도

① 일반적으로 혀의 미각은 10~40℃에서 잘 느끼고, 30℃ 전후에서 가장 예민함

② 온도의 상승에 따라 매운맛 증가, 온도 저하에 따라 쓴맛, 단맛, 짠맛 증가

맛의 종류	최적온도(℃)	맛의 종류	최적온도(℃)
단맛	20~50℃	신맛	25~50℃
짠맛	30~40℃	매운맛	50~60℃
쓴맛	40~50℃		

(2) 식품의 냄새(향)

1) 식물성 식품의 냄새

알코올 및 알데히드 (알데하이드)류	주류, 감자, 복숭아, 오이, 계피 등
에스테르 (에스터)류	주로 과일류

황화합물	마늘, 양파, 파, 무, 고추, 부추 등
테르펜류	녹차, 찻잎, 레몬, 오렌지 등

2) 동물성 식품의 냄새

트리메틸아민	생선 비린내	피페리딘	어류
암모니아	홍어, 상어	아민류, 인돌	아민류, 인돌식육

10 식품의 물성

(1) 교질의 종류

분산매	분산질 (분산성)	분산계 (교질상)	식품의 예
고체	고체	고체 졸	사탕
	액체	겔(Gel)	밥, 두부, 양갱, 젤리, 치즈
	기체	거품(포말질)	빵, 과자, 케이크
액체	고체	졸(Sol)	된장국, 달걀흰자, 수프, 전분액
	액체	유화액(에멀전)	우유, 마요네즈, 버터, 마가린, 크림
	기체	거품(포말질)	난백의 기포, 맥주

(2) 교질의 특성

졸 (Sol)	• 분산매가 액체이고, 분산질이 고체이거나 액체로 전체적인 분산계가 액체 상태(즉, 액체 중에 콜로이드 입자가 분산하고 유동성을 가지고 있는 계) • 대표적인 졸(Sol) 상태의 식품 : 된장국, 달걀흰자, 수프 등
겔 (Gel)	• 졸(Sol)이 냉각하여 응고되거나 물의 증발로 분산매가 줄어 반고체 상태로 굳어지는 것(즉, 콜로이드 분산계가 유동성을 잃고 고화된 상태) • 대표적인 겔(Gel) 상태의 식품 : 밥, 두부, 묵, 어묵, 삶은 달걀 등
유화 (Emulsion)	• 분산질인 액체가 분산매인 다른 액체에 녹지 않고 미세하게 균형을 이루며, 잘 섞여 있는 상태 • 유중수적형 : 버터, 마가린 등 • 수중유적형 : 우유, 아이스크림, 마요네즈 등
거품 (Foam)	• 분산매인 액체에 기체가 분산된 교질 상태 • 거품은 기체의 특성상 액체 속에서 위로 떠오르기 때문에 기포제와 흡착되어야 안정화가 됨 • 대표적인 거품 상태의 식품 : 난백의 기포

11 식품의 유독성분

(1) 자연식품의 독성물질

식물성 식품의 독성물질	• 프로테아제(Protease) 저해물질(원인물질 : 대두) : 가열처리로 무독화 가능 • 청산배당체(원인물질 : 덜 익은 청매실, 살구씨, 복숭아씨) : 아미그달린(Amygdalin)은 효소에 의해 가수분해되면 시안산(청산, HCN)을 생성하여 독작용을 나타내기 때문에 미리 가열 처리해서 불활성화하는 것이 좋음 • 헤마글루티닌(Hemmaglutinin, 원인물질 : 콩과 식물) : 적혈구를 응집시키는 독작용, 가열처리로 무독화 가능 • 솔라닌(Solanine, 원인물질 : 감자의 순) : 감자의 속보다 껍질 쪽에 많으며, 감자의 순 제거와 서늘한 곳에 보관하여 예방 가능 • 고시폴(Gossypol, 원인물질 : 목화씨) : 유지의 산패를 억제하는 항산화 작용이 있으나 독작용으로 인하여 정제 과정에서 제거됨 • 시큐톡신(Cicutoxin, 원인물질 : 독미나리) : 주로 지하경(地下莖)에 들어 있으며, 예방 대책으로 가열처리 후 조리함
동물성 식품의 독성물질	• 테트로도톡신(Tetrodotoxin, 원인물질 : 복어) • 조개류의 독성물질 　– 모시조개 : 베네루핀(Venerupin) → 가열하면 파괴 　– 대합조개 : 삭시톡신(Saxitoxin) → 중독되면 입술, 혀, 얼굴 등이 마비되고 곧 전신마비로 사망함

(2) 미생물에 의한 독성물질

곰팡이에 의한 독성물질 – 미코톡신 (Mycotoxin)	• 맥각독 : 맥류에 존재하는 곰팡이의 균핵인 맥각(麥角, Ergot)에 의한 독성물질 • 아플라톡신(Aflatoxin) : 곡류와 두류에 번식한 Asper-gillus Oryzae가 생산한 독성 대사산물로 강력한 발암물질 • 황변미독 : 저장 중인 쌀에 곰팡이가 기생하여 발생
식중독 세균의 독소	• 포도상구균 : 식품 중에 증식하여 독소(엔테로톡신)를 생성하여 식중독을 일으키며, 120℃에서 20분간 가열하여도 완전히 파괴되지 않음 • 보툴리누스균(Botulinus) : 혐기성 세균으로 내열성이며, 맹독성의 독소 생산(주로 햄, 소시지, 과일의 병조림, 생선 가공식품 등에 발생)

(3) 환경오염물(중금속)에 의한 독성물질

유기수은 (CH₃Hg)	• 미나마타병 유발 • 공장폐수에서 흘러나온 무기수은이 물고기의 체내에서 유기수은으로 변하여 축적되고 이 물고기를 먹은 사람에게 발생함

카드뮴 (Cd)	• 광산의 폐수, 토양에 의해 농산물과 축산물에 유입되며, 축적성이 매우 큰 독성물질 • 중독증상 : 골다공증, 골연화증, 빈혈, 발암 등
납 (Pb)	• 자동차 배기가스, 공장폐수에 의해 과일, 채소, 마시는 물 등이 오염되어 사람에게 중독을 일으킴 • 성인의 흡수율은 10%이지만, 어린이는 50%까지 흡수되어 어린이 피해가 크고 성인의 경우 불면증, 빈혈, 경련, 혼수, 사망까지 일으킴

12 효소

(1) 소화

입에서의 소화효소	• 프티알린(아밀라아제) : 전분 → 맥아당 • 말타아제 : 맥아당 → 포도당
위에서의 소화효소	• 레닌 : 우유단백질(카제인) → 응고 • 리파아제 : 지방 → 지방산+글리세롤 • 펩신 : 단백질 → 펩톤
췌장에서 분비되는 소화효소	• 트립신 : 단백질과 펩톤 → 아미노산 • 스테압신 : 지방 → 지방산+글리세롤
장에서의 소화효소	• 수크라아제 : 서당 → 포도당+과당 • 말타아제 : 엿당 → 포도당+포도당 • 락타아제 : 젖당 → 포도당+갈락토오스 • 리파아제 : 지방 → 지방산+글리세롤

(2) 흡수

소화된 영양소들은 작은 창자(소장)에서 인체 내로 흡수되고, 큰 창자(대장)에서는 물 흡수가 일어남

04 식품과 영양

1 영양소의 기능

(1) 영양소의 체내 역할

열량소	체온 유지, 활동에 필요한 에너지를 공급(탄수화물, 단백질, 지방)
구성소	신체 조직, 혈액과 골격을 구성(단백질, 무기질, 물)

조절소	몸의 생리기능 조절, 열량소와 구성소 등의 대사를 도움(무기질, 비타민, 물)

- 3대 영양소 : 단백질, 탄수화물, 지방
- 5대 영양소 : 단백질, 탄수화물, 지방, 비타민, 무기질
- 6대 영양소 : 5대 영양소 + 물

(2) 영양소의 에너지 함량

① 식품의 에너지는 열량 단위로 표시되는데, 1cal는 1g의 물을 섭씨 1℃ 올리는 데 필요한 열량이지만, 단위가 매우 작아 식품의 에너지는 1,000배인 킬로칼로리(kcal)로 표시

② 식품 내의 영양소 1g당 탄수화물 4kcal/g, 단백질 4kcal/g, 지질 9kcal/g의 에너지를 냄

③ 전체 에너지의 65%는 탄수화물, 15%는 단백질, 20%는 지방으로부터 공급

2 한국인 영양 섭취기준(20~29세 기준)

(1) 평균 필요량

대상 집단을 구성하는 건강한 사람 중 절반에 해당하는 사람들의 일일 필요량을 충족시키는 영양소량

성별	신장(cm)	체중(kg)	에너지(kcal)
남자	173	65.8	2,600
여자	160	56.3	2,100

(2) 권장섭취량

인구 집단의 97%에 해당하는 사람들의 필요량을 나타내며, 평균 필요량에 표준편차의 2배를 더해 정함

구분	단백질	비타민 A	비타민 C	비타민 B_1	비타민 B_2	비타민 B_6	비타민 B_{12}	나이아신	엽산	칼슘	마그네슘	철분	아연	인	구리	셀레늄
	g	RE	mg	mg	mg	mg	μg	mgNE	μg	mg	mg	mg	mg	mg	μg	μg
남자	55	750	100	1.2	1.5	1.5	2.4	16	400	700	340	10	10	700	800	50
여자	45	650	100	1.1	1.2	1.4	2.4	14	400	700	280	14	8	700	800	50

(3) 충분섭취량

영양소 필요량에 대한 정확한 자료가 부족하거나 필요량의 표준편차 또는 중앙값을 구하기 어려워 권장섭취량을 정할 수 없는 경우 제시

구분	식이섬유	비타민 D	비타민 E	비타민 K	나트륨	칼륨	불소	판토텐산	망간	비오틴	수분
	g	μg	mg α-TE	μg	g	g	mg	mg	mg	μg	ml
남자	31	5	10	75	1.5	4.7	3.5	5	3.5	30	2,700
여자	25	5	10	65	1.5	4.7	3.0	5	3.0	30	2,100

(4) 상한섭취량

인체에 유해한 현상이 나타나지 않으리라고 추정되는 최대 영양소 섭취 수준

구분	비타민 A	비타민 D	비타민 E	비타민 C	비타민 B6	칼슘	인	구리	셀레늄
	RE	μg	mg α-TE	mg	mg	mg	mg	μg	μg
남자	3,000	60	540	2,000	100	2,500	3,500	10,000	400
여자	3,000	60	540	2,000	100	2,500	3,500	10,000	400

구분	엽산	철분	아연	불소	망간	요오드	나이아신1	나이아신2
	μgDFE	mg	mg	mg	mg	μg	mg	mg
남자	1,000	45	35	10	11	3,000	35	1,000
여자	1,000	45	35	10	11	3,000	35	1,000

• 비타민과 무기질은 질병 예방과 건강 유지를 목적으로 무분별한 섭취를 방지하고 과량 섭취 시 건강 유해 위험성을 경고

01 다음 중 열량소만으로 구성된 것은?

① 탄수화물, 단백질, 무기질

② 탄수화물, 지방, 단백질

③ 지방, 단백질, 무기질

④ 비타민, 무기질, 물

01 ②

해설

• 열량소 : 탄수화물, 지방, 단백질
• 구성소 : 단백질, 무기질, 물
• 조절소 : 무기질, 비타민, 물

02 돼지고기는 100g 중 당질 6%, 단백질 3.5%, 지방 3.7%가 함유되어 있다. 몇 kcal를 내는가? ★빈출

① 91.3kcal

② 82.3kcal

③ 74.3kcal

④ 71.3kcal

02 ④

해설

• 당질 : $6g \times 4kcal = 24kcal$
• 단백질 : $3.5g \times 4kcal = 14kcal$
• 지방 : $3.7g \times 9kcal = 33.3kcal$
∴ $24kcal + 14kcal + 33.3kcal$
  $= 71.3kcal$

03 40%의 글루코스(분자량 180) 용액의 Aw는 얼마인가? (H_2O의 분자량 = 18)

① 약 0.94   ② 약 0.80

③ 약 0.75   ④ 약 0.65

03 ①

해설 수분활성도(Aw) =

$$\frac{P}{P_0} = \frac{N_W}{N_W + N} = \frac{\frac{60}{18}}{\frac{60}{18} + \frac{40}{180}}$$

$$\fallingdotseq 0.938$$

• P : 식품이 나타내는 수증기압
• P_0 : 순수한 물의 수증기압
• N_W : 물의 분자량
• N : 용질의 분자량

04 곡물의 저장 시 수분의 함량에 따라 미생물의 피해가 있다. 미생물의 변패를 억제하기 위해서는 수분 함량을 몇 %로 저장하여야 하는가?

★빈출

① 20%   ② 25%

③ 18% 이하   ④ 14% 이하

04 ④

해설 곡류는 13~15%의 수분을 함유하므로, 변패를 막기 위한 수분 함량은 14% 이하이다.

05 ②

해설

- 젖당(유당) = 포도당 + 갈락토스
- 이눌린 = 다수의 과당
- 맥아당 = 포도당 + 포도당
- 설탕 = 포도당 + 과당

06 ③

해설

- 점성 : 유체에 있어서 흐름에 대한 저항으로, 내부마찰이라고도 함
- 탄성 : 어떤 물체가 외력에 의해 변형되었다가 그 힘이 없어지면 다시 원래 상태로 되돌아가는 성질
- 소성 : 외부에서 압력을 받아 변형된 물체가 힘을 제거하여도 원상태로 되돌아가지 않는 성질
- 점탄성 : 점성과 탄성을 함께 갖는 성질

07 ②

해설 인산을 함유한 복합지방질을 인지질이라 하는데, 레시틴이 대표적으로 달걀노른자와 콩류에 많이 함유된 대표적인 유화제이다.

08 ①

해설

- 인단백질 : 단백질+인산
- 당단백질 : 단백질+당질
- 지단백질 : 단백질+인지질
- 핵단백질 : 단백질+핵산
- 색소단백질 : 단백질+색소

05 다음 중 당류와 가수분해 생성물의 연결이 옳은 것은? 빈출

① 이눌린 = 포도당 + 포도당
② 젖당 = 포도당 + 갈락토스
③ 맥아당 = 포도당 + 과당
④ 설탕 = 포도당 + 포도당

06 유체의 흐름에 대한 저항을 의미하는 물성 용어는?

① 탄성(Elasticity)
② 소성(Plasticity)
③ 점성(Viscosity)
④ 점탄성(Viscoelasticity)

07 인산을 함유하는 복합지방질 물질로서 유화제로 사용되는 것은?

① 티아민(Thiamin)
② 레시틴(Lecithin)
③ 스테롤(Sterol)
④ 레티놀(Retinol)

08 다음 중 단백질에 관한 설명으로 옳은 것은? 빈출

① 인단백질은 단순단백질에 인산이 결합된 단백질이다.
② 당단백질은 단순단백질에 지방이 결합한 단백질이다.
③ 지단백질은 단순단백질에 당이 결합한 단백질이다.
④ 핵단백질은 단순단백질 또는 복합단백질이 화학적 또는 산소에 의해 변화된 단백질이다.

09 다음 중 필수아미노산에 속하지 않는 것은? 빈출

① 발린(Valine)

② 세린(Serine)

③ 히스티딘(Histidine)

④ 이소루신(Isoleucine)

10 다음 알칼리성 식품에 대한 설명 중 옳은 것은? 빈출

① 신과일, 채소류, 육류, 치즈가 대상식품

② 곡류, 해조류, 떫은 과일, 달걀이 대상식품

③ S, P, Cl이 많이 함유된 식품

④ Na, K, Ca, Mg이 많이 함유된 식품

11 비타민의 특성 또는 기능에 대한 설명으로 옳은 것은?

① 인체 내에서 조절물질로 사용된다.

② 일반적으로 체내에서 합성된다.

③ 많은 양이 필요하다.

④ 에너지로 사용된다.

12 다음 중 물에 녹는 비타민은?

① 토코페롤(Tocopherol)

② 티아민(Thiamine)

③ 칼시페롤(Calciferol)

④ 레티놀(Retinol)

---

09 ②

해설

• 필수아미노산은 인체 내에서 합성되지 않으므로 반드시 식품으로 섭취해야만 하는 아미노산이다.

• 이소루신, 루신, 발린, 메티오닌, 페닐알라닌, 트레오닌, 트립토판, 리신의 8가지가 있으며, 어린이와 병후 회복기의 환자에게는 추가적으로 히스티딘과 아르기닌이 필요하다.

10 ④

해설

• 알칼리성 식품 : Na, Ca, K, Mg 등을 많이 함유한 식품으로 채소류 및 과일류, 우유 등이 있다.

• 산성 식품 : S, P, Cl 등을 많이 함유한 식품으로 곡류, 육류, 알류, 콩류 등이 있다.

11 ①

해설 비타민은 적은 양으로도 생리기능을 조절하는 영양소로, 인체 내에서 합성되지 않으므로 식품을 통해 섭취해야만 하는 필수 영양소이다.

12 ②

해설

• 수용성 비타민은 비타민 B군과 C 등이 있으며, 티아민은 비타민 B_1이다.

• 지용성 비타민은 A, D, E, K 등이 있는데, 토코페롤은 비타민 E, 칼시페롤은 비타민 D, 레티놀은 비타민 A의 화학명이다.

13 ③

해설
- 비타민 B12(Cyanocobalamin) : 악성빈혈
- 비타민 B2(Riboflavin) : 구각염
- 비타민 B6(Pyridoxine) : 항피부염인자
- 비타민 B1(Thiamin) : 항각기 인자

13 혈액의 생성에 관여하여 결핍 시 악성빈혈을 일으키는 비타민은?

① Riboflavin

② Pyridoxine

③ Cyanocobalamin

④ Thiamin

14 ④

해설
- 미맹 : PTC의 쓴맛을 느끼지 못하거나 맛을 못 느낌
- 맛의 대비 : 서로 다른 맛 성분의 혼합으로 주된 맛 성분이 강해짐
- 맛의 변조 : 한 가지 맛을 느낀 후 다른 맛을 못 느낌

14 간장이나 된장에 소금이 많이 들어있어도 짠맛을 강하게 느끼지 못하는데, 이러한 현상을 무엇이라고 하는가? 빈출

① 미맹

② 맛의 대비

③ 맛의 변조

④ 맛의 상쇄

15 ②

해설
- Chlorogenic Acid : 커피의 떫은맛
- Catechin : 차의 탄닌 성분
- Phloroglucinol : 감의 떫은맛

15 밤의 주된 탄닌 성분은?

① Chlorogenic Acid

② Ellagic Acid

③ Catechin

④ Phloroglucinol

16 ④

해설 안토시안 색소는 산성에서는 적색, 중성에서는 보라색, 알칼리성에서는 청색으로 변하기 때문에, 생강을 식초에 절이면 적색을 띤다.

16 생강을 식초에 절이면 적색으로 변하는 이유는 무엇인가?

① 생강의 효소작용 때문이다.

② 생강 중 배당체 때문이다.

③ 클로로필 색소가 산에는 불안정하기 때문이다.

④ 안토시안이 산성에서 불안정하기 때문이다.

17 효소적 갈변의 방지 방법 중 부적당한 것은?

① 금속이온 제거

② 소금물에 담금

③ 알칼리 첨가

④ 가열처리

18 오이김치의 녹색 색소가 갈색으로 변하는 이유로 옳은 것은? ✔빈출

① 안토시안의 산화로

② 클로로필의 Mg이 H^{2+}로 치환되어서

③ 클로로필의 Mg이 Fe로 치환되어서

④ 카로티노이드의 불활성으로

19 다음 효소와 식품의 용도가 잘못 짝지어진 것은?

① Papain – 맥주의 혼탁방지

② Glucoamylase – 포도당 제조

③ Thioglucosidase – 겨자의 매운맛 분해

④ Naringinase – 귤의 쓴맛 제거

20 다음 중 효소의 활성 저해제가 아닌 것은?

① 수은, 납 등 중금속

② 마그네슘, 칼슘, 아연, 구리

③ 산화제

④ 계면활성제

17 ③

해설 **효소에 의한 갈변 방지 방법**
• 데치기(열처리)에 의한 효소의 불활성화
• −10℃ 이하로 유지하여 효소작용 억제
• 염류나 당의 첨가
• 수소이온농도 조절
• 금속이온의 제거
• 산소의 제거 등

18 ②

해설 클로로필을 산으로 처리하면 Mg이 H^{2+}로 치환되어 갈색의 페오피틴으로 된다.

19 ①

해설 Papain은 파파야의 육류연화제이고, 맥주의 혼탁방지는 루풀린이다.

20 ②

해설 마그네슘, 칼슘, 아연, 구리 등은 효소의 활성을 상승시킨다.

제01편

02 조리외식경영

Check Note

✓ 외식산업의 특성

동시성	생산과 판매, 소비가 동시에 이루어짐
모방성	노동집약적이고 누구나 원하면 경영자로 창업이 가능한 모방적 특징을 지님
무형성	인적 서비스가 중심인 접객의 무형성을 지님
소멸성	서비스의 시작과 함께 사라지는 소멸성의 특성이 있음
이질성	인적 자원 중심의 서비스가 주가 되어 기계화, 정형화가 어려움

01 조리외식의 이해

1 조리외식산업의 개념
음식과 서비스라는 여러 종류의 상품을 공급하는 외식 기업들이 대다수 나타나면서 경영 면에서 체계성을 갖추고 시장에는 서로 경쟁하고 있는 산업

2 조리외식산업의 분류
① 영리를 목적으로 하는지 비영리를 목적으로 하는지 등에 의한 분류
② 주류의 판매 여부에 따른 분류로 음식점업 안에 식당업, 다과점업, 주점업으로 크게 구분
③ **식당업** : 한식점업, 중식점업, 일식점업, 서양식점업, 음식 창출 조달업, 자급식 음식점업, 간이 체인점업, 달리 분류되지 않은 식당업
④ **주점업** : 일반 유흥주점업, 한국식 유흥주점업, 무도 유흥주점업, 극장식 주점업, 외국인 전용 유흥주점업, 달리 분류되지 않은 주점업
⑤ **다과점업** : 제과점업, 다방업, 달리 분류되지 않은 다과점업
⑥ 일반음식점과 휴게음식점
⑦ **주점 영업** : 단란주점업과 유흥주점업

3 외식산업 환경분석 기술
(1) 외식 마케팅 환경분석
환경분석(Environmental Analysis)이란 마케팅 활동과 관련된 환경 요인들의 현황이나 변화 추세를 파악하여 마케팅 전략을 수립하기 위해 분석하는 것을 의미

내부 환경분석	• 기업 내부에서 통제가 가능한 요인들 • 기업 내부에서 비롯되는 것(구체적으로는 경영 전략, 기업 문화, 기존 마케팅 전략의 장점 및 단점, 제품 특성, 시장점유율, 인적 자원, 리더십, 재무상태)
외부 환경분석	• 기회와 위협 요인으로 기업을 둘러싸고 있는 요인 • 거시 환경과 미시 환경으로 나눔(고객, 공급자, 경쟁자, 공중 환경분석)

(2) SWOT 분석

① 1960~1970년대 미국 스탠포드 대학에서 연구 프로젝트를 이끌던 알버트 험프리(Albert S. Humphrey)에 의해 고안된 전략 개발 마케팅 분석 체계

② 상황을 전략적으로 접근하기 위해 개발된 도구로 시장에 주어진 위협 요인(Threat)과 기회 요인(Opportunity)을 파악하고, 이를 극복하기 위해 자사의 강점(Strength)과 약점(Weakness)을 분석

02 조리외식 경영

1 서비스 경영

(1) 경영학적 서비스의 정의

활동론적 정의	서비스는 판매 목적으로 제공되거나 상품 판매와 연계해서 제공되는 활동·편익·만족을 말하며, 타인에게 제공하는 무형적인 활동이나 편익으로 소유권 이전을 수반하지 않는 것으로서 한 측이 다른 측에게 제공하는 성과와 활동으로 어떤 것도 소유가 되지 않는 것
봉사론적 정의	서비스는 인간에 대한 봉사라고 보는 관점
속성론적 정의	서비스는 서비스의 속성을 중심으로 시장에서 판매되는 무형의 상품
인간 상호 관계론적 정의	서비스는 무형적 성격을 지니는 일련의 활동으로, 고객과 서비스 제공자의 상호관계에서부터 발생하며 고객의 문제를 해결해 주는 것

2 외식소비자 관리

(1) 고객 유지의 중요성

① 시장이 포화 상태에 이르고 기업 간의 경쟁이 치열한 시장 성숙기 단계에서 기업이 안정적인 수익을 유지하기 위해서는 신규 고객을 확보하기 위한 공격적인 전략보다는 기존 고객을 유지하는 방어적인 전략의 중요성이 커짐

② 기존 고객을 유지함으로써 신규 고객을 유치하는 데 발생하는 광고 비용, 인적 판매 비용, 신규 거래에 따른 초기 비용, 고객이 서비스에 익숙해지는 동안에 발생하는 비효율적 거래 비용 등을 절감

③ 고객과 기업이 지속적인 관계를 유지하는 기간이 길수록 고객을 유지하는 운영 비용은 감소하지만, 고객으로부터 발생하는 수익은 커짐

④ 장기 유지 고객일수록 긍정적인 효과로 다른 잠재적인 고객을 소개하는 경향이 늘어남

3 서비스 매뉴얼 관리

① 매장 내의 서비스 흐름 파악
② 출입구에서 고객맞이
③ 예약 대장 확인
④ 고객 테이블로 안내
⑤ 물, 메뉴판, 기본 세팅물 제공
⑥ 메뉴 주문 받음
⑦ 메뉴 주문 내용 확인 후 메뉴판 수거
⑧ 메뉴 서빙
⑨ 추가 주문받음
⑩ 식사 종료 후 테이블과 집기류 치움
⑪ 계산
⑫ 고객 배웅

4 위기상황 예측 및 대처

(1) 상황 대응 능력의 중요성

고객의 요구에 만족할 만한 서비스를 제공하기 위해서는 그때그때의 상황 변화를 판단하여 적절한 응용동작을 취할 수 있는 능력이나 위기관리 능력이 중요

(2) 상황별 응대 서비스

고객 유형별, 메뉴 제공별, 위기상황별, 불만고객 응대별 등으로 구분하여 고객에게 최상의 서비스를 제공하는 일련의 과정

03 조리외식 창업

1 창업의 개념

창업의 개념	• 상품이나 서비스를 생산, 판매하기 위하여 새로운 기업 조직을 설립하는 행위 • 상품과 서비스의 생산, 판매를 위해 자본을 투자하고 시설 또는 설비 등을 건물에 갖추고 필요한 인적 자원을 선발 배치하는 행위
외식창업의 목적	부의 축적, 가족 부양, 사회적 목적, 독립성 달성, 삶의 공간 창조, 자신만의 상품 제공, 자신만의 서비스 제공

2 외식창업 경영 이론

(1) 외식창업의 구성요소

창업자	사업의 주체로서 사업성 분석, 창업 아이디어의 확보, 사업 계획 수립 및 실행을 수행하기 위하여 창업에 필요한 인적·물적 자원을 동원하고 이들을 적절히 결합하여 기업이라는 시스템을 만듦
창업 아이디어	창업하는 기업이 무엇을 생산할 것인가와 무엇을 가지고 창업할 것인가를 의미
창업 자본	기업 설립에 필요한 금전적인 자원뿐만 아니라 인력, 사업장, 설비, 원자재 등 기술 개발, 경영 자원을 조달, 영업 조직의 구축 등 유·무형의 자산을 형성하는 데 필요한 것

(2) 창업 아이템 선정

① 경험에 의한 창업
② 사회적 만남에 의한 창업
③ 취미에 의한 창업
④ 심사숙고한 창업
⑤ 자기 체험에 의한 창업

3 창업절차

업종의 선택	본인의 경험 및 취향, 자금 규모에 적합한 성장기의 유망 업종 선정		
창업 전략 결정	독립 점포, 체인점 가맹, 회원점 공동 브랜드, 창업회의(장단점 비교)		
자금 조달 계획 결정	자기 자본, 대출, 차입금 등 자금 조달 계획 점검		
입지 선정, 점포 결정	업종과 자금 규모에 맞는 최적의 입지 및 점포 탐색, 관련 서류 확인, 점포주 확인		
시장 조사 및 메뉴 선정	입지에 따른 주력 메뉴, 부가 메뉴, 경쟁 점포 분석, 시장 조사에 따른 경쟁 전략 수립		
판매계획 수립	판매 전략 및 형태, 가격 전략 수립		
개업계획 수립	인테리어 시설	인테리어의 설계, 견적, 시공, 감리, 간판, 전기, 전화, 가스, 화장실 등 완공일자 결정	
	주방 설비 및 전기	주방 설계 및 견적, 가스 공급 계약 체크, 집기, 비품 선정 및 견적 시설 감리 및 점검	
	업무계획	위생교육, 인·허가 사항 점검, 사업자 등록증 신청, 카드 가맹점 신청	
	홍보 및 채용계획	홍보, 판촉물 기획 및 견적, 직원 아르바이트 채용 계획, 오픈 이벤트 직원 채용	

Check Note

✓ **업종 선택의 원칙**
- 성장성이 있는 업종 선택
- 자신의 적성에 맞는 업종 선택
- 자신의 사업 조건에 맞는 업종 선택

식자재 체크 및 구매처 확정	두 곳 이상의 협력 식자재 거래처 확보
개업 최종 점검	직원, 아르바이트, 원부자재 확보
오픈 리허설	문제점 보완 및 역할 분담
홍보 전단 배포	당일 오픈 이벤트, 전단지 배포
오픈 이벤트 및 그랜드 오픈	고객에게 푸짐한 음식 제공 및 친절한 서비스 마인드 유지
개업 후 판촉 및 고객 관리	고객 이름 외우기 및 단골 고객 확보, 스타 메뉴 보유

4 상권 및 입지 선정

(1) 상권(Trading Area)

생산자와 수요자 또는 소비자 사이에서 상거래가 이루어지는 거래 지역

① 생산자, 판매자의 거래 공간 범위인 판매권(Sales Territory)
② 공급권(Supply Area)과 수요자
③ 구매자의 거래 공간인 수요권(Demand Area)
④ 구매권(Shopping Area)

(2) 입지 선정

시내 중심가 상권	지하철, 버스 등 대중교통이 발달되어 있고 주요 간선도로와의 연계망도 좋아 주변 지역으로부터 유입이 편리한 것이 특징
역세권 상권	역은 사람들의 이동을 목적으로 하기 때문에 역세권 상권에 유입되는 인구 수는 많더라도 방문 시간은 길지 않으므로, 짧은 시간 동안 식사와 휴식, 간단한 쇼핑 기능을 담당하는 매장을 중심으로 상권이 발달
아파트 단지 상권	아파트라는 주거 환경을 배경으로 형성된 상권으로서 아파트 단지 인구가 유효 배후 세력이 되며, 그 외에는 더 이상의 수요 창출을 기대하기 어려운 상권
대학가 상권	대학 특유의 문화가 상권을 지배하는 경우가 많으며, 일단 대학생들은 생활 자체가 일정한 규칙이 없는 편이어서 소위 밤낮을 구분하지 않고 상권이 활발한 움직임을 보이는 것이 특징
오피스 상권	이십대 후반부터 삼·사십대 직장인을 대상으로 하는 요식업이나 유흥업종의 비율이 높은 상권
일반 주택가 상권	일상에서 가장 많이 이용하며, 쉽게 접하는 상권이지만 유동 인구가 많지 않으며, 거주 인구의 소득 수준에 따른 지역 환경이나 연령층에 대한 구분이 가능할 뿐 그 상권만의 특성이나 문화의 차별화가 없는 것이 특징

학원가 상권	주 대상이 청소년기의 학생이나 재수생, 혹은 자격증을 준비하는 학생들을 중심으로 형성된 상권으로, 소비의 제약이 많은 학생들의 특징 때문에 상권의 규모가 크지 않고 업종의 현황도 학생들이 먹고 쉬는 데 관련한 업종이 주를 이룸

5 성장요소 분석과 마케팅

(1) SWOT 분석

보통 전략 수립 단계에서 광범위하게 사용되며, 조직이나 단체가 처한 상황을 내부 환경의 강점(Strength)과 약점(Weakness), 외부 환경의 기회(Opportunity)와 위협(Threat)으로 나눠 입체적으로 접근하기 위해서 개발된 분석 도구

① 잠재적인 시장 환경 요인 중 최상의 환경 요인을 선택하여 우선순위를 정하고, 현재 기업이 처한 위치와 최적의 자원을 활용하여 추구하고자 하는 목표에 가까이 가고자 함

② 기업이 처해 있는 내부 환경 요인과 외부 환경 요인을 찾는 방법이 필요

③ 강점 요인 구성 : 자사의 경쟁 우위, 독특한 능력, 독점적 기술 등

④ 약점 요인 구성 : 시장 점유율의 약화, 낮은 제품 개발력, 공급자에 대한 취약성 등

⑤ 기회 요인 구성 : 품질 개선, 경제적 이점, 새로운 시장의 성장 등

⑥ 위협 요인 구성 : 원자재 부족, 고객의 불만 증가, 새로운 경쟁자 침입 등)

⑦ ③~⑥의 구성 요소를 검토하여 SWOT 분석표를 작성하고, 최적의 전략을 도출함으로써 제품에 관한 이해와 차별 방법의 결정, 전략적 대응 방안 제시, 전략 목표와 우선순위 결정, 실질적인 목적과 목표를 포함한 전술적 계획을 수립하는 SWOT 분석 결과를 얻음

⑧ 분석 결과를 가지고 경영의 중요한 의사 결정을 하는 자료로 활용

(2) 마케팅 활동 계획

① 시장 현황 분석 : 경제적 인구학적 특성 분석(주요 경쟁자 파악 시 우월한 경쟁자, 비슷한 경쟁자, 약한 경쟁자로 구분)

② SWOT 분석 활용 : 전략을 계획하고, 문제 확인 및 관리가 가능

③ 목표 설정과 마케팅 전략 : 원하는 바를 이해하고, 마케팅 전략의 확인과 선택함

④ 집행과 관리 : 모든 변화를 정기적으로 검토하여 결과를 연차보고서 형식으로 발간하고, 이에 대한 시민과 기업들의 협의를 통해서 장기적으로 목표 달성을 모색

01 ②

해설 외식산업은 인적 서비스가 중심인 접객의 무형성이 있다.

02 ④

해설 고객 응대의 주요 요인으로는 인사, 표정, 화법, 불만고객 응대, 전화 응대가 있다.

03 ①

해설 식당업 : 한식점업, 중식점업, 일식점업, 서양식점업, 음식 창출 조달업, 자급식 음식점업, 간이 체인점업, 달리 분류되지 않은 식당업

04 ③

해설 서비스에 대한 경영학적 정의 활동론적 정의, 봉사론적 정의, 속성론적 정의, 인간 상호관계론적 정의

01 외식산업의 특성으로 옳지 않은 것은? 빈출

① 음식과 서비스는 표준화, 시스템화가 어렵다.
② 인적 서비스가 중심인 접객의 유형성이 있다.
③ 누구나 원하면 경영이 가능한 모방적 특성이 있다.
④ 생산과 판매가 동시에 이루어지는 특징이 있다.

02 고객 응대의 주요 요인이 아닌 것은?

① 인사　　　　　　② 표정
③ 화법　　　　　　④ 얼굴

03 조리외식산업의 분류에서 식당업에 해당되는 것은? 빈출

① 간이 체인점업　　② 일반 유흥주점업
③ 휴게음식점　　　④ 다과점업

04 서비스에 대한 경영학적 정의로 옳지 않은 것은?

① 활동론적 정의
② 봉사론적 정의
③ 무형론적 정의
④ 인간 상호관계론적 정의

05 조리외식경영 차원에서 고객과의 서비스 접점에 대한 내용으로 옳지 않은 것은?

① 서비스 제공자들의 예의 바른 서비스
② 서비스 제공자별 서비스의 다양화
③ 고객에 대한 인간적인 관심과 도움
④ 제공될 서비스에 대한 전문지식 보유

05 ②
해설 서비스 제공자별 서비스의 일관성이 유지되어야 한다.

06 창업 소요 자금의 종류로 옳지 않은 것은? ✈빈출

① 식재료 비용
② 창업 준비금
③ 시설 자금
④ 운영 자금

06 ①
해설 **창업 소요 자금의 종류**
창업 준비금, 시설 자금, 운영 자금

07 상품이나 서비스를 생산, 판매하기 위하여 새로운 기업 조직을 설립 하는 행위를 무엇이라 하는가? ✈빈출

① 창업
② 창업자
③ 창업 아이디어
④ 창업 자본

07 ①
해설 창업이란 상품이나 서비스를 생산, 판매하기 위하여 새로운 기업 조직을 설립하는 행위와 상품과 서비스의 생산, 판매를 위해 자본을 투자하고 시설 또는 설비 등을 건물에 갖추고 필요한 인적 자원을 선발 배치하는 행위이다.

08 메뉴의 서빙(Serving) 순서로 옳은 것은?

① 가족 손님의 경우 어린이 고객 → 어머니 → 아버지 순으로 서빙 한다.
② 남, 여 손님의 경우 남성 고객부터 서빙한다.
③ 손님 접대의 경우 계산하는 손님부터 서빙한다.
④ 다양한 손님의 경우 어린이부터 서빙한다.

08 ①
해설
• 남, 여 손님의 경우 여성 고객부터 서빙한다.
• 손님 접대의 경우 모시고 온 손님 부터 서빙한다.
• 다양한 손님의 경우 연장자부터 서 빙한다.

09 ③

해설 **SWOT 분석**
- 알버트 험프리(Albert S. Humphrey)에 의해 고안된 전략 개발 마케팅 분석 체계
- 상황을 전략적으로 접근하기 위해 개발된 도구로 시장에 주어진 위협 요인(Threat)과 기회 요인(Opportunity)을 파악하고, 이를 극복하기 위해 자사의 강점(Strength)과 약점(Weakness)을 분석한다.

10 ④

해설 **외식창업의 구성요소**
창업자, 창업 아이디어, 창업 자본

11 ④

해설 서비스의 경영학적 정의 중 인간 상호관계론적 정의에 해당되는 내용이다.

12 ②

해설
- 2차 상권 : 전체 매출의 20~25%를 차지하는 지역으로 1차 상권의 외부에 위치
- 3차 상권 : 1차 상권과 2차 상권을 벗어난 상권으로 주변 상권이라 함

09 1960~1970년대 미국 스탠포드 대학에서 연구 프로젝트를 이끌던 알버트 험프리(Albert S. Humphrey)에 의해 고안된 전략 개발 마케팅 분석 체계는? 빈출

① 내부 환경분석
② 외부 환경분석
③ SWOT 분석
④ 환경분석

10 외식창업 구성요소가 아닌 것은? 빈출

① 창업자
② 창업 아이디어
③ 창업 자본
④ 창업시기

11 서비스는 무형적 성격을 지니는 일련의 활동으로, 고객과 서비스 제공자의 상호관계에서부터 발생하며 고객의 문제를 해결해 주는 것을 의미하는 것은?

① 활동론적 정의
② 봉사론적 정의
③ 속성론적 정의
④ 인간 상호관계론적 정의

12 상권의 유형에서 전체 매출의 60~70%를 차지하는 지역으로 점포에서 가장 가깝고 고객 밀도가 가장 높은 것은?

① 0차 상권
② 1차 상권
③ 2차 상권
④ 3차 상권

13 업종 선택의 원칙으로 옳지 않은 것은?

① 성장한 업종 선택

② 자신의 적성에 맞는 업종 선택

③ 성장성이 있는 업종 선택

④ 자신의 사업 조건에 맞는 업종 선택

13 ①

해설 업종 선택 시 성장성이 있는 업종을 선택한다.

14 사업의 타성성, 수익성, 성장요소 분석 중 경쟁력 창출을 위한 요소로 옳지 않은 것은? ✈빈출

① 창의력

② 창업자의 역량

③ 인적·물적 자원의 적절한 투입

④ 브랜드 이미지 확보

14 ④

해설 **경쟁력 창출을 위한 요소**
• 창의력
• 창업자의 역량
• 인적·물적 자원의 적절한 투입

15 사업의 타성성, 수익성, 성장요소 분석 중 수익성 및 성장요소 분석을 위한 요소로 옳지 않은 것은?

① 브랜드 이미지 확보

② 손익분기점 도달 시기 파악

③ 잠재 시장의 성장률과 필요 자본 파악

④ 창업자의 역량

15 ④

해설 **수익성 및 성장요소 분석**
• 브랜드 이미지 확보
• 손익분기점 도달 시기 파악
• 잠재 시장의 성장률과 필요 자본 파악
• 공정과 기술의 복잡성 파악

16 외식창업의 목적으로 거리가 먼 것은? ✈빈출

① 부의 축적

② 가족 부양

③ 사회 기여

④ 사회적 목적

16 ③

해설 **외식창업의 목적**
부의 축적, 가족 부양, 사회적 목적, 독립성 달성, 삶의 공간 창조, 자신만의 상품 제공, 자신만의 서비스 제공

17 ③

해설 **환경분석(Environmental Analysis)**
마케팅 활동과 관련된 환경 요인들의
현황이나 변화 추세를 파악하여 마케
팅 전략을 수립하기 위해 분석하는 것

18 ②

해설 **우수점포 입지 선정을 위한 고려사항**
입기 선정과 업종 선정, 상권의 세력,
유동 인구의 특징, 경쟁업체, 상권의
장기성, 점포의 접근성, 창업 능력에
맞는 점포 선정

19 ①

해설 **창업 소요 자금의 종류**
• 운영자금 : 월 임대료, 광고비, 종
  업원 인건비, 각종 공과금 등
• 창업준비금 : 점포 소개비, 선전물
  준비비, 행사비 등
• 시설자금 : 점포 임대료, 구입비 또
  는 신축비 등

20 ④

해설 아이템은 업종이나 판매할 상
품 또는 서비스를 총칭하는 말로 사
업의 규모와 기업 경쟁력 등 핵심 요
소와 연계해서도 사업 구상을 하여야
한다.

17 마케팅 활동과 관련된 환경 요인들의 현황이나 변화 추세를 파악하여 마케팅 전략을 수립하기 위해 분석하는 것은?

① 내부 환경분석
② 외부 환경분석
③ 환경분석(Environmental Analysis)
④ SWOT 분석

18 우수점포 입지 선정을 위한 고려사항으로 옳지 않은 것은? 빈출

① 점포의 접근성
② 상권의 단기성 고려
③ 창업 능력에 맞는 점포 선정
④ 점포의 규모 선정

19 창업 소요 자금의 종류에서 운영 자금에 해당하는 것은?

① 월 임대료
② 점포 임대료
③ 행사비
④ 구입비

20 '업종이나 판매할 상품 또는 서비스'를 총칭하는 것은? 빈출

① 상권
② 외식
③ 입지
④ 아이템

PART

03

메뉴관리, 구매관리, 재료준비

CHAPTER

01

메뉴관리

01 메뉴관리 계획

1 메뉴 구성

메뉴를 제작하는 데 있어 문자, 사진, 도형 등을 일정한 공간에 배열하는 것

싱글 패널 (Single – Panel)	메뉴의 구성이 한 면으로 구성된 형식으로서 특별 메뉴나 한정 메뉴를 소개할 때 주로 사용
투 패널 폴드 (Two Panel Fold)	• 펼쳤을 때 좌우 양면으로 메뉴를 배열하는 형식으로, 코스 요리의 메뉴에서 볼 수 있음 • 일반적으로 외식업에서 주로 많이 사용되고 있는 형식
투 패널 멀티 페이지 (Two Panel Multi Pages)	기본적으로 투 패널의 형식이지만, 여러 개의 페이지로 구성된 메뉴

2 메뉴의 용어와 명칭

(1) 메뉴(Menu)의 유래와 정의

1) 메뉴의 유래

① '차림표' 또는 '식단'의 뜻으로 쓰이며, 라틴어 미뉴터스(Minutus), 영어 미뉴트(Minute)에서 유래

② 식당이나 가정에서 '오늘 제공될 요리'를 적어놓은 것에서 시초

③ 주방에서 조리하는 방법을 기술하였으나, 오늘날에는 전 세계적으로 통용되는 용어로 사용

2) 메뉴의 의미

① '작은 목록(Small list)', '간단하게, 상세하게 기록한 것'이라는 의미

② 메뉴를 통해 경영자는 판매촉진의 매출 도구로 이용하고, 고객은 제공받은 음식을 통해 만족감을 얻을 수 있는 매개체

③ 메뉴는 고객에게 식사로 제공되는 요리의 품목, 명칭, 형태 등을 체계적으로 알기 쉽게 설명해 놓은 목록이나 차림표

한국	차림표 또는 식단
라틴어	미뉴터스(Minutus), 상세하게 기록한 것

프랑스	미뉴트(Minute), 카르테(Carte)
미국	작은 목록(Small list)
영국	식단 목록표(Bill of fare)
독일	슈바이제카르테(Speisekarte)
스페인	미뉴타(Minuta)
중국	차이단(菜单子)
일본	콘다테효(献立表, こんだてひょう)

3) 우리나라의 메뉴에 관한 개념의 발전
① 1960년대~1970년대 : 차림표라는 생산 지향적 개념으로 통용
② 1980년대 이후 : 마케팅과 고객만족, 내부통제 등 관리 지향적 개념으로 발전

(2) 메뉴의 역할과 기능
1) 메뉴의 역할
① 메뉴는 고객에게 다양한 정보를 제공하고 판매와 서비스를 유지하여 식음 운영에 중요한 역할을 하는 매개체
② 메뉴를 통해 경영자는 준비할 수 있는 음식의 소개와 약속을 나타내며, 고객은 선택을 통한 만족을 경험
③ 음식 사업에서 경영전략은 고객의 욕구 만족과 조직의 목표 달성임
④ 고객 욕구 충족과 조직 목표 달성에 대한 목표가 설정되면 메뉴를 계획하여 선보임
⑤ 잘 만들어진 메뉴는 고객 욕구의 만족, 종사원 동기부여, 경영조직의 성공을 의미함

2) 메뉴의 기능
메뉴는 고객과의 거래에 관련된 커뮤니케이션의 도구이자 기업의 경영에 중요한 역할 차지함
① 메뉴는 판매 도구
② 메뉴는 경영자와 고객을 연결해 주는 무언의 커뮤니케이션 수단
③ 메뉴는 레스토랑의 얼굴이며 수준의 상징
④ 메뉴는 필요한 식재료와 주방기기를 결정
⑤ 메뉴는 판매방법과 분위기를 결정

- 메뉴는 부패가 빠르고 장기 보존이 불가능
- 고객에게 제공되는 장소와 시간의 제약을 받음
- 대개 생산과 판매가 동시에 이루어짐
- 정확한 수요예측이 어려움
- 풍부한 경험과 예측을 통해 오차를 최소화하고, 고객에게 최상의 음식과 서비스를 제공하는 능력 요구

3) 메뉴 조리의 목적

위생성	식품 고유의 재료에 함유된 유해물 또는 먹을 수 없는 비가식부를 제거하여 위생을 향상시키려는 목적
기호성	식욕을 증진하고 풍미를 증가시켜 외관적으로 보기 좋게 할 뿐 아니라, 먹는 즐거움을 향상시키려는 목적
영양성	식품 재료별 영양성분을 조합하여 먹기 쉽고, 소화 흡수가 쉽게 하여 영양 효과를 높이려는 목적
상품성	식재료 조리과정을 통해 상품적 가치와 경제적 이윤을 창출하려는 목적
국제성	세계 트렌드 시장에 발맞추어 시대에 뒤처지지 않으려는 목적

(3) 메뉴의 분류

1) 메뉴의 내용에 따른 분류

정식 메뉴 (Table d'hote Menu, Full Course Menu)		호텔이나 외식업체에서 고객을 위해 정해진 가격에 음식을 제공하는 코스 메뉴 형태
	장점	• 신속한 서비스로 좌석의 회전율이 높음 • 경영자나 종사원은 메뉴에 필요한 식자재 관리가 용이함 • 신속하고 능률적인 제공 가능 • 원가의 절감을 통한 매출의 상승 가능 • 가격이 비교적 저렴
	단점	• 이용하는 고객의 측면에서 선택이 폭이 한정적임 • 사회적 변화에 따른 가격 변화에 시의적인 대처가 어려움 • 코스 메뉴 품목의 수가 제한적임 • 종사원의 창의성이나 능력을 개발하기에 한계점이 있음
일품요리 메뉴 (A la Carte Menu)		표준차림표(Standard Menu)라도 하며, 개인의 요구나 기호에 따라 개별 메뉴를 자유롭게 선택할 수 있는 형태
	장점	• 개별적인 메뉴 종류의 구성을 통한 선택 가능 • 고객의 기호에 부합하는 다양한 메뉴 선택 가능 • 메뉴별 가격의 개별적 계산 • 종사원은 다양한 메뉴 제공을 통한 서비스 능력 향상
	단점	• 가격이 비교적 높음 • 식재료 관리가 어렵고 낭비가 있음 • 유지 경영을 위한 인건비 높음 • 다양한 메뉴의 총체적 관리의 어려움 • 메뉴의 지식이 부족한 고객은 주문이 어려움

콤비네이션 메뉴 (Combination Menu)	• 정식요리 메뉴와 일품요리 메뉴의 이점을 혼합한 메뉴 형태로 높은 선호도를 나타냄 • 일부 메뉴는 정해진 아이템을 중심으로 선택하고, 다른 메뉴는 개별적으로 선택 • 중국, 베트남, 태국 등의 특정 국가 고유 메뉴를 판매하는 에스닉 레스토랑(Ethnic Restaurants)에서 자주 이용되는 메뉴 형태
연회 메뉴 (Banquet Menu)	• 고객의 요구에 따라 메뉴는 상이함 • 호텔이나 전문레스토랑은 대량 조리를 통한 원가를 절감하고 낭비를 줄이면서 수익성에 이점을 갖는 메뉴 형태
뷔페 메뉴 (Buffet Menu)	다수의 고객이 기호에 맞게 셀프(Self) 형태로 선택할 수 있는 다양한 음식 서비스 형태

특선 메뉴 (Special Menu)	• 특정 고객 또는 특정 기간에 차별화된 운영을 위한 메뉴의 형태 • 계절 특선 메뉴, 크리스마스 메뉴, 축제 메뉴, 주방장 추천 메뉴, 이벤트 메뉴 등		
		장점	• 식재료의 재고를 소비, 매출 증진 • 준비된 특선 메뉴의 신속한 제공, 고객의 흥미를 돋움

2) 메뉴 제공시간에 따른 분류

아침식사 메뉴 (Breakfast Menu)	주로 가벼운 음식이 대부분으로 보통 오전 10시까지 제공
브런치 메뉴 (Brunch Menu)	아침 식사와 점심 식사 단어가 합성된 용어로 오전에 먹는 메뉴 형태(정오 이전까지 제공되는 메뉴)
점심 메뉴 (Lunch Menu)	정오 무렵에 먹는 식사의 오찬 메뉴 형태
석식 메뉴 (Dinner Menu)	• 다양한 종류의 음식을 시간적인 여유를 가지고 먹는 저녁 식사의 메뉴 형태 • 하루 식사 메뉴 중 가장 화려한 만찬 형태

3) 메뉴 변화에 따른 분류

고정 메뉴	종류나 형태가 매일 또는 일정 기간 변화하지 않는 메뉴의 형태	
		장점
		• 운영 측면에서 노동력과 인력감소의 효과 • 예측을 통한 식재료의 대량구입으로 원가절감의 효과 • 효율적인 메뉴관리를 통한 식재료의 재고 및 잔여 음식 감소의 효과

제 01 편

Check Note

✔ 메뉴판 작성 시 사용되는 용어 구분

보통의 메뉴 용어	• '비둘기', '닭고기'처럼 상품이나 서비스 자체를 가리키는 일반 명칭을 의미 • 상표법상 보호를 받지 못함
서술형 메뉴 용어	• 단순히 상품의 성격이나 색깔, 냄새, 효능, 원료, 크기 등을 소비자에게 전달하는 정보를 의미 • '최고' 혹은 '가장 좋은' 등 극찬하는 이름으로 상품을 설명하는 것에 지나지 않음 • 다른 경쟁자들이 자기의 상품을 묘사하거나 설명할 때 같은 용어를 쓸 수 있으므로 서술형 메뉴 용어는 한 사람만이 단독으로 소유할 수가 없음 • 상품의 출처를 가리키는 기능이 매우 약해 상표 등록이 쉽지 않음
암시형 메뉴 용어	• 서비스나 상품에 '~한', '~느낌' 등 평범한 단어를 사용하는 것을 의미 • 단어 자체의 의미로 상품이나 서비스의 어떤 면을 직접 기술하지 않음 • 상품의 특성이나 성격을 암시하지만, 일반 소비자가 그 이름과 특정 상품을 연결시키기는 어려움
임의형 메뉴 용어	• 일반 단어들을 사용하는 이름 • 단어들의 통상적인 의미가 상품이나 서비스에 나타내고자 하는 것과 아무런 관련이 없음 • 본래의 뜻이 상품의 성격이나 특징과는 무관하므로 상표로서의 보호 범위가 넓음

기본 조리방법 및 특수 조리방법에 사용되는 용어

비가열 조리	가열에 의한 영양소의 손실 없이 먹을 수 있는 조리방법
끓이기 (보일링, Boiling)	채소는 끓는 물에 뚜껑을 열고 빨리 끓여 비타민, 무기질, 색깔 등을 유지
찜 (스티밍, Steaming)	• 증기를 사용하는 조리방법 • 물에 조리하는 것보다 풍미나 영양상으로 좋음
튀기기 (프라잉, Frying)	식품이 단시간에 처리되므로 영양소의 손실이 적고 독특한 맛과 향이 있음
볶기 (로스팅, Roasting)	• 재료를 적당한 크기로 썰어 기름을 두른 철판이나 냄비에 볶아 조리하는 방법 • 물을 사용하지 않고 단시간에 조리하므로 무기질 및 비타민의 손실이 적음 • 200~220℃ 정도의 높은 온도에서 단시간 조리하므로 비타민의 손실이 적음
굽기 (베이킹, Baking)	재료를 직접 불에 굽거나 오븐에서 건열로 익히는 방법
쿡칠 (Cook-Chill) 시스템	• 식품의 저장을 위해 냉장 방식을 이용함으로써 식품의 분배와 생산을 공간적, 시간적으로 분리하여 여유 시간이 생기도록 하는 조리법 • 음식의 중심 온도가 70℃ 이상 유지되도록 하여 2분 이상 가열한 후 즉시 또는 최대 30분 이내에 냉각 • 냉각기에서 90분 이내의 시간 안에 음식의 중심 온도가 0~3℃ 이내로 도달하여야 함 • 음식을 저장한 냉장고에서 급식을 위해 출고 시에는 30분 이내 재가열(음식의 중심 온도가 70℃가 될 때까지 가열)

단점	• 메뉴의 변화가 경직되어 고객이 음식에 대한 권태가 발생 • 판매율이 낮은 메뉴를 중심으로 재고 품목이 많아질 수 있음
순환 메뉴	• 일정 기간 또는 주기적으로 변화하는 메뉴의 형태 • 메뉴 개발에 많은 노력과 투자의 수고스러움을 덜 수 있음 • 고정적인 사이클 메뉴를 통해 주방기기의 효율적인 사용이 용이함 • 계획과 예측을 통한 식재료 구매가 용이하고 메뉴에 따라 인력과 준비를 계획적으로 할 수 있음
변동 메뉴	• 메뉴를 지속해서 변화시키는 메뉴의 형태 • 운영을 위한 숙련된 인력이 필수 • 경쟁업체 간에 경쟁의 우위

3 계절에 따른 제철 식품

1월	• 우엉, 연근, 당근 • 굴, 문어, 대구, 명태, 적(赤)도미, 옥돔, 아귀, 개조개, 가자미 • 귤, 레몬
2월	• 쑥갓, 시금치, 고비, 봄동, 참취, 순무, 양파, 달래 • 청각, 다시마, 파래, 전복, 굴, 꼬막, 홍어, 홍합 • 사과, 귤, 레몬
3월	• 봄동, 돌미나리, 달래, 냉이, 씀바귀, 고들빼기, 쑥, 땅두릅, 원추리, 고사리 • 물미역, 톳, 굴, 바지락, 대합, 모시조개, 피조개, 도미, 꼬막 • 딸기, 금귤
4월	• 양상추, 껍질콩, 머위, 죽순, 취, 쑥, 상추, 봄동, 두릅 • 도미, 조기, 뱅어포, 병어, 키조개, 갈치, 고등어, 꽃게, 주꾸미 • 딸기
5월	• 양배추, 고구마순, 완두, 미나리, 참취, 도라지, 상추, 양파, 마늘, 더덕 • 멍게, 참치, 고등어, 홍어, 넙치, 오징어, 잔새우, 멸치, 준치 • 딸기, 앵두
6월	• 샐러리, 껍질콩, 오이, 청둥호박, 양파, 근대, 부추 • 흑돔, 전복, 민어, 병어, 준치, 삼치, 전갱이, 오징어, 바닷가재 • 토마토
7월	• 부추, 양상추, 가지, 피망, 애호박, 노각, 열무 • 장어, 홍어, 농어, 갑오징어, 병어 • 수박, 딸기, 참외, 산딸기, 자두, 아보카도

8월	• 오이, 풋고추, 열무, 양배추, 감자, 고구마순, 옥수수 • 전복, 성게, 잉어, 장어, 전갱이 • 멜론, 복숭아, 포도, 수박
9월	• 고구마, 풋콩, 토란, 느타리버섯, 당근, 붉은고추, 감자, 표고 • 해파리 • 배, 사과, 포도 • 국화, 인삼
10월	• 송이, 고추, 팥, 무, 느타리버섯, 양송이, 고들빼기 • 꽁치, 고등어, 청어, 갈치, 연어, 대하, 홍합 • 사과, 감, 밤, 대추 • 유자, 오미자, 모과
11월	• 브로콜리, 배추, 무, 연근, 당근, 우엉, 파, 늙은 호박 • 옥돔, 방어, 연어, 참치, 참돔, 대구, 성게, 오징어 • 배, 사과, 귤, 키위 • 은행, 유자
12월	• 콜리플라워, 산마 • 굴, 게, 방어, 넙치, 복어, 문어, 맛살조개, 가자미, 낙지, 미역, 주꾸미, 가오리, 꼬막 • 딸기

4 메뉴조절, 관리

고객의 욕구 파악	업장을 이용하는 고객의 메뉴 선호도를 조사하여 대상 고객층의 메뉴에 대한 욕구와 경향을 분석
식당 입지 적용	식당이 위치한 주변 환경을 분석하여 식당을 이용하는 고객에 대한 잠재 고객을 파악
원가와 수익성 관계 확인	고객들이 선호하는 메뉴라 하더라도 원가 비율이 높은 식재료와 생산비가 높게 구성된다면 고객에게 가격 부담이 발생하여 판매 경쟁에서 생존율이 높지 않을 것이므로, 식자재 구입비 및 생산 단가가 적정하며 낭비가 없도록 함
조리 설비 또는 기기의 수용 능력 적용	음식을 판매하고자 하는 주방의 조리설비 및 기기의 기능과 활용도를 고려하여 메뉴를 선정
원활한 식재료 구입 확인	요리에 사용되는 식재료는 지속적인 원활한 공급이 가능한지 파악
식재료의 다양한 활용 가능성 확인	판매 부진의 상황이 발생할 때 다른 요리에 투입할 수 있거나 다른 음식으로의 다양성을 가질 수 있는지 고려
영양적 요소 적용	고객들의 영양에 관한 관심이 점점 높아지고 있으므로 음식의 맛, 모양 이외에도 영양적인 균형을 함께 고려

다양성과 매력 적용	식욕을 자극할 수 있는 매력 있는 메뉴가 되어야 하며, 선호도가 많은 식재료를 여러 가지 포함시킴
독창적인 메뉴 구성	식당만의 독창적인 메뉴를 개발하여 판매
시간대별, 계절별 메뉴 구성	아침, 점심, 저녁 등 식사 시간대에 적합하도록 하며, 계절 특식 메뉴를 고려
식당과 어울리는 메뉴 구성	식당의 인테리어, 분위기에 적합한지 고려
메뉴에 적합한 주류 메뉴 구성	음식에 적합한 술을 선정하면서 상호 상승효과를 통해 매출의 증대
소속 인력의 메뉴 수용 능력 확인	주방의 조리 능력과 서비스 부분의 종사원이 수용할 수 있는지 파악

02 메뉴 개발

1 시장상황과 흐름에 관한 변화 분석

(1) 고객 특성 파악

1) 수요예측의 종류와 수요예측 기법

① 정성적 접근

전문가 의견 활용법	전문가 의견을 체계적으로 수렴하고 활용 예 델파이(Delphi)
컨조인트 (conjoint) 분석	• 조사를 이용한 실험을 통하여 소비자가 선택한 제품의 우선순위를 바탕으로 소비자 선호도를 분석하여 수요예측에 활용하는 기법 • 여러 속성으로 구성된 다양한 제품에 대한 우선순위를 소비자들이 직접 결정하여 소비자 선호도를 평가
인덱스(index) 분석	• 소수의 선택할 수 있는 대안을 다양한 관점에서 비교, 평가하여 어떤 대안이 선택 또는 소비될 것인지 예측하는 기법 • 최종 선택에 영향을 미칠 것으로 예상되는 변수들을 나열하고, 변수별로 후보들을 평가하거나 상호 비교하여 후보들의 선택 가능성을 제시

② 정량적 접근

회귀분석	• 변수 간 인과관계를 파악하는 통계방법 • 예측뿐 아니라 민감도 측정 등 다양한 분야에서 활용 가능
시계열 분석	• 예측을 목적으로 계발된 통계적 모형 • 다른 예측 방법에 비해 상대적으로 장기간의 과거 자료를 확보

	• 시계열 자료의 안정성 등 시계열 자료에 대한 기본적인 이해와 검증이 중요하며, 안정성 여부와 모형 내 변수 등에 따라 분석방법이 다양
확산모형	• 제품이 집단구성원들 사이에서 대중매체나 구전의 영향으로 퍼져 나가는 과정을 모델링한 기법 • 신제품의 수요예측에 주로 사용 • 잠재수요를 비롯하여 대중매체와 구전의 영향을 결정하는 각각의 계수만 추정하면 수요모델이 결정되는 특징이 있음

③ 시스템적 접근

정보 예측시장	• 선물시장과 같은 베팅 게임 시스템을 구축하여 참여자들의 행동을 토대로 정보를 수집하고 전망을 예측하는 방법 • 예측에 대한 참여자들의 판단이 종합적으로 반영되며, 시장의 매매 가격이 결정되고 시장을 둘러싼 상황이 변할 때마다 실시간 재조정됨
시스템 다이내믹스 (system dynamics)	변수들 간의 연쇄적인 인과관계를 현실적으로 모형화하고 시뮬레이션을 통해 동태적인 변화과정을 분석하는 방법
인공신경망	• 생물학적 신경망의 구조와 학습방법을 모방해 데이터 간의 패턴을 찾아내고, 이를 기반으로 예측하는 방법 • 주어진 문제에 대해 사전지식이 없어도 일정한 알고리즘을 활용하여 최적화된 결과를 도출해 낼 수 있으므로, 인과관계가 복잡하고 많은 데이터 분석이 필요한 예측 문제에 적합

2) 고객 특성 파악

① 고객의 수요예측, 수익성, 이용할 수 있는 식자재, 조리설비, 메뉴의 다양성, 영양적 요소 파악

② 고객의 식습관과 선호도에 영향을 미치는 경제적, 사회적, 지역적, 그리고 형태적 요소 파악

3) 고객의 식습관과 선호도에 영향을 미치는 요소 파악

경제·사회적 요소	• 연령, 직업, 가족 수, 사회·경제적 수준, 영양 정보의 매체 등 • 사회·경제적 수준이 낮은 사회일수록 고정된 식습관 형성 • 대인관계가 격리된 사회일수록 자신의 식습관이 강하게 나타남
지역적 요소	• 도시와 농촌 간의 사회, 경제적인 격차 심화로 농촌 거주자들의 영양관리 소홀 • 도시와 농촌 간 격차가 심해질수록 농촌 거주자들의 식습관 및 선호도 선택에 더 큰 영향 • 도시지역과 농촌지역 거주자 급식 제공량을 비교해 보면 농촌지역 거주자의 칼슘 및 비타민 A의 제공량이 적음

형태적 요소	• 식품 자체가 가진 맛, 냄새, 모양, 촉감과 그 식품을 섭취하는 개개인의 감각과 심리적 상태 등에서 선택에 영향 • 식품 기호는 조리법과 식사장소, 나이에 따른 생리기능 변화에 따라 달라짐 • 개인마다 선호음식과 비선호음식이 있어 식품 기호가 다르게 나타남 • 식품 기호가 형성되기 위해선 식생활 환경이나 가족 환경, 성격, 나이, 성별, 욕구, 체질, 건강 상태 등 여러 가지 요인이 작용하며 식품의 섭취에 직접적 영향을 미침

(2) 조리기구의 특성과 외부환경 파악

1) 조리공정의 특징

조리공정의 개념	다양한 요리 중 어떤 특정한 하나의 결과물을 만들어 내기 위해 여러 재료를 투입하여 일정한 과정을 거치는 것
조리공정 과정	입고 및 검수, 저장, 전처리, 보관, 조리, 판매, 세척
조리공정의 표준화	• 식품 취급, 가열조리 시간 및 온도 그리고 개인위생에 대한 훈련 • 모든 잠재위험 식품을 안전한 내부온도까지 가열조리 • 가열조리 시간을 예측하기 위하여 각 공정을 통제 • 식품을 포장할 때는 온도 변화 및 교차오염 방지를 위해 따로 포장 • 허가된 식품을 사용할 것 • 균일한 온도 유지

2) 주방에서 보유하고 있는 조리기구의 특성 고려

① 비가열조리 조건에 적합한 조리기구를 사용하여 판매

  ㉠ 가열조리 과정 없음

  ㉡ 주요 관리대상은 세균의 생육 억제

    예 냉장저장 등

  ㉢ 조리종사자로부터의 오염 차단

    예 설사 증상이 있는 종사원의 작업 금지, 적절한 손 세척 실천, 맨손으로 제공 시 식품의 접촉 금지

  ㉣ 다른 식품으로부터 교차오염 방지

    예 원재료로부터 판매 전 음식

② 조리기구로 조리하여 1일 이내에 판매

  ㉠ 식품이 제공되기 전에 위험 온도 범주를 통과하게 되는 과정은 단 한 번이므로 미생물 생육의 기회를 최소화

  ㉡ 전처리 단계는 여러 공정이 포함되며, 해동, 다른 재료와 섞음, 절단, 다짐 등이 포함됨

ⓒ 다른 재료를 추가하게 되면 오염원을 추가하게 되므로 써는 과
정이나 다지는 과정에서 교차오염을 예방을 위해 철저한 위생
관리와 손 세척 관리 필요

ⓓ 조리 과정에서 대부분의 미생물, 기생충, 바이러스 등이 사멸
되므로 중요관리점이 되고, 이 단계에서 시간·온도 상태 측정
이 매우 중요하며, 조리 완료 후 판매 전까지의 보관 단계에서
미생물 생육을 억제할 수 있도록 보관 온도의 60℃ 이상으로의
유지관리해야 함

③ 대량의 음식을 조리기구로 미리 조리하여 냉각 상태로 보관하며,
필요시 재가열하여 판매

ⓐ 많은 양의 음식을 제공하는 경우 미리 준비하기 위해서는 더욱
여러 단계의 공정을 거치게 되며, 이러한 음식은 위험 온도 범
주를 여러 번 반복하여 거치게 되므로 공정의 중요관리 대상은
불안전한 온도 상태에 처리한 식품의 소요 시간을 최소화시킴

ⓑ 다양한 식재료를 사용하게 되거나 종업원이 준비 전처리 과정
을 수행하게 되므로 건전한 식품위생 관리 시스템을 통합하여
개인위생의 철저한 실천과 교차오염을 예방할 수 있도록 전 공
정에 통합 적용

ⓒ HACCP 시스템을 적용하기 전의 전제 프로그램으로 표준위생
작업절차 등이 필수적

3) 완성된 메뉴 점검

메뉴 전체 점검	• 메뉴 전체를 점검할 때 가장 염두에 두어야 할 4가지 요소 (면, 선, 점, 순서)를 요약 • 면, 선, 점 순서로 스타일링 • 가장 쉽게 스타일을 만드는 방법은 먼저 배경의 가로 세로 형태를 '면'으로 활용하고, 다음으로 식기·소품·음식의 형태를 '선'으로 활용하며, 포인트가 되는 음식의 장식을 '점'으로 활용
음식을 담는 식기와 계절감 통일	• 겨울에 투명 식기를 사용하면 더욱 추운 느낌을 주므로, 따뜻한 느낌의 자기 그릇을 사용 • 목적에 맞는 식기의 선택도 중요
음식과 식기의 배경 색상의 통일감	• 음식의 색상과 식기, 바닥 색상을 통일성 있게 함 • 그중 하나에 포인트 색상으로 변화
장식을 통한 새로운 스타일	• 장식을 연출할 때 중요한 점은 음식의 맛과 조화 • 장식에 따라 상품의 가치가 평가

4) 메뉴의 영양적 요소 설명

메뉴의 맛과 영양학적 요소 평가	• 사람들은 음식의 맛을 색과 연동 • 음식의 색을 보고 시식하기도 전에 그 맛의 느낌을 알아냄 • 미각 이미지를 나타내는 색상	
	단맛을 느끼게 하는 색	오렌지색, 적색, 황색 계열
	달콤한 맛을 나타내는 색	핑크
	신맛을 느끼게 하는 색	황색 기미를 띤 녹색, 녹색 기미를 띤 황색
	쓴맛을 나타내는 색	청색, 갈색, 올리브그린, 보라색
	짠맛을 나타내는 색	청색, 연한 녹색과 기미를 띤 회색이 대표적
	매운맛을 나타내는 색	고추를 연상하게 하는 적색과 검정이 대표적이며, 배색으로 탁한 적색이 적격
메뉴의 형태와 영양학적 요소 평가	• 감미롭다는 미각 이미지의 형태 : 곡선 형상과 부드러운 형태 • 달콤함의 이미지 : 곡선형 • 시원하다는 형태의 이미지 속성 : 긴 곡선 형상	

5) 지역적 위치를 고려한 입지 분석

접근 용이성	집에서 근거리에 대한 선호도가 높음(성별, 나이에 따라 차이)
군집성	가격보다는 맛을 더 중요시(성별에 따라 차이)
위치성	성별에 따라 유의한 차이
시계성	성별과 나이에 따라 차이

6) 고객 수준을 고려한 계층 분석

주관적으로 사회계층을 분류	• 사람들이 스스로 어떤 계층에 속한다고 생각하는지를 자기 스스로 파악 • 사회구성원의 귀속 의식에 의하여 자신이 어떤 계층에 속하고 있는가를 조사하여 사회계층을 분석
객관적으로 사회계층을 분류	• 직업의 종류　　　• 교육 수준 • 수입액　　　　　• 수입원 • 거주 가옥 형태　　• 거주 지역

7) 외부적인 환경 파악 및 메뉴 개발

환경규제 요구사항 준수	법적 요구사항 규제는 지켜야 하는 최소한의 기준이기 때문에 반드시 준수

친환경 제품생산에 노력	• 환경에 대한 사회적 요구를 충족시키기 위해서 제품의 전체 수명에 대한 환경 책임 인식 • 제조공정에서 발생한 오염물질이 적법하게 처리되지 않고 외부로 누출되었을 시 이해관계자의 불만이 야기됨 • 소비자가 물건을 구매할 때 제품의 환경적인 영향을 고려하 는 경향이 증가
이해관계자의 압력이 높아짐	• 환경단체는 환경친화적인 제품 서비스를 요구하며, 기업의 환경 활동을 감시하고 고발하는 기능을 점차 강화함 • 종업원은 자신이 근무하는 회사가 환경친화적인 이미지를 갖길 원하며, 자사의 제품이 환경친화적이기를 기대함

② 메뉴 분석기법 및 메뉴 구성

(1) 메뉴 분석기법의 종류

1) ABC 분석

① ABC 그룹

A그룹	• A그룹은 주력 메뉴로서 식음료 업장의 가장 중점적인 메뉴 • A그룹은 총매출의 75~80% 정도를 차지하는 메뉴들로 평소 에 A그룹에 해당하는 메뉴 품목 수가 줄어들었는지를 파악 • 메뉴 품목의 수가 적으면 적을수록 판매 효율이 높음
B그룹	• B그룹까지의 매출액 구성 부분은 10~15% 정도에 속하는 메뉴 • B그룹은 구색 갖추기 메뉴로, 향후 주력 메뉴와 과거의 주력 메뉴가 혼합되어 있으므로 관리가 필요 • 주력 메뉴의 보완적 역할을 하고 있는지 파악
C그룹	• C그룹은 매출액 구성 부분의 10% 정도에 속하는 메뉴 • 판매되지 않는 불필요한 메뉴로, 과감하게 삭제해야 하지만 새 로 개발한 메뉴가 포함 • 분석 시에는 C그룹에 속하는 메뉴 품목의 수가 증가하고 있는 지를 면밀하게 검토 • C그룹에 포함되어 있다고 무작정 삭제하면 메뉴 관리의 의미 가 없어지게 되므로 지속적인 관리가 필요

② ABC 분석방법

ⓐ 일정 기간 판매된 각 메뉴 아이템의 수와 매출액을 계산

ⓑ 매출액이 높은 순으로 배열하며, 이때 팔리지 않은 메뉴도 포함

ⓒ 전체 메뉴 아이템의 매출 총액을 합산

ⓓ 각 메뉴의 금액을 매출 총액으로 나누어서 전체에서 차지하는
비율을 %로 표시

ⓔ 매출액이 높은 순으로 매출액 비율의 누계를 산정

제 01 편

📎 **Check Note**

✔ **ABC 분석**

메뉴 품목별 판매량, 매출액, 이익
을 집계하여 공헌도가 높은 품목부
터 A, B, C 세 개의 그룹으로 분류
하여 메뉴를 평가하는 것으로 가장
많이 사용하는 분석방법

■ 파레토 분석(Pareto's Analysis)이
라고도 하며, 주 상품의 20%가
매출의 80%를 차지한다는 20대
80 법칙을 적용하여 고객이 선호
하는 메뉴 대부분이 극히 일부분
의 메뉴에 의해 구성되는 경우를
알 수 있는 분석방법

■ 고객이 좋아하는 일부 메뉴가 무
엇인지를 알아내어 보다 오랜 기
간 더 큰 인기를 유지할 수 있도
록 하는 방법

■ ABC 분석을 통해 메뉴의 판매 상
태를 알 수 있으며, 분석 결과를
토대로 잘 팔리는 메뉴를 상위로
집중시키면 고객에게 제공되는 시
간을 단축할 수 있고, 고객의 메뉴
선호 경향을 파악할 수 있으므로
신메뉴 런칭이 수월함

■ 단순 판매 수와 판매 금액만을 기
준으로 분석하고 있어서 정확한
분석 결과를 얻기 어렵다는 한계
가 있음

ⓑ 누계치의 75~80%까지는 A, 81~90%까지는 B, 100%까지는 C로 구별하여 매출액이 높은 그룹을 중점 관리

2) 밀러법(Miller Matrix)

① 식재료 원가 비율과 판매량의 상관관계를 분석한 기법

② 가장 낮은 식재료비의 메뉴와 가장 높은 판매량의 메뉴들이 가장 좋은 메뉴 성과를 가져온다고 하는 접근법

② 매출액이나 공헌이익을 반영하지 않았다는 점에서 한계가 있음

3) 카사바나와 스미스의 분석방법

① 체계화된 메뉴 분석 프로그램 기법으로, 메뉴상에 제공된 각 메뉴 항목(Item)이 차지하는 비율(Menu Mix)을 기준으로 수익성과 선호도를 분석

② 높은 판매량과 높은 수익성의 상관관계를 가지는 메뉴가 가장 좋다고 보는 분석법

③ 장점 : 가격과 판매량(선호도, Menu Mix), 공헌이익, 메뉴 항목을 활용하여 만든 패키지 프로그램으로 사용자 측면에서 쉽게 사용할 수 있도록 개발

4) 헤이스와 허프만(Hayes and Huffman)의 분석방법

① 카사바나와 스미스의 선호도와 수익성 분석에 대한 모순점을 지적하고, 이를 해결하는 방법을 제시한 분석으로 원가율, 공헌마진, 선호도를 이용하여 메뉴 항목에 대한 수익성과 선호도를 분석하는 기법

② 순이익을 기준으로 메뉴 항목에 대한 수익성을 평가하였기 때문에 식자재 원가뿐 아니라 고정비용과 변동비용을 고려하여 각 메뉴 항목에 대한 손익계산서를 만듦

5) 파베식의 분석방법

① 파베식(D. Pavesic)이 밀러법과 카사바나와 스미스 방식의 단점을 보완하여 개발한 메뉴 분석방법으로 CMA(Cost/Margin Analysis) 기법임

② 세 가지의 변수인 식재료 비용의 원가비율, 공헌이익, 판매량을 결합

③ 파베식 방법에서는 판매량에 따라 낮은 식재료 원가율과 높은 공헌이익을 가진 품목이 좋은 메뉴 품목

(2) 메뉴 엔지니어링

 1) 메뉴 엔지니어링의 개념

  ① 메뉴 분석의 대표적인 도구로 미국의 카사바나(Michael Kasavana)와 스미스(Donald Smith)가 만든 기법
  ② 메뉴 선호도(판매량)와 수익성(공헌이익)에 따라 메뉴를 4가지로 나누어 관리하는 방법
  ③ 오늘날의 메뉴 엔지니어링은 경영의 초점을 무엇이든지 만들면 팔리는 생산 지향에 두었던 시기에서, 고객이 필요로 하는 것을 만들어야 팔리는 고객 지향으로 변화된 시대적인 발전 방향으로 변화
  ④ 경영자가 운영 과정을 통해 과거부터 현재의 경험을 바탕으로 메뉴 종류를 등급화하여 체계적으로 분석한 방법의 형태

 2) 메뉴 엔지니어링의 분석 과정

  ① 과거의 영업실적을 바탕으로 각각의 메뉴의 가격, 원가, 판매량의 값 산출
  ② 산출값을 근거로 메뉴별 매출 액수, 총원가, 총이익 등 산출
  ③ 각각의 메뉴별로 매출량의 구성비라 할 수 있는 매출비중과 메뉴별 마진 계산
  ④ 매출수량의 구성비(Menu Mix)와 기여 마진 기준(Contributional Margin)을 설정하여 분석
  ⑤ 4분면에서 Stars, Plowhorses, Puzzles, Dogs로 분류
  ⑥ 4분면에서 각각의 메뉴의 위치를 통한 결과 해석

[메뉴 엔지니어링 메트릭스]

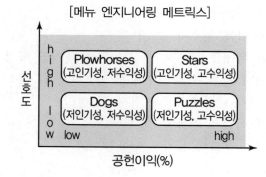

✔ 메뉴 엔지니어링의 중요성

 ■ 메뉴 엔지니어링은 현재의 메뉴 내용을 평가하고 가격을 책정하며, 미래의 메뉴를 효율적으로 설계하기 위한 일련의 과정
 ■ 고객의 취향과 식문화의 유행을 함께 분석하여 음식사업의 경영 규모에 따라 매출량과 순이익을 증가시킬 수 있는 경영에 대한 피드백이자 메뉴 평가의 도구임
 ■ 음식점 경영자나 관리자가 끊임없이 의문을 제기하며 해답을 찾기 위해 노력하는 항목
  • 현재 메뉴의 판매가격은 적당한가?
  • 최대의 이윤을 창출하기 위해서는 어느 정도의 가격과 양이 적당한가?
  • 없애야 하거나 제거해야만 하는 메뉴는 없는가?
  • 판매에는 지장이 없으나 가격변동을 해야 하는 메뉴는 없는가?
  • 메뉴를 바꾸면 성공할 것인가? 실패할 것인가?
  • 기존 메뉴 중 고객 취향의 변화에 따른 레시피의 변경이 필요한 것은 어떤 것인가?

[메뉴 엔지니어링의 분류에 따른 특성]

Plowhorses
(고인기성, 저수익성)

가격 인상 고려
제공량을 줄이거나, 원가가
낮은 메뉴와 묶어서 세트 판매
메뉴판에서 고객의 시선이
덜 집중되는 곳으로 배치

Stars
(고인기성, 고수익성)

메뉴판에서 가장 잘 보이는
곳에 배치
가격변화에 고객이 민감한
반응을 보이지 않기 때문에
가격 인상 시도
현재의 분량 크기, 음식의
질을 유지

Dogs
(저인기성, 저수익성)

• 메뉴 삭제
• 철수전략 고려
• 메뉴의 판매가를 인상하여
  Puzzles 군의 아이템으로
  만듦

Puzzles
(저인기성, 고수익성)

• 메뉴판에서 제일 좋은 위치
  배치
• 가격을 인하하여 선호도를 높임
• 프로모션 시행
• 이 그룹에 속하는 메뉴의 수
  최소화
• 메뉴의 이름을 변경

(3) 메뉴 구성

메뉴의 수와 종류에 따라 싱글 패널 혹은 투 패널 폴드, 투 패널 멀티 페이지, 그 외에 메뉴의 구성 방법을 선택

3 플레이팅 기법과 개념

음식을 먹음직스럽게 보이도록 그릇이나 접시 따위에 담는 일 또는 그런 것

① 중앙에 놓지 말 것
② 가니쉬 등은 홀수로 놓을 것
③ 배색을 사용할 것
④ 접시를 가득 채우지 말 것
⑤ 비슷한 형태를 사용하여 접시 위에 테마를 형성할 것
⑥ 지나치게 많은 종류의 형태를 사용하지 말 것
⑦ 접시 위가 난잡해지도록 하지 말 것
⑧ 다양한 식감을 혼합할 것
⑨ 상반되는 온도의 음식을 사용할 것
⑩ 재료들이 섞일 수 있는 그릇을 사용할 것
⑪ 맛을 최우선으로 여길 것

03 메뉴원가 계산

1 메뉴 품목별 판매량 및 판매가

(1) 원가 중심의 가격 결정
① 원가 가산법(Cost-Plus Pricing)
② 목표 이익 가격 결정법

(2) 수요 중심의 가격 결정
① 관습 가격 결정
② 위신 가격 결정
③ 가격 라인
④ 복합 가격 결정
⑤ 단수 가격 결정

(3) 경쟁 중심의 가격 결정
① 경쟁사 모방에 의한 가격 결정
② 선도 가격에 의한 가격 결정

2 표준분량크기

표준분량크기(Standard Portion Size)란 고객에게 일정 가격에 판매되는 메뉴 품목별 1인분의 크기, 수량, 무게 등을 나타내는 명세서

3 식재료 원가 계산

(1) 원가 계산의 원칙

진실성의 원칙	제품의 제조에 든 원가를 정확하게 계산하여 실제로 발생한 원가를 표현해야 한다는 원칙
발생기준의 원칙	모든 비용과 수익의 계산은 그 발생 시점을 기준으로 하여야 한다는 원칙
계산 경제성의 원칙	중요성의 원칙이며, 원가 계산에서 경제성을 고려해야 한다는 원칙
확실성의 원칙	가장 확실성이 높은 방법을 선택한다는 원칙
정상성의 원칙	정상적으로 발생한 원가만을 계산하고 비정상적으로 발생한 원가는 계산하지 않는다는 원칙
비교성의 원칙	원가 계산에 각각 부서가 비슷한 시기에 원가 계산을 하여 서로 비교할 수 있어야 한다는 원칙
상호관리의 원칙	원가 계산과 일반회계 간 요소별·부문별·제품별로 상호관리가 가능하게 되어야 한다는 원칙

Check Note

◆ 메뉴 가격 결정 방법
- 메뉴 가격을 결정하는 과정에서 중요하게 여겨야 할 사항은 수요 상황과 식재료의 구매 원가를 접목해 합리적인 가격 결정의 목표를 설정하는 것임
- 메뉴에 대한 적절하고 합리적인 가격 결정은 고객의 심리적 충족과 경제적 충족을 동시에 만족시킬 수 있는 대표적인 대안
- 메뉴 가격 결정은 레스토랑의 매출 목표 달성과 수익성의 확보, 객단가의 이익 극대화, 고객별 점유율 유지, 주방과 레스토랑 경영의 합리화 방안을 모색할 수 있는 정책을 통해 결정

◆ 실제원가의 개념
제조 작업이 종료되고 제품이 완성된 후에 그 제품제조를 위하여 생겨난 가치의 소비액을 산출한 원가
- 제품이 제조된 후에 그 제품의 제조에 실제로 소비된 원가를 산출한 것
- 사후계산에 의해 산출된 원가이므로 확정원가 또는 현실원가라 함
- 보통원가라 하면 실제원가를 말함
- 경제적인 재화의 소비, 즉 소비한 경제 가치를 실제로 소비한 수량과 그것을 취득한 가액에 따라서 산출한 원가를 실제원가라고도 함

Check Note

✔ 원가와 비용과의 관계

- 기초원가 : 원가인 동시에 비용이 되는 원인
- 중성비용 : 비용에 속하지만, 원가에는 없는 비용
- 부가원가 : 원가에 속하지만, 비용에는 없는 비용
- 목적비용 : 비용인 동시에 원가가 되는 비용

✔ 경비

- 수도료 = 소요 물량 × 소요 물량의 단위당 요금
- 전기료 = 소요 전기량 × 소요 전기량의 단위당 요금
- 가스료 = 소요 가스량 × 소요 가스량의 단위당 요금

---

(2) 원가 계산의 구조

1) 1단계 : 요소별 원가 계산(재료비, 노무비, 경비)

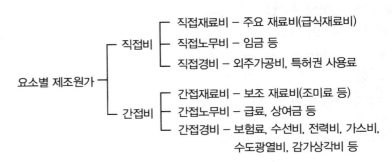

직접비
- 직접재료비 – 주요 재료비(급식재료비)
- 직접노무비 – 임금 등
- 직접경비 – 외주가공비, 특허권 사용료

요소별 제조원가

간접비
- 간접재료비 – 보조 재료비(조미료 등)
- 간접노무비 – 급료, 상여금 등
- 간접경비 – 보험료, 수선비, 전력비, 가스비, 수도광열비, 감가상각비 등

2) 2단계 : 부문별 원가 계산

3) 3단계 : 제품별 원가 계산

(3) 재료비의 계산

1) 재료비 : 제품의 제조과정에서 실제로 소비되는 재료의 가치를 화폐액수로 표시한 금액

재료비 = 재료소비량 × 소비단가

2) 재료소비량의 계산

계속기록법	수입, 불출 및 재고량을 계속 기록하며 파악하는 방법
재고조사법	(전월 이월량 + 당기구입량) – 기말재고량 = 당기소비량
역계산법	제품 단위당 표준소비량 × 생산량 = 재료소비량

3) 재료소비가격의 계산법

개별법	재료에 개별적인 가격표를 붙여서 출고할 때 구입단가를 재료의 표시가격으로 하는 방법
선입선출법	먼저 구입한 재료를 먼저 소비한다는 방식으로 재료의 소비가격을 결정하는 방법
후입선출법	나중에 구입한 재료를 먼저 소비한다는 방식으로 재료의 소비가격을 결정하는 방법
단순평균법	일정 기간의 구입단가를 구입횟수로 나눈 구입단가의 평균을 재료소비단가로 하는 방법
이동평균법	원가 계산 기간 중 총수입 수량으로 나누어 총 평균단가를 구하고, 그 단위로 계산

4) 음식의 원가 계산 방법

음식의 원가	재료비 + 노무비 + 경비

재료비	소요 재료량 × $\dfrac{\text{소요 재료량의 단위량 재료}}{\text{구입재료값}}$
노무비	소요 재료량 × $\dfrac{\text{시간당 임금}}{\text{1일 임금}}$ = 소요 재료량 × $\dfrac{\text{8시간}}{\text{1개월 임금}}$

(4) 표준원가 계산

원가관리	원가의 통제를 통하여 가능한 한 원가를 합리적으로 절감하려는 경영기법
표준원가 계산	과학적 및 통계적 방법에 의하여 미리 표준이 되는 원가를 설정하고, 이를 실제원가와 비교하여 표준과 실제의 차이를 분석하기 위한 것
비율에 따른 원가관리	• 식재료 원가 = 기초재고 + 당기매입량 − 기말재고량 • 식재료 원가율 = $\dfrac{\text{식재료 원가}}{\text{총매출액}}$ × 100

(5) 손익분석

변동비	매상고가 증가함에 따라 증감되는 비용
고정비	매상고가 증가하여도 변함없이 발생하는 비용

(6) 감가상각

개념		고정자산의 감가를 일정한 내용연수에 따라 일정한 비율로 할당하여 비용으로 계산하는 절차
감가상각 계산	기초가격	구입가격
	내용연수	취득한 고정자산이 유효하게 사용될 수 있는 추산 기간
	잔존가격	고정자산이 내용연수에 도달했을 때 매각하여 얻을 수 있는 추정가격(구입 가격의 10%)

4 재무제표

재무제표란 기업의 경영에 따른 재무상태를 파악하기 위해 회계원칙에 따라 간단하게 표시한 재무보고서

5 대차대조표

대차대조표란 특정시점 현재 기업이 보유하고 있는 자산(경제적 자원)과 부채(경제적 의무), 자본의 잔액에 대한 정보를 보고하는 양식

6 손익분기점(수입 = 총비용)

① 손익분기도표에 의한 수익과 총비용(고정비 + 변동비)이 일치하는 점으로 이익도 손실도 발생하지 않음

② 손익분기점을 기준으로 수익이 그 이상으로 증대하면 이익, 반대로 그 이하로 감소하면 손실이 발생함

제
01
편

Check Note

✓ 고정자산과 유동자산

- 고정자산 : 토지, 건물, 기계 등
- 유동자산 : 현금, 예금, 원재료 등

✓ 정액법

- 고정자산의 감가총액을 내용연수로 균등하게 할당하는 방법
- 매년 감가상각액 = $\dfrac{\text{기초가격 − 잔존가격}}{\text{내용 연수}}$

✓ 정률법

기초가격에서 감가상각비의 누계를 차감한 미상각액에 대하여 매년 일정한 비율을 곱하여 산출한 금액을 상각하는 방법

01 ③

해설
• 메뉴는 필요한 식재료와 주방기기를 결정한다.
• 메뉴는 경영자와 고객을 연결해 주는 무언의 커뮤니케이션 수단이다.

02 ①

해설 메뉴 조리의 목적
위생성, 영양성, 기호성, 상품성, 국제성

03 ③

해설 메뉴 엔지니어링의 4가지 범주
• Stars(고인기성, 고수익성)
• Plowhorses(고인기성, 저수익성)
• Puzzles(저인기성, 고수익성)
• Dogs(저인기성, 저수익성)

04 ①

해설 순환 메뉴는 식재료 구매가 계획과 예측을 통해 쉬워지며 메뉴에 따라 인력과 준비를 계획적으로 준비할 수 있는 용이성이 있다.

01 메뉴의 기능에 대한 설명으로 옳지 않은 것은?

① 메뉴는 판매 도구이다.
② 메뉴는 레스토랑의 얼굴이며 수준의 상징이다.
③ 메뉴는 필요한 식재료와 주방기기와는 관계가 없다.
④ 메뉴는 판매방법과 분위기를 결정한다.

02 메뉴 조리의 목적으로 연결이 옳은 것은? 빈출

① 위생성, 영양성, 기호성, 상품성, 국제성
② 위생성, 영양성, 기호성, 상품성, 국내성
③ 위생성, 영양성, 합리성, 상품성, 국제성
④ 위생성, 영양성, 합리성, 상품성, 국내성

03 메뉴 엔지니어링에 대한 설명 중 옳지 않은 것은? 빈출

① 미국의 카사바나(Michael Kasavana)와 스미스(Donald Smith)가 만든 기법이다.
② 메뉴 품목의 판매 비율과 공헌이익에 따라 4가지의 범주로 분류한다.
③ Dogs로 판정된 품목들은 고인기성 메뉴로 수익률이 높은 메뉴이다.
④ 메뉴 선호도와 수익성에 따라 나누어 관리하는 방법이다.

04 메뉴 변화에 따른 분류에서 순환 메뉴에 대한 설명으로 옳지 않은 것은?

① 식재료 구매가 계획과 예측을 통해 어려워지며 메뉴에 따라 인력과 준비를 한다.
② 일정 기간 또는 주기적으로 변화하는 메뉴의 형태이다.
③ 메뉴 개발에 많은 노력과 투자의 수고로움을 덜 수 있다.
④ 고정적인 사이클 메뉴를 통해 주방기기의 효율적인 사용이 쉽다.

05 쿡칠(Cook-Chill) 시스템 조리법으로 옳지 않은 것은? 빈출

① 재가열 시에는 음식의 중심 온도가 70℃가 될 때까지 가열해 주어야 한다.

② 중앙 조리 주방에서 급식을 준비하여 인근의 사업체, 학교, 병원, 양로원 등으로 분배할 수 있는 방식이다.

③ 음식의 중심 온도가 70℃ 이상 유지되도록 하여 2분 이상 가열한 후 즉시 또는 최대 30분 이내에 냉각한다.

④ 냉각기에서 60분 이내의 시간 안에 음식의 중심온도가 0~3℃ 이내로 도달하여야 한다.

06 볶기(로스팅, Roasting)의 조리법으로 옳지 않은 것은? 빈출

① 아삭아삭한 질감을 오랫동안 유지하기 위해서는 단시간에 열처리한다.

② 100℃ 정도의 높은 온도에서 단시간 조리하므로 비타민의 손실이 적다.

③ 물을 사용하지 않고 단시간에 조리하므로 무기질 및 비타민의 손실이 적다.

④ 볶는 조리법은 독특한 향기와 고소한 맛이 생기며, 지방과 지용성 비타민의 손실이 적다.

07 수요예측의 종류와 수요예측 기법에서 정성적 접근방법으로 옳은 것은?

① 전문가 의견 활용법
② 회귀분석
③ 시계열 분석
④ 정보 예측시장

05 ④

해설
• 냉각기에서 90분 이내의 시간 안에 음식의 중심 온도가 0~3℃ 이내로 도달해야 한다.
• 음식을 저장한 냉장고에서 급식을 위해 출고 시에는 30분 이내 재가열하여야 한다.

06 ②

해설
볶기는 200~220℃ 정도의 높은 온도에서 단시간 조리하므로 비타민의 손실이 적다.

07 ①

해설
• 정성적 접근 : 전문가 의견 활용법, 컨조인트(conjoint) 분석, 인덱스(index) 분석
• 정량적 접근 : 회귀분석, 시계열 분석, 확산모형
• 시스템적 접근 : 정보 예측시장, 시스템 다이내믹스(system dynamics), 인공신경망

제 01 편

08 고객의 식습관과 선호도에 영향을 미치는 요소로 옳지 않은 것은?

① 경제적 요소
② 사회적 요소
③ 형태적 요소
④ 개인적 요소

09 실제원가에 대한 설명으로 옳지 않은 것은? 빈출

① 보통원가라 하면 실제원가를 말한다.
② 사후 계산으로 산출된 원가이므로 예정원가 또는 표준원가라한다.
③ 제품이 제조된 후에 그 제품의 제조에 실제로 소비된 원가를 산출한 것이다.
④ 경제적인 재화의 소비, 즉 소비한 경제 가치를 실제로 소비한 수량과 그것을 취득한 가액에 따라서 산출한 원가를 실제원가라고도 한다.

10 식품 조리공정의 표준화에 관한 내용으로 옳지 않은 것은?

① 식품 취급, 가열조리 시간 및 온도 그리고 개인위생에 대한 훈련
② 가열조리 시간을 예측하기 위하여 각 공정을 통제
③ 모든 잠재위험 식품을 안전한 내부온도까지 가열조리
④ 식품을 포장할 때는 온도 변화를 예방하기 위해 함께 포장

02 구매관리

01 시장조사

1 재료 구매계획 수립

(1) 재료 구매계획 수립을 위한 기초조사

① 구매물품의 가격조사, 납품업체 조사, 거래조건, 물가 동향 등에 대한 시장조사

② 구매 관련 내외부의 정보 및 자료에 대한 조사

③ 조직 내 설비·장치·장소·저장능력의 활용도 검토

④ 구매물품의 재고현황, 생산계획, 판매계획 수립

⑤ 수송수단, 유통구조, 비용 조사

⑥ 구매물품 및 거래처의 과거 보유기록과 자료 조사

(2) 구매계획 수립 절차

① **방침계획 수립** : 기업의 경영계획과 관련된 기본방침이며, 정책의 구체적인 실행을 위한 규정

② **구매계획 수립** : 소요량을 파악하고, 구매내용에 따라 발주하며, 입고와 검수 및 저장관리 계획

③ **생산 및 판매계획 수립** : 구매계획의 기본이 되며, 식품 관련 업체에서 이루어지는 생산 활동에 의해 생산되는 식품은 소비자에게 판매·소비

(3) 시장조사

① 시장조사의 목적

구매예정가격의 결정	원가계산가격과 시장가격을 기초로 이루어짐
합리적인 구매계획의 수립	구매 예상품목의 품질, 구매거래처, 구매 시기, 구매수량 등에 관한 계획 수립
신제품의 설계	상품의 종류와 경제성, 구입 용이성, 구입 시기 등 조사
제품 개량	기존 상품의 새로운 판로 개척이나 원가절감 목적으로 조사

② 시장조사의 내용

품목	무엇을 구매해야 하는가(제조회사, 대체품 고려)
품질	어떠한 품질과 가격의 물품을 구매할 것인가('가치= 품질/가격'으로 보았을 때 물품가치를 고려)

Check Note

✓ 구매의 의의

- 물자와 용역을 조달하는 것
- 거래처로부터 정해진 규격에 맞는 특정 물자를 필요한 때에 정해진 수량만큼 획득하는 것
- 거래처의 선정에 많은 심혈을 기울임
- 최저가격에서 거래가 이루어지는 것이 아니라 최적의 가격에서 이루어지는 것
- 반드시 거래처는 약속을 소중히 해야 함

✓ 구매의 개념

거래처와의 계약이나 일련의 과정을 통해 물품을 구입하고 비용을 지불하는 총체적인 과정

✓ 구매관리의 목적

- 최적의 가격
- 적절한 공급원
- 필요한 시기
- 최적의 품질
- 적절한 수량

제01편

수량	어느 정도의 양을 구매할 것인가(예비구매량, 대량구매에 따른 원가절감, 보존성 고려)
가격	어느 정도의 가격에 구매할 것인가(물품의 가치와 거래 조건 변경 등에 의한 가격 인하 고려 여부)
시기	언제 구매할 것인가(구매가격, 사용시기와 시장시세)
구매 거래처	• 어디서 구매할 것인가(최소한 두 곳 이상의 업체로부터 견적을 받은 후 검토) • 식품의 경우 수급량 및 기후조건에 의한 가격 변동이 심하고 저장성이 떨어지므로 한 군데와 거래하는 경우 구매자는 정기적인 시장가격 조사를 통해 가격을 확인
거래조건	어떠한 조건으로 구매할 것인가(인수 조건, 지불 조건)

③ 시장조사의 종류

일반 기본 시장조사	• 구매정책을 결정하기 위해 시행 • 전반적인 경제계와 관련 업계의 동향, 기초자재의 시가, 관련 업체의 수급변동 상황, 구입처의 대금 결제 조건 등 조사
품목별 시장조사	• 현재 구매하고 있는 물품의 수급 및 가격 변동에 대한 조사 • 구매물품의 가격 산정을 위한 기초자료와 구매수량 결정을 위한 자료로 활용
구매 거래처의 업태조사	계속거래인 경우 안정적인 거래를 유지하기 위해서 주 거래 업체의 개괄적 상황, 기업의 특색, 금융 상황, 판매 상황, 노무 상황, 생산 상황, 품질관리, 제조원가 등의 업무조사 실시
유통경로의 조사	구매가격에 직접적인 영향을 미치는 유통경로 조사

시장의 종류

■ 일차 시장(산지 시장) : 과수 단지의 청과 시장, 목축 단지의 가축 시장, 해안가 항구의 수산 시장
■ 이차 시장 : 각종 도매시장
■ 지역시장 : 최종 소비자에게 유통 과정을 통해 형성된 시장(슈퍼마켓, 편의점, 할인마트, 재래시장)

시장조사의 원칙

① 비용 경제성의 원칙
② 조사 적시성의 원칙
③ 조사 탄력성의 원칙
④ 조사 계획성의 원칙
⑤ 조사 정확성의 원칙

2 식재료, 조리기구의 유통·공급환경

(1) 공급처의 의의

어떤 물품이나 상품 따위를 공급해 주는 업체를 의미하며, 유통의 의미를 포함

(2) 공급처의 선정

① 구매부서는 필요한 물품에 대한 공급 조건을 충족시킬 수 있는 공급처(거래처, 공급처)를 선정한 뒤 계약을 체결
② 공급처는 구매부서에서 요구하는 물품과 수량을 적절한 시기에 좋은 품질과 적절한 가격으로 공급할 수 있는 업체로 선정

③ 구매 부서에서는 구매하고자 하는 물품의 공급처와 유통경로를 파악하고 업체의 지리적 위치, 인적 관리, 생산 능력, 가격경쟁력, 자본력, 신용도, 납기 이행 능력 등을 고려하여 공급처를 선정

④ 체계적인 공급처 관리를 위해 거래선 등록신청서를 작성·보관

3 재료수급, 가격변동에 의한 공급처 대체

① 구매 물품에 대한 품질 및 공급 상태, 공급처가 제공하는 서비스 및 신뢰도를 종합적으로 평가한 후 물품 대금을 지불

② 구매과정에서 작성한 여러 양식과 기록한 문서는 다음 발주 시 참고로 하거나 법률적인 효력 발생 기간에 보관하여 경제성과 효율성을 제고

③ 물품 공급처에서의 재료 수급 부적절 또는 가격변동 등에 따라 공급처를 대체

납품업자 측이 계약조건을 완전하게 이행하지 않을 경우	납기계약 내용을 불완전하게 이행하거나 납기, 계약 내용을 이행할 수 없을 경우 계약 해지
구매자 측의 사정 변화가 발생했을 때	구매자 측의 사정으로 인해 계획 변경을 하거나 납품업자에게 해지 요구를 할 때는 납품업자와 상의해서 해약보상금을 지불

02 구매관리

1 공급업체 선정 및 구매

(1) 구매관리

1) 구매관리의 정의 및 목적

정의	구매자가 물품을 구매하기 위해 계약을 체결하고 그 계약조건에 따라 물품을 인수하고 대금을 지급하는 전반적인 과정
목적	• 적정한 품질 및 적정한 수량의 물품을 적정한 시기에 적정한 가격으로 적정한 공급원으로부터 적정한 장소에 납품 • 특정 물품, 최적 품질, 적정 수량, 최적 가격, 필요시기를 기본으로 목적 달성을 위한 효율적인 경영관리를 달성

2) 구매절차

> 수요예측 → 구매의 필요성 인식 → 물품 구매명세서 및 구매청구서의 작성·승인 → 공급업체 선정 → 발주량 결정 및 발주서 작성 → 물품의 배달 및 검수 → 구매기록의 보관 및 대금지불

📎 Check Note

✔ 유통의 이해

유통	생산자에 의해 생산된 재화가 판매되어 소비자와 수요자가 구매하기까지 여러 단계에 걸쳐 수행되는 지속적인 활동
유통 경로	생산자로부터 소비자에게로 제품과 그 소유권을 이전시키는 여러 활동을 담당하는 중간상들의 상호 연결 과정
유통 기관	구매·판매·수송·보급·대금 지급·위험부담·촉진·정보제공 등과 같은 활동을 수행하면서 제품과 서비스를 더 쉽고 효율적으로 소비
유통 경로의 기능	소비자에게 값이 싸고 질이 좋은 상품을 전달하기 위해 소비자·소매상·도매상·운송업자·금융기관 등 유통과정에 참가하는 모든 기관이 가장 이상적인 업무를 배분하여 수행

✅ **구매 활동의 기본조건**

- 구매할 물품의 적정한 조건과 최적의 품질 선정
- 구매계획에 따른 구매량 결정
- 적정량의 물품을 적정 시기에 공급
- 구매 활동에 따른 검수·저장·입출고(재고)·원가관리
- 정보자료 및 시장조사를 통한 공급자 선정
- 유리한 구매 조건으로 협상 및 계약 체결

✅ **구매관리의 목표**

- 필요한 물품과 용역을 지속해서 공급
- 품질, 가격, 제반 서비스 등 최적의 상태 유지
- 구매 관련의 정보 및 시장조사를 통한 경쟁력 확보
- 표준화·전문화·단순화의 체계 확보
- 재고와 저장관리 시 손실 최소화
- 신용이 있는 공급업체와 원만한 관계를 유지하면서 대체 공급업체 확보

✅ **육류의 종류**

- 식육류는 소고기, 돼지고기 등의 수육류와 닭, 오리, 칠면조 등 조육류로 구분
- 육류는 품종, 사육방법, 숙성기간, 부위에 따라 품질, 맛, 등급이 결정
- 육질의 등급기준은 근내지방도, 육색, 지방색, 조직감, 숙성도 등으로 판정

3) 구매계약의 방법(경쟁입찰)

일반경쟁입찰	동일한 조건의 공고를 다수의 불특정 공급업체를 대상에게 제시하고 경쟁을 통해 업체를 선정하여 체결하는 방법
지명경쟁입찰	특정한 자격과 조건을 보유한 업체만 경쟁 입찰에 참여할 수 있도록 제한하는 방법
수의계약	계약 내용을 이행할 자격을 가진 특정 공급업체와 체결하는 방법으로, 복수견적과 단일견적 두 가지 방법이 있음

(2) 공급업체 선정

① 물량의 회전이 잘 안되는 경우 유통기한이 임박한 식재료 또는 신선도가 낮은 식재료가 배송될 수 있으므로 한 달에 한 번 이상 반드시 직접 매장에 나가서 식재료의 보관 방법, 보관 상태, 매장의 청결 상태 등을 확인

② 식재료 구매 시 되도록 식재료 품질을 확인할 수 있는 제품을 취급하고 있는 업체를 이용하여 구매하고, 구매절차는 모두 문서로 남기며 무표시 또는 무허가 제품이나 유통기한이 지난 제품은 구매하지 않도록 할 것

③ 공급업체를 선정하는 데 위생관리 능력, 운영 능력 및 위생 상태 등의 기준을 마련하면 더욱 신선하고 질이 좋으며 위생적으로 안전한 식재료를 제공할 수 있는 공급업체의 선정이 가능함

2 육류의 등급별, 산지, 품종별 차이

(1) 소고기

1) 소고기 조리법의 일반적인 원칙

① 양지, 사태, 목심 등 결합조직이 많은 부위는 탕, 편육, 찜 등 물에 장시간 조리하는 습열조리법이 적당

② 안심, 등심, 채끝, 우둔 등 지방이 많고 결합조직이 적은 부위는 구이 등 건열조리법이 적당

③ 구이, 회 등에는 등급이 좋은 것을 선택

2) 소고기 등급판정

① 소고기는 육질등급과 육량등급으로 구분

② 모든 국내산 소고기는 등급판정을 받은 후에 유통

3) 등급의 표시 방법

① 육질등급은 고기의 품질 정도를 나타내며, 소비자의 선택 기준으로 1++, 1+, 1, 2, 3등급으로 구분

② 육량등급은 소 한 마리에서 얻을 수 있는 고기의 양이 많고 적음을 나타내며, 유통과정에서의 거래지표로 A, B, C 등급으로 구분

(2) 닭고기

① 통닭의 품질은 1+, 1, 2등급으로 구분

② 부분육의 품질은 1, 2등급으로 구분

③ 닭고기 등급기준이 학교 식자재 납품기준으로 선정되면서 품질과 등급판정 물량이 대폭 증가

3 어패류의 종류와 품질

(1) 어류의 종류

붉은살생선은 흰살생선보다 자기소화가 빨리 오고(쉽게 부패되고), 담수어(민물고기)는 해수어(바닷고기)보다 낮은 온도에서 자기소화가 일어남

흰살생선	붉은살생선
지방이 적음	지방이 많음
바다 하층	바다 상층
도미, 민어, 광어, 조기	꽁치, 고등어, 정어리, 참치
전유어	구이, 조림

(2) 어취(비린내) 및 제거 방법

어취	생선의 비린내(어취)는 어체 내에 있는 트리메틸아민(트라이메틸아민) 옥사이드(Trimethylamine Oxide, TMAO)라는 성분이 생선에 붙은 미생물에 의해 트리메틸아민[트라이메틸아민(Trimethylamine, TMA)으로 환원되어 나는 냄새를 말함
어취 제거 방법	• 물로 씻음 • 간장, 된장, 고추장류를 첨가 • 파, 생강, 마늘, 고추, 술(청주), 후추 등 향신료를 강하게 사용 • 식초, 레몬즙 등의 산을 첨가 • 우유에 재워두었다가 조리하면 우유에 든 단백질인 카제인이 트리메틸아민(트라이메틸아민)을 흡착하여 비린내를 약하게 함 • 생선을 조릴 때 처음 몇 분은 뚜껑을 열어 비린내를 날려 보냄

(3) 어패류의 특징

① 고기는 자기소화된 상태가 연하고 맛이 좋지만, 생선은 사후강직일 때 신선하고 맛이 좋음

② 생선은 고기와 마찬가지로 사후강직을 일으키고 자기소화와 부패가 일어나는데, 자기소화와 부패가 동시에 일어나기도 함

③ 생선은 산란기에 접어들기 바로 직전일 때가 맛과 영양이 풍부

④ 생선은 80%의 불포화지방산과 20%의 포화지방산으로 구성

⑤ 생선 비린내(어취)는 담수어가 심하고, 생선껍질의 점액이 특히 심함

4 채소, 과일류의 종류와 품질

(1) 채소류의 분류

분류	식용부위	종류
엽채류	잎	상추, 시금치, 쑥갓, 근대, 양배추, 부추, 미나리
경채류	줄기	아스파라거스, 셀러리, 죽순
과채류	열매	오이, 가지, 호박, 풋고추, 토마토, 오크라
근채류	뿌리	우엉, 무, 당근, 감자, 고구마, 비트
화채류	꽃	브로콜리, 콜리플라워, 아티초크

(2) 과일류의 분류

과일류는 과육이 발달한 형태에 따라 인과류(사과, 배, 모과), 준인과류(감, 감귤, 레몬, 유자), 핵과류(복숭아, 매실, 살구, 자두, 앵두), 장과류(포도, 딸기, 무화과, 바나나, 파인애플), 견과류(밤, 호두, 은행, 대추, 잣)로 분류

(3) 과일 가공품

① 과일의 펙틴(Pectin)의 응고성을 이용하여 만듦

② **젤리화의 3요소** : 펙틴(1.0~1.5%), 산(pH 3.2) 0.3%, 당분 62~65%

③ **펙틴과 산이 많은 과일** : 사과, 포도, 딸기 등

④ 잼의 온도는 103~104℃, 수분 27%, 당도 70%가 적당

⑤ **가공품**

잼(Jam)	과육에 설탕 60%를 첨가하여 농축한 것
젤리	과즙에 설탕 70%를 첨가하여 농축한 것
마멀레이드	과즙에 설탕, 과일의 껍질, 얇은 과육 조각을 섞어 가열·농축한 것
프리저브	시럽에 넣고 조리하여 연하고 투명하게 된 과일

⑥ **과일의 저장** : 가스저장법(CA 저장 : 과채류의 호흡 억제 작용), 냉장 보존

⑦ **건조 과일** : 건조 정도는 수분 24%로 말림(곶감, 건포도, 건조 사과 등)

> 건조 과일 제조 과정 : 원료 조제 → 알칼리 처리 또는 황 훈증 → 건조

✓ 감, 배는 펙틴의 함량이 적어서 응고되지 않으므로 잼을 만드는 원료로 적당하지 않음

✓ **과채류 저장 시 적온**

종류	저장온도
바나나	13~15℃
고구마	10~13℃
호박	10~13℃
파인애플	5~7℃
토마토	4~10℃
귤	4~7℃
사과	−1~11℃
복숭아	4℃
양파	0℃
양배추	0℃
당근	0℃

(4) 토마토 가공품

토마토퓨레 (Tomato Puree)	토마토를 으깨어 걸러서 씨와 껍질을 제거한 후 과육과 과즙을 농축한 것
토마토페이스트	토마토퓨레를 고형물이 25% 이상이 되도록 농축시킨 것
토마토케첩	토마토퓨레에 여러 조미료를 넣어 조린 것

(5) 채소의 조리

① 조리 시 채소의 변화

데치는 경우	채소를 데칠 때는 충분한 양의 물과 높은 온도에서 짧은 시간에 데쳐야 함	
	물을 많이 넣어 데치는 경우	채소의 푸른색을 유지할 수 있음
	물을 적게 넣어 데치는 경우	채소의 영양소 파괴를 줄일 수 있음
녹색 채소	• 녹색 채소는 반드시 뚜껑을 열고 고온에서 단시간에 데쳐야 함 • 특히 시금치, 근대, 아욱은 수산이 존재하므로 반드시 뚜껑을 열어 데쳐서 수산을 날려 보냄(수산은 체내의 칼슘 흡수를 저해하여 신장 결석을 일으킴) • 녹색 채소를 데치면 채소의 조직에서부터 공기가 제거되어 밑에 있는 엽록소가 더 선명하게 보이기 때문에 채소의 색이 더욱 선명해짐 • 엽채류 중 녹색이 진할수록 비타민 A, C가 많음	
우엉, 연근, 토란, 죽순 등	쌀뜨물이나 식초물에 데쳐야 채소의 빛깔이 깨끗함	
인삼, 더덕, 도라지	사포닌 같은 쓰고 떫은맛이 있는데, 이들 성분은 수용성 성분이므로 삶거나 물에 충분히 담갔다가 조리하면 떫은맛을 적게 할 수 있음	
김치	• 김치에 달걀껍데기를 넣어두면 달걀껍데기의 칼슘이 산을 중화시켜 김치가 시어지는 것을 방지할 수 있음 • 신김치로 찌개를 했을 때 배춧잎이 단단해지는 것은 섬유소가 산에 의해 단단해지기 때문임	

② 조리에 의한 색의 변화

클로로필 (Chlorophyll, 엽록소)	• 녹색 채소에 들어 있는 녹색 색소 • 산에 약하므로 식초를 사용하면 누런 갈색이 됨 ⑩ 시금치에 식초를 넣으면 누런색이 됨 • 알칼리 성분인 황산 등이나 중탄산소다로 처리하면 안정된 녹색을 유지함

Check Note

✔ **후숙과일**

수확한 후 호흡작용이 특이하게 상승하므로 미리 수확하여 저장하면서 호흡작용을 인공적으로 조절할 수 있는 과일류(⑩ 바나나, 키위, 파인애플, 아보카도, 사과 등)

✔ **과일의 갈변 방지**

■ 과일의 갈변 : 효소적 갈변
■ 방지하는 방법 : 가열처리, 염장법, 당장법, 산장법, 아황산 침지 등

플라보 노이드 (Flavo noid)	안토 시안	• 꽃, 과일 등의 적색, 자색 색소로, 산성에서는 적색, 중성에서는 보라색, 알칼리에서는 청색을 띰 예 가지를 삶을 때 백반을 넣으면 안정된 청자색을 보존할 수 있음 • 비트, 적양배추, 딸기, 가지, 포도, 검정콩 등에 함유되어 있음
	안토 잔틴	• 쌀, 콩, 감자, 밀, 연근 등의 흰색이나 노란색 색소 • 산에 안정하여 흰색을 나타내고, 알칼리에서는 불안정하여 황색으로 변함
카로티노이드 (Carotenoid)		• 황색이나 오렌지색 색소로 당근, 고구마, 호박, 토마토 등 등황색, 녹색 채소에 들어 있음 • 조리 과정이나 온도에 크게 영향을 받지 않지만, 산화되어 변화함 • 카로티노이드는 지용성이므로, 기름을 사용하여 조리하면 흡수율이 높아짐 예 당근볶음
베타시아닌 (Betacyanin)		• 붉은 사탕무, 근대, 아마란사스의 꽃 등에서 발견되는 수용성의 붉은 색소 • 베타닌(Betanin)은 열에 불안정, pH 4~6에 안정
갈변 색소		무색이나 엷은색을 띠는 식품을 조리하는 과정에서 갈색으로 변색되는 반응

5 구매관리 관련 서식

(1) 구매관리의 정의 및 목적

1) 구매관리의 정의

구매자가 물품을 구매하기 위해 계약을 체결하고 그 계약조건에 따라 물품을 인수하고 대금을 지급하는 전반적인 과정을 의미, 즉 구매하고자 하는 물품에 대하여 적정거래처로부터 원하는 수량만큼 적정 시기에 최소의 가격으로 최적 품질인 것을 구매할 목적으로 구매 활동을 계획·통제하는 관리 활동

2) 구매관리의 목적

① 적정한 품질 및 적정한 수량의 물품을 적정한 시기에 적정한 가격으로 적정한 공급원으로부터 적정한 장소에 납품

② 특정 물품, 최적 품질, 적정 수량, 최적 가격, 필요시기를 기본으로 목적 달성을 위한 효율적인 경영관리를 달성

(2) 구매의 중요성

① 구매 활동은 구매 전문부서에서 이루어지며, 이는 조직체의 경영활동 중 중추적인 역할임

✔ 구매 활동의 기본조건
- 구매할 물품의 적정한 조건과 최적의 품질을 선정
- 구매 계획에 따른 구매량의 결정
- 적정량의 물품을 적정 시기에 공급
- 구매 활동에 따른 검수·저장·입출고(재고)·원가관리
- 정보자료 및 시장 조사를 통한 공급자의 선정
- 유리한 구매 조건으로 협상 및 계약 체결

② 조직 활동의 분업화, 생산시설의 기계화, 산업화, 전산화를 통하여 구매 활동은 조직체의 경영적인 측면과 가정의 경제적인 측면에서 매우 중요한 위치를 차지

③ 조직업체의 경영활동 측면에서 구매관리를 살펴보면 최근 기업의 형태가 생산시설의 고도화, 기계화, 자동화되어 가는 경향이 급속도로 증가

④ 경제성장의 발달로 인하여 제품의 가격 중 노무비보다 재료비가 차지하는 비중이 점차 높아짐에 따라 식품 원재료를 구매하는 사람과 구매 장소 및 구매 방법 등이 조직체의 경영에 큰 영향을 미치기 때문에 기업활동 측면에서 구매관리는 매우 중요

⑤ 가정 경제 측면에서 살펴봐도 구매 활동은 생산과 소비가 분리되어 원하는 물품은 모두 시장에서 구매

(3) 구매명세서

물품명	• 구매하고자 하는 품목에 대한 정확한 명칭을 기재 • 시장 통용 용어도 함께 기록 예 올리브/검은 올리브, 오이/다대기 오이 등
용도	• 구매하고자 하는 품목의 용도를 정확히 기재 • 축산물의 경우 부위명을 기재 예 상추(쌈용/겉절이용), 감자(샐러드용/구이용), 소고기(장조림용, 홍두깨살)
상표명 (브랜드)	• 구매자가 선호하는 상표(브랜드) 기재 • 구매명세서 상표명 뒤 '이와 유사한 업체'란 말을 첨가하면 여러 공급업체의 경쟁이 가능함을 의미(특정 업체명을 기재하면 한 개의 공급업체만 거래하는 것을 의미) 예 고추장(대○, 샘○식품, ○창, 진○식품, 오○식품 등)
품질 및 등급	구매명세서에 원하는 등급 기재 또는 '혹은 이와 동등한 품질' 표기 예 소고기(육질등급 2등급 이상), 달걀(품질등급 1등급 이상)
크기	• 음식이 제공되는 그릇의 크기를 고려하여 원하는 크기 및 중량을 정확히 기재(국립농산물품질관리원의 '농산물 표준규격'을 제정하여 실시) • 전처리 식재료 주문 시 전처리 형태 혹은 크기를 정확히 기재 예 고등어(조림용 1조각 60g), 감자(중/개당 250g 내외), 영계(마리당 500g 내외)
형태	가공품 구매 시 원하는 형태를 제시 예 덩어리 치즈/슬라이스 치즈
숙성 정도	농산물, 김치나 육류의 구입 시 숙성 정도를 기재
산지명	원산지 표시제에 따라 생산 국가 또는 지역을 기재 예 마늘종(국내산/중국산)

Check Note

✔ 구매관리의 목표

▪ 필요한 물품과 용역을 지속해서 공급
▪ 품질, 가격, 제반 서비스 등 최적의 상태를 유지
▪ 구매 관련의 정보 및 시장 조사를 통한 경쟁력을 확보
▪ 표준화・전문화・단순화의 체계를 확보
▪ 재고와 저장관리 시 손실을 최소화
▪ 신용이 있는 공급업체와 원만한 관계를 유지하면서 대체 공급업체를 확보

✔ 구매관리에 있어서 유의할 점

▪ 구매 상품의 특성에 대하여 철저한 분석과 검토
▪ 적절한 구매 방법을 통한 질 좋은 상품을 구매
▪ 구매경쟁력을 통해 세밀한 시장 조사를 실시
▪ 구매에 관련된 서비스 내용을 검토
▪ 저렴한 가격으로 필요량을 적기에 구매하고, 공급업체와의 유기적 상관관계를 유지
▪ 복수 공급업체의 경쟁적인 조건을 통한 구매 체계를 확립

제 01 편

전처리 및 가공 정도	식재료의 전처리 및 가공 정도를 기재 예 대파(흙대파, 깐대파), 당근(잡채용), 마늘(통마늘, 다진마늘)
보관 온도	냉장식품이나 냉동식품의 경우 동일 품목이라도 냉장과 냉동에 따라 품질 및 가격 차이가 있으므로 배송되는 동안 및 배송 시점에서의 온도 기준을 함께 기재 예 닭(냉장/냉동), 돈가스(냉동)
폐기율	정확한 폐기율 미기재 시 공급업체에서는 전체 중량만을 기준으로 납품하여 남거나 모자랄 수 있으므로 식품의 폐기율 범위 또는 최소한의 가식 부위 중량 비율을 기재 예 깻잎순(폐기율 45% 이내), 달래(폐기율 40% 이내)

03 검수관리

1 식재료 선별 및 검수★

식품군	식품명	감별점(외관)
농산물	쌀	• 완전히 건조된 것(손바닥에 붙는 쌀의 양을 기입) • 착색되지 않은 쌀 • 쌀 고유의 냄새 이외 곰팡이 냄새나 이상한 냄새가 없을 것 • 백색이면서 광택이 나며, 형태는 타원형이고 굵고 입자가 고른 것
과일류	생과일	• 제철의 것으로 신선하고 청결한 것 • 반점이나 해충 등이 없고 과일의 색과 향이 있는 것 • 상처가 없는 것으로 건조되지 않고 색이 선명할 것
난류	달걀	• 무게나 중량으로 신선함을 판단하기는 어려움 • 껍질(표면)이 까칠하고 광택이 없는 것(외관법) • 빛을 쬐었을 때 안이 밝게 보이는 것(투시법) • 알의 뾰족한 끝은 차갑게, 둥근 쪽은 따뜻하게 느껴지는 것 • 6%의 소금물에 담가 가라앉는 것(비중법) • 흔들었을 때 소리가 나지 않아야 함
유제품	우유	• 용기 뚜껑이 위생적으로 처리된 것 • 제조일이 오래되지 않은 것 • 고유의 크림색일 것(유백색, 독특한 향) • 중탕 시 윗부분이 응고되는 것 • 비중은 1.028 ~ 1.034(물보다 무거운 것)로 침전현상이 없을 것
저장식품	통조림, 병조림	• 병뚜껑이 돌출되거나 들어가지 않는 것 • 두드렸을 때 맑은 소리가 나는 것 • 통조림의 상·하면이 부풀어 있는 것은 내용물이 부패한 것 • 통이 변형되거나 가스가 새어 나오는 것은 불량

어패류 및 가공품	생어류	• 생선의 눈이 맑고 눈알이 외부로 돌출되어 있는 것 • 비늘은 광택이 있고 육질은 탄력이 있는 것 • 뼈에 단단히 붙어 있고 이상한 냄새가 나지 않는 것 • 사후경직 중의 생선은 탄력성이 있어서 꼬리가 약간 올라가 있으며, 시간이 경과함에 따라 차차 누그러짐 • 아가미가 선홍색이며 닫혀 있을 것
	패류	• 산란 시기가 지난 겨울철이 더 맛이 좋음 • 입을 벌리고 있는 것은 죽어 있는 것이므로 주의
	어육 연제품	• 표면에 점액 물질이 발생한 것은 좋지 않음 • 살균 불충분 때문에 부패하므로 반으로 잘라 외측부와 내측부에 대하여 탄력성, 색, 조직 등을 관찰·비교할 것 • 어두운 곳에서 인광을 발하는 것은 발광균이 발육한 것으로 불량

2 검수관리 관련 서식

(1) 검수를 위한 설비 및 장비 활용 방법

① 검수대의 조도는 540Lux 이상을 유지

② 검수공간을 충분하게 확보

③ 검수대에 공산품, 육류, 농산물, 수산물 등을 구분할 수 있도록 설비

④ 냉장, 냉동품을 바로 보관할 수 있도록 설비

⑤ 검수대는 위생적으로 안전하도록 청결하게 관리하고 세척, 소독을 실시

⑥ 저울, 계량기, 칼, 개폐기 등 검수를 위해 필요한 장비 및 기기를 구비하여 활용

(2) 검수원의 자격조건

① 식재료의 기본적인 전문 상식이 있을 것

② 식재료의 특수성에 관한 전문적인 지식이 있을 것

③ 식재료의 평가 및 감별할 수 있는 지식과 능력이 있을 것

④ 식재료의 유통경로와 검수 업무 등의 처리 절차를 잘 알고 있을 것

⑤ 검수일지 작성 및 기록보관 업무를 잘 알고 있을 것

⑥ 업무에 있어서 공정성과 도덕성, 신뢰도가 있을 것

(3) 검수 관련 문서

구매명세서 (Specification)	구매하고자 하는 물품의 특성에 대하여 기록한 양식의 문서 (검수 시 물품을 확인하는 기준이 됨)

제 01 편

Check Note

✓ **어패류 보관**

■ 어패류 등의 식재료 품질을 위해 검수와 관리가 중요

■ 어패류 재료는 건냉소, 냉장(0℃ ~ 5℃), 냉동(−20℃ ~ −50℃)에 보관함

구매청구서 (Purchase Requisition)	구매를 의뢰하기 위해 목록과 수량 등을 작성하여 구매 부서로 송부하는 문서
발주서 (Purchase Order)	구매청구서와 재고량을 파악한 구매 부서가 통합하여 공급업체에 보내는 문서
납품서 (Invoice)	거래명세서 또는 송장이라고도 하며, 공급 물품의 명세와 대금에 대해 공급업체가 작성한 문서(품명, 수량, 무게, 단위, 가격 등의 정보가 수록)
반품서 (Credit Memo)	물품의 수량과 품질 등이 발주서의 내용과 일치하지 않아 반품할 때 검수 담당자가 작성하는 문서(납품업체명, 납품 일시, 반품 품목 및 수량, 반품 사유 등의 내용을 포함)
검수일지 (Receiving Record)	물품명, 수량, 무게, 원산지, 가격, 보관 온도 등의 전반적인 검수 결과를 기록하는 서식

01 구매관리의 목적으로 틀린 것은? ✈빈출

① 최적의 가격
② 필요한 시기
③ 적절한 품질
④ 적절한 수량

02 재고관리 기법을 활용한 ABC 관리방식이 틀린 것은? ✈빈출

① ABC 관리방식은 파레토 분석(Pareto Analysis) 곡선을 이용한다.
② ABC 분류는 중요한 80% 원인이 전체 문제의 20%를 발생시킨다는 팔레트적 사고에서 개발되었다.
③ 재고관리에서 시간과 노력의 우선순위를 결정하는 데 도움을 준다.
④ ABC 관리방식은 구매 및 재고 물품의 가치에 따라 A, B, C의 등급으로 분류하여 차등적으로 관리하는 방식이다.

03 축산식품 육류 품질평가에 대한 설명으로 틀린 것은?

① 신선한 것은 색이 선명하고 습기가 있다.
② 암갈색을 띠고 탄력성이 있는 것은 오래된 것이다.
③ 병이 든 고기는 피를 많이 함유하여 냄새가 난다.
④ 고기를 얇게 잘라 투명하게 비춰봤을 때 얼룩 반점이 있는 것은 기생충이 있는 것이다.

04 신선한 생선 품질평가에 대한 설명으로 틀린 것은?

① 눈은 투명하고 들어가 있는 것이 신선하다.
② 아가미의 색은 선홍색이 신선하다.
③ 신선한 것은 물에 가라앉고, 부패한 것은 물 위로 떠 오른다.
④ 비늘이 고르게 밀착되어 있고, 색이 선명하며 광택이 있다.

01 ③

해설 **구매관리의 목적**
적절한 거래 공급처로부터 적합한 시기에 최적 품질의 물품을 최적의 가격으로 구매하는 데 있다.

02 ②

해설 ABC 분류는 중요한 20% 원인이 전체 문제의 80%를 발생시킨다는 팔레트적 사고에서 개발되었다.

03 ②

해설 암갈색을 띠고 탄력성이 없는 것은 오래된 것이므로 잘 살펴본다.

04 ①

해설 눈은 투명하고 튀어나온 것이 신선하다.

05 시장조사의 목적으로 틀린 것은?

① 구매예정가격의 결정
② 합리적인 구매계획의 수립
③ 제품개발
④ 신제품의 설계

06 일반적으로 시장조사에서 행해지는 조사 내용이 아닌 것은?

① 품목, 품질
② 품질, 수량
③ 가격, 시기
④ 거래조건, 배달

07 시장조사의 원칙이 아닌 것은? 빈출

① 조사 경제성의 원칙
② 조사 적시성의 원칙
③ 조사 계획성의 원칙
④ 조사 탄력성의 원칙

08 두류의 특성에 대한 설명으로 틀린 것은?

① 콩, 땅콩 종류는 지방이 적고 탄수화물이 많다.
② 팥, 녹두, 완두, 강낭콩은 지방이 적고 대신 탄수화물이 많다.
③ 대부분의 두류는 20~50%의 단백질을 가지고 있다.
④ 콩, 땅콩은 단백질이 35% 이상이며 지방은 불포화지방산이 풍부하고, 비타민 E도 많이 함유하고 있다.

09 신선한 달걀에 대한 설명으로 틀린 것은? 🌟빈출

① 껍질이 반질반질하고 둥근 부분은 따뜻하고 뾰족한 부분은 차갑다.

② 6%의 식염수에 넣었을 때 가라앉는 것은 신선한 것이고, 뜨는 것은 오래된 것이다.

③ 알을 깨뜨렸을 때 노른자의 높이가 높고, 흰자가 퍼지지 않는 것이 신선한 것이다.

④ 빛에 비춰봤을 때 밝게 보이고 흔들어서 소리가 나지 않는 것이 신선한 것이다.

10 식재료의 적절한 보관 온도로 틀린 것은? 🌟빈출

① 김치 : 2~7℃

② 고기 : −5~−2℃

③ 선어 보관 냉동고 : −50℃

④ 채소 및 메인 냉장, 육수 : 2~5℃

---

09 ①

해설 껍질이 반질반질한 것은 오래된 것이고 거칠거칠한 것이 신선한 것이며, 혀를 대보아서 둥근 부분은 따뜻하고 뾰족한 부분은 찬 것이 신선하다.

10 ①

해설 김치의 적절한 보관 온도 0~5℃

재료준비

01 재료준비

1 재료의 종류

(1) 식물성 식품

곡류 및 그 제품	탄수화물의 함량이 많고 수분, 단백질 함량은 적음 예 쌀, 보리, 잡곡, 밀가루, 빵, 국수류 등
감자류	전분이 많은 열량 공급원이며, 곡류나 두류에 비해 수분이 많아 저장이 어려움
채소류	녹황색 채소(당근, 시금치, 토마토 등)와 담색 채소(무, 양파, 파, 오이, 양배추, 콩나물, 숙주나물)로 구분
두류	단백질이 많은 두류(콩), 지방이 많은 두류(땅콩), 탄수화물이 많은 두류(팥, 녹두, 돈부)로 구분
과실류	비타민 C가 풍부하고 사과산, 구연산, 주석산과 같은 유기산이 많음 예 사과, 복숭아, 배, 딸기, 포도, 감귤류 등
버섯류	섬유소가 많이 함유되어 있고 단백질과 지방이 적음 예 표고버섯, 송이버섯, 싸리버섯, 느타리버섯 등
해조류	요오드(아이오딘, I)가 많이 함유되어 갑상선 치료에 도움이 되며, 탄수화물이 포함되어 있으나 열량원으로는 이용되지 못함

해조류	갈조류	미역, 다시마, 톳
	녹조류	파래, 청각
	홍조류	김, 우뭇가사리

(2) 동물성 식품

육류	단백질 함량이 높고, 무기질로는 P(인), S(황), Cl(염소) 등을 포함 예 소고기, 돼지고기, 닭고기 등
우유류	영양학적으로 완전식품 예 우유, 분유, 탈지분유, 치즈, 발효유 등
난류	단일식품으로는 단백가가 우수한 식품 예 달걀, 오리알, 메추리알 등
어패류	동물성 단백질의 공급원 예 생선, 조개 등

2 재료의 조리 특성 및 방법

(1) 비가열조리

① 모양, 크기, 외관 등을 다듬어 음식의 외향을 예쁘고 먹기 좋게 함

② 식품 자체가 가지고 있는 풍미나 미각을 그대로 살려서 먹을 수 있도록 하기 위함

③ 신선한 어패류와 육류, 채소나 과일 등에 이용하며, 신선도를 고려하여 재료를 선택

④ 불미성분이나 농약이나 병원균의 오염으로 피해를 볼 수 있으므로 위생적인 면을 고려

⑤ 비가열조리의 종류 : 생채, 회(육회, 생선회), 쌈(상추, 깻잎, 생미역 등), 냉국, 샐러드류 등

⑥ 비가용 부분을 제거하고, 가식 부분의 이용 효율을 높임

⑦ 섬유질이 단단한 식품의 질감을 좋게 하려면 결과 반대 방향으로 썰음

(2) 가열조리

1) 조리의 분류

조리는 준비한 식재료의 알맞은 섭취를 위해 열을 이용하여 물 또는 기름을 사용한 행위

습열조리	물을 이용한 조리법	끓이기, 삶기, 데치기 등
건열조리	기름을 이용한 조리법	굽기, 볶음, 튀김 등
복합조리법	습열조리법 + 건열조리법	스튜잉(Stewing), 브레이징(Braising)

2) 습열조리

끓이기 (Boiling)	• 100℃의 액체 속에서 식품을 가열하는 조작 • 열의 이동은 주로 물의 대류에 의해서 일어남	
	특징	• 익힘과 조리가 동시에 이루어지며, 가열 중 조미가 가능 • 끓이는 동안 수용성 성분의 용출이 있으나 국물을 이용하므로 손실을 방지할 수 있음 • 열의 손실과 국물의 증발을 막기 위해 뚜껑이 있는 용기를 사용

✔ **가열조리의 특징**
- 식품의 소화, 흡수를 도움
- 살균 및 살충으로 부패를 방지
- 식품의 조직과 성분의 변화가 일어남(단백질의 변성, 지방의 융해, 수분 감소 및 증가, 조직의 연화 등)
- 맛의 증대, 불미성분의 제거, 조미·향신료와 지미 성분의 침투

✔ **탕류와 편육류 특징**
- 탕류 : 찬물에서 끓이면 성분의 용출이 쉬우며, 맛있는 국물을 만들 수 있음
- 편육류 : 끓는 물에 넣어 성분용출을 막음

✔ 삶기의 효과
■ 불미성분의 제거 및 조직의 연화
■ 건조식품의 수분흡수 및 효소작용 억제
■ 식품의 색을 선명하고 좋게 하며, 소독 효과

✔ 주요 식품의 계량
■ 밀가루와 같은 가루 종류 : 부피 보다는 무게로 재는 것이 정확함
 • 체에 친 후 계량컵에 수북이 가 볍게 담아 수평으로 깎아 계량
 • 황설탕은 잘 채워 계량하고, 백 설탕은 위를 밀어 계량
■ 지방 : 부피로 계량하는 것보다 저울로 달아야 정확하고 편리함
■ 액체 재료 : 무게보다 부피로 재 는 것이 능률적

찜 (Steaming)		물을 100℃로 끓여 수증기의 잠열(1g당 539cal)에 의해 식품을 가열하는 조작
	특징	• 식품의 모양이 그대로 유지되며, 영양소의 손실이 적음 • 서양의 스튜(Stew)와 유사한 조리법 • 열이 그릇 전체에 전도되며 탈 염려가 없음 • 유동성이라도 용기에 넣으면 찔 수 있음 • 조리 중 조미할 수 없으며, 찌는 도중에 뚜껑을 열 면 온도가 낮아져 잘 익지 않으므로 주의
삶기 (Poaching)와 데치기 (Blanching)		끓이기와 비슷한 조리법으로 조미 목적은 아니지만 조미하지 않 고 소금을 넣어 데치는 때도 있으며, 성분의 용출을 막기 위한 방법으로 사용
조림 (Hard-Boiled Food)		찜과 달리 오래 보존할 수 있으며, 재료와 재료 사이에 국물이 침투되어 식품 자체에 맛이 배게 하는 조리법

3 조리과학 및 기본 조리 조작

(1) 계량(Measuring)

1) 계량기구의 종류
 ① 체적계(부피) : 계량스푼, 계량컵
 ② 중량계(무게) : 분동저울, 용수철저울, 접시저울
 ③ 온도계 : 고온(수은 온도계), 저온(알코올 온도계)

2) 계량 단위

종류	계량 단위	비교	
컵	C	1컵(C) → 200CC	1되 - 1.8L
큰술 (테이블스푼)	TS	1TS → 3ts, 15ml	1국자 - 100ml
작은술 (티스푼)	ts	1ts → 5ml	1pint - 2C - 470ml
기타	쿼터	1C → 1/4쿼터(Quart)	1온스(Ounce) - 32ml
		1Quart → 940ml	1갤런(Gallon) - 128온스
		1Quart → 4C	1Quart - 32온스

(2) 씻기(세척)

| 곡류 | 백미를 오래 담가두거나 여러 번 으깨어 씻으면 수용성 비타민(비타민 B_1)의 손실이 커지므로 가볍게 씻거나 담가두었던 물로 밥물 을 이용하면 영양 손실을 줄일 수 있음 |

근채류	• 물에 담가 껍질을 불린 다음 벗겨 손질(양파, 마늘 등) • 수세미로 가볍게 손질(무, 당근, 감자 등) • 식초로 희석하면 식품의 색 변화를 방지하는 효과(우엉, 연근 등)
엽채류	푸른 채소는 0.2% 용액의 중성세제로 씻은 후 흐르는 물에 5회 정도 씻음
생선류	생선을 자른 후 씻으면 영양 손실이 많아지므로 먼저 물로 씻은 후 토막냄
건조채소	물에 씻어서 넉넉한 물에 담가 불린 다음 사용

(3) 담그기
변색 방지 및 물리적 성질을 향상하여 필요한 성분이 침투되어 맛을 좋게 하지만, 수용성 성분이 용출되어 영양적 손실이 발생할 수 있음

(4) 썰기
① 섬유가 단단한 식품은 섬유와 직각으로 썰어줌
② 폐기 부분 제거, 열의 이동과 조미 성분이 쉽게 침투하게 모양, 크기, 외형 등을 정리해 외관을 좋게 하는 조작
③ 조리 조작 중 가열과 더불어 중요한 과정

(5) 분쇄
① 식품을 잘게 부스러뜨려 고운 분말 상태로 만드는 조작
② 소화율을 높이는 효과와 맛의 증대를 기대할 수 있음

(6) 혼합, 교반, 성형
① 식품 재료의 균질화를 위해 이용되는 조작
② 혼합과 교반을 통해 재료의 성분의 용출을 유도하고 점탄성을 증가시켜 입안의 촉감과 외관을 좋게 하는 목적

(7) 압착, 여과
① 수분 제거와 액체 성분과 고체 성분의 분리를 위한 조작
② 조직을 파괴하여 모양 성형 및 변화를 위한 방법으로 이용

4 조리도구의 종류와 용도

필러 (Peeler)		감자, 당근, 무 등의 껍질을 벗기는 기기
절단기	커터 (Cutter)	식재료를 자르는 기기
	초퍼 (Chopper)	식재료를 다지는 기기

Check Note

◆ 당장법, 산저장법, 염장법
방부성과 보존성을 높임

◆ 마쇄
식품을 갈거나 으깨어 조직을 파괴하는 방법으로 재료의 조직을 균일화시키며, 효소의 활동을 촉진하는 효과가 있음

◆ 기타 조리 조작
- 냉장 : 식품의 단기 저장에 널리 이용되며 미생물의 번식억제 효과가 있음
- 냉동 : 식품을 동결 상태로 저장하기 위해 급속냉각 기술이 요구되며, 주로 장기간 보존에 이용(육류, 어패류 등)
- 동결 : 식품 속 수분을 빙결시켜 얼리는 목적으로 하는 조작
- 해동 : 냉동식품의 빙결정을 융해시켜 원상태로 복수시키는 조작

	휘퍼 (Whipper)	거품을 내는 기기
	슬라이서 (Slicer)	일정한 두께로 잘라내는 기기
	혼합기 (Mixer)	식품의 혼합, 교반 등에 사용되는 기기
가열기구	그리들 (Griddle)	두꺼운 철판 밑으로 열을 가열하여 철판을 뜨겁게 달구어 조리하는 기기(전이나 햄버거, 부침요리에 사용)
	샐러맨더 (Salamander)	가스 또는 전기를 열원으로 하는 구이용 기기(생선구이, 스테이크 구이용)
	브로일러 (Broiler)	복사열을 직·간접으로 이용하여 구이요리를 할때 적합하며, 석쇠에 구운 모양을 나타내는 시각적 효과로 스테이크 등의 메뉴에 이용
	인덕션 (Induction)	자기전류가 유도코일에 의하여 발생하여 상부에 놓은 조리기구와 자기마찰에 의해 가열이 되는 기기(위에 놓는 조리기구는 금속성 철을 함유한 것이어야 함)

5 작업장의 동선 및 설비관리

(1) 조리장의 시설

1) 조리장의 위치

① 통풍과 채광이 좋고 급수와 배수가 용이하며 소음, 악취, 가스, 분진, 공해 등이 없는 곳

② 화장실 쓰레기통 등에서 오염될 염려가 없을 정도로 떨어진 곳

③ 물건 구입 및 반출입이 편리하고 종업원의 출입이 편리한 곳

④ 음식을 배선, 운반하기 쉬운 곳

⑤ 비상시 출입문과 통로에 방해되지 않는 곳

2) 조리장의 면적 및 형태

조리장의 면적	식당 면적의 1/3	
식기 회수공간	취식면적의 10%	
1인당 급수량	• 일반급식소 : 6~10L	• 병원 : 10~20L
	• 학교급식 : 4~6L	• 기숙사급식 : 7~15L
조리장의 구조	직사각형 구조가 능률적임	
조리장의 길이	조리장 폭의 2~3배가 적당	

3) 작업대 배치 순서

① 준비대 – 개수대 – 조리대 – 가열대 – 배선대

② **작업대 높이** : 신장의 52%, 높이 80~85cm, 너비 55~60cm

Check Note

✓ 취식자 1인당 취식 면적

- **일반급식** : 취식자 1인당 1.0㎡
- **병원급식** : 침대 1개당 0.8~1.0㎡
- **학교 급식** : 아동 1인당 0.3㎡
- **기숙사** : 1인당 0.3㎡
- **호텔** : 연회석 수와 침대 수의 합에 1.0㎡를 곱한 것

✓ 작업대의 종류

ㄷ자형	동선이 짧으며, 넓은 조리장에 사용
ㄴ자형	동선이 짧으며, 조리장이 좁은 경우에 사용
병렬형	180℃ 회전이 필요하므로, 피로하기 쉬움
일렬형	조리장이 굽었을 때 사용되며, 비능률적임

(2) 설비관리

1) 조리 설비의 3원칙

위생	식품의 오염을 방지할 수 있어야 하고 환기와 통풍이 좋고 배수와 청소가 용이해야 함
능률	식품의 구입, 검수, 저장 등이 쉽고 기구, 기기 등의 배치가 능률적이어야 함
경제	내구성이 있고 경제적이어야 함

2) 조리장의 설비 조건

① 충분한 내구력이 있는 구조일 것

② 객실 및 객석과는 구획의 구분이 분명할 것

③ 통풍, 채광이 좋고 배수와 급수가 용이하며 청소가 쉬울 것

④ 조리장의 바닥과 바닥으로부터 1m까지의 내벽은 타일, 콘크리트 등 내수성 자재를 사용할 것

⑤ **조명시설** : 식품위생법상 기준 조명은 객석은 30lux, 조리실은 50lux 이상이어야 함

⑥ 객실면적이 33m²(10평) 미만의 대중음식점, 간이주점, 찻집은 별도로 구획된 조리장을 갖추지 않을 수 있음

⑦ **환기시설** : 팬과 후드를 설치하여 환기하고, 후드의 경우 4방형이 가장 효율적임

⑧ **트랩(Trap)** : 하수도로부터 악취, 해충의 침입을 방지하는 장치

⑨ **방충망** : 30메시[mesh : 가로, 세로 1인치(inch) 크기의 구멍수] 이상의 방충망을 설치하여 해충의 침입 방지

02 재료의 조리원리

1 농산물의 조리 및 가공·저장

(1) 쌀

1) 쌀의 구조

① 벼의 낱알 비율 : 현미 80%, 왕겨 20%

② 현미는 벼를 탈곡하여 왕겨층을 벗겨낸 것으로 호분층, 종피, 과피, 배아, 배유로 구성됨

③ 호분층과 배아에는 단백질, 지질, 비타민이 많이 함유되어 있음

제 01 편

Check Note

✓ **트랩의 효율성**

수조형 트랩이 효과적이고, 지방이 하수관에 들어가는 것을 막을 때는 그리스(Grease) 트랩이 좋음

조리에 따른 식재료의 성분 변화

수용성 성분	세척, 담그기, 데치기, 끓이기 등	영양소의 손실
자르거나 갈았을 때	공기와의 접촉, 기름, 산과 알칼리, 금속 등	영양소의 일부 손실
가열 조리 시	식품의 형태, 영양의 안정성, 조리 수의 양, 조리 시간과 조리방법에 따라 다양	식재료에 존재하는 영양소의 손실
식재료의 전처리 및 조리 과정	색·맛·점성·탄성 및 외관의 물리적 변화와 기호성에도 영향	영양소 손실

※ 손실되는 영양소의 양은 썰어 놓는 크기, 조리방법, 식재료의 종류 등에 따라서도 달라짐

도정에 의한 분류

도정도	도정률 (%)	도감률 (%)	소화율 (%)
현미	100	0	90
5분도미 (쌀겨층의 50% 제거)	96	4	90
7분도미 (쌀겨층의 70% 제거)	94	6	97
10분도미 (백미)	92	8	98

※ 현미에서 10분 도미로 도정도가 높아질수록 영양가는 낮아지고 소화율, 당질의 양은 증가함

2) 쌀의 종류

① 현미 : 쌀에서 왕겨만 벗겨낸 것으로 영양은 좋으나 섬유소를 포함하고 있어 소화·흡수율이 낮음

② 백미 : 우리가 주로 사용하는 일반 쌀로 현미를 도정 후 배유만 남은 것을 말하며, 섬유소의 제거로 소화율은 높지만 배아의 손실로 영양가는 낮음

백미의 소화율	현미의 소화율(90%) < 백미의 소화율(98%)
백미의 분도	쌀에서 깎여지는 부분(단백질, 지방, 섬유 및 비타민 B_1, B_2 감소됨

3) 쌀의 수분 함량

쌀의 수분 함량은 14~15%이며, 최대흡수율은 20~30%로 밥을 지었을 경우 수분 함량은 65% 정도임

4) 쌀 종류에 따른 물의 양

물의 양은 쌀의 종류와 수침 시간에 따라 다르며, 잘 된 밥의 양은 쌀의 2.5배 정도가 됨

쌀의 종류	쌀의 중량에 따른 물의 양	쌀의 부피에 따른 물의 양
백미(보통)	쌀 중량의 1.5배	쌀 부피의 1.2배
햅쌀	쌀 중량의 1.4배	쌀 부피의 1.1배
찹쌀	쌀 중량의 1.1~1.2배	쌀 부피의 0.9~1.0배
불린 쌀	쌀 중량의 1.2배	쌀 부피와 1.0배 동량

5) 쌀의 가공품

건조쌀 (Alpha Rice)	뜨거운 쌀밥을 고온 건조해 수분 함량을 10% 정도로 한 것으로 여행 시나 비상식량으로 사용
팽화미 (Popped Rice)	고압의 용기에 쌀을 넣고 밀폐시켜 가열하면 용기 속의 압력이 올라가고, 이때 뚜껑을 열면 압력이 급히 떨어져서 수배로 쌀알이 부풀게 되는데, 이것을 튀긴 쌀 또는 팽화미라 함 (튀밥, 뻥튀기)
인조미	고구마 전분, 밀가루, 쇄미 등을 5 : 4 : 1의 비율로 혼합한 것
종국류	감주, 된장, 술 제조에 쓰이고, 그 밖에 증편, 식혜, 조청 등을 만드는 데 사용
주조미	미량의 쌀겨도 남기지 않고 도정한 쌀

6) 정맥

압맥	보리쌀의 수분을 14~16%로 조절하여 예열통에 넣고 간접적으로 60~80℃로 가열한 후 가열증기나 포화증기로써 수분을 25~30%로 하여 롤러로 압축한 쌀
할맥	보리의 골에 들어 있는 섬유소를 제거한 쌀
맥아	단맥아 · 고온에서 발아시켜 싹이 짧은 것(맥주 양조용에 사용) 장맥아 · 비교적 저온에서 발아시킨 것[식혜나 물엿(소포제) 제조에 사용]

(2) 서류

감자	• 감자의 갈변 : 감자에 함유된 티로신(Tyrosin)이 티로시나아제(Tyrosinase)에 의해 산화되어 멜라닌을 생성하기 때문에 감자를 썰어 공기 중에 놓아두면 갈변함 • 티로신은 수용성이므로 물에 넣어두면 감자의 갈변을 억제할 수 있음 • 전분 함량에 따라 점질감자와 분질감자로 구분
고구마	단맛이 강하며 수분이 적고 섬유소가 많음
토란	주성분은 당질로, 특유의 토란의 점질물은 열전달을 방해하고, 조미료의 침투를 어렵게 하므로 물을 갈아가면서 삶아야 이를 방지할 수 있음
마	마의 점질물은 글로불린(Globulin) 등의 단백질과 만난(Manan)이 결합된 것으로, 마를 가열하면 점성이 없어지며, 생식하면 효소를 많이 함유하고 있으므로 소화가 잘 됨

(3) 두류

1) 두류의 성분

대두, 낙화생(땅콩)	• 단백질과 지방의 함량이 많아 식용유지의 원료로 이용 • 대두는 단백질 함량이 40% 정도로 두부 제조에 이용 • 대두의 주 단백질은 완전단백질인 글리시닌(Glycinin)임 • 비타민 B군 다량 함유 • 무기질로는 칼륨과 인이 많음
팥, 녹두, 강낭콩, 동부(강두)	• 당질과 전분 함량이 많음 • 떡이나 과자의 소·고물로 이용
풋완두, 껍질콩	• 채소의 성질을 가짐 • 비타민 C의 함량이 비교적 높음

2) 두류의 가열에 의한 변화

① 독성물질의 파괴 : 대두와 팥에는 사포닌(Saponin)이라는 용혈독성분이 있지만 가열하면 파괴됨

제
01
편

Check Note

✓ 밥 짓기

밥맛을 좋게 하려면 0.03% 정도의 소금을 넣으면 밥맛이 좋아짐

✓ 쌀의 조리시간

■ 쌀 불리는 시간 : 찹쌀 50분, 멥쌀 30분
■ 밥 뜸 들이는 시간 : 5~15분(15분 정도가 가장 좋음)

✓ 쌀의 저장 정도

백미 → 현미 → 벼(저장하기가 가장 좋음)

✓ 두부의 제조

■ 콩을 갈아서 70℃ 이상으로 가열하고 응고제를 첨가하여 단백질(주로 글리시닌)을 응고시키는 방법
■ 응고제 : 염화마그네슘($MgCl_2$), 황산칼슘($CaSO_4$), 염화칼슘($CaCl_2$), 황산마그네슘($MgSO_4$)
■ 제조 방법

콩을 2.5배가 될 때까지 불림(겨울 24시간, 봄·가을 12~15시간, 여름 6~8시간)
↓
소량의 물을 첨가하여 마쇄함
↓
마쇄한 콩의 2~3배의 물을 넣어 30~40분간 가열함
↓
비지와 두유로 분리 후 두유의 온도가 65~70℃가 되면 간수를 2~3회로 나누어 첨가
↓
착즙
↓
두부 완성

■ 유부 : 두부의 수분을 뺀 뒤 기름에 튀긴 것

② 단백질 이용률과 소화율의 증가 : 날콩 속에는 단백질의 소화액인 트립신(Trypsin)의 분비를 억제하는 안티트립신(Antitrypsin, 단백질의 소화를 방해하는 효소)이 들어 있지만 가열하면 파괴됨

③ 콩을 삶을 때 알칼리성 물질인 중조(식용소다)를 첨가하면 빨리 무르게 되지만 비타민 B_1(티아민)의 손실이 커짐

3) 장류의 제조방법

된장	재래식 된장	간장을 담가서 장물을 떠내고 건더기를 쓰는 것
	개량식 된장	메주에 소금물을 알맞게 부어 장물을 떠내지 않고 먹는 것
간장		콩과 볶은 밀을 마쇄하여 혼합시키고 황국균을 뿌려 국균을 만든 후 소금물에 담가 발효시켜 짠 것
청국장		콩을 삶아서 60℃까지 식힌 후 납두균을 40~45℃에서 번식시켜 양념을 가미한 것

(4) 소맥분(밀가루)

1) 소맥(밀)

밀알 그대로는 소화가 어렵고 정백해도 소화율이 80% 정도로서 백미의 소화율이 98%인 것에 비해 아주 나쁜 편이며, 밀을 제분하면 소화율이 백미와 거의 비슷

2) 글루텐의 형성

밀가루에 물을 조금씩 넣어가며 반죽하게 되면 글리아딘과 글루테닌이 물과 결합하여 글루텐을 형성

밀가루의 숙성	만들어진 제분을 일정 기간 동안 숙성시키면 흰 빛깔을 띠게 됨
소맥분(밀가루) 계량제	과산화벤조일, 브롬산칼륨(브로민산칼륨), 과붕산나트륨, 이산화염소, 과황산암모늄 등
글루텐	밀에는 다른 곡류에는 없는 특수한 성분인 글루텐이 있는데, 이것은 단백질로 점탄성이 있기 때문에 빵이나 국수 제조에 적당함

3) 제빵

밀가루		• 가루가 곱고, 흰색일수록 좋음 • 밀가루를 체에 치는 이유 : 불순물 및 밀기울 제거, 산소의 공급, 가루입자의 균일화
팽창제	발효법	이스트의 발효로 생긴 이산화탄소(CO_2)를 이용하여 만드는 법(발효빵)
	비발효법	베이킹파우더에 의해서 생긴 이산화탄소(CO_2)를 이용하여 만드는 법(무발효빵)

설탕	• 첨가하면 단맛이 나며 효모의 영양원 • 캐러멜화 반응으로 갈색이 됨
소금	단것에 소금을 첨가하면 단맛을 강하게 하며, 점탄성 증가, 노화 억제 및 잡균 번식을 억제함
지방, 우유	제빵 시 빵을 부드럽게 함(연화작용)
달걀	기포성을 좋게 함

4) 제면

① 국수에 소금을 첨가하면 프로테아제(Protease, 단백질 분해효소)의 작용을 억제시켜 국수가 절단되는 것을 방지함

② 당면 : 전분(고구마, 녹두 등)을 묽게 반죽해서 선상으로 끓는 물에 넣어 삶은 다음 동결건조

5) 밀가루 반죽 시 글루텐에 영향을 주는 물질

팽창제	탄산가스(CO_2)를 발생시켜 밀가루 반죽을 부풀게 함	
	이스트 (효모)	밀가루의 1~3%, 최적온도 30%, 반죽 온도는 25~30℃일 때 이스트 작용을 촉진
	베이킹파우더 (B.P)	밀가루 1C에 베이킹파우더 1ts이 적당
	중조 (중탄산나트륨)	밀가루에는 플라보노이드 색소가 있어 중조(알칼리)를 넣으면 황색으로 변화되는 단점이 있고, 특히 비타민 B_1, B_2의 손실을 가져옴
지방	층을 형성하여 부드럽고, 바삭하게 만듦(파이)	
설탕	열을 가했을 때 음식의 표면에 착색시켜 보기 좋게 만들지만, 글루텐을 분해하여 반죽을 구웠을 때 부풀지 못하게 함	
소금	글루텐의 늘어나는 성질이 강해져 반죽이 잘 끊어지지 않게 함	
달걀	밀가루 반죽의 형태를 형성하는 것을 돕지만 달걀을 지나치게 많이 사용하면 음식이 질겨지므로 주의하고, 튀김 반죽할 때는 심하게 젓거나 오래 두고 사용하지 않음	

(5) 과채류

1) 채소 및 과일 가공 시 주의점

① 과채류의 비타민 C 손실과 향기 성분의 손실이 적도록 주의

② 과채류 가공 시 조리기구에 의한 풍미와 색 등의 변화에 주의

2) 채소의 조리

① 채소는 수분 함량이 70~90% 정도이며, 알칼리성 식품으로 비타민과 무기질이 풍부함

② **조리 시 채소의 변화**

㉠ 채소를 데칠 때는 충분한 양의 물과 높은 온도에서 짧은 시간에 데쳐야 함

물을 많이 넣어 데치는 경우	채소의 푸른색을 유지할 수 있음
물을 적게 넣어 데치는 경우	채소의 영양소 파괴를 줄일 수 있음

㉡ 푸른색 채소는 반드시 뚜껑을 열고 고온 단시간에 데치며, 특히 시금치, 근대, 아욱은 수산이 존재하므로 반드시 뚜껑을 열어 데쳐서 수산을 날려 보냄(수산은 체내의 칼슘 흡수를 저해하며, 신장 결석을 일으킴)

㉢ 우엉, 연근, 토란, 죽순 등은 쌀뜨물이나 식촛물에 데쳐야 채소의 빛깔이 깨끗함

㉣ 인삼, 더덕, 도라지는 사포닌 같은 쓰고 떫은맛이 있는데 이들 성분은 수용성 성분이라 물에서 삶던가 물에 충분히 담갔다가 조리하면 떫은맛을 적게 할 수 있음

㉤ 녹색 채소를 데치면 채소의 색이 더욱 선명해지는데, 이것은 채소의 조직에서부터 공기가 제거되므로 밑에 있는 엽록소가 더 선명하게 보이기 때문임

㉥ 엽채류 중 녹색이 진할수록 비타민 A, C가 많음

㉦ 김치에 달걀껍데기를 넣어두면 달걀껍데기의 칼슘이 산을 중화시켜 김치가 시어지는 것을 방지할 수 있음

㉧ 신김치로 찌개를 했을 때 배춧잎이 단단해지는 것은 섬유소가 산에 의해 단단해지기 때문임

③ **조리에 의한 색 변화**

구분	사용 방법
클로로필 (Chlorophyll, 엽록소)	• 녹색 채소에 들어 있는 녹색 색소 • 산에 약하므로 식초를 사용하면 누런 갈색이 됨 예 시금치에 식초를 넣으면 누런색 • 알칼리 성분인 황산 등이나 중탄산소다로 처리하면 안정된 녹색을 유지
안토시안 (Anthocyan) 색소	• 식품의 꽃, 과일의 색소로, 산성에서는 적색, 중성에서는 보라색, 알칼리에서는 청색 • 비트, 적양배추, 딸기, 가지, 포도, 검정콩에 함유 • 가지를 삶을 때 백반을 넣으면 안정된 청자색을 보존할 수 있음

플라보노이드 (Flavonoid) 색소	• 쌀, 콩, 감자, 밀, 연근 등의 흰색이나 노란색 색소 • 산에 안정하여 흰색을 나타내고, 알칼리에서는 불안정하여 황색으로 변함
카로티노이드 (Carotenoid) 색소	• 황색이나 오렌지색 색소로 당근, 고구마, 호박, 토마토 등 등황색, 녹색 채소에 들어 있음 • 조리 과정이나 온도에 크게 영향을 받지 않지만, 산화되어 변화 • 카로티노이드는 지용성이므로 기름을 사용하여 조리하면 흡수율이 높음 예 당근볶음
베타시아닌 (Betacyanin)	• 붉은 사탕무, 근대, 아마란사스의 꽃 등에서 발견되는 수용 성의 붉은 색소 • 베타닌(Betanin)은 열에 불안정, pH 4~6에 안정
갈변 색소	무색이나 엷은 색을 띠는 식품을 조리하는 과정에서 갈색으 로 변색하는 반응

2 축산물의 조리 및 가공 · 저장

(1) 육류의 가공과 저장

1) 축육의 도살 후 사후 변화 순서

사후강직 (사후경직)	• 축육은 도살 후 젖산이 생성되기 때문에 pH가 저하되며, 근육 수축이 일어나 질긴 상태의 고기가 됨 • 미오신이 액틴과 결합된 액토미오신이 사후강직의 원인 물질임
자기소화 (숙성)	• 근육 내의 효소작용에 의해서 근육조직이 분해되는 과정 • 육질이 연해지고 풍미가 향상됨
부패	오랫동안 숙성을 시키면 고기 근육에 존재하던 미생물과 외부 의 미생물에 의해 변질이 일어남

2) 육류의 저장

건조	조직 내 수분활성의 감소 예 육포
냉장	0~4℃에서 단시일 동안 저장
냉동	-18℃ 이하에서 저장하면, 소고기 6~8개월, 돼지고기 3~4개 월 저장이 가능하며, 냉동 시 급속냉동은 근섬유의 수축과 변형 을 적게 함

3) 육류의 가공품

햄 (Ham)	돼지고기의 뒷다리를 사용하여 식염, 설탕, 아질산염, 향신료 등 을 섞어 훈제한 것
베이컨 (Bacon)	돼지고기의 기름진 배 부위(삼겹살)의 피를 제거한 후 햄과 같은 방법으로 만든 것

제
01
편

Check Note

✔ **소고기의 자기소화**
5℃에서 7~8일, 10℃에서 4~5
일, 15℃에서 2~3일이 소요

✔ **육류의 사후강직 시간**
■ 닭고기 : 2~4시간
■ 소고기 : 24시간
■ 말고기 : 12~24시간
■ 돼지고기 : 12시간

소시지	햄과 베이컨을 가공하고 남은 고기에 기타 잡고기를 섞어 조미한 후 동물의 창자나 인공 케이싱(Casing)에 채운 다음 가열이나 훈연 또는 발효시킨 것

(2) 육류의 조리 특징

1) 조리 시 주의점
① 고기는 근육의 결대로 썰면 근수축이 크고 질기며, 근육 결을 꺾어서 썰면 근수축이 적고 연함
② 고기의 맛은 단백질의 응고점(75~80℃) 부근에서 익혀야 맛이 좋음
③ 편육은 끓는 물에 삶고, 생강은 고기가 익은 후에 넣는 것이 좋음

2) 소고기나 양고기
기름의 융점이 높아 뜨거운 요리에 적합함

3) 돼지고기, 닭고기, 오리고기
융점이 낮아 햄이나 소시지 같은 가공품으로 제조할 수 있음

(3) 육류의 연화법

기계적 방법	고기를 근육의 결 반대로 썰거나, 칼로 다지거나, 칼집을 넣는 방법
단백질 분해효소 (연화효소) 첨가	• 배즙, 생강의 프로테아제(Protease) • 파인애플의 브로멜린(Bromelin) • 무화과의 피신(Ficin) • 파파야의 파파인(Papain) • 키위의 액티니딘(Actinidin)
육류 동결	고기를 얼리면 세포의 수분이 단백질보다 먼저 얼어서 팽창하여 세포가 터지게 되어 고기가 부드러워짐
육류의 숙성	도살 직후 숙성기간을 거치면 단백질 분해효소의 작용으로 고기가 연해짐
설탕 첨가	설탕 첨가 시 육류 단백질을 연화시키나, 너무 많이 첨가하면 탈수작용으로 고기가 질겨짐
육류의 가열	결합 조직이 많은 부위는 장시간 물에 끓이면 연해짐

(4) 가열에 의한 고기의 변화
① 단백질의 응고, 고기의 수축 분해
② **결합조직의 연화** : 장시간 물에 넣어 가열했을 때 고기의 콜라겐이 젤라틴으로 변화됨
③ **지방의 융해** : 지방에 열이 가해지면 융해됨
④ **색의 변화** : 가열에 의해 미오글로빈은 공기 중의 산소와 결합하여 옥시미로글로빈이 됨(고기의 선홍색 → 회갈색)

⑤ **맛의 변화** : 고기를 가열하면 구수한 맛을 내는 전구체가 분해되어 맛을 냄

⑥ **영양의 변화** : 열에 민감한 비타민들은 가열 중에 손실이 큼

(5) 고기의 가열 정도와 내부 상태

가열 정도	내부 온도	내부 상태
레어 (Rare)	55~65℃	고기의 표면을 살짝 구워 자르면 육즙이 흐르고, 내부는 생고기에 가까움
미디움 (Medium)	65~70℃	고기 표면의 색깔은 회갈색이나 내부는 연한 붉은색 정도이며, 자른 면에 약간의 육즙이 있음
웰던 (Well-done)	70~80℃	고기의 표면과 내부 모두 갈색으로 육즙은 거의 없음

(6) 우유의 가공과 저장

우유를 데울 때	뚜껑을 열고 저어 가며 이중냄비에 데우기(중탕)
크림	우유에서 유지방만을 분리해 낸 것
버터	• 우유에서 유지방을 모아 굳힌 것 • 지방 85% 이하, 수분 18% 이하, 유당 무기질 등으로 구성된 것(크림성)
분유	• 우유를 농축하여 건조(분무식 건조법)한 것, 즉 전유, 탈지유, 반탈지유 등을 건조시켜 분말화한 것 • 전지분유, 탈지분유, 조제분유
치즈	우유를 젖산균에 의하여 발효시키고 레닌(Rennin)을 가하여 응고시킨 후, 유청을 제거한 것
요구르트	우유가 젖산 발효로 응고된 것
아이스크림	우유 및 유제품에 설탕, 향료와 버터, 달걀, 젤라틴, 색소 등 기타 원료를 넣어 저어 가면서 동결시켜 만든 것

(7) 달걀의 조리

① **달걀의 구성** : 난각(껍질), 난황(노른자), 난백(흰자)으로 구성

난각	95% 정도가 탄산칼슘으로 구성됨
난황	• 단백질, 다량의 지방과 인(P)과 철(Fe)이 들어 있음 • 약 50%가 고형분
난백	• 농후난백과 수양난백으로 나뉨 • 달걀의 1개 무게는 50~60g 정도임 • 90%가 수분이고 나머지는 단백질이 많음

제01편

Check Note

✔ **육류의 조리방법**

습열 조리	찜, 국, 조림(장정육, 양지육, 사태육, 업진육, 중치육)
건열 조리	구이, 산적(등심, 갈비, 안심, 홍두깨살, 대접살, 채끝살)

✔ **우유의 성분과 역할**

우유의 성분	• 영양소 풍부 : 단백질, 비타민 B_2, 칼슘, 인 등 • 우유의 당질 : 대부분 유당, 소량의 글루코오스, 갈락토오스
우유의 역할	• 단백질의 겔(Gel) 강도 증가 • 마이야르 반응 • 생선의 비린내 제거

② 녹변현상

㉠ 달걀을 너무 오래 삶거나 뜨거운 물에 담가두면 달걀노른자 주위가 암녹색 띠를 형성하는 현상

㉡ 난백에서 유리된 황화수소(H_2S)가 난황 중의 철(Fe)과 결합하여 황화제1철(FeS)을 만들기 때문에 나타나는 현상임

③ 난백의 기포성

기포가 잘 일어나는 경우	• 오래된 달걀일수록 기포가 잘 일어남(농후한 난백보다 수양성인 난백이 거품이 잘 일어남) • 난백은 30℃에서 거품이 잘 일어남(실온에서 보관한 달걀) • 약간의 산(오렌지주스, 식초, 레몬즙)을 첨가하면 기포 형성에 도움을 주지만, 설탕과 기름, 우유는 기포력을 저해함(설탕은 거품을 완전히 낸 후 마지막 단계에서 넣어주면 거품이 안정됨) • 밑이 좁고 둥근 바닥을 가진 그릇은 기포력을 도움
활용	달걀의 기포성을 이용한 조리 : 스펀지케이크, 머랭, 케이크의 장식

④ 난황의 유화성

㉠ 난황의 레시틴(Lecithin)이 유화제로 작용

㉡ 달걀의 유화성을 이용한 음식 : 마요네즈, 프렌치드레싱, 크림수프, 케이크 반죽, 잣미음

⑤ 달걀의 신선도 판정 방법

비중법	• 신선한 달걀의 비중 : 1.06~1.09 • 물 1C에 식염 1큰술(6%)을 녹인 물에 달걀을 넣었을 때 가라앉으면 신선한 것이고, 위로 뜨면 오래된 것임
난황계수와 난백계수 측정법	• 난황계수 : 0.36 이상이면 신선한 달걀 • 난백계수 : 0.14 이상이면 신선한 달걀 • 오래된 달걀일수록 난황·난백계수가 작아짐
할란 판정법	• 달걀을 깨어 내용물을 평판 위에 놓고 신선도를 평가 • 달걀의 노른자와 흰자의 높이가 높고 적게 퍼지면 좋은 품질
투시법	빛에 쪼였을 때 안이 밝게 보이는 것이 신선함
기타	• 껍질이 거칠수록 신선하고, 광택이 나는 것은 오래된 것임 • 알의 뾰족한 끝은 차갑게, 둥근 쪽은 따뜻하게 느껴지면 신선한 것이며, 오래된 것은 양쪽 다 따뜻하게 느껴짐 • 난백은 점괴성이고, 난황은 구형으로 불룩하며 냄새가 없는 것이 신선함 • 오래된 달걀일수록 pH는 높아지고, 흔들었을 때 소리가 남(기실이 커지기 때문)

⑥ 달걀의 가공과 저장

　　㉠ 달걀의 열에 의한 응고

| 달걀흰자 | 55~57℃에서 응고되기 시작하여 80℃에서 완전히 굳음 |
| 달걀노른자 | 62~65℃에서 응고되기 시작하여 70℃에서 완전히 굳음 (반숙 60℃) |

　　㉡ 달걀 가공품

건조달걀	달걀흰자와 노른자의 수분을 증발시켜 건조하여 만든 것
마요네즈	달걀노른자에 샐러드유를 조금씩 넣어가며 저어준 후 식초 및 여러 조미료와 향신료를 첨가하여 만든 것
피단(송화단)	알칼리 및 염류를 달걀 속에 침투시켜 저장을 겸한 조미달걀(침투작용, 응고작용, 발효작용을 이용)

　　㉢ 달걀의 성질에 따른 이용

| 흰자의 기포성 | 빵 제조 시 팽창제로 사용 |
| 노른자의 유화성 | 마요네즈 제조 시 레시틴이 유화성분으로 사용 |

　　㉣ 달걀의 저장 : 냉장법, 가스저장법, 표면도포법, 침지법(소금물), 간이저장법, 냉동법, 건조법

3 수산물의 조리 및 가공·저장

(1) 어패류의 조리법

① 생선의 단백질은 가열하면 콜라겐이 젤라틴으로 되므로 조리 시 칼집을 넣어줌
② 생선을 조릴 때는 처음 몇 분간은 뚜껑을 열어 비린내의 휘발성 물질을 날려버리는 것이 효과적임
③ 신선하지 않은 생선은 양념을 강하게 조미하는 것이 좋음
④ 생선의 단백질은 열, 소금, 간장, 산(식초)에 의해 응고함
⑤ 생선 무게의 2% 정도 소금에 절이는 것이 적당함
⑥ 조개류는 물을 넣어 가열하면 호박산에 의해 시원한 맛을 냄
⑦ 새우, 게, 가재 등의 갑각류는 가열하여 익으면 변색함

(2) 어패류의 가공

| 연제품 | • 생선묵과 같이 젤(Gel)화가 되도록 전분, 조미료 등을 넣고 으깨서 찌거나 굽거나 튀긴 것
• 소금 농도 3%로 흰살생선(동태, 명태, 광어, 도미 등) 이용
• 어묵의 제조 원리 : 근육의 구조 단백질인 미오신(Myosin)은 소금(탄력성)에 용해되는 성질이 있어 풀과 같이 되므로 가열하면 굳어짐 |

Check Note

✔ 달걀의 응고
- 설탕을 넣으면 달걀의 응고 온도가 높아지고 소금, 우유, 산을 넣으면 응고를 촉진시킴
- 달걀은 100℃에서 3분 가열하면 난백만 응고되고, 5~7분이면 반숙, 10~15분이면 완숙이 됨

✔ 달걀 조리별 소화시간
- 반숙 : 1시간 30분
- 완숙 : 2시간 30분
- 생달걀 : 2시간 45분
- 달걀프라이 : 3시간 15분

✔ 어류의 자기소화
붉은살생선은 흰살생선보다 자기소화가 빨리 오고(쉽게 부패되고), 담수어(민물고기)는 해수어(바닷고기)보다 낮은 온도에서 자기소화가 일어남

✔ 젤라틴
- 동물의 가죽, 뼈에 다량 존재하는 단백질인 콜라겐(Collagen)의 가수분해로 생긴 물질
- 조리에 사용한 젤라틴의 응고 온도는 13℃ 이하(냉장고와 얼음을 이용), 농도는 3~4%임
- 젤라틴을 이용하여 만든 음식 : 젤리, 족편, 마시멜로, 아이스크림 등

훈제품	어패류를 염지하여 적당한 염미를 부여한 후 훈연한 것
건제품	어패류와 해조류를 건조시켜 미생물이 번식하지 못하도록 수분 함량을 10~14% 정도로 하여 저장성을 높인 것
젓갈	소금의 농도 20~25%로 절인 것

(3) 해조류의 가공

해조류의 분류	녹조류	청태, 청각, 파래
	갈조류	미역, 다시마, 톳
	홍조류	우뭇가사리, 김
김		• 탄수화물인 한천이 가장 많이 들어 있고, 비타민 A를 다량 함유함 • 감미와 지미를 가진 아미노산의 함량이 높아 감칠맛을 냄 • 저장 중에 색소가 변화되는 것은 피코시안(Phycocyan, 청색)이 피코에리트린(Phycoerythrin, 홍색)으로 되기 때문이며, 햇빛에 의해 더욱 영향을 받음
한천		• 우뭇가사리 등 홍조류를 삶아서 그 즙액을 젤리 모양으로 응고 · 동결시킨 후 수분을 용출시켜서 건조한 해조 가공품 • 양갱이나 양장피의 원료로 사용됨 • 장의 연동운동을 높여 정장작용 및 변비를 예방

4 유지 및 유지 가공품

(1) 유지의 종류와 튀김 조리의 특징

| 유지의 종류 | • 상온에서 액체 : 참기름, 대두유, 면실유
• 상온에서 고체 : 소기름, 돼지기름(라드), 버터 |
| 튀김 조리의 특징 | • 튀김 시 온도는 160~180℃가 일반적이고, 튀김할 때 기름의 흡유량은 15~20%
　예 양념튀김(가라아게) 150~160℃, 채소류 170~180℃, 어패류 180~190℃
• 튀김은 높은 온도에서 단시간에 조리가 가능하므로 비타민류의 손실이 적음
• 튀김용 기름은 발연점이 높은 식물성 기름이 좋음
• 튀김할 때 온도는 기름 그릇의 한가운데서 측정하도록 함(바닥면이나 기름에 적게 접하는 면보다 기름이 충분한 곳에서 측정하는 것이 좋음) |

(2) 유지의 산패에 영향을 끼치는 인자

① 온도가 높을수록 반응 속도 증가

② 광선 및 자외선은 산패를 촉진

③ 수분이 많으면 촉매작용 촉진

④ 금속류는 유지의 산화 촉진
⑤ 불포화도가 심하면 유지의 산패 촉진

(3) 유지 채취법

압착법	• 원료에 기계적인 압력을 가하여 기름을 채취하는 방법 • 식물성 원료의 착유에 이용(올리브유, 참기름)
용출법	• 원료를 가열하여 유지를 녹아 나오게 하는 방법 • 동물성 원료의 착유에 이용
추출법	• 원료를 휘발성 유지 용매에 녹여서 그 용매를 휘발시켜 유지를 채취하는 방법 • 불순물이 많이 섞인 물질에서 기름을 채취할 때 이용(식용유)

(4) 유지의 특성

유화성 이용	수중유적형 (O/W)	물속에 기름이 분산된 형태 예 우유, 아이스크림, 마요네즈, 크림수프, 프렌치드 레싱
	유중수적형 (W/O)	기름에 물이 분산된 형태 예 버터, 마가린
연화작용		• 밀가루 반죽에 지방을 넣으면 글루텐 표면을 둘러싸서 음식이 부드럽고 연해지는 현상을 말하며, 쇼트닝화라고도 함 • 지방을 너무 많이 넣어서 반죽하게 되면 글루텐이 형성되지 못 하여 튀길 때 풀어짐
크리밍성		교반에 의해서 기름 내부에 공기를 품는 성질
가공유지 (경화유) 제조원리		불포화지방산에 수소(H)를 첨가하고 촉매제로 니켈(Ni), 백금(Pt)을 사용하여 액체유를 포화지방산 형태의 고체유로 만든 유지 예 쇼트닝, 마가린

5 냉동식품의 조리

(1) 냉동식품의 저장 방법

① 냉동식품의 저장은 −18℃ 이하의 저온에서 주로 축산물과 수산
물의 장기저장에 이용됨
② 식품의 품질 저하를 막기 위해서는 급속동결법을 주로 사용

(2) 해동 방법

육류, 어류	높은 온도에서 해동하면 조직이 상해서 드립(Drip)이 많이 나오 므로 냉장고에서 자연 해동하는 것이 가장 좋으며, 비닐봉지에 담아 냉수에 녹이는 것도 좋은 방법
채소류	냉동 전에 가열처리되어 있으므로 조리 시 지나치게 가열하지 말고 동결된 채로 단시간에 조리

Check Note

✅ **튀김용 기름의 요건**
■ 발연점이 높아야 함
■ 유리지방산 함량은 낮아야 함(유
리지방산 함량이 높은 기름은 발
연점이 낮음)
■ 기름 이외에 이물질이 없어야 함
(기름이 아닌 다른 물질이 섞여 있
으면 발연점이 낮아짐)

과일류	먹기 직전에 포장된 채로 흐르는 물에서 해동하거나 반동결된 상태로 먹음
튀김	동결된 상태로 높은 온도에서 튀기거나 오븐에 데움
빵, 케이크	자연해동이나 오븐에 데움
조리 냉동식품	플라스틱 필름으로 싼 것은 끓는 물에서 그대로 약 10분간 끓이고, 알루미늄에 넣은 것은 오븐에서 약 20분간 데움

6 조미료와 향신료

(1) 조미료

소금	• 음식의 맛을 내는 기본 조미료 • 음식의 간을 맞추고 식품을 절이는 데 쓰임
간장	간장의 성분은 아미노산과 당이 있고 유기산이 들어 있어 향미를 줌
식초	• 입맛을 돋우고 생선의 살을 단단하게 하기도 함 • 작은 생선에 소량 첨가하면 뼈까지 부드러워짐 • 생강에 넣으면 적색이 되고, 난백의 응고를 도움(수란)
설탕	음식에 단맛을 주고 고농도에서는 방부성이 있고 근육섬유를 분해하는 성질이 있어 고기의 육질을 부드럽게 함
기름	음식에 고소함과 부드러운 맛을 줌

(2) 향신료

후추	매운맛을 내는 차비신(Chavicine) 성분이 생선의 비린내와 육류의 누린내를 감소시킴
고추	매운맛을 내는 캡사이신(Capsaicin)은 소화와 혈액순환을 촉진하며 방부작용도 함
겨자	• 매운맛 성분인 시니그린(Sinigrin)이 분해되어 자극성이 강하며, 특유의 향을 가지고 있음 • 40℃에서 매운맛을 내므로 따뜻한 곳에서 발효시키는 것이 좋음
생강	• 매운맛을 내는 진저론(Zingerone)은 생선과 고기의 비린내, 누린내를 없애는 데 많이 사용 • 살균 효과가 있어 생선회와 함께 곁들이기도 함 • 생선요리 시에는 생선살이 익은 후에 생강을 넣어야 어취 제거 효과가 있음
파	황화알릴 성분은 휘발성 자극의 방향과 매운맛을 갖고 있음
마늘	알리신(Allicin) 성분이 독특한 냄새와 매운맛을 내며, 자극성과 살균력이 강함
기타	깨소금, 계피, 박하, 카레, 월계수잎 등

1 한식의 음식 문화와 배경

한국 전통 음식문화의 정립	• 삼국시대 이후 농경사회로 정착되면서 정립 • 주식과 부식(반찬)의 개념 분리 • 상차림의 다양성 • 다양한 조리법 • 저장 발효음식 발달(농경사회의 특징상 저장음식 필수) • 음양오행 사상 • 약식(藥食) : 생강, 계피, 구기자 등 • 유교의례를 바탕으로 한 상차림과 예절 • 일상식과 의례식, 시절식 풍습 • 공간전개형(한상차림을 기본으로 함/주식과 반찬) • 양념의 다양성
한국의 상차림 문화	• 일상식(기본 상차림, 일상생활과 관련된 식문화) : 반상, 장 국상, 죽상, 주안상, 다과상, 교자상 • 의례식(의례를 기념하여 차리는 상) : 백일상, 돌상, 혼례 상, 제례상 • 시절식(계절 또는 명절에 차리는 특별 식문화) : 설날, 입 춘, 정월대보름, 단오, 삼복, 한가위, 동지

(1) 한식의 분류

1) 주식류

밥	• 주로 멥쌀로 지은 쌀밥(흰밥)을 먹으며, 그 외 찰밥(찹쌀), 보리밥(보리쌀) 등과 콩, 팥, 은행, 조, 수수, 녹두, 밤, 대추, 잣, 인삼, 나물류 등을 섞어 잡곡밥, 영양밥, 비빔밥, 김밥 등을 만들기도 함 • 쌀은 가능하면 바로 도정을 하여 세척 후 1.2배의 물로 밥 을 지으며, 밥이 완성되면 중량이 2.2~2.4배로 증가함 • 하루에 필요한 열량의 65%를 탄수화물로부터 섭취하는 우 리나라 사람들에게 밥은 중요한 열량원임
죽, 미음, 응이	• 가장 기본 죽인 '왼죽(粒粥, 입죽)'은 쌀을 갈지 않고 그대로 물을 부어 쑨 것으로 익는 시간이 오래 걸리고 물도 많이 들어감 • 곡물의 5~10배의 물을 부어 오랫동안 가열하여 완전히 호화되고 부드럽게 된 상태로 완성한 것 • 유아, 노인, 환자들의 음식으로 많이 쓰이며, 재료에 따라 종류가 다양하고, 소고기, 전복, 채소 등을 넣어 맛의 변화 를 주고 영양을 더함 • 죽의 종류 : 흰죽, 두태죽, 장국죽, 어패류죽, 비단죽 등

2) 부식류

국	• 밥과 함께 내는 국물요리로 여러 가지 수조육류, 어패류, 채소류 등으로 끓인 국물요리 　🔘 맑은장국, 토장국(된장국), 곰국, 냉국(찬국) • 우리나라에서 국은 밥상을 차릴 때 기본적인 필수 음식
찌개(조치)	• 국보다 국물을 적게 한 음식 • 국에 비해 간이 짜며 맛이 진하고, 건더기가 넉넉한 편임 　🔘 고추장찌개, 된장찌개, 맑은 찌개 등
전골	• 국에 비해 국물의 양이 적은 편이며, 반상이나 주안상에 곁상으로 따라 나가는 중요한 음식 • 즉석에서 가열하여 익힐 수 있게 하며 95℃ 이상의 온도에서 제맛을 냄
찜	재료를 크게 썰어 용기 내에 고기와 술, 초, 장 등 조미료를 알맞게 넣고 뚜껑을 덮은 후 약한 불에서 익히거나 증기로 익혀 재료의 맛이 충분히 우러나도록 만든 음식 　🔘 육류찜, 어패류찜, 채소찜으로 나눌 수 있음
선	• 찜과 비슷한 방법으로 만든 음식으로 채소에 칼집을 넣어 데치거나 소금물에 절여서 고명을 채운 후에 찌는 것 • 초간장, 겨자장을 곁들여 먹음
구이, 적	• 인류가 불을 사용하게 된 후 가장 먼저 사용한 조리법으로 꼬치, 석쇠, 철판 등을 이용하여 구움 • 직접 불에 닿게 굽는 직접구이와 간접구이가 있음
전(전유어) 지짐	육류, 어패류, 채소류 등을 다지거나 얇게 저며서 소금, 후추로 간을 하고 밀가루 달걀을 무쳐 양면을 기름에 지진 것
조림(조리개)	• 육류, 어패류, 채소류 등을 간장이나 고추장에 조려서 만드는 조리법으로 반찬에 적합한 음식 • 일반적으로 흰살생선을 조림할 때는 간장을 사용하며, 붉은살 생선이나 비린내가 나는 생선들은 고추장, 고춧가루를 많이 사용하는 편임
초(炒)	• 조림과 비슷한 조리법 • 조림보다 약간 간을 싱겁게 하고 나중에 전분을 풀어 넣어 윤기 있게 국물 없이 조리는 것을 말함
회, 숙회	• 회 : 육류, 어패류, 채소류 등을 날로 또는 살짝 데쳐서 와사비, 간장, 초고추장, 소금, 기름 등에 찍어 먹는 음식 • 숙회 : 일반적으로 살짝 데쳐서 먹는 것
생채	계절별로 나오는 싱싱한 채소류(무, 배추, 가지, 파, 도라지, 더덕, 오이, 늙은 오이, 갓, 상추, 미나리 등)를 익히지 않고 초장이나 초고추장, 겨자 등으로 새콤달콤하게 무쳐 곧바로 먹는 음식

숙채	나물을 살짝 데치거나 기름에 볶아 익혀서 갖은 양념에 무쳐 먹는 음식
편육(片肉)	• 고기를 푹 삶아내어 물기를 빼고 얇게 저민 것 • 소고기는 양지머리, 머릿살, 사태 등을, 돼지고기는 삼겹살, 목살, 머릿살 등을 주로 이용
족편	• 소의 족·가죽·꼬리 등을 삶아 잘게 썬 후 물을 붓고 고아서 소금으로 간하고 고명을 뿌려 묵처럼 굳힌 음식 • 양념간장에 찍어 먹거나 간장으로 간을 하여 국물이 거무스레해지는 장족편으로 만들어 먹음
포	고기와 생선을 말려 육포와 어포를 만듦
튀각	다시마, 미역을 기름에 튀겨 만듦
부각	김, 채소의 잎, 열매 등에 되직하게 쑨 찹쌀풀에 간을 하고 발라 햇볕에 말린 후 기름에 튀겨서 만듦
자반	생선을 소금에 절이거나 해산물 또는 채소를 간장에 조리거나 무친 것으로 주로 반찬으로 이용
김치	배추, 무 등을 소금에 절여 고추, 파, 마늘, 생강 등과 젓갈을 함께 넣어 버무려 익힌 한국 음식의 대표적인 발효식품
짱아찌	무, 오이, 도라지, 더덕, 고사리 등의 채소를 된장이나 막장, 고추장, 간장 속에 넣어 삭혀 만듦
젓갈	어패류의 염장식품으로 숙성 중 자체 효소에 의한 소화작용과 약간의 발효작용에 의해 만들어짐

3) 후식류

떡	한국의 전통 곡물 요리 중 하나
한과	• 재료나 만드는 법에 따라 유과, 유밀과, 다식, 정과, 엿강정, 과편, 당속, 숙실과 등으로 구분 • 유밀과 : 약과, 매작과 • 숙실과 : 생란, 율란, 조란, 밤초, 대추초 등
음청류	기호성 음료의 총칭으로 재료나 만드는 법에 따라 차, 탕, 화채, 식혜, 수정과 등으로 구분

(2) 한식의 특징 및 용어

1) 한식의 특징

주식과 부식의 명확한 구분	• 주식 : 쌀(밥)을 위주로 하고 보리, 조, 콩, 수수 등의 잡곡을 섞기도 함 • 부식 : 국, 구이, 나물, 전, 찜, 조림 등 • 비교적 영양적으로도 합리적이고, 맛을 조화롭게 배합한 반찬을 활용한 다양한 조리법으로 여러 음식의 상차림을 함

Check Note

다양한 곡물 음식	농경문화의 발달로 쌀, 보리, 밀, 조, 수수 등의 곡물을 다양하게 활용한 밥, 죽, 국수, 떡, 한과 등 다양한 곡물 음식이 발달
다양한 음식의 종류와 조리법	음식의 종류로는 밥, 죽, 국수, 국, 찌개, 구이, 볶음, 나물, 전, 찜, 조림 등이 있고, 조리법도 생것, 끓이기, 굽기, 데치기, 찌기, 조리기 등 다양함
장류와 발효식품의 발달	간장, 된장, 고추장 등 장류와 김치, 젓갈, 식초 등의 발효식품이 발달함
다양한 향신료의 사용	파, 마늘, 생강, 간장, 된장, 고추장, 설탕, 고춧가루, 참기름, 식초, 깨소금, 소금, 후춧가루 등 다양한 양념으로 음식 조리 시 고유의 음식 맛을 냄
고명을 활용한 아름다움 추구	지단, 초대, 잣, 버섯, 은행 등 고명을 활용하여 음식을 아름답게 장식
향토음식의 발달	지역적으로 기후 및 식재료의 차이와 생활방식의 차이로 그 지역의 특성을 살린 향토음식이 발달

2) 한식의 용어

① 재료, 음식명

자염	• 우리나라의 전통 소금 • 바닷물을 끓여 만든 것으로 육염, 호소금이라고도 함 　예 한주소금
곤자소니	소 대장의 골반 안에 있는 창자 끝에 달린 기름기 많은 부분
뱃바닥	짐승, 생선 등의 배에 있는 살
간납	• 소의 간, 처녑(천엽), 생선살을 얇게 저미거나 곱게 다져서 밀가루를 입힌 후 달걀을 씌워서 기름에 부친 전유어 • 주로 제사 때 많이 사용
흘떼기	육류의 힘줄과 살 사이에 있는 얇은 껍질 모양의 질긴 고기
꾸미	찌개, 국 등에 넣는 고기붙이
저냐	전유어
선	• 소고기, 두부, 채소 등을 잘게 썰거나 다지고, 데치거나 소금물에 절여서 만든 음식을 통틀어 이르는 말 • 오이선, 가지선, 두부선 등
윤집	초고추장의 북한어로 고추장에 초를 치고 설탕을 탄 것
저렴	'지레김치'라고도 하며, 김장하기 전에 미리 조금 담가 먹는 김치
조치	국물을 바특하게 잘 끓인 찌개 또는 찜

② 손질, 썰기

거두절미	머리와 꼬리 부분을 없애는 것 예 콩나물, 숙주나물 등의 머리와 꼬리 부분을 제거하여 사용
골패썰기	보통 가로 2cm, 세로 4~5cm의 직사각형 모양, 즉 골패모양썰기 예 달걀지단, 미나리초대 등의 고명
나붓나붓 썰기	'나붓나붓'은 얇은 천이나 종이 따위가 나부끼어 자꾸 흔들리는 모양으로, 나붓나붓써는 것은 얇게 나박써는 것을 말함
비져썰기 (삼각썰기)	• 불규칙한 모양이 되도록 재료를 돌려가며 지그재그로 써는 것 • 절임이나 조림, 무침 등에 적합
세절하기	보통 채써는 것보다는 두껍게 써는 것으로 무, 당근, 오이 등을 여러 토막을 낼 때와 파 등을 가늘게 썰 때 사용
어여서	'에다', '어이다'라고도 하며, 칼로 도려내듯 벤다는 뜻
삼발래	세 갈래(삼등분)를 뜻하는 것으로 씨를 중심으로 세 조각을 내는 것을 말하며, 주로 오이를 손질할 때 많이 사용

③ 조리법, 도구

겯이기	육포처럼 기름을 발라 말리는 것
거풍	쌓아 두었거나 바람이 안 통하는 곳에 두었던 물건을 꺼내 바람을 쐬어 주는 것 예 메주를 거풍시킴
작말하다	곡물을 말려서 단단하게 만든 뒤 맷돌에 갈아서 가루로 만드는 것
무거리	곡식 등을 빻아 체에 쳐서 가루를 내고 남은 찌꺼기
매에타다 (탄다)	맷돌에 콩을 살짝 갈면 콩이 반으로 갈라지고 껍질과 분리되는 표현
반대기	가루를 반죽한 것이나 삶은 푸성귀 등을 평평하고 둥글넓적하게 만든 조각 예 '반대기로 반죽하다', '나물을 반대기로 뭉쳐'
수비하기 (수비한다)	깨끗한 앙금을 얻는 과정 예 감자, 녹두 등 전분이 나오는 재료를 갈아 물을 붓고 휘저어 잡물이 위로 떠오르면 그것을 따라버리고, 물을 가만히 놔두면 깨끗한 앙금이 가라앉아 얻게 되는 것
백세하기 (백세한다)	쌀 등의 곡물을 씻을 때 뿌연 뜨물이 나오지 않고 맑은 물이 나올 때까지 여러 번 씻는 것
줄알	달걀을 완전히 풀어서 약간의 소금, 후춧가루를 뿌려 펄펄 끓는 국물에 넣었다가 재빨리 건져놓은 것 예 '줄알치다'는 줄알을 만드는 것을 뜻함
튀하기 (튀하다)	가금류나 짐승을 잡아 뜨거운 물에 잠깐 넣었다가 꺼내 털을 뽑는 것 예 닭, 오리, 꿩, 돼지 등의 털을 뽑기 전 '튀하기'를 하여 잔털까지 잘 뽑는 경우

번철	전을 지지거나 고기를 볶을 때 쓰는 솥뚜껑처럼 생긴 둥글넓적한 무쇠 팬
겅그레	음식을 찔 때 재료가 물에 잠기지 않도록 솥의 안쪽에 얼기설기 놓는 물건
비아통	밥을 먹을 때 생선의 가시나 뼈 따위를 골라 넣고 뚜껑을 덮는 기구
어레미	체의 한 종류로 쳇불에 구멍이 뚫린 기구

✔ 양식의 음식 문화 특징

- 오븐을 사용하는 요리법 발달
- 간편성 강조(가공식품, 편의식품 발달)
- 패스트 푸드 발달
- 외식 선호
- 기념일 식사(할로윈, 추수감사절, 크리스마스)
- 조식, 중식, 석식의 중요도 분별
- 인간관계 중시하는 파티문화 발달

2 양식의 음식 문화와 배경

(1) 다양한 민족의 음식문화 혼합

이민족 국가의 명성에 걸맞게 다문화권의 다양한 식문화들이 개별적으로 존재

(2) 육류 위주

유럽을 본뜬 생활 양식을 토대로 유럽의 주식인 육류 위주의 식문화 발달

3 중식의 음식 문화와 배경

(1) 음식 문화

① 재료의 선택이 광범위하고 자유로움
② 맛이 풍부하고 다양함
③ 기름을 많이 사용하지만 합리적
④ 조미료와 향신료가 다양함
⑤ 풍요롭고 외양이 화려함

(2) 지역의 특성에 따른 요리

북경요리	한랭한 기후로 인해 추위에 견디기 위한 튀김요리와 볶음요리가 발달
상해요리	• 풍부한 해산물과 미곡을 이용한 요리 발달 • 따뜻한 기후를 바탕으로 이 지방의 특산물인 간장을 사용하여 만드는 것이 특징
광동요리	• 일찍부터 서양과의 문물거래가 많아 조미료를 중시함 • 맛의 특징은 향기롭고 개운하며 부드럽고 미끈거리는 질감이 있음
사천요리	• 산악지대이기 때문에 향신료, 소금절임, 건조시킨 것이 특징 • 요리 맛은 얼얼하며 맵고 강한 향기가 있는 것이 특징

4 일식(복어)의 음식 문화와 배경

시각적인 면 중시	색과 미적인 면을 극대화하여, 시각을 자극하는 감성적 식문화 추구
주식과 부식의 구별	주식과 부식을 구별하여 순서에 차이를 두고 분리하여 차리는 식문화
자연적인 맛 강조	섬문화의 특징을 살려, 양념장의 맛보다 자연 본연의 맛을 강조하는 식문화 발달
면류의 발달	지역별 재배 농작물의 특징을 잘 살리는 형태로 다양한 종류의 면을 만들어 각 지역의 식문화를 정립

제
0
1
편

01 해조류 종류 연결이 옳은 것은?

① 갈조류 : 미역, 다시마, 톳
② 녹조류 : 미역, 김, 파래
③ 홍조류 : 파래, 우뭇가사리, 김
④ 흑조류 : 파래, 청각, 우뭇가사리

02 두꺼운 철판 밑으로 열을 가열하여 철판을 뜨겁게 달구어 조리하는 기기로, 전이나 햄버거, 부침요리에 사용 기구로 옳은 것은? **빈출**

① 초퍼(Chopper)
② 샐러맨더(Salamander)
③ 그리들(Griddle)
④ 브로일러(Broiler)

03 ㄴ자형 작업대에 대한 설명으로 옳은 것은?

① 동선이 짧으며, 넓은 조리장에 사용한다.
② 동선이 짧으며, 조리장이 좁은 경우에 사용한다.
③ 180도 회전이 필요하므로, 피로하기 쉽다.
④ 조리장이 굽었을 때 사용하여 비능률적이다.

04 식빵, 마카로니, 스파게티면에 사용되는 밀가루의 종류는? **빈출**

① 강력분
② 중력분
③ 박력분
④ 튀김가루

05 육류의 사후강직 시간이 가장 짧은 것은? 빈출

① 닭고기
② 소고기
③ 말고기
④ 돼지고기

05 ①

해설 육류의 사후강직 시간
• 닭고기 : 2~4시간
• 소고기 : 24시간
• 말고기 : 12~24시간
• 돼지고기 : 12시간

06 젤라틴에 대한 설명으로 틀린 것은?

① 동물의 가죽, 뼈에 다량 존재한다.
② 음식은 젤리, 족편, 마시멜로, 아이스크림이 있다.
③ 양갱이나 양장피의 원료로 주로 사용한다.
④ 조리에 사용한 젤라틴의 응고온도는 13℃ 이하이며 농도는 3~4%이다.

06 ③

해설 한천은 양갱이나 양장피의 원료로 사용되며, 응고온도는 38~40℃, 조리 시 한천의 농도는 0.5~3%이다.

07 향신료에 대한 맛과 성분이 틀린 것은? 빈출

① 고추 : 알리신(Allicin)
② 생강 : 진저론(Zingerone)
③ 겨자 : 시니그린(Sinigrin)
④ 후추 : 차비신(Chavicine)

07 ①

해설 고추의 매운맛을 내는 것은 캡사이신(Capsaicin)이며, 마늘은 알리신(Allicin) 성분이다.

08 조리장을 신축 또는 개조하고자 할 경우 가장 먼저 고려할 사항은?

① 위생
② 능률
③ 경제
④ 장소

08 ①

해설 조리장을 신축 또는 개조할 경우 위생, 능률, 경제의 3요소 중 위생 사항을 가장 먼저 고려한다.

09 ②

해설 직화구이를 할 때 재료와 불 사이의 거리는 7~10cm 정도가 적당하다.

10 ②

해설 필러(Peeler)는 감자, 당근, 무 등의 껍질을 벗기는 기기이다.

09 직화구이를 할 때 재료와 불 사이의 가장 적절한 거리는?

① 1~5cm

② 5~10cm

③ 15~20cm

④ 20~25cm

10 육류를 손질하는 데 사용되지 않는 것은? 빈출

① 슬라이서(Slicer)

② 필러(Peeler)

③ 초퍼(Chopper)

④ 커터(Cutter)

성공은 결코 우연이 아니다. 성공은 노력, 인내, 학습, 공부, 희생,
그리고 무엇보다도 자신이 하고 있거나 배우고 있는 일에 대한 사랑이다.
(Success is no accident. It is hard work, perseverance, learning, studying, sacrifice and most of all,
love of what you are doing or learning to do.)

펠레(Pele)

제2편

조리기능장 통합편

PART
01

조리기능장 이론

조리이론

CHAPTER 01

✔ 계량단위

- 1컵(C) = 240cc(ml) = 8온스(oz)
  - 30cc × 8온스
    = 240cc(계량스푼)
  - 우리나라의 경우 : 1컵(C)
    = 200cc(ml)
- 1온스(oz; ounce) = 30ml
  (※ 미국 29.57ml, 영국 28.41ml)
- 1국자 = 100ml
- 1큰술(Ts, Table spoon)
  = 15cc(ml) = 3작은술(ts)
- 1작은술(ts, tea spoon)
  = 5cc(ml)
- 1파인트(pint) = 16온스(oz)
- 1쿼터(quart) = 32온스(oz)

✔ 음식의 종류에 따른 적온

전골	95~98℃	밥, 우유	40~45℃
커피, 국, 달걀찜	70~75℃	빵 발효	25~30℃
식혜, 발효 술	55~60℃ (아밀라제 최적온도)	맥주, 물	7~10℃
청국장 발효, 겨자	40~45℃	청량 음료, 음료수	2~5℃

01 조리의 정의와 목적

1 조리의 정의 및 기본 조리조작

조리의 정의	식품을 위생적으로 처리한 후 식품의 특성을 살려 먹기 좋고 소화 되기 쉽도록 하고, 식욕이 나도록 만드는 가공 조작 과정	
조리의 목적★★	기호성	식품 맛과 외관을 좋게 하여 식욕을 돋게 함
	영양성	소화를 쉽게 하여 식품의 영양효율을 증가시킴
	안전성	안전한 음식을 만들기 위해 조리
	저장성	식품의 저장성을 높임

(1) 조리의 준비조작

1) 계량

① 조리를 합리적이고 능률적으로 하기 위해서는 적절한 계량이 필요함

② 즉, 분량을 정확히 재어 조리시간과 가열온도를 정확히 측정하여야 함

③ 사용해야 하는 조리 계량기구 : 저울, 온도계, 시계, 계량컵, 계량스푼 등

④ 계량기구를 반드시 비치하여 정확한 식품 및 조미료의 양, 조리온도와 시간 등을 측정하면 편리함

2) 정확한 계량법★

액체	원하는 선까지 부은 다음 눈높이를 맞추어 측정 눈금을 읽음
지방	버터, 마가린, 쇼트닝 등의 고형지방은 실온에서 부드러워졌을 때 스푼이나 컵에 꼭꼭 눌러 담은 후 윗면을 수평이 되도록 하여 계량
설탕	• 흰설탕 : 계량용기에 충분히 채워 담아 위를 평평하게 깎아 계량 • 흑설탕 : 설탕 입자 표면이 끈끈하여 서로 붙어 있으므로 손으로 꼭꼭 눌러 담은 후 수평으로 깎아 계량
밀가루	• 입자가 작은 재료로 저장하는 동안 눌러 굳어지므로 계량하기 전에 반드시 체에 1~2회 정도 쳐서 계량 • 체에 친 밀가루는 계량용기에 누르지 말고 수북하게 가만히 부어 담아 스패츌러(Spatula)로 평면을 수평으로 깎아 계량

(2) 조리과학에 이용되는 기초단위

열효율	• 열량 = 발열량 × 열효율 • 연료의 경제성 = 발열량 × 열효율 ÷ 연료의 단가
효소	효소의 본체는 단백질로 각종 화학반응에 촉매작용을 함
잠열	증발·융해 등 물질상태변화에 의해 열을 흡수 또는 방출하는 작용
점성	• 식품이 액체 상태에서 가지고 있는 끈끈함의 정도 • 점성이 클수록 액체가 끈끈해지며, 온도가 낮아져도 점성이 높아짐
표면장력	액체가 스스로 수축하여 표면적을 가장 작게 가지려는 힘 • 온도가 감소할수록 표면장력은 증가함 • 표면장력을 증가시키는 것은 설탕이며, 낮추는 것은 지방·알코올·단백질 • 표면장력이 작을수록 거품이 잘 일어남(맥주 거품)
콜로이드	어떤 물질에 0.1~0.001μ 정도의 미립자가 녹지 않고 분산되어 있는 상태 <table><tr><td>졸(Sol)</td><td>액체 상태로 분산(흐를 수 있는 것) 예 우유, 된장즙, 잣죽, 마요네즈 등</td></tr><tr><td>겔(Gel)</td><td>반고체 상태로 분산(흐름성이 없는 것) 예 어묵, 두부, 도토리묵, 족편 등</td></tr></table>
수소이온	농도 pH 7(중성)을 기준으로 하여 그보다 낮은 수는 산성이고, 높은 수는 알칼리성임
삼투압	• 농도가 다른 두 액체, 즉 진한 용액과 엷은 용액 사이에는 항상 같은 농도가 되려는 성질이 있는데, 이때 생기는 압력을 말함 • 농도가 낮은 곳에서 높은 곳으로 이동되는 현상 • 채소, 생선절임, 김치 등에 삼투압을 이용
용해도	• 용액 속에 녹을 수 있는 물질의 농도 • 용해속도는 온도 상승에 따라 증가하고, 용질의 상태, 결정의 크기, 삼투, 교반 등에 영향을 받음
팽윤· 용출· 확산	• 팽윤 : 수분을 흡수하여 몇 배로 불어나는 현상 • 용출 : 재료 중의 성분이 용매로 녹아 나오는 현상 • 확산 : 용액의 농도가 부분에 따라 다르면 이동이 일어나서 자연히 농도가 같아지는 현상
폐기량과 정미량	• 폐기량 : 조리 시 식품에 있어서 버리는 부분의 중량 • 폐기율 : 식품의 전체 중량에 대한 폐기량을 퍼센트(%)로 표시한 것 • 정미량 : 식품에서 폐기량을 제외한 부분으로 가식부위(먹을 수 있는 부위)를 중량으로 나타낸 것 • 폐기부 이용 : 생선의 내장 등은 살코기 부분보다 단백질, 비타민 A, 비타민 B$_1$, 비타민 B$_2$가 많음

Check Note

✅ 조리의 특징

- 한식 : 조미료의 배합이 우수하고, 독특한 양념(마늘, 양파, 고추)을 사용하여 조리
- 양식 : 조리법이 다채롭고 향신료(후추, 올리브유, 월계수잎) 등을 많이 사용해서 조리
- 중식 : 재료의 사용 범위가 넓고 강한 불을 사용해서 조리
- 일식 : 요리에 계절감을 담고 해산어류를 이용한 담백한 요리(회, 초밥)
- 복어 : 복어 내장 분리 철저(복어 자격증 취득자 조리 가능)

✅ 열효율의 크기

전기(65%) > 가스와 석유(50%) > 연탄(40%) > 숯(30%)

✅ 삼투압에 따른 조미 순서

설탕 > 소금 > 간장 > 식초

조리 조작의 용어

- 분쇄(가루 만들기) : 건조된 식품을 가루로 만드는 조작
- 마쇄(갈기) : 식품을 갈거나 으깨거나 체에 밭쳐내는 조작
- 교반(젓기) : 재료를 섞는 조작
- 압착, 여과 : 식품의 고형물과 즙액을 분리시키는 조작
- 성형 : 식품을 먹기 좋고 모양 있게 만드는 조작

가열적 조리의 특징

- 풍미(불미성분 제거 및 조미료, 향신료, 지미성분의 침투)와 소화흡수율이 증가함
- 병원균, 부패균, 기생충알을 살균하여 안전한 음식을 조리할 수 있음
- 지방의 용해, 단백질의 변성, 결합조직이 연화, 전분의 호화 등 식품의 조직이나 성분이 변화함

끓이기 시 유의점

- 국 : 건더기가 1/30고, 국물이 2/3 (소금 농도 1%)
- 찌개 : 건더기가 2/30이고, 국물이 1/3(소금 농도 2%)
- 생선(구울 때) : 2~3%의 소금을 넣음

삶기와 데치기 시 유의점

- 푸른채소 : 1%의 소금물에 뚜껑 열고, 단시간에 데침
- 갑각류 : 2%의 소금물에 삶기 → 적색으로 변함(색소 : 아스타잔틴)

2 기본조리법 및 대량 조리기술

(1) 기계적 조리

저울에 달기, 씻기, 담그기, 썰기, 갈기, 자르기, 누르기 등

1) 생식품 조리

① 열을 사용하지 않고 식품 그대로의 감촉과 맛을 느끼기 위해 하는 조리법

② 채소나 과일을 생식함으로써 비타민과 무기질의 파괴를 줄일 수는 있으나 기생충에 오염될 우려가 있음

2) 생식품 조리의 특징

① 성분의 손실이 적으며, 수용성 비타민의 이용률이 높음

② 식품을 생으로 먹을 때는 식품의 조직과 섬유가 부드럽고 신선해야 함

③ 조리가 간단하고 조리시간이 절약됨

(2) 가열적 조리

1) 가열적 조리방법의 종류

① 습열 조리 : 끓이기, 삶기, 찜, 조림(스튜)

② 건열 조리 : 볶기, 튀기기, 굽기, 베이킹

③ 전자레인지에 의한 조리 : 초단파를 이용한 조리

2) 가열적 조리방법의 특징

① 습열에 의한 조리(물) : 끓이기, 삶기, 찜, 조림(스튜)

끓이기 (Boiling)	액체에 식품을 가열하는 동안 맛이 들며, 재료가 연해지고 조직이 연화되어 맛이 증가	
	장점	• 한 번에 많은 음식을 조리할 수 있어 편리함 • 식품이 눌어붙거나 탈 염려가 적고 고루 익음
	단점	• 수용성 성분이 녹아 나오므로 수용성 영양소가 손실될 염려가 있음 • 조리시간이 길어짐(뚜껑을 덮고 조리하면 연료와 시간을 절약할 수 있음)
삶기와 데치기 (Blanching)	• 식품의 불미성분을 제거 • 식품 조직의 연화, 탈수는 색을 좋게 함 • 단백질의 응고, 식품의 소독이 삶기의 목적임 • 미생물의 번식 억제(살균 효과) • 효소의 불활성화(효소 파괴 효과) • 식품의 산화반응 억제 • 식재료의 부피 감소 효과	

찜 (Steaming)		수증기의 잠열(1g당 539kcal)에 의해 식품을 가열하는 조리법
	장점	• 식품의 모양이 흩어지지 않음 • 식품의 수용성 물질의 용출이 끓이는 조작보다 적게 됨 • 식품이 탈 염려가 없음
	단점	끓이는 것보다 조리시간이 많이 소요됨
조림 (Stew)		재료에 소량의 물과 간장, 설탕을 넣고 국물이 거의 줄어들 때까지 조려 음식이 짭짤해지는 조리법

② 건열에 의한 조리(불) : 볶기, 튀기기, 굽기

볶기 (Roosting)		• 고온의 냄비나 철판에 적당량의 기름을 충분히 가열해서 물기가 없는 재료를 강한 불에 볶는 요리 • 구이와 튀김의 중간 조리법에 해당
	장점	• 영양상 지용성 비타민(A, D, E, K, F)의 흡수에 좋음 • 단시간의 고온 처리로 비타민 손실이 비교적 적음
튀기기 (Frying)		• 튀김용기는 얇으면 비열이 낮아 온도가 쉽게 변하므로 두꺼운 용기를 사용함 • 튀김 시 기름의 적온은 160~180℃, 크로켓은 190℃에서 튀김 • 튀김옷은 냉수(얼음물)에 달걀을 넣고 잘 푼 다음 밀가루를 넣어 젓지 않고 젓가락으로 톡톡 찌르는 방법으로 가볍게 섞어 사용 • 튀김옷으로는 글루텐 함량이 적은 박력분이 적당하며, 박력분이 없으면 중력분에 전분을 10~13% 정도 혼합하여 사용 • 튀김용 기름으로는 면실유, 콩기름, 채종유, 옥수수유 등의 발연점이 높은 식물성 기름이 좋음 • 동물성 기름은 융점이 높아 튀김에 부적당함
	장점	식품을 고온에서 단시간 처리하므로 영양소(특히 비타민 C)의 손실이 가장 적음 ↔ 끓이기(비타민 C의 손실이 가장 큼)
굽기 (Grilling)		• 식품에 수분 없이 열을 가하여 굽는 조리법 • 식품 중의 전분은 호화되고, 단백질은 응고하여 수분을 침출시키며, 동시에 식품 조직이 열을 받아 익으므로 식품이 연화됨
	직접구이	재료에 직접 화기를 닿게 하여 복사열이나 전도열을 이용하여 굽는 방법(석쇠구이, 산적구이)
	간접구이	프라이팬이나 철판 등의 매체를 이용하여 간접적인 열로 조리하는 방법(베이킹)

📎 **Check Note**

✅ **튀기기 시 주의사항**

■ 기름의 비열은 0.47이며, 열용량이 적기 때문에 온도의 변화가 심하므로 재료의 분량, 불의 가감 등에 주의하여 적정온도를 유지해야 함
■ 오래된 기름은 산패·중합에 의해 점조도가 증가하여 튀길 때 깔끔하게 튀겨지지 않으며, 설사 등의 중독증상을 일으킬 수도 있으므로 주의함

✅ **화학적 조리**

효소(분해)작용, 알칼리 물질(연화 및 표백작용), 알코올(탈취 및 방부작용), 금속(응고작용)을 이용한 조리
→ 빵, 술, 된장 등은 조리 조작을 병용하여 만드는 것임

단원별 기출복원문제

01 다음 중 조리를 하는 목적으로 적합하지 않은 것은? 🏷빈출

① 식품 자체의 부족한 영양성분을 보충
② 세균 등의 위해요소로부터 안전성 확보
③ 소화흡수율을 높여 영양효과를 증진
④ 맛, 외관을 향상시켜 기호성을 증진

02 다음 중 계량방법이 틀린 것은? 🏷빈출

① 액체식품은 투명한 계량용기를 사용하여 계량컵으로 눈금과 눈높이를 맞추어 계량한다.
② 흰설탕은 계량용기에 충분히 채워 담아 위를 평평하게 깎아 계량한다.
③ 고추장, 된장 등은 계량용기에 가만히 수북하게 스패출러(Spatule)로 깎아서 계량한다.
④ 밀가루는 체로 쳐서 계량용기에 가만히 수북하게 담아 스패출러(Spatule)로 깎아서 계량한다.

03 계량단위에서 우리나라의 경우 1컵(C)의 용량으로 옳은 것은?

① 100cc(ml)
② 200cc(ml)
③ 300cc(ml)
④ 400cc(ml)

04 가열적 조리 중 건열조리법은?

① 튀김　　　　② 조림

③ 찜　　　　　④ 삶기

05 가열적 조리 중 습열조리법은?

① 찜

② 굽기

③ 볶기

④ 튀기기

06 비타민 C의 파괴율이 가장 적은 것은?

① 콩나물 무침

② 잡채

③ 무생채 무침

④ 된장국

07 식품을 고온에서 단시간 처리하여 비타민 C의 손실이 적은 조리법은?

　　　　　　　　　　　　　　　　　빈출

① 삶기

② 끓이기

③ 튀기기

④ 찌기

04 ①

해설 **건열조리법**
볶기(볶음), 튀기기(튀김), 굽기(구이),
베이킹

05 ①

해설 **습열조리법**
끓이기, 삶기, 찜, 조림(스튜)

06 ③

해설 생식품 조리는 비타민과 무기
질의 파괴를 줄일 수 있다.

07 ③

해설 비타민 C의 손실은 튀기기(튀
김)에서 가장 적고 끓이기에서 가장
크다.

08 ①

해설 볶기(볶음)는 영양상 지용성 비타민(A, D, E, K, F)의 흡수에 좋고, 단시간의 고온 처리로 비타민 손실이 비교적 적다.

09 ②

해설
• 전골 : 95~98℃
• 커피 : 70~75℃
• 밥 : 40~45℃

10 ④

해설
• 압착, 여과 : 식품의 고형물과 즙액을 분리시키는 조작
• 성형 : 식품을 먹기 좋고 모양 있게 만드는 조작

08 채소의 비타민과 무기질의 손실을 줄일 수 있는 조리법은?

① 볶기
② 삶기
③ 끓이기
④ 데치기

09 "국" 음식을 제공할 때 가장 맛있게 느끼는 온도는? ★빈출

① 40~45℃
② 70~75℃
③ 93~98℃
④ 100℃

10 조리 조작의 용어 설명으로 틀린 것은?

① 분쇄(가루 만들기) : 건조된 식품을 가루로 만드는 조작
② 마쇄(갈기) : 식품을 갈거나 으깨거나 체에 밭쳐내는 조작
③ 교반(젓기) : 재료를 섞는 조작
④ 압착(여과) : 식품의 고형물과 즙액을 먹기 좋고 모양 있게 만드는 조작

식품위생관계법규

01 농수산물의 원산지 표시 등에 관한 법령

1 농수산물의 원산지 표시 등에 관한 법률(원산지표시법)

(1) 용어의 정의

농산물	「농업·농촌 및 식품산업 기본법」에 따른 농산물
수산물	「수산업·어촌 발전 기본법」에 따른 어업활동 및 양식활동으로부터 생산되는 산물
농수산물	농산물과 수산물
원산지★	농산물이나 수산물이 생산·채취·포획된 국가·지역이나 해역

(2) 원산지 표시

1) 대통령령으로 정하는 농수산물 또는 그 가공품을 수입하는 자, 생산·가공하여 출하하거나 판매(통신판매를 포함)하는 자 또는 판매할 목적으로 보관·진열하는 자는 다음에 대하여 원산지를 표시하여야 함
   ① 농수산물
   ② 농수산물 가공품(국내에서 가공한 가공품은 제외)
   ③ 농수산물 가공품(국내에서 가공한 가공품에 한정)의 원료
2) 다음의 어느 하나에 해당하는 때에는 원산지를 표시한 것으로 봄
   ① 「농수산물 품질관리법」 또는 「소금산업 진흥법」에 따른 표준규격품의 표시를 한 경우
   ② 「농수산물 품질관리법」에 따른 우수관리인증의 표시, 품질인증품의 표시 또는 「소금산업 진흥법」에 따른 우수천일염인증의 표시를 한 경우
   ③ 「소금산업 진흥법」에 따른 천일염생산방식인증의 표시를 한 경우
   ④ 「소금산업 진흥법」에 따른 친환경천일염인증의 표시를 한 경우
   ⑤ 「농수산물 품질관리법」에 따른 이력추적관리의 표시를 한 경우
   ⑥ 「농수산물 품질관리법」 또는 「소금산업 진흥법」에 따른 지리적표시를 한 경우
   ⑦ 「식품산업진흥법」 또는 「수산식품산업의 육성 및 지원에 관한 법률」에 따른 원산지인증의 표시를 한 경우

제02편

Check Note

◎ 농수산물의 원산지 표시 등에 관한 법률의 목적
농산물·수산물과 그 가공품 등에 대하여 적정하고 합리적인 원산지 표시와 유통이력 관리를 하도록 함으로써 공정한 거래를 유도하고 소비자의 알 권리를 보장하여 생산자와 소비자를 보호함

◎ 농수산물 원산지 표시의 심의
이 법에 따른 농산물·수산물 및 그 가공품 또는 조리하여 판매하는 쌀·김치류, 축산물 및 수산물 등의 원산지 표시 등에 관한 사항은 농수산물품질관리심의회에서 심의함

✓ 대통령령으로 정하는 농수산물이나 그 가공품을 조리하여 판매·제공하는 경우

- 소고기(식육·포장육·식육가공품 포함)
- 돼지고기(식육·포장육·식육가공품 포함)
- 닭고기(식육·포장육·식육가공품 포함)
- 오리고기(식육·포장육·식육가공품 포함)
- 양고기(식육·포장육·식육가공품을 포함한다. 이하 같다)
- 염소(유산양 포함)고기(식육·포장육·식육가공품 포함)
- 밥, 죽, 누룽지에 사용하는 쌀(쌀가공품 포함, 쌀에는 찹쌀, 현미 및 찐쌀 포함)
- 배추김치(배추김치가공품 포함)의 원료인 배추(얼갈이배추와 봄동배추 포함)와 고춧가루
- 두부류(가공두부, 유바 제외), 콩비지, 콩국수에 사용하는 콩(콩가공품 포함)
- 넙치, 조피볼락, 참돔, 미꾸라지, 뱀장어, 낙지, 명태(황태, 북어 등 건조한 것 제외), 고등어, 갈치, 오징어, 꽃게, 참조기, 다랑어, 아귀, 주꾸미, 가리비, 우렁쉥이, 전복, 방어 및 부세(해당 수산물가공품 포함)
- 조리하여 판매·제공하기 위하여 수족관 등에 보관·진열하는 살아있는 수산물

⑧ 「대외무역법」에 따라 수출입 농수산물이나 수출입 농수산물 가공품의 원산지를 표시한 경우

⑨ 다른 법률에 따라 농수산물의 원산지 또는 농수산물 가공품의 원료의 원산지를 표시한 경우

3) 식품접객업 및 집단급식소 중 대통령령으로 정하는 영업소나 집단급식소를 설치·운영하는 자는 다음의 어느 하나에 해당하는 경우에 그 농수산물이나 그 가공품의 원료에 대하여 원산지(소고기는 식육의 종류 포함)를 표시하여야 함(원산지인증의 표시를 한 경우에는 원산지를 표시한 것으로 보며, 소고기의 경우에는 식육의 종류를 별도로 표시하여야 함)

① 대통령령으로 정하는 농수산물이나 그 가공품을 조리하여 판매·제공(배달을 통한 판매·제공 포함)하는 경우

② ①에 따른 농수산물이나 그 가공품을 조리하여 판매·제공할 목적으로 보관하거나 진열하는 경우

(3) 거짓 표시 등의 금지★

1) 누구든지 다음의 행위를 하여서는 아니 됨

① 원산지 표시를 거짓으로 하거나 이를 혼동하게 할 우려가 있는 표시를 하는 행위

② 원산지 표시를 혼동하게 할 목적으로 그 표시를 손상·변경하는 행위

③ 원산지를 위장하여 판매하거나, 원산지 표시를 한 농수산물이나 그 가공품에 다른 농수산물이나 가공품을 혼합하여 판매하거나 판매할 목적으로 보관이나 진열하는 행위

2) 농수산물이나 그 가공품을 조리하여 판매·제공하는 자는 다음의 행위를 하여서는 아니 됨

① 원산지 표시를 거짓으로 하거나 이를 혼동하게 할 우려가 있는 표시를 하는 행위

② 원산지를 위장하여 조리·판매·제공하거나, 조리하여 판매·제공할 목적으로 농수산물이나 그 가공품의 원산지 표시를 손상·변경하여 보관·진열하는 행위

③ 원산지 표시를 한 농수산물이나 그 가공품에 원산지가 다른 동일 농수산물이나 그 가공품을 혼합하여 조리·판매·제공하는 행위

3) 과징금

농림축산식품부장관, 해양수산부장관, 관세청장, 특별시장·광역시장·특별자치시장·도지사·특별자치도지사(도지사) 또는 시장·군수·구청장은 1) 또는 2)를 2년 이내에 2회 이상 위반한 자에게 그 위반금액의 5배 이하에 해당하는 금액을 과징금으로 부과·징수할 수 있음

(4) 원산지 표시 등의 조사

1) 농림축산식품부장관, 해양수산부장관, 관세청장, 시·도지사 또는 시장·군수·구청장은 원산지의 표시 여부·표시사항과 표시방법 등의 적정성을 확인하기 위하여 대통령령으로 정하는 바에 따라 관계 공무원으로 하여금 원산지 표시대상 농수산물이나 그 가공품을 수거하거나 조사하게 하여야 하며, 이 경우 관세청장의 수거 또는 조사 업무는 원산지 표시 대상 중 수입하는 농수산물이나 농수산물 가공품(국내에서 가공한 가공품은 제외)에 한정함

2) 1)에 따른 조사 시 필요한 경우 해당 영업장, 보관창고, 사무실 등에 출입하여 농수산물이나 그 가공품 등에 대하여 확인·조사 등을 할 수 있으며 영업과 관련된 장부나 서류의 열람을 할 수 있음

(5) 원산지 표시 등의 위반에 대한 처분 등

1) 농림축산식품부장관, 해양수산부장관, 관세청장, 시·도지사 또는 시장·군수·구청장은 (2)나 (3)을 위반한 자에 대하여 다음의 처분을 할 수 있음(다만, (2)의 3)을 위반한 자에 대한 처분은 ①에 한정함)

① 표시의 이행·변경·삭제 등 시정명령

② 위반 농수산물이나 그 가공품의 판매 등 거래행위 금지

2) 농림축산식품부장관, 해양수산부장관, 관세청장, 시·도지사 또는 시장·군수·구청장은 다음의 자가 (2)를 위반하여 2년 이내에 2회 이상 원산지를 표시하지 아니하거나, (3)을 위반함에 따라 1)에 따른 처분이 확정된 경우 처분과 관련된 사항을 공표하여야 함(다만, 농림축산식품부장관이나 해양수산부장관이 심의회의 심의를 거쳐 공표의 실효성이 없다고 인정하는 경우에는 처분과 관련된 사항을 공표하지 아니할 수 있음)

① 원산지의 표시를 하도록 한 농수산물이나 그 가공품을 생산·가공하여 출하하거나 판매 또는 판매할 목적으로 가공하는 자

② 음식물을 조리하여 판매·제공하는 자

제 02 편

Check Note

☑ 조사 시 지켜야 할 사항

■ 수거·조사·열람을 하는 때에는 원산지의 표시대상 농수산물이나 그 가공품을 판매하거나 가공하는 자 또는 조리하여 판매·제공하는 자는 정당한 사유 없이 이를 거부·방해하거나 기피하여서는 안 됨

■ 수거 또는 조사를 하는 관계 공무원은 그 권한을 표시하는 증표를 지니고 이를 관계인에게 내보여야 하며, 출입 시 성명·출입시간·출입목적 등이 표시된 문서를 관계인에게 교부하여야 함

☑ 영수증 등의 비치

원산지를 표시하여야 하는 자는 다른 법률에 따라 발급받은 원산지 등이 기재된 영수증이나 거래명세서 등을 매입일부터 6개월간 비치·보관해야 함

3) 2)에 따라 공표를 하여야 하는 사항

① 1)에 따른 처분 내용

② 해당 영업소의 명칭

③ 농수산물의 명칭

④ 1)에 따른 처분을 받은 자가 입점하여 판매한 「방송법」에 따른 방송채널사용사업자 또는 「전자상거래 등에서의 소비자보호에 관한 법률」에 따른 통신판매중개업자의 명칭

⑤ 그 밖에 처분과 관련된 사항으로서 대통령령으로 정하는 사항

4) 원산지 표시 위반에 대한 교육

① 농림축산식품부장관, 해양수산부장관, 관세청장, 시·도지사 또는 시장·군수·구청장은 원산지 표시를 위반하여 따른 처분이 확정된 경우에는 농수산물 원산지 표시제도 교육을 이수하도록 명하여야 함

② ①에 따른 이수명령의 이행기간은 교육 이수명령을 통지받은 날부터 최대 4개월 이내로 정함

(6) 농수산물의 원산지 표시에 관한 정보제공

농림축산식품부장관 또는 해양수산부장관은 농수산물의 원산지 표시와 관련된 정보 중 방사성물질이 유출된 국가 또는 지역 등 국민이 알아야 할 필요가 있다고 인정되는 정보에 대하여는 「공공기관의 정보공개에 관한 법률」에서 허용하는 범위에서 이를 국민에게 제공하도록 노력하여야 함

(7) 수입 농산물 등의 유통이력 관리

① 농산물 및 농산물 가공품(농산물 등)을 수입하는 자와 수입 농산물 등을 거래하는 자(소비자에 대한 판매를 주된 영업으로 하는 사업자는 제외함)는 공정거래 또는 국민보건을 해칠 우려가 있는 것으로서 농림축산식품부장관이 지정하여 고시하는 농산물 등에 대한 유통이력을 농림축산식품부장관에게 신고하여야 함

② ①에 따른 유통이력 신고의무가 있는 자는 유통이력을 장부에 기록하고, 그 자료를 거래일부터 1년간 보관하여야 함

③ 유통이력신고의무자가 유통이력관리수입농산물 등을 양도하는 경우에는 이를 양수하는 자에게 ①에 따른 유통이력 신고의무가 있음을 농림축산식품부령으로 정하는 바에 따라 알려주어야 함

④ 농림축산식품부장관은 유통이력관리수입농산물 등을 지정하거나 유통이력의 범위 등을 정하는 경우에는 수입 농산물 등을 국내 농산물 등에 비하여 부당하게 차별하여서는 아니 되며, 이를 이행하는 유통이력신고의무자의 부담이 최소화되도록 하여야 함

⑤ ①부터 ④까지에서 규정한 사항 외에 유통이력 신고의 절차 등에 관하여 필요한 사항은 농림축산식품부령으로 정함

(8) 유통이력관리수입농산물 등의 사후관리

① 농림축산식품부장관은 유통이력 신고의무의 이행 여부를 확인하기 위하여 필요한 경우에는 관계 공무원으로 하여금 유통이력신고의무자의 사업장 등에 출입하여 유통이력관리수입농산물 등을 수거 또는 조사하거나 영업과 관련된 장부나 서류를 열람하게 할 수 있음

② 유통이력신고의무자는 정당한 사유 없이 ①에 따른 수거·조사 또는 열람을 거부·방해 또는 기피하여서는 아니 됨

③ ①에 따라 수거·조사 또는 열람을 하는 관계 공무원은 그 권한을 표시하는 증표를 지니고 이를 관계인에게 내보여야 하며, 출입할 때에는 성명, 출입시간, 출입목적 등이 표시된 문서를 관계인에게 내주어야 함

④ ①부터 ③까지에서 규정한 사항 외에 유통이력관리수입농산물 등의 수거·조사 또는 열람 등에 필요한 사항은 대통령령으로 정함

(9) 명예감시원★

① 농림축산식품부장관, 해양수산부장관, 시·도지사 또는 시장·군수·구청장은 「농수산물 품질관리법」의 농수산물명예감시원에게 농수산물이나 그 가공품의 원산지 표시를 지도·홍보·계몽하거나 위반사항을 신고하게 할 수 있음

② 농림축산식품부장관, 해양수산부장관, 시·도지사 또는 시장·군수·구청장은 ①에 따른 활동에 필요한 경비를 지급할 수 있음

(10) 포상금 지급 등

① 농림축산식품부장관, 해양수산부장관, 관세청장, 시·도지사 또는 시장·군수·구청장은 (2), (3)을 위반한 자를 주무관청이나 수사기관에 신고하거나 고발한 자에 대하여 대통령령으로 정하는 바에 따라 예산의 범위에서 포상금을 지급할 수 있음

② 농림축산식품부장관 또는 해양수산부장관은 농수산물 원산지 표시의 활성화를 모범적으로 시행하고 있는 지방자치단체, 개인, 기업 또는 단체에 대하여 우수사례로 발굴하거나 시상할 수 있음

③ ②에 따른 시상의 내용 및 방법 등에 필요한 사항은 농림축산식품부와 해양수산부의 공동부령으로 정함

(11) 벌칙

① 7년 이하의 징역이나 1억원 이하의 벌금에 처하거나 이를 병과(倂科)하는 경우

ㄱ 원산지 표시를 거짓으로 하거나 이를 혼동하게 할 우려가 있는 표시를 하는 행위

ㄴ 원산지 표시를 혼동하게 할 목적으로 그 표시를 손상·변경하는 행위

ㄷ 원산지를 위장하여 판매하거나, 원산지 표시를 한 농수산물이나 그 가공품에 다른 농수산물이나 가공품을 혼합하여 판매하거나 판매할 목적으로 보관이나 진열하는 행위

ㄹ 원산지 표시를 거짓으로 하거나 이를 혼동하게 할 우려가 있는 표시를 하는 행위

ㅁ 원산지를 위장하여 조리·판매·제공하거나, 조리하여 판매·제공할 목적으로 농수산물이나 그 가공품의 원산지 표시를 손상·변경하여 보관·진열하는 행위

ㅂ 원산지 표시를 한 농수산물이나 그 가공품에 원산지가 다른 동일 농수산물이나 그 가공품을 혼합하여 조리·판매·제공하는 행위

② ①의 죄로 형을 선고받고 그 형이 확정된 후 5년 이내에 다시 위반한 자는 1년 이상 10년 이하의 징역 또는 500만원 이상 1억5천만원 이하의 벌금에 처하거나 이를 병과할 수 있음

③ 1년 이하의 징역이나 1천만원 이하의 벌금

ㄱ 표시의 이행·변경·삭제 등 시정명령 처분을 이행하지 아니한 자

ㄴ 위반 농수산물이나 그 가공품의 판매 등 거래행위 금지 처분을 이행하지 아니한 자

(12) 과태료

① 1천만원 이하의 과태료

ㄱ 원산지 표시를 하지 아니한 자

ㄴ 원산지의 표시방법을 위반한 자

ⓒ 임대점포의 임차인 등 운영자가 거짓 표시 등의 금지에 해당하는
　행위를 하는 것을 알았거나 알 수 있었음에도 방치한 자
ⓔ 거짓 표시 등의 금지를 위반하여 해당 방송채널 등에 물건 판매
　중개를 의뢰한 자가 해당하는 행위를 하는 것을 알았거나 알 수
　있었음에도 방치한 자
ⓜ 수거・조사・열람을 거부・방해하거나 기피한 자
ⓗ 영수증이나 거래명세서 등을 비치・보관하지 아니한 자

② 500만원 이하의 과태료
ⓖ 교육 이수명령을 이행하지 아니한 자
ⓛ 유통이력을 신고하지 아니하거나 거짓으로 신고한 자
ⓔ 유통이력을 장부에 기록하지 아니하거나 보관하지 아니한 자
ⓔ 수입 농수산물 등의 유통이력 관리에 따른 유통이력 신고의무가
　있음을 알리지 아니한 자
ⓜ 유통이력관리수입농산물 등의 사후관리를 위반하여 수거・조
　사 또는 열람을 거부・방해 또는 기피한 자

③ ① 및 ②에 따른 과태료의 부과・징수권자
ⓖ ① 및 ②의 ⓖ의 과태료 : 농림축산식품부장관, 해양수산부장
　관, 관세청장, 시・도지사 또는 시장・군수・구청장
ⓛ ②의 ⓛ부터 ⓜ까지의 과태료 : 농림축산식품부장관

2 농수산물의 원산지 표시 등에 관한 법률 시행령

(1) 원산지 표시를 하여야 할 자
휴게음식점영업, 일반음식점영업 또는 위탁급식영업을 하는 영업
소, 집단급식소를 설치・운영하는 자

(2) 과징금의 부과 및 징수
① 농림축산식품부장관, 해양수산부장관, 관세청장 또는 특별시장
　・광역시장・특별자치시장・도지사・특별자치도지사(도지사)
　나 시장・군수・구청장은 과징금을 부과하려면 그 위반행위의
　종류와 과징금의 금액 등을 명시하여 과징금을 낼 것을 과징금
　부과대상자에게 서면으로 알려야 함
② ①에 따라 통보를 받은 자는 납부 통지일부터 30일 이내에 과징
　금을 농림축산식품부장관, 해양수산부장관, 관세청장, 시・도
　지사나 시장・군수・구청장이 정하는 수납기관에 내야 함

③ 과징금 납부 의무자는 과징금 납부기한을 연기하거나 과징금을 분할 납부하려는 경우에는 납부기한 5일 전까지 과징금 납부기한의 연기나 과징금의 분할 납부를 신청하는 문서에 각 사유를 증명하는 서류를 첨부하여 농림축산식품부장관, 해양수산부장관, 관세청장, 시·도지사나 시장·군수·구청장에게 신청해야 함

④ 과징금의 납부기한을 연기하는 경우 납부기한의 연기는 원래 납부기한의 다음 날부터 1년을 초과할 수 없음

⑤ 과징금을 분할 납부하게 하는 경우 각 분할된 납부기한 간의 간격은 4개월 이내로 하며, 분할 횟수는 3회 이내로 함

(3) 원산지 표시 등의 조사

① 농림축산식품부장관과 해양수산부장관은 관련 법에 따라 수거한 시료의 원산지를 판정하기 위하여 필요한 경우에는 검정기관을 지정·고시할 수 있음

② 농림축산식품부장관 및 해양수산부장관은 원산지 검정방법 및 세부기준을 정하여 고시할 수 있음

③ 농림축산식품부장관, 해양수산부장관, 관세청장이나 시·도지사는 관련 법에 따라 원산지 표시대상 농수산물이나 그 가공품에 대한 수거·조사를 위한 자체 계획에 따른 추진 실적 등을 평가할 때에는 자체계획 목표의 달성도, 추진 과정의 효율성, 인력 및 재원 활용의 적정성을 중심으로 평가해야 함

(4) 원산지 표시 등의 위반에 대한 처분 및 공표

1) 홈페이지 공표 기준·방법

① 공표기간 : 처분이 확정된 날부터 12개월

② 공표방법

㉠ 농림축산식품부, 해양수산부, 관세청, 국립농산물품질관리원, 국립수산물품질관리원, 특별시·광역시·특별자치시·도·특별자치도(시·도), 시·군·구(자치구) 및 한국소비자원의 홈페이지에 공표하는 경우 : 이용자가 해당 기관의 인터넷 홈페이지 첫 화면에서 볼 수 있도록 공표

㉡ 주요 인터넷 정보제공 사업자의 홈페이지에 공표하는 경우 : 이용자가 해당 사업자의 인터넷 홈페이지 화면 검색창에 "원산지"가 포함된 검색어를 입력하면 볼 수 있도록 공표

2) 처분과 관련하여 "대통령령으로 정하는 사항"

① "「농수산물의 원산지 표시 등에 관한 법률」위반 사실의 공표"
라는 내용의 표제

② 영업의 종류

③ 영업소의 주소

④ 농수산물 가공품의 명칭

⑤ 위반 내용

⑥ 처분권자 및 처분일

⑦ 관련 법에 따른 처분을 받은 자가 입점하여 판매한 방송채널사
용사업자의 채널명 또는 통신판매중개업자의 홈페이지 주소

3) "대통령령으로 정하는 국가검역·검사기관" : 국립수산물품질
관리원

4) "대통령령으로 정하는 주요 인터넷 정보제공 사업자" : 포털서비
스를 제공하는 자로서 공표일이 속하는 연도의 전년도 말 기준
직전 3개월간의 일일평균 이용자수가 1천만명 이상인 정보통신
서비스 제공자

(5) 농수산물 원산지 표시제도 교육

1) 농수산물 원산지 표시제도 교육(원산지 교육) 내용

① 원산지 표시 관련 법령 및 제도

② 원산지 표시방법 및 위반자 처벌에 관한 사항

2) 원산지 표시제도 교육은 2시간 이상 실시

3) 원산지 교육의 대상

① 원산지 표시 규정을 위반하여 농수산물이나 그 가공품 등의 원
산지 등을 표시하지 않아 처분을 2년 이내에 2회 이상 받은 자

② 거짓 표시 등의 규정을 위반하여 처분을 받은 자

4) 농림축산식품부장관, 해양수산부장관, 관세청장, 시·도지사나
시장·군수·구청장은 원산지 교육을 받아야 하는 자(원산지교
육대상자)에게 농림축산식품부와 해양수산부의 공동부령으로
정하는 사유가 있는 경우에는 원산지교육대상자의 종업원 중 원
산지 표시의 관리책임을 맡은 자에게 원산지교육대상자를 대신
하여 원산지 교육을 받게 할 수 있음

(6) 포상금

① 포상금은 1천만원의 범위에서 지급할 수 있음

② 신고 또는 고발이 있은 후에 같은 위반행위에 대하여 같은 내용의
신고 또는 고발을 한 사람에게는 포상금을 지급하지 아니함

📎 **Check Note**

✔ **농림축산식품부와 해양수산부
의 공동부령으로 정하는 사유**

■ 원산지 교육대상자가 질병, 사고,
구속 및 천재지변으로 교육 이수
명령의 이행기간 내에 교육을 받
을 수 없는 경우

■ 원산지 교육대상자가 영업에 직접
종사하지 아니하는 경우

■ 원산지 교육대상자가 둘 이상의
장소에서 영업을 하는 경우

제
02
편

3 농수산물의 원산지 표시 등에 관한 법률 시행규칙

(1) 유통이력의 범위

① 양수자의 업체(상호)명·주소·성명(법인인 경우 대표자의 성명) 및 사업자등록번호(법인인 경우 법인등록번호)

② 양도 물품의 명칭, 수량 및 중량

③ 양도일

④ ①~③ 외의 사항으로서 농림축산식품부장관이 유통이력 관리에 필요하다고 인정하여 고시하는 사항

(2) 원산지 표시 우수사례에 대한 시상 등

① 시상할 수 있는 농수산물 원산지 표시 우수사례

㉠ 원산지 표시제도 활성화 우수사례

㉡ 원산지 표시 지도·점검 우수사례

㉢ 원산지 표시제도 개선 우수사례

② ①에서 규정한 사항 외에 농수산물 원산지 표시 우수사례 시상의 절차 및 절차는 「정부 표창 규정」에 따름

02 식품 등의 표시·광고에 관한 법령

1 식품 등의 표시·광고에 관한 법률(식품표시광고법)

(1) 용어의 정의

표시	식품, 식품첨가물, 기구, 용기·포장, 건강기능식품, 축산물(식품 등) 및 이를 넣거나 싸는 것(그 안에 첨부되는 종이 등 포함)에 적는 문자·숫자 또는 도형
영양표시	식품, 식품첨가물, 건강기능식품, 축산물에 들어있는 영양성분의 양(量) 등 영양에 관한 정보를 표시하는 것
나트륨 함량 비교 표시	식품의 나트륨 함량을 동일하거나 유사한 유형의 식품의 나트륨 함량과 비교하여 소비자가 알아보기 쉽게 색상과 모양을 이용하여 표시하는 것
광고	라디오·텔레비전·신문·잡지·인터넷·인쇄물·간판 또는 그 밖의 매체를 통하여 음성·음향·영상 등의 방법으로 식품 등에 관한 정보를 나타내거나 알리는 행위
소비기한	식품 등에 표시된 보관방법을 준수할 경우 섭취하여도 안전에 이상이 없는 기한

(2) 표시의 기준

식품,
식품첨가물
또는 축산물
	• 제품명, 내용량 및 원재료명
	• 영업소 명칭 및 소재지
	• 소비자 안전을 위한 주의사항
	• 제조연월일, 소비기한 또는 품질유지기한
	• 그 밖에 소비자에게 해당 식품, 식품첨가물 또는 축산물에 관한
	  정보를 제공하기 위하여 필요한 사항으로서 총리령으로 정하는
	  사항

기구 또는 용기·포장	• 재질 • 영업소 명칭 및 소재지 • 소비자 안전을 위한 주의사항 • 그 밖에 소비자에게 해당 기구 또는 용기·포장에 관한 정보를 제공하기 위하여 필요한 사항으로서 총리령으로 정하는 사항

(3) 영양표시사항

표시 대상 영양성분	열량, 나트륨, 탄수화물, 당류, 지방, 트랜스지방(Trans Fat), 포화지 방(Saturated Fat), 콜레스테롤(Cholesterol), 단백질, 영양표시나 영 양강조표시를 하려는 경우에는 1일 영양성분 기준치에 명시된 영 양성분
영양성분의 표시사항	영양성분의 명칭, 영양성분의 함량, 1일 영양성분 기준치에 대한 비율

(4) 나트륨 함량 비교 표시

① 식품을 제조·가공·소분하거나 수입하는 자는 총리령으로 정하
   는 식품에 나트륨 함량 비교 표시를 하여야 함

② 나트륨 함량 비교 표시의 기준 및 표시방법 등에 관하여 필요한
   사항은 총리령으로 정함

③ 나트륨 함량 비교 표시가 없거나 표시방법을 위반한 식품은 판매
   하거나 판매할 목적으로 제조·가공·소분·수입·포장·보관
   ·진열 또는 운반하거나 영업에 사용해서는 아니 됨

(5) 부당한 표시 또는 광고행위의 금지

① 질병의 예방·치료에 효능이 있는 것으로 인식할 우려가 있는
   표시 또는 광고

② 식품 등을 의약품으로 인식할 우려가 있는 표시 또는 광고

③ 건강기능식품이 아닌 것을 건강기능식품으로 인식할 우려가 있
   는 표시 또는 광고

④ 거짓·과장된 표시 또는 광고

⑤ 소비자를 기만하는 표시 또는 광고

Check Note

✅ 영업자에 해당하는 자
- 「건강기능식품에 관한 법률」에 따라 허가를 받은 자 또는 신고를 한 자
- 「식품위생법」에 따라 허가를 받은 자 또는 신고하거나 등록을 한 자
- 「축산물 위생관리법」에 따라 허가를 받은 자 또는 신고를 한 자
- 「수입식품안전관리 특별법」에 따라 영업등록을 한 자

✅ 다른 법률과의 관계
식품 등의 표시 또는 광고에 관하여 다른 법률에 우선하여 이 법을 적용함

✅ 건강기능식품의 표시의 기준
- 제품명, 내용량 및 원료명
- 영업소 명칭 및 소재지
- 소비기한 및 보관방법
- 섭취량, 섭취방법 및 섭취 시 주의사항
- 건강기능식품이라는 문자 또는 건강기능식품임을 나타내는 도안
- 질병의 예방 및 치료를 위한 의약품이 아니라는 내용의 표현
- 「건강기능식품에 관한 법률」에 따른 기능성에 관한 정보 및 원료 중에 해당 기능성을 나타내는 성분 등의 함유량
- 그 밖에 소비자에게 해당 건강기능식품에 관한 정보를 제공하기 위하여 필요한 사항으로서 총리령으로 정하는 사항

✔ **심의위원회 위원의 자격**

심의위원회의 위원은 다음의 어느 하나에 해당하는 사람 중에서 자율심의기구의 장이 위촉함

■ 식품 등 관련 산업계에 종사하는 사람
■ 소비자단체의 장이 추천하는 사람
■ 대한변호사협회에 등록한 변호사로서 대한변호사협회의 장이 추천하는 사람
■ 식품 등의 안전을 주된 목적으로 하는 단체(비영리민간단체)의 장이 추천하는 사람
■ 그 밖에 식품 등의 표시·광고에 관한 학식과 경험이 풍부한 사람

⑥ 다른 업체나 다른 업체의 제품을 비방하는 표시 또는 광고
⑦ 객관적인 근거 없이 자기 또는 자기의 식품 등을 다른 영업자나 다른 영업자의 식품 등과 부당하게 비교하는 표시 또는 광고
⑧ 사행심을 조장하거나 음란한 표현을 사용하여 공중도덕이나 사회윤리를 현저하게 침해하는 표시 또는 광고
⑨ 총리령으로 정하는 식품 등이 아닌 물품의 상호, 상표 또는 용기·포장 등과 동일하거나 유사한 것을 사용하여 해당 물품으로 오인·혼동할 수 있는 표시 또는 광고

(6) 부당한 표시 또는 광고행위의 금지를 위반한 경우의 벌칙
  ① (5)의 ①~③을 위반하여 표시 또는 광고를 한 자는 10년 이하의 징역 또는 1억원 이하의 벌금에 처하거나 이를 병과할 수 있음
  ② ①의 죄로 형을 선고받고 그 형이 확정된 후 5년 이내에 다시 ①의 죄를 범한 자는 1년 이상 10년 이하의 징역에 처함
  ③ ②의 경우 해당 식품 등을 판매하였을 때에는 그 판매가격의 4배 이상 10배 이하에 해당하는 벌금을 병과함

(7) 심의위원회의 설치·운영
  자율심의기구는 식품 등의 표시·광고를 심의하기 위하여 10명 이상 25명 이하의 위원으로 구성된 심의위원회를 설치·운영함

(8) 시정명령
  식품의약품안전처장, 시·도지사 또는 시장·군수·구청장은 다음의 어느 하나에 해당하는 자에게 필요한 시정을 명할 수 있음
  ① 표시의 기준, 영양표시 기준, 나트륨 함량 비교 표시 규정을 위반하여 식품 등을 판매하거나 판매할 목적으로 제조·가공·소분·수입·포장·보관·진열 또는 운반하거나 영업에 사용한 자
  ② 광고의 기준을 준수하지 아니한 자
  ③ 부당한 표시 또는 광고행위의 금지 규정을 위반하여 표시 또는 광고를 한 자
  ④ 표시 또는 광고 내용의 실증 규정을 위반하여 실증자료를 제출하지 아니한 자

(9) 위해 식품 등의 회수 및 폐기처분 등
  ① 판매의 목적으로 식품 등을 제조·가공·소분 또는 수입하거나 식품 등을 판매한 영업자는 해당 식품 등이 표시의 기준, 부당한 표시 또는 광고행위의 금지 규정을 위반한 사실(식품 등의 위해와 관련이 없는 위반사항은 제외)을 알게 된 경우에는 지체 없이

유통 중인 해당 식품 등을 회수하거나 회수하는 데에 필요한 조치를 하여야 함

② ①에 따른 회수 또는 회수하는 데에 필요한 조치를 하려는 영업자는 회수계획을 식품의약품안전처장, 시·도지사 또는 시장·군수·구청장에게 미리 보고하여야 하고 회수결과를 보고받은 시·도지사 또는 시장·군수·구청장은 이를 지체 없이 식품의약품안전처장에게 보고하여야 함

③ 식품의약품안전처장, 시·도지사 또는 시장·군수·구청장은 영업자가 표시의 기준, 부당한 표시 또는 광고행위의 금지 규정을 위반한 경우에는 관계 공무원에게 그 식품 등을 압류 또는 폐기하게 하거나 용도·처리방법 등을 정하여 영업자에게 위해를 없애는 조치를 할 것을 명하여야 함

(10) 영업정지 등

식품의약품안전처장, 시·도지사 또는 시장·군수·구청장은 영업자 중 허가를 받거나 등록을 한 영업자가 다음의 어느 하나에 해당하는 경우에는 6개월 이내의 기간을 정하여 그 영업의 전부 또는 일부를 정지하거나 영업허가 또는 등록을 취소할 수 있음

① 표시의 기준, 영양표시 기준, 나트륨 함량 비교 표시 규정을 위반하여 식품 등을 판매하거나 판매할 목적으로 제조·가공·소분·수입·포장·보관·진열 또는 운반하거나 영업에 사용한 경우

② 부당한 표시 또는 광고행위의 금지 규정을 위반하여 표시 또는 광고를 한 경우

③ 실증자료를 제출하지 않아 받은 중지명령을 위반하거나 시정명령을 위반한 경우

④ 위해 식품 등의 회수 규정을 위반하여 회수 또는 회수하는 데에 필요한 조치를 하지 아니한 경우

⑤ 위해 식품 등의 회수 규정을 위반하여 회수계획 보고를 하지 아니하거나 거짓으로 보고한 경우

⑥ 위해 식품 등의 폐기처분 등에 따른 명령을 위반한 경우

(11) 영업정지 등의 처분에 갈음하여 부과하는 과징금 처분

① 식품의약품안전처장, 시·도지사 또는 시장·군수·구청장은 영업자가 영업정지 또는 품목 제조정지 등의 사유에 해당하여 영업정지 또는 품목 제조정지 등을 명하여야 하는 경우로서 그 영업정지 또는 품목 제조정지 등이 이용자에게 심한 불편을 주거나

그 밖에 공익을 해칠 우려가 있을 때에는 영업정지 또는 품목 제조정지 등을 갈음하여 10억원 이하의 과징금을 부과할 수 있음

② 식품의약품안전처장, 시·도지사 또는 시장·군수·구청장은 ①에 따른 과징금을 부과하기 위하여 필요한 경우에는 다음의 사항을 적은 문서로 관할 세무관서의 장에게 과세 정보 제공을 요청할 수 있음

  ㉠ 납세자의 인적 사항
  ㉡ 과세 정보의 사용 목적
  ㉢ 과징금 부과기준이 되는 매출금액

(12) 3년 이하의 징역 또는 3천만원 이하의 벌금

① 표시의 기준을 위반하여 식품 등(건강기능식품은 제외)을 판매하거나 판매할 목적으로 제조·가공·소분·수입·포장·보관·진열 또는 운반하거나 영업에 사용한 자

② 품목 등의 제조정지 규정에 따른 품목 또는 품목류 제조정지 명령을 위반한 자

③ 「수입식품안전관리 특별법」상 영업등록을 한 자로서 영업정지 명령을 위반하여 계속 영업한 자

④ 「식품위생법」상 영업신고를 한 자로서 영업정지 명령 또는 영업소 폐쇄명령을 위반하여 계속 영업한 자

⑤ 「식품위생법」상 영업등록을 한 자로서 영업정지 명령을 위반하여 계속 영업한 자

⑥ 「축산물 위생관리법」상 영업허가를 받은 자로서 영업정지 명령을 위반하여 계속 영업한 자

⑦ 「축산물 위생관리법」상 영업신고를 한 자로서 영업정지 명령 또는 영업소 폐쇄명령을 위반하여 계속 영업한 자

(13) 과태료

① 500만원 이하의 과태료

  ㉠ 영양표시 기준을 위반하여 식품 등을 판매하거나 판매할 목적으로 제조·가공·소분·수입·포장·보관·진열 또는 운반하거나 영업에 사용한 자

  ㉡ 나트륨 함량 비교 표시 규정을 위반하여 식품을 판매하거나 판매할 목적으로 제조·가공·소분·수입·포장·보관·진열 또는 운반하거나 영업에 사용한 자

② 300만원 이하의 과태료 : 광고의 기준(식품 등을 광고할 때에는 제품명 및 업소명을 포함시켜야 함)을 위반하여 광고를 한 자

③ ① 및 ②에 따른 과태료의 부과·징수권자 : 식품의약품안전처장, 시·도지사 또는 시장·군수·구청장

2 식품 등의 표시·광고에 관한 법률 시행령

(1) 부당한 표시 또는 광고의 내용

① 부당한 표시 또는 광고의 구체적 내용은 별표 1과 같음

② ①에서 규정한 사항 외에 부당한 표시 또는 광고의 내용에 관한 세부적인 사항은 식품의약품안전처장이 정하여 고시함

(2) 표시 또는 광고 심의 결과에 대한 이의신청

① 식품 등의 표시·광고에 관한 심의 결과에 이의가 있는 자는 심의 결과를 통지받은 날부터 30일 이내에 필요한 자료를 첨부하여 식품의약품안전처장에게 이의신청을 할 수 있음

② 식품의약품안전처장은 이의신청을 받은 날부터 30일 이내에 이의를 신청한 자에게 그 결과를 통지해야 함. 다만, 부득이한 사유로 그 기간 내에 처리할 수 없는 경우에는 이의를 신청한 자에게 결정 지연 사유와 처리 예정기한을 통지해야 함

③ ① 및 ②에서 규정한 사항 외에 이의신청의 절차 등에 관한 세부적인 사항은 식품의약품안전처장이 정하여 고시함

(3) 과징금의 부과 및 납부

① 식품의약품안전처장, 특별시장·광역시장·특별자치시장·도지사·특별자치도지사(시·도지사) 또는 시장·군수·구청장은 과징금을 부과하려면 그 위반행위의 종류와 해당 과징금의 금액 등을 명시하여 이를 납부할 것을 서면으로 알려야 함

② ①에 따라 통지를 받은 자는 통지를 받은 날부터 20일 이내에 식품의약품안전처장, 시·도지사 또는 시장·군수·구청장이 정하는 수납기관에 과징금을 납부해야 함

③ ②에 따라 과징금을 받은 수납기관은 그 납부자에게 영수증을 발급해야 하며, 납부받은 사실을 지체 없이 식품의약품안전처장, 시·도지사 또는 시장·군수·구청장에게 통보해야 함

(4) 과징금 미납자에 대한 처분

① 식품의약품안전처장, 시·도지사 또는 시장·군수·구청장은 과징금 부과처분을 취소하려는 경우 과징금납부의무자에게

Check Note

✔ **표시 또는 광고의 심의 기준 등**

식품의약품안전처장은 심의 신청을 받은 경우에는 심의 신청을 받은 날부터 20일 이내에 심의 결과를 신청인에게 통지해야 함. 다만, 부득이한 사유로 그 기간 내에 처리할 수 없는 경우에는 신청인에게 심의 지연 사유와 처리 예정기한을 통지해야 함

제 02 편

과징금 부과의 납부기한이 지난 후 15일 이내에 독촉장을 발부해야 하고 납부기한은 독촉장을 발부하는 날부터 10일 이내로 해야 함

② 식품의약품안전처장, 시·도지사 또는 시장·군수·구청장은 과징금 부과처분을 취소하고 영업정지, 품목 제조정지 또는 품목류 제조정지 처분을 하는 경우에는 처분이 변경된 사유와 처분의 기간 등 영업정지, 품목 제조정지 또는 품목류 제조정지 처분에 필요한 사항을 명시하여 서면으로 처분대상자에게 통지해야 함

(5) **부당한 표시·광고에 따른 과징금 부과 기준 및 절차**

① 부과하는 과징금의 금액은 부당한 표시·광고를 한 식품 등의 판매량에 판매가격을 곱한 금액의 2배로 함

② ①에 따른 판매량은 부당한 표시·광고를 한 식품 등을 최초로 판매한 시점부터 적발시점까지의 판매량으로 하고, 판매가격은 판매기간 중 판매가격이 변동된 경우에는 판매시기별로 가격을 산정함

③ 식품의약품안전처장, 시·도지사 또는 시장·군수·구청장은 ①에 따라 산정된 과징금 금액의 2분의 1의 범위에서 그 금액을 줄일 수 있음

(6) **위반사실의 공표**

식품의약품안전처장, 시·도지사 또는 시장·군수·구청장은 행정처분이 확정된 영업자에 대한 다음의 사항을 지체 없이 해당 기관의 인터넷 홈페이지 또는 「신문 등의 진흥에 관한 법률」에 따라 등록한 전국을 보급지역으로 하는 일반일간신문에 게재해야 함

① 「식품 등의 표시·광고에 관한 법률」 위반사실의 공표라는 내용의 표제

② 영업의 종류

③ 영업소의 명칭·소재지 및 대표자의 성명

④ 식품 등의 명칭(식육의 경우 그 종류 및 부위의 명칭을 말함)

⑤ 위반 내용(위반행위의 구체적인 내용과 근거 법령을 포함함)

⑥ 행정처분의 내용, 처분일 및 기간

⑦ 단속기관 및 적발일

3 식품 등의 표시·광고에 관한 법률 시행규칙

(1) 표시사항

① 식품, 식품첨가물 또는 축산물의 표시의 기준에서 "총리령으로 정하는 사항"

   ㉠ 식품유형, 품목보고번호

   ㉡ 성분명 및 함량

   ㉢ 용기·포장의 재질

   ㉣ 조사처리(照射處理) 표시

   ㉤ 보관방법 또는 취급방법

   ㉥ 식육(食肉)의 종류, 부위 명칭, 등급 및 도축장명

   ㉦ 포장일자, 생산연월일 또는 산란일

② 기구 또는 용기·포장의 표시의 기준에서 "총리령으로 정하는 사항" : 식품용이라는 단어 또는 식품용 기구를 나타내는 도안

③ 건강기능식품의 표시의 기준에서 "총리령으로 정하는 사항"

   ㉠ 원료의 함량

   ㉡ 소비자 안전을 위한 주의사항

(2) 나트륨 함량 비교 표시

① 나트륨 함량 비교 표시에서 "총리령으로 정하는 식품"

   ㉠ 조미식품이 포함되어 있는 면류 중 유탕면(기름에 튀긴 면), 국수 또는 냉면

   ㉡ 즉석섭취식품 중 햄버거 및 샌드위치

② 나트륨 함량 비교 표시를 할 때에는 소비자가 쉽고 명확하게 알아볼 수 있도록 선명하게 표시해야 하며, 글씨크기·표시장소 등 구체적인 표시방법은 별표 3과 같음

③ ① 및 ②에서 규정한 사항 외에 나트륨 함량 비교 표시의 단위 및 도안 등의 표시기준, 표시사항 및 표시방법 등에 관한 세부사항은 식품의약품안전처장이 정하여 고시함

(3) 마약류 등 표시·광고의 범위

① "총리령으로 정하는 마약류" : 마약, 향정신성의약품 및 대마를 말함

② 마약류 표시·광고 : 다음의 어느 하나에 해당하는 명칭을 사용하는 표시·광고

   ㉠ 마약

   ㉡ 대마(마약류의 뜻으로 사용되는 경우로 한정함)

   ㉢ 양귀비

ㄹ 아편

ㅁ 코카인

ㅂ 헤로인

ㅅ 모르핀(몰핀)

ㅇ 코데인

ㅈ 펜타닐

ㅊ 케타민

ㅋ 프로포폴

ㅌ 필로폰

ㅍ 엑스터시

ㅎ ㄱ부터 ㅍ까지에서 규정한 명칭과 유사한 표현으로 인식될 우려가 있는 명칭

(4) 비용지원의 범위 등

① 국고에서 보조하거나 「식품위생법」에 따른 식품진흥기금으로 지원할 수 있는 비용은 마약류 등의 표시·광고에 사용된 간판, 메뉴판 또는 제품 포장재를 변경하는 데 소요되는 비용으로 함

② ①에 따른 비용을 지원받으려는 자는 마약 등 명칭 사용 표시·광고 변경비용 지원신청서에 다음의 서류를 첨부하여 식품의약품안전처장, 특별시장·광역시장·특별자치시장·도지사·특별자치도지사 또는 시장·군수·구청장에게 제출해야 함

ㄱ 표시·광고 현황을 확인할 수 있는 사진 등 자료

ㄴ 예상 비용을 확인할 수 있는 견적서

ㄷ 신청인이 본인임을 증명할 수 있는 신분증명서 사본

ㄹ 신청인 명의의 통장 사본(계좌번호가 기재된 면을 말함)

③ ① 및 ②에서 규정한 사항 외에 비용 지원에 필요한 세부 사항은 식품의약품안전처장이 정하여 고시함

(5) 실증방법 등

① 식품 등을 표시 또는 광고한 자가 표시 또는 광고에 대하여 실증(實證)하기 위하여 제출해야 하는 자료

ㄱ 시험 또는 조사 결과

ㄴ 전문가 견해

ㄷ 학술문헌

ㄹ 그 밖에 식품의약품안전처장이 실증을 위하여 필요하다고 인정하는 자료

② 실증자료의 제출을 요청받은 자는 실증자료를 제출할 때 다음의 사항을 적은 서면에 그 내용을 증명하는 서류를 첨부해야 함

   ㉠ 실증자료의 종류

   ㉡ 시험·조사기관의 명칭, 대표자의 성명·주소·전화번호(시험·조사를 하는 경우만 해당)

   ㉢ 실증 내용

③ 식품의약품안전처장은 ②에 따라 제출된 실증자료에 보완이 필요한 경우에는 지체 없이 실증자료를 제출한 자에게 보완을 요청할 수 있음

④ ①부터 ③까지에서 규정한 사항 외에 실증자료의 요건, 실증방법 등에 관한 세부 사항은 식품의약품안전처장이 정하여 고시함

(6) 표시 또는 광고 심의 대상 식품 등

식품 등에 관하여 표시 또는 광고하려는 자가 자율심의기구에 미리 심의를 받아야 하는 대상

① 특수영양식품(영아·유아, 비만자 또는 임산부·수유부 등 특별한 영양관리가 필요한 대상을 위하여 식품과 영양성분을 배합하는 등의 방법으로 제조·가공한 식품)

② 특수의료용도식품(정상적으로 섭취, 소화, 흡수 또는 대사할 수 있는 능력이 제한되거나 질병 또는 수술 등의 임상적 상태로 인하여 일반인과 생리적으로 특별히 다른 영양요구량을 가지고 있어, 충분한 영양공급이 필요하거나 일부 영양성분의 제한 또는 보충이 필요한 사람에게 식사의 일부 또는 전부를 대신할 목적으로 직접 또는 튜브를 통해 입으로 공급할 수 있도록 제조·가공한 식품)

③ 건강기능식품

④ 기능성표시식품(「식품 등의 표시·광고에 관한 법률 시행령」에 따라 제품에 함유된 영양성분이나 원재료가 신체조직과 기능의 증진에 도움을 줄 수 있다는 내용으로서 식품의약품안전처장이 정하여 고시하는 내용을 표시·광고하는 식품)

(7) 수수료

① 자율심의기구로부터 심의를 받는 경우 심의 수수료는 해당 자율심의기구에서 정함

② 자율심의기구가 구성되지 않아 식품의약품안전처장의 심의를 받는 경우 심의 수수료는 10만원으로 함

제
02
편

(8) **자율심의기구의 등록**

① 자율심의기구로 등록을 하려는 기관 또는 단체는 법령에 따른 요건을 갖춘 후 자율심의기구 등록 신청서에 다음의 내용을 적은 서류를 첨부하여 식품의약품안전처장에게 제출해야 함
  ㉠ 자율심의기구의 설립 근거
  ㉡ 자율심의기구의 운영 기준
  ㉢ 심의 대상
  ㉣ 심의 기준
  ㉤ 심의위원회의 설치·운영 기준
  ㉥ 심의 수수료
② ①에 따라 등록신청을 받은 식품의약품안전처장은 해당 기관 또는 단체가 등록 요건을 충족하는 경우 자율심의기구 등록증을 발급해야 함
③ ②에 따라 등록증을 발급한 식품의약품안전처장은 자율심의기구 등록 관리대장을 작성·보관해야 함
④ 자율심의기구의 등록증을 잃어버렸거나 등록증이 헐어 못 쓰게 되어 등록증을 재발급받으려는 경우에는 자율심의기구 등록증 재발급 신청서를 식품의약품안전처장에게 제출해야 함(헐어서 못 쓰게 된 등록증을 첨부)

(9) **등록사항의 변경**

자율심의기구로 등록을 한 기관 또는 단체는 다음의 사항이 변경된 경우에는 자율심의기구 등록사항 변경 신청서에 등록증과 변경내용을 확인할 수 있는 서류를 첨부하여 변경 사유가 발생한 날부터 7일 이내에 식품의약품안전처장에 제출해야 함
① 대표자 성명
② 기관 명칭
③ 기관 소재지
④ 심의 대상

(10) **회수·폐기처분 등의 기준**

회수, 압류·폐기처분 대상 식품 등은 다음과 같음
① 표시 대상 알레르기 유발물질을 표시하지 않은 식품 등
② 제조연월일 또는 소비기한을 사실과 다르게 표시하거나 표시하지 않은 식품 등
③ 그 밖에 안전과 관련된 표시를 위반한 식품 등

단원별 기출복원문제

01 농수산물의 원산지 표시 등에 관한 법령

01 원산지를 표시하여야 하는 자는 발급받은 원산지 등이 기재된 영수증이나 거래명세서 등을 매입일부터 몇 개월 동안 비치·보관해야 하는가? ★빈출

① 1개월
② 3개월
③ 6개월
④ 12개월

01 ③
해설 원산지를 표시하여야 하는 자는 「축산물 위생관리법」, 「가축 및 축산물 이력관리에 관한 법률」 등 다른 법률에 따라 발급받은 원산지 등이 기재된 영수증이나 거래명세서 등을 매입일부터 6개월간 비치·보관하여야 한다.

02 원산지 표시 등의 위반에 대한 처분 등에서 홈페이지에 공표하는 것과 관계가 먼 것은?

① 농림축산식품부
② 해양수산부
③ 교육부
④ 한국소비자원

02 ③
해설 원산지 표시 등의 위반에 대한 처분 등에서 홈페이지에 공표하는 것과 관련 있는 자는 농림축산식품부, 해양수산부, 관세청, 국립농산물품질관리원, 대통령령으로 정하는 국가검역·검사기관(국립수산물품질관리원), 특별시·광역시·특별자치시·도·특별자치도, 시·군·구, 한국소비자원, 그 밖에 대통령령으로 정하는 주요 인터넷 정보제공 사업자이다.

03 원산지 표시 위반에 대한 교육은 이수명령을 통지받은 날부터 최대 몇 개월 이내로 정하는가? ★빈출

① 1개월
② 2개월
③ 3개월
④ 4개월

03 ④
해설 원산지 표시를 위반하여 처분이 확정된 경우에는 농수산물 원산지 표시제도 교육을 명해야 하고, 이에 따른 이수명령의 이행기간은 교육 이수명령을 통지받은 날부터 최대 4개월 이내로 정한다.

04 ①
해설 농림축산식품부장관, 해양수산부장관, 관세청장, 시·도지사 또는 시장·군수·구청장은 원산지 표시를 위반하여 처분이 확정된 경우에는 농수산물 원산지 표시제도 교육을 이수하도록 명하여야 한다.

05 ③
해설 농림축산식품부장관 또는 해양수산부장관은 농수산물의 원산지 표시와 관련된 정보 중 방사성물질이 유출된 국가 또는 지역 등 국민이 알아야 할 필요가 있다고 인정되는 정보에 대하여는 「공공기관의 정보공개에 관한 법률」에서 허용하는 범위에서 이를 국민에게 제공하도록 노력하여야 한다.

06 ③
해설 유통이력 신고의무가 있는 자는 유통이력을 장부에 기록하고, 그 자료를 거래일부터 1년간 보관하여야 한다.

04 원산지 표시 위반에 따른 처분이 확정된 경우에 농수산물 원산지 표시제도 교육을 이수하도록 명하여야 하는 자로 틀린 것은?

① 식품의약품안전처장
② 해양수산부장관
③ 관세청장
④ 시·도지사 또는 시장·군수·구청장

05 농수산물의 원산지 표시와 관련된 정보 중 방사성물질이 유출된 국가 또는 지역 등 국민이 알아야 할 필요가 있다고 인정되는 정보를 제공하는 자는? 빈출

① 관세청장
② 식품의약품안전처장
③ 해양수산부장관
④ 국립농산물품질관리원

06 수입 농산물 등의 유통이력 관리에 대한 설명으로 틀린 것은? 빈출

① 농산물 및 농산물 가공품을 수입하는 자와 수입 농산물 등을 거래하는 자는 공정거래 또는 국민보건을 해칠 우려가 있는 것으로서 농림축산식품부장관이 지정하여 고시하는 농산물 등에 대한 유통이력을 농림축산식품부장관에게 신고하여야 한다.
② 소비자에 대한 판매를 주된 영업으로 하는 사업자는 제외한다.
③ 유통이력 신고의무가 있는 자는 유통이력을 장부에 기록하고, 그 자료를 거래일부터 6개월간 보관하여야 한다.
④ 유통이력신고의무자가 유통이력관리수입농산물 등을 양도하는 경우에는 이를 양수하는 자에게 유통이력 신고의무가 있음을 농림축산식품부령으로 정하는 바에 따라 알려주어야 한다.

07 농수산물 원산지 표시의 활성화를 모범적으로 시행하여 우수사례로 발굴하거나 시상할 수 있는 대상으로 틀린 것은?

① 지방자치단체   ② 개인
③ 기업 또는 단체   ④ 정부기관

08 원산지표시법상 "유통이력을 신고하지 아니하거나 거짓으로 신고한 자"에 대한 500만원 이하의 과태료 부과·징수권자는? *빈출*

① 농림축산식품부장관
② 해양수산부장관
③ 농림축산식품부장관, 해양수산부장관
④ 관세청장, 시·도지사

09 원산지표시법상 "교육 이수명령을 이행하지 아니한 자"의 500만원 이하의 과태료 부과·징수권자는? *빈출*

① 농림축산식품부장관
② 해양수산부장관
③ 농림축산식품부장관, 해양수산부장관
④ 농림축산식품부장관, 해양수산부장관, 관세청장, 시·도지사 또는 시장·군수·구청장

10 원산지 표시대상 농수산물이나 그 가공품에 대한 수거·조사를 위한 자체 계획에 따른 추진 실적 등을 평가할 때의 평가 사항으로 틀린 것은?

① 농수산물 원산지 표시 기준표
② 자체계획 목표의 달성도
③ 추진 과정의 효율성
④ 인력 및 재원 활용의 적정성

---

07 ④

해설 농림축산식품부장관 또는 해양수산부장관은 농수산물 원산지 표시의 활성화를 모범적으로 시행하고 있는 지방자치단체, 개인, 기업 또는 단체에 대하여 우수사례로 발굴하거나 시상할 수 있다.

08 ①

해설 원산지표시법 제18조 제2항 제2호부터 제5호에 따른 500만원 이하의 과태료 부과·징수권자는 농림축산식품부장관으로 해당 내용은 다음과 같다.
• 유통이력을 신고하지 아니하거나 거짓으로 신고한 자
• 유통이력을 장부에 기록하지 아니하거나 보관하지 아니한 자
• 수입 농수산물 등의 유통이력 관리에 따른 유통이력 신고의무가 있음을 알리지 아니한 자
• 유통이력관리수입농산물 등의 사후관리를 위반하여 수거·조사 또는 열람을 거부·방해 또는 기피한 자

09 ④

해설 원산지표시법 제18조 제2항 제1호(교육 이수명령을 이행하지 아니한 자)에 따른 500만원 이하의 과태료 부과·징수권자는 농림축산식품부장관, 해양수산부장관, 관세청장, 시·도지사 또는 시장·군수·구청장이다.

10 ①

해설 농림축산식품부장관, 해양수산부장관, 관세청장이나 시·도지사는 관련 법에 따라 원산지 표시대상 농수산물이나 그 가공품에 대한 수거·조사를 위한 자체 계획에 따른 추진 실적 등을 평가할 때에는 자체계획 목표의 달성도, 추진 과정의 효율성, 인력 및 재원 활용의 적정성을 중심으로 평가해야 한다.

11 ④

해설 농수산물 원산지 표시제도 교육에 포함되어야 하는 내용은 원산지 표시 관련 법령 및 제도, 원산지 표시방법 및 위반자 처벌에 관한 사항이다.

12 ③

해설 "교육 이수명령을 이행하지 아니한 자"는 500만원 이하의 과태료 대상자이다.

13 ①

해설 과징금 통보를 받은 자는 납부 통지일부터 30일 이내에 과징금을 농림축산식품부장관, 해양수산부장관, 관세청장, 시·도지사나 시장·군수·구청장이 정하는 수납기관에 내야 한다.

14 ③

해설 원산지 교육대상자가 둘 이상의 장소에서 영업을 하는 경우 등이 해당된다.

11 농수산물 원산지 표시제도 교육에 포함하여야 하는 내용으로 틀린 것은? 빈출

① 원산지 표시 관련 법령 및 제도
② 원산지 표시방법
③ 위반자 처벌에 관한 사항
④ 처분을 2년 이내에 1회 이상 받은 자

12 농수산물의 원산지 표시 등에 관한 법률상 1천만원 이하의 과태료 대상으로 틀린 것은?

① 원산지 표시를 하지 아니한 자
② 원산지의 표시방법을 위반한 자
③ 교육 이수명령을 이행하지 아니한 자
④ 임대점포의 임차인 등 운영자가 거짓 표시 등의 금지에 해당하는 행위를 하는 것을 알았거나 알 수 있었음에도 방치한 자

13 농수산물의 원산지 표시 등에 관한 법률 시행령상 과징금의 납부 기간으로 옳은 것은? 빈출

① 30일　　　　　　② 60일
③ 90일　　　　　　④ 100일

14 농수산물 원산지 표시제도 교육 등에서 "농림축산식품부와 해양수산부의 공동부령으로 정하는 사유"에 해당되지 않는 것은?

① 법에 따른 원산지 교육을 받아야 하는 자(원산지 교육대상자)가 질병, 사고, 구속 및 천재지변으로 교육 이수명령의 이행기간 내에 교육을 받을 수 없는 경우
② 원산지 교육대상자가 영업에 직접 종사하지 아니하는 경우
③ 원산지 교육대상자가 하나 이하의 장소에서 영업을 하는 경우
④ 원산지 교육대상자가 둘 이상의 장소에서 영업을 하는 경우

15 원산지 표시 우수사례에 대한 시상 등에서 시상할 수 있는 농수산물 원산지 표시 우수사례에 해당하지 않는 것은?

① 원산지 표시제도 활성화 우수사례
② 원산지 표시 지도·점검 우수사례
③ 원산지 표시제도 개선 우수사례
④ 모두 해당되지 않음

02 식품 등의 표시·광고에 관한 법령

01 식품 등의 표시·광고에 관한 법률상 용어의 정의로 틀린 것은?

① 식품이란 모든 음식물(의약으로 섭취하는 것은 제외)을 말한다.
② 식품첨가물이란 해외에서 국내로 수입되는 식품첨가물은 제외한다.
③ 건강기능식품이란 인체에 유용한 기능성을 가진 원료나 성분을 사용하여 제조(가공을 포함)한 식품을 말한다.
④ 축산물이란 식육·포장육·원유(原乳)·식용란(食用卵)·식육가공품·유가공품·알가공품을 말한다.

02 식품 등의 표시·광고에 관한 법률상 "영업자"에 해당하지 않는 자는?

★빈출

① 「건강기능식품에 관한 법률」에 따라 허가를 받은 자 또는 신고를 한 자
② 「식품위생법」에 따라 허가를 받은 자 또는 신고하거나 등록을 한 자
③ 「축산물 위생관리법」에 따라 허가를 받은 자 또는 신고를 한 자
④ 「수입식품안전관리 특별법」에 따라 영업신고를 한 자

15 ④

해설 시상할 수 있는 농수산물 원산지 표시 우수사례
• 원산지 표시제도 활성화 우수사례
• 원산지 표시 지도·점검 우수사례
• 원산지 표시제도 개선 우수사례
→ 따라서 모두 해당된다.

01 ②

해설 식품 등의 표시·광고에 관한 법률상 식품첨가물이란 「식품위생법」에 따른 식품첨가물[식품을 제조·가공·조리 또는 보존하는 과정에서 감미, 착색, 표백 또는 산화방지 등을 목적으로 식품에 사용되는 물질(기구·용기·포장을 살균·소독하는 데에 사용되어 간접적으로 식품으로 옮아갈 수 있는 물질을 포함]로 해외에서 국내로 수입되는 식품첨가물을 포함한다.

02 ④

해설 「수입식품안전관리 특별법」에 따라 영업등록을 한 자가 영업자에 해당한다.

03 ①

해설 **건강기능식품 표시의 기준**
- 제품명, 내용량 및 원료명
- 영업소 명칭 및 소재지
- 소비기한 및 보관 방법
- 섭취량, 섭취 방법 및 섭취 시 주의 사항
- 건강기능식품이라는 문자 또는 건강기능식품임을 나타내는 도안
- 질병의 예방 및 치료를 위한 의약품이 아니라는 내용의 표현
- 「건강기능식품에 관한 법률」에 따른 기능성에 관한 정보 및 원료 중에 해당 기능성을 나타내는 성분 등의 함유량
- 그 밖에 소비자에게 해당 건강기능식품에 관한 정보를 제공하기 위하여 필요한 사항으로서 총리령으로 정하는 사항

04 ②

해설 식품 등의 표시의 기준에 따라 표시의무자, 표시사항 및 글씨크기·표시장소 등 표시방법에 관하여는 총리령으로 정한다.

05 ④

해설 **심의위원회 위원의 자격**
- 식품 등 관련 산업계에 종사하는 사람
- 소비자단체의 장이 추천하는 사람
- 대한변호사협회에 등록한 변호사로서 대한변호사협회의 장이 추천하는 사람
- 식품 등의 안전을 주된 목적으로 하는 단체(비영리민간단체)의 장이 추천하는 사람
- 그 밖에 식품 등의 표시·광고에 관한 학식과 경험이 풍부한 사람

03 식품 등의 표시·광고에 관한 법률상 건강기능식품 표시의 기준으로 틀린 것은? 빈출

① 원산지 표시
② 제품명, 내용량 및 원료명
③ 영업소 명칭 및 소재지
④ 섭취량, 섭취 방법 및 섭취 시 주의사항

04 식품 등의 표시·광고에 관한 법률상 표시의무자, 표시사항 및 글씨크기·표시장소 등 표시방법에 관하여 정하는 자는? 빈출

① 대통령
② 총리
③ 식품의약품안전처장
④ 농림축산식품부장관

05 식품 등의 표시·광고를 심의하기 위하여 10명 이상 25명 이하의 위원으로 구성되는 심의위원회 위원의 자격으로 틀린 것은?

① 식품 등 관련 산업계에 종사하는 사람
② 소비자단체의 장이 추천하는 사람
③ 대한변호사협회에 등록한 변호사로서 대한변호사협회의 장이 추천하는 사람
④ 영리민간단체에 따라 식품 단체의 장이 추천하는 사람

06 다음 ( ) 안에 들어갈 말로 옳은 것은? 🏷️빈출

> 식품 등의 표시·광고에 관한 법률상 영업자 중 허가를 받거나 등록을 한 영업자가 식품 등의 명칭, 제조 방법, 성분 등 대통령령으로 정하는 사항을 위반하여 표시 또는 광고를 한 경우 ( ) 이내의 기간을 정하여 그 영업의 전부 또는 일부를 정지하거나 영업허가 또는 등록을 취소할 수 있다.

① 1개월　　　　　　② 3개월
③ 6개월　　　　　　④ 12개월

06 ③

해설 영업의 정지
식품의약품안전처장, 시·도지사 또는 시장·군수·구청장은 영업자 중 허가를 받거나 등록을 한 영업자가 식품 등의 명칭, 제조 방법, 성분 등 대통령령으로 정하는 사항을 위반하여 표시 또는 광고를 한 경우 6개월 이내의 기간을 정하여 그 영업의 전부 또는 일부를 정지하거나 영업허가 또는 등록을 취소할 수 있다.

07 다음 ( ) 안에 들어갈 말로 옳은 것은? 🏷️빈출

> 표시 또는 광고의 심의 기준 등에서 식품의약품안전처장은 심의 신청을 받은 경우에는 심의 신청을 받은 날부터 ( )일 이내에 심의 결과를 신청인에게 통지해야 한다. 다만, 부득이한 사유로 그 기간 내에 처리할 수 없는 경우에는 신청인에게 심의 지연 사유와 처리 예정기한을 통지해야 한다.

① 10일　　　　　　② 20일
③ 30일　　　　　　④ 60일

07 ②

해설 표시 또는 광고의 심의 기준
식품의약품안전처장은 심의 신청을 받은 경우에는 심의 신청을 받은 날부터 20일 이내에 심의 결과를 신청인에게 통지해야 한다. 다만, 부득이한 사유로 그 기간 내에 처리할 수 없는 경우에는 신청인에게 심의 지연 사유와 처리 예정기한을 통지해야 한다.

08 다음 ( ) 안에 들어갈 말로 옳은 것은?

> 위반행위의 횟수에 따른 과태료의 가중된 부과기준은 최근 ( ) 간 같은 위반행위(법 제5조 제3항의 위반행위의 경우에는 품목과 영양성분이 같은 경우만 해당)로 과태료 부과처분을 받은 경우에 적용한다.

① 1년　　　　　　② 2년
③ 3년　　　　　　④ 4년

08 ②

해설 과태료의 부과기준
위반행위의 횟수에 따른 과태료의 가중된 부과기준은 최근 2년간 같은 위반행위(법 제5조 제3항의 위반행위의 경우에는 품목과 영양성분이 같은 경우만 해당)로 과태료 부과처분을 받은 경우에 적용한다. 이 경우 기간의 계산은 위반행위에 대하여 과태료 부과처분을 받은 날과 그 처분 후 다시 같은 위반행위를 하여 적발된 날을 기준으로 한다.

제 02 편

09 다음 ( ) 안에 들어갈 말로 옳은 것은?

> 과징금을 부과 및 납부할 것을 서면으로 통지를 받은 자는 통지를 받은 날부터 ( )일 이내에 식품의약품안전처장, 시·도지사 또는 시장·군수·구청장이 정하는 수납기관에 과징금을 납부해야 한다.

① 10일
② 20일
③ 30일
④ 40일

10 다음의 (①), (②)의 순서대로 들어갈 내용으로 옳은 것은?

> 식품의약품안전처장, 시·도지사 또는 시장·군수·구청장은 과징금 납부의무자에게 과징금 부과의 납부기한이 지난 후 (①) 이내에 독촉장을 발부해야 하고, 납부기한은 독촉장을 발부하는 날부터 (②) 이내로 해야 한다.

① 10일, 10일
② 10일, 15일
③ 15일, 10일
④ 15일, 15일

11 과징금의 납부기한 연기 및 분할 납부에 대한 설명으로 틀린 것은?
① 과징금의 금액이 500만원 이상인 경우에는 납부기한을 연기하거나 분할 납부하게 할 수 있다.
② 과징금의 납부기한을 연기하는 경우에는 그 납부기한의 다음 날부터 1년을 초과할 수 없다.
③ 분할된 납부기한 간의 간격은 4개월 이내로 한다.
④ 분할 납부의 횟수는 3회 이내로 한다.

12 다음 ( ) 안에 들어갈 말로 옳은 것은?

> 자율심의기구가 구성되지 않아 식품의약품안전처장의 심의를 받는 경우 심의 수수료는 ( )으로 한다.

① 10만원   ② 30만원

③ 50만원   ④ 100만원

13 식품 등의 표시 기준에 의해 표시해야 하는 대상 성분으로 틀린 것은?

빈출

① 열량   ② 칼륨

③ 나트륨   ④ 콜레스테롤

14 식품 등의 표시·광고에 관하여 교육 및 홍보를 해야 하는 사항으로 틀린 것은? *빈출*

① 표시의 기준에 관한 사항

② 영양표시에 관한 사항

③ 나트륨 함량의 비교 표시에 관한 사항

④ 홍보의 기준에 관한 사항

15 다음 중 부당한 표시 또는 광고 행위의 금지에 관한 내용으로 옳지 않은 것은?

① 건강기능식품을 건강기능식품으로 인식할 우려가 있는 표시 또는 광고

② 거짓·과장된 표시 또는 광고

③ 다른 업체나 다른 업체의 제품을 비방하는 표시 또는 광고

④ 객관적인 근거 없이 자기 또는 자기의 식품 등을 다른 영업자나 다른 영업자의 식품 등과 부당하게 비교하는 표시 또는 광고

---

12 ①

해설 **수수료**
- 자율심의기구로부터 심의를 받는 경우 심의 수수료는 해당 자율심의기구에서 정한다.
- 자율심의기구가 구성되지 않아 식품의약품안전처장의 심의를 받는 경우 심의 수수료는 10만원으로 한다.

13 ②

해설 식품 등의 표시 기준에 의해 표시해야 하는 영양성분은 열량, 나트륨, 탄수화물, 당류, 지방, 트랜스지방(Trans Fat), 포화지방(Saturated Fat), 콜레스테롤(Cholesterol), 단백질, 영양표시나 영양강조표시를 하려는 경우에는 1일 영양성분 기준치에 명시된 영양성분이다.

14 ④

해설 **교육 및 홍보의 내용**
- 표시의 기준에 관한 사항
- 영양표시에 관한 사항
- 나트륨 함량의 비교 표시에 관한 사항
- 광고의 기준에 관한 사항
- 부당한 표시 또는 광고행위의 금지에 관한 사항
- 그 밖에 소비자의 식생활에 도움이 되는 식품 등의 표시·광고에 관한 사항

15 ②

해설 건강기능식품이 아닌 것을 건강기능식품으로 인식할 우려가 있는 표시 또는 광고가 부당한 표시 또는 광고행위에 해당한다.

16 ①

해설 "건강기능식품을 자동판매기에 넣어 판매하는 건강기능식품일반판매 준수사항을 지키지 않은 영업자"는 50만원의 과태료 대상자이다(건강기능식품에 관한 법률 시행규칙 별표 12).

16 건강기능식품 판매업 위반사항 중 100만원의 과태료 대상자로 틀린 것은?

① 건강기능식품을 자동판매기에 넣어 판매하는 건강기능식품일반판매 준수사항을 지키지 않은 영업자

② 건강기능식품의 안전성 또는 기능성에 문제가 있거나 품질이 불량한 사항을 확인하거나 알게 된 때에 해당 제품을 회수하지 않거나 그 기록을 2년간 보관하지 않은 영업자

③ 포장된 건강기능식품을 소분하여 판매한 영업자

④ 우수건강기능식품제조기준 적용업소로 지정받지 않은 업소에 제품생산을 의뢰하여 제조한 건강기능식품유통전문판매업 영업자

PART

02

조리기능장 CBT 기출복원 모의고사

01 빈출

병원성대장균 식중독에 대한 설명으로 틀린 것은?

① 병원성대장균은 그람음성 간균이고 아포가 없다.

② O157:H7은 출혈성 대장염을 일으킨다.

③ 어패류가 주요 원인 식품이다.

④ 개인위생과 환경위생관리를 철저히 하는 것이 예방법이다.

해설

병원성대장균에 의한 식중독은 주로 햄, 치즈, 소시지, 분유, 도시락이나 그 가공품 등이 문제가 된다.

02 빈출

수중유기성 물질의 오염 정도를 평가하는 항목으로 옳은 것은?

① 부유물질량

② 대장균군수

③ 생화학적 산소요구량

④ 물리화학적 산소요구량

해설

생화학적 산소요구량(BOD)

수중의 유기물이 미생물에 의해 분해될 때 필요로 하는 산소요구량을 뜻한다. 수치가 높을수록 분해할 수 있는 유기물질이 많이 함유되어 있으므로 오염도가 높다.

03

유지의 중합에 의한 변질로 틀린 것은?

① 유지를 가열하였을 때 일어난다.

② 불포화도가 큰 유지일수록 잘 일어난다.

③ 단일화합물이며, 변색의 원인 물질이다.

④ 산화 유지에서 생성된 중합체는 동물에 해롭다.

해설

유지는 여러 가지 글리세리드로 이루어진 복합체이며, 변색과는 관련성이 적다.

04 빈출

통조림에 번식하여 용기 팽창의 원인이 되는 혐기성 포자 형성 세균은?

① 바실루스 서브틸리스(Bacillus Subtilis)

② 클로스트리디움 보툴리눔(Clostridium Botulinum)

③ 바실루스 세레우스(Bacillus Cereus)

④ 바실루스 스테아로서모필루스(Bacillus Stearothermophilus)

해설

클로스트리디움 보툴리눔

• 보툴리누스 식중독의 원인 독소이며, 아포 상태로 흙이나 바다, 하천 등에 분포되어 있다.

• 통조림이나 병조림 식품, 소시지, 채소, 어육, 유제품 등이 혐기적 상태가 되면 증식한다.

05

생선을 석쇠에 구울 때 석쇠를 먼저 달구어 살이 달라붙는 것을 방지하는 원리는?

① 지방의 용해

② 단백질의 열변성

③ 탄수화물의 호화

④ 수분 반출

해설

단백질이 열변성되면 응고가 일어나므로, 생선 살이 석쇠에 달라붙지 않게 된다.

정답   01 ③   02 ③   03 ③   04 ②   05 ②

06 ⭐빈출

질긴 고기를 오래 끓이면 조직이 연해지는 주된 이유는?

① 미오신이 응고되면서 연해지기 때문이다.
② 지방이 용출되기 때문이다.
③ 콜라겐이 가용성의 젤라틴으로 변하기 때문이다.
④ 엘라스틴이 가용성 물질로 변하기 때문이다.

해설

질긴 고기를 오래 끓이면 결합조직인 콜라겐이 가열로 인해 가수분해되어 연한 조직인 젤라틴으로 변하므로 고기가 연해진다.

07

비감염성 질병의 집단 발생 특징에 관한 설명으로 틀린 것은?

① 직접적인 원인을 찾기가 어렵다.
② 다양한 원인의 상호관계로 발생하는 경우가 많다.
③ 발병하는 데 상당한 시간이 경과한다.
④ 질병 발생 시점을 정확히 알 수 있다.

해설

비감염성 질병
여러 종류의 위험인자가 상호 복합적으로 작용해 질환을 유발하므로, 직접적인 원인을 찾기가 어렵고, 잠복기가 불특정하므로 질병의 발생 시점을 정확하게 알 수 없다.

08 ⭐빈출

환기가 없는 시설에 많은 사람이 있을 때 불쾌감, 두통, 현기증 등의 생리적 이상을 초래하는 현상은?

① 이산화탄소 중독
② 중금속 중독
③ 열중증
④ 군집독

해설

군집독
환기시설이 없는 곳에 많은 사람이 있으면 불쾌감, 두통, 권태, 현기증, 두통, 식욕 저하 등의 증세가 나타난다.

09 ⭐빈출

다음 중 곰팡이 독의 원인 식품과 주된 증상이 틀린 것은?

① 아플라톡신(Aflatoxin) – 보리 : 간 출혈
② 시트리오비리딘 (Citreoviridin) – 쌀 : 신경독
③ 루테오스키린(Luteoskyrin) – 콩 : 간장독
④ 시트리닌(Citrinin) – 쌀 : 신장독

해설

루테오스키린(Luteoskyrin)은 황변미의 독으로, 간장독을 일으킨다.

10

다음 중 식품위생법의 목적이 아닌 것은?

① 식품으로 인한 위생상의 위해 방지
② 식품영양의 질적 향상 도모
③ 감염병의 발생과 유행을 방지
④ 국민 건강의 보호·증진에 이바지함

해설

• 식품위생법의 목적 : 식품으로 인하여 생기는 위생상의 위해(危害)를 방지하고 식품영양의 질적 향상을 도모하며 식품에 관한 올바른 정보를 제공함으로써 국민 건강의 보호·증진에 이바지함을 목적으로 한다.
• 감염병의 예방 및 관리에 관한 법률의 목적 : 국민 건강에 위해(危害)가 되는 감염병의 발생과 유행을 방지하고, 그 예방 및 관리를 위하여 필요한 사항을 규정함으로써 국민 건강의 증진 및 유지에 이바지함을 목적으로 한다.

11

생선류, 육류 등을 볶거나 구운 후 냄비에 붙어 있는 즙에 포도주나 꼬냑 등을 넣어 소스를 만드는 과정 또는 다시 녹이는 과정을 뜻하는 용어는?

① 데글라세(Deglacer)
② 데브리데(Debrider)
③ 부케가르니(Bouquet-Grani)
④ 시즐레(Ciseler)

정답 06 ③   07 ④   08 ④   09 ③   10 ③   11 ①

- 데글라세 : 채소, 가금류, 육류 등을 프라이팬에 구운 다음 팬에 남아있는 국물을 포도주나 꼬냑 등을 넣어 끓여서 소스로 만들어 내는 것
- 데브리데 : 닭이나 가금류 조리 시 고기에 꿰맸던 실을 조리 후에 풀어내는 것
- 부케가르니 : 수프 등에 향기를 더하기 위해 넣는 것으로 파슬리, 후추, 대파 따위로 만든 작은 다발
- 시즐레 : 생선이나 육류에 칼집을 넣는 것

12

전분의 호화가 일어나는 단계를 순서대로 설명한 것은?

㉠ 교질용액	㉡ 팽윤	㉢ 수화
㉣ 입자 붕괴	㉤ 현탁액	

① ㉤ → ㉢ → ㉣ → ㉡ → ㉠
② ㉤ → ㉢ → ㉡ → ㉣ → ㉠
③ ㉠ → ㉢ → ㉡ → ㉣ → ㉤
④ ㉠ → ㉢ → ㉣ → ㉡ → ㉤

전분의 호화
- 전분에 물을 붓고 열을 가했을 때 전분 입자에 물 분자가 침투하여 팽윤되면서 점성이 높은 반투명의 콜로이드 상태로 되는 것
- 현탁액 → 수화 → 팽윤 → 입자 붕괴 → 교질용액(콜로이드 상태)

13 ✈빈출

고정자산의 소모, 손상에 의한 가치의 감소를 연도에 따라 할당, 계산하여 자산 가격을 감소시켜 나가는 것은?

① 감가상각 ② 재고조사
③ 재무제표 ④ 손익분기점

감가상각
고정자산의 감가를 일정한 내용연수에 따라 일정한 비율로 할당하여 비용으로 계산하는 절차를 말한다.

14

검수 장소에 대한 설명으로 옳은 것은?

① 액체의 검수를 위해서는 안전하게 맨바닥에서 한다.
② 검수 장소의 조명은 300Lux 정도로 밝아야 한다.
③ 검수 장소는 공간의 효율 측면에서 별도로 필요하지 않으므로 주방에서 검수한다.
④ 검수 장소에는 저울과 온도계가 있어야 한다.

- 검수대에는 온도계와 저울이 있어야 하고, 항상 청결을 유지해야 한다.
- 검수 시 검수실을 별도로 갖추어야 하며, 식재료를 검수대에 올려놓고 검수한다.
- 검수 장소의 조명은 540Lux 이상이 좋다.
- 검수가 끝난 식재료는 곧바로 전처리 과정을 거치도록 하되 온도 관리를 해야 하는 것은 전처리 전에 냉장·냉동보관한다.

15 ✈빈출

식품안전관리인증기준(HACCP)에 대한 설명으로 틀린 것은?

① 식품의 위해 방지를 위한 사전 예방적 식품 안전 관리체계이다.
② 국제식품규격위원회(Codex)의 기준에 의해 규정된 12원칙 7절차에 따라 체계적인 접근 방식을 적용한다.
③ 국내에서는 대상 식품에 대해서 업소 규모에 따라 연차적·단계적으로 적용이 의무화되고 있다.
④ 미국, 캐나다, EU 등 선진국에서는 수산물, 식육제품, 주스류 등에 적용이 의무화되어 있다.

식품안전관리인증(HACCP)
- 국제식품규격위원회(CODEX)에 의해 규정된 7원칙과 12절차에 따라 HACCP가 적용된다.
- 식품의 원재료 생산에서부터 제조·가공·보존·유통 관계를 거쳐서 최종소비자의 손에 들어가기까지의 모든 단계에서 위해를 분석, 예방, 사전 감시 및 관리하는 방법이다.

16 ★빈출

식품과 독성분의 연결이 틀린 것은?

① 독버섯 - Muscarine ② 맥각 - Ergotoxin
③ 복어 - Tetrodotoxin ④ 미나리 - Gossypol

> **해설**
>
> 미나리에는 식물성 자연 독성분인 시큐톡신(Cicutoxin)이 들어 있고, 고시폴(Gossypol)은 면실유의 식물성 독성분이다.

17 ★빈출

인수공통감염병으로 짝지어진 것은?

① 결핵, 홍역 ② 폴리오, 파상풍
③ 백일해, 렙토스피라증 ④ 공수병, 탄저

> **해설**
>
> **인수공통감염병**
> - 일본뇌염
> - 탄저
> - 큐열
> - 장출혈성대장균감염증
> - 중증급성호흡기증후군(SARS)
> - 변종 크로이츠펠트 - 야콥병(vCJD)
> - 중증열성혈소판감소증후군(SFTS)
> - 장관감염증(살모넬라균 감염증, 캄필로박터균 감염증)
> - 브루셀라증
> - 공수병
> - 결핵
> - 동물인플루엔자 인체감염증

18

다음 중 식품에 존재할 수 있는 경구감염 기생충과 관련 식품의 연결이 틀린 것은?

① 유구조충 - 돼지고기
② 광절열두조충 - 송어, 연어
③ 아니사키스 - 해산어류
④ 선모충 - 소고기

> **해설**
>
> 선모충은 돼지고기나 개고기에 의해 감염되는 기생충이다.

19

착색료인 베타카로틴(β-carotene)에 대한 설명으로 틀린 것은?

① 치즈, 버터, 마가린 등에 많이 사용된다.
② 비타민 A의 전구물질이다.
③ 산화되지 않는다.
④ 자연계에 널리 존재하고 합성에 의해서도 얻는다.

> **해설**
>
> **베타카로틴(β-carotene)**
> 녹황색 채소에 많이 함유된 카로티노이드 중의 하나인 붉은색 천연색소이며, 산화된다.

20 ★빈출

다음 식품첨가물에 대한 설명으로 옳은 것은?

① 식품첨가물은 천연물도 있지만, 대부분은 화학적 합성품으로 화학적 합성품의 경우 위생상 지장이 없다고 인정되어 지정·고시된 것만을 사용할 수 있다.
② 식품첨가물 중 화학적 합성품이란 화학적 수단에 의하여 분해하거나 기타의 화학적 반응에 의해 얻어지는 모든 물질을 말한다.
③ 식품은 부패나 변질이 매우 쉬운 제품이므로, 어떤 식품에든 미생물의 증식이 효과적으로 억제될 수 있는 보존료를 사용하여야만 제조·허가될 수 있다.
④ 타르(Tar)색소란 천연에서 추출한 색소를 말하며, 대부분의 타르색소는 안전성이 인정되어 식품에 사용하는 데 제한이 없다.

> **해설**
>
> 식품첨가물은 대부분이 화학적으로 만들어진 합성품이며, 이러한 화학적 합성품의 경우 위생상 지장이 없다고 인정되어 지정·고시된 것만 사용할 수 있다.

정답 16 ④ 17 ④ 18 ④ 19 ③ 20 ①

21 ✈빈출

다음 변질 현상에 대한 설명으로 옳은 것은?

① 탄수화물이 분해되는 현상을 부패라 한다.
② 지방이 분해되는 현상을 발효라 한다.
③ 단백질 식품이 본래의 성질을 잃고 악취를 발생하는 현상을 부패라 한다.
④ 지방이 분해되는 현상을 변성이라 한다.

해설
• 부패 : 유기물이 미생물의 작용으로 유해한 물질을 형성하고 악취를 내는 현상
• 발효 : 탄수화물이 미생물의 분해를 받아 알코올 또는 각종 유기산을 생성하는 현상
• 산패 : 유지성분이 공기 중에 산화되어 불쾌한 냄새가 나고 빛깔이 변하는 현상

22 ✈빈출

콜린에스테라아제(Cholinesterase)의 작용을 억제하고 급성중독 때 동공축소, 청색증(Cyanosis), 경련 등을 일으키고 혼수상태에 빠지며, 만성중독 때는 마비, 신경염 등을 일으키는 농약은?

① 금속함유농약　　② 유기염소제농약
③ 유기인제농약　　④ 수분 방출

해설
유기인제농약
• 뛰어난 살충효과를 가지고 있으나 독성이 강하고, 급성중독 사고가 자주 발생한다.
• 급성중독 시 동공축소, 청색증, 경련, 혼수상태 등을 일으키고, 만성중독 시 마비, 신경염 등을 일으킨다.

23

다음 중 유화액이 아닌 것은?

① 프렌치드레싱　　② 치즈
③ 우유　　　　　　④ 생크림

해설
• 유화액은 유화에 의해서 분산 작용을 하는 액상 물질로, 수중유적형과 유중수적형이 있다.
• 치즈는 우유의 단백질을 레닌과 산으로 응고시킨 후 발효시켜 만든 것으로, 유화액이 아니다.

24

생선, 돼지고기 또는 닭고기 등을 조리할 때 탈취 효과를 높이기 위해 생강을 넣는 시기와 원리를 옳게 설명한 것은?

① 처음부터 - 탄수화물의 열변성
② 끓은 후 - 단백질의 열변성
③ 완성되기 직전 - 지방질의 열변성
④ 완성된 후 - 진저론의 열변성

해설
단백질의 변성은 높은 온도일 때 일어나므로 끓은 후에 생강을 넣는 것이 탈취 효과에 좋다.

25

식당을 개업할 당시 냉장고를 200만원에 구입하였다. 10년간 사용할 예정으로 감가상각비를 정액법으로 산출할 때 매년 계상되는 감가상각비는 얼마인가? (단, 잔존가치는 매입가의 10%로 추정한다.)

① 21만원　　　　　② 20만원
③ 19만원　　　　　④ 18만원

해설

$$감가삼각비(정액법) = \frac{기초가격 - 잔존가격}{내용연수}$$

$$= \frac{2,000,000 - 200,000}{10} = 18만원$$

정답　　21 ③　22 ③　23 ②　24 ②　25 ④

26 빈출

식품 재료의 저장에 관련된 내용 중 옳은 것은?

① 채소, 생선 등의 식품을 일시적으로 저장하려면 습도 75~98% 정도의 냉장고에 보관한다.
② 육류를 장기로 보관할 때는 완만 동결한 후 냉장고에 보관한다.
③ 미역 등의 건조 재료는 습도 20~30%에서 보관한다.
④ 선반은 벽면으로부터 25cm 정도 떨어지게, 바닥 면은 붙여서 설치하여야 한다.

해설

• 육류는 장기 저장 시 −30 ~ −29℃에서 급속 동결한다.
• 미역 등의 해조류는 그대로 말려서(소건법) 저장한다.
• 선반과 벽의 간격은 최소 30cm 정도가 좋다.

27 빈출

반상 차림에서 첩수에 들어가지 않는 것끼리 묶인 것은?

① 숙채, 조림, 회
② 전, 구이, 장과
③ 국, 김치, 젓갈
④ 찜, 찌개, 장류

해설

기본식(밥, 국, 찌개, 찜, 김치, 장류)은 첩수에 들어가지 않는다.

28

다음 중 조리의 목적으로 틀린 것은?

① 영양소의 흡수를 좋게 한다.
② 식품 중의 병원성 세균과 해충을 제거한다.
③ 식품 중의 영양소 자체를 증가시킨다.
④ 식품의 외관을 아름답게 하여 식욕을 증가시킨다.

해설

조리는 영양효율과 저장성을 높이고 향미를 주지만, 조리 과정 중 영양소의 손실이 있다.

29

원가 구성이 다음과 같을 때 원가율을 40%로 한다면 판매가는 약 얼마인가?

• 직접재료비 3,500원	• 간접재료비 100원
• 임금 200원	• 수당 50원
• 직접경비 100원	• 간접경비 50원

① 9,114원
② 9,625원
③ 9,750원
④ 10,000원

해설

원가에 의한 가격 결정

$$판매가격 = \frac{제조원가}{원가비율} \times 100 \quad \frac{4,000}{40} \times 100 = 10,000원$$

30

붉은살생선과 비교한 흰살생선의 특징으로 옳은 것은?

① 바다의 표면 가까이 살면서 운동량이 많다.
② 단시간에 상하기 쉽다.
③ 5~20% 정도의 지방을 함유한다.
④ 사후강직의 시간이 길다.

해설

• 육질이 백색을 띠는 흰살생선인 광어, 도미, 명태, 대구, 조기 등은 깊은 바다에 살고 있는데, 흰살생선은 붉은살생선과 비교하여 근육단백질의 조성이 다르고 근형질 단백질의 함량이 낮다.
• 지방의 함량은 생선의 종류에 따라 매우 다르지만 붉은살생선의 지방 함량은 5~20% 정도이며, 수분이 적은 것일수록 지방이 많다. 즉, 흰살생선보다 붉은살생선에 지방이 더 많다.

정답   26 ①   27 ④   28 ③   29 ④   30 ④

31 ⭐빈출

급식 생산 과정에 따른 조리시설과 조리기기의 연결이 옳은 것은?

① 구매 및 검수 - 검수대, 계량기, 싱크대
② 수납과 저장 - 냉장고, 일반저장고, 싱크대
③ 전처리 - 싱크대, 구근탈피기, 절단기
④ 조리 - 그릴, 취반기, 브로일러

해설

- 전처리 : 가공 전 재료에 화학적·물리적 작용을 가하여 조리하기 알맞은 상태로 만드는 것
- 취반기 : 대량으로 밥을 짓는 기기
- 구근탈피기 : 감자 등의 껍질을 제거하는 조리기기

32

두부에 대한 설명으로 틀린 것은?

① 소화율이 95%로 간편한 콩 가공품이다.
② 단백질이 풍부하고 저렴하며, 우리 생활에 많이 쓰이는 식품이다.
③ 콩을 갈아 응고제를 첨가하여 두부를 만든다.
④ 대두 단백질 대부분은 카세인(Casein)이다.

해설

대두의 단백질은 글리시닌으로, 카세인은 우유 단백질이다.

33

소스나 크림 등을 만들 때 전분가루나 밀가루가 덩어리가 생기지 않도록 전분 입자를 분리하는 역할을 하는 재료로 부적당한 것은?

① 냉수
② 설탕
③ 소금
④ 버터

해설

- 전분 입자를 분리하는 요인에는 설탕, 버터(지방), 냉수 등이 있다.
- 전분 분리 방법
  - 냉수로 전분 입자를 분리하여 온수를 붓고 끓인다.
  - 설탕을 전분과 고루 섞고 나중에 온수를 부어 가열한다.
  - 버터를 전분에 분리한 후 찬 우유를 넣고 끓인다.

34 ⭐빈출

고기의 연화 방법으로 적합하지 않은 것은?

① 고기의 양념에 키위를 갈아 넣는다.
② 고기를 결 반대 방향으로 썰어 조리한다.
③ 고기에 설탕 대신 꿀을 첨가하여 조미한다.
④ 고기에 식소다를 첨가하여 조리한다.

해설

- 육류에 산성의 과즙이나 토마토를 가하거나 결 반대 방향으로 썰면 연화 효과가 좋아진다.
- 식소다(중탄산나트륨)는 알칼리성이기 때문에 연화 효과를 방해할 수 있다.

35

튀김(Frying)에 대한 설명 중 옳은 것은?

① 습열조리 방법이다.
② 비타민의 손실이 큰 조리법이다.
③ 튀김옷은 강력분을 사용하는 것이 좋다.
④ 튀김기름은 발연점이 높은 것이 좋다.

해설

튀김(Frying)

- 건열조리 방법으로, 튀김옷으로는 박력분을 사용하며, 수분과 육즙의 유출 및 영양소 손실이 가장 적다.
- 튀김기름은 발연점(기름을 가열했을 때 연기가 나는 시점의 온도)이 높은 것이 좋다.

정답　　31 ③　32 ④　33 ③　34 ④　35 ④

36 빈출

감자의 갈변이 일어나는 것과 같은 현상은?

① 아밀로스, 아밀로펙틴 산화
② 카테킨, 베타카로틴 산화
③ 티로신, 폴리페놀 산화
④ 덱스트린, 펜토산 산화

해설

감자의 갈변은 티로신(Tyrosine)과 폴리페놀(Polyphenol)의 산화와 관련이 있다.

37

순환 메뉴(Cycle Menu)에 대한 설명으로 옳은 것은?

① 변화하지 않고 계속 지속되는 메뉴이다.
② 패스트푸드 업체, 스테이크하우스에서 가장 보편적으로 이용된다.
③ 일정 기간 반복하여 사용할 수 있다.
④ 새로운 메뉴 품목을 첨가하기가 어렵다.

해설

순환 메뉴는 일정 기간의 간격을 두고 반복 사용하는 메뉴로 주로 단체급식에 많이 사용한다.

38 빈출

다음 중 육류의 사후경직 시 일어나는 현상이 아닌 것은?

① 혐기적 해당 작용이 일어난다.
② 글리코겐이 젖산으로 분해된다.
③ 근육의 pH가 점차 높아진다.
④ 근육의 보수성이 낮아지고 단단해진다.

해설

- 도살 전 근육의 산도는 pH 7.0~7.4 정도이지만, 도살 후에 글리코겐이 혐기적 상태에서 젖산을 생성하기 때문에 pH가 저하된다.
- 해당 작용은 동물조직에서 글리코겐이 젖산으로 분해되는 현상을 말한다.

39

오징어를 건조할 때 완성된 제품의 표면에 생기는 흰 가루의 성분은?

① 키틴
② 셀레늄
③ 세사민
④ 타우린

해설

오징어를 말리게 되면 수분이 빠져나가면서 타우린이 흰 가루 형태로 분리된다.

40

펙틴질(Pectic Substance)에 대한 설명으로 틀린 것은?

① 식물체의 세포와 세포 사이를 결착시켜 주는 물질이다.
② 불용성인 펙틴은 성숙함에 따라 가용성인 프로토펙틴(Protopection)으로 된다.
③ 물에서는 교질용액을 형성하여 점도가 매우 크다.
④ 분자량이 클수록 형성된 겔(Gel)은 단단하다.

해설

프로토펙틴은 미숙한 열매에 들어 있는 선구물질로, 열매가 익어감에 따라 펙틴으로 전환되어 물에 더욱 잘 녹게 된다.

41

식품의 쓴맛 성분이 잘못 연결된 것은?

① 코코아 – 테오브로민(Theobromine)
② 맥주 – 후물론(Humulon)
③ 오이 꼭지 – 아코니틴(Aconitine)
④ 감귤류 – 나린긴(Naringin)

해설

오이 꼭지의 쓴맛
쿠쿠르비타신 C(Cucurbitacine C), 엘라테린(Elaterin)

정답 36 ③ 37 ③ 38 ③ 39 ④ 40 ② 41 ③

42

카로티노이드계에 대한 설명 중 틀린 것은?

① 동물성 식품에만 존재한다.

② 버터나 치즈의 색에 관여한다.

③ 난황의 황색은 사료의 종류에 따라 차이가 있다.

④ 가열로 인해 새우나 게의 색이 변하는 것은 카로티노이드 때문이다.

해설

카로티노이드는 식물성 식품에도 존재하며, 체내에서 비타민 A의 전구체로 기능한다.

43

다음 중 일식 조리의 용어가 잘못 연결된 것은?

① 구이요리 – 야키모노(焼物)

② 굳힘요리 – 아게모노(揚げ物)

③ 찜요리 – 무시모노(寒し物)

④ 냄비요리 – 나베모노(鍋物)

해설

아게모노는 튀김요리이다.

44 ⭐빈출

서양요리에서 루(Roux)에 대한 설명으로 옳은 것은?

① 밀가루와 우유를 넣고 볶아낸 것

② 쌀가루와 버터를 넣고 볶아낸 것

③ 밀가루와 버터를 넣고 볶아낸 것

④ 쌀가루와 우유를 넣고 볶아낸 것

해설

서양요리에서 루(Roux)는 소스나 수프를 걸쭉하게 하기 위해 밀가루와 버터를 볶은 것이다.

45 ⭐빈출

식품의 냉동에 관한 설명으로 틀린 것은?

① 급속 동결을 하면 조직의 파괴가 적다.

② 1회 사용 분량으로 포장하여 냉동하는 것이 좋다.

③ 냉동된 식품은 −18℃ 이하에서 저장하는 것이 좋다.

④ 수분이 많은 채소는 신선할 때 바로 냉동하는 것이 좋다.

해설

수분이 많은 채소는 데친 후 냉동하는 것이 맛과 질감을 유지하는 데 도움이 된다.

46

다음 중 오징어 조리에 대한 설명으로 틀린 것은?

① 오징어는 근섬유가 몸의 가로 방향으로 겹겹이 쌓여 있어 옆으로 잘 찢어진다.

② 오징어의 껍질은 4겹으로 섬유가 모두 세로 방향으로 있어 세로 방향으로 수축한다.

③ 오징어에 솔방울 무늬를 내려면 몸통 안쪽으로 칼집을 넣어야 한다.

④ 오징어 껍질은 잘 벗기더라도 4겹 중 2~3겹만 벗겨진다.

해설

• 오징어의 바깥쪽 껍질은 4개의 층으로 이루어져 있으며, 제3층과 제4층은 잘 제거되지 않는다.

• 제4층의 콜라겐 섬유는 가늘기는 하나 질기고, 이것이 몸의 길이로 존재하며 근육섬유와 직각으로 교차하여 근육을 고정하고 있다.

• 콜라겐 섬유가 체축 방향으로 있으며, 가열 시 섬유가 수축한다.

• 오징어에 솔방울 무늬를 내려면 몸통 안쪽으로 칼집을 넣어야 한다.

정답 42 ① 43 ② 44 ③ 45 ④ 46 ②

47 ⭐빈출

복어독의 특징에 관한 설명으로 옳은 것은?

① 테트로도톡신은 알칼리에 강하고 산에 약하다.
② 열에 대한 저항성이 약해 4시간 정도 가열하면 거의 파괴된다.
③ 복어독은 신경독으로 수족 및 전신의 운동마비, 호흡 및 혈관 운동마비, 지각신경 마비를 일으킨다.
④ 복어독은 무색, 무미, 무취이나 물과 알코올에 녹는다.

해설

복어독(테트로도톡신)
• 맹독성의 동물성 자연독으로, 열에 안정적이어서 끓여도 파괴되지 않는다.
• 산성에서 안정하고, 0.8% 이하의 알칼리에서는 쉽게 파괴되지 않는다.
• 신경계의 마비 증상을 일으키는 특징을 가지고 있으며, 진행 속도가 매우 빠르다.
• 수족 및 전신의 운동마비, 호흡 및 혈관 운동마비, 지각신경 마비를 일으킨다.

48

채소, 불린 쌀, 잣, 깨 등을 곱게 갈기 위해 사용되는 기기는?

① 블렌더(Blender) ② 슬라이서(Slicer)
③ 커터(Cutter) ④ 초퍼(Chopper)

해설

• 블렌더(Blender) : 곱게 갈기
• 슬라이서(Slicer) : 얇게 썰기
• 커터(Cutter) : 자르기
• 초퍼(Chopper) : 잘게 썰기

49

밀가루의 용도별 연결이 틀린 것은?

① 강력분 – 식빵 ② 강력분 – 스파게티
③ 박력분 – 쿠키 ④ 박력분 – 국수

해설

• 강력분 : 식빵, 스파게티
• 중력분 : 국수
• 박력분 : 쿠키, 튀김

50

레토르트식품에 대한 설명으로 틀린 것은?

① 유지함유량이 높은 식품일수록 알루미늄박을 적층한 불투명 파우치를 사용해야 한다.
② 살균 시 파우치의 내·외압 차가 크면 파우치가 파손될 수 있다.
③ 파우치는 열접착성, 내수성 및 차단성이 우수하여야 한다.
④ 레토르트 내부의 압력 조절은 적정 수증기압의 살균 조건보다 낮게 공기를 주입해야 한다.

해설

살균 시 내부 압력을 잘 조절할 수 있게 특수 고안된 살균 솥을 사용해야 하는 불편이 있으며, 레토르트 내부의 압력 조절은 적정 수증기압의 살균 조건보다 높게 공기를 주입해야 한다.

51 ⭐빈출

육류의 조리방법에 대한 설명으로 틀린 것은?

① 단시간에 국물을 낼 때는 고기의 표면적을 가능한 한 작게 한다.
② 건열조리에는 불고기, 스테이크(Steak), 로스팅(Roasting)이 있다.
③ 습열조리는 결체조직인 콜라겐이 젤라틴으로 변화하여 연화한다.
④ 뼈를 이용하여 끓일 때 국물이 뽀얗게 되는 것은 뼈에서 우러난 인지질의 유화 현상에 의한 것이다.

해설

단시간에 국물을 낼 때는 고기의 표면적을 가능한 한 크게 하여야 한다.

정답 47 ③ 48 ① 49 ④ 50 ④ 51 ①

52 ✈빈출

신선한 채소를 감별하는 방법으로 옳은 것은?

① 무 – 가볍고 잔털이 많은 것
② 시금치 – 뿌리에 붉은 빛이 진하고 한 뿌리에 잎이 많이 달려있는 것
③ 오이 – 껍질이 매끄럽고 잘랐을 때 성숙한 씨가 있는 것
④ 당근 – 굴곡이 많고 잘랐을 때 심이 없는 것

• 무 : 무겁고 모양이 바르며 윤택한 것
• 오이 : 껍질에 가시가 만져지며 잘랐을 때 성숙한 씨가 없는 것
• 당근 : 굴곡이 적으며 표면이 매끈하고 잘랐을 때 심이 없는 것

53

원가의 구성이 다음과 같을 때 제조원가는 얼마인가?

이익	20,000원
제조간접비	25,000원
판매관리비	17,000원
직접재료비	20,000원
직접노무비	23,000원
직접경비	15,000원

① 48,000원 ② 73,000원
③ 83,000원 ④ 103,000원

제조원가 = 직접원가(직접재료비 + 직접노무비 + 직접경비) + 제조간접비
∴ 20,000원 + 23,000원 + 15,000원 + 25,000원 = 83,000원

54

중식에서 광둥요리는 어느 지역 요리인가?

① 동방요리 ② 서방요리
③ 남방요리 ④ 북방요리

광둥요리
중국의 동남부 지역에서 주로 먹는 요리로, 이 지역은 바다를 끼고 비교적 온난한 아열대성 기후를 가지고 있어 다양한 해산물과 과일을 비롯하여 식재료가 다양한 것이 특징이다.

55

다음 중 세시 음식이 바르게 연결된 것은?

① 3월 삼짇날 – 보리수단, 증편, 복분자화채
② 5월 단오 – 조기면, 탕평채, 진달래화채
③ 6월 유두 – 제호탕, 수리취떡, 앵두화채
④ 9월 중양절 – 감국전, 밤단자, 국화주

• 3월 삼짇날(3월 3일 명절) : 진달래꽃 화전, 수면, 산떡, 숙떡
• 5월 단오(5월 5일 명절) : 수리떡, 쑥떡, 망개떡, 밀가루지짐, 앵두화채
• 6월 유두(6월 15일 명절) : 수단, 건단, 연병, 유두면
• 9월 중양절(9월 9일 명절) : 국화주, 국화전, 유자화채, 밤단자

56 ✈빈출

구매 절차의 순서를 바르게 나열한 것은?

1. 공급원의 선정	2. 발주(주문)
3. 기록과 자료의 보존	4. 수령 및 검수
5. 납품서의 확인	6. 구매 필요성 인지
7. 가격의 확인	8. 입고

① 6 – 1 – 7 – 2 – 5 – 3 – 8 – 4
② 6 – 1 – 7 – 2 – 5 – 3 – 4 – 8
③ 6 – 1 – 7 – 2 – 3 – 5 – 4 – 8
④ 6 – 1 – 7 – 2 – 3 – 5 – 8 – 4

구매 절차
구매의 필요성 인지 – 공급원의 선정 – 가격의 확인 – 발주(주문) 납품서의 확인 – 기록과 자료의 보존 – 수령 및 검수 – 입고

정답 52 ② 53 ③ 54 ③ 55 ④ 56 ②

57 빈출

떡의 노화를 방지하는 방법으로 옳은 것은?

① 0℃ 이하로 냉동시킨다.
② 식초를 넣는다.
③ 수분 함량을 30%로 유지한다.
④ 쌀 전분을 이용한다.

해설

노화 방지법
냉동법, 건조법, 당 첨가, 유화제 첨가

58

다음 중 비효소적 갈변현상은?

① 된장의 갈변
② 사과의 갈변
③ 찻잎의 갈변
④ 감자의 갈변

해설

효소적 갈변
사과, 녹차, 감자, 복숭아, 배, 바나나, 버섯 등의 갈변

59 빈출

갑각류 껍질에서 얻을 수 있는 식이섬유는?

① 알긴산
② 키토산
③ 카라기난
④ 한천

해설

키토산은 게나 새우, 가재 등의 갑각류의 껍질에서 얻는 식이섬유이다.

60

다음 중 식품의 색소에 대한 설명으로 옳은 것은?

① 카로티노이드(Carotinoides)계 색소는 물에 녹고 기름에는 녹지 않으며, 비타민 A의 효과를 나타낸다.
② 클로로필(Chlorophyll) 색소는 알칼리로 처리하면 갈색으로 변색하며, 소량의 소금을 넣으면 갈변을 방지한다.
③ 안토시안(Anthocyan)계 색소는 산성에서 적색, 알칼리성에서 청색을 나타낸다.
④ 동물성 식품은 근색소인 헤모글로빈과 혈색소인 미오글로빈에 의해 색깔을 나타낸다.

해설

• 안토시안(Anthocyan)계 색소는 산성에서 적색, 중성에서 자색, 알칼리성에서 청색을 나타낸다.
• 카로티노이드(Carotinoides)계 색소는 지용성 색소로 물에 녹지 않고 기름에 잘 녹으며, 프로비타민 A의 기능이 있다.
• 클로로필(Chlorophyll) 색소는 알칼리로 처리하면 안정된 녹색을 유지한다.
• 동물성 식품은 근색소인 미오글로빈과 혈색소인 헤모글로빈에 의해 색깔을 나타낸다.

정답　57 ① 58 ① 59 ② 60 ③

제**2**회

조리기능장
CBT 기출복원 모의고사

수험번호

수험자명

⏱ 제한시간 : 60분

01 ✈빈출

다음 중 인수공통감염병이 아닌 것은?

① 성홍열
② 공수병
③ 탄저
④ 고병원성 조류인플루엔자

해설

인수공통감염병
• 개 : 광견병(공수병)
• 양, 말 : 탄저
• 청새, AI 감염된 조류 : 조류인플루엔자(고병원성 H5N1 인플루엔자)
• 소 : 결핵(브루셀라증)
• 돼지 : 살모넬라증, 돈단독, 선무충, Q열
• 산토끼, 다람쥐 : 야토병
• 쥐 : 페스트, 살모넬라증, 서교증, 발진열 렙토스피라증(들쥐)

02

자외선의 가장 대표적인 광선이 도르노선(Dorno—Ray) 의 파장은?

① 100~180nm
② 190~280nm
③ 280~320nm
④ 400~450nm

해설

도르노선(Dorno—Ray)의 파장 : 2,800~ 3,200Å

03 ✈빈출

용존산소에 대한 설명으로 틀린 것은?

① 용존산소의 부족은 오염도가 높음을 의미한다.
② 용존산소가 부족하면 호기성 분해가 일어난다.
③ 용존산소는 수질오염을 측정하는 항목으로 이용된다.
④ 용존산소는 수중의 온도가 하강하면 증가한다.

해설

용존산소가 부족하면 혐기성 미생물에 의해 분해가 일어난다.

04

다음 중 채소를 매개로 하는 기생충은?

① 선모충
② 요충
③ 광절열두조충
④ 간디스토마

해설

• 요충 : 채소류, 물 등(집단감염이 쉽고, 소아들에게 많이 감염)
• 선모충 : 육류에서 감염(돼지, 개, 고양이, 쥐)
• 광절열두조충 : 제1중간숙주 – 물벼룩, 제2중간숙주 – 연어, 송어, 농어
• 간디스토마(간흡충) : 제1중간숙주 – 쇠우렁이, 왜우렁이, 제2중간숙주 – 민물고기, 잉어

정답   01 ① 02 ③ 03 ② 04 ②

05

작업환경 관리 중 독성이 없거나 적은 물질로 변경하는 직업병 관리 방법은?

① 격리
② 대치
③ 환기
④ 교육

해설

- 대치 : 공정, 시설, 물질의 변경으로 환경을 개선하는 관리 방법
- 격리 : 작업환경의 유해인자 사이에 물체, 시간, 거리 등으로 차단하는 관리 방법
- 환기 : 작업환경의 유해증기를 배출시키기 위해 전체를 환기하는 관리 방법
- 교육 : 작업환경 관리에 대해 정기적으로 교육을 시행하는 관리 방법

06 빈출

식품위생법상 집단급식소에 근무하는 조리사의 직무로 옳은 것은?

① 집단급식소에서의 검식 및 배식 관리
② 종업원에 대한 식품위생 교육
③ 급식설비 및 기구의 위생·안전 실무
④ 구매식품의 검수 및 관리

해설

집단급식소에 근무하는 조리사는 다음의 직무를 수행한다(식품위생법 제51조).
- 집단급식소에서의 식단에 따른 조리 업무(식재료의 전처리에서부터 조리, 배식, 등의 전 과정)
- 구매식품의 검수 지원
- 급식설비 및 기구의 위생·안전 실무
- 그 밖에 조리 실무에 관한 사항

07

다음 중 감수성지수(접촉감염지수)가 가장 높은 질환은?

① 홍역
② 성홍열
③ 폴리오
④ 디프테리아

해설

감수성치수
- 병원체에 대항하여 감염 또는 발병을 방어할 수 없는 상태
- 감수성지수가 높다는 것은 발병 가능성이 높다는 의미이다.
- 두창·홍역(95%) > 백일해(60~80%) > 성홍열(40%) > 디프테리아(10%) > 폴리오, 소아마비(0.1%)

08 빈출

실내공기의 전반적인 오탁 정도를 측정할 때 사용되는 것은?

① 일산화탄소
② 이산화탄소
③ 이산화황
④ 이산화질소

해설

이산화탄소(CO_2)의 특징
- 실내공기 오염도 기준 물질
- 성상 : 무색무취, 비독성 가스, 약산성
- 서한량 : 0.1%(1,000ppm, 8시간 기준) → 실내공기의 오탁이나 환기의 양부를 결정하는 척도로 어떤 경우에도 넘어서는 안 되는 경계량
- 1인이 1시간 동안 배출량은 약 20L
- 농도 : 3% 이상이면 불쾌감 및 호흡 촉진작용, 7% 정도면 호흡곤란, 10% 이상은 의식상실과 질식사

09

고온 환경에서 지나친 발한으로 수분과 염분 손실이 원인이 되는 열중증은?

① 열쇠약증
② 울열증
③ 열허탈증
④ 열경련

해설

열중증
높은 기온과 습한 환경(기온 33℃, 습도, 75% 이상은 주의)에 장시간 노출될 때 나타나는 여러 가지 신체장애
- 열경련 : 땀을 많이 흘림으로써 지나친 발한에 의한 탈수와 염분 소실로 신체의 전해질을 변화시킴(근육의 경련을 동반)
- 열허탈 : 고열 노출이 계속되어 심박수 증가가 일정 한도를 넘을 때의 순환장해(전신권태, 탈진, 현기증으로 의식이 혼탁해 졸도하기도 하며, 심장박동은 미약해지고 혈압 저하, 체온 상승은 거의 없음)

정답   05 ② 06 ③ 07 ① 08 ② 09 ④

10

집단급식소를 운영하고자 할 때 누구에게 신고해야 하는가?

① 보건복지부장관
② 식품의약품안전처장
③ 특별자치시장·특별자치도지사·시장·군수·구청장
④ 신고하지 않아도 됨

해설

집단급식소를 설치·운영하려는 자는 총리령으로 정하는 바에 따라 특별자치시장·특별자치도지사·시장·군수·구청장에게 신고하여야 한다(식품위생법 제88조).

11 빈출

경구감염병과 세균성 식중독을 비교했을 때 경구감염병의 일반적인 특성은?

① 잠복기가 짧다.
② 면역성이 없다.
③ 2차 감염이 드물다.
④ 소량의 균으로 발병한다.

해설

세균성 식중독과 경구감염병

세균성 식중독	경구감염병
원인 식품 중 균량이 많아야 함	원인 식품 중에 소량의 균으로도 발병
식품에서 증식하고, 체내에서는 증식이 안 됨	식품에서 증식이 잘되지 않고, 체내 증식이 잘 됨
짧은 잠복기	긴 잠복기
1차 감염 가능	1·2차 감염 가능
면역성 없음	면역성 있음

12

다음 중 바지락에 들어 있는 식중독 독소는?

① 뉴린(Neurine)
② 베네루핀(Venerupin)
③ 엔테로톡신(Enterotoxin)
④ 아마니타톡신(Amanitatoxin)

해설

• 뉴린(Neurine) : 노른자에 함유된 유독성 콜린 유도체
• 엔테로톡신(Enterotoxin) : 포도상구균의 장독소
• 아마니타톡신(Amanitatoxin) : 광대버섯 속에 있는 독소

13 빈출

다음 중 식품위생법상 소분하여 판매할 수 있는 식품은?

① 어육제품
② 레토르트식품
③ 통조림제품
④ 벌꿀

해설

• 식품위생법상 식품 소분업이 가능한 식품 : 식품제조·가공업에 따른 영업의 대상이 되는 식품 또는 식품첨가물(수입되는 식품 또는 식품첨가물 포함)과 벌꿀
• 소분·판매해서는 안 되는 제품 : 어육제품, 특수용도식품(체중조절용 조제식품은 제외), 통·병조림 제품, 레토르트식품, 전분, 장류 및 식초

14

고등어, 꽁치 등 붉은살 어류를 섭취했을 때 프로테우스 모르가니(Proteus Morganii)에 의해 히스티딘(Histidine)으로부터 생성되는 것은?

① 히스타민(Histamine)
② 클로로필(Chlorophyll)
③ 니트로소아민(Nitrosoamine)
④ 트리할로메탄(Trihalomethane)

정답   10 ③ 11 ④ 12 ② 13 ④ 14 ①

• 프로테우스 모르가니(Proteus Morganii) : 히스티딘을 탈탄산시켜 히스타민을 생성시키는 알레르기성 식중독 원인균
• 클로로필(Chlorophyll) : 식물의 엽록소
• 니트로소아민(나이트로소아민, Nitrosoamine) : 자연계에 널리 분포하는 발암물질의 일종이다. 채소, 과일, 음료수에 들어 있는 질산염은 체내에서 환원되어 아질산염이 되고, 이것이 식품 내의 아민, 아미드류와 함께 위에서 반응하여 니트로소아민(나이트로소아민)을 생성한다. 약 300종이 알려져 있는데, 동물의 여러 장기에 악성종양을 형성한다. 아질산과 아민류가 반응하여 니트로소화합물(나이트로소화합물)이 생성되는 반응은 비타민 C에 의해 대부분 억제된다.
• 트리할로메탄(트라이할로메탄, Trihalomethane) : 상수돗물을 얻기 위한 할로겐(할로젠)화 처리 과정에서 주로 생긴다. 염소로 처리했을 때 생기는 클로로포름은 암을 유발하는 화합물이다.

15

전분의 종류에 따른 젤화 특성으로 틀린 것은?

① 아밀로펙틴만으로 이루어진 찰전분은 젤화가 거의 일어나지 않는다.
② 젤의 강도는 아밀로오스 함량이 적을수록 높아진다.
③ 메밀, 도토리전분 젤은 탄력성이 뛰어나 형태를 잘 유지한다.
④ 옥수수전분은 젤의 강도가 비교적 높은 편이다.

젤화
• 유동성의 콜로이드인 졸이 젤로 변화하는 현상이다.
• 전분의 농도가 높을수록 젤의 강도가 강하고, 아밀로오스를 함유하는 전분에서 젤 형성이 쉽다.
• 아밀로펙틴만으로 이루어진 전분에서는 젤화가 거의 일어나지 않는다.

16 빈출

먹기 전에 가열해도 식중독 예방을 기대하기 어려운 것은?

① 장염 비브리오 식중독
② 살모넬라 식중독
③ 병원성대장균 식중독
④ 황색포도상구균 식중독

• 황색포도상구균이 생산한 장독소는 100℃에서 30분간 가열하여도 파괴되지 않는다.
• 이 독소는 감염형 식중독과 달리 열에 매우 강하여 끓여도 파괴되지 않기 때문에 가열 처리한 식품을 섭취하여도 식중독에 걸릴 수 있다.

17 빈출

다음 중 식품과 독성분이 옳게 연결된 것은?

① 독미나리 – 베네루핀(Venerupin)
② 섭조개 – 삭시톡신(Saxitoxin)
③ 청매 – 시큐톡신(Cicutoxin)
④ 감자 – 아미그달린(Amygdalin)

• 독미나리 : 시큐톡신
• 청매 : 아미그달린
• 감자 : 솔라닌

18

1일 섭취 허용량(ADI; Acceptable Daily Intake)의 정의로 옳은 것은?

① 인간이 한평생 매일 섭취하더라도 관찰할 수 있는 유해영향이 나타나지 않는 물질의 1일 섭취량으로 체중 kg당 mg수로 표시
② 인간에게 부작용을 일으키지 않는 물질의 1일 섭취 한도량으로 체중 kg당 mg수로 표시
③ 인간이 일 년 동안 섭취하여도 아무런 영향이 나타나지 않을 것으로 예상되는 양으로 체중 kg당 mg수로 표시
④ 중금속과 같이 생물농축현상이 있는 유해 성분을 일주일간 섭취하여도 생리적 장해가 일어나지 않는 한도량으로 체중 kg당 mg수로 표시

정답   15 ② 16 ④ 17 ② 18 ①

19 ✚빈출

식품의 변패(Deterioration)에 대한 정의로 가장 옳은 것은?

① 냄새, 빛깔, 외관 또는 조직 등이 변하여 품질이 점진적으로 나빠지는 것
② 미생물에 의해 유기화합물이 화학적으로 분해되어 이로운 식품이 되는 것
③ 식품이 산소와 화학반응을 일으켜 알코올을 알데하이드로 변화시키는 것
④ 전분에 물을 넣고 가열하여 전분 입자가 비가역적으로 팽윤되는 것

해설

식품의 변패는 세균, 효모, 곰팡이 등 미생물의 생장과 증식, 광선, 산화, 수분, 온도변화, 기계적 손상 등에 의해 일어난다.

20

냉동 채소나 반조리된 냉동식품의 조리방법으로 가장 옳은 것은?

① 5℃에서 서서히 해동한 후 조리한다.
② 10℃ 정도의 소금물에서 해동한 후 조리한다.
③ 실온의 서늘한 곳에서 자연 해동한 후 조리한다.
④ 동결된 상태 그대로 가열하는 급속 해동법으로 조리한다.

해설

해동은 냉동식품의 빙결정을 융해시켜 원상태로 복구시키는 조작으로 완만 해동과 급속 해동이 있다.

21

육류의 조리에 대한 설명 중 옳은 것은?

① 도살 후 사후경직이 일어나는데, 이는 글리코겐이 증가하여 pH가 높아지기 때문이다.
② 양념 조리 시 무화과를 넣으면 단백질 분해 효소인 피신(Ficin)에 의해 식육이 연해진다.
③ 양지와 사태 같은 질긴 고기는 브로일링(Broiling)과 같은 습열조리를 하여야 맛과 조직감이 좋아진다.
④ 가열은 근육 색소인 미오글로빈에 작용하여 색을 변화시키는데, 돼지고기가 소고기의 색보다 변화가 더 크다.

해설

- 도살 후 사후경직이 일어나는데, 이는 글리코겐이 혐기적인 상태에서 젖산을 생성하기 때문에 pH가 낮아진다.
- 브로일링(Broiling)은 건열조리이다.
- 돼지고기가 소고기의 색보다 변화가 더 작다.

22

산 함량 0.8% 이하로 올리브의 향과 색을 간직한 기름으로 열을 가하지 않는 요리에 사용되는 것은?

① 퓨어 올리브유(Pure Olive Oil)
② 파인 버진 올리브유(Fine Virgin Olive Oil)
③ 엑스트라 버진 올리브유(Extra Virgin Olive Oil)
④ 레귤러 버진 올리브유(Regular Virgin Olive Oil)

해설

- 엑스트라 버진 올리브유(Extra Virgin Olive Oil) : 자연 산성도 0.8% 미만이다. 뛰어난 맛과 향, 색채를 유지하며 첫 번째로 올리브를 압착해서 얻는다.
- 퓨어 올리브유(Pure Olive Oil) : 가공 산성도 2% 이상이다. 정제된 올리브유와 버진 올리브유의 혼합이다.
- 파인 버진 올리브유(Fine Virgin Olive Oil) : 자연 산성도 1.5% 미만이다. 제조 방법은 엑스트라 버진 올리브유와 같지만 자연 산성도에 차이가 있다.

정답   19 ① 20 ④ 21 ② 22 ③

23

조리 시 양념 사용에 대한 설명으로 틀린 것은?

① 생선조림을 할 때 비린내를 없애기 위해 식초, 레몬즙, 우유 등을 사용한다.
② 갈비찜을 부드럽게 하려면 배, 키위, 파인애플 등을 갈아 2~3시간 재운 후 조리한다.
③ 육류에 과일(토마토)주스나 식초 등을 넣을 때는 고기가 익은 후에 넣는다.
④ 생선의 탕이나 조림에 된장, 고추장을 넣을 때는 다른 조미료와 동시에 넣는다.

> **해설**
> 조리 시 양념 사용 순서
> 설탕 → 소금 → 식초 → 간장 → 된장 → 참기름

24 빈출

채소의 변색을 방지하기 위한 조리방법으로 옳은 것은?

① 시금치 – 다량의 끓는 물에 소량의 소금을 넣어 뚜껑을 닫고 데친다.
② 가지 – 다량의 물에 뚜껑을 닫고 충분히 데친다.
③ 연근 – 소량의 식초를 넣은 물에 데친다.
④ 콜리플라워 – 소량의 소다를 넣은 물에서 충분히 데친다.

> **해설**
> • 시금치 : 다량의 끓는 물에 소량의 소금을 넣어 뚜껑을 열고 데친다.
> • 가지 : 소량의 물에 데친다.
> • 콜리플라워 : 소량의 식초를 넣은 물에서 데친다.

25

급식 인원이 1,800명인 급식소에서 생선전을 만들려고 한다. 1인분 양은 100g이고, 가식률이 60%라고 할 때 발주량은?

① 200kg
② 250kg
③ 300kg
④ 450kg

> **해설**
> 총생산량 = 100g × 1,800 = 180,000g
>
> $$\frac{60(\text{가식률})}{100} \times 발주량 = 180,000$$
>
> $$\therefore 발주량 = 180,000 \times \frac{100}{60} = 300,000g = 300kg$$

26 빈출

달걀의 기포성에 대한 설명으로 틀린 것은?

① 냉장 온도보다 실온에서 기포 형성이 잘 된다.
② 농후난백이 수양난백보다 기포 형성이 잘 된다.
③ 레몬즙 첨가로 등전점에 가까워지면 기포 형성이 잘 된다.
④ 설탕은 난백의 기포 형성을 억제하지만, 안정성을 증가시킨다.

> **해설**
> 난백의 기포에 관여하는 단백질은 글로불린이며, 소량의 산은 기포력을 도와준다. 농후난백보다 수양난백이 기포 형성에 더 좋다.

27

효율적인 출고관리 활동으로 틀린 것은?

① 창고에서 물품을 꺼내갈 때 창고책임자가 정해진 절차에 따라서 물건을 내어준다.
② 식재료의 출납을 명확히 기록하여 재료를 관리하기 위해 식품수불부를 작성한다.
③ 출고청구서는 일련번호, 출고품목명, 출고량, 출고일자, 사용장소 등으로 구성한다.
④ 물품 부족으로 인한 생산에 차질이 없도록 항상 안전량의 물품을 비치해 둔다.

> **해설**
> 효율적인 출고관리법은 필요한 분량만 청구하고 출고하는 것이다.

정답   23 ④   24 ③   25 ③   26 ②   27 ④

28

식품 검수 시 확인할 사항과 거리가 먼 것은?

① 구매 식품의 품질
② 저장고 재고량
③ 제품의 신선도
④ 구매 수량

해설

식품 검수 시 확인할 사항
구매 식품의 품질, 제품의 신선도, 구매 수량 등

29

재고회전율에 대한 설명으로 틀린 것은?

① 재고회전율은 총출고액을 평균 재고액으로 나누어 구한다.
② 재고회전율이 표준치보다 높은 것은 재고가 과잉 수준임을 나타낸다.
③ 재고회전율을 표준치와 비교하여 그 차이를 줄이도록 해야 한다.
④ 일정 기간에 재고가 몇 차례나 사용되고 판매되었는가를 의미하는 것이다.

해설

재고회전율이 높다는 것은 창고에 쌓이는 물건이 없어진다는 것을 의미한다. 최소의 재고량은 최대의 회전율을 보인다.

30 빈출

직업병의 원인이 잘못 연결된 것은?

① 이상고온 – 울열증, 열쇠약증
② 조명 – 안정피로, 안구진탕증
③ 저기압 – 고산병, 항공병
④ 고기압 – 잠함병, 직업성 난청

해설

고기압 : 감압병, 잠함병(잠수부, 해녀)
소음 : 직업성 난청

31

동태조림 1인 분량은 70g이고, 원재료인 동태의 폐기율은 25%라고 한다. 300인분의 동태조림을 제공하려고 할 때 동태의 발주량은 약 얼마인가?

① 25kg
② 28kg
③ 31kg
④ 34kg

해설

$$식품의\ 발주량 = \frac{정미중량 \times 100}{100 - 폐기율} \times 인원수$$

$$= \frac{70 \times 100}{100 - 25} \times 300$$

$$= 28kg$$

32 빈출

달걀에 대한 설명으로 옳은 것은?

① 난황계수는 계산된 수치가 적을수록 신선한 것이다.
② 난백은 산과 반응하면 젤리(Jelly)화된다.
③ 난황보다 난백이 더 높은 온도에서 응고된다.
④ 달걀은 저장 중 탄산가스가 발산되므로 pH가 상승한다.

해설

달걀은 저장 중 pH가 점차 높아지므로 가스저장법을 이용해 pH를 낮추어 단백질의 자가소화를 막는다.

정답　　28 ②　29 ②　30 ④　31 ②　32 ④

33

칼슘(Ca)과 불용성 염을 형성하여 칼슘(Ca)의 흡수를 방해하는 물질을 가진 채소는?

① 아스파라거스
② 시금치
③ 브로콜리
④ 풋고추

해설

시금치에 들어있는 옥산살(수산)은 칼슘(Ca)과 쉽게 결합하여 불용성 염을 형성해 칼슘(Ca)의 흡수를 방해한다.

34

냉동에 가장 적합한 식품은?

① 두부, 연근, 죽순
② 육원전, 동태전
③ 우유, 크림
④ 해동된 냉동피자

해설

육원전과 동태전은 냉동이 가능한 음식이며, 해동하여 다시 데우면 그대로의 맛을 즐길 수 있다.

35

과즙에 자당, 과당, 포도당과 구연산을 함유하여 부패균 번식을 억제하며, 특히 비타민 C 함량이 높은 것은?

① 사과
② 레몬
③ 자두
④ 포도

해설

레몬은 구연산과 포도당이 함유되어 있고, 비타민 C가 매우 풍부하여 피로회복에 좋다.

36

팥의 조리에 관한 내용으로 틀린 것은?

① 붉은 팥은 거피(去皮)가 잘 안되므로 삶은 후 걸러서 껍질을 제거한다.
② 팥을 가열하면 강한 세포막 내로 전분 입자가 팽윤되면서 각각의 세포가 분리되어 팥소를 만든다.
③ 호화된 팥소를 볶아주면 수분을 빼앗겨 노화하기 어려우므로 식어도 호화 상태를 유지한다.
④ 팥을 삶을 때 나는 거품의 성분은 글리신으로 쓴맛이 나므로 중간에 물을 다시 갈아 끓인다.

해설

팥을 삶을 때 나는 거품 성분은 사포닌으로 쓴맛이 나므로 중간에 물을 다시 갈아 끓인다.

37 ✿빈출

일본요리의 종류 중 사찰요리에 해당하는 것은?

① 가이세끼요리
② 혼젠요리
③ 쇼진요리
④ 오세치요리

해설

쇼진요리
• 일본의 사찰요리를 말한다.
• 육류, 어류, 달걀을 사용하지 않고 곡물, 콩, 채소 등 식물성 재료를 사용한 요리이다.

38 ✿빈출

중국요리의 요리 형태나 조리법의 용어 연결이 옳은 것은?

① 탕차이(湯菜) : 재료에 아무것도 묻히지 않고 볶는 법
② 바오(包) : 고물(소)을 껍질로 싼 것
③ 깐차오(乾炒) : 국처럼 끓이는 법
④ 취안(全) : 둥글고 얇게 지져낸 것

정답 33 ② 34 ② 35 ② 36 ④ 37 ③ 38 ②

- 탕차이 : 국처럼 끓이는 법
- 깐차오 : 재료에 옷을 입혀 튀긴 다음 다른 재료와 같이 볶아내는 법
- 취안 : 재료를 통째로 다룬 것

39 빈출

감자 조리에 대한 설명 중 틀린 것은?

① 감자칩, 감자튀김을 만드는 동안에 볼 수 있는 갈색 변화는 당과 아미노산에 의한 마이야르(Maillard) 반응이다.

② 분질감자는 세포 내에 전분이 충만하고, 세포 사이에 존재하는 펙틴이 수용화하여 분질화된 것으로 볶음, 조림, 샐러드에 적합하다.

③ 감자샐러드를 만들 때는 껍질째 익힌 후 껍질을 벗겨 사용하면 영양분의 손실이 적고 맛이 있는데, 이것은 껍질 안쪽에 비타민 C가 많기 때문이다.

④ 으깬 감자는 고온일 때 세포 분리가 쉬우므로 삶은 감자를 식기 전에 체에 내려야 잘 으깨진다.

해설

- 분질 감자 : 전분 함량이 많아 굽거나 으깬 음식에 적당
- 점질 감자 : 삶거나 샐러드, 조림, 볶음 등에 적당

40

다음 중 우유를 균질화하는 목적으로 틀린 것은?

① 지방의 소화를 도와준다.

② 지방의 분리를 막아준다.

③ 미생물의 발육을 억제한다.

④ 유지방의 크기를 작게 한다.

해설

우유의 균질화

- 착유한 우유의 지방분을 균질하게 하려고 휘저어 섞는 작업을 말한다.
- 지방의 소화흡수율을 높이고 지방의 분리를 막아주며, 단백질의 연화로 단백질의 흡수율도 높게 하나, 미생물의 발육과는 관계없다.

41

다음 요리 중 복합조리에 해당하는 것은?

① 장조림

② 편육

③ 완자탕

④ 설렁탕

해설

완자탕은 완자를 빚어 팬에 기름을 살짝 둘러 익혀내고, 끓는 육수에 넣어 익혀낸 음식으로 건열과 습열의 복합조리법을 이용한다.

42 빈출

새우, 게 등의 껍질이 가열하면 붉은색으로 변하는 이유는?

① 아스타신(Astacin)이 생성되므로

② 껍질 속의 단백질이 산성이 되므로

③ 색소가 효소에 의해 분해되므로

④ 육색소 단백질이 붉은색으로 변하므로

해설

70℃ 이상이 되면 단백질과 아스타잔틴 색소의 결합이 끊어지고 산화되어 적색의 아스타신(Astacin)이 생성되므로 새우나 게를 익히면 붉은색으로 변하게 된다.

43

어류의 신선도가 떨어질 때 나타나는 변화로 틀린 것은?

① 비늘이 쉽게 떨어진다.

② 복부의 탄력성이 저하된다.

③ 안구가 돌출된다.

④ 아민(Amine)류의 함량이 증가한다.

해설

어류의 신선도
눈이 투명하고 안구가 돌출되어 있고 아가미 색이 선홍색이며, 비늘이 붙어 있고 탄력이 있어야 한다.

정답   39 ② 40 ③ 41 ③ 42 ① 43 ③

44

당근, 토마토, 고구마 등에서 황색을 띠는 색소이며, 물에 녹지 않고 기름이나 유기용매에 녹는 색소는?

① 클로로필　　　　② 카로티노이드
③ 안토시아닌　　　④ 헤모글로빈

해설

카로티노이드
물에 녹지 않고 기름이나 유기용매에 녹는 지용성 색소로 당근, 토마토, 고구마 등에 많이 포함된 적황색 색소이다.

45 빈출

비타민 B₂의 성질로 틀린 것은?

① 알칼리성에 비교적 안정적이다.
② 열에 비교적 안정적이다.
③ 빛에 의해 분해되기 쉽다.
④ 비타민 C에 의하여 광분해가 억제된다.

해설

비타민 B₂는 산에 안정적이고 알칼리에 약하며 빛에 파괴된다.

46 빈출

식품 중의 결합수의 특성으로 틀린 것은?

① 미생물의 생육, 증식에 이용된다.
② 용질에 대하여 용매로 작용하지 않는다.
③ 자유수보다 밀도가 크다.
④ 식품의 구성 성분과 수소결합에 의해 결합하여 있다.

해설

결합수의 특성
• 용매로 작용하지 않는다.
• 0℃ 이하의 낮은 온도에서 얼지 않는다.
• 미생물 번식에 이용되지 않는다.
• 압력을 가해도 쉽게 제거되지 않는다.

47

1조각이 30g인 식빵 4조각을 먹었을 때 총열량은 약 얼마인가? (단, 식빵 100g 중 영양소 함량은 단백질 11.6g, 당질 50.2g, 칼슘 13mg, 지방 5.3g, 철분 1.2g이다.)

① 148kcal　　　　② 222kcal
③ 295kcal　　　　④ 354kcal

해설

• 단백질 : $11.6 \times 4 = 46.4$
• 당질 : $50.2 \times 4 = 200.8$
• 지방 : $5.3 \times 9 = 47.7$
→ 즉 100g의 총열량은 294.9kcal이다.
∴ 30g 4조각을 먹었으므로 120g,
　$294.9 \times 1.2 = 353.88 ≒ 354$kcal

48

유지의 산패 과정에 대한 설명으로 옳은 것은?

① 카르보닐(Carbonyl)화합물의 생성량이 증가한다.
② 요오드가가 증가한다.
③ 점도가 감소한다.
④ 산패취가 감소한다.

해설

유지의 산패
요오드(아이오딘)가의 감소, 점도의 증가, 산패취의 증가, 카르보닐 화합물의 생성량이 증가

49

다음 중 분해되었을 때 포도당(Glucose)이 생성되지 않는 당류는?

① 설탕(Sucrose)　　② 맥아당(Maltose)
③ 이눌린(Inulin)　　④ 라피노즈(Raffinose)

50 ✈빈출

수산연제품 가공 시 제품의 탄력 형성에 중요한 역할을 하는 것은?

① 설탕　　　　　　② 소금
③ 지방　　　　　　④ 식이섬유

해설

어육 단백질인 미오신은 소금과 결합하여 수산연제품 가공 시 탄력 형성을 증진한다.

51

식품의 분류와 해당 식품이 바르게 연결된 것은?

① 곡류 – 쌀, 옥수수, 완두
② 감자류(서류) – 고구마, 토란, 마
③ 두류 – 강낭콩, 율무, 은행
④ 과실류 – 사과, 복숭아, 토마토

해설

- 곡류 : 쌀, 밀, 보리, 잡곡류(옥수수, 메밀, 조, 등)
- 두류 : 콩, 팥, 강낭콩, 땅콩, 녹두, 완두 등
- 견과류 : 잣, 호두, 밤, 은행 등
- 과실류 : 사과, 복숭아, 포도 등
- 채소류 : 토마토, 고추, 오이, 호박 등
- 서류 : 감자, 고구마 등

52

마른 멸치는 주로 어떤 방식에 의한 가공품인가?

① 동건법　　　　　② 자건법
③ 배건법　　　　　④ 염건법

해설

- 자건법 : 소형 어패류를 삶은 후 건조한 것(마른 멸치, 마른 굴 등)
- 동건법 : 얼렸다 녹이는 것을 반복하여 건조(북어 등)
- 염건법 : 소금에 염지한 후 건조(굴비, 염건 고등어 등)

53

곶감 제조 시 과육 내 탄닌 물질이 갈변하는 현상을 막기 위해 하는 공정은?

① 훈증　　　　　　② 건조
③ 건조　　　　　　④ 박피

해설

곶감 제조 시 곰팡이 발생과 갈변을 방지하기 위해 훈증시킨다.

54 ✈빈출

유지의 산패 중 생화학적인 산패에 관한 내용으로 옳은 것은?

① 리폭시다아제(Lipoxidase)와 같은 산화효소에 의한 산패이다.
② 산패 초기에 불순물에 의해 결합 상태에서 떨어져 나와 유리라디칼을 형성하는 초기반응을 일으킨다.
③ 자동산화에 의한 산패이다.
④ 포화지방산의 산패이다.

해설

- 생화학적인 산패 : 리폭시다아제와 같은 산화효소에 의한 산패를 말한다.
- 가수분해에 의한 산패 : 산패 초기에 불순물에 의해 결합 상태에서 떨어져 나와 유리라디칼을 형성한다.
- 자동산화적인 산패 : 대기 중 산소가 풍부하고, 불포화도가 클수록 산화속도가 빠르다.

정답　　50 ②　51 ②　52 ②　53 ①　54 ①

55

다음 중 감귤류의 쓴맛 성분은?

① Naringin　　　② Cucurbitacin

③ Caffeine　　　④ Humulone

해설

- Cucurbitacin : 오이 꼭지의 쓴맛
- Caffeine : 차, 커피의 쓴 맛
- Humulone : 맥주(흡)의 쓴맛

56 빈출

발효 대두 가공식품으로만 짝지어진 것은?

① 간장, 된장, 두부　　② 된장, 고추장, 두유

③ 간장, 된장, 청국장　④ 두부, 두유, 대두분말

해설

- 두부 : 무기염류에 의한 응고
- 고추장 : 쌀, 찹쌀, 보리의 맥아와 코지균으로 당화

57 빈출

환기 효과를 높이기 위한 중성대(Neutral Zone)의 위치로 가장 옳은 것은?

① 천장 가까이

② 방바닥 가까이

③ 방바닥과 천장의 중간

④ 방바닥과 천장 사이의 1/3 정도 높이

해설

중성대가 높은 위치에 형성될수록 환기량이 크므로 방의 천장 가까이에 있는 것이 좋다.

58

청력 손실이 심해져서 소음성 난청의 초기 증상을 보이는 오디오그램 C5-dip 현상의 주파수는?

① 1,000Hz　　　② 2,000Hz

③ 3,000Hz　　　④ 4,000Hz

해설

직업성 난청

소음이 심한 곳에서 근무하는 사람들에게 나타나는 직업병으로, 4,000Hz에서 조기 발견할 수 있다.

59

질병 발생의 위험도 측정 방법 중 위험 요인에 폭로된 사람의 발병률과 위험에 폭로되지 않은 사람의 발병 비율을 조사하는 방법은?

① 기여위험도　　　② 귀속위험도

③ 비교위험도　　　④ 교차비

해설

- 기여위험도 : 어떤 한 사건에 특정 원인이 얼마나 기여했는지를 숫자로 나타낸 것
- 귀속위험도 : 질병 발생의 원인으로 의심되는 속성에 의한 위험도
- 교차비 : 상대위험비의 추정치인 교차비

60 빈출

조리종사자의 건강진단 관리기준 및 항목으로 틀린 것은?

① 유효기간은 1년으로 직전 건강진단의 유효기간 만료되는 날의 다음 날부터 기산한다.

② 건강진단 항목으로 장티푸스, 파라티푸스, 폐결핵이 해당된다.

③ 건강진단 항목으로 전염성 피부질환자는 한센병 등 세균성 피부질환을 포함한다.

④ 횟수는 매 1년마다 실시한다.

해설

건강진단 항목

2023년 11월 22일 개정으로 환자 발생이 거의 없는 '한센병'이 삭제되고 식품 매개성 질환 중 관리가 필요한 '파라티푸스'가 추가되었다.

정답　55 ①　56 ③　57 ①　58 ④　59 ③　60 ③

수험번호

수험자명

⏱ 제한시간 : 60분

01 빈출

공중보건의 개념상 가장 중요한 대상은?

① 개인 환자
② 특수 질환자
③ 지역사회의 전체 주민
④ 저소득자

해설

공중보건의 대상은 개인이 아닌 지역사회의 전체 주민이며, 더 나아가서 국민 전체를 대상으로 한다.

02

공해의 종류와 인체에 대한 피해 연결이 틀린 것은?

① 대기오염 : 만성기관지염, 기관지 천식, 폐기종
② 수질오염 : 이질, 장티푸스, 콜레라, 인·후두염
③ 소음 : 정신적 장애, 혈압상승, 청력장애, 신진대사증가
④ 진동 : 맥박증가, 위장하수, 레이노드병, 생리기능장애

해설

수질오염과 관련된 인체에 대한 피해는 수은중독으로 인한 미나마타병과 카드뮴 중독에 의한 이타이이타이병 등이 있다.

03 빈출

질병 발생의 병인적 인자로서 생물학적 요인으로 틀린 것은?

① 세균
② 아드레날린
③ 리케차
④ 기생충

해설

아드레날린은 혈당의 상승작용 등으로 인한 구급의료에 사용된다. 교감신경 전달물질의 하나로, 중추로부터의 전기적인 자극으로 교감신경의 말단에서는 아드레날린이 분비되어 근육에 자극을 전달한다.

04 빈출

작업환경에 기인하는 직업병과의 연결이 옳은 것은?

① 저기압 – 잠함병
② 채석장 – 위장장애
③ 조리장 – 열쇠약증
④ 고기압 – 고산병

해설

• 저기압에서 일하는 사람들의 직업병에는 항공병과 고산병이 있다.
• 채석장에서 일하는 사람들의 직업병에는 진폐증, 석면폐증 등이 있다.
• 고기압에서 일하는 사람들의 직업병에는 잠함병 등이 있다.

05

다음 중 순환기 계통 성인병이 아닌 것은?

① 동맥경화증
② 당뇨병
③ 뇌졸중
④ 심근경색증

해설

• 순환기 계통 성인병에는 동맥경화증, 심근경색증, 뇌졸중 등이 있다.
• 당뇨병은 탄수화물의 섭취로 형성된 혈당량이 정상인보다 늦게 떨어지는 증후군이다.

정답   01 ③   02 ②   03 ②   04 ③   05 ②

06 ★빈출

세균성 식중독에 관한 설명으로 옳은 것은?

① 황색포도상구균이 식품 중에 증식하여 장독소 (Enterotoxin)가 생성되면 보통의 가열조리를 하여도 식중독의 위험성이 크다.

② 장염비브리오균은 그람(Gram)양성의 간균이며, 4℃ 이하의 온도에서도 잘 자란다.

③ 대장균은 일반 대장균이든 병원성대장균이든 모두 식중독을 일으키는 식중독균이다.

④ 살모넬라 식중독은 치사율이 매우 높으며(15% 이상), 내열성도 강하여 끓는 온도에서도 생존율이 높다.

> **해설**
> • 장염비브리오균은 그람음성 간균이다.
> • 살모넬라균은 열에 약해 60℃에서 30분이면 사멸된다.
> • 병원성대장균은 식중독을 일으킨다.
> • 황색포도상구균은 비교적 열에 강한 세균이지만, 80℃에서 30분 간 가열하면 죽는다. 그러나 30분간 가열하여도 파괴되지 않는다.

07 ★빈출

영업허가를 받아야 하는 업종이 아닌 것은?

① 식품조사처리업 ② 식품운반업
③ 단란주점영업 ④ 유흥주점영업

> **해설**
> **허가를 받아야 하는 업종**
> • 식품조사처리업 : 식품의약품안전처장의 허가
> • 단란주점영업, 유흥주점영업 : 특별자치시장·특별자치도지사 또는 시장·군수·구청장의 허가

08

식품에서 천연 검(Gum)의 기능이 아닌 것은?

① 안정제 ② 건조제
③ 얼음 결정 억제제 ④ 증점제

> **해설**
> 천연 검은 점탄성이 있는 고체로 약간 특이한 냄새가 있으며, 두 가지 또는 그 이상의 성분을 일정한 분산 형태로 유지하는 식품첨가물을 말한다.

09 ★빈출

육류의 숙성에 대한 설명으로 틀린 것은?

① 자기분해 과정이 일어난다.
② pH가 감소한다.
③ IMP(감미 성분) 함량이 증가한다.
④ 보수성이 증가한다.

> **해설**
> **육류의 숙성**
> 고기 자체의 효소에 의한 근육단백질의 분해, 자기소화의 진행에 따라 펩티드나 아미노산이 생성되어 pH가 상승되고, 보수성도 증가하여 감칠맛이 생긴다.

10

감자의 껍질을 깎아 놓으면 색이 갈색으로 변하는 현상에 대한 설명으로 옳은 것은?

① 깨끗한 칼로 자르면 갈변이 줄어든다.
② 당의 산화 때문에 일어나는 갈변반응이다.
③ 티로시나아제(Tyrosinase)에 의한 갈변반응이다.
④ 아미노화합물과 카보닐화합물에 의한 반응이다.

> **해설**
> 감자에 함유된 티로신이 티로시나아제에 의해 산화되어 멜라닌을 생성하기 때문에 감자를 썰어 공기 중에 놓아두면 갈변한다. 티로신은 수용성이므로 물에 넣어두면 감자의 갈변을 억제할 수 있다.

정답 06 ① 07 ② 08 ② 09 ② 10 ③

11

곰팡이에 대한 설명 중 틀린 것은?

① 곰팡이는 발효식품 등에 사용할 수 있는 이로운 종류가 있지만, 독소를 생산하는 종류도 있다.

② 산소의 존재와 무관하게 증식할 수 있는 통성혐기성균으로 식품의 표면에 육안으로 보일 정도로 증식한다.

③ 건조한 환경에서도 견디는 종류가 많아 수분활성 (Aw) 0.8까지 증식할 수 있고, 일부 내건성 곰팡이는 Aw 0.61 정도에서도 증식한다.

④ pH 2~8.5의 넓은 범위에서 성장이 가능하고, pH 3.5~4 정도의 낮은 pH 식품에서도 잘 증식한다.

> **해설**
> 곰팡이는 산소를 필요로 하는 호기성 세균이다.

12 빈출

다음 중 화학성 식중독의 원인 물질은?

① 다이옥신(Dioxin)

② 캄필로박터(Campylobacter)

③ 바실러스 세레우스(Bacillus Cereus)

④ 에어로모나스(Aeromonas)

> **해설**
> 화학적 식중독의 원인은 유기인제, 유기염소제, 유기수은제, 비소화합물에 의해 발생한다.

13

식품위생법에서 정하고 있는 "판매 등이 금지되는 병든 동물 고기 등"에 해당하지 않는 것은?

① 리스테리아병   ② 살모넬라병

③ 파스튜렐라병   ④ 무구조충증

> **해설**
> 식품위생법 시행규칙 제4조(판매 등이 금지되는 병든 동물 고기 등)
> 리스테리아병, 살모넬라병, 파스튜렐라병 및 선모충증

14 빈출

미생물에 대한 설명으로 옳은 것은?

① 발효에 관여하며, 주로 식중독을 일으키는 균은 바이러스이다.

② 누룩, 메주 등에 이용되는 주된 균은 세균이다.

③ 식중독을 일으키는 균은 주로 분열로 증식하는 세균이다.

④ 활발한 운동성이 있으며, 식중독을 일으키는 균은 바이러스이다.

> **해설**
> • 바이러스 : 생체 세포에서만 증식하며, 세균여과기를 통과하는 여과성 미생물로 크기가 가장 작다. 또한 경구감염병(인플루엔자, 소아마비)의 원인이 되기도 한다.
> • 세균 : 2분법으로 증식하며, 수분이 많은 식품에 번식한다.

15

식품 등의 표시·광고에 관한 법률상 소비기한의 정의는?

① 제품의 최종 유통단계에서 납품이 허용되는 기한

② 표시된 제조일로부터 소비자에게 음식 섭취가 허용되는 기한

③ 제품의 변질이 일어나지 않는 기한

④ 표시된 보관 방법을 준수할 경우 섭취하여도 안전에 이상이 없는 기한

> **해설**
> 식품 등의 표시·광고에 관한 법률상 소비기한은 식품 등에 표시된 보관 방법을 준수할 경우 섭취하여도 안전에 이상이 없는 기한을 말한다.

정답   11 ②   12 ①   13 ④   14 ③   15 ④

16

다음 중 조리에 의한 채소의 변화로 틀린 것은?

① 비타민 합성
② 휘발성 산의 휘발
③ 비타민과 무기질 등의 손실
④ 엽록소의 파괴

해설

채소를 데칠 때는 충분한 양의 물과 높은 온도에서 짧은 시간 데쳐야 한다. 또한 채소를 데치면 휘발성 산이 휘발되고, 비타민과 무기질 등의 손실과 엽록소의 파괴가 일어난다.

17

햄과 베이컨 제조 과정 중 염지(Curing)에 대한 설명으로 옳은 것은?

① 고기에 식염, 질산염, 향신료 등을 첨가하는 것
② 고기를 수침하여 염분을 제거하고 자르는 것
③ 고기의 색이나 풍미를 좋게 하여 훈연하는 것
④ 고기의 훈연취를 제거하고 찌는 것

해설

고기에 식염, 질산염, 향신료 등을 첨가하는 것을 염지라고 한다.

18 ★빈출

산성식품과 알칼리성식품의 해당 식품과 구성 원소의 연결이 옳은 것은?

① 산성식품 – 감자, 치즈 – 나트륨(Na), 칼슘(Ca)
② 알칼리성식품 – 대두, 과일 – 칼륨(K), 칼슘(Ca)
③ 산성식품 – 곡류, 우유 – 인(P), 칼슘(Ca)
④ 알칼리성식품 – 육류, 알류 – 인(P), 황(S)

해설

- 산성식품(육류, 곡류, 알류, 치즈) : 인(P), 황(S), 염소(Cl)
- 알칼리성식품(우유, 과일, 감자) : 나트륨(Na), 칼륨(K), 칼슘(Ca), 마그네슘(Mg)

19

식혜 제조 시 관여하는 β – 아밀라아제에 대한 설명으로 옳은 것은?

① 액화 효소라고 하며, 전분의 최종분해산물은 포도당이다.
② 분자량이 작은 α – 한계 덱스트린(α –Limit Dextrin)을 형성한다.
③ 전분 분자의 α – 1,4 결합과 α – 1,6 결합을 분해한다.
④ 전분을 비환원성 말단에서 맥아당 단위로 분해한다.

해설

식혜는 엿기름 중에 함유된 효소 아밀라아제에 의하여 밥알의 전분이 당화되어 맥아당과 포도당의 생성으로 단맛이 증가한다.

20 ★빈출

다음 중 습열조리에 대한 설명으로 가장 옳은 것은?

① 채소를 데칠 때는 뚜껑을 닫고 데친다.
② 국수를 삶을 때는 적은 양의 물에 삶는다.
③ 약한 불에서 생선을 오랫동안 조릴 경우 뚜껑을 덮고 조린다.
④ 편육은 처음부터 찬물에 넣고 끓인다.

해설

습열조리
끓이기, 찌기, 데치기, 삶기, 조리기, 복기(나물류를 물에 넣어 부드럽게 볶아내므로 넓은 의미의 습열요리에 속함)

21

돼지고기 150g을 달걀로 대치하고자 할 때 달걀의 필요량은? (단, 돼지고기의 단백질은 30g/100g, 달걀의 단백질은 7.8g/60g이다.)

① 180g
② 277g
③ 346g
④ 360g

제 02 편

- 돼지고기 150g에 단백질은 45g($150 \times \frac{30}{100} = 45$)이다.
- 달걀은 1개(60g)당 단백질이 7.8g이므로 $45 \times \frac{60}{7.8} = 346g$이다.

22

쿠키나 케이크를 만들기에 가장 적합한 밀가루는?

① 박력분　　　　② 중력분
③ 강력분　　　　④ 세몰리나

해설

- 강력분 : 식빵, 마카로니, 스파게티 등
- 중력분 : 국수류, 만두피 등
- 박력분 : 케이크, 과자류 등
- 세몰리나 : 파스타, 시리얼, 푸딩, 쿠스쿠스 등

23 빈출

식품을 저장할 때 올바른 관리법이 아닌 것은?

① 식품을 냉동보관할 때는 밀봉하여 보관한다.
② 날 음식은 냉장고 아래쪽에 보관해야 교차오염을 방지할 수 있다.
③ 유제품은 향이 강한 음식과 분리해서 저장한다.
④ 식품은 냉장고 용량이 80%로 보관해야 냉기 순환이 원활하다.

해설

식품은 냉장고 용량의 60~70%로 보관해야 냉기 순환이 원활하다.

24

관혼상제 등의 의식용이나 손님 접대용으로 전해 내려온 일본요리는?

① 혼젠요리　　　　② 카이세끼요리
③ 쇼진요리　　　　④ 후차요리

해설

- 카이세끼(회석)요리 : 차를 마시기 전의 식사로 가장 간소한 손님 접대용 요리
- 쇼진요리 : 식물성 재료와 해조류를 사용한 일본의 사찰요리
- 후차요리 : 일본의 중국식 정진요리

25 빈출

수산품의 건조 방법과 원료의 연결이 옳은 것은?

① 소건품(素乾品) : 염지한 후 액즙을 제거하여 건조한 것 - 고등어
② 염건품(鹽乾品) : 어패류를 원형 그대로 건조한 것 - 오징어
③ 자건품(煮乾品) : 자숙한 후 건조한 것 - 멸치
④ 동건품(凍乾品) : 동결과 염지를 반복하여 수분을 제거한 것 - 참조기

해설

- 소건품 : 원료 수산물을 날것 그대로 말린 것(마른 오징어, 마른 김, 마른 미역 등)
- 염건품 : 식염에 절인 후 건조한 제품(굴비, 고등어 등)
- 동건품 : 원료를 자연 저온에 의해서 동결 후 융해하는 과정을 반복시키면서 건조한 제품
- 배건품 : 한 번 구워서 건조한 제품

26

전분의 가수분해 정도(D.E; Dextrose Equivalent)값이 커질수록 전분당의 물리 · 화학적 성질에 대한 설명으로 옳은 것은?

① 점도가 낮아진다.　　② 흡습성이 낮아진다.
③ 삼투압이 낮아진다.　　④ 감미도가 낮아진다.

해설

- 전분을 가수분해하면 호화가 잘 안되고 점도가 낮아진다.
- pH 4 이하의 산성에서 전분 젤의 점성은 감소하므로, 전분에 산을 첨가하여 조리할 때는 전분을 따로 호화한 후 산과 섞는다.

정답　　22 ①　23 ④　24 ①　25 ③　26 ①

27

된장 발효 시 구수한 맛이 증가하는 데 관여하는 주된 현상은?

① 당화작용　　② 알코올 발효
③ 유기산 발효　　④ 단백질 분해

해설

된장 발효 시 단백질은 아미노산이나 펩타이드로 분해되어 구수한 맛을 낸다.

28 ✈빈출

멥쌀의 아밀로오스와 아밀로펙틴의 구성 비율은?

① 20 : 80　　② 80 : 20
③ 60 : 40　　④ 40 : 60

해설

멥쌀은 아밀로오스가 약 20%, 아밀로펙틴이 약 80%의 비율로 구성되어 있다.

29

상품화된 음식을 구매하여 최소한의 조리나 재가열한 후 배식하는 급식체계는?

① 전통식 급식체계
② 중앙공급식 급식체계
③ 조리저장식 급식체계
④ 조합식 급식체계

해설

- 전통식 급식체계 : 식품을 구매하고 조리하는 과정부터 배식까지 한 장소에서 이루어지며, 생산과 소비가 같은 장소에서 이루어지는 재래식 급식 형태의 주방이다.
- 중앙공급식 급식체계 : 분리형 주방을 운영하며, 중심지원 주방에서 음식을 생산하여 여러 급식소로 분해해 주는 생산 체계를 갖는 주방 시스템이다.
- 조리저장식 급식체계 : 제품을 냉장·냉동하여 일정 기간 저장한 후 필요한 시기에 간단한 재가열을 통해 음식을 제공하는 시스템이다.

30

구매하고자 하는 물품의 품질과 특성에 대하여 기록한 양식은?

① 물품검수서
② 물품견적서
③ 물품명세서
④ 물품계산서

해설

- 물품검수서 : 서식 완성된 물품을 검수하고, 그 결과를 보고하기 위해 작성하는 문서
- 물품견적서 : 물품 공급에 대하여 공급자가 주문자에게 공급할 수 있는 내용 및 제반 비용을 적산 형태로 기술하여 제출하는 문서

31 ✈빈출

중국 4대 지방 요리의 하나로 향신료를 많이 사용하여 자극적인 맛과 매운맛이 특징이고, 마파두부를 대표적인 요리로 들 수 있는 것은?

① 사천요리
② 북경요리
③ 상해요리
④ 광동요리

해설

- 북경(산동)요리 : '베이징요리'라고도 하며, 강한 화력을 이용한 튀김과 볶음요리가 일품이고, 지리적으로 문화와 역사의 중심지이기 때문에 궁중요리 등 고급요리가 발달 예 북경오리구이
- 상해(남경)요리 : '강소요리'라고도 하며, 쌀을 재료로 한 요리와 게·새우·물새 등의 맛이 진한 요리가 발달
  예 동파육, 꽃빵, 만두 등
- 광동요리 : 서양요리의 특징을 혼합한 요리가 발달하였고, 조미료를 중시하며 부드럽고 담백한 맛이 특징
  예 탕수육, 상어지느러미찜, 팔보채 등

정답　　27 ④　28 ①　29 ④　30 ③　31 ①

32 빈출

다음 중 튀김 온도가 가장 높은 것은?

① 약과
② 크로켓
③ 도넛
④ 새우

해설

튀김 온도
• 수분이 많은 식품 : 150℃
• 크로켓 : 190~200℃
• 어패류 : 180~190℃
• 연한 채소류 : 130~140℃
• 약과 : 140℃
• 도넛 : 160℃

33

조리의 기본 조작 중 재료의 계량 방법에 대한 설명으로 옳은 것은?

① 밀가루는 곱게 체로 쳐서 수북하게 담아 빈틈이 없도록 꾹꾹 눌러 수평으로 깎아서 계량한다.
② 고체 지방은 냉장고에서 꺼낸 뒤 딱딱한 상태가 녹지 않도록 주의하여 계량컵에 담아 편편하게 깎아서 계량한다.
③ 황설탕은 수북하게 담아 누르지 말고 수평으로 깎아서 계량한다.
④ 부피를 측정할 때는 액체 표면의 아랫부분을 눈과 수평으로 하여 잰다.

해설

• 액체의 재료는 부피로 재는 것이 능률적이고, 액체 표면의 아랫부분을 눈과 수평으로 하여 잰다.
• 밀가루는 체에 친 후 계량컵에 수북이 가볍게 담아 수평으로 깎아 계량한다.
• 황설탕은 잘 채워 계량하고, 백설탕은 위를 평평하게 깎아 계량한다.

34 빈출

서양요리의 기본 소스가 아닌 것은?

① 토마토소스
② 베샤멜소스
③ 홀렌다이즈소스
④ 캐러멜소스

해설

서양요리의 5대 기본 소스
데미글라스소스, 베샤멜소스, 벨루테소스, 토마토소스, 홀렌다이즈소스

35

식물성 식품의 냄새 성분이 아닌 것은?

① 에틸아세테이드(Ethyl Acetate)
② 퓨퓨릴 알코올(FurFuryle Alcohol)
③ 리모넨(Limlnene)
④ 메틸아민(Methyle Amine)

해설

메틸아민은 해수어의 비린내 성분이다.

36

김치의 숙성 중 가장 많이 생성되는 유기산은?

① 젖산(Lactic Acid)
② 사과산(Malic Acid)
③ 아세트산(Acetic Acid)
④ 구연산(Citric Acid)

해설

김치의 발효과정에서 많이 생성되는 젖산균이 젖산 발효를 통해 김치를 숙성시키는 작용을 한다.

정답   32 ② 33 ④ 34 ④ 35 ④ 36 ①

37

다음 식품의 색소 생성 현상 중 나머지 셋과 성질이 다른 하나는?

① 커피의 갈색 색소 형성
② 홍차의 적색 색소 형성
③ 감자의 갈색 색소 형성
④ 사과의 갈색 색소 형성

해설

효소적 갈변에는 홍차, 감자, 사과의 갈변 등이 있고, 비효소적 갈변에는 커피, 간장, 소스 등의 갈변이 있다.

38

α – 전분을 방치해서 β – 전분으로 될 때 관여하는 요인은?

① 온도 60℃
② 수분 함량 10~15%
③ 수소이온이 많을수록
④ 아밀로펙틴 함량이 많을수록

해설

• α – 전분이 β – 전분이 되는 것은 전분이 되는 것은 전분의 노화 현상이다.
• 전분의 노화 촉진에 관계하는 요인은 온도 2~5℃, 수분 함량 30~60%, 수소이온의 다량 첨가와 전분 입자의 종류(아밀로오스 > 아밀로펙틴)이다.

39

생선조리 시 파필로트(Papillote)의 조리방법은 무엇인가?

① 생선을 기름종이에 싸서 오븐에 굽는 것
② 생선에 밑간을 하여 버터에 굽는 것
③ 생선과 채소를 곁들여 꼬치에 끼워 굽는 것
④ 생선에 버터나 샐러드기름을 바르고 찌는 것

해설

파필로트(Papillote)는 기름종이에 싸서 구운 요리를 말한다.

40 ★빈출

감염병을 일으키는 병원체와 질병과의 연결이 맞는 것은?

① 세균 – 콜레라, 장티푸스, 폴리오
② 바이러스 – 홍역, 폴리오, 백일해
③ 기생충 – 말라리아, 아메바성 이질, 한센병
④ 리케차 – 발진티푸스, 발진열, 양충병

해설

• 세균 : 한센병, 디프테리아, 성형열, 폐렴, 결핵, 백일해, 장티푸스, 파라티푸스, 콜레라
• 바이러스 : 인플루엔자, 홍혁, 충진, 소아마비, 폴리오, 유행성 간염
• 기생충 : 말라리아, 아메바성 이질, 트리파소노마

41 ★빈출

식품안전관리인증기준(HACCP) 체계의 7원칙에 대한 설명 중 틀린 것은?

① 원칙1 : 위해요소분석
② 원칙3 : CCP 모니터링 체계 확립
③ 원칙5 : 개선조치방법 수립
④ 원칙7 : 문서화, 기록유지방법 설정

해설

• 원칙3 : 한계기준 설정
• 원칙4 : CCP 모니터링 체계 확립

정답 37 ① 38 ③ 39 ① 40 ④ 41 ②

42

미각의 생리현상에 관한 내용으로 틀린 것은?

① 오징어를 먹은 직후에 식초나 밀감을 먹고 쓴맛이 나는 것은 맛의 변조 현상이다.

② 김치의 신맛에 의해 짠맛이 감소하는 것은 맛의 상쇄 현상이다.

③ 커피에 설탕을 넣으면 쓴맛이 약화하는 것은 맛의 억제 현상이다.

④ MSG에 핵산조미료를 조금 넣으면 감칠맛이 증가하는 것은 맛의 대비현상이다.

해설

맛의 대비현상이 아닌 맛의 상승이다. 맛의 상승은 같은 종류의 맛을 갖는 2종류 이상의 정미 성분을 혼합해 각각 갖고 있던 맛보다 강하게 느껴지는 현상이다.

43

마른표고버섯을 넣은 전골의 주된 감칠맛 성분은?

① 구아닐산   ② 아스파라긴산
③ 알긴산   ④ 푸코이딘

해설

• 아스파라긴산 : 싹이 튼 콩류(콩나물 등)에서 많이 얻어지며, 숙취 해소 효능이 탁월함
• 알긴산, 푸코이딘 : 해조류(미역, 다시마 등)의 다당체

44

오븐의 구입가격이 550만원, 잔존가격이 50만원, 내용연수가 10년일 때 감가상각비를 정액법으로 계산하면?

① 50만원
② 45만원
③ 40만원
④ 5만원

해설

정액법은 매년 같은 금액을 감가상각비로 처리하는 방법으로, 구입가격에서 잔존가격을 빼고 내용연수로 나누는 방식이다.

$$\therefore \ 감가상각액 = \frac{구입가격 - 잔존가격}{내용연수}$$
$$= \frac{5,500,000 - 500,000}{10} = 50만원$$

45 빈출

동결시킨 반조리 식품의 조리법으로 가장 옳은 것은?

① 그대로 가열 조리한다.
② 상온에서 해동하여 조리한다.
③ 냉장고에서 해동하여 조리한다.
④ 흐르는 물에서 해동하여 조리한다.

해설

조리냉동식품
플라스틱 필름으로 싼 것은 끓는 물에서 그대로 약 10분간 끓이고, 알루미늄에 넣은 것은 오븐에서 약 20분간 데운다.

46 빈출

소고기 편육 조리법으로 옳은 것은?

① 처음부터 찬물에 삶아야 맛 성분이 국물에 유출되어 편육의 맛이 좋다.

② 젤라틴이 콜라겐으로 완전히 분해될 때까지 삶은 후 썰어야 모양이 좋다.

③ 졸(Sol) 상태의 젤라틴이 겔(Gel) 상태로 된 후에 눌러 모양을 잡는다.

④ 생강은 고기가 어느 정도 익었을 때 넣는 것이 냄새 제거에 좋다.

해설

편육은 끓는 물에 삶고, 생강은 고기가 익은 후에 넣는 것이 좋다.

정답　　42 ④　43 ①　44 ①　45 ①　46 ④

47 빈출

조리 용어 설명 중 틀린 것은?

① 줄리엔느(Julienne) : 네모막대형 썰기
② 다이스(Dice) : 주사위형으로 정육면체 썰기
③ 파리지엔(Parisienne) : 직육면체로 납작한 네모 썰기
④ 샤또(Chateau) : 달걀 모양으로 가운데는 굵고 양 끝이 가늘게 썰기

해설

파리지엔은 채소나 과일을 둥근 구슬 모양으로 파내는 방법으로 파리지엔 나이프를 사용한다.

48 빈출

유지의 산패에 영향을 미치는 요인에 대한 설명 중 틀린 것은?

① 지질의 산패는 온도가 높을수록 촉진된다.
② 유리지방산은 유지의 자동 산화 과정을 저해한다.
③ 공기 중에 노출되면 산패되기 쉽다.
④ 산패를 촉진하는 금속으로 구리(Cu), 철(Fe), 니켈 (Ni) 등이 있다.

해설

• 온도가 높으면 산패가 일어난다.
• 공기 중 효소의 작용에 의해 산패된다.
• 금속 및 금속화합물은 산패를 촉진한다.
• 자동 산화 과정은 지방의 불포화도와 밀접하다.

49

김, 당근, 시금치, 간, 버터 등에 많이 함유된 비타민으로, 발육 촉진과 눈의 작용에 관여하는 것은?

① 비타민 A
② 비타민 D
③ 비타민 E
④ 비타민 K

해설

비타민 A는 눈의 작용에 관여하는 비타민으로, 결핍되면 야맹증, 안구건조증, 모낭각화증 등에 걸리며, 점막으로 세균이 침투되어 질병을 일으키기 쉽다.

50

가공품의 제조 원리에 대한 설명으로 틀린 것은?

① 두부는 두유에 녹아 있는 글리시닌(Glycinin)이 황산칼륨 첨가 시 응고되는 원리로 만든다.
② 코지(Koji)는 효모를 곡류에 번식시킨 것으로 장류를 만드는 데 사용된다.
③ 육가공품 제조 시 첨가되는 아질산염이나 질산염은 육색소를 안정시켜 적색을 띠게 한다.
④ 식혜(감주)는 60~65℃ 정도의 온도를 유지하여 당화를 일으켜 제조한다.

해설

두부는 글리시닌이 무기염류에 의하여 응고되는 성질을 이용하여 만든다.

51

리코펜(Lycopene)에 대한 설명으로 틀린 것은?

① 토마토와 같은 붉은색 과일에 풍부하게 존재한다.
② 카로티노이드계 색소이다.
③ 비타민 A의 효력이 있다.
④ 노화 방지, 항암 등의 효과가 있다.

해설

리코펜은 토마토 등 붉은색 과일에 존재하는 일종의 카로티노이드 색소이다. 항암작용을 하며, 카로틴과 비슷한 성질로 비타민 A의 전환 작용은 없다.

정답 47 ③ 48 ② 49 ① 50 ① 51 ③

52 *빈출*

바다 생선회를 먹음으로써 감염될 수 있는 기생충은?

① 간흡충
② 폐흡충
③ 동양모양선충
④ 아니사키스충

해설

• 간흡충 : 왜우렁이, 담수어
• 폐흡충 : 다슬기, 민물게, 민물가재
• 아니사키스충 : 갑각류, 오징어, 고등어

53

조리작업장 시설의 위생관리에 대한 설명으로 틀린 것은?

① 조리작업장은 통풍, 환기를 위한 시설이 정상 가동될 수 있도록 수시로 점검하고, 환기 후드 및 필터는 한 달에 1회 이상 분해 청소한다.
② 작업장 바닥은 매일 세제로 세척하고, 조리작업자가 손 씻기를 할 수 있도록 전용 수세설비를 비치하고 상시 사용할 수 있도록 한다.
③ 미생물 번식이 쉬운 식기와 기구의 세척과 소독에 유의한다.
④ 조리작업장 내의 조리대와 작업대는 매일 오전, 오후로 뜨거운 물이나 알코올로 소독한다.

해설

미생물 번식이 쉬운 식기와 기구의 세척과 소독은 조리작업장 기구 위생관리에 해당된다.

54 *빈출*

식품의 취급기준 준수에서 '전처리 과정 중의 식품 취급기준'으로 틀린 것은?

① 식품 취급 등의 작업은 바닥으로부터 15cm 이상의 높이에서 실시한다.
② 생선은 세척하기 전에 내장이나 지느러미 등을 제거할 때와 다른 도마를 사용하여 2차 오염을 방지한다.
③ 내포장재는 식품과 직접 닿기 때문에 식품과 똑같은 위생관리가 필요하다.
④ 냉장·냉동 식품의 절단, 소분 등 처리 시 식품 온도가 15℃를 넘지 않도록 소량씩 취급하고 식재료 처리 후 보관기준에 따라 온도관리를 한다.

해설

식품 취급 등의 작업은 바닥으로부터 60cm 이상의 높이에서 실시한다.

55 *빈출*

식재료의 상온 저장기준에서 온도와 습도관리로 옳은 것은?

① 온도 5℃ 이하, 습도 30~40% 유지
② 온도 15℃ 이하, 습도 40~50% 유지
③ 온도 25℃ 이하, 습도 50~60% 유지
④ 온도 35℃ 이하, 습도 60~70% 유지

해설

온·습도계를 잘 보이는 곳에 설치하고 '상온 저장기준' 온도 25℃ 이하, 습도 50~60%를 유지하도록 관리해야 한다.

정답   52 ④ 53 ③ 54 ① 55 ③

56 빈출

식재료를 저장고에 보관하는 방법으로 틀린 것은?

① 냉장고, 냉동고는 온도가 적정하게 유지되는지를 별도의 외부 온도계를 부착하여 1일 2회 이상 확인하고 기록한다.

② 냉각에 필요한 공기순환을 원활히 하기 위해 식품의 양이 냉장고 용량의 70% 이상을 넘지 않게 한다.

③ 상온 저장 시 통풍이 잘되어 습기가 차지 않고 해충 번식을 막거나 청소를 원활히 하기 위해 식품을 보관하는 선반은 벽과 바닥으로부터 30cm 이상 거리를 둔다.

④ 상온 저장 시 잘 보이는 곳에 온·습도계를 설치하고 온도 25℃ 이하, 습도 50~60%를 유지하도록 관리한다.

해설

상온 저장 시 통풍이 잘되어 습기가 차지 않고 해충 번식을 막거나 청소를 원활히 하기 위해 식품을 보관하는 선반은 벽과 바닥으로부터 15cm 이상 거리를 둔다.

57

냉장저장법으로 액화 탄산가스를 동결 고화시켜 −80℃에 가까운 저온을 얻을 수 있고, 녹으면 기화하여 CO$_2$ 가스가 억제효과를 일으켜 식품의 보존성이 좋아지는 것은?

① 빙온저장

② CA저장

③ 드라이아이스(dry ice)

④ CA(Controlled Atmosphere)저장법

해설

• 빙온저장 : 수분이 어는 온도에 가깝게 저장하는 방법으로 반동결 저장이라고도 한다. 육류와 어패류의 저장에 이용되며 전기료 절감의 효과가 있다.

• CA저장 : 밀폐된 냉장고 내에서 조건에 맞는 산소 및 이산화탄소의 농도에 도달하고, 농도에 도달한 후에는 이산화탄소 소거제(수산화나트륨, 수산화칼슘) 등으로 과잉의 이산화탄소를 제거하여 이산화탄소를 일정하게 계속 유지하는 방법이다.

• CA(Controlled Atmosphere)저장법 : 생체식품의 저장성을 연장하기 위하여 저장고 내의 공기조성을 인위적으로 변화시키고 냉장하여 증산 및 호흡속도를 늦춰 청과물의 저장 중 선도를 유지하는 방법이다.

58

작업장 내 조리과정별 작업공간을 구분하여 교차오염을 방지하는 방법으로 틀린 것은?

① 포기 채소는 소독제가 표면에 고르게 닿을 수 있도록 잎을 분리하여 절단→ 세척→ 소독→ 헹굼 순서로 세척·소독한다.

② 생선, 육류의 해동은 냉장 상태에서 하고, 급속 해동 시에는 흐르는 찬물(21℃ 이하)에서 하되, 해동된 식품의 표면 온도는 5℃ 이하로 유지하여야 한다.

③ 식품 취급 및 조리과정에서의 교차오염을 방지하기 위해서는 소독된 도구나 고무장갑, 일회용 라텍스(latex) 장갑을 사용하고, 일회용 비닐 위생 장갑은 사용하지 않는다.

④ 채소, 과일의 농약 세척 방법으로는 10분간 물에 담근 후 흐르는 물에 씻으면 농약 등 해로운 유해물질을 제거할 수 있다.

해설

채소, 과일의 농약 세척 방법으로는 20분간 물에 담근 후 흐르는 물에 씻으면 농약 등 해로운 유해물질을 제거할 수 있다. 참고로 생선·육류는 먹는 물로 충분히 씻고, 육류의 핏물(갈비, 사골, 잡뼈 등)을 뺄 때 1시간 이상 소요되는 경우는 냉장 상태를 유지한다.

정답   56 ③ 57 ③ 58 ④

59

냉장식품 저장관리로 틀린 것은?

① 냉해에 약한 과채류는 8℃, 60~70%의 상대습도
에서 냉장한다.

② 냉해와 관계없는 과채류는 동결점보다 약간 높은
0℃ 부근에서 90%의 상대습도를 유지한다.

③ 냉장은 식품을 0~10℃로 저장해서 미생물의 생육
을 억제하고 저장기간을 연장시키기 위한 것이다.

④ 저온창고를 공동으로 이용할 경우 버터는 냄새를 흡
수하므로 냄새나는 식품과 떨어지게 놓아야 한다.

해설

냉해에 약한 과채류는 10℃, 80~90%의 상대습도에서 냉장한다.

60

위생적인 작업장 시설을 위해 고려해야 할 사항으로 틀린 것은?

① 건조 창고의 창문은 간유리나 차양을 사용한다.

② 건조 창고의 갈라진 틈 사이는 막아 벌레나 쥐가 다니지 못하도록 한다.

③ 건조 창고의 벽은 에폭시 페인트 또는 에나멜페인트, 스테인리스 스틸 또는 광이 있는 타일을 사용한다.

④ 건조 창고의 선반은 바닥에서 60㎝ 정도 떨어져야 한다.

해설

건조 창고의 선반은 바닥에서 15㎝ 정도 떨어져야 한다.

정답　　　59 ① 60 ④

성공의 커다란 비결은
결코 지치지 않는 인간으로 인생을 살아가는 것이다.
(A great secret of success is to go through life as a man who never gets used up.)

알버트 슈바이처(Albert Schweitzer)

제3편

조리산업기사 통합편
한식 · 양식 · 중식 · 일식 · 복어

PART

01

한식 · 양식 · 중식 · 일식 · 복어
종목별 이론

한식

Check Note

✓ **한식 면류 조리**

밀가루, 쌀가루, 메밀가루, 전분가루 등을 사용하여 국수, 만두, 냉면 등을 조리하는 능력

01 한식 면류 조리

1 면류 조리

(1) 용도에 따른 육수의 종류★★

소고기 육수	• 사태나 양지, 업진육 등을 사용하며, 이 부위는 운동량이 많아 핵산, 아미노산 등의 맛 성분이 많음 • 고기를 찬물에 담가 핏물을 제거한 후 냄비에 양지와 물, 청주, 파, 마늘을 넣고 센불에서 끓임
동치미 육수	무와 배추를 통째로 넣고, 깐 밤이나 잣, 대파를 넣어 소금과 젓국으로 간을 한 국물을 부은 후 대나무 잎을 덮고 눌러 익힌 김칫국물을 이용
닭고기 육수	노란 기름기와 내장을 제거하고 흐르는 물에 씻은 후 냄비에 물과 닭을 넣고 마늘, 후추, 대파, 청주, 소금을 넣고 끓임
멸치와 다시마 육수	다시마는 짠맛, 신맛, 쓴맛을 잡아 주고 만니톨(mannitol) 성분이 국물을 깊고 감칠맛나게 함
가쓰오부시 육수	냄비에 물을 넣고 끓으면 불을 끄고 가쓰오부시를 넣은 후 가쓰오부시가 가라앉으면 국물을 면보자기에 맑게 내려 사용함
조개탕 육수	바지락, 모시조개 등을 해감하여 깨끗이 씻어 준비한 후 면보자기로 닦은 다시마와 조개껍데기도 함께 삶아서 진한 국물을 만듦
황태 육수	• 황태 머리는 젖은 행주로 닦아 냄비에 물을 붓고 황태 머리, 다시마, 마른 새우를 넣어 끓임 • 끓기 시작하면 다시마는 건져내고 10분 정도 더 끓인 후에 고운 체나 면보자기에 내리고 청주를 넣어 식힘
채소 육수	무, 배추, 양파, 대파를 큼직하게 잘라 냄비에 물과 함께 붓고 채소들이 부드러워질 때까지 푹 끓인 후 국물을 고운 체 또는 면보자기에 내려서 식힘

(2) 육수 제조 방법과 보관

1) 육수 제조 방법

① 사골이나 꼬리 또는 고기의 질긴 부위(양지, 사태 등)를 끓여 국물의 맛을 냄

② 찬물에 담가 핏물을 뺀 후, 물을 넉넉히 부어 강불에서 끓여 거품이 나면 따라버린 후 다시 물을 부어 끓임

③ 거품은 맛과 외관을 좋지 않게 하므로 걷어냄
④ 국물을 만들 때 방향 채소를 넣으면 향이 더 좋음
⑤ 국물에 용출되는 맛 성분은 수용성 단백질, 지질, 무기질, 추출물, 젤라틴 등으로 약한 불에서 장시간 끓여야 맛 성분이 충분히 용출됨

2) 육수 보관방법
① 물냉면이나 비빔냉면에 사용하는 경우 : 냉육수로 보관
② 국수장국에 사용하는 경우 : 온육수로 보관

(3) 면 조리 원리(면 삶기)

전분의 호화	• 단시간 내에 전분의 호화를 위해서는 끓는 물에 넣는 국수의 양이 많지 않게 함 • 국수 무게의 6~7배의 물에서 국수를 삶는 것이 국수가 서로 붙지 않고 빨리 끓여짐
화력의 조절	국수가 뜬 후 계속 강하게 가열하면 거품이 많이 일고 국수의 표면이 거칠어지므로 적절한 불 조절이 필요함
냉각	국수가 다 익으면 되도록 많은 양의 냉수에서 국수를 단시간 내에 냉각시켜 국수의 탄력을 유지함

(4) 고명의 종류

색감별	• 녹색 : 오이, 미나리 • 흰색 : 달걀의 백지단 • 노란색 : 달걀의 황지단 • 붉은색 : 대추, 홍고추 • 검정색 : 석이버섯, 검정깨
재료별	• 달걀을 이용한 고명 : 지단, 알쌈, 줄알 • 고기를 이용한 고명 : 고기, 고기완자 • 버섯을 이용한 고명 : 표고버섯, 석이버섯, 목이버섯, 느타리버섯 • 견과류를 이용한 고명 : 은행, 잣, 호두, 밤, 대추 • 기타 고명 : 미나리초대, 실고추

(5) 면류 · 만두 종류와 만들기

1) 면류의 종류

재료에 따른 분류	밀국수	밀가루로 만든 국수로 글루텐 함량이 많은 밀가루 사용
	메밀국수	메밀가루가 주원료이며 끈기를 주기 위하여 밀가루나 전분가루를 섞어 익반죽
	전분국수	감자, 옥수수, 고구마, 칡 등의 전분을 사용

Check Note

❷ **전분의 호화에 영향을 미치는 요인**

전분의 종류 · 내부 구조와 크기 · 형태, 아밀로스와 아밀로펙틴의 함량, 수분함량, 온도, pH, 염류 등

제03편

❷ **고명(Garnish)의 역할**

■ 고명은 음식을 보기 좋게 장식하여 음식이 돋보이게 하고 식욕을 돋우며 음식의 품위를 높여줌
■ 고명은 맛보다는 장식을 목적으로 하므로 모양과 색을 중시하고 음식 위에 뿌리거나 얹음

❷ **국수의 종류★**

■ 국수는 대표적인 가루 음식으로 밀가루, 메밀가루, 감자가루 등으로 만듦
■ 잔치에 많이 먹게 되면서 더 발달하였음
■ 장국의 재료로 소고기, 닭고기, 멸치 등이 많이 쓰임

조리법에 따른 분류	냉면	전분과 메밀을 섞어 반죽하여 강한 압력을 가해 작은 구멍 밖으로 밀어내면서 만들고, 차게 식힌 장국에 삶은 국수를 넣은 것 • 평양냉면 : 메밀 함량이 많아 뚝뚝 끊어지고 꺼끌꺼끌함 • 함흥냉면 : 고구마나 감자 전분을 많이 넣어 면발이 쫄깃하고 잘 끊어지지 않음
	온면	삶은 국수를 뜨거운 국물에 말아 먹는 것
	비빔면	삶은 국수에 국물 없이 육류, 채소 등을 넣어 골고루 비빈 것

2) 만두의 종류

병시	둥근 만두피에 소를 넣어 주름을 잡지 않고 반달형으로 만든 만두
규아상	해삼 모양으로 주름을 잡아 만든 만두
석류탕	석류 모양으로 빚어 만든 맑은 만둣국
편수	시원한 육수에 띄워 먹는 사각형 모양의 만두
준치만두	준치를 쪄서 살만 발라내어 소고기를 섞은 후 전분을 묻혀 만든 만두
굴림만두	만두피 없이 소를 둥글게 빚어 밀가루에 굴려서 만든 만두로 보통 장국에 넣어서 끓여 먹음
어만두	흰살생선을 포를 떠서 소를 넣고 빚어 만든 찐만두

(6) 면 삶기 및 끓이기

① 국수(면)류를 삶을 때 물은 끓는 상태여야 함

② 면을 삶아낼 때는 가열 중간에 1~2회 정도 찬물을 부어주고 끓으면 재빨리 찬물로 면을 헹구어 탄력있게 만듦

③ 면을 기계로 내리면 나무젓가락, 나무칼 또는 손으로 서로 붙지 않도록 잘라줌

④ 많은 양을 삶을 때는 서로 붙지 않게 조심스럽게 저어 주어야 함

⑤ 국수 익히는 시간은 가루배합, 수분 농도, 면의 굵기, 익반죽 상태에 따라 각각 다름

(7) 면의 종류에 따른 양념장

① **양념장** : 여러 가지 양념을 혼합한 것으로 음식을 만들 때 사용하거나 완성된 음식과 함께 곁들여 먹음

② 음식의 맛과 향을 한층 더 좋게 하거나 나쁜 맛을 제거하기 위해 첨가함

✔ **계절에 따른 만두**★★★

■ 봄 : 준치만두
■ 여름 : 편수, 규아상
■ 겨울 : 생치만두, 김치만두, 장국만두 등

✔ **국수의 익히는 시간**

■ 잔치국수(가는 국수) : 5~6분
■ 우동국수(굵은 국수) : 15분
■ 냉면(생) : 40초

③ 종류, 분량, 음식에 넣는 순서 등에 따라서 맛이 달라지므로 적절하게 사용하여야 함

2 면류 담기

(1) 조리 형태에 따른 그릇 선택

1) 한식 식기의 종류

도자 식기	• 흙으로 빚어 구워 만든 그릇이 일반적임 • 하얀 색상의 식기는 깨끗하고 깔끔한 느낌을 주고, 음식의 색을 돋보이게 함 • 색색의 유약을 발라 구운 식기는 정겹고 한국적인 느낌을 주며, 음식이 더욱 맛있어 보이게 함 • 생산 방식에 따라 분류할 수 있으며 대량생산 시스템으로 흰색 배면에 문양을 전사 처리하고 색채도 다양화됨 • '청자와 백자'가 대표적

놋쇠 그릇	놋쇠는 구리에 주석이나 아연, 니켈을 섞어 만든 합금으로 '놋쇠로 만들어 반찬 담는 그릇'으로 사용	
	청동기시대	8세기경 신라에서는 전문적으로 청동 놋그릇을 다루는 '철유전(鐵鍮典)'이라는 상설 기구를 설치
	고려시대	각종 생활용기가 놋쇠로 만들어졌으며, 식기로도 사용
	조선시대	국가에서 동을 채굴하여 유기의 생산을 장려함

2) 면류 담기

돌려 담기	면발을 가지런히 정리하여 잡고 '동그란 그릇 모양'을 따라 돌려 담기
타래지어 담기	국수를 조금 잡고 두 번째 손가락에 감아 동그랗게 타래를 지어 그릇에 담기
일자 담기	국수를 물에 담근 상태에서 들었다 났다를 반복하며 면발을 정리하여 그릇에 일렬로 가지런히 담기
젓가락에 감아 담기	국수를 물에 담근 상태에서 들었다 났다를 반복하며 면발을 정리하여 젓가락에 감은 후 젓가락 끝까지 고르게 잘 감아지면 젓가락을 빼면서 그릇에 담기
포크로 돌려 담기	파스타처럼 전분기가 적은 국수는 국수를 그릇에 담고, 가운데 포크를 넣고 돌려 동그란 모양으로 담기

(2) 요리 종류에 따른 냉·온 선택

냉	물냉면	• 끓는 물에 냉면을 넣고, 끓어오르면 2~3번 찬물을 부어 삶은 후 찬물에 헹구어 물기를 빼고 사리를 지어 완성 • 면 그릇을 선택하여 냉면 담기 • 차게 식힌 육수를 넉넉히 부어 보기 좋게 담아 완성

Check Note

❷ **청자의 특징**
- 표면 균열이 있어 백자에 비해 강도가 떨어짐
- 표면 균열로 인해 균열 속에 때가 끼는 현상 발생
- 강도가 약해 이가 빠지는 현상이 자주 발생
- 자기로서 '백쟈에 비해 약점이 많음

제03편

온		• 고명으로 편육, 무김치, 오이, 배, 삶은 달걀 등을 보기 좋게 올려 완성
	비빔 냉면	• 끓는 물에 냉면을 넣고, 끓어오르면 2~3번 찬물을 부어 삶은 후 찬물에 헹구어 물기를 빼고 사리를 지어 완성 • 그릇에 담고, 고명으로 무김치, 오이, 배, 삶은 달걀 등 담기 • 비빔양념장을 따로 그릇에 내거나 면 한쪽에 얹어 보기 좋게 담아 완성
	비빔 국수	• 국수를 간장, 참기름, 설탕으로 밑간을 하고 오이(0.3cm×0.3cm×5cm로 채썰기), 표고버섯, 소고기를 섞고 살살 버무린 후 그릇에 담기 • 황·백 달걀지단, 석이버섯, 실고추를 고명으로 올려 보기 좋게 완성
	국수 장국 (온면)	• 끓는 물에 국수를 넣고 끓어오르면 2~3번 찬물을 부어 투명하게 삶은 후 찬물에 헹구어 물기를 빼고 사리를 지어 완성 • 준비된 육수는 간장과 소금으로 간을 맞추고 끓임 • 면 그릇을 선택하여 국수를 담고 끓는 육수를 국수가 잠길 정도로 붓기 • 고명으로 채(0.2cm×0.2cm×5cm)를 썬 고기, 황·백 달걀지단, 호박, 석이버섯, 실고추를 보기 좋게 올려 완성
	칼국수	• 면 그릇을 선택하여 칼국수(0.2cm×0.3cm)와 국물을 담기 • 고명으로 표고버섯, 애호박, 실고추를 보기 좋게 올려 완성
	만둣국	• 그릇에 만두를 담고 육수를 붓기 • 달걀지단, 미나리초대 등을 보기 좋게 올려 완성

(3) 면류 종류에 따른 곁들임과 고명
1) 고명의 종류 및 만드는 방법

지단	• 달걀의 흰자와 노른자를 분리 후 노른자·흰자 지단 만들기 • 채썰기, 마름모꼴, 골패형으로 썰기
알쌈	• 달걀 흰자, 노른자를 거품이 일지 않게 분리 • 소고기를 곱게 다져 양념 후 치대어 지름 0.5cm 크기로 완자 빚기 • 프라이팬에 기름 두르기 → 반 숟가락 정도의 달걀을 떠서 지름 2cm 정도의 둥근 타원형 만들기 → 달걀 반쯤 익히기 → 고기완자를 넣어 반달 모양으로 반을 접고 가장자리를 맞붙여 완성
미나리 초대	• 줄기만 씻어 10cm 길이로 미나리 손질 후 꼬치에 끼우기 • 밀가루가 너무 많이 묻지 않도록 밀가루 입히기 • 달걀에 씌워서 지져 초대 만들기 • 골패형이나 마름모꼴로 썰기

곁들임	주된 음식에 다른 음식을 서로 어울리게 내어놓는 것
고명	장식을 목적으로 음식 위에 얹거나 뿌려 음식을 아름답게 꾸며서 음식의 모양과 빛깔을 돋보이게 하고 식욕을 돋우며 맛을 높이기 위해 사용

고기완자	소고기를 곱게 다져 소금, 설탕, 후춧가루, 다진 마늘, 다진 파, 후춧가루, 깨소금, 참기름으로 양념 → 지름 1cm 정도 크기로 둥글게 빚은 후 밀가루를 입힌 다음 풀어 놓은 달걀을 묻혀 완자 만들기 → 프라이팬에 완자를 굴리면서 지지기
표고버섯	마른 표고버섯은 미지근한 물에 담가 불리기 → 기둥은 떼어 내고 마름모꼴이나 채썰기(살이 두껍고 큰 버섯은 칼을 뉘여서 얇게 저며 사용) → 진간장, 후춧가루, 다진 마늘, 다진 파, 설탕, 깨소금으로 양념하여 볶기
석이버섯	뜨거운 물에 불려 가늘게 채썰기 → 소금과 참기름으로 양념하여 볶기

2) 고명 만들 때 유의사항

① 지단을 부칠 때 기름이 많고 불이 세면 기포가 생겨 지단 표면이 매끄럽지 않음
② 부친 지단은 겹쳐 놓지 않아야 함
③ 지단은 식은 후에 썰어야 곱게 썰어짐

02 한식 찜·선 조리

1 찜·선 조리

(1) 찜·선 조리 지식

찜		• 재료를 큼직하게 썰어 양념하여 물을 붓고 뭉근히 끓이거나 쪄내는 음식 • 식품의 수용성 성분의 손실이 적고 식품의 고유 풍미를 유지 • 우리나라 조리법에는 재료를 국물에 넣어 오랜 시간 익히는 방법과 가열된 증기를 올려서 익히는 방법이 있음
	육류	재료를 양념하여 약한 불로 오랜 시간 조리하여 연하게 함 예 갈비찜, 쇠꼬리찜, 닭찜, 사태찜 등
	어패류	• 조직이 연하기 때문에 물에 넣어 오래 가열하기보다는 주로 증기로 익힘 예 도미, 새우, 조기 등 • 육류에 비해 가열 시간이 짧음
선		• 선(膳)이라는 단어에는 특별한 조리적 의미는 없고 좋은 음식이라는 것을 뜻함 • 찜과 같은 방법으로 조리하되 주재료로 식물성 식품을 이용함 • 증기를 올려 찌는 법과 육수나 물을 자박하게 넣어 끓이는 법이 있음

✅ 선 지식

- 우리나라 최고(最古)의 조리서인 『음식지미방』의 동과선은 "늙은 동아를 도독하게 저며서 살짝 데쳐 내어 물기 없게 건져 기름을 넣고 심심하게 끓인 간장에 담갔다가 따라 버리고, 생강을 다져 넣고 달인 새간장에 다시 담가 두었다가 쓸 때 초를 쳐서 쓴다."고 되어 있어 오늘날의 선과는 개념이 다름
- 1800년대 말엽의 조리서인 『시의전서(是議全書)』에 나오는 남과선(호박선)에서 비로소 "애호박의 등쪽을 도려 내고 갖은 양념을 소로 넣고 푹 쪄낸 다음 그 위에 초장에 백청을 타서 붓고 고추·석이·달걀을 채쳐 얹고 잣가루를 뿌려 쓴다."고 하여 조리법이 오늘날의 선과 비슷해지고 있음
- 1930년대의 조리서에는 여전히 청어선·태극선·양선·달걀선 등 동물성 식품으로 만드는 선이 기록되어 있어 이때까지도 그 개념이 명확히 정리되지 못하고 있음

✅ 겨자장 만들기 순서

- 볼에 80℃ 정도의 미지근한 물과 겨잣가루를 넣어 골고루 갠 후 볼 전체에 펴 바름
- 따뜻한 곳이나 뜨거운 김이 나는 곳에 두어 발효시킴
- 표면이 딱딱하게 굳으면 미지근한 물을 부어 쓴맛을 우려내 물을 따라 버림
- 발효시킨 겨자와 양념을 넣어 고루 섞음
- → 겨자의 매운맛을 내는 시니그린을 분해하는 미로시나아제의 최적 활동온도는 40℃ 정도이므로 따뜻한 물로 개어야 매운맛이 남

(2) 부재료와 고명의 종류

재료별		• 달걀을 이용한 고명 : 지단, 알쌈 • 고기를 이용한 고명 : 고기, 고기완자 • 버섯을 이용한 고명 : 표고버섯, 석이버섯 • 견과류를 이용한 고명 : 은행, 잣 • 기타 고명 : 미나리초대, 청·홍고추, 대추
색감별	채소류	• 붉은색 : 홍고추, 실고추, 당근, 대추 • 초록색 : 미나리, 실파, 호박, 오이, 풋고추 • 노란색 : 달걀 노른자 • 흰색 : 달걀 흰자 • 검정색 : 석이버섯, 표고버섯
	종실류	• 흰색 : 잣, 호두, 밤, 흰깨 • 검정색 : 흑임자 • 초록색 : 은행

(3) 찜·선의 종류

1) 찜의 종류

육류, 어패류, 채소류 등의 재료를 국물과 함께 익히거나 뜨거운 수증기를 이용하여 찌는 음식

육류의 찜	소갈비찜, 궁중닭찜, 닭찜, 사태찜, 곤자소니찜, 돼지새끼찜, 우설찜, 소꼬리찜 등
어패류의 찜	도미찜, 대하찜, 북어찜, 게찜, 대합찜, 부레찜, 숭어찜, 전복찜 등

2) 선의 종류

주로 오이, 호박, 가지 등의 식물성 재료에 소고기, 버섯 등의 소를 넣고 육수를 부어 끓이거나 찌는 음식

동물성 재료	어선, 양선, 청어선 등
식물성 재료	두부선, 배추선, 오이선, 무선 등

(4) 찜·선 종류에 따른 양념장 만들기

1) 양념장의 종류

간장 양념장	간장, 설탕, 참기름, 물엿, 청주, 파, 마늘, 깨, 후춧가루
매운 양념장	고추장, 고춧가루, 간장, 설탕, 참기름, 물엿, 파, 마늘, 깨, 후춧가루
겨자장	겨자, 식초, 설탕, 소금 또는 간장
초간장	간장, 식초, 설탕

2) 간장, 초간장, 매운 양념장 만들기 순서

① 배합표에 따라 정확히 계량하여 모든 양념을 섞음

② 필요에 따라 냉장고에서 양념장을 숙성시킴

③ 양념장을 미리 만들어 두어 사용할 때는 제조일, 유통기한을 표기해 두고 먼저 만든 양념장을 먼저 사용함

2 찜·선 담기

(1) 조리 형태에 따른 그릇 선택

1) 식기의 종류와 용도

① 음식을 담을 때 일상의 반상 차림에서는 반상기를 이용

② 유기, 은, 스테인리스 스틸 등 금속으로 만든 식기

③ 흙으로 빚어 구운 토기, 도기, 자기와 유리그릇

④ 대나무로 만든 죽 제품과 나무로 만든 목기

⑤ 바리때 : 절에서 밥, 국, 김치, 나물 등을 담음

⑥ 보시기★ : 김치나 깍두기를 담음

⑦ 옹파리 : 동치미를 담음

⑧ 쟁첩과 접시 : 여러 가지 반찬을 담음

⑨ 종지 : 조미료를 담음

2) 상에 놓는 식기류

① 반기류 : 밥을 담음

② 조반기 : 미음이나 죽을 담음

③ 대접류 : 국이나 숭늉을 담음

④ 반병두리 : 국수장국이나 떡국, 비빔밥 등을 담음

(2) 요리 종류에 따른 냉·온 선택

1) 찜

국물이 있는 찜	• 따뜻한 음식이므로 그릇을 따뜻하게 준비 • 국물이 있게 조리한 찜은 오목한 그릇에 담고 국물을 자박하게 담음 • 주재료와 부재료의 덩어리가 큰 찜 요리에는 달걀지단을 완자형(마름모꼴)으로 썰어 얹는 것이 좋으나 채썰어 올려도 무방함 • 은행, 잣 등의 고명을 곁들여도 좋으나 고명의 양은 너무 많지 않게 주의
국물이 없는 찜	• 국물이 없이 조리한 찜은 접시나 약간 오목한 그릇에 담음 • 도미찜에는 황백의 달걀지단, 홍고추, 청고추, 석이버섯 등 오색의 고명을 채썰어 장식함 • 대합찜에는 달걀을 삶아 황백으로 나누어 체에 내려 곱게 한 후 얹음

✅ Check Note

✔ 반상기

▪ 일상의 반상 차림에 쓰이는 그릇을 반상기라 하며, 계절에 따라 여름철과 겨울철 식기로 구별하여 쓰임

▪ 단오부터 추석까지는 여름철 식기인 도자기로 만든 것을 쓰고, 그 밖의 계절에는 주로 유기나 은기를 사용

▪ 주발, 조치보, 보시기, 종지, 쟁첩, 대접 등으로 구성

2) 선

국물이 있는 선	• 국물이 있게 조리한 선은 오목한 그릇에 담고 국물을 자박하게 담음 **예** 호박선, 가지선 • 주재료와 잘 어우러지게 석이채, 실고추, 황백의 지단 등을 얹음
국물이 없는 선	• 국물이 없게 조리한 선은 접시나 오목한 그릇에 담음 **예** 어선, 오이선 등 • 주재료와 잘 어우러지게 석이채, 실고추, 황백의 지단 등을 얹음

(3) 찜·선 곁들임 장과 고명

1) 찜·선 곁들임 장

양념장	여러 가지 양념을 혼합하여 음식을 만들 때 사용하거나 완성된 음식과 함께 곁들여 사용
초간장	식초에 설탕을 넣어 녹인 다음 간장을 넣어 저은 후 잣가루를 뿌려 완성
겨자장	• 겨자를 발효시켜 식초, 설탕, 소금 또는 간장을 넣어 만듦 • 겨잣가루는 따뜻한 물(80℃)이나 육수로 개어 따뜻한 곳에 두어 발효

2) 찜·선 고명

고기 고명	소고기를 곱게 다지거나 가늘게 채썰어 양념 후 볶아서 사용
청·홍고추 고명	• 고추를 길이로 반 갈라 씨를 빼고 채로 썰기 • 고운 채로 사용할 때는 고추의 안쪽을 저며내어 채썰어 사용 • 골패형, 완자형 또는 용도에 따라 살짝 데쳐서 사용
대추 고명	• 찬물에 씻어 마른행주로 닦아 씨를 빼고 채썰어 사용 • 꽃 모양으로 썰거나 골패 모양으로 썰어 사용
은행 고명	• 프라이팬에 기름을 두르고 은행을 굴리면서 푸른색이 날 때까지 볶은 후 마른행주나 종이에 싸서 비벼 속껍질을 벗겨 사용(끓는 물에 소금을 넣고 삶아서 속껍질을 벗기기도 함) • 신선로, 전골, 찜 등의 고명으로 사용
잣 고명	• 잣의 뾰족한 부분(고깔)에 남아 있는 속껍질을 제거한 후 마른행주에 닦아서 사용 • 통잣 또는 길이로 반 갈라 비늘잣으로 사용하기도 함 • 종이나 키친타월에 잣을 올려 놓고 칼날로 다져서 잣가루로 사용 • 잣가루는 키친타월이나 종이를 껴 넣어 냉동보관해야 여분의 기름이 배어 나와 기름지지 않은 잣가루를 사용함

03 한식 구이 조리

1 구이 조리

(1) 구이 재료 특성에 따른 조리법

1) 소고기 부위별 조리법

안심	스테이크, 로스구이
등심	스테이크, 불고기, 주물럭
채끝	스테이크, 로스, 샤브샤브, 불고기
목심	구이, 불고기
앞다리	육회, 탕, 스튜, 장조림
우둔	산적, 장조림, 육포, 육회, 불고기
설도	육회, 산적, 장조림, 육포
양지	국거리, 찜, 탕, 장조림, 분쇄육
사태	육회, 탕, 찜, 수육, 장조림
갈비	구이, 탕, 찜

2) 돼지고기 부위별 조리법

안심	로스구이, 스테이크, 주물럭
등심	돈가스, 잡채, 폭찹, 탕수육, 스테이크
목심	구이, 주물럭, 보쌈
앞다리	찌개, 수육, 보쌈
뒷다리	돈가스, 탕수육
삼겹살	구이, 베이컨, 수육
갈비	구이, 찜

(2) 구이 조리의 방법

1) 직접 조리방법 – 브로일링(broiling)

① 복사열을 위에서 내려 직화로 식품을 조리하는 방법
② 복사에너지와 대류에너지로 구성된 직접 열을 가하여 굽는 방법
③ 석쇠나 망을 이용하여 직접 불 위에 식품을 굽는 방법
④ 식품 사이의 거리를 조절하여 온도를 맞추지 않으면 표면만 타거나 건조하여 맛없게 되기 쉬움

2) 간접 조리방법 – 그릴링(grilling)

① 석쇠 아래에 열원이 위치하여 전도열로 구이를 진행하는 조리방법
② 석쇠가 아주 뜨거워야 고기가 잘 달라붙지 않음

📎 **Check Note**

✅ **소고기와 돼지고기의 부위**

■ 소고기의 부위

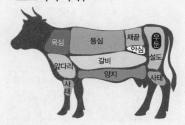

■ 돼지고기의 부위

✅ **구이 조리의 특징**

■ 구이는 건열조리법으로 기름이나 물을 이용하지 않고 식품에 열을 가하여 조리하는 것을 말하며 조리 방법 중에서 가장 먼저 발달함
■ 식품의 맛을 내는 단백질은 굽는 동안 응고되면서 수분을 침출시키고 동시에 시포는 열을 받아 익으면서 식품이 연화되므로 온도 조절에 특히 신경을 써야 함

✅ **굽기 방법**

초벌구이	유장을 발라 초벌구이를 할 때는 살짝 익힘
재벌구이	유장을 발라 초벌구이를 한 후 양념을 2번 나누어 발라 타지 않게 주의하며 구움
뒤집기	자주 뒤집으면 모양 유지가 어렵고 부서지기 쉬움

제
03
편

육류	갈비구이, 너비아니구이, 소금구이, 편육구이, 장포육, 제육구이 등
가금류 (조류)	닭구이, 꿩구이, 오리구이 등
어패류	갈치구이, 도미구이, 민어구이, 장어구이, 오징어구이 등
채소류 및 기타	더덕구이, 송이구이, 김구이 등

✔ 식재료 성질에 따른 굽는 방법

■ 생선을 통으로 구울 때는 제공하는 면 쪽을 먼저 갈색이 되도록 구운 다음 프라이팬 또는 석쇠에서 약한 불로 천천히 구워서 속까지 익힘

■ 지방이 많은 식재료는 직화로 구우면 녹는 유지가 불 위에 떨어져서 타기 때문에 불꽃에 그을려 색도 나빠지고, 연기 속에 아크롤레인(acrolein)과 같은 해로운 성분이 포함되어 있으므로 옆에서 부채질하여 불꽃이나 연기가 식재료에 가지 않도록 주의해야 함

■ 지방이 많은 덩어리 고기는 저열에서 로스팅하면 지방이 흘러내리면서 색깔과 맛이 향상됨

■ 생선, 소고기의 단백질 응고 온도는 40℃ 전후인데, 소고기 내부의 단백질은 무기질, 그 외의 성분 영향을 받아 65℃ 전후가 가장 맛이 좋음

■ 생선은 70~80℃로 하여 잘 응고시키는 편이 맛이 좋음

■ 굽는 것은 끓이는 것보다 온도 상승이 급격하기 때문에 주의하지 않으면 타버림

■ 어류에는 트리메틸아민(트라이메틸아민, trimethylamoine) 등을 주체로 비린내가 나는데, 구우면 방향으로 변하여 풍미가 좋아짐

③ 지방이 많은 육류나 어류처럼 직접 구이를 하면 지방의 손실이 많은 것, 또는 곡류처럼 직접 구을 수 없는 것에 사용

④ 열원 위에 철판이나 프라이팬을 놓고 그 위에 식품을 올려놓고 가열하는 방법

(3) 구이 종류에 따른 재료와 양념

1) 소금

호렴	입자가 크고 색이 검으며 염화나트륨과 염화마그네슘이 많아 장을 담그거나 생선 및 채소를 절일 때 사용
재제염	• 희고 입자가 고운 소금으로 보통 꽃소금이라고 함 • 간을 맞추거나 적은 양의 채소나 생선을 절일 때 사용
식탁염	• 이온교환법에 의해 만들어진 정제도가 높은 소금으로 설탕처럼 입자가 고움 • 가공염은 식탁염에 다른 맛을 내는 성분을 첨가한 소금으로 화학조미료를 10% 첨가한 것

2) 간장

① 간장은 메주를 소금물에 담가 발효 숙성시킨 것으로 아미노산, 당분, 지방산, 방향 물질 등이 생성됨

② 간장의 소금 농도 : 24% 정도

③ 간장의 종류

농도	진간장	담근 지 5년 이상
	중간장	담근 지 3~4년 이상
	묽은 간장	담근 지 1~2년 정도, 국 끓일 때 사용
원료	재래식 간장	콩을 원료로 사용, 잡균을 번식, 국 끓일 때 사용
	개량식 간장	콩과 전분질을 사용, 국균을 번식
제조법	양조간장	원료의 단백질과 탄수화물이 고지의 효소에 의해 아미노산과 당으로 분해
	산분해간장	• 향미와 풍미가 우수, 제조 기간은 6개월 • 단백질을 산으로 분해하여 아미노산 생성
	혼합간장	• 구수한 맛이 강함, 제조 기간은 70~80시간 • 양조간장과 산분해간장을 혼합한 것

3) 된장

① 간장의 맛이 충분히 우러나면 국물은 모아 간장으로 사용하고, 건더기는 소금으로 간을 하여 따로 항아리에 꼭꼭 눌러두고 된장으로 사용

② 된장은 필수 아미노산을 함유하고 있으며, 특히 라이신을 상당량
함유

③ 된장은 비린내를 없애는 교취 효과가 있어 고기나 생선의 냄새를
없앨 때 사용

4) 고추장

① 매운맛을 내는 우리 고유의 발효 조미료로 고추의 매운맛, 콩
단백질의 감칠맛, 찹쌀 등의 곡류가 당화된 단맛이 소금의 짠맛
과 함께 잘 어우러져 독특한 맛을 냄

② 고추장 재료로는 고춧가루, 메줏가루, 찹쌀가루, 엿기름, 소금
등이 사용됨

③ 반죽한 찹쌀가루를 쪄서 메줏가루를 혼합하여 당화시킨 다음 고
춧가루를 섞고 소금으로 간을 하여 숙성시켜서 만듦

5) 젓갈류

새우젓	새우젓은 지역과 계절에 따라 염도와 온도를 달리하지만 주로 15~40% 가량 소금을 넣고, 10~20℃의 서늘한 곳에서 2~3개월간 발효 숙성시킴
멸치액젓	• 멸치의 15~20% 정도 무게의 소금을 씻어낸 신선한 멸치에 첨가하여 발효시킴 • 6개월 정도 발효되면 멸치젓국이 되고, 이에 추출물을 걸러낸 뒤에 김치를 만드는 데 사용함

6) 설탕

단맛을 내는 조미료로 사탕수수나 사탕무의 즙을 농축하여 만듦

7) 조청

곡류를 엿기름으로 당화시켜 오래 고아서 걸쭉하게 만든 것으로 누
런 빛깔을 내고 독특한 엿의 향이 있음

8) 꿀

① 인류가 사용한 가장 오래된 천연 감미료

② 꿀은 과당과 포도당이 약 80%로 단맛이 강하고 흡수성이 있어
음식의 건조를 막아줌

9) 식초

① 전통주를 빚을 때처럼 누룩과 찹쌀을 이용하여 술을 빚고 이에
물을 첨가하여 2~3개월 정도 경과하면 초산균의 침입으로 에틸
알코올이 초산으로 산화되어 만들어짐

✅ 소금구이

방자 구이	소고기를 손질하고 소금을 뿌려 구운 음식★★★
청어 구이	청어에 칼집을 내고 소금을 뿌려 구운 음식
고등어 구이	고등어를 내장을 제거한 후 반을 갈라 칼집을 내고 소금을 뿌려 구운 음식
김구이	김에 들기름이나 참기름을 바르고 소금을 뿌려서 구운 음식

✅ 간장 양념구이

갈비 구이	소갈비 살을 편으로 뜨고 칼집을 내어 양념장에 재워 두었다가 구운 음식
너비 아니 구이	소고기를 저며서 양념장에 재워 두었다가 구운 음식
장포육	소고기를 저며서 두들겨 부드럽게 한 후 양념하여 굽고 반복해서 구운 포육
염통 구이	염통을 저며서 잔칼질하여 양념장에 재워 두었다가 구운 음식
닭구이	닭을 토막내어 양념장에 재워 두었다가 구운 음식
생치(꿩) 구이	꿩을 편으로 뜨거나 칼집을 내어 양념장에 재워 두었다가 구운 음식
도미 구이	도미를 포를 떠서 양념장에 재워 두었다가 구운 음식
민어 구이	민어를 포를 떠서 양념장에 재워 두었다가 구운 음식
삼치 구이	삼치를 포를 떠서 양념장에 재워 두었다가 구운 음식
낙지 호롱 구이	낙지머리를 볏짚에 끼워서 양념장을 발라가며 구운 음식

② 식초의 종류

양조식초	• 곡물이나 과실을 원료로 하여 발효시켜 만든 것 • 원료에 따라 쌀초, 술지게미초, 엿기름초, 현미초, 포도주초, 사과초, 주정초, 소맥초 등으로 나뉨 • 양조식초는 각종 유기산과 아미노산이 함유된 건강식품
합성식초	• 석유로부터 만들어진 에틸렌을 합성하여 빙초산을 만든 후 물로 희석하여 식초산이 3~4%가 되도록 함 • 합성식초는 양조식초와 같이 온화하고 조화를 이룬 감칠맛이 없음
혼성식초	합성식초와 양조식초를 혼합한 것

10) 후추
생선이나 육류의 비린내를 제거하고 음식의 맛과 향을 좋게 하며 식욕도 증진시킴

11) 겨자
겨자씨를 가루로 빻은 것으로, 시니그린은 매운맛을 냄

12) 참기름
참깨를 볶아 짠 참기름은 고소한 향과 맛을 내며 나물이나 고기양념 등 다양한 음식에 넣음

13) 깨소금
참깨에 물을 조금 부어 비벼 씻어서 볶아 반쯤 분쇄기에 빻아서 씀

14) 파
① 자극적인 냄새와 독특한 맛으로 향신료 중에 가장 많이 쓰임
② 대파, 실파, 쪽파, 세파 등이 있음
③ 여름철에는 세파처럼 가늘고 푸른 파가 많으며, 겨울철에는 대파가 많이 나옴

15) 마늘
매운맛을 내는 알리신(allicin)이 들어 있고, 고기의 누린내와 생선의 비린내를 제거하는 역할을 함

16) 생강
① 쓴맛과 매운맛이 있고 강한 향이 어패류나 육류의 비린내를 없애 줌
② 육류나 어류를 조리할 때에는 단백질이 응고한 뒤에 생강을 넣어야 방취 효과가 큼

(4) 구이의 조리 과정과 색, 형태 유지

1) 주재료 계량

표준 조리법에 따라 재료 선별 및 계량	입고된 재료를 조리 계획에 따라 재단 시 발생될 것으로 예상되는 감량을 감안하여 전자저울(2kg∼0.5g)로 계량
저울의 영점 맞추기	저울 위에 교차오염을 방지할 수 있도록 접시를 청결히 한 후 저울 위에 올려놓고, 저울의 영점 버튼을 눌러 숫자판에 00.00이 나오도록 조정
구이 재료를 올려 놓고 계량	조리 계획에 따른 구이 재료 소요량은 1g 단위까지 정확하게 계량한 후 바트에 옮겨 담기

2) 부재료 계량

주재료에 따라 양념장 재료 선별 및 계량	입고된 재료를 영점을 맞춘 전자저울(2kg∼0.5g)에 올려놓고 순서대로 계량하여 바트에 담아 놓기
장류 및 향신료 계량	간장, 고추장 등과 같은 장류를 계량할 때는 전자저울(2kg∼0.5g)에 용기를 올려 영점을 맞춘 후 필요한 양만큼 계량
양념 채소 계량	표준 조리법에 따라 설정한 양념 채소는 요구하는 양만큼 전자저울(20kg∼0.5g)에 올려 계량

3) 전처리하기

주재료 전처리	* 계량된 주재료를 깨끗하게 씻고 수분을 제거한 후 표준 조리법에 맞게 자르기 * 생선은 내장과 비늘을 제거하고, 육류는 핏물을 제거하고, 칼집을 넣는 등 재료 특징을 고려하여 전처리	
	너비아니 구이	소고기는 요구하는 크기를 고려하여 자른 후 앞뒤로 두드려 부드럽게 만듦
	생선구이	생선의 비늘을 제거하고 아가미 쪽으로 내장도 제거한 후 2cm 간격으로 옆면에 칼집을 넣음
	제육구이	돼지고기는 요구하는 크기를 고려하여 자른 후 앞뒤로 잔칼집을 넣음
	오징어 구이	먹물이 터지지 않도록 내장을 제거하고 몸통과 다리의 껍질을 벗겨 깨끗하게 씻은 후 오징어 안쪽에 0.3cm 간격으로 가로와 세로 사선으로 어슷하게 칼집을 넣고, 오징어 다리는 껍질을 벗긴 후 일정한 크기로 자름
	북어구이	북어포는 물에 불려 머리, 꼬리, 지느러미를 제거하고 물기를 짠 다음 뼈를 발라내고 자름

⊘ Check Note

✓ 고추장 양념구이

제육 구이	돼지고기를 고추장 양념장에 재워 두었다가 구운 음식
장어 구이	장어 머리와 뼈를 제거하고 고추장 양념장을 발라 구운 음식
오징어 구이	오징어를 껍질을 제거하고 칼집을 넣어 고추장 양념장에 재워 두었다가 구운 음식
뱅어포 구이	뱅어포에 양념장을 발라 구운 음식
더덕 구이	더덕을 두드려 펴서 양념장을 발라 구운 음식
병어 구이	병어를 통째로 칼집을 내고 애벌구이한 후 고추장 양념장을 발라 구운 음식
북어 구이	북어를 불려서 유장에 재워 애벌구이 한 후 고추장 양념장을 발라 구운 음식 ★ 유장 – 간장, 참기름 1 : 3 비율

부재료 전처리	• 마늘, 양파, 파 등은 껍질을 벗기고, 고추는 절개하여 씨를 털어 내고, 당근, 생강 등은 표면에 묻어 있는 흙을 완전히 세척한 후 규격에 맞게 전처리를 한 후 필요한 양만큼 계량하여 준비 • 양념용 채소를 전처리할 때는 재료 전체를 곱게 다져야 조리 시 양념이 타는 것을 방지할 수 있음

4) 전처리 장비의 청결 상태 확인

① 칼은 사용 후 스펀지로 세정제를 풀은 물에 잘 씻어내고 칼 소독 기에 비치하여 자외선 소독을 실시하여 미생물의 증식을 방지

② 도마는 사용 후 세정제를 이용하여 수세미로 닦은 후 물기를 제 거하여 자외선 도마 소독기에 비치하여 소독을 실시

③ 도마와 칼은 용도별로 구분 사용하여 교차오염을 방지함

(5) 구이 종류에 따른 도구 선택

1) 구이 조리하기

① 석쇠와 프라이팬 등 구이 도구 준비

② 재료의 특성 고려 후 구이 방법 선택

③ 재료가 달라붙지 않도록 석쇠와 프라이팬에 기름을 발라서 예열

④ 석쇠가 150~250℃로 달궈지면 제공할 면부터 색깔나게 굽기(간 장 양념이 타지 않도록 유의)

⑤ 유장으로 재워둔 재료를 석쇠 또는 프라이팬에 초벌 굽기

⑥ 고추장 양념장을 고루 바르고 타지 않도록 굽다가 재료가 거의 익으면 양념장을 덧발라 굽기

⑦ 중심온도 확인 : 구이 재료의 중심온도는 74℃ 이상으로 1분 이상 가열하며, 탐침 온도계로 1회 조리 분량마다 3회 이상 측정(가장 낮은 온도 기준)

2) 구이 조리법

너비아니 구이 조리 ★★★	소고기는 핏물을 닦고, 기름기와 힘줄을 떼어 내어 소고기 결의 반대 방향으로 5cm×7cm×0.5cm로 썰어서 잔칼질을 한 후 배 즙에 10분 정도 재우기 → 양념장 만들기 → 잣은 고깔을 떼고 면보로 닦아 곱게 다져서 잣가루 만들기 → 소고기에 양념장을 넣고 30분간 재우기 → 양념한 소고기를 석쇠에 높이 15cm 정 도로 올려 센불에 앞면은 3분, 뒤집어서 2분 정도 굽기 → 잣가 루 뿌려 완성

✓ 쟁첩
- 구이, 전, 나물, 장아찌 등 대부분 의 찬을 담는 그릇
- 작고 납작하며 뚜껑이 있고 모양 은 보시기와 같으나 크기가 작고 운두가 낮음

✓ 구이 조리 시 유의사항
- 간장이나 고추장 양념은 설탕, 물 엿 등 당분이 많아 불판에 타는 경향이 있으므로 유의
- 구이요리는 화력이 너무 약하면 고기의 육즙이 흘러나와 맛이 없기 때문에 중불 이상에서 굽기★★★

소갈비 구이 조리	소갈비는 길이 6~7cm로 손질 → 1시간 간격으로 물을 갈아주 면서 3시간 정도 핏물 제거 → 갈비뼈 끝 부분의 살이 떨어지지 않도록 두께 0.5cm 정도로 포를 떠서 앞뒷면에 잔칼집 넣기 → 양념과 양념장 준비 → 잣가루 고명 준비 → 양념장에 30분 정도 재우기 → 석쇠에 갈비를 얹어 높이 15cm 정도로 올려 센불에 앞면은 2분, 뒤집어서 2분 정도 굽기 → 갈비에 남은 양념장을 더 발라가면서 타지 않게 1분 정도 더 굽기 → 잣가루 뿌려 완성
제육구이 조리	돼지고기는 핏물을 닦고 앞뒷면에 잔칼집 넣기 → 양념장에 2/3 정도 넣고 30분 정도 재우기 → 석쇠에 센불에서 앞면은 3분, 뒤 집어서 3분 정도 굽기 → 남은 양념장 1/3을 발라가면서 3분 정 도 구워 완성
북어구이 조리	북어는 머리와 꼬리, 지느러미를 자르고 물에 10초 정도 담갔다 가 건져 젖은 면보에 싸서 30분 정도 불리기 → 눌러서 물기를 짠 후 뼈, 가시 제거 → 6cm 정도의 길이로 잘라 오그라들지 않 도록 껍질 쪽에 폭 2cm 정도 칼집 넣기 → 유장과 양념장을 만든 후 유장을 발라 10분 정도 재우기 → 북어를 얹고 센불에 앞면은 1분, 뒤집어서 1분 정도 애벌구이 → 애벌구이한 북어에 양념장 을 바르고, 센불에서 앞면을 2분, 뒤집어서 1분 정도 타지 않게 구워 완성
생선구이 조리	생선은 비늘을 꼬리 쪽에서 머리 쪽으로 긁어내고 아가미와 내장 을 제거한 후 깨끗하게 씻기 → 생선 양쪽에 칼집을 어슷하게 3 개 정도 넣고 소금 뿌리기 → 유장과 고추장 양념장 만들기 → 생선의 물기를 닦고 유장 바르기 → 석쇠를 달군 후 기름을 바르 고 유장 바른 생선을 올려 초벌구이 → 고추장 양념장을 바르고 타지 않게 굽기 → 양념장을 2~3회 나누어 덧발라 가며 속까지 굽기
더덕구이 조리	통 더덕은 껍질을 돌려가며 벗겨 소금물에 담가 쓴맛을 제거 → 반으로 갈라 5cm로 썬 다음 방망이로 자근자근 두들겨 펴기 → 면보로 더덕의 물기 제거 → 유장과 고추장 양념장 만들기 → 석 쇠를 달군 후 유장을 바른 더덕을 초벌구이 → 고추장 양념장을 골고루 발라 구워 완성
오징어 구이 조리	오징어는 배를 갈라 몸통과 다리를 분리 → 내장을 제거하고 소 금으로 문질러 씻은 후 껍질을 벗기고 안쪽에 칼집을 어슷하게 넣기 → 양념장을 만들어 발라 번철에 애벌구이 → 석쇠에서 양 념장을 발라가며 구워 접시에 담아 완성
고등어 구이 조리	고등어는 내장을 제거하고 깨끗이 씻기 → 머리를 떼어 내어 뼈 를 중심으로 넓게 펴고 껍질 쪽에 칼집을 서너 번 넣고 소금을 뿌리기 → 석쇠에 기름을 바르고 중불에서 껍질 쪽을 먼저 구워 서 익힌 후 살 쪽 굽기 → 뜨거울 때 그릇에 담아 완성

📎 **Check Note**

✅ 재료의 연화

단백질
가수분해
효소 첨가
(연육제)
	• 파파야의 파파인(papain)
	• 파인애플의 브로멜린
	  (bromelin)
	• 무화과의 피신(ficin)
	• 키위의 액티니딘(actinidin)
	• 배 또는 생강에 들어 있는
	  단백질 분해효소(protease)

수소이온
농도
(pH)
	• 근육 단백질의 등전점인
	  pH 5~6보다 낮거나 높
	  게 함
	• 등전점에서는 단백질의 용
	  해도가 가장 낮음
	• 고기를 숙성시키기 위해
	  젖산 생성을 촉진시키거나,
	  인위적으로 산을 첨가함

염의 첨가	식염용액(1.2~1.5%), 인산 염용액(0.2M)의 수화작용에 의해 근육 단백질이 연해짐

설탕의
첨가
	• 단백질의 열응고를 지연
	  시키므로 단백질의 연화
	  작용을 가짐
	• 많이 첨가하면 탈수작용
	  으로 인해 고기의 질이
	  좋지 않음

기계적
방법
	• 만육기(meat chopper)로
	  두드리거나 칼등으로 두드
	  려 결합조직과 근섬유를
	  끊어 줌
	• 칼로 썰 때 고기 결의 직각
	  방향으로 썰어 줌

chapter 01 한식 **283**

✔ 한국의 식기(반상기)

주발	몸체가 직선형이며 밑부분이 약간 좁은 모양
사발	넓고 굽이 있는 모양으로 밥이나 국을 담는 데 사용
탕기	국이나 찌개 등을 떠 놓는 자그마한 그릇으로 모양이 주발과 비슷
대접	위가 넓고 높이가 낮은 그릇으로 숭늉이나 면, 국수를 담음
보시기	김치류를 담는 그릇으로 쟁첩보다 약간 크고 조치보다는 운두가 낮음
쟁첩	전, 구이, 나물, 장아찌 등 대부분의 찬을 담는 그릇으로 작고 납작하며 뚜껑이 있음
종지	• 간장, 초장, 초고추장 등의 장류와 꿀을 담는 그릇 • 기명 중에서 제일 작음
접시	운두가 낮고 납박한 그릇으로 찬, 과실, 떡 등을 담음
토구	식사 도중 질긴 것이나 가시 등을 담는 그릇
쟁반	운두가 낮고 둥근 모양으로 주전자, 술병, 찻잔 등을 담아 놓거나 나르는 데 쓰임

✔ 양념장 특징

- 고추장 양념장 : 미리 만들어 3일 정도 숙성하여야 고춧가루의 거친 맛이 없고 맛이 깊어짐
- 유장 : 간장과 참기름을 1 : 3의 비율로 만들기
- 간장 양념 : 양념 후 30분 정도 재워 두는 것이 좋으며, 오래 두면 육즙이 빠져 육질이 질겨짐

2 구이 담기

(1) 구이 종류에 따른 온도, 색, 풍미 유지

① 일반적으로 직접 구이는 표면의 온도가 250℃, 물기가 많은 식품은 300℃가 적당함

② 열원과 식품과의 거리는 8~10cm가 좋고, 식품에 화력이 고루 전해지도록 하며 일정한 화력을 지속함

③ 불꽃 위에 금속망이나 석면을 높여 가열 면적을 넓힘으로써 고온의 가스불을 복사열로 전환하여 먼 불에서 구워 주면 표면이 적당하게 구워지고 내부에는 수분을 보유함

④ 가스 불꽃은 1,500℃ 이상이지만 복사열은 불꽃 중의 수증기나 탄산가스 등으로 낮아지며, 불꽃의 온도는 높으나 식품 전체를 고르게 가열하지 못하고 부분적으로만 가열함

⑤ 김 · 미역 등 수분이 적은 식품과 감자, 고구마 등 전분성 식품은 약한 불에 구움

⑥ 어패류, 수조육류 등 단백질 식품으로 수분을 80% 정도 함유하고 있는 것은 비교적 센불에서 구우면 표백 단백질을 응고시켜 내부의 맛을 가진 육즙의 유출을 막아줌

(2) 구이 그릇 선택하기

구이 재료의 특징 파악	구이 재료와 구이 형태를 파악하여 그릇 선택
구이 양념장의 특징 파악	구이에 사용한 양념장의 색을 고려하여 그릇 선택
분량과 인원수 고려	선택한 그릇에서 분량과 인원수를 고려하여 적절한 크기의 그릇 선택

(3) 구이 종류에 따른 곁들임 장과 고명

1) 구이 종류에 따른 곁들임 장

너비아니 제공	• 잣의 뾰족한 쪽의 고깔을 떼어 낸 후 마른행주로 닦기 • 도마 위에 종이를 깔고 칼로 곱게 다져 잣가루로 만들기 • 완성된 너비아니를 선택한 그릇에 담기 • 잣가루 뿌리기
생선구이 제공	• 생선의 머리가 왼쪽, 배가 아래쪽으로 향하도록 담기 • 생선의 형태가 흐트러지지 않도록 담아 제공

2) 고명(糕銘)

① '웃기' 또는 '꾸미'라고도 함

② 오방색인 붉은색, 녹색(초록색), 노란색, 흰(백)색, 검정색을 고명으로 사용

고명 색깔	채소류 및 달걀	지단 모양
붉은색	홍고추, 실고추, 대추, 당근 등	• 채소와 달걀 지단 : 가는 채, 굵은채, 골패형, 완자형(마름모꼴) • 달걀 : 지단, 알쌈, 줄알
녹색	실파, 호박, 오이, 미나리, 쑥 등	
노란색	달걀로 만든 황지단 등	
흰(백)색	달걀로 만든 백지단 등	
검은색	석이버섯, 표고버섯 등	

③ **고기완자** : 소고기 완자형

④ **고기채** : 소고기 가는 채

⑤ **흰깨, 밤, 흑임자** : 거피하여 사용

⑥ **은행, 호두** : 원형으로 사용

⑦ **잣** : 탈피하여 원형, 가루, 비늘잣으로 사용

04 한식 김치 조리

1 김치 양념 배합

(1) 김치 종류와 저장기간에 따른 양념 배합

1) 배추김치

재료	배추, 배, 대파, 마늘, 새우젓, 소금, 절임염수, 갓, 쪽파, 생강, 멸치액젓, 찹쌀풀, 무, 미나리, 생새우, 고춧가루, 설탕, 양파 등
양념 버무리기	• 양념 배합 용기에 계량된 분량의 무채를 넣음 • 무채에 고춧가루를 넣고 고루 버무려서 빨갛게 색을 들임 • 미나리, 갓, 쪽파, 파를 넣고 섞음 • 다진 마늘, 생강, 양파 등을 넣고 젓갈을 넣어 섞음 • 간이 부족하면 소금, 설탕으로 간을 맞춤 • 마지막으로 생새우를 넣고 버무려서 섞음

2) 깍두기

재료	무, 생굴, 생강, 설탕, 미나리, 고춧가루, 새우젓, 소금, 쪽파, 마늘, 멸치젓 등
양념 버무리기	• 양념 배합 용기에 깍둑 썬 무를 담음 • 고춧가루를 넣고 고루 버무려서 색을 곱게 들임 • 다진 마늘, 생강, 젓갈류, 설탕을 넣고 잘 섞음 • 쪽파, 미나리, 생굴을 넣어 고루 버무려서 소금, 설탕으로 간을 맞춤

✅ **김치재료★★★**

배추	• 배추는 중간 크기를 고르며 너무 큰 것은 싱거움 • 흰 줄기 부분을 눌렀을 때 단단하고 탄력이 있는 것이 좋은 배추 • 배추의 중심을 잘라 혀에 대서 단맛이 나는 것이 좋음 • 잎두께가 얇고, 연하며 연록색인 것이 좋음 • 잎이나 배추 밑동을 잘라 씹어 보아 고소한 맛이 나는 것이 좋은 배추 • 배추 저장의 최적 조건 : 온도 0~3℃, 상대습도 95%
무	• 수분 93%, 조단백질 1%를 함유하고, 식이섬유가 풍부하며 비타민 B_1, B_2, C 및 포도당이 많음 • 소화효소인 디아스타아제(diastase)와 프로테아제(protease)가 많아 위에 좋음 • 무의 매운맛은 겨자의 매운맛 성분인 알릴이소티오시아네이트(allylisothiocyanate)와 유사하며, 시니그린(sinigrin)에 효소 미로시네이즈(myrosinase)가 작용하여 생성됨 • 무의 특유한 향기 성분은 메르캅탄(mercaptan)과 설파이드(sulfide) 등에 기인됨
붉은 고추	• 표면이 매끈하고 윤기 나는 붉은색으로 검거나 흰색이 없어야 함 • 껍질이 두껍고 씨가 적어야 가루가 많이 나고 맛이 달면서 매운맛이 남 • 고춧가루 저장 : 밀봉하여 냉동보관 • 보관 조건 : 온도 5~7℃, 습도 50% 이하

(2) 젓갈의 종류

젓갈류	• 어패류에 소금만 넣고 2~3개월 발효시킨 것 • 새우젓, 조개젓, 갈치속젓, 멸치젓 등 • 명란젓, 창난젓, 오징어젓, 꼴뚜기젓, 아가미젓, 어리굴젓은 양념젓갈이라 하며 고춧가루, 마늘, 생강, 깨, 파 등을 첨가함
식해류	• 소금과 함께 쌀, 엿기름, 조 등의 곡류, 고춧가루와 무채 같은 부재료를 혼합하여 숙성 발효시킨 것 • 가자미식해, 명태식해 등
액젓	6~24개월 장기간 소금으로 발효 숙성시켜 육질이 효소에 의해 가수분해되어 형체가 없어지게 된 것을 여과한 것으로 어장유라고도 함

(3) 재료의 특성에 따른 활용

1) 고추★★★

① 비타민 A, B_1, B_2, C, E, 칼륨 및 칼슘이 풍부하며, 특히 비타민 C가 제일 많음(마른 고추 100g에 200mg 정도의 비타민 C 함유)

② 고추에는 포도당, 과당, 자당, 갈락토오스 등이 있으며, 고추씨에는 단백질과 불포화지방산이 풍부함

③ 고추의 빨간색은 캡산틴(capsantin)과 카로틴(carotene)의 성분을 갖고 있음

④ 고추의 매운 성분은 캡사이신(capsacin), 감칠맛 성분은 베타인(betain)과 아데닌(adenine)에 있으며, 고추씨에도 베타인과 아데닌이 들어 있어 감칠맛을 냄

⑤ 캡사이신은 고추 끝보다 씨가 있는 부위와 꼭지 쪽에 많으며, 생선의 비린내와 육류의 누린내 제거, 지방 산패 억제, 유산균 발육 증진, 방부 효과 등을 함

⑥ 생체 내에서 마취, 진정, 암 예방, 항산화, 염증 억제 효과가 있음

⑦ 캡사이신은 체지방을 연소하여 비만 예방에 효과적이며 혈중 콜레스테롤의 수치를 낮추고 식욕 증진, 소화 촉진, 혈액순환 촉진, 만성기관지염의 예방, 거담에도 효과가 있음

2) 마늘★★★

① 당질, 단백질, 무기질이 함유되어 있고 비타민 B_1, B_2, C, K, Ca, P 및 셀레늄, 아연, 게르마늄, 사포닌, 폴리페놀이 풍부함

② 알리티아민(allithiamine)은 알리신에 비타민 B_1이 결합된 것으로 비타민 B_1의 체내 흡수 및 이용률을 높여 주어 신진대사 촉진, 피로회복에 좋음

③ 마늘을 다질 때 나는 매운맛과 냄새는 황을 함유한 알리신(allicin)에 기인

④ 알리신은 무미 무취의 알린(alliin)에 알리네이즈(allinase)가 작용하여 생성된 것으로 항균력이 뛰어나 천연항생제라고 불리며, 피로회복, 강장, 혈액순환 촉진, 항당뇨, 항암, 항산화, 항동맥경화, 항혈전, 해독, 면역 증강 등 다양한 효능이 있음

3) 파★★

① 대파는 수분, 탄수화물, 단백질이 들어 있으며, 당이 많아 단맛이 남

② 칼슘, 철분 등 무기질이 많지만 황이 풍부한 산성 식품

③ 파의 녹색 잎 부분에는 비타민 B_1, 베타카로틴, C, K가, 흰 줄기 부분에는 비타민 C가 풍부함

④ 대파의 자극성 성분은 마늘과 같은 알릴설파이드(allysulfide)류로서 소화액 분비를 촉진시키고 진정 작용과 발한 작용이 있음

⑤ 파의 매운 성분은 알린이 효소 알리네이즈에 의해 분해된 알리신 때문이며, 알리신은 체내에서 흡수되어 비타민 B_1의 이용률을 높임

4) 생강★★★

① 생강은 당질, 식이섬유가 풍부하고 당질의 40~60%는 전분이며, 비타민과 무기질이 소량 들어 있음

② 생강의 매운맛 성분은 진저론(gingerone), 진저롤(gingerol), 쇼가올(shogaol)이며, 향기 성분은 시트랄(citral), 리나올(linalool)

③ 생강의 매운맛 성분은 육류의 누린내와 생선의 비린내를 제거하고 항균, 항산화, 항염, 혈전 예방작용이 있음

④ 위액 분비를 증가시키고 소화를 촉진하고, 발한 작용이 있어 감기에 효과적이며, 기침, 요통, 냉증 등에도 효능이 있음

5) 갓

① 갓은 단백질과 당질이 들어 있으며, 베타카로틴과 비타민 B_1, B_2, C의 함량이 높음

② 갓의 매운맛 성분은 이소티오시아네이트(isothiocyanate)로 항균, 항암, 가래, 호흡기 질환에 효과적임

③ 적갓은 안토시아닌 색소가 많음

6) 소금

① 소금의 주성분은 염화나트륨(NaCl)으로 순수한 짠맛을 냄

② $CaSO_4$, $MgCl_2$, KCl, $MgSO_4$ 등의 불순물도 소량 들어 있어 약간은 쓴맛을 나타냄

제 03 편

Check Note	
마늘	• 한지형 마늘은 밭마늘로 저장성이 좋음 • 통마늘은 모양이 둥글고 묵직하며 단단하고 6쪽으로 골이 분명한 것이 좋음 • 껍질은 연한 자줏빛으로 매운 냄새가 강하게 나는 것이 좋음 • 난지형 마늘은 논마늘로 저장성이 약하고 매운맛이 덜함 • 깐마늘은 색이 연하고 윤기가 나면서 모양이 뚜렷하고 싹이 나지 않고 매운 냄새가 나는 것이 좋음
생강	• 생강은 발이 6~8개로 굵고 넓으면서 모양과 크기가 고르고 식이섬유가 적고 연하면서 단단한 것이 좋음 • 생강의 특유한 향이 나는 것이 좋음
갓	• 갓의 잎은 윤기 있는 진한 녹색이고, 줄기는 연하고 가는 것이 좋음 • 돌산갓은 연한 녹색으로 잎 줄기가 크고 넓으며, 식이섬유가 적고 매운 향이 적으며 부드러움

③ 간장, 된장, 버터, 김치류에 소금이 함유되어 있는데, 나트륨의 과잉 섭취는 고혈압 등을 유발시킴

④ 소금으로 인체에 흡수되는 나트륨(Na)은 세포외액에 가장 많이 존재하는 양이온으로 세포외액량, 산과 염기의 평형, 세포막 전위의 조절, 세포막 물질의 수송 등 여러 가지 주요한 생리적 작용을 함

(7) 젓갈

① 젓갈은 숙성하는 동안 비타민의 함량이 증가함

② 새우젓은 칼슘 함량이 높고 지방 함량이 적어 담백한 맛을 냄

③ 멸치젓은 에너지와 지방, 아미노산의 함량이 높음

④ 젓갈은 고염 식품으로, 김치에 첨가할 때는 젓갈의 염도를 고려하여 소금의 양을 줄여야 함

2 김치 조리

(1) 김치 종류와 특성

① 김치에 들어가는 재료는 지역, 계절, 가정에 따라 다르나 배추김치의 경우 배추, 무, 고추, 마늘, 생강, 파, 오이, 부추, 젓갈 등이 주재료

② 재료들이 지닌 고유한 영양소들 외에 영양학적으로 공통적인 특징은 주로 당질이나 단백질, 지방 등 에너지를 내는 영양소의 함량은 적으나, 칼슘과 칼륨 등 무기질과 식이섬유가 풍부함

③ 고추, 파, 배추에 상당량 함유되어 있는 카로틴은 신체 내에서 비타민 A로 작용

④ 고추, 파, 배추, 무에는 비타민 C가 많이 함유됨

(2) 종류에 따른 국물 양 조절

배추김치 양념 배합하기	• 배추김치의 재료 및 분량 확인 • 무 채썰기 : 4cm 정도 길이로 채썰기 • 기타 재료를 용도에 맞게 준비 　– 쪽파, 갓, 미나리는 다듬어서 씻은 후 3cm 길이로 썰기 　– 대파는 어슷썰기를 하며, 배는 채썰기 　– 생새우는 소금물에 흔들어 씻어 건져 물기를 제거 　– 마늘, 생강, 양파는 다듬어서 곱게 다지거나 분마기에 다짐 　– 물 200㎖에 찹쌀가루 15g을 넣어 찹쌀풀을 쑨 후 식힘 • 양념 버무리기 　– 양념 배합 용기에 계량된 분량의 무채 넣기 　– 무채에 고춧가루를 넣고 고루 버무려서 빨갛게 색 들이기 　– 미나리, 갓, 쪽파, 파를 넣고 섞기 　– 다진 마늘, 생강, 양파 등과 젓갈을 넣어 섞은 후 간 보기

✓ 김치의 주재료

■ 김치의 주재료인 배추, 무, 알타리, 열무, 갓 등에는 겨울철 부족하기 쉬운 비타민이 함유되어 있으며, 서양인들 식단에서 부족하기 쉬운 칼슘과 무기질 함량이 높아서 체액을 알칼리성으로 만들어 줌

■ 김치의 주재료인 채소들은 섬유질이 풍부하여 변비를 예방하고 비타민 B 복합체를 공급해 주는 역할을 함

■ 섬유질은 음식이 덩어리가 되는 것을 막아 주고 중간에 공간을 형성하여 효소나 위산의 혼합이 원활하도록 해줌

✓ 김치의 부재료

고추 및 마늘의 특수 성분들은 인체 내에서 발암물질이나 돌연변이 유발을 억제하고 항산화 · 항암 효과가 있음

	– 간이 부족하면 소금, 설탕으로 간을 맞추기 – 마지막으로 생새우를 넣고 버무려서 섞기

깍두기
양념
배합하기
	• 깍두기의 재료 및 분량 확인
	• 기타 재료를 용도에 맞게 준비
	  – 쪽파, 미나리는 3cm 길이로 썰고, 생굴은 소금물에 흔들어 씻어
	    건지기
	  – 마늘, 생강은 곱게 다지고 새우젓 건지도 대강 다지기
	• 양념 버무리기
	  – 양념 배합 용기에 깍둑 썬 무 담기
	  – 고춧가루를 넣고 고루 버무려서 색을 곱게 들이기
	  – 다진 마늘, 생강, 젓갈류, 설탕을 넣고 잘 섞기
	  – 쪽파, 미나리, 생굴을 넣어 고루 버무려서 소금, 설탕으로 간을 맞
	    추기

열무김치
양념
배합하기
	• 열무김치의 재료 및 분량 확인
	• 기타 재료를 용도에 맞게 준비
	  – 파는 어슷하게 채썰기
	  – 풋고추와 홍고추는 어슷하게 채썰고 물에 헹구어서 씨 없애기
	  – 냄비에 물 800g에 밀가루 30g을 잘 풀어서 끓여 소금으로 간을
	    맞춘 후 식히기
	• 양념 버무리기
	  – 양념 배합 용기에 절인 열무를 준비
	  – 고춧가루, 파, 마늘, 생강, 풋고추, 홍고추를 넣고 살짝 버무리기

파김치
양념
배합하기
	• 파김치의 재료 및 분량 확인
	• 기타 재료를 용도에 맞게 준비
	  – 마늘과 생강은 곱게 다지거나 분마기에 다지기
	  – 물 200g에 찹쌀가루 15g을 넣고 찹쌀풀을 쑨 후 식히기
	  – 고춧가루와 물을 섞어서 잠시 두어 불리기
	• 양념 버무리기
	  – 양념 배합 용기에 불린 고춧가루와 다진 마늘, 생강, 설탕, 통깨를
	    넣고 섞기
	  – 파를 절였던 액젓을 넣고 골고루 버무려 양념을 만들며 모자라는
	    간은 소금으로 맞추어 걸쭉한 양념을 만들기

(3) 숙성 온도와 숙성 기간

숙성 온도	저온(4℃ 이하)에서 온도 변화 없이 저장해야 유산균이 맛있는 성 분을 만들고 생성된 이산화탄소가 날아가지 않아 톡 쏘는 탄산수 같은 맛을 줌★★★
숙성 기간	약 23주간 숙성시킨 김치가 가장 맛있으며 김치의 pH가 4.3 정도 일 때 영양가치가 제일 높음

Check Note

◆ 김치의 pH★

- 갓 담근 김치는 약간의 유해 세균이 있을 수도 있지만, 김치가 익어감에 따라 번식된 유산균은 장내 유해 세균들을 억제하여 이상 발효를 막아 줌
- 적당히 익은 김치는 pH 4.5~5.0 정도로, 유익한 유산균이 가장 많은 상태임

- 유산균에 의해 생성되는 각종 유기산들은 칼슘이나 철 등의 무기질 성분의 인체 내 대사를 도와주어 소화 촉진의 효능이 있음
- 이러한 김치 발효 중 생성되는 성분들은 항암 작용과 질병에 저항하는 면역력까지 우수하여 여러 바이러스를 예방한다는 보고들이 나옴에 따라 해외로부터 각광받고 있으며, 식품 분야에서 대표적인 수출 상품임

(4) 조리과학적 지식

1) 김치의 효능★★★

항균 작용	• 김치는 숙성 발효됨에 따라 항균 작용이 증가 • 숙성 과정 중에 유산균이 생육 번성하여 김치 내의 유해 미생물의 번식을 억제 • 김치 유산균은 체내에서 창자 속의 다른 균을 억제하여 이상 발효를 막아 주고, 장내 유해 세균의 번식을 억제
중화 작용	김치에 사용되는 주재료들은 알칼리성 식품이므로 육류나 산성 식품을 과잉 섭취 시 혈액의 산성화를 막아 주고, 산중독증을 예방해 줌
다이어트 효과	• 김치는 수분이 많아 에너지가 매우 낮으나 식이섬유소를 다량 함유 • 김치를 많이 먹으면 에너지는 적으면서 포만감을 주므로 다른 에너지원의 섭취를 제한함 • 고추에 들어 있는 성분 중 캡사이신은 에너지 대사작용을 활발하게 하여 체지방을 연소시켜 체내 지방 축적을 막음
항암 작용	• 김치의 주재료로 이용되는 배추 등의 채소는 대장암을 예방해 주고, 마늘은 위암을 예방해 줌 • 김치에는 베타카로틴의 함량이 비교적 높기 때문에 폐암을 예방해 줌 • 고추의 매운 성분인 캡사이신은 엔도르핀을 비롯한 호르몬 유사물질의 분비를 촉진해 폐 표면에 붙어 있는 니코틴을 제거해 주며 면역력을 증강시킴
항산화 · 항노화 작용	• 김치는 지방질의 과산화 방지 또는 활성산소종(불안정한 산소를 포함하는 화학물질들)이나 각종 유리라디칼의 제거 능력을 갖는 항산화물질(또는 유리라디칼 소거 물질)이 존재 • 김치에 함유된 항산화 물질로는 카로틴, 플라보노이드, 안토시안을 포함하는 폴리페놀과 비타민 C, 비타민 E 및 클로로필 등의 많은 성분이 있음
동맥경화, 혈전증 예방 작용	• 김치는 혈중 콜레스테롤, 혈중 중성지질, 인지질 함량을 감소시켜 지질대사에 좋은 효과를 나타내어 동맥경화 예방에 효과적 • 마늘은 혈전을 억제하여 심혈관 질환 예방에 효과적

2) 김치의 영양학적 성분

김치는 채소를 주원료로 하며 소금을 사용하여 오랜 시간 저장할 수 있게 만든 염장식품으로, 구성성분은 대부분이 수분이며 비타민과 섬유질 및 무기질 등이 풍부함

유산균이 풍부한 발효식품 ★★★	• 김치는 채소에 각종 부재료를 넣고 소금 절임을 하여 발효시킨 식품 • 소금 절임 과정에서 대부분의 미생물은 죽어 버리지만 염분에 잘 견디는 내염성 세균인 유산균(Lactic acid bacteria)이 남아서 김치를 익힘 • 비타민뿐만 아니라 유산균과 섬유질이 풍부하여 변비 예방에 좋음
정장 작용 식품	• 채소류와 식염의 복합 작용에 의해서 장내를 깨끗이 청소하는 정장(整腸) 작용을 함 • 위장 내의 단백질 소화효소인 펩신(pepsin) 분지를 촉진해 주며, 펙틴질을 비롯한 고분자 복합 다당류들이 물과 함께 친수성 콜로이드(colloid)를 이루므로 장내 이동을 부드럽게 해줌
식욕 증진 효과	고추의 매운맛 성분인 캡사이신 등으로부터 나오는 김치 특유의 풍미는 식욕 증진 효과가 있음
저칼로리 식품	김치의 주재료들은 가식부 100g당 10kcal(배추, 생것), 19kcal(조선무, 잎), 9kcal(오이)로 낮은 열량을 가짐
단백질과 칼슘 보충원	• 김치 주재료인 채소에서 부족하기 쉬운 단백질은 동물성 젓갈에 함유된 아미노산을 통해 보충할 수 있음 • 김치가 익으면서 새우젓 멸치젓 황석어젓 갈치젓 등의 단백질이 아미노산으로 분해되고, '리신(Lysine)'과 '메티오닌(Methionine)'의 공급원이 됨

3 김치 담기

(1) 김치 종류에 따른 온도, 색, 풍미 유지

배추김치	• 배추김치를 담을 그릇 준비 • 양념소를 넣은 배추를 반으로 접어서 겉잎으로 잘 싼 후 그릇에 차곡차곡 담기 • 배추김치를 담은 용기의 제일 위는 배추 겉대 절인 것으로 덮기 • 담은 배추김치를 김치냉장고에 보관하여 숙성 • 김장철에 담글 시 약 3주 정도 지나야 맛있게 익음 • 김치는 필요한 만큼씩만 꺼내어 바로 썰어야 맛이 있음 • 김치를 꺼내고 나서는 반드시 꼭꼭 눌러 두어야 김치맛이 변하지 않음
깍두기	• 깍두기를 담을 그릇 준비 • 담은 깍두기를 김치냉장고에 보관하여 숙성 • 깍두기는 필요한 만큼씩만 꺼내어 먹고, 꺼내고 나서는 눌러 두어 깍두기 맛이 변하지 않도록 함
열무김치	• 열무김치를 담을 그릇 준비 • 담은 열무김치를 김치냉장고에 보관하여 숙성

Check Note

김치를 잘 담그기 위한 조건

좋은 재료의 선택	• 주재료 채소의 조직이 살아 있는 상태를 유지하려면 채소 중의 펙틴질이 분해되기 전에 담기 • 펙틴질은 펙티네이스(pectinase)라는 효소에 의해 분해되어 조직이 연해지거나 물러지는데, 이 효소는 세포 내에 존재하나 세포막이 파괴되면 세포 밖으로 나와 펙틴을 분해됨
절임 조건	• 소금 절임은 주재료 중의 수분을 감소시켜 저장성을 부여하면서 발효가 잘 일어나게 함 • 주재료와 온도에 따라 염도, 절이는 시간을 다르게 해야 함 • 주재료의 조직감을 아삭아삭한 상태로 유지하려면 천일염으로 절여야 함 • 천일염 중의 칼슘이 펙틴질과 펙틴－칼슘 복합체를 만들어 펙티네이스에 의한 분해를 막아 줌 • 채소 중의 수분을 빨리 배출하고, 조미료가 주재료에 쉽게 침투하도록 하기 위해 돌로 눌러주는 등 압력을 가해 줌
공기	• 유산균은 산소를 싫어하고 김치를 부패시키는 균은 산소를 좋아하므로 밀폐시킴 • 김치 보관 중 뚜껑을 자주 열지 말고 김치에 공기가 들어가지 않도록 잘 밀봉함

	• 여름철에 시원하게 먹는 김치로 김칫국에 밀가루나 찹쌀로 풀을 쑤어 넣으면 국물이 더욱 맛이 있음 • 배추김치보다 빨리 시어지므로 냉장보관을 잘해야 함
파김치	• 파김치를 담을 그릇 준비 • 두서너 가닥씩 손에 잡고 돌돌 말아 묶은 파김치를 멋스럽게 담기 • 담은 파김치를 김치냉장고에 보관하여 숙성 • 멸치젓으로 절여 고춧가루를 넉넉히 넣고 담은, 맵고 진한 맛을 내는 파김치는 갓을 섞어서 담기

(2) 김치 종류에 따른 그릇

보시기	김치류를 담는 그릇으로 쟁첩보다 약간 크고 조치보다는 운두가 낮음
쟁첩	전, 구이, 나물, 장아찌 등 대부분의 찬을 담는 그릇으로 작고 납작하며 뚜껑이 있음
종지	간장, 초장, 초고추장 등의 장류와 꿀을 담는 그릇으로 제일 작음
합	밑이 넓고 평평하며 위로 갈수록 직선으로 차츰 좁혀지고, 뚜껑의 위가 평평한 모양
조반기	대접처럼 운두가 낮고 위가 넓은 모양으로 꼭지가 달리고 뚜껑이 있음
반병두리	위는 넓고 아래는 조금 평평한 양푼 모양의 유기나 은기의 대접

05 한식 전골 조리

1 전골 조리

(1) 전골 재료 특성에 따른 조리법

1) 소고기
① 육류 부위에 따라 지방 함량, 맛, 질감이 다르며 조리 목적에 따라 부위를 선택하여 사용
② 전골처럼 오랫동안 끓이는 조리법은 결합조직이 많은 사태나 양지머리를 선택하여 찬물에 담가 핏물을 충분히 제거하고 사용

2) 생선
① 생선 비린내의 주원인인 트리메틸아민(트라이메틸아민, TMA)과 민물생선의 비린내 성분인 피페리딘(piperidine)은 수용성이며 표피 부분에 많음

② 생선은 표피, 아가미, 내장 순으로 흐르는 물에 손으로 살살 문지르면서 씻음

③ 소금물은 호염성 장염비브리오균이 번식하기 쉬우므로 소금물보다는 흐르는 물을 사용하는 것이 좋음

④ 물기를 제거하고 생선을 용도에 맞게 자른 뒤에는 단백질인 미오겐이나 이노신산과 같은 맛 성분이 유실되지 않도록 물로 씻지 않아야 함

⑤ 생선의 특징★★

구분	종류	지방 함량	지방산패
흰살생선	도미, 명태, 가자미, 대구, 넙치, 민어	5% 이하	느림
붉은살생선	고등어, 꽁치, 삼치, 정어리, 가다랑어	5~20%	빠름

3) 버섯

① 버섯은 필수 아미노산의 함량이 높음

② 채소·과일에 부족한 리신(lysine)을 함유하고 있으며, 글루탐산(glutamic acid), 알라닌(alanine) 등 조미 성분의 함량이 높아 풍부한 맛을 제공

(2) 전골 종류에 따른 재료와 양념

1) 전골의 종류

두부전골	두부를 기름에 지져 두 장 사이에 양념한 고기를 채워서 채소와 함께 끓이는 전골 음식
소고기전골	소고기와 무, 표고버섯 등 여러 가지 채소를 넣고 끓인 전골 음식
버섯전골	여러 가지 버섯을 소고기와 한데 어울려서 만든 전골 음식

2) 전골 육수 재료 선택

① 육류는 소고기와 같이 결합조직이 많은 부위를 선택

② 조개류는 신선하고, 살아 있는 것을 선택

③ 다시마는 빛깔이 검고 두꺼운 것으로 선택

④ 국간장 및 참치액 등 부재료를 준비

3) 전골 조리에 사용하는 조미료

소금	• 음식의 간을 맞추며 짠맛을 내는 기본 조미료 • 방부 작용으로 미생물의 작용을 억제 • 채소의 탈수 작용과 데칠 때 녹색 채소의 색을 보존하는 역할 • 호렴, 재제염, 정제염으로 구분
간장	• 음식의 간을 맞추는 주요 조미료로 메주를 소금물에 담가 숙성시켜서 만듦

제
03
편

	• 콩으로 만든 발효식품으로 구수한 맛을 가짐 • 청장 : 1~2년 된 간장으로 국이나 찌개의 간을 하거나 나물을 무칠 때 사용 • 진간장 : 1년 이상 숙성시켜 색이 진하고 단맛과 감칠맛이 많아 조림, 볶음, 구이 등에 사용
된장	• 국, 찌개, 무침, 쌈장 등을 만들 때 사용 • 콩을 발효시킨 것으로 전통식 된장과 개량식 된장으로 구분 • 전통식 된장 : 콩을 쪄서 메주를 만들어 메주를 띄우는 동안 고초균에 의해 발효됨 • 개량식 된장 : 콩 이외에 혼합한 원료를 사용하여 만든 고초균과 황국균에 의해 발효됨 • 전통식 된장은 오래 끓일수록 감칠맛이 나고, 개량식 된장은 살짝 끓여야 맛이 남
고추장	• 곡류, 메줏가루, 고춧가루, 엿기름, 소금을 혼합하여 발효시킨 붉은 빛깔의 장 • 탄수화물이 가수분해되어 생성된 당류에 의한 단맛, 콩 단백질이 분해되어 생성된 아미노산에 의한 감칠맛, 고춧가루에 의한 매운맛, 소금에 의한 짠맛이 조화를 이룸
설탕	• 단맛을 내는 기본 조미료 • 신맛, 쓴맛, 짠맛을 부드럽게 하고 육류의 연화 및 식품의 부패 방지에 사용 • 색을 낼 때 캐러멜화 및 메일라드 반응에 의한 갈변 반응이 나타남 • 식품을 조리할 때 사용하면 윤기가 나고 재료를 결합시키는 역할
조청	• 곡식으로 만든 천연 감미료로 곡류나 전분을 엿기름으로 당화시켜 즙을 달여 만든 묽은 엿 • 설탕과 함께 사용 시 뭉치는 것을 막고 한과류나 조림에 많이 사용
식초	• 신맛을 내는 조미료로 식욕을 돋우어 주고, 음식에 살균·방부 효과 • 과일이나 곡식을 이용하여 만든 양조식초, 과일식초 등이 있음

4) 전골 조리에 사용되는 향신료

고추, 마늘, 생강, 파, 후추, 기름, 깨소금, 겨자 등

(3) 전골 조리 과정 중의 물리화학적 변화

1) 채소류 데치기 효과

① 채소류는 가공 과정 중 열에 의한 조직 연화와 더불어 주로 펙틴질의 분해가 많이 일어남

② 가공 시 조직감 변화를 최소화하는 효소의 활성과 불활성화를 유도하기 위해 데치기 방법 활용

(4) 전골의 색, 형태 유지

육류 전처리		소고기는 청주 등 알코올에 버무려 육취를 제거 · 종이타월로 핏물을 깨끗이 제거 · 간장, 과일즙, 마늘즙 등을 넣어 무쳐 놓음
어패류 전처리	생선	깨끗이 씻은 후 꼬리에서 머리 쪽으로 비늘을 제거한 후 아가미와 내장 제거
	조개	살아 있는 것을 구입하여 껍질을 깨끗하게 씻은 후 소금물에 담가 해감
	낙지	· 머리에 칼집을 내고 내장과 먹물을 제거 · 굵은 소금과 밀가루를 뿌려 다리와 몸통을 주물러 둔 후 씻을 때 껍질을 제거
	게	· 솔로 닦은 후 배 부분에 덮여 있는 삼각형의 딱지를 떼어내고 몸통과 등딱지를 분리 · 몸통에 붙어 있는 모래주머니와 아가미를 제거하고 발끝은 가위로 잘라냄
	새우	· 머리와 꼬리는 제거하지 않고 몸통의 껍질만 벗기고 마지막 꼬리 부분을 남김 · 꼬챙이를 머리부터 꼬리 쪽으로 끼우거나 배 쪽에 잔칼집을 넣음
	다시마	찬물에 담가 두거나 끓여서 감칠맛 성분을 우려냄
버섯류 전처리		버섯은 얇게 썰고, 버섯 불린 물도 육수에 넣어 함께 끓임
	말린 표고버섯	미지근한 물에 1시간 이상 충분히 불린 후 물을 꼭 짠 뒤 기둥을 제거
	느타리 버섯	끓는 물에 데친 후 손으로 찢음
	석이버섯	미지근한 물에 불려 양손으로 비벼 뒷면의 이끼를 제거한 후 깨끗이 씻음
채소류 전처리		· 채소류는 물에 잠시 담갔다가 흐르는 물에 깨끗이 세척 · 채소류는 흙, 오물, 벌레, 농약 등이 부착해 있으므로 깨끗이 세척 · 씻을 때는 가능한 한 식물 조직이 손상되지 않도록 해야 함 · 조직 손상 시 영양소나 풍미가 유출되기 쉽고, 손상 부위가 변형되기도 하여 조리 식품에 영향을 줌

2 전골 담기

(1) 전골 종류에 따른 온도, 색, 풍미 유지

수조육류	· 수조육류 육수의 감칠맛을 내는 성분은 질소화합물을 주체로 하며, 아미노산 및 크레아틴 등이 포함됨 · 정미 성분으로서 중요한 역할을 함 · 육류에 존재하는 유리아미노산은 대부분 구수한 맛을 지님

제 03 편

		• 글루탐산은 이노신산과 함께 존재할 때 한층 더 구수한 맛을 나타냄 • 육수에 주로 사용되는 수조육은 소고기로, 가장 많이 사용하는 부위는 근육인데, 근육은 양지머리와 사태를 많이 사용하고, 뼈의 경우에는 사골이나 잡뼈 등을 많이 사용
어패류		전골 육수에 사용되는 어류에는 멸치, 마른새우, 북어 등이 있고, 조개류에는 대합, 모시조개, 홍합, 굴 등이 있으며, 갑각류에는 게가 있음
	갑각류, 패류	글루탐산이 많이 함유
	멸치	• 지방분이 많고 생선향이 강하게 나는 농후한 맛의 국물을 냄 • 멸치를 건조시키면 수분 함량이 적어지면서 감칠맛 성분인 이노신산이 농축됨
	조개류	• 조개류의 감칠맛 성분 : 글루탐산, 아데닐산, 호박산 • 조개류의 감칠맛을 우려낸 육수는 맑은국 같은 국물 요리에 사용
	마른 새우	• 마른새우의 감칠맛 성분 : 아데닐산(핵산 계통의 아미노산 성분) • 마른새우에는 이노신산이 없기 때문에 이노신산과 글루탐산과는 다른 감칠맛을 냄
해조류		• 해조류는 바다에서 나는 조류를 말하는데, 그 종류로는 다시마, 미역, 김 등이 있음 • 해조류는 알칼리성이며 단백질, 당질, 비타민, 무기질 등이 많이 함유 • 해조류는 피를 맑게 해주고 활성산소 생성을 억제하며, 식이섬유가 풍부하고 변비 예방에 좋음 • 다시마는 칼슘, 인, 철, 마그네슘 등의 무기질과 정미 성분이 풍부하여 생식이나 국수, 우동 등의 면류와 각종 국물을 우려내는 조미 재료로 사용 • 다시마는 MSG가 착안될 정도로 강한 맛을 가지고 있고 천연조미료 소재로서 충분한 식품
버섯류		• 마른 표고버섯에는 맛 성분 중 하나인 구아닐산을 함유하여 음식의 감칠맛이 상승 • 구아닐산은 생표고버섯을 말리는 동안 세포 내의 효소와 핵 속의 리보핵산이 건조되고 열에 의해 세포벽이 파괴되면서 다른 효소와의 작용에 의해 생성 • 표고버섯은 수분량이 많고 각종 아미노산, 비타민, 단백질, 당질, 섬유질, 효소, 무기질 등의 영양적 가치가 높음

❷ 호박산

호박산은 조개류의 고유한 감칠맛 성분이며 약간의 떫은맛을 가지고 있음

❷ 해조류의 분류

녹조류	파래, 청태, 청각
갈조류	미역, 다시마, 톳
홍조류	우뭇가사리, 김

(2) 전골 종류에 따른 그릇

전골냄비	무쇠로 만들어 숯불에 꽂아 놓고 앉은 자리에서 전골을 끓이면서 먹을 수 있도록 만든 냄비
신선로	상 위에 올려 놓고 열구자탕을 끓이는 우리나라 조리기구로 그릇의 가운데에 숯불을 피우고 가열하면서 먹을 수 있는 가열기구

(3) 전골 종류에 따른 고명

완자	밀가루와 달걀노른자에 담갔다가, 팬에 기름을 두르고 노릇하게 지짐
표고버섯	간장 양념장으로 양념하여 볶음
당근	끓는 소금물에 살짝 데침
미나리	미나리초대를 만들어 5cm 길이로 자름
달걀	황, 백 지단을 만들어 2cm×5cm(신선로 크기)×0.2cm 크기로 사용
홍고추	씨를 제거하여 2cm×5cm(신선로 크기)×0.2cm 크기로 사용
호두	두 쪽으로 미지근한 물에 담근 후 껍질을 제거하여 사용
은행	기름을 조금 두른 번철에 볶은 후 행주 또는 종이에 싸서 껍질을 벗김

06 한식 볶음 조리

1 볶음 조리

(1) 볶음 재료 특성에 따른 조리법

다시마★	• 다시마의 주성분은 글루탐산으로 천연조미료 역할을 하며, 라이신은 혈압을 낮추는 효과가 있음 • 다시마 표면의 하얀 분말은 만니트(mannite)라는 당 성분으로 맛을 내므로 물에 씻지 말고 조리함 • 염장 다시마 : 겉의 소금을 씻어내고 물에 20~30분 정도 담가 짠맛을 충분히 우려낸 후 사용하거나 끓는 물에 데쳐서 사용 • 다시마 국물 : 가위로 다시마에 칼집을 내어 찬물에 담갔다가 5~10분간 끓인 후 바로 건짐 • 다시마 요리 : 쌈, 튀각, 볶음, 조림, 전 등
호박★	• 단백질, 지방, 식이섬유, 무기질, 베타카로틴, 잔토필, 비타민 B_1, 시트룰린이 함유 • 베타카로틴이 많아 항산화, 항암 작용을 하며, 기름과 함께 조리하면 흡수율이 높아짐 • 애호박 : 호박고지, 나물 • 청둥호박 : 부침, 볶음, 엿, 떡, 죽, 찜 등 • 단호박 : 수프, 죽, 떡, 케이크, 찜 등

✔ **볶음 조리의 특징**

▪ 볶음은 소량의 지방을 이용해 뜨거운 팬에서 음식을 익히는 방법
▪ 팬을 달군 후 소량의 기름을 넣어 높은 온도에서 단기간에 볶아 익혀야 원하는 질감, 색과 향을 얻을 수 있음

(2) 볶음 종류에 따른 재료와 양념

1) 볶음 종류

채소	부추잡채, 호박새우젓볶음, 잡채, 고구마순볶음, 취나물볶음, 탕평채, 감자채볶음 등
고기	돈육볶음, 닭갈비, 제육볶음, 돈육불고기, 돈육김치볶음, 돈육된장불고기 등
수산물	오삼불고기, 주꾸미볶음, 오징어불고기, 애호박볶음, 꽈리고추멸치볶음 등
가공식품	기름떡볶이, 궁중떡볶음, 순대볶음, 두부두루치기, 어묵볶음 등

2) 볶음 양념재료

짠맛	소금, 간장, 고추장, 된장 등
단맛	꿀, 설탕, 조청, 물엿, 올리고당 등
신맛	식초, 감귤류, 매실 등
쓴맛	생강 등
매운맛	고추, 후추, 겨자, 산초, 생강 등

3) 양념장 제조

볶음 양념장	• 재료 : 간장, 설탕, 청주, 설탕, 고추장, 고춧가루, 다진 마늘, 참기름 • 조림 냄비에 간장, 설탕, 청주를 넣고 설탕이 잘 녹도록 골고루 섞은 후 고추장, 고춧가루를 넣고 섞음 • 준비한 다진 마늘과 참기름을 첨가하여 잘 섞음 • 약불로 재료가 골고루 잘 섞이도록 저어 줌 • 양념장이 완성되면 식은 후 사용
간장 양념장	• 재료 : 간장, 설탕, 다진 마늘, 다진 파, 후추, 참기름, 깨소금 • 볶음 냄비에 간장, 설탕, 물을 넣고 설탕이 잘 녹도록 골고루 섞은 후 다진 마늘, 물엿, 참기름, 후춧가루를 넣어줌 • 모든 재료를 넣은 냄비를 약불에 올려 잘 섞이도록 저어 주고 끓기 전 불에서 내림 • 양념장이 식은 후 사용

(3) 볶음 조리 과정 중 물리화학적 변화

볶음을 할 때 강한 불로 시작하여 끓기 시작하면 중불로 줄이고, 단시간에 조리★★

센불	구이, 볶음, 찜처럼 처음에 재료를 익히거나 국물을 팔팔 끓일 때 사용
중불	국물 요리에서 한 번 끓어오른 뒤 끓는 상태를 유지할 때 사용
약불	• 오랫동안 끓이는 조림요리나 뭉근히 끓이는 국물 요리에 사용 • 조림의 경우 처음에는 센불에서 그 다음 중불, 약불로 사용

(4) 볶음의 색, 형태 유지

육류	• 우리나라에서는 농경 이후에도 수렵을 숭상하여 고기 구이, 찜 등을 비롯하여 말린 포, 볶음, 장조림 등의 다양한 요리법이 발달 • 중국은 날씨 변화가 커서 육류 보관이 힘들어 튀겨서 소스를 얹거나 센불에서의 볶음요리가 많음
채소	• 채소는 현대인들에게 부족한 비타민과 무기질의 공급원이자 식이섬유가 풍부하여 배변활동을 원활히 함 • 아름다운 색과 특유의 향미로 오감을 만족시키는 식재료 • 피토케미컬도 풍부하여 항산화, 항암, 항염증, 비만 등 각종 생활습관병 예방에 효과적 • 말린 채소는 생채소보다 비타민과 미네랄 함량이 높음

(5) 볶음 종류에 따른 도구 선택

① 볶음을 할 때 바닥 면적이 작은 팬보다는 큰 팬을 사용해야 재료가 균일하게 익으며 양념장이 골고루 배어 들어 볶음의 맛이 좋아짐

② 조리도구 : 도마, 칼, 집게, 체, 계량컵, 프라이팬, 조리용 냄비, 나무주걱 등

2 볶음 담기

(1) 볶음 종류에 따른 온도, 색, 풍미 유지

육류	• 프라이팬에 기름을 넣고 높은 온도에서 육류를 넣고 색을 냄 • 온도가 낮으면 조리 시 육즙이 유출되어 퍽퍽해지고 질겨짐 • 불꽃을 팬 안쪽으로 끌어 들여 불맛 향을 유도하면 특유의 볶음요리가 됨
채소	• 색깔이 있는 구절판 채소(당근, 오이)는 소금에 절이지 말고 중간불에 볶으면서 소금을 넣음 • 기름이 많으면 채소의 색이 누렇게 되므로 적은 기름으로 볶음 • 당근은 볶는 과정에서 당근즙이 침출되어 기름이 흡수될 정도로 볶아 줌 • 마른 표고버섯은 물을 넣고 볶아 주는 것이 좋음 • 버섯은 물기가 많으므로 센불에서 단시간 볶아 소금을 살짝 절인 후 볶음 • 부재료에 넣는 채소는 연기가 날 정도로 센불에 볶은 후 주재료 넣고 다시 볶은 후 양념을 넣음
해산물	오징어나 낙지는 오래 익히면 질겨지므로 주의함

(2) 볶음 종류에 따른 그릇

도기 (earthware)	• 찰흙에 자갈이나 모래를 섞어 반죽하여 약 600~900℃에서 구운 용기

📎 Check Note

✅ 참기름과 들기름

참기름	• 리그난이 산패를 막는 기능을 함 • 4℃ 이하 온도에서 보관 시 굳거나 부유물이 뜨는 현상이 발생하므로 마개를 닫아야 함 • 직사광선을 피해 상온에서 보관함
들기름	• 리그난이 함유되어 있지 않음 • 오메가-3 지방산이 풍부하여 공기에 노출되면 영양소가 파괴되므로 마개를 잘 닫아 냉장보관함

제 03 편

한식은 주로 돔 형식으로 소복이 담거나 겹쳐서 담는 방식 등을 사용

좌우 대칭	• 가장 균형적인 구성 형식 • 중앙을 지나는 선을 중심으로 대칭으로 담음 • 대축대칭보다 고급스러워 보이며 안정감이 느껴지나 단순화되기 쉬움
대축 대칭	• 접시 중심에 좌우 균등한 열십자를 그려서 요리의 배분이 똑같은 것 • 원형 접시가 대축대칭하기 쉬움 • 통일에 의한 안정감, 화려함, 높은 완성도 등의 느낌을 줌
회전 대칭	• 요리의 배열이 일정한 방향으로 회전하며 균형 잡혀 있어 대축대칭과 구분 • 방사형의 모양 • 대칭의 안정감, 차분한 가운데서도 움직임, 리듬과 흐름을 느낌
비대칭	• 중심축에 대해 양쪽 부분의 균형이 잡혀 있지 않은 것 • 형태상으로는 불균형이지만 시각적으로 정돈되어 균형이 잡혀 있는 배열

✔ **담는 양**

- 크기는 음식 자체의 적정 크기와 담음새의 조화를 의미
- 음식의 예술성 부여를 통한 고부가가치를 창출하고 식욕 촉진 및 이미지를 좌우하며 전체적인 음식의 품질 평가에 결정적 영향을 미침
- 우리나라 음식은 대부분 넉넉하게 풍성히 담아내는 것을 기본으로 하여 먹음직스러운 모양을 나타냄
- 요즘은 삶의 질이 달라지면서 많은 양보다 시각적인 면을 중요시하며 적당한 양의 정갈한 모습을 선호함

	• 착색이 쉬워 다양한 색과 무늬를 즐길 수 있으며, 대부분 붉은색 혹은 갈색 • 유약을 칠하지 않은 것은 습기나 공기를 통과시킴 • 빛이 통과되지 않고 두드리면 둔탁한 소리가 남
석기 (stoneware)	• 돌 같은 무게와 촉감을 가진 도자기 • 회색이나 밝은 갈색의 고운 점토를 약 1,000~1,200℃에서 구운 것 • 비교적 높은 온도에서 구웠기 때문에 물이 통과되지 않고 두드리면 선명한 소리가 남 • 굽는 동안 유리화되고, 밀도가 치밀해져 음식의 수분이나 기름기에 의해 변색되지 않음 • 유약을 바른 것과 유약을 바르지 않은 종류가 있음 • 바탕이 불투명하고 다양한 색상을 가질 수 있으며, 구운 것을 만지면 보송보송함
크림웨어 (creamware)	• 석기와 비슷한 구조를 가진 도자기로 단단하고 내구성이 좋음 • 구울 때 밝은 크림색을 띠므로 크림웨어라 이름 붙임 • 이가 빠져도 눈에 잘 띄지 않으나 음식의 기름기가 스며들어 변색되기 쉬우므로 주의 • 격식 있는 자리에서부터 약식 식사까지 모두 잘 어울리는 재질
본차이나 (bone china)	• 본차이나는 황소나 가축의 뼈를 태운 재와 생석회질로 된 골회를 첨가시켜 만든 것으로 연한 우유색의 부드러운 광택을 띰 • 약 1,260℃에서 구워지며, 골회를 많이 첨가할수록 질이 좋음

(3) 볶음 종류에 따른 곁들임 장과 고명

고명	• 고명은 맛보단 모양과 색을 좋게 하기 위한 장식 • 고명 재료 : 견과류, 채소류, 육류, 어패류, 곡물류, 과실류, 꽃류, 약재료 등
고명 종류	• 고명 종류 : 달걀지단, 알쌈, 미나리초대, 고기완자, 통깨, 은행, 호두, 밤, 대추, 잣, 표고·목이·석이버섯, 홍고추, 청고추, 실고추 등 • 음성을 상징하는 동물성 식품과 양성을 상징하는 식물성 식품 사용 • 달걀 : 달걀지단, 줄알, 알쌈, 달걀가루, 통달걀 썰음 등 • 소고기류 : 고기완자, 다진 고기고명, 편육, 산적고기 등 • 향신료 : 마늘, 생강, 고추, 부추, 파 등 • 버섯류 : 석이버섯, 표고버섯, 목이버섯, 싸리버섯 등 • 견과류 : 잣, 대추, 밤, 은행, 호두 등 • 패주와 새우 • 채소류 : 쑥갓, 승검초, 당근, 무, 호박, 죽순, 오이, 미나리 등 • 과실류 : 감, 배, 사과, 유자, 복숭아, 살구 등 • 꽃류 : 국화꽃, 진달래꽃, 민들레꽃, 장미꽃, 매화꽃 등

1 튀김 조리

(1) 튀김 재료 특성에 따른 조리법★★★

튀김	채소류 튀김	감자 튀김, 깻잎 튀김, 가지 튀김, 고구마 튀김, 호박 튀김 등
	육류 튀김	소고기 튀김, 돼지고기 튀김, 닭 튀김 등
	해산물류 튀김	오징어 튀김, 생선 튀김 등
튀각	다시마 튀각	두툼하고 맛이 좋은 다시마를 깨끗한 기름에 튀겨 만든 마른 찬
	호두 튀각	호두를 기름에 튀긴 것
부각	김 부각	김에 찹쌀풀을 발라 말린 후 튀긴 것
	고추 부각	고추를 말려서 기름에 튀긴 것
	참죽잎 부각	참죽잎에 찹쌀풀을 발라 말린 후 튀긴 것
	깻잎 부각	깻잎에 찹쌀풀을 발라 말린 후 튀긴 것

(2) 튀김 종류에 따른 재료와 양념

1) 주재료 준비

육류	• 식품위생법에 저촉되지 않는 규격품을 구입 • 소고기의 색은 선홍색, 돼지고기는 옅은 선홍색이고 윤기 나는 것이 좋음 • 지방은 모두 담황색으로 탄력이 있고 향이 있는 것으로서 이취가 나는 것은 사용하지 않아야 함
어패류	어류	• 눈이 불룩하며 눈알이 선명한 것 • 비늘은 광택이 있고 단단히 부착된 것 • 육질은 탄력이 있고 뼈에 단단히 밀착해 있는 것 • 물속에 두었을 때 가라앉으며, 불쾌한 냄새가 나지 않는 것
	패류	• 봄철은 산란 시기로 맛이 없는 때이므로 겨울철이 더 좋음 • 사용하기 하루 전에 구입하여 사용
가금류	• 신선하고 광택이 있는 것 • 이취가 없으며 특유의 향취를 갖고 있는 것
채소류	• 병충해, 외상, 부패, 발아 등이 없는 것 • 형태가 바르고 겉껍질이 깨끗한 것
버섯류	봉오리가 활짝 피지 않고 줄기가 단단한 것

📎 **Check Note**

✅ **우리나라 고명의 특징**

- 우리나라 음식의 고명은 음양오행설에 기반을 두고 있음
- 적색, 청색, 황색, 흰색, 검정색의 다섯 가지 색을 오방색이라 함
- 자연과의 조화를 추구
- 색채도 자연과 우주의 원리에 순응하는 음양오행으로 우리 민족의 색의 의식이 구체화
- 오방색, 오미가 어우러진 식품 사용
- 우주공간을 상징하는 오방색은 동(푸른색), 서(흰색), 남(붉은색), 북(검은색), 중앙(노란색)과 시간을 상징하는 봄, 여름, 가을, 겨울과 변화를 일으키는 중심도 다섯 가지 색으로 나타냄
- 서울 중심 중부지방은 탕, 지짐이, 조림, 선, 적, 김치, 떡 등에 고명을 사용

제03편

✔ **튀김용 기름의 요건**
- 발연점이 높아야 함
- 유리지방산 함량은 낮아야 함 : 유리지방산 함량이 높은 기름은 발연점이 낮음
- 기름 이외에 이물질이 없어야 함 : 기름이 아닌 다른 물질이 섞여 있으면 발연점이 낮아짐

✔ **전처리 식재료의 장점과 단점**

장점	• 조리 시간의 단축, 인력 부족에 대한 대책안 • 음식물 쓰레기 처리의 용이성과 비용 절감 • 재료 재고 관리의 편리성 • 주방의 협소함에 따른 작업 공정의 편리성 등
단점	• 공정 과정에서 주의하고 화학제 사용에 대한 기준을 두고 철저한 관리가 필요 • 전처리, 재료 처리 과정에서 가공되지 않은 농산물과 사람에서 병원성 미생물 발생

2) 부재료 준비

밀가루	밀가루는 글루텐(gluten) 함량에 따라 강력분, 중력분, 박력분으로 구분하며, 그 특징과 용도가 다름	
	강력분	• 글루텐 함량이 13% 이상으로, 반죽하면 점탄성이 커짐 • 빵, 마카로니, 피자, 수제비, 하드롤 등 쫄깃쫄깃한 제품 제조에 사용
	중력분	• 글루텐 함량이 10~13%로 강도가 중간 정도 • 특정한 밀가루가 필요하지 않은 제품에 다목적으로 사용 • 면류, 부침, 만두 제조에 사용
	박력분	• 글루텐 함량이 10% 이하로 밀가루 중 가장 적음 • 케이크, 쿠키, 파이껍질, 튀김, 과자 등 바삭바삭한 제품 제조에 사용
유지류	옥수수유, 대두유, 포도씨유, 카놀라유 등 발연점이 높은 기름을 사용	
달걀	• 표면이 까칠까칠하고 광택이 없는 것이 좋음 • 햇빛에 투사해 보았을 때 난황의 모양이 선명하고, 난황의 부위가 농후하며 흔들리지 않는 것	
양념류	구입 시 반드시 유효기한을 확인하며, 이취가 없는 것	

(3) 튀김 조리 과정 중의 물리화학적 변화

1) 튀김 반죽의 수분 감소율

① 기름 속에서 식품을 가열하면 식품의 수분이 감소하고 기름을 흡착하여 식품이 기름 위로 떠오름

② 튀김을 더욱 바삭하게 튀기려면 가늘고 길게 채썰어서 표면적을 넓게 해야 함

③ 튀김의 수분 함량을 많게 하려면 두껍고 두툼하게 썰어야 함

④ 반죽을 입혀 튀기면 20%의 수분이, 식품을 그냥 튀기면 대개 40%의 수분이 감소함

2) 튀김 반죽의 기름 흡착률

① 튀기는 기름의 온도가 낮거나, 튀기는 시간이 길어지면 흡유량이 많아짐

② 기름의 흡착률 : 그냥 튀긴 것은 3%, 반죽을 입힌 것은 5~10%

(4) 튀김의 색, 형태 유지

1) 영양 손실이 가장 적은 조리법

① 튀김은 건열식 조리방법으로 기름의 대류 원리를 이용하여 기름에 재료를 튀기는 조리법

② 단시간에 익기 때문에 재료의 성분이 밖으로 나오지 않고 영양 손실이 가장 적음

③ 기름이 가지고 있는 풍미가 더해져 맛이 좋음

2) 튀김 조리방법

바스켓 방법 (basket method)	• 재료를 바스켓에 넣어 기름에 튀기는 방법 • 반죽을 입히지 않은 것이나 크기가 작은 재료를 튀길 때 사용
스위밍 방법 (swimming method)	• 많은 양의 기름에서 내용물이 헤엄치듯 떠다니면서 익는 방법 • 반죽이 입혀진 것이나 크기가 큰 재료를 튀길 때 주로 사용

3) 튀김 재료와 양에 따른 조리방법

① 신선한 재료를 사용하고, 한꺼번에 많은 양을 튀기지 않음
② 재료(육류, 생선, 채소 등)에 따라 튀김 기름의 온도를 조절
③ 재료에 수분이 많고 재료가 큰 것은 저온(165~170℃)에서 튀겨 줌
④ 기름을 흡수할 수 있는 한지를 깔고 그 위에 펴 놓음

4) 튀김 온도에 따른 조리방법

150℃	튀김 반죽이 바닥에 가라앉았다 한참 후에 떠오름
160℃	튀김 반죽이 바닥에 가라앉았다 떠오름
170℃	튀김 반죽이 중간쯤 가라앉았다 한참 후에 떠오름
180℃	튀김 반죽이 표면에서 부드럽게 펴짐
190℃	기름에 연기가 약간 나고 튀김 반죽은 잘게 부서지듯 표면에서 짝 펴짐

5) 형태 유지

① 육류, 해산물은 익으면 길이가 줄어들기 때문에 다른 재료의 길
   이보다 길게 자름
② 육류나 어패류는 포를 떠서 잔칼질을 하고 소금, 후춧가루를 뿌
   려 밑간함
③ 잔칼질을 하면 근섬유가 절단되므로 익힐 때 오그라들지 않고
   편편하게 익음
④ 튀김에 사용하는 재료는 편리하게 사용할 수 있도록 미리 준비

(5) 튀김 종류에 따른 도구 선택

튀김 솥	• 음식을 튀길 때 사용하는 기구로 두꺼운 재질의 것을 사용 • 내부 온도의 변화가 적도록 함 • 기름을 넣은 튀김 솥은 들고 다니지 않아야 함 • 사용 후에는 기름을 흡수할 수 있는 종이로 내부를 닦아 냄 • 세제와 부드러운 스펀지로 세척한 후 말려서 보관

📎 Check Note

✔ 튀김 조리 시 주의사항

■ 온도 상승이 늦어 흡유량이 많아
  지기 때문에 한꺼번에 많은 재료
  를 넣지 않음
■ 수분이 많은 식품은 미리 수분을
  어느 정도 제거 후 튀김
■ 튀긴 후에는 기름을 흡수하는 종이
  를 사용하여 여분의 기름을 제거

✔ 튀김 조리 종료 후 기름 관리
시 주의사항

■ 튀김을 끝낸 기름은 고운 체에 밭
  쳐서 불순물을 제거
■ 기름이 식으면 병에 밀봉하여 찬
  곳에 보관
■ 한번 사용한 기름은 재사용하지
  않음
■ 조리 작업을 시작하기 전 기름의
  양을 조절하여 폐유를 최소화
■ 기름을 버릴 때는 통에 담아 쓰레
  기 수거 시 함께 버림

✔ 가식률, 가식량, 폐기율

■ 폐기율은 원재료 분량에서 가식부
  를 제외하고 폐기하는 부분을 백
  분율로 나타낸 것
■ 신선한 재료일수록 폐기율이 낮음
■ 각 식품의 평균 폐기율을 기억하면
  조리하는 데 매우 편리
■ 조리할 때 가식량을 감안하여 재
  료의 사용량이나 양념을 정하면
  훨씬 경제적으로 이용 가능함

제
03
편

올바른 계량 도구 사용 방법	저울	• 반드시 수평으로 놓고 눈금은 정면에서 읽음 • 바늘은 0에 고정시켜야 함 • 저울을 이동시키고자 할 때는 몸체를 들어서 이동함 • 사용하지 않을 때는 저울접시에 아무것도 올려놓지 않음
	계량컵·계량스푼	• 물이나 기름이 묻지 않은 상태에서 사용 • 재료의 질감에 따라 재는 방법이 다르므로 주의

2 튀김 담기

(1) 튀김 종류에 따른 온도, 색, 풍미 유지

1) 완성된 음식의 외형을 결정하는 요소

음식의 크기	• 음식 자체의 적정 크기 • 1인 섭취량 및 경제성	• 그릇 크기와의 조화
음식의 형태	• 전체적인 조화 • 특성을 살린 모양	• 식재료의 미적 형태
음식의 색	• 각 식재료의 고유의 색 • 식욕을 돋우는 색	• 전체적인 색의 조화

2) 음식과 온도 유지

① 음식을 입에 넣었을 때 느끼는 온도 자극의 정도는 체온과 밀접한 관계

② 보통 음식의 온도가 체온(36℃ 정도)과 가까울수록 자극은 약해지고, 멀어질수록 자극은 강해짐

③ 70℃ 이상이 되면 너무 뜨거워서 음식을 먹을 수 없고, 5℃ 이하에서는 맛을 제대로 느낄 수 없음

④ 음식이 맛있게 느껴지는 온도 : 뜨거울 때 60~70℃, 차가울 때 12~15℃ 정도

(2) 튀김 종류에 따른 그릇

① 튀김을 담아내는 그릇은 재질, 색, 모양 그리고 재료의 크기와 양을 고려하여 선택

② 재질은 도자기, 스테인리스, 유리, 목기, 대나무 채반 등을 사용

③ 색은 요리의 색과 배색이 되는 것을 선택하여 요리의 색감을 효과적으로 표현

④ 그릇의 모양은 넓고 평평한 접시 형태를 선택

⑤ 오목한 접시에 담으면 완성된 요리 안의 열기가 증발하여 벽에 부딪쳐 물방울이 맺히거나 증기가 내려와 음식 안에 침투하게 됨

✅ 음식을 담을 시 주의사항
■ 접시의 내원을 벗어나지 않게 담음
■ 고객의 편리성에 초점을 두어 담음
■ 재료별 특성을 이해하고 일정한 공간을 두어 담음
■ 너무 획일적이지 않은 일정한 질서와 간격을 두어 담음
■ 소스 사용으로 음식의 색상이나 모양이 망가지지 않게 유의

(3) 튀김 종류에 따른 곁들임 장과 고명
　① 튀김은 초간장을 곁들어 냄
　② 불필요한 고명은 피하고 간단하면서도 깔끔하게 담음

08 한식 숙채 조리

1 숙채 조리하기

(1) 숙채 재료 특성에 따른 조리법
　① 콩나물, 시금치, 숙주나물 등은 끓는 물에 살짝 데쳐서 무침
　② 호박, 오이, 도라지 등은 소금에 절였다가 팬에 기름을 두르고 볶아서 익힘
　③ 시금치, 쑥갓 등은 끓는 소금물에 살짝 데치고 찬물에 헹굼
　④ 익힌 채소는 재료의 쓴맛이나 떫은맛을 없애고 부드러운 식감을 줄 수 있음
　⑤ 묵은 전분질을 풀처럼 쑤어 그릇에 부어서 응고시켜 채소와 함께 무쳐냄

(2) 숙채 종류에 따른 재료와 양념
　1) 숙채 종류에 따른 재료

콩나물	• 비타민 B, C와 단백질, 무기질이 풍부 • 머리가 통통하고 노란색을 띠며 검은 반점이 없고 줄기가 너무 길지 않은 것이 좋음
시금치	• 철분이 풍부 • 소금물에 살짝 데친 후 찬물에 헹구어 참깨와 함께 무치면 좋음
고사리	• 칼슘과 섬유질, 카로틴과 비타민이 풍부 • 어린 순을 삶아서 말렸다가 식용으로 사용
숙주	• 이물질이 섞이지 않고 상한 냄새가 나지 않아야 함 • 뿌리가 무르지 않고 잔뿌리가 없어야 함
쑥갓	• 칼슘과 철분이 풍부하여 빈혈과 골다공증에 좋음 • 데쳐도 영양소 손실이 적고, 전골이나 찌개에 넣으면 맛과 향을 좋게 함
미나리	• 사계절 내내 식용이 가능하며 특유의 향으로 식욕을 돋움 • 회, 생채, 숙채, 전골, 찌개, 탕, 김치, 전, 국 등의 부재료로 이용
비름	• 줄기에 꽃술이 적고 꽃대가 없으며, 줄기가 길지 않아야 함 • 잎이 신선하며 향기가 좋고, 얇고 억세지 않아 부드러워야 함

제 03 편

⊘ Check Note

⊘ 숙채의 정의
물에 데치거나 기름에 볶은 나물

⊘ 숙채의 특징
▪ 숙채 조리의 전처리 : 다듬기, 씻기, 삶기, 데치기, 썰기
▪ 숙채 양념장 : 간장, 깨소금, 참기름, 들기름 등을 혼합하여 만들거나 겨자장 사용
▪ 숙채류 : 고사리나물, 도라지나물, 시금치나물, 숙주나물, 취나물, 무나물 등
▪ 기타 채류 : 탕평채, 월과채, 죽순채, 칠절판, 잡채 등

가지	• 칼로리가 낮고 수분이 많으며, 가지 특유의 색은 식욕을 자극함 • 냉국, 볶음, 장아찌, 나물, 조림, 김치 등 다양한 요리 가능
물쑥	• 물쑥을 데쳐서 양념장에 무친 나물은 향기가 좋으므로 초를 넣어 만듦 • 물쑥나물 조리 시 묵이나 김, 배를 채썰어 넣으면 맛이 좋아짐
씀바귀	입맛을 돋우는 나물로 씀바귀와 함께 뿌리를 초고추장에 무쳐 먹으면 좋음
표고버섯	• 단백질과 가용성 무기질소물 및 섬유소를 함유한 저칼로리 식품 • 맛을 내는 성분은 5–구아닐산 나트륨이며, 독특한 향기의 주성분은 레티오닌 • 표고버섯은 생으로 먹기보다 말린 것이 영양분이 더 좋음 • 고혈압, 심장병, 혈액순환을 돕고, 피를 맑게 해주는 효능이 있음
두릅	• 비타민과 단백질이 풍부함 • 어리고 연한 두릅을 살짝 데쳐 먹는 것이 좋음
무나물	• 디아스타제는 소화를 촉진하고, 해독작용이 뛰어남 • 리그닌이라는 식물성 섬유는 변비를 개선하며 장내의 노폐물 제거로 혈액이 깨끗해짐 • 무 껍질에는 비타민이 많아 껍질째 요리하는 것이 좋음

2) 숙채 종류에 따른 양념

소금	• 짠맛을 내는 가장 기본적인 조미료 • 맑은 국은 1%의 농도로 약하게 하고, 찌개는 국보다 간이 2%로 높고, 찜이나 조림 등은 간이 좀 더 강함 • 소금은 호렴, 제재염, 식탁염, 맛소금 등으로 나눔
간장	• 콩으로 만든 발효식품으로 음식의 간을 맞추는 주요 조미료 • 간장은 메주를 소금물에 담가 숙성시킨 것으로 아미노산, 당분, 지방산, 방향 물질이 생성됨
된장	• 콩을 발효시켜 만든 것으로, 토장국과 된장찌개에 맛을 낼 때 쓰임 • 쌈장으로 곁들이거나 숙채의 간으로도 사용
고추장	• 토장국이나 고추장찌개에 맛을 내거나 생채, 숙채, 조림, 구이 등의 조미료로 쓰임 • 회나 강회 등의 초고추장을 만들고 비빔밥의 볶음고추장에 사용
설탕·꿀·조청	• 단맛은 부드럽고 안정감을 주기 때문에 음식의 맛에서 중요한 역할 • 비교적 단맛이 강하고 물에 잘 녹음 • 조림, 구이, 초에 사용
식초	• 신맛을 내는 대표적인 조미료 • 녹색 채소를 누렇게 변색시키기 때문에 먹기 직전에 무쳐서 사용 • 보통 초고추장이나 초간장에 넣어서 사용

✔ 호렴

■ 입자가 굵어 모래알처럼 크고 색이 약간 검은색임
■ 장을 담그거나 채소나 생선의 절임에 사용

✔ 요리별 간장의 사용

맑은 청정	국, 찌개, 나물무침 등
진간장	조림, 초, 육포 등

파	• 육류의 누린내나 생선류의 비린내, 채소류의 풋내를 없애줌 • 흰 부분은 다지거나 채를 썰어 사용 • 파란 부분은 쓴맛과 자극성이 강하므로 굵게 썰어 국이나 찌개에 넣음
마늘	육류 요리나 김치, 양념장 등에 사용
생강	• 매운맛과 독특한 향기를 가지고 있음 • 생선의 비린내와 돼지고기의 누린내를 없애줌 • 생강의 매운맛 성분 : 진저론, 쇼가올, 진저롤
후추	매운맛을 내고 생선·육류의 비린내를 제거하거나 식욕 증진 효과
고추	매운맛을 낼 때 쓰이며 독특한 향과 맛이 있어 조리용이나 김치에 사용
겨자	매운맛의 최적온도는 40℃ 전후이므로 따뜻한 물로 개어 사용해야 강한 매운맛을 냄
참기름	• 고소한 향을 내는 데 쓰이는 대표적인 조미료 • 참기름의 향미 성분은 여러 종류의 알데히드(알데하이드)와 알코올이 혼합된 것 • 생채, 숙채, 고기 양념 등 다양한 음식에 사용
들기름	• 들깨를 짜낸 고소한 맛의 식물성 기름 • 불포화지방산이 다량 함유되어 있어 대장암, 유방암을 예방하고, 학습능력을 향상시키는 역할 • 기름의 지방산 균형을 유지시키는 중요한 역할을 하며 맛과 영양이 뛰어남
참깨	• 리놀렌산, 올레산 등 불포화지방산이 많으며, 콜레스테롤 생성을 억제하는 작용 • 식용이나 약용으로 이용하고 기름에 짜거나 볶아서 조미료로 사용

(3) 숙채 조리 과정 중의 물리화학적 변화

끓이기와 삶기 (습열조리)	• 식재료를 물에 넣고 100℃ 미만의 온도로 익을 때까지 가열하는 것 • 삶은 물은 버리고 식재료를 익히는 데 사용
데치기 (습열조리)	• 식재료를 끓는 물속에서 단시간 끓이는 것 • 색깔을 한층 선명하게 해주고 식품조직을 부드럽게 하며 좋지 않은 맛을 없애 줌 • 녹색 채소를 데칠 때 충분한 양의 물과 소금을 넣고 뚜껑을 열어 데치면 색깔이 선명하고 영양소의 파괴도 줄임 • 데칠 때 식초를 몇 방울 떨어뜨리면 우엉이나 연근의 떫은맛을 없앨 때 효과적
찌기 (습열조리)	• 가열된 수증기가 재료 사이로 퍼지면서 식품이 간접적으로 가열되는 조리법

제03편

	• 영양 손실이 적고 온도의 분포가 고루 되어 식품의 모양이 흐트러지지 않음 • 감자, 당근, 호박 등의 조리에는 적당하나 녹색 채소나 양배추 종류는 색과 향이 변하기 쉬움 • 식품의 모양이 변형되지 않고 영양의 손실을 최소화할 수 있으나 시간이 오래 걸리고 연료가 많이 드는 것이 단점
볶기 (건열조리)	• 프라이팬에 기름을 두르고 재료를 볶아 익히는 조리법 • 독특한 향기와 고소한 맛이 생기며 지방과 지용성 비타민의 흡수가 좋아짐 • 200~220℃ 정도의 고온에서 단시간 조리하므로 비타민 손실이 적음 • 볶을 때 사용하는 기름의 양은 보통 재료의 5~10%가 적당함

2 숙채 담기

(1) 숙채 종류에 따른 온도, 색, 풍미, 신선도 유지

1) 채소의 색과 조리

클로로필	• 녹색 채소를 오래 삶으면 갈색으로 변함 • 변색을 방지하기 위해서는 끓는 물에 녹색 채소를 넣고 뚜껑을 열어 휘발성 산을 증발시킴 • 고온에서 단시간 데쳐낸 후 바로 찬물로 헹구면 클로로필과 비타민 C의 파괴를 최소화함 • 녹색 채소는 중탄산나트륨과 같은 알칼리 성분을 가하면 녹색은 보존되나 비타민 C가 파괴되고 물러짐 • 녹색 채소의 클로로필은 산에 의해 갈변되므로 조리 시 간장, 된장, 식초 등은 먹기 직전 마지막에 넣어 변색을 최소화할 수 있음
카로티 노이드	• 카로티노이드는 물에 녹지 않고 기름이나 지용성 용매인 에테르, 벤젠, 클로로포름에 녹음 • 산에는 불안정하지만, 알칼리에는 비교적 안정함 • 공기가 없으면 열에 대하여도 안정하나, 공기 존재하에서는 상온에서도 산화되기 쉬움 • 빛에는 급격하게 파괴됨 • 황색, 주황색, 적색을 띠는 지용성 색소로 광합성 작용 • 토마토, 복숭아, 고추, 감귤류, 당근, 고구마, 옥수수 등의 과실과 뿌리에는 카로티노이드가 분포
플라보 노이드	• 플라보노이드는 수용성으로 담황색에서 황색을 띠며 안토시안과 안토잔틴, 탄닌류를 함유 • 안토시안은 과일의 적색, 청색, 자색 등의 수용성 색소를 총칭 • 가공이나 저장 중 색깔이 쉽게 퇴색되어 품질을 저하시킴 • 산성 용액에서는 붉은색을 띠고, 중성 용액에서는 보라색을, 알칼리성 용액에서는 청색을 띰

(2) 한식 종류에 따른 그릇

주발	• 유기나 사기, 은기로 된 밥그릇으로 주로 남성용 • 사기 주발을 사발이라고 하고 아래는 좁고 위로 차츰 넓어지며, 뚜껑이 있음
조반기	• 대접처럼 운두가 낮고 위가 넓은 모양 • 꼭지가 달려 있고 뚜껑이 있음
조치보	• 찌개를 담는 그릇 • 주발과 같은 모양으로 탕기보다 한 치수가 작은 크기
바리	• 유리로 된 밥그릇으로 주로 여성용 • 주발보다 밑이 좁고 가운데가 부르고 위쪽은 좁아 들며, 뚜껑에는 꼭지가 있음
탕기	국을 담는 그릇으로 주발과 비슷한 모양
대접	• 위가 넓고 높이가 낮은 그릇으로 숭늉이나 면, 국수를 담아내며 요즘은 국 대접으로 흔히 사용 • 재질에 따라 형태에 따라 다양
보시기	김치류를 담는 그릇으로 쟁첩보다 약간 크고 조치보다는 운두가 낮음
쟁첩	• 전, 구이, 나물, 장아찌 등 대부분의 찬을 담는 그릇 • 작고 납작하며 뚜껑이 있고 반상기 중에 가장 많은 수를 가지고 있음
종지	• 간장, 초장, 초고추장 등의 장류와 꿀을 담는 그릇 • 주발의 모양과 같고, 기명 중에서 제일 작음
합	• 밑이 넓고 평평하며 위로 갈수록 직선으로 차츰 좁혀짐 • 뚜껑의 위가 평평한 모양으로 유기나 은기가 많음
옴파리	입이 작고 오목하며 사기로 만듦
토구	비아통이라고도 하며, 식사 도중 질긴 것이나 가시 등을 담는 그릇
반병두리	위는 넓고 아래는 조금 평평한 양푼 모양의 유기나 은기로 만든 대접
쟁반	• 운두가 낮고 둥근 모양으로 다른 그릇이나 주전자, 술병, 찻잔 등을 담아 나르는 데 쓰임 • 사기, 유기, 목기 등으로 만듦
접시	운두가 낮고 나박한 그릇으로 찬, 과실, 떡 등을 담음

09 한과 조리

1 한과 재료 배합

(1) 한과의 종류★★

유밀과	밀가루나 찹쌀가루 등을 반죽하여 일정한 모양으로 빚어 기름에 튀겨 낸 다음 꿀이나 조청을 듬뿍 묻힌 과자 예 매작과, 약과, 다식과, 타래과 등의 과자

유과	찹쌀가루를 발효, 숙성, 반죽, 성형, 건조의 과정을 거쳐 기름에 튀긴 후, 고물을 묻힌 과자 예 강정류, 산자류
다식	• 흰깨, 흑임자, 콩, 쌀, 송화, 전분 등을 가루 내어 꿀로 반죽한 후 다식판에 박아낸 것 • 다식판의 모양은 인간의 복을 비는 글자나 수레바퀴, 꽃, 나비 등의 정교한 무늬가 있음
정과	과일이나 생강, 연근, 인삼, 당근, 도라지 등을 꿀이나 설탕에 재우거나 조려 만든 과자
엿강정	견과류나 곡물을 튀기거나 볶아서 조청이나 시럽으로 버무려 만든 과자
숙실과	• 밤, 대추 등을 익혀 꿀이나 설탕에 조린 과자 예 밤초, 대추초 • 과일의 열매를 삶아 꿀이나 설탕에 조린 후 다시 과일 모양으로 빚어 계핏가루, 잣가루를 묻힌 과자 예 율란, 조란, 생란
과편	과일과 전분, 설탕 등을 조려서 묵처럼 엉기게 하여 만든 과자 예 앵두편, 오미자편 등

(2) 발색 재료의 특성

1) 붉은색을 내는 재료

지초	• 우리나라 풀밭에서 나는 다년생 풀의 뿌리로 지치, 지초, 자초(紫草), 자근(紫根)이라고도 함 • 지초의 붉은색은 물에서는 녹지 않고 기름이나 알코올에 녹음 • 기름에 지초를 넣어 붉은색의 기름이 나오면 쌀엿강정, 유밀과류를 튀길 때, 화전을 지질 때 사용
백년초	• 선인장의 열매를 가루로 만든 것 • 항산화, 항균, 콜레스테롤을 낮추는 효과가 있음 • 백년초가루는 열에 불안정하기 때문에 쌀가루에 섞어 떡을 찌면 산화되어 붉은색을 유지하지 못함 • 열풍 건조로 만들어진 제품보다는 동결 건조시켜 만든 제품의 색이 더 좋음
오미자	• 물에 담가 붉은색을 추출해 사용 • 오미자는 찬물에 담가 우린 다음 면보에 걸러 사용 • 끓이거나 뜨거운 물에 우리면 쓴맛과 떫은맛이 나므로 유의

2) 노란색을 내는 재료

치자	• 카로티노이드 색소인 크로신(crocin) 함유 • 말린 치자를 물에 담그면 노란색이 나서 유밀과, 정과, 유과 등에 색을 낼 때 사용
송홧가루	• 소나무에 핀 노란 송화를 봉우리가 터지기 전에 채취해 수비(水飛)하여 말린 가루 • 떡에 색을 낼 때 사용하거나 다식, 밀수를 만들 때 이용

| 단호박 가루 | • 단호박의 껍질을 벗겨내고 썰어 말렸다가 곱게 가루를 내어 사용 |
| | • 껍질 벗긴 단호박을 쪄서 으깨 냉동시켰다가 사용 |

3) 푸른색을 내는 재료

쑥가루	• 쑥을 채취해서 말려 가루로 만들어 사용
	• 쑥은 잎사귀쪽만 사용하며, 끓는 물에 삶아 물기를 짜서 사용
승검초 가루	• 신감채라 하며, 승검초의 잎을 말려 고운 가루로 만들어 사용
	• 떡에서도 주악, 각색편 등에 사용하며, 한과에서는 다식, 강정 등에 사용
파래가루	• 신기라고도 하며, 말린 감태를 손질해 가루로 만들어 사용
	• 고물로 사용할 때는 거친 가루로 만들어 사용
	• 반죽에 섞어 사용할 때는 고운 가루로 만들어 사용
	• 튀기거나 볶는 등 기름을 사용하는 한과나 지지는 떡에 이용
	• 향이 좋아 제품의 품질 향상에 좋으나 잘못 사용하면 비린 맛이나 기호도가 떨어짐
녹차가루	• 특유의 떫은맛을 지니며, 시판되는 녹차가루의 종류는 다양함
	• 떡이나 한과뿐만 아니라 제과, 제빵 등 다양하게 사용

4) 검은색을 내는 재료

석이버섯	• 뜨거운 물에 불려 이끼와 먼지 등 이물질을 제거한 후 사용
	• 가루로 만들어 사용할 때는 말린 석이버섯을 분쇄기에 갈고 고운 체에 내려 고운 가루만 사용
흑임자	• 흑임자는 씻어 타지 않게 볶은 후 분쇄기에 갈아 가루로 사용
	• 흑임자는 기름이 많이 함유되어 있어 가루를 낼 때 덩어리지지 않게 주의

2 한과 조리

(1) 재료 반죽

유밀과	약과	• 칼 옆면으로 곱게 간 소금을 밀가루에 넣고 참기름을 넣어 고루 비벼 중간 체에 내림
		• 소주와 설탕시럽을 섞어 체에 내린 가루에 조금씩 넣으며 주걱으로 자르듯이 반죽하고 한 덩어리로 뭉침
		• 덩어리 반죽을 반으로 갈라 겹치기를 2~3번 반복함
	매작과	• 칼 옆면으로 곱게 간 소금을 밀가루에 넣고 발색 재료(가루)를 함께 넣어 체에 내림
		• 체에 내린 가루 재료에 물을 조금씩 넣으며 반죽하고, 발색 재료가 액체류일 경우 물 대신 사용하거나 물과 혼합하여 반죽함
		• 반죽을 비닐봉지에 싸 두어 마르지 않게 함
유과		• 삭혀서 곱게 빻은 찹쌀가루에 콩물과 소주를 넣어 반죽
		• 찜기에 젖은 면보를 깔고 반죽을 넣어 30분 정도 찜
		• 찐 떡을 절구나 펀칭기에 넣어 꽈리가 일도록 침

제
03
편

✓ **콩물**

콩은 불려서 껍질을 벗겨 물과 갈며, 이때 농도는 막걸리 정도의 농도가 적당함

(2) 모양 만들기

약과	반죽을 0.7cm 정도의 두께로 밀어 펴 원하는 크기로 자르거나 모양 틀로 찍고, 가운데 칼집을 넣거나 포크 등으로 찔러 속이 잘 익게 함
매작과★	반죽을 0.2mm 정도의 두께로 밀어 펴 5cm×2cm 크기로 자르거나 모양 틀로 찍고, 가운데 칼집을 세 번 넣어 한쪽 귀퉁이를 가운데 칼집 사이로 넣고 뒤집어 모양을 냄
유과	• 넓은 판에 전분가루를 뿌리고 치댄 떡을 올린 후 다시 전분가루를 덮어 0.3cm~0.5cm 두께로 밀어 폄 • 반죽이 꾸덕하게 마르면 산자 5cm×5cm×0.3cm, 손가락 강정 0.5cm×2cm×0.5cm 정도로 용도에 맞게 썰어 말림

(3) 종류에 따른 조리법

1) 약과

① 낮은 온도인 90℃ 정도의 기름에 넣어 켜가 일도록 자주 뒤집어 주며 튀김

② 반죽이 떠오르면 140℃의 기름으로 옮겨 튀기거나, 서서히 기름의 온도를 160℃ 정도까지 올려 튀김

③ 튀겨낸 약과의 기름을 충분히 뺀 뒤 상온으로 식힌 즙청시럽에 3시간 이상 담근 후 건짐

2) 매작과

① 150~160℃의 기름에 넣어 갈색이 나지 않게 주의하면서 모양을 잡아가며 튀겨냄

② 튀겨낸 매작과의 기름을 충분히 뺀 뒤 먹기 직전에 차갑게 식힌 즙청시럽에 담근 후 건짐

③ 매작과를 미리 만들어 보관할 때에는 즙청을 하지 않고 밀봉해 냉동보관함

3) 유과

① 말린 반죽은 차가운 기름에 담가 여분의 전분가루를 털어 냄

② 90~100℃의 낮은 온도의 기름에 넣어 서서히 부풀리다가 180~190℃의 기름에 옮겨 튀김

③ 기름을 뺀 후 중탕으로 따뜻하게 유지해 둔 즙청시럽에 담갔다 꺼내 고물을 묻힘

④ 고물은 세건반, 실깨, 흑임자, 파래가루 등을 이용함

4) 다식

① 볶은 밀가루, 콩가루, 송홧가루 등에 꿀이나 끓여 식힌 시럽을 넣어 반죽함

② 흑임자가루는 반 정도의 시럽을 넣어 잘 섞어 사기그릇에 담아 찜통에 넣어 찜

③ 20분 정도 쪄낸 후 반죽을 절구에 넣어 나머지 시럽을 조금씩 넣으면서 되기를 조절

④ 윤이 날 때까지 찧은 후 키친타월에 눌러 여분의 기름을 짜내고 사용함

⑤ 녹말(전분) 다식, 쌀 다식은 색을 내는 재료를 넣고 고운 체에 쳐서 색을 들인 후 꿀이나 설탕시럽으로 반죽함

⑥ 다식판에 기름칠을 얇게 바르거나 랩 또는 비닐을 깔고 다식을 박아 냄(오래 사용한 다식판은 기름칠하지 않아도 잘 박아짐)

5) 정과

단단한 재료의 정과	• 손질한 재료의 무게를 잰 후 끓는 물에 데침 • 설탕, 소금을 재료와 함께 넣은 다음 물을 재료가 잠길 정도로 붓고 불에 올려 약한 불로 조림 • 국물이 절반 정도 줄어들었을 때 물엿을 넣어 윤기나게 조림 • 완성되면 꿀을 넣어 섞어 준 후 체에 걸러 여분의 시럽 제거 • 꾸덕꾸덕하게 건조시킨 후 겉에 설탕을 묻혀 완성
연한 재료의 정과	• 손질한 재료의 무게를 잰 후 끓는 물에 데침 • 데치지 않고 사용하기도 하나 이때는 정과가 조금 질겨짐 • 냄비에 물엿과 설탕을 넣고 끓여 설탕을 녹임 • 감자, 고구마, 호박, 당근 등은 시럽이 따뜻할 때 사용 • 사과 등 과일은 시럽이 식은 후 2~3시간 정도 담가 둠 • 꺼내어 체에 밭쳐 여분의 시럽을 제거한 후 먹거나 주로 모양을 만들어 장식용으로 사용

6) 엿강정

깨엿강정	• 시럽을 중탕해서 굳지 않게 하여 사용 • 팬에 깨를 넣어 볶다가 설탕시럽을 넣고 불을 약하게 줄여 실이 보일 때까지 버무림 • 엿강정 틀에 식용유를 바른 비닐을 깔고 버무린 깨를 넣어 밀대로 두께가 고르게 눌러 편 후 틀에서 꺼내어 굳기 전에 칼로 자름
쌀엿강정	• 말린 쌀은 깊은 체망에 넣어 200℃의 기름에 튀긴 후 키친타월에 여분의 기름을 제거 • 설탕에 절인 유자는 곱게, 대추는 굵게 다짐 • 백년초가루와 파래가루는 물에 개어 준비함 • 팬에 시럽을 넣어 한 번 끓으면 불을 약하게 줄이고 색을 내는 재료를 섞음 • 튀긴 쌀과 부재료들을 넣어 실이 보일 때까지 버무림

✅ 시럽의 농도
- 시럽의 농도는 계절마다 달리함
- 보통 물엿 3컵에 설탕 1컵의 비율로 사용
- 여름에는 설탕의 양을 늘리고, 겨울에는 설탕의 양을 줄여서 사용함

제
03
편

| | | • 엿강정 틀에 식용유를 바른 비닐을 깔고 버무린 쌀을 넣어 밀대로 두께가 고르게 눌려 편 후 틀에서 꺼내어 굳기 전에 칼로 자름 |

7) 숙실과

	초	• 밤은 속껍질까지 깨끗이 벗겨 물에 백반가루를 넣어 데치고, 대추는 씨를 빼 찜통에 잠깐 찜 • 물에 설탕, 소금, 밤초의 경우 치자 물까지 넣어 한 번 끓인 후 밤과 대추를 넣어 졸임 • 국물이 반쯤 졸았을 때 물엿을 넣고 거의 조려지면 꿀을 넣어 마무리함 • 대추초는 마지막에 계핏가루를 넣고 꺼내어 여분의 시럽을 빼고 씨가 있던 자리에 잣을 채워 넣음
란	율란	• 냄비에 씻은 밤과 물을 부어 20~25분간 삶아 껍질을 벗기고 으깨 체에 내림 • 밤 고물에 계핏가루, 꿀, 소금을 넣어 반죽한 뒤 밤 모양으로 빚음 • 밤 모양의 앞부분에 잣가루나 계핏가루를 묻혀 완성함
	조란	• 대추는 씨를 빼고 곱게 다짐 • 냄비에 물, 설탕, 꿀, 물엿, 소금을 넣어 한 번 끓인 후 다진 대추를 넣어 졸이다가 거의 다 조려지면 계핏가루를 넣음 • 식은 후 대추 모양으로 빚어 통잣을 대추 꼭지 부분에 박아 완성함
	생란	• 생강은 껍질을 벗겨 섬유질 반대 방향으로 얇게 썬 후 믹서에 물을 넣고 곱게 갈음 • 생강 간 것은 면보에 걸러 건더기를 흐르는 물에 씻어 매운맛을 뺌 • 생강 물을 그릇에 받아 두었다가 앙금을 가라앉힘 • 냄비에 생강, 물, 설탕, 소금을 넣어 불에 올리고, 끓으면 물엿, 생강 앙금을 넣어 되직하게 조림 • 삼각 뿔 생강 모양으로 빚어 잣가루에 굴려 완성함

✔ **잣가루**

잣가루는 기름이 많으므로 손으로 묻히지 말고 젓가락을 이용해 고물을 묻혀야 덩어리지는 것을 방지할 수 있음

8) 과편

① 오미자는 물에 씻어 찬물에 담가 하루를 우려낸 후 면보에 거름
② 냄비에 오미자물, 설탕, 소금을 넣어 고루 섞고, 녹두 전분은 동량의 물에 풀어 끓임
③ 주걱으로 저으면서 약한 불에 20분 정도 조리다 거의 다 되면 꿀을 넣음
④ 굳힐 그릇에 찬물을 바르고 쏟아 부어 상온에서 굳힌 후 굳으면 썰거나 모양 틀로 찍어 밤과 곁들임

9) 엿

① 쌀은 불려 밥을 지음

② 가라앉힌 엿기름물의 윗물만 쌀에 섞어 보온밥솥에 넣고 6~8시간 정도 당화시킴

③ 밥알을 만져봤을 때 미끈거리지 않고 완전히 다 당화되었으면 꺼내어 면보에 넣고 꼭 짬

④ 국물은 냄비에 넣어 처음엔 센불로 조리다가 반 정도 조리면 약한 불로 줄여 저으면서 계속 조림

⑤ 거품이 커지면 조금 덜어 찬물에 넣어 굳히고 엿이 고아진 상태를 보고 불을 끔

⑥ 다 된 엿은 적당한 크기로 썰거나 둥글납작하게 만들어 각종 고물에 굴려 갱엿을 만들거나 두 사람이 마주 서서 여러 번 잡아당겨 백당을 만듦

(4) 꿀, 설탕시럽 조리와 활용법

한과는 꿀이나 설탕시럽에 즙청하여 담가 둔 후 꺼내거나 끼얹을 수 있음

설탕시럽 조리	• 냄비에 설탕과 물을 동량 넣고 불에 올려 젓지 않고 중불에서 끓임 • 물이 반 정도 졸았을 때 불을 끄고 물엿을 넣어 고루 섞음 • 많은 양을 끓일 때는 설탕 절반 정도의 물을 넣어 한소끔 끓이고 물엿을 넣어 식힘
설탕시럽과 술을 이용해 반죽하기	• 기름을 섞어 체에 내린 밀가루에 설탕시럽과 술을 섞어 반죽 • 술을 첨가하면 기름에 튀길 때 약과가 부풀어 올라 바삭한 질감과 켜를 살릴 수 있음 • 설탕시럽은 약과의 질과 맛, 기공 상태, 색을 내는 역할을 함

(5) 한과 조리 과정 중의 물리화학적 변화

1) 유밀과(약과)의 조리 원리

밀가루에 기름 먹이기★	• 약과는 바삭한 질감을 위해 중력분이나 박력분을 이용 • 유지는 글루텐의 형성을 방해하여 연하게 만드는 작용을 함 • 기름은 밀가루 반죽 내의 글루텐 섬유 표면을 둘러싸서 글루텐이 형성되어 망상 구조를 띠는 것을 방해 • 참기름은 약과에 켜가 여러 겹 생기게 하고 바삭하게 만듦
약과를 튀기는 온도	• 튀김을 할 때 기름과 반죽의 수분은 상호 교환작용을 함 • 약과를 튀기는 온도에 따라 조직감과 약과의 부피에 차이를 보임 • 90~110℃ 정도의 낮은 온도에서 떠오르기 시작하면 140~160℃ 온도에서 갈색으로 튀김 • 낮은 온도로 튀기면 반죽의 켜가 분리될 수 있음

• 높은 온도로 튀기면 겉만 타고 속은 익지 않으므로 온도 관리에 주의

2) 유과의 조리 원리

유과의 주재료와 삭히기	• 유과는 찹쌀을 이용해 만들며, 찹쌀은 아밀로펙틴의 함량이 100%로 점성이 높음 • 아밀로펙틴 함량이 높으면 유과의 속이 거미줄이 엉킨 것과 같은 구조를 보임 • 유과를 만들 때는 찹쌀을 일주일 이상 물에 담가 골마지가 끼도록 삭히는데, 이때 미생물의 작용으로 발효와 유사한 과정을 거치면서 유과의 식감을 부드럽게 해주고, 팽화를 증가시킬 수 있음
콩물과 술을 이용해 반죽하기	• 삭혀서 곱게 가루로 빻은 쌀가루에 콩물과 술을 섞어 반죽 • 술은 약과 반죽에서 팽창제로 이용 • 콩물을 넣어 제조한 유과는 영양가가 높고 고소하며 질감이 바삭해짐
반죽을 익혀 펀칭하기	• 콩물과 술을 넣은 반죽을 가열된 증기에 올려 쪄서 호화시킴 • 호화 과정을 통해 전분은 높은 점성을 띠게 됨 • 익힌 반죽을 펀칭기에 넣어 펀칭을 함 　– 반죽에 공기를 넣고 공기를 세분화시킴 　– 유과의 팽창에 큰 영향을 주며, 꽈리가 일도록 치는 것 　– 공기의 혼입을 고르게 하고 이를 튀겼을 시 고르게 팽창시킴
말리기	• 펀칭한 반죽을 원하는 모양으로 성형 • 유과 반대기의 수분 함량은 10~15% 말리는 것 • 반대기의 수분 함량은 튀겼을 때 팽화 정도에 큰 영향을 줌 • 수분 함량이 높으면 튀길 때 부풀어 올랐다가도 꺼내 놓으면 수분으로 인해 다시 꺼짐 • 수분 함량이 너무 낮으면 튀길 때 부풀어 오르지 않음

3) 정과의 조리 원리

당류의 역할	• 식품의 저장성을 높이기 위해서는 가공을 통해 들어온 당과 식품 내 수분이 결합하여 자유수가 결합수로 전환되어야 함 • 정과는 설탕이나 꿀 등의 당을 넣고 조리하면 보존 기간이 연장됨

4) 엿의 조리 원리

엿기름과 당화	• 엿기름은 겉보리를 불려 싹을 틔운 것 • 엿기름에는 전분을 분해하는 효소인 아밀라아제가 함유 • 호화된 전분 식품이 당화 작용이 일어나면 말토스, 글루코오스, 덱스트린 등을 생성 • 당화된 전분 식품을 면보에 걸러 가열하면 농도와 색이 진해지고 조청이 되고, 조청에서 더 가열하면 엿이 만들어짐

3 한과 담기

(1) 한과 종류에 따른 온도, 색, 풍미, 신선도 유지

유밀과	• 완성된 유밀과는 접시에 담고 잣가루를 얹거나 대추채, 대추꽃, 비늘잣, 호박씨 등으로 고명을 올림 • 즙청한 후 포장하려면 키친타월에 약과를 올려 1~2일 충분히 기름을 뺀 후 3~4시간 즙청하고 다시 2일 정도 말려 포장해야 기름과 시럽이 흐르지 않음 • 약과나 매작과를 미리 만들어 보관할 때는 튀기고 기름을 뺀 후 즙청을 하지 않고 밀봉하여 냉동보관했다가 사용할 때 꺼내서 즙청을 함
유과	• 완성된 유과는 접시에 담고 대추채, 대추꽃, 비늘잣, 호박씨 등을 물엿이나 꿀로 붙여 고명을 올림 • 포장할 때는 고명을 붙인 물엿이 마르도록 3~4시간 상온에서 건조시킨 후 포장함
다식	• 완성된 다식은 접시에 담음 • 포장은 낱개로 포장하거나 칸막이가 있는 케이스에 담아 이동 중 흔들리지 않게 함
정과	정과는 졸여서 체에 밭쳐 여분의 시럽을 제거하고 바로 담거나, 정과의 종류에 따라 짧으면 1~2일, 길면 1주일 이상 말려서 설탕에 굴려 접시에 담거나 포장함
엿강정	• 완성된 엿강정은 접시에 담아 대추채, 대추꽃, 비늘잣, 호박씨 등을 물엿이나 꿀로 붙여 고명을 올림 • 엿강정은 쉽게 눅눅해지므로 바로 먹지 않는 것은 낱개로 포장해 상온에서 보관함
숙실과	• 완성된 숙실과는 접시에 담거나 칸막이가 있는 케이스에 담아 흔들리지 않게 포장함 • 숙실과를 오래 보관할 때는 빚기 전 상태로 냉동보관해 두었다가 꺼내어 빚어 냄
과편	• 완성된 과편은 얇게 썰어 저민 생률 위에 과편을 얹어 접시에 담음 • 과편은 녹두 전분으로 만든 것이어서 노화가 빨리되므로, 만들고 빠른 시간 안에 제공함
엿	완성된 엿은 접시에 담거나, 두고 먹을 거면 낱개로 포장해서 냉동보관함

(2) 한과 종류에 따른 그릇

① 일반적인 접시
② 낱개 포장하여 한지 상자에 포장
③ 칸막이 케이스

Check Note

한과에 사용되는 고명

대추	• 대추 껍질 부분만 얇게 포를 떠서 밀대로 밀어 편 후 곱게 채를 쳐서 사용 • 밀대로 밀어 편 후 돌돌 말아 얇게 썰어 대추꽃을 만들어 많이 사용
잣	• 잣가루를 얹거나, 비늘잣을 만들어 사용 • 고깔이라고 부르는 잣의 뾰족한 부분에 남아 있는 속껍질을 제거 후 사용 • 통잣은 그대로, 비늘잣은 길게 반을 잘라서 사용 • 종이를 깔고 칼로 다지거나 밀대로 밀어 잣가루로 만들어 사용
석이 버섯	• 뜨거운 물에 담가 불려 손으로 비벼 이끼와 먼지 등 이물질을 깨끗이 제거한 후 사용 • 물기 제거 후 여러 장을 겹쳐 돌돌 말아 곱게 채를 썰어 사용
호박씨	반을 잘라 고명으로 사용하거나 세로로 잘라 사용
해바라기씨	통으로 사용

제 03 편

chapter 01 한식 **317**

(3) 한과 종류에 따른 고명

유밀과	잣가루를 얹거나 대추채, 대추꽃, 비늘잣, 호박씨 등
유과	대추채, 대추꽃, 비늘잣, 호박씨 등을 물엿이나 꿀로 붙임
엿강정	대추채, 대추꽃, 비늘잣, 호박씨 등을 물엿이나 꿀로 붙임

10 음청류 조리

1 음청류 조리

(1) 음청류 재료 특성에 따른 조리법

1) 약한 불에서 은근히 오래 끓이기
 ① 강한 불로 끓이다가 끓으면 약한 불로 줄여서 은근하게 끓이기
 ② 오래 끓이면 미네랄 성분이 빠져나와 좋지 않음
 ③ 건더기는 먹지 않고 끓인 물만 마시기
 ④ 1시간에서 30분 정도 끓이는 것이 적당함

2) 묽게 끓여서 가능하면 따뜻하게 마시기
 ① 탕약처럼 진하게 끓이는 것은 좋지 않음
 ② 따뜻하게 끓여서 맑고 연하게 자주 마시는 것이 좋음
 ③ 따뜻하거나 미지근한 상태에서 자주 마시는 것이 건강에 좋음

3) 약차의 재료와 양은 적당히 사용
 ① 약차는 여러 재료를 조금씩 섞어서 끓이면 더욱 효과적임
 ② 물 1L에 손으로 살짝 집어 한 줌 정도의 양이 적당함

4) 조금씩 구입해서 바로 끓여 마시기
 ① 약재의 성질과 궁합을 잘 배합하면 약효와 맛, 향이 더해짐
 ② 뿌리 채소는 약한 불에서 은근히 우려내면 모든 성분이 빠져 나와 건강 차로 좋음

5) 말려서 볶으면 독성 제거와 면역력 상승 효과
 ① 성질이 찬 재료들은 말리거나 볶는 과정을 거치면 영양 성분이 훨씬 좋아짐
 ② 독성도 제거되고 면역력 상승 효과도 있음

6) 과일이나 채소는 건조시켜 사용
 ① 과일을 건조시켜 먹으면 더 풍부한 영양을 얻음
 ② 식이섬유 같은 영양소와 재료 본연의 맛이 더욱 풍부해짐

✔ 차의 약리적 효과
- 고혈압과 동맥경화 등 성인병 예방과 치료에 좋음
- 눈을 맑게 하고, 각종 눈 질환을 예방
- 면역력을 강화하고, 생활 속의 질병을 예방
- 피를 맑게 하며, 혈관을 깨끗하게 청소
- 기미 예방과 치료에 효과가 있고, 피부에 탄력을 줌
- 탈모, 흰머리 등을 완화해 두피 건강을 지켜 줌
- 산성 체질을 알칼리성 체질로 바꿔 줌
- 환경 호르몬 피해를 막아 주고, 콜레스테롤을 저하시킴
- 다이어트에 효과적이고, 변비 예방과 치료에 좋음
- 몸 안의 활성산소를 막아 주는 항산화 작용

(2) 음청류의 종류

1) 차(茶)

전통차		차나무의 어린 순(筍)이나 잎(葉)을 채취하여 찌거나 덖거나 혹은 발효시켜 건조시킨 후 알맞게 끓이거나 우려내어 마시는 것 예 녹차, 홍차, 우롱차
대용차	약재	둥글레차, 쌍화차, 오미자차, 인삼차 등
	열매	자몽차, 매실차, 대추차, 유자차, 레몬차 등
	잎	솔잎차, 감잎차, 박하차 등
	뿌리	우엉차, 생강차, 칡차, 도라지차 등
	곡류	메밀차, 현미차, 보리차, 옥수수차, 서리태차 등
	기타	버섯류, 해조류, 꿀차 등

2) 탕

① 꽃이나 과일 말린 것을 물에 담그거나 끓여 마시는 것
② 한약재를 가루 내어 끓여 마시거나 과일과 한약의 재료를 섞어 꿀과 함께 졸인 고를 저장해 마시는 탕
③ 더위를 이기는 탕 : 제호탕, 회향탕, 습조탕, 봉수탕 등

3) 기타 음료

찬 음청류	화채	꽃과 과일을 다양한 모양으로 썰어 꿀이나 설탕, 과즙에 재워서 물과 얼음을 넣고 차게 마시는 음청류
	수정과	생강, 계피, 후추를 달인 물에 잣이나 곶감을 띄워 차게 마시는 음청류
	장	밥이나 미음 등 곡물을 발효시켜 만든 신맛이 나는 젖산 발효음료
	갈수	갈증해소에 좋은 음료로, 과일즙을 농축하여 향약재와 곡물, 누룩 등을 달여 만든 것 예 모과갈수, 오미갈수, 어방갈수, 포도갈수 등
	식혜	밥알을 엿기름에 삭혀서 만든 음청류 예 감주, 호박식혜, 안동식혜, 연엽식혜 등
	미수 (미시)	찹쌀, 멥쌀, 검정콩, 보리 등의 곡물을 쪄서 말리거나 볶아 가루로 만들어 물, 설탕물, 꿀물과 타 마시는 음료
	밀수	재료를 꿀물에 타거나 띄워서 마시는 음료
	수단	곡물을 삶거나 가루 내어 흰 떡 모양으로 빚고 전분을 묻혀 데친 후 꿀물에 띄워 내는 음료 예 원소병
더운 음청류	숙수	꽃이나 열매 등을 끓인 물에 담가 우려낸 음료 예 율추숙수, 자소숙수, 정향숙수, 향화숙수

📎 Check Note

◎ 발효에 따른 전통차의 분류
■ 발효를 억제시킨 불발효차 : 녹차
■ 완전히 발효시킨 발효차 : 홍차
■ 일부만 발효시킨 반발효차 : 우롱차

◎ 대용차
차(茶) 대신 다른 재료를 이용한 음료
예 생강차, 인삼차, 유자차, 계피차, 율무차 등

◎ 탕(湯)
■ 예전부터 한방에서는 끓이는 차를 탕이라 함
■ 대추, 매실, 인삼, 당귀, 오미자, 구기자, 계피, 결명자 등의 한약재나 은행, 호두, 배 등의 과실을 한 두 가지 또는 여러 가지를 따뜻한 물에 넣어 오래 달여서 마심

제
03
편

(3) 음청류 조리 과정 중의 물리화학적 변화

녹차 (전통차)		• 녹차의 성분인 카테킨은 항산화 성분인 폴리페놀 다량 함유 • 노화 억제, 암과 고혈압 등 성인병 예방
대용차	인삼차	• 인삼은 면역력 증진, 기억력 개선, 혈행 개선, 피로회복, 항산화 등 좋음 • 진세노사이드는 뇌의 에너지원인 포도당의 흡수를 도와 뇌의 혈액 순환을 돕고 기억력을 향상시킴
	대추차	• 생대추에는 비타민 C와 P가 풍부하며 비타민 활성제로 좋음 • 대추는 신경을 이완시켜 흥분을 가라앉히고 잠을 잘 오게 함
	홍삼차	• 홍삼에 포함된 항산화 물질은 노화를 늦추고 피부를 건강하게 함 • 홍삼에 함유된 '사포닌 성분'은 몸의 피로를 풀어주고 활력 증진에 도움이 됨 • 면역력 강화, 면역 세포 활성화, 혈액순환 개선 등
	생강차	• 생강은 속을 따뜻하게 하고 폐를 촉촉하게 하며 기침이나 가래를 삭이는 데 탁월한 효과 • 비타민 C와 단백질이 풍부해 멀미나 구토, 입덧에도 도움을 주며 위장을 보호하고, 장을 튼튼하게 함 • 혈액순환, 식욕 증진, 숙취해소, 이뇨작용, 감기, 살균작용 등 약리 작용이 뛰어남
	현미차	• 현미는 고혈압, 동맥경화, 심장병, 뇌졸중 등 혈관 질환 예방 • 항암・항산화 성분인 폴리페놀, 셀레늄, 비타민 E, 피틴산, 식이섬유 등이 풍부
	화차	• 히비스커스는 아열대의 대표적인 허브로, 음료로 쓰이며 로젤(roselle) 종에 해당 • 구연산과 비타민 C가 풍부해서 피로회복과 심신 안정에 효과적 • 차의 색은 안토시안계 색소에 의한 빨간 루비색을 띠고 눈에 좋은 성분
제호탕	오매육 (烏梅肉)	• 매실에서 씨를 발라낸 살로 껍질을 벗기고 짚불에 그슬려 말린 것 • 술독을 풀어주고 가래를 삭이며 구토, 갈증, 이질 등에 좋음
	초과 (草果)	속을 따뜻이 하며 복통, 복부 팽만, 메스꺼움, 구토, 설사 치료에 쓰임
	축사 (縮砂)	• 사인(砂仁)이라고도 하며 매운맛을 냄 • 소화 불량・구토, 위장통증, 설사 등에 탁월한 효능

	백단향 (白檀香)	• 소화 불량, 구토, 흉통, 복통 등의 증상을 완화시키는 데 효과적 • 매운맛이며 독이 없고 열종을 없애는 성분이 따뜻한 성질
오미자화채		• 오미자의 신맛(간), 쓴맛(심장), 단맛(비장), 매운맛(폐), 짠맛(신장) 을 고루 지닌 생활 약재 • 5가지 맛 중 신맛이 강해 간, 폐, 갈증 해소에 효과적임
수정과		• 생강은 따뜻한 성질을 지녀 폐와 위장기능, 배탈, 구토증에 좋음 • 계피는 체내 찬 기운을 몰아내 속을 따뜻하게 해주고 몸이 냉하 여 오는 설사증에 완화 • 장과 비위를 보호해 소화 작용을 촉진 • 잣에는 철분이 풍부하게 함유되어 있어 빈혈 예방에 좋음 • 곶감에는 베타카로틴과 비타민 C가 풍부하여 감기 예방에 좋음
유자장		쌉살한 맛을 내는 헤스페리딘에는 모세혈관을 튼튼히 하고 뇌졸 중, 풍 질병 예방에 좋음
녹두갈수		• 환자의 원기를 돋우고 입맛을 되찾는 데 이용 • 피부병 치료 및 해열·해독 작용
식혜		당화효소의 작용으로 삭으면서 맥아의 독특한 단맛과 향이 나며, 소화에 좋음
율무미수		부기를 빼거나 식욕을 억제, 비만 치료에 좋음
송화밀수		• 송홧가루에 함유된 비타민 C, E는 항산화 비타민으로 활성 산소 가 만든 산소 화합물의 독성을 완화하고 산화 반응을 억제시키 는 작용 • 방부성이 강해 장기간 보관하여도 쉽게 상하지 않음.
보리수단		보리는 혈당과 혈중 콜레스테롤 수치를 낮추고, 각종 비타민이 풍 부하여 성인병 예방에 좋음
율추숙수		• 율추는 밤의 속껍질로 항산화 물질 다량 함유 • 뇌신경 세포를 보호하고 인지 장애를 회복하는 기능, 기억력 향 상 및 치매 예방에 효과적 • 항산화 작용으로 암을 예방하고 노화 방지에 효과적 • 탄닌이 풍부하여 피부 미용에 효과적

(4) 음청류의 색, 형태 유지

① 엿기름을 구입할 때 너무 오래되고 빛깔이 검은 것은 식혜를 탁
하게 함

② 전통 음료를 만들 때는 사기, 자기, 유리그릇을 사용해야 색이나
맛의 변화가 없음

③ 곶감은 처음부터 달이거나 우리면 국물이 혼탁해짐

Check Note

(5) 음청류 종류에 따른 도구 선택

차호	• 차를 담는 용기 • 뚜껑이 잘 맞아야 찻잎에 습기가 차지 않아 오랫동안 향기를 잘 보존할 수 있음
차수저	• 은, 동, 철, 나무, 대나무 등이 좋음 • 동이나 철은 녹슬기 쉽고 냄새가 나서 대나무로 만든 것이 좋음
식힘대접	• 잎차용 탕수를 식히는 사발 • 찻물을 식힐 때 사용하는 대접으로 도자기를 말함
개수그릇	• 찻주전자와 찻잔들에 더운 물을 부어 덥혔다가 쏟는 물을 담는 그릇 • 차를 우려낼 주전자와 찻잔은 미리 더운 물로 덥혀야 적당한 온도의 차를 즐길 수 있음
찻주전자	• 차를 우리는 그릇 • 도자기로 된 주전자를 사용하며 뚜껑이 잘 맞아야 색, 향기, 맛을 충분히 낼 수 있음
물주전자	• 찻물을 끓이는 솥 또는 주전자 • 찬물을 끓일 때 쓰는 주전자로 쇠나 동으로 만든 것이 물이 쉽게 식지 않아서 좋음
주전자받침	• 찻주전자와 물주전자를 상이나 목판에 놓을 때 밑에 까는 받침 • 얇은 나뭇조각이나 헝겊 누빈 것을 이용
찻상	• 차와 다식을 낼 때 사용하는 상 • 다관과 찻잔, 숙우와 차수저 등을 올려놓을 수 있을 정도의 적당한 크기가 좋음
차수건	• 다구들을 깨끗이 닦고 물기를 닦는 마른행주 • 무명이나 부드럽고 먼지가 잘 털어지는 재질의 천을 쓰는 것이 좋음

2 음청류 담기

(1) 음청류 종류에 따른 온도, 색, 풍미, 신선도 유지

녹차 우리는 방법	• 차의 양과 탕수의 양을 알맞게 하여 중정을 지키는 법 • 차 우리는 시간을 늦지도 빠르지도 않고 알맞게 하여 중정을 지키는 법 • 찻잔에 따를 때 급주(急注)나 완주(緩注)를 하지 않고 차의 양과 농도를 고르게 하여 중정을 지키는 법
홍차 우리는 방법	• 엄다법 : 포트에 찻잎을 넣고 여과시켜 추출 • 자출법 : 포트에 물과 찻잎을 넣은 후 끓으면 찻잎을 걸러내어 추출

● **중국차 용어 해설**

■ 다호 : 차를 우려내는 다기
■ 다해 : 다호에서 우린 찻물을 농담을 맞추어 고루 섞기 위한 다구
■ 음용배 : 차를 마시기 위한 잔
■ 문향배 : 차의 향을 음미하기 위한 잔
■ 다탁 : 찻잔 받침
■ 다반 : 다호 위에 끼얹는 뜨거운 물을 받아내는 도구
■ 수우 : 남은 물을 버리는 도구
■ 개완 : 뚜껑이 있는 작은 찻잔
■ 다선 : 다호와 개완을 올려놓고 위에서 끼얹는 물을 받아내는 도구
■ 다칙 : 찻잎을 다호와 개완으로 옮길 때 사용되는 도구
■ 다통 : 다호의 주입구가 찻잎으로 막혔을 때 사용되는 도구
■ 다시 : 찻잎을 떠내거나 다호에서 차 찌꺼기를 꺼내어 버릴 때 사용되는 도구
■ 다협 : 다호에서 우려낸 차 찌꺼기를 버리거나 뜨거워진 다기를 잡을 때 사용되는 도구

일본차 우리는 법	• 고급 센차 : 50~70℃의 따뜻한 물에서 2분 • 보통 센차 : 80~90℃의 약간 뜨거운 물에서 1분 • 번차, 호지차 : 고소한 향을 끌어내기 위해 뜨거운 물에서 30초
중국차 우리는 법	• 녹차 : 60~80℃에서 2~3분 • 백차 : 70~80℃에서 5~6분 • 황차 : 70~90℃에서 5~6분 • 청차 : 80℃~끓는 물에서 1분 전후 • 홍차 : 90℃~끓는 물에서 2~4분 • 흑차 : 90℃~끓는 물에서 1~2분

(2) 음청류 종류에 따른 그릇

찻잔	• 대부분 도자기 형태, 간혹 은이나 동 또는 나무로 만듦 • 그릇 두께가 두껍거나 무거운 것은 좋지 않음 • 찻잔 제일 윗부분이 바깥쪽으로 퍼져 있는 것이 좋음
찻잔받침	• 은, 동, 철, 도자기, 나무 등 여러 가지 재료로 만듦 • 찻잔이 도자기이면 받침은 나무로 된 것이 좋음

(3) 음청류 종류에 따른 고명

잣	고깔을 떼어내고 있는 그대로의 모양으로 사용
꽃	손질하여 있는 그대로의 모양으로 사용
대추채	대추를 돌려 깎아 씨를 없애고 가늘게 채를 썬 것
대추꽃	대추를 돌려 깎아 씨를 없앤 대추 살을 둥글게 돌돌 말아서 얇게 썰면 단면이 꽃 모양처럼 만들어짐
곶감	꼭지 부분을 제거하고 통째로 사용
곶감쌈	• 곶감을 펴서 씨를 빼고 물엿을 바른 후 호두를 넣고 말아 썰어 놓음 • 곶감의 쫀득하고 달콤한 맛과 호두의 고소한 맛이 어우러진 과자로 호두 단면의 굴곡이 꽃처럼 보임

11 한식 국·탕 조리

1 국·탕 조리

(1) 국·탕 재료 특성에 따른 조리법

쌀뜨물	특성	쌀을 씻을 때 나오는 전분 성분이 국물에 부드러운 맛을 더하고 진한 풍미를 줌
	조리법	• 쌀을 처음 씻은 물은 버리고, 2~3번째 씻은 물을 이용함 • 이 물은 전분이 농축되어 국물에 깊은 맛과 부드러움을 제공

🗹 Check Note

✅ 국, 국물, 육수의 정의

국	소고기, 닭고기, 생선, 채소류, 해조류에 물을 붓고 간을 하여 끓인 음식 예 맑은장국, 된장국, 곰국, 냉국 등
국물	국, 찌개의 건더기를 제외한 물
육수	• 고기를 삶아 낸 물 • 육류, 가금류, 뼈, 건어물, 채소류, 향신채 등을 넣고 끓여 낸 국물

	특성	멸치의 깊고 고소한 맛을 제공
멸치 육수	조리법	• 멸치의 머리와 내장을 제거하고, 냄비에서 살짝 볶은 후 볶은 멸치에 찬물을 부어 끓임 • 끓기 시작하면 10~15분간 우려내고, 거품은 걷어 면보에 걸러 사용함 • 멸치 내장을 넣고 끓이면 쓴맛이 우러날 수 있으므로, 내장은 제거함
	특성	조개의 짭짤한 맛과 감칠맛 제공, 해산물의 풍미 강조
조개 육수	조리법	• 모시조개나 바지락과 같은 작은 크기의 조개가 적당하며, 해감 후 육수를 끓여야 짜지 않고, 조개의 맛이 잘 우러남 • 모시조개는 소금농도 3~4%, 바지락은 0.5~1% 정도의 소금물에 해감시킴
	특성	감칠맛, 국물의 깊이를 더해줌
다시마 육수	조리법	• 다시마는 두껍고 검은 빛을 띠는 것이 좋음 • 다시마는 감칠맛을 내는 물질인 글루탐산나트륨, 알긴산, 만니톨 등을 많이 함유하여 입맛을 돋워줌 • 다시마를 끓이거나 차게 우려낸 국물은 국이나 전골 등의 국물로 사용
	특성	국물 맛이 진하고 깊음
소고기 육수	조리법	• 소고기는 부위에 따라 맛, 질감, 지방 함량이 다르므로, 조리할 음식을 고려해 적합한 부위를 선택함 • 사태나 양지머리 등 질긴 부위를 사용할 때는 오랫동안 끓여서 국물의 맛을 우려냄 • 소고기를 물에 담가 핏물을 뺀 후 찬물에 고기를 넣고 센 불에서 끓이다가 끓기 시작하면 약한 불로 육수가 우러나오도록 함 • 육수가 우러나기 전에는 간을 하지 않음
	특성	국, 전골, 찌개 등에 핵심이 되는 맛을 내는 육수
사골 육수	조리법	• 소뼈를 이용한 육수를 만들 때에는 단백질 성분인 콜라겐이 많은 사골을 선택 • 소뼈는 찬물에 1~2시간 정도 담가 핏물을 제거한 후 끓여서 육수를 냄 • 핏물을 빼지 않으면 국물이 탁해지고 누린내가 남

(2) 국·탕 종류에 따른 재료와 양념

1) 국과 탕의 분류

국류	맑은뭇국, 시금치토장국, 미역국, 북엇국, 콩나물국, 감잣국, 아욱국, 쑥국, 오이냉국, 미역냉국 등
탕류	완자탕, 애탕, 조개탕, 홍합탕, 갈비탕, 육개장, 추어탕, 우거지탕, 감자탕, 설렁탕, 삼계탕 등

2) 국의 종류

맑은국	건더기가 적고 소고기 육수가 기본이며, 콩나물과 조개류 사용
장국	된장, 고추장 육수가 기본이며, 소금, 간장 사용 시 고춧가루도 사용
곰국	내장, 뼈, 살코기를 푹 고아서 만듦
냉국	닭고기, 멸치, 다시마가 기본 육수이며 여름철 국으로 차갑게 사용

3) 탕의 종류

맑은 탕	곰탕, 갈비탕, 설렁탕, 조개탕 등
얼큰한 탕	추어탕, 육개장, 매운탕 등
닭육수로 끓이는 탕	삼계탕, 초계탕 등

4) 국의 양념

짠맛	소금	• 짠맛을 내는 데 가장 기본적인 조미료 • 호렴, 제재염, 식탁염으로 구분
	국간장	• 집간장, 조선간장으로 불리며, 콩으로만 메주를 띄워 만든 맑은 간장 • 국의 색을 해치지 않고 깔끔하게 간을 맞출 수 있음
	된장	재래간장을 거르고 남은 건더기를 숙성시킨 재래된장
	고추장	콩 단백에서 오는 아미노산의 감칠맛, 고추의 매운맛, 소금의 짠맛이 조화를 이룸
매운맛	마른 고추	붉은색의 맛이 맵고 깔끔하며 씨를 제거한 고추는 갈아서 물에 불려 사용
	굵은 고춧가루	마른 고추보다는 붉은색이 어둡지만 일반적으로 사용하는 고춧가루
	고운 고춧가루	붉은색이 강하고 맛은 텁텁함
	고추장	• 생선 비린내가 나는 국물에 어울림 • 깊은 맛이 나며 텁텁함
	홍고추	색이 맑고 개운하지만 풋냄새가 남
	산초	• 산초나무 열매로 천초, 분디라 불림 • 완숙한 열매의 껍질은 가루로 추어탕, 개장국에 쓰임

(3) 국·탕 조리 과정 중의 물리화학적 변화

사골	• 소의 네 다리뼈로 단면적이 유백색이고 골밀도가 치밀한 것이 좋음 • 거세우 > 암소 > 송아지 > 늙은소 순이 좋음 • 골화 진행이 적을수록 단면에 붉은색 얼룩이 선명하고, 연골 부분이 많이 남으며, 국물색이 뽀얗고 좋음

📎 Check Note

◑ 계절별 국의 종류

봄	쑥국, 생선 맑은장국, 생고사리국, 냉이토장국 등
여름	미역냉국, 오이냉국, 깻국, 영계백숙, 삼계탕 등
가을	버섯 맑은장국, 토란국, 뭇국 등
겨울	선짓국, 우거짓국, 시금치토장국, 곰국 등

◑ 골화 진행이 적은 사골

■ 단백질, 콜라겐, 콘드로이친황산, 칼슘, 나트륨, 인, 마그네슘 함량 높음
■ 골화 진행이 적은 사골은 국물 관능평가 시 색도, 맛(진한 정도, 구수한 맛), 전체 기호도가 우수함

양지머리	• 양지머리는 목심과 갈비 부위에서 분리하여 정형한 것으로 지방이 거의 없고 질긴 것이 특징 • 근섬유 다발이 굵고 결이 일정하여 결대로 잘 찢어지므로 다양한 요리에 사용 • 육색이 약간 짙은 선홍색이며 숙성을 시켜도 질긴 식감이 남아 있음 • 양지머리는 육향이 좋기 때문에 오랜 시간 끓이는 전골, 조림, 탕 요리로 적합함
사태	• 사태는 다리뼈가 붙은 살로 앞사태에는 상박살, 뒷사태에는 아롱사태, 뭉치사태가 있음 • 근막이나 힘줄이 많기 때문에 콜라겐, 엘라스틴과 같은 질긴 결체조직 함량이 높아 고기의 결이 거친 편임 • 육색은 짙은 담적색이며 근 내 지방 함량이 적어 특유의 담백함과 쫄깃한 맛이 특징 • 앞사태는 오랜 시간 끓이면 콜라겐이 젤라틴으로 변해 부드러워짐 • 국, 찌개, 찜, 불고기로 적합함
대파 뿌리	잡내를 제거(육류・생선의 비린내 제거에 특히 유용)
대파	• 휘발성 함황 성분을 가지고 있어 자극적인 매운맛을 냄 • 육류의 누린내와 생선의 비린내을 없애 줄 뿐만 아니라 음식의 맛을 좋게 함
마늘	• 생마늘을 그대로 썰면 세포가 파괴되고, 효소분해에 의해 알리인이 알리신, 디알리디설파이드 등으로 변하면서 강한 냄새가 남 • 이 성분은 고기 비린내를 제거하고 고기의 맛을 돋우며 소화를 도와줌
양파	• 양파의 냄새 성분은 대부분 휘발성이기 때문에 물을 많이 넣고 장시간 가열하면 냄새가 거의 사라짐 • 양파를 가열하면 프로필메르캅탄이 생기며, 이는 설탕의 50~70배에 달하는 단맛을 냄
무	• 수분과 비타민 C, A를 비롯해 여러 효소와 소량이지만 양질의 아미노산을 함유 • 무에 많이 들어 있는 디아스타제는 전분의 소화효소로 밥이나 떡을 먹을 때 같이 먹으면 소화를 도와줌 • 돼지고기나 소고기와 함께 먹으면 단백질 분해효소인 에스테라제가 소화를 촉진시키고, 어패류와 함께 먹으면 비린내와 독성을 풀어 줌
표고버섯	• 비타민 D의 전구체인 에르고스테롤을 많이 함유하고 있어 영양가가 우수함 • 표고버섯의 감칠맛은 구아닐산에 의하여 고기와 비슷한 맛을 내고, 독특한 향은 렌티오닌에 의해 발생함

통후추	• 후추 성분으로는 피페린이 5~5.5% 들어 있고, 차비신이 6% 내외, 정유가 1~2.5% 포함되어 향과 맛을 강하게 함 • 통후추는 육류를 삶거나 육수를 만들 때에 사용되며, 수정과나 배숙 등의 음료를 만드는 데 활용됨
고추씨	고추씨를 국물에 소량 넣으면 개운한 맛이 남

(4) 국·탕의 색, 형태 유지

1) 통의 선택

① 스테인리스는 국물이 잘 우러나지 않기 때문에 육수를 끓일 때는 스테인리스통 사용을 피해야 함

② 가장 좋은 통은 바닥이 두꺼운 알루미늄 통이며, 같은 양이라면 깊이가 있는 것이 넓이가 있는 것보다 좋음

2) 온도

핏물을 충분히 뺀 고기	고기를 넣고 물이 끓을 때 넣으면 국물이 맑고 깨끗함
순수한 육수	처음부터 센불에서 끓이기 시작하여 서서히 끓임

3) 끓이는 시간

① 맑은 육수(고기 사용) : 2시간 정도가 적당하며, 그 이상 끓이면 국물이 탁해질 수 있음

② 순수한 육수 : 고기를 사용하지 않고 국물만 낼 경우, 3시간이 적당함

③ 끓이는 시간은 재료의 종류와 크기에 따라 달라짐

2 국·탕 담기

(1) 국·탕 종류에 따른 온도, 색, 풍미 유지

일반 육수	• 식재료 : 소 뼈, 닭 뼈, 오리 뼈, 돼지 뼈 등 • 식재료에 찬물을 부어 끓이면서 거품을 제거하고 파, 술을 넣고 약한 불로 천천히 끓임
곰탕	• 식재료 : 닭, 오리, 돼지 뼈, 돼지족발, 내장 등 • 식재료를 끓는 물에 데친 후 찬물을 부어 센불로 끓이다가 거품을 제거하고 파, 술을 넣고 약한 불로 줄여 뭉근하게 끓임 • 고기나 내장에 있는 지방과 단백질이 빠져나가면서 국물이 뽀얗고 진하게 우러남
맑은 육수	• 식재료 : 닭, 돼지고기, 소고기 등 • 식재료를 끓는 물에 데친 후 찬물을 부어 센불로 끓이다가 거품을 자주 제거하고 파, 술을 넣고, 불의 세기를 조절하면서 끓임 • 맑고 깔끔한 맛을 위해 국물의 탁함을 최소화하고 거품을 자주 거둬내는 것이 중요함

제 03 편

✓ 재료별 끓이는 시간

- 감자 : 15~20분
- 콩나물 : 5~8분
- 당근 : 15~20분
- 무 : 15분
- 미역 : 5분
- 배추 : 5~8분
- 토란 : 10~15분
- 호박 : 7분
- 두부 : 2분
- 파 : 4~6분

| 채소 육수 | • 식재료 : 당근, 콩나물, 셀러리, 무, 표고버섯 등 |
| | • 여러 가지 채소를 함께 넣고, 뭉근하게 고아서 육수를 우려낸 후 거름망 등으로 채소를 거름 |

(2) 국·탕 종류에 따른 그릇

탕기	국을 담는 그릇으로 주발과 똑같은 모양
대접	국이나 숭늉을 담는 그릇으로, 밥그릇보다 조금 작은 크기
뚝배기	• 상에 오를 수 있는 유일한 토기로 오지로 구운 것 • 불에서 끓이다가 상에 올려도 한동안 식지 않아 찌개를 담는 데 쓰임
질그릇	잿물을 입히지 않고 진흙만으로 구워 만든 그릇으로 겉면에 윤기가 없는 것이 특징임
오지그릇	붉은 진흙으로 만들어 볕에 말리거나 약간 구운 다음에 오짓물을 입혀 다시 구운 질그릇
유기그릇	놋쇠로 만든 그릇으로 보온과 보냉, 항균 효과가 있음

(3) 국·탕 종류에 따른 국물 양 조절과 고명

1) 국물과 건더기의 비율

| 국 | • 국물이 주로 들어 있는 음식으로서 국물과 건더기의 비율은 6:4 또는 7:3으로 구성
• 국물이 맛의 중심이 되며, 건더기는 국물의 맛을 보완하는 역할
• 각자의 그릇에 분배되어 나옴 |
| 찌개 | • 찌개는 건더기의 비율이 4:6 정도로, 건더기를 주로 먹기 위한 음식
• 보통 하나의 큰 냄비에서 요리하고, 식사할 때 각자 덜어서 먹음 |

2) 고명의 종류

달걀지단, 미나리초대, 미나리, 고기완자, 홍고추 등

12 한식 전·적 조리

1 전·적 조리

(1) 전·적 재료 특성에 따른 조리법

| 전(煎) | 전 | 육류, 어패류, 가금류, 채소류 등을 지지기 좋은 크기로 얇게 저미거나 채썰거나 다져서 밑간으로 조미한 후 밀가루와 달걀 물을 입혀서 프라이팬에 기름을 두르고 부쳐 낸 것 |
| | 지짐 | 재료들을 밀가룬 푼 것에 섞어서 직접 기름에 지져 낸 것
예 빈대떡, 파전 |

적(炙)	• 고기를 비롯한 채소, 버섯을 꼬치에 꿰어서 불에 구워 조리하는 것 • 적의 명칭 : 재료를 꼬치에 꿸 때는 그 꿰는 재료에 따라 산적 음식에 대한 이름을 붙이기 때문에 반드시 꼬치에 꿰인 처음 재료와 마지막 재료가 같아야 함

(2) 전·적 종류에 따른 재료와 양념

1) 주재료 준비

육류		• 식품위생법에 저촉되지 않는 것으로서 규격품 구입 • 돼지고기는 옅은 선홍색, 소고기는 선홍색이 좋음 • 지방은 담황색이며, 탄력이 있고 향이 있는 것 • 이취가 나는 것은 사용하지 않아야 함
어패류	어류	• 눈이 볼록하며 눈알이 선명한 것 • 비늘에 광택이 있고 단단히 부착된 것 • 육질은 탄력이 있고 뼈에 단단히 밀착해 있는 것 • 물속에 두었을 때 가라앉으며 불쾌한 냄새가 나지 않는 것
	패류	• 봄철은 산란 시기로 맛이 없는 때이므로 겨울철이 더 좋음 • 사용하기 전날에 구입하여 사용
가금류		• 신선하고 광택이 있는 것 • 이취가 없으며 특유의 향취를 갖고 있는 것
채소류		• 병충해, 외상, 부패, 발아 등이 없는 것 • 형태가 바르고 겉껍질이 깨끗한 것
버섯류		봉오리가 활짝 피지 않고 줄기가 단단한 것

2) 부재료 준비

밀가루	강력분	• 글루텐 함량이 많음(13% 이상) • 쫄깃한 제품을 만드는 데 사용 • 빵, 피자, 수제비 등
	중력분	• 글루텐 함량이 중간(10~13%) • 다목적으로 사용 • 부침, 만두, 국수 등
	박력분	• 글루텐 함량이 적음(10% 이하) • 바삭바삭한 제품을 만드는 데 사용 • 케이크, 쿠키, 튀김, 과자 등
유지류		대두유, 포도씨유, 카놀라유 등 발연점이 높은 기름 사용
달걀		• 표면이 까칠까칠하고 광택이 없는 것 • 햇빛에 투시해 보았을 때 난황의 모양이 선명하고 농후하며 흔들리지 않는 것
양념류		구입 시 반드시 유효기한을 확인하며 이취가 없는 것

제
03
편

(3) 전·적의 조리 과정과 색, 형태 유지

1) 재료 준비

전	• 주재료가 적당한 크기라면 원형을 그대로 살려 사용하며, 원형을 그대로 사용하기 어렵거나 질감이 강한 경우, 작업공정이 지나치게 어려울 경우는 다지거나 갈아서 준비함 • 양파, 깻잎, 피망, 호박, 표고버섯, 양송이 등과 같이 공간이 있거나 공간을 임의로 만들 수 있는 경우에는 소를 채워 넣어 만듦 • 두 종류 이상의 재료를 꿰어 만든 전으로 재료의 크기에 맞추어 준비하며, 재료 중 비중이 큰 재료명에 따라 이름을 붙임
적	• 꼬치용 고기는 살코기 부위로 함 • 고기와 해물은 수축하므로 다른 재료보다 약간 더 크게 썰고 잔칼질하여 사용함 • 다진 재료는 힘줄, 지방, 핏물을 제거하여 곱게 다지고, 두부는 면보로 물기를 짜서 곱게 으깨어 사용함 • 어산적에 사용하는 생선의 경우 포를 떠서 껍질을 벗긴 후 지질 때 오그라들지 않도록 잔칼질한 후 소금과 후춧가루를 뿌려 5분 정도 두었다가 물기를 제거한 후 사용함 • 채소는 소금물에 데쳐 찬물에 헹구어 물기를 제거한 후 밑간하고, 버섯은 꼬치 크기에 맞추어 썰어서 소금과 밑간으로 양념함

2) 전류 형태에 따른 조리방법

① 주재료와 부재료를 일정한 크기와 굵기로 잘라 꼬치에 꿴 다음 밀가루, 달걀을 씌워서 지져 낸 후에 꼬치를 빼어서 내는 조리법

② 고기, 생선, 채소 등의 재료를 다지거나 저며서 간을 하고 밀가루, 달걀로 옷을 입혀서 기름을 두르고 납작한 양면을 지져 내는 조리법

③ 전분이나 밀가루의 즙, 쌀가루 등을 사용하여 다양한 채소나 육류를 섞어 눌러 부치듯 익힌 조리법

④ 다진 재료에 양념과 밀가루, 전분가루, 달걀 등을 넣어서 둥글납작하게 부치는 조리법

3) 조리방법에 따른 기름의 종류, 온도조절

① 콩기름, 옥수수기름 등과 같이 발연점이 높은 기름이 좋음

② 참기름, 들기름 등과 같이 발연점이 낮은 기름은 재료가 타기 쉬움

③ 전은 기름을 두르고 양면을 지지는 것이 좋음

④ 불의 세기는 팬에 재료를 올려놓기 전까지는 센불로 달구고, 달구어진 팬에 재료를 얹으면서부터는 중간보다 약하게 하여 재료의 속까지 익혀주고 자주 뒤집지 않는 것이 좋음

⑤ 기름은 적당량을 골고루 둘러야 전의 옷이 똑같은 색깔로 곱게 부쳐짐

⑥ 기름의 양이 적으면 둘러붙고 모양이 볼품 없게 됨

⑦ **곡류전** : 기름을 넉넉하게 사용하여야 흡유량이 많아 바삭한 전을 만들 수 있음

⑧ **육류, 생선, 채소전** : 기름이 많으면 색이 금방 누렇게 되고, 밀가루 또는 달걀옷이 쉽게 벗겨지므로 기름을 적게 사용함

(4) 전·적 종류에 따른 도구 선택

프라이팬	• 프라이팬은 가볍고 코팅이 쉽게 벗겨지지 않는 것 • 금속 조리기구나 젓가락, 철수세미 등과 함께 사용하지 않음 • 사용 후에는 바로 세척해서 기름 때가 눌러 붙는 것을 방지 • 주물로 사용되는 팬은 사용하기 전에 불에 달구고 기름을 바르는 과정을 반복해서 길들여야 함
번철	• 그리들(griddle)은 두께가 10mm 정도로 철판볶음요리, 전 등을 조리할 때 주로 사용 • 번철과 철판은 식품이 달라붙지 않도록 조리 시 반드시 예열해야 함 • 세척 시 80℃ 정도에서 닦아야 기름 때도 잘 벗겨지고 관리가 용이
석쇠	석쇠는 사용하기 전 예열을 하여 기름을 바른 후 사용해야 석쇠에 식품이 달라붙지 않음

2 전·적 담기

(1) 전·적 종류에 따른 온도, 색, 풍미 유지

① 음식을 입에 넣었을 때 느끼는 온도 자극의 정도는 체온과 밀접한 관계

② 보통 음식의 온도가 체온(36℃ 정도)과 가까울수록 자극은 약해지고, 멀어질수록 자극은 강해짐

③ 70℃ 이상이 되면 너무 뜨거워서 음식을 먹을 수 없고, 5℃ 이하에서는 맛을 제대로 느낄 수 없음

④ **음식이 맛있게 느껴지는 온도** : 뜨거울 때 60~70℃, 차가울 때 12~15℃ 정도

⑤ 전·적을 조리한 뒤 따뜻한 온도를 유지하되, 60℃ 이상에서는 색이 갈변될 수 있으므로 지나치게 높은 온도에서 보관하지 않도록 함

(2) 전·적 종류에 따른 그릇

① 전·적을 담아내는 그릇은 재질, 색, 모양, 재료의 크기와 양을 고려하여 선택

② 그릇의 모양은 넓고 평평한 접시 형태를 선택

③ 재질은 도자기, 스테인리스, 유리, 목기, 대나무 채반 등을 사용

④ 색은 요리의 색과 배색이 되는 것을 선택하여 요리의 색감을 효과적으로 표현

⑤ 오목한 접시에 담으면 완성된 요리 안의 열기가 증발할 때 벽에 부딪쳐 물방울이 맺히거나, 증기가 내려와 음식 안에 침투하게 됨

(3) 전·적 종류에 따른 곁들임장과 고명

① 전·적은 초간장을 곁들여 냄

② 전·적 종류에 따른 담기

  ㉠ 접시의 내원을 벗어나지 않게 담음

  ㉡ 고객의 편리성에 초점

  ㉢ 식재료 특성을 이해하고 일정한 질서와 간격 유지

  ㉣ 필요 이상의 고명은 피하고 깔끔하고 간단하게 담음

  ㉤ 소스 사용 시 음식의 색상이나 모양이 망가지지 않게 유의

01 육수 제조 방법에 대한 설명으로 틀린 것은?

① 국물에 용출되는 맛 성분은 지용성 단백질, 지질 등이다.
② 국물을 만들 때 방향 채소를 넣으면 향이 더 좋다.
③ 약한불에서 장시간 끓여야 맛 성분이 용출된다.
④ 거품은 맛과 외관을 좋지 않게 하므로 걷어낸다.

01 ①

해설 국물에 용출되는 맛 성분은 지용성 단백질이 아닌 수용성 단백질이다.

02 면을 조리하는 방법으로 옳은 것은? 빈출

① 국수류를 삶을 때 물은 끓는 상태여야 한다.
② 국수 익히는 시간은 면의 굵기에만 달라진다.
③ 면의 속까지 익을 수 있도록 끓인 면은 찬물에 헹궈내지 않는다.
④ 면이 풀어지지 않도록 저어주지 않는다.

02 ①

해설
• 국수 익히는 시간은 가루 배합, 수분 농도, 익반죽 상태, 면의 굵기 등 다양한 요소에 따라 달라진다.
• 면이 다 익으면 찬물로 면을 헹구어 탄력 있게 만든다.
• 면이 서로 붙지 않도록 조심스럽게 저어가며 끓인다.

03 한식에서 선에 해당하는 음식의 특징으로 옳은 것은? 빈출

① 식물성 재료에 소를 넣어 찌거나 굽는 음식
② 고기를 주재료로 하는 음식
③ 국물 없이 찌는 음식
④ 기름이나 수분 없이 열을 가하여 조리하는 음식

03 ①

해설 선은 주재료가 식물성 재료에 소를 넣어 증기를 올려 찌거나, 육수나 물을 자박하게 넣어 끓이는 음식이다.

04 찜의 조리 특징에 대한 설명으로 틀린 것은?

① 재료를 큼직하게 썰어 물을 붓고 뭉근히 끓이거나 쪄내는 음식
② 식품의 수용성 성분의 손실이 적고 식품의 고유 풍미를 유지
③ 오래 끓이는 조리법은 결합조직이 많은 소고기 부위를 사용하여 부드럽게 조리
④ 식물성 재료에 생선, 소고기, 버섯 등의 소를 넣고 육수를 부어 끓이거나 찌는 음식

04 ④

해설 ④는 선의 조리법으로 주로 오이, 호박, 가지 등의 식물성 재료에 소고기, 버섯 등의 소를 넣고 육수를 부어 끓이거나 찌는 음식 예 가지선, 두부선, 오이선

제 03 편

05 ③

해설
· 고기는 잔칼질하여 양념이 잘 배어
  들 수 있도록 한다.
· 소고기는 약간 덜 익힌 것이 연하
  고 맛이 있다.
· 고추장 구이는 고추장 양념이 탈
  수 있기 때문에 애벌구이를 한 후
  양념장을 발라 굽는다.

06 ④

해설 구루병은 비타민 D의 결핍증으
로, 김치에는 비타민 D의 함유량이
적은 편이다.

07 ③

해설
· 조리 목적에 따라 부위를 선택하여
  고기의 특성에 적절한 조리법을 활
  용한다.
· 지방이 많고 결합조직이 적은 부위
  는 건열조리가 적당하다.
· 오랫동안 끓이는 조리법은 결합조직
  이 많은 부위를 사용하여 핏물을
  충분히 제거하고 조리한다.

08 ①

해설 육류는 낮은 온도에서 조리하
면 육즙이 유출되어 퍽퍽해지기 때문
에 기름의 연기가 비춰질 정도로 뜨
거워지면 육류를 넣어 색을 낸다.

05 구이의 조리 과정과 색, 형태 유지에 대한 방법으로 옳은 것은?

① 고기는 숙성하면 연해지기 때문에 잔칼질 없이 양념장에 재워 둔다.
② 소고기는 완적히 익혀야 맛이 좋다.
③ 돼지고기는 완전히 익혀야 기생충 감염의 위험이 없다.
④ 고추장 구이는 처음부터 양념장을 발라 한 번에 굽는다.

06 김치의 효능으로 틀린 것은? 🌟빈출

① 항균 작용
② 항암 작용
③ 동맥경화, 혈전증 예방 작용
④ 구루병 예방

07 전골 재료 중 소고기의 조리법으로 옳은 것은? 🌟빈출

① 육류 부위 상관없이 사용할 수 있는 조리법이다.
② 지방이 많고 결합조직이 적은 부위는 습열조리가 적당하다.
③ 전골처럼 오랫동안 끓이는 조리법은 결합조직이 많은 사태나 양지
   머리를 선택하여 찬물에 담가 핏물을 충분히 제거하고 사용한다.
④ 오랫동안 끓이는 조리법은 결합조직이 적은 부위를 선택하여 핏
   물을 제거하고 사용한다.

08 재료에 따른 불 조절에 대한 설명으로 틀린 것은?

① 프라이팬에 기름을 넣고 달궈지기 전에 육류를 넣고 색을 낸다.
② 불꽃을 팬 안쪽에서 끌어 들여 불맛 향을 유도하면 특유의 볶음
   요리가 된다.
③ 채소들은 기름을 적게 두르고 볶아야 하며, 기름을 많이 넣으면
   색이 누레진다.
④ 당근은 볶는 과정에서 당근즙이 침출되어 기름이 흡수될 정도로
   볶아 준다.

09 튀김 조리법의 장점으로 옳은 것은?

① 단시간에 익히고, 영양 손실이 가장 적다.
② 지용성 성분의 손실이 적다.
③ 약한 불로 오랜 시간 조리하여 식재료가 부드럽다.
④ 재료에 직접적으로 열을 가하여 독특한 향을 입힐 수 있다.

10 숙채 조리 과정 중의 물리화학적 변화에서 데치기 조리법으로 틀린 것은?

① 영양 손실이 적고 온도의 분포가 고루 되어 식품의 모양이 흐트러지지 않음
② 색깔을 한층 선명하게 해주고 식품조직을 부드럽게 하며 좋지 않은 맛을 없애 줌
③ 충분한 양의 물과 소금을 넣고 뚜껑을 열어 데치면 색깔이 선명하고 영양소의 파괴도 줄임
④ 데칠 때 식초를 몇 방을 떨어뜨리면 우엉이나 연근의 떫은맛을 없앨 때 효과적임

11 숙채 조리법으로 틀린 것은? 빈출

① 굽기 　　　　　　② 볶기
③ 데치기 　　　　　④ 찌기

12 한과의 종류 중 숙실과의 종류로 틀린 것은? 빈출

① 율란 　　　　　　② 생란
③ 조란 　　　　　　④ 초란

09 ①

해설 튀김은 지용성 성분이 용해되어 손실이 많으며, 높은 온도에서 단시간에 익히고, 기름을 통하여 열을 가하여 기름의 풍미가 맛을 더해준다.

10 ①

해설
① 찌기 조리법 : 가열된 수증기가 재료 사이로 식품이 간접적으로 가열되는 조리법
②③④ 데치기 조리법 : 식재료를 끓는 물속에서 단시간 끓이는 조리법

11 ①

해설 숙채 조리법으로는 끓이기와 삶기, 데치기, 찌기, 볶기가 있다.

12 ④

해설 숙실과에는 율란, 조란, 생란, 밤초, 대추초, 계장과 등이 있다.

13 ④

해설 매작과는 150~160℃의 기름에서 갈색이 나지 않게 주의하면서 모양을 잡아가며 튀겨낸다.

14 ④

해설 음청류는 약한 불에서 은근히 오래 끓이되, 묽게 끓여 되도록 따뜻하게 마신다. 또한 재료의 향과 성분이 변하지 않게 조금씩 구입하여 마신다.

15 ②

해설 ①, ③, ④는 찌개에 대한 설명이다.

16 ②

해설
• 고기와 해물은 수축하므로 조금 크게 재단한다.
• 꼬치용 고기는 살코기 부위로 한다.
• 고기와 해물은 잔칼질하여 오그라들지 않도록 한다.

13 매작과의 조리법으로 틀린 것은?

① 반죽을 0.2mm 정도의 두께로 밀어준다.
② 반죽을 5cm×2cm 크기로 자르거나 틀로 찍는다.
③ 가운데 칼집을 세 번 넣어 한쪽 귀퉁이를 가운데 칼집 사이로 넣고 뒤집는다.
④ 모양이 흐트러지지 않게 170~180℃의 기름에 빠르게 튀겨낸다.

14 음청류 조리방법으로 옳은 것은? ⭐빈출

① 약이 될 수 있도록 진하게 끓여 마신다.
② 저렴하게 대량으로 구입하여 조금씩 끓여 마신다.
③ 강한 불에서 빠르게 끓인다.
④ 과일이나 채소는 건조시켜 사용하면 좋다.

15 국에 대한 설명으로 옳은 것은? ⭐빈출

① 조치라고도 불리는 음식이다.
② 밥과 함께 먹는 국물 요리로 간장이나 된장으로 간을 하여 끓인 것이다.
③ 국물은 적고 건더기가 많은 음식이다.
④ 호박감정, 오이감정, 게감정 등이 있다.

16 적 조리에 대한 설명으로 옳은 것은?

① 고기와 해물은 다른 재료와 일정하게 재단한다.
② 재료의 첫 재료와 마지막 재료를 같게 한다.
③ 꼬치용 고기 부위는 지방이 많은 부위로 한다.
④ 고기와 해물은 자연스러운 모양을 위해 잔칼질을 하지 않는다.

17 전을 부칠 때 사용하는 기름으로 적절하지 않은 것은?

① 카놀라유
② 포도씨유
③ 콩기름
④ 들기름

17 ④

해설 전·적을 부칠 때는 발연점이 높은 카놀라유, 포도씨유, 대두유(콩기름), 옥수수유 등의 기름을 사용한다.

18 국의 종류 중 뼈나 살코기, 내장을 푹 고아 만든 국으로 옳은 것은?

① 곰국
② 맑은국
③ 장국
④ 냉국

18 ①

해설
• 맑은국 : 대개 소고기 육수가 기본이고 건지가 적은 편이다.
• 장국 : 된장, 고추장을 넣고 끓인 국을 말한다.
• 냉국 : 여름철 국으로 소 또는 닭고기나 멸치, 다시마를 사용한다.

19 상 위에 올려놓고 열구자 탕을 끓이는 우리나라 조리기구로 그릇의 가운데에 숯불을 피우고 가열하면서 먹을 수 있는 가열 기구로 옳은 것은? 빈출

① 전골냄비
② 신선로
③ 가마솥
④ 뚝배기

19 ②

해설
• 전골냄비 : 무쇠로 만들어 숯불에 꽂아 놓고 앉은 자리에서 전골을 끓이면서 먹을 수 있도록 만든 냄비
• 가마솥 : 무쇠로 만든 큰 솥
• 뚝배기 : 찌개 등을 끓이거나 담을 때 사용하는 오지그릇

20 한과의 색을 내는 재료 중 푸른색을 내는 재료로 옳은 것은?

① 백년초
② 석이버섯
③ 송홧가루
④ 승검초가루

20 ④

해설 한과의 색을 내는 재료
• 푸른색 : 쑥가루, 파래가루, 녹차가루, 승검초가루
• 붉은색 : 지초, 백년초, 오미자
• 노란색 : 송홧가루, 치자, 단호박가루
• 검은색 : 석이버섯, 흑임자

02 양식

Check Note

✓ 농후제

소스나 수프의 농도를 조절하는 것으로 루, 전분, 뵈르 마니에, 달걀이 있음

✓ 달걀노른자를 이용한 소스

- 홀란데이즈 소스 : 노른자의 응고력을 이용해 부드럽고 크리미한 질감 만듦
- 마요네즈 : 노른자의 단백질 특성을 활용한 차가운 소스

✓ 소스의 분류

송아지, 닭, 생선, 토마토, 우유까지 포함하여 5가지로 분류되며, 송아지 육수는 갈색 육수와 흰색 육수로 나누어 파생되므로 6가지가 해당함

01 양식 소스 조리

1 소스 조리

(1) 농후제 종류와 특성

루 (Roux)		동량의 밀가루와 버터의 혼합물을 볶아 고소한 풍미를 더해 줌
	화이트 루 (White roux)	주로 하얀색 소스를 만들 때 사용하며, 볶을 때 색이 나기 직전까지 볶음 **예** 베샤멜 소스
	블론드 루 (Blond roux)	약간의 갈색이 돌 때까지 볶은 것 **예** 크림 수프, 수프를 끓이기 위한 벨루테 만들 때
	브라운 루 (Brown roux)	• 진한 갈색이 나도록 볶은 것으로, 색이 짙은 소스를 만들 때 사용 • 고기의 깊은 맛을 강조하는 소스에 적합함
뵈르 마니에 (Beurre manie)		• 향이 강한 소스의 농도를 맞출 때 사용 • 버터와 밀가루를 같은 양으로 섞어 만든 농후제
전분 (Cornstarch)		• 쉽게 호화되므로 더운물이 아닌 찬물이나 차가운 육수를 따로 준비하여 육수가 끓기 시작하면 자연스럽게 섞어 주어야 함 • 감자나 옥수수 전분 외에도 채소에는 특히 많은 전분을 함유함
달걀 (Eggs)		달걀노른자는 농도를 조절하고 소스를 부드럽게 하며, 앙글레이즈 디저트 소스가 대표적임 **예** 홀란데이즈 소스, 마요네즈
버터 (Butter)		• 소스를 끓인 후 불에서 내리고 포마드 상태의 버터(부드럽게 풀어진 버터)를 넣어 잘 저어주면 농도 조절 가능 **예** 뵈르블랑 소스 • 버터는 60℃ 정도의 온도에서 효과적으로 활용 가능

(2) 소스 종류와 조리법

1) 육수 소스

갈색 육수 소스 (Brown Stock Sauce)	• 뼈는 보통 오븐에 넣어 색을 내고 채소는 팬에 볶아 골든 브라운색(황갈색)을 내어 향신료와 함께 끓여 육수를 만듦 • 끓기 시작하면 최대한 거품을 거둬내고 은근한 불로 끓여주는 것이 중요 • 원가절감을 위해 돼지 뼈나 닭 뼈를 이용하여 소스를 만들 수도 있음

흰색 육수 소스 (White Stock Sauce)	• 송아지 벨루테, 닭 벨루테, 생선 벨루테가 있음 • 각각의 육수에 블론드 루(Blond roux)를 넣어 끓여서 만듦

2) 토마토 소스의 종류

토마토 페이스트(반죽)	토마토 퓌레를 더욱 농축하여 수분을 날린 것
토마토 퓌레	조미하지 않고 토마토를 그대로 파쇄하여 농축시킨 것
토마토 쿨리	토마토 퓌레에 약간의 향신료를 가미한 것
토마토 홀	토마토 껍질을 벗겨 통조림으로 만든 것

3) 우유 소스

우유와 루에 향신료를 가미한 소스로, 프랑스 소스 중 가장 먼저 모체 소스로 사용

베샤멜 소스	• 버터를 두른 팬에 밀가루를 넣고 볶다가 색이 나기 직전에 향을 낸 차가운 우유를 넣고 만든 소스 • 양파, 밀가루와 버터, 우유의 비율은 1:1:1:20이 적당함
크림 소스	졸여서 사용할 수 있으나, 생선 육수 등을 첨가하거나 화이트 와인을 넣어 사용할 때는 생크림을 졸여 뵈르 마니에(Beurre manier)로 농도를 맞춤

4) 유지 소스

식용유 계통과 버터 계통 소스로 구분

식용유 계통	마요네즈와 비네그레트(Vinaigrette, 식초 소스)
버터 계통	홀란데이즈와 뵈르블랑(Vert blanc)

(3) 주재료·부재료의 특성과 용도

양식의 기본 구성은 주재료와 부재료, 소스 등을 들 수 있으며 이 중 소스는 음식 본연의 맛을 깊게 하고, 그 맛을 다른 요리들이 갖고 있는 미세하고 섬세한 맛의 차이를 통합하는 데 있음

① **소스에 적용할 수 있는 맛** : 6가지 기본맛(단맛, 짠맛, 신맛, 쓴 맛, 감칠맛, 지방맛)과 4가지 보조맛

② 주식에 사용되는 소스의 단맛 범위는 0~10%, 분식 10~13%, 디저트 및 간식은 10~15%임

③ 소스의 감칠맛은 스톡에서 나오는데, 고기와 뼈에서 추출해낸 감칠맛이 풍부한 육수임

제
03
편

Check Note

✅ 토마토의 성분★

토마토를 익히면 흡수율이 높아지기 때문에 수프나 소스 등의 요리가 건강에 더 좋음

리코펜 (Lycopene)	• 색을 만드는 성분 • 활성산소를 배출시켜 피부 노화 방지, 암 예방 효과, 독성물질을 배출
비타민 K	칼슘이 빠져나가는 것을 막아주어 골다공증이나 노인성 치매에 도움
비타민 C	• 잔주름(탄력 줌) 예방 • 기미 예방(멜라닌 색소 생성 막아줌)
칼륨	• 체내 염분 배출 • 고혈압 예방
식이섬유	포만감, 다이어트에 좋음

✅ 소스 농도 내는 방법★

■ 농후제인 전분이나 루, 버터, 달걀 노른자 등을 첨가하여 걸쭉하게 함
■ 스톡 속의 젤라틴을 이용하는 방법으로, 스톡을 졸여서 농도를 걸쭉하게 함

✅ 5모체 소스★

■ 에스파뇰 소스(Espagnol Sauce, 브라운 소스)
■ 벨루테 소스(Veloute Sauce)
■ 토마토 소스(Tomato Sauce)
■ 베샤멜 소스(Bechamel Sauce)
■ 홀렌다이즈 소스(Hollandaise Sauce)

(4) 소스 맛의 구성

에피타이저 소스의 맛	짠맛 + 신맛 + 지방맛 + 세이버리향
메인 소스의 기본맛	짠맛 + 감칠맛 + 세이버리향
디저트 소스의 맛	단맛 + 신맛 + 스위트향

※ 단맛은 10%~15% 범위에서 첨가하며, 신맛은 0.1%를 기본으로 가감

2 소스 완성

(1) 소스 품질평가

브라운 소스	• 질 좋은 재료 사용이 중요 • 재료를 볶는 과정에서 탄 내가 나지 않게 볶아야 함 • 진한 소스를 뽑기 위해 5일 이상의 시간이 필요하며, 길게는 일주일간 끓인 소스가 고급 소스
벨루테 소스	• 루를 타지 않게 약한 불로 잘 볶아서 밀가루 고유의 고소한 맛을 끌어낼 수 있어야 함 • 생선 벨루테는 신선한 흰살생선을 사용해야 비린내가 안 나는 소스를 얻을 수 있음
토마토 소스	• 질이 좋고 숙성이 잘 된 토마토를 구하기 어렵기 때문에 통조림을 사용하는 경우가 많음 • 토마토의 숙성 정도가 좋은 소스를 만들어 내는 가장 중요한 요소이며, 색감이 주는 역할이 중요함 • 완성된 소스는 먹음직스러운 붉은 색을 띠며, 적당한 스파이시 향이 배합된 것이 좋음
마요네즈	• 직접 만들어 사용할 때는 산패되기 쉬우므로 보관에 신경써야 함 • 마요네즈에서 파생되는 소스인 타르타르 소스, 다우젠 아일랜드 드레싱, 시저 드레싱 등도 마찬가지로 산패되기 쉬우므로 주의가 필요함
비네그레트	• 기본적으로 사용하는 엑스트라 버진 올리브유의 풍미가 소스에서 중요한 역할을 함 • 재료의 향이 강한 비네그레트는 올리브유보다 포도씨유나 일반 샐러드유를 사용한 것이 더 적당함
버터 소스	60℃ 이상의 온도로 가열할 경우 수분과 유분이 분리된 기름이 되어 사용할 수 없으므로 보관 관리가 매우 중요함
홀란데이즈	• 따뜻하게 보관해야 함 • 자체로서 사용될 수 있으나, 다른 소스에 곁들여 색을 내는 용도로 사용하는 경우도 많으므로 농도 조절이 중요함

(2) 소스 용도와 역할

1) 소스 용도

① 주 요리에 맛과 냄새, 수분, 질감을 제공하여 곁들이며, 전체 요리의 완성도를 높임

② 재료들의 맛을 통합하여 미세하고 섬세한 맛을 느낄 수 있게 도와줌

2) 소스 용도에 맞게 제공하는 방법(역할)

① 사용하는 재료의 맛을 끌어 올릴 수 있어야 함

② 소스의 향이 너무 강하여 원재료의 맛을 저하시키면 안 됨

③ 색감을 자극하여 모양을 내기 위해 곁들이는 소스는 색이 변질되면 안 됨

④ 튀김 종류의 소스는 제공 직전 뿌려주어야 바삭함이 유지됨

⑤ 연회장에서 사용하는 소스는 약간 되직한 형태가 좋음

02 양식 수프 조리

1 수프 조리

(1) 스톡 종류와 특성

1) 수프의 구성요소

① 육수

② 루(roux) 등의 농후제

③ 곁들임

④ 허브와 향신료

2) 스톡의 종류별 특성

뼈에 물을 붓고 끓여서 우려낸 국물 주재료인 뼈에 따라 다양한 종류를 가지지만 스톡의 색에 따라 화이트 스톡과 브라운 스톡으로 분류

화이트 스톡 (White stock)	• 치킨 스톡(Chicken stock)과 비프 스톡(Beef stock), 피시 스톡(Fish stock)으로 다시 구분 • 비프 스톡은 2.5~5cm의 크기로, 피시 스톡과 채소 스톡은 1.2cm로 자름

Check Note

● 부케가르니(Bouquet garni)

양파, 셀러리, 월계수잎, 통후추, 클로브, 타임, 파슬리 등과 같은 향채소, 향신료, 허브류를 사용하여 만든 향을 내기 위한 다발

■ 육수, 소스, 수프와 스튜 제조에 사용하는 허브 묶음

■ 비율 : 파슬리 3줄기와 타임 1줄기, 월계수 1장으로 부케 1묶음당 용액 3리터에 사용

● 미르포아(Mirepoix)

■ 소스에 은은한 향을 넣어주기 위해 사용하는 양파, 당근, 셀러리의 혼합물

■ 비율은 양파 2 : 당근 1 : 셀러리 1

● 수프(포타주)의 종류

■ 농도

맑은 수프	콩소메 수프, 미네스트로네(채소)
진한 수프	• 크림 수프류(베사멜, 벨루테) • 퓌레 수프 • 비스크 수프

■ 온도

뜨거운 수프	대부분의 진한 수프나 맑은 수프
차가운 수프	• 차가운 콩소메 수프 • 가스파초 • 차가운 오이 수프

■ 재료

고기 수프	• 보르스치 수프 • 굴라시 수프
채소 수프	미네스트로네 수프
생선 수프	부야베스 수프

■ 지역

국가적	헝가리 굴라시 수프
지역적	체다치즈 수프

✅ 농도에 따른 수프의 종류

맑은 수프	농축하지 않은 맑은 수프
진한 수프	농후제를 사용한 걸쭉한 수프

✅ 리에종★

농도를 내는 재료, 주재료의 맛을 최대한 보존하면서 농도를 조절할 수 있는 것이 이상적

✅ 감자 퓌레(Potato puree)

- 감자 껍질을 벗긴 후 0.5cm 두께로 썰어 놓음
- 대파와 양파를 채 썰고 소스 팬에 버터를 넣고 볶음
- 감자를 넣고 같이 볶은 다음 화이트 와인을 넣고 졸인 후 치킨 스톡을 넣음
- 감자가 완전히 익어 수분이 없어질 때까지 끓인 후 재료를 믹서기로 곱게 갈음(이때를 퓌레라고 함)

✅ 어니언 브륄레(Onion brule)

- 양파를 0.5cm 두께로 두툼하게 썰음
- 팬의 온도를 높인 후 뜨겁게 달궈서 썰어 놓은 양파의 표면을 검게 태워 색을 냄

브라운 스톡 (Brown stock)	뼈를 조리 과정 중에 오븐에 넣어 갈색으로 구워 사용했는지 여부 • 소뼈는 찬물에 담가 핏물을 제거 • 미르포아는 3cm × 3cm로 썰고, 토마토는 껍질과 씨를 제거한 후 슬라이스함 • 통후추, 파슬리, 월계수 잎, 정향으로 향신료 주머니를 만듦 • 팬에 버터를 넣고 소뼈를 갈색이 나도록 구워줌 • 팬에 식용류를 넣고, 미르포아나 토마토를 갈색이 나게 조리 • 스톡 포트에 조리된 뼈와 미르포아 그리고 향신료 주머니를 넣고 끓임 • 스톡이 끓어오르면 불을 줄여서 시머링함 • 불순물이 떠오르면 스키밍함

※ 브로스(Broth) : 물이나 스톡에 육류나 생선 또는 채소 등을 넣고 약한 불에서 끓인 육수로 진한 감칠맛이 나는 육수의 일종

(2) 수프 종류와 조리법

1) 농도에 의한 수프 조리

맑은 수프 (Clear soup)		• 수프의 색깔이 깔끔하고 투명한 수프 • 채소향이 우러난 수프에는 오이를 가늘게 썰거나 당근을 살짝 브런칭하여 사용하면 상큼한 맛을 더할 수 있음 • 프랑스 양파 수프는 소고기의 맛이 진하면 그뤼에르 치즈(Gruyere cheese)를 크루통과 함께 제공하는 것이 전통	
진한 수프 (Thick soup)	크림	베샤멜	화이트 루에 우유를 넣고 만든 맑은 수프
		벨루테	블론드 루에 닭 육수를 넣고 만든 수프
	포타주		콩의 전분을 이용해 재료 본연의 맛을 살린 수프(리에종 사용하지 않음)
	퓌레		채소를 잘게 분쇄하여 부용과 결합하여 만들고 크림은 사용하지 않음
	차우더		게살, 감자, 우유를 이용한 크림 수프
	비스크		• 바닷가재(Lobster)나 새우(Prawn) 등의 갑각류 껍질을 으깨어 채소와 함께 완전히 우러나올 수 있도록 끓이는 수프 • 마무리로 크림을 넣어주는데 재료를 너무 많이 첨가하여 맛이 변하지 않게 해야 함

2) 온도에 의한 수프 조리

가스파초	다양한 채소로 만든 차가운 수프로 빵가루, 마늘, 올리브유, 식초, 레몬주스로 간을 맞춤
비시스와즈	감자를 삶아 체에 내려 퓌레로 만든 후 대파의 흰 부분과 볶아 물이나 육수를 넣고 끓이고 크림, 소금, 후추로 간을 맞춤

3) 재료에 의한 수프 조리

수프의 재료에는 제한이 없지만, 고기를 주로 사용하는 고기 수프, 채소 수프, 생선 수프로 분류됨

4) 지역에 따른 수프 조리

부야베스	프랑스 남부 지방에서 시작된 생선 수프
굴라시 수프	매콤한 맛이 특징인 헝가리식 소고기와 채소 스튜
미네스트로네	이탈리아의 대표적 채소 수프
옥스테일 수프	소꼬리, 베이컨, 토마토 퓌레 등을 넣고 끓인 영국의 전통적인 수프
보르스치 수프	러시아와 폴란드식 수프
카레	다양한 향신료와 고기, 채소를 이용한 인도의 수프
검보 수프	미국 남부의 대표적 수프

2 수프 요리 완성

(1) 수프 가니쉬

역할	• 가니쉬(Garnish, 곁들임)는 수프의 맛을 더하여 주는 역할을 함 • 맛과 영양, 풍미를 더하고 씹는 느낌을 줌 • 그릇에 담은 후 모양을 살려주는 역할을 함
분류	• 맑은 수프에 속하는 콩소메에는 필수적으로 가니쉬가 들어감 • 크림수프는 수프의 농도가 진하기 때문에 크루통, 파슬리, 차이브, 휘핑크림 등과 같은 가벼운 재료를 가니쉬로 사용하여 수프 위에 띄워 줌 • 수프에 빵이나 달걀, 토마토 콩카세 등의 가니쉬를 주는데 고객의 취향에 맞춰 따로 제공함

(2) 수프 품질평가

1) 요구하는 주제에 맞추어 완성된 수프 요리를 평가

① 음식은 레스토랑 컨셉이나 조리장이 추구하는 목표에 따라 수프의 제공 형태가 달라짐

② 수프는 어떠한 코스메뉴와 함께 제공되는 것인지를 고려하는 것이 필요함

③ 완성된 요리를 평가할 경우 자신이 경험하고 선호하는 스타일로 평가할 수 있는 문제점이 있으므로 주의가 필요함

2) 디자인(Design) 요소

① 수프에서 디자인은 맛(Flavor)과 표현 및 연출(Presentation)을 기반으로 평가함

② 디자인 요소의 경우 맛을 고려하지 않고 음식의 모양만을 고려하는 것은 불가능함

제 03 편

📎 Check Note

✓ 어니언 페이스트(Onion patste)

- 소스 팬에 올리브유를 두르고 얇게 슬라이스한 양파를 볶음
- 다진 마늘을 조금 넣고 더 볶다가 양파가 색이 나기 시작하면 화이트 와인을 조금씩 첨가하면서 양파를 볶음
- 팬에 화이트 와인을 나누어 넣으면서 신맛이 없어질 때까지 볶음
- 완전히 붉은 갈색이 되도록 볶아 완성

✓ 양식 수프 관련 조리용어

- 크루통(Croutons) : 빵을 작은 주사위 모양으로 썰어서 팬이나 오븐에서 바삭하게 구운 것
- 콜렌더(Colander) : 음식물의 물기를 제거할 때 사용
- 퀜넬(Quennel) : 가금류와 어류를 곱게 갈아 만든 타원형의 완자
- 농후제 : 소스나 수프의 농도를 조절하는 것으로 루, 전분, 뵈르 마니에, 달걀이 있음
- 뵈르 마니에(Beurre Manie) : 부드러운 버터에 밀가루를 섞은 것으로 소스나 수프의 농도를 맞출 때 사용
- 미르포아(Mirepoix) : 소스나 스톡의 향과 맛을 돋우기 위해 양파, 셀러리, 당근 등의 향채소를 큐브 형태로 썬 것
- 부케가르니(Bouquet Garni) : 양파, 셀러리, 월계수잎, 통후추, 클로브, 타임, 파슬리 등과 같은 향채소와 향신료, 허브류를 사용하여 만든 향을 내기 위한 다발
- 루(Roux) : 동량의 버터와 밀가루를 볶은 것으로, 색에 따라 화이트 루(White Roux), 블론드 루(Blond Roux), 브라운 루(Brown Roux)로 나뉘고 요리의 특징에 따라 적절하게 사용해야 함

③ 음식의 시각적 초점은 메뉴판에 서술되어 있는 강조되는 맛과 일치해야 함

④ 음식 본연의 맛과 코스메뉴에 어울릴 수 있는 수프의 맛과 담기 디자인을 선택하는 것이 중요함

(3) 조리기술적인 완성도(Technical execution)

① 음식을 준비하는 데 필요한 수프 조리기술을 평가하기 위한 것

② 조리기술에 대한 평가는 평가자가 동일한 방식으로 음식을 정확히 준비하는 과정을 평가하는 영역

03 양식 어패류 조리

1 어패류 조리

(1) 가열 조리

습열조리 (Moist heat cooking)	끓이기, 졸이기, 찌기, 찜, 데치기, 가압(진공 포장 조리) 등 • 새우 카나페 : 미르포아를 넣은 끓는 물에 새우를 데쳐서, 구운 빵 위에 올린 요리 • 조개찜 : 조개와 고추, 고수를 넣어 향미를 더한 요리 • 해산물 샐러드 : 관자, 홍합, 조개를 쿠르부용에 데쳐서 레몬 비네그레트로 버무린 요리
건열조리 (Dry heat cooking)	굽기(오븐 또는 그릴이나 브로일러), 팬에 살짝 굽기, 볶기, 튀기기, 파치먼트 종이에 싸서 굽기 등 • 피시 뫼니에르 : 도버 솔을 팬에 버터구이한 요리 • 프렌치 새우 튀김 : 새우에 튀김옷을 입혀 튀긴 요리 • 바닷가재 테르미도르 : 바닷가재 살을 브랜디, 크림, 치즈 등으로 양념하여 바닷가재 껍질에 채워 샐러맨더에 구운 요리

(2) 비가열 조리

절임	설탕, 식초, 소금 등에 절여서 보관하는 형태의 조리방법
건조	햇빛이나 인공의 열로 건조시키는 방법
생식	• 재료 본연의 맛과 향을 즐길 수 있도록 조리하는 형태 • 생선류를 신선한 상태에서 바로 먹는 형태로 회, 세비체, 타르타르(Tartar) 등

(3) 기본 육수

어류	생선 벨루테 소스 등
갑각류	바닷가재 비스크 소스 등
조개류	조개 뵈르블랑 소스 등

✓ 양식 어패류 관련 조리용어

■ 쿠르부용(Court Bouillon) : 어패류, 채소류를 포칭하는 데 사용되는 육수로 미르포와, 딜, 통후추, 타임, 바질 같은 허브류와 레몬, 식초, 포도주가 첨가되기도 함

■ 가니쉬(Garnish) : 딜, 바질, 타임, 고수, 파슬리와 같은 허브류와 통후추, 고추, 마늘과 같은 향신료, 레몬, 사과, 오렌지와 같은 과일류, 밀가루와 버터를 활용하여 구워낸 쿠키와 빵류를 사용하여 요리에 맛과 멋을 부여하여 장식하는 것

✓ 새우 카나페(Shrimp canape)

■ 구운 식빵에 버터를 바르고 얇게 썬 달걀, 새우 순으로 얹음

■ 케첩과 파슬리 잎을 살짝 올려 완성

✓ 조개찜(Steamed clams)

■ 조개가 입을 벌리면 더이상 끓이지 않고 마지막에 다진 고수를 넣고 살짝 섞어줌

■ 접시에 옮겨 담고 고수와 레몬으로 장식

✓ 해산물 샐러드(Seafood salad)

■ 샐러드 채소와 해산물을 접시에 보기 좋게 담음

■ 레몬 비네그레트를 골고루 끼얹고 실파로 장식

2 어패류 요리 완성

(1) 어패류 요리 가니쉬

1) 생선류 요리

수프	생선 차우더 수프(루와 크림 넣음), 부야베스(프랑스 프로방스)
건열 조리	피시 뮈니엘
습열 조리	솔 모르네
비가열 조리	회, 세비체, 타르타르 등

2) 갑각류 요리

수프	일반적으로 비스크(Bisque)는 새우, 게 등을 섞어서 만든 형태를 말함 • 새우 비스크(Shrimp bisque) • 바닷가재 비스크(Lobster bisque) • 게 비스크(Crab bisque) • 랑구스틴 비스크(Langoustine bisque)
건열 조리	프렌치 새우 튀김, 바닷가재 테르미도르

3) 조개류 요리

수프	• 맑게 끓이는 수프 • 크림, 루 등을 사용하여 걸쭉하게 끓이는 수프 　예 조개 차우더 수프(Clam chowder soup)
건열 조리	조개 튀김(Fried clams)
습열 조리	조개찜(Steamed clams), 해산물 샐러드

(2) 어패류 요리 품질평가

1) 요구하는 주제에 맞추어 어패류 요리를 평가

① 음식은 레스토랑 컨셉이나 조리장이 추구하는 목표에 따라 어패류 요리의 담는 형태와 음식의 배치가 달라짐

② 어패류 요리는 어떤 코스메뉴로 구성되어 제공되는 것인지를 고려하는 것이 필요함

③ 완성된 요리를 평가할 경우 자신이 경험하고 선호하는 스타일로 평가할 수 있는 문제점이 있으므로 주의가 필요함

2) 조리기술적인 완성도(Technical execution)

① 음식을 준비하는 데 필요한 어패류 요리에 적용된 조리기술을 평가하기 위한 것

② 조리기술에 대한 평가는 평가자가 동일한 방식으로 음식을 정확히 준비하는 과정을 평가하는 영역

Check Note

✔ 피시 뮈니엘(Fish meuniere)

■ 필레(Fillet)의 안쪽이 위로 오게 접시에 가지런히 담고, 레몬-버터 소스를 끼얹음

■ 레몬 웨지(Wedge)와 파슬리로 장식

✔ 솔 모르네(Sole mornay)

■ 익힌 도버 솔을 접시에 올리고 모르네 소스를 끼얹음

■ 레몬 웨지와 파슬리, 카옌 페퍼로 장식

✔ 채소를 채운 훈제 연어 롤 (Smoked salmon roll with vegetables)

■ 접시에 양상추를 먹기 좋은 크기로 잘라 깔고, 그 위에 자른 연어 롤을 보기 좋게 얹음

■ 연어 롤 위에 호스래디시 크림과 케이퍼를 놓고 파슬리와 레몬 웨지로 장식

✔ 새우 비스크(Shrimp bisque)

수프 볼에 담고 위에 데친 딜을 올려 완성

✔ 프렌치 새우 튀김(French fried shrimp)

■ 잘 튀겨진 새우를 접시에 올림

■ 파슬리와 레몬 웨지를 가니쉬로 올려 완성

✔ 바닷가재 테르미도르 (Lobster thermidor)

■ 잘 구워진 바닷가재를 모양을 살려 접시에 올림

■ 웨지(Wedge)로 썬 레몬과 파슬리로 장식

③ 조리기술에 대한 평가는 작업장에서 이루어지는데, '맞다 – 틀리다'처럼 명확함

3) 디자인(Design) 요소

① 어패류 요리에 적용된 디자인은 맛과 표현 및 연출을 기반으로 평가함

② 디자인 요소의 경우 맛을 고려하지 않고 음식의 모양만을 고려하는 것은 불가능함

③ 음식 시각적 초점은 메뉴판에 서술되어 있는 강조되는 맛과 일치해야 함

④ 음식 본연의 맛과 코스메뉴에 어울릴 수 있는 어패류 요리를 선택하는 것이 중요함

⑤ 어패류 요리를 담는 디자인의 경우 '강조하고 추구하는 맛을 표현하는 것에 대한 필요성과 음식을 담는 디자인이 점점 복잡해지고 있는데 '서비스 가능성'을 고려하는 것이 중요함

04 양식 육류 조리

1 육류 조리

(1) 육류 종류

소고기	• 안심, 등심, 갈비 부위는 스테이크용으로 사용 • 나머지 부위는 브레이징이나 보일링 등의 방법으로 조리 • 질긴 부위나 손질 후 남은 고기는 갈아서 패티나 소시지로 만들어 사용
돼지고기	• 안심, 등심, 갈비 부위는 스테이크용으로 사용 • 삼겹살은 베이컨으로 가공하여 사용 • 나머지 부위는 갈아서 패티나 소시지로 만들어 사용
양고기	• 갈비 부위는 스테이크용으로 사용 • 다릿살 등 기타 부위는 브레이징, 로스팅을 하거나 잘게 조각을 내어 스튜로 만들어 사용
닭고기	• 가금류는 통째로 로스팅하여 사용 • 부위별로 잘라 내어 가슴살은 스테이크용, 다릿살은 스튜나 브레이징으로 조리하여 사용 • 모든 뼈를 발라 내어 넓게 펴고 내용물을 채워 오븐에 굽거나 보일링하여 사용

(2) 육류 조리법

건열식 조리법	• 직접 열을 가하거나 간접 열을 이용하여 조리하는 것 • 석쇠구이, 윗불구이, 그릴구이, 로스팅, 굽기, 베이킹, 소테, 팬 프라잉, 튀김, 그레티네이팅, 시어링 등	
습열식 조리법	물, 수증기나 액체 등을 열전달 매개체로 하여 조리하는 것	
	Poaching (포칭)	비등점 이하 65~92℃의 온도에서 물, 스톡, 와인 등에 육류, 가금류, 달걀, 생선, 채소 등을 잠깐 넣어 익히는 것
	Boiling (삶기, 끓이기)	끓는 물이나 스톡에 재료를 넣고 삶거나 끓이는 방식
	Simmering (시머링)	아주 뜨겁지 않고 식지 않을 정도의 60~90℃의 약한 불에서 조리하는 것으로, 소스나 스톡을 끓일 때 사용
	Steaming (증기찜)	수증기의 대류작용을 이용하여 조리하는 방법
	Blanching (데치기)	끓는 물에 재료를 잠깐 넣었다가 찬물에 식히는 방식
	Glazing (글레이징)	버터나 과일즙, 육즙 등과 꿀, 설탕을 졸여서 재료에 입혀 코팅시키는 조리방법
복합 조리법	Braising (브레이징)	팬에서 색을 낸 고기에 볶은 채소, 소스, 굽는 과정에서 흘러나온 육즙 등을 브레이징 팬에 넣은 다음 뚜껑을 덮고 천천히 조리하는 방법
	Stewing (스튜잉)	육류, 가금류, 미르포아, 감자 등을 약 2~3cm의 크기로 썰어 뜨겁게 달군 팬에 기름을 넣고 색을 낸 후 그레이비 소스나 브라운 스톡을 넣어 110~140℃의 온도에 끓여 조리하는 방법

2 육류 요리 완성

(1) 육류 요리 가니쉬

1) 육류 요리 플레이팅

① 재료 자체의 고유 색감과 질감을 잘 표현
② 전체적으로 심플하고 청결하며 깔끔하게 담기
③ 요리의 알맞은 양을 균형감 있게 담기
④ 고객이 먹기 편하게 플레이팅 하기
⑤ 요리에 적합한 음식과 접시 온도에 신경씀
⑥ 식재료의 조합으로 다양한 맛과 향이 공존하도록 플레이팅

📎 **Check Note**

✅ **양식 육류 요리 관련 조리용어**

■ 향신료 : 육류의 누린내를 없애는 기능을 하며 로즈마리, 타임, 세이지 등이 사용됨

■ 로스팅(Roasting) : 오븐에서 육류, 가금류, 감자 등을 구워내는 건열식 조리방법

■ 수비드(sous vide) : 비닐 안에 육류나 가금류, 조미료, 향신료 등을 넣고 55~65℃ 정도의 낮은 온도에서 장시간 조리하는 비가열 조리 방식

■ 마리네이드(Marinade) : 고기나 생선, 채소 등을 재워두는 액상의 양념으로, 육질을 부드럽게 하거나 맛이 배게 하는 데 쓰이고, 보통 레몬주스나 식초, 와인 같은 산과 향신료를 더해 만들며, 드라이 마리네이드(Dry Marinade)와 모이스트 마리네이드(Moist Marinade)가 있음

제 03 편

2) 육류 요리 가니쉬

주재료에 곁들이는 재료로서 감자, 고구마, 호박, 당근, 버섯 등 각종 채소들을 사용함

① 가니쉬는 완성된 음식을 더욱 돋보이게 하는 장식으로 색을 좋게 하고 식욕을 돋우기 위해 음식 위에 곁들이는 것을 말함
② 가니쉬는 음식의 맛이나 외형을 좋게 하거나, 입안을 환기시키기 위해서 곁들여지는 장식
③ 시각적인 효과나 미각을 상승시켜 줄 수 있는 재료를 이용
④ 요리에 따라 음식 위에 올리거나 아래나 둘레에 얹어 장식
⑤ 육류, 가금류 요리에 어울리며, 맛과 멋을 높일 수 있는 아이템으로 구성
⑥ 신선한 잎을 이용하거나 반죽이나 기타 튀김 등을 이용하여 장식

(2) 육류 요리 품질평가

1) 음식의 품질평가

음식 담기, 구성, 맛의 항목으로 구분 및 평가함

2) 음식의 품질평가요소

음식 담기	• 음식 담는 원칙(구성요소, 양) • 창작성(스타일, 창의력)
구성	구성 및 예술성(음식의 조화, 시각적 효과)
맛	질감과 음식의 간, 풍미 등

05 양식 파스타 조리

1 파스타 조리

(1) 파스타 종류

재료에 따른 분류	• 피초케리(Pizzoccheri) : 메밀 • 뇨키(Gnocchi) : 감자 • 카바텔리(Cavatelli) : 도토리가루나 밤가루
건조 유무에 따른 분류	건조 파스타, 생면 파스타 등
형태에 따른 분류	가늘고 긴 원통형 파스타, 길고 평평한 파스타, 구멍 뚫린 튜브 모양의 긴 파스타, 짧은 튜브 모양 파스타, 짧은 모양 파스타, 속을 채운 파스타, 수프용 파스타, 스탬프로 찍어 표면에 문양을 넣는 파스타, 수타면, 뇨키·알갱이형 파스타 등

조리법에 따른 분류	파스타 아시우타 (Pasta Asciutta)	우리가 일반적으로 먹는 삶은 면과 소스를 버무린 파스타
	파스타 인 브로도 (Pasta in Brodo)	수프에 넣어 먹는 수프 파스타
	파스타 알 포르노 (Pasta al Forno)	파스타에 소스를 얹어 오븐에 구운 파스타

(2) 다양한 생면 파스타

1) 오레키에테(Orecchiette)
① '작은 귀'라는 의미로, 귀처럼 오목한 데서 유래
② 반죽을 원통형으로 만들어 자르고, 엄지손가락으로 눌러 모양을 만들거나 날카롭지 않은 칼 같은 도구를 이용
③ 소스가 잘 입혀지도록 안쪽 면에 주름이 잡혀야 함
④ 부서지지 않고 휴대하기 쉬워 항해를 하는 뱃사람들이 많이 이용함

2) 탈리아텔레(Tagliatelle)
① 이탈리아 중북부 지역인 에밀리아로마냐주(파르메산 치즈로 유명)에서 주로 이용
② 면은 적당한 길이와 넓적한 형태로, 소스가 잘 묻음
③ 면은 쉽게 부서지므로 둥글고 새집처럼 말아서 보관
④ 주로 소고기나 돼지고기로 만든 진한 소스를 사용

3) 탈리올리니(Tagliolini)
① 탈리아텔레보다는 좁고 가늘며, 스파게티보다는 두꺼움
② 탈리올리니는 '자르다'의 의미로, 이탈리아 중북부 리구리아 지방에서 전통적으로 사용
③ 파스타 면에 주로 달걀과 다양한 채소를 넣어 면을 만듦
④ 소스는 크림, 치즈, 후추 등을 주로 사용

4) 파르팔레(Farfalle)
① 나비넥타이 모양 혹은 나비가 날개를 편 모양의 면으로, 충분히 말려서 사용하는 것이 좋음
② 이탈리아 중북부 롬바르디아주나 에밀리아로마냐 지역에서 유래
③ 부재료는 주로 닭고기와 시금치를 사용
④ 크림 소스, 토마토 소스와도 잘 어울림

5) 토르텔리니(Tortellini)
① 소를 채운 파스타로서 이탈리아의 중북부인 에밀리아로마냐 지방에서 주로 먹음

제03편

Check Note

● 면 종류별 삶는 시간

스파게티	8분
라자냐	7분
라비올리	8분
카넬로니	7분
뇨키	5분

● 파스타 삶기
■ 씹히는 정도가 느껴질 정도로 삶는 것이 보통
■ 알덴테(Al dente)는 파스타를 삶는 정도를 의미하며, 입안에서 느껴지는 알맞은 상태를 나타냄
■ 파스타를 삶는 냄비는 깊이가 있어야 하며, 물의 양은 파스타 양의 10배 정도가 알맞음
■ 적당한 소금을 첨가하면 면에 탄력을 줌
■ 파스타 면을 삶는 면수는 파스타 소스의 농도를 잡아주고, 올리브유가 분리되지 않고 유화될 수 있도록 함
■ 삶을 때 파스타가 서로 달라붙지 않도록 분산되게 넣어야 하며 잘 저어 주어야 함
■ 삶는 시간은 소스와 함께 버무려지는 시간까지 계산해야 함
■ 삶은 후 바로 사용해야 함
■ 삶아진 파스타 겉면에 수증기가 증발하면서 남아 있는 전분 성분이 소스와 어우러져 파스타의 품질을 좋게 함
■ 면의 특성에 따라 삶는 정도가 다르며 다양한 경험과 숙련을 필요로 함

✓ **여러 형태의 파스타**

라자냐(Lasagna), 라비올리(Ravioli), 카넬로니(Cannelloni), 뇨키(Gnocchi), 리조또(Risotto) 등

✓ **파스타 소스의 종류**

■ 오일과 버터를 기초로 한 단순 소스
■ 크림 베이스 파스타 소스
■ 해산물 소스
■ 채소 소스
■ 고기 소스
■ 토마토 소스 등

✓ **파스타의 형태와 소스와의 조화**

짧은 파스타	가벼운 소스와 진한 소스 모두 어울리고 이탈리아에서 선호도가 높음
짧고 작은 파스타	샐러드의 재료와 수프의 고명으로 많이 사용
길고 가는 파스타	가벼운 토마토 소스와 올리브유를 이용한 소스가 잘 어울림(올리브유는 정당한 수분에 유화되면서 독특한 풍미 제공)
길고 넓적한 파스타	파스타 면에 잘 달라붙는 진한 소스로 파르미지아노 레지아노 치즈, 프로슈토, 버터 등과 잘 어울림

✓ **치즈**

■ 소, 양, 염소, 들소의 젖과 각 지방 고유의 기후와 생태환경에 따라 치즈의 성질을 구분
■ 고르곤졸라, 파르미지아노 레지아노와 같은 상표는 원산지 통제 명칭 등을 사용하여 고유한 지역에서 만든 치즈에만 명칭을 사용하도록 함으로써 보호받음

② 각각의 도우(Dough)에 내용물을 넣고 반지 모양으로 만든 것이 특징
③ 속을 채우는 재료는 다양하나, 일반적으로 버터나 치즈를 사용
④ 맑은 수프 또는 진한 수프에 사용하거나 크림을 첨가하기도 함

6) 라비올리(Ravioli)

① 두 개의 면 사이에 치즈나 시금치, 고기, 다양한 채소 등으로 속을 채운 만두와 비슷함
② 사각형 모양을 기본 모양으로 반달, 원형 등 다양한 모양을 만듦

2 파스타 요리 완성

(1) 파스타 요리 가니쉬

1) 파스타에 필요한 기본 부재료

① 올리브유 : 최상품인 엑스트라 버진 올리브 오일 사용
② 후추 : 항균작용, 매운맛의 '피페린' 성분이 음식의 대사 작용을 촉진함
③ 소금 : 면에 탄력을 줌
④ 토마토 : 소스의 특징을 살리는 역할을 함
⑤ 치즈 : 부드러운 식감을 줌

파르미지아노 레지아노 치즈	• 파르미지아노 치즈 또는 팔마산 치즈라고도 함 • 이탈리아 에밀리아로마냐주의 파르마가 원산지 • 1년 이상 숙성되어야 하며, 고급제품은 4년 정도 숙성시킴 • 조각을 내어 식후에 먹거나 소를 채운 파스타에 갈아 넣어 풍미를 살리거나 볼로네제 소스 위에 뿌려 먹는 등 여러 가지 방법으로 이용
그라나 파다노 치즈	• 소젖으로 만들어지는 압축가공 치즈로 파르미지아노 레지아노 치즈와 비슷한 유형의 치즈 • 부서지기 쉬운 낱알 구조 • 파르미지아노 치즈보다 역사는 짧지만 독특한 제조 방법과 고품질의 맛을 지님 • 이탈리아의 북부지역에서 많이 사용

⑥ 허브와 스파이스 : 파스타 고유의 맛과 풍미를 이끌어내는 데 필수적인 재료

허브	바질, 오레가노, 이탈리안 파슬리, 세이지, 처빌, 타임, 차이브, 로즈마리, 딜, 루꼴라 등
스파이스	넛맥(달콤, 독특한 향), 사프란(색·풍미 더함), 페페론치노(매운맛) 등

2) 파스타의 완성

① 파스타를 완성하기 위해서는 소스의 선택이 중요

② 탈리아텔레 같은 넓적한 면은 치즈와 크림 등이 들어간 진한 소스가 어울림

③ 파스타에 사용하는 버터와 치즈는 파스타에 부드러운 질감을 제공하며, 면이 소스를 잘 흡수하도록 도움

④ 짧은 파스타는 소스가 많이 묻을 수 있으므로 진한 질감을 가진 소스 사용

⑤ 일반적으로 생면 파스타는 부드러운 질감을 살리기 위해 버터나 치즈를 많이 사용

⑥ 건조 파스타는 경우 고기와 채소로 만든 소스를 주로 사용

⑦ 소를 채운 파스타는 소에 이미 일정한 수분과 맛이 결정되어 있으므로 수프 또는 가벼운 소스를 사용

3) 파스타의 종류별 완성하기

오레키에테	• 브로콜리와 바질 페스토를 곁들임 • 이탈리아 남부에서 많이 사용
탈리아텔레	• 버섯과 토마토 소스로 맛을 냄 • 넓적한 면이 특징으로, 진한 소스가 어울림
탈리올리니	• 주로 레몬으로 맛을 내며, 상큼한 맛이 특징 • 탈리아텔레보다 가는 파스타 면
파르팔레	• 화이트 크림 소스로 맛을 냄 • 나비넥타이 모양으로, 다소 변형 가능
토르텔리니	• 맑은 조개 수프로 맛을 냄 • 만두 같은 형태로, 가벼운 수프에 어울림
라비올리	• 볼로네제 소스로 맛을 냄 • 소를 채운 파스타로, 고기 소스가 어울림

(2) 파스타 요리 품질평가

1) 파스타의 품질평가

① 그릇에 담긴 음식을 실제로 신중하게 인식하는 과정을 거친 후에 음식 스타일이 무엇이고 과거의 전통을 계승하여 만들었는지 판단

② 푸드 플레이팅 이론을 연관지어 해석

③ 전체를 통합하여 음식을 설명하는 것으로, 음식에 대한 평가는 조리장이나 조리사들이 고객을 만족시키고 감동을 줄 수 있는 음식을 만들 수 있도록 피드백해 주고 자기개발을 할 수 있는 동기부여를 함

✔ **파스타 조리 시 특징과 완성하기**

- 오일만 사용하는 파스타는 육수가 파스타 요리의 맛을 결정함
- 조개, 해산물을 이용한 육수는 요리의 맛과 향을 살리기 위해서 센 불에 살짝 끓임
- 토마토 소스의 경우 수분을 고려하고 믹서에 갈면 신맛이 나므로 손으로 으깨서 사용
- 베이컨을 사용한 '볼로네제 소스'는 다진 채소와 다진 고기, 와인, 토마토를 주재료로 육수를 충분히 넣어 오랜 시간 동안 뭉근히 졸여 제맛을 냄
- 화이트 크림을 이용한 파스타는 만드는 과정에서 고루 저어야 눌거나 타는 것을 방지함
- 바질 페스토 소스는 변색을 방지하기 위하여 데쳐서 사용하거나 빠르게 조리함
- 올리브유와 면을 삶은 전분이 녹아 있는 물을 이용하여 소스가 분리되는 것을 방지하거나 파스타의 수분을 유지하도록 함
- 파스타에 콩이나 견과류를 사용하여 씹히는 맛과 고소한 맛을 냄
- 홈이 파이거나 원통형 파스타는 홈이나 구멍 속에 소스가 들어가 씹을 때 촉촉함을 느끼게 함
- 파스타 소스 위에 면을 올려 소스와 파스타 각각의 질감을 얻기도 함
- 파스타의 형태가 굵고 단단한 경우에는 수분이 많이 필요하므로 양념이 잘 어우러져야 함
- 이탈리아의 북부지역은 주로 유제품과 고기, 버섯, 치즈 등을 사용하고, 남부지역은 주로 해산물과 토마토, 가지, 진한 향신료를 사용함
- 대형 행사일 경우 시간을 절약하고 빠르고 효과적인 서비스를 위해서 미리 삶아 식혀 놓은 뒤 데워서 사용하기도 함
- 파스타의 완성 단계에서 삶아진 파스타는 특유의 풍미와 질감을 살리기 위해 바로 제공

📎 Check Note

✔ 사이드 디쉬에 활용되는 파스타

■ 건면 파스타 : 듀럼 밀을 거칠게 갈아 만든 세몰리나를 물로 반죽해 만든 후 건조시킨 것으로 양식 사이드 디쉬 조리에서는 주로 활용

■ 파스타 종류 : 모양 있는 파스타, 관 모양 파스타, 국수 모양 파스타, 리본형 국수 파스타, 속이 채워진 파스타 등

2) 품질평가요소

음식 담기, 구성, 맛의 항목으로 구분하여 평가함

06 양식 사이드 디쉬 조리

1 사이드 디쉬 조리

(1) 사이드 디쉬 재료

1) 사이드 디쉬에 활용되는 전분류

곡류	미곡류	쌀, 찹쌀, 흑미 등
	맥류	보리, 밀, 귀리, 호밀 등
	잡곡류	기장, 메밀, 수수, 옥수수, 율무, 조 등
서류		감자, 고구마, 토란, 마, 우무(곤약), 야콘 등
두류		팥, 강낭콩, 잠두, 렌즈콩, 완두, 땅콩 등

2) 사이드 디쉬에 활용되는 채소류

엽채류	주로 잎을 사용하는 채소
근채류	뿌리를 사용하는 채소
인경채류	식물의 줄기를 사용하는 채소
과채류	식물의 열매를 사용하는 채소
화채류	식물의 꽃을 사용하는 채소

3) 사이드 디쉬에 활용되는 버섯류

표고버섯, 양송이버섯, 새송이버섯, 팽이버섯 등

4) 사이드 디쉬에 활용되는 과일류

① 인과류 : 사과, 배, 모과, 비파 등

② 준인과류 : 귤, 금귤, 오렌지, 자몽, 레몬, 라임, 유자 등

③ 핵과류 : 복숭아, 살구, 체리, 자두, 앵두 등

④ 장과류 : 베리류, 포도, 석류, 감, 무화과 등

⑤ 과채류 : 딸기, 멜론, 수박, 참외 등

⑥ 열대과일류

⑦ 견과류 : 아몬드, 호두 등

(2) 사이드 디쉬 종류

전분류 사이드 디쉬	버섯 리조또, 샤프란 리조또, 메쉬드 포테이토, 베이크드 포테이토, 안나 포테이토, 그라탱 포테이토, 해시 브라운 포테이토, 단호박 퓌레, 고구마 퓌레, 스파게티, 콩 스튜 등

채소류 사이드 디쉬	그릴드 아스파라거스, 그릴드 애호박, 샤프란, 연근, 청경채 데침, 적양배추 등
과일류 사이드 디쉬	사과 처트니, 오렌지 세그먼트 등

2 사이드 디쉬 재료 전처리

(1) 재료 써는 방법

밀어썰기	칼을 밀면서 식재료를 써는 방법으로 칼의 앞쪽에 힘을 가하여 썰기
당겨썰기	• 가장 빠르게 써는 방법 • 칼을 당기면서, 칼의 손잡이 쪽으로 힘을 가하여 써는 방법
내려썰기	• 주로 식재료를 다질 때 사용하는 방법 • 칼끝 쪽을 도마에 붙이고 힘을 가하여 썰어 손을 다칠 확률이 가장 적은 방법
터널썰기	• 보통 식재료를 길게 썰 때 사용하는 방법 • 한 손으로 식재료를 터널 모양으로 잡고 써는 방법

(2) 양식 기본 썰기

1) 쥘리엔(Julienne) : 채소를 네모 막대형으로 써는 작업

파인 쥘리엔	0.15cm × 0.15cm × 6cm 길이의 네모 막대형
미디엄 쥘리엔	0.3cm × 0.3cm × 6cm 길이의 네모 막대형
라지 쥘리엔	0.6cm × 0.6cm × 6cm 길이의 네모 막대형

2) 다이스(Dice) : 채소를 주사위 모양으로 써는 작업

파인 브뤼누아즈	0.15cm × 0.15cm × 0.15cm 크기의 주사위형
스몰 다이스	0.6cm × 0.6cm × 0.6cm 크기의 주사위형
미디엄 다이스	1.2cm × 1.2cm × 1.2cm 크기의 주사위형
라지 다이스(큐브)	2cm × 2cm × 2cm 크기의 주사위형

(3) 기타 썰기

콩카세 (Concasse)	껍질 벗긴 토마토를 0.5cm 크기의 정사각형으로 써는 방법
시포나드 (Chiffonnade)	실처럼 가늘게 써는 방법으로 허브잎 등을 둥글게 말아서 얇게 써는 방법
샤또 (Chateau)	5cm 길이의 럭비공 모양으로 썬다기보다 깎는 것이 어울리는 방법
페이잔 (Paysanne)	1.2cm × 1.2cm × 0.3cm 크기의 직육면체(납작한 네모 형태) 로 써는 방법

| 아세(Hacher) | 영어로는 초핑(Chopping)이라고 하며, 채소를 곱게 다지는 방법 |
| 파리지엔
(Parisienne) | 채소나 과일을 파리지엔 나이프를 활용하여, 둥근 공 모양으로 파내는 방법 |

3 사이드 디쉬 조리방법

(1) 기본 조리방법

비가열 조리방법	비가열 처리를 하여 생으로 섭취하는 것	육회, 생선회, 샐러드, 과일 등
가열 조리방법	건식 조리방법 (Dry-heat cooking methods)	딥 프라잉(Deep-frying), 베이스트(Baste), 소테잉(Sauteing), 그릴링(Grilling), 로스팅(Roasting), 베이킹(Baking), 브로일링(Broiling)
	습식 조리방법 (Moist-heat cooking methods)	포칭(Poaching), 보일링(Boiling), 스티밍(Steaming), 시머링(Simmering)
	복합 조리방법 (Combination cooking methods)	브레이징(Braising), 스튜잉(Stewing), 쁘왈레(Poeler)
	기타 조리	수비드(Sous vide), 진공포장(Vacuum)

(2) 조리방법의 종류

1) 건식 조리방법(Dry-heat cooking methods)
   ① 익히고자 하는 재료에 기름이나 공기 등을 열전달 매개체로 하여 직접 열을 가하거나 간접 열을 이용하여 조리하는 방법
   ② 조리방법에 따라 기름의 양이나 온도를 조절해야 함
   ③ 열이 뜨거운 공기, 뜨거운 쇠, 복사열, 뜨거운 지방에 의해 수분 없이 전도되는 조리법

2) 습식 조리방법(Moist-heat cooking methods)
   ① 열이 물 또는 증기에 의해 전도되는 조리법
   ② 조리하고자 하는 재료에 물, 수증기, 액체 등을 열전달 매개체로 하여 조리하는 것으로, 삶기, 끓이기, 찜 등이 사용됨

3) 복합 조리방법(Combination cooking methods)
   ① 건식조리와 습식조리 두 가지를 이용한 복합식 조리법
   ② 겉면에 색을 내는 조리방법에서는 건열식 조리방법을 사용하고, 마무리 조리하는 과정에서는 습열식 조리방법을 사용하는 경우가 많음

③ 맛이나 영양가의 손실을 줄이기 위한 조리방법으로, 질긴 부위나 맛이 덜한 부위를 조리할 때 많이 사용

4) 기타 조리 – 수비드(Sous vide)
① 완전하게 밀폐하여 가열처리가 가능한 비닐 팩에 주재료와 부재료를 넣고 진공 상태로 포장하여 자동온도 조절장치를 활용하는 조리방법
② 자동온도 조절장치(50~60℃)가 달린 수조에 넣어 정확한 온도의 물을 데움
③ 물의 온도에 따라 재료도 달라지는데, 육류는 55~60℃까지, 채소류는 더 높은 온도로 데움
④ 재료의 겉과 속을 일정하게 가열하고 수분 유지를 목적으로 사용

(3) 조리방법의 예

1) 베이킹(Baking–cuire–ou four)
① 오븐에서 건조열의 대류작용에 의해 굽는 방법
② 주로 감자, 파스타 요리, 빵, 파이, 케이크, 타르트 등 제과·제빵에 많이 사용

2) 베이스트(Baste)
① 고기를 구우면서 타거나 마르지 않도록 버터, 기름, 소스, 물 등을 끼얹어 바르는 것
② 음식이 건조하게 되는 것을 방지하거나 맛을 더하기 위해 사용

3) 블랜칭(Blanching – biancher)
① 식품과 물의 비율은 1 : 10 정도로 충분한 양의 끓는 물 또는 기름에 짧게 조리하는 방법
② 효소를 파괴시켜 색과 영양을 보존하기 위한 방법

4) 보일링(Boiling – boillir)
① 끓는 물이나 육수에 재료를 넣어 익히는 방법
② 비등점에 가깝게 끓이고 거품이 나면 비등점이 낮아짐

5) 블렌딩(Blending)
두 가지 이상의 재료가 혼합되도록 섞는 것

6) 브레이징(Braising – braiser)
① 조리 용기에 식재료를 넣고 보통 170~200℃의 열원 위에서 장시간 조리하는 방법
② 덩어리가 큰 육류를 조리할 때 사용하며, 스토브나 오븐에서 조리하는 동안 뚜껑을 덮어 표면이 마르지 않도록 함

7) 크리밍(Creaming)

버터나 마가린을 부드럽게 될 때까지 저어주는 방법

8) 브로일링(Broiling)

석쇠 위에서 직접 불에 굽는 방법

9) 딥 프라잉(Deep – frying)

① 기름에 음식물을 튀겨 내는 방법

② 튀김 온도는 172~185℃ 정도가 좋으며, 조리하지 않을 때의 기름은 93℃ 정도를 유지함

10) 글레이징(Glazing – glacer)

설탕이나 버터, 육즙 등을 조린 음식에 코팅시키는 방법

11) 그레티네이팅(Gratinating – gratiner)

요리할 음식 위에 버터, 치즈, 달걀, 소시지 등을 올려서 샐러맨더나 오븐 등에서 열을 가해 색깔을 낼 때 사용하는 방법

12) 그릴링(Grilling)

간접적으로 가열된 금속(철판) 위에서 굽는 방법

13) 전자레인지(Microwave)

초단파 전자 오븐의 고열로 짧은 시간에 조리할 때 사용하는 방법

14) 쁘왈레(Poeler)

팬 속에 재료를 넣고 뚜껑을 덮은 다음 오븐 속에서 온도를 140~210℃ 정도로 조절해 가면서 조리하는 방법

15) 포칭(Poaching – pocher)

달걀이나 생선 등을 비등점 이하의 스톡이나 물, 쿠르부용에서 익히는 방법으로 70~80℃에서 천천히 익힘

16) 로스팅(Roasting – routir)

① 물 없이 뚜껑 없는 용기에서 건조한 열로 굽는 조리방법

② 처음에는 고온으로 하여 육류의 표면을 수축시킨 다음, 온도를 낮추어서 원하는 익힘 상태의 육류를 완성

17) 소팅, 소테(Sauteing – saute)

얇은 소테 팬이나 프라이팬에 소량의 버터 혹은 기름을 넣고 채소나 잘게 썬 고기 등을 200℃ 정도의 고온에서 살짝 볶는 방법

✔ 초절이기(Pickling)

마늘, 양파, 오이, 고추 등의 채소류를 장기간 보관할 수 있게 소금, 설탕, 식초, 향신료 등을 넣어 절이는 방법

✔ 루(Roux)

밀가루와 버터를 동량으로 넣고 볶는 것으로 색을 내는 정도에 따라 화이트 루(White roux), 블론드 루(Blond roux), 브라운 루(Brown roux)로 나눔

18) 스모킹(Smoking)

햄, 소시지, 생선 등의 냄새를 제거하고 특유의 향을 내기 위해 손질하여 소금에 절인 후 연기를 쪼이는 방법

19) 시머링(Simmering – etuver)

① 비등점 이하(95℃)에서 장시간 끓이는 조리법으로 식재료의 유효성분을 용출시키는 데 가장 효과적임

② 소스나 스톡을 만들 때 사용

20) 스튜잉(Stewing)

① 고기, 채소 등을 기름에 볶은 다음 육수를 넣어 걸쭉하게 약한 불에서 은근하게 끓여내는 방법

② 비프스튜(Beef stew)처럼 대체로 질긴 고기를 연화시킬 목적으로 사용

21) 스티밍(Steaming – cuire a vapeur)

① 200~220℃에서 압력 없이 음식을 끓는 물에 넣고 뚜껑을 덮고 찌듯이 조리하는 방법

② 수프, 육류, 가금류, 채소, 감자, 콩과류, 쌀, 통조림 등에 이용되며 압력 쿠커(습기찌기), 초고속 압력 쿠커(건조찌기)에서 찌는 방법도 있음

22) 진공 포장 요리(Vacuum cooking)

완성된 요리를 진공 포장해서 원하는 시간에 데워주고, 균의 오염을 막아주며, 영양 손실을 적게 하기 위해 포장된 식품을 그대로 포칭(Poaching)이나 보일링(Boiling)하는 방법

(4) 사이드 디쉬 양념

1) 허브

바질 (Basil)	• 이탈리아나 프랑스에서 많이 사용하며 주로 어린잎을 적기에 사용 • 토마토가 들어가는 음식에 어울리는 향초로서 스튜, 수프, 스파게티, 각종 소스 등에 사용
안젤리카 (Angelica)	식물의 잎과 줄기를 설탕에 절여 두었다가 데코레이션, 케이크 등에 사용
처빌 (Chervil)	• 미나리과 식물로 파슬리와 향이 비슷하며 주로 잎을 가늘고 잘게 썰어 사용 • 생것은 수프나 샐러드, 오믈렛이나 스크램블 등의 달걀 요리에 사용되며, 말린 것은 소스나 양고기에 사용됨

Check Note

✔ **육수내기(Stock)**

장시간 은근히 끓여내는 조리법

예 소고기 육수(Beef stock), 생선 스톡(Fish stock), 치킨 스톡(Chicken stock) 등

✔ **거품내기(Whipping)**

거품기를 사용하여 빠른 속도로 거품을 내어 공기를 함유하게 하는 것으로, 생크림, 달걀흰자, 버터 등을 이용하여 거품을 냄

차이브 (Chive)	유럽, 호주, 북미 지역의 야생에서 볼 수 있는 유일한 실파
코리안더 (Coriander)	• 지중해 연안, 모로코, 남부 프랑스, 동양이 원산지 • 생강 빵, 케이크, 커리, 피클 등에 사용
파슬리 (Parsley)	생것을 다지거나 말려서 사용하며, 음식을 장식하는 데에도 많이 이용함 예 생선, 고기, 채소, 샐러드, 수프 등에 이용
펜넬 (Fennel)	딜(Dill)과 향이 비슷하며 씨를 이용 예 생선 요리, 수프, 빵에 사용
마조람 (Marjoram)	• 건조시킨 잎과 꽃봉오리는 달콤하고 박하와 같은 맛을 냄 • 육류, 어류, 조류, 달걀, 치즈, 채소, 소시지 특히 양고기 요리 등에 사용
박하 (Mint)	• 강한 맛과 향을 지님 • 과자, 음료, 아이스크림, 수프, 스튜, 육류, 생선 소스, 양고기 요리 등에 사용
오레가노 (Oregano)	• 박하과의 다년생 생물로, 잎사귀를 그대로 사용하거나 가루로 만들어 사용 • 피자나 파스타 등 이탈리아 요리나 멕시코 요리에 이용
딜 (Dill)	• 피클, 샐러드, 사우어크라우트(Sauerkraut), 수프, 소스에 사용 • 주로 요리가 완성된 다음에 사용됨
로즈메리 (Rosemary)	생잎을 그대로 채취하여 양고기, 닭고기, 돼지고기, 소고기 수프나 스튜 등에 사용 또는 말려서 사용
세이지 (Sage)	박하류에 속하며 소시지, 드레싱, 가금류, 돼지고기, 양고기 요리 등에 사용
타임 (Thyme)	• 꽃순이나 잎사귀를 말려서 사용 • 가금류의 조미료, 차우더, 생선 소스, 크로켓, 토마토를 넣은 음식 등에 이용
세이보리 (Savory)	콩, 소시지, 양고기 요리 등에 사용
타라곤 (Taragon)	잎을 주로 사용하고 식초나 머스터드 제품에 사용 예 육류, 달걀, 토마토 요리, 소스, 샐러드 등에도 사용
사프란 (Saffran)	• 지중해 연안에서 생산되며, 희소성으로 인해 가격이 비쌈 • 암술을 말려서 사용 • 강한 노란색으로 독특한 향기와 맛을 내며 소스, 수프, 쌀 요리, 감자 요리, 빵, 페이스트리에 사용

2) 향신료

올스파이스 (Allspice)	자메이카 후추(Jamaica pepper)라고도 하며 인도, 멕시코에서 나는 고추의 일종임 예 피클, 육류, 생선 요리, 케이크 등에 사용

✅ 향신료

- 음식의 향, 맛, 색깔 등에 영향을 주고 풍미를 더해 줌
- 식욕과 소화를 촉진시키고 방부 및 살균작용으로 식품의 저장기간을 연장함
- 분쇄, 단독, 배합하여 사용
- 천연 향신료(Dry spices) : 분쇄하여 그 자체로 사용하는 것
- 향료(Spice flavor) : 수증기로 증류하거나 용제로 추출하여 사용하는 것

회향 (Anise)	감초 맛이 나며 스페인, 중국 등지에서 자라는 1년생 식물인 파슬리과 식물의 열매로 리큐르, 기침약 등에 사용 예 쿠키, 캔디, 피클, 케이크 등을 만들거나 술의 향료로도 사용
월계수 잎 (Bay leaf)	로리에(Laurier)라고도 하며 피클, 로스트, 스튜, 소스, 수프, 차 우더(Chowder) 등에 널리 사용

케이퍼 (Caper)	꽃봉오리 부분을 이용함 예 생선, 육류, 수프, 소스, 버터, 샐러드 등에 사용	
	작은 크기	놈파레이어(Nonpareilles)
	중간 크기	쉬호핀(Surfines)
	큰 크기	까뷔쉰(Capucines)

캐러웨이 (Caraway)	• 독일 요리에 많이 이용 • 파슬리와 비슷하며 열매를 말려서 사용 예 케이크, 빵, 국수류, 사우어크라우트, 스튜, 수프에 이용
카이엔 페퍼 (Cayenne pepper)	남미산의 작고 매운 고추로 주로 가루로 만들어 사용 예 육류, 어류, 샐러드 드레싱, 소스 등에 이용
칠리 페퍼 (Chili pepper)	매운 고추로 주로 가루로 만들어 사용 예 콩 요리, 수프, 소스, 채소, 육류 등의 요리에 이용
정향 (Clove)	식물의 꽃봉오리를 훈연 가공하여 사용 예 과자류, 푸딩, 수프, 스튜, 과일 피클 등에 이용
심황 (Turmeric)	• 생강과 식물의 뿌리 • 독특한 방향과 쓴맛이 있는 노란색의 카레가루로 머스터드 제품의 색과 맛을 내는 데 사용
고수 (Coriander)	고수의 열매를 말려서 피클, 과자류, 채소, 소시지 등에 사용
커민 (Cumin)	파슬리과의 식물 열매로 약간 씁쓸한 맛 예 육류 요리, 수프, 치즈, 소시지, 파이, 달걀요리 등에 이용
커리 가루 (Curry powder)	• 인도에서 생산되며 여러 가루로 된 향료를 섞어서 이용 • 심황, 코리안더, 생강, 페누그릭, 캐러웨이, 후추, 파프리카를 섞은 복합 향신료 예 카레라이스, 치킨 커리, 달걀, 채소, 생선 요리 등에 이용됨
펜넬 (Fennel)	딜과 향이 비슷하며 씨를 사용 예 생선 요리, 수프, 빵에 이용
마늘(Garlic)	고기 요리, 수프, 샐러드, 드레싱, 파스타, 소스, 피클 등에 사용
생강 (Ginger)	• 아시아가 원산지로 일본, 중국, 자메이카 등에서 자람 • 피클, 스튜, 달걀, 과일 케이크, 아이스크림, 진저밀크, 진저에 일, 진저비어, 베르무트(Vermouth)의 향료로 사용
호스래디시 (Horseradish)	흰색의 뿌리를 갈아서 사용하며 톡 쏘는 매운맛이 특징 예 생선 요리와 소스 등에 주로 이용

제
03
편

❤️ **비프 스테이크 익힘 정도(Beef steak temperature)**

- 덜 익힘(Rare) : 고기 속이 전체가 붉고 육즙은 검붉은색(52℃)
- 약간 덜 익힘(Medium – rare) : 고기 속이 전체가 붉고 육즙은 붉은색(55℃)
- 중간 정도 익힘(Medium) : 고기 속만 약간 붉고 육즙은 핑크색(60℃)
- 약간 익힘(Medium – well) : 고기 속의 붉은색이 적고 육즙이 약간 투명(65℃)
- 완전히 익힘(Well – done) : 육즙이 투명(70℃)

❤️ **기름을 오래 사용하기 위한 조치**

- 튀김기를 청결히 하고 얼룩은 기름으로 닦아 냄
- 산패한 기름에 새로운 기름을 넣지 않음
- 온도 조절장치를 강철솔로 닦지 않음
- 금속은 지방을 산패시키기 때문에 금속 기구를 사용하지 않음
- 음식은 튀기기 전에 건조시키고 튀기는 동안에 사용한 기름은 새 기름으로 채움
- 소금은 지방을 분해하므로 튀김이나 철판에 구울 때에는 소금에 절인 음식은 피함
- 공기, 빛과 접촉하면 산화가 빨리 되기 때문에 지방 식품은 차고 어두운 곳에 저장함

쥬니퍼 베리 (Juniper berry)	• 삼나무 과로 콩알 만한 크기의 열매를 사용 • 소나무 열매와 유사한 독특한 향으로 사우어크라우트, 스튜 등에 사용 • 술에 첨가하여 '드라이진'을 만듦
육두구 (Nutmeg)	달콤한 향이 있는데 알맹이 또는 분말로, 채로 된 것은 필요에 따라 갈아서 사용 예 에그노그 크림 푸딩, 아스픽 파이, 육수, 송아지, 사슴 요리, 버섯 요리 등에 이용
바닐라 (Vanilla)	디저트, 차가운 수프, 쿠키, 케이크, 라이스 푸딩, 아몬드 캔디 등에 이용
계피 (Cinnamon)	계수나무의 껍질을 그대로 사용하거나 가루로 만들어 사용 예 피클, 푸딩, 과일, 음료, 과자류 등에 이용
양귀비씨 (Poppy seed)	페이스트리, 쿠키, 케이크, 샐러드 드레싱 등에 사용

4 사이드 디쉬 완성하기

(1) 사이드 디쉬 플레이팅의 원칙

① 깨끗하고 정갈하게 담아야 하며 전체적으로는 심플해야 함
② 식재료 자체가 가지고 있는 고유의 질감과 색감을 잘 표현해야 함
③ 요리의 종류에 따라 알맞은 양과 균형감 있게 담아야 함
④ 요리의 종류에 따라 접시 온도에 신경을 써야 함
⑤ 고객이 편하게 먹을 수 있도록 함
⑥ 여러 가지 식재료의 조합으로 다양한 맛과 향이 날 수 있도록 플레이팅을 함

(2) 플레이팅의 5가지 구성요소

① 단백질 ② 탄수화물
③ 비타민 ④ 소스
⑤ 가니쉬(Garnish)

(3) 접시 용어에 대한 이해

캠퍼스 (Campus)	• 접시 중앙 부분 • 메인요리와 가니처(Ganiture)를 균형 있고 조화롭게 담을 수 있음
림 (Rim)	• 접시 프레임 안쪽으로 둥글게 들어간 부분 • 드레싱이나 소스가 밖으로 흘러넘치지 않도록 해야 함
프레임 (Frame)	접시를 둘러싸고 있는 부분

(4) 푸드 플레이팅의 가니쉬(Garnish)

① 식용으로 사용할 수 있는 재료를 요리의 모양과 식욕을 돋우기
위해 요리 위에 얹거나 뿌리거나 꾸미거나 붙여서 완성된 음식을
더욱 돋보이게 하는 장식

② 시각적인 효과 및 미각을 상승시킬 수 있는 식재료를 이용함
예 타임, 로즈메리, 바질, 민트, 튀김, 너트, 식용 꽃 등

③ 산성 식품인 메인요리에 탄수화물인 곡류, 채소, 과일 요리 등을
곁들이는 것

07 양식 디저트 조리

1 콜드 디저트 조리

(1) 콜드 디저트 종류와 조리법

무스 (Mousse)	조리법	가장 기본이 되는 디저트로 프랑스어로 거품을 뜻함
		달걀흰자와 설탕으로 만든 머랭에 과일 퓌레를 섞어 만드는 방법
		달걀노른자와 설탕으로 거품을 올려 우유나 과즙을 주요 수분 재료로 사용하여 리큐르를 섞어 만드는 방법
		초콜릿을 기본으로 생크림과 흰자, 노른자 등의 거품을 섞어 만드는 초콜릿 무스
젤리 (Jelly)		• 과일주스나 우유에 설탕이나 술 등을 넣어 굳히는 제품 • 응고제에 따라 젤라틴 젤리, 펙틴 젤리, 한천 젤리 등으로 나뉨
바바루아 (Bavarois)		• 달걀로 만든 커스터드 소스나 앙글레이즈와 휘핑크림, 판 젤라틴을 섞어 바바루아 크림을 만듦 • 각종 과일 퓌레와 리큐어, 초콜릿, 너트 등을 섞어 몰드에 굳혀 사용 • 페이스트리 또는 케이크의 필링으로도 많이 사용
샤를로트 (Charlotte)		• 레이디핑거(Lady finger)나 비스퀴아라퀴예르(Biscuit á la Cuillére), 제누아즈 등을 이용하여 케이크 틀의 내부에 돌려 다양한 모양으로 응용하여 만듦 • 바바루아 크림을 채우거나 무스, 크림, 퓌레 등을 담아 차가운 곳에서 굳힌 것
과일 콤포트 (Fruit comport)		• 과일을 적당한 크기로 자르고 시럽에 바닐라, 오렌지, 레몬, 시나몬 스틱 등을 넣고 삶아서 식힌 다음 차갑게 먹는 디저트 • 과육이 너무 익은 것은 힘이 없이 풀어지므로 약간 덜 익은 과일을 활용하여 만드는 것이 적당하고 사과나 살구, 자두 등을 많이 사용

(2) 콜드 디저트 가니쉬
  1) 무스 장식
    ① 산딸기 무스 코팅 재료를 준비
    ② 산딸기 퓌레와 설탕, 물을 섞어 80℃ 정도까지 가열
    ③ 차가운 물에 불려 둔 판 젤라틴을 섞어줌
    ④ 판 젤라틴을 섞은 코팅용 퓌레를 얼음물에 식혀 준 뒤 고운 체에
       걸러 덩어리가 없이 사용

  2) 바바루아 장식
    ① 블루베리 쿨리 재료를 준비
    ② 블루베리 퓌레와 설탕을 섞어 80℃ 정도까지 가열
    ③ 블루베리 퓌레를 체로 거른 후 럼을 섞어 식혀 주기
    ④ 블루베리와 쿨리, 민트 등으로 장식하여 플레이팅을 완성

(3) 콜드 디저트 소스
  1) 바바루아 소스
    블루베리 쿨리를 충분히 식혀 준 뒤 바바루아 소스를 뿌려 주어야
    바바루아가 녹지 않음

  2) 바닐라 소스(Vanilla sauce) 제조
    ① 바닐라 소스(Vanilla sauce)의 재료를 저울을 이용하여 레시피
       에 맞게 정확하게 계량
    ② 바닐라 소스를 제조할 도구(믹싱 볼, 거품기, 시럽 끓이는 자루
       냄비) 등을 미리 준비
    ③ 설탕과 전분을 혼합
    ④ 바닐라 빈을 반으로 갈라 우유에 넣어 같이 끓여줌
    ⑤ 달걀노른자에 설탕과 전분을 재료를 혼합
    ⑥ ⑤에 데운 우유를 조금씩 나누어 혼합하여 다시 불 위에 올려
       저어가며 끓여줌
    ⑦ 소스의 농도는 스푼 뒷면을 손가락으로 갈라 보았을 때 모양을
       유지할 정도까지 끓여 준 후 체에 걸러 식혀 줌

2 핫 디저트 조리

(1) 핫 디저트 종류와 조리법

핫 수플레 (Hot soufflé)	• 수플레(Soufflé)는 프랑스어로 부풀다(Puff up)의 뜻으로 푸딩류 에 속함 • 달걀흰자의 기포성을 이용한 부드러운 디저트

크레이프 (Crepe)	얇은 반죽을 구워 여러 가지 재료로 채워 만드는 디저트
베녜 (Beignets)	• 프랑스어로 부풀어 오른다(to Raise)라는 뜻 • 과일에 반죽을 입혀서 기름에 튀겨 내는 디저트
플람베 (Flambé)	• 플람베는 음식을 화덕에 넣었을 때 불꽃(프랑스어 : Flamme, 독일 어 : Flamme)이 타오르는 듯한 모습에서 유래 • 과일을 주재료로 하여 따뜻하게 제공
그라탱 (Gratin)	• 윗면에 소스를 가미하여 오븐에 구워 낸 요리 • 디저트에서는 주재료로 과일을 이용하며, 과일 위에 사바용 (Savayon) 소스를 올리고 구워서 제공

(2) 핫 디저트 가니쉬

1) 초콜릿을 이용한 장식

다크 초콜릿 (Dark chocolate)	• 원재료만을 가공하여 만든 비터 초콜릿 • 커버처에 주로 활용됨
밀크 초콜릿 (Milk chocolate)	스위트 초콜릿에 분유를 더한 초콜릿
화이트 초콜릿 (White chocolate)	카카오 버터, 분유, 설탕 등을 혼합하여 만든 초콜릿
커버처 (Coverture)	카카오 버터가 전체의 30% 이상 포함된 초콜릿으로 봉봉, 외 피, 코팅용으로 활용

2) 초콜릿 템퍼링

다크 초콜릿	40~50℃(중탕) → 28~30℃(냉각) → 30~32℃ 온도로 사용
밀크 초콜릿	40~45℃(중탕) → 26~28℃(냉각) → 28~30℃ 온도로 사용
화이트 초콜릿	40~45℃(중탕) → 26~28℃(냉각) → 28~30℃ 온도로 사용

3) 쿠기를 이용한 장식

사브레 (Sablé)	디저트의 밑면이나 장식에 사용
비스코티 (Biscotti)	한 번 구워 낸 후 슬라이스하여 오븐에 말리듯 구워서 사용
랑그 드 샤 (Langue de Chat)	• 뜨거운 상태에서는 구부려 모양내기가 가능하지만 식으면 단 단해지는 특징이 있음 • 바구니 모양, 시가렛 모양, 휘는 모양이 가능하며, 등사(스텐 실)하듯 모양을 내어 사용
튀일 (Tuile)	가볍게 바삭거리며 부서지는 질감으로, 다양한 너트류 등을 넣 어 굴곡진 모양으로 만들어 사용

📎 **Check Note**

✔ **크레이프**

크레페(Crêpe)는 '두르르 말린(Curled)'
이란 뜻의 라틴어 '크리스파(Crispa)'
에서 유래되어 프랑스어로 얇은 천
(비단)이라는 의미도 가지고 있음

✔ **초콜릿 템퍼링**

■ 초콜릿을 일정한 온도로 올리며
온도를 조절하는 과정
■ 조직이 안정되면서 가공성이 좋아
지고 광택이 살아나며 부드러운
맛과 굳는 속도가 빠르며 강도가
강해짐

✅ 머랭과 다양한 크림

- 머랭(Meringue) : 달걀흰자에 설탕과 향료를 섞어서 단단하게 낸 거품까지를 머랭이라고 함
- 냉제 머랭(French meringue) : 달걀흰자를 24℃ 정도에서 거품을 올리며 전분이 포함되지 않은 슈거 파우더 또는 설탕을 조금씩 넣어 주면서 거품을 올려 줌
- 이탈리안 머랭(Italian meringue) : 거품을 낸 달걀흰자에 115~118℃에서 끓인 설탕 시럽을 조금씩 넣어 주면서 거품을 올림
- 스위스 머랭(Swiss meringue) : 달걀흰자와 설탕을 믹싱 볼에 넣고 잘 혼합한 후에 43~49℃에서 중탕하여 설탕이 녹을 때까지 거품을 올리며, 각종 장식 모양을 만들어 건조시켜 많이 사용함
- 생크림(Fresh, whipped, heavy cream)
  - 한국이나 일본에서는 유지방 18% 이상을 포함한 것이라고 규정하며, 일반적으로 커피용은 20% 정도의 유지방을 포함
  - 그보다 적은 함량의 것은 테이블 크림이라고 하며, 생크림을 발효시켜 신맛이 나게 한 것을 사워크림(Sour cream)이라 함
- 버터크림(Butter cream)
  - 버터, 설탕, 달걀노른자와 달걀흰자, 우유, 크림을 넣어 만든 크림
  - 버터, 마가린, 쇼트닝 같은 고형지방에 설탕을 넣고 거품을 일으켜 사용함
- 커스터드 크림(Custard cream)
  - 우유, 달걀노른자, 설탕, 밀가루 또는 옥수수 전분 등을 끓여 만든 크림

4) 설탕을 이용한 장식

쉬크르 티레 (Sucre Tire)	잡아 늘려 모양을 내는 기법
쉬크르 수플레 (Sucre Souffle)	공기를 주입하여 부풀어 오르게 하는 기법
쉬크르 쿨레 (Sucre Coule)	틀에 흘려 붓는 기법
쉬크르 불레 (Sucre Bulle)	실리콘 페이퍼 위에 알코올을 뿌린 후 끓인 설탕을 부어 기포를 만들어 사용하는 기포 흘리기 기법
쉬크르 로셰 (Sucre Rocher)	머랭을 만들어 굳히는 암석 기법
쉬크르 필레 (Sucre File)	• 실 모양을 만드는 기법 • 솜사탕을 만드는 원리와 같으며, 둥지 모양을 만들어 디저트를 담아 제공

5) 기타 장식

제스트 (Zest)	귤속 식물의 열매 겉껍질을 일컫는 말로, 껍질 겉 부분을 강판이나 제스터(Zester)로 갈아 벗기거나 칼로 얇게 저며서 사용
건조 과일 (Dry fruit)	과일을 얇게 썰어 설탕물에 살짝 데친 후 컨벡션 오븐이나 건조기 등에 말려서 사용
허브 (Herb)	• 애플민트, 타임, 로즈메리 등 신선한 것을 사용 • 허브의 윗부분을 잘라 사용하고 식용 꽃을 이용해 장식
생과일 (Fresh fruit)	• 계절 과일을 모양내어 장식 • 딸기, 블루베리, 체리, 산딸기 등 작은 과일은 형태와 색채를 살려 사용

(3) 핫 디저트 소스

1) 초콜릿 소스(Chocolate sauce) 제조

① 초콜릿 소스의 재료를 저울을 이용하여 배합표에 맞게 정확하게 계량

② 초콜릿 소스를 제조할 도구(믹싱볼, 나무 주걱, 시럽 끓이는 자루 냄비) 등을 미리 준비

③ 생크림과 버터를 끓여줌

④ 다크 초콜릿을 생크림에 넣어 혼합

⑤ 거품이 생기지 않도록 나무 주걱을 이용해 혼합

※ 가니쉬의 일종으로 농도는 디저트의 사용 용도에 따라 조절
※ 거품기를 사용하여 저으면 안에 공기가 들어가 단단해짐

2) 오렌지 캐러멜 소스(Orange caramel sauce) 제조

① 오렌지 캐러멜 소스 제조에 필요한 도구를 준비

② 소스 팬에 계량된 설탕과 물을 넣어 골고루 섞이도록 준비

③ 물과 혼합된 설탕을 가스레인지 위에 올려 끓여줌

④ 설탕이 호박색을 띄면 오렌지 주스를 투입하여 더 이상 색이 나지 않도록 함

⑤ 중간 불로 끓여 덩어리가 풀어지면 버터와 강판에 내린 오렌지 껍질을 넣어줌

3 스페셜 디저트 조리

(1) 스페셜 디저트 종류와 조리법

1) 얼린 디저트(Frozen dessert)

아이스크림류 (Ice cream)	• 우유 또는 생크림에 설탕, 달걀, 향료, 안정제 등을 넣고 섞어서 크림 상태로 얼린 디저트 • 부드럽고 크리미한 식감을 가짐
셔벗류 (Sherbet)	• 과즙에 물, 설탕 등을 넣고 섞어서 얼린 디저트 • 아이스크림보다 더 가볍고 과일 맛이 강조
파르페 (Parfait)	• 달걀 노른자와 설탕을 휘핑하여 냉각시키고, 머랭과 생크림을 혼합한 후 과일, 술 등을 섞어서 얼린 디저트 • 무스처럼 부드러운 식감을 가짐
그라니타 (Granita)	라임, 레몬, 그레이프 프루트 등의 과일에 설탕과 와인 또는 샴페인을 넣은 섞어서 얼린 이탈리아식 얼음과자
카사타 (Cassata)	카사타 젤라타(Cassata gelata)라는 주형 틀에 대비되는 색깔(3색)의 아이스크림을 층으로 만들고, 그 안에 견과류, 리코타 치즈, 설탕에 절인 과일, 초콜릿 등을 넣어 만드는 디저트

아이스 수플레 (Ice soufflé)	가느다랗게 자른 기름종이를 틀보다 4~5cm 높게 틀 둘레를 감싸 고정시킨 후 혼합 재료를 붓고 냉동고에서 얼림	
	크림 수플레	커스터드 크림을 이용해 무스와 같이 제조
	프루트 수플레	이탈리안 머랭, 프루트 퓌레, 휘핑한 생크림을 재료로 하여 제조

2) 프랑스 디저트의 특징과 종류

크렘 브륄레 (Crème brûlée)	크림 커스터드 반죽을 라메킨에 담아 익힌 후 냉장보관하여 제공하기 전, 위에 설탕을 얇게 골고루 뿌린 다음 토치(Torch)로 열을 가해 캐러멜 토핑을 만든 후 제공
에끌레르 (Éclair)	크림으로 속을 채우고 퐁당 아이싱을 덧입힌 길쭉한 모양의 디저트

Check Note

• 보통 버터, 생크림 등과 혼합하여 쓰이며, 풍미제로는 양주류, 바닐라 등을 넣는데, 바닐라 풍미가 강조된 크림을 바닐라 크림(Vanilla cream)이라고 부름

■ 혼합 크림(Mix cream)
  • 디플로매트 크림(Diplomat cream) : 생크림 + 커스터드 크림
  • 시부스트 크림(Chibust cream) : 커스터드 크림 + 이탈리안 머랭
  • 무슬린 크림(Mousseline cream) : 버터크림 + 커스터드 크림
  • 프레쉬 크림(Fresh cream) : 생크림 + 우유 버터 or 사워 크림
  • 바닐라 샹티이 크림(Vanilla chantilly cream) : 생크림 + 바닐라 오일
  • 프랑지판(Frangipane) : 커스터드 크림 + 아몬드

✔ 오렌지 캐러멜 소스 제조 시 주의사항

■ 캐러멜 소스의 설탕이 끓을 때 휘저으면 재결정이 생기므로 과도하게 젓지 않음

■ 오렌지 주스 투입 시 한 번에 투입하면 설탕물에 튀어 화상의 위험이 있으므로 서서히 투입

■ 오렌지 주스를 40~50℃ 정도 데운 후 투입하면 설탕물이 튀는 것을 줄일 수 있음

✔ 라메킨(Ramekin)
둥글고 옴폭한 모양의 작은 그릇

밀푀유 (Mille – feuille)		퍼프 페이스트리를 구워 낸 후 2~3겹으로 쌓고, 그 사이에 크림이나 잼 등의 달콤한 필링(Filling)을 번갈아 가며 포개 넣어 만듦
몽블랑		밤 퓌레를 얇은 국수 모양으로 짜고, 슈거 파우더로 장식하여 만년설을 표현
퐁당 쇼콜라 (Fondant au chocolat)		초콜릿이 녹아서 흘러내리는 케이크
마카롱 (Macaron)		설탕, 아몬드, 로즈워터, 머스크(Musk)로 만든 반죽을 약한 불에 구운 것)
	코크 (Coque)	프랑스어로 껍질을 의미하며 마카롱에서 크림을 뺀 쿠키 부분
	피에 (Pied)	프랑스어로 발을 의미하며 코크에서 아랫부분의 레이스(물결무늬) 부분
	필링 (Filling)	코크 사이에 들어가는 크림(초콜릿, 버터크림, 과일잼 등 다양함)

(2) 스페셜 디저트 가니쉬 – 크렘 브륄레 장식

① 냉장고에 보관한 크렘 브륄레 윗면에 설탕을 뿌려주기

② 크렘 브륄레 윗면에 뿌린 설탕을 토치로 가열하여 캐러멜색을 내주기

③ 캐러멜이 굳어서 깨지는 상태가 되면 제공

(3) 스페셜 디저트 소스

크림 소스 (Cream sauce)	• 용도에 따라 뜨거운 소스나 찬 소스로 사용 • 각종 리큐어나 커피 또는 각종 향신료를 넣어 사용
캐러멜 소스 (Caramel sauce)	• 설탕을 졸인 후 크림과 혼합하여 만들며 필요에 따라 버터, 과일 퓌레, 리큐어, 바닐라 등 추가 재료를 넣음 • 크렘 캐러멜 또는 캐러멜 푸딩에는 설탕을 졸인 것과 물만을 섞은 맑은 캐러멜을 사용 • 버터 스카치 소스(Butter scotch sauce)는 진한 갈색 설탕, 버터, 위스키를 혼합한 소스
과일 소스 (Fruit sauce)	• 천연 과일 퓌레에 시럽, 과일 향, 혼합 과일, 리큐어를 첨가하고, 농도는 전분이나 살구잼 또는 농도가 있는 과일을 갈아서 사용하여 맞춤 • 소스의 농도를 조절하기 위해 각종 과일과 잘 어울리는 살구잼이나 전분을 물에 풀어 사용 또는 펙틴이나 판 젤라틴을 사용하기도 함

✅ **양식 디저트 관련 조리용어**

- 누아제트(Noisette) : 헤이즐넛의 프랑스어명
- 머랭(Meringue) : 달걀흰자에 설탕을 더해 거품을 낸 것
- 코팅(Coating) : 초콜릿이나 기타의 크림 등으로 덮어 씌우는 것
- 그랑 마르니에(Grand Marnier) : 오렌지를 주원료로 한 리큐르로 큐라소라고 함
- 에그 와시(Egg Wash) : 반죽이나 제품 등에 광택을 내기 위해 바르는 달걀물
- 샌드(Sand) : 케이크에서 삼단으로 된 것을 한 장 한 장 크림을 발라 포개는 것
- 필링(Filling) : 빵, 케이크에 한하지 않고 여러 제품에 센터로 채우거나 끼우는 충전물의 총칭
- 템퍼링(Tempering) : 온도에 따라 변화하는 결정형의 성질을 이용해 안정된 결정이 만들어지도록 온도를 맞춰 주는 작업
- 아이싱(Icing) : 크림을 발라 모양을 내는 작업이나 혼당 또는 글레이즈를 발라 광택을 내는 작업

초콜릿 소스 (Chocolate sauce)	• 초콜릿에 생크림을 끓여 혼합한 가니쉬 형태로 용도에 따라 생크림의 양으로 농도를 조절 • 초콜릿의 특성상 뜨거울 때에는 묽어지다가 식으면 농도가 진해지므로 충분히 식힌 후 사용
기타 소스	• 꿀이나 메이플 시럽, 와인 등 : 농도 맞춰 사용 • 설탕 시럽에 각종 향신료를 넣어 사용

08 연회 조리

1 리셉션 메뉴 조리

(1) 리셉션 메뉴 종류와 조리법

칵테일 리셉션 (Cocktail reception)	• 가장 형식에 얽매이지 않는 형식으로, 작은 샌드위치나 전채 요리, 와인 및 음료, 칵테일 등이 제공 • 음식은 손으로 집어 먹을 수 있는 핑거푸드 형태로 제공
식사 전 리셉션 (Premeal reception)	• 풍부하고 실속 있는 음식보다는 간단한 음료가 제공되는 형식으로, 주스나 스파클링 와인, 생수, 칵테일 등이 제공 • 스탠딩으로 제공하는 간단한 음료 형식의 뷔페
찬 뷔페 (Cold buffet)	• 요리의 내용과 양은 제한적이고, 샴페인, 와인, 맥주 등 음료가 중심 • 음료는 주로 과일주스, 탄산음료 등이 구성되며, 샐러드, 샌드위치, 카나페, 치즈 플레이트, 콜드컷(Cold cut) 플레이트와 같은 차가운 음식들이 제공
스탠딩 뷔페 (Standing buffet)	• 연회장 행사에서 주로 이루어지며, 양식 요리가 추가되며 한식, 일식, 중식 등이 함께 곁들여짐 • 포크만 사용하여 포크 뷔페라고도 하며, 쉽게 먹을 수 있는 음식으로 구성되어야 함

(2) 리셉션 메뉴 가니쉬

① 장식은 채소 또는 과일 등의 재료로 마무리

② 카나페의 가니쉬는 치즈, 채소 등을 이용

(3) 리셉션 테이블 세팅

① 다단계 디스플레이로 요리의 높이를 다양하게 하여 색의 대비를 이룸

② 각기 다른 음식을 매력적으로 배열하여 테이블 전체를 조화롭게 꾸밈

③ 초콜릿 장식이나 얼음 조각, 채소 조각품 등은 중앙에 배치하여 화려한 분위기 연출

④ 채소, 차가운 요리, 뜨거운 요리, 디저트 및 과일 순으로 배열하여 시각적으로 보기 좋고, 손쉽게 음식을 고를 수 있게 함

⑤ 주로 손으로 집어먹을 수 있는 음식으로 구성

(4) 리셉션 기물 및 식기

조리용 칼, 도마, 고운 체, 스푼, 믹싱볼, 계량저울, 계량컵, 온도계, 콜드 플레이트, 소스볼 등

2 연회용 뷔페메뉴 조리

(1) 연회용 뷔페메뉴 종류와 조리법

양식	차가운 음식 메뉴	훈제 연어, 모둠 콜컷, 샐러드류(재료를 혼합한 각종 샐러드와 채소만으로 구성된 플레인 샐러드) 등
	더운 음식 메뉴	달팽이 요리, 양갈비, 안심 로스팅, 카빙류(로스트 비프, 훈제 오리, 로스트 생선, 비프 웰링턴) 등
한식		김치류, 젓갈류, 나물류, 전류, 부각 등을 혼합하여 제공하며 육회, 냉면 등
중식	전채 요리	오향장육, 송화단, 해파리냉채 등
	수프	게살 수프, 불도장 등
	메인요리	탕수육, 팔보채, 류산슬 등
일식		모둠 스시류, 각종 회, 무침회, 소바, 모둠 튀김, 물회 등
베이커리		식전 빵과 디저트, 과일과 같은 후식류 등

(2) 연회용 뷔페메뉴 가니쉬

1) 예술적으로 배열된 주요리 아이템

주요리 아이템은 얇게 썰어 개별 분량으로 담아야 하고, 한 입 크기로 제공되는 것을 원칙으로 함

2) 가니쉬(garnish)

① 예술적으로 배열되어야 하며, 고객들이 음식을 쉽게 다룰 수 있도록 해야 함

② 흐트러지지 않도록 신경 쓰고, 음식을 하나씩 덜어내더라도 나머지 음식의 배치가 망가지지 않도록 함

3) 단순하고 간단한 구성

접대가 용이하고, 먹음직스러우며, 반쯤만 남았을 때에도 여전히 매력적으로 보여야 함

⊘ 연회용 뷔페(Banquet Buffet)

조식 뷔페, 브런치 뷔페, 점심·저녁 뷔페, 출장 뷔페, 스페셜 뷔페 등

4) 플레이트 위에서 음식의 위치

① 음식은 한 번에 정확하게 제자리에 올려야 함

② 특히, 은(Silver)이나 미러(Mirror) 같은 장식을 사용할 때에는 한 번에 구도를 잡고 정확하게 올려야 함

(3) 연회용 뷔페메뉴 테이블 세팅

1) 차가운 요리의 배치

① 홀 입구에서 가장 가깝게 배치하여 고객들이 처음 접할 수 있도록 함

② 화려한 전채 요리는 차가운 요리의 처음에 배치하여 시각적인 효과를 주며, 그 뒤에는 더운 요리를 배치함

2) 더운 요리의 배치

① 차가운 요리 다음에 배치하여 고객이 코스 순서대로 선택할 수 있도록 함

② 더운 요리를 중간에 배치하고, 후식과 음료는 마지막에 두어야 함

3) 소스와 드레싱(Sauce and Dressing)

고객들의 눈에 쉽게 띄도록 음식의 바로 앞에 배치하여 편의성을 제공

4) 후식(Dessert)

별도로 테이블을 두어 전채 요리나 더운 요리와 분리시켜 배치하는 것이 좋음

(4) 연회용 뷔페메뉴 기물 및 식기

조리 도구	조리용 칼, 도마, 오믈렛 팬, 나무젓가락, 조리용 국자, 계량저울, 계량컵, 계량스푼, 조리용 젓가락, 온도계, 체, 조리용 집게, 조리용기 등
주방 도구	조리용 스토브 또는 열 도구, 냉장·냉동고, 식기세척기 등
서빙 기구	콜드 플레이트, 차핑 디쉬, 샐러드 볼, 카빙 카트, 트롤리 등

3 연회용 코스메뉴 조리

(1) 연회용 코스메뉴 종류와 조리법(6-코스 메뉴)

전채 요리	• 가공하지 않고 재료 그대로 만들어 모양과 형태, 맛이 유지되는 생전채(Plain appetizer)와 조리사에 의해 가공된 전채(Dressed appetizer)로 나뉨 • 온도에 따라 더운 전채(Chaud; Hot appetizer), 차가운 전채(Froid; Cold appetizer)로 분류 • 차가운 전채 요리는 식욕을 돋우는 효과가 있어 언제나 코스의 처음 단계에서 제공

Check Note

✔ 전채 요리의 종류

훈제 연어 (Smoked salmon)	• 훈제한 연어에 양파, 파슬리, 케이퍼, 레몬 조각 등을 곁들임 • 연어는 훈제라는 특수 제조 방법을 통해 맛을 깊게 함
테린 (Terrine)	테린형(型)이라 불리는 내열성 용기에 어·육류 등을 채워 불에 익혔다가 차갑게 한 전채 요리
파테 (Pâté)	페이스트리 반죽을 씌워 굽는 육류 또는 어류 요리
갈라틴 (Galantine)	재료를 랩이나 면포로 말아 스톡에 익히고 식힌 후 차갑게 제공하는 전채 요리
타르타르 (Tartare)	신선하고 탄력 있는 생선에 올리브오일, 신선한 허브, 피망, 양파, 레몬즙, 소금, 후추 등을 넣고 잘 섞은 후 익히지 않고 제공
무스 (Mousses)	주 재료를 농축이 될 때까지 시머링한 후 퓌레를 만들고 젤라틴을 용해하여 잘 섞은 다음 고운체에 걸러 몰드에 넣어 완성

수프	육류, 생선, 뼈, 채소 등을 단독으로 또는 결합하여 향신료와 함께 찬물에 약한 불로 천천히 삶아 우려낸 국물 요리	
생선 요리	• 전통적인 정찬 요리(Table d'hôte)에서 수프 다음, 육류 요리 전에 제공되는 코스 • 생선을 먹고 난 뒤에는 반드시 셔벗을 제공	
셔벗 (Sherbet)	• 생선 요리를 먹은 후 냄새를 제거하여 앙뜨레의 정확한 맛을 느끼게 하기 위하여 중간에 제공 • 아이스크림과 다르게 유지방을 사용하지 않아 입맛을 상쾌하게 하고 소화를 도움	
육류 요리	메인요리에는 주로 육류와 가금류, 어패류, 갑각류 등이 많이 사용되며 닭고기와 칠면조의 가슴살은 송아지 고기와 매우 흡사하여 많은 요리법을 응용하여 사용	
	안심 (Tenderloin)	• 부드럽고 결이 고우며 맛도 좋고 적당한 지방층이 형성되어 풍미가 좋음 • 구이나 스테이크, 바비큐 등에 주로 이용
	등심 (Sirloin)	• 안심보다 지방질이 많은 편이나 지방이 부분적으로 몰려 있는 곳도 있으며, 두껍게 써는 요리에는 적당하지 않음 • 불고기나 전골, 로스구이 등에 주로 이용
	꽃등심 (Beef rib eye)	• 근간지방과 근내지방이 적정비율로 대리석 무늬(Marbling)가 고루 퍼져 있는 부위 • 구이나 스테이크 또는 편채, 너비아니 구이로도 이용
	채끝살 (Stripe loin)	부드러우며 단백질이 많고, 마블링이 고루 분포되어 있어 육질이 연하고 구울 때 좋은 향기가 나기도 함
샐러드	• 신선한 채소 또는 향초 등을 다양한 드레싱, 기름, 식초를 곁들임 • 드레싱은 맛을 증가시키고 가치를 돋보이게 하며 소화를 도와줌	
디저트	콜드 디저트	무스, 젤리, 바바루아, 샤를로트, 과일 콤포트 등
	핫 디저트	그라탱, 핫 수플레, 푸딩, 베녜, 크레이프, 플람베 등
	프로즌 디저트	셔벗, 파르페, 그라니타, 카사타 등
음료	모든 식사가 끝나면 마지막 코스에 커피, 차 등을 제공	

(2) 연회용 코스메뉴 가니쉬

수프 가니쉬 종류	• 맑은 수프에 속하는 콩소메에는 필수적으로 가니쉬가 들어감 • 크림 수프는 수프의 농도가 진하기 때문에 크루통, 파슬리, 차이브, 휘핑크림 등과 같은 가벼운 재료를 가니쉬로 사용하여 수프 위에 띄워 줌
메인요리 가니쉬	• 가니쉬로 사용되는 채소 : 엽채류(잎), 근채류(뿌리), 과채류(열매), 종실류(종자) 등 • 채소는 과일에 비하여 당질은 낮고 전분질이 높음

(3) 연회용 코스메뉴 테이블 세팅

① 테이블 위에 언더클로스, 메인클로스로 세팅(러너, 매트, 도일리 등은 선택에 의해 세팅)

② 개인 식공간 앞자리에 프리젠테이션 접시나 디너 접시 및 앞접시 등을 메뉴와 격식에 따라 세팅

③ 파티 메뉴와 격식에 따라 커트러리를 세팅

  ㉠ 양식의 경우 디너 접시 오른쪽에 나이프, 스푼, 왼쪽에 포크 순으로 세팅

  ㉡ 한식, 일식, 중식의 경우 놓일 자리에 필요한 젓가락이나 수저를 세팅

④ 파티 메뉴에 따라 화이트와인, 레드와인, 샴페인, 고블렛 글라스를 세팅

⑤ 파티 콘셉트에 맞고, 볼륨감 있는 장식품(센터피스, 후추통, 소금통, 과일, 도자기 장식품 등)을 세팅

⑥ 테이블 위에 균형감 있고 조화롭게 냅킨을 세팅(모든 세팅이 끝나면 깨끗하게 정돈된 냅킨을 세팅)

(4) 연회용 코스메뉴 기물 및 식기

조리 도구	조리용 칼, 도마, 오믈렛 팬, 나무젓가락, 조리용 국자, 계량저울, 계량컵, 계량스푼, 조리용 젓가락, 온도계, 체, 조리용 집게, 조리용기 등
주방 도구	조리용 스토브 또는 열 도구, 냉장·냉동고, 식기세척기 등
서빙 도구	콜드 플레이트, 차핑 디쉬, 샐러드 볼, 카빙 카트, 트롤리

(5) 연회용 코스메뉴 제공 순서

3-코스 메뉴	애피타이저 또는 수프 또는 샐러드 – 앙뜨레 – 디저트 – 커피 또는 차
4-코스 메뉴	애피타이저 – 수프 – 앙뜨레 – 디저트 – 커피 또는 차
5-코스 메뉴	애피타이저 – 수프 – 앙뜨레 – 샐러드 – 디저트 – 커피 또는 차
6-코스 메뉴	애피타이저 – 수프 – 생선 앙뜨레 – 셔벗 – 육류 앙뜨레 – 샐러드 – 디저트 – 커피 또는 차, 프랄리네스
7-코스 메뉴	애피타이저 – 수프 – 생선 앙뜨레 – 셔벗 – 육류 앙뜨레 – 샐러드 – 치즈 – 디저트 – 커피 또는 차, 프랄리네스
8-코스 메뉴	콜드 애피타이저 – 수프 – 핫 애피타이저 – 생선 앙뜨레 – 셔벗 – 육류 앙뜨레 – 샐러드 – 치즈 – 디저트 – 커피 또는 차, 프랄리네스

Check Note

✅ **리셉션과 연회, 일품요리**

■ 리셉션(Reception) : 어떤 사람을 환영하거나 어떤 일을 축하하기 위하여 베푸는 공식적인 모임

■ 리셉션의 종류 : 커피 브레이크, 칵테일 리셉션, 스페셜 리셉션, 와인 페어링 리셉션 등

■ 연회(Banquet) : 축하, 위로, 환영, 석별 따위를 위하여 여러 사람이 모여 베푸는 잔치

■ 연회용 코스메뉴(Banquet à la carte dish) : 3코스 메뉴, 5코스 메뉴, 7코스 메뉴, 9코스 메뉴 등

■ 연회용 뷔페(Banquet Buffet) : 조식 뷔페, 브런치 뷔페, 점심·저녁 뷔페, 출장 뷔페, 스페셜 뷔페 등

■ 일품요리(à la carte dish) : 각각의 요리마다 값을 매겨 놓고 손님의 주문에 따라 내는 요리

1 달걀요리 조리

(1) 달걀 조리도구

프라이팬 (Fry pan)	달걀요리는 팬에 많이 달라붙기 때문에 코팅이 우수한 팬이 좋음
거품기 (Whisk wire whip)	재료를 혼합할 때 사용되며, 달걀을 풀어 스크램블 에그나 오믈렛을 준비할 때 유용함
믹싱볼 (Mixing bowl)	둥근 볼 형태로, 재료를 준비하거나 섞을 때 사용
국자 (Ladle)	액체 형태의 재료를 떠서 담을 때 사용
고운 체 (Mesh skimmer)	소스나 육수를 거를 때 사용
소스 냄비 (Sauce pan)	소스를 끓이거나 달걀을 삶을 때 사용
나무젓가락 (Wooden chopsticks)	스크램블 에그나 오믈렛을 만들 때 사용

(2) 달걀 요리 종류와 조리법

1) 습식열을 이용한 달걀요리

포치드 에그 (Poached egg)		90℃ 정도의 비등점 아래 뜨거운 물에 식초를 넣고 껍질을 제거 한 달걀을 넣어 익히는 방법
보일드 에그 (Boiled egg)		삶은 달걀이라고 하며, 섭씨 100℃ 이상의 끓는 물에 소량의 소금과 식초를 넣은 후 달걀을 통째로 넣고 익히는 방법
	코들드 에그 (Coddled egg)	100℃의 끓는 물에 넣고 30초 정도 살짝 삶아진 달걀
	반숙 달걀 (Soft boiled egg)	100℃의 끓는 물에 넣고 3~4분간 삶아 노른자가 1/3 정도 익은 것
	중반숙 달걀 (Medium boiled egg)	100℃의 끓는 물에 넣고 5~7분간 삶아 노른자가 반 정도 익은 것
	완숙 달걀 (Hard boiled egg)	100℃의 끓는 물에 넣고 10~14분간 삶아 노른자가 완전히 익은 것

2) 건식열을 이용한 달걀요리

달걀 프라이 (Fried egg)		프라이팬을 이용하여 조리한 달걀
	서니 사이드 업 (Sunny side up)	달걀의 한쪽 면만 살짝 익히고 노른자는 반숙으로 조리

	오버 이지 (Over easy)	달걀의 양쪽 면을 살짝 익힌 것으로, 흰 자는 익고 노른자는 익지 않아야 함(노른 자는 깨뜨리지 않게 조리)
	오버 미디엄 (Over medium)	오버 이지와 같은 방법으로 조리하며, 달 걀노른자가 반 정도 익어야 함
	오버 하드 (Over hard)	프라이팬에 버터나 식용유를 두르고 달 걀을 넣어 양쪽(면)으로 완전히 익히는 조리
스크램블 에그 (Scrambled egg)		달걀을 깨서 우유나 생크림을 혼합하여 팬에 버터나 식용유를 두르고 넣어 빠르게 휘저어 익혀 만든 달걀요리
오믈렛 (Omelet)		달걀을 깨서 스크램블 에그로 만들다 프라이팬을 이용하여 럭 비공 모양으로 만든 달걀요리
에그 베네딕틴 (Egg benedictine)		토스트한 잉글리시 머핀에 햄과 포치드 에그(Poached egg)를 얹고 홀랜다이즈 소스를 올려 샐러맨더에 연갈색으로 구워내 는 요리

(3) 달걀 요리 품질평가

① 달걀의 품질은 축산물품질평가원에서 세척한 달걀에 대해 외관 검사, 투광 및 할란 판정을 거쳐 1⁺, 1, 2, 3등급으로 구분

② 달걀의 무게에 따라 왕란, 대란, 중란, 소란으로 구분

(4) 달걀 특성

1) 달걀 특성

① 달걀의 구성 : 난각(껍질), 난황(노른자), 난백(흰자)으로 구성

난각	95% 정도가 탄산칼슘으로 구성됨
난황	• 단백질, 다량의 지방과 인(P)과 철(Fe)이 들어 있음 • 약 50%가 고형분
난백	• 농후난백과 수양난백으로 나뉨 • 달걀의 1개 무게는 50~60g 정도임 • 90%가 수분이고 나머지는 단백질이 많음

② 난백의 기포성

기포가 잘 일어나는 경우	• 오래된 달걀일수록 기포가 잘 일어남(농후한 난백보다 수양 성인 난백이 거품이 잘 일어남) • 난백은 30℃에서 거품이 잘 일어남(실온에서 보관한 달걀) • 약간의 산(오렌지주스, 식초, 레몬즙)을 첨가하면 기포 형성에 도움을 주지만, 설탕과 기름, 우유는 기포력을 저해함(설탕은 거품을 완전히 낸 후 마지막 단계에서 넣어주면 거품이 안정됨) • 밑이 좁고 둥근 바닥을 가진 그릇은 기포력을 도움

✅ Check Note

✔ 달걀의 등급표시

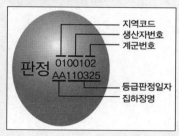

활용	달걀의 기포성을 이용한 조리 : 스펀지케이크, 머랭, 케이크의 장식

③ 난황의 유화성

　㉠ 난황의 레시틴(Lecithin)이 유화제로 작용

　㉡ 달걀의 유화성을 이용한 음식 : 마요네즈, 프렌치드레싱, 크림 수프, 케이크 반죽, 잣미음

2) 달걀 선별법

비중법	• 신선한 달걀의 비중 : 1.06~1.09 • 물 1C에 식염 1큰술(6%)을 녹인 물에 달걀을 넣었을 때 가라앉으면 신선한 것이고, 위로 뜨면 오래된 것임
난황계수와 난백계수 측정법	• 난황계수 : 0.36 이상이면 신선한 달걀 • 난백계수 : 0.14 이상이면 신선한 달걀 • 오래된 달걀일수록 난황·난백계수가 작아짐
할란 판정법	• 달걀을 깨어 내용물을 평판 위에 놓고 신선도를 평가 • 달걀의 노른자와 흰자의 높이가 높고 적게 퍼지면 좋은 품질
투시법	빛에 쪼였을 때 안이 밝게 보이는 것이 신선함
기타	• 껍질이 거칠수록 신선하고, 광택이 나는 것은 오래된 것임 • 알의 뾰족한 끝은 차갑게, 둥근 쪽은 따뜻하게 느껴지면 신선한 것이며, 오래된 것은 양쪽 다 따뜻하게 느껴짐 • 난백은 점괴성이고, 난황은 구형으로 불룩하며 냄새가 없는 것이 신선함 • 오래된 달걀일수록 pH는 높아지고, 흔들었을 때 소리가 남(기실이 커지기 때문)

2 조찬용 빵류 조리

(1) 조찬용 빵류 종류와 조리법

1) 아침 식사용 빵의 종류

토스트 브레드 (Toast bread)	• 식빵을 0.7~1cm 두께로 얇게 썰어 구운 빵 • 버터나 각종 잼을 발라 먹음
데니시 페이스트리 (Danish pastry)	• 다량의 유지를 중간에 층층이 끼워 만든 페이스트리 반죽에 잼, 과일, 커스터드 등의 속 재료를 채워 구운 빵 • 덴마크의 대표적인 빵
크루아상 (Croissant)	• 버터를 켜켜이 넣어 만든 페이스트리 반죽을 초승달 모양으로 만든 빵 • 프랑스의 대표적인 페이스트리
소프트 롤 (Soft roll)	• 둥글게 만든 빵으로 모닝롤이라고도 함 • 하드 롤보다 설탕, 유지가 많이 들어가고, 달걀을 첨가하여 속이 매우 부드러움

베이글 (Bagel)	밀가루, 이스트, 물, 소금으로 반죽해 가운데 구멍이 뚫린 링 모양으로 만들어 발효시킨 후 끓는 물에서 익힌 후 오븐에 한 번 구워냄
잉글리시 머핀 (English muffin)	• 달지 않은 납작한 빵 • 종류로는 크럼펫(Crumpet) 등이 있음
프렌치 브레드 (French bread)	• 밀가루, 이스트, 물, 소금만으로 만든 가늘고 길쭉한 모양의 빵 • 바게트(bagutte)라고도 하며, 바삭바삭한 식감이 특징
호밀 빵 (Rye bread)	호밀을 주원료로 하여 만들며, 속이 꽉 차 있고, 향이 강하며 섬유소가 많음
브리오슈 (Brioche)	• 밀가루, 버터, 이스트, 설탕 등으로 달콤하게 만든 빵 • 프랑스의 전통 빵
스위트 롤 (Sweet roll)	건포도, 향신료, 시럽 등을 넣은 롤빵
하드 롤 (Hard roll)	• 껍질은 바삭하고 속은 부드러운 빵 • 주로 강력분으로 반죽을 만들고, 속을 파내어 채소나 파스타를 넣어 먹기도 함

2) 아침 식사 조리용 빵의 종류

프렌치토스트 (French toast)		샌드위치 빵을 달걀물(달걀, 우유, 설탕, 계핏가루, 바닐라 향 등)에 적셔 그릴 또는 프라이팬에 버터를 두르고 색을 내 오븐에서 익혀 낸 것
팬케이크 (Pancake)		밀가루, 달걀, 물 등으로 만든 반죽을 프라이팬에 구워 버터와 메이플 시럽을 뿌려 먹음
와플 (Waffle)	미국식 와플	베이킹파우더를 넣어 반죽하고 설탕을 많이 넣어 달게 먹는 것이 특징임
	벨기에식 와플	이스트를 넣어 발효시킨 반죽에 달걀흰자를 거품 내어 반죽해서 구워 먹으며, 고소한 맛이 특징임

(2) 조찬용 빵류 품질평가

팬케이크	• 팬케이크의 반죽 농도에 주의 • 반죽의 농도가 묽으면 너무 얇게 구워지고, 걸쭉하면 모양이 나지 않음 • 팬케이크를 갈색으로 구워야 함
프렌치토스트	• 달걀 물이 속까지 스며들도록 충분히 담가 주기 • 빵은 불을 조절하여 갈색으로 구워야 함
시나몬토스트	• 계핏가루를 너무 많이 묻히면 색이 진해짐 • 빵은 불을 조절하여 갈색으로 구워야 함
크레이프	• 반죽할 때 글루텐이 많이 형성되어야 반죽에 힘이 생겨 내용물을 넣고 말아도 터지지 않음 • 여러 가지 과일과 시럽, 초콜릿 등을 넣어 먹음 • 디저트용 크레이프는 설탕이 들어감

와플	• 와플 반죽의 농도에 주의해야 함 • 반죽의 농도가 묽으면 와플 기계에 반죽이 달라붙어 떨어지지 않음 • 와플은 메이플 시럽 또는 꿀 등과 같이 제공되며, 벨기에 와플은 아이스크림과 같이 제공됨 • 아침 식사용 와플은 미국식으로 시럽과 같이 제공됨

(3) 조찬용 빵류 특성

① 아침 식사용 : 일반적으로 식빵이 가장 많이 사용됨

② 크루아상, 데니시 페이스트리, 보리빵, 프렌치 브레드 등 다양한 빵 사용

③ 조리용 빵 : 프렌치토스트, 핫케이크, 와플 등

3 시리얼류 조리

(1) 시리얼류 조리 종류와 조리법

1) 차가운 시리얼(Cold cereals)

콘플레이크 (Cornflakes)	옥수수를 구워서 얇게 으깨어 만든 것
올 브랜 (All bran)	밀기울을 으깨어 가공한 것
라이스 크리스피 (Rice crispy)	쌀을 바삭바삭하게 튀긴 것
레이진 브랜 (Raisin bran)	구운 밀기울 조각에 달콤한 건포도를 섞은 것
시레디드 휘트 (Shredded wheat)	밀을 조각내고 으깨어 사각형 모양으로 만든 비스킷
버처 뮤즐리 (Bircher muesli)	오트밀(귀리)을 기본으로 해서 견과류 등을 넣은 음식

2) 더운 시리얼(Hot cereals)

오트밀 (Oatmeal)	귀리를 볶은 다음 거칠게 부수거나 납작하게 누른 식품으로 육수나 우유를 넣고 죽처럼 조리

(2) 시리얼류 조리 품질평가

오트밀	• 오트밀은 시간이 지나면 걸쭉해지므로 농도에 주의하면서 만듦 • 오트밀은 고객의 기호에 따라 설탕 또는 건포도 등과 같이 제공

✔ 시리얼
쌀, 귀리, 밀, 옥수수, 기장 등으로 만든 곡물요리

버처 뮤즐리	• 버처 뮤즐리는 여러 가공식품으로 생산 • 과일, 견과류, 건조 과일을 시기에 따라 조금씩 바꾸어서 제공 • 냉장고에서 하루 정도 보관하기 때문에 신선도에 각별히 주의
그래놀라	• 오트밀과 견과류를 먼저 구운 다음, 건조 과일은 나중에 넣어야 건조 과일이 딱딱해지지 않음 • 그래놀라가 오븐에서 타지 않도록 주의해서 구워야 함
여러가지 시리얼	• 시중에 나와 있는 여러 가지 시리얼을 이용하여 만들 수 있으며, 견과류, 건조 과일, 생과일류와 곁들여 제공 • 시리얼은 우유나 플레인 요구르트와 같이 제공

(3) 시리얼류 조리 특성

시리얼류는 쌀, 밀, 귀리, 옥수수, 기장 등으로, 탄수화물, 무기질, 단백질 등 영양소를 풍부하게 함유하고 있고, 소화가 잘 되는 장점이 있음

10 양식 전채 조리

1 전채 조리

(1) 전채 조리 종류와 조리법

1) 전채 요리

플레인 (Plain)	• 특별한 조리법 없이 간단한 재료를 사용하여 제공되는 전채요리 • 햄 카나페(Ham canape), 생굴(Oyster), 캐비아(Caviar), 올리브(Olive), 토마토(Tomato), 렐리시(Relish), 살라미(Salami), 소시지(Sausage), 새우 카나페(Shrimp canape), 안초비(Anchovies), 치즈(Cheese), 과일(Fruits), 거위 간(Foie gras), 연어(Salmon) 등
드레스트 (Dressed)	• 드레싱이나 양념이 추가된 요리로, 풍미를 더해 주는 전채요리 • 과일주스(Fruits juice), 칵테일(Cocktail), 육류 카나페(Meat canape), 게살 카나페(Crab meat canape), 소시지 말이(Sausage roll), 구운 굴(Grilled oyster), 스터프트 에그(Stuffed egg) 등

2) 샐러드

순수 (Simple)	• 여러 가지 채소를 적당히 배합하여 영양, 맛, 색상 등이 서로 조화를 이루도록 만들어진 샐러드 • 드레싱은 가미되거나 곁들여지며, 주로 잎채소를 생으로 사용 예 세트메뉴, 코스메뉴 샐러드
혼합 (Compound)	• 각종 식재료, 향신료, 소금, 후추 등이 혼합된 샐러드 • 양념, 조미료 등을 첨가하지 않고 그대로 제공함 예 에피타이저, 뷔페 샐러드

제
03
편

Check Note

✔ **전채 요리의 특징**
- 다양한 식재료를 사용함
- 계절감, 예술성이 있게 함
- 신맛과 짠맛이 잘 어울려지고 주요리보다 양을 적게 함
- 주요리와 재료 및 조리법이 겹치지 않도록 주의

✔ **플레인의 예시**
- 햄 카나페 : 얇게 썬 햄을 작은 빵이나 크래커 위에 올려 만든 요리
- 생굴 : 신선한 굴을 그대로 제공
- 캐비아 : 고급 식재료로, 그대로 제공
- 올리브 : 다양한 종류의 올리브를 곁들임
- 연어 : 신선한 연어 조각이나 훈제 연어

✔ **드레스트의 예시**
- 과일주스 : 신선한 과일로 만든 주스를 제공
- 육류 카나페 : 얇게 썬 육류를 크래커나 빵 위에 올린 요리
- 게살 카나페 : 신선한 게살을 사용한 카나페
- 구운 굴 : 굴을 그릴로 구워 만든 요리
- 스터프트 에그 : 삶은 달걀을 반으로 자르고 안에 다양한 재료를 채운 요리

✅ 샐러드의 기본 구성 4가지

본체 (body)	주재료로 사용된 재료의 종류에 따라 샐러드 결정
바탕 (base)	그릇을 채워주는 역할과 본체와의 색 대비 고려
가니쉬 (garnish)	샐러드를 아름답게 하고, 맛 증가 역할
드레싱 (dressing)	곁들임으로 맛을 증가시키고 소화를 촉진시킴

✅ 콘디멘트

양념을 지칭하는 용어로, 전채 요리에 사용되는 콘디멘트는 소금, 식초, 올리브유, 겨자, 마요네즈 같은 소스류 등을 사용

✅ 드레싱

샐러드의 맛을 더 향상시키고 소화를 돕기 위한 액체 형태의 재료를 말하며, 육류나 생선에 뿌려질 수 있는 소스

✅ 올리브유(Olive oil) 종류

- 엑스트라 버진 올리브유(Extra virgin olive oil) : 올리브 열매에서 압착 과정을 한 번 거쳐 추출한 것으로 질, 향, 맛이 제일 우수하여 음식의 향을 내거나 조미료로 사용(산도 0.8% 미만)
- 버진 올리브유(Virgin olive oil) : 엑스트라 버진 올리브유와 같이 압착 과정을 거쳐 추출한 것으로 맛과 향이 다소 떨어짐(산도 1~1.5%)
- 퓨어 올리브유(Pure virgin olive oil) : 올리브 열매로부터 3~4번째 나오는 오일로 혼합되어 사용(산도 2% 이상)

그린 (Green)	한 가지 또는 그 이상의 잎채소를 다양한 드레싱과 곁들이는 샐러드 예 가든 샐러드
더운 (Warm)	중간 또는 낮은 불에서 드레싱을 데워 샐러드 재료와 버무려 만드는 따뜻한 샐러드 예 무침 샐러드

(2) 전채 콘디멘트

1) 전채 요리의 콘디멘트

소금 (Salt)	음식을 만들 때 사용하는 소금은 크게 천일염, 정제염, 맛소금으로 나뉨
식초 (Vinegar)	과일, 곡류의 알코올을 발효시켜 양조한 것으로, 신맛을 주며 과일식초와 합성식초로 나뉨
올리브유 (Olive oil)	올리브 나무(감람나무)의 열매에 함유된 기름을 압착 과정을 거쳐 추출한 것으로 불포화지방산 다량 함유

2) 샐러드 요리의 드레싱(Dressing)

차가운 유화 소스류	비네그레트 (Vinaigrette)	기름과 식초를 주재료 하여 소금, 후추를 넣고 빠르게 섞어주면 일시적으로 섞이면서 일시적으로 유화되는 드레싱
	마요네즈 (Mayonnaise)	난황에 오일, 머스터드, 소금, 식초, 설탕을 넣고 잘 섞어서 만든 차가운 드레싱으로, 유화 작용에 의해 분리되지 않음
유제품 기초 소스류		• 샐러드 드레싱 혹은 디핑 소스(Dipping sauce)로 사용 • 드레싱의 주재료 : 우유나 생크림, 사워크림, 치즈 등의 유제품 • 신맛보다는 크림이나 치즈의 맛을 많이 느낄 수 있음
살사·쿨리· 퓌레 소스류	살사류 (Salsa)	• 과일이나 채소를 사용해 만든 소스 • 신선한 재료로 만든 멕시칸 토마토 살사와 재료를 익혀서 만드는 처트니, 렐리시, 콩포트 등으로 나뉨
	쿨리 (Coulie)	과일이나 채소를 퓌레 혹은 용액의 형태로 졸여 농축시킨 소스로, 강한 맛을 지님
	퓌레 (Puree)	과일이나 채소를 블렌더나 프로세서에 갈은 후 걸러 부드러운 질감의 액체 형태로 만든 소스

(3) 전채 메뉴의 특성

① 신맛과 짠맛이 적당히 있어야 함 : 전채는 식사의 첫 번째 음식으로 입맛을 돋우는 역할을 해야 하므로 신맛과 짠맛이 적절히 조화를 이루어야 함

② 주요리보다 소량으로 만들어야 함 : 너무 많이 제공되면 주요리의 맛을 방해할 수 있으므로 적은 양으로 제공

③ 예술성이 뛰어나야 함 : 전채는 플레이팅, 색감, 텍스처 등 시각적 요소를 중요시함

④ 계절감, 지역별 식재료 사용이 다양해야 함

⑤ 주요리에 사용되는 재료와 반복된 조리법을 사용하지 않음 : 전채는 주요리에서 반복적으로 사용되는 재료나 조리법은 피하고, 다양한 맛과 식감을 제공하여 식사에 다양성을 줌

(4) 전채 요리 시 식재료별 조리방법

1) 육류

	전채·샐러드 조리는 등심, 안심, 갈빗살, 채끝, 치마살 등 부드러운 부위를 많이 사용하고 부위에 따라 그 조리법이 달라짐	
소고기	그릴링 (Gilling), 브로일링 (Broiling)	• 스테이크 조리법으로 차콜(Charcoal)이라고도 함 • 등심, 안심같이 금방 익는 부위 사용 • 기름 없이 건조한 150~250℃의 열로 직화
	로스팅 (Roasting)	• 로스트 비프(Roast beef)라고도 함 • 큰 덩어리의 고기에 머스터드나 오일 또는 지방을 발라 팬에 담은 후 140~200℃로 구워 슬라이스하여 사용
	소팅, 소테 (Sauteing)	팬에 소량의 기름을 두르고 작은 사이즈의 고기를 160~240℃의 고온에서 살짝 볶음
	브레이징 (Braising)	복합조리로 로스팅 팬에 색깔을 내고 그 팬을 디글레이징(Deglazing)한 다음 다시 와인이나 육수를 부어서 180℃ 오븐에 넣어 천천히 조리하여 풍미가 뛰어남
	스튜잉 (Stewing)	• 브레이징의 한 방식으로 복합조리법 • 작게 자른 고기를 소스와 함께 조리
돼지 고기	기름이 적은 안심, 등심, 뒷다리살을 주로 사용	
	딥 프라잉 (Deep frying)	• 160~180℃ 온도의 기름에 튀김 예 돈가스, 탕수육 • 주재료의 향미를 바삭한 코팅 속에 보존시켜 줌 • 채소는 저온에서, 생선류, 육류의 순으로 고온에서 익힘
	스터 프라잉 (Stir-frying)	• 250℃ 이상의 웍(Wok)에서 계속 움직이면서 볶는 조리 • 작은 크기의 돼지고기나 채소류를 수분이 빠져나오지 않게 초고온에서 조리

- 아주 작은 기름방울들이 지속적으로 매달려 있는 아주 안정된 상태를 형성하는 유화를 만들기 위해서 추가 재료로 유화제(Emulsifier)가 필요함 ⓔ 난황, 머스터드 등
- 유화 드레싱 유분리 현상 : 달걀노른자가 기름을 흡수하기에 너무 빠르게 기름이 첨가되거나, 소스의 농도가 너무 진하거나 소스가 만들어지는 과정에서 온도가 맞지 않았을 때 발생함
- 유분리 복원 방법 : 멸균 처리된 달걀노른자를 거품이 일어날 정도로 저어주거나, 유분리된 마요네즈를 조금씩 부어가면서 다시 드레싱을 만들어줌
- 소프트피크(Soft peak) : 외관상으로는 윤기가 흐르며, 저었을 때 리본이 그려져서 그대로 약 15초간 머무는 정도의 점성

2) 해산물

보일링(Boiling), 끓이기	육수나 물에 넣고 끓이는 방법
포칭 (Poaching), 삶기	• 낮은 온도(65~85℃) 비등점 이하에서 끓는 물에 데쳐내는 방법 • 단백질 식품의 부드럽고 딱딱해짐을 방지 • 흰살생선이나 관자류, 어패류의 조리에 적합 • 거품이 생기지 않게 끓임
스티밍 (Steaming), 증기찜	• 200~220℃에서 찌는 방법 • 향미나 수분 손실이 적은 조리법 • 부피가 큰 생선이나 갑각류 조리에 적합
팬 프라이 (Pan frying)	• 170℃ 정도에서 뚜껑을 덮지 않고 조리하는 방법 • 흰살생선과 붉은살생선 요리에 쓰임

3) 곡물과 채소

곡물	시머링 (Simmering), 은근히 끓이기	• 재료가 흐트러지지 않도록 조리 • 85~93℃에서 은근히 끓임(98℃가 넘지 않도록 주의)
채소	데치기 (Blanching)	• 짧은 시간 내에 재빨리 익혀 내기 위한 조리법 • 채소와 살이 연한 연체류(오징어, 한치, 문어, 낙지) 등의 조리에 적합

2 전채 요리 완성

(1) 전채 요리 가니쉬

1) 플레이팅(Plating) 시 고려사항

① 편리성이 우선 고려되어야 함

② 재료별 특성을 이해하고 적당한 공간을 두고 담음

③ 가니쉬는 요리 재료의 중복을 피해 간단하면서도 깔끔하게 담음

④ 요리의 양과 크기가 주요리보다 크거나 많지 않게 주의

⑤ 요리의 색, 맛, 풍미, 온도에 유의하여 담음

⑥ 주재료와 부재료의 크기를 생각하고 절대로 부재료가 주재료를 가리지 않게 담음

⑦ 주재료와 부재료의 모양과 색상, 식감은 항상 다르게 준비

⑧ 드레싱은 너무 묽지 않아야 하며, 미리 뿌리지 말고 제공할 때 뿌림

⑨ 소스는 음식의 색상이나 모양을 방해하지 않도록 유의해서 담음

(2) 전채 요리 품질평가

① 요구하는 주제에 맞추어 완성된 요리를 평가

② 조리기술적인 완성도 : 동일한 방식으로 음식을 정확히 준비하는 과정을 평가하는 영역

③ 디자인 요소 : 음식 본연의 맛과 코스메뉴에 어울리는 것을 선택하는 것이 중요

Check Note

11 푸드 플레이팅

1 핫 푸드 플레이팅

(1) 핫 푸드 플레이팅 개념

1) 푸드 플레이팅의 개념

① 음식을 보는 관점에 따른 분류

영양학적인 의미만 부여	• 음식을 에너지 섭취라는 단순히 영양학적인 의미만을 두는 관점 • 간단하고 빠르게 먹을 수 있는 햄버거, 샌드위치, 핫도그 등의 편의 음식을 선호
문화적인 의미 부여	• 음식을 커다란 문화적 요소로 인식하는 관점 • 음식을 사회적 위치를 드러낼 수 있는 도구로 인식 및 경제적 능력을 나타내기 위한 도구로 사용

② 푸드 플레이팅은 음식을 담아내어 고객을 감동시키고 메시지를 전달하며, 이야기를 음식으로 표현하는 것

(2) 푸드 플레이팅의 네 가지 요소

맛	음식의 맛과 질감, 향의 풍미가 어우러져야 함
멋	푸드 플레이팅의 디자인 요소로, 전체적인 균형, 통일감, 흐름, 색상의 대비 통해 시각적 매력적인 외양을 표현해야 함
어울림	코스 요리는 두 가지 이상의 요리가 균형 있게 플레이팅 되도록 해야 하며, 서로 다른 질감을 대비되게 연출해야 함
창의성	음식 담는 스타일 평가 항목

1) 푸드 플레이팅의 디자인적 요소

점(Point)	접시를 위에서 보았을 때 하나의 점처럼 보이는 것
선 (Line)	소스를 이용하여 여러 가지 두께와 다양한 방향으로 선을 그려 음식을 아름답게 보여주는 백그라운드를 연출
면 (Surface)	• 접시를 위에서 볼 때 재료와 음식이 평면으로 보여지는 것 • 플레이팅의 얼굴이 되는 요소로 보이는 면은 원, 삼각형, 정사각형, 타원형, 직사각형 등이 있음

⊘ 조리사에게 필요한 창의적 요소
★★★

■ 기존의 방식을 색다르게 창의적으로 생각하는 능력
■ 시대적 변화에 맞는 기획력
■ 새로운 가능성을 통찰하는 능력
■ 혁신적인 마인드 및 스토리텔링 능력
■ 기존의 업무에 대하여 혁신하는 능력

제03편

질감(Texture)	시각적인 질감과 입속에서 느껴지는 촉감 두 가지가 있음
입체 (Volume)	• 음식을 높낮이나 구조로 표현하여 입체감을 주는 요소 • 심리적인 효과를 높여 주며, 음식을 더욱 다채롭고 입체적으로 보여줌
색상 (Color)	음식에서 색상은 푸드 플레이팅의 인상을 보다 명확하게 이미지화할 수 있는 요소 • 통일감 : 재료와 음식이 갖고 있는 같은 계열의 색으로 맞춤 • 대비 효과 : 색상 대비를 통해 서로 돋보이게 하거나 조화를 이루어 통일감 있게 함 • 음식을 돋보이게 하는 색상 : 요리 중에 어떤 한 가지를 돋보이게 강조하는 것으로 질감이나 높낮이, 색감, 톤 차이 등 요소별 차이가 분명하게 보이도록 만들어야 함
공간 (Space)	접시 가장자리(Frame)로 둘러싸인 캔버스(Canvas) 공간으로, 접시 모양과 형태에 따라 3등분에서 9등분까지 나눌 수 있음
배치 밸런스 (Layout)	• 전분, 채소, 단백질, 가니쉬, 소스 등을 얼마의 간격을 두고 배치해야 되는지를 판단하는 공간(Space) 배치 능력과 높고 (Height) 낮음을 조절해야 하는 감각 능력이 필요

2) 푸드 플레이팅 디자인의 기본 원칙

① **음식과 접시에 대한 크기와 비율(Scale and proportion)** : 접시는 음식의 크기에 따라 비율이 조화를 이루도록 선택하여 사용

② **접시 안에 담긴 음식의 시각적인 균형(Visual weight)** : 재료와 음식이 담겨진 접시를 위에서 보았을 때 시각적으로 무게의 균형이 맞게 담음

③ **주요리와 부요리 포션의 패턴(Patterns)** : 재료나 음식을 담을 때 특정 모양을 반복하는 것

④ **배열 및 균형(Arrangements and balance)** : 푸드 플레이팅의 배열과 균형에서 가장 중요한 요인은 대칭과 비대칭으로 이를 통해 시각적으로 안정감을 줌

⑤ **통일성(Unity)** : 모든 플레이팅 요소가 조화를 이루어 하나의 완성된 형태를 만들어야 함

⑥ **다양성(Variety)** : 맛뿐만 아니라 다양한 질감, 형태, 색상의 변화를 통해 연출할 수 있으며, 서로 대비되는 특성을 가진 재료와 음식을 조합하여 다양한 시각적 효과를 낼 수 있는 감각 능력이 필요함

(3) 핫 푸드 플레이팅 기본 원칙

  1) 소스를 이용한 기본 플레이팅 기술

    ① 보편적인 점 모양(Universal dots) : 소스를 점 형태로 찍어 접시에 배치

    ② 반달 모양(Half moon push) : 스테인리스 원형 몰드 안쪽 림(Rim)에 스퀴즈 보틀을 이용하여 퓌레 소스를 2/3 정도 짜 주고, 스푼으로 밀어 모양을 그려준 것

    ③ 소용돌이 치는 원형 모양(Circular swirl) : 스퀴즈 보틀을 이용해서 가운데 하나의 큰 점을 만들고 원형 뚜껑을 위에 덮은 다음, 손가락으로 살짝 눌러준 후 원을 그리듯 돌려 큰 원을 만들고, 순간적으로 위쪽으로 올려 만든 모양

    ④ 점감적인 모양(Tapering lines) : 소스 끝이 점차로 가늘어지는 모양

    ⑤ 2개의 큰 점 모양(Make 2 dots) : 스퀴즈 보틀로 3~4cm 떨어진 2개의 큰 점을 만들고 스푼으로 눌러 서로 마주 보게 당겨 만든 것

    ⑥ 지그재그 모양(Zigzag line) : 스퀴즈 보틀에 소스를 담아 위아래로 그려낸 모양

    ⑦ 무작위로 소스를 튀기는 모양(Splashes & Splash randomly) : 스푼에 소스를 담아 접시에 던지듯 튕겨 만든 것

    ⑧ 대칭을 이루는 원형 도장 모양(Symmetrical spheres) : 작은 원형 틀을 이용하여 도장 찍듯이 대칭적인 원형을 만드는 것

    ⑨ 아방가르드 모양(Avant-garde) : 소스를 자유롭고 실험적이며 창의적으로 그린 모양

(4) 핫 푸드 플레이팅 도구

    ① 메탈 스푼(Metal spoon) : 숟가락에 소스나 퓌레를 담아 점, 선, 면을 연출할 수 있고, 숟가락 뒷면이나 끝부분을 이용하여 다양한 모양을 그림

    ② 스퀴즈 보틀(Squeeze bottle) : 소스 등을 담아 눌러서 점과 선을 그리며 디테일한 플레이팅을 할 때 사용

    ③ 붓(Brush) : 소스나 묽은 퓌레를 접시에 담아 붓으로 그려 주어 넓은 선을 연출

    ④ 원형 틀(Ring mould) : 음식을 원형으로 쌓거나 원형 틀에 소스를 묻혀 찍어낼 수 있으며, 원형 틀 안쪽을 이용해 소스를 그려 넣을 수 있음

    ⑤ 소형 원형 틀(Small ring mould) : 음식을 담아 쌓거나 소형 원형 틀과 스퀴즈 보틀, 스푼을 사용하여 다양한 선을 그릴 수 있음

✔ 핫 푸드 플레이팅의 기본 도구

기본 스푼(Spoon), 스퀴즈 보틀(Squeeze bottle), 붓(Brush), 원형 틀(Round mould), 소형 원형 틀(Small round mould), 타월, 집게 등

제03편

⑥ 타월(Kitchen towel) : 플레이팅을 깔끔하고 청결하게 하기 위해서 사용

⑦ 작은 스패츌러(Small offset spatula) : 재료나 음식을 접시에 담을 때 사용

⑧ 집게(Tweezers) : 작은 허브나 미니 채소 같은 가니쉬를 요리 위에 올릴 때 사용

⑨ 실리콘 웨지(Silicone wedges) : 접시에 소스나 퓌레를 이용하여 굵은 선이나 면을 그릴 때 지그재그로 움직여 백그라운드를 연출

⑩ 파리지안 나이프(Parisienne knife) : 원형, 타원형, 웨이브 타원형 등 다양한 형태로, 음식을 다듬을 때 사용

⑪ 데커레이션 실리콘 붓(Silicone brushes) : 끝부분이 좁고 다양한 홈으로 되어 있어 가늘고 섬세한 연출을 할 때 사용

⑫ 스테인리스 스틸 드로잉 스푼(Stainless steel drawing spoon) : 펜처럼 사용해서 점을 찍거나 다양한 선들을 그릴 때 사용

⑬ 멀티 푸드 프레스(Multi food press)와 그릴(Grill) : 재료와 음식에 격자무늬나 줄무늬를 새겨 넣을 때 사용

(5) 접시 용어

프레임 (Frame)	접시가 깨지지 않게 외각을 둘러싼 넓은 면으로, 접시에 안정감을 줌
림 (Rim)	접시에서 움푹 들어간 턱으로, 소스나 국물이 밖으로 흘러넘치지 않도록 함
캔버스 (Canvas)	접시의 넓은 평지 부분으로, 음식을 담는 공간
센터 포인트 (Center point)	접시의 정중앙 부분
이너 서클 (Inner circle)	림에서 1~2cm 안쪽으로 그려진 가상의 원형
섹션 넘버 1 (Section No.1)	접시를 세 부분으로 나누었을 때 접시 정중앙 부분을 중심으로 8시에서 12시 방향 사이의 구역으로, 주로 탄수화물 요리를 놓음
섹션 넘버 2 (Section No.2)	접시를 세 부분으로 나누었을 때 접시 정중앙 부분을 중심으로 12시에서 4시 방향 사이의 구역으로, 주로 채소 요리를 놓음
섹션 넘버 3 (Section No.3)	접시를 세 부분으로 나누었을 때 접시 정중앙 부분을 중심으로 4시에서 8시 방향 사이의 구역으로, 주로 단백질 요리를 놓음

(6) 음식과 색채의 원리

색상(Color)	음식에서 색상은 푸드 플레이팅의 인상을 보다 명확하게 이미지화할 수 있는 요소	
	통일감	재료와 음식이 갖고 있는 같은 계열의 색으로 맞춤
	대비 효과	색상 대비는 서로 돋보이게 하거나 잘 어울리게 하여 통일감 있게 함
	음식을 돋보이게 하는 색상	• 요리 중에 어떤 한 가지를 돋보이게 강조하는 것 • 질감이나 높낮이, 색감, 톤 차이 등 요소별 차이게 분명하게 보이도록 만들어야 함

(7) 음식과 조형의 원리

1) 플레이팅 구조에 대한 이해

① 클래식 페이스 스타일(Classical face style) : 고기와 두 가지 사이드 디시(전분, 채소)를 이용한 요리로 접시에 담는 모양

② 누벨 퀴진 스타일(Nouvelle cuisine style) : 햇살, 부채, 섬 모양 디자인 등으로, 식품의 자연스러운 풍미, 질감, 색상 등을 강조하며, 시각적 디자인 면을 강조한 스타일

③ 퓨전 스타일(Fusion style) : 모든 요리는 자국의 요리에 이국적인 요리의 새로운 요소와 개념이 융합, 확장되어 개발됨

④ 자연 그대로의 식자재 사용 기법을 곁들인 스타일(Elemental style) : 퓨전 하이브리드 비주얼 스타일(Fusion hybrids visual style)로 자연스러운 식자재와 퓨전 요소를 결합한 스타일

⑤ 듀오 스타일(Duo style) : 하나의 포커스 푸드(One focus food)를 중심으로 사이드 디시를 옆에 떨어뜨려 배치하는 스타일

⑥ 트리오 스타일(Trio style) : 듀오 스타일에서 소스나 채소를 더 추가해서 담는 방법

⑦ 음식을 쌓는 스타일(The Stack style) : 음식을 높게 쌓아 올려 시각적 효과를 높인 스타일

⑧ 둔덕을 쌓는 스타일(The Mound style) : 음식을 가볍고 친근하게 담아내는 방법으로, 완만한 언덕처럼 담아내는 스타일

⑨ 버프 스타일(BUFF style : balance, unity, focal point, flow) : 레스토랑에서 가장 많이 사용되는 스타일로, 접시를 위에서 보았을 때 접시 중앙을 기준으로 모든 음식이 모아져 배치되어 있음

Check Note

✅ **콜드 플레이트의 3요소**

콜드 플레이트의 3요소(The Three Elements of Cold Food Platter)
- 센터피스
- 포커스 푸드의 서빙 포션
- 가니쉬

✅ **가니쉬(Garnish)**

딜, 바질, 타임, 고수, 파슬리와 같은 허브류와 통후추, 고추, 마늘과 같은 향신료, 레몬, 사과, 오렌지와 같은 과일류, 밀가루와 버터를 활용하여 구워낸 쿠키와 빵류를 사용하여 요리에 맛과 멋을 부여하여 장식하는 것

제 03 편

섹션 넘버 1 (Section No.1)	• 1구역 : 접시 정중앙을 중심으로 8시에서 12시 사이 구역 • 주로 탄수화물(전분) 요리를 놓음
섹션 넘버 2 (Section No.2)	• 2구역 : 접시 정중앙을 중심으로 12시에서 4시 사이 구역 • 주로 채소 요리를 놓음
섹션 넘버 3 (Section No.3)	• 3구역 : 접시 정중앙을 중심으로 4시에서 8시 사이 구역 • 주로 단백질 요리를 놓음

⑩ 선 모양의 스타일(Linear style)

종류	선 모양의 스타일(Linear style), 코스 안의 코스 스타일(Course within a course), 포스트모던적 해체적 스타일(Deconstruction/Abstraction)이며, 통칭하여 글로벌 스타일이라 함
특징	드로잉 스푼이나 붓으로 소스를 다양한 굵기의 선형으로 그려준 다음, 식재료와 음식을 선형 모양의 위나 주변에 플레이팅하는 방식으로 단백질 음식, 어린 채소, 잘게 썬 채소 조각을 배치함

⑪ 코스 안의 코스 스타일(Course within a course) : 한 접시에 여러 개의 음식을 담아 제공하는 스타일

⑫ 자유분방하게 음식을 담는 스타일(Deconstruction) : 포스트모던적 해체적 스타일

⑬ 신기술과 정서를 합친 스타일(Techno-emotive style)(= 요리 구성주의) : 분자 요리와 같은 과학적 기술을 접목한 혁신적인 스타일 ⑩ 수비드(Sous vide) 조리법, 분자 요리 기술을 응용한 오렌지 캐비어

(8) 음식과 디자인 원리

1) 푸드 플레이팅의 디자인 요소

푸드 플레이팅의 디자인 요소인 점(Point), 선(Line), 면(Surface)을 숙지

① 점(Point)을 다양하게 표현할 수 있도록 함

   ㉠ 접시 용어에 대한 자료를 찾고 정리

   ㉡ 접시에서 점의 위치에 따른 심리적 영향에 대하여 조사하고 정리

   ㉢ 소스로 점을 찍어 백그라운드를 만듦

② 선(Line)을 다양하게 표현할 수 있도록 함

   ㉠ 접시에서 직선, 곡선에 따른 심리적 영향에 대하여 조사하고 정리

   ㉡ 접시에서 여러 개의 직선에 따른 심리적 영향에 대하여 조사하고 정리

   ㉢ 접시에서 원, 나선, 직사각형, 삼각형에 따른 심리적 영향에 대하여 조사하고 정리

- 1970년대 프랑스 과학자와 조리사들의 협업에 의해 개발된 진공 저온 조리법
- 식재료를 진공 포장지에 담아 진공 상태로 만든 후에 온도와 시간이라는 두 가지 요소로 조리하는 방법
- 클리프턴 푸드 레인지(Clifton food range)라는 장비를 이용하여 물을 일정한 온도로 유지시켜서 물 속에서 오랫동안 익히는 조리법
- 고기를 부드러운 상태로 만들려면 50℃ 이상 65℃ 이하의 온도로 장시간 조리하면 됨
- 단백질 식재료를 주로 요리하므로 오염에 주의해야 함
- 장점 : 음식의 형태가 살아있고 질감이 부드러우며, 냉장고에 보관하였다가 요리할 수 있어 빠른 제공이 가능하며, 진공 포장지에 담기에 오랫동안 보관할 수 있음
- 단점 : 진공 포장기와 머신 같은 고가의 장비가 필요하고, 조리 시간이 오래 걸리며, 누린내를 가진 고기는 누린내가 점점 심해지므로, 최대한 신선한 고기를 사용해야 함

ⓔ 접시에 선으로 백그라운드 그리기를 함

③ **면(Surface)을 다양하게 표현할 수 있도록 함**

  ㉠ 접시에서 면에 따른 심리적 영향에 대하여 조사하고 정리

  ㉡ 접시에 소스와 매시를 이용해 면 형태로 백그라운드를 만들어 플레이팅 함

④ **푸드 플레이팅의 디자인**

  ㉠ 섬 모양 스타일(Island style)

  ㉡ 자연 그대로의 식자재 기법을 곁들인 스타일(Elemental style)

  ㉢ 트리오 스타일(Trio style)

  ㉣ 음식을 쌓는 스타일(The stack style)

  ㉤ 버프 스타일(BUFF style : balance, unity, focal point, flow)

  ㉥ 선 모양의 스타일(Linear style)

  ㉦ 자유분방하게 담는 스타일(Deconstruction)

2 콜드 푸드 플레이팅

(1) 콜드 푸드 플레이팅 개념

1) 콜드 푸드 플레이팅에서 고려할 요소

접시 (Plate)	접시의 크기와 형태는 플레이팅의 기초를 이루며, 음식의 배치와 균형을 맞추는 데 중요한 역할을 함
센터피스 (Centerpiece)	• 컨셉과 요리의 주제를 상징하는 상징물로, '식탁 중앙의 장식물' • 얼음 조각물, 소금을 이용해 만든 조형물, 설탕 공예물, 초콜릿 조형물, 마지팬 등
포커스 푸드의 서빙 포션 (Serving portions of focus food)	• 반드시 음식 한 점 한 점의 간격이 일정해야 하고, 전체적인 배치가 곡선이나 직선을 따라 질서 있게 놓여야 함 • 모양 : 원형, 타원형, 정사각형, 직사각형, 삼각형 등 • 재질 : 소고기, 양고기, 가금류, 생선류, 채소류, 곡류 등 다양하게 사용할 수 있음
가니쉬 (Garnish)	포커스 푸드의 서빙 포션과 같은 숫자로 옆에 배치하며 곡선, 직선을 따라 똑같은 간격으로 흐름 있게 배치해야 함

(2) 콜드 푸드 플레이팅 기본 구성요소

① 접시와 음식의 크기(Size) ② 전체적인 균형(Balance)

③ 색상(Color) ④ 모양(Shape)

⑤ 질감(Texture) ⑥ 향(Flavor)

(3) 콜드 푸드 플레이팅 기본원칙

① 접시의 프레임에는 어떠한 재료와 음식도 두지 않음

② 접시 프레임 안쪽에 있는 림에서 1~2cm 안쪽에 마음 속으로 그린 이너 서클을 벗어나서 음식을 담지 않고 내원에만 음식을 담음

③ 접시 공간을 꽉 채우지 않고 일정한 공간을 비워 여유 있게 보이도록 함

④ 접시 공간을 접시 형태나 플레이팅 스타일에 따라서 3등분, 4등분, 6등분, 8등분, 9등분까지 나누고, 재료와 음식을 놓을 때 시각적인 무게가 일정하게 유지되도록 균형 있게 담음

⑤ 전체 담기 구성이 균형을 이루어야 하고, 재료와 음식들이 통일감 있게 통합되어야 하며, 전체 음식이 하나의 초점에서 시작하여 흐름성(Flow)이 있어야 함

(4) 콜드 푸드 플레이팅 도구

메탈 스푼, 스퀴즈 보틀, 붓, 원형 틀, 소형 원형 틀, 타월, 작은 스패츌러, 집게, 실리콘 웨지, 파리지엔 나이프, 데커레이션 실리콘 붓, 드로잉 스푼, 멀티 푸드 프레스와 그릴 등

(5) 콜드 푸드 플레이팅 방법

1) 콜드 푸드 플레이팅 순서

① 스케치하기

② 접시에 재료와 음식을 플레이팅 하는 순서 각인하기

③ 센터피스 무게 중심 잡기

④ 포커스 푸드 배열하기

⑤ 가니쉬 배열하기

2) 콜드 푸드 플레이팅 활용

샐러드 푸드 플레이팅	• 샐러드의 네 가지 요소 : 바디(Main ingredient, Sub ingredient), 드레싱(Dressing), 가니쉬(Garnish), 베이스(Base) • 접시 담기 : 언덕처럼 쌓아 올린 마운드 스타일(Mound style)과 높이감을 줄 수 있는 스택 스타일(Stack style)이 가장 보편적
제철 과일 플레이팅	• 계절에 맞는 신선한 과일을 활용해 다양한 색감과 텍스처를 살림 • 과일의 색상 대비를 강조
치즈 푸드 플레이팅	• 3~5가지 이상의 다양한 종류의 치즈를 사용하여 풍부한 맛을 연출 • 치즈와 궁합이 맞는 부재료를 곁들여 풍미를 더함

	• 치즈의 포장은 벗기지 않고 그대로 두어 장식으로 활용 가능 • 치즈 도구를 활용하여 연출 • 치즈의 단맛, 짠맛이 조화를 이루도록 담음 • 크래커나 빵을 곁들임 • 연질 치즈는 자르기 전에 냉장고에 두어 단단히 굳힌 뒤에 썰음
오드볼 푸드 플레이팅	식사 이전에 식사와 분리되어 먹을 수 있는 간단한 음식들로 와인과 함께 간단히 먹을 수 있으며, 한입에 먹을 수 있게 만든 작은 사이즈의 음식, 혹은 안주류 예 카나페(Canape), 렐리쉬(Relishes)

3 전시용 푸드 플레이팅

(1) 전시용 푸드 개발

전시용 메뉴 개발	• 컨셉 개발 : 한 가지로 개념화할 수 있는 내용을 묶어 컨셉을 정함 • 전시 메뉴 기획 : 메뉴를 어떻게 구성할 지, 어디에 어떻게 음식을 담을 것인지 고려
전시용 메뉴 영역	• 전시용 식재료와 음식 : 전시용으로 적합한 식재료와 음식 선정 • 테이블 연출 : 식기와 식사 도구, 테이블 천류, 데커레이션, 조명 등 컨셉에 맞게 역사성(History), 물질의 특성, 요소가 갖고 있는 합목적성을 갖춤 • 식공간 연출 : 전체적으로 공간의 분위기와 음식의 일치를 고려한 연출 계획

(2) 전시용 푸드 코팅

1) 아스픽(Aspic)의 이해

① **개념** : 음식에 젤라틴(Gelatin) 등을 입히는 것

② **목적** : 식재료나 음식이 공기와 접촉되어 건조해지는 것을 막아 색이 변하는 것을 막고 표면을 윤기나게 코팅해서 외관을 예쁘게 만드는 것

③ **사용하는 중요한 재료** : 젤라틴(Gelatin)과 한천(Agar)

2) 젤라틴과 한천

젤라틴	• 동물의 힘줄, 뼈, 가죽에 있는 천연 단백질인 콜라겐(Collagen)에서 추출해서 얻은 유도 단백질 • 젤라틴의 응고 성질을 이용하여 식재료나 음식에 사용하여 형태를 잡아 주고 표면을 코팅해 줌 • 판상 젤라틴, 가루 젤라틴 등이 있으며 무미, 무향, 무칼로리임 • 점탄성이 높은 판상 젤라틴은 차가운 물에 담근 후 부드러워지면 물기를 짠 후 뜨거운 액체에 녹여서 사용

Check Note

✅ **카나페와 렐리쉬**

카나페 (Canape)	• 작은 빵을 의미 • 네 가지 구성요소 : 베이스(Base), 스프레드(Spread), 주재료(Main ingredient), 장식물(Garnish)
렐리쉬 (Relish)	채소와 딥(Dip) 소스로 구성된 음식으로 당근, 무, 고구마, 오이, 셀러리 등의 채소가 사용됨

제
03
편

		• 순도와 강도가 높은 가루 젤라틴은 찬물을 부어 불려준 후 중탕으로 녹여서 사용 • 사용할 때 물을 섞어서 한천 젤리보다 응고 온도가 낮으며, 13℃ 이상의 온도에서는 응고가 어려움
	한천	• 우뭇가사리를 끓이면 나오는 즙을 건조시킨 것 • 소화 흡수가 안 되지만 장의 연동 운동을 도와주며, 저칼리 식품임 • 아이스크림, 과자, 젤리에 첨가되어 제품에 적당한 끈기를 줌
비교	젤라틴	• 한천에 비해 투명감과 입 속의 감촉이 좋으나 찬 음식에만 사용할 수 있음 • 요리 대회용은 물 1L에 젤라틴 130g을 섞어 중탕
	한천	젤라틴에 비해 고온에서 사용 가능

(3) 전시용 가니쉬 조리

1) 가니쉬 코팅

작은 면적	• 가니쉬는 단백질류나 채소류 요리보다 면적이 작기 때문에 마르기 쉬움 • 전시 시간에 가까운 시점에 마지막으로 코팅해 주는 것이 좋음
기포 문제	• 가니쉬는 크기가 작기 때문에 코팅 작업 중에 기포가 생기기 쉬움 • 표면의 기포를 입으로 불어 한쪽으로 몰아주고 기포가 없는 면에 가니쉬를 담가 코팅
아스팍 처리	가니쉬를 꼬챙이에 꽂아 아스픽 처리하고, 스티로폼이나 무에 꽂아 냉장고에서 굳혀준 뒤 이 과정을 여러 번 반복하여 코팅을 두툼하게 해줌

2) 소스 코팅
① 소스는 액체이기 때문에 단백질류나 채소류 요리보다 젤라틴의 강도가 더 높아야 함
② 소스에 젤라틴을 섞은 후 중탕으로 혼합하여 사용

(4) 전시용 푸드 플레이팅
① 전시용 요리 담기는 아스픽 처리된 작품을 보기 좋게 담는 것
② 전시용 요리 담기에서 고려할 요소 : 센터피스, 균형, 포션의 크기, 색상, 곁들임, 소스 뿌리기, 작품의 질감, 작품으로 만들어진 선과 빈 공간의 여유 등
③ 전시용 요리를 담기 전에 미리 도화지에 스케치해 보고 그것에 맞춰 요리의 색채, 재료, 형태, 배치를 생각하면서 음식을 담음

Check Note

✅ **아스픽 코팅**
한천과 젤라틴을 혼합(1 : 4)하여 중성의 성질을 지닌 아스픽 코팅을 함

✅ **블루밍 젤라틴(Blooming gelatin)**
물에 젤라틴 잎을 넣어 불리는 것

✅ **쇼 프루아(Chaud-froid)**
데미글라스, 베샤멜 혹은 벨루테와 같은 따뜻한 소스에 젤라틴을 넣어서 만듦

01 서양요리의 5대 모체 소스 중 우유로 베이스한 소스로 옳은 것은?

🌟빈출

① 토마토 소스　　　　② 에스파뇰 소스

③ 홀렌다이즈 소스　　④ 베샤멜 소스

01 ④

해설 5대 모체 소스는 베샤멜 소스, 벨루테 소스, 에스파뇰 소스, 홀렌다이즈 소스, 토마토 소스로, 이 중 우유로 베이스한 소스는 베샤멜 소스이다.

02 미르포아(Mirepoix) 재료로 틀린 것은? 🌟빈출

① 마늘　　　　② 양파

③ 당근　　　　④ 셀러리

02 ①

해설 **미르포아 재료**
양파 2 : 당근 1 : 셀러리 1

03 바닷가재나 새우 등의 갑각류 껍질을 으깨어 채소와 함께 만든 수프는?

① 굴라시 수프(goulash soups)

② 부야베스 수프(bouillabaisse soups)

③ 비스크 수프(bisque soups)

④ 미네스트로네 수프(minestrone soups)

03 ③

해설 비스크 수프는 바닷가재나 새우등의 갑각류 껍질을 으깨어 채소와 함께 완전히 우러나올 수 있도록 끓이는 수프이다.

04 ①

해설
- 미네스트로네 수프 : 제철 채소와 파스타를 넣고 만든 이탈리아 전통 수프
- 부야베스 수프 : 프랑스 남부 지방에서 시작된 생선 수프
- 굴라시 수프 : 매콤한 맛이 특징인 헝가리식 수프로 소고기와 채소의 스튜
- 보르스치 수프 : 러시아와 폴란드식 수프

04 지역에 의한 수프로 이탈리아의 대표적 채소 수프는? 🌟빈출

① 미네스트로네 수프

② 부야베스 수프

③ 굴라시 수프

④ 보르스치 수프

제 03 편

05 ④

해설 **습열조리법**
- boiling : 삶기
- steaming : 찌기
- blanching : 데치기

06 ②

해설
- 오징어볶음 – sauteing
- 수란 – poaching
- 찐호박 – steaming

07 ③

해설 마리네이드는 고기나 생선, 채소 등을 오일, 허브 등의 양념으로 고기의 육질을 부드럽게 하거나 맛과 향을 더하며 식재료의 저장성을 높이는 데 활용한다.

08 ③

해설 가니쉬는 색을 좋게 하고 식욕을 돋우기 위해 음식 위에 곁들이는 것이다.

09 ①

해설 듀럼 밀은 파스타 제조에 주로 사용되며 경질 밀이라고도 한다. 연질 밀보다 거친 느낌이 드는 노란색의 세몰리나 가루와 글루텐의 함량이 높아 점탄성이 높은 파스타 면을 만들 수 있다.

05 습열을 이용한 조리법으로 틀린 것은? 빈출

① boiling
② steaming
③ blanching
④ sauteing

06 조리법과 조리가 제대로 짝지어진 것으로 옳은 것은?

① baking – 오징어볶음
② frying – 감자튀김
③ steaming – 수란
④ sauteing – 찐호박

07 마리네이드(marinade) 효과의 특징으로 틀린 것은? 빈출

① 음식의 맛(flavor)을 더할 수 있다.
② 고기의 육질을 부드럽게 한다.
③ 신선도가 떨어지면 불쾌한 맛이 나는 걸 감출 수 없다.
④ 식재료가 변질되는 것을 막을 수 있다.

08 가니쉬에 대한 설명으로 틀린 것은?

① 가니쉬는 완성된 음식을 더욱 돋보이게 하는 장식
② 시각적인 효과나 미각을 상승시켜 줄 수 있는 재료를 이용
③ 색을 좋게 하고 식욕을 억제하기 위해 음식 위에 곁들이는 것
④ 육류, 가금류 요리에 어울리며, 맛과 멋을 높일 수 있는 아이템으로 구성

09 파스타 제조에 주로 사용하는 밀로 글루텐 함량이 높아 점탄성이 높은 밀의 종류는? 빈출

① 듀럼 밀
② 연질 소맥
③ 박력 밀
④ 일반 밀

10 비린 맛을 제거하고 매운맛을 내서 음식의 대사작용과 향균작용을 하는 파스타의 부재료는?

① 파슬리

② 고추

③ 후추

④ 소금

11 곡류에 대한 설명으로 틀린 것은?

① 쌀종류를 미곡류(米穀類)라고 한다.

② 소맥, 대맥이라고 불리는 밀과 보리를 맥류(麥類)라고 한다.

③ 찹쌀, 율무, 기장 등을 흔히 잡곡류(雜穀類)라고 한다.

④ 우리 몸에 쓰이는 열량원으로서의 가치와 역할을 한다.

12 사이드 디쉬에 활용되는 과일류로 핵과류에 속하지 않는 과일은?

① 사과

② 복숭아

③ 살구

④ 자두

13 밀크 초콜릿의 중탕 온도로 옳은 것은? 빈출

① 26~28℃

② 40~45℃

③ 40~50℃

④ 28~30℃

14 프랑스 디저트 종류로 크림으로 속을 채우고 퐁당 아이싱을 덧입힌 길쭉한 모양의 디저트는? 빈출

① 퐁당 쇼콜라(Fondant au chocolat)

② 밀푀유(Mille-feuilles)

③ 에클레르(Éclair)

④ 크렘 브륄레(Crème brûlée)

10 ③

해설 후추는 파스타뿐만 아니라 이탈리아 요리에서 빠질 수 없는 중요한 재료이며, 고기요리나 생선요리에서 냄새나 비린 맛을 제거하는 효과가 있다.

11 ③

해설 찹쌀은 미곡류(米穀類)에 해당되며, 좁쌀, 수수, 옥수수, 율무 등은 잡다한 곡식으로 잡곡류(雜穀類)라고 한다.

12 ①

해설
- 인과류 : 사과, 배, 모과, 비파 등
- 준인과류 : 귤, 금귤, 오렌지, 자몽, 레몬, 라임, 유자 등
- 핵과류 : 복숭아, 살구, 체리, 자두, 앵두 등

13 ②

해설 밀크 초콜릿 온도
40~45℃(중탕) → 26~28℃(냉각) → 28~30℃ 온도로 사용

14 ③

해설
- 퐁당 쇼콜라(Fondant au chocolat) : 초콜릿이 녹아서 흘러 내리는 케이크
- 밀푀유(Mille-feuilles) : 퍼프 페이스트리를 구워낸 후 사이에 크림이나 필링을 포개어 만든 디저트
- 크렘 브륄레(Crème brûlée) : 커스터드 위에 설탕을 얇게 골고루 뿌린 다음, 토치로 열을 가해 캐러멜 토핑을 만든 디저트

15 ③

해설 채소, 차가운 요리, 뜨거운 요리, 디저트와 과일의 순으로 배열한다.

16 ②

해설
- 갈라틴 : 가금류 재료를 통으로 랩이나 면보로 말아 스톡에 익히고 식힌 후 차갑게 제공하는 요리
- 테린 : 내열성 용기에 어·육류 등의 재료를 채워 불에 익혔다가 차갑게 한 요리
- 타르타르 : 생선, 허브, 오일, 채소를 넣고 잘 섞어 만든 요리

17 ①

해설
- 오버 이지 : 양쪽 면을 살짝 익힌 달걀요리
- 스크램블 에그 : 달걀을 크림처럼 휘저어 만든 달걀요리
- 오믈렛 : 달걀을 럭비공 모양으로 만든 달걀요리

18 ③

해설
- 라이스 크리스피(Rice crispy) : 쌀을 바삭바삭하게 튀긴 것
- 시레디드 휘트(Shredded wheat) : 밀을 조각내고 으깨어 사각형 모양으로 만든 비스킷

15 리셉션 테이블 세팅에 대한 설명으로 틀린 것은?

① 다단계 디스플레이로 요리의 높이를 다양하게 하여 색의 대비를 이룬다.

② 각기 다른 음식을 매력적으로 배열하여 테이블 전체를 조화롭게 꾸민다.

③ 육류, 차가운 요리, 뜨거운 요리, 디저트와 과일의 순으로 배열한다.

④ 주로 손으로 집어먹을 수 있는 음식으로 구성한다.

16 페이스트리 반죽을 씌워 굽는 육류 또는 어육요리로 옳은 것은?

✯빈출

① 갈라틴(Galantine)　　② 파테(Pâté)

③ 테린(Terrine)　　④ 타르타르(Tartare)

17 조식요리로 달걀의 한쪽 면만 익혀 만든 조리용어로 옳은 것은?

✯빈출

① 서니 사이드 업(Sunny side up)

② 오버 이지(Over easy)

③ 스크램블 에그(Scrambled egg)

④ 오믈렛(Omelet)

18 시리얼류 종류에 대한 설명으로 틀린 것은?

① 올 브랜(All bran) - 밀기울을 으깨어 가공한 것

② 콘플레이크(Cornflakes) - 옥수수를 구워서 얇게 으깨어 만든 것

③ 시레디드 휘트(Shredded wheat) - 쌀을 바삭바삭하게 튀긴 것

④ 버처 뮤즐리(Bircher muesli) - 오트밀(귀리)을 기본으로 해서 견과류 등을 넣은 음식

19 신맛과 짠맛이 침샘을 자극하여 식욕을 돋우는 조미료를 총칭하는 용어는? 🏷️빈출

① 쿠르부용(court bouillon)
② 미르포아(mirepoix)
③ 오르되브르(hors d'oeuvre)
④ 콩디망(condiment)

20 푸드 플레이팅의 디자인적 요소에 대한 내용으로 틀린 것은?

① 점(Point) – 접시를 위에서 보았을 때 하나의 점처럼 보이는 형태
② 질감(Texture) – 입 속에서 느껴지는 촉감 한 가지가 있음
③ 면(Surface) – 접시를 위에서 볼 때 재료와 음식이 평면으로 보여지는 것으로, 플레이팅의 얼굴이 되는 요소로 보이는 면은 원, 삼각형, 정사각형, 타원형, 직사각형 등이 있음
④ 입체(Volume) – 음식을 높낮이나 구조로 표현하여 입체감을 주는 요소로, 심리적인 효과를 높여 주며, 음식을 더욱 다채롭게 입체적으로 꾸며줌

19 ④

해설
• 쿠르부용 : 식초, 백포도주, 향신료, 채소 등을 넣고 끓인 육수
• 미르포아 : 양파, 셀러리, 당근 등을 썰어 혼합한 것
• 오르되브르 : 프랑스 요리를 비롯한 유럽 요리에서 주요리 전에 내는 전채 요리

20 ②

해설 질감(Texture)
시각적인 질감과 입 속에서 느껴지는 촉감 두 가지가 있다.

제 03 편

03 중식

Check Note

✅ 중식 기본썰기

■ 정(丁, 띵, dīng) : 깍둑썰기
■ 곤돈괴(滾刀塊, dāo kuài) : 재료를 돌리면서 도톰하게 썰기

✅ 중식칼의 종류 및 용도

■ 참도(斬刀, zhāndāo, 짠 따오) : 뼈 자르는 칼
■ 채도(菜刀, càidāo, 차이 따오) : 채소 써는 칼
■ 조각도(雕刻刀, diāokèdāo, 띠아오 커 따오) : 조각 칼
■ 면도(面刀, miàndāo, 미엔 따오) : 밀가루 반죽을 자르는 칼
■ 딤섬도(點心刀, diansindāo, 디엔신 따오) : 딤섬 소를 넣을 때 사용하는 칼

✅ 냉채 요리 선정 시 유의사항
★★★

■ 주요리의 가격대에 따라 결정
■ 어떤 주요리가 나가는지 보고 냉채를 결정
■ 주요리는 계절과 연회에 따라 자주 바꾸어야 하므로 냉채도 주요리에 따라서 변화 필요
■ 재료와 부재료에 균형을 이루어야 하고, 주요리의 조리방법과 겹치지 않아야 함

01 중식 냉채 조리

1 냉채 조리

(1) 냉채 조리방법의 종류와 특성

　냉채(량차이)는 조리 과정을 통하여 처음 나가고 차갑게 내는 요리로 재료 종류와 방법에 따라 구분

(2) 냉채 종류에 따른 소스 조리

1) 냉채 종류에 적합한 소스의 조리

겨자	겨잣가루 2큰술에 따뜻한 물 1큰술을 넣어 갠 다음 발효(찜통에서 끓는 물에 10분 정도 찜)시켜 사용
춘장	춘장, 간장, 두반장, 설탕, 술을 혼합하여 1일 이상 지난 다음 사용
콩장	콩장, 술, 소금, 설탕, 간장을 혼합하여 하루 지난 다음 사용
케첩	토마토케첩, 간장, 술, 소금, 설탕, 물 등을 혼합하여 하루 지난 다음 사용
레몬	레몬, 설탕, 물, 소금, 전분가루, 참기름을 혼합하여 하루 지난 다음 사용

2) 숙성 및 발효가 필요한 소스 조리

숙성이 필요한 소스	냉채의 소스를 만들어 놓은 후 일정 시간이 지나면 양념들이 서로 어우러지므로 숙성하는 시간이 필요함	
	탕수소스	설탕과 식초 혹은 레몬즙을 넣어서 설탕이 모두 녹을 때까지 20~30분간 숙성
	깐쇼소스	물, 소금, 참기름, 토마토케첩, 고추장 등을 넣고 잘 섞은 후 1시간 정도 숙성
발효가 필요한 소스	이미 발효된 간장, 두반장, 춘장 등을 이용한 소스가 다양하므로 요리에 적합한 양념을 선택하여 활용	
	간장	콩으로 메주를 쑤어서 말렸다가 소금과 물을 넣고 오랫동안 발효한 소스
	두반장	고추와 잠두라는 콩을 섞은 후 소금을 넣고 오랫동안 발효한 소스
	춘장	콩을 주원료로 소금을 섞어 발효

(3) 냉채 조리의 온도와 선도(특징)★★★

① 냉채요리의 온도는 4℃ 정도일 때가 가장 바람직함

② 재료가 신선하고 향이 있어야 함

③ 부드럽고 국물이 없어야 함

④ 소화가 잘 되도록 구성

⑤ 완성된 요리에 맛이 들어 있어야 하며 느끼하지 않아야 함

⑥ 연회에 대한 성격을 상징적으로 표현함

⑦ 냉장고의 온도가 찰수록 원래 재료가 가지고 있던 맛은 더 명확하게 느껴짐

(4) 재료 손질 방법

해파리와 해파리머리	• 해파리와 해파리머리는 소금에 오랫동안 절여 두고 나서 물에 담가 소금기를 완전히 제거한 후 사용 • 데칠 때 물의 온도가 너무 뜨거우면 오그라들기 때문에 주의함
새우	• 수염을 잘라 내고 가위로 머리 위와 꼬리의 뾰족한 부분을 잘라 낸 다음 칼로 등을 갈라 내장을 꺼내 사용 • 칼로 등을 가른 다음 물에 다시 씻지 않음
갑오징어	몸통 속의 단단한 뼈를 꺼내고 껍질을 벗기며 다리를 떼어내어 몸통만 사용
피단	• 완전히 익혀 먹을 때는 찜통에 넣고 쪄서 익힌 후 사용 • 신선한 것으로 선택하여 한 개씩 껍질을 까서 사용하며, 어둡고 차가운 곳에 보관 • 달걀과 마찬가지로 오래 둘 경우 속이 말라 사용하기 어려움
분피	• 상온의 창고에 보관 • 사용할 때 손으로 부스러뜨린 다음 뜨거운 물에 담가 부드러워지면 사용
땅콩	햇땅콩을 사용하고 전날 물에 불려 맑은 물이 나올 때까지 씻어서 사용

(5) 기초장식 만들기

1) 요리에 따른 기초장식의 선정

① 냉채요리는 주로 채소나 과일을 이용해 음식을 아름답게 장식하며, 연회의 품격을 높이고 손님들의 식욕을 증진시킴

② 주로 채소의 뿌리 부분과 오이, 수박, 호박 등을 사용

③ 주로 꽃이나 동물, 풍경 등을 표현 가능

2) 기초장식의 순서

① 주제 정하기 : 계절, 자연, 결혼, 풍습 등을 고려하며, 다른 나라의 국기, 군기, 휘장 등은 금기

② 디자인하기 : 장식 수준, 조각의 크기, 너비, 두께, 조각도 결정

Check Note

✔ **피단**
달걀이나 오리알을 삭힌 것

③ 재료 선택하기

④ 초벌 조각하기 : 몸통 부분을 대강 조각

⑤ 조각하기 : 초벌한 조각을 다듬는 과정으로 정신 집중이 필요

3) 재료의 특성을 고려한 기초장식

① 재료 종류별 기초장식

무	• 기초장식 재료로 가장 많이 사용 • 크기가 크기 때문에 원하는 장식 가능 • 부드럽고 속이 꽉 차서 쉽게 원하는 모양으로 장식 가능 • 색이 희기 때문에 필요한 색깔로 물들여 사용 가능★
오이	• 가장 간단한 방법 • 접시의 가장자리를 두르는 등의 기초장식에 사용 • 토마토, 레몬과 함께 얇게 썰어 장식 가능
당근	• 중국에서 기초장식의 재료로 가장 많이 사용 • 큰 것은 앵무새, 작은 것은 장미꽃 등으로 장식
감자	흰색 꽃 표현 가능
고추	청고추, 홍고추는 색깔별로 꽃 장식 가능
피망	소스 담는 그릇 대용 가능
양파	뿌리가 있고 동그란 모양의 것
가지	굵기가 두껍고 속이 꽉 차 있어야 하며, 꼭지는 길게 붙어 있는 것 사용

② **기초장식에 필요한 보관·관리** : 기초장식에 이용되는 재료는 특성이 다르기 때문에 특성에 따라 분류함

무	다량의 수분을 함유하고 있어 밀폐용기에 물과 함께 담아 냉장고에 보관
오이, 가지	1회에 한하여 사용 가능(보관 ×)
당근	밀폐용기에 물과 함께 담아서 냉장고에 2일까지는 보관 가능
감자	밀폐용기에 물과 함께 담아서 냉장고에 보관
양파	쉽게 물러지기 때문에 1일 정도 사용
상추 등의 잎채소	1회 사용하고 폐기

(6) 냉채 종류에 따른 기초장식

해물에 어울리는 기초장식	• 갑오징어 무침, 해파리머리 무침 등 색이 희거나 무색인 경우 무, 오이, 당근, 고추 등 어떤 색의 장식이든 구분 없이 사용 • 술 취한 새우, 훈제 숭어 등 색깔이 있는 냉채는 흰색이나 붉은 계통을 사용 • 해물류 : 오징어냉채, 해파리냉채, 전복냉채, 관자냉채, 삼선냉채, 삼품냉채, 오품냉채, 왕새우냉채

육류에 어울리는 기초장식	• 오향장육은 색이 짙으므로 오히려 흰색을 사용하는 것이 맛있어 보임 • 마늘소스 삼겹살 냉채는 돼지고기가 익어서 색이 희게 변하므로 무, 오이, 양파 등 흰색과 갈색이 나는 장식을 사용 • 육류 : 오향장육, 빵빵지(사천식 닭고기냉채), 샤오지(산동식 닭고기냉채)
채소류 · 버섯류	봉황냉채

2 냉채 완성

(1) 냉채 조리법의 종류

무치기		• 냉채 조리법 중 누구나 할 수 있는 쉬운 방법 • 생것과 익은 것을 섞어 무치기 가능 • 부드럽고 상큼하며 깔끔한 맛 • 소고기나 해물을 무칠 때는 냉장고에 보관했던 것은 피해야 함
장국물에 끓이기		• 양념과 향료 등을 넣어 만든 국물에 넣고 약한 불로 끓이는 조리법 • 깊은 맛이 나고 부드러운 것이 특징 • 불을 약하게 조절하여 장시간 가열 • 중국의 북방에서는 간장을 주양념으로 사용
양념에 담그기 ★★★		• 장시간 보관 시에 사용 • 소금, 간장, 술, 식초, 설탕 등 사용
	소금물에 담그기	• 소금으로 문지른 다음 소금물에 담그는 방법 • 소금물에 절였다 바로 냉채로 제공 가능 • 배추, 무, 셀러리 등 단단한 질감의 채소 사용 • 담근 후 여름은 3~5일, 겨울은 5일 이상 지나면 숙성
	간장에 담그기	• 배추 밑동, 오이, 신선한 채소 등을 절여서 사용 • 담근 후 10일 이상 지나면 숙성
	술에 담그기	• 소흥주(찹쌀로 빚은 술)와 소금에 절이는 방법 • 새우, 게 등을 담근 후 가열하여 상에 제공 • 담근 후 1일 이상 지나면 숙성(소금, 간장도 함께 사용 가능)
	설탕과 식초에 담그기	• 소금에 절이는 과정을 통하여 채소의 수분을 뺀 다음 단맛이 배이게 하는 방법 • 오이 : 8시간 이상 숙성 • 무, 당근, 양배추 등 : 4~5일 이상 숙성
수정처럼 만들기		• 아교질(콜라겐) 성분이 많은 것을 끓인 후 차갑게 만들어 수정처럼 맑게 응고되는 원리를 이용 • 닭고기, 생선살, 새우살, 게살 등으로 냉채를 만들 때 사용 • 귤, 수박, 파인애플 등을 넣어 단맛 가능

훈제하기	• 가공하거나 재웠던 재료를 익힌 후 설탕, 찻잎, 쌀 등을 솥에 넣고 밀봉하여 냉채로 이용할 재료에서 훈제향이 느껴지도록 한 것 • 붉은 빛의 색으로 훈연한 향기가 독특한 맛을 냄

(2) 냉채 조리법

① 냉채는 재료를 가열하는 단계를 거치지 않고 바로 양념도 가능

② 재료를 물에 데친 다음 양념

③ 재료 중에 아교질(콜라겐) 성분이 있는 것을 선택하여 응고되는 특성을 이용

④ 불완전 연소에서 생성되는 연기를 이용하여 훈제하는 방법도 있음

3 냉채 담기

(1) 제공하는 냉채의 양

① 전체 인원수와 주문한 전체 요리의 수에 의해서 결정

② 한 사람이 한 젓가락 혹은 두 젓가락 정도 먹을 양이면 충분

(2) 냉채 담기의 특징

① 냉채 조리의 마지막 과정으로 냉채의 수준이 정해지는 과정

② 색, 맛, 향을 중시하는 외에도 형태를 보여줌

③ 생동감과 선명한 색으로 눈을 즐겁게 함

④ 위생적으로 담기

⑤ 냉채의 색깔과 소스의 색깔, 그리고 기초장식의 색깔까지 고려

⑥ 냉채와 접시까지 어우러지게 함

(3) 냉채 담기

봉긋하게 쌓기	• 미리 썰어 놓은 재료를 데쳐서 만든 냉채를 담는 방법 • 서로 다른 재료를 혼합하여 모양이 일정하지 않으므로 산봉우리처럼 봉긋하게 장식 예 해파리 냉채 등
평편하게 펴놓기	• 정형화된 냉채를 썬 다음 접시에 평편하게 담는 방법 • 오이 등의 재료를 깔거나, 재료 원래의 모양대로 담기도 함 예 통닭 냉채 등
쌓기	한 조각씩 잘라서 계단 형태로 담는 방법
두르기	• 접시의 중앙에 동그랗게 담거나 꽃 모양으로 담기 • 꽃 모양으로 만들고 중간에 꽃으로 장식
형상화하기	• 서로 다른 색깔과 형태의 냉채요리를 색상을 배합하여 꽃, 새, 동물 등으로 표현하는 방식 • 여러 번 반복으로 시간이 많이 걸리고 숙련된 단계 • 상온에 오랫동안 노출시켜야 하기 때문에 위생에 주의

02 중식 딤섬 조리

1 딤섬 빚기

(1) 딤섬 조리방법의 종류와 특성

1) 딤섬의 분류★★★

찜 딤섬	수정 새우교자	• 딤섬 소가 보일 정도로 피가 투명 • 딤섬 피가 가열되면서 호화되어 수정처럼 투명하다 해서 붙여진 이름 • 주재료인 새우를 손질하여 새우 살을 칼로 으깨고 끈기 있게 치대어 만들기 때문에 새우가 익으면서 새우의 색소로 인해 발그스레한 색이 딤섬의 투명한 피를 통해 나타남
	돼지고기 소롱포	• 돼지고기 껍데기의 콜라겐 성분을 이용하여 소 재료의 일부분을 만들고 이것을 피동(皮凍)이라 함 • 돼지껍질을 가열한 후 식혀서 굳어지면 젤리처럼 된 것을 소에 넣고 만듦 • 가열할 때 열이 가해지면 콜라겐 성분이 녹아 육즙 상태로 바뀌어 소의 재료와 함께 섞여 부드러운 질감을 느낄 수 있는 것이 특징
	샤오마이	• 딤섬의 윗부분이 뚫려 속이 보이는 모양 • 꽃 봉우리 모양처럼 만들어 미적 요소를 겸비 • 모양과 소에 들어가는 재료에 따라 색, 맛, 질감을 달리함
튀김 딤섬	춘권	• 양식의 스프링 롤과 비슷함 • 봄(春)에 제철인 식재료를 이용하여 얇은 전병이나 춘권피, 달걀지단에 여러 가지 재료를 볶아서 펼친 후 그것을 말아(捲)서 튀긴 딤섬
	지마구	• 찹쌀가루나 쌀가루 등으로 반죽하여 동그랗게 빚은 후 깨를 묻혀 튀긴 딤섬 • 소로 팥 앙금을 넣기도 하고 후식으로 많이 이용
지짐 딤섬	고기교자	• 초승달 모양으로 주름을 잡아 만든 후 기름에 지진 것 • 교자를 팬에 넣고 바닥에 기름을 약간 넣어 눌러 붙지 않게 가열한 후 물을 붓고 뚜껑을 닫아 물이 증발하면서 그 수증기로 익히는 방법 • 담백한 고기 맛과 채소 맛이 조화롭고, 바삭하면서도 부드러운 질감을 느낄 수 있음
삶음 딤섬	새우훈둔	• 우리나라의 만둣국처럼 밀가루 반죽을 밀어 피를 만들거나 시중에 판매하는 만두피를 이용

Right column Check Note

Check Note

◈ **딤섬(点心)**

속이 보이는 수정만두, 튀겨서 만드는 군만두, 물에 삶는 물만두, 발효시켜 만드는 소롱포, 포자(숙성시킨 찐만두), 단팥빵, 만두소가 겉으로 보이게 만든 샤오마이 등

제 03 편

Check Note

밀가루 종류

밀가루 종류	단백질 함량	용도
강력분	13% 이상	제빵용
중력분	10~13%	다목적용
박력분	10% 이하	제과용

밀가루 첨가물

소금	단백질 가수분해효소의 활성을 억제하여 글루텐의 강도를 높임
설탕	반죽 내의 수분을 흡수하므로 밀가루 단백질의 수화를 감소시켜 글루텐 형성을 저해
지방	글루텐의 표면을 둘러싸서 글루텐의 성장을 억제하므로 반죽을 부드럽고 연하게 함
공기, 수증기	밀가루 반죽을 팽창시키는 물질
공기, 물	가열에 의해 그 부피가 증가해서 반죽을 물리적으로 팽창시킴
이산화탄소	이스트의 작용에 의해 발생하는 팽창제
베이킹소다, 베이킹파우더	화학적 반응에 의해 발생하는 팽창제

딤섬의 이름

딤섬은 모양, 재료, 조리법에 따라 이름이 달라짐
- 교(餃) : 작고 투명한 것
- 파오(包) : 껍질이 두툼하고 푹푹한 것
- 마이(賣) : 통만두처럼 윗부분이 뚫려 속이 보이는 것
- 조리법에 따라 삶은 것(煮), 찐 것(蒸), 튀긴 것(炸), 지진 것(煎) 등으로 나뉘며 디저트류도 딤섬의 종류에 포함

		• 피에 소를 넣고 훈둔을 빚어 삶고, 육수와 채소를 곁들여 한 번 끓인 후 익힌 훈둔을 넣고 한 번 더 끓임
	수교자	고기나 채소 등 여러 가지 소를 응용할 수 있고 얇은 피로 싸서 물에 삶아낸 물만두 같은 딤섬

2) 딤섬 식재료 써는 법★

구분	썰기	내용
편(片), 피엔, piàn	편 썰기	칼을 직각으로 하여 썰거나, 포를 뜨듯이 한쪽으로 어슷하고 얇게 뜨는 것
조(條), 티아오, tiáo	채 썰기	두께 0.7~1cm, 길이 5~7cm로 썰기
사(絲), 쓰, sī	가늘게 채 썰기	1mm 정도로 실처럼 썰기, 길이는 5cm 정도 섬유질 방향으로 썰기
입(粒), 리, lì / 미(未), 웨이, wèi	쌀알 크기 정도로 썰기	육류나 딤섬 소를 만들 때 사용
말(末), 모, mo	조의 크기만큼 잘게 써는 방법	딤섬의 소를 만들 때 많이 사용
니(泥), 니, ní	으깨서 잘게 다지기	아주 곱게 다지는 방법

2 딤섬 익히기

(1) 딤섬 종류에 따른 익히는 방법

습열조리★	삶기(煮)	100℃의 끓는 물에서 식품을 익히는 조리법
	찌기(蒸)	수증기의 기화열로 식품을 익히는 조리법
건열조리★	튀기기(炸)	기름을 열전달 매체로 하여 식품을 익히는 조리법
	지지기(煎)	팬에서 소량의 기름을 열전달 매체로 하여 식품을 지져내는 조리법

(2) 딤섬 만드는 방법에 따른 5분류★

매(賣)	오픈형으로 만드는 방법
권(捲)	말아서 만드는 방법
교(餃)	교차하여 만드는 방법
포(包)	주머니 모양으로 만드는 방법
분(粉)	쌀가루로 얇은 피로 만드는 방법

3 딤섬 완성

(1) 딤섬 종류에 따른 소스 선택

딤섬의 모양과 종류에 따라 용기를 준비하고 어울리는 소스를 제공

찜 딤섬	• 수정새우교자, 돼지고기 소룡포, 샤오마이 • 진강초에 생강 채를 곁들임, 기호에 맞게 간장을 곁들임
튀김 딤섬	• 춘권 • 시중에 판매되는 칠리소스를 같이 곁들임
지짐 딤섬	• 고기교자 • 진강초, 간장, 설탕, 고추기름을 섞은 소스를 곁들임
삶음 딤섬	• 새우훈둔, 수교자(물만두) • 참기름을 살짝 곁들여 고소한 풍미를 냄

(2) 딤섬 종류에 따른 용기의 선택

용기의 종류	• 딤섬을 담는 용기는 일반적으로 대나무 찜통을 이용 • 대나무 찜통은 용기를 옮기지 않아도 음식의 온도나 형태 보존력이 뛰어남
용기의 크기	• 딤섬의 종류나 모양의 크기에 따라 결정 • 영업장 특성에 맞도록 찜기 크기 맞춰 사용
대나무 찜통	• 대나무 찜통은 몸체, 뚜껑으로 나뉨 • 본체 바닥은 대나무로 엮은 깔개로 되어 있어 여러 단을 쌓아서 사용 가능 • 찜통은 대나무로 짜여 있어 열은 보유하고 수증기만 빠져나가 물방울이 떨어지지 않는 것이 특징 • 크기는 지름 60cm 전후의 것을 많이 사용 • 식탁용으로 지름이 30cm 정도인 찜통과 10~15cm인 작은 찜통 사용 • 작은 찜통은 통째로 사용 가능함

03 중식 수프 · 탕 조리

1 수프 · 탕 조리

(1) 수프 · 탕 조리방법의 종류와 특성

1) 중국 육수

흰색 육수	• 중국요리에서는 대부분 흰색 육수를 사용 • 육류의 뼈, 향신료, 채소를 넣고 기본적으로 2시간 이상 끓인 육수 • 아주 맑고 묽은 색의 순한 맛
갈색 육수	• 특유의 향을 내기 위해 오븐 또는 직화열에 갈색이 나도록 오븐에 구워서 2시간 이상 끓인 육수

Check Note

✔ **딤섬 찌는 tip**

■ 삶음 딤섬, 찜 딤섬은 익히기 전에는 반드시 물이 100℃로 끓는 상태에서 쪄야 피가 투명함
■ 삶음 딤섬은 수분으로 인해 피가 퍼지기 때문에 단시간에 제공함
■ 소를 익혀서 만드는 딤섬은 재료를 너무 익히지 않아야 함
■ 피가 얇거나 터지기 쉬운 딤섬은 밑에 당근을 얇게 썰어 깔아주면 터짐을 예방할 수 있음
■ 딤섬을 삶을 때 찬물을 3번 정도 끼얹어주면 피가 퍼지지 않고 쫄깃한 식감을 유지할 수 있음

✔ **딤섬 소스의 특징**

진강초	• 중국 강소지방의 특산물인 흑식초를 말함 • 보통 현미를 1년 이상 발효시켜 만들며, 짙은 색의 적당한 단맛과 향을 지니고 신맛이 약함 • 흑식초에는 필수아미노산과 유기산을 많이 함유하고 있고, 특이한 향으로 중국 요리에 많이 사용
간장	중국에서는 진강초를 많이 사용하지만 우리나라에서는 간장과 식초를 혼합하여 만두와 함께 곁들임
생강	생강을 얇게 채썰어 진강초와 함께 곁들임
칠리소스	토마토케첩, 설탕, 식초, 마늘, 두반장을 이용하여 직접 조리하거나 시판되는 칠리소스를 사용

☑ **수프 · 탕의 종류**

맑은 탕류	생선완자탕, 새우완자탕, 삼선탕, 배추두부탕, 불도장
걸쭉한 탕류 (수프)	달걀탕, 게살 팽이탕, 게살 상어지느러미탕, 산라탕, 비취탕, 옥수수 게살탕

☑ **제비집**(燕窩)

제비둥지를 말린 것으로 중국요리의 최고급 재료

관연 (官燕)	색이 희고 이물질이 전혀 섞이지 않은 것이 최고품이며 모양에 따라 용아, 연찬이라고도 불림
모연 (毛燕)	일명 희연이라고 하며, 회색빛을 띠고 제비털과 이물질이 섞인 중급품
연사 (燕絲)	형태가 흐트러지고 이물질이 많이 섞인 하급품
전사연 (全絲燕)	• 셀레베스, 자바 지방에서 채취 • 근래에는 홍콩에서 제비둥지를 모아 건조시킨 후 정제하여 수출

	• 보통 육류로 사용하는 수프에 사용됨
	• 연한 초콜릿과 같은 색의 강한 맛

가금류와 같은 육수는 특유의 향이 강하기 때문에 향신료를 적절하게 사용해야 함★

2) 육수 생산 시 주의사항

찬물 사용	찬물은 식품 중에 있는 맛, 향 등 요리의 질을 향상시키는 식품의 성분을 잘 용해시켜줌
낮은 불에서 끓이기	뼈, 근육, 섬유질 속에 있는 알부민, 단백질 등은 찬물에 비교적 잘 용해되며 낮은 불로 서서히 끓여 주면 정화 작용이 활발하여 육수의 혼탁도를 줄일 수 있음
불순물 제거	처음부터 끝까지 혼탁도를 줄일 수 있는 아주 중요한 방법

(2) 탕 조리방법의 종류와 특성

燒(샤오)	기름에 볶은 후 삶아서 제공
爆(파오)	뜨거운 기름으로 단시간에 튀기거나 뜨거운 물에 데쳐서 제공
炸(자)	수프에 사용될 때는 튀겨서 찜통에 찜
湯(탕)	찌개와 같은 조리법으로 국물이 적고 건더기가 많이 들어간 요리를 만들 때 사용
蒸(정)	찜통에 넣어서 찜
扒(빠)	푹 고아 삶아서 제공
烹(펑)	삶아서 제공
燉(둔)	약한 불에 오랫동안 푹 삶아서 제공

2 수프 · 탕 완성

(1) 수프 종류에 따른 담기

송이죽생 전복수프 (松茸竹笙鮑魚湯)	모든 재료가 익으면 물전분으로 농도를 맞춘 다음 달걀흰자를 풀어서 모양을 내고 파기름 한 방울을 둘러 향을 더함
자연송이 인삼 제비집수프 (松茸人蔘燕窩)	내용물이 끓으면 물전분으로 농도를 맞춘 다음 파기름 한 방울을 둘러 완성
게살 전복수프 (蟹肉鮑魚湯)	내용물이 끓으면 물전분을 풀어 농도를 맞추고 파기름 한 방울을 둘러 완성(참기름을 사용하면 향이 강해 좋지 않음)
게살 상어 지느러미 수프 (蟹肉魚翅湯)	내용물이 끓으면 물전분을 풀어 농도를 맞추고 파기름 한 방울을 둘러 완성
게살 옥수수 수프 (蟹用玉米湯)	물전분으로 농도를 맞추고 게살은 썰어서 살짝 데친 다음 살짝 올려 마무리

해산물 수프 (海鮮湯)	내용물이 끓으면 물전분을 풀어 농도를 맞춘 다음 참기름 한 방울을 둘러 완성
죽생송이 제비집수프 (竹笙松茸燕窩湯)	마지막에 백후추를 넣고 물전분으로 농도를 맞춘 후 파기름 한 방울을 둘러서 마무리
전복 샥스핀 수프 (青菜鮑魚魚翅湯)	모든 재료가 익으면 물전분으로 농도를 맞춘 다음 달걀흰자를 풀어서 모양을 낸 후 파기름 한 방울을 둘러 향을 더함

(2) 탕 종류에 따른 담기

배추두부탕 (白菜豆腐湯)	육수를 붓고 소금으로 간한 뒤 배추가 익으면 두부를 넣고 끓으면 후추로 조미하여 완성
삼선발채탕 (三鮮發菜湯)	내용물이 끓으면 물전분을 풀어 농도를 맞춘 후 참기름과 파기름 한 방울을 둘러 완성
새우완자탕 (蝦仁丸子湯)	내용물이 끓으면 소금, 후추로 간을 하고 파기름과 참기름 한 방울을 둘러 완성
불도장 (佛逃牆)	내용물과 대파, 생강을 위에 얹어 찜통에서 2시간 정도 찐 후 생강과 대파를 건져 내어 완성
산라탕 (酸辣湯)	내용물이 끓으면 전분을 풀어 농도를 맞춘 후 달걀노른자를 풀고 고추기름을 둘러 완성

(3) 수프 · 탕 요리의 순서

냉채(冷菜) 또는 양채(凉菜)	• 양식의 오르되브르(Hors d'oeuvre) 메뉴와 같음 • 전채 요리로, 술안주로 처음 권하는 요리 • 여러 가지 재료를 병합하여 만든 것을 냉분(冷盆) 또는 병반(併盤)이라 함 • 새 모양의 봉황냉채(鳳凰冷盆), 4가지 냉채(四色冷盆), 5가지 냉채(五色冷盆) 등
탕요리	• 탕채 : 일정한 규칙 없이 생략 또는 요리의 중간에 제공 • 제비집요리
좌채 열채(熱菜)	• 더운 요리 중 가장 먼저 내는 요리이며 양, 질, 맛이 강조되는 요리 • 상어지느러미찜(紅燒大排翅), 상어지느러미와 해물(八珍紅燒翅), 광동식 상어지느러미(廣東魚翅), 해삼탕(紅燒海蔘) 등
볶아서 끼얹는 요리	전가복(全家福), 류산슬(溜三絲), 난젠완쯔(南煎丸子) 등
튀김요리, 찜, 구이	• 튀김요리 : 가상두부, 비파두부, 깐쇼새우 등 • 찜요리 : 동파육, 팔보오리찜 등 • 구이요리 : 북경오리구이, 챠샤오 등
주식(主食) 식사	• 덮밥류 : 유산슬덮밥, 마파두부덮밥, 잡채밥 등 • 볶음밥류 : 새우볶음밥, 삼선볶음밥 등

제
03
편

📎 **Check Note**

✅ **상어지느러미(魚翅) 유래**

▪ 명나라 때 쓰인 이시진의 『본초강목』에 상어에 대한 유래로 "상어의 배 아래에는 커다란 지느러미가 있는데 이를 말려서 먹으면 맛도 좋아서 남쪽 지방 사람들이 귀하게 여긴다." 또한 송나라 때의 『금병매』에는 "서문경이 동경으로 가서 채대사에게 생신 축하를 하러 가는데 적관가가 음식을 차려서 문경을 대접한다. 구십 가지 큰 요리, 수십 가지 작은 요리 모두가 진귀하고 맛있는데 그중에서 샥스핀, 제비집은 아주 맛있는 요리들이다."라고 쓰여 있음

▪ 이를 통해 예전부터 상어지느러미를 귀한 요리로 여겼다는 것을 알 수 있으며, '만한전석(滿漢全席)'이라 불리는 청나라 황실 요리가 생기면서부터 상어지느러미는 본격적으로 등장함

✅ **샥스핀(상어지느러미)**

첸츠 (全翅)	지느러미를 원형 상태로 말린 것
싼츠 (散翅)	껍질을 벗기고 지느러미의 섬유질을 찢어 말린 것
패이츠 (排翅 : 등심)	최고급품으로 맛이 가장 좋은 부분
웨이츠 (尾翅)	이등품에 속하는 것으로 사용할 수 있는 부분
쏭츠 (胸翅)	품질이 좋지 않으며 형태가 흐트러져 있음

🔖 Check Note

✅ 호화와 노화

호화	• 전분을 찬물에 분산시킨 후 가열처리하면 팽윤하여 겔화되는 것 • 수분이 많을수록 호화에 용이 • 호화의 최저 온도는 60℃로 온도가 높을수록 호화가 잘 됨
노화	• 가열되어 겔화된 전분이 굳어서 단단한 상태가 되는 것 • 곡류 전분은 노화가 쉽게 일어남 • 감자와 고구마 같은 서류 전분은 노화가 느림 • 수분이 30~60%일 때 잘 일어남 • 빙점 이하거나 60℃ 이상일 때에는 잘 일어나지 않음 • 0~4℃일 때 잘 일어남

✅ 볶음 조리용 매개체 기름

- 조리용 매개체로서의 기름 : 기름은 조리 과정 중 열 전달체의 역할을 하여 음식을 익히는 주된 열 매개체
- 영양 공급원으로서의 기름
  - 기름은 영양 공급체 역할을 하여 음식에 영양과 맛을 더함
  - 기름은 음식을 부드럽게 하고 고소한 맛을 증가시킴
  - 기름은 지용성 비타민의 흡수를 도와주므로 지용성 재료를 이용한 음식의 조리에 많이 사용
- 향을 부가하는 역할을 하는 기름
  - 기름은 향을 증진시키는 효과 물질로 작용
  - 고소한 맛과 함께 음식 자체의 향뿐 아니라 볶음작용으로 향을 배가시킴

04 중식 볶음 조리

1 볶음 조리

(1) 볶음 조리방법의 종류와 특성

1) 중국 볶음 음식의 특징

정확한 사전준비	• 중식 볶음요리는 재료를 단시간 내에 빠르게 익혀서 완성하는 요리로 철저한 준비가 필요 • 조리기구를 미리 철저하게 정비하고 볶음에 사용할 조미료의 준비가 필요
불 조절이 중요하고 화력을 나누어서 사용	• 중식은 고온에서 짧은 시간 안에 음식을 만드는 '불의 요리' • 높은 화력을 바탕으로 재료의 고유한 맛을 그대로 유지하고 영양소의 손실도 최소화 • 볶을 때는 강하게, 전분을 잡을 때는 약하게 화력을 잘 조절 • 소량의 기름으로 단시간에 볶는 중식의 대표적인 볶음 요리
향신료와 조미료의 향을 잘 활용	팬을 가열한 후 향채소나 조미료를 뜨거운 기름에 먼저 넣어 향을 내고 완성 후에는 참기름, 후추 등을 첨가해서 풍미를 높임
식재료가 다양하고 조리법과 맛내기도 다양하고 풍부	• 다양한 조리법을 사용하여 그 맛을 더욱 향상시킴 • 닭고기와 돼지고기는 밑간을 한 후 달걀흰자를 가하면 풍미와 부드러운 맛을 더하므로 달걀을 이용한 요리가 발달 • 고기요리는 생강즙을 뿌리고, 생선요리는 술, 레몬주스를 사용해 냄새를 제거하는 등 맛을 증진시키는 노력이 활발
재료 고유의 맛, 색, 향을 살리고 풍요롭고 화려함	중국요리는 오색을 기본으로 하며, 식재료 자체의 모양과 맛, 색을 살리고 풍요롭고 화려함

2) 볶음 조리의 종류

전분을 사용하지 않는 볶음류	초채(炒菜, chao cai, 차오 차이)	부추잡채, 고추잡채, 당면잡채, 토마토달걀볶음 등
전분을 사용하는 볶음류	류채(熘菜, liu cai, 리우 차이)	라조육, 마파두부, 새우케첩볶음(깐소 하인), 채소볶음, 류산슬, 전가복, 란화우육(브로콜리 소고기볶음), 하인완스(새우완자), 마라우육, 꽃게콩 소스볶음, 부용게살 등

3) 볶음과 관련된 중식의 대표적인 조리법

초 (炒, chao, 차오)	• '볶는다'는 뜻으로 중식에서 가장 많이 사용되는 조리법 • 중화팬에 기름을 조금 넣고 알맞은 크기와 형태로 만든 재료를 센불이나 중간 불에서 짧은 시간에 뒤섞으며 조미하여 익히는 조리법

	• 가열 시간이 짧아 열이나 산화에 의해 쉽게 파괴되는 비타민 등 영양소의 손실이 적으며, 재료와 조미료의 복합적인 맛을 냄
폭 (爆, bao, 빠오)	• 정육면체로 썰거나 칼집을 낸 재료를 솥에서 뜨거운 물이나 탕, 기름 등으로 먼저 고온에서 매우 빠른 속도로 뒤섞어 열 처리를 한 뒤 재빨리 볶아 내는 조리법 • 재료 본래의 맛이 그대로 살아 있어 부드럽고 아삭아삭한 질 감을 살림
류 (溜, liu, 려우)	• 조미료에 잰 재료를 전분이나 밀가루 튀김옷을 입혀 기름에 먼저 튀기거나 삶거나 혹은 찐 후 다시 여러 가지 조미료와 혼합하여 걸쭉한 소스를 만들어 재료 위에 끼얹거나 재료를 소스에 버무려 묻혀 내는 조리법 • 주재료의 맛이 깨끗하며 부드럽고 연한 맛을 유지
작 (炸, zha, 짜)	넉넉한 기름에 밑손질한 재료를 넣어 센불에 튀기는 조리법
전 (煎, jian, 찌엔)	• 뜨겁게 달군 팬에 기름을 조금 두르고 밑손질한 재료를 펼쳐 놓 아 중간 불, 약불에서 한 면 또는 양면을 지져서 익히는 조리법 • 대표적인 음식 : 난젠완쯔 • 우리나라의 전과 같은 조리법

(2) 볶음 조리 종류에 따른 소스 조리

첨면장	• 밀가루와 콩, 소금을 함께 넣어 만든 장류이며 발효식품 • 북경요리에 사용
두반장	두반은 잠두콩을 뜻하며 매운맛과 함께 짠맛을 지닌 장류
춘장	• 된장류에 속하며 황장 또는 경장이라 함 • 대두, 밀가루, 소금, 누룩을 4~5개월 동안 발효시킴 • 북경요리 장폭 조리법에 주로 사용되는 중국 음식의 대표적 인 조미료
해선장	• 소금에 절인 새우장, 게장, 대합장 등을 모두 말하는 것으로 맛이 신선하며 짜고 붉은 갈색을 띰 • 볶음요리에 사용
굴소스	• 굴 엑기스를 베이스로 만든 소스 • 광동요리에 사용
칠리오일	매운맛의 이색적인 칠리소스로 딤섬, 만두류의 디핑 소스를 만 들 때 이용
노추	• 간장의 일종으로 진한 색을 띠나, 짜지 않고 약간 톡 쏘는 맛 을 느낄 수 있으므로 색을 진하게 해야 하는 음식에 이용 • 찜과 육류 소스 등에 사용 예 동파육, 해삼 요리, 팔보채 등
시즈닝 맛 간장	• 진간장에 비해서 짠맛이 덜하며 단맛이 나는 간장류 • 간장 자체의 맛이 좋아 따로 조미할 필요 없이 그대로 맛간 장으로 사용 • 광동식 생선찜을 할 때 사용

📎 **Check Note**

✅ **볶음 조리의 향신료 부재료**
- 화산조 : 재료의 냄새를 없애거나 요리의 맛을 더하기 위해 사용
- 산초분 : 산초 열매의 검은 심을 떼어 내고 냄비에 볶아서 가루로 만들어 사용
- 회향 : 회향 풀의 일종으로 다갈 색이며 육류, 내장류, 생선의 조 림, 찜 등에 사용
- 오향분 : 팔각, 육계, 정향, 산초, 진피를 가루로 만들어 섞은 것으 로 향이 뛰어남

✅ **중국 음식의 특징**
- 조미료와 향신료의 종류가 풍부
- 조리법이 다양
- 불의 세기에 요리의 성패가 달려 있음
- 맛이 다양하고 풍부
- 기름을 많이 사용
- 조리 기구가 간단하고 사용이 용이
- 외양이 풍요롭고 화려함

✅ **오방색**

- 목(木), 화(火), 토(土) , 금(金), 수 (水)의 오행이 청(靑), 적(赤), 황 (黃), 백(白), 흑(黑) 오색으로 나뉘 고, 이에 따른 동서남북과 중앙의 다섯 방위가 오방
- 고대로부터 중국인들이 좋아하는 색은 노란색과 빨간색이 우선
- 중국인들은 붉은색을 경사와 기쁨 의 색으로, 노란색을 부와 재산의 상징으로 여김
- 음식에서도 맛, 형태와 색을 모두 구분하여 음식에 균형 있게 첨가
- 황은 오행 가운데 토(土)로 우주 중심에 해당하며, 오방색의 중심 으로 가장 고귀한 색으로 인식

노랑색	당근, 고구마, 생강, 바나 나, 콩, 오렌지, 옥수수, 죽순 등
빨간색	홍고추, 홍피망, 팥, 석류, 토마토 등
흰색	양배추, 양파, 양송이, 새 송이, 무, 마늘, 인삼 등
청색	청경채, 오이, 파, 완두콩, 풋고추, 피망, 부추, 셀러 리, 얼갈이 등
검은색	검정콩, 다시마, 석이버 섯, 가지, 표고버섯 등

고추마늘 소스	• 맵고 강한 마늘 향을 가진 조미료로 칼칼한 맛을 냄 • 볶음, 조림, 소스 등에 사용
바비큐 소스	• 육류를 재울 때나 양념장으로 발라서 구울 때 사용 • 달콤하고 훈제향이 나는 독특한 향의 소스
매실 소스	새콤하고 농후한 단맛이 있으며 소스, 드레싱 등에 사용
치킨 파우더	고기의 맛과 감칠맛을 가지고 있어서 닭 육수를 대체할 수 있는 가루 형태의 조미료
XO 소스	주로 다양한 해산물을 말려 볶아서 만드는 건어물 베이스 소스

2 볶음 완성

(1) 볶음 조리 종류에 따른 소스 선택

전분을 사용하지 않은 볶음요리	부추잡채	미리 익혀낸 고기를 넣고 부추와 같이 센불에 볶다 가 참기름 치고 버무려 완성
	고추잡채	피망을 넣고 소금(굴소스), 후추로 간을 맞추고 여 기에 익혀낸 고기를 넣어 같이 볶다가 참기름을 치 고 버무려 완성
	깐풍기	간장, 식초, 육수, 설탕을 넣고 끓으면 튀긴 닭을 넣 어 버무린 후 마지막에 참기름을 한 방울 넣고 섞 은 후 버무려서 접시에 담아 완성
	토마토 달걀 볶음	익힌 토마토와 달걀을 넣고 청주, 설탕, 소금, 육수 1/2컵, 참기름을 넣고 볶아서 완성(물전분을 사용 하기도 함)
전분을 사용한 볶음요리	마파두부	물에 데쳐낸 두부를 소스에 넣어 약간 끓이다가 물 전분을 재빨리 섞어 걸쭉하게 농도를 맞춘 뒤 참기 름을 넣고 섞어서 완성
	채소 볶음	볶은 채소에 육수를 부어 소금, 후추로 간을 한 뒤 물전분으로 걸쭉한 농도를 맞추고 참기름을 한 방 울 떨어뜨려 살짝 버무려 완성
	라조기	육수가 끓으면 굴소스, 후추를 넣어 간을 맞추고 튀겨 놓았던 닭을 넣어 섞은 후 물전분을 풀어 걸 쭉하게 한 후 참기름을 치고 살짝 버무려 완성
	새우케첩 소스 볶음	소스가 끓으면 물전분을 조금씩 풀어 농도가 적당 히 걸쭉해지면 튀겨 두었던 새우를 넣고 참기름 한 방울을 떨어뜨려 버무려서 접시에 담아 완성
	경장육사	잘 볶아낸 자장 고기를 미리 접시에 장식해 놓은 파 채 가운데 위에 소복이 담아 완성
	유니 짜장면	삶아 놓은 중화면을 끓는 물에 데쳐 뜨겁게 하여 그릇에 담고 준비한 자장소스를 얹은 후 채 썰어 둔 오이를 고명으로 얹어 완성

궁보계정	미리 육수, 굴소스, 설탕, 후추, 물전분으로 종합 소스를 따로 만들어 두었다가 볶음 과정 마지막에 재빨리 부어 볶아 완성	
마라우육	채소를 볶다가 육수, 굴소스, 두반장으로 양념한 후 익혀 놓은 소고기와 채소를 넣고 물전분을 섞어 걸쭉하게 만든 후 참기름을 넣어 버무려 완성	
죽순 표고버섯 볶음	굴소스, 청주, 육수, 물전분을 함께 섞어 미리 종합 소스를 만들어 두었다가 볶음 과정의 마지막에 부어 사용하면 조리 시간이 단축되어 조리하기 쉬움	
전가복	마지막에 물전분 1큰술을 넣고 끓인 후 참기름을 치고 아래에 넣을 재료로 만들어 놓은 요리 접시 위에 올려 부어 완성	

(2) 볶음 조리 종류에 따른 기초장식

완성된 음식을 담기	볶음 요리에 맞는 그릇 준비	전통적인 중국 식기는 색상과 문양이 화려하고 원색적
	국자를 이용하여 담기	큰 그릇에 4~8인분씩 담아내기도 함
	완성된 음식 뒤처리 및 장식하기	그릇에 옮긴 볶음요리들은 최대한 그대로 운반하는 것이 좋지만 모양을 살리고 맛을 돋우는 작업을 위해서는 장식을 하기도 함
	볶음 요리 서빙하기	식기 전에 순서에 맞추어 제시간에 손님들에게 서빙
채소를 이용한 장식과 함께 담기	채소를 이용한 장식 만들기	오이, 당근 등을 조각칼로 자르거나 형태를 변형시켜서 그 색과 형태가 잘 나타나게 장식함(중국에서는 당근으로 용을 조각하여 연회 중앙에 장식함)

05 중식 찜 조리

1 찜 조리

(1) 찜 조리방법의 종류와 특성

1) 찜 정의
수증기가 물로 변할 때 발열되는 잠열을 이용하여 식품을 가열하는 방법

✔ 찜을 이용한 요리
떡, 만두, 생선, 육류를 찔 때 이용되며 서양 조리의 스티밍(steaming)에 해당

2) 찜요리의 특징

① 식품의 모양 유지 : 열의 전달 매체가 증기이므로 물의 대류에 의한 모양의 파괴 감소

② 용기 사용 기능 : 액체의 경우라도 용기를 사용하여 찔 수 있음

③ 수용성 영양 성분의 보유 : 물을 많이 첨가하는 조리법이 아니므로 식품이 지닌 맛 성분이나 수용성 영양 성분의 손실이 적음

④ 고압 가열 시 가열 시간 단축 : 압력솥과 같이 고압에서 가열할 때에는 120℃ 정도의 온도까지 사용할 수 있어 가열 시간이 단축됨

⑤ 기름을 이용하지 않아 담백하며 고열량 섭취를 방지할 수 있고 고지혈증과 동맥경화증 등의 성인병을 예방할 수 있는 좋은 조리법

3) 식재료 종류별 특성

육류 요리	• 육류의 섭취가 과다하지 않도록 채소와 함께 곁들이는 것이 좋음 • 고기를 찜통에 직접 넣고 찌면 기름기와 맛이 빠져 버리므로 접시 등의 위에 담아서 쪄야 함 • 우러난 즙은 버리지 말고 다른 요리에 쓰고, 찌는 도중에 조미할 수 없으므로 미리 간을 맞추거나 밑간을 하여 조리
어패류 요리	• 생선 및 조개를 활용한 찜요리는 대부분 소금이나 청주 등으로 밑간을 하여 찜 • 생선찜은 식으면 비린내가 나므로 재료손질과 밑간이 끝난 후 준비해 두었다가 먹기 직전에 찌는 것이 좋음 • 생선 조리 시에는 뚜껑에 서린 물방울이 생선으로 들어가지 않도록 뚜껑 속에 행주를 덮어 사용
가금류 요리	• 생선, 두부나 채소 등과 함께 섞어서 쪄낼 때 불의 세기에 유의하여 약한 불로 천천히 익힘 • 닭고기나 다진 고기는 대개 접시에 담아서 찌며, 접시에 우러난 즙도 버리지 말고 함께 먹음
채소, 마른반찬 요리	• 계절감을 느낄 수 있는 채소를 활용 • 채소의 종류가 다양하고 다른 개성을 가지고 있어 이를 잘 살려 조리하는 것이 중요

(2) 찜 조리 종류에 따른 소스 조리

1) 찜 조리에 필요한 소스 재료

고추기름	• 흔히 라유(辣油, làyóu)라고 하며, 잘 갠 고춧가루에 향신료 섞은 것을 뜨거운 기름으로 우려내어 고추의 색과 맛이 나는 기름 • 고추 과육보다 씨에 캡사이신이 집중적으로 들어 있음 • 중국에서는 고추를 빻아 넣은 것을 그대로 둔 상태로 음식에 첨가하여 사용

굴소스	• 소금에 절여 발효시킨 굴에서 나오는 진한 국물을 밀가루, 전분, 감미료 등과 혼합하여 캐러멜로 색을 입힌 중국식 소스 • 짠맛이 나는 동시에 독특한 풍미를 만들어 주기 때문에 볶음요리에 최적의 효과를 자아냄 • 중국에서는 볶음요리의 맛을 정리해 주는 용도 외에도 절임용 국물 혹은 테이블 소스로도 사용
노추	• 노두유라고도 불리는 중국식 간장으로 중국요리에서 사용하는 조미료 • 농도가 진하고 짠맛이 적으며 비교적 달짝지근함 • 주재료는 검은콩이며 간장에 비해 같은 양을 넣어도 덜 짜고 색이 더 검은 만큼, 짠맛을 위해 넣는다기보다 요리의 색깔을 조절하거나 향을 내는 데 주로 쓰임
두반장	• 대두와 누에콩을 섞어서 발효시키고 향신료를 섞어 완성시킨 장 • 짜고 화끈한 매운맛과 약간 기름진 맛을 지님 • 발효가 오래 될수록 검고 짙어지며, 윤기가 남
XO 소스	• 고추기름을 베이스로 하여 게와 새우, 건해삼, 관자, 중국 햄 등의 재료를 볶아서 만든 소스 • 매우면서도 특유의 고소한 맛과 향이 있어 볶음요리나 찜요리 등에 적합 • XO 소스를 넣으면 소스의 맛이 재료 본연의 맛을 압도하기 때문에 사용하는 데 주의
해선장	• 호이신 소스(hoisin sauce)라고도 함 • 짠맛과 단맛이 주로 나며, 특유의 고소하면서도 독특한 향을 냄 • 구이용 소스, 딥 소스(dip sauce)를 비롯하여 재움 요리에 향을 더하거나 국물에 간을 맞출 때 사용

(3) 중국식 찜요리의 소스 조리

동파육	• 물, 간장, 굴소스, 흑설탕과 삼겹살을 졸임 • 고기를 건져낸 소스에 전분물을 풀어 농도를 맞춤
팔보오리찜	간장, 설탕, 육수, 팔각, 계피의 재료를 오리찜 용기에 같이 넣어 찜
XO 새우 관자찜	• 식용유에 마늘, 건고추, 대파, 청주를 넣어 살짝 볶음 • 간장과 굴소스, 물을 넣어 볶아 주다가 전분물을 넣어 농도를 맞춤
홍소 상어지느러미 찜	• 식용유에 식재료를 찌고 나온 국물과 굴소스, 노두유, 치킨파우더 등을 넣고 끓임 • 전분물을 부어 농도를 맞춘 후 참기름을 넣음
오향소스	• 식용유에 마른고추, 양파, 다진 마늘을 넣어 볶음 • 굴소스, 두반장, 청주를 넣어 볶다가 다시마 육수를 넣고 끓임 • 물엿, 참기름을 넣고 버무린 후, 전분물을 풀어 농도를 맞춤

제03편

✅ **동파육 유래**

▪ 동파육은 중국 항저우의 대표적인 음식으로 소동파라는 사람에 의해 만들어짐
▪ 소동파가 벼슬을 하다 항저우로 좌천되었는데 이때 친한 친구가 그를 자주 찾아와 바둑을 두며 여가시간을 보냈다고 함. 돼지고기를 즐겨 쪄먹던 소동파는 그날도 친구를 위해 돼지고기를 찌며 바둑을 두다 타는 냄새가 나도록 까맣게 잊고 있는 데서 유래

| 우럭찜 | 청주, 간장, 물, 치킨파우더, 설탕을 넣고 간하여 끓인 후 생선 위에 뿌림 |

2 찜 완성

(1) 찜 조리 종류에 따른 소스 선택

1) 육류찜

■ 육류찜

| 동파육 | 소스와 함께 담을 편편한 접시 |
| 팔보오리찜 | 편편한 접시 |

■ 해물류찜

우럭찜	소스와 담을 오목한 접시
홍소 상어지느러미찜	소스와 담을 오목한 접시
굴소스 표고새우찜	편편한 접시
어향소스 전복찜	편편한 접시
XO새우 관자찜	편편한 접시

| 동파육 | • 썰어 놓은 삼겹살을 동파육 소스에 넣고 7분 정도 졸임
• 동파육 소스 재료 : 물, 간장, 굴소스, 흑설탕
• 청경채 안에 동파육을 담고 가운데 파채를 올린 뒤에 마지막에 소스를 뿌려서 완성 |
| 팔보오리찜 | • 오리찜 소스 재료 : 간장, 설탕, 육수, 팔각, 계피
• 2시간 정도 쪄 준 후 접시 사이드에 청경채를 두르고 완성 |

2) 해물류찜

XO 새우 관자찜	• 소스는 달궈진 팬에 식용유를 두른 뒤 다진 마늘과 잘게 썬 마른고추, 다진 대파, 청주를 넣어 센불에서 살짝 볶음 • 간장과 굴소스, 물을 넣고 더 볶아 주다가 물전분을 넣어 완성
홍소 상어지느러미찜	• 치킨파우더, 굴소스, 노두유, 후춧가루를 넣어 끓이고 물전분을 부어 농도를 맞춘 다음 참기름 넣기 • 2시간 정도 찐 후 소스를 끼얹고, 청경채는 소금과 식용유를 넣은 끓는 물에 살짝 데친 다음 상어지느러미 옆에 곁들임
굴소스 표고새우찜	스팀오븐 100℃에서 15분간 찌고 겨자장 등과 곁들여 냄
어향소스 전복찜	전복에 양념 맛이 배어들면 중간 불로 줄인 다음 청경채, 굵은 파를 넣고 물엿, 참기름으로 버무린 후 소금, 후춧가루로 간을 맞추고 물전분을 풀어 걸쭉하게 농도 조절
우럭찜	10분 정도 찐 후 고수와 채썬 홍고추를 올려 다른 팬에 청주, 간장, 물, 치킨파우더, 설탕을 분량대로 넣고 간을 한 다음 끓여서 생선 위에 향이 나는 고수와 채썬 홍고추를 올려 장식

✔ **온도계 사용 시 주의할 점**

■ 온도계는 깨끗한 보관 케이스에 보관
■ 정확성을 유지하기 위해 정기적으로 보정(calibrate)을 실시
■ 음식의 온도를 측정하기 위해 절대 유리제 온도계(glass thermometer)를 사용하지 않음
■ 식품의 가장 깊은 부분까지 온도감지봉(probe)을 찔러서 온도를 측정
■ 온도를 읽기 전, 충분한 시간을 기다림(적어도 15초 이상)
■ 측정도구(Calibration nut)를 이용하여 정확히 100℃를 가리키도록 계기판을 돌려줌

(2) 찜 조리 종류에 따른 기초장식

당근, 무, 오이 등을 이용하여 장미, 나비, 나뭇잎, 국화 등을 만들어 장식

(3) 찜 요리 제공

| 생선찜 요리 제공 | • 생선 위에 올라가 있는 채소를 다른 접시에 옮겨 놓음
• 숟가락과 포크를 이용해 생선의 뼈를 발라냄
• 옮겨 놓은 채소를 생선 위에 다시 올려줌 |
| 오리찜 요리 제공 | • 오리는 손님 앞에서 직접 자르는데 이를 '탕피엔'이라 함
• 손님에게 직접 보여줌으로써 한 조각도 남겨놓지 않았다는 것을 확인시킴 |

06 중식 구이 조리

1 구이 조리

(1) 구이 조리방법의 종류와 특성

1) 고(烤)
① 건조하고 뜨거운 공기와 복사열로 재료를 직접 익히는 조리법으로, 고는 조미된 재료를 직접 굽거나 오븐에서 굽는 방법(원적외선 오븐은 복사열을 이용한 것임)
② 구이요리에서 직화구이 시 유지가 불과 만나면 '아크롤레인'이라는 나쁜 연기 성분이 발생하므로 지방이 많은 식재료는 조리 시 직화구이를 피하는 것이 좋음

2) 화로 형태에 따른 구이 조리방법

폐쇄형	암로고 (暗爐烤)	봉쇄형의 오븐을 사용해 굽는 방법
	니고 (泥烤)	원료를 황토 진흙으로 싸서 가열하여 익히는 방법
	면고 (面烤)	원료에 밀가루 반죽을 발라 익히는 방법
	고상고	오븐 내벽의 복사열로 익히는 방법
	구적고	항아리에 목탄석을 넣어 익히는 방법
	죽통고 (竹筒烤)	원료를 대나무 속에 넣고 익히는 방법
	훈연 (燻煙)	연기나 열로 익히는 요리에 연기를 그을려 익히는 방법
	염국 (鹽焗)	소금을 열전달 매개체로 사용하여 조리하는 방법
개방형	명로고 (明爐烤)	원료를 화로에 올려 놓고 굽는 방법
	철판고 (鐵板烤)	특수 제작된 철판 뒤집개를 이용하여 구움
	폐고 (蔽烤)	철판 위에서 원료를 직접 구우면서 조미료를 찍어 먹음
	관고 (串烤)	원료를 꼬치에 꿰어 직화에 구움
	차고 (叉烤)	특수 제작된 구이용 포크로 구움
	소고 (燒烤)	원료를 구운 다음 내기 전에 불에서 구움

Check Note

✔ 찜 조리의 온도와 선도

- 찜요리의 적정한 온도는 60℃ 이상
- 압력밥솥을 이용할 경우 장시간 조리를 해야 하는 근채류, 고기 등이 적당함
- 찜틀에는 물을 70~80% 정도 넣는 것이 적당함
- 증기가 올라올 때 식재료를 넣고 가열 전에 조미료 넣음
- 조리실은 조도가 220룩스(Lux) 이상으로 밝아야 함

✔ 구이를 위한 열원

- 숯, 목탄 : 향이 배어 바비큐 향과 맛을 느낄 수 있으나 열원의 온도 조절이 어려운 단점이 있음
- 가스 : 불꽃의 위치에 따른 온도 차이가 있으며 불꽃의 온도는 맨 바깥 부분이 가장 높음
- 전기 : 열전도를 고르게 하며 온도 조절이 용이하나, 바비큐 향이 부족한 단점이 있음

제
03
편

3) 구이요리의 종류 및 조리법

북경오리 구이	• 북경 특산 오리를 사용 • 오리 체내에 공기를 주입하여 껍질과 살이 분리가 잘 되도록 함 • 맥아당 시럽으로 색을 입힘 • 암로고법으로 구워 완성
고유저	• 특산 품종인 향저(香猪)를 주재료로 사용 • 소금, 오향준, 황주로 양념하고, 맥아당 시럽으로 색을 입힘 • 암로고법 또는 명로고법으로 조리
차샤오	• 중국어로 차슈라고 부르며, 태운 포크라는 뜻을 담고 있음 • 돼지고기 목살 등 90% 이상이 살코기인 육류를 주재료로 사용 • 양념한 뼈 없는 돼지고기를 꼬챙이에 구워냄 • 향신료, 발효 두부, 청주로 양념하여 윤기가 나게 함 • 암로고법으로 조리
양꼬치 구이	• 부위에 대한 조건은 없음 • 일반적으로 1cm의 작은 덩어리로 썰어 청주, 달걀, 간장, 전분으로 색을 냄 • 밑간을 한 양고기에 오향분, 쯔란, 소금, 미원을 넣고 염지 • 명로고법으로 조리

(2) 구이 조리 종류에 따른 소스 조리

1) 구이 조리에 필요한 소스 재료

해선장	• 호이신 소스(hoisin sauce)라고도 함 • 짠맛과 단맛이 주로 나며, 특유의 고소하면서도 독특한 향을 내기 때문에 구이용 소스, 딥 소스(dip sauce)를 비롯하여 재움 요리에 향을 더하거나 국물에 간을 맞출 때 사용하는 등 다양하게 이용
매실 소스	신맛이 강하기 때문에 피로회복 효과와 입맛을 돋우는 효과가 있음
굴소스	광둥요리에서 주로 볶음요리, 조림 등을 할 때 두루 사용하며 굴 특유의 향과 짜고 단맛이 있음
부유(腐乳)	중국에서 취두부(臭豆腐)는 두부를 소금에 절여 오랫동안 삭힌 것으로 썩은 두부라 불리기도 하며, 소금에 절인 두부를 발효시켜 석회 속에 넣어 보존한 식품으로 향이 아주 강함

2) 구이요리의 소스 조리

북경오리 구이 (오리 장소스)	• 춘장을 볶아 쓴맛을 제거하고 물을 부어가며 풀어줌 • 살구잼, 굴소스, 해선장, 설탕, 추후장을 넣어 섞음
고유저 (생강 소스)	생강과 홍고추를 다지고 소금, 설탕을 섞어 소스를 만듦
차샤오	설탕, 소금, 사차장, 청주, 간장, 오향분을 골고루 섞음
양꼬치 구이	• 고추기름에 홍고추를 넣고 볶음 • 설탕, 두반장, 라지장, 마늘을 넣고 건새우를 넣고 볶아 완성함

2 구이 완성

(1) 구이 조리 종류에 따른 소스 선택

메뉴명	조리 과정	소스
북경고압	청결하고 건조한 저온의 환경에서 뱃속의 수분과 외피 건조 → 1~3일간 냉동 → 10~20℃의 환경에서 해동(수분 함량 줄이는 과정) → 10~20℃에서 1~2시간 정도 외피를 더 말려 밑작업 완료	북경고압 소스(오리 장소스) : 춘장 볶기(쓴맛 제거) → 살구잼, 굴소스, 해선장, 설탕, 추후장 섞기
고유저	껍질 부위의 물기 건조 → 맥아당 시럽 바르기 → 1회 반복 → 0~10℃에서 건조 → 위생적인 공간에서 표피의 수분 건조 후 밑작업 마무리	고유저 소스(생강 소스) : 생강과 홍고추를 다지고, 나머지 재료 섞기
차샤오	작은 덩어리로 손질 → 염지 시간을 줄이기 위해서 약 2~3cm 두께의 넓은 편으로 썰기 → 흐르는 물에 1시간 정도 담가 핏물을 제거 → 12시간 정도 수분을 제거 → 양념에 담가 보관	설탕, 소금, 사차장을 섞기
양꼬치구이	밑간을 한 양고기에 오향분, 쯔란, 소금, 미원 등을 넣고 30~50분간 염지	고추기름에 홍고추 볶기 → 설탕, 두반장, 라지장, 마늘 → 건새우

(2) 구이 조리 종류에 따른 기초장식

북경고압 : 오리 쌈으로 야빙(鴨餠)도 함께 쪄서 마무리

(3) 그릇 선택 시 형상

① 요리가 가열된 상태이므로 육즙이 고이지 않도록 닿는 면적이 적은 용기가 적합
② 바닥에 고랑 또는 엠보싱된 울퉁불퉁한 그릇 사용
③ 평편한 그릇은 기름이나 소스를 흡수할 수 있는 부재료를 깔아서 사용
④ 요리가 식지 않도록 그릇을 보온할 수 있는 수단 활용

07 중식 후식 조리

1 더운 후식류 조리★★★★★

(1) 더운 후식 조리방법의 종류와 특성

1) 빠스(拔絲)류
① 중국어로 빠스는 '실을 뽑다'라는 의미

Check Note

✔ **맥아당 시럽**

맥아당에 끓는 물을 넣어 녹여준 후 식초와 백주를 넣어 만든 시럽

✔ **그릇 선택 시 가열 등 전처리 여부**
- 열원 장치 자체가 그릇이 될 수 있음(돌판, 철판 등)
- 훈연의 경우 전처리 과정으로 속하여 2차 재가열을 통해 완성하기에 작업 팬을 따로 사용

✔ **후식의 정의**
- 후식(後食) 또는 디저트(dessert)란 음식을 먹고 난 뒤 입가심으로 먹는 것
- 더운 것과 찬 것을 모두 낼 때는 더운 것을 먼저 내고 찬 것을 후에 내는 것이 순서

✔ **빠스 종류**

고구마빠스, 바나나빠스, 사과빠스, 은행빠스, 귤빠스, 딸기빠스, 아이스크림빠쓰 등

제
03
편

② 설탕이 녹을 수 있는 온도에서 설탕시럽을 만들어 튀긴 재료에 입히는 후식용 음식

③ 매우 다양한 종류가 있음

④ 어떤 식재료와도 잘 어울림(고구마, 은행, 바나나, 옥수수, 찹쌀, 식용유 등)

2) 지마구
찹쌀가루로 익반죽하여 앙금을 넣어 데친 후 참깨를 묻혀 기름에 튀긴 음식

(2) 더운 후식 조리 종류에 따른 조리
① 튀김기의 형태는 전기 튀김기, 가스 튀김기 등의 종류가 있는데, 그중 어떤 형태인지 확인하고 적합한 튀김기를 선정

② 선정된 튀김기에 충분한 양의 식용유를 붓고 가열

③ 더운 후식류의 주재료를 충분히 씻어 적당한 크기로 자름

④ 더운 후식류의 주재료의 산화를 방지하기 위하여 레시피에 따라 소금물, 설탕물, 물 등을 선정하여 자른 식재료를 담금

⑤ 더운 후식류의 레시피에 의하여 튀김옷을 입힐 것과 입히지 않을 것을 구별하여 숙지

⑥ 튀김기의 정확한 온지를 숙지하여 식재료가 타지 않고 완전히 익도록 튀김

⑦ 튀겨진 주재료를 거름망에서 기름이 완전히 제거되도록 거름

⑧ 더운 후식류의 레시피에 의하여 소스를 만들어 후식을 완성

2 찬 후식류 조리★★★★★

(1) 찬 후식 조리방법의 종류와 특성

1) 행인두부(杏仁豆腐)류
① 행인은 살구씨를 가리키는 말로, 살구씨의 안쪽 흰 부분을 갈아서 만든 것

② 아몬드 파우더, 코코넛 파우더 등으로 만들 수 있음

③ 설탕, 타피오카, 한천, 물을 섞어 한 번 끓인 후 우유를 섞어 사각틀에 굳힌 것

2) 시미로(西米露)
① 타피오카를 주재료로 사용한 후식

② 타피오카에 여러 식재료를 혼합하여 냉장고에 차게 보관한 셔벗 후식

③ 코코넛, 복숭아, 멜론, 망고, 감(연시) 등 모든 과일에 사용

④ 중국 음식의 느끼함을 정리해 주는 후식류

Check Note

더운 식재료의 주요 식재료

고구마, 바나나, 은행, 찹쌀, 옥수수, 식용유 등

더운 식재료의 식용유 종류

코코야자기름, 옥수수유, 면실유, 올리브유, 팜유, 땅콩기름, 유채유, 홍화유, 해바라기유, 대두유

후식류의 종류

찬 후식류	행인두부, 메론시미로, 망고시미로, 홍시아이스
더운 후식류	빠스옥수수, 빠스고구마, 빠스바나나, 빠스은행, 지마구(찹쌀떡 깨무침), 빠스 찹쌀떡

타피오카(tapioca)

- 전분의 일종으로 중식 후식류 중 시미로와 행인두부 등의 응고를 담당
- 찬 음식의 응고에 사용되는 식재료
- 카사바의 알뿌리에서 채취한 전분이며, 카사바의 뿌리는 생것의 경우 20~30%의 전분을 함유
- 전분을 물로 씻어 내 침전시킨 후 건조시켜서 타피오카를 만듦

⑤ 한식의 한천, 양식의 젤라틴과 같은 효과

⑥ 식물성 원료로 소화력이 우수함

3) 과일류

(2) 찬 후식 조리 종류에 따른 조리

1) 찬 후식 조리에 따른 기초 조리방법

① 찬 음식을 식히기 위한 쿨링 머신의 사용법을 익힘

② 찬 후식류의 주재료를 충분히 씻거나 손질하여 적당한 크기로 자름

③ 찬 후식류의 주재료의 산화를 방지하기 위하여 레시피에 따라 소금물, 설탕물, 물 등을 선정하여 자른 식재료를 담금

④ 찬 후식류의 주재료를 레시피에 의하여 믹서에 갈거나 잘라 식힘

⑤ 쿨링 머신의 정확한 온도를 숙지하여 식재료를 적당하게 식힘

⑥ 찬 후식류의 레시피에 의하여 소스를 만들어 후식을 완성

2) 행인두부류 조리방법

① 행인두부는 적당한 크기와 모양으로 자름

② 필요에 따라 부재료는 적당한 크기로 잘라 준비

③ 물과 설탕을 섞어 끓인 후 식혀 시럽을 만듦

④ 그릇에 시럽을 담고 행인두부와 부재료를 담음

⑤ 가니쉬를 올려 완성

3) 시미로 조리방법

① 주재료의 과육을 손질하여 믹서기에 곱게 갈아줌

② 타피오카펄을 끓는 물에 데쳐 찬물에 헹군 후 갈아낸 과육에 첨가

③ 설탕시럽을 넣고 그릇에 담아 마무리

④ 가니쉬를 올려 완성

3 후식의 완성

(1) 후식 조리 종류에 따른 소스 선택

1) 더운 후식류의 레시피에 의한 소스

설탕을 적당히 녹여 시럽(빠스)을 만들어 주재료에 적절하게 버무린 후 주접시에 예쁘게 담음

2) 찬 후식류의 레시피에 의한 소스

시럽을 만들어 주재료와 혼합하여 적합한 그릇을 선택하여 담음

(2) 후식 조리 종류에 따른 기초장식

찬 후식류 : 처빌, 바질, 차이브, 실란트로 등으로 가니쉬

📎 **Check Note**

✅ **중식 후식 조리법**
- 썰기는 요리에 맞는 방법으로 정교하고 세밀하게 썰음
- 재료는 다양하고 엄격하게 선택함
- 다양하고도 광범위한 맛내기 연구
- 화력 조절에 주의

1 식품조각 만들기

(1) 식품조각 방법의 종류와 특성

입체 조각	전체 조각이라고도 부르며, 완전한 3차원 이미지를 조각하여 미술 조각 작품과 같고 미적 지식과 조각 도법의 기술이 필요
평면 조각	식재료의 밑그림을 그리거나 이미지를 붙여 평면에 조각하는 기술
각화	엠보싱(embossing)이라고도 하는 조각법이며, 다양한 과일이나 채소의 특성에 따라 패턴을 표현
누각	'양각으로 새기다'라는 의미로, 평면에 적절한 패턴을 설정하여 새기는 기법이며 글자를 새길 때 주로 사용
병파	'모아서 배열하다'라는 의미로, 냉채나 여러 가지의 장식을 한 접시에 표현하는 것

(2) 식품조각 종류에 따른 기법★★★

필(筆)도법	세밀한 부분의 조각과 외형을 그려 줄 때 사용하는 도법
선(旋)도법	칼을 타원을 그리며 재료를 깎는 도법으로 꽃 조각 시 많이 사용
착(戳)도법	• U형도나 V형도로 재료를 찔러서 활용하는 도법으로 각종 꽃 조각의 외형 등에 많이 사용 • 각종 새의 날개, 비늘, 옷주름, 꽃 조각, 수박 조각 등
절(切)도법	• 원재료를 조각하는 사물의 큰 형태를 만들 때 사용하는 도법 • 위에서 아래로 썰기할 때 사용하는 도법
각(刻)도법	• 식품조각 시 제일 많이 사용하는 도법 • 주도를 사용하여 재료를 위에서 아래로 깎을 때 주로 사용하는 도법

조각은 밑그림작업(드로잉), 플레이팅, 꽃 조각(식품조각)을 기본으로 함★

2 식품조각 완성

(1) 요리 접시의 크기와 모양에 따른 조각 작품 장식

원형	• 작품을 장식하는 데에는 제한적임 • 요리 주변에 원형을 그리며 장식하거나 중앙에 포인트로 장식 • 접시 선에서 요리와 분리되어 장식을 하면 작품이 도드라져 균형을 깨뜨릴 수 있음
타원형	• 볶음요리에 주로 사용 • 요리가 놓이면 양쪽에 공간이 비어 작품을 놓기에 알맞음 • 안정감과 부드러움을 주며 여유를 갖게 하는 접시 모양으로 가장 많이 사용

Check Note

✔ 식품조각의 소재동물

용, 봉황, 잉어, 닭, 공작, 호랑이, 사자, 까치, 매, 독수리, 학, 거북이, 말 등

✔ 식품조각을 위한 재료

■ 채소류 : 청경채, 호박, 대파, 고추, 오이, 노각, 양파, 마늘쫑 등
■ 과채류(열매채소) : 토마토, 사과, 배, 수박, 사과, 바나나, 가지, 레몬 등
■ 근채류(뿌리채소) : 무, 당근, 감자, 연근, 래디쉬 등

✔ 색상별 감정 및 맛 표현

■ 백색 : 가벼움, 부드러움, 개운함, 선명함, 빛, 순결, 고결함, 평화
■ 녹색 : 봄, 희망, 안전, 상쾌함, 평화, 조용함, 번영
■ 황색 : 감미로움, 신맛, 단맛, 선명함, 따뜻함, 빛, 권위, 생산적
■ 갈색 : 건조, 단순, 건강, 안전성, 활력
■ 검은색 : 두꺼움, 건조함, 우울함, 건강함, 심각, 단란함
■ 보라색 : 우아함, 신비로움, 고상함, 엄숙, 우월
■ 빨간색 : 건조함, 선명함, 달콤, 활기, 흥분, 화려함, 따뜻함, 성숙, 축하, 건강

사각형	• 스테이크, 디저트, 뷔페에서 많이 사용 • 꼭짓점의 공간을 이용하여 작품 장식 가능 • 안정감과 편안함을 줌

(2) 행사 및 연회의 성격과 목적에 맞는 식품조각 장식

① 음식의 색채는 요리의 맛뿐만 아니라 심리적 감정을 느끼게 함

② 보통 요리에 사용되는 주황색, 오렌지 계열의 색은 따뜻함과 맛있는 음식으로 느끼게 해줌

③ 초록색, 붉은색, 흰색 등으로 요리와 같은 색이 중복되지 않도록 매칭하여 조화롭고 맛있게 보이도록 함

(3) 음식과 식품조각에 맞는 색채와 크기로 가니쉬 장식

작품은 요리 앞쪽보다는 요리의 뒤쪽, 옆쪽과 요리의 원형으로 장식

(4) 요리별 기물을 선정하고 조화롭게 장식

① 뜨거운 요리나 차가운 요리에 어울리는 장식을 함

② 뜨거운 요리에는 전분류가 들어간 장식을 해야 영양의 균형과 요리가 어우러짐

③ 차가운 요리에는 더욱 신선하고 시원한 느낌을 주는 과채류가 좋음

09 중식 튀김 조리

1 튀김 조리

(1) 튀김 조리방법의 종류와 특성

1) 기름을 이용한 중식 조리법★★★

폭 (爆)	재료를 1.5cm 정육면체로 썰거나 칼집을 낸 다음 뜨거운 물, 육수, 기름 등으로 열처리한 뒤 센불에서 빠르게 볶아 내는 방법
초 (炒)	재료를 기름에 조금 넣고 센불이나 중간 불에서 짧은 시간에 뒤섞으며 익히는 방법
전 (煎)	뜨겁게 달군 팬에 기름을 조금 두르고 밑손질한 재료를 펼쳐 놓아 중간 불 또는 약불에서 한 면 또는 양면을 지져서 익히는 방법
작 (炸)	넉넉한 기름에 밑손질한 재료를 넣어 튀기는 방법으로, 겉면은 바삭하고 속은 촉촉하여 풍부한 맛을 유지하는 조리법
팽 (烹)	주재료를 밑간하여 튀기거나 지지거나 볶아낸 뒤, 다시 부재료, 조미료와 센불에서 뒤섞으며 탕즙을 재료에 흡수시키는 방법

Check Note

✓ **식품조각 도구**
- 주도(카빙나이프)
- 각도(V형도)
- 둥근 칼(U형도)
- 원형 커터 : 꽃의 봉우리나 중앙을 표현할 때 사용

✓ **식품조각하기**
- 원재료를 조각하고자 하는 형태의 큰 모양으로 만들기
- 큰 형태를 다시 세분화하여 나누기
- 세분화된 형태를 자세하고 구체적으로 조각하기
- 각각의 작품 구성요소들을 구도나 색에 따라 배치하기

✓ **조각에 따른 기물 선정하기**
- 행사 및 연회 성격과 목적에 따라 기물 선택
- 식품조각의 주제에 맞는 기물을 선택
- 식품조각과 음식의 색채에 맞는 기물을 선택
- 작품이 음식 접시의 최대 1/3을 넘지 말아야 함

제
03
편

✅ 중식 튀김옷 재료

밀가루	• 튀김에는 글루텐이 적고 탈수가 잘 되는 박력분을 많이 활용 • 튀김옷을 입혀 튀김을 할 때는 재료의 수분 및 맛난 맛 성분이 증발 • 적당히 기름을 흡수해야만 맛과 풍미가 좋아짐
전분	• 감자 전분, 옥수수 전분, 고구마 전분을 사용 • 두 종류의 전분 혼합 사용 • 소스의 농도를 맞출 때는 감자 전분을 많이 활용
물	단백질의 수화를 늦추고 글루텐 형성을 저해하기 위해서는 찬물을 이용
달걀	• 튀김옷의 경도를 도와주고 맛도 좋게 함 • 튀김이 오래되면 눅눅해지고 질감이 떨어지는 단점
설탕	• 설탕을 첨가하면 튀김옷의 색이 적당하게 갈변됨 • 글루텐의 형성이 저해되어 튀김옷이 부드럽고 바삭해짐
식소다	• 식소다를 사용 시 가열 중 탄산가스가 방출되어 쓴맛이 발생할 수 있음 • 수분을 증발시켜 튀김옷의 수분 함량이 낮아지고 가볍게 튀겨짐

✅ 불린 전분 만드는 법

- 전분 가루를 그릇에 담고 찬물을 넉넉하게 부은 다음, 고루 저어 전분 가루와 물이 잘 섞이도록 함
- 고루 섞은 다음 그대로 두어 전분을 가라앉히고 완전히 가라앉아 윗물이 맑아지면 가만히 따라 버리고 앙금만 남김
- 윗물을 따라 낸 다음 아래에 남은 앙금이 불린 전분으로 불린 전분은 냉장고에 넣어 두고 필요시 덜어서 사용함

류 (熘)	조미료에 잰 재료를 튀김옷을 입혀 기름에 튀기거나 삶거나 찐 뒤, 다시 여러 가지 조미료로 걸쭉한 소스를 만들어 재료 위에 끼얹거나 또는 조리한 재료를 소스에 버무려 묻혀 내는 방법
첩 (貼)	특수한 조리법으로 재료를 곱게 다져 큰 편을 낸 다른 재료 위에 얹고 나머지 재료로 덮고 편을 낸 재료를 아래로 향하게 하여 바삭하게 지져낸 다음 물을 적당량 부어 수증기로 익히는 방법

2) 중식 튀김옷의 종류

불린 전분	물을 부어 6시간가량 그대로 두었다가 윗물은 버리고 밑에 가라앉은 앙금만을 튀김옷의 재료로 사용
마른 가루	튀김옷을 거의 입히지 않고 튀기는 경우로 튀김 재료에 간장, 술 등으로 밑간을 하고 전분을 조금만 뿌려 주물러서 튀김
달걀노른자	튀김의 색이 노랗고 바삭한 맛은 덜 하지만 부드러운 맛
달걀흰자	튀김 재료에 달걀흰자, 전분 또는 밀가루를 넣어 튀김옷을 만드는 방법

3) 중식 튀김 조리 시 주의사항

① 식품의 종류와 크기, 튀김옷에 따라 온도가 다름

어패류	170℃에서 1~2분 정도
채소류	160~170℃에서 3분 정도
육류	• 1차 튀김 : 165℃에서 8~10분 정도 • 2차 튀김 : 190~200℃에서 1~2분 정도
두부	160℃에서 3분 정도

② 육류는 튀김 시 고기에 붙어 있는 불필요한 지방을 제거함
③ 재료에 수분을 제거한 후 튀김 반죽을 묻힘

(2) 튀김 조리 종류에 따른 소스 조리

1) 소스 재료

간장	튀김 조리 시 재료의 밑간이나 튀김 소스를 만들 때 사용
후추	조리 시 비린내를 없애 주므로 비린 맛이 강한 동물성 재료를 조리할 때 주로 사용
파기름	• 끓는 기름에 파를 넣고 150℃ 정도 기름을 가열하여 대파가 황갈색으로 변하기 시작하면 불에서 내려 식힌 후 사용 • 조리 시 음식의 맛과 향을 증가시키고, 비린 맛을 잡아줌
고추기름	중식 팬에 고춧가루를 넣고 동량의 기름을 넣어 혼합한 후 팬에 고춧가루의 4배 정도의 기름을 넣고 90℃ 정도 기름을 가열한 후 기름을 혼합한 고춧가루에 첨가하여 고춧가루와 기름이 분리되면 식힌 후 사용

굴소스	• 굴을 으깬 다음 바싹 조려서 소금에 절여 발효시킨 것 • 형태는 짙은 갈색의 걸쭉한 느낌이며, 맛은 짠맛, 단맛이고, 바다향, 신선한 느낌을 줌
두반장	• 생고추, 대두, 참기름 등을 넣어 만들며 콩을 완전히 으깨지 않은 상태로 만듦 • 푹 고는 요리, 볶음요리, 튀김요리, 소스의 밑재료, 테이블 양념으로 사용

2) 소스 조리방법

① 물전분을 사용하여 소스의 농도를 잡을 때 물전분을 너무 일찍 넣거나 많은 양을 넣으면 소스가 탁해지거나 윤기가 떨어짐

② 소스가 끓어서 물전분으로 농도를 잡을 때에는 보통 끓기 바로 직전에 넣어야 소스 속에서 물전분이 익는 속도와 퍼지는 속도가 적당하여 소스에 전분 덩어리가 없는 매끈한 소스를 말들 수 있음

③ 소스를 만들 때 향신료를 먼저 볶아 고기의 누린내를 잡거나, 채소의 쓴맛, 무거운 맛을 줄임

2 튀김 완성

(1) 튀김 조리 종류에 따른 소스 선택

육류 튀김	소고기탕수	탕수소스
	어향우육권	어향소스
	깐풍기	깐풍기소스
	라조기	라조기소스
	영몽기	레몬소스
	유린기	유린기소스
어패류 튀김	영몽샤	레몬소스
	부귀샤	마요네즈소스
	생선탕수	탕수소스
	멘보샤	멘보샤소스

(2) 튀김 조리 종류에 따른 기초장식

① 식품조각은 주로 음식을 돋보이게 하기 위해서 사용

② 접시에 사용할 때는 접시 길이의 1/2, 접시 넓이의 1/3이 넘으면 안 됨

③ 식품조각의 소재는 동물, 식물, 사람, 어류, 상상의 동물, 민화 등 모든 사물이 대상

④ 각각의 대상에는 의미가 있어 음식과 그 의미의 조화가 잘 이루어져야 함

제 03 편

용(龍)	중화민족의 상징으로 위엄과 고귀함을 뜻함
봉황(鳳凰)	모든 새들의 왕으로 아름다움과 평화를 상징
잉어(鯉鱼)	성공, 발전, 출세를 의미
닭(鷄)	관직에 오르는 것을 의미

Check Note

☑ **면의 정의 및 종류**

■ **면의 정의**
- 식품의약품안전처 : 면류란 곡분 또는 전분류를 주원료로 하여 성형하거나 이를 열처리, 건조 등을 한 것으로 국수, 냉면, 당면, 유탕면류, 파스타류
- 일반적으로 국수류는 원료에 물과 기타 부재료를 넣어 반죽하고, 면대를 형성한 다음 자르거나 압출하여 만든 제품으로, 원료로 밀가루, 전분, 메밀가루, 녹두가루, 쌀가루 등이 쓰임

■ **면의 종류**

밀가루 국수	• 밀가루 등의 곡분을 주원료로 제조한 것 • 밀가루＋소금(2%) 또는 알칼리제(탄산나트륨, 탄산칼륨 1~2%)＋물(30~35%) 반죽 • 반건조 생선 : 수분 함량 20% 정도로 조절 • 제조공정 : 혼합 → 면대 형성 → 자름
전분 국수	전분 80% 이상을 주원료로 제조한 것 예 당면
파스타	• 듀럼가루, 밀가루 등을 물과 부재료와 반죽, 성형, 건조한 제품 • 15~28시간, 최종 수분 함량 12%, 지방질 함량 20%
냉면	메밀가루, 곡분 또는 전분을 주원료로 한 것
유탕 면류	면대 형성 후 잘라 스팀으로 2분 정도 중자하여 전분을 호화시키고 성형한 다음 140~160℃의 유탕에서 튀겨 수분 제거 (지방질 함량 20%)
기타 면류	위의 종류에 포함되지 않는 것 예 수제비나 만두피 등

10 중식 면 조리

1 반죽하여 면 뽑기

(1) 면 조리방법의 종류와 특성

1) 면대와 면발의 차이

면대	• 반죽을 얇게 편 것 • 다단 롤러를 이용하여 반죽을 얇고 넓적하게 펴서 만듦
면발	• 면대를 썰어서 만든 면 가닥 • 절출기 또는 칼날을 이용하여 면 가닥을 만듦

2) 면발의 특성

면 수분 함량	다가수 면발, 일반 면발, 반건조 면발, 건조 면발 등으로 구분
면발의 굵기	세면, 소면, 중면, 중화면, 칼국수면, 우동면 등으로 구분

3) 면발의 굵기에 따른 요리 소재

세면	일반적으로 면발의 굵기가 가장 가는 면
소면	• 세면보다 조금 굵은 면발 • 잔치국수나 비빔면 등의 요리 재료로 많이 사용
중화면	• 소면보다 조금 굵은 면발 • 일본식 라면과 짜장면, 짬뽕 등의 요리 재료로 많이 사용
칼국수면	• 중화면보다 조금 굵은 면발 • 칼국수 등의 요리 재료로 많이 사용
우동면	• 칼국수면보다 조금 굵은 면발 • 우동 등의 요리 재료로 많이 사용

4) 중식의 면 뽑기 방법

기계면	• 밀가루를 체에 받쳐 산소의 흡수를 활성화함 • 물에 소금과 소다를 풀어 반죽용 물을 만듦 • 밀가루에 반죽용 물을 이용하여 국수용 반죽을 만듦 • 반죽을 젖은 면보로 덮어서 숙성시킴 • 반죽을 기계에 누르고 가닥까지 냄

수타면	• 밀가루를 체에 밭쳐 산소의 흡수를 활성화함 • 물에 소금과 탄산수소나트륨을 풀어 반죽용 물을 만듦 • 밀가루에 반죽용 물을 이용하여 국수용 반죽을 만듦 • 반죽을 젖은 면보로 덮어서 숙성을 시킴 • 반죽을 면판에 때려 가며 고르게 섞음 • 반죽을 길게 늘여 가며 탄력성을 높이고 가는 면발을 만듦
도삭면	• 밀가루를 체에 밭쳐 산소의 흡수를 활성화함 • 물에 소금과 탄산수소나트륨을 풀어 반죽용 물을 만듦 • 밀가루에 반죽용 물을 이용하여 국수용 반죽을 만듦 • 반죽을 젖은 면보로 덮어서 숙성을 시킴 • 반죽을 면판에 때려 가며 고르게 섞음 • 반죽을 넓게 펴 타분을 한 후 말아줌 • 반죽을 칼이나 가위로 적당히 썰어서 면발을 만듦

2 면 삶아 담기

(1) 면 삶을 물이 끓고 있는지 확인

① 물이 끓지 않는 상태에서 면을 뽑으면 이미 뽑힌 면이 엉겨 붙을 수 있음

② 면발의 탄력성을 유지하기 위하여 끓는 물에 소금을 넣어야 함

③ 면을 끓는 물에 넣고 충분히 저어주어 서로 엉겨 붙는 부분이 없도록 함

(2) 면이 익으면 씻을 찬물이 준비되어 있는지 확인

① 면이 익으면 찬물에 바로 담가 씻어야 면의 잡냄새를 제거할 수 있고, 면의 탄력성을 유지함

② 끓는 물에서 면을 건지기 전에 면을 씻을 충분한 양의 찬물을 준비

(3) 중식 면 조리의 메뉴에 맞는 그릇이 준비되어 있는지 확인

① 중식 면요리는 국물이 있는 면요리와 국물이 없는 면요리로 구성

② 미리 그릇을 준비하여 면요리의 용도에 맞는 그릇에 면을 담아냄

(4) 면이 완성되면 끓는 물에 넣고 잘 저어가며 익힘

① 끓는 물에 면을 넣고 잘 저어주어 서로 엉겨 붙는 부분이 없도록 함

② 면은 서로 엉겨 붙고자 하는 성질이 있기 때문에, 특히 물속에서 잘 저어주어야 함

③ 두 번 정도 끓인다는 생각으로 끓어오르면 찬물을 한 번 붓고, 다시 끓어오를 때 건져냄

제
03
편

Check Note

✓ 원료의 따른 유지의 분류

■ 천연유지

식 물 성	식물성 기름	• 건성유(130 이상) : 들기름, 잣기름, 아마인유 • 반건성유(100~130) : 참기름, 대두유, 면실유 • 불건성유(100 이하) : 올리브유, 땅콩기름, 피마자유
	식물성 지방	코코아유, 야자유
동 물 성	동물성 기름	• 해산 동물 기름(어유, 간유, 해수유) • 육산 동물유, 번데기 기름
	동물성 지방	• 체지방 : 소기름, 돼지기름 • 유지방 : 버터

■ 가공유지 : 마가린, 쇼트닝

✓ 중국 면 요리의 특징

■ 식생활의 주식으로 주로 사용함

■ 남방은 쌀을 주식으로 한 제분하지 않는 알맹이의 식사라는 것

■ 북방은 밀가루와 고량, 조, 콩, 옥수수, 녹두, 수수, 메일, 피 등의 잡곡을 포함한 곡물의 가루를 가공

■ 중국은 밀가루로 만든 면만 면이라고 함

✓ 면에서 소금을 사용하는 목적

■ 밀가루 기준 2~6%의 소금 함량으로 사용

■ 글루텐에 대한 점탄성 증가

■ 맛과 풍미 향상

■ 삶는 시간을 단축해 주고, 보존성을 향상

■ 건면의 경우에는 이상 건조, 낙면 방지

(5) 기계면과 수타면의 삶는 시간이 다름을 이해

　① 기계면은 수분 함량이 많으면 기계의 밀대나 절삭기에 반죽이 붙어 면을 뽑기가 어려움

　② 기계면의 반죽은 수분 함량을 잘 조절하여 면이 질기거나 딱딱하지 않은 범위에서 수분을 첨가함

(6) 면이 익으면 건져서 찬물에 담가 깨끗이 주무르면서 씻음

　① 밀가루에 함유한 전분질은 열을 받으면 호화 작용에 의하여 조직이 연해지고, 차가워질수록 노화 작용을 하여 조직이 단단해지는 성질을 가짐

　② 찬물에 충분히 헹구면 면에 탄력을 줄 수 있음

(7) 찬물을 한 번 버리고 다시 씻음

　두 번 정도 씻어 주어야 면의 잡냄새를 완전히 제거 가능

(8) 씻어낸 면을 면 조리 메뉴에 따라 냉면은 차게, 온면은 끓는 물에 데쳐 그릇에 분량씩 담음

　① 냉면을 제외한 모든 요리는 따뜻하게 제공되어야 함

　② 면을 깨끗이 씻은 후, 깨끗한 뜨거운 물에 면을 데움

(9) 면을 뽑기 전 반죽의 수분 함량에 따라 면의 질감이 달라짐

　① 물의 양이 많거나 적으면 면이 탄력을 잃고 맛이 떨어짐

　② 삶은 면을 찬물에 충분히 헹궈내지 않으면 탄력이 떨어지고, 냄새도 좋지 않음

3 요리별 조리하여 완성

(1) 면 조리 종류에 따른 삶는 방법

　1) 냉면류

중국식 냉면	삶은 면 위에 손질한 해산물(오징어, 새우 등), 삶은 고기, 오이, 표고버섯 등을 올리고 차갑게 준비한 냉면 육수를 끼얹어 만든 음식
냉짬뽕	• 닭 육수에 준비한 해산물(오징어, 새우, 홍합 등)을 데쳐내고 냉짬뽕 육수로 사용 • 파, 마늘, 양파, 호박, 죽순, 고추기름, 고춧가루와 준비한 육수로 짬뽕 국물을 차게 식힘 • 삶아낸 해산물과 채썬 오이를 삶은 면 위에 얹고 찬 육수를 부어 만든 음식

　2) 온면류

짜장면	돼지고기, 해산물, 양파, 호박, 생강 등을 기름에 볶아 춘장과 닭 육수를 넣고 익힌 후 물전분으로 농도를 조절하여 삶은 면 위에 얹어 만든 음식

유니짜장면	곱게 다진 돼지고기와 부재료를 식용유에 볶아 춘장과 닭 육수를 넣고 익힌 후 물전분으로 농도를 조절하여 삶은 면 위에 얹어 만든 음식
짬뽕	돼지고기, 해산물, 양배추, 양파, 고추기름, 고춧가루, 마늘, 육수 등으로 매운 국물을 만들어 삶은 면에 부어 만든 음식
기스면	닭가슴살, 닭 육수, 대파, 마늘, 생강, 소금, 간장, 후추 등으로 만든 맑은 닭 육수와 삶아 찢은 닭가슴살을 함께 삶은 면에 부어 만든 음식
울면	오징어, 홍합, 바지락 등의 해산물을 넣고 끓인 국물에 물전분을 넣어 걸쭉하게 만든 소스를 면에 부어 만든 음식
우동면	돼지고기와 채소를 채썰어 해산물과 닭 육수에 간장, 청주, 굴소스, 달걀을 풀어 넣어 삶은 면에 부어 만든 음식
굴탕면	닭 육수에 생굴, 죽순, 청경채, 목이버섯, 마늘, 생강, 소금 등을 넣어 국물을 만들고 삶은 면에 부어 만든 음식
사천탕면	해산물(바지락, 오징어, 새우 등), 죽순, 양파, 배추, 목이버섯, 대파, 마늘, 생강, 청주, 육수, 후추, 참기름 등으로 국물을 만들어 삶은 면 위에 부어 만든 음식
해물볶음면	해산물, 양파, 죽순, 목이버섯, 파, 마늘, 생강, 고추기름, 두반장, 설탕, 굴소스, 전분, 청주 등의 재료로 매콤하게 볶아내고 여기에 육수와 삶은 국수를 넣어 다시 볶은 후 물전분으로 농도를 정하여 담아낸 음식
탄탄면	돼지고기, 칠리고추피클, 마늘, 생강, 두반장, 해선장, 굴소스, 간장, 설탕 노추양념 등을 볶아 육수를 넣고 물전분으로 농도를 맞춘 소스와 지마장, 간장, 설탕, 스리라차 칠리소스, 육수로 만든 국물을 면에 비벼 먹는 음식

(2) 면요리 종류에 따른 소스 선택

짜장면	오이채를 짜장면 위에 올려 줌
우동면	면 위에 우동 소스를 부은 다음 참기름 넣기
유니짜장면	오이채를 유니짜장면 위에 올려 줌
짬뽕	면 위에 짬뽕 소스를 부은 다음 참기름 넣기
탄탄면	시금치, 다진 파, 고추기름, 산초가루로 마무리
울면	면 위에 울면 소스를 부은 다음 참기름 넣기
굴탕면	면 위에 굴탕면 소스를 넣어 완성
해물볶음면	참기름을 넣어서 마무리
사천탕면	면 위에 사천탕면 소스를 넣어 완성

📎 **Check Note**

✅ **면발의 규격**

■ 폭

면발 번호 표기	30mm 길이를 해당 번호로 나눈 값이 그 번호 면발의 폭임 예 • 10번 면 : 30mm ÷ 10 = 3mm(폭) • 20번 면 : 30mm ÷ 20 = 1.5mm(폭)
번호 표현 방식	# 뒤에 숫자 표기 예 #10 = 10번 면

■ 두께 : 우동면의 경우 면발의 폭과 비율이 4:3 정도(소비자 선호도가 가장 높음)
■ 번호 표현 방식 : 면발의 폭을 정하는 번호 매기기의 표현 방식은 #10, #15, #20 등의 형태로 숫자를 표기 예 #10이란 10번 면이고, 면발의 폭이 3mm라는 의미임

✅ **밀가루 종류**

강력분	• 글루텐 함량 많음 : 13% 이상 • 쫄깃한 제품을 만드는 데 사용 • 빵, 피자, 수제비 등
중력분	• 글루텐 함량 중간 : 10~13% • 다목적으로 사용 • 부침, 만두 등
박력분	• 글루텐 함량 적음 : 10% 이하 • 바삭바삭한 제품을 만드는 데 사용 • 케이크, 쿠키, 튀김, 과자 등

(3) 중국의 4대 요리

1) 북경요리(베이징요리)

특징	• 호화스러운 장식을 한 고급 요리가 발달 • 부드럽고 담백한 맛이 특징
재료	희귀한 재료들로 다양한 요리 발달하고 농작물, 청과물 등이 풍부
조리법	단시간에 조리하는 튀김요리나 볶음요리가 발달
대표 요리	북경 통 오리구이, 삭힌 오리알인 피단 등 독특한 음식이 많음

2) 상하이요리(남경요리)

특징	기름기가 많고 맛이 진하며 양이 푸짐한 찜이나 조림이 발달
재료	바다가 가깝고 따뜻한 기후로 농산물과 해산물이 풍부
조리법	• 색상이 진하고 화려한 색의 요리가 많음 • 간장, 설탕을 응용한 달고 농후한 맛
대표 요리	동파육, 두부요리, 꽃빵, 만두, 게요리 등

3) 광동요리(남방요리)

특징	외국과의 교류가 많아 색채와 장식이 화려하고 서양요리의 특징이 혼합된 요리 발달
재료	풍부한 해산물과 아열대성 채소와 과일 등 음식 재료가 광범위함(서양요리 재료와 조미료)
조리법	소금과 기름을 적게 사용해 느끼하지 않고 담백하고 부드러운 조리법 발달
대표 요리	광동식 탕수육, 상어지느러미찜, 어린 통 돼지구이 등

4) 사천요리(서천요리)

특징	매운 향신료를 사용한 강한 향기와 신맛, 매운맛 등 자극적인 요리가 많음
재료	채소가 풍부하고 저장식품이 발달
조리법	채소와 육류요리로 볶음이나 찜요리 발달
대표 요리	양고기 요리, 마파두부, 강한 맛의 매운 요리 등

01 냉채 요리의 바람직한 온도로 옳은 것은? ★빈출

① −4℃
② 0℃
③ 4℃
④ 10℃

01 ③

해설 냉채요리의 온도는 4℃ 정도일 때가 가장 바람직하다.

02 기초장식의 재료로 가장 많이 사용하며 크기가 크고 속이 꽉차서 쉽게 원하는 모양장식 가능한 식재료는?

① 당근
② 무
③ 오이
④ 고추

02 ②

해설
- 당근 : 용이나 봉황 등 새의 부리 모양, 다양한 꽃 등 중국에서 가장 많이 사용
- 오이 : 접시의 가장자리를 두르는 기초장식이나 얇게 썰어 장식하는 데코레이션용으로 사용
- 고추 : 홍고추를 많이 사용하며 꽃 모양 장식으로 많이 사용

03 중식 식재료 써는 조리용어 중 1mm 정도로 실처럼 써는 방법으로 옳은 것은? ★빈출

① 쓸(絲)
② 모(末)
③ 피엔(片)
④ 니(泥)

03 ①

해설
- 모(末) : 조의 크기만큼 잘게 써는 방법
- 피엔(片) : 편 썰기
- 니(泥) : 으깨서 잘게 다지기

04 딤섬 만드는 방법에 따른 분류 중 말아서 만드는 방법을 뜻하는 것은?

① 분(粉)
② 권(捲)
③ 포(包)
④ 매(賣)

04 ②

해설
- 분(粉) : 쌀가루로 만든 얇은 피로 만드는 방법
- 권(捲) : 주머니 모양으로 말아서 만드는 방법
- 포(包) : 오픈형으로 만드는 방법
- 매(賣) : '팔다'라는 뜻

05 ④

해설
- 상어지느러미
  - 췐츠(全翅) : 지느러미를 원형 상태로 말린 것
  - 싼츠(散翅) : 껍질을 벗기고 지느러미의 섬유질을 찢어 말린 것
  - 패이츠(排翅: 등심) : 최고급품으로 맛이 가장 좋은 부분
  - 웨이츠(尾翅) : 이등품에 속하는 것
  - 슝츠(胸翅) : 품질이 좋지 않으며 형태가 흐트러진 상태
- 제비집 : 관연(官燕), 모연(毛燕), 연사(燕絲), 전사연(全絲燕)

06 ③

해설 탕에 사용되는 조리법
- 炸(자) : 기름에 튀겨서 제공되는 요리이지만, 수프에 사용될 때는 튀겨서 찜통에 쪄서 낸다.
- 燒(샤오) : 기름에 볶은 후 삶아서 제공된다.
- 爆(파오) : 뜨거운 기름으로 단시간에 튀기거나 뜨거운 물에 데쳐서 제공된다.
- 蒸(정) : 찜통에 넣어서 쪄서 낸다.
- 扒(빠) : 푹 고아 삶아서 제공된다.
- 烹(펑) : 삶아서 제공된다.
- 燉(둔) : 약한 불에 오랫동안 푹 삶아서 제공된다.

07 ①

해설
- 류(溜) : 튀기거나 삶거나 혹은 찌는 방식
- 전(煎) : 한 면 또는 양면을 지져서 익히는 조리법
- 작(炸) : 넉넉한 기름에 밑손질한 재료를 넣어 센불에 튀기는 조리법

08 ③

해설
- 춘장 : 된장류에 속하며 황장 또는 경장이라고 함
- 첨면장 : 밀가루와 콩, 소금을 넣어 만든 장류
- 해선장 : 소금에 절인 새우장, 게장, 대합장

05 수프, 탕에 사용되는 식재료 중 상어지느러미에 사용되는 재료로 틀린 것은?

① 췐츠(全翅)　　　　② 싼츠(散翅)

③ 패이츠(排翅)　　　④ 연사(燕絲)

06 탕에 많이 사용되는 조리법의 내용으로 옳지 않은 것은? ⭐빈출

① 燒(샤오) – 기름에 볶은 후 삶아서 제공

② 爆(파오) – 뜨거운 기름으로 단시간에 튀기거나 뜨거운 물에 데쳐서 제공

③ 炸(자) – 기름에 튀겨서 제공되는 요리

④ 蒸(정) – 찜통에 넣어서 쪄서 낸 요리

07 "볶는다"의 뜻으로 중식을 조리하는 데 있어서 가장 많이 사용되는 조리법은? ⭐빈출

① 초(炒)　　　　② 류(溜)

③ 전(煎)　　　　④ 훈(燻)

08 잠두콩을 뜻하며 매운맛과 함께 짠맛을 지닌 장류로 옳은 것은?

① 춘장

② 첨면장

③ 두반장

④ 해선장

09 노두유라고 불리며 중국요리에서 사용하는 조미료로 중국식 간장으로 옳은 것은?

① 노추
② 해선장
③ XO 소스
④ 두반장

10 찜 조리의 특징으로 틀린 것은? ⭐빈출

① 증기로 열을 전달하여 식품의 모양 유지가 용이하다.
② 물을 첨가하는 조리법이 아니므로 수용성 영양 성분이나 맛 성분의 손실이 적다.
③ 간접 가열로 조리되어 저압으로 가열이 가능하여 가열 시간이 오래 소요된다.
④ 기름을 사용하는 조리법이 아니므로 고열량 섭취를 방지할 수 있다.

11 구이의 조리방법 중 폐쇄형 조리법으로 틀린 것은?

① 암로고
② 죽통고
③ 철판고
④ 구적고

12 구이요리의 설명 중 중국어로 차슈라고 부르고, 태운 포크라는 뜻을 담고 있으며 양념한 뼈 없는 돼지고기를 꼬챙이에 구워내는 요리와 조리법이 옳은 것은? ⭐빈출

① 북경오리구이 – 명로고
② 차샤오 – 명로고
③ 차샤오 – 암로고
④ 고유저 – 명로고

---

09 ①

해설 **노추**
• 노두유라고도 불리며 중국요리에서 사용하는 조미료이다.
• 중국식 간장이라고 말할 수 있다.
• 농도가 진하고 짠맛이 적고 비교적 달짝지근한다.
• 주재료는 검은콩이다.
• 간장에 비해 같은 양을 넣어도 덜 짜고 색이 검기 때문에 색깔을 조절하거나 향을 내는 데 사용된다.

10 ③

해설 찜 조리는 간접 가열로 조리되어 고압으로 높은 온도에 가열이 가능하여 가열 시간이 단축된다.

11 ③

해설
• 폐쇄형 : 암로고, 니고, 면고, 고상고, 구적고, 죽통고, 훈연, 염국
• 개방형 : 명로고, 철판고, 폐고, 관고, 차고, 소고

12 ③

해설
• 차샤오 – 암로고
• 북경오리구이 – 암로고
• 고유저 – 암로고, 명로고 두 가지 사용
• 양꼬치구이 – 명로고

13 ④

해설 ①, ②, ③은 찬 후식류에 속한다.

13 중식의 후식류 중 더운 후식류의 대표적인 음식으로 옳은 것은?

빈출

① 과일
② 행인두부
③ 멜론시미로
④ 고구마빠스

14 ②

해설 행인두부는 살구씨의 안쪽 흰 부분만을 갈아서 만든 것이다.

14 행인두부의 주재료로 옳은 것은? 빈출

① 바나나
② 살구씨
③ 두부
④ 코코넛

15 ②

해설
• 평면 조각 – 식재료의 밑그림을 그리거나 이미지를 붙여 평면에 조각하는 기술
• 입체 조각 – 전체 조각이며 3차원 이미지를 조각하여 미적 지식과 조각 도법의 기술이 필요

15 식품조각 방법의 종류와 특성이 틀린 것은?

① 누각 – '양각으로 새기다'라는 의미이며, 평면에 적절한 패턴을 설정하여 새기는 기법
② 입체 조각 – 식재료의 밑그림을 그리거나 이미지를 붙여 평면에 조각하는 기술
③ 각화 – 엠보싱(embossing)이라고도 하는 조각법
④ 병파 – '모아서 배열하다'라는 의미를 지니며, 냉채나 여러 가지의 장식을 한 접시에 표현하는 것

16 ①

해설
• 필(筆)도법 – 세밀한 부분의 조각과 외형을 그려줄 때 사용하는 도법
• 각(刻)도법 – 주도를 사용하여 재료를 위에서 아래로 깎을 때 주로 사용하는 도법
• 착(戳)도법 – U형도나 V형도로 재료를 찔러서 활용하는 도법

16 식품조각 종류에 따른 기법에 대한 설명으로 옳은 것은?

① 선(旋)도법 – 꽃 조각 시 많이 쓰는 도법으로 칼을 타원을 그리며 재료를 깎는 도법
② 필(筆)도법 – U형도나 V형도로 재료를 찔러서 활용하는 도법
③ 각(刻)도법 – 세밀한 부분의 조각과 외형을 그려줄 때 사용하는 도법
④ 착(戳)도법 – 주도를 사용하여 재료를 위에서 아래로 깎을 때 주로 사용하는 도법

17 다음에서 설명하는 중식 튀김 조리법으로 옳은 것은? 🔖빈출

> - 완성된 튀김 재료를 이용하여 마무리하는 조리 기법으로 튀겨 낸 재료를 다시 한 번 강한 불에 완성
> - 튀김옷을 입혀 기름에 튀겨낸 후 다른 팬에 부재료와 양념을 이용하여 소스를 완성하여 튀겨낸 재료와 같이 넣어 빠르게 요리하는 방법
> - 소스가 튀김 재료에 스며들어 맛과 풍미를 고조시키는 조리방법

① 초(炒)　　　　　　　② 작(炸)
③ 폭(爆)　　　　　　　④ 팽(烹)

18 다음 중 튀김 소스 조리방법으로 틀린 것은?

① 물전분을 사용하여 농도를 잡을 때 너무 일찍 넣거나 많은 양을 넣지 않도록 한다.
② 물전분은 소스가 완성되고 불을 끈 후 넣어준다.
③ 물전분을 넣고 뭉치지 않도록 잘 저어준다.
④ 소스를 만들 때 향신료를 먼저 볶아 기름에 재료의 향을 입혀준다.

19 면의 종류 중 듀럼가루, 밀가루 등을 물과 부재료와 반죽, 성형, 건조한 제품으로 만든 것은? 🔖빈출

① 라면
② 국수
③ 파스타
④ 냉면

20 다음 중 면발의 굵기 순서가 올바른 것은?

① 우동면 > 칼국수면 > 중화면 > 세면 > 소면
② 우동면 > 칼국수면 > 중화면 > 소면 > 세면
③ 칼국수면 > 중화면 > 우동면 > 소면 > 세면
④ 칼국수면 > 우동면 > 중화면 > 세면 > 소면

17 ④
【해설】
- 초(炒) : 소량의 기름을 넣고 센불에 짧은 시간 익히는 조리법
- 작(炸) : 넉넉한 기름에 튀기는 조리법
- 폭(爆) : 뜨거운 물이나 육수, 기름 등으로 먼저 열처리한 뒤 센불에서 볶아 내는 조리법

18 ②
【해설】 물전분은 소스가 끓기 바로 직전에 넣어 골고루 섞어 농도를 맞춰 준다.

19 ③
【해설】
- 라면 : 면발을 익힌 후 유탕 처리를 한 것
- 국수 : 밀가루 등의 곡분을 주원료로 한 것
- 냉면 : 메밀가루, 곡분 또는 전분을 주원료로 한 것

20 ②
【해설】 **면발의 굵기**
우동면 > 칼국수면 > 중화면 > 소면 > 세면

CHAPTER 04 일식

Check Note

✅ **1번다시 만들기**★★★

- 행주로 다시마의 먼지를 털어냄 (감칠맛 성분인 만니톨을 닦아내지 않도록 주의)
- 냄비에 물과 다시마를 넣고 약한 불로 끓임
- 다시마가 끓기 직전(약 90℃)에 다시마를 건져내고 불을 끔(국물 탁해짐에 주의)
- 가다랑어포를 넣어 물에 잠기게 한 후 상온에서 10~15분 정도 두어 국물을 우려냄(가다랑어포의 감칠맛은 끓는점 이하의 온도인 약 80℃ 전후에서 잘 우러남)
- 체 위에 면포를 얹고 다 우러난 가다랑어포 국물을 걸러 완성

✅ **니보시다시(멸치다시) 만들기**★

- 멸치의 머리는 그대로 두고 내장만 제거(멸치 내장에서 국물의 쓴맛이 남)
- 냄비에 물과 멸치, 다시마를 넣고 10시간 정도 상온에서 우려냄(산뜻한 국물을 얻음)
- 센불에서 끓이다가 끓기 직전에 다시마를 건져냄
- 체 위에 면포를 얹고 다 우러난 멸치 국물을 걸러 완성

01 일식 냄비 조리

1 냄비국물 우려내기

(1) 국물 우려내는 방법

다시마다시 (곤부다시)	다시마를 찬물에 담가 천천히 맛을 우려내거나 찬물에서 다시마를 넣고 끓어오르기 직전까지 끓여서 맛을 낸 맛국물
일번다시 (이치반다시)	다시마와 가다랑어포를 이용하여 만든 맛국물로 최상의 맛과 향을 지닌 맛국물
이번다시 (니반다시)	이미 한번 사용된 다시마, 가다랑어포에 새로운 가다랑어포를 첨가한 맛국물
멸치다시 (니보시다시)	건멸치, 정어리, 전갱이, 새우 등의 작은 생선을 삶거나 쪄서 말린 수산가공품으로 머리는 사용하고 내장은 제거

(2) 국물 재료에 따른 불 조절방법

① 다시마와 가다랑어포는 넣는 시점과 불의 세기, 우려내는 시간을 잘 지키는 것이 중요
② 다시마는 물과 함께 처음부터 넣고 약한 불로 끓기 직전(90℃)까지 우리는 것이 중요
③ 가다랑어포는 물의 온도가 80℃ 정도에서 감칠맛이 잘 우러나오므로 불을 끄고 10~15분 우려냄

2 냄비요리 조리

(1) 재료 특성에 따른 냄비 선택

① 냄비는 깊이가 얕고 입구가 넓은 것을 선택
② 재질에 따라 토기 냄비, 동 냄비, 철 냄비, 알루미늄 냄비, 돌 냄비 등이 있음
③ 변형 재료로 다시마, 조개껍데기 등이 냄비 대용으로 사용
④ 냄비요리는 뜨겁게 먹는 요리이므로 재질은 보통 열의 보존이 잘되는 것을 선택

(2) 메뉴에 따른 양념장★★★

1) 간장(쇼유)

일본 간장은 콩과 밀을 이용하여 만들기 때문에 간장의 발효 과정에서 밀에 의한 단맛이 있음

우스구치쇼유 (연한 간장)	염도는 진한 간장보다 약 2% 정도 높지만, 색감이 옅고 맛, 향이 담백하여 재료가 가지고 있는 고유의 색과 맛, 향을 살리는 데 주로 사용
코이구치쇼유 (진한 간장)	• 가장 일반적인 간장으로 색이 진하고 향이 좋음 • 염도는 15~18%로 생선회, 구이요리에 주로 사용
타마리쇼유 (가장 진한 간장)	짙은 색과 강한 향으로 생선 회, 생선 조림에서 색감을 내 기 위해 사용

2) 맛술(미림)

① 찐 찹쌀에 쌀 누룩을 넣고 소주 또는 양조알코올을 섞어서 발효
시켜 만듦

② 미림은 약 14%의 알코올과 45% 전후의 당분, 각종 유기산, 아미
노산 등이 함유

③ 당분으로 인하여 음식을 윤기나게 함

④ 요리에 넣을 경우에는 가열하여 알코올을 증발시킨 후 사용

3) 식초(스)

① 신맛이 나는 조미료로, 식욕을 돋우고 입안을 상쾌하게 해줌

② 음식에 사용되었을 때 방부 및 살균 효과를 냄

③ 특히 생선에서 살을 단단하게 하고 비린내를 제거하는 역할

④ 식초의 종류

양조 식초	곡물을 이용하여 발효시켜 만듦
합성 식초	인위적으로 합성한 초산(아세트산)에 물을 섞어 만듦

(3) 향신료의 특성과 종류

1) 향신료(야쿠미)의 특성

① 요리의 맛을 살리고 식욕을 증진

② 재료의 잡냄새 제거

③ 소량 사용해서 그 맛을 한층 살려주는 역할

2) 향신료의 종류

갈은 무 (다이콘오로시)	무를 갈아서 사용하면 무의 매운맛이 냄비요리 재료의 맛에 산 뜻함을 더해주고 소화를 촉진함
생강 (쇼가)	생강은 무처럼 갈아서 사용하며, 특유의 향이 좋지 않은 맛과 냄 새를 없애주기 때문에 냄새가 강한 육류나 등푸른생선에 이용
유자(유즈) 또는 레몬	껍질만 벗겨서 사용하기도 하고 썰어 담아 즙을 내서 뿌려 먹는 용도로도 사용
시치미	시치미는 '일곱 가지 맛'이라는 뜻으로 고춧가루, 파래, 양귀비 씨, 깨, 산초가루 등을 섞어 만든 양념

Check Note

❷ 냄비요리의 종류

양념을 넣지 않고 끓이는 냄비요리	양념을 넣지 않고 끓인 후 양념에 찍어 먹는 요 리 예 미즈다키, 샤브샤 브, 도미 냄비 등
진한 맛을 내는 양념을 넣어 끓이는 냄비요리	• 간장 등의 양념을 약 간만 가미하여 끓여 먹는 냄비요리 예 우 동 냄비 오뎅꼬치 냄비 • 진한 간장 양념, 된장 등을 이용하여 끓여 먹는 냄비요리 예 스키야키

제03편

02 일식 튀김 조리

1 튀김옷 준비

(1) 튀김옷의 농도 – 튀김옷(衣 : 고로모) 제조 시 유의사항

① 튀김을 입안에 넣었을 때의 바삭바삭한 느낌이 중요

② 튀김이 잘된 것은 튀김옷이 질기지 않고 기름이 적게 흡수되어 바삭바삭한 것

③ 글루텐은 수분을 흡수하여 글루텐 망상 구조 안에 가두어 튀김 시 수분의 증발을 어렵게 하므로 튀김옷이 두껍고 질겨짐

④ 튀김옷은 미리 준비해 두지 않고 튀김요리를 하기 직전에 차가운 물로 만들어야 글루텐에 의한 끈기가 발생하지 않음

⑤ 튀김옷에 중조를 0.2% 정도 첨가하면 가열에 의해 탄산이 발생하면서 수분이 증발하여 바삭해짐

⑥ 튀김옷에 설탕을 넣으면 마이야르 반응으로 갈색빛 증진 및 글루텐 연화 작용으로 튀김옷이 연해지고 바삭해짐

(2) 튀김 종류

밀가루를 이용한 튀김	• 밀가루(박력분), 달걀노른자, 찬물을 섞은 튀김옷은 고로모아게(ころもあげ)에 사용 • 글루텐 함량이 낮은 박력분 사용 • 밀가루는 냉동고에 차게 보관(온도가 높으면 글루텐 형성이 빨라짐) • 튀김옷을 만들 때 달걀노른자를 넣는 이유는 튀김을 부드럽게 하고 맛도 좋게 하기 때문 • 중력분 사용 시엔 전분과 1:1로 섞어 사용
전분을 이용한 튀김	• 전분은 가라아게(からあげ)에 사용 • 감자 전분은 잘 부풀고 바삭바삭하여 가라아게로 제일 적당함 • 고구마 전분은 고소하지만 튀김옷이 질김 • 옥수수 전분은 옥수수향이 있고 덜 부풀어 오름

(3) 튀김 종류에 따른 조리방법★★★

스아게 (すあげ)	• 재료 그대로 튀김 • 재료의 수분을 제거하고 전반적으로 가라앉는 온도 160~165℃ 정도에서 그냥 튀기는 방법 • 튀김옷을 입히지 않아 바삭하게 잘 튀겨짐 • 수분이 적고 조직이 단단한 것, 너무 부드럽지 않은 재료 사용 • 꽈리고추, 푸른 잎 채소(피망, 시소) 등 재료의 색깔을 살려 튀김

고로모아게 (ころもあげ)	• 박력분 밀가루 반죽옷을 입혀 튀김하는 것으로 덴뿌라고 함 • 박력분 밀가루와 찬물을 1 : 1 비율로 풀어 튀김옷으로 농도를 잘 맞추어 튀김 • 튀김옷은 물과 섞어 만들어서 수분이 60~70% 정도 되기 때문에 속의 재료는 탈 염려가 없고 재료의 맛을 그대로 보존
가라아게 (からあげ)	• 간장 등으로 양념한 재료를 전분에 묻혀 튀김 • 재료를 양념장에 담가 두었다 간이 배면 건져 겉에 전분, 밀가루, 메밀가루, 콩가루 등을 묻혀 튀김 • 한 번 튀긴 후 고온에 다시 한번 튀겨 기름을 뺌과 동시에 바삭하게 튀김 • 재료 겉에 묻혀진 전분이나 밀가루에는 수분이 없기 때문에 타기 쉽고 맛도 없어지므로 단시간에 튀겨내는 것이 좋음

2 튀김 조리

(1) 튀김 기름 선택

① 튀김 기름은 색이 엷고 냄새가 없으며 입자가 고운 것이 좋음

② 재료를 끓는 기름에 넣었을 때 아주 작은 거품이 일어났다가 금방 사그라지는 것이 좋음

③ 발연점이 높은 기름을 선택하는 것이 좋음

(2) 튀김 온도조절

① 160~180℃ 사이에서 요리을 하지만, 재료의 크기, 튀김의 종류에 따라 온도 조절

② 채소는 170℃, 생선은 180~190℃ 정도가 되어야 바삭하게 튀겨짐

③ 200℃ 이상이 되면 재료의 속이 익기도 전에 겉이 먼저 타기 때문에 온도가 높으면 고로모를 넣어 식힌 후 사용하거나 새 기름을 섞어 온도를 맞춘 후 사용

(3) 튀김 조리시간

① 튀김에 가장 적합한 온도와 시간은 튀기는 식품의 종류, 식품의 두께, 튀김옷의 종류 등에 따라 달라짐

② 표면만 익혀도 되는 재료는 고온에서 짧은 시간에 튀겨야 함

③ 속까지 충분히 익혀야 되는 음식은 낮은 온도에서 충분한 시간을 들여 가열해야 함

④ 기름의 흡유량은 식품의 질뿐만 아니라 건강에도 영향을 주므로 흡유량을 적게 튀기는 것이 중요

Check Note

✔ 빵가루의 종류

건조 빵가루 (수분 12% 이하)	• 배소식, 전극식에 의해 제조하고 분쇄, 건조, 정립된 것 • 보존성, 작업성이 좋고 업체용으로 많이 사용 • 백빵가루, 컬러 빵가루, 믹스빵가루, 브렛더빵가루, 적빵가루 등
생빵가루 (수분 35~38%가 표준)	• 배소식 전극식 제법에 의해 제조한 빵을 일정한 입자 형태로 분쇄한 것 • 식감이 매우 부드러움 • 백빵가루, 컬러 생빵가루, 믹스 생빵가루, 적 생빵가루 등
세미 드라이 빵가루 (수분 18%, 23%, 28% 전후의 조정품)	• 공장에서 기계적으로 손님의 요구에 맞추어 수분을 조절한 빵가루 • 건조 시의 온도, 찌는 바람의 풍량, 건조 시간의 조절에 의해 만듦 • 식감과 작업성을 중시하여 만들어진 빵가루로, 생빵가루의 식감에 보다 가깝고, 기계작업에도 적용하기 쉬운 빵가루 • 사용방법, 보관방법은 생빵가루와 같음

◆ **기름의 온도를 알아보는 방법**
(튀김옷을 떨어뜨려 봄)★

150℃	바닥에 가라앉아 표면에 떠오르지 않음
160℃	바닥에 가라앉자마자 곧 표면에 떠오름
170℃ ~ 180℃	중간 정도까지 가라앉아서 곧 표면에 떠오름
180℃	가라앉지 않고 표면에 튀김옷이 퍼짐
190℃	튀김옷을 떨어뜨리는 순간 표면에 기포가 퍼짐

◆ **튀김에 쓰이는 양념**
- 야쿠미 : 튀김에 쓰이는 양념
- 덴다시 : 튀김을 찍어 먹는 소스
- 양념과 소스는 풍미를 더해 주고 튀김에 소스가 잘 묻도록 해주는 역할

(4) 튀김 식재료 손질 방법

채소류★		수분을 충분하게 제거하는 것이 중요하며 재료의 특성에 맞게 두꺼운 재료는 적당히 자르거나 칼집을 냄
어패류★	새우	• 머리를 떼어내고 껍질을 벗긴 후, 등 쪽의 내장을 제거함 • 꼬리 쪽은 수분을 포함하고 있으므로, 선단을 잘라 내고 남은 수분을 제거함 • 굽어지는 것을 방지하기 위해 배 부분에 몇 군데 칼집을 넣고 손으로 눌러서 형태가 유지되도록 손질함
	전복	껍질과 살을 분리한 후 솔로 불순물을 깨끗하게 씻어 내고 내장을 제거하고, 필요한 부분에 칼집을 넣고 용도에 맞게 적당한 크기로 잘라서 사용
	바닷장어	• 목 부위에 칼집을 넣어 뼈와 살을 분리한 뒤 내장을 제거하고, 등지느러미를 완벽히 제거함 • 껍질쪽에 시모후리(점액과 비린내, 냄새 제거)하여 얼음물에 식힌 후 용도에 맞게 적당한 크기로 잘라서 사용
가금류와 육류★		불순물과 여분의 지방을 제거하고 적당한 크기로 썰어 줄어들지 않도록 몇 군데에 가볍게 칼집을 내어서 밑간함

3 튀김 담기

덴뿌라는 식지 않게 안정된 구도와 색감에 맞게 신속히 담아냄
① 같은 종류를 한 곳에 담음
② 크고 높이가 있는 것은 안쪽에 놓고, 중앙엔 주요리를 높게 세워 담음
③ 작은 것은 앞쪽에 균형 있게 담음
④ **색감법** : 왼쪽에 붉은색, 오른쪽에 푸른색이 오도록 색의 조화를 맞춰 담음
⑤ **고저법** : 여러 종류의 튀김을 담을 때는 접시의 왼쪽 뒤를 높게 하고 오른쪽 앞을 낮게 하여 밑면이 가장 긴 삼각형 형태로 안정된 구도로 담음

4 튀김 소스 조리

(1) 튀김 소스 종류

스아게, 카와리아게	소금
가라아게	레몬(느끼함 제거)
고로모아게	양념간장, 소금

(2) 튀김 소스 조리방법

① 비율 : 물 4 : 간장 1 : 맛술 1

② 끓으면 불을 끄고 가쓰오부시를 넣고 15분 뒤 면포에 걸러 덴다시를 따뜻하게 제공

---

03 일식 굳힘 조리

1 굳힘 조리

(1) 굳힘 조리 온도와 시간

한천	• 우뭇가사리의 열수 추출액을 여과 · 냉각시켜 얻은 응고물을 동결, 해동한 후 수분을 제거하여 만든 것 • 과자류나 요리에 사용 • 응고 온도 : 25~5℃ • 굳힘 시간 : 1시간
젤라틴	• 젤라틴은 동물의 뼈나 연골 껍질에 많이 분포되어 있으며 이를 가공한 것 • 제과, 아이스크림 등 여러 분야에 다양하게 사용 • 응고 온도 : 15~5℃(보통 5℃ 냉장고에 응고) • 굳힘 시간 : 2~3시간
칡전분 (쿠즈코)	• 칡을 수세, 파쇄하여 얻은 전분물을 침전시키고, 여과 과정을 거쳐 남은 전분을 건조하여 가루 형태로 만든 것 • 점성이 매우 높으며 많이 치댈수록 점성이 증가함 • 일본요리의 두부 또는 후식에 사용 • 칡전분은 60℃에서 걸쭉해지면 불을 줄이고 끓여서 10~13분 동안 가열하고 5℃ 냉장고에서 1~2시간 동안 굳힘 • 응고 온도 : 5℃ • 굳힘 시간 : 1시간

(2) 재료에 따른 굳힘 조리방법

생선류 손질	• 참돔, 복어 등 껍질에 젤라틴 함량이 비교적 많은 생선 사용 • 비늘 같은 이물질을 제거 • 채썬 생선 껍질은 뜨거운 물에 데쳐 얼음물에 식힘 • 생선살은 한입 크기로 썬 후 소금을 뿌리고 살짝 데쳐 얼음물에 식힘

✅ **굳힘 조리의 이해**
- 네리모노(練り物) : 개거나 이기는 조리 동작이 들어가는 요리
  예) 어묵, 양갱
- 요세모노(寄せ物) : 액상의 재료를 틀에 흘려 굳힌 요리
- 응고재료 : 한천, 젤라틴, 전분 등
- 오토시(お通し), 사키츠케, 핫슨(八寸) 등(요리형태에 따라) : 코스 요리의 첫 부분에 간단히 입맛을 돋우는 요리

✅ **사각 굳힘 틀**★★★
- 사각 굳힘 틀은 스테인리스 재질이 주를 이루며 사각형 상자에 이중으로 되어 있어 상자를 들어 올리면 속의 재료를 꺼낼 수 있도록 제작한 것
- 용도와 사용량에 따라 크기별로 다양하며 사용 전에 물기를 전체적으로 입혀 본 재료가 굳힘 틀에 붙는 것을 방지
- 씻을 때는 부드러운 스펀지를 사용하여 겉 표면에 상처가 나지 않게 주의

✅ **굳힘의 종류**
양갱, 참깨 두부, 옥수수 두부, 우유 두부 등

육류 손질		닭고기는 껍질과 살을 얇게 썬 후 소금을 뿌리고, 소금이 살에 스며들면 끓는 물에 데친 다음 얼음물에 담가 기름기를 제거
과일류 손질	자몽	깨끗이 세척한 다음 반으로 잘라 껍질이 상하지 않게 속만 파내고 과육은 속껍질과 씨를 분리
	복숭아	껍질을 제거한 다음 시럽에 넣고 졸임
팥 앙금 만들기		• 팥 불리기 : 이물질을 제거한 다음 하루 정도 불림 • 팥 삶기 : 한 번 끓인 다음 팥을 씻어내고 팥이 잠길 정도로 물을 부어 부드럽게 익을 때까지 끓임 • 팥물 거르기 : 고운 체에 내려 껍질과 분리한 다음 면보에 넣어 힘을 가하지 않고 물을 제거 • 설탕 첨가 : 두꺼운 냄비에 앙금을 넣고 설탕을 넣어 타지 않게 저어줌 • 식히기 : 판에 젖은 면보를 깔고 팥 앙금을 펼쳐 식히고 소금을 가볍게 흩어 뿌린 후 수분 증발을 막기 위해 젖은 면보로 덮음
채소류 손질	근채류	용도에 맞게 썬 다음 소금을 살짝 뿌리고 끓는 물에 데침
	엽채류	색이 빨리 변하므로 단시간에 데쳐내어 얼음물에 식힘

(3) 굳힘 재료 처리기술(굳힘 부재료 준비)

한천	실 한천은 찬물에 1시간 이상 불린 다음 용도에 맞게 물과 함께 끓여 용해 후 고운 체에 걸러 사용
젤라틴	판 젤라틴은 찬물에 한 장 한 장 넣어 불린 다음 체에 밭쳐 물기를 제거한 후 사용
칡전분 (쿠즈코)	칡전분은 순도가 높을 경우 그대로 사용해도 무관하지만 그렇지 않을 경우에는 맛국물과 혼합한 다음 고운 체에 내려 불순물을 제거한 후 사용

2 굳힘 담기

(1) 그릇 선정하기
① 계절감에 맞는 기물을 선정
② 여름철에는 유리나 대나무 용기를 주로 사용

(2) 모양내어 자르기
음식은 한입 크기(히토구치, ひとくち)로 잘라서 각 접시에 담음

(3) 그릇에 담아 완성하기
메뉴 형태에 따라 제공 전에 그릇에 바로 담아 제공

1 흰살 회 손질

(1) 흰살 회 생선 종류

① 생선살이 흰색을 띠고 있으며 껍질이 비늘로 덮여 있거나 두꺼운 것이 특징

② 지방 함량은 5% 이하로 적어 맛이 담백할 뿐만 아니라 바다 깊이 살면서 운동을 별로 하지 않아 살이 비교적 연한 편

③ 소화가 약한 노인이나 어린이의 영양식으로 흰살생선을 권장

④ 대표적인 흰살생선으로는 대구, 명태, 조기, 민어, 광어, 가자미, 도미, 복어, 농어, 갈치, 준치 등이 있고, 민물고기로는 잉어, 붕어, 은어 등이 있음

(2) 흰살 회 생선 숙성방법

숙성	• 흰살생선을 숙성시키는 경우 크기에 따라서 또는 양식이냐 자연산이냐에 따라서 숙성 시간이 달라짐 예 3kg 정도 하는 양식 광어의 경우에는 8시간, 도미는 5시간 정도면 사후경직이 완전히 끝나고 숙성이 시작됨 • 크기가 클수록, 자연산일수록 숙성 시간이 더 필요 • 활어 생선을 숙성시키는 경우에는 살 내부의 수분이 외부로 나오지 못해 숙성 중 사후경직으로 생선 품질이 떨어짐 • 품질 유지를 위해 얼음 소금물에 세척하는 과정을 거쳐 삼투압에 의해 수분을 배출하는 방법을 사용하기도 함
초절임 (시메)	흰살생선을 초절임과 다시마절임할 때는 신선한 상태의 것을 하지 않고 숙성이 완성된 상태에서 생식하기 위해 사용
다시마절임 (곤부지메)	• 다시마를 바닥에 깔고 흰살생선을 다시마 위에 올려주고 그 위에 다시마를 다시 올려주어 잘 절여지도록 함 • 절이는 시간은 보통 3시간 정도로 보관은 다시마에 있는 상태 그대로 보관하여 사용

2 흰살 회 썰기

(1) 흰살생선 종류에 따른 썰기 방법 – 사시미 기본 썰기★★★

① 사시미 썰기는 생선의 위치와 방향이 매우 중요한데 이는 생선 살이 가지고 있는 조직감을 최대한 살리기 위함

② 사시미를 써는 가장 기본적인 방법

히라즈쿠리 (평썰기)	생선의 낮은 부분을 자신 쪽으로 하고 높은 부분을 바깥쪽으로 하여 칼을 당겨서 썰고, 썬 생선회는 칼을 사용해 오른쪽에 정렬

✅ 생선의 오로시카타(おろし方)★★★

생선의 뼈와 살을 분리하는 방법

고마이 오로시 (五枚おろし)	• 생선의 측면에서 중앙의 뼈 부분에 칼집을 넣어 양쪽으로 벌려 가면 뜨는 방법 • 중앙에서 왼쪽으로 이동하면서 살을 뼈에서 분리
삼마이 오로시 (三枚おろし)	배 쪽 → 등 쪽 → 등 쪽 → 배 쪽으로 이동하면서 분리하거나 등 쪽 → 배 쪽 → 배 쪽 → 등 쪽으로 이동하면서 살을 뼈에서 분리
다이묘 오로시 (大名おろし)	꼬리 쪽에 칼집을 넣고 한 번에 머리 쪽으로 칼을 이동하면서 살을 뼈에서 분리하는 방법
마츠바 오로시 (松葉おろし)	머리 쪽에서 꼬리 쪽으로 이동하면서 살을 뼈에서 분리하는데 꼬리지느러미 부분을 남겨 양쪽의 살이 떨어지지 않고 꼬리에 붙어 분리하는 방법

✅ 흰살생선 껍질 쪽을 익혀 써는 방법

유시모즈 쿠리 (湯霜作り)	• 뜨거운 물로 껍질 부분을 익히는 방법 • 열이 생선 살로 이동하지 못하도록 빠르게 식히는 것이 중요
야키시 모즈쿠리 (焼霜作り)	• 강한 불에 그슬려 익히는 방법 • 생선 자체의 어취가 강한 경우 타면서 생기는 향으로 이를 보완하는 것이 가능한 방법 • 껍질이 없는 생선이나 육류에도 사용

제 03 편

소기즈쿠리 (깎아썰기)	생선의 낮은 부분을 자신 쪽으로 하고 높은 부분을 바깥쪽으로 하고 왼손으로 생선 살을 지지해 주고 칼을 경사지게 하여 왼쪽으로 밀면서 당김
우수즈쿠리	깎아썰기로 얇게 썰음
이토즈쿠리	사시미를 가늘게 채를 썰음
사사나미기리	파도 모양처럼 썰음

(2) 흰살생선 썰기 종류★★

광어 깎아썰기 (소기즈쿠리, そぎ作り)	• 광어 살의 두꺼운 부분을 밖으로 향하게 하고 낮은 부분을 안으로 향하게 놓음 • 광어 살의 왼쪽 맨 끝에 왼손의 손가락을 올리고 칼을 사선으로 내리면서 당겨 썰음 • 썬 단면과 끝부분이 깨끗하게 나왔는지 확인
광어 얇게 썰기 (우수즈쿠리, 薄作り)	• 광어 살의 두꺼운 부분을 밖으로 향하게 하고 낮은 부분을 안으로 향하게 놓음 • 광어 살의 왼쪽 맨 끝에 왼손의 손가락을 올리고 칼을 사선으로 내리면서 당겨 썰음 • 썬 단면과 끝부분이 깨끗하게 나오고 사물이 비칠 정도로 얇은지 확인
도미 평썰기 (히라즈쿠리, ひらずくり, 平作り)	• 도미 살의 두꺼운 부분을 밖으로 향하게 하고 낮은 부분을 안으로 향하게 놓음 • 도미 살의 오른쪽 끝에 왼손의 손가락을 올리고 칼을 수직으로 내리면서 당겨 썰음 • 썬 단면과 끝부분이 깨끗하게 나오고 모서리의 각이 명확한지 확인
도미 가늘게 썰기 (이토즈쿠리, 糸造り)	• 도미 살의 두꺼운 부분을 오른쪽으로 향하게 놓음 • 도미 살의 위에 왼손의 손가락을 올리고 칼을 수평으로 밀고 당기면서 썰어 얇고 평평하게 만듦 • 칼의 일부분만을 사용하여 포를 뜨고 이것을 다시 가늘게 채를 썰음 • 썬 단면과 끝부분이 깨끗하게 나오고 일정한 두께로 썰어졌는지 확인

3 흰살 회 담기

(1) 흰살생선 담기 순서

깎아썰기한 광어	길게 펴서 세 점씩 한번에 담거나, 반으로 접어서 세 점씩 한번에 담음
우수즈쿠리한 광어	접시의 바닥이 보이도록 접시에 밀착하고 생선 살이 서로 겹치지 않도록 담음

✔ **생선회 담기**★★★

- 생선회를 담을 때는 먼저 갱, 시소, 생선회 순을 담음
- 짝수로 담지 않고 홀수를 기본으로 세 점 또는 다섯 점을 한 번에 담음
- 작은 접시의 경우 앞쪽은 낮게 담고 뒤로 갈수록 높게 담음
- 가로로 길쭉한 접시에 담는 경우에는 왼쪽에서부터 오른쪽으로 담음
- 큰 원형이나 사각의 접시에 담는 경우에는 중앙에 가장 돋보이는 생선회를 담음
- 여러 가지 색의 생선회를 담는 경우 같은 색의 생선회는 서로 떨어지게 담음

평썰기한 도미	자른 면 중 왼쪽 위의 모서리가 날카롭게 보이도록 세 점이나 다섯 점을 한번에 밀착해서 담음
이토즈쿠리한 도미	모아서 덩어리를 만들어 담는데, 덩어리를 만들 때 실파나 생강 채 또는 시소채를 섞어서 담음

(2) 흰살생선 담기 곁들임

쯔마	주로 곁들이는 채소로 미역, 방풍, 차조기잎과 꽃, 무순, 당근, 소국, 오이, 레몬, 래디시 등
갱	얇게 채를 썬 채소로 무나 당근, 오이 등
가라미	매운맛을 주는 채소로 고추냉이와 생강 등

(3) 흰살생선회 양념장 종류

폰즈	• 감귤류의 과즙을 사용한 신맛의 조미료
	• 주재료는 레몬, 유자, 영귤 등의 과즙에 식초를 첨가하여 맛을
	  일정하게 하고 저장성을 높인 것
	• 간장을 섞으면 폰즈쇼유가 되며, 폰즈는 폰즈쇼유를 가리키는
	  것이 일반적임
	• 폰즈에 간장과 알코올을 태운 맛술과 청주 그리고 다시마와
	  가다랑어포를 넣어 10일 정도 상온에서 숙성시켜 완성
	• 폰즈쇼유는 생선회는 물론 지리, 샤부샤부 등 냄비요리와 구
	  이와 찜 등의 다양한 요리에서 주재료의 맛을 살려 주면서 산
	  뜻한 맛을 냄
	• 생선회 중에는 다타키(강한 불에 구워 향을 높인 요리)와 우수
	  즈쿠리(뒤가 비치는 얇은 종이처럼 썬 것)에 주로 사용

토사쬬유	• 토사(土佐)는 가다랑어포의 산지로 유명한 일본의 옛 지명으
	  로 가다랑어포가 들어간 소스는 토사라는 이름을 씀
	• 쇼유(醬油)는 간장을 가리키며 조미 간장의 가장 대표적인 것
	  이 토사쬬유임
	• 간장에 알코올을 태운 청주와 맛술 그리고 생수와 가다랑어포
	  를 넣어 끓여 만듦

쇼가닌니쿠쬬유	• 생강과 마늘 향과 맛을 가진 간장으로 비린내가 강한 등푸른
	  생선이나 육회와 잘 어울림
	• 생강과 마늘은 향과 맛이 강한 향신료 중 하나로 비린 냄새
	  제거와 강한 살균 작용이 있어 이를 간장에 활용한 것
	• 강한 향뿐만 아니라 짠맛과 강한 감칠맛이 특징

(4) 흰살생선 양념장 조리방법

폰즈(폰즈쇼유)	• 식초, 폰즈, 간장, 맛술, 청주, 가다랑어포, 다시마를 모두 혼합
	  하여 햇볕이 없는 상온에서 10일 정도 숙성시킨 후에 고운 체
	  에 걸러 냉장보관

Check Note

✔ 흰살생선 담기 곁들임의 기능
미적, 위생적, 영양적, 미각적인 요
소가 곁들임의 역할

✔ 가라미★★★
■ 매운 맛을 내는 식재료를 가리키
  는 말로 고추냉이(와사비)와 생강
  이외에 고추, 후추, 산초, 마늘 등
■ 생와사비를 사용하는 경우에는 껍
  질을 제거하고 강판에 갈아서 사용
■ 냉동 와사비를 사용하는 경우에는
  사용하기 전에 충분히 해동한 후
  사용
■ 가루 와사비의 경우에는 농도를
  맞추기 위해 조금씩 찬물을 넣어
  가며 저어주면서 완성
■ 생강채는 물로 세척을 하면서 흙
  을 제거하고 겉껍질을 벗긴 후 슬
  라이스해서 바늘처럼 채를 썰고
  전분을 제거하기 위해 찬물에 여
  러 번 행구고 물에 담가 보관
■ 간생강은 강판에 갈은 뒤 칼로 다
  져서 식감을 유지시킴

	• 모미지오로시(홍고추를 강판에 곱게 갈은 것과 무 갈을 것을 섞어 매콤하면서 시원한 맛을 내는 고명)와 실파를 같이 제공하는 것이 일반적
토사죠유	• 토사죠유를 만들 때 끓이는 경우 바로 사용이 가능하고 폰즈처럼 10일 정도 숙성 과정을 거친 후 사용해도 무방 • 알코올을 제거한 청주, 맛술, 생수, 가쓰오부시, 간장을 모두 혼합하여 10일 정도 햇볕이 없는 상온에서 숙성시켜 고운 체에 걸러 사용 • 끓여서 만드는 경우에는 가쓰오부시를 제외한 모든 것을 넣어 끓이고 마지막에 가쓰오부시를 넣음 • 토사죠유는 저염 간장으로 상온에 보관할 때 상할 수 있으므로 냉장보관함
쇼가닌니쿠죠유	• 생강, 마늘, 가쓰오부시, 간장과 생강, 마늘은 얇게 슬라이스하고 가쓰오부시와 간장을 함께 넣어 냉장고에서 1일 정도의 숙성 과정을 거쳐 고운 체에 걸러 사용 • 생강과 마늘을 갈아서 사용하는 경우에는 토사죠유를 넣어 주고 거르지 않고 사용 • 생강과 마늘의 향은 시간이 지나면서 사라지므로 10일 안에 사용하는 것이 좋음

05 일식 붉은살생선회 조리

1 붉은살 회 손질

(1) 붉은살 회 생선 종류

① 붉은살생선은 바다 밑에 사는 흰살생선과는 반대로 바다 표면 가까운 곳에 살기 때문에 물살에 따라 이리저리 헤엄쳐 다니면서 운동을 많이 하는 편

② 근육이 단단하고 지방 함량이 20% 정도 더 높으며 비린내가 많음

(2) 냉동 붉은살생선 해동방법

① 소금물(3~4% 정도의 농도)을 만들어 깨끗이 씻어 불순물을 제거한 참치를 10분 정도 담가 놓은 후 물기를 제거하여 냉장 온도에서 해동

② 참치의 두께가 크면 해동이 더디므로 칼로 자를 수 있을 정도로 해동되면 잘게 잘라 빠르게 해동

✔ **생선의 색깔별 구분**★★★

흰살 생선	• 시로미자카나(白身魚) • 대표적으로 광어, 도미, 우럭 등 • 담백한 맛
붉은살 생선	• 아카미자카나(赤身魚) • 대표적으로 참치와 방어 등 • 색이 붉은 이유는 헤모글로빈(Hemoglobin)과 미오글로빈(Myglobin)이 많이 들어 있기 때문 • 연어는 카로티노이드(Carotinoid)에 의한 붉은 색
등푸른 생선	• 아오자카나(青魚) • 대표적으로 고등어, 전갱이, 전어 등

(3) 붉은살 회 생선 숙성방법

냉장 참치	숙성 온도는 2℃ 전후로 보관하는 것이 좋고, 가능한 한 수분이 없는 상태로 보관
냉동 참치	• 흐르는 물을 사용하여 표면에 묻어 있는 불순물을 깨끗이 제거하고, 소금물에 담가 1차 해동 • 1차 해동에서 표면에 얼음이 생기지 않도록 하고, 2차 해동은 냉장고(10℃)에서 진행 • 2차 해동 중에 표면에 얼음이 생기지 않도록 하며 얼음이 생기면 소금물에 담가 얼음을 제거 • 해동이 완료되면 숙성을 시작하는데 숙성고나 얼음에 보관하여 숙성
연어 초절임	• 연어에는 소금을 뿌려 주는데, 연어가 보이지 않을 정도로 많이 뿌림 • 1시간 정도 소금에 절인 후 흐르는 물에 씻어 물기를 제거하고 식초에 1시간 정도 담금 • 식초에서 연어를 건져 물기 제거
연어 다시마절임	• 진한 소금물(6%)을 준비하고 여기에 연어를 넣어 30분 정도 절임 • 다시마를 바닥에 깔고 절여진 연어의 물기를 제거하여 다시마 위에 올려 주고 그 위에 다시마를 올려 5시간 정도 절임

2 붉은살 회 썰기

(1) 붉은살생선 종류에 따른 썰기 방법

히라즈쿠리 (평썰기)	• 칼을 당기면서 써는 방법 • 붉은살생선인 참치와 연어를 썰 때 가장 기본적인 방법
소기즈쿠리 (깎아썰기)	• 사선으로 힘을 주어 써는 방법 • 참치나 연어를 깎아썰기하면 식감은 떨어지지만 생선의 고소한 맛을 충분히 느낌
카쿠기리 (정육면체 썰기)	• 사방 1cm 정도의 주사위 모양으로 써는 방법 • 식감과 맛을 모두 살림

(2) 붉은살생선 썰기 종류

참치 평썰기 (히라즈쿠리)	• 참치는 결을 보고 방향을 잡음 • 아까미는 힘줄이 없고 부드러워 결의 방향이 중요하지 않으나 도로의 경우 힘줄이 있어 결의 방향을 확인하고 썰음 • 참치의 오른쪽 끝에 왼손의 손가락을 올리고 칼을 수직으로 내리면서 당겨 썰고 칼의 앞 부분을 이용하여 잘라진 참치를 오른쪽으로 이동시켜 가지런히 정렬 • 썬 단면과 끝부분이 깨끗하게 나오고 모서리의 각이 명확한지 확인

ℹ️ Check Note

✅ 참치의 부위별 명칭

오도로 (大トロ)	• 배 부분에 위치하고 있어 기름이 풍부하게 분포 • 가장 고급으로 취급되는 부위
주도로 (中トロ)	• 배 부분과 껍질 부분에 위치하여 기름과 살이 조화롭게 분포 • 고소하고 풍부한 맛을 내는 부위
세도로 (背トロ)	• 아까미와 주도로 사이에 위치한 부위 • 아까미와 주도로를 섞어 놓은 색과 맛을 가지고 있음
아까미 (赤身)	뼈 주위에 분포하고 있어 기름이 적고 담백한 맛을 내는 부위

✅ 사후경직과 숙성

- 사후경직은 생선의 육질이 단단해져 있는 상태를 의미
- 숙성은 자기 분해효소로 인해 경직이 풀리고 단백질이 분해되면서 이노신산이 형성되어 감칠맛이 증가한 상태를 의미
- 작은 생선은 사후경직과 숙성이 동시에 시작
- 큰 생선은 크기가 클수록 사후경직 시간이 길고 숙성이 늦어 2~5일 정도가 지난 후에 탄성과 감칠맛이 좋아짐
- 숙성온도는 1~3℃에서 시키는데, 온도 변화를 적은 숙성고를 이용

참치 깎아썰기 (소기즈쿠리)	• 참치는 결을 보고 방향을 잡음 • 아까미는 힘줄이 없고 부드러워 결의 방향이 중요하지 않으나 도로의 경우 힘줄이 있어 결의 방향을 확인하고 썰음 • 썰 때는 칼을 사선으로 하여 좌측으로 미는 동시에 당기면서 칼 앞부분에서 칼질이 끝나도록 썰음 • 썬 단면과 끝부분이 깨끗하게 나왔는지 확인
참치 정육면체 썰기 (카쿠기리)	• 참치는 결을 보고 방향을 잡음 • 아까미는 힘줄이 없고 부드러워 결의 방향이 중요하지 않으나 도로의 경우 힘줄이 있어 결의 방향을 확인하고 썰음 • 썰 때는 칼을 수직으로 세워서 썰고, 칼 앞부분만 사용하여 정교하고 똑같은 주사위 모양이 나오도록 썰음 • 썬 단면과 끝부분이 깨끗하게 나왔는지 확인

3 붉은살 회 담기

(1) 붉은살생선 담기 순서

깎아썰기한 참치	길게 펴서 세 점씩 한번에 담거나, 반으로 접어서 세 점씩 한번에 담음
정육면체 썰기한 참치	세 점이나 다섯 점을 탑처럼 쌓아서 담음
평썰기한 참치	자른 면 중 왼쪽 위의 모서리가 날카롭게 보이도록 세 점이나 다섯 점을 한번에 밀착해서 담음

(2) 붉은살 담기 곁들임

① 미적인 요소를 살리기 위해 붉은살생선과 보색인 노란 국화를 이용하여 붉은색이 더 돋보이도록 담음

② 위생적인 요소를 살리기 위해 무갱, 무순, 시소, 고추냉이, 생강 등을 눈에 잘 띄고 쉽게 접할 수 있도록 담음

③ 영양적인 요소를 살리기 위해 풍부한 채소와 다양한 색의 채소와 김을 곁들여 담음

④ 미각적인 요소를 살리기 위해 비린 맛이 강한 붉은살생선회와 어울리는 신맛, 매운맛 등의 곁들임을 함께 담음

1 조개류 회 손질

(1) 조개류 선별방법

피조개	• 두 개의 껍데기를 가지는 조개 • 육색이 붉고 단맛과 감칠맛이 높으며 조개의 탄성이 높아 식감이 좋음 • 피조개의 식용 부위는 내장을 제거
전복	• 하나의 껍데기를 가지는 조개 • 다시마와 미역 등의 해초를 먹고 성장하기 때문에 감칠맛이 강함 • 육질의 식감이 단단해서 얇게 썰어서 날로 먹거나 부드럽게 쪄서 섭취
뿔소라	• 하나의 껍데기를 가지는 조개 • 내장의 섭취가 가능하지만 보통 날로 먹기보다는 삶아서 섭취 • 육질의 식감이 단단해서 얇게 썰어서 날로 먹거나 부드럽게 쪄서 섭취
북방조개	• 두 개의 껍데기를 가지고 있고 발을 섭취 • 북방조개의 발은 뜨거운 물에 데치면 색이 붉은색으로 변함 • 육질의 탄성이 좋아 씹는 질감이 우수하고 단맛이 강함
굴	• 두 개의 껍데기를 가지고 있고, 해수와 담수가 만나는 지점에 많이 서식하는 조개 • 강의 하류나 근해에서 주로 양식을 하며, 굴은 내장을 제거하지 않고 날로 먹기 때문에 식중독의 위험이 높음 • 봄이나 가을에는 노로바이러스로 인해 위생 사고가 많이 발생하므로 날로 먹을 때에는 주의
가리비	• 두 개의 껍데기를 가지고 있고, 하나의 큰 패주를 가지고 있음 • 육질이 부드러워 입안에서 부서지는 듯한 질감을 갖고 있음
새조개	• 두 개의 껍데기를 가지는 조개 • 식용으로 사용되는 부분(발)은 검고 내장을 제거하여 뜨거운 물에 빠르게 데쳐 사용 • 육질이 부드럽고 진한 감칠맛이 남

(2) 조개류 손질방법

전복, 뿔소라	껍데기가 하나인 전복과 뿔소라는 조개 칼을 사용하여 껍데기로부터 살을 분리하고 내장을 제거
가리비	껍데기가 두 개이고 패주를 사용하는 가리비는 패주가 상처나지 않도록 조심스럽게 껍데기로부터 패주를 분리하고, 패주에 붙어 있는 내장을 제거하고 패주를 둘러싸고 있는 얇은 막을 제거

✔ 횟감으로 쓰이는 패류

▪ 모든 조개가 횟감으로 쓰이는 것은 아니고 특정한 조개만이 횟감으로 쓰임

▪ 내장을 손질하고도 수율이 많이 나오는 조개와 패주가 커서 내장을 제거하고도 날로 먹을 수 있는 충분한 수율을 가진 것을 사용

▪ 안전이나 위생적인 이유로 식용에 사용하지 않거나 식감과 맛 등의 이유로 생식을 피하는 경우도 있음

✔ 패류의 특징

▪ 패류는 칼슘, 철분, 아연, 무기질, 비타민 E와 비타민 B_{12}를 풍부하게 함유

▪ 강한 감칠맛을 가지고 있어 육수를 내는 재료로도 널리 이용

▪ 패류의 살은 장시간 열을 가하면 살이 딱딱해지므로 단시간 조리

▪ 생으로 섭취 시 반드시 살아 있는 것으로 하여야 하며, 특히 내장을 함께 먹는 굴의 경우 선도가 약하면 식중독의 위험성이 높음

▪ 봄이나 늦가을에 노로바이러스에 의한 식중독의 위험이 높음

▪ 패류에는 삭시톡신(Saxitoxin)이라는 독이 있을 수 있음

▪ 삭시톡신은 열에 비교적 안정적이여서 조리 중에 파괴되지 않기 때문에 섭취를 피하는 것이 유일한 예방책이며, 증상으로는 경증의 마비부터 심하게는 중증의 전신마비와 호흡 근육의 마비로 인한 사망까지 일으킬 수 있음

	• 껍데기가 두 개이고 상처가 나지 않도록 껍데기로부터 조갯살을 분리
피조개, 북방조개, 새조개	• 발은 내장이 포함된 부분이어서 칼집을 넣어 반을 가른 후 내장을 제거 • 피조개는 칼을 사용하여 내장을 잘라낸 후 여분의 내장을 긁어 제거하고 점액질을 제거하기 위해 소금에 문질러 씻어줌 • 북방조개와 새조개는 칼을 사용하여 내장을 잘라내면 맛이 좋은 부분이 같이 제거되므로 칼끝을 사용하여 조심스럽게 긁어서 내장을 제거하고 흐르는 물에 씻은 후 뜨거운 물에 데쳐 얼음물에 담금

(3) 조개류 숙성방법

① 전처리를 마친 조개류의 숙성온도는 3℃ 전후로 보관하는 것이 좋고 가능한 한 수분이 없는 상태로 보관

② 보관을 오래 하고자 얼음을 사용하게 되면 얼음의 차가운 온도로 인해 조개가 얼어서 살이 죽기 때문에 탄성이 사라짐

③ 온도가 6℃ 이상이 되면 미생물이 증식하기 쉬워 쉽게 상하는 원인이 됨

④ 온도 관리를 잘 하면 살아 있는 상태에서 2~3일 정도 보관이 가능

⑤ 신선한 상태인지 확인하는 방법은 살에 충격을 가할 때 살이 움츠러들면 선도가 좋은 것이고, 아무런 변화가 없으면 선도가 좋지 않은 것으로 절임(시메)하여 사용

2 조개류 회 썰기

(1) 패류의 특성에 맞게 모양을 내서 썰기

가리비, 새조개	살이 매우 부드러워 조갯살이 가지고 있는 자체의 모양을 충분히 살려 식감을 좋게 하기 위해 최소한의 칼질을 하여 썰거나 그대로 제공
피조개	색감이 있고 탄력이 좋아서 거북 모양, 빗살 모양, 채썬 모양 등 다양한 모양으로 썰음
전복, 뿔소라	탄력은 좋지만 색감이 없어서 칼의 테크닉을 이용하여 물결무늬가 나오도록 썰음

(2) 초절임 혹은 다시마절임한 아와비(전복) 썰기

초절임한 아와비	식초에 익혀 부드러워졌기 때문에 얇게 썰지 않고 카쿠기리(角切り)로 썰음
다시마절임한 아와비	수분이 빠져 단단하므로 사사나미기리를 하여 물결무늬가 나오도록 썰음

절단칼	• 데바보쵸(でばぼちょう) • 도신이 두껍고 무게가 많이 나가며 도신의 한쪽 면의 경사가 있는 외날 • 생선을 오로시할 때 사용하거나 뼈를 자르는 용도로 사용
회칼	• 사시미보쵸(さしみぼうちょう) 또는 야나기보쵸(柳刃包丁) • 도신이 가늘고 길며 도신의 한쪽 면에만 경사가 있는 외날 • 생선회를 썰 때 사용
채소칼	• 나키리보쵸(菜切り包丁) 또는 우스바보쵸(うすばぼうちょう) • 나키리보쵸는 양날이고, 우스바보쵸는 외날 • 두 칼 모두 채소를 썰 때 사용하지만 우스바보쵸는 가츠라무키(채소를 돌려깎는 방법)를 할 때 주로 사용

3 조개류 회 담기

(1) 조개류 회 담기 순서

① 패류는 각자 저마다의 껍데기를 가지고 있기 때문에 이를 활용하여 담으면 아름다울 뿐 아니라 껍데기를 보고 해당 조개류를 알 수 있게 해줌

② 패류는 레몬을 바닥에 깔거나 사이에 끼워 담아 비린 냄새를 줄임

③ 대부분 패류는 탑처럼 쌓아서 담지만 사사나미기리는 물결무늬가 보이도록 넓게 펴서 담음

④ 초절임 아와비는 카쿠기리해서 탑처럼 쌓아 담고, 다시마절임 아와비는 사사나미기리하여 물결무늬가 보이도록 넓게 펴서 담음

(2) 조개류 담기 곁들임

① 미적인 요소를 살리기 위해 붉은색, 노란색, 녹색, 흰색 등의 곁들임을 사용하여 담음

② 위생적인 요소를 살리기 위해 무갱, 무순, 시소, 고추냉이, 생강 등을 눈에 잘 띄고 쉽게 접할 수 있도록 담음

③ 영양적인 요소를 살리기 위해 풍부한 채소와 다양한 색의 채소와 김을 곁들여 담음

④ 미각적인 요소를 살리기 위해 비린 맛이 강한 패류 회와 어울리는 신맛, 매운맛 등의 곁들임을 함께 담음

07 일식 롤 초밥 조리

1 롤 양념초 조리

(1) 초밥용 배합초 종류

초밥용 배합초의 재료	식초, 설탕, 소금이 기본이지만 추가로 다시마, 레몬을 넣기도 함
배합초 재료 1	식초 6, 설탕 2, 소금 1
배합초 재료 2	식초 6, 설탕 2, 소금 1, 레몬, 다시마

(2) 초밥용 배합초 조리방법

1) 배합초 만드는 방법

① 냄비에 물기를 제거하고 식초, 소금, 설탕을 넣고 은은한 불에서 끓지 않도록 저어주면서 녹여 완성

② 레몬, 다시마를 넣을 수 있으며, 체에 걸러서 사용

2) 초밥을 고루 섞는 방법

① 한기리에 뜨거운 밥을 옮겨 담고 배합초를 뿌려 나무 주걱으로 살살 옆으로 자르는 식으로 밥알이 깨지지 않도록 섞고 한 번씩 밑과 위를 뒤집어 주면서 배합초를 골고루 섞음

② 부채질을 처음부터 하면 초밥에 배합초가 잘 스며들지 않아 좋지 않기 때문에 밥에 배합초가 충분히 스며들었을 때 부채질을 해야 함

(3) 밥과 배합초의 비율

밥과 배합초의 비율은 밥 15에 배합초 1 정도를 기본으로 함

2 롤 초밥 조리

(1) 롤 초밥의 재료 및 종류

박고지	• 식용박이 여물기 전에 껍질을 벗긴 다음 살을 얇고 길게 썰어 돌려깎기 후 말려서 보관 • 불린 박고지를 소금물로 씻은 다음 다시마물, 간장, 설탕, 맛술, 청주에 조려서 부드럽게 하여 사용 • 항노화 물질이 있어 노화 방지는 물론 섬유질이 풍부하여 장내에 유익하고 소화작용을 증진
달걀	영양이 풍부하여 요리의 재료로 많이 사용
오보로	생선 오보로는 흰살생선의 살을 삶은 후에 물기를 제거하여 핑크색으로 색깔을 입히고 설탕, 소금으로 간을 하여 사용
오이	• 비타민 공급체가 되고 아삭아삭한 식감과 독특한 향기를 주는 식품 • 일식에서는 초회 요리, 김초밥, 절임류, 샐러드 등에 많이 사용
참치	• 종류 : 참다랑어, 눈다랑어, 황다랑어, 황새치류 등 • 부위 : 머리 부위, 지느러미 부위, 속살(붉은살, 아카미) 부위, 목살 부위, 껍질 부위, 뱃살 부위(주토로, 오도로), 꼬리 부위 등
단무지	• 소금으로 무를 절여서 만든 일본김치의 한 종류 • 일식에서는 주로 절임김치로 사용하며, 초밥의 곁들임이나 내용물로 주로 사용
날치알	• 날치의 알을 소금에 절인 것으로 연어알보다는 입자가 작으며, 황금색의 작은 입자로 구성 • 겉은 딱딱하며, 먹을 때 입자가 부서지는 감촉이 있고, 군함초밥의 주재료

(2) 롤 초밥 밥짓기

쌀 계량	초밥용 쌀의 품종과 쌀알의 상태를 파악하고 전자저울이나 계량컵으로 정확히 계량(묵은쌀 1,000g : 물 1,100ml)
쌀 씻기	쌀은 힘을 주어 씻으면 쌀알이 깨지기 때문에 부드럽게 씻어서 체에 밭쳐 30분 정도 건조시킴

✔ 초밥용 비빔통(한기리) ★★★

■ 초밥용 비빔통은 작게 쪼갠 나무를 여러 개 이어서 둥글고 넓으면서 높지 않게 만들어 초밥을 식히는 데 사용하는 조리 기구

■ 물로 깨끗하게 씻어 물기를 행주로 닦고 밥이 따뜻할 때 배합초를 버무려 사용

■ 마른 통을 사용할 경우 밥이 붙고 배합초를 섞기가 불편하기 때문에 꼭 수분을 축여서 사용

✔ 김발용 발(巻きす すだれ; 마끼스 스다래)

■ 롤 초밥을 만들 때 꼭 필요한 기구

■ 좋은 발은 둥근 껍질의 대나무를 튼튼한 끈으로 잘 묶어 놓은 것

■ 사용 후에는 세척기에서 살균과 함께 잘 씻어 물기가 없도록 말려 사용하고 보관 시에는 먼지가 묻지 않도록 관리

■ 사용할 때에는 발의 껍질 부분이 위로 오게 해서 사용

밥 짓기	• 건조한 쌀 1kg일 경우 물 1.1L 정도를 넣음 • 밥 짓는 시간은 30분 정도가 적당 • 처음에 강한 불에서 끓이기 시작하여 호화(糊化) 온도에 도달하면 불을 약한 불로 줄이고 20분 정도 은근히 더 끓임 • 수분이 없어지면 불을 끄고 15분~30분 정도 뜸을 들인 다음 내리기 전에 불을 3초 정도 강하게 가열하여 풍미를 주어 밥을 완성

(3) 재료에 따른 롤 초밥 모양

굵게 만 김초밥 (후토마끼)	후토마끼에는 초생강, 단무지 등을 주로 사용
가늘게 만 김초밥 (호소마끼)	• 참치를 넣어 만든 데카마끼 • 오이를 넣어 만든 갑파마끼
초밥이 밖으로 나온 김초밥 (우라마끼)	• 밥이 김 밖으로 나온 롤 초밥으로 인사이드 아웃 롤(inside out roll)이라고 함 • 대표적으로 캘리포니아롤, 필라델피아롤, 스파이더롤, 보스턴롤 등

(4) 롤 초밥 썰기 방법

굵게 만 김초밥 (후토마끼)	• 굵게 만 김초밥의 1인분 양은 한 줄을 8개로 자름 • 자를 때 양 끝을 자르고 일정하게 8개로 자르기도 하지만 1/2로 자른 후에 4등분하여 8개로 만들기도 함
가늘게 만 김초밥 (호소마끼)	• 가늘게 만 김초밥은 1/2로 자른 김 한 장으로 2개를 만듦 • 자를 때에는 반으로 자른 후에 3등분하여 6개(김 한 장에 12개)로 만듦

3 롤 초밥 담기

(1) 롤 초밥 담기 순서

롤 초밥을 담는 방법은 그릇의 왼쪽 뒤부터 오른쪽으로 담고 다시 앞쪽 왼쪽부터 오른쪽으로 담고 곁들임 재료는 오른쪽 앞쪽에 담는 것이 일반적

굵게 만 김초밥 (후토마끼)	• 후토마끼 1개를 일정하게 8개로 잘라 한 줄 또는 두 줄로 담음 • 한 줄로 담는 경우에는 왼쪽부터 오른쪽으로 일정하게 담고, 두 줄로 담는 경우에는 뒤쪽을 먼저 담고 앞부분을 담음
가늘게 만 김초밥 (호소마끼)	참치를 넣어 만든 데카마끼와 오이를 넣어 만든 갑파마끼는 2개를 일정한 두께로 12개로 잘라 4개씩 놓는 방법이 있고, 12개를 반듯하게 담는 방법이 있음

(2) 롤 초밥 담기 곁들임

① 롤 초밥의 곁들임 재료 종류는 초생강, 락교, 단무지, 야마고보 (산우엉), 우메보시(절인 매실) 등을 사용

② 소화가 잘되고 입안을 깔끔하게 해주는 초생강이 일반적으로 많이 사용

08 일식 모둠 초밥 조리

1 모둠 초밥 조리

(1) 모둠 초밥의 재료 및 종류

말이초밥 (마끼즈시)★	김초밥과 같이 롤로 말아서 만드는 초밥 • 굵게 말은 김초밥(후토마끼) : 일반적으로 1~1.5매의 김을 가지고 말아서 만든 초밥 • 가늘게 말은 김초밥(호소마끼) : 일반적으로 0.5매의 김을 가지고 말아서 만든 초밥 • 손 말이 초밥(데마끼) : 손으로 가볍게 말아서 만드는 초밥
생선초밥 (니기리즈시)	초밥을 손 또는 틀로 눌러서 만든 것으로 쥔 초밥
상자초밥 (하꼬즈시)	오사카에서 발전한 초밥으로 나무로 사각의 상자 모양을 만들어 안에 초밥과 재료를 넣고 눌러 만드는 것
유부초밥 (이나리즈시)	양념해서 조린 유부 속에다가 초밥을 넣어 만든 것
지라시스시	초밥 밥(샤리)에 볶은 흰깨를 조금 뿌려 고루 섞어 준비된 그릇에 담은 다음 위에 달걀말이, 박고지, 오보로, 초밥 생강 등을 보기 좋게 담고 다른 그릇에 초밥 생선에 들어가는 생선을 보기 좋게 담거나 함께 담아낸 것

2 모둠 초밥 담기

(1) 모둠 초밥 담기 순서

① 모둠 초밥을 담는 방법은 그릇의 왼쪽 뒤부터 오른쪽으로 담고 다시 앞쪽 왼쪽부터 오른쪽으로 담고 곁들임 재료는 오른쪽 앞쪽에 담는 것이 일반적

② 모둠 초밥은 초밥의 색깔을 고려하여 동일한 초밥은 2개씩 담는 것이 일반적

③ 가지런하게 젓가락으로 집기 편리하게 담는 것이 좋음

(2) 모둠 초밥 담기 곁들임

① 모둠 초밥의 곁들임 재료 종류는 초생강, 락교, 야마고보(산우엉), 우메보시(절인 매실) 등을 사용

② 소화가 잘되고 입안을 깔끔하게 해주는 초생강을 일반적으로 많이 사용

초밥용 쌀의 조건	• 밥을 지었을 때 맛과 향기가 있고 적당한 탄력과 끈기가 있는 것 • 약간 되게 지어야 좋음
초밥용 쌀의 선택 및 보관법	• 햅쌀보다는 묵은쌀이 좋음 • 현미 상태로 서늘한 곳 또는 약 12℃ 정도의 온도로 냉장보관하고 사용 직전에 정미(도정)하여 사용하는 것이 좋음
초밥용 쌀의 품종	• 초밥용 쌀 품종으로는 고시히카리계와 사사니시키계가 일반적으로 이용 • 고시히카리 품종이 전분의 구조가 단단하고 끈기가 더 있어서 밥을 지었을 때 풍미가 있고 수분의 흡수성이 좋기 때문에 주로 이용

③ 등푸른생선의 곁들임 재료

    ㉠ 생강은 강판에 갈아서 올리거나 초생강을 곱게 채를 썰어 올림

    ㉡ 실파는 곱게 채를 썰어 올림

    ㉢ 초생강과 실파를 함께 다져서 올림

09 일식 알 초밥 조리

1 알 초밥 조리

(1) 알 초밥의 재료 및 종류

연어알	• 산란 직전 암컷연어에서 내장을 제거한 후 막에 둘러싼 알을 조심스럽게 꺼내어 물로 세척 • 알을 감싸고 있는 얇은 막을 조심스럽게 제거한 뒤 소금물 용액에 넣음 • 맛들임 소스에 침지하여 초밥과 카나페 등 다양한 요리에 사용
성게알	• 일본에서 3대 진미 중 하나로 가장 사랑받는 고가 초밥 식재료 중 하나 • 성게알 중 가장 인기 있는 보라성게의 제철은 6~8월임
청어알	• 일본에서 가즈노코(数の子)라고 불리며 청어의 난소에서 채취하여 소금에 염장하여 유통함 • 일본 정월 요리(오세치요리)에 빠져서는 안 될 중요한 식재료 • 초밥집에서는 소금기를 뺀 뒤 조미액(청주, 간장, 맛술, 가다랑어포)에 적셔서 사용
날치알	• 자연 상태에서 엷은 노란색을 띠며 맛은 느껴지지 않지만 알이 갖는 질감이 매우 우수 • 시중에 유통되는 날치알은 조미액이 첨가되어 주황색, 선명한 녹색, 날치알 본연의 엷은 노란색 3가지 색으로 판매되며 다양한 요리에 사용

(2) 재료에 따른 알 초밥 모양

군함초밥	• 군함초밥은 전장의 김을 반으로 자르고 가로 방향에 균등하게 3등분한 김을 초밥에 휘감아 붙이고 그 위에 알을 올림 • 군함초밥은 김이 수분을 쉽게 흡수하여 모양을 유지하기 어려우므로 배달 메뉴에는 사용을 지양 • 군함초밥의 대표적 재료는 성게알, 연어알, 날치알을 비롯하여 대구이리, 대게살, 패주, 실파와 다진 참치 등 다양한 식재료가 쓰임

Check Note

✔ **모둠 초밥을 담을 때 주의할 점**★

■ 모둠 초밥을 담을 때에는 한쪽 방향으로 일정하게 담아야 깔끔하고 정교해 보여 보기에 좋을 뿐만 아니라 먹기에도 편리

■ 오른손 젓가락으로 먹기 편리하도록 초밥의 방향을 15° 정도 비슷하게 담아 제공

■ 등푸른생선, 조개류 등은 담을 때 너무 붙여 담지 않도록 함

제
03
편

(3) 알 초밥 종류에 부재료 선택

고추냉이★	• 생고추냉이는 겉껍질을 얇게 벗겨낸 후 강판에 갈아줌 • 분말 고추냉이는 믹싱볼에 넣고 물을 조금씩 넣어 가며 농도를 조절함
김★	김은 가로 3cm, 세로 14cm 길이로 잘라 수분이 없는 곳에 보관
슬라이스 오이★	슬라이스 오이는 가로 3cm, 세로 18cm 길이로 잘라 1% 소금물에 침지 후 사용

(4) 알 초밥의 밥 온도

① 초밥용 밥의 온도는 초밥을 쥘 때 가장 중요한 요소
② 초밥을 쥘 때 밥의 온도가 너무 높으면 뜨거워서 적당히 단단하게 쥐기 어려움
③ 밥이 너무 식으면 전분이 노화되어 밥알의 접착력이 약해짐
④ 초산은 체온보다 약간 높은 온도에서 증발하기 때문에 초밥에서 밥의 온도가 높을수록 식초 특유의 냄새가 강하게 느껴짐
⑤ 혀로 느끼는 기본 맛은 온도에 따라 다른 강도로 작용하는데, 식은 초밥을 먹으면 짠맛과 신맛이 동시에 강하게 느껴짐
⑥ 체온보다 온도가 내려가면 짠맛은 강하게, 단맛은 약하게 느껴지므로, 초밥이 식으면 짠맛과 신맛이 강하게 느껴짐

(5) 알 초밥 종류에 맞는 재료 준비

연어알	연어알 손질	냉동 상태의 연어알은 소금물에 담가 해동한 다음 흐르는 물에 소금기와 여분의 막을 제거함
	절임다시	냄비에 청주와 맛술을 넣고 끓여 알코올을 제거하고 물과 간장을 넣고 끓여 냉각시킴
	맛들이기	연어알을 3시간 정도 절임다시에 담가 맛을 들인 다음 체에 밭쳐 다시를 제거함
청어알	청어알 손질	냉동 상태의 청어알은 소금물에 담가 해동한 다음 흐르는 물에 소금기와 막을 제거함
	절임다시	냄비에 물, 미림, 진간장, 엷은 간장을 넣고 끓인 후 가다랑어포를 넣고 불을 끄고, 얼음물로 20분 동안 냉각한 절임다시를 면포에 거름
	맛들이기	절임다시에 물기를 뺀 청어알을 넣고 냉장고에서 하루 정도 맛을 들임
성게알		• 활 성게와 손질 도구를 준비 • 성게 주둥이를 가위로 돌려 가면서 자르고 거꾸로 들어 성게 내부의 이물질을 빼냄 • 소금물에 1차 헹군 후 내부의 막과 내장을 핀셋으로 빼냄

	• 2차 헹굼 후 성게를 체에 밭쳐 성게 내부의 물을 빼냄 • 전용 스푼으로 성게알을 떠냄
날치알	날치알은 개봉 후 수분이 많으면 체에 밭쳐 사용하며 숟가락을 이용

2 알 초밥 담기

(1) 알 초밥 담기 순서

1) 용도에 맞는 기물 준비

도자기	따뜻한 질감을 가지고 있으며 계절에 맞게 다양한 용도로 사용
유리	청량감을 주어 주로 여름철에 사용

2) 적절한 기물에 알 초밥 담기

날치알 초밥, 연어알 초밥, 성게알 초밥 등 다양한 알 초밥을 담음

(2) 알 초밥 담기 곁들임

생강	• 생강의 매운맛 성분인 진저롤(Gingerol)은 식욕 증진 효과와 살균 작용이 있어 콜레라나 티푸스균 등 각종 병원균을 살균하는 데 효과적 • 어패류의 비린 냄새를 제거하거나 조리 시 첨가하여 사용
녹차	• 오차(お茶)는 생선이 가지고 있는 각각의 맛을 차와 초생강이 분리해 주어 맛을 새롭게 음미할 수 있도록 도와줌 • 차의 종류에 따라 다르지만 차는 70~80℃로 제공하는 것이 보통
장국	• 장국(미소시루)은 보통 백된장과 적된장으로 끓인 아카다시(赤出し)가 있음 • 내용물은 미역, 두부, 버섯류, 조개류 등 계절에 맞게 다양한 식재료를 사용

---

10 일식 초회 조리

1 초간장

(1) 초간장 재료

이배초(니바이스)	일번다시 : 1.3	식초 : 1	간장 : 1	
삼배초(삼바이스)	일번다시 : 3	식초 : 2	간장 : 1	설탕 : 1
폰즈	일번다시 : 1	식초 : 1	간장 : 1	

✔ **곁들임 재료 만들 때 주의할 점**

■ 주로 초밥요리, 생선회, 구이요리 등에서 요리를 먹을 때 입가심으로 사용
■ 색감과 맛을 고려하여 요리를 더욱 더 맛있게 먹을 수 있도록 하는 것이 중요
■ 신맛, 단맛, 개운한 맛 등을 많이 사용

제 03 편

(2) 초간장 종류와 특징

이배초 (니바이스)	• 살짝 끓여 식혀 사용 • 해산물 초무침이나 생선구이가 어울림
삼배초 (삼바이스)	• 살짝 끓여 식힌 후 밀폐용기에 담아 냉장고에 보관하여 사용 • 익힌 해산물과 채소, 해초류에 어울림
폰즈	• 잘 혼합하여 밀폐용기에 담아 냉장고에 보관하여 사용 • 싱싱한 해산물과 채소, 해초류에 어울림

2 초회 조리

(1) 초회 조리의 특징★★★

① 초회요리는 맛이 담백하고 적당한 산미가 있어 식욕을 증진시키고 입안을 개운하게 할 뿐 아니라 피로회복에 도움을 줌

② 새콤달콤한 혼합 초를 재료에 곁들여 내는 요리로서 재료가 가지고 있는 맛을 그대로 살려내는 것이 중요

③ 초회는 날것을 그대로 사용할 때는 특히 재료의 신선도를 잘 보고 선별해야 함

④ 식초를 사용하기 때문에 비린내가 나는 재료도 상큼하게 먹을 수 있음

⑤ 여름철의 음식으로 적당

(2) 생선, 어패류 썰기

문어 데쳐서 썰기	• 냄비에 물과 무, 청주, 소금을 약간 넣고, 끓으면 문어를 넣고 삶아 물기를 제거함 • 삶은 문어의 껍질을 제거하고 파도 썰기(사사나미기리)함
해삼 손질하여 썰기	• 해삼은 양 끝을 약간 잘라내고 배를 갈라서 내장을 제거한 후 소금을 뿌려 해삼에 붙어 있는 이물질과 점액을 깨끗이 씻어냄 • 손질한 해삼은 적당한 크기로 썲음
새우 손질하기	• 냄비에 물, 무, 청주를 넣고, 끓으면 꼬치에 꽂은 새우를 삶음 • 삶은 새우는 머리와 꼬치를 빼고 껍질을 벗겨낸 후 반으로 가름
새조개 손질하기	• 냄비에 물, 무, 청주를 넣고, 끓으면 새조개를 넣고 삶음 • 새조개는 차게 식혀 둠
도미 껍질 손질하기	• 도미 껍질은 양면을 잘 손질하여 비늘과 여분의 살이 없게 칼로 밀어냄 • 냄비에 물이 끓으면 청주와 소금을 넣어 껍질을 데쳐서 식힘

11 일식 국물 조리

1 국물 우려내기 – 맛국물 재료

(1) 가쓰오부시의 종류

혼부시	큰 가다랑어를 4등분하여 만든 것으로 풍미가 좋음
가메부시	작은 가다랑어를 3등분하여 풍미는 떨어지지만 경제적
아라부시	가다랑어를 훈연 건조한 것
혼카레부시	아라부시에 곰팡이를 5~6번 피워 햇볕에 말린 것
쓰오케즈리부시	아라부시를 깎아서 판매하는 것. 우동다시에 사용
쓰오부시케즈리부시	혼카레부시를 깎아서 판매하는 것

(2) 가쓰오부시(가다랑어포)의 특성

① 일식에서 가장 대표적인 맛국물

② 가다랑어를 찌거나 삶아 훈연 상자 통에 넣고 훈연, 건조하여 만든 것과 훈연시키면서 푸른곰팡이를 발생시킨 것으로 나눌 수 있음

③ 푸른곰팡이의 효소 작용으로 단백질이 분해되면서 이노신산이라는 가다랑어포의 독특한 감칠맛 생성

2 국물요리 조리하기

(1) 국물요리의 종류

맑은 국물 (스이모노)요리	회식요리(코스요리)에서 주로 사용하는 요리 예 조개 맑은국, 도미 맑은국, 참깨두부 맑은국
탁한 국물요리	식사와 함께 내는 요리 예 일본된장국(미소시루)

(2) 국물요리의 구성

주재료 (완다네)	• 어패류를 많이 사용하며, 육류, 채소류 등 사용 • 주재료로 많이 사용하는 어패류는 도미, 대합 등 • 도미 : 봄이 제철로 지방 함유량이 적어 소화에도 좋고 맛도 좋아 고급 생선에 속함 • 대합과 같은 조개 : 봄철에 먹을 때는 패류 독소에 유의 • 조개류에는 타우린 등의 감칠맛 성분이 풍부하여 국물요리에 많이 활용
부재료(쯔마)	맛, 색, 질감 등이 주재료와 어울리는 제철 채소류, 해초류를 사용
향 (스이구치)	• 향은 계절에 맞는 식재료를 사용해서 주재료의 맛을 살리는 보조적인 역할을 함 • 유자, 산초, 시소, 와사비, 겨자, 생강, 깨, 고춧가루 등 예 • 봄, 여름 – 산초, 새순 / 여름 – 파란 유자 / 가을 – 노란 유자 껍질 등 • 맑은국 – 유자, 레몬 껍질 / 된장국 – 산초가루 등

Check Note

⊘ 자주 유통되어 쓰이는 가쓰오부시

하나 가쓰오	일반적으로 많이 사용
치하이 가쓰오	치하이(혈)를 제거한 가쓰오부시(치하이)
이토 가쓰오	채썬 가쓰오부시
케즈리부시	혼합부시
사바부시	고등어포
니보시	건멸치

⊘ 일본 미소(된장)의 종류와 특징

- 일본 미소(된장)는 콩(대두)을 주재료로 하여 소금과 누룩을 첨가하여 발효시킨 것
- 염분의 양, 원료의 배합 비율, 숙성 기간 등에 따라 색과 염도가 다른 것이 특징
- 누룩의 종류에 따라 쌀된장, 보리된장, 콩된장으로 구분
- 색에 따른 구분
  - 흰된장 : 단맛이 많고 짠맛이 적음
  - 적된장 : 단맛이 적고 짠맛이 많음

맛 조절	• 선도가 좋은 재료는 맛이 옅게 배게 하고, 선도가 떨어지는 재료, 냄새가 있는 재료, 장기 보존할 재료는 맛을 진하게 함 • 담백한 흰살생선과 어패류는 전체적으로 열을 충분히 가하고 된장, 생강, 매실장아찌 등을 넣어서 끓임 • 사전 처리한 민물생선은 진한 맛으로 간을 하고 장시간 불에 올려서 조림하거나 국물을 많이 넣어 은근하게 뼈까지 부드럽게 끓임 • 푸른색 채소는 옅은 맛으로 색이 탁하지 않게 조림 • 건어물, 콩류는 조미료를 많이 사용하여 끓인 맛국물 속에서 천천히 조림 • 생선의 머리, 뼈, 우엉의 줄기 부분은 중앙에 놓고, 토막 낸 생선이나 빨리 익는 것은 냄비 끝에 놓고 조림
불 조절	• 조림 시 끓어오를 때까지 강한 불에서 조리고 그다음은 보글보글 끓을 정도의 약한 불로 조림 • 감자류, 근채류는 단맛이 들게 조리하고 약한 불로 부드럽게 조림

- 다시물과 설탕, 소금, 식초, 간장, 된장 등 조미료의 특성과 성질을 파악하여 사용
- 소금은 설탕보다 입자가 작아서 처음에 넣으면 재료의 표면을 단단하게 해서 다른 조미료 등이 스며들기 어려움
- 처음에는 술, 설탕 등을 넣어 재료를 부드럽게 해줌
- 식초, 간장, 된장은 그 자체의 풍미를 가지고 있어 너무 빨리 넣으면 풍미가 달아남

12 일식 조림 조리

1 조림하기

(1) 조림 조리의 특징

1) 조림요리(煮物)는 재료의 선택, 맛, 조리는 시간 등에서 세밀한 신경이 필요

① 조림요리는 삶거나 찌거나 튀긴 음식을 조리하기 때문에 응용 요리라고 함

② 오징어, 새우, 게살, 주꾸미, 알류를 따로 조미하여 준비

③ 채소류는 재료의 특성을 살려 익혀서 조림

④ 조림요리의 국물은 주로 가쓰오부시와 다시마를 이용하며, 일부는 멸치 국물을 이용하기도 함

⑤ 조림 조리의 다양한 채소 썰기 기술 방법은 다양하며, 익히는 방법은 단단한 재료는 연하게, 연한 재료는 으깨지지 않게 조리해야 함

2) 조림요리는 기후, 풍토, 환경으로 인해 지역별로 맛에 약간의 차이가 있음

① 조림요리는 일본의 지역별로 다양한 조림요리가 있고 기후, 풍토, 환경으로 인해 지역별로 맛에 약간의 차이가 있음

　　📌 일본의 관동 지방은 국물이 적고 진한 맛을 내며, 일본의 관서 지방은 국물이 많고 담백한 맛을 냄

② 조림요리는 예전부터 그 지방의 전통으로 전해 내려온 요리로서 자연적인 맛을 살려가면서 간을 하는 것이 중요함

(2) 식재료의 색상, 윤기 내는 완성 기술

① 조림의 색과 농도를 조절하여 조림

② 재료가 부서지지 않게 국자를 이용하여 소스를 부어 가면서 최대한 간이 배게 조림

③ 푸른색 채소는 거의 조림이 완성되었을 때 넣어 색을 살려 조림

(3) 조림 불 및 시간 조절

① 끓어오를 때까지 강한 불에서 조리고 그다음은 보글보글 끓을 정도의 약한 불로 조림

② 감자류, 근채류는 단맛이 들게 조리하고 약한 불로 부드럽게 조림

2 조림 담기

(1) 조림 특성에 따른 기물 선택

① 조림요리의 냄비는 두꺼운 것을 선택

② 조림요리의 크기, 깊이, 재료, 조리법에 의해 분리 사용

③ 조림요리의 조림 뚜껑은 냄비보다 작은 것을 준비

(2) 곁들임 채소 손질 및 첨가 기술(조림요리의 재료 사전 처리 방법)

어패류	생선의 비린내와 여분의 지방을 제거하고 불필요한 혈액이나 비늘을 제거
육류	특유의 냄새를 제거하고, 양잿물과 여분의 수분을 제거
가공품 (유부)	유부, 간모도끼 등의 튀김 종류는 여분의 기름을 제거하고 맛이 배어들기 쉽게 함
곤약	실 모양의 곤약은 양잿물과 여분의 수분을 제거
민물 생선	굽거나 오차로 시모후리하여 조리하면 민물 생선 특유의 비린내가 없어지고 살이 부서지지 않고 뼈까지 부드러워짐
건어물, 콩류	조리하기 전에 각각의 조리방법에 맞는 전처리를 하여 불려줌

13 일식 구이 조리

1 구이 굽기

(1) 구이 재료에 따른 구이 방법

조미 양념에 따른 분류	소금구이 (시오야끼)	신선한 재료를 선택하여 소금으로 밑간을 하여 굽는 구이
	간장구이 (데리야끼)	구이 재료를 데리(간장 양념)로 발라가며 굽는 구이
	된장구이 (미소야끼)	미소(된장)에 구이 재료를 재웠다가 굽는 구이
조리 기구에 따른 분류	숯불구이 (스미야끼)	숯불에 굽는 구이
	철판구이 (덧빤야끼)	철판 위에서 구이 재료를 굽는 구이
	꼬치구이 (쿠시야끼)	꼬치에 꽂아 굽는 구이

📎 **Check Note**

✅ **조림용 뚜껑을 하는 이유**

▪ 재료가 쉽게 부서지지 않음

▪ 비린내 및 잡냄새가 적어짐

▪ 단시간 조리가 가능해서 에너지 절약

✅ **조림 시 멘도리(面取り) 효과**

채소는 조미료를 넣으면 조직이 줄어들어 감자류, 뿌리채소류 등을 부드럽게 잘 조리고 싶을 때는 부드럽게 삶아주며 조림 시에 모서리 부분이 부서지기 쉬운 재료는 멘도리(面取り)하여 두면 좋음

✅ **사전 처리 조리 용어★★★**

▪ 멘도리(面取り) : 조림 시에 끝이 뾰족한 부분은 둥글게 사전 처리를 하는 방법

▪ 시모후리(霜降) : 전처리의 과정으로 재료 표면에 색이 살짝 변화하는 정도의 끓는 물을 끼얹는 것

▪ 간모도끼(油腐) : 두부 속에 잘 다진 채소, 다시마 등을 넣어 기름에 튀긴 것

(2) 구이 양념 조리법

시오야끼 소금 양념	• 소금은 감미의 역할도 하지만 열전도가 좋아 재료를 고루 익힘 • 작은 생선은 칼집을 내어 소금 간을 한 후 구움 • 흰살생선은 토막내고 칼집을 내어 소금 간을 한 후 구움
데리야끼 간장 양념	• 간장 양념은 간장, 청주, 맛술, 설탕, 대파, 생강을 준비 • 모든 재료를 넣고, 끓으면 약한 불로 은근하게 줄임 • 데리야끼 소스의 농도를 확인하고 최종적으로 약불에 조림 • 단맛의 양념이 첨부되어 타기 쉽기 때문에 주의 • 번철이나 숯불, 샐러맨더에 데리 소스를 발라가며 구움
미소야끼 된장 양념	• 된장 양념은 된장, 청주, 맛술, 설탕을 준비 • 구이 재료를 된장 양념에 재워둠 • 단맛의 양념이 첨부되어 타기 쉽기 때문에 주의 • 쇠꼬챙이에 끼워 샐러맨더나 숯불에 구움
유안야끼 간장 유안지 양념	• 간장 유안지 양념은 간장, 청주, 설탕, 유자 또는 레몬을 준비 • 구이 재료를 간장 유안지 양념에 재워둠 • 단맛의 양념이 첨부되어 타기 쉽기 때문에 주의 • 번철이나 숯불, 샐러맨더에 간장 유안지 양념을 발라가며 구움

2 구이 담기

(1) 구이 담기 순서

통생선	통생선을 담을 때 머리는 왼쪽, 배는 앞쪽으로 담고 아시라이는 오른쪽 앞쪽에 놓고 양념장은 구이 접시 오른쪽 앞에 둠
조각 생선	토막내어 구운 생선은 껍질이 위를 보이게 하고 넓은 부위가 왼쪽, 아시라이는 오른쪽 앞쪽에 놓고 양념장은 구이 접시 오른쪽 앞에 둠
육류와 가금류	육류나 가금류는 껍질이 위를 향하게 하여 쌓아 올리듯 담음

(2) 구이 담기 곁들임

초절임	초절임으로 쓰이는 재료는 연근, 무, 햇생강대(하지카미) 등이 있으며 단식촛물에 재워 사용
단조림	단조림에 쓰이는 재료로 밤, 고구마, 금귤 등을 설탕과 물에 재료를 넣어 조려 만듦
간장 양념 조림	간장, 다랑어포 육수, 청주를 끓여 식힌 후 머위, 우엉, 꽈리고추 등을 데쳐 오시 다시지에 넣어 재워 사용
감귤류	구이에 뿌려 먹거나 먹고 난 후 입을 헹굴 때 사용하며 레몬, 영귤 등을 사용

🔽 **어취 제거 방법**

물	어취는 생선에 함유된 트리메틸아민(트라이메틸아민)에 의해 발생하는데 수용성으로 여러 번 씻어 주면 제거됨
식초	식초, 레몬을 뿌려 주면 어취가 제거되고 생선의 단백질이 응고되어 균의 발생을 억제하는 효과가 있음
맛술	휘발성이 있는 알코올은 어취와 함께 날아가며 맛술의 감칠맛을 더해줌
우유	콜로이드 상태의 우유 단백질이 어취와 흡착하여 씻겨 내려가기 때문에 우유에 담근 후 씻어 사용하면 어취가 제거됨
향신 채소	향이 강한 채소(마늘, 양파, 생강)는 생선의 어취를 약화시키고 셀러리, 무, 파슬리 등은 채소에 함유된 함황 물질로 어취를 약화시킴

1 면 국물 조리

(1) 면 종류에 맞는 맛국물

찬 면류 맛국물	• 메밀국수의 맛국물(다시 7 : 간장 1 : 맛술 1) • 곁들임 양념은 실파, 무즙, 고추냉이, 김
	• 찬 우동, 찬 소면 맛국물(다시 5~6 : 간장 1 : 맛술 1) • 곁들임 양념은 아게다마, 실파, 생강즙, 무즙
따뜻한 면류 맛국물	• 냄비우동, 튀김메밀국수, 소면의 맛국물(다시 14 : 간장 1 : 맛술 1) • 냄비우동 곁들임 양념은 전처리한 재료(새우, 유부, 어묵, 쑥갓 등) • 튀김메밀국수 곁들임 양념은 튀김 부재료(새우, 표고버섯, 깻잎 등)
볶음류 맛국물	• 볶음 메밀국수, 볶음 우동의 맛국물(다시 2 : 간장 1 : 청주 1 : 맛술 1) • 곁들임 양념은 가다랑어포와 실파, 일본 김치류(베니쇼가), 생강채

(2) 면류의 종류와 특성★★

메밀국수 [そば(소바)]	메밀가루로 만든 국수를 뜨거운 국물이나 차가운 간장에 무, 파, 고추냉이를 넣고 찍어 먹는 일본요리
우동 (うどん)	대표적인 일본요리 중의 하나로, 밀가루를 넓게 펴서 칼로 썰어서 만든 굵은 국수
라멘 (ラーメン)	• 면과 국물로 이루어진 일본의 대중 음식 • 라멘은 중국의 국수요리인 납멘을 기원으로 한 면요리 • 일본식 된장으로 맛을 낸 '미소 라멘', 간장으로 맛을 낸 '쇼유 라멘', 소금으로 맛을 낸 '시오 라멘', 돼지뼈로 맛을 낸 '돈코츠 라멘' 등이 대표적

2 면 조리하기(면 삶기)

냉동 우동면	• 끓는 물에 냉동 우동면을 넣고 젓가락을 이용하여 면을 위로 올려 고르게 익힘 • 준비한 찬물에 2~3회 씻어내어 전분 성분과 잡냄새를 제거 • 보관할 때에는 찬물에 담가 보관하여 면의 탄력을 유지
메밀국수 소면	• 끓는 물에 소금을 넣고 젓가락을 이용하여 저어줌 • 끓어오르면 찬물을 넣어 온도를 낮추고 3~4회 반복하여 삶음 • 찬물에 신속하게 2~3회 헹구어 면의 호화를 막고 노화 작용을 상승시켜 최대한 면의 탄력을 유지

Check Note

✔ 아게다마(揚げ玉)

- 관서요리에서는 텐가스(天かす)로, 관동요리에서 아게다마(揚げ玉)로 부름
- 국물이 있는 면류, 차가운 면류, 덮밥용으로 사용
- 밀가루, 물, 달걀 푼 것을 튀긴 것

✔ 요리에 따른 소금 농도★★

- 국 : 0.8~1%
- 조림 : 1.5~2%
- 생채소요리 : 1% 전후
- 생선 : 1~2%
- 김치겉절이 : 2.5~3%
- 절임김치 : 4~5%

제03편

3 면 담기

(1) 면 종류에 따른 그릇 선택

찬 면류의 그릇	일반적으로 물기를 뺄 수 있는 받침이 있는 기물을 준비
따뜻한 면류의 그릇	• 일반적으로 움푹 들어간 형태를 선택 • 따뜻한 면을 담기 전에 그릇을 따뜻하게 준비 • 그릇 전체 양의 80%를 넘지 않게 담음
볶음 면류의 그릇	• 평평하고 높이가 낮은 원형이나 사각형의 그릇을 선택 • 볶음 면을 담기 전에 그릇을 따뜻하게 준비

15 일식 밥류 조리

1 밥 짓기

(1) 조리법(밥, 죽)에 따른 물 조절

밥		불린 쌀 : 쌀 중량의 1.2배의 물을 넣음
죽	오카유 (粥 : おかゆ)	쌀 중량의 10배 정도의 물
	조우스이 (雜炊 : ぞうすい)	밥 중량의 2배 정도의 물

(2) 쌀 씻기 조리법

① 저울을 사용하여 쌀을 계량한 다음 믹싱볼에 담기
② 쌀에 찬물을 부어 두 손을 힘을 주어 비비기
③ 쌀에 찬물을 부어 주면서 헹구기
④ 쌀을 조심스럽게 양손으로 비벼 주면서 씻고 헹구는 과정을 물이 맑아질 때까지 반복

2 녹차 밥 조리하기

(1) 녹차 맛국물 내는 방법

녹차만을 사용한 맛국물	• 녹차 자체의 맛이 진하고 향이 강해야 함 • 향이 진한 세작을 사용하여 뜨거운 물(80~90℃)에서 진하게 우려냄
가쓰오부시만을 사용한 맛국물	• 일번다시, 연한 간장(우스구치쇼유), 맛술로 간을 함 • 간이 되어 있고 가쓰오부시를 사용하여 감칠맛이 강한 것이 특징
녹차와 가쓰오부시를 모두 사용한 맛국물	고객에게 제공 직전에 가쓰오부시만을 사용한 맛국물에 녹차를 넣고 우려 맛국물을 만듦

3 덮밥소스 조리

(1) 덮밥 종류에 따른 조리소스★★★

소고기, 닭고기, 돈까스	• 맛국물과 재료를 같이 졸여서 익히는 과정에서 소스가 만들어지는 것으로 주재료가 어떤 것이냐에 따라 맛이 달라짐 • 맛국물은 졸인다 하여도 농도가 부족하기 때문에 이를 보완하기 위해 마지막에 채소와 달걀을 넣고 조리
참치 회, 연어 회	• 해산물 자체의 감칠맛이 높아 진한 맛이 특징이며 매콤한 생강을 양념간장을 만들 때 넣어주거나 와사비를 곁들임 • 해산물 회는 색감을 살리기 위해 양념간장을 소스로 하여 별도로 제공
새우 등의 튀김 (덴뿌라)	• 뜨거운 튀김이 식지 않도록 양념간장을 데워 튀김을 적셔서 조리 • 기름의 진한 맛과 양념간장의 짠 단맛이 조화를 이루는 소스로 소스에 튀김옷과 기름이 어느 정도 배어 있을 때 더욱 맛이 좋음
장어, 돼지고기	• 재료를 익힌 상태에서 양념간장을 발라주며 윤기가 나도록 다시 구워 줌 • 익히는 과정에서 더욱 카라멜화되어 맛이 더 좋아짐

(2) 덮밥 조리방법

오야코동	• 다시 : 간장 : 맛술 : 청주 : 설탕 = 6 : 1 : 1 : 0.5 : 0.5의 비율 • 덮밥용 맛국물에 재료를 조리하여 오야코동을 만듦 • 향을 주기 위해 쑥갓과 실파 그리고 김을 올려줌
사케동	• 간장 : 맛술 : 청주 = 3 : 2 : 1의 비율 • 덮밥용 양념간장에 연어를 절여 사케동을 만듦 • 고추냉이, 양파, 무순, 실파를 올리고 감칠맛을 주기 위해 김을 사용
텐동	• 다시 : 간장 : 맛술 : 청주 : 설탕 = 4 : 1 : 1 : 0.2 : 0.2의 비율 • 갓 튀겨진 튀김을 양념간장에 살짝 적셔 텐동을 만듦 • 색감을 주는 고명을 올림
부타동	• 간장 : 맛술 : 청주 : 설탕 = 5 : 2 : 2 : 3의 비율 • 맛국물에 절인 돼지고기를 조리하여 부타동을 만듦 • 향과 매운맛을 주기 위해 초피, 실파, 대파 등을 사용

4 죽류 조리하기

쌀을 사용한 오카유	• 쌀을 깨끗이 씻어 준비 • 냄비에 쌀과 쌀의 10배 정도의 물을 함께 넣어 강불에서 끓임

🖉 **Check Note**

✅ **돈부리모노**(丼物, どんぶりもの, 덮밥)

■ 덮밥을 돈부리모노라고 하고 이를 줄여 돈부리라고도 함
■ 돈부리는 본래 사발 형태의 깊이가 깊은 식기를 이르는 말로 여기에 밥과 반찬이 되는 요리를 함께 담아 제공하는 요리
■ 반찬으로 올리는 요리의 이름에 따라 덴동(天丼), 규동(牛丼), 카츠동(カツ丼), 부타동(豚丼), 우나동(鰻丼), 텟카동(鉄火丼), 카이센동(海鮮丼), 오야코동(親子丼) 등이 대표적임

✅ **덮밥에 쓰이는 냄비**(丼鍋, どんぶりなべ, **돈부리나베**)★★★

■ 덮밥용 냄비는 작은 프라이팬 모양으로 생겨 손잡이가 직각으로 놓여 있으며 익히는 과정에 맛국물이 너무 졸여지는 것을 방지하기 위해 뚜껑이 있음
■ 밥에 올리는 과정에서 힘을 적게 주기 위해 턱이 낮고 가벼운 것이 특징

제 03 편

	• 주걱으로 저어주고 끓으면 불을 약하게 하여 끓는 상태를 유지 • 1시간 정도 끓이고, 소금으로 밑간을 하여 그릇에 담음
밥과 전복을 사용한 조우스이	• 밥을 찬물에 씻고 체에 밭쳐 물기 제거 • 전복, 달걀, 실파, 김 등 준비 • 냄비에 밥 양의 2~3배 정도의 물을 넣고 강불에서 끓임 • 끓으면 전복을 먼저 넣고, 씻어 놓은 밥을 넣음 • 원하는 농도가 나오면 연한 간장(우스구치쇼유), 맛술을 조금 넣어주어 감칠맛을 더욱 살려주고 마지막으로 달걀을 넣고 불을 끔 • 조우스이를 그릇에 담고 고명으로 실파와 김 그리고 물에 갠 고추냉이를 조금 넣어줌

16 일식 찜 조리

1 찜소스 조리

(1) 찜 조리의 특징★★

① 찜 조리는 일반적으로 따뜻한 제공되는 요리임과 동시에 여름에는 차갑게 식혀 시원한 맛을 제공하는 요리로도 이용

② 찜 조리는 다른 조리법과 비교할 때, 재료에 변화를 주는 일이 적기 때문에 요리를 보기 좋게 완성하는 것이 가능

③ 소재를 부드럽게 만들 뿐만 아니라 형태와 맛을 그대로 유지해 주는 요리

④ 찜은 압력을 이용하는 것도 가능하기 때문에 소재를 단시간에 부드럽게 만들 수 있음

⑤ 대량의 음식을 조리할 경우 자주 활용

⑥ 조리 과정에서 형태를 흩뜨리지 않고 맛을 유지하며 재료를 데울 수 있다는 요소 때문에 찜 조리는 중요한 조리법으로 활용

(2) 찜소스 조리방법

긴안 (칡전분 소스)	• 일번다시, 간장, 소금, 청주, 맛술(미림), 칡전분을 넣고 끓임 • 칡전분을 다시에 조금 넣어 잘 섞어 주거나, 조미한 다시 국물에 칡전분으로 걸쭉하게 만듦
벳꼬우안 (진간장)	• 일번다시, 소금, 간장을 넣고 끓임 • 물전분을 넣고 약한 불에 올려 걸쭉하게 만듦 • 생선, 두부 같은 담백한 것을 농후한 맛으로 먹는 경우

기미안 (달걀노른자)	• 일번다시, 맛술, 소금을 넣고 끓임 • 물전분을 넣고 불에 올려 걸쭉하게 만듦 • 노른자 1개를 체에 걸려 조금씩 넣으며 재빨리 저어 부드럽게 흘러내릴 정도로 만듦 • 순무, 무 등의 채소에 사용하면 깨끗한 맛이 남
오로시안 (간 무)	• 일번다시, 맛술, 간장, 청주를 넣고 끓임 • 간 무를 물기를 짜서 넣고 뭉치지 않도록 잘 저어 섞음 • 등푸른생선, 튀김 요리 등에 사용
우니안 (성게알)	• 일번다시, 맛술, 연한 간장(우스구치쇼유), 청주를 넣고 끓임 • 물전분을 넣고 약한 불에 올려 걸쭉하게 만듦 • 성게알을 쪄서 체에 내려 성게알을 조금씩 넣어 가며 저어줌 • 오징어, 채소 등을 하얗게 조려 완성한 것을 사용
미소안 (된장)	• 일번다시, 흰된장, 맛술, 연한 간장(우스구치쇼유), 청주를 넣고 끓임 • 물전분을 넣고 약한 불에 올려 걸쭉하게 만듦 • 채소의 찜, 조림 등에 사용

2 찜 조리

(1) 찜의 종류

조미료에 따른 분류	사카무시 (술찜)	도미, 전복 등에 소금을 뿌린 뒤 술을 부어 찐 요리
	미소무시 (된장찜)	된장은 냄새를 제거하고 향기를 더해줘서 풍미를 살리므로 찜 조리에 많이 사용함
재료에 따른 분류	가부라무시 (순무찜)	순무를 강판에 갈아 재료를 듬뿍 올려서 찐 요리
	신주무시	메밀을 재료 속에 넣거나 재료의 표면을 감싸서 찐 요리
	조요무시	강판에 간 산마를 곁들여 주재료에 감싸서 찐 요리
	도묘지무시	찐 찹쌀을 물에 불려서 재료에 올려 찐 요리
형태에 따른 분류	도빙무시	송이버섯, 장어, 은행 등을 찜 주전자에 넣고 다시 국물을 넣어 찐 요리
	야와라카무시	문어, 전복, 닭고기 등을 아주 부드럽게 찐 요리
	호네무시 (치리무시)	뼈까지 익혀서 다시 물에 생선 감칠맛이 우러나오게 한 요리
	사쿠라무시	잘 불린 찹쌀을 벚꽃 나뭇잎으로 말아서 다른 재료와 함께 찐 요리

Check Note

◆ 안카게 작업

■ 일반적으로 재료 자체가 맛이 약하거나 맛이 잘 배지 않을 때 사용

■ 전분에 조미한 다시 국물 넣어 만든 긴안, 벳꼬우안 등 여러 가지가 변화하여 만들어짐

■ 조미한 다시 국물에 전분이나 칡전분으로 걸쭉하게 만들기도 함

■ 재료가 가진 맛을 잃지 않고 맛을 더해 먹을 수 있도록 한 조리법

■ 칡전분으로 걸쭉하게 만든 국물을 구즈안이라고 함

■ 잘 식지 않고 몸을 따뜻하게 해주며 주로 맛을 보충하여 찜 조리에 사용

✓ 찜통 사용 시 주의점

- 찜 조리는 그 재료와 목적에 따라 찜통의 물의 양과 시간, 재료의 배치 등을 고려
- 온도가 너무 높으면 재료에 작은 구멍이 생김
- 시간이 충분하지 않으면 중앙에 응고되지 않은 부분이 생김
- 재료의 양과 찌는 시간을 계산하여 적절한 양의 물을 준비
- 그릇의 질량과 열의 전도율 등을 잘 생각하여 시간 내에 쪄야 함
- 시간을 조절하지 않고 찌게 되면 재료의 맛과 향이 물방울과 함께 흘러내려 맛이 떨어질 뿐만 아니라 영양가도 손실됨

✓ 생선찜 조리의 특징과 주의점

- 찜 조리에는 생선의 종류와 부재료의 종류에 따라 여러 가지 요리가 만들어짐
- 흰살생선은 맛이 담백하여 다른 재료와 조화시키기 쉽기 때문에 찜 조리에는 흰살생선이 자주 사용됨
- 찜 조리는 형태의 변화가 적고 성분의 손실이 적기 때문에 재료가 가진 아름다운 형태와 맛, 향 등을 유지하는 데 매우 효과적인 조리법
- 직접 가열하는 조리법에 비교하면 가열 시간이 오래 걸리는 단점이 있음
- 찜 조리가 가진 맛과 향을 지킨다는 것은 장점이 되는 동시에 불필요한 맛이나 향이 그 속에 같이 갇혀 있다는 사실도 고려해야 함

(2) 찜 조리 온도 및 시간

1) 찜 조리 시 온도

강한 불	• 생선, 닭고기, 찹쌀 • 날것일 때 단단한 재료가 쪘을 때 부드러워지는 것은 강한 불에 찜
약한 불	달걀, 두부, 산마, 생선살 간 것 등은 원래 부드러웠다가 찌면 딱딱해짐

2) 찜 시간을 조절하는 방법

흰살생선	• 흰살생선은 생으로 먹을 수도 있으므로 살짝 데친 정도로만 찜 • 열을 가하여 익히는 정도는 95%가 가장 적당
조개류	익힐수록 단단해지며 대합, 중합은 입을 딱 벌리면 완성된 것
채소류	색과 씹히는 맛을 중요시하므로 아삭할 정도로 살짝 익힘

③ 찜 담기

달걀찜	• 찜 그릇에 손질한 모든 재료를 담고 달걀물을 80% 정도 부어줌 • 기포를 제거하고 포일 또는 뚜껑을 덮어줌 • 냄비에 중탕하거나 찜통에서 중불로 12분 정도 찜 • 레몬(유자) 오리발과 쑥갓을 올려 완성
달걀 두부찜	• 찜 그릇(나가시깡)에 달걀물을 80% 정도 부어줌 • 기포를 제거하고 포일을 덮어줌 • 찜통에서 중불로 12분 정도 찜 • 달걀 두부찜 소스와 이토가키(고명용 얇은 가쓰오부시) 올려 완성
대합 술찜	• 찜 그릇에 다시마를 깔고 대합 술찜을 보기 좋게 담음 • 다시물, 청주, 소금으로 간을 하여 재료에 뿌려줌 • 포일 또는 뚜껑을 덮어줌 • 냄비에 중탕하여 중불로 10분 정도 찜 • 레몬은 대합 입을 살짝 벌려 끼워 넣고 쑥갓을 곁들여 2분 더 뜸을 들인 후 완성
도미술찜	• 찜 그릇에 다시마를 깔고 도미 술찜을 보기 좋게 담음 • 다시물, 청주, 소금으로 간을 하여 재료에 뿌려줌 • 찜통에서 강불로 15분 정도 찜 • 쑥갓을 곁들여 2분 더 뜸을 들인 후 완성
갯장어 주전자 찜	• 질주전자에 갯장어, 갑오징어, 가마보코, 은행 등을 넣음 • 스이지를 국자로 넣은 뒤 찜통에서 10~15분 정도 찜 • 참나물 줄기, 레몬을 넣고 영귤을 곁들여 제공
연어 메밀국수 찜	• 용기에 다시마를 깔고 연어 메밀국수를 올리고 청주와 소금을 뿌려줌 • 찜통에서 13분간 찜 • 찜소스를 끼얹은 후 위에 와사비와 김, 채썬 파를 얹어 완성

01 니보시(멸치)다시 만드는 방법에 대한 설명 중 틀린 것은?

① 멸치의 머리와 내장에서 국물의 쓴맛이 나기 때문에 머리, 내장을 깨끗하게 제거한다.

② 냄비에 물과 멸치, 다시마를 넣고 10시간 정도 상온에서 우려낸다.

③ 센불에서 끓이다가 끓기 직전에 다시마를 건져낸다.

④ 체 위에 면포를 얹고 다 우러난 멸치 국물을 걸러 완성한다.

01 ①

해설 멸치 내장에서 국물의 쓴맛이 나므로 멸치의 머리는 그대로 두고 내장만 제거한다.

02 다음에서 설명하는 양념장으로 옳은 것은? 빈출

> 가장 일반적인 간장으로 색이 진하고 향이 좋은 특징이 있으며, 염도는 15~18% 정도로 생선회나 구이 등을 먹을 때 곁들이는 간장으로 많이 사용한다.

① 연한 간장(우스구치쇼유)

② 가장 진한 간장(타마리쇼유)

③ 흰간장(시로쇼유)

④ 진한 간장(고이구치쇼유)

02 ④

해설 진한 간장(고이구치쇼유)
- 가장 일반적인 간장으로 색이 진하고 향이 좋다.
- 염도는 15~18%로 생선회, 구이요리에 주로 사용한다.

03 밀가루를 이용한 튀김에 대한 설명 중 틀린 것은?

① 밀가루, 달걀노른자, 찬물을 섞은 튀김옷은 가라아게(からあげ)에 사용한다.

② 밀가루는 냉동고에 차게 보관(온도가 높으면 글루텐 형성이 빨라짐)한다.

③ 중력분 사용 시엔 전분과 1 : 1로 섞어 사용한다.

④ 튀김옷을 만들 때 달걀노른자를 넣는 이유는 튀김을 부드럽게 하고 맛도 좋게 하기 때문이다.

03 ①

해설
- 밀가루(박력분), 달걀노른자, 찬물을 섞은 튀김옷은 고로모아게(ころもあげ)에 사용한다.
- 전분은 가라아게(からあげ)에 사용한다.

제 03 편

04 ③

해설 **사전 처리 조리 용어**
- 멘도리(面取リ) : 조림 시에 끝이 뾰족한 부분은 둥글게 사전 처리를 하는 방법
- 시모후리(霜降) : 전처리의 과정으로 재료 표면에 색이 살짝 변화하는 정도의 끓는 물을 끼얹은 것
- 간모도끼(油腐) : 두부 속에 잘 다진 채소, 다시마 등을 넣어 기름에 튀긴 것

05 ②

해설
- 생선묵 : "니코고리"로 도미껍질, 복어껍질 등을 이용하여 굳힘요리를 완성한다.
- 양갱 : 밀가루, 팥앙금, 설탕, 물, 한천 등을 이용하여 찐양갱과 연양갱, 수양갱을 만들 수 있다.
- 참깨 두부 : 불교 음식인 정진요리(精進料理)로 참깨와 칡전분을 이용하여 겔 형태로 만든 요리이다.
- 쿠즈코(칡전분) : 칡을 수세, 파쇄 과정을 거쳐 얻은 전분물을 침전, 여과 과정을 여러 번 거쳐 남은 전분을 건조하여 가루 형태로 만든 것이다.

06 ④

해설 **붉은살생선 종류에 따른 썰기 방법**
정육면체 썰기(카쿠기리)는 사방 1cm 정도의 주사위 모양으로 써는 방법으로 식감과 맛을 모두 살린다.

07 ③

해설 가루 와사비의 경우에는 농도를 맞추기 위해 조금씩 찬물을 넣어 가며 저어주면서 완성한다.

04 다음 중 빈칸에 알맞은 일식 조리용어는? ⭐빈출

> - 바닷장어는 목 부위에 칼집을 넣어 뼈와 살을 분리한 뒤, 내장을 제거하고 등지느러미를 완벽히 제거한다.
> - 껍질쪽에 (   )하여 점액과 비린내, 냄새를 제거하고 얼음물에 식힌 후 용도에 맞게 적당한 크기로 잘라서 사용한다.

① 아게다마　　　　　　② 간모도끼
③ 시모후리　　　　　　④ 멘도리

05 재료에 젤라틴이 많은 생선의 살과 껍질을 이용하여 조림 국물에 간을 하여 식힌 후 굳히는 요리는? ⭐빈출

① 양갱
② 생선묵
③ 참깨 두부
④ 쿠즈코

06 흰살생선 썰기 종류 중 틀린 것은?

① 얇게 썰기(우수즈쿠리)　　② 평썰기(히라즈쿠리)
③ 가늘게 썰기(이토즈쿠리)　④ 정육면체 썰기(카쿠기리)

07 흰살생선 양념장 조리방법에서 가라미에 관한 설명으로 틀린 것은?

① 가라미는 매운맛을 내는 식재료를 가리키는 말이다.
② 생와사비를 사용하는 경우에는 껍질을 제거하고 강판에 갈아서 사용한다.
③ 가루 와사비의 경우에는 농도를 맞추기 위해 조금씩 따뜻한 물을 넣어 가며 저어주면서 완성한다.
④ 냉동 와사비를 사용하는 경우에는 사용하기 전에 충분히 해동한 후 사용한다.

08 붉은살 회 생선 숙성방법으로 틀린 것은?

① 냉장 참치의 숙성 온도는 2℃ 전후로 보관하는 것이 좋다.

② 냉동 참치의 2차 해동은 냉장고(10℃)에서 진행한다.

③ 냉동 참치의 해동이 완료되면 숙성고나 얼음에 보관하여 숙성시킨다.

④ 연어 다시마절임은 만들 때 아주 진한 소금물(16%)에 연어를 넣어 1시간 이상 절인다.

09 다음에서 설명하는 패류, 조개류로 옳은 것은?

- 두 개의 껍데기를 가지고 있고, 해수와 담수가 만나는 지점에 많이 서식하는 조개
- 내장을 제거하지 않고 날로 먹기 때문에 식중독의 위험이 높음
- 봄이나 가을에는 노로바이러스로 인해 위생 사고가 많이 발생하므로 날로 먹을 때에는 주의

① 피조개　　　　　　　② 북방조개
③ 새조개　　　　　　　④ 굴

10 일반적인 일식 초밥(샤리)의 밥과 배합초의 비율은? 　빈출

① 15 : 1　　　　　　　② 10 : 1
③ 5 : 1　　　　　　　④ 2 : 1

11 가늘게 만 김초밥(호소마끼) 종류에서 오이를 넣어 만든 김초밥은? 　빈출

① 갑파마끼　　　　　　② 우라마끼
③ 데카마끼　　　　　　④ 후토마끼

08 ④

해설　**연어 다시마절임**

• 진한 소금물(6%)을 준비하고 여기에 연어를 넣어 30분 정도 절인다.
• 다시마를 바닥에 깔고 절여진 연어의 물기를 제거하여 다시마 위에 올려 주고 그 위에 다시마를 올려 5시간 정도 절인다.

09 ④

해설　**굴**

• 굴은 두 개의 껍데기를 가지고 있고, 해수와 담수가 만나는 지점에 많이 서식하는 조개이다.
• 강의 하류나 근해에서 주로 양식을 하며, 굴은 내장을 제거하지 않고 날로 먹기 때문에 식중독의 위험이 높다.
• 봄이나 가을에는 노로바이러스로 인해 위생 사고가 많이 발생하므로 날로 먹을 때에는 주의하여야 한다.

10 ①

해설　**밥과 배합초의 비율**
밥과 배합초의 비율은 밥 15에 배합초 1 정도를 기본으로 한다.

11 ①

해설
• 굵게 만 김초밥(후토마끼)
• 가늘게 만 김초밥(호소마끼)
　– 참치를 넣어 만든 데카마끼
　– 오이를 넣어 만든 갑파마끼
• 초밥이 밖으로 나온 김초밥(우라마끼)

12 ④

해설 **성게알**
• 일본에서 3대 진미 중 하나로 가장 사랑받는 고가 초밥 식재료 중 하나이다.
• 성게알 중 가장 인기 있는 보라성게의 제철은 6~8월이다.

12 청어알에 대한 설명 중 틀린 것은?

① 일본에서 가즈노코(数の子)라고 불린다.
② 일본 정월 요리(오세치요리)에 빠져서는 안 될 중요한 식재료이다.
③ 초밥집에서는 소금기를 뺀 뒤 조미액(청주, 간장, 맛술, 가다랑어포)에 적셔서 사용한다.
④ 일본에서 3대 진미 중 하나로 가장 사랑받는 고가 초밥 식재료 중 하나이다.

13 ④

해설 **초밥용 비빔통(한기리)**
• 초밥용 비빔통은 작게 쪼갠 나무를 여러 개 이어서 둥글고 넓으면서 높지 않게 만들어 초밥을 식히는 데 사용하는 조리 기구이다.
• 물로 깨끗하게 씻어 물기를 행주로 닦고 밥이 따뜻할 때 배합초를 버무려 사용한다.
• 마른 통을 사용할 경우 밥이 붙고 배합초를 섞기가 불편하기 때문에 꼭 수분을 축여서 사용한다.

13 다음 중 빈칸에 알맞은 일식 조리용어는? ✔빈출

> **밥 보관 방법**
> 초밥용 밥은 (   )라고 불리는 초밥 비빔용 나무통에서 잘 지어진 밥과 배합초를 혼합하여 초밥 전용 밥통 오히쯔(おひつ)에 보관하여 최적의 온도를 유지한다.

① 나가시깡   ② 모리바시
③ 마끼스   ④ 한기리

14 ④

해설 **초회 조리의 특징**
• 초회요리는 맛이 담백하고 적당한 산미가 있어 식욕을 증진시키고 입안을 개운하게 할 뿐 아니라 피로회복에 도움을 준다.
• 새콤달콤한 혼합 초를 재료에 곁들여 내는 요리로서 재료가 가지고 있는 맛을 그대로 살려내는 것이 중요하다.
• 초회는 날것을 그대로 사용할 때는 특히 재료의 신선도를 잘 보고 선별해야 한다.
• 식초를 사용하기 때문에 비린내가 나는 재료도 상큼하게 먹을 수 있다.
• 여름철의 음식으로 적당하다.

14 초회 조리에 관한 설명으로 틀린 것은?

① 맛이 담백하고 적당한 산미가 있다.
② 식욕을 증진시키고 입안을 개운하게 할 뿐 아니라 피로회복에 도움을 준다.
③ 혼합 초를 재료에 곁들여 내는 요리로서 원재료의 맛을 그대로 살려내는 것이 중요하다.
④ 초회는 날것을 그대로 사용하는 경우가 많아서 겨울철의 음식으로 적당하다.

15 가다랑어포의 감칠맛 성분은? 《빈출》

① 이노신산 ② 알긴산
③ 호박산 ④ 글루탐산

16 조림 조리에서 조미료 넣는 방법에 대한 설명으로 틀린 것은?

① 다시물과 설탕, 소금, 식초, 간장, 된장 등 조미료의 특성과 성질을 파악하여 사용한다.
② 설탕은 소금보다 입자가 작아서 처음에 넣으면 재료의 표면을 단단하게 해서 다른 조미료 등이 스며들기 어렵다.
③ 처음에는 술, 설탕 등을 넣어 재료를 부드럽게 해준다.
④ 식초, 간장, 된장은 그 자체의 풍미를 가지고 있어 너무 빨리 넣으면 풍미가 달아난다.

17 조림용 뚜껑을 하는 이유 중 틀린 것은?

① 단시간 조리가 가능해서 에너지가 절약된다.
② 채소를 삶을 때 뚜껑을 덮으면 채소의 색깔이 선명해진다.
③ 비린내 및 잡냄새가 적어진다.
④ 재료가 쉽게 부서지지 않는다.

18 일식 구이의 조미 양념에 따른 종류에 대한 설명으로 틀린 것은?
《빈출》

① 시오야끼 : 신선한 재료를 선택하여 소금으로 밑간을 하여 굽는 구이
② 뎃빤야끼 : 철판 위에서 각종 양념으로 구이 재료를 굽는 구이
③ 데리야끼 : 구이 재료를 양념 간장으로 발라 가며 굽는 구이
④ 미소야끼 : 된장에 구이 재료를 재웠다가 굽는 구이

---

15 ①

해설 가쓰오부시(가다랑어포)
• 가다랑어를 찌거나 삶아 훈연 상자 통에 넣고 훈연, 건조하여 만든 것과 훈연시키면서 푸른곰팡이를 발생시킨 것으로 나눌 수 있다.
• 푸른곰팡이의 효소작용으로 단백질이 분해되면서 이노신산이라는 가다랑어포의 독특한 감칠맛을 생성한다.

16 ②

해설 조미료 넣는 방법
• 다시물과 설탕, 소금, 식초, 간장, 된장 등 조미료의 특성과 성질을 파악하여 사용한다.
• 소금은 설탕보다 입자가 작아서 처음에 넣으면 재료의 표면을 단단하게 해서 다른 조미료 등이 스며들기 어렵다.
• 처음에는 술, 설탕 등을 넣어 재료를 부드럽게 해준다.
• 식초, 간장, 된장은 그 자체의 풍미를 가지고 있어 너무 빨리 넣으면 풍미가 달아난다.

17 ②

해설 조림용 뚜껑을 하는 이유
• 재료가 쉽게 부서지지 않는다.
• 비린내 및 잡냄새가 적어진다.
• 단시간 조리가 가능해서 에너지가 절약된다.

18 ②

해설 조리 기구에 따른 분류
• 숯불 구이(스미야끼) : 숯불에 굽는 구이
• 철판구이(뎃빤야끼) : 철판 위에서 구이 재료를 굽는 구이
• 꼬치구이(쿠시야끼) : 꼬치에 꽂아 굽는 구이

19 ④

해설 **쌀을 사용한 오카유**

• 쌀을 깨끗이 씻어 준비한다.
• 냄비에 쌀과 쌀의 10배 정도의 물을 함께 넣어 강불에서 끓인다.
• 주걱으로 저어주고 끓으면 불을 약하게 하여 끓는 상태를 유지한다.
• 1시간 정도 끓이고 소금으로 밑간을 하여 그릇에 담는다.

20 ④

해설

사카무시 (술찜)	도미, 전복 등에 소금을 뿌린 뒤 술을 부어 찐 요리
도빙무시	송이버섯, 장어, 은행 등을 찜 주전자에 넣고 다시 국물을 넣어 찐 요리

19 다음에서 설명하는 일식 죽의 종류는? 빈출

> • 냄비에 쌀과 쌀의 10배 정도의 물을 함께 넣어 강불에서 끓임
> • 주걱으로 저어 주고 끓으면 불을 약하게 하여 끓는 상태를 유지
> • 1시간 정도 끓이고 소금으로 밑간을 하여 그릇에 담음

① 부타동
② 조우스이
③ 우나동
④ 오카유

20 찜 조리의 종류에 관한 설명으로 틀린 것은?

① 가부라무시 : 순무를 강판에 갈아 재료를 듬뿍 올려서 찐 요리
② 신주무시 : 메밀을 재료 속에 넣거나 재료의 표면을 감싸서 찐 요리
③ 조요무시 : 강판에 간 산마를 곁들여 주재료에 감싸서 찐 요리
④ 도빙무시 : 도미, 전복 등에 소금을 뿌린 뒤 술을 부어 찐 요리

01 복어 껍질 굳힘 조리

1 부재료 썰기

(1) 부재료의 종류와 특성 및 효능

실파 (아사쯔끼 : 浅葱)	• 5~6월경이 제철 • 줄기 부분이 여러 갈래로 가늘게 나뉘지 않는 것 • 흰 부분이 윤기가 있고 크기가 균일하게 힘차게 뻗는 것 • 대파, 쪽파에 비해 쓴맛이 적어 송송 썰어 양념장 등에 사용
대파(외대파) (長葱 : ながねぎ)	• 길이가 40cm 이상으로 길고 굵은 것 • 매운맛과 쓴맛이 강하며, 익히면 단맛이 강해지고 강한 향을 냄
쪽파 (分葱 : わけぎ)	• 뿌리 부분이 둥근 쪽파는 분구형 양파와 비슷 • 쌉싸래하지만 시원한 맛을 내며, 구우면 적당히 씹는 맛과 단맛을 냄
움파 (蘖の葱 : ひこばえのねぎ)	• 겨울철 중부 지방에서부터 시작하여 이북 지역에서 재배 • 움 속에서 자란 파로 예부터 움 속에서 재배 • 잎집부(땅속에 있어 흰색을 띠는 부분)에 햇빛이나 바람을 차단해 잎 부분이 부드러움 • 맛이 달고 진이 많아 구이 요리나 국에 사용
리크 (リーキ)	• Allium ampeloprasum porrum 품종으로 대파와 다른 품종 • 내한성이 뛰어나며 겨우내 수확 • 대가 굵으며 상당히 크게 자라는데, 흰색 부분을 먹고 잎사귀 윗부분은 먹을 수도 있지만 질기며 특유의 매운맛이 덜함 • 흰색 부분에 열을 가하면 미끌미끌한 질감의 물질이 나오는데 냉각시키면 젤처럼 변해 수프나 스튜의 농도를 걸쭉하게 조절
풋마늘(잎마늘) (グリーンガーリック)	• 3~4월이 제철로 마늘이 자라기 전에 수확된 어린 마늘 • 마늘의 강한 향이 덜하고, 일반 마늘보다 부드러움 • 알리신 성분이 포함되어 강력한 항균, 항바이러스 효과가 있음
생강 (生姜 : しょうが)	• 열대아시아 원산의 생강과(Zingiberaceae)의 다년생 채소 생강(Zingiber officinale Roscoe)의 뿌리로, 온난지를 중심으로 널리 재배 • 충청남도, 전라북도(봉동, 봉상)에서 총생산량의 95%를 차지 • 괴경에 시트롤, 진기베렌이나 테르펜(terpene) 속의 휘발성유 등의 방향 성분 및 진겔론, 쇼가올 등의 매운맛 성분을 다량 함유

📎 Check Note

✅ 대파의 출하 시기

고양, 남양주, 구리	• 가을 대파(9월 하순~12월 상순) • 여름 대파(5월~10월)
진도, 신안, 영광, 부산	겨울 대파(11월~이듬해 4월)

제 03 편

✅ 쪽파의 출하 시기와 원산지

■ 비닐하우스에서 키워 9월 하순~이듬해 5월까지 출하(김장철 제철)
■ 원산지는 아시아지만 아시아에서도 계통이 다르며 콜롬비아, 이집트, 프랑스에서 유사한 계통이 발견(잡종 또는 변종)

🔽 복어 껍질 전처리 순서★

■ 복어 껍질 손질
  • 껍질 분리 작업 시작하기
  • 껍질 분리하기
  • 껍질 분리 완성하기
  • 가시 제거 전 전처리하기
  • 등쪽 가시 제거하기
  • 가시 분리하기
  • 배쪽 가시 제거하기
  • 제거된 가시 확인하기
■ 복어 껍질(河豚皮 : ふぐかわ) 삶고 썰기
  • 겉껍질 삶기
  • 익힘 상태 확인하기
  • 속껍질 삶기
  • 식힘 상태 확인하기
  • 껍질 평평하게 작업하기
  • 껍질 전처리 완성하기
■ 복어 껍질 썰기
  • 물기 제거한 복어 껍질 부위별 분리하기
  • 겉껍질 채썰기
  • 속껍질 썰기
  • 전체 껍질 채썰기 완성

• 약용, 카레분, 소스, 생강차, 생강술 향료 및 기타 조미료로 사용
• 뿌리줄기는 옆으로 자라고 다육질이며 덩어리 모양의 황색이 며 매운맛과 향긋한 냄새가 있음
• 신진대사, 기능 회복, 해독효과, 면역력 강화, 항염 및 항산화 효과
• 비타민 C, 마그네슘 등 함유

(2) 부재료 기초손질

1) 실파(浅葱 : あさつき)

실파 썰기	신선한 실파를 깨끗이 씻고, 파란 부분만 골라 가늘게 썰기
이물질 제거	손질하여 가늘게 썬 실파는 흐르는 물에 헹궈 미끈한 진액과 이물질 제거
물기 제거	진액과 이물질이 제거된 실파는 면보로 감싸 물기를 충분히 제거
실파 사용	물기가 제거된 실파를 밀폐용기에 담아 놓고 사용

2) 생강(生姜 : しょうが)

생강 채썰기	특유의 향긋한 냄새가 나는 단단한 생강을 골라, 껍질을 제거하 고 편으로 얇게 썬 후 다시 포개어 곱게 채썰기
전분질 제거	곱게 채썬 생강은 흐르는 물에 전분질이 없어질 때까지 씻기
물에 담가 보관	전분질이 없어지고, 맑은 물이 나오면 채썬 생강을 밀폐용기에 물에 담가 보관

2 복어 껍질 조리

(1) 가다랑어포의 종류와 특성

도사부시 (土差節 : どさぶし)	• 일본 고지켄의 도사 지방의 특산품 • 질 좋은 가다랑어포로 맛국물(감칠맛)에 최적화한 최고품
사츠마부시 (薩摩節 : さつまぶし)	• 일본 가고시마켄의 사츠마 지방에서 나는 가다랑어포 • 맛이 담백하고 품질이 좋음
이즈부시 (伊豆節 : いずぶし)	• 일본 시즈오카켄의 이즈 지방의 특산품 • 농후한 감칠맛이 특징으로 날것과 곁들임 등에 사용

(2) 조림 국물의 농도

1) 개념
가쓰오부시(推節 : おすぶし)를 이용한 니코고리(にこごり)와 젤라틴(ゼラチン)에 대한 농도

2) 조림국물

가다랑어포 맛국물 (鰹出し : かつおだし)	큰 가다랑어포	참가다랑어로 4등분하여 등 부분(오스부시), 배 부분(메스부시) 사용
	작은 가다랑어포	3등분하여 혼부시보다는 풍미가 적지만 가 격이 저렴하여 맛국물로 사용
일번다시 (一番だし : いちばんだし)		• 가쓰오부시와 다시마를 이용 • 재료의 맛을 단시간에 용출시켜 최고의 풍미를 얻어낸 국물 • 가쓰오부시의 이노신산과 다시마의 글루탐산이 혼합되어 맛 상승 효과

(3) 조리도구 사용법

냄비 (鍋 : なべ)	• 냄비는 다소 두꺼운 것을 사용하면 재료가 균일하게 열을 받 고 보온력이 좋음 • 재질로는 주로 알루미늄, 철, 적동 사용
도마 또는 칼판 (俎板 : まないた)	• 목재와 합성수지제가 있는데, 목재가 칼의 날을 보호 • 생선도마(生鮮跳馬 : さかなまないた), 채소도마(菜蔬跳馬 : やさいまないた), 과실도마(果實跳馬 : くだものまないた), 육류도마(肉類跳馬 : にくまないた) 등을 별도로 사용 • 사용 후에는 잘 닦고 건조시키고 밖에서 직사광으로 소독

3 복어 껍질 굳힘 완성

(1) 젤라틴(ゼラチン)의 응고 온도 조절

① 젤라틴은 응고성이 우수하고 위생적이며, 불쾌한 맛이나 냄새가
없고 온수에 쉽게 녹음

② 15℃ 이하에서 냉각하면 젤리 상태가 됨

③ 판 젤라틴이나 분말 젤라틴을 물에 불려서 사용

　예 물 100cc에 젤라틴 2장, 분말은 1큰술이 표준(여름철에는 2큰술)

④ 약 60℃에서 녹이고 바로 불에서 내려놓음(젤라틴은 열에 약하기
때문에 지나친 가열금지)

(2) 젤라틴의 특징

단백질의 일종으로 동물(고래, 소, 돼지)의 힘줄, 뼈, 피부 등을 물
과 함께 가열하여 콜라겐(교원질)을 분해해서 젤라틴 성분을 추출

　예 젤리는 젤라틴 성분이 함유된 것을 조려 굳어진 것

(3) 굳힘도구 사용법

찜틀 (流し缶 : ながしかん)	• 이중으로 되어 있어, 안에 들어가는 하꼬(상자)는 양쪽에 손잡 이가 있어서 안의 상자를 간단히 뽑음 • 무시모노(찜요리), 네리모노(굳힘요리) 등을 만들 때 사용

❷ **튀김 요리의 유래**

- 일본의 나라시대에 처음 전해져 에도시대에 본격적으로 발달
- 에도시대에 스페인, 포르투갈 등 외래문화의 수입과 함께 발달
- 튀김의 재료로 새우, 작은 생선류, 바닷장어, 바지락 등 사용
- 일본의 독특한 요리법으로 밀가루로 옷을 입혀 채소류의 쇼진요리를 튀긴 것

❷ **튀김 요리의 특징**

- 고온에서 비교적 단시간 가열하기 때문에 식품 조직의 손상이 적음
- 튀김옷(고로모 : ころも)을 차갑고 끈적이지 않게 하여 바삭하게 튀김
- 기름의 양과 튀김 온도 조절
- 쉽게 연화되지 않아 비타민이나 영양소의 손실이 적음
- 튀김 조리도구 : 튀김용 냄비, 볼, 체, 튀김 그물, 튀김 종이, 긴 대나무 젓가락 등

❷ **복어 불가식 부위를 제거**

- 복어는 깨끗이 손질하여 준비
- 흐르는 물에 복어의 피를 제거
- 점막 등 먹을 수 없는 부위를 깨끗이 손질
- 흐르는 물에 최소한 8시간 이상 두고 피를 제거
- 복어는 독소를 2~3회 이상 다시 확인하면서 피와 먹을 수 없는 부위를 제거

	• 한천을 이용한 요세모노 등을 만드는 데 이용하는 사각 상자로서, 이중으로 되어 있어 사용이 편리 • 주로 스테인리스 용기 또는 실리콘 용기 사용
얼음 (氷 : こおり)	각얼음을 이용하여 굳히고자 하는 재료를 빠르게 식혀 굳힐 수 있음

02 복어 튀김 조리

1 복어 튀김 재료 준비

유자	• 지름은 4~7cm이고, 한쪽으로 치우친 공 모양이며 빛깔은 밝은 노란색이고 껍질이 울퉁불퉁함 • 향기가 상큼하며 과육이 부드러우나 신맛이 강함 • 복어 튀김을 할 때 유자 껍질을 잘게 썰어서 넣음
청주	• 일본 요리에서는 조미료로도 사용 • 요리에 사용되는 청주는 재료의 냄새를 제거하고, 감칠맛을 증가시켜 풍미 있게 하고, 재료를 부드럽게 함 • 생선과 육류의 조미에는 빠져서는 안 되는 조미료 역할을 하며, 복어살에 간을 할 때 사용
생강	• 상쾌한 향기와 매운맛을 가진 향신료 • 슬라이스, 채썰기, 튀김이나 각종 요리의 풍미에 이용하거나 건조시켜 파우더로 이용 • 간 생강을 차, 코코아, 커피 등의 음료와 꿀과 함께 토스트, 요구르트 등에 추가 • 하지가미★★라는 어린 싹의 생강으로 생선구이의 곁들임에 이용하거나 된장과 곁들여 술안주로 사용 • 복어 튀김 요리에는 생강을 갈아서 간장, 청주와 밑간에 사용

2 복어 튀김옷 준비

(1) 튀김옷의 종류와 특징

1) 전분
글루코스(포도당)로부터 구성되는 다당류로 식물체에 의하여 합성되며 세포 중에 전분 입자로서 존재

2) 전분 입자(구성)
① 전분 입자는 식물의 종류에 따라 크기와 모양이 다름
② 전분 입자를 채취하기 위해 원료 식물체를 분쇄하여 냉수에 담그면, 전분 입자는 아래로 침전함
③ 건조 전분 입자는 흡습성이 높고, 풍건물에서는 20% 정도의 수분을 함유

④ 찬물에는 녹지 않으나, 더운물에는 부풀어 호화함

3) 전분의 다당 구조

① 전분의 다당은 70~80%의 아밀로펙틴과 안으로 싸여 있는 아밀로스 2종으로 구성됨

② 전분 입자에 물을 넣고 가열하면, 다당 구조가 길게 뻗은 쇄상으로 되는데 이것을 α-전분이라 함

③ 생전분 상태의 다당은 글루코스 6개로 1회전하는 나선 구조를 취하는데, 이것을 β-전분이라 함

4) 튀김의 종류★★★

일반적 튀김의 온도는 180℃ 정도이지만 가라아게는 양념이 있어 160℃ 정도

스아게	원형튀김	아무것도 묻히지 않은 식재료 그 자체를 튀겨 재료가 가진 색과 형태 유지
고로모아게	덴뿌라	박력분이나 전분의 튀김옷(고로모)에 차가운 물을 넣고 반죽하여 재료에 묻혀 튀기는 튀김
가라아게	양념튀김	양념한 재료를 그대로 튀기거나 박력분이나 전분만을 묻혀 튀긴 튀김 혹은 밑간한 뒤 튀기는 튀김
카와리아게	변형튀김	응용 튀김

5) 가라아게의 종류

① 지역별 분류

나라현	타츠타아게 (竜田揚げ)	• '타츠타'라는 이름은 나라현 북서부를 따라 흐르는 타츠타강의 이름 • 닭고기를 미림, 간장으로 양념한 후 전분가루를 입혀 튀김
미야자키현	치킨 남방 (チキン南蛮)	닭고기에 양념 미림, 설탕 등으로 단맛을 더한 식초에 담가 적신 후 타르타르 소스(tartar sauce)를 곁들임
기후현	세키가라아게 (関からあげ)	• '쿠로(黒, 검은색) 가라아게'로도 불림 • 닭고기를 톳과 표고버섯을 빻은 가루에 묻혀 튀김(검은색)
에히메현	센잔키 (せんざんき)	• 에히메현의 야끼도리 전문점에서 인기 있는 메뉴 • 닭을 뼈째 튀긴 중국의 루안자지(軟炸鶏, Ruan zha ji)에서 유래 • 닭뼈에서 우러난 감칠맛과 양념된 고기의 맛이 잘 어우러지는 것이 특징
니이가타현	한바아게 (半羽揚げ)	닭고기를 뼈째 반으로 가르고 밀가루를 얇게 묻혀 튀김

Check Note

✅ **밀가루★★★**

단백질	• 중요한 역할을 하는 것은 글리아딘과 글루테인 • 글리아딘과 글루테인 단백질은 반죽 과정에서 물과 결합하여 '글루텐'이라는 그 물망 조직 형성 • 글루텐은 점성과 탄력성이 높아 발효 시 배출되는 탄산가스를 보유하여 완성된 음식에 부피감을 줌
지방	• 지방 함량은 1~2% 정도로 이 중 70% 정도는 유리 지방으로 유기 용매에 의해 추출됨 • 물과 함께 섞이면 인 함량이 높은 인지질이 글루케닌과 결합하여 결합 지방이 되어 추출되지 않음
탄수화물	• 탄수화물이 70% 이상을 차지하며 대부분이 전분 • 나머지는 덱스트린, 섬유질 및 여러 가지 형태의 당류와 펜토산으로 구성 • 밀가루의 전분 함량은 단백질 함량과 반비례(박력분이 강력분보다 전분의 함량이 높음)
효소	• 다양한 효소가 함유 • 효소의 활동으로 밀가루의 가공 적성에 영향(일반적으로 효소가 많이 들어있는 밀가루는 가공 적성이 떨어짐)
회분	회분 함량은 밀가루의 등급과 관계가 있고 제분율과는 정비례(밀가루 출하 시 품질을 확인하는 항목)

제03편

아게다시	튀김 한 재료 위에 양념한 조림 국물을 부어 먹는 요리 (다시 7 : 연간장 1 : 미림 1의 비율)
고로모	박력분이나 전분으로 튀김을 튀기기 위한 반죽옷
덴가츠★	튀김옷(고로모)을 방울지게 튀긴 것으로 튀길 때 재료에서 떨어져 나온 여분의 튀김(우동, 소바, 덮밥 등에 사용)
덴다시	튀김을 찍어 먹는 간장 소스(다시 4 : 진간장 1 : 미림 1의 비율)
야쿠미	요리의 풍미를 증가시키고 식욕을 자극하기 위해 첨가하는 채소나 향신료 예 파, 무즙, 고춧가루, 생강, 와사비 등

아이치현	데바사끼 가라아게 (手羽先から揚げ)	• 닭 날개를 사용한 가라아게 • 튀긴 후에는 달콤한 소스와 소금, 후추, 산초, 참깨 등을 곁들임
나가노현	산조쿠야끼 (山賊焼き)	• 닭 다리살을 통째로 간장, 마늘 등으로 양념해 전분가루를 묻혀 튀김 • 양배추 채와 곁들여 먹음
홋카이도	잔기 (ザンギ)	• 홋카이도에서는 가라아게를 보통 '잔기'라고 함 • 중국의 炸鷄(zha ji)로부터 유래한 가라아게

② **식재료별 분류** : 닭고기의 다양한 부위와 해산물을 이용한 가라아게

토리노 가라아게	치킨 가라아게
모모니쿠노 가라아게	가장 많이 쓰이는 닭 다리살 부위를 사용한 가라아게
무네니쿠노 가라아게	• 닭 넓적다리 부위를 사용한 가라아게 • 육질이 부드럽고 담백한 맛
난코츠노 가라아게	• 닭 날개 또는 다리 부분의 연골을 사용한 가라아게 • 주로 이자카야에서 안주로 사용

(2) **튀김옷(衣 : 고로모)의 배합능력**★★★

① 박력분이나 전분으로 튀김을 튀기기 위한 반죽옷
② 튀김을 입안에 넣었을 때의 바삭바삭해야 함
③ 튀김이 잘 된 것은 튀김옷이 질기지 않고 기름이 적게 흡수되어 바삭바삭한 것
④ 튀김옷은 미리 준비해두지 않고 튀김 요리를 하기 직전에 만들어야 글루텐에 의한 끈기가 발생하지 않음
⑤ 글루텐은 수분을 흡수하여 글루텐 망상 구조 안에 가두어 튀김 시 수분의 증발을 어렵게 하므로 튀김옷이 두껍고 질겨짐

3 복어 튀김 조리 완성

(1) 튀김기름의 성분 및 용도

1) 식물성 기름

대두유	• 정제 정도에 따라 튀김유나 샐러드유로 사용 • 지방산 조성은 올레산과 리놀레산 함량이 80% 정도

포도씨유	• 포도씨를 압착하여 추출 • 기름의 주성분인 리놀레산과 카테킨은 혈청 내 콜레스테롤 수치를 낮춰 동맥경화, 고혈압, 고지혈증 개선 효과 • 발연점이 높아 튀김이나 볶음요리와 같은 고온에서 가열하는 요리에 적합하며, 맛이 담백하여 샐러드 드레싱, 나물요리, 무침요리에 사용
카놀라유	• 재래종의 평지씨 기름에는 인체에 유해한 것으로 알려진 에루스산이 20~55% 정도로 다량 함유 • 유채의 품종을 개량하여 에루스산의 함량을 2% 이하로 낮춰 카놀라유라는 이름으로 시판 • 개량종의 카놀라유는 올레산 함량이 50~60%, 리놀레산이 20~25% 수준으로 불포화지방산의 비율이 높으며 발연점도 높아 대두유와 유사한 특성을 가짐
면실유	• 목화씨에서 짜낸 기름으로 향미가 좋은 식용유 • 고시폴이라는 천연 산화방지제를 함유하고 있으나 독성이 있어 반드시 정제 과정을 거쳐 제거 • 튀김용 기름으로 많이 사용되며, 동유 처리 과정을 거친 후 샐러드유로도 사용
옥수수유	• 옥수수의 배아를 분리하여 압착하고 용매로 추출한 후 정제한 기름 • 산화와 가열에 대한 안정성이 우수하고 연속적인 가열 시에도 발연점 저하가 천천히 일어나 오래 사용 가능
팜유	• 기름야자의 과육을 압착하여 얻는 기름으로 카로틴을 함유하고 있고 황색을 띰 • 식물성 유지로는 포화지방산 함량이 높은 편으로 포화지방산과 불포화지방산이 거의 동량 함유되어 있어 산화 안정성이 우수함 • 마가린과 쇼트닝 외에 포테이토칩이나 인스턴트 라면 가공에 사용
참기름과 들기름	**참기름** • 볶은 참깨에서 짜낸 기름이며 올레산과 리놀레산이 각각 40~50% 정도 함유되어 불포화도가 높은 편이지만, 산화방지제 역할을 하는 토코페롤과 세사몰이 자연적으로 함유되어 있음 • 정제 과정을 거치지 않고 사용하므로 산화에 대한 안정성이 뛰어난 편
	들기름 • w-3 지방산인 리놀레산이 약 50~60%로 많이 들어 있으며 독특한 향미를 가짐 • 참기름과 달리 천연 항산화제의 함량이 낮아 저장성이 떨어지므로 냉장저장함

올리브유	버진 오일	올리브 열매를 압착하여 기름을 짜낸 후 정제하지 않은 것
	엑스트라 버진	• 올리브 열매에 열을 가하지 않고 가볍게 압착하여 처음 나오는 기름 • 녹색으로 독특한 향미가 있고 올레산을 다량 함유
	올리브유	정제 과정을 거치지 않아 발연점이 매우 낮은 편이므로 튀김용으로는 부적합

2) 동물성 기름

소기름	• 소의 지방 조직에서 얻을 수 있는 기름 • 우지(beef tallow) : 연한 황색의 고체 지방으로 올레산, 스테아르산, 팔미트산 등의 지방산 함량이 높아 융점이 높으며, 실온에서 고체로 존재
돼지기름	• 돈지(lard) : 돼지의 지방 조직으로부터 분리·정제한 백색의 고체 지방 • 라드 : 다른 유지에 비해 쇼트닝 파워가 크고 음식의 맛을 부드럽게 하는 작용이 강해서 제과제빵용으로 많이 이용되지만, 크리밍성은 낮기 때문에 버터나 마가린 등의 다른 유지류와 보완하여 사용 • 돼지기름은 중국 요리에 많이 이용되고 있으나, 일부 라드는 발연점이 낮아 튀김용으로는 부적당

(2) 튀김온도 조절

1) 기름의 온도를 손쉽게 알아보는 방법

튀김옷(ころも)을 기름에 떨어뜨려 가라앉는 정도에 의해서 온도를 알 수 있음

2) 튀김의 온도 측정 방법

① 바닥에 가라앉고 잠시 후 떠오름 : 150℃
② 바닥에 가라앉고 곧바로 떠오름 : 160℃
③ 중간 정도 가라앉고 떠오름 : 170~180℃
④ 표면에 바로 떠오름 : 200℃
→ 튀김요리 기름의 온도는 약 160~170℃ 정도가 적당하며, 재료의 종류나 양에 따라 온도를 조절해야 함

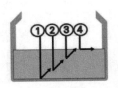

온도에 따른
튀김재료의 반응

1 복어 술찜 준비

(1) 단백질의 응고 원리

① 생선에는 액틴, 미오신, 미오겐 등의 근육 단백질이 약 20~25% 존재

② 생선의 근육을 구성하는 단백질의 근섬유는 육류와 달리 길이가 길지 않고 굵고 짧으며, 근육과 뼈 사이의 결합조직이 연함

③ 근육은 사용할수록 조직이 발달하지만, 물고기는 물에 체중을 싣고 생활하기 때문에 근육에 큰 힘을 쓸 필요가 없어서 연한 조직을 가짐

④ 생선에 뿌리는 적정량의 소금은 단백질의 용해도를 낮춰 단백질을 응고시킴

⑤ 생선을 가열하면 근육 단백질이 응고·수축되어 살이 단단해짐

⑥ 소금은 간을 맞추는 역할을 할 뿐 아니라 단백질의 응고 과정을 도움

⑦ 생선이 지나치게 익으면 짧은 근섬유가 열에 의해 빨리 분해되므로 생선살이 쉽게 부서짐

(2) 찜 조리법

1) 찜요리의 정의 및 특징

① 증기에서 나오는 수증기를 이용하여 만든 요리

② 모양과 형태가 변하지 않고 재료 본연의 맛 유지

③ 채소류, 어패류, 달걀, 두부 등 떫은맛이 없고 담백한 재료 사용

2) 찜요리 시 주의사항

① 찌는 시간을 계산하여 재료의 크기를 균일하게 자름

② 찜통 속의 물방울이 떨어지는 것을 방지하기 위해 뚜껑은 마른 면보로 감싸기

③ 냄새가 나기 쉬운 재료나 단단한 재료는 뚜껑을 닫고, 강한 불에서 조리

④ 달걀을 재료로 한 요리는 뚜껑을 조금 열고, 저온의 불에서 조리

⑤ 물은 찜통의 7~8할 정도에서 증기가 올라올 때 재료를 넣어야 색이 변하지 않고 맛이 유지됨

⑥ 뚜껑을 덮을 때 뚜껑에 물이 떨어지지 않도록 요리용 수건을 덮기(물방울이 수직으로 재료에 떨어지는 것을 방지)

Check Note

✅ 찜통의 종류 및 특징

스테인리스·알루미늄 찜통	• 열 손실이 적고 바닥이 넓으며 높이가 높아 물의 양이 많이 들어가는 것을 선택 • 영업용은 몇 단이고 겹쳐서 사용 가능 • 사용 및 손질이 쉬움 • 목재보다는 열효율이 떨어지고 찜통이 매우 뜨거우므로 화상에 주의
나무 찜통	• 둥근형과 사각형이 있으며, 2~3단으로 겹쳐서 증기를 올려 사용 • 금속제에 비하여 열효율이 좋고 수분 흡수가 좋아 뚜껑에 물방울이 생기지 않는 장점이 있음 • 곰팡이가 생기기 쉬우므로 사용 후 햇빛에 말려 건조시켜 사용

⑦ 뚜껑을 열 때는 반드시 자기 맞은편을 들고 열되, 김이 어느 정도 빠져나가게 한 다음 열기

⑧ 2~3단의 경우 균일하게 익히려면 단의 위치를 바꾸어 주기

⑨ 찜통의 물이 끓을 때 재료를 찌기 시작하고, 물을 보충할 때에는 반드시 뜨거운 물을 붓기

2 복어 수육 준비

(1) 복어 수육 종류

1) 복어 찜요리의 종류

① 재료에 따른 분류

무청찜 (かぶら蒸し : 가부라무시)	• 무청을 강판에 갈아 재료를 듬뿍 올려서 찐 요리 • 매운맛이 적고 싱싱한 것으로 풍미가 달아나지 않게 신속하게 찜
신주찜 (信州蒸し : 신수무시)	메밀을 재료 속에 넣고 표면을 감싸서 찐 요리
조요무시 (上用蒸し)	강판에 간 산마를 곁들여서 재료에 감싸서 찐 요리
도묘지무시 (道明寺蒸し)	찐 찹쌀을 물에 불려서 재료에 올려 찐 요리

② 조미료에 의한 분류

술찜 (酒蒸し : 사카무시)	도미, 전복, 닭고기 등에 소금을 뿌린 뒤 술을 붓고 찐 요리로 폰즈(ポン酢)소스 사용
된장찜 (味蒸し : 미소무시)	흰살생선 요리에 된장은 냄새를 제거하고 향기를 더해 주므로 풍미를 살려 빠르게 찜
소금찜 (塩蒸し : 시오무시)	흰살생선, 닭고기에 소금을 이용한 찜요리로 가장 보편적으로 이용하는 방법

③ 형태에 따른 분류

도빙무시 (土瓶蒸し)	닭고기, 송이버섯, 장어, 은행 등을 찜 주전자에 넣고 다시 국물을 넣어 찐 요리
사쿠라무시 (櫻蒸し)	잘 불린 찹쌀을 벚꽃 나뭇잎에 말아서 부재료와 함께 찐 요리
호네무시(骨蒸し), 치리무시(ちり蒸し)	뼈까지 충분히 익혀서 다시물에 생선 감칠맛이 우러나오게 하며 강한 불에 찐 요리
야와라카무시 (柔らか蒸し)	닭고기, 문어 등의 재료를 아주 부드럽게 찐 요리

(2) 주재료와 부재료의 성질

주재료	모양과 형태가 변하지 않고 재료 본연의 맛이 날아가지 않게 가열 조리하는 요리이므로 어패류, 달걀 등 신선하고 담백한 재료를 사용
부재료	무, 당근, 배추, 대파, 버섯류, 두부 등 떫은맛이 없고 신선한 채소를 사용

3 복어 술찜 완성

(1) 술찜 시 불의 강약 조절

생선, 닭고기, 찹쌀, 조개류	• 생선은 날것일 때 단단하지만 열을 가하면 부드러워짐 • 조개류는 서서히 찌면 질겨지기 때문에 강한 불에서 빠르게 찜
달걀, 두부, 산마, 생선살 간 것	원래 부드럽기 때문에 찌면 딱딱해지므로 약한 불로 찜

(2) 복어 술찜 맛국물 조리

1) 다시 국물 준비

다시마는 젖은 면포로 닦아 찬물 3컵 정도에 넣고 서서히 끓이는데, 끓으면 다시마는 건져내고 국물을 걸러 완성

2) 찜요리의 맛(소스)

폰즈 (ポン酢)	복어, 도미 등에 소금을 뿌리고 적당량의 청주를 붓고 찐 요리에 소스로 적합
소바다시, 우마다시 (そばだし, うまだし)	간장 맛이 강하고 약간의 단맛이 있으며 색이 진함 예 참마를 갈아 생선(옥돔) 위에 얹어 찐 것으로 담백한 요리 위에 얹어 완성
긴안 (銀あん : 은색에 가까운 소스)	다시 국물에 연한 간장과 칡전분(吉野葛 : 요시노구즈)을 풀어 약간 걸쭉한 소스로 완성 예 두부달걀찜을 찐 후 요리 위에 얹어 완성
벳코안 (べっこうあん)	소바다시에 칡전분을 풀어 넣은 소스로 강한 맛 예 장어두부찜을 찐 후 요리 위에 얹어 완성

4 복어 수육 완성

(1) 찜하는 방법

흰살생선	신선한 흰살생선은 살짝 데친 정도로 90~95% 찜
등푸른생선	수분과 기름기가 있으므로 가능하면 완전히 익힘
육류	• 소고기, 오리고기 등 붉은색의 재료는 중심부가 약간은 붉은빛이 도는 70~80% 정도로 익힘 • 닭고기, 돼지고기 등 흰색의 재료는 100% 익힘

조개류	익힐수록 딴딴해지므로 중합, 대합 등 조개류는 입이 벌어지면 완성
채소류	색과 씹히는 맛을 중요시하므로 아삭할 정도로 익힘

(2) 복어 수육 완성하기

1) 복어 종류별로 찌는 시간 조절

찜통에 콩나물을 넣고, 그 위에 복어 살을 올려 청주 및 소금으로 밑간을 한 후 12분 정도 찜

2) 수육용 부재료를 시점에 맞게 넣음

① 복어와 콩나물을 12분 정도 찐 후, 미나리와 실파를 넣고 10~20초 정도 더 찜

② 수육용 부재료는 채소 종류별 알맞게 익는 시점에 넣어 색감과 질감을 잘 살려 익힘

3) 복어 수육 담기

① 복어 수육을 제시된 모양으로 담고 2분 정도 뜸을 들임

② 콩나물, 복어, 실파, 미나리 등을 모양 있게 담기

③ 곁들임 소스 제공(폰즈소스 및 겨자소스)

04 복어 선별 · 손질 관리

1 복어 종류 구별

(1) 식용 가능한 복어의 종류★★★

① 우리나라 식품의약품안전처 농수산물안전과는 21종의 식용 가능한 복어 지정

② 복어의 식용 가능한 부위는 살과 뼈, 껍질, 지느러미, 정소(이리, 고니)로 이를 제외하고는 섭취하지 않는 것이 좋음

③ 일본에서는 복어 간과 알의 독을 없애 섭취하는 경우도 있으나, 우리나라에서는 섭취 금지

④ 부위별 식용 가능한 복어

살과 뼈, 껍질, 지느러미, 정소의 식용 가능	자주복, 검자주복, 까치복, 금밀복, 흰밀복, 검은밀복, 물밀복, 강담복, 가시복, 브리커가시복, 쥐복 등
껍질은 섭취가 불가능하고 정소, 살, 뼈만 섭취 가능	검복, 황복, 매리복, 눈불개복, 까칠복, 거북복
껍질, 정소 모두 섭취하지 못하고 살만 섭취 가능	흰점복, 졸복, 복섬, 삼채복

✔ **복어 수육 조리 시 유의사항**

- 손질된 복어 몸통은 2장뜨기 또는 통으로 4~5cm 크기로 자름
- 복어살은 연한 소금물에 5분 정도 담가 두면 살이 탱탱해짐
- 폰즈소스는 다시물 1큰술, 간장 1큰술, 식초 1큰술을 섞어 준비하여 야쿠미(양념)와 함께 곁들임

(2) 국내 식용이 가능한 복어의 종류별 특성★★★

종류	원산지	형태	최대길이
가시복	우리나라 전 연안, 일본	• 배 쪽은 흰색, 등과 옆은 황갈색 • 가시는 긴 바늘 모양	40cm
검자주복 (참복)	우리나라 전 연안, 일본 중부 이남, 황해, 동중국해	• 배 쪽은 흰색, 등 쪽은 짙은 검은색 • 하얀 테두리가 있는 커다란 흑색 반점이 한 개 있는 것이 특징 • 지느러미는 검은색	60cm
까치복	우리나라 전 연안, 일본 중부 이남, 황해, 동중국해	• 배 부분은 하얀색이고, 등 부분은 얼룩이 있으며, 눈과 지느러미는 노란색 • 살과 껍질 그리고 정소를 식용으로 함 • 회보다는 탕과 튀김요리에 주로 사용 • 한국에서 식용으로 인기가 많음	60cm
불룩복	전 대양의 열대, 온대 해역	• 배 쪽은 희고, 몸의 등 쪽과 중앙은 암회색 • 꼬리지느러미는 검고, 나머지는 흰색 • 달걀 모양으로 가시가 없음	40cm
자주복	우리나라 전 연안, 일본, 황해, 동중국해	• 복어 중에서 최고급으로 여겨지는 종류로 '참복'으로도 불림 • 등이 검고 커다란 점 하나와 여러 개의 작은 점이 있는 것이 특징 • 배지느러미는 하얀색이지만 다른 지느러미는 검은색 • 살과 껍질 그리고 정소를 식용으로 하며, 회와 탕에 많이 사용 • 우리나라에서 생산되는 복어 중 가장 비싼 어종 • 수요가 많아 자연산 대신 양식도 많이 사용	75cm
황복	우리나라의 금강, 한강, 임진강의 하천 및 서해와 남해 연안과 하천 하류, 황해, 중국	• 배 부분은 은백색이고, 등 쪽은 녹갈색이나 황갈색 • 꼬리지느러미는 황색이고, 다른 지느러미는 백색	45cm
졸복	우리나라 전 연안, 일본 북해도, 황해, 동중국해	• 봄이 되면 산란을 위해 연안으로 이동	35cm

✅ Check Note

✔ 복어와 황복

■ 복어는 겨울에 살이 단단하고 맛이 좋기 때문에 주로 어획을 하여 섭취

■ 황복은 주로 4~5월 봄에 산란을 위해 강으로 이동하는 과정에서 어획하여 섭취

제
03
편

• 가을에는 수심이 깊은 곳으로 이동
• 배 쪽은 흰색이고, 등쪽은 갈색을 띠며 둥근 반점

(3) 식품의약품안전처의 식품공전에 의한 식용 가능한 복어의 21종류

① 가시복
② 참복
③ 까치복
④ 불룩복
⑤ 자주복
⑥ 황복
⑦ 졸복
⑧ 검복
⑨ 흰점복
⑩ 눈불개복
⑪ 민밀복
⑫ 은밀복
⑬ 흑밀복
⑭ 매리복
⑮ 황점복
⑯ 강담복
⑰ 복섬
⑱ 리투로가시복(브리커가시복)
⑲ 잔점박이가시복(쥐복)
⑳ 거북복
㉑ 까칠복

2 복어 선도 구별

(1) 복어의 신선도 구분

1) 관능검사 종류와 실행 방법

① 차이 식별 검사

일·이점 검사 (duo-trio test)	표준 시료를 제시하여 맛을 보게 하고, 두 개의 시료를 평가하여 두 개의 시료 중 어느 시료가 표준 시료와 동일한지 혹은 다른지를 알아봄
이점 대비 검사 (paired comparison test)	• 두 개의 시료(A, B) 간에 차이가 있는지를 알아보는 검사 • 두 개의 시료를 제공하고, 두 개의 시료가 동일한지 혹은 다른지를 알아봄
삼점 검사 (triangle test)	• 특성이 다른 두 개의 시료 차이를 평가할 때 사용 • 세 개의 시료 중 두 개는 같은 시료를 제공하고, 한 개는 다르게 제공하여 세 개 중 다른 한 가지를 식별
순위법 (ranking test)	• 세 개 이상의 시료 중에서 주어진 특성의 순위를 결정하는 검사 • 주어진 특성에 대하여 맛을 보아 강도의 순위를 결정
평점법 (rating test)	• 정해진 특성의 강도에 대하여 점수를 표기하는 방법 • 척도법(scaling test) 또는 채점법(scoring test)이라고 함 • 시료의 특성이 어느 정도로 다른지를 평가하기 위해 특성의 정도가 표시된 척도를 사용하여 평가

■ 관능검사는 식품과 물질의 특성이 시각, 후각, 미각, 촉각 및 청각으로 감지되는 반응을 측정, 분석하고 해석하는 과학의 한 분야
■ 인간의 감각을 이용하여 식품의 외관이나 향미, 조직감 등을 객관적이고 과학적으로 평가

② 묘사 분석

묘사 향미 분석 (descriptive flavor analysis)	• 시료의 향미 특성을 분석하여 각 특성이 나타나는 순서를 정하고, 그 강도를 측정하여 향미가 재현될 수 있도록 묘사 • 시각, 청각, 미각, 후각, 촉각 순서로 감지되는 모든 감각을 묘사하는 방법
정량적 묘사 분석 (quantitative descriptive analysis)	제품 특성의 철저한 묘사를 개발하고 그 강도를 정량화하는 방법

③ 기호 검사

이점 선호법 (paired preference)	두 개의 시료 중 더 좋아하는 것을 선택하는 방법
순위 선호법 (ranking preference)	세 개 이상의 시료를 선호하는 순서로 나열하는 방법
기호 척도법 (hedonic scale)	주어진 시료를 얼마나 선호하는지 그 강도를 측정하기 위한 방법

2) 관능검사를 통한 복어의 신선도 판단

변질, 부패된 어류는 외관상의 변화가 있고 어취를 내므로 관능검사에 의해 쉽게 알 수 있음

① 관능적 감별법★

탄력성	• 어류는 사후 10분에서 수 시간 이내에 근육이 강직되어 탄력이 있고 신선함 • 강직 중의 생선은 꼬리 끝이 올라가고 눌러도 자국이 생기지 않음
어피의 색과 광택	신선한 어피의 색은 밝고 광택이 남
생선의 눈	신선어의 안구는 맑고 투명하며 밖으로 약간 돌출되어 있음
비늘의 밀착도	비늘이 표피에 단단히 붙어 있는 것이 신선함
복부	복부가 탄력이 있고 내장이 나오지 않아야 신선함
아가미	• 신선어의 아가미 색은 밝은 선홍색 • 부패되면 갈색, 흑색이 되고 악취가 나는 점질의 물이 생김
근육의 밀착도	• 생선 근육의 뼈에 대한 밀착도를 보고 감별 • 오래된 생선은 뼈에서 쉽게 분리됨
어취	트리메틸아민(트라이메틸아민, TMA; Trimetylamine), 아민(amine), 암모니아 등의 발생으로 어취가 많이 남

Check Note

✅ **해수와 담수**

- 인간 몸의 수분은 52~70%로, 하루에 1.5~2L 정도의 수분을 섭취
- 지구상의 70% 정도가 물이고, 이 가운데 해수는 97%, 담수는 3%임
- 해수는 바닷물이라고도 하며 염도(평균 3.5%)가 있어 인간(약 0.9% 무기염류)이 바로 섭취하게 되면 삼투현상이 일어나 탈수가 발생하므로 인간은 해수가 아닌 담수를 섭취해야 함

✅ **해동**

- 흐르는 물을 넘치게 하여 해동하는 것은 미생물의 번식을 빠르게 하는 온도인 1~35℃ 사이에서 오랫동안 노출되어 식품을 오염시킴
- 내부 온도가 1℃가 되었을 때 해동이 완료
- 육류는 긴 시간을 가지고 냉장 해동
- 해산물은 해동 시간이 길면 냄새와 색의 변화 등이 심해지므로 흐르는 물에 해동
- 양이 적거나 얇은 식재료는 전자레인지 해동
- 채소는 별도의 해동 과정을 거치지 않고 바로 조리
- 가능한 한 제독 처리를 한 후 급속 냉동
- 흐르는 물을 사용하여 신속하게 해동하며, 한 번 해동한 것은 재동결하지 않기
- 실온에 방치하여 해동하는 경우는 반해동(어체 중심온도 -3℃)의 상태에서 내장 등 유독 부위를 제거
- 내장 등 유독 부위를 포함한 채 완전 해동(어체 중심온도 0℃)을 하여서는 안 됨
- 내장과 제독 처리가 완료된 복어는 냉장 해동

---

② 화학적 감별법 : 단백질 부패, 지질 산패에서 생성되는 어취 성분과 유독 물질을 화학적으로 측정해서 감별하는 방법

③ 세균학적 감별법

　㉠ 세균학적 선도 판정은 어체의 세균 수를 측정하고, 그 번식 정도에 따라 부패의 진행 상황을 판정하는 방법

　㉡ 테트라졸륨(tetrazolium) 용액을 적신 여과지를 어체에 밀착시킨 후 검사

　㉢ 근육에 세균수가 105/g 이하면 신선하고, 105~106/g이면 초기 부패, 106/g 이상이면 부패로 판정

④ 물리적 방법 : 경도 측정법, 전기 저항 측정법, 어체 압착 즙의 점도 측정법, pH 측정법 등

3 저장 · 관리

(1) 복어의 상태별 저장 온도

① **수족관의 온도** : 수족관에서 보관하는 활어는 보관 온도가 낮아 보통 12~15℃이고 18℃ 이상이 되면 생육하기 어려움

② 복어는 해수와 담수가 만나는 연안이나 담수에서 생육하기 때문에 높은 온도에서 잘 적응할 수 있는 어종이므로 다른 해수어와 같이 보관해도 무방

(2) 복어 저장 방법

수족관 저장	• 활복어는 해수어와 해수와 담수에서 모두 살 수 있는 어종 • 생선회를 목적으로 수족관에 보관한다면 담수에서 생존하는 기생충을 없애기 위해 해수를 사용 • 수족관의 염도 　- 깨끗한 해수 또는 담수(1L)에 해수염(36g)을 탄 물 　- 염도는 1.024~1.026 정도의 비중 또는 33~35 정도의 ppt 　- 해수염은 충분히 녹는 데 시간이 필요하므로 24시간 경과 후 다시 한번 측정
냉장 저장	• 냉장 시설의 온도는 0~5℃ 이하를 유지하고 냉장고 온도는 하루에 2회 체크 • 온도계는 냉장고의 가장 따뜻한 부분에 설치하고, 2±1.5℃ 범위를 유지하도록 관리 • 만약 온도 범위를 유지하지 못하고 0℃ 이하로 내려가면 복어 살이 얼어 회 용도로 사용할 수 없으므로 온도 관리에 주의 • 복어 초밥이나 복어회에 사용하는 복어 살의 경우에는 면포나 해동지에 싼 후 1~3℃를 유지할 수 있는 냉장고에 보관 • 복어 맑은탕 등 복어를 익혀서 사용하는 경우 찬물과 얼음에 복어를 넣고 냉장 보관을 하고, 주기적으로 물과 얼음을 바꿔 주면서 선도를 유지

냉동 저장	• 냉동 상태를 −18℃ 이하로 유지하고 항상 온도계를 점검(온도계는 사용 후 알코올 솜을 이용하여 소독하고 하루에 2번 정도 체크) • 냉동 손상(freezer burn)을 방지하기 위해서는 포장 상태가 좋아야 하며, 냉동고 문 앞에 물품 목록표를 붙여 두고 적정 보관 기한을 넘기지 않도록 함 • 냉동식품을 완전히 해동하지 않고 조리한 경우는 품질이 현저히 떨어지므로 반드시 적절한 해동을 거쳐 사용 • 동결은 균일한 빙결정을 얻기 위해서 최대 빙결정 생성대(−1∼−5℃)를 신속히 통과시키는 급속 동결법 • 동결 보관은 될 수 있는 한 저온(−18℃ 이하)으로 하고 빙결정의 변동이 적도록 보관 창고 온도를 일정하게 유지

4 기초 손질

(1) 복어의 부위별 명칭

안구, 아가미, 심장, 신장, 부레, 비장, 간장, 위장, 담낭, 방광, 난소, 정소, 알

(2) 복어 기초손질 순서

1) 복어를 위생적으로 세척

① 복어의 외부에 묻어 있는 이물질과 잡티를 흐르는 물로 깨끗이 씻어 제거

② 복어의 피와 내장에는 맹독인 테트로도톡신이 있으므로 이를 제거하기 위해서는 손질과 동시에 흐르는 물에 담가둠

③ 복어의 손질 시에도 뼈 부분 중 피가 고여 있는 부분이 있는데, 이 부분은 손가락으로 눌러주어 피를 제거

④ 혈관들도 모두 제거하고 흐르는 물에 충분히 헹구어 피를 완전히 제거

2) 복어의 점액질을 제거

① 복어는 비늘이 없는 생선이지만 껍질 표면에 상당히 많은 양의 미끈거리고 끈적이는 점액질이 있음

② 조리용 칼을 이용해 복어 표면에 묻어 있는 끈적이는 점액질을 긁어내고 손질을 시작

③ 점액질이 많은 부위는 입, 지느러미, 껍질

입	굵은 소금을 뿌려서 손으로 문질러 준 후, 물에 씻고 끓는 물에 데쳐 여분의 점액질을 제거
지느러미	소금을 뿌리고 소쿠리에 넣어서 점액질이 완전히 제거될 때까지 돌려준 후 물에 씻어줌

껍질	칼로 점액질을 긁어 준 후 물에 담가 두었다가 필요할 때마다 손질 후 삶아서 사용

3) 복어를 부위별로 분리

입 부위 분리	• 한 손으로 복어의 머리 부분을 움직이지 않도록 확실히 고정한 후, 복어의 입 부분을 조리용 칼을 이용해 몸통에서 분리 • 칼을 강하게 밀면서 1/3 정도 자른 후 칼로 자른 부위를 벌려주고 혀가 다치지 않도록 나머지 부분을 잘라줌
지느러미 부위 분리	• 조리용 칼을 이용해 복어의 각 지느러미를 몸통에서 분리 • 지느러미는 점액질로 미끄러우므로 안전을 위해 소금을 사용하며 지느러미를 잡고 꼬리 부분에서 머리 쪽으로(역방향) 지느러미를 분리 • 지느러미는 총 5개 중 꼬리지느러미를 제외한 4개의 지느러미만 분리
껍질 부위 분리	• 조리용 칼 중 끝부분이 잘 연마된 칼을 이용해 복어의 옆 지느러미 부분에서부터 입 쪽으로 칼을 넣고, 다시 옆 지느러미 부분에서 꼬리 부분까지 칼을 넣음 • 칼을 사용하여 머리뼈와 껍질을 분리해주고, 지느러미가 있던 부위도 강한 접합력이 있어 칼을 사용하여 껍질을 분리

4) 안구 제거
복어의 안구 또한 독이 있는 불가식 부위이므로 제거

5) 머리·몸통 부위와 아가미 살·내장 부위 분리

아가미와 아가미를 덮고 있는 뼈 사이에 칼집	아가미 부위에 3개의 가시 같은 뼈가 있는데, 이 뼈가 상당히 날카로워서 섭취 시 목에 걸릴 수 있으므로 반드시 제거
머리·몸통 부위와 아가미 살·내장 부위 분리	• 칼로 아가미를 떼어 주고 아가미 덮개 뼈 아래로 긴 뼈가 있는데, 이 부분을 끊어주어야 내장과 몸통의 분리가 가능 • 칼로 머리 부위를 고정하고 아가미에 손가락을 걸어 뒤로 당겨 머리·몸통 부위와 아가미 살·내장 부위를 분리

6) 머리와 몸통 부위 분리 및 손질
① 머리 부분과 몸통 살이 시작하는 부위를 조리용 칼을 이용해 분리
② 복어의 머리뼈 부분은 조리용 칼을 이용해 정확히 세로로 반을 갈라 여분의 피와 뇌, 점액질, 제거되지 않은 아가미 부위를 깨끗이 제거한 후 가식 부위 용기에 넣고, 피, 아가미, 뇌, 점액질은 불가식 부위 용기에 넣음
③ 몸통과 머리 부분의 연결 부위에 뾰족하게 남아 있는 뼈 부분을

제거하기 위해 복어를 세운 후 칼을 사용하여 강하게 눌러주어 뼈를 잘라 줌

④ 배꼽살은 V로 칼집을 넣어 뜯어냄

7) 아가미 살과 내장 부위 분리

① 아가미를 잡고 아가미 살과 내장 부위의 연결 부분에 살짝 칼집을 넣음

② 칼의 뒷부분으로 아가미 살 부위를 잡고 손으로 아가미를 뜯어내면 아가미와 같이 내장 부위가 딸려오면서 아가미 살과 내장이 분리

③ 내장 부위 중 가식 부위인 정소가 없다면 내장과 아가미를 통째로 불가식 용기에 넣고, 정소가 있다면 정소를 분리한 후 정소는 가식 부위 용기에, 나머지 아가미와 내장은 불가식 부위 용기에 각각 넣음

④ 아가미 살은 양쪽으로 갈라진 뼈 사이를 잘라 반으로 가르고 아가미를 움직일 때 사용하는 세 가닥의 날카로운 뼈가 있는데, 이를 제거하고 뼈마디에 피가 뭉쳐 있는 부분에 칼집을 넣어 피를 제거

⑤ 아가미 살은 혈관과 피, 내장에서 나온 점액질이 많이 있는 부분으로 모두 제거한 후 가식 부위 용기에 넣음

8) 용기 확인

① 모든 불가식 부위가 빠짐없이 용기에 담겨 있는지 확인

② 특히 눈의 개수와 복어의 개수가 맞는지 확인

(3) 칼 사용방법

1) 기본 썰기 방법

일반 재료의 밀어 썰기	• 오른쪽 집게손가락을 칼등에 대고 칼을 끝 쪽으로 미는 듯하게 썰기 • 무, 오이, 양배추 등
부드러운 재료의 밀어 썰기	• 칼끝을 재료의 안쪽에 밀듯이 가볍게 넣고 미끄러지듯 단번에 썰기(말랑말랑하고 속에 무엇이 들어 있는 재료를 썰기) • 순대, 김밥, 샌드위치 등
단단한 재료의 밀어 썰기	• 칼을 안쪽에서 끝 쪽으로 밀어 넣는 듯하게 재료에 넣고 왼손으로 칼끝 쪽을 누른 채 이쪽저쪽으로 썰기 • 큼직하고 단단한 호박, 무 등
잡아당겨 썰기	• 칼의 안쪽은 들어 올리고 칼끝을 재료에 비스듬히 댄 채 잡아당기듯 썰기 • 오징어 채썰기 등

Check Note

눌러 썰기	• 왼손으로 칼끝을 가볍게 누르고 오른손을 위아래로 움직여 누르듯 썰기 • 무, 당근 등
저며 썰기	• 재료의 왼쪽 끝에 왼손을 얹고 오른손으로는 칼을 뉘여서 재료에 넣은 다음 안쪽으로 잡아당기는 듯한 동작으로 얇게 썰기 • 애호박, 가지 등
은행잎 썰기 [이쵸기리 : 銀杏切り (いちょうぎり)]	• 재료를 길이로 십자 모양으로 4등분하여 원하는 두께로 은행잎 모양으로 썰기 • 감자, 무, 당근 등
매화꽃 모양 썰기 [네지우메기리 : 捻梅切り (ねじうめぎり)]	• 재료를 5~6cm 길이로 잘라 정오각형 모양으로 만든 다음 오각기둥의 각 면의 중앙에 칼집을 넣어 꽃잎 모양으로 깎는 방법 • 당근, 무 등
어슷썰기 (나나메기리 : (斜めに切ること)	• 가늘고 길쭉한 재료를 칼을 옆으로 비껴 적당한 두께로 어슷하게 썰기 • 오이, 당근, 파 등
채썰기 [센기리 : 千切り (せんぎり)]	• 오른쪽 끝에서 일정한 두께로 자른 뒤, 재료를 가지런히 포개 두고 0.3×0.3cm 굵기로 비스듬히 채썰기 • 무, 당근 등
채썰기 [센기리 : 千切り (せんぎり)]	실파를 0.1~0.3cm 길이로 송송 썰기
반달썰기 [항게쓰기리 : 半月切り (はんげつぎり)]	무, 고구마, 감자 등 통으로 썰기에 너무 큰 재료들은 길이로 반을 가른 후 썰어 반달 모양이 되게 썰기

2) 조리 목적에 맞게 식재료 썰기

① 차가운 회 요리 장식용

그물 모양 자르기 [아미기리(網切り)]	돌려 깎기는 1mm 정도의 두께로 깎아주기
창포 모양 자르기 [아야매기리(菖蒲切り)]	5번의 칼집을 넣어 창포꽃 모양으로 썰기
돌려깎기 [가츠라무키(桂剝き)]	얇게 돌려 깎는 방법으로 곱게 채를 썰어 겡(けん) 만들기
꼼 [요리(縒り)]	3cm 길이의 원통을 만들어 돌려 깎은 후 사선으로 썰고, 젓가락을 사용하여 꼬아 만들기

소나무 모양 만들기 [마쯔기리(松切り)]	오이를 10cm 길이로 잘라 세로로 삼등분한 후, 끝을 뾰족하게 만들고 세로로 칼집을 촘촘히 넣기

② 뜨거운 요리 장식용

접힌 소나무 잎 모양 자르기 [오레마츠바기리(折れ松葉切り)]	2번의 칼집을 넣어 삼각형으로 접어서 만들기
소나무 잎 모양 자르기 [마츠바기리(松葉切り)]	당근, 오이, 유자 등을 세로로 길쭉하게 자른 후, 세로로 칼집을 넣어 양쪽으로 벌어지게 만들기
대나무 잎 모양 깎기 [사사가키(笹搔き)]	우엉 등 연필을 깎듯이 얇게 자르기
바늘 모양 자르기 [하리기리(針切り)]	파, 김 등을 바늘처럼 아주 얇게 자르기

5 식용 부위 손질

(1) 식용 부위

식용 복어는 종류에 따라 섭취 가능한 부위가 다름

(2) 가식 · 불가식 부위

가식 부위	• 가식 부위 : 복어살, 뼈, 지느러미, 정소(이리, 고니) • 복어 종류에 따라 부위별 가식 부위와 불가식 부위가 다르므로 주의
불가식 부위	• 복어의 불가식 부위는 독성이 있거나 의심되는 모든 부위를 가리킴 • 피, 내장(아가미, 안구, 쓸개, 심장, 간, 장, 식도, 위, 난소) • 피가 배어 있는 조직과 점막, 쓸개

6 제독 처리

(1) 복어의 부위별 독성

① 테트로도톡신은 복어의 독으로 주로 난소와 간장에 존재

② 세포막으로의 나트륨 유입을 선택적으로 억제하기 때문에 활동 전위가 멈춤

③ 복어 독에 의한 중독은 주로 이 작용에 의한 운동근 마비로 사인은 호흡근 마비에 의함

④ 그 외에 초기에는 지각 신경 마비에 의한 혀나 손가락 끝의 마비를 느끼고, 그 후 자율 신경 차단에 의한 혈관 확장과 혈관 중추 억제에 의한 현저한 혈압 저하 및 호흡 중추 억제 등을 일으켜 사망

📎 Check Note

✔ 칼의 특성을 고려하여 칼을 갈기

- 절단칼과 회칼은 용도에 따라 날 세우기를 달리함
- 절단칼은 용도에 따라 무게와 크기를 선택하여 사용함
- 회칼은 연마의 정도에 따라 생선살의 결이 달라짐
- 절단칼과 회칼의 보관 상태에 따라 녹 쓰는 것을 방지할 수 있음

✔ 양념의 역할 이해

- 양념장과 초간장을 조리할 때 비율에 유의함
- 강판에 간 무는 물에 담갔다가 물기를 제거한 후 사용해야 특유의 향기와 매운맛이 제거됨
- 실파는 썰어서 물에 한 번 헹구면 특유의 점액질이 제거됨

✔ 황복의 가식 · 불가식 부위

- 가식 부위 : 정소, 살, 뼈
- 불가식 부위 : 껍질

✔ 복어의 제독 처리

복어의 제독 처리는 단순한 실수로 끝나는 것이 아니라, 위험한 결과로 이루어지기 때문에 항상 복어 손질은 순서를 지키면서 작업을 진행

제 03 편

아라이 (あらい : 洗い)	씻음
스가타즈쿠리 (すがたづくり : 姿作り)	통생선회로 참돔, 전 갱이, 학꽁치 등
시모후리 즈쿠리 (しもふりづく り : 霜降作り)	표면에 서리가 내린 듯 살짝 데친 회
마쓰가와 즈쿠리 (まつがわ づくり : 松皮姿作り)	• 소나무 껍질 모양 의 도미회 • 손질한 도미의 껍 질을 벗기지 않고 그대로 살려서 체 위에 소금을 뿌린 후 면포로 덮어 끓 는 물을 껍질에만 끼얹고 재빨리 얼 음물에 넣어 물기 를 제거
지리즈쿠리 (ちりづくり : ちり作り)	뿔뿔이 흩어진 회
야키시모 즈쿠리 (やきしもづく り : 焼霜作り)	살짝 구운 회
다타키 (たたき : 叩)	다지거나 살짝 구운 회
스지메 (すじめ : 酢締め)	초절임
콘부지메 (こんぶじめ : 昆布締め)	다시마에 절임
기미마부리 (ぎみまぶり : 黃身ま鰤)	노른자 가루 묻힌 회
야마카케 (やまかけ : 山掛け)	참치 등살을 산마즙 에 곁들인 요리

⑤ 중독이 발생하여도 8시간 이상 생존하면 구조될 가능성이 있으며 중독의 치료로는 호흡 억제에 대한 인공호흡이나 소생제나 승압제의 투여 등이 있으나 특효약은 없음

(2) 복어 제독처리 방법

① 가식 부위와 불가식 부위를 확실하게 구분하고, 불가식 부위는 폐기하고 가식 부위에 있는 여분의 불가식 부위에 대해 제독을 실시

② 가식 부위를 용기에 담고 흐르는 물을 틀어 놓음

③ 가식 부위에 남아 있는 혈관이나 피 찌꺼기 등을 확실하게 제거하여야 함

④ 머리 부분의 아가미 쪽과 몸통 부분의 척추뼈 부분, 아가미 살 쪽에 남아 있는 혈관과 피 찌꺼기 제거에 주의

⑤ 척추뼈와 몸살 사이에 들어 있는 피도 제거

⑥ 수작업으로 피를 제거해도 실핏줄에 배어 있는 피까지는 제거가 어려우므로 담가 놓은 물에 핏기가 모두 없어질 때까지 물을 계속 갈아 주어 완벽하게 제독

7 껍질 작업

(1) 복어 종류별 껍질의 특성

① 복어의 껍질에는 콜라겐이 다량 함유되어 있어 단단한 껍질을 형성

② 콜라겐은 단백질의 일종으로 열을 가하면 녹아서 부드러운 젤라틴으로 변함

③ 껍질의 콜라겐이 열을 가하면 젤라틴으로 변하는 성질을 이용하여 껍질굳힘을 만듦

④ 복어는 종류에 따라 껍질이 불가식 부위와 가식부위 복어로 나뉘어 있음

⑤ 껍질(지느러미 포함)이 불가식 부위인 복어 : 매리복, 검복, 황복, 눈불개복, 까칠복, 거북복

⑥ 껍질(지느러미 포함)과 정소가 불가식 부위인 복어 : 복섬, 흰점복, 졸복, 삼채복

(2) 껍질 가시 분리 기술

① 가시가 없는 복어는 점액질만 제거한 후 사용하면 되지만, 가시가 있는 복어는 가시를 제거하지 않으면 날카롭고 단단한 가시로 인해 식감이 매우 안 좋기에 가시를 제거함

② 가시는 속껍질에는 없고 겉껍질에만 있음

③ 먼저 도마에 물을 뿌려 주는데 물기가 없으면 도마에 껍질이 잘 달라붙지 않음

④ 껍질의 안쪽 부분을 도마에 밀착하고 꼬리를 좌측에, 머리를 우측에 오게 하여 칼등으로 누르면서 밀어주어 도마에 껍질을 완전히 밀착시킴

⑤ 복어 껍질의 가시를 제거할 때는 잘 연마된 회칼을 사용

⑥ 껍질을 자세히 보면 가시가 있는 부분과 없는 부분이 있는데, 가시가 있는 부분부터 가시를 제거함

⑦ 회칼을 직각으로 세우고 상하로 움직이면서 가시와 함께 겉껍질을 아주 얇게 깎아냄

⑧ 너무 힘을 주면 겉껍질 자체가 잘리고, 반대로 힘이 약하면 가시가 완전히 제거되지 않게 되므로 눈과 손가락의 촉감으로 확인해 가면서 가시를 제거함

8 독성 부위 폐기

(1) 복어 전용 분리수거 용기

① 복어의 독성 부위는 음식물 쓰레기와 같이 버리게 되면 2차적인 사고가 발생할 수 있으므로 별도의 용기에 모아서 폐기해야 함

② 복어의 알과 간은 복어의 몸체에서도 상당히 많은 부분을 차지할 정도로 크며, 외관상 먹음직스럽게 보이기 때문에 복어의 내장이라는 사실을 모르거나 복어가 유독함을 모르는 사람에게는 매우 위험하므로 다음과 같이 표시하여야 함

독극물이라는 표시가 있을 것	누가 봐도 위험한 물건임을 쉽게 인식하도록 해야 하므로 독극물임을 쉽게 인지할 수 있는 표시와 문구를 삽입
복어 내장이라는 표시가 있을 것	독극물의 종류가 무엇인지 알리기 위해 복어 내장이라는 표시를 함
터지지 않도록 여러 겹으로 포장	폐기하고 이를 운반하는 과정에서 터지지 않아야 하고, 폐기물 중에는 뼈도 포함될 수 있기 때문에 여러 겹으로 포장함

(2) 복어독의 증상★★★

제1도 (중독의 초기 증상)	• 입술과 혀끝이 가볍게 떨리면서 혀끝의 지각이 마비되며, 무게에 대한 감각이 둔화되는 현상
	• 보행이 자연스럽지 않고 구토 등 제반 증상이 나타남

- 생선 어취 : 생선이 살아 있을 때에는 트리메틸아민(트라이메틸아민) 옥사이드의 형태로 존재하다가 생선이 죽고 시간이 경과하면 세균의 작용을 받아 트리메틸아민(트라이메틸아민)이 되어 비린내가 발생함
- 생선 어취 제거

물로 씻기	생선 비린내의 주성분인 트리메틸아민(트라이메틸아민)은 수용성으로 근육 및 표피의 점액 중에 용해되어 있어 생선을 물로 씻으면 비린내 제거 가능
산 첨가	생선을 조리할 때 산을 첨가하면 트리메틸아민(트라이메틸아민)과 결합하여 냄새가 없는 물질을 생성
소금	생선을 소금에 절이면 삼투압 작용으로 비린내가 제거될 뿐만 아니라 생선살이 단단해져서 부스러지는 것을 방지
간장과 된장	간장 양념장 구이(데리야끼), 유안야끼나 된장구이(미소야끼)는 어취 제거
청주와 맛술	육류 요리나 생선 요리 등의 비린내 제거
우유	손질한 육류나 생선을 우유에 담근 후 씻어 사용하면 어취가 제거
향신 채소	마늘, 생강, 양파 등 향이 강한 채소와 무, 셀러리, 파슬리 등은 채소에 함유된 함황물질이 생선의 어취를 약화시킴

제2도 (불완전 운동마비)	• 구토 후 급격하게 진척되며, 손발의 운동장애, 발성장애, 호흡곤란 등의 증상이 나타남 • 지각마비가 진행되어 촉각·미각 등이 둔해지며, 언어장애, 혈압 저하 현상이 나타남 • 조건 반사는 그대로 나타나면서 의식도 뚜렷한 편임
제3도 (완전 운동마비)	• 골격근의 완전 마비로 운동이 불가능 • 호흡곤란, 혈압강하, 언어장애 등으로 의사전달 불가능 • 가벼운 반사 작용만 가능 • 의식불명의 초기 증상 • 산소결핍으로 입술, 뺨, 귀 등이 파랗게 보이는 현상이 나타남
제4도 (의식 소실)	의식 불능 상태에 돌입하여 호흡곤란으로 사망

05 복어 회 국화 모양 조리

1 복어 살 전처리 작업

(1) 전처리에서의 삼투압 원리

1) 생선구이 등을 할 때 생선을 소금에 절이면 삼투압 작용으로 불순물과 비린내가 제거될 뿐만 아니라 생선살이 단단해져 부스러지는 것을 방지

2) 부패를 막아 주는 방부 작용과 맛을 내는 중요한 역할

(2) 숙성수의 산도와 염도

1) 손질한 생선살을 얼음물에 청주와 소금을 넣고 생선육을 고오리아라이(氷洗い)를 하면 탄력과 여분의 비린내와 지방기 및 이물질이 제거됨

2) 복어 살의 숙성

온도	4℃에서 24~36시간, 12℃에서 20~24시간, 20℃에서 12~20시간이 가장 우수
미생물학적 품질 특성	4℃에서 20시간, 12℃에서 16시간, 20℃에서 12시간 저장한 복어가 횟감으로 이용
이화학적 품질 특성	• 4℃에서 36시간, 12℃에서 16시간, 20℃에서 12시간 이내에 횟감으로 섭취가 가능 • 4℃에서 72시간, 12℃에서 72시간, 20℃에서 36시간 이내에 가열 조리할 때 섭취가 가능 • 4℃에서 8~12시간 숙성시킨 횟감, 12℃에서 4~8시간 저장한 횟감, 20℃에서 4시간 저장한 횟감이 가장 우수

생선회를 뜨는 방법에는 여러 가지 방법이 있으나 복어 살과 같이 단단한 살은 얇게 썰기[우스즈쿠리(薄造り)] 방법으로 그릇의 밑바닥이 훤히 보일 정도로 얇게 자르면 모양을 내기도 좋을 뿐 아니라 감칠맛이 더욱 증가

히라즈쿠리 (ひらづくり : 平作り)	평 자르기	• 칼의 손잡이 부분에서 자르기 시작해서 그대로 잡아당겨서 자르는 방법 • 손질한 생선살을 모양대로 재료의 특성에 따라서 두께를 조정하며 자름 • 자른 후 우측으로 가지런히 겹치는데 생선회 자르는 방법 중 가장 흔하게 사용되며 주로 참치회 등을 가를 때 사용
히키즈쿠리 (ひきづくり : 引き作り)	잡아 당겨서 자르기	• 자른 재료를 우측으로 보내지 않고 칼을 빼내면서 자르는 평 자르기와 같은 방법으로 칼의 손잡이 부분에서 시작하여 칼의 끝까지 당기면서 자르는 방법 • 생선의 뱃살이나 부드러운 생선살 등을 자를 때 주로 사용
소기즈쿠리 (削ぎ造作り)	깎아서 자르기	• 생선살의 높은 부분을 자기 몸 바깥쪽으로 하고 칼을 우측으로 45° 각도로 눕혀서 깎아내듯이 자르는 방법 • 농어를 얼음물에 씻는 고오리아라이(こおりあらい : 氷洗い)나 모양이 좋지 않은 생선회를 자를 때 사용
우스즈쿠리 (うすづくり : 薄作り)	얇게 자르기	• 선도가 좋고 탄력 있는 생선회에 적합한 방법 • 기술력에 따라서 학 모양, 나비 모양, 꽃 모양 등 다양하게 표현 가능 • 복어나 광어 등 흰살생선에 주로 사용
호소즈쿠리 (ほそづくり : 細作り)	가늘게 자르기	• 고객의 기호나 요구 사항에 따라서 자르는데 칼을 도마에 대고 손잡이가 있는 부분을 띄워서 자르는 방법 • 오징어, 도미, 광어 등의 생선회를 가늘게 자를 때 주로 사용
가쿠즈쿠리 (かくづくり : 角作り)	각 자르기	• 참치로 만든 야마카케(やまかけ : 山掛け)와 같이 주사위 모양으로 자르는 방법 • 참치나 방어 등의 생선회를 자를 때 주로 사용
이토즈쿠리 (いとづくり : 糸作り)	실처럼 가늘게 자르기	• 오징어, 도미, 광어 등의 생선회를 실처럼 가늘게 자르는 방법 • 갑오징어 명란무침 등 주로 무침요리나 젓갈요리를 할 때 사용

✅ 복어 칼의 종류★

절단용 칼	• 데바보쵸(でばぼちょう) • 복어의 부위별 분류(껍질, 지느러미, 부위별 나누기) • 뼈 분리, 포뜨기, 껍질 자르기 등
생선회용 칼	• 사시미보쵸(さしみぼうちょう) • 생선회 자를 때 사용
복어회용 칼	• 후구비키보쵸(ふぐびきぼうちょう) • 복어 가시 제거, 복어 횟감 전처리, 회뜨기, 담기에 주로 사용
채소용 칼	• 우스바보쵸(うすばぼうちょう) • 채소 손질할 때 사용

✅ 생선 포뜨기의 종류와 특징

두장뜨기	• 니마이오로시(にまいおろし) • 중간 뼈가 붙어 있지 않게 살이 2장
세장뜨기	• 산마이오로시(さんまいおろし) • 생선을 위쪽 살, 아래쪽 살, 중앙 뼈의 3장으로 나누는 것
다섯장 뜨기	• 고마이오로시(ごまいおろし) • 배쪽 2장, 등쪽 2장, 중앙 뼈 1장
다이묘 포뜨기	• 다이묘오로시(だいみょおろし) • 보리멸, 학꽁치 등의 생선을 머리 쪽에서 중앙 뼈에 칼을 넣고 꼬리 쪽으로 단번에 오로시하는 방법

세고시 (せごし： 背越)	뼈째 자르기	• 전어, 병어, 은어와 같은 작은 생선을 손질 후 뼈째 자르는 방법 • 작은 생선을 뼈째 잘라 먹을 수 있어서 칼슘 흡수와 고소한 맛을 즐길 수 있음 • 자른 생선회는 얼음물에 씻어(고오리아라이) 수분을 제거한 후 섭취
기리하나시즈쿠리 (切りはなし作り)	잘라서 옮기기	• 왼손으로 생선살을 살짝 눌러 자른 후 약간 깎아내듯이 잘라서 우측으로 생선살을 옮기면서 자르는 방법 • 참치 등살 등을 자를 때 사용
가키미즈쿠리 (かきみづくり： かき身作り)	소절회	• 생선회를 하고 남은 끝부분의 살을 큰 체에 거르는 방법 • 중심이 되는 요리에 의해 앞쪽에 장식하거나 단독으로 중심 요리가 되어 그 위에 부재료로 장식
기리카케즈쿠리 (きりかけづくり ：切りかけ作り)	칼집 넣어 자르기	마쓰카와한 도미 등의 생선을 중간중간에 칼집을 내어 자르는 방법
사자나미즈쿠리 (さざなみづくり ：さざ波作り)	잔물결 자르기	• 생선을 잔물결 모양으로 자르는 방법으로 보기도 좋고 간장도 잘 묻어서 좋음 • 문어나 전복 등의 생선을 자를 때 사용

3 복어 회 국화 모양 접시에 담기

(1) 국화 회(기쿠 쓰쿠리, きくつくり：菊造リ)

복어 생선회를 만드는 방법으로 둥근 접시에 회를 국화꽃 모양으로 얇고, 길게 잘라 담는 기술

(2) 복어 회뜨는 방법의 종류

① 나미쓰쿠리(なみつくり：波造り)：파도회

② 쓰루쓰쿠리(つるつくり：鶴造り)：학회

③ 기쿠쓰쿠리(きくつくり：菊造り)：국화회

④ 구쟈쿠쓰쿠리(クジャクつくり：孔雀造り)：공작회

⑤ 모쿠렌쓰쿠리(もくれんつくり：木蓮 造り)：목련회

⑥ 쓰바키노하나쓰쿠리(つばきのはなつくり：椿の花造り)：동백꽃회

(3) 복어 회 국화 모양 접시에 담기

① 섬세한 회의 얇음을 강조하기 위해 도안이 들어간 그릇을 선택하는 것이 좋으며, 복어 회 접시는 일반적으로 유리처럼 매끄러운 질감과 두께를 가지면서도, 도자기보다 단단하고 튼튼하며 섬세하고 화려한 채색화를 넣은 접시를 선택

② 복어 회는 보통 채색화 있는 청색이 특징인 청자 접시 등 파랑이나 남색, 검은색 등의 컬러 무지 접시에 담겨 있는 장면을 많이 볼 수 있으며 흰색이 아닌 컬러 접시가 사용되는 것은 복어회 같은 두께를 강조하기 위함

06 복어 샤브샤브 조리

1 복어 맛국물 만들기

(1) 다시마의 종류와 특성

참다시마 [마콘부(眞昆布)]	• 마콘부(眞昆布)에서 매(眞)라는 글자가 앞에 붙은 것은 다시마 중의 으뜸이라는 의미 • 길이가 3m, 폭은 50cm 정도이며, 특유의 끈적거리는 맛이 없음
리시리콘부 (利尻昆布 : りしりこんぶ)	마콘부와 비슷한 리시리콘부는 향이 강하고, 색이 잘 들지 않고, 폭이 얇음
라우스콘부 (羅臼昆布 : らうすこんぶ)	리시리콘부와 비슷한 라우스콘부는 부드럽고 색이 잘 나와서 노랗게 물이 들고 향과 맛이 비교적 강하게 느껴짐
미쓰이시콘부 (三石昆布 : みついしこんぶ)	라우스콘부와 비슷한 미쓰이시콘부는 다시마의 맛이 강하게 우러나오고, 색도 많이 나고 부드러움

2 복어 샤브샤브 준비

(1) 조리용 냄비의 종류와 용도

1) 알루미늄 냄비[알루미늄나베(アルミニウム鍋)]
빨리 끓고 빨리 식기 때문에 요리를 빠르게 해야 할 때 유용

2) 철 냄비[데쓰나베(鐵鍋 : てつなべ)]
두께와 무게가 있기 때문에 열전도가 좋고 보온력이 뛰어남

3) 토기 냄비[도나베(土鍋 : どなべ)]
열전도율과 보온력이 좋지만 깨질 염려가 있으므로 조심히 다뤄야 함

4) 튀김 냄비[아게나베(揚げ鍋 : あげなべ)]
깊이가 어느 정도 있으며 두꺼운 것이 튀김의 온도 유지를 위해서 좋음

Check Note

다시마의 특성
■ 약용식물로도 좋은 다시마는 잎, 줄기, 뿌리 3부분으로 구성됨
■ 일본에서는 다시마의 90%가 홋카이도(北海道)에서 생산

제03편

5) 달걀말이 냄비[다마고야키나베(卵巻き焼き鍋 : たまごやきなべ)]

사용 후 물로 씻는 것보다 그냥 잘 닦아 얇게 기름을 발라 보관

6) 양수 냄비[료데나베(両手鍋 : りょうてなべ)]

냄비의 양쪽에 손잡이가 있으며 다량의 조림요리나 다시 국물 등을 만들 때 이용

7) 샤브샤브 냄비(샤브샤브나베 : しゃぶしゃぶなべ)

샤브샤브 전용 냄비

(2) 채소의 종류와 용도

배추 [하쿠사이 (白菜 : ハクサイ)]	• 특히 김장용으로 가장 많이 사용하는 겨울철 채소이고, 1년 내내 식탁에 올라오는 알칼리성 식품 • 수분이 96% 정도로 함유되어 있고 비타민 C와 칼슘이 풍부하며 녹색 부분에는 비타민 A가 풍부 • 저장할 때에는 겉잎 2~3장을 떼어내고 냉장 온도 4~5℃에서 보관 • 작고 무거우며 겉잎이 푸르고 탱탱하고 속이 꽉 찬 것이 좋은 배추
당근 [닌징 (人参 : にんじん)]	• 비타민 A의 공급원 • 일반적인 보관 방법은 흙이 묻은 채 보관을 하고, 씻은 것은 5℃ 전후의 냉장고에 랩에 싸서 보관
무 [다이콩 (大根 : だいこん)]	• 무의 성분은 대부분이 수분이고 암을 예방하는 비타민 C와 혈압 예방에 효과적인 칼륨이 풍부 • 전분 분해효소인 디아스타제를 함유해 소화 기능 등 생리적으로 중요한 역할을 하는 효소가 많음 • 껍질에는 모세혈관을 튼튼하게 만드는 루틴(비타민 P)이 들어 있음 • 잎은 훌륭한 녹황색 채소로 카로틴과 칼슘이 풍부 • 무는 얼지 않는 범위에서 습도 90~95%에 온도 0℃에서 보관
단호박 [가보차 (かぼちゃ)]	• 수확 후 2주 정도 후숙을 해야 당도가 올라가서 좋음 • 모양은 겉은 짙은 녹색, 속은 노란색으로 당도가 높은 당질이 15~20% 차지 • 소화를 돕는 식이섬유와 몸의 원기를 돋우고 면역력 강화에 좋은 비타민 B, C가 풍부 • 죽, 찜, 튀김, 볶음, 냄비요리 등 다양한 음식에 활용
숙주나물 [모야시 (萌やし)]	• 비타민 A가 콩나물에 비해서 훨씬 많고 열량은 적음 • 쌀국수, 나물 등 여러 가지 용도로 사용

쑥갓 [슌기쿠 (シュンギク)]	• 독특한 향과 산뜻한 맛이 나기 때문에 날로 먹거나 나물, 냄비 요리 등의 마지막에 넣어 향을 살림 • 카로틴과 필수아미노산인 리진을 다량 함유
미나리 [세리(セリ)]	• 복어의 독을 해독하는 성분이 있어서 복어 요리에서는 필수적임 • 각종 영양소를 고루 함유하고 있고, 비타민과 카로틴이 풍부한 알칼리성 채소 • 미나리를 보관할 때는 서늘하고 습한 곳이나 뿌리 밑부분에 신문 지를 물에 적신 후 감싸 랩으로 밀봉해서 냉장고에 세워서 보관
복떡 [후구모치 (河豚餅 : ふぐもち)]	복떡은 포만감을 주는 재료로 구워서 냄비 조리가 끓을 때 넣어 식탁에 제공

(3) 샤브샤브 양념장

① 일본 요리에 사용하는 양념장에는 초간장[폰즈(ポン酢)], 이배초
[니바이즈(二杯酢)], 삼배초[삼바이즈(三杯酢)], 단초[아마스(甘
酢)], 초된장[스미소(酢味噌)] 등 식초가 들어가서 시큼한 맛을
내는 양념류가 많음

② 일본 요리는 상하기 쉬운 생선 및 패류를 이용한 음식이 많기
때문에 살균과 식중독 예방을 위한 차원에서 식초를 이용한 소
스류가 많이 발달

③ 일본 요리에는 양념[야쿠미(薬味 : やくみ)]에 첨가하는 향신료
가 많은데, 요리에 첨가하면 훨씬 더 좋은 맛을 내는 것은 물론,
향기를 발하여 식욕을 증진함

④ 주로 사용되는 양념(야쿠미)의 재료는 차조기잎, 명하, 참깨, 김,
유자피, 마늘, 고추, 시치미(일곱 가지 조미가루로 고춧가루, 삼
씨, 파란 김, 흰깨, 검정깨, 풋고춧가루, 산초 등) 등

3 복어 샤브샤브 완성

(1) 샤브샤브 조리 순서

1) 재료의 선택

국물이 많은 냄비 요리의 재료는 기름이 많은 생선보다는 도미, 대
구, 농어, 복어 등 담백한 흰살생선이 좋음

2) 버섯류 사용

① 느타리버섯이나 밑동을 제거한 표고버섯 등의 버섯류는 물에 씻
지 않고 그대로 사용해야 맛과 향을 즐길 수 있음

② 밑동을 제거한 팽이버섯은 요리의 마지막 단계에 넣어야 재료
자체의 맛을 즐길 수 있음

3) 부재료는 향이 강하지 않은 것을 사용

냄비요리는 원래 재료가 가진 본연의 맛을 살리는 것이 중요하기 때문에 향이 강한 고추나 마늘 등의 양념을 거의 첨가하지 않고 재료 본연의 맛을 최대한 살리는 데 초점을 맞춤

4) 불순물 제거

맑은탕은 시각적으로나 미각적으로 아주 맑고 담백한 느낌이 들도록 탕을 끓이는 중간에 떠오르는 거품과 불순물을 제거하고 최종적으로 맛을 확인

5) 청주 사용

청주에 포함된 에틸알코올은 물보다 낮은 온도에서 증발하면서 탕에서 잡냄새를 제거함

6) 구운 복떡과 아오미

맑은탕에 구운 복떡을 처음부터 넣고 끓이면 떡이 풀어져서 국물이 탁해지고 걸쭉하게 되므로 구운 복떡은 맨 나중에 넣어야 함

7) 복어 샤브샤브 완성 및 세팅

① 보통 초간장, 양념, 개인접시, 숟가락, 젓가락, 수저받침을 놓음
② 복어 샤브샤브에서 남는 국물은 기호에 따라서 우동, 소면 등 면류나 공기밥 등을 곁들여 먹거나 복어죽을 즉석에서 끓여 먹기도 함

07 복어 맑은탕 조리

1 복어 맛국물 만들기

(1) 다시마 활용

일번다시 [이치반다시 (番出汁 : いちばんだし)]	• 다시마와 가다랑어포(가쓰오부시)만을 이용하여 짧은 시간 안에 맛을 우려내 최고의 맛과 향을 지닌 맛국물 • 고급 국물 요리에 가장 많이 사용됨
이번다시 [니반다시 (二番出汁 : にばんだし)]	• 일번다시를 만들고 난 후의 다시마, 가다랑어포를 재활용하여 재료에 남아 있는 감칠맛 성분을 약한 불에서 천천히 우려서 만드는 맛국물 • 여기에 새로운 가다랑어포를 약간 첨가할 수도 있음 • 일번다시보다는 맛과 향이 약하므로 조림이나 된장국 등에 사용

다시마 다시 [곤부다시 (こんぶだし : 昆布出汁)]	• 다시마만을 이용한 맛국물 • 찬물에 담가 천천히 맛을 우려내거나 찬물에 다시마를 넣고 끓어오르기 직전까지 끓여 만듦

2 복어 맑은탕 준비

(1) 복어(활어, 선어, 냉동)의 구별

활어	살아있는 생선으로 횟집에서 손님이 주문을 한 직후 직접 살아있는 횟감을 잡아 회를 뜬 뒤 대접
선어	• 횟감을 손질한 형태에서 보관하고 유통하며, 섭씨 영도 미만 저온 으로 짧게는 수시간에서 길게는 24시간 이상 숙성 • 물고기는 일단 숨이 끊어지면 냉동을 하지 않는 한 숙성이 진행되 므로 사후강직이 풀린 이후를 선어회라 함
냉동	• 전처리하고 급속 동결하여 동결된 상태 • −18℃에서 보존하면 약 1년간은 품질을 유지

(2) 맑은탕 양념장

폰즈[ポン酢(ポンず)]는 식초와 간장을 섞은 초간장으로 지리 냄비
나 생선회, 초회 등의 요리에 곁들여 먹는 소스

(3) 채소, 두부, 복떡 등 부재료 손질

절반의 남은 미나리 손질하기	• 미나리는 여러 개의 나무젓가락으로 잎을 다듬어 씻기 • 맑은탕용 미나리는 길이 4cm로 자르기
두부 손질하기	• 두부의 거친 자국을 칼로 잘라내기 • 두부를 폭 1cm로 자르기 • 두부를 길이 5cm, 높이 4cm, 폭 1cm로 3쪽 정도 잘라서 완성하기
복떡 굽기	• 복떡을 길이 5cm로 잘라서 쇠꼬챙이(또는 석쇠)에 꽂기 • 복떡을 돌려가면서 불 위에서 갈색이 나도록 타지 않게 굽기 • 구운 복떡을 찬물에 담가서 식히고 물기 빼기

3 복어 맑은탕 완성

(1) 맑은탕 불의 강약 조절

① 다시를 뽑을 때는 은근한 불에서 천천히 우려냄

② 요리가 완성되었을 때 재료가 같이 익기 위해서는 당근이나 무,
연근처럼 단단한 채소는 미리 반쯤 익혀서 사용

③ 떫은맛과 쓴맛 등을 제거하기 위해서 우엉, 곤약 등은 한 번 삶거
나 데친 다음에 사용해야 담백한 국물 맛을 낼 수 있음

외관 확인	일정한 크기와 모양을 하고 있고, 단단하며 금이 가거나 깨지지 않은 것
맛 확인	도정 후 3일 이내의 쌀을 사용하고 7일 이내로 권장(15일이 지나면 주의)
향 확인	밥을 지은 후 냄새를 확인하여 쌀의 상태를 확인
질감 확인	햅쌀의 경우 수확한 지 얼마 안 된 경우 쌀의 전분이 아직 완전히 굳지 않아 부적절★

1 복어 초밥용 밥 짓기

(1) 쌀의 종류와 용도

쌀	• 쌀은 도정 정도에 따라 벼, 현미와 백미로 크게 구별 • 벼로 저장했다가 현미나 백미로 도정 • 벼를 도정하게 되면 쌀 표면의 지방질이 산패를 시작(최대 2주의 기간을 두고 소비하는 것이 바람직)
멥쌀 [米(こめ)]	• 세계 전체의 쌀 90%가 아시아에서 생산되어 소비 • 빵을 식사로 하지만, 식생활 중에서 쌀에 대한 의존도는 아직도 큼
찹쌀 [もち米 (もちこめ)]	• 쌀의 일종으로 주로 떡을 만들어서 먹지만 지에밥 등을 짓기도 함 • 멥쌀에 비해서 끈기가 강한 것이 특징

(2) 전분의 호화와 노화

쌀 전분의 특성	• 쌀의 성분은 대부분 탄수화물, 즉 전분이며 수십 개에서 수천 개의 포도당이 길게 사슬로 연결 • 아밀로스(amylose)의 일부분에서 분자가 가지처럼 뻗어나와 만들어진 포도당의 수가 수백에서 수만 개가 있는 분자 상태의 분자, 아밀로펙틴(amylopectin) 등이 있으며, 쌀은 이러한 것이 단단하게 결합하여 만들어진 것
호화와 노화★	• 쌀 전분의 결합은 매우 강하고 상온에서 물이 침투하지 못하는데 이와 같은 상태를 베타(β) 전분이라고 함 • β 상태의 생쌀 전분에 물을 첨가하여 가열하면 분자 운동이 활발하여 아밀로스, 아밀로펙틴의 순으로 결합이 파괴되면서 물 분자가 쉽게 침투할 수 있음 • 이때 가수 분해가 용이하게 되어 소화되기 쉬운 상태로 되는데 이 상태의 전분을 호화(α) 전분이라고 함 • 보통 쌀을 α화하는 데에는 수분 30% 이상과 100℃에서 20분 이상의 가열이 필요 • α화된 것을 그대로 식혀 두면 다시 β 전분으로 돌아오는데, 이것을 노화 현상이라고 함 • β화는 수분 30~60%, 온도 0℃일 때에 더욱 빨리 노화 현상이 발생함

2 복어 배합초 만들기

(1) 식초의 종류와 산도

1) 배합초의 적합한 식초[酢(す)]

① 합성초를 사용하지 않고 밥과 잘 어울리는 양조식초를 사용

② 양조식초 중에서 쌀로 만든 식초를 쓰면 초밥의 향이 더 좋아짐

2) 양조식초의 종류

쌀식초	쌀을 발효시켜 만든 식초로 향과 맛이 부드러운 것이 특징
흑식초	현미를 발효시켜 만든 식초로 쌀식초와 비교하여 향과 맛이 강하며 색은 갈색

(2) 식초의 사용법

① 식초의 신맛은 미각을 자극하여 식욕을 높이는 효과가 있어 샐러드와 전채 요리에 많이 사용

② 튀김처럼 기름진 음식과 상생이 좋아 맛을 산뜻하게 함

③ 식초는 강한 산성으로 미생물의 생육을 억제하여 음식에 사용하면 보존 기간을 늘림

④ 식초는 설탕, 소금과도 잘 어울리며, 식초의 휘발성으로 인해 향기가 좋은 식재료와 사용 시 향을 더 좋게 함

(3) 설탕과 소금의 종류와 특성

배합초에 적합한 설탕 [砂糖(ざとう)]	설탕은 사탕무와 사탕수수의 즙을 원료로 생산하며, 정제의 정도에 따라 흑당, 흑설탕, 황설탕, 백설탕으로 나뉨	
	흑당	• 원당을 그대로 가열하여 만든 것 • 재료가 가지고 있는 무기질이 그대로 있음
	흑설탕, 황설탕	정제하여 얻은 백설탕에 캐러멜과 당밀을 넣은 것
	백설탕	• 완전히 정제하여 얻은 백색의 설탕 • 배합초에 가장 적합하지만 재료의 단맛을 충분히 살릴 수 있도록 설탕을 적게 넣거나 전혀 넣지 않는 경우도 있음
배합초에 적합한 소금 [塩(しお)]	암염	자연적으로 생김
	천일염	해수의 수분을 증발시켜 만듦
	재제염 (꽃소금)	암염이나 천일염을 녹여서 불순물을 걸러내고 다시 건조하여 만듦
	정제염	해수를 여과한 후 이온교환막으로 전기 투석을 해서 농축 후 건조해서 만듦

3 복어 초밥 준비

(1) 초밥에서의 삼투압 원리

삼투 (渗透, osmosis)	물이나 다른 용매가 반투과성 막(용매는 통과하고 용질은 통과할 수 없는 막)을 통해 자발적으로 확산되는 현상

삼투압 원리	많은 종류의 해양 생물은 바닷물과 같은 삼투압을 지니고 있어, 특별한 조절 없이도 삼투가 이루어지나, 이 밖의 생물은 생체 내부의 물과 무기염류의 함량을 유지하기 위해서 능동적으로 물이나 염분을 섭취, 보존하거나 배출

(2) 초밥용 복어의 포뜨기

1) 칼날을 도마와 평행하게 눕혀 복살 두께를 균형 있게 자른다.

2) 생선 종류에 따른 두께
  ① 참치나 방어 등 생선살이 연한 경우 : 단단한 살보다 두껍게 썰음
  ② 복어 등 생선살이 질기고 단단한 경우 : 얇게 포뜨기 함

4 복어 초밥 만들기

(1) 초밥용 밥의 적정 온도

① 고슬고슬하게 잘 지어진 밥을 한기리(평평하고 넓은 둥근 나무 그릇)를 사용하여 배합초를 섞어야 물기가 안 생기고 보관하기도 좋음

② 금방 지은 밥을 나무 그릇에 담고 배합초를 넣어, 나무 주걱으로 밥알이 으깨어지지 않게 뒤적이면서 부채 등으로 재빨리 반 정도 식혀 수분은 날아가고 배합초는 밥에 고루 배게 섞음

③ 배합초가 잘 흡수된 상태가 되면 전용 초밥통에 넣어 보관하여 사용

④ 초밥은 즉석에서 바로 먹는 것이 가장 좋음

⑤ 밥의 온도가 최적일 때는 사람의 체온과 비슷한 따뜻한 정도일 때

(2) 고추냉이의 활용

생고추냉이	흐르는 물에 깨끗이 씻고 표면의 껍질을 제거한 후 갈변 방지를 위해 금속이 아닌 상어가죽으로 된 전용 강판에 갈아 준비
냉동 고추냉이	냉장 해동을 하여 바로 사용할 수 있으며, 보관 시 공기와 접촉하면 매운맛이 휘발되기 때문에 밀폐된 용기에 보관
가루 고추냉이	물과 함께 혼합하여 무른 듯하게 농도를 맞추어 주고, 톡 쏘는 매운 향이 나고 완전히 풀어지면 밀폐된 용기에 보관
와사비	• 될 수 있는 한 곱게 갈수록 향신이 강하게 되며, 이 때문에 생선과 같이 먹었을 때 비린맛의 제거는 물론 풍미를 높이는 효과가 있음 • 와사비의 맵고 톡쏘는 향과 맛은 음식 자체가 가지는 풍미를 저해하지 않기 때문에 담백한 재료와 같이 사용

✔ **초밥용 쌀 씻기** ★★★

■ 쌀은 물에 불리면 부서지기 쉬우므로 초밥용 쌀을 씻을 때 너무 강한 힘을 주지 않음
■ 항상 5분~10분에서 쌀을 씻고 체에 받쳐 수분이 내부에까지 침투할 시간(봄 45분, 여름 30분, 가을 45분, 겨울 1시간)을 줌
■ 밥 짓는 시간은 보통 30~40분으로 15~20분간 밥을 짓고 나머지 시간은 뜸(불을 끄고 5~10분)을 들임
■ 강한 불에서 밥이 끓어오른 후 불을 약하게 함

✔ **고추냉이[山葵(わさび)]의 특징** ★

■ 고추냉이(와사비)는 다년생 초본으로 일본 특산의 십자화과의 식물이며, 1급수가 흐르는 맑은 물과 오염되지 않은 환경에서 자생
■ 고추냉이(와사비)는 될 수 있는 한 곱게 갈수록 향신이 강하여 생선과 같이 먹었을 때 비린 맛의 제거는 물론 풍미를 높이는 효과
■ 강력한 항균 작용으로 식중독을 예방
■ 갈았다면 빠르게 사용(와사비의 매운맛 성분은 발산)

09 복어 껍질초회 조리

1 복어 껍질 준비

(1) 복어 껍질의 성질 및 특성
① 복어 껍질(河豚皮：ふぐかわ)은 검은 껍질(구로가와)과 흰 껍질(시로가와 또는 히라가와)로 나뉨
② 껍질 벗기는 방법은 두 장으로 잘라 펼치는 방법(관동 지방 방식)과 한 장으로 통째로 벗기는 방법(관서 지방 방식)이 있음
③ 껍질 속에 있는 속껍질에는 젤라틴 질이 아주 풍부
④ 껍질에 아주 촘촘하게 돋아 있는 가시를 제거하는 것이 아주 중요한 작업
⑤ 손질된 껍질은 여러 가지 요리용으로 사용되는데, 특히 사시미, 아에모노, 굳힘요리(니코고리) 등에 주로 사용

(2) 복어 껍질 손질법
① 복어는 먼저 표면의 이물질을 솔로 깨끗이 닦아냄
② 한 장 또는 두 장으로 껍질을 제거한 후 겉껍질과 속껍질을 데바칼로 분리하여 도마에 복어 껍질의 안쪽을 바닥에 밀착하고 회칼로 복어 표면의 단단한 가시를 제거
③ 손으로 만졌을 때 걸리는 느낌이 들지 않도록 가시를 제거하여 끓는 물에 소금을 약간 넣고 무르도록 삶아 얼음물에 식힌 후, 물기를 제거하고 쿠시에 끼워 냉장고에서 꼬들꼬들하게 건조시킴
④ 복어는 젤라틴 성분이 많으므로 차게 보관하여야 하며 사용하기 전에 꺼내어 무침 등 용도에 맞게 얇게 썰어 사용

(3) 복어 껍질 조리법

속껍질과 겉껍질 분리	• 껍질 분리를 시작 • 속껍질과 겉껍질을 분리하기 위해 꼬리 부분의 마디에 칼집을 넣어 분리를 시작 • 칼날을 왼쪽에서 오른쪽으로 끌어가며 껍질을 분리	
가시 제거	• 분리된 겉껍질의 가시를 제거 • 가시 제거를 위해 도마와 껍질 간의 마찰력을 최대한 높여 껍질을 고정 • 등껍질의 가시를 먼저 제거하고, 배껍질의 가시를 제거 • 가시를 제거하고 전체적으로 껍질의 가시 상태를 확인	
복어 껍질의 삶고 썰기	복어 껍질 삶기	복어의 껍질과 속껍질은 끓는 물에 소금을 약간 넣고 삶음

복어 껍질 식히기	껍질이 전체적으로 투명해지고, 만져 보았을 때 물렁한 느낌이 들면, 건져내어 얼음물에 넣고 식힘
복어 껍질 썰기	식힌 복어 껍질은 수분을 제거하고 약 4cm 의 간격으로 가늘게 썰음

2 복어 초회 양념 만들기

(1) 양념(야쿠미) 종류와 특성

1) 아와세스(合せ酢 : あわせず)

일반적으로 초회에 사용하며, 만드는 방법도 간단하여 초와 다른 조미료를 고루 섞는 것만으로도 충분

니바이스(이배초) (二杯酢 : にばいず)	• 주재료 : 청주, 간장, 미림 • 재료 전체를 잘 혼합하여 초회 등에 사용
삼바이스(삼배초) (三杯酢 : さんばいず)	• 주재료 : 술과 국간장, 설탕 • 재료 전체를 잘 혼합하여 사용하며, 일반적으로 폭넓게 사용
도사스 (土砂酢 : どさず)	삼바이스에 가쓰오부시, 미림을 넣어 한 번 끓인 다음 식 혀서 사용
아마스 (甘酢 : あまず)	• 주재료 : 청주, 설탕, 미림 • 재료 전체를 잘 혼합하여 사용

2) 모둠초(合わせ酢 : あわせず)

니바이스(이배초)와 삼바이스(삼배초)를 기본으로 조미료 이외의 재료를 혼합하여 채소, 어패류 등 고급 재료부터 가정에서 만드는 일반 반찬에까지 폭넓게 이용

폰즈 (ポン酢 : ぽんず)★★★	등자나무즙과 니다시지루, 간장을 주재료로 하여 부재 료를 잘 혼합하여 사용

3) 모둠간장(合わせ醬油 : あわせしょうゆ)

깨간장 (ゴマ醬油 : ごましょうゆ)	• 흰깨, 간장, 설탕으로 참깨를 곱게 갈아 만든 것 • 주로 채소류를 무칠 때 사용
고추간장 (唐辛子醬油 : とうがらししょうゆ)	물에 갠 겨자와 간장, 미림을 혼합하여 사용
땅콩간장 (落花生醬油 : らっかせいしょうゆ)	• 곱게 다진 땅콩(落花生 : らっかせい), 간장, 설탕으 로 만든 것 • 주로 채소류에 많이 사용

(2) 양념 식재료에 관한 지식

1) 초간장(ポン酢 : ぽんず) 재료

간장 (醬油 : しょうゆ)	진간장 (濃口 : こいくち)	• 관동지방(関東寛政 : かんとう)의 대표적인 간장 • 색이 진하고 맛이 좋음
	연간장. 국간장 (薄口 : うすくち)	• 관서지방(関西寛政)을 중심으로 서일본에서 주로 사용 • 향이 담백하여 채소나 생선요리에 주로 사용 • 재료의 맛과 색을 손상시키지 않고 은은한 향기를 냄
	백간장 (白醬油 : しろしょうゆ)	• 소맥을 주원료로 삶은 대두와 함께 누룩을 만들어 서 염수를 가하여 만듦 • 연간장보다도 색이 연하고 맛은 좀 떨어지지만, 독특한 균의 향이 있어 스이모노, 니모노에 사용
	색을 내는 간장 (たまりしょ うゆ)	• 대두를 주원료로 하여 다른 간장과는 달리 소맥은 사용하지 않고 숙성된 전국의 추출액을 열을 가하 지 않고 그대로 제품으로 만듦 • 맛은 진하고 약간의 단맛이 나지만, 향이 좋지 않 아 사시미 간장, 다레, 니모노의 색을 내는 데 사용
식초 (酢 : す)	식초는 신맛을 내기도 하지만, 식품의 방부제 역할과 식욕을 증진시 키기 위해서도 쓰임	
	양조 식초 (浄蔵酢 : じょうぞうす)	곡물, 과실류 등을 초산균을 이용하여 발효시킨 식초
	합성 식초 (合成酢 : ごうせいす)	빙초산을 물로 희석하여 여러 가지 식품 첨가물을 넣어 만든 식초
	천연 식초 (天然酢 : てんねんす)	• 다이다이, 가보스, 스다치, 레몬 등의 과즙을 이용 하여 만든 식초 • 향기가 좋아 초회요리 등에 사용
설탕 (砂糖 : ざとう)	• 설탕(砂糖 : さとう)의 용도에 따른 분류 : 흑설탕, 황설탕, 백설탕 • 가공 방법에 따른 분류 : 각설탕, 빙설탕, 분설탕	
맛국물 (出し汁 : だしじる)	• 다시마 맛국물(昆布出し : こんぶだし) : 냉수에 다시마를 넣고 가열하여 끓으면 불을 끄고 다시마를 건져냄 • 일번 맛국물(一番だし : いちばんだし) : 다시마 맛국물에 가쓰 오부시를 넣고 잠시 두었다가 체에 면포를 얹어 걸러냄	
초회양념 (酢の物の 薬味 : すのもの やくみ)	무즙 만들기	• 무를 강판에 갈아 흐르는 물에 냄새를 제거한 후 고운 고춧가루와 혼합하여 붉은색의 무즙(아카오 로시)을 만듦 • 실파를 곱게 흐르는 물에 씻어 물기를 제거

제
03
편

Check Note

✓ 간장의 특징

■ 대두 혹은 탈지대두, 소맥을 원료
로 하여 누룩을 만들고, 식염을 가
하여 발효, 숙성시킨 것

■ 숙성에 의해 독특한 향, 색, 맛이
있음

■ 간장에는 염분이 많이 함유되어
있어 삼투압이 강하므로 재료의
수분을 탈수

■ 어류나 육류의 냄새를 제거하고
방부 효과

✓ 설탕

설탕은 사탕수수를 분쇄, 농축하여
얻은 원당을 정제하여 얻은 것으로,
정백당인 백설탕이 대표적인 감미료

✓ 맛국물의 종류

이치반다시, 니반다시, 니보시다시,
도리다시, 곤부다시, 시다케다시 등

초간장 만들기	다시마 맛국물과 가쓰오부시로 일번 맛국물을 만들어서, 진간장, 식초, 레몬, 미림, 설탕 등을 넣어 초간장(ポン酢: ぽんず)을 만듦
양념 만들기	붉은색의 무즙(아카오로시)과 물기가 제거된 실파를 초간장에 넣어 초회 양념을 만듦

3 복어 껍질 무치기

(1) 복어 껍질의 부재료 손질법

실파 썰기	신선한 실파를 준비하여 깨끗이 씻고, 파란 부분만 선별하여 가늘게 썰어 놓음
레몬 또는 유자 껍질 썰기	레몬 또는 유자는 노란 껍질 부분을 도려내어 채썰어 복어 껍질 무침의 고명으로 사용
미나리(セリ) 썰기	미나리는 흐르는 물에 씻어 거머리 등 이물질을 제거하고, 복어 껍질과 같이 4cm 간격으로 잘라서 사용

(2) 복어 껍질 무치기
① 장식 잎 준비하기
② 무침 재료 넣기
③ 양념 재료 넣기
④ 재료 버무리기

(3) 복어 껍질무침 담기 방법
① 완성그릇에 장식 잎을 깔고 복어 껍질과 미나리를 야쿠미와 양념장을 넣고 버무린 초회를 담아냄
② 기호에 따라 깨를 뿌리거나 실파, 레몬 또는 유자 껍질을 고명으로 올림

10 복어 구이 조리

1 부위별 주재료 준비

소금구이 복어 손질	붉은살을 도려냄 → 칼집 넣기 → 소금을 뿌려 준비
된장구이 복어 손질	복어의 물기 제거 → 복어 포를 떠서 청주를 넣은 소금물에 담가 처리 → 칼집을 내어 구이를 준비
간장구이 복어 손질	날개살 부분을 도려냄 → 머리 부분 손질 → 청주를 넣은 소금물에 씻고 물기를 제거

✓ **복어독**★★

- 복어의 알과 내장에는 신경 독소인 '테트로도톡신(tetrodotoxin)'이 함유
- 테트로도톡신 섭취 후 30분~4시간이 지나면 입술과 허끝 등의 마비 현상, 두통, 복통, 지각 마비, 언어 장애, 호흡 곤란 등 중독 증상이 나타남
- 테트로도톡신은 열에도 강하여 120℃에서 1시간 이상 가열해도 파괴되지 않음
- 복어독에 중독되면 구토뿐만 아니라 신경마비 등의 증상이 나타나며, 심할 경우 사망

✓ **복어의 어취제거 방법**

- 복어의 피를 흐르는 물에 제거
- 복어에 붙어 있는 먹을 수 없는 부위를 깨끗이 제거
- 청주, 소금, 얼음물에 한 번 깨끗이 씻어냄
- 양념에 유자 껍질을 잘게 다져서 넣음

유안구이 복어 손질	주둥이를 칼등으로 두드려 펼침 → 소금으로 이물질 제거 → 흐르는 물에 씻고 물기를 제거 → 배꼽살에 칼집을 넣어 줌 → 양쪽으로 칼집을 내어서 배꼽살 제거 → 복어 세장뜨기 → 청주를 넣은 소금물에 제독 처리 → 양념이 고르게 배도록 칼집을 내어 구이를 준비

2 복어 갈비 양념

(1) 양념의 염도

설탕	설탕은 분자량이 크기 때문에 단맛을 느끼는 요리에는 다른 조미료보다 먼저 첨가
소금	소금은 분자량이 작아 재료에 침투하기 쉬우므로 소금의 조미에 주의
간장	진간장은 연간장보다 색이 진하고 염도가 낮으며, 단맛이 좋아 조림용으로 많이 사용
된장	된장에는 비린내를 없애는 교취 효과(教趣效果)가 있는데, 이는 된장의 주성분인 단백질이 다양한 냄새를 흡착하는 성질을 가지고 있음

3 복어 불고기 양념

(1) 양념의 조리법

복어 불고기 양념	복어 불고기는 간장, 청주, 미림, 설탕, 다진 마늘, 후추를 섞어 주고 설탕이 다 녹도록 저음
간장구이 소스	• 복어 간장구이(데리야끼 : 照り焼き) 소스로 간장, 맛술, 청주, 설탕, 물, 대파, 생강을 준비 • 간장구이 소스의 농도를 체크하고 마지막에 가제 행주로 걸러 줌
유안구이 양념장	• 복어 유안구이 양념장은 간장, 청주, 설탕, 레몬 또는 유자를 준비 • 흡수지를 사용하여 복어에 간이 잘 배게 준비 • 복어를 재워 두는 시간은 일반적으로 1시간으로 하는데, 복어의 크기나 부위에 따라서 차이가 있음
된장구이 양념장	• 복어 된장구이 양념장은 된장, 청주, 맛술, 설탕을 준비 • 흡수지를 사용하여 복어에 된장이 직접적으로 붙지 않게 간이 배도록 재워 두는 것이 좋음 • 재우는 시간은 일반적으로 3~4시간으로 하는데, 복어의 크기나 부위에 따라서 차이가 있음

(2) 양념 재료의 성분

간장	• 연간장 : 국, 구이, 볶음 등에 주로 사용 • 간장의 주요한 원료 : 대두와 보리와 소금

Check Note

복어 양념장 만들기와 재우기★

- 간장, 미림, 청주 등의 양념으로 간장구이(데리야끼 : 照り焼き)를 만들어 굽는 것과 소금으로(시오야끼) 조미하여 굽는 방법 2가지의 기본법
- 이 기본법에 생선이나 고기의 종류에 따라 다른 양념을 더하기도 함
- 생선은 강한 불에 익혀야 맛이 있고, 굽기 전에 양념장을 따로 만들어 고기를 연하게 잔칼질한 다음 양념장에 재워두어 간이 충분히 배었을 때 굽는 방법도 있고 절반이 익었을 때 간장구이를 발라 굽는 방법이 있음

✅ **구이 조리법**

외부의 높은 열로 재료의 표면을 굳게 만들어 내부의 영양을 보존하며 맛을 한층 높이는 조리방법

✅ **구이요리의 꼬챙이 끼우기**★

- 구이요리는 생선의 모양을 살려 보기 좋게 구우려면 꼬챙이를 이용함
- 꼬챙이를 끼우는 방법은 생선의 종류와 크기, 조리법에 따라 다소 차이가 있음
- 꼬챙이의 종류 : 나무꼬챙이, 쇠꼬챙이
- 꼬챙이를 꽂을 때에는 안쪽에서 꼬챙이가 보이지 않도록 바깥쪽으로 내는 것이 중요하며, 안쪽 살부터 구움
- 꼬챙이를 사용하면 재료의 모양을 그대로 살릴 수 있어 시각적인 미를 낼 수 있음

✅ **구이 꼬챙이 끼우기 방법**

노보리쿠시 (즐リ串)	• 생선의 모양을 그대로 구이하는 방법 • 작은 도미나 은어 등의 생선에 주로 이용
히라쿠시 (平串)	• 얇게 포를 떠서 적당한 크기로 잘라 굽는 방법 • 껍질이 있는 재료는 두툼한 중앙에 꽂고, 껍질이 없는 재료는 껍질에 가까운 쪽에 꽂음 • 가장 많이 사용하는 방법
노시쿠시 (のし串)	새우 등을 바로 펴고 싶을 때 사용하는 방법

	• 간장은 맛과 향기가 중요 • 맛은 주로 대두에 함유되어 있는 단백질에 따른 것이며, 향기는 보리에 있는 전분에 의한 것
된장	• 된장은 대두콩과 소금을 원료로 이용 • 누룩의 원료가 되는 소재에 따라서 콩된장, 쌀된장, 보리된장으로 나뉨
청주	• 일본술은 일본 요리에서는 조미료로서 이용 • 요리에 사용되는 청주는 재료의 냄새를 제거하고, 감칠맛을 증가시켜 풍미 있게 하고, 재료를 부드럽게 함 • 생선과 육류의 조미에는 빠져서는 안 되는 조미료 역할을 하며 복어살에 간을 할 때 사용
설탕	• 설탕은 사탕수수나 사탕무 등의 식물을 원료로 하여 만든 감미료 • 조리에 이용되는 이외에 농후한 설탕 용액은 방부성(防腐性)을 가지므로 식품의 저장에도 이용
소금	• 소금의 주성분은 염화나트륨으로 설탕과 더불어 기본적인 조미료 • 음식의 간을 맞추거나 식품을 절이는 데 주로 이용

4 복어 구이 조리 완성

(1) 구이 조리법

1) 직접구이와 간접구이

직접구이	• 된장구이(미소야끼 : 味噌焼き) • 간장구이(데리야끼 : 照リ焼き) • 소금구이(시오야끼 : 塩焼き) • 간장절임구이(유안야끼 : 幽庵焼き) 등
간접구이	• 철판 등을 놓고 굽는 철판 구이 • 은박지에 싸서 굽는 쓰쓰미야끼 등

2) 그냥구이(시라야끼)

아무 양념도 하지 않고 재료 그대로 구운 후 먹을 때 양념장을 곁들이는 방법

3) 소금구이(시오야끼)

① 재료에 소금을 뿌려서 굽는 방법

② 일반적으로 바다생선은 살부터 굽기 시작해서 어느 정도 익으면 껍질 쪽을 구우며, 고등어, 정어리, 삼치, 연어 등은 생선이나 새우, 소고기 등은 직접 불에 구움

4) 양념구이

된장구이	생선을 된장, 청주, 맛술, 설탕 등으로 조미한 된장에 재워 놓았다가 된장의 맛이 스며들면 굽는 요리
간장구이 (데리야끼)	• 간장, 청주, 맛술, 설탕, 생선 또는 가금류의 뼈, 생강, 구운파 등의 주요 재료를 첨가하여 약한 불에서 조려서 사용 • 간장구이는 주로 장어구이, 꼬치구이 등에 사용
유안구이	간장, 청주, 설탕, 유자, 레몬 등에 재료를 재워 놓고 구우며 향이 좋고, 은대구, 연어, 흰살생선 등을 사용

(2) 다양한 구이 곁들임(아시라이)

연근, 무, 당근, 고추, 메추리알, 다시마 등

11 복어 죽 조리

1 복어 맛국물 준비

(1) 맛 국물 조리방법

다시마 냉침법	• 찬물에 다시마를 장시간 넣어 두어 맛을 우려내는 방법 예 찬물(1L)에 이물질을 제거한 다시마(20g)를 넣고 30분 정도 불려 다시마가 부드러워지면 다시마가 들어있는 채로 냉장고에서 48시간 이상 용출시킨 후 사용 • 실온에서 다시마의 맛 성분을 용출하면 빠른 시간 안에 완성이 가능하지만, 보관 시 쉽게 변질될 수 있어서 다시마가 들어있는 채로 냉장고에서 용출시킨 후 사용
다시마 가열법	• 찬물과 다시마를 넣은 냄비를 불에 올리고 중불로 조절 • 적은 양의 맛국물을 만드는 경우에는 끓는 시간이 짧아 너무 빨리 끓기 때문에 맛 성분이 충분히 우러나지 않을 수 있으므로 반드시 다시마를 물에 불린 후 사용 • 끓기 직전에 다시마를 건져 내어 손끝으로 다시마를 눌러 보았을 때 자국이 나면 충분히 맛 성분이 우러나온 것 • 다시마 맛국물을 강한 불에 단시간 끓이면 맛 성분이 충분히 우러나지 못하지만, 다시마를 넣고 너무 오래 끓이면 맛국물이 탁해지고 풍미가 떨어짐 • 우려낸 맛국물은 거르지 않고 그대로 식힘
복어 뼈 [河豚骨 (ふぐほね)]	• 복어 뼈 육수는 먼저 다시마 맛국물을 만들고 여기에 전처리된 뼈를 넣어 끓임 • 뼈를 끓이면 거품과 이물질이 뜨게 되는데, 이를 모두 제거해 주면 맑은 맛국물을 얻을 수 있음

제03편

❤ 복어 뼈의 맛국물 조리법★

복어 뼈의 경우 조직이 강하고 콜라겐(collagen)이 젤라틴(gelatin)으로 변하지 않으면 맛 성분의 용출이 어려워 냉침법보다는 가열법 사용

❤ **다시마의 종류**

■ 다시마의 종류로는 참다시마, 줄기다시마, 애기다시마, 긴다시마, 주름다시마, 쇠다시마, 개다시마, 괭이발 다시마가 있음
■ 우리나라에 서식하고 있는 다시마과의 다시마류는 3종으로 참다시마, 애기다시마, 개다시마가 있음

	• 더는 이물질이 뜨지 않으면 불을 줄여 약한 불에서 천천히 맛국물을 우려냄
	• 뼈를 만졌을 때 뼈 주변의 살이 부서지면 체에 걸러 맛국물을 완성

(2) 다시마 종류와 성분

1) 다시매[昆布(こんぶ)]의 종류

참다시마 [마콘부(眞昆布 : まこんぶ)]	• 갈조식물 다시마목 다시마과의 해조류로 전체적으로 댓잎처럼 생김 • 몸은 부착기, 줄기, 엽상부로 뚜렷히 나누어짐 • 우리나라 토종은 수심 20~40m에 서식하고, 일본 유입종은 수심 약 5m의 얕은 수역에서 자람 • 토종은 양식한 것보다 알긴산(alginic acid)을 비롯한 각종 영양소의 함량이 매우 높음 • 자연산 토종은 동해안 사근진 앞 연안에 많이 분포
애기다시마	• 갈조식물 다시마과의 해조류로 잎, 줄기, 뿌리로 되어 있음 • 잎은 밑부분이 좀 넓은 좁고 긴 띠 모양이며, 길이 0.6~2m, 너비 5~9cm이고 황갈색 또는 밤색 • 줄기는 기둥 모양이고 길이가 2~5cm이며, 헛뿌리는 수염 모양 • 우리나라 동해와 중국·일본 연해에 분포 • 자낭반(子囊盤)은 잎 양면에 생김
개다시마	• 점심대(漸深帶)의 깊은 곳에서 자람 • 길이 1~2m, 너비 20~30cm • 뿌리는 섬유 모양이고 밑동에서 돌려나며, 줄기는 긴 댓잎 모양의 엽상부로 되어 있고, 밑동은 둥긂 • 한국 동해, 일본 홋카이도 등에 분포

2) 다시마의 성분★

① 다시마는 2~3년생의 갈조류로 단백질이 약 7%, 지방이 0.5%, 탄수화물이 약 44%이며, 무기질이 약 28%로 상당히 많음
② 칼슘과 요오드(아이오딘), 철이 매우 풍부하며 소화 흡수를 도움
③ 요오드(아이오딘)는 갑상선 호르몬 합성에 필수 성분
④ 비타민 C가 많고 단백질의 주성분은 글루탐산(glutamic acid)으로 감칠맛을 줌
⑤ 다시마에는 혈압을 내리게 하는 작용이 있음
⑥ 지방은 아주 적지만, 액체 지방으로 비린내가 있음
⑦ 탄수화물은 주로 끈끈한 점질로서 분해하면 포도당, 과당, 갈락토오스, 말토오스 등이 생성

⑧ 당분, 전분, 섬유소 등을 갖는 것도 있으나, 그 양은 아주 적음
⑨ 점질성 탄수화물인 알긴이 20%가량 들어 있는데 장의 연동 운동을 돕고 변비에 좋음
⑩ 다시마 표면에 때때로 하얀 가루를 볼 수 있는데, 이것은 만니트(mannit)라는 성분
⑪ 마른 다시마의 표면에 백색 분말로 붙어 있는 물질은 만니톨(mannitol)로서 단맛을 냄
⑫ 알긴산의 나트륨염은 직물의 풀, 식품의 안정제로 쓰임
⑬ 다시마에는 글루탐산 및 엑스분이 많이 함유되어 있기 때문에 국물의 재료로 사용하기에 적절함
⑭ 다시마의 맛 성분은 글루탐산으로 이노신산과 구아닐산과 더불어 감칠맛을 내는 3대 성분 중의 하나

2 복어 죽재료 준비

(1) 복어 죽 종류와 조리법

오카유 [粥(おかゆ)]	• 불린 쌀을 사용할 경우 쌀을 반만 갈아서 맛국물을 넉넉히 넣고 끓임 • 밥을 이용할 경우 밥에 물을 넣고 밥알을 국자로 으깨어 가면서 끓임
조우스이 [雑炊(ぞうすい)]	• 밥을 씻어 해물이나 채소를 넣고 다시로 끓인 것 • 재료에 따라 채소죽, 전복죽, 굴죽, 버섯죽, 알죽 등 다양하게 만듦

(2) 복어 죽 부재료 종류와 특성

실파와 미나리	미나리	돌미나리와 물미나리가 있는데, 돌미나리는 주로 잎을 사용하고, 물미나리는 줄기를 사용
	파	실파와 쪽파를 사용하는데, 파의 흰 부분과 녹색 부분을 모두 사용할 때는 두 가지 파의 사용 용도가 다르지만, 녹색 부분만 사용할 때는 구분없이 사용
김 [海苔(のり)]		• 말린 김을 그냥 사용하면 김의 비린내가 나서 요리의 향을 안 좋게 하므로 항상 구워서 사용 • 정갈한 음식의 마무리를 위해 가늘게 썰어 하리노리(はりのり)를 만들어 올림 • 김은 수분에 매우 민감하여 아주 적은 양의 수분으로도 그 모양을 유지하지 못하고 수축하기 때문에 김을 자를 때는 수분이 전혀 없는 도마나 칼, 가위를 사용하고, 보관 시 수분이 없는 건조된 공간에 보관
달걀 [卵(たまご)]		• 달걀은 농도를 주는 역할을 하는데, 달걀을 넣고 너무 오래 끓이면 이러한 특성이 사라지므로 주의

📎 **Check Note**

💡 **실파와 쪽파**
실파는 뿌리 부분이 가늘게 생겼고, 쪽파는 뿌리 부분이 둥글게 생겨 쉽게 구분 가능함

	• 달걀은 크기가 다양해서 첨가하는 양에 대해 어려움이 있지만, 대부분의 레시피는 대란을 기준으로 함 • 달걀은 크기에 따라 왕란 > 특란 > 대란 > 중란 > 소란으로 구별
참기름 [ゴマ油 (ごまあぶら)]과 깨(ゴマ)	• 참기름과 깨는 요리에 고소한 향과 감칠맛을 부여 • 오메가6와 오메가9의 불포화지방산이 많이 함유되어 있어 혈액 내의 중성지방의 생성을 막는 데 효과가 있지만 그만큼 산패가 빠르므로 보관에 주의
복어 살	• 세장뜨기를 한 복어 살을 작은 토막으로 썰어 준비 • 복어 죽용으로 사용할 때는 근막을 제거하지 않고 넣어도 끓이는 과정에서 열에 의해 콜라겐이 부드러운 젤라틴으로 변하기 때문에 부드러워짐
복어 정소 [河豚白子 (ふぐしらこ)]	• 복어의 정소는 소금으로 씻어 흐르는 물에 담가 실핏줄과 핏물을 제거하고, 한입 크기로 잘라 놓거나, 고운 체에 걸러 놓음 • 복어의 정소는 수컷의 생식 기관으로 고소하고 녹진한 맛이 진해 복어 부위에서도 귀한 식재료로 취급

3 복어 죽 끓여서 완성

(1) 복어 죽 부재료에 관한 지식

1) 전분[澱粉(でんぷん)]의 성질

① 탄수화물의 일종으로 식물 잎 속의 엽록소에 의해 광합성이 된 저장 물질로서 종자, 과실, 근경, 구근(땅속줄기의 총칭) 등에 포함되어 있는 탄수화물

② 요리에 사용하는 것은 갈분, 전분가루, 감자, 고구마 전분, 콘스타치(cornstarch), 쌀 전분, 와라비코[蕨粉(わらびこ) : 고사리의 근경에서 채취한 전분], 밀가루 등

2) 참기름

① 식용 식물로 참깨의 씨를 볶아서 압착하여 짠 기름

② 튀김이나 그 밖의 요리에 사용하며, 이것을 다시 정제한 태백(太白) 등은 고급 튀김 요리에 적합

③ 참기름을 사용하면 향기와 맛을 증가시켜주기 때문에 특수한 향료로 사용하는 참기름도 있음

3) 달걀★

달걀은 비타민 A, 비타민 B_1, 비타민 B_2가 많아 좋은 영양 식품이며, 그중에서 노른자는 견고하고 색이 선명한 것이 좋음

열 응고성	난황은 65~67℃, 난백은 70~80℃에서 거의 응고
기포성	거품기를 이용하여 휘저으면 공기를 품고 거품이 되는데, 난백이 기포성의 성질이 강함
유화성	난황에는 물과 기름을 섞어 주는 작용을 하는 레시틴 (lecithin)이 다량 함유되어 있어 마요네즈 등을 만드는 데 응용

(2) 죽 조리 순서 및 불 조절 방법

1) 복어 오카유

복어 살 [河豚(ふぐ)の身(み)] 과 참나물 손질	복어 살을 얇게 포를 뜬 다음 가늘게 썰고, 참나물 줄기를 끓는 물에 데쳐 흐르는 물에 씻어 1cm 길이로 썰음
김과 실파 [浅葱(あさつき)] 손질	김은 불에 살짝 구워 손으로 부수거나 잘게 자르고, 실파는 곱게 썰어 흐르는 물에 2~3회 씻어 체에 건져 수분을 제거
죽을 끓임	냄비에 다시마 맛국물과 밥을 넣고 중불로 끓이다가 표면에 떠오르는 거품을 걷어내고, 어느 정도 죽이 되면 손질해 둔 복을 넣고 천천히 끓임
간을 하고 부재료를 넣음	• 충분히 끓었으면 청주, 소금과 국간장으로 간을 하고, 달걀(노른자만 사용하면 색이 고움)을 풀어 넣어 걸쭉하게 되면 기호에 따라 참나물 줄기, 참기름, 깨 등을 첨가함 • 그릇은 깊이가 낮고 폭이 넓은 그릇을 선택하여 복어 죽을 담고 실파와 김을 올림

2) 복어 조우스이

복어 뼈 맛국물에 불린 밥을 넣고 간하기	청주, 소금과 국간장으로 가볍게 밑간하고 여기에 물에 씻어서 물기를 제거해 놓은 밥을 넣고 보통 불에서 한소끔 끓임
달걀을 풀어서 넣음	끓기 시작하면 불을 끄고 그릇에 풀어 둔 달걀을 넣고 썬 실파를 넣어 3~4분가량 뜸을 들임
그릇에 담음	그릇은 길이가 깊고 폭이 좁은 그릇을 선택하여 담는데, 곁들임으로는 실파, 김 등을 올리거나 취향에 따라 다양한 재료 가능

Check Note

✔ **복어 오카유**★★★
복어 오카유는 밥알의 형체가 없는 죽으로 장시간 끓이기 때문에 밥에서 나온 전분으로 충분한 농도가 나오므로 달걀을 넣어도 되고 안 넣어도 됨

✔ **복어 조우스이**★★★
복어 조우스이는 밥알의 형체가 있는 죽으로 오래 끓이지 않아서 농도가 묽기 때문에 달걀을 넣어 농도를 냄

제 03 편

01 실파에 대한 설명으로 틀린 것은?

① 실파는 실처럼 가는 파라는 뜻으로 '실파'라고 한다.
② 대파의 출하량이 줄어드는 4월경이 제철이다.
③ 아래 흰 부분이 윤기가 있고 힘차게 뻗는 것이 신선한 실파이다.
④ 대파나 쪽파에 비해 쓴맛이 덜해 송송 썰어 양념장에 섞거나 곁들여 먹기에 좋다.

02 배추에 대한 설명으로 틀린 것은?

① 수분이 96% 정도로 함유되어 있고 비타민 C와 칼슘이 풍부하다.
② 냉장 온도 4~5℃에서 보관한다.
③ 산성 식품이다.
④ 알칼리성 식품이다.

03 젤라틴(ゼラチン)에 대한 설명으로 틀린 것은? 빈출

① 젤라틴은 열에 강하기 때문에 빠르게 가열하여 마무리한다.
② 15℃ 이하에서 냉각하면 젤리 상태가 된다.
③ 약 60℃에서 녹이고 바로 불에서 내려 놓는다.
④ 물 100cc에 생선묵 젤라틴 2장, 분말은 1큰술이 표준일 때 여름철에는 2큰술을 사용한다.

04 튀김의 종류에 해당하지 않는 것은? 빈출

① 스아게
② 가라아게
③ 고로모아게
④ 덴가츠아게

05 가라아게의 지역적 종류에서 닭고기를 톳과 표고버섯을 빻은 가루에 묻혀 튀겨 '쿠로(黑, 검은색) 가라아게'라고도 불리는 것은? 🏷️빈출

① 에히메현 : 센잔키(せんざんき)
② 기후현 : 세키가라아게(関からあげ)
③ 나가노현 : 산조쿠야끼(山賊焼き)
④ 홋카이도 : 잔기(ザンギ)

06 찜요리에서 송이버섯, 닭고기, 장어, 은행 등을 찜 주전자에 넣고 다시 국물을 넣어 찐 요리는?

① 도빙무시
② 신슈무시
③ 가부라무시
④ 사카무시

07 국내 식용이 가능한 복어의 종류별 특성에서 자주복에 대한 설명으로 틀린 것은? 🏷️빈출

① 우리나라에서 생산되는 복어 중에서 가장 비싼 어종이다.
② 양식이 되지 않아 자연산을 사용한다.
③ 살과 껍질 그리고 정소를 식용으로 하며, 회와 탕에 많이 사용한다.
④ 복어 중에서 최고급으로 여겨지는 종류로 '참복'이라고도 한다.

08 복어 껍질 초무침 재료가 아닌 것은?

① 레몬
② 실파
③ 미나리
④ 당근

---

05 ②

해설
- 에히메현 : 센잔키(せんざんき) → 에히메현의 야끼도리 전문점에서 인기 있는 메뉴
- 나가노현 : 산조쿠야끼(山賊焼き) → 닭 다리살을 통째로 마늘, 간장 등으로 양념해 전분가루를 묻혀 튀겨서 보통 양배추 채와 곁들여 냄
- 홋카이도 : 잔기(ザンギ) → 중국의 炸鷄(zha ji)로부터 유래한 가라아게의 한 종류

06 ①

해설
- 신주찜(信州蒸し : 신슈무시) : 메밀을 재료 속에 넣고 표면을 다양하게 감싸서 찐 요리
- 무청찜(かぶら蒸し : 가부라무시) : 무청을 강판에 갈아 재료를 듬뿍 올려서 찐 요리
- 술찜(酒蒸し : 사카무시) : 도미, 전복, 닭고기 등에 소금을 뿌리고 술을 붓고 찐 요리

07 ②

해설 자주복은 수요가 많아 자연산 대신 양식도 많이 사용하며, 등이 검고 커다란 점 하나와 여러 개의 작은 점이 있는 것이 특징이며, 배지느러미는 하얀색이지만 다른 지느러미는 검은색을 띤다.

08 ④

해설 복어 껍질, 미나리, 실파를 빨간 무즙, 간장으로 무친 후 시소(깻잎)를 깔고 무침과 레몬 껍질 채를 올려 완성한다.

09 구이요리에서 직접구이의 종류로 틀린 것은? 빈출

① 된장구이(미소야끼)
② 간장구이(데리야끼)
③ 껍질구이(가와야끼)
④ 간장 절임 구이(유안야끼)

10 우리나라에 서식하고 있는 다시마과의 다시마가 아닌 것은?

① 애기다시마
② 참다시마
③ 줄기다시마
④ 개다시마

11 생선의 어취 제거 방법으로 틀린 것은? 빈출

① 물로 씻기
② 산첨가
③ 간장과 된장 첨가
④ 식용유 첨가

12 등자나무즙과 니다시지루, 간장을 주재료로 하여 부재료를 잘 혼합하여 사용한 것은?

① 가라아게
② 덴다시
③ 야쿠미
④ 폰즈

13 관동지방(関東寛政 : かんとう)의 대표적인 간장으로 색이 진하고 맛이 좋은 것이 특징인 것은? *빈출*

① 진간장
② 연간장
③ 국간장
④ 백간장

14 복어독 중독으로 지각 마비, 언어 장애, 호흡 곤란, 건반사 등을 일으키며 혈압 강하가 일어나는 단계는? *빈출*

① 1단계
② 2단계
③ 3단계
④ 4단계

15 초밥용 밥을 버무르는 나무통은? *빈출*

① 한기리
② 바란
③ 켄사사
④ 사사기리

16 튀김소스 덴다시(다시 : 진간장 : 미림)의 올바른 비율은?

① 다시 2 : 진간장 1 : 미림 1
② 다시 3 : 진간장 1 : 미림 1
③ 다시 4 : 진간장 1 : 미림 1
④ 다시 5 : 진간장 1 : 미림 1

13 ①

해설
• 연간장, 국간장 : 관서지방을 중심으로 서일본에서 주로 사용하며, 향이 담백하여 채소나 생선 요리에 재료의 맛과 색을 손상시키지 않고 은은한 향기를 내는 것이 특징이다.
• 백간장 : 연간장보다도 색이 연하고 맛은 좀 떨어지지만, 독특한 균의 향이 있어 스이모노, 니모노에 사용한다.

14 ②

해설
• 1단계 : 입술, 혀끝, 손발이 마비되기 시작하며 복통이나 구토 증상
• 3단계 : 술, 혀끝, 손발이 마비되기 시작이 나타나며 의식이 흐려진다.
• 4단계 : 의식 불명과 함께 호흡이 정지되어 사망

15 ①

해설 바란, 켄사사, 사사기리는 초밥 장식의 대나무 잎이다.

16 ③

해설 덴다시의 비율
다시 4 : 진간장 1 : 미림 1

17 ②

해설 참깨를 곱게 갈 때 사용하는 도구는 절구로, 절구는 스리바치, 아타리바치로도 불린다.

18 ③

해설
- 히라즈쿠리(ひらづくり : 平作り)
  : 평 자르기
- 이토즈쿠리(いとづくり : 糸作り)
  : 실처럼 가늘게 자르기
- 소기즈쿠리(削ぎ造作り) : 깎아서 자르기

19 ②

해설 주로 폰즈(초간장)와 함께 야쿠미(곁들임 재료)를 준비한다.

20 ④

해설 쌀은 묵은쌀보다는 햅쌀을 사용한다.

17 참깨 소스를 만들 때 참깨를 곱게 갈 때 사용하는 도구는? 빈출

① 믹서
② 절구
③ 맷돌
④ 강판

18 복어, 광어처럼 생선회의 선도와 탄력 있는 흰살생선을 최대한 얇게 써는 방법은? 빈출

① 히라즈쿠리
② 이토즈쿠리
③ 우스즈쿠리
④ 소기즈쿠리

19 요리의 풍미를 증가시키고 식욕을 자극하기 위해 첨가하는 채소나 향신료(고추냉이, 생강, 실파, 빨간 무즙, 레몬)는?

① 폰즈
② 야쿠미
③ 초회
④ 덴다시

20 복어의 죽을 끓이기 위한 쌀과 밥의 선택으로 틀린 것은? 빈출

① 복어의 죽은 쌀이나 밥을 사용하여 만든다.
② 쌀은 멥쌀로 찹쌀은 사용하지 않는다.
③ 노화가 완전히 이루어진 찬밥은 조우스이를 끓이는 경우 충분한 호화가 이루어질 수 있도록 충분히 가열해야 한다.
④ 햅쌀보다는 묵은쌀을 사용한다.

PART 02

한식 · 양식 · 중식 · 일식 · 복어
조리산업기사 CBT 기출복원 모의고사

01 위생 및 안전관리

01 ★빈출

보툴리누스균 식중독 예방 대책으로 가장 거리가 먼 것은?

① 진공포장 식품은 가열(120℃, 4분)하여 포자를 사멸한다.
② 균의 증식 위험이 있는 식품은 저온(3.3℃ 이하)에서 보관한다.
③ 아질산나트륨과 같은 항균제를 첨가하여 보관한다.
④ 식품을 섭취하기 전 60℃에서 10분 동안 가열한다.

> **해설**
> 흙에 의한 식품의 오염방지, 음식물의 충분한 가열처리, 통조림 및 소시지 등의 위생적 가공과 저온 보관 뒤 섭취 전 가열처리로 예방한다. 보툴리누스균은 80℃에서 30분 가열하면 파괴되어 무독화된다.

02

대기오염물질 중 가스(Gas)상 물질이 아닌 것은?

① 황산화물(SOx)
② 질소산화물(NOx)
③ 매연(Smoke)
④ 일산화탄소(CO)

> **해설**
> 대기오염물질 중 황산화물, 질소산화물, 일산화탄소는 가스상 물질이고, 매연은 입자상 물질이다.

03 ★빈출

체내의 수분과 염분의 손실 때문에 생기는 질병으로 고온 환경에서 심한 근육운동을 하는 경우 발생하는 질병은?

① 열경련증
② 열사병
③ 열쇠약증
④ 열허탈증

> **해설**
> ② 열사병 : 고온 환경이나 더운 곳에서 직업, 운동 등을 하면서 발생하는 신체 이상
> ③ 열쇠약증 : 주요 원인은 만성적 체열 소모로 식욕부진, 빈혈 등이 나타남
> ④ 열허탈증 : 주요 원인은 순환 기능의 흐트러짐으로 전신권태, 두통, 구역질 등이 나타남

04 ★빈출

실내에서 자연환기가 잘 이루어지는 중성대의 위치는?

① 천장 가까이
② 방바닥 가까이
③ 벽면 가까이
④ 실내 중앙 가까이

> **해설**
> 중성대(Neutral Zone)
> 실내로 들어오는 공기는 하부로, 나가는 공기는 상부로 이동하고, 그 중간에 압력 0의 지대가 형성된다. 중성대는 천장 가까이 형성되는 것이 환기량이 크고, 방바닥 가까이 있으면 환기량이 적다.

05

다음 중 주류를 판매할 수 없는 영업의 종류는?

① 유흥주점영업
② 단란주점영업
③ 일반음식점영업
④ 휴게음식점영업

> **해설**
> • 휴게음식점영업 : 음주행위가 허용되지 아니하는 영업
> • 일반음식점영업 : 식사와 함께 부수적으로 음주행위가 허용되는 영업
> • 단란주점영업 : 주로 주류를 조리 · 판매하는 영업
> • 유흥주점영업 : 주로 주류를 조리 · 판매하는 영업

> **정답**
> 01 ④   02 ③   03 ①   04 ①   05 ④

06 ★빈출

하수의 수질 측정 단위 중, 채취한 하수를 20℃에서 5일간 유기물질을 산화시키는 데 소모된 산소량으로 나타내는 것은?

① 부유물량
② 용존산소량
③ 생화학적 산소요구량
④ 화학적 산소요구량

해설

• 부유물량 : 일정한 양의 물속에 부유되어 있는 물질의 양
• 용존산소량(DO) : 물속에 녹아 있는 산소량
• 화학적 산소요구량(COD) : 산화제를 이용해 일정 조건에서 환원성 물질을 분해하는 데 소비한 산소량

07

「식품의 기준 및 규격」에 따른 식품접객업소 조리 식품, 조리 기구에 대한 미생물 규격으로 옳은 것은?

① 행주의 대장균은 음성이어야 한다.
② 도마의 대장균은 100/mL 이하여야 한다.
③ 접객용 음용수의 대장균은 양성이어야 한다.
④ 수족관 물의 세균 수는 1mL당 200,000 이하여야 한다.

해설

• 행주(사용 중인 것은 제외) : 대장균 – 음성
• 칼 · 도마 및 식기류(사용 중인 것은 제외) : 살모넬라, 대장균 – 음성
• 접객용 음용수 : 대장균 – 음성/250mL, 살모넬라 – 음성/250mL
• 수족관 물 : 세균 수 – 1mL당 100,000 이하, 대장균군 – 1,000 이하/100mL

08 ★빈출

다음 중 HACCP(식품안전관리인증기준)의 7원칙에 속하지 않는 것은?

① 위해요소설정
② 중요관리점 결정
③ 한계기준 설정
④ 문서화 · 기록유지 방법 설정

해설

HACCP(식품안전관리인증기준)의 7원칙
위해요소 분석, 중요관리점(CCP) 결정, 한계기준 설정, 모니터링 체계 확립, 개선조치 방법 수립, 검증 절차 및 방법 수립, 문서화 및 기록유지 방법 설정

09 ★빈출

과일잼을 만들 때 가장 적당한 조건은?

① 펙틴 함량 0.5%, pH 2.5, 설탕량 50%
② 펙틴 함량 0.5%, pH 3.0, 설탕량 70%
③ 펙틴 함량 1%, pH 3.2, 설탕량 65%
④ 펙틴 함량 1%, pH 4.0, 설탕량 75%

해설

젤리화의 3요소
펙틴 1.0~1.5%, 산(pH 3.2) 0.3%, 당분 62~65%

10

바퀴벌레가 전파할 수 있는 질병이 아닌 것은?

① 세균성 이질 ② 디프테리아
③ 렙토스피라증 ④ 회충

해설

렙토스피라증
인수공통감염병으로 사람과 쥐, 개, 소 공통으로 걸리는 감염병이다.

정답 06 ③ 07 ① 08 ① 09 ③ 10 ③

11 ⭐빈출

식품위생법에서 영업에 종사하지 못하는 질병의 종류가 아닌 것은?

① 화농성 질환　　② 피부병
③ 비감염성 결핵　　④ 파라티푸스

12 ⭐빈출

화학적 소독법의 구비조건이 아닌 것은?

① 석탄산계수가 낮을 것
② 인체에 대하여 독성이 없을 것
③ 침투력이 강할 것
④ 부식성이나 표백성이 없을 것

13

과실류나 채소류 등 식품 등의 살균 목적 이외에 사용하여서는 아니 되는 살균 소독제는? (단, 참깨에는 사용 금지)

① 프로피온산나트륨　　② 차아염소산나트륨
③ 소르빈산　　④ 에틸알코올

14 ⭐빈출

식품위생법상 제조 · 가공 · 조리 · 소분 · 유통하는 식품 중 식품안전관리인증기준 대상 식품이 틀린 것은?

① 어육가공품 중 어묵　　② 레토르트식품
③ 배추김치　　④ 통조림식품

15 ⭐빈출

방사선 조사 살균법에 대한 설명으로 옳은 것은?

① 조사한 식품에는 다시 조사하여서는 아니 된다.
② 우리나라에서는 137Cs의 X선을 사용하도록 허용하고 있다.
③ 식품의 살균 및 멸균의 목적에 한하여만 사용할 수 있다.
④ 완제품에 조사한 경우 문구나 조사 도안을 표시하지만, 방사선을 조사한 원재료를 사용한 경우에는 표시하지 않는다.

정답　11 ③　12 ①　13 ②　14 ④　15 ①

16 ⭐빈출

다음 중 발열 증상이 가장 심한 식중독은?

① 장염비브리오 식중독
② 살모넬라 식중독
③ 황색포도상구균 식중독
④ 보툴리누스 식중독

17

식품 내에서 증식한 많은 양의 원인균을 섭취하여 일어나는 감염형 식중독을 나열한 것은?

① 살모넬라균 식중독, 황색포도상구균 식중독
② 살모넬라균 식중독, 장염비브리오균 식중독
③ 황색포도상구균 식중독, 보툴리누스균 식중독
④ 장염비브리오균 식중독, 보툴리누스균 식중독

18 ⭐빈출

재래식 메주를 원료로 한 된장과 간장 등에서 문제가 될 수 있는 독소는?

① 마이코톡신(Mycotoxin)
② 엔테로톡신(Enterotoxin)
③ 아미그달린(Amygdalin)
④ 무스카린(Muscarine)

19 ⭐빈출

소독제의 사용 농도로 옳은 것은?

① 에틸알코올 : 100%
② 석탄산 : 3%
③ 과산화수소 : 35%
④ 양성비누 : 20%

20

식품의 부패판정검사와 항목의 연결이 잘못된 것은?

① 관능검사 : 색, 냄새, 맛 측정
② 세균학적 검사 : 세균수 측정
③ 화학적 검사 : K값 측정, VBN 측정
④ 물리적 검사 : TMA 측정, 경도 측정

정답   16 ②   17 ②   18 ①   19 ②   20 ④

제
03
편

21

염기성 황색 색소로, 과거 단무지 등에서 사용되었으나 현재는 사용이 금지된 색소는?

① 테트라진(Tetrazine)
② 아우라민(Auramnine)
③ 로다민(Rhodamine)
④ 시클라메이트(Cyclamate)

> **해설**
>
> • 유해 인공착색료 : 황색의 아우라민(단무지), 적색의 로다민(생선 조리, 식품, 생강, 매실, 과자, 빙과류), 녹색의 말라카이트그린(과 자류, 알사탕) 등이 있다.
> • 아우라민(Auramine) : 독성이 강하여 두통을 유발시켜 사용이 금지된 색소로, 예전에는 단무지, 면류, 카레분에 사용되었다.
> • 시클라메이트 : 인공감미료로 발암 논란으로 금지되었다.

22 빈출

필수지방산이 아닌 것은?

① 리놀레산(Linoleic Acid)
② 아라키돈산(Arachidonic Acid)
③ 올레산(Oleic Acid)
④ 리놀레산(Linolenic Acid)

> **해설**
>
> 필수지방산은 불포화지방산의 리놀렌산, 리놀레산, 아라키돈산으로 비타민 F라고 부르며 대두유, 옥수수유 등 식물성 기름에 다량 함유 되어 있다.

23 빈출

육류의 '맛난맛' 성분은?

① 젖산
② 숙신산
③ 이노신산
④ 구연산

> **해설**
>
> 이노신산은 화학식이 $C_{10}H_{13}N_4O_8P$로 나트륨염이 화학조미료로 사용된다. 말린 가다랑어, 멸치, 소고기의 맛난맛이다.

24

냉동식품에서 일어나는 변화와 관련된 설명으로 틀린 것은?

① 얼음 결정이 커지면 식품의 세포막 파괴를 초래한다.
② 냉동 중 탈수로 인해 건조된 부분은 산화로 갈변을 초래한다.
③ 동결된 자유수는 해동 시 모두 단백질과 결합한다.
④ 밀착 포장이나 용약 침지 등의 방법으로 냉동 화상을 감소시킬 수 있다.

> **해설**
>
> 냉동은 자유수를 동결시켜 수분활성을 저해시키는 것이며, 해동 시 드립(Drip)이 발생한다.

25 빈출

탄수화물에 대한 설명으로 틀린 것은?

① 자연계에는 D−형의 알도스(Aldose)와 케토스(Ketose)가 많이 존재한다.
② 부제탄소원자를 가지고 있으므로 광학이성체가 존재한다.
③ 분자 내에 하나의 수산기와 두 개 이상의 알데하이드기 또는 케톤기를 가지고 있다.
④ 포도당을 물에 용해하면 우선성의 선광도를 나타낸다.

> **해설**
>
> **단당류**
> 알데하이드기(−CHO) 또는 케톤기(−CO)를 한 개 더 가진 당으로, 더 이상 분해될 수 없는 최종산물이다.

정답   21 ②   22 ③   23 ③   24 ③   25 ③

26

다음 중 비타민과 주된 급원 식품의 연결이 틀린 것은?

① 비타민 A – 생선 간유 ② 비타민 B_1 – 쌀 배아

③ 비타민 B_{12} – 콩 ④ 비타민 C – 과일

해설

비타민 B_{12}의 급원 식품은 살코기, 선지, 고등어 등이다.

27 ✈빈출

다음 중 결합수의 특성이 아닌 것은?

① 자유수보다 밀도가 크다.

② 대기 중에서 100℃ 이상으로 가열해도 제거하기 어렵다.

③ 용질에 대하여 용매로서 작용한다.

④ 미생물의 번식과 발아에 이용되지 못한다.

해설

결합수의 특징
- 자유수보다 밀도가 크다.
- 대기 중에서 100℃ 이상 가열하여도 제거되지 않는다.
- 용질에 대한 용매의 가능성이 없다.
- 미생물의 발육이나 그 포자의 발아에 이용될 수 없는 수분이다.
- 압력에 의하여 제거되지 않는다.
- 0℃ 이하의 낮은 온도에서 얼지 않고, –18℃ 이하에서도 동결되지 않는다.
- 표면장력과 점성이 크다.

28 ✈빈출

안토시안 색소의 성질이 아닌 것은?

① 철(Fe) 등의 금속이온이 존재하면 청색이 된다.

② pH에 따라 색이 변하며, 산성에서는 적색을 나타낸다.

③ 산화효소에 의해 산화되면 갈색화가 된다.

④ 담황색의 색소이며, 경수로 가열하면 황색을 나타낸다.

해설

안토시안 색소의 색상변화
- 산성에는 적색, 중성에는 자색, 알칼리성에는 청색을 띤다.
- 각종 금속과 반응하여 착화합물을 만드는데 철(Fe)은 청색, 주석(Sn)은 회색, 아연(Zn)은 녹색의 화합물을 만든다.
- 산화되면 갈색 중합체를 형성한다.

29

채소류 조리에 대한 설명으로 틀린 것은?

① 시금치나물을 무칠 때 식초를 넣으면 클로로필계 색소가 산에 의해 녹황색으로 변한다.

② 녹색 채소 데친 물이 푸르게 변색하는 것은 지용성인 클로로필(Chlorophyll)이 수용성 클로로필라이드(Chorophyllide)로 되어 용출되기 때문이다.

③ 볶은 당근이 점차 어둡고 칙칙한 색으로 변하는 것은 안토잔틴계 색소가 산소와 접촉하여 산화·퇴색되기 때문이다.

④ 우엉을 삶을 때 청색으로 변하는 이유는 우엉에 있는 알칼리성 무기질이 녹아 나와 안토시안계 색소를 청색으로 변화시키기 때문이다.

해설

볶은 당근이 점차 어둡고 칙칙한 색으로 변하는 것은 카로틴계 색소가 산소와 접촉하여 산화·퇴색되기 때문이다.

30

생대두에 들어있는 특수성분이 아닌 것은?

① 글리아딘(Gliadin)

② 트립신 저해제(Trypsin Inhibitor)

③ 사포닌(Saponin)

④ 헤마글루티닌(Hemagglutinin)

정답 26 ③ 27 ③ 28 ④ 29 ③ 30 ①

31

다음 중 원가계산의 목적을 모두 고른 것은?

㉠ 가격결정	㉡ 원가관리
㉢ 예산편성	㉣ 재무제표 작성

① ㉡, ㉢
② ㉠, ㉢, ㉣
③ ㉠, ㉡, ㉣
④ ㉠, ㉡, ㉢, ㉣

32 빈출

기름 성분이 하수관으로 유입되는 것을 방지하기 위해 설치하는 배수관은?

① S트랩
② U트랩
③ 그리스 트랩
④ 드럼 트랩

33

신선도가 떨어진 단백질 식품의 냄새 성분이 아닌 것은?

① 알데하이드(Aldehyde)
② 피페리딘(Piperidine)
③ 암모니아(Ammonia)
④ 황화수소(H_2S)

34 빈출

유지의 물리적 성질에 관한 내용으로 틀린 것은?

① 용질은 포화지방산이 많을수록 높아진다.
② 저급지방산이 많을수록 같은 용매에 대한 용해도가 증가한다.
③ 발연점은 유리지방산의 함량이 많을수록 높아진다.
④ 점도는 불포화지방산이 많을수록 감소한다.

35

다음 식품성분표에서 단백질을 대두 50g 대신 소고기로 대치하고자 할 때 소고기의 양으로 적당한 것은? (단위 : 식품 100g 중 함유된 양)

식품명	열량(Cal)	단백질(g)	지질(g)	당질(g)
대두	400	36.2	17.8	25.7
소고기	218	21.0	14.1	0.2

① 18.2g
② 42.0g
③ 58.9g
④ 86.2g

36 빈출

다음 중 원가의 3요소로 틀린 것은?

① 재료비
② 노무비
③ 경비
④ 시설사용료

해설

원가의 3요소
재료비, 노무비, 경비

37 빈출

과일을 깎을 때 일어나는 갈변을 방지하는 방법이 아닌 것은?

① 설탕물에 담그는 방법
② 비타민 C 용액에 담그는 방법
③ 레몬즙, 오렌지즙에 담그는 방법
④ 철제 칼로 과일 껍질을 벗기는 방법

해설

철제 칼을 사용하면 갈변현상을 촉진한다.

38

음식의 종류에 따라 그릇에 보기 좋게 담는 양을 정할 때 탕, 찌개, 전골, 볶음을 식기에 담는 적정한 양은?

① 50%
② 70% 이하
③ 70~80%
④ 90% 이상

해설

• 장아찌, 젓갈 : 식기의 50%
• 국, 찜, 조림, 구이, 전유어, 편육, 튀각, 부각, 김치, 생채, 나물, 포 : 70%

39 빈출

김치를 담는 전통 그릇은?

① 보시기
② 탕기
③ 쟁첩
④ 조치보

해설

• 탕기 : 국물을 담는 그릇
• 쟁첩 : 찬을 담는 그릇
• 조치보 : 찌개를 담는 그릇

40

한국 음식의 특징으로 옳지 않은 것은?

① 주식과 부식이 뚜렷하고 음식의 종류와 조리법이 다양하다.
② 다양한 곡물 음식의 발달로 향신료를 많이 사용하는 편이다.
③ 음식의 맛을 중요시하고 잘게 썰거나 다지는 방법이 많은 편이다.
④ 음식에 있어서 약식동원의 사상을 중요하게 여기지는 않는다.

해설

약식동원은 '약과 음식은 그 근원이 같다'는 말로 좋은 음식은 약과 같은 효능이 있다는 뜻이며 한국 음식에서 중요시한다.

정답   36 ④   37 ④   38 ③   39 ①   40 ④

41 빈출

전골에 사용하는 육수 재료로 사용되는 소고기 부위로 옳은 것은?

① 채끝살　　　　② 우둔살
③ 사태　　　　　④ 등심

해설

전골에 사용하는 육수로는 결합조직이 많고 지방이 적은 사태 부위가 적당하다.

42 빈출

계절에 따른 만두 중 겨울에 먹는 만두로 옳지 않은 것은?

① 생치만두　　　② 장국만두
③ 김치만두　　　④ 준치만두

해설

• 봄 : 준치만두
• 여름 : 편수, 규아상
• 겨울 : 생치만두, 김치만두, 장국만두 등

43

찜의 정의로 옳은 것은?

① 팬을 달군 후 기름에 높은 온도에서 볶아낸 음식
② 재료를 얇게 썰어 밀가루와 달걀 옷을 입혀 부친 음식
③ 재료에 양념을 한 뒤 수분을 활용해 부드럽게 익힌 음식
④ 고기를 꼬치에 꿰어 구운 음식

해설

① 볶음. ② 전. ④ 적에 대한 설명이다.

44

국물이 있는 찜을 담는 방법에 대하여 옳은 것은?

① 접시나 약간 오목한 그릇에 담는다.
② 따뜻한 국물이 있기 때문에 그릇은 따뜻하게 준비하지 않아도 된다.
③ 고명은 많은 양을 사용하여도 문제가 없다.
④ 주재료와 부재료의 덩어리가 큰 찜 요리에는 달걀 지단을 완자형으로 썰어 얹는 것이 좋다.

해설

국물이 있는 찜은 따뜻한 음식으로 그릇을 따뜻하게 준비하고, 국물이 넘치지 않도록 깊이가 있는 오목한 그릇에 담고, 국물을 자박하게 담는다. 또한 주재료와 부재료의 덩어리가 큰 찜 요리에는 달걀 지단을 완자형으로 썰어 얹는 것이 좋다.

45 빈출

구이를 할 때 재료에 연육작용을 하는 방법으로 틀린 것은?

① 빠른 조리를 위해 양념은 굽기 전에 발라준다.
② 만육기나 칼등으로 두드려 결합 조직과 근섬유를 끊어준다.
③ 파인애플, 키위 등 단백질 분해효소가 있는 과일을 첨가한다.
④ 설탕을 넣어 단백질의 열 응고를 지연시킨다.

해설

재료에 양념 및 효소들이 침투할 수 있도록 재워 두는 시간을 충분히 갖는다.

정답　　41 ③　42 ④　43 ③　44 ④　45 ①

46

김치의 특성에 대한 설명으로 옳은 것은?

① 배추김치의 경우 배추, 무, 고추, 마늘, 생강, 파, 오이, 부추, 젓갈 등이 주재료이다.
② 김치에는 단백질, 지방 등의 영양소가 풍부하게 함유되어 있다.
③ 칼슘과 칼륨 등 무기질이 적고, 식이섬유가 많이 함유되어 있다.
④ 고추, 파, 배추, 무에는 비타민 D가 많이 함유되어 있다.

> **해설**
> 김치는 단백질, 지방 등의 에너지를 내는 영양소의 함량이 적고, 칼슘과 칼륨 등 무기질이 많이 함유되어 있으며, 고추, 파, 배추, 무에는 비타민 C가 많이 함유되어 있다.

47

전골 육수 재료와 그 특징이 옳은 것은?

① 소고기 육수 – 전골의 시원한 맛
② 조개류 육수 – 전골의 깔끔한 맛
③ 닭고기 육수 – 전골의 기본맛
④ 멸치와 다시마 육수 – 전골의 감칠맛

> **해설**
> • 소고기 육수 – 전골의 기본맛
> • 조개류 육수 – 전골의 시원한 맛
> • 닭고기 육수 – 전골의 깔끔한 맛

48

전골 식재료 중 조개류의 감칠맛 성분으로 틀린 것은?

① 글루탐산　　　　② 아데닐산
③ 구아닐산　　　　④ 호박산

> **해설**
> 구아닐산은 버섯의 감칠맛 성분이다.

49

볶음 조리에 대한 설명으로 옳은 것은?

① 재료를 지지기 좋은 크기로 얇게 저미거나 채썰어 조미한 다음 밀가루와 달걀물을 입혀 조리
② 소량의 지방을 이용해 뜨거운 팬에서 익히는 방법
③ 식재료를 꼬치에 꿰어 불에 구워 조리하는 것
④ 큼직하게 썰어 양념하여 물을 붓고 뭉근히 끓이거나 쪄내는 것

> **해설**
> ① 전, ③ 적, ④ 찜에 대한 설명이다.

50

음식을 담는 방법 중 좌우 대칭의 특징에 대한 설명으로 틀린 것은?

① 가장 균형적인 구성 형식이다.
② 안정감이 느껴지나 단순화되기 쉽다.
③ 선을 중심으로 대칭으로 담는다.
④ 일정한 방향으로 회전하며 담는다.

> **해설**
> 일정한 방향으로 회전하며 담는 것은 회전 대칭이다.

51

튀김의 주재료를 고르는 방법으로 틀린 것은?

① 육류의 지방은 모두 담황색으로 탄력이 있고 향이 있는 것이 좋다.
② 소고기의 색은 옅은 선홍색, 돼지고기는 진한 선홍색이 나는 것이 좋다.
③ 어류는 눈이 불룩하며 눈알이 선명하고, 비늘은 광택이 있고 단단히 부착된 것이 좋다.
④ 어류의 육질은 탄력이 있고, 뼈에 단단히 밀착해 있는 것이 좋다.

> **정답**　46 ①　47 ④　48 ③　49 ②　50 ④　51 ②

소고기는 선홍색, 돼지고기는 옅은 선홍색으로 윤기 나는 것이 좋다.

52

튀김 재료와 양에 따른 조리방법으로 틀린 것은?

① 재료에 따라 튀김 기름의 온도를 조절하여야 한다.
② 재료에 수분이 많고 큰 것은 저온(165~170℃)에서 튀긴다.
③ 튀김을 기름에서 건져서 바로 겹쳐 놓으면 습기가 생긴다.
④ 빠른 회전률을 위해 많은 양을 한번에 튀긴다.

재료를 한번에 많이 튀기게 되면 기름의 온도가 급격하게 떨어지므로, 많은 식품을 넣지 않도록 한다.

53 ✈빈출

숙채에 대한 설명으로 옳은 것은?

① 콩나물, 숙주나물 등은 끓는 물에 데친 후 팬에 기름을 두르고 볶아서 익힌다.
② 무생채, 어채 등이 속한다.
③ 물에 데치거나 기름에 볶은 나물을 말한다.
④ 시금치, 쑥갓 등의 나물은 소금에 절였다가 기름에 무친다.

• 콩나물, 숙주나물 등은 끓는 물에 데친 후 무쳐서 사용한다.
• 무생채는 생채류, 어채는 숙회의 종류이다.
• 시금치, 쑥갓 등의 나물은 끓는 물에 소금을 약간 넣어 데친 후 찬물에 헹군다.

54 ✈빈출

기름이나 지용성 용매에 녹는 지용성 색소로 토마토, 당근, 고추에 함유되어 있는 천연 색소 성분인 것은?

① 클로로필   ② 베타시아닌
③ 카로티노이드   ④ 플라보노이드

카로티노이드가 함유되어 있는 채소는 토마토, 복숭아, 고추, 감귤류, 당근, 고구마, 옥수수 등이 있다.

55

한과의 색을 내는 재료 중 붉은색을 내는 재료로 옳은 것은?

① 승검초가루   ② 지초
③ 송홧가루   ④ 쑥가루

승검초가루와 쑥가루는 푸른색, 송홧가루는 노란색을 내는 재료로 사용된다.

56

한과의 보관 방법으로 옳지 않은 것은?

① 약과나 매작과는 기름을 뺀 후 즙청하여 냉동보관한다.
② 유과는 고명을 붙인 물엿이 마르도록 3~4시간 상온에서 건조시킨 후 포장한다.
③ 엿강정은 쉽게 눅눅해지므로 바로 먹지 않는 것은 낱개로 포장해 상온에서 보관한다.
④ 숙실과는 빚기 전 상태로 냉동보관해 두었다가 꺼내어 빚어낸다.

약과나 매작과는 기름을 빼어 냉동보관한 후, 사용할 때 꺼내서 즙청을 한다.

정답   52 ④ 53 ③ 54 ③ 55 ② 56 ①

57 빈출

음청류 중 찬 음료로 틀린 것은?

① 숙수
② 화채
③ 수정과
④ 미수

해설

숙수는 향약초만을 사용하여 향기 위주로 달여 마시는 더운 음청류에 속한다.

58 빈출

맑은 육수를 끓이는 방법으로 틀린 것은?

① 육류를 물에 데친 후 찬물을 부어 센불로 끓인다.
② 수시로 거품을 거둬낸다.
③ 불의 세기를 조절하면서 끓인다.
④ 국물의 진한 맛을 위해 장류를 사용한다.

해설

맑은 육수에는 주재료 이외에 장류를 사용하지 않는다.

59

국·탕 제공에 대하여 옳은 것은?

① 국은 건더기를 4 : 6 정도로 담아 제공한다.
② 고명은 국물의 맛을 가리지 않는 양만큼 사용한다.
③ 국은 같은 그릇에서 음식을 요리한 후 자신이 덜어 먹는 음식이다.
④ 고명은 국물에 넣고 오래 끓여서 제공한다.

해설

①, ③ 찌개에 대한 설명이다.
④ 고명은 음식 제공 전에 올려 완성한다.

60

전 조리의 방법에 대한 설명으로 틀린 것은?

① 번철에 기름을 두르고 양면을 지져 익힌다.
② 콩기름, 옥수수기름과 같이 발연점이 높은 기름을 사용한다.
③ 모든 전은 기름을 넉넉히 둘러 부친다.
④ 재료의 속까지 익도록 자주 뒤집어가며 부친다.

해설

육류, 생선, 채소전은 기름이 많으면 쉽게 색이 누렇게 되고, 밀가루 또는 달걀옷이 쉽게 벗겨진다.

정답 57 ① 58 ④ 59 ② 60 ③

01 위생 및 안전관리

01 ✏빈출

소독약 중 자극성이 적어 상처 소독에 주로 사용되며, 일반적으로 3%의 수용액을 사용하는 것은?

① 알코올
② 석탄산
③ 과산화수소
④ 승홍수

해설

화학적 소독 방법
- 알코올(70%) : 손, 피부, 금속 기구 소독
- 석탄산(3%) : 기구, 용기 등 각종 소독약의 기준
- 과산화수소(3%) : 자극성이 약하여 피부 상처 및 입 안의 상처 소독에 사용
- 승홍수(0.1%) : 비금속기구 소독(금속부식성)

02 ✏빈출

세균성 이질에 관한 설명으로 틀린 것은?

① 소화기계 감염병이다.
② 제2급 감염병이다.
③ 원인균은 그람양성으로 염색되는 아포형성균이다.
④ 예방접종은 실시되지 않는다.

해설

세균성 이질의 원인균은 시겔라균이다.

03

부영양화의 예방 대책으로 틀린 것은?

① 화학비료와 합성세제의 사용 억제
② 가정하수와 공장폐수 및 농업폐수 처리기술 향상
③ N, P과 같은 영양염류와 유기물의 유입 차단
④ 수화현상(Water-Bloom) 촉진

해설

수화현상의 원인
유기물 및 N, P 등 영양염의 다량유입, 체류시간의 장기화, 여름철의 높은 수온, 수층의 성층화 등이다. 즉, 부영양화의 상징적 현상으로 심한 냄새를 유발하며, 호수나 하천의 하류에 식물 플랑크톤이 대량 번식하여 생태계의 균형에 악영향을 준다.

04 ✏빈출

구충 · 구서의 일반적 원칙으로 옳은 것은?

① 증식억제를 원칙으로 한다.
② 구충 · 구서는 성충 시기에 구제한다.
③ 구충 · 구서는 지역을 부분적으로 나눠서 실시한다.
④ 대상 동물의 생태 습성에 따라 실시한다.

해설

구충 · 구서의 일반적 원칙
- 발생원인 및 서식처를 제거
- 광범위하게 동시에 실시
- 생태 습성에 따라 실시
- 발생 초기에 실시

05

직업병과 관련된 직업의 연결이 틀린 것은?

① 고산병 – 산악인
② 열사병 – 제련공
③ 규폐증 – 채석공
④ 잠함병 – 선장

해설

원인별 직업병의 구분
- 저기압 : 산악인 – 고산병, 항공병
- 열 : 제련공 – 열사병
- 유리(실리콘) : 채석공, 탄광 – 규폐증
- 고기압의 급속 감압 : 터널공사, 교량공사, 잠수부 – 잠함병

정답   01 ③   02 ③   03 ④   04 ④   05 ④

06 ✈빈출

소고기를 날것으로 먹었을 때 감염되기 쉬운 기생충은?

① 무구조충　　② 유구조충
③ 광절열두조충　④ 사상충

해설

• 유구조충 : 돼지
• 광절열두조충 : 물벼룩, 연어, 송어
• 사상충 : 모기

07 ✈빈출

하수의 오염도 측정 시 BOD의 측정 온도와 기간은?

① 5℃에서 5일간
② 5℃에서 20일간
③ 20℃에서 5일간
④ 20℃에서 20일간

해설

BOD(생화학적 산소요구량)
BOD는 호기성 미생물이 물속에 있는 유기물을 분해할 때 사용하는 산소의 양을 말하며, 물의 오염 정도를 표시하는 지표로 사용되고, 측정 시 온도와 기간은 20℃에서 약 5일간이다.

08

비말감염을 통하여 일어난 감염병들로 올바르게 짝지어진 것은?

① 홍역, 디프테리아
② 장티푸스, 풍진
③ 세균성 이질, 백일해
④ 파라티푸스, 유행성 간염

해설

비말감염은 사람과 사람의 접촉으로 감염되는 것으로 파라티푸스, 유행성 간염, 결핵, 백일해, 인플루엔자 등이 있다.

09

불쾌지수 산출에 이용되는 요소는?

① 기온, 기압
② 기온, 기습
③ 기류, 기압
④ 기류, 기습

해설

불쾌지수는 사람이 날씨에 따라 불쾌감을 느끼는 정도를 나타낸 수치로, 기온과 습도를 이용한다.

10 ✈빈출

하수처리 과정으로 옳은 것은?

① 예비처리 → 본처리 → 오니처리
② 침전 → 여과 → 소독
③ 여과 → 침전 → 소독
④ 본처리 → 전처리 → 오니처리

해설

하수처리의 과정
예비처리(물리적 처리) → 본처리(혐기성, 호기성 처리) → 오니처리 (해양투기, 매물, 소각, 비료화, 소화법 등)

11

생선의 초기 부패를 판단할 때의 휘발성 염기질소의 양은?

① 5~10mg%
② 15~25mg%
③ 30~40mg%
④ 50mg% 이상

해설

신선육은 10~20mg%, 초기의 부패는 30~40mg%, 부패육은 50mg% 이상이다.

정답　　06 ① 　07 ③ 　08 ④ 　09 ② 　10 ① 　11 ③

12 ⭐빈출

신경 증상이 주된 특징을 나타내는 식중독은?

① Salmonella 식중독
② Vibrio 식중독
③ Staphylococcus 식중독
④ Botulinus 식중독

해설

• Salmonella 식중독 : 발열을 동반한 급성위염 증상
• Vibrio 식중독 : 복통, 구토, 설사, 발열 등으로 급성위장염 증상
• Staphylococcus 식중독 : 구토, 복통, 설사 및 급성위장염 증상

13

제조 과정 중 멸균을 위한 열처리가 불충분한 통조림식품에서 발생할 수 있는 식중독균은?

① 황색포도상구균(Staphylococcusaureus)
② 리스테리아(Listeria Monocytogenes)
③ 대장균(E. Coli)
④ 클로스트리디움 보툴리눔(Clostridium Botullinum)

해설

식중독균의 원인식품
• 황색포도상구균 : 우유, 유제품, 떡, 도시락 등
• 리스테리아 : 오염된 식육, 유제품, 감염 동물과의 접촉 등
• 대장균 : 우유 및 환자, 보균자, 동물의 분변, 가공식품 등

14

식품위생법상 식중독에 관한 조사 보고에서 식중독이 의심되는 자를 진단한 의사 또는 한의사는 누구에게 발생 사실을 보고하여야 하는가?

① 관할 보건소장
② 관할 시·도지사
③ 관할 특별자치시장·시장·군수·구청장
④ 식품의약품안전처장

해설

식중독 환자나 식중독이 의심되는 자를 진단하였거나 그 사체를 검안한 의사 또는 한의사는 관할 특별자치시장·시장·군수·구청장에게 보고하여야 한다.

15 ⭐빈출

감염병 유행의 3대 요인으로 바르게 짝지어진 것은?

① 감염원, 감염경로, 숙주의 감수성
② 병원체, 병원소, 전파
③ 병원체, 병원소, 병원체 침입
④ 전파, 병원체 침입, 숙주

해설

감염병 유행의 3대 요인
감염원(병원체, 병원소), 감염경로(환경), 숙주의 감수성 및 면역성

16

음의 강도를 나타내는 단위인 dB은 음의 세기에 대한 수량적 단위인 Bel의 크기에 비해 어느 정도인가?

① 1/10
② 1/50
③ 1/100
④ 1/400

해설

deciBel(dB)의 deci는 1/100이라는 뜻이다.

17 ⭐빈출

대기오염물질에 분류되지 않으며, 실내공기오염의 판정기준으로 사용되는 것은?

① 산소(O_2)
② 오존(O_3)
③ 이산화황(SO_2)
④ 이산화탄소(CO_2)

해설

이산화탄소(CO_2)는 실내공기오염의 측정지표로 허용한계는 0.1%(1,000ppm)이며, 7% 이상은 호흡곤란, 10% 이상은 질식할 수 있다.

정답   12 ④   13 ④   14 ③   15 ①   16 ①   17 ④

18

바퀴벌레가 매개하는 질병으로 틀린 것은?

① 세균성 이질
② 콜레라
③ 장티푸스
④ 사상충증

해설

사상충증은 모기가 매개하는 질병이다.

19 빈출

홍역이나 디프테리아와 같은 호흡기계 감염병의 가장 중요한 관리 대책은?

① 소독
② 예방접종
③ 환자 격리
④ 환경위생의 강화

해설

• 호흡기계 감염병의 예방 대책 : 예방접종
• 소화기계 감염병의 예방 대책 : 철저한 위생관리

20

부적당한 조명에 의한 피해가 아닌 것은?

① 근시
② 레이노드병
③ 안구진탕증
④ 백내장

해설

레이노드병은 진동에 의한 질병이다.

21 빈출

원가계산의 목적과 거리가 먼 것은?

① 결산을 정확히 할 수 있다.
② 적당한 가격의 설정에 도움을 준다.
③ 원가 자료를 경영 관리자에게 제공한다.
④ 판매량의 신장을 위한 방향을 설정한다.

해설

원가계산의 목적
• 가격결정의 목적 : 제품의 판매가격을 결정할 목적으로 원가를 계산한다.
• 예산편성의 목적 : 예산편성에 따른 기초자료제공에 이용된다.
• 원가관리의 목적 : 기초자료를 제공하여 원가를 절감한다.
• 재무제표 작성의 목적 : 경영활동과 결과를 재무제표로 작성하여 외부 관계자에게 보고 기초자료로 제공한다.

22

한천의 젤을 강화하는 식품은?

① 과즙   ② 설탕   ③ 우유   ④ 유기산

해설

• 설탕은 한천의 젤을 강화한다.
• 한천은 홍조류에서 추출된 다당류로, 젤화되는 성질이 있어 양갱이나 젤리 등에 이용되고 산을 넣어 가열하면 응고력이 약해진다.

23

1인분에 300g의 갈비구이를 만들고자 한다. 주재료비는 4,130원이고, 양념을 포함한 부재료비가 1,820원 소비되었다. 갈비 1인분의 판매가를 정할 때 재료비용(Cost) 26%의 가격을 책정하려고 한다면 호텔에서 판매(봉사료와 부가세 각 10% 부과)했을 때의 가격은 약 얼마인가?

① 22,775원
② 22,885원
③ 19,194원
④ 27,690원

정답 18 ④ 19 ② 20 ② 21 ④ 22 ② 23 ④

24 ✔빈출

과일의 주요 유기산 성분이 아닌 것은?

① 구연산(Citric Acid)
② 사과산(Malic Acid)
③ 주석산(Tartaric Acid)
④ 글루탐산(Glutamic Acid)

25

튀김유가 산패되는 이유가 아닌 것은?

① 유지 중의 불포화지방산이 산소를 흡수하였다.
② 같은 기름에 여러 번 튀김을 하였다.
③ 직사광선이 있는 곳에 보관하였다.
④ 토코페롤을 첨가하였다.

26

식품 비품 창고의 주요 설비가 아닌 것은?

① 선반, 저울
② 후드, 덕트
③ 청소도구함
④ 방충, 방서설비

27

구입가격이 400만원, 잔존가격이 50만원, 내용연수가 10년인 오븐의 감가상각비를 정액법으로 계산하면 얼마인가?

① 50만원
② 40만원
③ 35만원
④ 30만원

28 ✔빈출

두 가지 식품을 섞어서 음식을 만들었을 때 단백질의 상호보존 효과가 큰 것은?

① 쌀과 밀을 섞은 잡곡밥
② 쌀과 보리를 섞은 잡곡밥
③ 우유와 밀가루를 섞어 만든 빵
④ 밀가루와 옥수숫가루를 섞어 만든 빵

정답　24 ④　25 ④　26 ②　27 ③　28 ①

29

당류의 감미도가 낮은 것부터 높은 순서대로 나열한 것은?

① 맥아당 < 유당 < 포도당 < 자당 < 과당

② 유당 < 포도당 < 맥아당 < 과당 < 자당

③ 맥아당 < 포도당 < 자당 < 과당 < 유당

④ 유당 < 맥아당 < 포도당 < 자당 < 과당

해설
단맛의 순서
유당 < 맥아당 < 포도당 < 설탕 < 전화당 < 과당

30 빈출

다음 중 Maillard 반응에 의한 갈변현상에 대한 설명으로 틀린 것은?

① Melanoidine 갈색 색소가 생성되어 향기 물질의 생성과 항산화 작용을 한다.

② Amino 화합물, Carbonyl 화합물, 온도, 수분, pH, 산소, 금속에 의하여 영향을 받는다.

③ 포장 시 CO_2 또는 N_2 가스를 함께 넣어두면 갈색화 반응의 억제 효과가 없다.

④ 식품을 장기간 보관할 때 용기에 가득 채워두면 갈색화 방지에 효과가 있다.

해설
포장 시 이산화탄소, 질소를 넣으면 갈색화 반응 억제 효과가 있다.

31

식품에 함유된 물에 대한 설명으로 옳은 것은?

① 식품의 저장성에 영향을 미친다.

② 수분함량과 효소반응은 정비례한다.

③ 점성에는 영향을 미치지만, 점탄성과는 관계가 없다.

④ 수분활성도와 식품 중 함유된 물의 양은 항상 같다.

해설
식품에 함유된 수분은 주요 성분으로 맛, 외형, 미생물의 번식에 영향을 주는 등 식품 저장성에 중요한 기능을 한다. 품질과 밀접한 관련이 있으므로 수분의 유리전이온도, 자유수, 결합수, 수분활성도와 같은 특성을 파악하는 것이 중요하다.

32

신경계의 흥분을 억제하고, 효소작용을 촉진시키며, 체액의 산, 알칼리 평형에도 관여하는 물질은?

① 마그네슘 　　　② 칼륨

③ 철 　　　　　　④ 인

해설
• 마그네슘 : 천연 신경안정제로 신경전달물질을 안정시키고 근육 이완 작용 조절을 하며, 칼륨, 나트륨, 칼슘과 함께 체액의 산·알칼리 평형 유지에 가장 중요하다.
• 칼륨 : 신체 수분균형, 삼투압 조절, 심근이나 근수축의 조절, 체액의 산성, 알칼리성 조절, 각종 효소의 활성화를 돕는 나트륨 흡수를 억제하고 배출 촉진작용을 한다.
• 철 : 헤모글로빈 구성, 산소를 온몸으로 운반한다.
• 인 : 동물의 뼈·이 등의 주요 성분이다.

33 빈출

카로티노이드계 색소 중 토마토, 수박, 감, 앵두 등에 주로 함유되어 있는 성분은?

① a-카로틴(Carotene)

② 제아잔틴

③ 크립토크산틴(Cryptoxanthine)

④ 라이코펜(Lycopene)

해설
• a-카로틴 : 녹황색 채소에 함유
• 제아잔틴 : 옥수수와 달걀노른자에 함유
• 크립토크산틴 : 달걀노른자, 버터에 존재

정답　　　29 ④　30 ③　31 ①　32 ①　33 ④

34 ✈빈출

이탈리아의 초경질 치즈로 2~3년간 숙성시켜 매우 단단한 치즈는?

① 에담치즈   ② 체더치즈
③ 파마산 치즈   ④ 에멘탈치즈

해설

파마산 치즈
이탈리아 북부 에밀리아로마냐주의 파르마 원산이며, 생산지명을 따서 한국에서는 파마산 치즈라 부른다. 수분함량이 매우 적은 것이 특징이며, 우유를 발효시킨 후 원통 모양으로 만들어 숙성시켜 만든다. 단단한 형태로 만들어지므로 대개 잘게 쪼개어 먹고 가루 형태로 만들기도 한다.

35

식자재 저장의 일반원칙으로 틀린 것은?

① 분류 저장의 원칙
② 공간 활용의 원칙
③ 품질 보존의 원칙
④ 후입 선출의 원칙

해설

식자재 저장의 원칙
분류 저장의 원칙, 공간 활용의 원칙, 품질 보존의 원칙, 선입 선출의 원칙, 저장 위치표시의 원칙 등이 있다.

36 ✈빈출

난백의 기포성을 도와주는 것은?

① 레몬주스
② 소금
③ 설탕
④ 우유

해설

소량의 산을 첨가하면 난백의 기포 현상에 도움을 준다.

37

감자에 관한 설명 중 틀린 것은?

① 10℃ 이하의 찬 곳에 저장하면 전분의 분해를 막을 수 있다.
② 당분이 증가된 감자는 단맛은 있으나 삶거나 굽거나 하면 질척한 질감을 준다.
③ 감자껍질을 벗기면 조직 내의 티로신이 효소 티로시나아제에 의해 갈색이 된다.
④ 햇빛에 노출되었을 때 녹색이 형성된다.

해설

2℃ 정도에서 냉장하면 당분이 증가해서 단맛이 난다. 전분이 당으로 변하는 것을 막으려면 10~13℃ 정도에서 저장하는 것이 좋다.

38 ✈빈출

조리 시 채소의 색 변화로 맞는 것은?

① 당근 : 산 첨가 시 진한 적색
② 시금치 : 산 첨가 시 선명한 녹색
③ 양파 : 식소다 첨가 시 백색
④ 비트(Beets) : 산 첨가 시 선명한 적색

해설

• 당근(카로티노이드) : 산, 알칼리에 반응하지 않는다.
• 시금치(클로로필) : 산 첨가 시 누렇게 변한다.
• 양파(플라본) : 식소다(알칼리)에서는 황색으로 변한다.

39

서양음식의 특징으로 틀린 것은?

① 향신료의 사용이 다양하고 음식에 소스가 곁들여진다.
② 오븐을 사용하는 습열조리방법을 많이 이용한다.
③ 재료의 분량과 배합이 과학적이다.
④ 식기가 다양하고 상차림이 시간전개형이다.

정답 34 ③ 35 ④ 36 ① 37 ① 38 ④ 39 ②

서양요리는 오븐을 사용한 건열조리방법이 많다.

40

식사 유형별 메뉴 구성에서 손님을 정식으로 초청해서 대접하기 때문에 하루 중 가장 든든하게 먹는 식사유형은?

① 아침식사(breakfast)
② 점심식사(lunch)
③ 뷔페(buffet)
④ 정찬(formal dinner)

해설

• 아침식사(breakfast) : 미국식, 영국식, 대륙식, 비엔나식 등
• 점심식사(lunch) : 샌드위치, 생선·육류요리, 간단한 일품요리 등
• 뷔페(buffet) : 비교적 좁은 공간에서 많은 사람이 모여서 식사 가능

03 양식 조리

41 빈출

조리 원가의 3요소가 아닌 것은?

① 식재료비
② 노무비
③ 임금
④ 경비

해설

조리 원가의 3요소
식재료비, 노무비, 경비

42 빈출

수요예측의 종류와 수요예측 기법에서 델파이(Delphi)의 대표적인 접근 방법으로 옳은 것은?

① 컨조인트(Conjoint) 분석
② 전문가 의견 활용법
③ 회귀분석
④ 인덱스(Index) 분석

해설

전문가 의견 활용법은 전문가 의견을 체계적으로 수렴하고 활용하기 위해 다양한 방법론이 개발되었는데, 이 가운데 델파이(Delphi)가 대표적이다.

43 빈출

시장의 종류로 틀린 것은?

① 일차 시장(Primary Market)
② 이차 시장(Secondary Market)
③ 삼차 시장(Third Market)
④ 지역 시장(Local Market)

해설

시장의 종류
• 일차 시장(Primary Market)
• 이차 시장(Secondary Market)
• 지역 시장(Local Market)

44

소고기의 등급 구분과 부위별 조리법으로 틀린 것은?

① 소고기는 육질등급과 육량등급으로 구분하며, 모든 국내산 소고기는 등급판정을 받은 후에 유통된다.
② 육질등급은 고기의 품질 정도를 나타내며, 소비자의 선택 기준으로 1++, 1+, 1, 2, 3등급으로 구분한다.
③ 소고기 조리법의 일반적인 원칙은 양지, 사태, 목심 등 결합조직이 많은 부위는 탕, 편육, 찜 등 물에 장시간 조리하는 건열조리법이 적당하다.
④ 육량등급은 소 한 마리에서 얻을 수 있는 고기의 양이 많고 적음을 나타내며, 유통과정에서의 거래지표로 A, B, C등급으로 구분한다.

정답   40 ④   41 ③   42 ②   43 ③   44 ③

소고기 조리법의 일반적인 원칙
- 양지, 사태, 목심 등 결합조직이 많은 부위는 탕, 편육, 찜 등 물에 장시간 조리하는 습열조리법이 적당하다.
- 안심, 등심, 채끝, 우둔 등 지방이 많고 결합조직이 적은 부위는 구이 등 건열조리법이 적당하다.

45 빈출

농후제의 종류로 틀린 것은?

① 전분(cornstarch)
② 달걀흰자(eggwhite)
③ 루(roux)
④ 뵈르 마니에(beurre manie)

해설

달걀의 노른자가 농후제에 해당되며 농도를 내는 데 이용된다.

46

유지 소스의 특징으로 틀린 것은?

① 식용유 계통과 버터 계통 소스로 구분
② 식용유 계통의 대표적인 소스는 마요네즈와 비네그레트(Vinaigrette, 식초 소스)
③ 버터 계통의 대표적인 소스는 홀렌다이즈와 뵈르블랑(Vert blanc)
④ 식용유 계통의 대표적인 소스는 마요네즈와 뵈르블랑

해설

- 식용유 계통의 소스 : 마요네즈, 비네그레트
- 버터 계통의 소스 : 홀렌다이즈, 뵈르블랑

47 빈출

생선을 베이스로 사용한 수프로 옳은 것은?

① 굴라시 수프
② 부야베스 수프
③ 가스파초 수프
④ 콩소메 수프

해설

- 굴라시 수프 : 고기
- 가스파초 수프 : 채소
- 콩소메 수프 : 맑은 수프

48

농도에 의한 수프 조리방법 중 일반적으로 콩을 사용하여 리에종(Liaison)을 사용하지 않고 재료 자체의 전분 성분을 이용하여 걸쭉하게 만든 수프는?

① 퓌레(puree)
② 차우더(chowder)
③ 포타주(potage)
④ 비스크(bisque)

해설

포타주는 맑은 수프와 달리 농도를 걸쭉하게 만드는 프랑스식 수프이다.

49 빈출

육류 가열 시 다 익혀 먹는 고기의 내부 온도로 옳은 것은?

① 48℃
② 58℃
③ 68℃
④ 75℃

해설

내부 온도가 68℃ 이상으로 온도를 높게 조절하여 굽는다.

50

달구어진 팬에 올려 겉면에 색깔을 내는 조리 용어로 옳은 것은?

① 로스팅(roasting)
② 브레이징(braising)
③ 글레이징(glazing)
④ 시어링(searing)

정답 45 ② 46 ④ 47 ② 48 ③ 49 ③ 50 ④

- 로스팅 : 육류 등을 오븐 속에 넣어 굽는 방법
- 브레이징 : 찜과 비슷하며, 크고 육질이 질긴 부위나 지방이 적은 부위 조리에 사용
- 글레이징 : 버터, 과일즙, 꿀 등을 졸인 후 재료를 넣고 코팅하는 방법

51 ✈빈출

'작은 귀'라는 의미로 귀처럼 오목한 모양으로 만든 파스타로 옳은 것은?

① 파르팔레(farfalle)
② 탈리올리니(tagliolini)
③ 토르텔리니(tortellini)
④ 오레키에테(orecchiette)

생면 파스타의 종류
- 파르팔레 : 넥타이 모양
- 탈리올리니 : 가늘고 스파게티보다는 두꺼움
- 토르텔리니 : 고기, 치즈 또는 채소로 속을 채운 반달 모양의 파스타

52

파스타 삶기에 대한 설명으로 틀린 것은?

① 씹히는 정도가 느껴질 정도로 삶는 것이 보통
② 알덴테(Al dente)는 파스타를 삶는 정도를 의미
③ 삶는 냄비는 깊이가 있어야 하며 물의 양은 파스타 양의 8배 정도가 알맞음
④ 알맞은 소금을 첨가해야 면에 탄력을 줌

삶는 냄비는 깊이가 있어야 하며 물의 양은 파스타 양의 10배 정도가 알맞다.

53 ✈빈출

콜드 디저트 종류로 틀린 것은?

① 베녜(Beignets)
② 무스(Mousse)
③ 바바루아(Bavarois)
④ 샤를로트(Charlotte)

- 핫 디저트 : 베녜(Beignets)
- 콜드 디저트 : 무스, 젤리, 바바루아, 샤를로트, 과일콤포트

54

설탕을 졸인 후 크림과 혼합하여 만든 소스로 옳은 것은?

① 초콜릿 소스(Chocolate sauce)
② 과일 소스(Fruit sauce)
③ 크림 소스(Cream sauce)
④ 캐러멜 소스(Caramel sauce)

캐러멜 소스
설탕을 졸인 후 크림과 혼합하여 만들며 필요에 따라 버터, 과일 퓌레, 리큐어, 바닐라 등 추가 재료를 넣는다.

55 ✈빈출

5코스 메뉴로 옳은 것은?

① 애피타이저 – 앙뜨레 – 수프 – 샐러드 – 디저트 – 커피 또는 차
② 수프 – 애피타이저 – 샐러드 – 앙뜨레 – 디저트 – 커피 또는 차
③ 수프 – 애피타이저 – 앙뜨레 – 샐러드 – 디저트 – 커피 또는 차
④ 애피타이저 – 수프 – 앙뜨레 – 샐러드 – 디저트 – 커피 또는 차

서양식의 정식요리의 메뉴로 5코스 메뉴는 '애피타이저 → 수프 → 앙뜨레 → 샐러드 → 디저트 → 커피 또는 차'이다.
최근의 5코스 메뉴는 대부분 애피타이저 – 수프 – 샐러드 – 앙뜨레 – 디저트 순으로 제공되는 경우도 많으며, 커피 또는 차는 서비스로 제공된다.

정답   51 ④   52 ③   53 ①   54 ④   55 ④

제
03
편

56

다량의 유지를 중간에 층층이 끼워 만든 페이스트리 반죽에 잼, 과일 등의 속재료를 채워 구운 빵은?

① 데니시 페이스트리(Danish pastry)
② 크루아상(Croissant)
③ 베이글(Bagel)
④ 잉글리시 머핀(English muffin)

해설

- 크루아상 : 프랑스의 대표적인 페이스트리
- 베이글 : 가운데 구멍이 뚫린 링 모양의 빵
- 잉글리시 머핀 : 영국의 대표적인 빵으로, 달지 않은 납작한 빵

57 빈출

플레이팅 시 고려사항으로 틀린 것은?

① 편리성이 우선 고려되어야 한다.
② 드레싱의 농도가 너무 묽지 않아야 하며, 먼저 뿌려 제공한다.
③ 요리의 색, 맛, 풍미, 온도에 유의하여 담는다.
④ 주재료와 부재료의 크기를 생각하고 절대로 부재료가 주재료를 가리지 않게 담는다.

해설

드레싱의 농도가 너무 묽지 않아야 하며, 미리 뿌리지 말고 제공할 때 뿌린다.

58

전채요리의 특성으로 틀린 것은?

① 신맛과 단맛이 적당히 있어야 한다.
② 주요리보다 소량으로 만들어야 한다.
③ 계절감, 지역별 식재료 사용이 다양해야 한다.
④ 주요리에 사용되는 재료와 반복된 조리법을 사용하지 않아야 한다.

해설

신맛과 짠맛이 적당히 있어야 한다.

59 빈출

푸드 플레이팅의 네 가지 요소로 틀린 것은?

① 창의성
② 멋
③ 어울림
④ 향

해설

푸드 플레이팅의 네 가지 요소
맛, 멋, 어울림, 창의성

60 빈출

푸드 플레이팅 접시 용어로 틀린 것은?

① 프레임(Frame) – 접시가 깨지지 않게 외각을 둘러싼 넓은 면으로 접시에 안정감을 줌
② 캔버스(Canvas) – 림에서 1~2cm 안쪽으로 상상해서 그린 원형
③ 센터 포인트(Center point) – 접시의 정중앙 부분
④ 림(Rim) – 접시에서 움푹 들어간 턱으로 소스나 국물이 밖으로 흘러넘치지 않도록 함

해설

캔버스(Canvas) – 식재료나 음식을 담는 접시의 넓은 평지 부분

정답 56 ① 57 ② 58 ① 59 ④ 60 ②

중식조리산업기사
CBT 기출복원 모의고사

수험번호

수험자명

🕐 제한시간 : 60분

01 위생 및 안전관리

01

항문 주위에 산란하며, 집단감염이 쉽고 소아들에게 많이 감염되는 기생충 질환은?

① 회충증
② 요충증
③ 편충증
④ 구충증

해설

• 회충증 : 회충이 장내에 기생하고 있어 일어나는 질병으로, 소화장애 등이 나타난다.
• 편충증 : 사람의 맹장부에 기생하여 일어나는 질병으로, 위장 증상·복통·만성 설사 등이 나타난다.
• 구충증 : 소장 상부에 기생하고 성충이 흡혈을 개시하면 빈혈이 나타난다.

02

진동에 대한 설명으로 틀린 것은?

① 신체에 주는 영향에 따라 국소진동과 전신진동으로 분류한다.
② 기계, 기구, 시설, 기타 물체의 사용으로 발생하는 강한 흔들림을 말한다.
③ 공장 진동의 배출허용기준은 평가진동레벨이 50dB(V) 이하가 되도록 규정하고 있다.
④ 레이노드병, 관절 장애를 일으킨다.

해설

공장 진동의 배출허용기준은 평가진동레벨이 60dB(V) 이하로 규정하고 있다.

03

인분을 비료로 사용한 채소를 생식할 때 감염되는 기생충 질환은?

① 선모충증
② 회충증
③ 사상충증
④ 무구조충증

해설

• 선모충증 : 선모충의 유충이 포함된 돼지고기를 먹었을 때 감염
• 사상충증 : 모기가 매개하는 기생충 질환
• 무구조충증 : 무구조충의 유충이 포함된 소고기를 먹었을 때 감염

04 ✈빈출

기생충과 중간숙주가 바르게 연결된 것은?

① 유구조충 – 소
② 간흡충 – 고등어
③ 폐흡충 – 참붕어
④ 광절열두조충 – 송어

해설

• 유구조충 : 돼지
• 무구조충 : 소
• 간흡충(간디스토마) : 제1중간숙주(쇠우렁이, 왜우렁이) → 제2중간숙주[민물고기, 잉어(참붕어)]
• 폐흡충(폐디스토마) : 제1중간숙주(다슬기) → 제2중간숙주(민물가재, 민물게)
• 광절열두조충(긴촌충) : 제1중간숙주(물벼룩) → 제2중간숙주(연어, 송어, 농어)

05 ✈빈출

우유의 저온살균조건으로 가장 적당한 것은?

① 135℃, 2초
② 121℃, 15분
③ 80℃, 15초
④ 63℃, 30분

정답   01 ② 　02 ③ 　03 ② 　04 ④ 　05 ④

가열살균법
- 저온장시간살균법(LTLT) : 63~65℃에 30분 가열 후 냉각(**예** 우유, 술, 주스 등)
- 고온단시간살균법(HTST) : 72~75℃에 15~20초 이내 가열 후 냉각(**예** 우유, 과즙 등)
- 초고온순간살균법(UHT) : 130~150℃에 0.5~5초 가열 후 냉각 (**예** 과즙 등)
- 고온장시간살균법 : 95~120℃에 30~60분 가열 살균(**예** 통조림 살균)

06 ✈빈출

다음 중 경피감염이 가능한 기생충은?

① 십이지장충　　② 회충
③ 선모충　　　　④ 편충

- 십이지장충, 구충 : 경피감염(분변, 채소, 맨발)
- 회충, 편충 : 경구감염(분변, 채소, 손 청결)
- 선모충 : 육류에서 감염(돼지, 개, 고양이, 쥐)

07

식품위생법상 조리사 면허발급의 결격사유에 해당하지 않는 자는?

① 마약중독자
② 조리사 면허의 취소처분을 받고 1년이 지나지 아니한 자
③ 약물중독자
④ 청각장애자

조리사 면허의 결격사유
- 정신질환자
- 감염병 환자(B형간염환자는 제외)
- 마약이나 그 밖의 약물중독자
- 조리사 면허의 취소처분을 받고 그 취소된 날부터 1년이 지나지 아니한 자

08 ✈빈출

하절기에 어패류를 취급한 도마를 잘 씻지 않고 채소를 썰어 샐러드를 만들었다면 어떤 식중독이 가장 우려되는가?

① 병원성대장균(Enteropathogenic Escherichia Coli) 식중독
② 장염비브리오(Vibrio Parahaemolyticus) 식중독
③ 웰치균(Clostridium Perfringens) 식중독
④ 캄필로박터(Campylobacter)균 식중독

식중독 원인식품
- 병원성대장균 식중독 : 우유와 가정에서 만든 마요네즈
- 웰치균 식중독 : 육류 및 어패류의 가공품
- 캄필로박터균 식중독 : 식육 및 그 가공품

09

다음 중 복어 중독에 대한 설명으로 옳은 것을 모두 고른 것은?

> A. 복어의 독성분은 수르가톡신(Surugatoxin)이다.
> B. 복어의 난소, 간에 독성분이 가장 많다.
> C. 독성분은 열에 약하므로 100℃에서 30분 이상 가열하면 파괴된다.
> D. 식후 30분~5시간 후 호흡곤란, 언어장애가 나타난다.

① A, B
② B, C
③ C, D
④ B, D

- A : 복어의 독성분은 테트로도톡신(Tetrodotoxin)이다.
- C : 복어의 독은 끓여도 파괴되지 않는다.

정답　　　　　06 ① 　07 ④ 　08 ② 　09 ④

10

조리 기구(칼, 도마 등)의 소독에 많이 사용되는 소독 제는?

① 과산화수소　　　② 석탄산
③ 차아염소산나트륨　　④ 크레졸

해설

화학적 소독 방법
• 과산화수소(3%) : 피부, 상처 소독, 자극성 낮음
• 석탄산(3%) : 화장실, 분뇨, 하수도, 진개, 소독력의 표준
• 차아염소산나트륨(염소) : 채소, 기구, 식기, 과일, 음료수 소독 (50~100ppm)
• 크레졸(3%) : 화장실, 분뇨, 하수도, 진개
• 역성비누(양성비누) : 손 소독(10%), 과일, 채소, 식기(0.01~0.1%)
• 알코올(70%) : 금속기구, 초자기구, 손 소독

11 ★빈출

혐기성 미생물에 의하여 단백질이 분해되어 변질되는 현상은?

① 산패　　　② 부패
③ 변패　　　④ 후란

해설

• 부패 : 단백질 식품이 혐기성 미생물에 의해 분해되어 변질되는 현상
• 산패 : 유지가 산화되어 불결한 냄새가 나고 변색, 풍미 등의 노화현상을 일으키는 경우
• 변패 : 단백질 이외의 당질, 지질 식품이 미생물 및 기타의 영향으로 변질되는 현상
• 후란 : 단백질 식품이 호기성 미생물에 의해 분해되어 변질되는 현상

12

식품위생법상 조리사를 두어야 하는 영업장은?

① 즉석판매제조·가공업
② 복어조리·판매
③ 일반대중음식점
④ 단란주점

해설

조리사를 두어야 하는 영업 등
• 상시 1회 50명 이상에게 식사를 제공하는 집단급식소 운영자
• 식품접객업 중 복어독 제거가 필요한 복어를 조리·판매하는 영업을 하는 자

13

보툴리누스(Clostridium botulinum)균의 증식억제 조건으로 맞는 것은?

① pH 4.6 이하
② 수분활성 0.94 이상
③ 살리실산 등의 보존료 첨가
④ 80℃에서 5분 이하 가열

해설

보툴리누스균 증식억제 조건
• 120℃에서 4분 또는 100℃에서 30분 이상 가열살균을 한다.
• 수분활성도는 0.94 이하, 온도는 3.3℃ 이하, pH는 4.6 이하여야 한다.
• 항균제를 첨가한다.

14 ★빈출

황색포도상구균 식중독에 대한 설명으로 가장 옳은 것은?

① 독소는 열에 비교적 약해 80℃, 30분간 가열로 쉽게 파괴된다.
② 잠복기는 12~36시간으로 비교적 길다.
③ 감염형 세균성 식중독에 비해 사망률이 높은 특징이 있다.
④ 구토, 설사, 심한 복통을 유발하는 급성위장염 증상을 일으킨다.

해설

황색포도상구균 식중독(독소형 식중독)
• 독소는 120℃로 20분간 처리해도 완전히 파괴되지는 않는다.
• 잠복기는 가장 짧은 식후 3시간이다.
• 증상은 구토, 복통, 설사이다.

정답　　10 ③　11 ②　12 ②　13 ①　14 ④

15 ★빈출

단백질의 부패 과정에서 생성되는 알레르기성 식중독의 원인물질은?

① 암모니아(Ammonia)
② 히스티딘(Histidine)
③ 히스타민(Histamine)
④ 황화수소(H_2S)

해설

히스타민(Histamin)
• 생선의 아미노산에 존재
• 히스티딘이 히스타민으로 전환되면서 효소를 발생하여 알레르기 식중독을 일으키며(히스티딘은 참치, 고등어, 가다랑어, 등푸른생선의 살코기에 포함됨), 항히스타민제로 치료한다.

16

( ) 안에 들어갈 내용이 순서대로 바르게 짝지어진 것은?

> 식품위생법상 업종별 시설기준 중 식품제조·가공업의 작업장의 내벽은 바닥으로부터 ( )미터까지 밝은색의 ( )으로 설비하거나 세균방지용 페인트로 도색하여야 한다.

① 0.5, 내염성
② 1.0, 내열성
③ 1.5, 내수성
④ 2.0, 내향성

해설

식품제조·가공업의 작업장(식품위생법 시행규칙 별표 14)
내벽은 바닥으로부터 1.5m까지 밝은색의 내수성으로 설비하거나 세균방지용 페인트로 도색하여야 한다.

17 ★빈출

방사선 장애에 의해서 올 수 있는 대표적인 직업병은?

① 위암
② 백혈병
③ 진폐증
④ 골다공증

해설

방사선은 인체에 유익하지 않은 영향 중 하나이며, 일정 이상의 방사선에 전신이 노출되면 백혈구가 적어지면서 백혈병에 걸릴 확률이 높아진다.

18

규폐증과 관련된 직업으로 바르게 짝지어진 것은?

① 채석공, 페인트공
② 인쇄공, 페인트공
③ X선 기사, 용접공
④ 양석연마공, 채석공

해설

규폐증
규폐증은 진폐증 중 한 가지로, 광석 중 규소의 노출이 많이 되는 직업에서 많이 발생하는 병이다. 이러한 규폐증은 양석연마공, 채석공, 광부 등의 직업에서 많이 발생한다.

19 ★빈출

다음 중 소화기계 감염병은?

① 디프테리아
② 백일해
③ 장티푸스
④ 홍역

해설

• 장티푸스는 소화기계 감염병으로 장티푸스 외에도 콜레라, 이질, 소아마비(폴리오), 파라티푸스가 있다.
• 디프테리아와 백일해, 홍역은 호흡기계 감염병이다.

20

먹는 물의 수질판정기준 중 유해한 유기물질 검사 항목에 해당하는 것은?

① 납
② 비소
③ 파라티온
④ 6가크롬

해설

• 파라티온은 인체에 맹독성인 살충제로 잘 알려진 화합물로, 유기물 기준이다.
• 비소, 6가크롬, 납은 무기질 기준이다.

정답 15 ③ 16 ③ 17 ② 18 ④ 19 ③ 20 ③

02 식재료 관리 및 외식경영

21 빈출

감가상각의 계산 방법 중에서 고정자산의 감가총액을 내용연수로 균일하게 할당하는 방법은?

① 정률법 ② 비례법
③ 정액법 ④ 연수합계법

해설

정액법
고정자산의 감가총액을 내용연수로 균등하게 할당하는 과정을 말한다.

22

3월 초기 재고액이 50만원이었고, 3월말 마감 재고액이 5만원, 3월 한 달 동안 소요 식품비가 100만원이었다. 3월의 재고회전율은 약 얼마인가?

① 1.82 ② 3.64
③ 5.50 ④ 27.5

해설

- 총매출액 ÷ 평균재고액 = 재고회전율
- $100 \div \dfrac{(50+5)}{2} = 3.64$

23 빈출

원가계산의 원칙에 관한 설명 중 틀린 것은?

① 확실성의 원칙 – 제품의 제조에 소요된 원가를 정확하게 계산하여 진실하게 표현해야 한다는 원칙
② 비교성의 원칙 – 원가계산에 다른 일정 기간의 것 또는 다른 부분의 것과 비교할 수 있도록 실행되어야 한다는 원칙
③ 발생기준의 원칙 – 현금기준과 대립하는 것으로, 모든 비용과 수익의 계산은 그 발생 시점을 기준으로 하여야 한다는 원칙
④ 계산경제성의 원칙 – 중요성의 원칙이라고도 하며, 원가계산을 할 때는 경제성을 고려해야 한다는 원칙

해설

확실성의 원칙
실행할 수 있는 여러 방법이 있는 경우 가장 확실성이 높은 방법을 선택한다는 원칙을 말하며, 이론적으로는 결함이 있으나 확실한 결과를 확보할 방법을 선택해야 한다는 것을 의미한다.

24

밀가루에 설탕을 첨가하여 반죽하였을 때 미치는 영향이 아닌 것은?

① 단맛을 부여한다.
② 단백질의 연화작용을 방해한다.
③ 제품의 표면을 갈변시킨다.
④ 이스트의 성장을 촉진한다.

해설

설탕
단맛, 효모의 영양원, 캐러멜화, 특유의 향기, 노화 방지 작용이 있으며, 밀가루에 설탕을 넣으면 단백질의 연화작용을 한다.

25

검수 방법 중 발췌 검수를 하는 경우가 아닌 것은?

① 고가의 품목을 검수할 경우
② 검수 항목이 많은 경우
③ 파괴검사인 경우
④ 약간의 불량품이 섞여도 무방한 경우

해설

검수 방법에는 전수검사, 발췌검사가 있으며, 발췌검사는 표본을 뽑아 검사하여 그 결과를 판정기준과 대조하여 적합·부적합을 결정하는 방법이다. 검사 항목이 많은 경우, 파괴검사인 경우, 약간 불량이 섞여도 무방한 경우 등이 해당한다.

정답 21 ③ 22 ② 23 ① 24 ② 25 ①

26

아린맛은 어느 맛의 혼합으로 구성되는가?

① 떫은맛과 신맛 　　② 쓴맛과 짠맛
③ 쓴맛과 떫은맛 　　④ 신맛과 쓴맛

해설

아린맛은 알카로이드, 탄닌, 알데하이드 등의 쓴맛과 떫은맛이 혼합
되어 생성되는 맛이다.

27 ★빈출

육류 조리 시 첨가하면 연화작용을 하는 과일만 모은
것은?

① 키위, 파인애플, 파파야, 배
② 파인애플, 사과, 포도, 배
③ 파파야, 키위, 딸기, 사과
④ 아보카도, 자두, 유자, 키위

해설

• 키위 – 액티니딘
• 파인애플 – 브로멜린
• 파파야 – 파파인
• 배 – 프로타아제

28

습열조리 시 조리 온도가 낮은 것부터 높은 순으로 나
열한 것으로 옳은 것은?

① 시머링(simmering) < 포칭(poaching) < 보일링
(boiling)
② 시머링(simmering) < 보일링(boiling) < 포칭
(poaching)
③ 보일링(boiling) < 시머링(simmering) < 포칭
(poaching)
④ 포칭(poaching) < 시머링(simmering) < 보일링
(boiling)

해설

• 포칭(poaching) : 70~80℃의 특정 온도에 익히는 조리법
• 시머링(simmering) : 비등점 이하 95℃의 온도로 장시간 끓이는
조리법
• 보일링(boiling) : 100℃의 끓는 물에 재료를 넣고 오래 끓이는 조리법

29 ★빈출

다음 중 비타민 C의 파괴에 가장 적게 영향을 미치는
것은?

① 고온
② 광선
③ 알칼리성
④ 산성

해설

비타민 C는 고온, 광선, 알칼리성, 산소 등에 불안정하다.

30

어패류에 대한 설명으로 틀린 것은?

① 생선은 산란 전에 맛이 좋다.
② 생선의 지방은 EPA와 DHA 같은 포화지방산을 많
이 함유한다.
③ 연어, 새우, 게에는 카로티노이드계 색소가 많다.
④ 어류는 내장이 포함된 그대로 유통되는 경우가 많
아 자가소화에 의한 변질이 일어나기 쉽다.

해설

EPA와 DHA는 음식물을 통해 섭취해야만 하는 불포화지방산으로
콜레스테롤 저하, 뇌 기능 촉진 등 각종 질병 예방에 효과가 있다.

정답 　26 ③　27 ①　28 ④　29 ④　30 ②

31

우유를 먹었을 때 주로 섭취할 수 있는 무기질로만 짝지어진 것은?

① 칼슘, 인, 철분, 아연
② 칼슘, 인, 마그네슘, 칼륨
③ 칼슘, 인, 나트륨, 구리
④ 칼슘, 인, 황, 구리

> **해설**
> 우유에는 칼슘, 인, 마그네슘, 칼륨이 함유되어 뼈, 치아 구성에 영향을 준다.

32 빈출

숙성 소고기의 색이 선명한 붉은색으로 변하는 이유는?

① 산소와 결합하여 미오글로빈이 옥시미오글로빈으로 변하기 때문에
② 세균에 의하여 미오글로빈에서 글로빈이 분리되기 때문에
③ 미오글로빈이 서서히 산화되어 메트미오글로빈으로 변하기 때문에
④ 미오글로빈이 환원되어 메트미오글로빈으로 변하기 때문에

> **해설**
> 소고기는 생육일 때 철을 함유하는 환원형의 미오글로빈에 의해 적자색을 띠지만, 숙성되면 산소와 결합하여 미오글로빈이 옥시미오글로빈으로 변하기 때문에 선명한 붉은색으로 변한다.

33

효소와 식품의 용도가 잘못된 것은?

① 글루코아밀레이스(Glucoamylase) – 포도당 제조
② 파파인(Papain) – 육류 연화
③ 나린기나아제(Naringinase) – 귤의 쓴맛 제거
④ 페놀레이스(Phenolase) – 과즙과 포도주의 청징

> **해설**
> 페놀레이스(Phenolase)는 산화환원효소의 일종으로, 페놀을 산화하여 퀴논(Quinone)을 생성하는 반응을 촉매하여 효소적 갈변의 원인이 되는 효소이다.

34 빈출

식품의 색소에 관한 내용으로 틀린 것은?

① 카로티노이드는 알칼리 용액에 의해서 파괴된다.
② 안토시아닌은 알칼리에 의해 청색으로 변한다.
③ 안토잔틴은 알칼리에 의해 황색으로 변한다.
④ 클로로필은 산과 반응하면 페오피틴이 된다.

> **해설**
> 카로티노이드는 물에 녹지 않으나 기름에 녹고 알칼리 용액에 의해서 파괴되지 않아 조리 중 손실이 없다.

35

사과 100g에 수분 86.3%, 단백질 0.2%, 지질 0.1%, 회분 0.3%, 탄수화물 13.1%를 함유하고 있을 때 사과의 열량은 얼마인가?

① 54.1kcal
② 55.3kcal
③ 61.5kcal
④ 120.0kcal

> **해설**
> • 단백질 : $0.2g \times 4kcal = 0.8kcal$
> • 지질 : $0.1g \times 9kcal = 0.9kcal$
> • 탄수화물 : $13.1g \times 4kcal = 52.4kcal$
> ∴ $0.8kcal + 0.9kcal + 52.4kcal = 54.1kcal$

정답   31 ②   32 ①   33 ④   34 ①   35 ①

36 ✈빈출

CA(Controlled Atmosphere) 저장법이란?

① 산소와 이산화탄소로 기체 조성을 조절하는 저장법
② 수소와 산소로 기체 조성을 조절하는 저장법
③ 질소와 수소로 기체 조성을 조절하는 저장법
④ 헬륨과 이산화탄소로 기체 조성을 조절하는 저장법

해설

CA(Controlled Atmosphere) 저장법
가스를 조절하여 식품이나 농산물 등을 저장하는 방법으로, 산소를 낮추고 탄산가스를 높여주어 저장하는 방법이다.

37 ✈빈출

건조저장실의 조건으로 옳은 것은?

① 온도는 25~30℃가 적당하다.
② 습도는 30~40%가 적당하다.
③ 창문은 환기할 수 있도록 커야 하며, 망의 간격은 클수록 좋다.
④ 직사광선을 막을 수 있는 시설·설비를 갖춘다.

해설

온도는 10~24℃, 습도는 50~60%, 망의 간격은 좁을수록 좋다.

38

당류의 감미도가 큰 것부터 순서대로 나열된 것은?

① Fructose > Sucrose > Glucose > Maltose > Lactose
② Fructose > Glucose > Sucrose > Maltose > Lactose
③ Sucrose > Fructose > Glucose > Maltose > Lactose
④ Fructose > Sucrose > Glucose > Lactose > Maltose

해설

당류의 감미도
Fructose(과당) > Sucrose(설탕, 자당) > Glucose(포도당) > Maltose(맥아당) > Lactose(유당, 젖당) 순이다.

39

볶음이나 찜요리의 발달로 강한 향기와 신맛, 매운맛이 특징인 지역의 요리는?

① 북경요리   ② 상해요리
③ 광동요리   ④ 사천요리

해설

- 사천(쓰촨)요리 : 볶음, 찜요리 발달 예 마파두부, 강한 맛의 매운 요리
- 북경(산동)요리 : 베이징요리라고도 하며 고급요리 발달 예 북경오리구이, 튀김·볶음, 궁중요리
- 남경(상하이)요리 : 강소요리라고도 하며, 기름기가 많아 맛이 진함 예 동파육, 만두, 꽃빵
- 광동요리 : 부드럽고 담백한 맛이 특징이며, 서양요리의 특징을 혼합 예 탕수육, 팔보채

40 ✈빈출

중국 음식의 특징으로 틀린 것은?

① 써는 방법과 조리방법이 다양하다.
② 음식의 균형과 조화를 강조하며 음양오행의 철학관이 담겨져 있다.
③ 식품 재료와 조리기구의 사용 선택이 광범위하다.
④ 다양한 조리 기술로 음식 자체를 예술적으로 표현한다.

해설

식품 재료의 선택은 광범위하나 조리기구의 선택은 단순한 편이다.

정답   36 ①   37 ④   38 ①   39 ④   40 ③

03 중식 조리

41 빈출

냉채요리 선정 시 유의사항으로 옳은 것은?

① 식사요리 가격대에 따라 결정한다.
② 조리 동선을 위하여 재료들을 겹치는 조리방법으로 조리한다.
③ 사계절 내내 유지할 수 있는 요리로 선정한다.
④ 주요리가 어떤 요리가 나가는지에 따라 결정한다.

해설

• 냉채요리는 주요리의 가격대에 따라 결정한다.
• 재료와 부재료의 균형을 이루고 조리방법이 겹치지 않아야 한다.
• 계절과 연회에 따라 자주 바뀌는 주요리에 따라 냉채도 자주 바뀌어야 한다.

42

냉채 담기에 대한 특징으로 틀린 것은?

① 음식의 색, 맛, 향만을 중시한다.
② 생동감과 선명한 색으로 눈을 즐겁게 한다.
③ 조리의 마지막 과정으로 냉채의 수준이 정해진다.
④ 냉채, 소스, 기초장식의 색깔까지 고려해야 한다.

해설

• 음식의 색, 맛, 향을 중요시하는 외에도 형태를 중시한다.
• 쌓기, 펴놓기, 두르기, 형상화하기 등 냉채 완성 후 담기는 조리의 마지막 과정으로, 생동감을 위한 색 표현이나 형태를 갖추기 위한 과정이다.

43

찜 딤섬의 분류로 틀린 것은?

① 수정새우교자
② 돼지고기 소룡포
③ 샤오마이
④ 수교자

해설

수교자는 고기나 채소 등 여러 가지 소를 응용할 수 있는 피로 싸서 물에 삶아낸 삶은 딤섬이다.

44 빈출

찜 또는 삶은 딤섬을 조리하는 주의사항으로 옳은 것은?

① 딤섬을 삶을 때는 투명한 피를 위하여 찬물을 넣지 않는다.
② 피가 얇거나 터지기 쉬운 딤섬은 자극이 가지 않도록 다른 재료를 깔지 않는다.
③ 소를 익혀서 만드는 딤섬의 경우 재료를 완전히 익힐 수 있도록 한다.
④ 반드시 물이 100℃로 끓는 상태에서 쪄야 한다.

해설

• 딤섬을 삶을 때 찬물을 끼얹어주면 퍼지지 않고 쫄깃한 식감을 유지할 수 있다.
• 딤섬 밑에 당근을 얇게 썰어 깔아주면 터지는 것을 방지할 수 있다.
• 소를 익혀 만드는 딤섬은 재료를 너무 익히지 않도록 한다.

45

다음 중 맑은 탕류로 틀린 것은?

① 생선완자탕
② 삼선탕
③ 달걀탕
④ 불도장

해설

달걀탕은 전분물로 농도를 잡은 걸쭉한 탕류(수프)에 속한다.

46 빈출

약한 불에 오랫동안 푹 삶아서 제공하는 조리법을 뜻하는 말은?

① 자(炸)
② 정(蒸)
③ 샤오(燒)
④ 둔(燉)

해설

• 자(炸) : 다량의 기름으로 튀겨냄
• 정(蒸) : 찜통에 넣어서 찜
• 샤오(燒) : 기름에 볶은 후 삶음

정답 41 ④ 42 ① 43 ④ 44 ④ 45 ③ 46 ④

47 🌟빈출

다음 중 중식 볶음요리에 대한 설명으로 틀린 것은?

① 불 조절이 중요하고 화력을 나누어서 사용한다.
② 식재료가 한정적이나 맛내기가 다양하다.
③ 재료 고유의 맛, 색, 향을 살리고 풍요롭고 화려하다.
④ 향신료와 조미료의 향을 잘 활용할 수 있다.

해설

사용 가능한 식재료가 다양하여, 그에 따른 맛내기도 다양하고 풍부한 조리법이다.

48

다음 중 전분을 사용하지 않는 볶음류로 옳은 것은?

① 당면잡채
② 마파두부
③ 전가복
④ 라조육

해설

당면잡채는 전분을 사용하지 않는 볶음류이다.

49 🌟빈출

찜의 특징으로 틀린 것은?

① 증기로 열을 전달하여 식품의 모양 유지가 용이하다.
② 물을 첨가하는 조리법이 아니므로 수용성 영양 성분이나 맛성분의 손실이 적다.
③ 간접 가열로 조리되어 다른 조리법에 비하여 가열 시간이 오래 소요된다.
④ 기름을 사용하는 조리법이 아니므로 고열량 섭취를 방지할 수 있다.

해설

고압으로 높은 온도에 가열이 가능하여 가열 시간이 단축된다.

50

찜 조리 중 육류 요리에 대한 특성으로 옳은 것은?

① 주재료의 특성상 열량이 높아 고지혈증과 동맥경화를 주의해야 한다.
② 육류의 섭취가 과다하지 않도록 채소와 함께 곁들이는 것이 좋다.
③ 고기를 찜통에 직접 쪄내어 기름기를 뺄 수 있도록 한다.
④ 우러난 즙은 핏물 및 불순물이 같이 용출되기 때문에 사용할 수 없다.

해설

• 찜 조리법은 고지혈증, 동맥경화증 등 성인병 예방에 도움이 된다.
• 고기를 찜통에 직접 찌면 기름기와 맛이 모두 빠져버리므로 접시 등의 위에 담아서 쪄야 한다.
• 우러난 즙은 버리지 말고 다른 요리에 쓰고, 미리 밑간하여 조리하도록 한다.

51

다음 소스 재료 중 해선장에 대한 설명으로 틀린 것은?

① 호이신 소스라고도 한다.
② 구이용 소스, 딥소스 등 재움 요리에 사용한다.
③ 신맛이 강하여 피로회복에 효과가 있다.
④ 특유의 고소하면서도 독특한 향을 갖는다.

해설

해선장은 짠맛과 단맛이 주로 나는 소스로 신맛이 강하지 않다.

52

구이 조리를 완성하고 담을 때 주의할 내용으로 옳은 것은?

① 식지 않도록 그릇을 보온할 수 있는 수단 활용
② 음식에 육즙이 닿을 수 있도록 움푹한 용기가 적합
③ 부재료가 음식의 기름이나 소스가 먹지 않도록 따로 제공
④ 훈연을 통하여 조리되었기 때문에 별도의 조리 없이 제공

> **해설**
>
> 육즙이 고이지 않도록 닿는 면적이 적은 용기를 사용하고, 기름이나 소스를 흡수할 수 있는 부재료를 깔아 요리에 닿지 않도록 한다. 훈연은 전처리 과정으로 속하여 재가열을 통하여 완성한다.

53 ★빈출

시미로류 조리방법으로 옳지 않은 것은?

① 주재료의 과육을 손질 후 곱게 다진다.
② 타피오카펄과 함께 조려준다.
③ 설탕, 우유를 섞어 틀에 굳혀준다.
④ 차게 보관하여 시럽과 함께 제공한다.

> **해설**
>
> **시미로류**
> 타피오카에 여러 식재료를 혼합하여 냉장고에 차게 보관한 셔벗 후식으로 코코넛, 복숭아, 멜론, 망고, 감(연시) 등 모든 과일에 사용한다.

54 ★빈출

빠스의 의미로 옳은 것은?

① 실을 뽑다.　　　② 튀긴다.
③ 시럽을 만든다.　④ 볶는다.

> **해설**
>
> 빠스는 누에고치에서 실을 뽑는 모양에서 유래되었으며, '실을 뽑다'라는 의미이다.

55

식품조각 방법의 종류로 틀린 것은?

① 소조　　　② 누각
③ 병파　　　④ 각화

> **해설**
>
> • 소조 : 미술의 조형예술 용어
> • 누각 : 평면에 적절한 패턴을 설정하여 새기는 기법
> • 병파 : 냉채나 여러 가지의 장식을 한 접시에 표현한 것
> • 각화 : 엠보싱이라고도 하는 조각법

56 ★빈출

U형도나 V형도로 재료를 찔러 활용하는 도법으로, 꽃조각의 외형 등에 많이 쓰이는 도법으로 옳은 것은?

① 절(切)도법　　② 필(筆)도법
③ 각(刻)도법　　④ 착(戳)도법

> **해설**
>
> • 절도법(切刀法) : 큰 재료의 형태를 깎을 때 사용하는 도법으로, 위에서 아래로 썰 때 또는 돌려 깎을 때 이용하는 도법
> • 필도법(筆刀法) : 필요한 곳에만 칼을 넣기 위해 사전 작업 후 식품 조각을 하는 방법
> • 각도법(刻刀法) : 주도를 이용하여 재료를 깎을 때 사용하는 도법

57 ★빈출

다음 중 튀김 조리법으로 옳은 것은?

① 증(蒸)　　② 작(炸)
③ 초(炒)　　④ 고(烤)

> **해설**
>
> • 증(蒸) : 찜 조리법
> • 초(炒) : 볶음 조리법
> • 고(烤) : 구이 조리법

58 ⭐빈출

육류의 튀김 온도 및 시간으로 옳은 것은?

① 1차 : 160℃ 8~10분 / 2차 : 180℃ 3~4분
② 1차 : 170℃ 1~2분 / 2차 : 190~200℃ 8~10분
③ 1차 : 165℃ 8~10분 / 2차 : 190~200℃ 1~2분
④ 1차 : 160℃ 3~4분 / 2차 : 180℃ 5~6분

해설

- 어패류 : 170℃에서 1 ~ 2분 정도
- 두부 : 160℃에서 3분 정도
- 채소류 : 160 ~ 170℃에서 3분 정도

59

오징어, 홍합, 바지락 등의 해산물을 넣고 끓인 국물에 물전분을 넣어 걸쭉하게 만든 소스를 면에 부어 만든 요리로 옳은 것은?

① 기스면
② 울면
③ 사천탕면
④ 유니짜장면

해설

- 기스면 : 닭가슴살, 닭 육수, 대파, 마늘, 생강 등에 양념하여 맑은 닭 육수와 삶아 찢은 닭가슴살을 함께 삶은 국수에 부어 만든 요리
- 사천탕면 : 해산물, 죽순, 양파, 배추, 대파, 마늘, 생강, 육수, 청주, 후추, 참기름 등으로 국물을 만들어 삶은 국수 위에 부어 만든 요리
- 유니짜장면 : 곱게 다진 돼지고기, 양파, 양배추를 식용유에 볶아 춘장과 육수를 넣고 익힌 후 물전분으로 농도를 조절하여 삶은 면 위에 얹은 요리

60

면의 종류 중 메밀가루, 곡분 또는 전분을 주원료로 사용하여 만든 국수로 옳은 것은?

① 라면
② 국수
③ 파스타
④ 냉면

해설

면의 종류 중 메밀가루, 곡분 또는 전분을 주원료로 사용하여 만든 국수는 냉면이다.

수험번호

수험자명

제한시간 : 60분

01 위생 및 안전관리

01 빈출

물이나 식품 오염도의 중요한 지표가 되는 미생물은?

① 대장균　　　　② 장티푸스균
③ 이질균　　　　④ 간염균

해설

대장균의 존재 여부는 분변에 의한 오염을 알 수 있는 지표가 되며, 보통은 수질검사에 응용되는 수단이다.

02 빈출

국가 간 혹은 지역사회 간의 보건수준을 비교하는 데 사용되는 지표로 틀린 것은?

① 영아사망률　　② 비례 사망지수
③ 평균수명　　　④ 출산율

해설

건강 수준 지표

그 사회의 건강 수준에 대하여 국제간의 건강 수준을 비교하기 위한 포괄적 지표로 권장하는데, 여기에는 유아사망률, 평균수명, 비례 사망지수(PMI)가 자주 사용된다. 출산율은 건강 수준 지표에 포함되지 않는다.

03

부패조법은 하수 중의 어떤 미생물을 이용한 것인가?

① 혐기성 미생물
② 호기성 미생물
③ 통성혐기성 미생물
④ 아포성 미생물

해설

• 부패조법은 단독이나 다른 방법의 처리법을 조합시켜서 하는 오수처리 탱크를 말한다.
• 혐기성 미생물이란 산소를 싫어하는 미생물로, 이러한 혐기성 미생물을 사용하여 침전된 오니가 탱크 바닥에 저류한 것을 혐기성 분해한다.

04

어떤 세균을 20℃에서 10분간 사멸할 수 있는 순수한 석탄산 희석배율이 80배일 때, 실험하려는 소독약을 160배로 희석한 것이 같은 조건에서 같은 살균력을 갖는다면, 석탄산 계수는 얼마인가?

① 0.5　　　　② 1.5
③ 2　　　　　④ 2.5

해설

$$석탄산\ 계수 = \frac{소독약의\ 희석배수}{석탄산의\ 희석배수}$$
$$= \frac{160}{80} = 2배$$

05 빈출

다음 중 접촉감염지수(감수성지수)가 가장 낮은 것은?

① 홍역　　　　② 백일해
③ 성홍열　　　④ 폴리오

해설

접촉감염지수(감수성지수)

폴리오·소아마비(0.1%) < 디프테리아(10%) < 성홍열(40%) < 홍역(95%)

정답　01 ① 02 ④ 03 ① 04 ③ 05 ④

06

실내 자연환기의 원동력이라 볼 수 없는 것은?

① 실내외의 온도차
② 기체의 확산력
③ 외기의 풍력
④ 대기압의 차

해설

실내 자연환기의 원동력에는 실내외의 온도차, 기체의 확산력, 외기의 풍력이 있다.

07

자외선 중 생명선의 파장 범위는?

① 100~150nm
② 200~260nm
③ 280~320nm
④ 360~400nm

해설

인체에 유익한 작용을 하는 생명선은 도르노선(Dorno선, 건강선)이라고도 하며, 자외선 파장 범위는 280~320nm이다.

08 빈출

쥐가 매개하는 질병에 속하지 않는 것은?

① 페스트
② 살모넬라증
③ 발진열
④ 사상충증

해설

• 쥐가 매개하는 질병에는 페스트, 아메바성 이질, 웨일씨병, 서교증, 유행성 출혈열, 발진열 등이 있으며, 황색포도상구균과 살모넬라균 등을 오염시킨다.
• 사상충증은 모기가 매개한다.

09

경구감염과 경피감염을 일으키고 장에서 기생하면서 흡혈로 인한 빈혈 증상을 일으키는 선충류는?

① 회충
② 요충
③ 편충
④ 구충

해설

• 구충은 십이지장충으로 소장 상부의 벽에 붙어서 기생한다.
• 경피감염이 되면 그 부위에 피부염이 발생하고, 심한 빈혈과 신체 발육장애와 같은 증상이 나타난다.

10 빈출

온열 조건의 4대 인자는?

① 기온, 기습, 기압, 기류
② 기온, 기압, 기습, 복사열
③ 기온, 기압, 기류, 복사열
④ 기온, 기류, 기습, 복사열

해설

온열 조건의 4대 요소는 기온, 기습, 기류, 복사열이 있다. 기압은 포함되지 않는다.

11

수질검사에서 과망가니즈산칼륨 소비량을 측정하는 의미는?

① 일반 세균 수의 추정
② 대장균군의 추정
③ 유기물의 양 추정
④ 경도 및 탁도의 추정

해설

수질검사에서의 과망가니즈산칼륨의 양은 유기물, 무기물의 양을 알 수 있는 지표가 된다.

정답　06 ④　07 ③　08 ④　09 ④　10 ④　11 ③

12 _{빈출}

다음 중 소독 효과가 가장 약한 것은?

① 알코올 ② 석탄산
③ 크레졸 ④ 중성세제

> **해설**
>
> 중성세제는 알코올, 석탄산, 크레졸보다 소독 효과가 많이 약하여 채소 등을 세척할 때 소량으로 사용된다.

13

도자기를 용기로 사용할 때 문제가 될 수 있는 중금속은?

① 비소(As) ② 납(Pb)
③ 구리(Cu) ④ 수은(Hg)

> **해설**
>
> 도자기 제조 시 소성온도가 낮으면 납(Pb)이 유약으로부터 용출된다.

14 _{빈출}

소독과 살균에 관한 내용으로 옳은 것은?

① 소독은 병원미생물을 죽이거나, 반드시 죽이지는 못하더라도 병원성을 약화시켜 감염력을 억제하는 것이다.
② 살균은 미생물을 죽이는 조작을 말하는데 80℃, 20분 가열로 미생물의 포자까지 사멸시킬 수 있다.
③ 60℃의 감마선 조사는 식기의 소독에 널리 이용되고 있는 방법이다.
④ 양성비누(역성비누)는 살균력은 약하지만, 세척력이 뛰어나 널리 이용된다.

> **해설**
>
> • 살균 : 병원균, 아포, 병원미생물 등을 포함하여 모든 미생물균을 사멸시키는 것
> • 자외선 조사 : 식품의 변질 방지 및 식기소독에 사용
> • 역성비누 : 과일이나 채소, 식기 소독과 조리자의 손 소독에 사용

15

신경에 존재하는 Cholinesterase의 작용을 억제하여 중독을 일으키는 농약은?

① 유기인제
② 유기염소제
③ 유기수은제
④ 유기비소제

> **해설**
>
> **유기인제 농약**
> 유기인제는 신경에 존재하는 콜린에스테라아제(Cholinesterase)의 작용을 억제하여 중독을 일으키는 농약이다. 맹독성이고 급성중독의 위험이 크지만, 분해력이 좋아 많이 사용하고 있다. 섭취 시 산성 제품으로 세척하여 섭취한다.

16 _{빈출}

식품위생법상 영업소에서 식품의 조리에 종사하는 자가 정기 건강진단을 받아야 하는 횟수는?

① 1회 / 3개월
② 1회 / 6개월
③ 1회 / 1년
④ 1회 / 2년

> **해설**
>
> 식품의 조리에 종사하는 자는 일 년에 한 번씩 정기 건강진단을 받아야 한다.

정답 12 ④ 13 ② 14 ① 15 ① 16 ③

17

다음 중 허위표시, 과대광고로 보지 아니하는 표시 및 광고의 범위와 그 적용 대상 식품에 대한 설명 중 틀린 것은?

① 특정 질병을 지칭하지 아니하는 단순한 권장 내용의 표현
② '칼슘은 뼈와 치아의 형성에 필요한 영양소'라는 제품에 함유된 영양성분의 기능 및 작용에 관한 표현
③ '해당 제품이 유아식, 환자식 등으로 섭취하는 특수용도 식품'이라는 제품의 제조 목적이나 주요 용도에 대한 표현
④ 제품의 성질상 섭취 방법과 섭취량을 표현하여야 할 경우 해당 제품의 의학적 기준으로 가장 적합하다고 생각되는 섭취량 및 섭취 방법

> **해설**
>
> **부당한 표시 또는 광고행위의 금지**
> • 질병의 예방·치료에 효능이 있는 것으로 인식할 우려가 있는 표시 또는 광고
> • 식품 등을 의약품으로 인식할 우려가 있는 표시 또는 광고
> • 건강기능식품이 아닌 것을 건강기능식품으로 인식할 우려가 있는 표시 또는 광고
> • 거짓·과장된 표시 또는 광고
> • 소비자를 기만하는 표시 또는 광고
> • 다른 업체나 다른 업체의 제품을 비방하는 표시 또는 광고
> • 객관적인 근거 없이 자기 또는 자기의 식품 등을 다른 영업자나 다른 영업자의 식품 등과 부당하게 비교하는 표시 또는 광고
> • 사행심을 조장하거나 음란한 표현을 사용하여 공중도덕이나 사회윤리를 현저하게 침해하는 표시 또는 광고
> • 식품 등이 아닌 물품의 상호, 상표 또는 용기·포장 등과 동일하거나 유사한 것을 사용하여 해당 물품으로 오인·혼동할 수 있는 표시 또는 광고

18

부패한 감자에서 생성되는 독성물질은?

① Ricin
② Phaline
③ Sepsine
④ Solanine

> **해설**
>
> 부패한 감자에는 셉신(Sepsine)이라는 독성물질이 생성된다.

19 빈출

노로바이러스로 인한 식중독을 예방하는 방법으로 적합하지 않은 것은?

① 식중독 환자가 발생하면 2차 감염 및 확산 방지를 위하여 환자 분변, 구토물, 화장실, 의류, 식기 등을 염소 또는 열탕 소독하여야 한다.
② 지하수는 조리에 절대 사용을 금하며, 식기와 조리기구 세척에만 사용한다.
③ 음식은 85℃에서 1분 이상 가열, 조리하고 맨손으로 음식을 만지지 않는다.
④ 가열하지 않는 조개, 굴 등의 섭취는 자제하여야 한다.

> **해설**
>
> 지하수는 감염 여부 때문에 사용을 자제하며, 식기와 조리 기구 세척 시에는 물을 가열하여 사용하는 것이 좋다.

20 빈출

감염형의 세균성 식중독을 일으키는 것이 아닌 것은?

① 살모넬라균
② 비브리오균
③ 병원성대장균
④ 황색포도상구균

> **해설**
>
> 황색포도상구균은 독소형 식중독의 한 종류로 포유류의 피부에 서식하며, 화농 부위에 많다. 식품 내에서 엔테로톡신(Enterotoxin)을 증식한다.

정답 17 ④ 18 ③ 19 ② 20 ④

02 식재료 관리 및 외식경영

21 ★빈출

인플레이션이나 물가 상승 시 소득세를 줄이기 위해 재무제표상의 이익을 최소화하기 위하여 사용하는 평가 방법은?

① 최종구매가법
② 총평균법
③ 선입선출(FIFO)법
④ 후입선출(LIFO)법

해설

후입선출법
• 재고자산 평가 방법의 하나로 나중에 구매한 상품 또는 원재료로 만든 제품부터 매출되었다 가정하고 재고자산을 평가하는 방법이다.
• 인플레이션 상황에서는 매출원가가 커짐으로써 이익을 적게 계산하여 법인세 이연효과가 있게 된다.

22

단체급식소에서 냉장고를 3,000,000원에 구입하였다. 잔존가격이 300,000원, 내용연수가 10년인 냉장고의 감가상각비를 정액법으로 계산하면 얼마인가?

① 200,000원
② 270,000원
③ 330,000원
④ 360,000원

해설

$$감가상각비 = \frac{기초가격 - 잔존가격(10\%)}{내용연수}$$

$$= \frac{3,000,000 - 300,000}{10} = 270,000원$$

23

약한 수렴성 맛을 주며, 쾌감을 주는 탄닌이 함유된 식품은?

① 토마토
② 오이
③ 사과
④ 커피

해설

탄닌 식품
커피, 녹차, 곶감 등

24 ★빈출

자유수와 결합수에 대한 설명 중 틀린 것은?

① 결합수는 용매로서 작용하지 않는다.
② 결합수는 0℃ 이하에서도 잘 얼지 않는다.
③ 자유수는 건조로 쉽게 제거할 수 있다.
④ 자유수는 미생물의 생육, 증식에 이용되지 못한다.

해설

• 자유수 : 용매로 작용한다. 0℃로 쉽게 동결되고 건조로 쉽게 제거되며, 미생물 생육과 번식에 이용된다.
• 결합수 : 용매로 작용하지 않는다. 0℃로 쉽게 동결되지 않고 100℃ 이상 가열해도 쉽게 제거되지 않으며, 미생물 생육과 번식에 이용할 수 없다.

25

토마토나 수박의 붉은색 색소명과 색소의 분류는?

① 루테인(Lutein) – 카로티노이드
② 라이코펜(Lycopene) – 카로티노이드
③ 푸코크산틴(Fucoxanthin) – 안토시아닌
④ 크립토크산틴(Cryptoxanthin) – 안토시아닌

해설

라이코펜 색소는 항산화 작용을 하는 카로티노이드 성분의 일종으로, 토마토·수박 등의 붉은색 채소 및 과일에 함유된 천연 색소이다.

정답   21④ 22② 23④ 24④ 25②

26

D-glucose를 환원시켜 만든 당은?

① Sorbitol
② Glycogen
③ Gluconic Acid
④ Glucosaccharic Acid

해설

솔비톨은 6개의 수산기(-OH)를 가진 당알코올로, D-sorbitol 또는 D-glucitol이라고도 불리는데 D-glucose를 환원시켜 만든 당이다.

27 빈출

쌀밥에 콩을 혼식할 때 단백가가 보강될 수 있는 필수 아미노산은?

① 트립토판(Tryptophan)
② 발린(Valine)
③ 메티오닌(Methionine)
④ 라이신(Lysine)

해설

쌀의 부족한 라이신을 콩과 혼식하여 보강할 수 있다.

28 빈출

단백질에 대한 설명으로 틀린 것은?

① 식품의 단백질을 구성하는 아미노산은 20여 개이다.
② 아미노산은 1개 이상의 아미노기와 1개 이상의 카르복실기를 갖는다.
③ 단백질의 구조는 분자의 모양에 따라 구형 단백질과 섬유상 단백질로 구분한다.
④ 단백질 분자를 구성하는 아미노산의 결합 순서를 단백질의 2차 구조라고 한다.

해설

단백질을 구성하는 아미노산의 결합 순서를 1차 구조라 하며, 아미노산의 조성과 결합 순서를 달리하여 연결된 단백질의 폴리펩티드 사슬이 고유한 입체적 형태로 취하는 것을 단백질의 2차 구조라 한다.

29 빈출

지방 산패를 촉진하는 것은?

① 철
② 토코페롤
③ BHA
④ 구연산

해설

지방의 산패를 억제하는 항산화제는 토코페롤, 세사몰, BHA, BHT, 구연산, 비타민 C 등이 있다. 금속은 지방의 산패를 촉진하는 요인이 된다. 철, 구리, 니켈, 주석과 같은 산화·환원이 쉬운 금속들은 멀리하는 것이 좋다.

30

간장 발효 시 착색은 주로 어떤 반응에 의한 것인가?

① 캐러멜화 반응
② 마이야르 반응
③ 아스코르브산 산화반응
④ 폴리페놀 산화반응

해설

• 마이야르 반응 : 비효소적 갈변(간장, 된장의 착색)
• 캐러멜화 반응 : 당류의 가공 과정에서 일어남(빵, 비스킷)
• 아스코르브산 산화반응 : 과채류의 가공식품
• 폴리페놀 산화반응 : 효소적 갈변(사과, 배 등의 변색)

31

한천에 대한 설명 중 옳은 것은?

① 급원은 식물성이며, 주성분은 콜라겐(Collagen)이다.
② 융해온도가 낮아 50℃ 이상이면 녹는다.
③ 젤라틴 겔(Gelatin Gel)에 비해 질감이 부드럽다.
④ 설탕이나 과즙을 첨가하면 한천의 겔 형성이 잘되지 않는다.

정답　26 ①　27 ④　28 ④　29 ①　30 ②　31 ④

32 ✈빈출

아밀로펙틴과 아밀로오스를 비교한 설명 중 틀린 것은?

① 아밀로오스와 아밀로펙틴은 모두 포도당으로 구성
   되어 있다.
② 아밀로오스의 요오드(아이오딘) 반응은 적자색이고,
   아밀로펙틴의 요오드(아이오딘) 반응은 청색이다.
③ 아밀로오스는 직쇄의 구조이고, 아밀로펙틴은 가지를
   친 구조이다.
④ 아밀로오스는 아밀로펙틴보다 분자량이 적다.

33

합성감미료인 아스파탐의 구성 성분으로 옳은 것은?

① 글루타민산(Glutamic Acid) + 라이신(Lysine)
② 아스파트산(Aspartic Acid) + 라이신(Lysine)
③ 글루타민산(Glutamic Acid) + 페닐알라닌
   (Phenylanine)
④ 아스파트산(Aspartic Acid) + 페닐알라닌(Phenylanine)

34 ✈빈출

DHA나 EPA 같은 불포화지방산이 많이 함유된 것은?

① 대두유   ② 배아유
③ 난황   ④ 등푸른생선

35

**유지의 화학적 성질을 검사하는 방법에 대한 설명으로
옳은 것은?**

① 비누화가 : 유지 중의 유리지방산과 Ester의 비율
② 과산화물가 : 유지 1g 중에 함유한 과산화물의 mg수
③ 요오드가 : 유지 1g이 흡수한 요오드의 mg수
④ 산가 : 유지 1g 중의 유리지방산을 중화하는 데 필
   요한 수산화칼륨의 mg수

36

식품첨가물로 허용된 유지 추출제는?

① n-헥산(Hexane)
② 글리세린(Glycerin)
③ 프로필렌글리콜(Propylene Glycol)
④ 규소수지(Silicone Resin)

정답   32 ② 33 ④ 34 ④ 35 ④ 36 ①

n–헥산은 유지 추출제 중 유일하게 허용하는 첨가물이며, 완성 전에 이 첨가물을 제거해 주어야 한다.

37

다음 중 손익분기점에 대한 설명으로 옳은 것은?

① 손실을 발생시키는 분기점
② 이익을 발생시키는 분기점
③ 총비용과 총수익의 일치점
④ 총원가와 제조원가를 알리는 도표

손익분기점
총수익과 총비용(고정비＋변동비)이 일치하는 점으로 이익도 손실도 발생하지 않는 지점

38 ★빈출

육류를 연화시키는 방법으로 틀린 것은?

① 설탕이나 꿀에 재워둔다.
② 도살된 직후에 사용된다.
③ 섬유질의 반대 방향으로 썰어준다.
④ 파파인 등의 연육 효소를 사용한다.

도살 직후 사후강직 중인 고기는 질기고 맛이 떨어지며, 이 상태의 고기를 가열하면 육즙이 많이 유출되어 더 질기고 맛이 떨어진다.

39 ★빈출

식재료 구매관리에 관한 설명으로 틀린 것은?

① 구매관리는 업장에서 필요로 하는 도구와 기물은 제외하고 식재료와 소모품 구매를 수행하고, 이를 검수, 점검하는 데 필요한 능력이다.
② 구매관리란 식재료와 식재료의 사용처를 파악하고 식재료 손질, 조리 과정과 판매에 이르기까지 전 과정을 시스템으로 관리하는 것을 말한다.
③ 식재료의 구매 시 계절의 변화, 물가의 변동 등의 경제적인 요인이 작용하게 되므로 식재료의 구매 및 선정에 있어서 외부 환경을 고려해야 한다.
④ 식재료와 조리도구 및 기물의 합리적이고 효율적인 구매관리를 위해서는 정기적이고 치밀한 시장조사와 구매 품목에 대한 특성을 고려해야 한다.

• 구매관리는 업장에서 필요로 하는 식재료, 소모품, 도구나 기물의 구매를 수행하고, 이를 검수·점검하는 데 필요한 능력이다.
• 구매계획에는 복잡한 유통 절차에 대한 지식, 식품이 가지는 특성과 영양성분, 보존기간 및 변질에 관한 전반적인 지식을 가진 인력 수급 계획 등을 포함한다.
• 구매관리는 원가관리를 위한 기초적인 단계부터 적정한 물품을 구매하는 것만이 아니라 사업을 계획, 통제, 관리하는 경영활동 전반에 이르기까지 고려해야 한다.

정답   37 ③   38 ②   39 ①

40

일본 음식의 특징으로 틀린 것은?

① 건다시마와 가다랑어포를 이용한 다시가 요리의 기본이다.

② 식재료가 지닌 고유한 맛, 향, 모양을 중요시한다.

③ 숟가락과 젓가락을 동시에 사용한다.

④ 주식과 부식의 구분이 있다.

> **해설**
>
> 일본 음식은 '눈으로 먹는다'는 말이 있을 정도로 계절감, 색감, 조리방법, 위생을 중요시하고 먹을 때는 주로 젓가락만을 사용한다.

03 일식 조리

41 ⭐빈출

1번다시를 만드는 방법에 대한 설명 중 틀린 것은?

① 행주로 다시마의 먼지를 털어낸다.

② 냄비에 물과 다시마를 넣고 약한 불로 끓인다.

③ 다시마가 끓기 직전(약 90℃)에 다시마를 건져낸다.

④ 가다랑어포를 넣어 물에 잠기게 한 후 끓는 물에서 10~15분 정도 두어 국물을 우려낸다.

> **해설**
>
> 가다랑어포를 넣어 물에 잠기게 한 후 상온에서 10~15분 정도 두어 국물을 우려냄(가다랑어포의 감칠맛은 끓는점 이하의 온도인 약 80℃ 전후에서 잘 우러남)

42

미림에 대한 설명 중 틀린 것은?

① 음식에 사용되었을 때 방부 및 살균 효과를 내게 하는 특징이 있다.

② 찐 찹쌀에 쌀 누룩을 넣고 소주 또는 양조알코올을 섞어서 발효시켜 만든다.

③ 당분으로 인하여 음식에 윤기가 나게 하는 특징이 있다.

④ 요리에 넣을 경우에는 가열하여 알코올을 증발시킨 후 사용한다.

> **해설**
>
> 식초 : 음식에 사용되었을 때 방부 및 살균 효과를 내게 하는 특징

43 ⭐빈출

다음에서 설명하는 일식 조리 용어는?

- 요리의 맛을 살리고 식욕을 증진
- 재료의 잡냄새 제거
- 소량 사용해서 그 맛을 한층 살려 주는 역할을 함

① 고로모
② 곤부지메
③ 야쿠미
④ 완다네

> **해설**
>
> **야쿠미(양념장)**
> - 요리의 맛을 살리고 식욕을 증진함
> - 재료의 잡냄새 제거
> - 소량 사용해서 그 맛을 한층 살려 주는 역할

44 ⭐빈출

스아게(すあげ)의 튀김 온도는?

① 150℃
② 160~165℃
③ 170~180℃
④ 180℃ 이상

> **해설**
>
> **스아게(すあげ)**
> 재료의 수분을 제거하고 전반적으로 가라앉는 온도 160~165℃ 정도에서 그냥 튀기는 방법

> **정답**   40 ③   41 ④   42 ①   43 ③   44 ②

45

다음 중 빈칸에 알맞은 일식 조리도구는?

- ( )은 스테인리스 재질이 주를 이루며 사각형 상자에 이중으로 되어 있어 상자를 들어 올리면 속의 재료를 꺼낼 수 있도록 제작한 것
- 용도와 사용량에 따라 크기별로 다양하며 사용 전에 물기를 전체적으로 입혀 본 재료가 ( )에 붙는 것을 방지
- 씻을 때는 부드러운 스펀지를 사용하여 겉 표면에 상처가 나지 않게 주의

① 초밥용 비빔통　　② 사각 굳힘 틀
③ 초밥 전용 밥통　　④ 스테인리스 사각 찜기

해설

사각 굳힘 틀
- 사각 굳힘 틀은 스테인리스 재질이 주를 이루며 사각형 상자에 이중으로 되어 있어 상자를 들어 올리면 속의 재료를 꺼낼 수 있도록 제작한 것이다.
- 용도와 사용량에 따라 크기별로 다양하며 사용 전에 물기를 전체적으로 입혀 본 재료가 굳힘 틀에 붙는 것을 방지한다.
- 씻을 때는 부드러운 스펀지를 사용하여 겉 표면에 상처가 나지 않게 주의한다.

46

생선의 고마이오로시(五枚おろし) 방법으로 옳은 것은?

① 머리 쪽에서 꼬리 쪽으로 이동하면서 살을 뼈에서 분리하는데 꼬리지느러미 부분을 남겨 양쪽의 살이 떨어지지 않고 꼬리에 붙어 분리하는 방법
② 꼬리 쪽에 칼집을 넣고 한 번에 머리 쪽으로 칼을 이동하면서 살을 뼈에서 분리하는 방법
③ 배쪽 → 등쪽 → 등쪽 → 배쪽으로 이동하면서 분리하거나 등쪽 → 배쪽 → 배쪽 → 등쪽으로 이동하면서 살을 뼈에서 분리하는 방법
④ 생선의 측면에서 중앙의 뼈 부분에 칼집을 넣어 양쪽으로 벌려 가며 뜨는 방법으로 중앙에서 왼쪽으로 이동하면서 살을 뼈에서 분리하는 방법

해설

생선의 오로시카타(おろし方 : 생선의 뼈와 살을 분리하는 방법)

고마이오로시 (五枚おろし)	생선의 측면에서 중앙의 뼈 부분에 칼집을 넣어 양쪽으로 벌려 가며 뜨는 방법으로 중앙에서 왼쪽으로 이동하면서 살을 뼈에서 분리하는 방법
삼마이오로시 (三枚おろし)	배쪽 → 등쪽 → 등쪽 → 배쪽으로 이동하면서 분리하거나 등쪽 → 배쪽 → 배쪽 → 등쪽으로 이동하면서 살을 뼈에서 분리하는 방법
다이묘우오로시 (大名おろし)	꼬리 쪽에 칼집을 넣고 한 번에 머리 쪽으로 칼을 이동하면서 살을 뼈에서 분리하는 방법
마츠바오로시 (松葉おろし)	머리 쪽에서 꼬리 쪽으로 이동하면서 살을 뼈에서 분리하는데 꼬리지느러미 부분을 남겨 양쪽의 살이 떨어지지 않고 꼬리에 붙어 분리하는 방법

47 *빈출

광어 깎아썰기[소기즈쿠리(そぎ作り)] 방법으로 옳은 것은?

① 광어 살의 포를 뜨고 이것을 다시 가늘게 채를 썰음
② 광어 살의 왼쪽 맨 끝에 왼손의 손가락을 올리고 칼을 사선으로 내리면서 당겨 썰음
③ 광어 살의 오른쪽 끝에 왼손의 손가락을 올리고 칼을 수직으로 내리면서 당겨 썰음
④ 광어 살의 위에 왼손의 손가락을 올리고 칼을 수평으로 밀고 당기면서 썰어 얇고 평평하게 만들어 썰음

해설

광어 깎아썰기[소기즈쿠리(そぎ作り)]
- 광어 살의 두꺼운 부분을 밖으로 향하게 하고 낮은 부분을 안으로 향하게 놓음
- 광어 살의 왼쪽 맨 끝에 왼손의 손가락을 올리고 칼을 사선으로 내리면서 당겨 썰음
- 썬 단면과 끝부분이 깨끗하게 나왔는지 확인

정답　　45 ② 　46 ④ 　47 ②

48

일반적인 생선회 담기 방법 중 틀린 것은?

① 짝수로 담지 않고 홀수를 기본으로 세 점 또는 다섯 점을 한번에 담음
② 시소, 갱, 생선회 순으로 담음
③ 큰 원형이나 사각의 접시에 담는 경우에는 중앙에 가장 돋보이는 생선회를 담음
④ 작은 접시의 경우 앞쪽은 낮게 담고 뒤로 갈수록 높게 담음

해설

생선회 담기
생선회를 담을 때는 먼저 갱, 시소, 생선회 순으로 담음

49 빈출

일식 칼의 종류 및 용도에 대한 설명 중 틀린 것은?

① 데바보쵸(でばぼちょう)는 생선을 오로시할 때 사용하거나 뼈를 자르는 용도로 사용
② 회칼은 생선회를 썰 때 사용
③ 채소칼의 종류에는 나키리보쵸(菜切り包丁), 우스바보쵸(うすばぼうちょう)가 있음
④ 채소칼의 종류 중인 나키리보쵸(菜切り包丁)는 가츠라무키를 할 때 주로 사용

해설

일식 칼의 종류 및 용도 – 채소용 칼
• 나키리보쵸(菜切り包丁), 우스바보쵸(うすばぼうちょう)
• 나키리보쵸는 양날이고, 우스바보쵸는 외날
• 두 칼 모두 채소를 썰 때 사용하지만, 우스바보쵸는 가츠라무키(채소를 돌려 깎는 방법)를 할 때 주로 사용

50 빈출

초밥용 쌀에 대한 설명으로 중 틀린 것은?

① 밥을 지었을 때 약간 되게 지어야 좋다.
② 초밥용 쌀은 햅쌀보다는 묵은쌀이 좋다.
③ 보관 방법은 현미 상태로 서늘한 곳 또는 약 12℃ 정도의 온도로 냉장 보관하고 사용 직전에 정미(도정)하여 사용하는 것이 좋다.
④ 초밥용 쌀 품종 중 사사니시키계 품종이 전분의 구조가 단단하고 끈기가 더 있어서 밥을 지었을 때 풍미가 있고 수분의 흡수성이 좋기 때문에 주로 이용한다.

해설

초밥용 쌀 품종
• 초밥용 쌀 품종으로는 고시히카리계와 사사니시키계가 일반적으로 이용
• 고시히카리 품종이 전분의 구조가 단단하고 끈기가 더 있어서 밥을 지었을 때 풍미가 있고 수분의 흡수성이 좋기 때문에 주로 이용

51

다음에서 설명하는 일식 조리용어는?

> 칼을 15° 정도 약간 들고(칼 끝만 닿게) 45° 정도 어슷하게 대각선으로 오이 높이 반까지만 칼집이 들어가게 썰기

① 자바라큐리기리
② 사사나미기리
③ 우수즈쿠리
④ 이토즈쿠리

해설

자바라큐리기리(오이 뱀뱃살 썰기)
칼을 15° 정도 약간 들고(칼 끝만 닿게) 45° 정도 어슷하게 대각선으로 오이 높이 반까지만 칼집이 들어가게 썰기

정답 48 ② 49 ④ 50 ④ 51 ①

52

일본 미소(된장)의 종류와 특징에 관한 설명으로 틀린 것은?

① 누룩의 종류에 따라 쌀된장, 보리된장, 콩된장으로 구분한다.

② 일본 미소(된장)의 색이 붉을수록 단맛이 많고 짠맛이 적은 것이 특징이다.

③ 일본 된장은 콩을 주재료로 하여 소금과 누룩을 첨가하여 빠른 시간에 발효시킨 것이다.

④ 염분의 양, 원료의 배합 비율, 숙성 기간 등에 따라 색과 염도가 다른 것이 특징이다.

해설

일본 미소(된장)의 종류와 특징

• 일본 미소(된장)는 콩(대두)을 주재료로 하여 소금과 누룩을 첨가하여 발효시킨 것이다.
• 염분의 양, 원료의 배합 비율, 숙성 기간 등에 따라 색과 염도가 다른 것이 특징이다.
• 누룩의 종류에 따라 쌀된장, 보리된장, 콩된장으로 구분한다.
• 색에 따라 다음과 같이 구분한다.
  – 흰된장 : 단맛이 많고 짠맛이 적다.
  – 적된장 : 단맛이 적고 짠맛이 많다.

53

다음에서 설명하는 국물 요리의 구성에 해당하는 것은?

> • 어패류를 많이 사용하며, 육류, 채소류 등을 사용
> • 주재료로 많이 사용하는 어패류에는 도미, 대합 등
> • 도미 : 봄이 제철로 지방의 함유량이 적어 소화에도 좋고 맛도 좋아 고급 생선에 속함
> • 대합과 같은 조개 : 봄철에 먹을 때는 패류 독소에 유의
> • 조개류에는 타우린 등의 감칠맛 성분이 높아 국물 요리에 많이 활용

① 완다네   ② 쯔마
③ 스이구치   ④ 니보시

해설

주재료(완다네)

• 어패류를 많이 사용하며, 육류, 채소류 등을 사용
• 주재료로 많이 사용하는 어패류에는 도미, 대합 등
• 도미 : 봄이 제철로 지방의 함유량이 적어 소화에도 좋고 맛도 좋아 고급 생선에 속함
• 대합과 같은 조개 : 봄철에 먹을 때는 패류 독소에 유의
• 조개류에는 타우린 등의 감칠맛 성분이 높아 국물 요리에 많이 활용

54 빈출

시모후리(霜降)를 하여 조림 조리 시에 유용한 효과에 대한 설명으로 틀린 것은?

① 생선의 비린내와 여분의 지방을 제거하고 불필요한 혈액이나 비늘을 제거한다.

② 유부, 간모도끼(油腐) 등의 튀김 종류는 여분의 기름이 원재료에 침투하여 맛국물이 배어들기 쉽게 한다.

③ 육류는 특유의 냄새를 제거하고, 양갯물과 여분의 수분을 제거해 준다.

④ 민물생선 특유의 비린내가 없어지고 살이 부서지지 않고 뼈까지 부드러워진다.

해설

조림 요리의 재료 사전 처리 방법

시모후리(霜降)를 하여 조림 조리 시에 유용한 효과가 발생

• 어패류 : 생선의 비린내와 여분의 지방을 제거하고 불필요한 혈액이나 비늘을 제거
• 육류 : 특유의 냄새를 제거하고, 양갯물과 여분의 수분을 제거
• 가공품(유부) : 유부, 간모도끼 등의 튀김 종류는 여분의 기름을 제거하고 맛이 배어들기 쉽게 함
• 곤약 : 실 모양의 곤약은 양갯물과 여분의 수분을 제거
• 민물 생선 : 굽거나 오차로 시모후리하여 조리하면 민물 생선 특유의 비린내가 없어지고 살이 부서지지 않고 뼈까지 부드러워짐
• 건어물, 콩류 : 조리하기 전에 각각의 조리방법에 맞는 전처리를 하여 불려 줌

정답   52 ② 53 ① 54 ②

55

식재료의 종류에 따라 조림 조리의 맛 조절과 불 조절에 대한 설명으로 틀린 것은?

① 선도가 좋은 재료는 맛이 엷게 배게 하고 선도가 떨어지는 재료, 냄새가 있는 것, 장기 보존할 재료는 맛을 진하게 함

② 생선의 머리, 뼈, 우엉의 줄기 부분은 냄비 끝에 놓고, 토막 낸 생선이나 빨리 익는 것은 냄비 중앙에 놓고 조림

③ 감자류, 근채류는 단맛이 들게 조리하고 약한 불로 부드럽게 조림

④ 담백한 흰살생선과 어패류는 전체적으로 열을 충분히 가하고 된장, 생강, 매실장아찌 등을 넣어서 끓임

해설

식재료의 종류에 따른 조림 조리의 조절법

맛 조절	• 선도가 좋은 재료는 맛이 엷게 배게 하고 선도가 떨어지는 재료, 냄새가 있는 것, 장기 보존할 재료는 맛을 진하게 함 • 담백한 흰살생선과 어패류는 전체적으로 열을 충분히 가하고 된장, 생강, 매실장아찌 등을 넣어서 끓임 • 사전 처리한 민물생선은 진한 맛으로 간을 하고 장시간 불에 올려서 조림하거나 국물을 많이 넣어 은근하게 뼈까지 부드럽게 끓임 • 푸른색 채소는 엷은 맛으로 색이 탁하지 않게 조림 • 건어물, 콩류는 조미료를 많이 상용한 끓임 맛국물 속에서 천천히 조림 • 생선의 머리, 뼈, 우엉의 줄기 부분은 중앙에 놓고, 토막 낸 생선이나 빨리 익는 것은 냄비 끝에 놓고 조림
불 조절	• 조림 시 끓어오를 때까지 강한 불에서 조리고 그다음은 보글보글 끓을 정도의 약한 불로 조림 • 감자류, 근채류는 단맛이 들게 조리하고 약한 불로 부드럽게 조림

56 빈출

일식 구이 담기 순서로 옳은 것은?

① 아시라이(곁들임) : 왼쪽 앞쪽에 놓고 양념장은 구이 접시 오른쪽 앞에 둠

② 통생선 : 통생선을 담을 때 머리는 왼쪽, 배는 앞쪽으로 담음

③ 조각 생선 : 토막 내어 구운 생선은 껍질이 밑에 보이게 하고 넓은 부위를 왼쪽에 둠

④ 육류와 가금류 : 육류나 가금류는 껍질이 아래로 향하게 하여 쌓아 올리듯 담음

해설

구이 담기 순서

통생선	• 통생선을 담을 때 머리는 왼쪽, 배는 앞쪽으로 담음 • 아시라이는 오른쪽 앞쪽에 놓고 양념장은 구이 접시 오른쪽 앞에 둠
조각 생선	• 토막 내어 구운 생선은 껍질이 위를 보이게 하고 넓은 부위를 왼쪽에 둠 • 아시라이는 오른쪽 앞쪽에 놓고 양념장은 구이 접시 오른쪽 앞에 둠
육류와 가금류	육류나 가금류는 껍질이 위를 향하게 하여 쌓아 올리듯 담음

57

다음에서 설명하는 면요리는?

> 대표적인 일본요리 중의 하나로, 밀가루를 넓게 펴서 칼로 썰어서 만든 굵은 국수

① 메밀국수[そば(소바)]

② 주카소바(中華そば)

③ 남경(南京)소바

④ 우동(うどん)

정답   55 ② 56 ② 57 ④

일본의 면요리

메밀국수 [そば (소바)]	메밀가루로 만든 국수를 뜨거운 국물이나 차가운 간 장에 무·파·고추냉이를 넣고 찍어 먹는 일본 요리
우동 (うどん)	대표적인 일본 요리 중의 하나로, 밀가루를 넓게 펴서 칼로 썰어서 만든 굵은 국수

라멘
(ラーメン)
	• 면과 국물로 이루어진 일본의 대중 음식
	• 라멘은 중국의 국수 요리인 남면을 기원으로 한 면
	  요리
	• 일본식 된장으로 맛을 낸 '미소라멘', 간장으로 맛을
	  낸 '쇼유라멘', 소금으로 맛을 낸 '시오라멘', 돼지뼈
	  로 맛을 낸 '돈코츠라멘' 등이 대표적

58 ✈빈출

요리에 따른 소금 농도로 틀린 것은?

① 국 0.8~1% ② 생선 1~2%

③ 조림 2.5~3% ④ 절임김치 4~5%

요리에 따른 소금 농도
국 0.8~1%, 조림 1.5~2%, 생채소요리 1% 전후, 생선 1~2%, 김치겉절이 2.5~3%, 절임김치 4~5%

59

찜 조리의 특징에 관한 설명으로 틀린 것은?

① 찜 조리는 다른 조리법과 비교할 때, 재료에 변화를 주는 일이 작기 때문에 요리를 보기 좋게 완성하는 것이 가능하다.

② 소재를 부드럽게 만들 뿐만 아니라 형태와 맛을 그대로 유지해 주는 요리이다.

③ 찜 조리는 반드시 따뜻하게 제공되는 것이 원칙으로 차갑게 식혀 제공하지 않는다.

④ 대량의 음식을 조리할 경우 자주 활용된다.

찜 조리의 특징
• 일반적으로 따뜻하게 제공되는 요리임과 동시에 여름에는 차갑게 식혀 시원한 맛을 제공하는 요리로도 이용된다.
• 다른 조리법과 비교할 때, 재료에 변화를 주는 일이 작기 때문에 요리를 보기 좋게 완성하는 것이 가능하다.
• 소재를 부드럽게 만들 뿐만 아니라 형태와 맛을 그대로 유지해 주는 요리이다.
• 찜은 압력을 이용하는 것도 가능하기 때문에 소재를 단시간에 부드럽게 만들 수 있다.
• 대량의 음식을 조리할 경우 자주 활용된다.
• 조리 과정에서 형태를 흐트리지 않고 맛을 유지하며 재료를 데울 수 있다는 요소 때문에 찜 조리는 중요한 조리법으로 활용된다.

60 ✈빈출

다음 중 빈칸에 알맞은 일식 조리도구는?

• ( )는 작은 프라이팬 모양으로 생겨 손잡이가 직각으로 놓여 있으며 익히는 과정에 맛국물이 너무 졸여지는 것을 방지하기 위해 뚜껑이 있다.
• 밥에 올리는 과정에서 힘을 적게 주기 위해 턱이 낮고 가벼운 것이 특징이다.

① 데쓰나베 ② 얏토코나베

③ 돈부리나베 ④ 가타테나베

덮밥냄비(丼鍋, どんぶりなべ, 돈부리나베)
• 덮밥용 냄비는 작은 프라이팬 모양으로 생겨 손잡이가 직각으로 놓여 있으며 익히는 과정에 맛국물이 너무 졸여지는 것을 방지하기 위해 뚜껑이 있다.
• 밥에 올리는 과정에서 힘을 적게 주기 위해 턱이 낮고 가벼운 것이 특징이다.

제5회

복어조리산업기사
CBT 기출복원 모의고사

수험번호

수험자명

⏱ 제한시간 : 60분

01 위생 및 안전관리

01 빈출

세균성 식중독의 예방 대책에 대한 설명으로 틀린 것은?

① 도마 · 식기류는 항상 청결하게 하며, 사용 후 열탕 소독을 한다.

② 식중독을 일으키는 미생물은 식품을 냉동하면 사멸시킬 수 있다.

③ 조리 전후의 식품은 반드시 따로 취급해야 한다.

④ 식품을 장시간에 걸쳐 실온에 방치하지 않는다.

해설

세균성 식중독은 저온에 강해 냉동하여도 사멸시킬 수 없다.

02 빈출

영업허가를 받아야 하는 영업으로 짝지어진 것은?

① 식품제조 · 가공업, 식품첨가물제조업

② 단란주점영업, 식품조사처리업

③ 휴게음식점영업, 일반음식점영업

④ 식품첨가물제조업, 단란주점영업

해설

영업허가를 받아야 하는 영업

• 식품조사처리업 : 식품의약품안전처장

• 단란주점영업, 유흥주점영업 : 특별자치시장 · 특별자치도지사 또는 시장 · 군수 · 구청장

03

식품을 제조 · 가공단계부터 판매단계까지 단계별로 정보를 기록 · 관리하여 그 식품을 추적하여 원인을 규명하고 필요한 조치를 할 수 있도록 관리하는 것은?

① 식품 등의 표시기준

② 원산지 표지

③ 식품위해요소중점관리

④ 식품이력추적관리

해설

식품이력추적관리

식품을 제조 · 가공단계부터 판매단계까지 각 단계별로 정보를 기록 · 관리하여 그 식품의 안전성 등에 문제가 발생할 경우 그 식품을 추적하여 원인을 규명하고 필요한 조치를 할 수 있도록 관리해 주는 것

04

물리적 소독법에 대한 설명으로 가장 옳은 것은?

① 자비소독은 100℃에서 5분 동안 열탕 처리한다.

② 간헐멸균은 100℃에서 5분 동안 1회 가열 처리한다.

③ 고압증기멸균은 121℃에서 20분 동안 가열 처리한다.

④ 건열멸균은 130℃ 수증기로 30분 동안 열처리한다.

해설

물리적 소독법

• 자비소독 : 100℃의 끓는 물에 소독할 물품을 직접 담가 20분 이상 소독

• 간헐멸균 : 80~100℃의 물속 또는 유통 수증기 중에서 1일 1회, 3번 반복하여 15~30분간 가열 살멸

• 건열멸균 : 150~160℃에서 30~60분간 실시하는 멸균

정답   01 ②   02 ②   03 ④   04 ③

05 빈출

다음 중 곰팡이독(Mycotoxin)에 의한 식중독에 대한 설명으로 틀린 것은?

① 탄수화물 함량이 풍부한 농산물을 섭취하여 일어나는 경우가 많다.
② 열에 안정하여 보통의 조리 및 가공 조건에서는 분해되지 않는다.
③ 기후 조건과 관계가 깊다.
④ 항생물질의 투여나 약제요법을 실시하면 치료가 가능하다.

해설

곰팡이독(Mycotoxin)
유독물질로 높은 온도로 가열하여도 분해가 되지 않고, 항생물질의 투여나 약제요법을 실시해도 치료가 되지 않는다.

06 빈출

다음 일광 중 열작용이 강하여 열사병의 원인이 되는 것은?

① 감마선   ② 자외선
③ 가시광선   ④ 적외선

해설

적외선
• 특징 : 피부에 흡수되어서 피부 온도를 상승시키고, 온도가 상승하면 홍반, 혈관 확장 등의 증상이 생긴다.
• 순기능 : 진통 작용과 염증 치료에 도움을 준다.
• 역기능 : 많이 쬐면 두통·현기증·열경련·열사병을 일으키고, 백내장의 원인이 되기도 한다.

07

탄소계 물질이 있는 하수의 혐기성 분해로 가장 많이 발생하는 가스는?

① 암모니아   ② 메탄
③ 황화수소   ④ 수소

해설

혐기성 분해 처리
• 산소가 없는 상태에 혐기성균이 증식하여 여러 물질을 분해하는 현상이다.
• 탄소계 물질을 분해하여 이산화탄소·메탄·유기산 등을 생성하며, 단백질·질소계 물질을 분해하여 아미노산 등을 생성하고, 황화물을 분해하여 황화수소를 발생시킨다.

08

만성 감염병의 특성에 대한 설명으로 옳은 것은?

① 발생률이 낮고 유병률은 높다.
② 발생률이 높고 유병률은 낮다.
③ 발생률 및 유병률 모두 높다.
④ 발생률 및 유병률 모두 낮다.

해설

• 만성 감염병 : 발생률이 낮고 유병률이 높다.
• 급성 감염병 : 발생률이 높고 유병률이 낮다.

09 빈출

진동이 심한 작업을 장기간 할 때 발생하기 쉬운 직업병은?

① 감압병
② 한센병
③ 안정피로
④ 레이노드씨병

해설

레이노드씨병
조선공, 광산근로자, 착암기 사용자 등 진동이 심한 작업을 장기간 하는 사람의 손에 많이 나타나며, 손가락의 말초혈관 수축 때문에 혈액 순환 장애가 나타나 피부가 창백해지는 증상이 있다.

정답 05 ④ 06 ④ 07 ② 08 ① 09 ④

10

크롬(Cr) 만성 중독증의 특이한 임상 증상은?

① 빈혈

② 환청

③ 비중격천공

④ 백혈병

해설

- 크롬(크로뮴, Cr) 만성 중독증 : 비중격천공(비점막에 염증이 생겨 빠르면 2개월 안에 비중격의 연골에 궤양이 발생), 피부궤양, 결막염증 등
- 크롬(크로뮴, Cr) 급성 중독증 : 요중독 증상으로 10일 이내에 사망

11 빈출

모기가 매개하는 감염병이 아닌 것은?

① 일본뇌염　　② 황열

③ 말라리아　　④ 발진티푸스

해설

발진티푸스
이(Louse)에 의해 흡혈 → 병원체가 증식 → 배설물로 탈출 → 사람의 상처나 먼지 등을 통해 호흡기계로 감염

12

식품위생감시원의 직무에 해당하지 않는 것은?

① 수입·판매 또는 사용이 금지된 식품 등의 취급 여부에 관한 단속

② 표시 기준 또는 광고 기준의 위반 여부에 관한 단속

③ 영업소의 개업 및 기구의 배치

④ 행정처분의 이행 여부 확인

해설

식품위생감시원의 직무는 ①, ②, ④ 외에 다음과 같다.
- 식품 등의 위생적 취급에 관한 기준의 이행 지도
- 출입·검사 및 검사에 필요한 식품 등의 수거
- 시설기준의 적합 여부의 확인·검사

- 영업자 및 종업원의 건강진단(매년 1회) 및 위생교육의 이행 여부의 확인·지도
- 조리사 및 영양사의 법령 준수사항 이행 여부의 확인·지도
- 식품 등의 압류·폐기 등
- 영업소의 폐쇄를 위한 간판 제거 등의 조치
- 그 밖에 영업자의 법령 이행 여부에 관한 확인·지도

13 빈출

병원성대장균(O−157)에 대한 설명으로 틀린 것은?

① 일반 대장균과는 달리 강력한 독소를 낸다.

② 식중독 증세는 용혈성 요독증후군으로 진행된다.

③ 식중독의 원인은 단백질 식품에 한정되어 있다.

④ 열에 대한 저항성이 약하다.

해설

병원성대장균(O−157)
장출혈성 대장균이라고도 하는데, 설사나 장염을 일으키는 대장균이며 가축의 배설물에 의해 감염된다. 심하면 용혈성 요독증후군(HUS)의 환자는 사망하기도 한다.

14

숯불구이와 훈제육 등의 열분해물에서 생성되며, 발암성 물질로 알려진 다환방향족 탄화수소는?

① 벤조피렌

② 니트로사민

③ 포름알데히드

④ 헤테로고리아민류

해설

벤조피렌
화석연료 등의 열처리 시 생성되는 물질로 유해성이 크고 '다환방향족 탄화수소(PAH)' 물질이다.

정답　　10 ③　11 ④　12 ③　13 ③　14 ①

15 ✎빈출

다음과 같은 특징을 갖는 세균성 식중독의 원인 세균은?

- 일반병원균이 발육할 수 없는 낮은 온도인 5℃에서도 증식할 수 있는 특징이 있다.
- 그람양성의 간균으로 편모를 갖고 있다.
- 식중독 증상은 수막염이 많으며 유산, 패혈증이 일어난다.
- 식중독의 치사율은 10~40%로 높다.

① Listeria Monocytogenes
② Salmonella
③ Staphylococcus Aureus
④ Clostridium Perfringens

해설

- 리스테리아균(Listeria Monocytogenes) : 낮은 온도에서도 잘 증식하며, 뇌수막염·패혈증 등의 식중독 증상을 일으키는 균
- 살모넬라균(Salmonella) : 가열 시 소멸하는 균이며, 발열·복통·설사 등의 증상을 일으키는 균
- 포도상구균(Staphylococcus Aureus) : 열에 강한 세균으로 피부의 화농·중이염·방광염 등 화농성 질환을 일으키는 균
- 웰치균(Clostridium Perfringens) : 설사, 복통을 일으키는 균

16

다음 중 열경화성 수지인 페놀수지, 멜라민수지, 요소수지 등이 검출될 수 있는 유해물질은?

① 납
② 메탄올
③ 포름알데히드
④ 염화비닐단량체

해설

포름알데히드(포름알데하이드)
포르말린 제조, 합성수지 제조, 합판 제조, 화학제품 제조 시 발생하는 유해물질로 인체에 대한 독성이 강하고, 30ppm 이상 노출되면 질병이 발생한다.

17

바퀴벌레의 구제 방법으로 많이 이용되는 것은?

① 천적이용법
② 독이법
③ 냉수 살포법
④ 살서제 사용법

해설

독이법
독성물질을 넣어 만든 미끼를 이용하여 해충을 잡는 방법이다.

18 ✎빈출

보균자에 의하여 감염이 주로 발생하는 질병은?

① 홍역
② 디프테리아
③ 콜레라
④ 백일해

해설

디프테리아
주로 겨울에 성행하며, 사람이 유일한 디프테리아균의 매개이고 환자와 직접 접촉하여 감염된다. 호흡기의 비말전파(기침, 재채기)나 호흡기 분비물과의 접촉을 통하여 또는 상처 등으로 전파된다.

19

컴퓨터의 스크린에서 방사되는 해로운 전자기파에 의해 두통, 시각장애 등의 증세가 나타나는 것은?

① 비소중독
② 잠함병
③ VDT 증후군
④ 참호족

해설

VDT 증후군
컴퓨터의 스크린에서 방사되는 X선 및 전리방사선 등 몸에 유해한 전자기파가 두통, 시각장애 등을 일으키는 질병이다.

정답 15 ① 16 ③ 17 ② 18 ② 19 ③

20 ★빈출

다음 중 호흡기계 감염병인 것은?

① 폴리오   ② 세균성 이질
③ 유행성이하선염   ④ 장티푸스

해설

- 폴리오 : 척수성 소아마비로 대변 → 입을 통해 감염
- 세균성 이질 : 환자 또는 보균자가 배출한 대변을 통해 구강으로 감염
- 장티푸스 : 장을 통해 살모넬라 타이피균 감염

---

02   식재료 관리 및 외식경영

21 ★빈출

소금에 대한 설명으로 틀린 것은?

① 소금은 방부력을 가진 보존료이다.
② 제빵이 제면에 첨가하면 글루텐의 점탄성이 증대되어 제품의 물성을 향상한다.
③ 소금은 신맛은 높여주고 단맛은 줄여준다.
④ 소금과 설탕을 함께 사용할 때는 설탕을 먼저 넣는 것이 좋다.

해설

소금은 신맛을 줄여주고 단맛은 높여준다.

22

다음 중 곡류의 종자에 많이 들어 있으며 70~80%의 알코올에 녹는 단순단백질은?

① 알부민(Albumin)   ② 글로불린(Globulin)
③ 글루텔린(Glutelin)   ④ 프롤라민(Prolamin)

해설

프롤라민
주로 곡류에 많으며 옥수수의 제인, 밀의 글리아딘, 보리의 호르데인 등이 있다.

23

다음 중 콜로이드 상태가 아닌 것은?

① 난백 거품   ② 젤라틴 젤리
③ 우유   ④ 소금물

해설

콜로이드

- 1nm~1,000nm 정도의 미세한 물질이 기체나 액체 중에 분산된 형태를 말한다.
- 소금물은 물에 잘 녹는 결정성 물질이고, 젤리·젤라틴·우유·마요네즈·마시멜로·크림 등은 콜로이드 상태의 물질이다.

---

24 ★빈출

식품의 수분활성도란?

① 식품이 나타내는 수증기압
② 순수한 물이 나타내는 수증기압
③ 식품의 수분함량
④ 식품이 나타내는 수증기압에 대한 순수한 물의 수증기압의 비율

해설

수분활성도
임의의 온도에서 그 식품이 나타내는 수증기압에 대해 그 온도에 있어서 순수한 물의 수증기압의 비율이다.

25

우유 100g에 수분 88.5%, 탄수화물 4.5%, 지방 3.5, 단백질 3.0%, 회분 0.5%를 함유하고 있다면 이 우유는 몇 kcal인가?

① 44.0kcal   ② 59.0kcal
③ 61.5kcal   ④ 66.5kcal

정답   20 ③   21 ③   22 ④   23 ④   24 ④   25 ③

- 탄수화물 : 4.5g × 4kcal = 18kcal
- 지방 : 3.5g × 9kcal = 31.5kcal
- 단백질 : 3g × 4kcal = 12kcal
∴ 18+31.5+12 = 61.5kcal

26

식품의 물성에서 외부의 힘으로 모양이 변형되었을 때 힘을 제거한 뒤에도 처음 상태로 되돌아가지 않는 성질은?

① 소성　　　　　② 탄성
③ 점성　　　　　④ 점탄성

- 소성 : 외부의 힘에 의해 변형된 물체가 그 힘을 제거하여도 원상태로 돌아오지 않는 성질
- 탄성 : 힘을 제거하면 원상태로 되돌아오는 성질
- 점성 : 내부 마찰력에 의해 발생한 액체의 끈끈한 성질
- 점탄성 : 액체와 고체의 성질이 동시에 나타나는 성질

27 빈출

다음 중 식품의 색소에 관한 내용으로 틀린 것은?

① 카로티노이드는 열과 알칼리 용액에 의해서 파괴된다.
② 안토시안은 산성용액에서 적색으로 변한다.
③ 안토잔틴은 알칼리에 의해 황색으로 변한다.
④ 클로로필은 산과 반응하면 페오피틴이 된다.

카로티노이드는 물에 녹지 않지만 기름에는 녹고, 열에는 안정하며 조리 중에 사용되는 산·알칼리에 파괴되지 않는다.

28

식품의 색소에 관한 설명 중 옳은 것은?

① 푸른색 채소는 장시간 가열할수록 클로로필이 클로로필리드로 변하여 올리브색이 된다.
② 동물성 색소 중 혈색소는 미오글로빈이다.

③ 녹색 채소는 조리 시 중조를 가하면 녹갈색으로 변한다.
④ 무, 양파, 양배추 속 등의 백색 채소는 식초를 넣으면 더 선명한 백색이 된다.

백색 채소에 들어 있는 플라보노이드는 산에서 안정하여 식초를 넣으면 더 선명한 백색이 되며, 알칼리에는 황색으로 변한다.

29 빈출

과일의 갈변 억제에 관한 설명으로 틀린 것은?

① -10℃까지는 효소작용이 계속되므로 -10℃ 이하로 동결 저장한다.
② 파인애플주스에는 -SH 물질이 있어 여기에 깎은 과일을 담가둔다.
③ 사과에서 추출한 폴리페놀옥시다아제는 pH 3 이하에서 갈변이 억제된다.
④ 갈변 물질인 폴리페놀옥시다아제는 소금의 나트륨(Na^+)이온에 활성이 억제된다.

폴리페놀옥시다아제에 의한 갈변은 pH 5.7일 때 활성화되며, 이 경우 강산성으로 바꾸거나 온도를 낮추면 활성이 억제된다.

30

닭의 가열조리 시 나타나는 닭 뼈 주위의 근육이 거무스름하게 변색하는 이유는?

① 많은 지방함량이 가열에 의해 변색
② 병에 걸린 닭의 가열에 의해 변색
③ 성숙한 닭의 질긴 육질이 가열에 의해 변색
④ 냉동 닭의 해동 시 닭 뼈 골수의 적혈구가 파괴되어 가열에 의해 변색

정답　　26 ①　27 ①　28 ④　29 ④　30 ④

31 빈출

다음 자료에 의한 직접원가는 얼마인가?

- 직접재료비 : 150,000원
- 간접재료비 : 50,000원
- 직접노무비 : 120,000원
- 간접노무비 : 20,000원
- 직접경비 : 5,000원
- 간접경비 : 100,000원
- 판매 및 일반관리비 : 20,000원

① 370,000원

② 320,000원

③ 275,000원

④ 170,000원

해설

- 직접원가 = 직접재료비 + 직접노무비 + 직접경비
  = 150,000 + 120,000 + 5,000 = 275,000원

32

감의 떫은맛과 관계가 없는 것은?

① Phloroglucine

② Gallic Acid

③ Shibuol

④ Chlorogenic Acid

해설

감의 떫은맛은 시부롤(Shibuol)이라고도 하며, 가수분해에 의해 갈산(Gallic Acid)과 플로로글루신(Phloroglucine)이 생성된다.

33

식혜 제조에서 전분의 당화작용을 일으키는 효소는?

① 삭카라아제(saccharase)

② 베타아밀라아제(β-amylase)

③ 글루코아밀라아제(glycoamylase)

④ 지마아제(zymase)

해설

- 당화작용은 다당류를 분해하여 다단류 또는 이당류로 바꾸는 작용이다.
- 전분의 분해는 아밀라아제가 주로 하며, 아밀라아제의 종류로는 알파아밀라아제와 베타아밀라아제가 있다.

34 빈출

글루타민산나트륨(MSG)에 구아닐산나트륨을 넣으면 맛난맛이 강해지는 맛의 현상은?

① 억제효과

② 상승효과

③ 상쇄효과

④ 대비효과

해설

맛의 상승

같은 종류의 맛을 갖는 2종류 이상의 정미 성분을 혼합하면 원래 가지고 있던 맛보다 강하게 느껴지는 현상이다.

35

비타민에 대한 설명으로 틀린 것은?

① 밀감에 있는 Hesperidin은 비타민 P라고 한다.

② 필수지방산인 Linoleic Acid, Linolenic Acid, Arachidonic Acid는 비타민 F라고 한다.

③ 비타민 B_{12}는 분자 내에 코발트를 함유하고 있어서 Cobalamin이라고 불린다.

④ 비타민 B_2는 빛에서 안정하지만 열에는 불안정하다.

해설

비타민 B_2는 열, 산, 공기에는 안정하나 알칼리, 광선에 불안정하다.

정답 31 ③ 32 ④ 33 ② 34 ② 35 ④

36

효소에 대한 일반적인 설명으로 틀린 것은?

① 살아있는 생물체에서 만들어지며, 화학반응을 촉매한다.
② 일종의 단백질로서 가열하면 변성되어 불활성화된다.
③ 한 가지 효소는 두 가지 이상의 반응을 촉매하는 반응 특이성이 있다.
④ 활성을 나타내는 최적온도는 30~40℃ 정도이다.

해설

효소는 한 종류의 기질에만 작용하는 절대적 특이성을 가진다.

37 빈출

콩나물을 조리할 때 비타민 C의 손실을 막는 방법은?

① 끓는 물에 장시간 동안 데쳐낸다.
② 뚜껑을 꼭 닫고 가열한다.
③ 구리 그릇에 넣고 끓인다.
④ 식염을 가한다.

해설

식염(소금)
음식의 부패 및 비타민 손실을 막는 역할을 한다.

38

냄새 성분의 연결이 틀린 것은?

① 박하 – Menthol
② 미나리 – Myrcene
③ 어류의 비린내 – TMAO
④ 레몬 – Citral

해설

어류의 비린내는 점액의 TMAO(트라이메틸아민옥사이드)가 선도의 저하로 TMA(트라이메틸아민)가 되면서 생기는 냄새이다. 그러므로 비린내 성분은 TMA이다.

39

냉장, 냉동고 식재료 보관에 대한 설명으로 틀린 것은?

① 조리된 재료는 하단에, 생재료는 상단에 저장하여 교차오염을 예방한다.
② 냉장·냉동고의 규정 온도는 1일 3회 확인하고, 정기적으로 계획을 세워 성에가 생기지 않도록 관리한다.
③ 냉장고 용량의 70~80%만 재료를 보관해야 냉기 순환이 원활하여 적정 온도가 유지된다.
④ 공산품은 유통기한을 충분히 고려하고, 가루 등은 소분하여 냉장·냉동실에 보관하는 것이 좋다.

해설

조리된 재료는 상단에, 생재료는 하단에 저장하여 교차오염을 예방한다.

40 빈출

복어 독의 성질에 대한 설명으로 틀린 것은?

① 신경성 독으로 말초신경을 마비시켜 수족과 전신의 운동 신경을 마비시킨다.
② 복어의 독은 무색의 결정으로 무미, 무취하다.
③ 산에 강하여 보통의 유기산(초산, 유산) 등에도 전혀 분해되지 않는다.
④ 열에 약하여 요리에서 무독화되기는 어렵다.

해설

열에 강하여 내열성이 있고 요리에서 무독화되기는 어렵다.

정답 36 ③ 37 ④ 38 ③ 39 ① 40 ④

41

메뉴 변화에 따른 분류에서 변동 메뉴의 설명으로 틀린 것은?

① 메뉴를 지속해서 변화시키는 메뉴의 형태이다.
② 고객은 메뉴의 지루함이나 싫증을 덜 수 있고 운영을 위한 인력이 효율적이다.
③ 인건비가 상승하고 식재료의 재고가 증가한다.
④ 끊임없는 변화와 혁신을 할 수 있는 메뉴 형태이다.

해설

변동 메뉴
메뉴를 지속해서 변화시키는 메뉴의 형태로 고객은 메뉴의 지루함이나 싫증을 덜 수 있지만, 운영을 위한 숙련된 인력이 필수적이다.

42 빈출

메뉴 엔지니어링의 목적으로 틀린 것은?

① 메뉴 계획 목표와 같이 업체의 목표와 목적을 달성하는 목적에 있다.
② 분석의 중요한 틀인 메뉴의 인기성과 수익성을 분석하는 것이다.
③ 고객 만족과 이윤을 창출하는 데 기여하고 있는지를 분석·평가하는 것이다.
④ 기존의 메뉴를 유지하는데 목적이 있다.

해설

메뉴 엔지니어링
메뉴 엔지니어링은 1990년 미국의 카사바나와 스미스에 의해 개발된 분석 프로그램을 이용하면서 처음 시작되었으며, 메뉴 엔지니어링을 통해 개발된 메뉴가 고객 만족뿐만 아니라 이윤을 창출하는 데 어느 정도로 기여하고 있는지를 분석·평가하는 것으로, 기업의 매출량을 증가시키고 이익을 증가시키는 방향으로 새로운 메뉴 아이템을 신설하거나 기존의 메뉴를 보완하는 작업이다.

43

고객의 식습관과 선호도에 영향을 미치는 경제, 사회적 요소 파악으로 틀린 것은?

① 식습관 및 선호도에 영향을 미치는 요소는 여러 가지 복합적인 요인으로 연령, 직업, 가족 수, 사회·경제적 수준, 영양 정보의 매체 등이 관여된다.
② 사회·경제적 수준이 낮은 사회일수록 고정된 식습관을 형성한다.
③ 대인관계가 격리된 사회일수록 자신의 식습관이 강하게 나타난다.
④ 도시지역과 농촌지역 거주자 급식 제공량을 비교해보면 농촌지역 거주자의 칼슘 및 비타민 A의 제공량이 도시지역에 비해 낮다.

해설

④는 고객의 식습관과 선호도에 영향을 미치는 지역적 요소에 해당한다.

44 빈출

ABC 관리기법의 분류 및 특성에서 A형 품목으로 옳은 것은?

① 고가품목(육류, 주류)에 적용
② 중가품목(과일류 및 채소류)에 적용
③ 정기 발주 방식 적용
④ 저가품목(밀가루, 설탕, 조미료, 세제)에 적용

해설

A형 품목
• 고가품목(육류, 주류)에 적용
• 재고액은 절대 최소 수준 유지
• 정기 발주 방식 적용
• 소요량과 보유량을 확인하여 발주량을 정확히 산출하는 것이 중요함
• 총재고액의 10~20% 차지(재고액의 70~80% 차지)

정답 41 ② 42 ④ 43 ④ 44 ①

45

재고관리 ABC 관리기법의 분류 및 특성으로 틀린 것은?

① A형 품목은 저가품목(밀가루, 설탕, 조미료, 세제)이 해당한다.

② A형 품목은 총재고액의 10~20%를 차지(재고액의 70~80% 차지)한다.

③ B형 품목은 총재고액의 15~20%를 차지(재고액의 20~40% 차지)한다.

④ C형 품목은 총재고액의 40~60%를 차지(재고액의 5~10% 차지)한다.

해설

저가품목(밀가루, 설탕, 조미료, 세제)은 C형 품목에 해당한다.

46 ✈빈출

좋은 쌀의 품질 평가로 틀린 것은?

① 색은 광택이 있고 입자가 고른 것

② 형태는 타원형으로 냄새가 있는 것

③ 깨물었을 때 '딱' 소리가 나는 것

④ 쌀 중에 이물이 있고 잘 건조된 것

해설

좋은 쌀은 잘 건조되어 있고, 쌀 중에 이물이 없어야 한다.

47 ✈빈출

복어의 특징으로 틀린 것은?

① 복어는 3개의 지느러미가 있고 손질 후 말려 구운 후 술에 넣어 먹기도 한다.

② 복어의 뼈는 매우 부드러워 오래 끓이면 금방 물러지는 특성이 있다.

③ 복어는 다른 생선과 다른 비린내를 가지고 있고, 매우 강해서 작업 시 손에 냄새가 배지 않도록 조리용 장갑을 착용하는 것이 좋다.

④ 복어는 부레가 없어서 물 위에 뜨기 위해서는 계속 헤엄을 쳐야 하므로 살이 단단하고 지방이 거의 없다.

해설

복어는 5개의 지느러미를 가지고 있다.

48 ✈빈출

복어의 신경독 '테트로도톡신'에 대한 설명으로 틀린 것은?

① 테트로도톡신은 복어의 독으로 주로 난소와 간장에 존재한다.

② 복어 독에 의한 중독은 운동근 마비로 사인은 호흡근 마비에 의한다.

③ 중독 시 심장마비로 인해 결국은 사망한다.

④ 중독이 발생하여도 8시간 이상 생존하면 구조될 가능성이 있다.

해설 **테트로도톡신(Tetrodotoxin)**

• 중독 시 초기에는 지각신경 마비에 의한 혀나 손가락 끝의 마비를 느끼고, 그 후 자율신경 차단에 의한 혈관 확장과 혈관 중추 억제에 의한 현저한 혈압 저하 및 호흡 중추 억제 등을 일으켜 사망에 이른다. 하지만 심장마비로 인한 사망은 없다고 알려져 있다.

• 중독의 치료로는 호흡 억제에 대한 인공호흡, 소생제나 승압제의 투여 등이 있으나 특효약은 없다.

49

생강(生姜 : しょうが)에 대한 설명으로 틀린 것은?

① 온난지를 중심으로 널리 재배된다.

② 시트롤, 진기베렌이나 테르펜 속의 휘발성유 및 진저론, 쇼가올 등의 매운맛 성분을 다량 함유한다.

③ 충청남도, 전라북도 지방이 총생산량의 85%를 차지하며, 특히 전라북도의 봉동(봉상)은 유명한 생산지이다.

④ 약용, 카레분, 소스, 생강차, 생강술 향료 및 기타 조미료로 다양하게 이용된다.

정답   45 ①   46 ④   47 ①   48 ③   49 ③

생강은 충청남도, 전라북도 지방이 총생산량의 95%를 차지하며, 특히 전라북도의 봉동(봉상)은 유명한 생산지이다.

50 ✈빈출

식재료별 가라아게의 종류에서 닭의 날개 혹은 다리 부분의 연골을 사용한 가라아게이며 이자카야에서 안주로 제공되는 대표적인 것은?

① 무네니쿠노 가라아게
② 모모니쿠노 가라아게
③ 난코츠노 가라아게
④ 토리노 가라아게

해설

• 무네니쿠노 가라아게 : 닭고기의 넓적다리 부위를 사용한 가라아게로 육질이 부드럽고 담백한 것이 특징
• 모모니쿠노 가라아게 : 닭 다리살 부위를 사용한 가라아게로 다리살은 치킨 가라아게에 많이 쓰이는 부위
• 토리노 가라아게 : 닭고기 양념튀김

51

찜요리에 대한 설명으로 틀린 것은?

① 물은 찜통의 7~8할 정도에서 시작한다.
② 모양과 형태가 변하지 않고 재료 본연의 맛이 날아가지 않게 가열 조리하는 요리이다.
③ 찜통에 불을 붙여 처음부터 재료를 넣어 요리를 한다.
④ 증기가 올라오지 않을 때 재료를 넣으면 색이 변하거나 비린내가 날 수 있다.

해설

찜통에 불을 붙여 증기를 올린 후 재료를 넣어 요리를 한다.

52 ✈빈출

봄이 되면 산란을 위해 연안으로 이동하고, 가을에는 수심이 깊은 곳으로 이동을 하는 복어로, 배 쪽은 흰색이고, 등 쪽은 갈색을 띠며 둥근 반점이 있는 것은?

① 졸복
② 황복
③ 검자주복(참복)
④ 까치복

해설

• 황복 : 우리나라의 금강, 한강, 임진강 등이 원산지로 꼬리지느러미는 황색이고, 다른 지느러미는 백색이다.
• 검자주복(참복) : 커다란 흑색 반점이 한 개 있는 것이 특징이다.
• 까치복 : 회보다는 탕과 튀김요리에 주로 사용되며, 한국에서 식용으로 인기가 많은 복어이다.

53 ✈빈출

냉동 복어의 해동 방법으로 틀린 것은?

① 지나친 해동으로 유독 부위가 녹아내려 무독한 근육으로 독이 이동할 수 있으므로 주의하여야 한다.
② 가능한 한 제독 처리를 하지 않고 급속 냉동을 하는 것이 바람직하다.
③ 실온에 방치하여 해동하는 경우는 반해동(어체 중심온도 −3℃)의 상태에서 내장 등 유독 부위를 제거하여야 한다.
④ 내장 등 유독 부위를 포함한 채 완전해동(어체 중심온도 0℃)을 하여서는 안 된다.

해설

• 가능한 한 제독 처리를 한 후 급속 냉동을 하는 것이 바람직하다.
• 내장과 제독 처리가 완료된 복어는 냉장 해동하는 것이 좋다.

정답   50 ③   51 ③   52 ①   53 ②

54 ✈빈출

복어독에 대한 설명으로 틀린 것은?

① 아주 적은 양인 2mg 투여로 성인이 사망에 이를 수 있다.
② 섭취 후 즉시 입 주위에서부터 마비가 시작된다.
③ 잠복기는 20분에서 6시간으로 매우 짧다.
④ 복어의 독은 알칼리성인 4%의 수산화나트륨(NaOH)에서 무독화된다.

> **해설**
> 복어의 독은 흡수가 빨라서 입과 식도에서부터 흡수가 시작된다. 그리고 섭취 후 20분 후부터 입 주위에서부터 마비가 시작된다.

55

복어의 손질된 껍질은 여러 가지 요리로 사용되는데, 주로 사용되는 요리로 틀린 것은?

① 회(사시미)　　　② 무침요리(아에모노)
③ 군힘요리(니코고리)　④ 튀김요리(아게모노)

> **해설**
> 사시미, 아에모노, 니코고리 등에 주로 사용된다.

56 ✈빈출

초밥용 쌀의 선별 방법으로 틀린 것은?

① 쌀의 외관으로 일정한 크기, 일정한 모양을 하고 있고, 단단하며 금이 가거나 깨지지 않은 것이 좋다.
② 도정 후 7일 이내의 쌀을 사용하고 30일 이내로 권장하고 있다.
③ 밥을 지은 후 냄새를 확인하여 쌀의 상태를 확인하고 있다.
④ 햅쌀의 경우 수확한 지 얼마 안 된 경우 쌀의 전분이 아직 완전히 굳지 않아 부적절하다.

> **해설**
> 도정 후 3일 이내의 쌀을 사용하고 7일 이내로 권장하고 있다.

57

생선 포뜨기의 종류에서 세장뜨기의 한 가지로 생선의 머리 쪽에서 중앙 뼈에 칼을 넣고 꼬리 쪽으로 단번에 오로시하는 방법은?

① 두장뜨기
② 세장뜨기
③ 다섯장뜨기
④ 다이묘포뜨기

> **해설**
> 다이묘포뜨기[다이묘오로시(だいみょおろし)]는 중앙 뼈에 살이 남아 있기 쉽기 때문에 붙여진 이름이기도 하다.

58 ✈빈출

튀김의 종류에서 식재료 그 자체를 아무것도 묻히지 않은 상태에서 튀겨내 재료가 가진 색과 형태를 그대로 살릴 수 있는 튀김은?

① 스아게
② 고로모아게
③ 가라아게
④ 고로모

> **해설**
> • 가라아게 : 양념한 재료를 그대로 튀기거나 박력분이나 전분만을 묻혀 튀긴 튀김
> • 고로모아게 : 박력분이나 전분으로 튀김옷(고로모)에 물을 넣어서 만들어 재료에 묻혀 튀긴 것

정답　　54 ②　55 ④　56 ②　57 ④　58 ①

59 ⭐빈출

구이요리의 꼬챙이 끼우는 방법에서 생선의 모양을 그대로 구이하는 방법으로 작은 도미나 은어 등의 생선에 주로 이용되는 것은?

① 노시쿠시
② 히라쿠시
③ 노보리쿠시
④ 유안쿠시

해설

구이 꼬챙이 끼우기 방법
- 노보리쿠시(登り串) : 생선의 모양을 그대로 구이하는 방법으로 작은 도미나 은어 등의 생선에 주로 이용한다.
- 히라쿠시(平串) : 일반적으로 가장 많이 사용하는 꼬챙이 끼우기 방법으로, 얇게 포를 떠서 적당한 크기로 잘라 굽는 방법이다. 껍질이 있는 재료는 두툼한 중앙에 꽂고, 껍질이 없는 재료는 껍질에 가까운 쪽에 꽂는다.
- 노시쿠시(のし串) : 노시쿠시는 새우등을 바로 펴고 싶을 때 사용하는 방법이다.

60 ⭐빈출

복어죽의 조우스이, 오카유에 대한 설명으로 틀린 것은?

① 조우스이는 밥을 사용하고 오카유는 쌀을 사용한다.
② 조우스이는 짧게 끓이고 오카유는 길게 끓인다.
③ 조우스이는 달걀을 사용하고 오카유는 달걀을 넣지 않아도 된다.
④ 조우스이는 밥알이 씹히지 않고 오카유는 밥알이 씹힌다.

해설

- 조우스이 : 탕이나 샤브샤브에 사용하고 남은 맛국물을 사용하며, 밥알이 씹힌다.
- 오카유 : 물이나 다시마 맛국물을 사용하여 재료를 오래 끓이면서 맛 성분을 용출하기 때문에 밥알이 씹히지 않는다.

정답   59 ③   60 ④

MEMO

박문각

2025

NCS
학습모듈 반영

박문각 취밥러 시리즈

스타셰프와 요리명장이 추천하는

조리
산업기사
기능장

한식·양식·중식·일식·복어

부록

전경철 편저

취업에서 밥벌이까지 N잡러를 위한 합격서

유튜브 온라인
무료강의
(손글씨 핵심요약)

조리산업기사
조리기능장
CBT 모의고사
(5회+3회)

HRDK
한국산업인력공단
최신 출제기준

최종점검
손글씨 핵심요약

2025 위험물기능사
필기

2025 위험물기능사
실기

2025 전기기능사
필기

2025 위험물산업기사
필기

2025 위험물산업기사
실기

2025 전기기능사
실기

2025 지게차 운전기능사
필기

2025 조리기능사
필기

2025 조리산업기사·기능장
필기

부록

최종점검 손글씨 핵심요약

최종점검 손글씨 핵심요약

■ 위생에 관련된 질병✿

미생물	세균성	감염형	살모넬라균, 장염비브리오균, 병원성대장균 등 음식물에서 증식한 세균
		독소형	포도상구균, 클로스트리디움 보툴리누스 등 음식물에서 세균이 증식할 때 발생하는 독소에 의한 식중독
	바이러스성 공기, 물, 접촉 등		노로바이러스, 간염 A 바이러스, 간염 E 바이러스 등
화학물질	자연독	식물성	감자의 솔라닌, 독버섯의 무스카린 등
		동물성	복어의 테트로도톡신, 모시조개의 베네루핀 등
		곰팡이 독소	황변미의 시트리닌 등 식품을 부패, 변질 또는 독소를 만들어 인체에 해를 줌
		알레르기성	꽁치, 고등어의 히스타민 등
	화학성	혼입독	잔류농약, 식품첨가물, 포장재의 유해물질(구리, 납 등), 오염 식품의 중금속 등

■ 미생물의 종류별 특징

① 미생물의 종류

곰팡이	진균류 중에서 균사체를 발육기관으로 하는 것으로, 발효식품이나 항생물질에 이용(치즈, 누룩, 푸른곰팡이 등)
효모	곰팡이와 세균의 중간 크기(구형, 타원형, 달걀형)이며, 출아법으로 증식
스피로헤타	'나선상균'이라고도 하며 단세포 식물과 다세포 식물의 중간으로 세균류로 분류
세균	간균(막대균), 구균(알균), 나선균(나선형)의 형태로 나누며, 이분법으로 증식
리케차	세균과 바이러스의 중간에 속하며 원형, 타원형이며 이분법으로 증식[유행성 발진티푸스, 발진열, Q열(큐열) 등]
바이러스	여과성 미생물로 크기가 가장 작음[간염바이러스, 인플루엔자, 모자이크병, 광견병, 코로나바이러스 감염증(COVID-19) 등]

② 미생물의 크기

곰팡이 > 효모 > 스피로헤타 > 세균 > 리케차 > 바이러스

③ 미생물 생육에 필요한 조건 : 영양소, 수분, 온도, 산소요구량, 수소이온농도(pH)

식품으로 감염되는 기생충✿

① 채소류로부터 감염되는 기생충(중간숙주 ×)

회충	경구감염, 우리나라에서 가장 감염률 높음
구충(십이지장충)	경구감염, 경피감염
요충	경구감염, 집단감염(가족 내 감염률 높음), 항문 주위 산란
동양모양선충	경구감염 또는 경피감염(내염성이 강해서 절임채소에서도 발견됨)
편충	경구감염되어 맹장 부위에 기생, 따뜻한 지방에 많은데, 우리나라에서도 감염률이 높음

② 육류로부터 감염되는 기생충(중간숙주 1개)

유구조충(갈고리촌충)	돼지	톡소플라스마	돼지, 개, 고양이, 쥐, 조류
무구조충(민촌충)	소	만손열두조충	개구리, 뱀, 닭의 생식
선모충	돼지, 개		

③ 어패류로부터 감염되는 기생충(중간숙주 2개)

기생충	제1중간숙주	제2중간숙주
간흡충(간디스토마)	왜우렁이(쇠우렁)	담수어(붕어, 잉어)
폐흡충(폐디스토마)	다슬기	민물게, 민물가재
횡천흡충(요코가와흡충)	다슬기	담수어(은어, 붕어, 잉어)
고래회충(아니사키스충)	갑각류	오징어, 고등어, 청어 → 고래, 물개
광절열두조충(긴촌충)	물벼룩	담수어(연어, 송어, 숭어)

물리적 소독 중 가열에 의한 소독 방법✿

저온장시간살균법 (LTLT)	63~65℃에 30분 가열 후 냉각(예) 우유, 주스, 소스 등)
고온단시간살균법 (HTST)	72~75℃에 15~20초 이내 가열 후 냉각(예) 우유, 과즙 등)
초고온순간살균법 (UHT)	130~150℃에 0.5~5초 가열 후 냉각(예) 과즙 등)
고온장시간살균법	95~120℃에 약 30~60분 가열 살균(예) 통조림 살균)

화학적 소독 방법

① 역성비누(양성비누) : 과일, 채소, 식기소독 및 조리자의 손 소독에 사용

② 석탄산(3%) : 화장실(분뇨), 하수도 등의 오물 소독에 사용하며, 온도 상승에 따라 살균력도 비례하여 증가, 소독약의 살균력 지표

③ 크레졸비누(3%) : 화장실(분뇨), 하수도 등의 오물 소독에 사용하며, 석탄산보다 소독력과 냄새가 강함

④ 생석회 : 저렴하기 때문에 변소(분뇨), 하수도, 진개 등의 오물 소독에 가장 우선적으로 사용

⑤ 승홍수(0.1%) : 비금속기구의 소독에 주로 이용(금속부식성)

식품안전관리인증기준(HACCP)※

① HACCP = 위해분석(HA; Hazard Analysis) + 중요관리점(CCP; Critical Control Point)

② 목적 : 사전에 위해요소들을 예방하며 식품의 안전성을 확보하는 것

③ 『학교급식 위생관리 지침서』의 학교 급식소 HACCP 제도 절차에 따름

식품안전관리인증기준(HACCP) 수행단계 7원칙 12절차※

• 식품안전관리인증기준(HACCP)관리 5단계

절차1　HACCP팀 구성(업소 내 핵심요원 포함)

절차2　제품설명서 작성

절차3　용도확인(해당 식품의 의도된 사용 방법 및 소비자 파악)

절차4　공정흐름도 작성(공정단계 파악 후 공정흐름도 작성)

절차5　공정흐름도 현장확인(작성된 공정흐름도와 평면도가 현장과 일치하는지 검증)

• 식품안전관리인증기준(HACCP) 수행단계 7원칙

절차6(원칙1)　위해요소(HA) 분석

절차7(원칙2)　중요관리점(CCP) 결정

절차8(원칙3)　중요관리점(CCP)에 대한 한계기준 설정

절차9(원칙4)　중요관리점(CCP)에 대한 모니터링 체계 확립

절차10(원칙5) 개선조치 방법 수립[반품 또는 납품업체의 경고 조치, 제품 폐기, 단계평가(세척, 헹굼, 소독)]

절차11(원칙6) 검증방법 설정

절차12(원칙7) 문서화 및 기록 유지 방법 수립(HACCP 각 단계에 대한 기록 유지)

◢ 식품의 위생적 취급기준

조리 전	• 유통기한 및 신선도 확인 • 식품은 바닥에서 60cm 이상의 높이에 보관 및 조리 • 재료는 검수 후 신속하게(30분 이내) 건냉소, 냉장(0~10℃), 냉동(-18℃ 이하)보관 • 식재료 전처리 과정은 25℃ 이하에서 2시간 이내 처리 • 식재료는 내부 온도가 15℃ 이하로 전처리 • 손을 깨끗이 씻고, 칼, 도마, 칼 손잡이 등을 청결하게 세척하여 교차오염 방지
조리 중	• 채소, 과일은 세제로 1차 세척 후 차아염소산용액 50~75ppm 농도에서 5분간 침지 후 물에 헹구기(물 4L당 락스 유효염소 4%인 5~7ml 사용) • 해동된 식재료의 재냉동 사용금지 • 개봉한 통조림은 별도의 용기에 냉장보관(품목명, 원산지, 날짜 표시) • 식품 가열은 중심부 온도가 75℃(패류는 85℃)에서 1분 이상 조리 • 칼, 도마, 장갑 등은 용도별 구분 사용 • 채소 → 육류 → 어류 → 가금류 순서로 손질
조리 후	• 익힌 음식과 날 음식은 별도 냉장보관 또는 익힌 음식은 윗칸 보관으로 교차오염 방지 • 보관 시 네임태그 부착(품목명, 날짜, 시간 등 표시) • 조리된 음식은 5℃ 이하 또는 60℃ 이상에서 보관 • 가열한 음식은 즉시 제공 또는 냉각하여 냉장 또는 냉동보관 • 음식물 재사용 금지

◢ 식품첨가물

① 보존료(방부제) : 무독성으로 기호에 맞고 미량으로도 효과가 있으며, 가격이 저렴해야 함
  예 데히드로초산나트륨, 프로피온산나트륨, 프로피온산칼슘, 안식향산나트륨, 소르빈산나트륨, 소르빈산칼륨
② 산화방지제(항산화제) : 식품의 산화에 의한 변질현상을 방지하기 위해 사용

인공항산화제	• 지용성 : BHA(부틸히드록시아니졸), BHT(디부틸히드록시톨루엔), 몰식자산프로필 • 수용성 : 에리소르빈산염
천연항산화제 (천연산화방지제)	토코페롤(비타민E), 아스코르빈산(비타민C), 참기름(세사몰), 목화씨(고시풀)

◢ 기타 식품첨가물

① 관능 만족 및 기호성 향상

정미료(조미료)	식품에 감칠맛을 부여, 글루탐산나트륨(다시마, 된장, 간장), 이노신산(가다랑어 말린 것), 호박산(조개), 구아닌산(표고버섯)
발색제(색소고정제)	육류 발색제 : 아질산나트륨(아질산염) → 니트로사민(발암물질) 생성

② 품질유지 및 품질개량

유화제(계면활성제)	혼합이 잘되지 않는 2종류의 액체를 유화시키기 위하여 사용하는 첨가물
피막제	• 과일의 선도를 장시간 유지 위해 표면에 피막을 만들어 호흡작용을 적당히 제한 • 수분의 증발을 방지하기 위하여 사용되는 첨가물 • 초산비닐수지(껌 기초제), 몰폴린지방산염
호료 (증점제, 안정제)	• 식품의 점착성 증가시켜 형태 변화 방지 • 젤라틴, 한천, 알긴산나트륨, 카제인나트륨

◢ 중금속 유해물질과 중독증상

납(Pb)	복통, 구토, 설사, 중추신경장애	비소(As)	위통, 설사, 구토, 출혈, 흑피증
구리(Cu)	구토, 위통, 잔열감, 현기증	수은(Hg)	미나마타병, 구토, 복통, 설사, 경련, 허탈
아연(Zn)	설사, 구토, 복통, 두통	주석(Sn)	통조림 내부 도장, 구토, 설사, 복통
카드뮴(Cd)	이타이이타이병, 구토, 경련, 설사	크롬	금속, 화학공장 폐기물, 비중격천공

◢ 주방기구별 위해요소 관리

조리시설, 조리기구	• 살균소독제로 세척, 소독 후 사용 • 열탕소독 또는 염소소독으로 세척 및 소독
기계 및 설비	• 설비 본체 부품 분해 → 부품은 깨끗한 장소로 이동 → 뜨거운 물로 1차 세척 → 스펀지에 세제를 묻혀 이물질 제거 후 씻어내기 • 설비 부품은 뜨거운 물 또는 200ppm의 차아염소산나트륨 용액에 5분간 담근 후에 세척
싱크대	약알칼리성 세제로 씻고, 70% 알코올로 분무소독
도마, 칼	뜨거운 물로 1차 세척 → 스펀지에 세제를 묻혀 이물질 제거 후 씻어내기 → 뜨거운 물(80℃) 또는 200ppm의 차아염소산나트륨 용액에 5분간 담근 후에 세척
칼, 행주	끓는 물에서 30초 이상 열탕소독
기타	• 바닥의 균열 및 파손 시 즉시 보수하여 오물이 끼지 않도록 관리 • 출입문·창문 등에는 방충시설을 설치 • 방충·방서용 금속망의 굵기는 30메쉬(Mesh)가 적당

◢ 교차오염 발생요소별 원인과 방안

교차오염 발생요소	발생원인	방안
식재료 입고, 전처리 과정	많은 양의 식재료가 원재료 상태로 들어와 준비하는 과정에서 교차오염 발생 가능성이 높음	원 식재료의 전처리 과정에서 세심한 청결 상태 유지와 식재료의 관리 필요
채소, 과일 준비 코너, 생선 취급 코너	칼, 도마, 장갑 등에서 교차오염 발생	칼, 도마, 장갑 등 용도별 구분 사용 필요
행주, 나무도마 등	행주, 나무도마 등에서 교차오염 발생	집중적인 위생관리 및 교체, 세척 살균 요함
작업장 바닥, 트렌치 등	작업장 바닥, 트렌치 등에서 교차오염 발생	집중적인 위생관리 및 세척 살균, 건조 요함

◢ 물류(유통) 센터 관리 시스템

검품(수)	모든 식품에 대한 유효일자, 양, 품질, 온도, 이물질, 차량 상태 등 물리적, 생·화학적 위해요소를 확인하기 위한 수단임
유효일자	규정된 보관·취급 조건하에서 식품의 생·화학적 인자를 고려하여 사람이 섭취했을 때 인체에 해(害)가 없음을 표기한 날짜
냉장 온도	식품의 신선도 유지를 위한 온도대로 0~10℃ 이하
관능검사	식품의 이상 유·무를 신체의 오감을 통해 검사하는 것
이물질	정상 식품의 성분이 아닌 물질이 포함된 것
생물학적 검사	식품의 생물학적 이상 유·무를 측정하기 위한 방법으로, 주로 병원성 미생물과 오염지표성 세균을 검사
입고	식품을 운반하여 검수장을 통해 들어오는 것
반품	입고 식품에 대한 검수 결과 이상 발생 시 납품업체로 되돌려 보내는 것

◢ 세균성 식중독

① 감염형 식중독

살모넬라 식중독	쥐, 파리, 바퀴벌레에 의해 식품을 오염시키는 균 → 38~40℃의 급격한 발열, 열에 약하여 60℃에서 30분이면 사멸
장염비브리오 식중독	해안지방에 가까운 바닷물(3~4% 식염농도) 등에 사는 호염성 세균 → 5℃ 이하에서 음식 보관, 60℃에서 5분간 가열하면 사멸, 2차 오염 방지 위해 철저한 소독
병원성대장균 식중독	사람이나 동물의 장관 내에 살고 있는 균으로 물이나 흙 속에 존재하며, 식품과 함께 입을 통해 체내에 들어오면 장염을 일으키는 식중독 → 급성 대장염, 우유가 주원인, 예방 위해 동물의 분변오염 방지
웰치균 식중독	편성혐기성균으로 아포(내열성균으로 열에 강함)를 형성하며, 조리 중에 잘 죽지 않음 → 분변오염 방지, 조리 후 식품을 급히 냉각시킨 다음 저온(10℃ 이하)에서 보존하거나 60℃ 이상으로 보존

② 독소형 식중독 : (황색)포도상구균 식중독, 클로스트리디움 보툴리늄 식중독

③ 바이러스성 식중독 : 노로바이러스

◢ 자연독 식중독

① 동물성 식중독

복어	테트로도톡신(Tetrodotoxin) → 치사량 2mg, 지각마비, 근육마비, 구토, 호흡곤란, 의식불명 후 사망, 치사율 50~60%
검은 조개, 섭조개(홍합)	삭시톡신 → 신체 마비, 호흡곤란, 치사율 10%
모시조개, 굴, 바지락	베네루핀 → 구토, 복통, 변비, 치사율 44~50%
소라, 고둥	테트라민

② 식물성 식중독

감자 중독	감자의 발아한 부분 또는 녹색 부분의 솔라닌(Solanine)			
독버섯 중독	무스카린✖, 무스카리딘, 팔린, 아마니타톡신, 필지오린, 뉴린, 콜린, 코플린			
기타 유독물질	청매, 살구씨, 복숭아씨	아미그달린 (Amygdalin)	피마자	리신(Ricin)
	독미나리	시큐톡신(Cicutoxin)	독보리	테물린(Temuline)
	목화씨	고시폴(Gossypol)	미치광이풀	아트로핀(Atropine)

◢ 곰팡이 독소에 의한 식중독

아플라톡신 중독	아스퍼질러스 플라브스가 원인균 → 아플라톡신(간장독)
맥각 중독	맥각균이 원인균 → 에르고톡신(간장독)
황변미 중독	푸른곰팡이(페니실리움)이 원인균 → 시트리닌(신장독), 시트리오비리딘(신경독), 아이슬랜디톡신(간장독)
알레르기 식중독 (부패성 식중독)	프로테우스 모르가니(Proteus morganii)균 → 히스타민(Histamine)으로 아미노산의 하나인 히스티딘(Histidine)으로부터 합성되는 체내 생물학적 아민의 하나

◢ 식품위생법상 용어 정의

식품	모든 음식물(의약으로 섭취하는 것은 제외)
식품첨가물	식품을 제조·가공·조리 또는 보존하는 과정에서 감미, 착색, 표백 또는 산화방지 등을 목적으로 식품에 사용되는 물질(이 경우 기구·용기·포장을 살균·소독하는 데 사용되어 간접적으로 식품으로 옮아갈 수 있는 물질 포함)
기구	• 식품 또는 식품첨가물에 직접 닿는 기계·기구나 그 밖의 물건(농업과 수산업에서 식품을 채취하는 데에 쓰는 기계·기구나 그 밖의 물건 및 「위생용품 관리법」에 따른 위생용품은 제외) • 음식을 먹을 때 사용하거나 담는 것과 식품 또는 식품첨가물의 채취·제조·가공·조리·저장·소분·운반·진열할 때 사용하는 것
집단급식소	영리를 목적으로 하지 아니하면서 특정 다수인에게 계속하여 음식물을 공급하는 기숙사, 학교·유치원·어린이집, 병원, 사회복지시설, 산업체, 국가·지방자치단체 및 공공기관, 그 밖의 후생기관 등에 해당되는 곳의 급식시설로서 1회 50명 이상에게 식사를 제공하는 급식소

◢ 식품위생법상 기구·용기·포장의 기준과 규격

식품의약품안전처장은 국민보건을 위해 필요한 경우에는 판매하거나 영업에 사용하는 기구 및 용기·포장에 관하여 다음의 사항을 정하여 고시

① 제조 방법에 관한 기준

② 기구 및 용기·포장과 그 원재료에 관한 규격

◢ 식품위생감시원의 직무✿

① 식품 등의 위생적 취급에 관한 기준의 이행 지도

② 수입·판매 또는 사용 등이 금지된 식품 등의 취급 여부에 관한 단속

③ 규정에 따른 표시 또는 광고기준의 위반 여부에 관한 단속

④ 출입·검사에 필요한 식품 등의 수거

⑤ 시설기준의 적합 여부의 확인·검사

⑥ 영업자 및 종업원의 건강진단(매년 1회) 및 위생교육의 이행 여부의 확인·지도

⑦ 조리사 및 영양사의 법령 준수사항 이행 여부의 확인·지도

⑧ 행정처분의 이행 여부 확인

⑨ 식품 등의 압류·폐기 등

⑩ 영업소의 폐쇄를 위한 간판 제거 등의 조치

⑪ 그 밖에 영업자의 법령 이행 여부에 관한 확인·지도

허가를 받아야 하는 영업 및 허가관청

① 식품조사처리업 : 식품의약품안전처장
② 단란주점영업, 유흥주점영업 : 특별자치시장·특별자치도지사 또는 시장·군수·구청장

영업신고를 해야 하는 업종

특별자치시장·특별자치도지사 또는 시장·군수·구청장에게 신고를 하여야 하는 영업
① 즉석판매제조·가공업
② 식품운반업
③ 식품소분·판매업
④ 식품냉동·냉장업
⑤ 용기·포장류 제조업(자신의 제품을 포장하기 위하여 용기·포장류를 제조하는 경우는 제외)
⑥ 휴게음식점영업, 일반음식점영업, 위탁급식영업 및 제과점영업

영업등록을 해야 하는 업종

특별자치시장·특별자치도지사 또는 시장·군수·구청장에게 등록을 하여야 하는 영업
① 식품제조·가공업(「주세법」의 주류를 제조하는 경우에는 식품의약품안전처장에게 등록)
② 식품첨가물제조업
③ 공유주방 운영업

건강진단 대상자

① 식품 또는 식품첨가물(화학적 합성품 또는 기구 등의 살균·소독제는 제외)을 채취, 제조, 가공, 조리, 저장, 운반 또는 판매하는 일에 직접 종사하는 영업자 및 그 종업원(완전 포장된 식품 또는 식품첨가물을 운반 또는 판매하는 일에 종사하는 사람은 제외)
② 건강진단을 받아야 하는 영업자 및 그 종업원은 영업 시작 전 또는 영업에 종사하기 전에 미리 건강진단을 받아야 함

영업에 종사하지 못하는 질병의 종류☆

① 콜레라, 장티푸스, 파라티푸스, 세균성이질, 장출혈성대장균감염증, A형 간염
② 결핵(비감염성인 경우는 제외)
③ 피부병 또는 그 밖의 고름형성(화농성) 질환
④ 후천성 면역결핍증(성매개감염병에 관한 건강진단을 받아야 하는 영업에 종사하는 사람만 해당)

식품위생교육시간※

영업자와 종업원	영업자(식용얼음판매업자와 식품자동판매기영업자는 제외)	3시간
	유흥주점영업의 유흥종사자	2시간
	집단급식소를 설치·운영하는 자	3시간
영업을 하려는 자	식품제조·가공업, 식품첨가물제조업, 공유주방운영업의 영업을 하려는 자	8시간
	식품운반업, 식품소분·판매업, 식품보존업, 용기·포장류 제조업의 영업을 하려는 자	4시간
	즉석판매제조·가공업, 식품접객업의 영업을 하려는 자	6시간
	집단급식소를 설치·운영하려는 자	6시간

조리사를 두어야 하는 영업 등※

① 식품접객업 중 복어독 제거가 필요한 복어를 조리·판매하는 영업을 하는 자
② 다음의 집단급식소 운영자
  - 국가 및 지방자치단체
  - 지방공사 및 지방공단
  - 학교, 병원 및 사회복지시설
  - 특별법에 따라 설립된 법인
  - 공기업 중 보건복지부장관이 지정하여 고시하는 기관
  ※ 영양사를 두어야 하는 영업 : 상시 1회 50명 이상에게 식사를 제공하는 집단급식소 운영자

조리사의 면허

조리사가 되려는 자는 「국가기술자격법」에 따라 해당 기능분야의 자격을 얻은 후 특별자치시장·특별자치도지사·시장·군수·구청장의 면허를 받아야 함

조리사 면허의 결격사유※

① 정신질환자(망상, 환각, 사고나 기분의 장애 등으로 인하여 독립적으로 일상생활을 영위하는 데 중대한 제약이 있는 사람) → 전문의가 조리사로서 적합하다고 인정하는 자는 제외
② 감염병환자(B형간염환자 제외)
③ 마약이나 그 밖의 약물중독자
④ 조리사 면허의 취소처분을 받고 취소된 날로부터 1년이 지나지 아니한 자

조리사의 면허취소 등의 행정처분✿

위반사항	행정처분		
	1차 위반	2차 위반	3차 위반
조리사의 결격사유 중 하나에 해당하게 된 경우	면허취소	-	-
교육을 받지 아니한 경우	시정명령	업무정지 15일	업무정지 1개월
식중독이나 그 밖에 위생과 관련된 중대한 사고 발생에 직무상 책임이 있는 경우	업무정지 1개월	업무정지 2개월	면허취소
면허를 타인에게 대여하여 사용하게 한 경우	업무정지 2개월	업무정지 3개월	면허취소
업무정지기간 중에 조리사의 업무를 한 경우	면허취소	-	-

부당한 표시 또는 광고행위의 금지(식품 등의 표시·광고에 관한 법률)

① 질병의 예방·치료에 효능이 있는 것으로 인식할 우려가 있는 표시 또는 광고
② 식품 등을 의약품으로 인식할 우려가 있는 표시 또는 광고
③ 건강기능식품이 아닌 것을 건강기능식품으로 인식할 우려가 있는 표시 또는 광고
④ 거짓·과장된 표시 또는 광고
⑤ 소비자를 기만하는 표시 또는 광고
⑥ 다른 업체나 다른 업체의 제품을 비방하는 표시 또는 광고
⑦ 객관적인 근거 없이 자기 또는 자기의 식품 등을 다른 영업자나 다른 영업자의 식품 등과 부당하게 비교하는 표시 또는 광고
⑧ 사행심을 조장하거나 음란한 표현을 사용하여 공중도덕이나 사회윤리를 현저하게 침해하는 표시 또는 광고
⑨ 총리령으로 정하는 식품 등이 아닌 물품의 상호, 상표 또는 용기·포장 등과 동일하거나 유사한 것을 사용하여 해당 물품으로 오인·혼동할 수 있는 표시 또는 광고

표시 또는 광고 심의 대상 식품(식품 등의 표시·광고에 관한 법령)

① 특수영양식품(영아·유아, 비만자 또는 임산부·수유부 등 특별한 영양관리가 필요한 대상을 위하여 식품과 영양성분을 배합하는 등의 방법으로 제조·가공한 식품)
② 특수의료용도식품(정상적으로 섭취, 소화, 흡수 또는 대사할 수 있는 능력이 제한되거나 질병 또는 수술 등의 임상적 상태로 인하여 일반인과 생리적으로 특별히 다른 영양요구량을 가지고 있어, 충분한 영양공급이 필요하거나 일부 영양성분의 제한 또는 보충이 필요한 사람에게 식사의 일부 또는 전부를 대신할 목적으로 직접 또는 튜브를 통해 입으로 공급할 수 있도록 제조·가공한 식품)

③ 건강기능식품

④ 기능성표시식품(「식품 등의 표시·광고에 관한 법률 시행령」에 따라 제품에 함유된 영양성분이나 원재료가 신체조직과 기능의 증진에 도움을 줄 수 있다는 내용으로서 식품의약품안전처장이 정하여 고시하는 내용을 표시·광고하는 식품)

◀ 거짓 표시 등의 금지(농수산물의 원산지 표시 등에 관한 법률)

① 누구든지 다음의 행위를 하여서는 아니 됨
- 원산지 표시를 거짓으로 하거나 이를 혼동하게 할 우려가 있는 표시를 하는 행위
- 원산지 표시를 혼동하게 할 목적으로 그 표시를 손상·변경하는 행위
- 원산지를 위장하여 판매하거나, 원산지 표시를 한 농수산물이나 그 가공품에 다른 농수산물이나 가공품을 혼합하여 판매하거나 판매할 목적으로 보관이나 진열하는 행위

② 농수산물이나 그 가공품을 조리하여 판매·제공하는 자는 다음의 행위를 하여서는 아니 됨
- 원산지 표시를 거짓으로 하거나 이를 혼동하게 할 우려가 있는 표시를 하는 행위
- 원산지를 위장하여 조리·판매·제공하거나, 조리하여 판매·제공할 목적으로 농수산물이나 그 가공품의 원산지 표시를 손상·변경하여 보관·진열하는 행위
- 원산지 표시를 한 농수산물이나 그 가공품에 원산지가 다른 동일 농수산물이나 그 가공품을 혼합하여 조리·판매·제공하는 행위

③ 과징금 : 농림축산식품부장관, 해양수산부장관, 관세청장, 특별시장·광역시장·특별자치시장·도지사·특별자치도지사(도지사) 또는 시장·군수·구청장은 2년 이내에 2회 이상 위반한 자에게 그 위반금액의 5배 이하에 해당하는 금액을 과징금으로 부과·징수할 수 있음

◀ 수입 농산물 등의 유통이력 관리와 사후관리(농수산물의 원산지 표시 등에 관한 법률)

① 수입 농산물 등의 유통이력 관리 : 유통이력 신고의무가 있는 자는 유통이력을 장부에 기록하고, 그 자료를 거래일부터 1년간 보관하여야 함

② 유통이력관리수입농산물 등의 사후관리에서 수거·조사 또는 열람을 하는 관계 공무원은 그 권한을 표시하는 증표를 지니고 이를 관계인에게 내보여야 하며, 출입할 때에는 성명, 출입시간, 출입목적 등이 표시된 문서를 관계인에게 내주어야 함

◀ 과징금의 부과 및 징수(농수산물의 원산지 표시에 관한 법률 시행령)

① 통보를 받은 자는 납부 통지일부터 30일 이내에 과징금을 농림축산식품부장관, 해양수산부장관, 관세청장, 시·도지사나 시장·군수·구청장이 정하는 수납기관에 내야 함

② 과징금 납부기한을 연기하거나 과징금을 분할 납부하려는 경우에는 납부기한 5일 전까지 과징금 납부기한의 연기나 과징금의 분할 납부를 신청하는 문서에 각 사유를 증명하는 서류를 첨부하여 농림축산식품부장관, 해양수산부장관, 관세청장, 시·도지사나 시장·군수·구청장에게 신청해야 함

③ 과징금의 납부기한을 연기하는 경우 납부기한의 연기는 원래 납부기한의 다음 날부터 1년을 초과할 수 없음

④ 과징금을 분할 납부하게 하는 경우 각 분할된 납부기한 간의 간격은 4개월 이내로 하며, 분할 횟수는 3회 이내로 함

◤ 명예감시원(농수산물의 원산지 표시 등에 관한 법률)

① 농림축산식품부장관, 해양수산부장관, 시·도지사 또는 시장·군수·구청장은 「농수산물 품질관리법」의 농수산물명예감시원에게 농수산물이나 그 가공품의 원산지 표시를 지도·홍보·계몽하거나 위반사항을 신고하게 할 수 있음

② 농림축산식품부장관, 해양수산부장관, 시·도지사 또는 시장·군수·구청장은 ①에 따른 활동에 필요한 경비를 지급할 수 있음

◤ 안전교육의 목적

상해, 사망 또는 재산의 피해를 일으키는 불의의 사고를 예방하는 것

◤ 개인 안전사고 예방

재해 발생의 원인	부적합한 지식, 불충분한 기술, 위험한 작업환경, 부적절한 태도와 습관, 불안전한 행동
안전사고 예방과정	위험요인 제거 → 위험요인 차단 → 위험사건 오류 예방 → 위험사건 오류 교정 → 위험사건 발생 이후 재발방지 조치 제한(심각도)

◤ 응급상황 시 행동단계✷

현장조사(Check) → 119신고(Call) → 처치 및 도움(Care)

◤ 산업재해와 중대재해(산업안전보건법)

산업재해	노무를 제공하는 사람이 업무에 관계되는 건설물·설비·원재료·가스·증기·분진 등에 의하거나 작업 또는 그 밖의 업무로 사망 또는 부상하거나 질병에 걸리는 것
중대재해	산업재해 중 사망 등 재해 정도가 심하거나 다수의 재해자가 발생한 경우(고용노동부령으로 정함) • 사망자가 1명 이상 발생한 재해 • 3개월 이상의 요양이 필요한 부상자가 동시에 2명 이상 발생한 재해 • 부상자 또는 직업성 질병자가 동시에 10명 이상 발생한 재해

작업장 환경관리

조명 관리	• 근로자 이동통로 : 75Lux 이상 • 전처리실 및 조리실 작업대 권장 조도 : 220Lux 이상 • 식재료 및 물품 검수 장소 권장 조도 : 540Lux 이상
온도 및 습도 관리	• 적정온도 : 여름철(25~26℃ 정도), 겨울철(18~21℃ 정도) • 적정습도 : 50%(낮은 습도는 피부, 코 등의 건조를 일으키고, 높은 습도는 정신이상을 일으킬 수 있음)
정리정돈	• 작업 전 작업장 주위의 통로, 작업장 청소 • 사용한 장비 및 도구는 제자리에 정리 • 굴러다니기 쉬운 것은 받침대 사용 • 적재물은 사용 시기와 용도별로 구분·정리 • 부식 및 발화 가연제 등 위험물질은 별도로 구분·보관
작업장 바닥, 벽, 천장	• 바닥 : 조리 장비·기기의 이동이 편리하도록 가능한 턱을 두지 않도록 함 • 벽 : 바닥에서 최소한 1.5m 높이까지는 내구성, 내수성이 있는 자재로 마감하고 조리작업장 내의 전기 콘센트는 바닥으로부터 1.2m 이상 높이의 방수용으로 설치해야 함 • 천장 : 천장의 재질은 내수성, 내습성, 내화성이 있고 바닥으로부터 2.5m 이상이 되도록 함
급·배수 시설	• 급수 : 수전의 높이는 바닥에서 95~105cm로 하고 고무호스는 되도록 사용하지 않으며, 사용할 때는 개폐형 노즐(gun type nozzle)로 벽에 감아서 사용 • 급탕 설비 : 온도조절장치를 설치하여야 하며, 용도별 온수 온도는 조리용수 45~50℃, 기름 설거지를 위한 온도는 70~90℃, 식기 소독이나 세척기용 온수는 90~100℃가 적당 • 배수 : 배수로는 청소가 쉽도록 너비는 20cm 이상, 깊이는 최저 15cm는 되도록 함

화학물질 취급관리 업무 7단계

단계	구분	내용
1단계	화학물질 취급 제품 목록 정리	• 제품 정리 및 화학물질(취급 제품)의 목록 정리 • 최소한의 필수 제품만 구비 후 사용
2단계	안정한 제품 사용	상시 사용하는 제품은 유해화학물질 함유량 1% 미만인 제품 사용
3단계	제품 보관 및 MSDS 비치	• 화학물질 함유 제품은 식재료 창고와 분리하여 보관 • 대상물질 취급 장소나 취급 근로자가 쉽게 볼수 있는 장소에 비치
4단계	작업공정별 관리 요령 게시	사용하는 제품의 물질안전보건자료(MSDS)를 참고하여 작성

5단계	MSDS 경고 표지 부착	소분 용기에 덜어 사용하면 경고 표시 부착 필수(용기에 이미 경고 표기가 되어 있는 경우에는 추가로 부착 필요 없음)
6단계	MSDS 교육	화학물질을 취급하는 근로자의 안전, 보건을 위해 해당 근로자에게 MSDS를 교육하고, 시간 및 내용을 기록 보존
7단계	적절한 개인 보호구 착용	제품 취급 시 흡입되는 피부 접속을 최소화할 수 있는 마스크, 보안경, 손목 토시, 마스크, 장갑 등 착용

◢ 정기적 안전교육(조리종사자 정기교육)

① 산업안전 및 사고 예방에 관한 사항
② 산업보건 및 직업병 예방에 관한 사항
③ 건강증진 및 질병 예방에 관한 사항
④ 유해·위험 작업환경 관리에 관한 사항
⑤ 산업안전보건법령 및 산업재해보상보험제도에 관한 사항
⑥ 직무 스트레스 예방 및 관리에 관한 사항
⑦ 직장 내 괴롭힘, 고객의 폭언 등으로 인한 건강장해 예방 및 관리에 관한 사항

◢ 건강의 정의

WHO에서 정의한 건강	단순한 질병이나 허약의 부재 상태만이 아니라 육체적·정신적·사회적 안녕의 완전한 상태
건강의 3요소	유전, 환경, 개인의 행동·습관

◢ 보건수준의 평가지표

① 한 지역이나 국가의 보건 수준을 나타내는 지표 : 영아사망률(대표적 지표), 보통(조)사망률, 질병이환률
② 한 나라의 보건 수준을 표시하여 다른 나라와 비교할 수 있도록 하는 건강지표 : 평균수명, 보통(조)사망률, 비례사망지수

보통(조)사망률	$\dfrac{연간\ 사망자\ 수}{그\ 해\ 인구\ 수} \times 100$
평균수명	인간의 생존 기대기간
비례사망지수	$\dfrac{50세\ 이상의\ 사망자\ 수}{연간\ 총\ 사망자\ 수} \times 100$

◢ 일광☆

자외선☆	태양광선의 약 5%	• 일광의 3분류 중 파장이 가장 짧음
		• 2,500~2,800Å(옹스트롬)일 때 살균력이 가장 강하여 소독에 이용
		• 도르노선(Dorno선, 건강선) : 생명선이라고도 하며, 자외선 파장의 범위가 2,800~
		  3,200Å(280~310nm 또는 290~320nm)일 때 인체에 유익
		• 효과 : 비타민 D 생성(구루병 예방), 관절염 치료 효과, 신진대사 및 적혈구 생성
		  촉진, 결핵균·디프테리아균·기생충 사멸에 효과적
		• 부작용 : 피부암 유발, 결막 및 각막에 손상

가시광선☆	태양광선의 약 34%	• 파장범위 : 3,800~7,800Å(380~780nm) • 사람에게 색채를 부여하고 밝기나 명암을 구분하는 파장 • 눈에 적당한 조도 : 100~1,000Lux
적외선☆	열선, 태양광선의 약 52%	• 일광 3분류 중 가장 긴 파장 • 파장범위 : 7,800~30,000Å(780~3,000nm) • 지구상에 열을 주어 온도를 높여주는 것으로 피부에 닿으면 열이 생기므로 심하게 쬐면 일사병과 백내장, 홍반을 유발할 수 있음

◢ 공기의 구성과 대기오염

① 공기의 구성

질소(N_2)	공기 중에 약 78% 존재
산소(O_2)	• 공기 중에 약 21%(가장 원활함) 존재 • 10% 이하가 되면 호흡곤란 • 7% 이하가 되면 질식사 유발
이산화탄소 (CO_2)	• 실내공기오염의 측정지표로 이용 • 위생학적 허용한계 : 0.1%(1,000ppm) • 7% 이상은 호흡곤란, 10% 이상은 질식 유발

② 대기오염

일산화탄소 (CO)	• 탄소 성분이 불완전연소할 때 발생하는 무색, 무미, 무취, 무자극성 기체
	  (예 연탄이 타기 시작할 때와 꺼질 때, 자동차 배기가스 등에서 발생)
	• 혈중 헤모글로빈과의 결합력이 산소(O_2)에 비해 250~300배 강해 조직 내의 산소결핍을
	  유발하여 중독을 일으킴
	• 위생학적 허용한계 : 8시간 기준 0.01%(100ppm)
	• 1,000ppm 이상이면 생명의 위험

아황산가스 (SO_2)	• 실외공기(대기)오염의 측정지표로 사용
	• 중유의 연소 과정에서 발생(예 자동차 배기가스)
	• 호흡곤란과 호흡기계 점막의 염증 유발, 농작물의 피해, 금속 부식
기타	질소산화물, 옥시던트(광화학 스모그 형성), 분진(공사장)

상수도 정수과정

침수		강, 호수의 물을 침사지로 보냄
침전	보통침전	유속을 조정하여 부유물을 침전시키는 방법
	약품침전	황산알루미늄, 염화 제1철, 염화 제2철(응집제) 등 응집제를 주입하여 침전하는 방법
여과	완속여과	보통침전 시(사면대치법)
	급속여과	약품침전 시(역류세척법)
소독		• 일반적으로 염소소독을 사용
		• 잔류염소량은 0.2ppm을 유지(단, 제빙용수, 수영장, 감염병이 발생할 때는 0.4ppm 유지)
급수		살균·소독된 물이 배수지에서 필요한 곳으로 용수로를 통해 공급

하수처리과정

예비처리		침전 과정으로, 보통침전과 약품침전(황산알루미늄, 염화 제1, 2철+소석회)을 이용
본처리	혐기성 처리	부패조법, 임호프탱크법, 혐기성소화(메탄발효법)
	호기성 처리	활성오니법(활성슬러지법, 가장 진보된 방법), 살수여과법, 산화지법, 회전원판법
오니처리		소화법, 소각법, 퇴비법, 사상건조법 등

하수의 위생검사

BOD (생화학적 산소요구량)	• 하수의 오염도
	• BOD가 높다는 것은 하수오염도가 높다는 의미 → BOD는 20ppm 이하이어야 함
DO (용존산소량)	• 수중에 용해되어 있는 산소량
	• DO의 수치가 낮으면 오염도가 높다는 의미 → DO는 4~5ppm 이상이어야 함
COD (화학적 산소요구량)	• 물속의 유기물질을 산화제로 산화시킬 때 소모되는 산화제의 양에 상당하는 산소량
	• COD가 높다는 것은 오염도가 높다는 의미 → COD는 5ppm 이하이어야 함

◢ 수질오염☆

수은(Hg)중독	• 공장폐수에 함유된 유기수은에 오염된 어패류를 사람이 섭취함으로써 발생 • 미나마타병(증상 : 손의 지각이상, 언어장애, 시력약화 등) 발생
카드뮴(Cd)중독	• 아연, 연(납)광산에서 배출된 폐수를 벼농사에 사용하면서 카드뮴의 중독으로 의해 오염된 농작물을 섭취함으로써 발생 • 이타이이타이병(증상 : 골연화증, 신장기능 장애, 단백뇨 등) 발생
PCB 중독 (쌀겨유 중독)	• 미강유 제조 시 가열매체로 사용하는 PCB가 기름에 혼입되어 중독되는 것으로 카네미유증이라고도 함 • 미강유 중독에 의해 발생(증상 : 식욕부진, 구토, 체중감소, 흑피증 등)

◢ 구충·구서의 일반적 원칙

① 가장 근본적인 대책 : 발생원인 및 서식처 제거
② 광범위하게 동시에 실시
③ 생태, 습성에 따라 실시
④ 발생 초기에 실시

◢ 역학의 3대 요인

병인적 인자	감염원으로서 병원체가 충분하게 존재해야 함
환경적 인자	감염원에 접촉 기회나 감염경로가 있어야 함
숙주적 인자	성별, 연령, 종족, 직업, 결혼상태, 식습관 등

◢ 급만성 질병 발생의 원인과 대책

감염원
(병원체, 병원소)
	• 병독이나 병원체를 직접 인간에게 가져오는 질병의 원인이 될 수 있는 모든 것
	  - 병원체 : 세균, 바이러스, 리케차, 진균, 기생충 등
	  - 병원소 : 인간, 동물, 토양, 먼지 등
	• 감염원에 대한 대책 : 환자, 보균자를 색출하여 격리

감염경로 (환경)	• 병원체가 새로운 숙주(사람)에게 전파하는 과정이 있어야만 질병이 성립됨 • 음식물·공기·접촉·매개·개달물 등을 통해 질병이 전파됨 • 감염경로에 대한 대책 : 손을 자주 소독

부록

숙주의 감수성 및 면역성	• 감염병이 자주 유행하더라도 병원체에 대한 저항성 또는 면역성을 가지게 되면 질병은 발생 하지 않음 • 숙주의 감수성에 대한 대책 : 질병에 대한 저항력의 증진, 예방접종

◢ 병원체에 따른 감염병의 분류☀

바이러스	• 호흡기 계통 : 인플루엔자, 홍역, 유행성 이하선염, 풍진 • 소화기 계통 : 급성회백수염(소아마비, 폴리오), 유행성 간염
세균	• 호흡기 계통 : 한센병(나병), 디프테리아, 성홍열, 폐렴, 결핵, 백일해 • 소화기 계통 : 장티푸스, 파라티푸스, 콜레라, 세균성 이질
리케챠	발진티푸스, 발진열, 양충병
스피로헤타	와일씨병, 서교증, 재귀열, 매독
원충	말라리아, 아메바성 이질, 트리파노소마(수면병)

◢ 잠복기에 따른 감염병의 분류☀

잠복기간이 긴 것	나병(한센병), 결핵(잠복기가 가장 길며 일정하지 않음), 매독, AIDS
잠복기간이 짧은 것	콜레라(잠복기가 가장 짧음), 이질, 성홍열, 파라티푸스, 디프테리아, 뇌염, 황열, 인플루엔자

◢ 공중보건의 3대 요건

보건행정(일반·산업·학교 보건행정), 보건법, 보건교육

◢ 식품의 보관

냉장·냉동식품의 관리	• 식품이 입고되면 식품명, 입고일자, 용량 등을 기록 • 식품의 보관·출고는 선입선출 • 냉장·냉동고 내부 용적의 70% 이상은 보관금지 • 생식품과 조리된 식품을 구별하여 보관 • 냉장고는 5℃ 이하, 냉동고는 -18℃ 이하로 내부 온도 유지
식품창고의 관리	• 보관 식품은 바닥에 닿지 않게 보관 • 식품류별로 분류하여 보관 • 온도 15~25℃, 습도 65~75%를 유지 • 통풍과 환기에 주의 및 방충·방서 철저 • 식품은 철저한 세정과 소독을 통하여 외부로부터 유입된 이물질과 미생물 제거

◢ 냉동저장 식품의 품질

① 품질 변화 : 단백질 형성, 동결에 의한 냉동화상, 해동, 드립 현상, 비타민의 감소
② 식품품질 변화 방지 : 공기 차단, 첨가물 이용, 일정한 저장 온도의 유지, 세균오염도 감소

◢ 저장고 선정 시 유의사항

① 너무 온도가 높지 않은 곳(25℃ 이하)
② 습기가 없는 곳
③ 통풍이 잘 되는 곳
④ 잠금장치가 가능할 것
⑤ 바닥과 벽면으로부터 이격할 것
⑥ 직접 햇빛이 들어오지 않는 곳
⑦ 해충이 유입되지 않는 곳

◢ 저장관리의 원칙

① 저장 위치 표시의 원칙
② 분류 저장의 원칙
③ 품질 보존의 원칙
④ 선입선출(FIFO : First · In, First · Out)의 원칙
⑤ 안전성 확보의 원칙
⑥ 공간 활용 극대화의 원칙

◢ 탄수화물의 분류

① 단당류 : 탄수화물의 가장 간단한 구성단위로 더 이상 가수분해 또는 소화되지 않음

오탄당(탄소 5개)	아라비노스, 리보스, 자일로스	
육탄당(탄소 6개)	포도당	• 탄수화물의 최종 분해산물 • 포유동물의 혈액에 0.1% 함유
	과당	특히 벌꿀에 많이 함유되어 있고, 단맛이 가장 강함
	갈락토스	• 유당에 함유되어 결합 상태로만 존재(단독으로 존재 불가) • 젖당의 구성성분 • 포유동물의 유즙에 존재(우뭇가사리의 주성분)

② 이당류 : 단당류 2개가 결합된 당

  예 맥아당(엿당), 서당(자당, 설탕), 유당(젖당)

③ 다당류 : 단당류가 2개 이상 또는 그 이상이 결합된 것으로 분자량이 큰 탄수화물이며, 물에 용해되지 않고 단맛도 없음

  예 전분, 글리코겐, 섬유소, 펙틴, 이눌린, 갈락탄, 덱스트린, 한천

▌ 지방산과 지질

① 지방산

포화지방산	• 융점이 높아 상온에서 고체로 존재하며 이중결합이 없는 지방산 • 동물성 지방에 많이 함유 • 팔미트산, 스테아르산 등
불포화지방산	• 융점이 낮아 상온에서 액체로 존재하며 이중결합이 있는 지방산 • 식물성 지방에 많이 함유 • 올레산, 리놀레산, 리놀렌산, 아라키돈산 등
필수지방산	• 정상적인 건강을 유지하는 데 필요하며, 체내에서 합성되지 않으므로 식사를 통해 공급되어야 함 • 불포화지방산의 리놀레산, 리놀렌산, 아라키돈산으로, 비타민 F라고 부름 • 대두유, 옥수수유 등 식물성 기름에 다량 함유

② 지질

단순지질	• 지방산과 글리세롤의 에스테르 • 중성지방이라고 하며, 지질 중에서 양이 제일 많음
복합지질	• 단순지질에 지방산과 글리세롤의 에스테르에 다른 화합물이 더 결합된 지질 • 인지질(인+단순지질), 당지질(당+단순지질)
유도지질	• 단순지질, 복합지질의 가수분해로 얻어지는 지용성 물질 • 스테로이드, 콜레스테롤, 에르고스테롤, 스콸렌, 지방산 등

▌ 필수아미노산

체내에서 생성할 수 없어 음식물로 섭취해야 하는 아미노산

① 종류(8가지) : 발린, 루신, 이소루신, 트레오닌, 페닐알라닌, 트립토판, 메티오닌(황 함유), 리신

② 성장기의 어린이 : 필수아미노산(8가지) + 아르기닌, 히스티딘이 추가해서 10가지

무기질의 특성

① 다량무기질

구분	기능 및 특징	결핍증
칼슘 (Ca)	• 무기질 중 가장 많음 • 골격과 치아 구성 • 비타민 K : 혈액응고에 관여 • 비타민 D : 칼슘 흡수 촉진 • 수산 : 칼슘 흡수 방해(칼슘과 결합하여 결석 형성)	골다공증, 골격과 치아의 발육 불량
인 (P)	• 골격과 치아 구성 • 세포의 성장을 도움 • 인과 칼슘 적정 섭취비율 1 :1	골격과 치아의 발육 불량, 성장 정지, 골연화증
마그네슘 (Mg)	• 골격과 치아 구성 • 신경의 자극 전달 작용 • 효소작용의 촉매	떨림증, 신경불안정, 근육의 수축
나트륨 (Na)	• 근육수축에 관여 • 수분균형 및 산·염기 평형유지 • 삼투압 조절 • 과잉 시 고혈압, 심장병 유발	저혈압, 근육경련, 식욕부진
칼륨 (K)	• 근육수축에 관여 • 삼투압 조절 • 신경의 자극 전달 작용 • 세포내액에 존재	근육의 긴장 저하, 식욕부진

② 미량무기질

구분	기능 및 특징	결핍증
철분 (Fe)	• 헤모글로빈(혈색소) 구성성분, 혈액 생성 시 중요 영양소 • 체내에서 산소운반, 면역유지	철분 결핍성 빈혈 (영양 결핍성 빈혈)
구리 (Cu)	• 철분 흡수(헤모글로빈 합성 촉진) • 항산화 기능	빈혈, 백혈구 감소증
코발트 (Co)	비타민 B_{12}의 구성요소, 적혈구 형성에 중요	악성빈혈
불소 (F)	• 골격과 치아를 단단하게 함, 음용수에 1ppm 정도 불소로 충치예방 • 과잉증 : 반상치	충치(우치)
요오드 (아이오딘, I)	• 갑상선호르몬 구성 • 유즙 분비 촉진 • 과잉증 : 갑상선 기능 항진증	갑상선종, 발육정지
아연 (Zn)	• 적혈구와 인슐린(부족 시 당뇨병)의 구성성분 • 면역기능	발육장애, 탈모

◢ 비타민별 결핍증

① 지용성 비타민(비타민 A, D, E, F, K)✿ : 기름과 유지용매에 용해되는 비타민

구분	기능 및 특징	급원식품	결핍증
비타민 A (레티놀)	• 상피세포 보호 • 눈의 기능을 좋게 함 • β-카로틴은 체내에 흡수되면 비타민 A로 전환	간, 난황, 버터, 당근, 시금치	야맹증, 안구건조증, 안염, 각막연화증, 결막염
비타민 D (칼시페롤)	• 칼슘의 흡수 촉진 • 뼈 성장에 필요, 골격과 치아의 발육 촉진 • 자외선에 의해 인체 내에서 합성	건조식품(말린 생선류, 버섯류)	구루병, 골연화증, 유아 발육 부족
비타민 E (토코페롤)	• 항산화성(노화 방지)·항불임성 비타민 • 생식세포의 정상작용 유지	곡물의 배아, 녹색채소, 식물성 기름	노화촉진, 불임증, 근육위축증
비타민 F (필수지방산)	• 신체 성장, 발육 • 체내 합성 안 되는 불포화지방산	식물성 기름	피부염, 피부건조, 성장지연
비타민 K (필로퀴논)	• 혈액응고(지혈작용) • 장내 세균에 의해 합성	녹색채소, 난황류, 간, 콩류	혈액응고 지연(혈우병)

② 수용성 비타민✿ : 물에 용해되는 비타민

구분	기능 및 특징	급원식품	결핍증
비타민 B₁ (티아민)	• 탄수화물 대사에 필요, 위액 분비 촉진 • 마늘의 알리신(흡수율 증가)	돼지고기, 곡류의 배아	각기병, 식욕부진
비타민 B₂ (리보플라빈)	• 성장촉진 • 피부, 점막 보호	우유, 간, 육류, 달걀	구순구각염, 설염, 백내장
비타민 B₆ (피리독신)	• 항피부염 인자 • 장내세균에 의해 합성	육류, 간, 효모, 배아	피부병
비타민 B₁₂ (시아노코발라민)	• 성장 촉진, 조혈작용 • 코발트(Co) 함유	살코기, 선지, 생선(고등어), 간, 난황, 해조류	악성빈혈
비타민 C (아스코르브산)	• 체내 산화·환원작용 • 알칼리에 약하고, 산화·열에 불안정 • 철·칼슘 흡수 촉진, 피로 회복	신선한 과일, 채소	괴혈병, 면역력 감소

| 비타민 B₃
(나이아신,
니코틴산) | • 탄수화물의 대사 촉진
• 트립토판(필수아미노산) 60mg 섭취 시
  → 나이아신 1mg 생성 | 닭고기, 어류, 유제품, 땅콩,
쌀겨 | 펠라그라 피부병 |

◢ 식품의 색

식품의 색소	식물성 색소	클로로필, 플라보노이드(안토시안, 안토잔틴), 카로티노이드
	동물성 색소	미오글로빈(육색소), 헤모글로빈(혈색소), 일부 카로티노이드, 아스타잔틴(타로티노 이드계), 헤모시아닌
식품의 갈변	효소적 갈변	페놀 화합물 → 멜라닌으로 전환
	비효소적 갈변	캐러멜화(Caramel) 반응, 아미노·카르보닐(Amino·carboyl) 반응, 아스코르 빈산(Ascorbic Acid)의 산화반응

◢ 조리에 의한 색의 변화

클로로필 (Chlorophyll, 엽록소)		• 녹색 채소에 들어 있는 녹색 색소 • 산에 약하므로 식초를 사용하면 녹갈색이 됨(예 시금치에 식초를 넣으면 녹갈색이 됨) • 알칼리 성분인 황산 등이나 중탄산소다로 처리하면 안정된 녹색을 유지함
플라보 노이드 (Flavonoid)	안토시안 (Anthocyan)	• 꽃, 과일의 색소로, 산성에서는 적색, 중성에서는 보라색, 알칼리에서는 청색을 띰 • 비트, 적양배추, 딸기, 가지, 포도, 검정콩에 함유되어 있음 • 가지를 삶을 때 백반을 넣으면 안정된 청자색을 보존할 수 있음
	안토잔틴	• 쌀, 콩, 감자, 밀, 연근 등의 흰색이나 노란색 색소 • 산에 안정하여 흰색을 나타내고, 알칼리에서는 불안정하여 황색으로 변함
카로티노이드 (Carotenoid)		• 황색이나 오렌지색 색소로 당근, 고구마, 호박, 토마토 등 등황색, 녹색 채소에 들어 있음 • 조리 과정이나 온도에 크게 영향을 받지 않지만, 산화되어 변화함 • 카로티노이드는 지용성이므로, 기름을 사용하여 조리하면 흡수율이 높아짐(예 당근볶음)

◢ 식품의 맛

① 기본적인 맛[헤닝(Henning)의 4원미]

단맛	• 천연감미료 : 포도당, 과당, 젖당, 전화당, 유당, 맥아당 • 인공감미료 : 사카린, 솔(소)비톨, 아스파탐
신맛 (산미료)	• 산이 해리되어 생성된 수소 이온의 맛 • 초산(식초), 젖산(요구르트), 사과산(사과), 주석산(포도), 구연산(딸기, 감귤류), 호박산(조개)

짠맛	식염(염화나트륨)
쓴맛	• 소량의 쓴맛은 식욕을 촉진 • 카페인(커피, 초콜릿), 모르핀(양귀비), 후물론(맥주), 니코틴(담배), 테오브로민(코코아), 헤스페리딘(귤껍질), 쿠쿠르비타신(오이 꼭지), 데인(차류)

② 기타 맛

맛난맛 (감칠맛)	• 이노신산 : 가다랑어 말린 것, 멸치, 소고기 • 글루탐산 : 다시마, 된장, 간장 • 시스테인, 리신 : 육류, 어류 • 호박산 : 조개류 • 타우린 : 새우, 오징어, 문어, 조개류
매운맛	• 캡사이신 : 고추 • 진저론 : 생강 • 시니그린 : 겨자 • 차비신 : 후추
떫은맛	탄닌 : 감
아린맛 (쓴맛+떫은맛)	• 두릅, 죽순, 고사리, 고비, 우엉, 토란 • 아린 맛 : 제거 위해 사용 전에 물에 담근 후 사용
금속맛	철, 은, 주석 등 금속이온의 맛(수저, 포크)

맛의 현상

맛의 대비 (강화)	서로 다른 정미성분을 섞었을 때 주정미성분의 맛이 강화되는 현상 (예 설탕 용액에 소금을 넣으면 단맛이 증가, 단팥죽에 소금을 넣었더니 팥의 단맛이 증가)
맛의 억제 (손실현상)	서로 다른 정미성분을 섞었을 때 주정미성분의 맛이 약화되는 현상 (예 커피에 설탕을 넣으면 쓴맛이 단맛에 의해 억제, 신맛이 강한 과일에 설탕을 넣으면 신맛이 억제)
맛의 상승	같은 정미성분을 섞었을 때 원래의 맛보다 강화되는 현상 (예 설탕에 포도당을 넣으면 단맛이 증가)
맛의 변조	한 가지 정미성분을 맛본 직후 다른 정미성분을 맛보면 정상적으로 느껴지지 않는 경우 (예 쓴 한약을 먹은 후 물을 마시면 물맛이 달게 느껴짐, 오징어를 먹은 후 귤을 먹으면 쓰게 느껴짐)
맛의 순응(피로)	같은 정미성분을 계속 맛볼 때 미각이 둔해져 역치가 높아지는 현상
맛의 상쇄	두 종류의 정미성분이 섞여 있을 때 각각의 맛보다는 조화된 맛을 느끼는 현상 (예 김치의 짠맛과 신맛, 청량음료의 단맛과 신맛의 조화)

식품의 냄새

① 식물성 식품

알코올 및 알데히드(알데하이드)류	주류, 감자, 복숭아, 오이, 계피 등
에스테르(에스터)류	주로 과일류
황화합물	마늘, 양파, 파, 무, 고추, 부추 등
테르펜류	녹차, 찻잎, 레몬, 오렌지 등

② 동물성 식품

트리메틸아민(트라이메틸아민)	생선 비린내	피페리딘	어류
암모니아	홍어, 상어	아민류, 인돌	아민류, 인돌식육

소화효소

입에서의 소화효소	• 프티알린(아밀라아제) : 전분 → 맥아당 • 말타아제 : 맥아당 → 포도당
위에서의 소화효소	• 레닌 : 우유단백질(카제인) → 응고 • 리파아제 : 지방 → 지방산+글리세롤 • 펩신 : 단백질 → 펩톤
췌장에서 분비되는 소화효소	• 트립신 : 단백질과 펩톤 → 아미노산 • 스테압신 : 지방 → 지방산+글리세롤
장에서의 소화효소	• 수크라아제 : 서당 → 포도당+과당 • 말타아제 : 엿당 → 포도당+포도당 • 락타아제 : 젖당 → 포도당+갈락토오스 • 리파아제 : 지방 → 지방산+글리세롤

영양소

3대 영양소	단백질, 탄수화물, 지방
5대 영양소	단백질, 탄수화물, 지방, 비타민, 무기질(6대 영양소 : 5대 영양소 + '물')

영양소 평균 필요량

성별	신장(cm)	체중(kg)	에너지(kcal)
남자	173	65.8	2,600
여자	160	56.3	2,100

부록

조리외식산업의 분류

① 영리를 목적으로 하는지 비영리를 목적으로 하는지 등에 의한 분류
② 주류의 판매 여부에 따른 분류로 음식점업 안에 식당업, 다과점업, 주점업으로 구분

외식창업의 구성 요소

창업자	사업의 주체로서 사업성 분석, 창업 아이디어의 확보, 사업 계획 수립 및 실행을 수행하기 위하여 창업에 필요한 인적, 물적 자원을 동원하고 이들을 적절히 결합하여 기업이라는 시스템을 만듦
창업 아이디어	창업하는 기업이 무엇을 생산할 것인가와 무엇을 가지고 창업할 것인가를 의미
창업 자본	기업 설립에 필요한 금전적인 자원뿐만 아니라 인력, 사업장, 설비, 원자재 등 기술 개발, 경영 자원을 조달, 영업 조직의 구축 등 유·무형의 자산을 형성하는 데 필요한 것

외식창업의 절차

업종의 선택 → 창업 전략 결정 → 자금 조달 계획 결정 → 입지 선정, 점포 결정 → 시장 조사 및 메뉴 선정 → 판매계획 수립 → 개업계획 수립 → 식자재 체크 및 구매처 확정 → 개업 최종 점검 → 오픈 리허설 → 홍보 전단 배포 → 오픈 이벤트 및 그랜드 오픈 → 개업 후 판촉 및 고객 관리

메뉴의 내용에 따른 분류

정식 메뉴 (Table d'hote Menu, Full Course Menu)	• 호텔이나 외식업체에서 고객을 위해 정해진 가격에 음식을 제공하는 코스 메뉴 형태 • 신속하고 능률적인 제공 가능하나 코스 메뉴 품목의 수가 제한적임 • 종사원의 창의성이나 능력을 개발하기에 한계점이 있음
일품요리 메뉴 (A la Carte Menu)	• 표준차림표(Standard Menu)라고도 하며, 개인의 요구나 기호에 따라 개별 메뉴를 자유롭게 선택할 수 있는 형태 • 고객의 기호에 부합하는 다양한 메뉴 선택 가능하나 가격이 비교적 높음
콤비네이션 메뉴 (Combination Menu)	정식요리 메뉴와 일품요리 메뉴의 이점을 혼합한 메뉴 형태로 높은 선호도를 나타냄
연회 메뉴 (Banquet Menu)	호텔이나 전문레스토랑은 대량 조리를 통한 원가를 절감하고 낭비를 줄이면서 수익성에 이점을 갖는 메뉴 형태
뷔페 메뉴 (Buffet Menu)	다수의 고객이 기호에 맞게 셀프(Self) 형태로 선택할 수 있는 다양한 음식 서비스 형태
특선 메뉴 (Special Menu)	특정 고객 또는 특정 기간에 차별화된 운영을 위한 메뉴의 형태(계절 특선 메뉴, 크리스마스 메뉴, 축제 메뉴, 주방장 추천 메뉴, 이벤트 메뉴 등)

메뉴 개발을 위한 수요예측 기법

정성적 접근	전문가 의견 활용법	전문가 의견을 체계적으로 수렴하고 활용[예 델파이(Delphi)]
	컨조인트 분석	조사를 이용한 실험을 통하여 소비자가 선택한 제품의 우선순위를 바탕으로 소비자 선호도를 분석하여 수요예측에 활용하는 기법
	인덱스 분석	소수의 선택할 수 있는 대안을 다양한 관점에서 비교, 평가하여 어떤 대안이 선택 또는 소비될 것인지 예측하는 기법
정량적 접근	회귀분석	변수 간 인과관계를 파악하는 통계 방법으로, 예측뿐 아니라 민감도 측정 등 다양한 분야에서 활용 가능
	시계열 분석	예측을 목적으로 계발된 통계적 모형으로, 다른 예측 방법에 비해 상대적으로 장기간의 과거 자료를 확보
	확산모형	제품이 집단구성원들 사이에서 대중매체나 구전의 영향으로 퍼져 나가는 과정을 모델링한 기법으로, 신제품의 수요예측에 주로 사용
시스템적 접근	정보 예측시장	선물시장과 같은 배팅 게임 시스템을 구축하여 참여자들의 행동을 토대로 정보를 수집하고 전망을 예측하는 방법
	시스템 다이내믹스	변수들 간의 연쇄적인 인과관계를 현실적으로 모형화하고 시뮬레이션을 통해 동태적인 변화과정을 분석하는 방법
	인공신경망	생물학적 신경망의 구조와 학습 방법을 모방해 데이터 간의 패턴을 찾아내고, 이를 기반으로 예측하는 방법

메뉴 분석기법의 종류

ABC 분석	• 일정 기간 판매된 각 메뉴 아이템의 수와 매출액을 계산하여 매출액이 높은 순으로 배열하고 전체 메뉴 아이템의 매출 총액을 합산 • 매출액이 높은 순으로 매출액 비율의 누계를 산정하여 누계치의 75~80%까지는 A, 81~90%까지는 B, 100%까지는 C로 구별하여 매출액이 높은 그룹을 중점 관리
밀러법 (Miller Matrix)	식재료 원가 비율과 판매량의 상관관계를 분석한 기법으로 매출액이나 공헌이익을 반영하지 않았다는 점에서 한계가 있음
카사바나와 스미스의 분석방법	체계화된 메뉴 분석 프로그램 기법으로, 높은 판매량과 높은 수익성의 상관관계를 가지는 메뉴가 가장 좋다고 보는 분석법
헤이스와 허프만 (Hayes and Huffman)의 분석방법	카사바나와 스미스의 선호도와 수익성 분석에 대한 모순점을 지적하고, 이를 해결하는 방법을 제시한 분석으로 원가율, 공헌마진, 선호도를 이용하여 메뉴 항목에 대한 수익성과 선호도를 분석하는 기법

파베식 분석방법	밀러법과 카사바나와 스미스 방식의 단점을 보완하여 개발한 메뉴 분석방법으로 세 가지의 변수인 식재료 비용의 원가비율, 공헌이익, 판매량을 결합 → 판매량에 따라 낮은 식재료 원가율과 높은 공헌이익을 가진 품목이 좋은 메뉴 품목

◢ 음식의 원가계산법

① 음식의 원가 = 재료비 + 노무비 + 경비

② 재료비 = 소요 재료량 × $\dfrac{\text{소요 재료량의 단위량 재료}}{\text{구입 재료값}}$

③ 노무비 = 소요 재료량 × $\dfrac{\text{시간당 임금}}{\text{1일 임금}}$ = 소요 재료량 × $\dfrac{\text{8시간}}{\text{1개월 임금}}$

◢ 원가계산의 원칙

① 진실성의 원칙   ② 발생기준의 원칙   ③ 계산경제성의 원칙
④ 확실성의 원칙   ⑤ 비교성의 원칙   ⑥ 상호관리의 원칙
⑦ 정상성의 원칙

◢ 손익분기점(수입 = 총비용)

① 손익분기도표에 의한 수익과 총비용(고정비+변동비)이 일치하는 점으로 이익도 손실도 발생하지 않음
② 손익분기점을 기준으로 수익이 그 이상으로 증대하면 이익, 반대로 그 이하로 감소하면 손실이 발생함

◢ 구매의 절차

구매량의 결정 → 구매의견서 및 구매명세서의 작성 → 시장조사(임시·기본·일반 시장조사) → 납품업자의 선정 → 급식재료 단가의 확정 → 발주 → 수령 및 검수 → 입고

◢ 시장조사의 원칙

① 조사 계획성의 원칙   ② 비용 경제성의 원칙
③ 조사 적시성의 원칙   ④ 조사 탄력성의 원칙
⑤ 조사 정확성의 원칙

🔲 시장조사의 목적

① 구매 예정 가격의 결정   ② 합리적인 구매계획의 수립

③ 제품개량   ④ 신제품의 설계

🔲 조리의 목적

기호성	식품 맛과 외관을 좋게 하여 식욕을 돋게 함
영양성	소화를 쉽게 하여 식품의 영양효율을 증가시킴
안전성	안전한 음식을 만들기 위해 조리
저장성	식품의 저장성을 높임

🔲 정확한 계량방법

액체	원하는 선까지 부은 다음 눈높이를 맞추어 측정 눈금을 읽음
지방	버터, 마가린, 쇼트닝 등의 고형지방은 실온에서 부드러워졌을 때 스푼이나 컵에 꼭꼭 눌러 담은 후 윗면을 수평이 되도록 하여 계량
설탕	• 흰설탕 : 계량 용기에 충분히 채워 담아 위를 평평하게 깎아 계량 • 흑설탕 : 설탕 입자 표면이 끈끈하여 서로 붙어 있으므로 손으로 꾹꾹 눌러 담고 수평으로 깎아 계량
밀가루	• 입자가 작은 재료로 저장하는 동안 눌러 굳어지므로 계량하기 전에 반드시 체에 1~2회 정도 쳐서 계량 • 체에 친 밀가루는 계량 용기에 누르지 말고 수북하게 가만히 부어 담아 스패출러(Spatula)로 평면을 수평으로 깎아 계량

🔲 조리장의 위치

① 통풍, 채광 및 급수와 배수가 용이하고 소음, 악취, 가스, 분진, 공해 등이 없는 곳

② 화장실 쓰레기통 등에서 오염될 염려가 없을 정도로 떨어져 있는 곳

③ 물건 구입 및 반출입이 편리하고 종업원의 출입이 편리한 곳

④ 음식을 배선, 운반하기 쉬운 곳

⑤ 비상시 출입문과 통로에 방해되지 않는 곳

⑥ 조명시설 : 식품위생법상 기준 조명은, 객석은 30lux, 조리실은 50lux 이상이어야 함

⑦ 환기시설 : 팬과 후드를 설치하여 환기하고, 후드의 경우 4방형이 가장 효율이 좋음

◢ 전분의 특징

전분의 호화 (α화)	가열하지 않은 천연상태의 날전분에 물을 넣고 가열하여 α전분의 상태로 변하는 현상 (예 쌀이 떡이나 밥이 되는 것, 밀가루가 빵이 되는 현상 → 호화된 전분은 소화가 잘 됨)
전분의 노화 (β-화, Retrogradation)	α화된 전분, 즉 호화된 전분(밥, 떡, 빵, 찐 감자 등)을 그냥 내버려 두면 단단하게 굳어지고 딱딱해지는 현상(예 밥이 식으면 굳어지는 것, 빵이 딱딱해지는 것)
전분의 호정화 (덱스트린화, Dextrinization)	전분에 물을 넣지 않고 160~170℃ 정도 고온에서 익힌 것으로, 물에 녹일 수도 있고 오랫동안 저장 가능(예 볶은 곡류, 미숫가루, 팝콘, 뻥튀기 등)

◢ 육수 조리 시 주의사항

① 찬물에 고기, 파, 마늘을 넣고 처음에는 강불로 끓여 잡냄새를 없애고, 중간에 약불로 하기
② 육수 끓이는 통은 바닥이 넓고 두꺼운 것으로 스테인리스통보다는 알루미늄통이 좋음
③ 육수를 맑게 끓이기 위해 거품과 불순물은 제거하고 면포에 걸러 사용

◢ 달걀의 신선도 판정 방법

① 비중법 : 신선한 달걀의 비중은 1.06~1.09로, 물 1C에 식염 1큰술(6%)을 녹인 물에 달걀을 넣었을 때 가라앉으면 신선한 것이고, 위로 뜨면 오래된 것임
② 난황계수와 난백계수 측정법 : 난황계수 0.36 이상, 난백계수 0.14 이상이면 신선한 달걀
③ 할란 판정법 : 달걀을 깨어 내용물을 평판 위에 놓고 신선도를 평가 → 달걀의 노른자와 흰자의 높이가 높고 적게 퍼지면 좋은 품질
④ 투시법 : 빛에 쪼였을 때 안이 밝게 보이는 것이 신선함
⑤ 껍질이 거칠수록 신선하고, 광택이 나거나 흔들었을 때 소리가 나면 오래된 것임

◢ 어취 제거 방법

① 물로 씻거나 간장, 된장, 고추장류를 첨가
② 파, 생강, 마늘, 고추, 술(청주), 후추 등 향신료를 강하게 사용하거나 식초, 레몬즙 등의 산을 첨가
③ 우유에 재워두었다가 조리하면 우유에 든 단백질인 카제인이 트리메틸아민(트라이메틸아민)을 흡착하여 비린내를 약하게 함
④ 생선을 조릴 때 처음 몇 분은 뚜껑을 열어 비린내를 날려 보냄

밀가루의 종류(글루텐 함량에 의해 결정)

종류	글루텐 함량	사용 용도
강력분	13% 이상	식빵, 마카로니. 스파게티면
중력분	10~13%	만두피, 국수
박력분	10% 이하	케이크, 과자류, 튀김

밀가루 반죽 시 글루텐에 영향을 주는 물질

① 팽창제 : 탄산가스(CO_2)를 발생시켜 밀가루 반죽을 부풀게 함

이스트(효모)	밀가루의 1~3%, 최적온도 30%, 반죽 온도는 25~30℃일 때 이스트 작용을 촉진
베이킹파우더(B.P)	밀가루 1C에 베이킹파우더 1ts가 적당
중조(중탄산나트륨)	밀가루에는 플라보노이드 색소가 있어 중조(알칼리)를 넣으면 황색으로 변화되는 단점이 있고, 특히 비타민 B_1, B_2의 손실을 줌

② 지방 : 층을 형성하여 부드럽고, 바삭하게 만듦(파이)

③ 설탕 : 열을 가했을 때 음식의 표면에 착색시켜 보기 좋게 만들지만, 글루텐을 분해하여 반죽을 구웠을 때 부풀지 못하게 함

④ 소금 : 글루텐의 늘어나는 성질이 강해져 반죽이 잘 끊어지지 않게 함

⑤ 달걀 : 밀가루 반죽의 형태를 형성하는 것을 돕지만 달걀을 지나치게 많이 사용하면 음식이 질겨지므로 주의하고, 튀김 반죽할 때는 심하게 젓거나 오래 두고 사용하지 않음

육류의 연화법

기계적 방법	고기를 근육의 결 반대로 썰거나, 칼로 다지거나, 칼집을 넣는 방법
단백질 분해효소(연화효소) 첨가	• 배즙, 생강의 프로테아제(Protease) • 파인애플의 브로멜린(Bromelin) • 무화과의 피신(Ficin) • 파파야의 파파인(Papain) • 키위의 액티니딘(Actinidin)
육류 동결	고기를 얼리면 세포의 수분이 단백질보다 먼저 얼어서 팽창하여 세포가 터지게 되어 고기가 부드러워짐
육류의 숙성	도살 직후 숙성기간을 거치면 단백질 분해효소의 작용으로 고기가 연해짐
설탕 첨가	설탕 첨가 시 육류 단백질을 연화시키나, 너무 많이 첨가하면 탈수작용으로 고기가 질겨짐
육류의 가열	결합조직이 많은 부위는 장시간 물에 끓이면 연해짐

가열에 의한 고기의 변화

① 단백질의 응고, 고기의 수축 분해
② 결합조직의 연화 : 장시간 물에 넣어 가열했을 때 고기의 콜라겐·젤라틴으로 변화됨
③ 지방의 융해 : 지방에 열이 가해지면 융해됨
④ 색의 변화 : 가열에 의해 미오글로빈은 공기 중의 산소와 결합하여 옥시미로글로빈이 됨(고기의 선홍색 → 회갈색)
⑤ 맛의 변화 : 고기를 가열하면 구수한 맛을 내는 전구체가 분해되어 맛을 냄
⑥ 영양의 변화 : 열에 민감한 비타민들은 가열 중에 손실이 큼

유지의 산패에 영향을 끼치는 인자

① 온도가 높을수록 반응 속도 증가
② 광선 및 자외선은 산패를 촉진
③ 수분이 많으면 촉매 작용 촉진
④ 금속류는 유지의 산화 촉진
⑤ 불포화도가 심하면 유지의 산패 촉진

조미료의 첨가 순서

설탕 → 소금 → 식초 → 간장 → 된장 → 참기름

한국의 상차림 문화

일상식	기본 상차림, 일상 생활과 관련된 식문화(예 반상, 장국상, 죽상, 주안상, 다과상, 교자상)
의례식	의례를 기념하여 차리는 상(예 백일상, 돌상, 혼례상, 제례상)
시절식	계절 또는 명절에 차리는 특별 식문화(예 설날, 입춘, 정월대보름, 단오, 삼복, 한가위, 동지)

한식 면류 조리

정의		쌀가루, 밀가루, 메밀가루, 전분가루 등을 사용하여 국수, 만두, 냉면 등을 조리
전처리		육류를 물에 담가 핏물 제거 및 채소류를 다듬고 깨끗하게 씻는 과정
종류	냉면류	비빔냉면, 물냉면, 회냉면
	국수류	비빔국수, 국수장국, 칼국수, 수제비, 막국수

	만두류	• 만두소 : 소고기, 돼지고기, 닭고기 등을 다진 육류와 으깬 두부나 다진 버섯·채소, 양념류를 혼합
		• 만둣국, 떡만둣국, 편수, 규아상
	기타	떡국, 조랭이 떡국
육수		소고기, 닭고기, 멸치, 새우, 다시마, 바지락, 채소 등에 물을 붓고 끓여낸 맑은 국물
면 삶기		• 가열 중간에 1~2회 찬물을 부어주고 끓으면 재빨리 찬물로 면을 헹구어 탄력있게 만듦
		• 소면 4분, 칼국수 5~6분, 생냉면 40초 정도
제공 방법	찬 온도로 제공	냉면류와 비빔국수, 막국수 등
	뜨거운 온도로 제공	만둣국, 국수장국, 칼국수 등

한식 찜·선 조리

정의		생선류, 가금류, 채소류 등에 양념하여 국물을 붓고 무르게 끓이거나 찜을 하여 형태를 유지하는 조리
전처리		조리 재료와 방법에 따라 다듬기, 씻기, 밑간하기, 데치기, 썰기 등
찜	정의	생선, 가금류, 육류 등에 갖은 양념과 부재료를 넣어 국물을 붓고 푹 끓이거나 찜통에 찌는 요리
	종류	돼지갈비찜, 갈비찜, 닭찜, 우설찜, 궁중닭찜, 떡찜, 사태찜, 개성무찜, 북어찜, 도미찜, 대하찜, 달걀찜, 생선찜
선	정의	호박, 가지, 오이 등의 식물성 식품을 소금(물)에 절여 칼집을 내어 소를 넣고 찌거나 양념물을 부어 조리
	종류	호박선, 오이선, 가지선, 어선, 두부선, 무선, 배추선
	소스	종류에 따라 겨자장이나 초간장을 곁들임

한식 구이 조리

정의		육류, 어패류, 채소류, 버섯류 등의 재료를 소금이나 양념장에 재워 직·간접 화력으로 익혀내는 것
전처리		다듬기, 씻기, 수분제거, 핏물제거, 자르기 등
종류	소금구이	방자구이, 생선소금구이 등
	간장 양념구이	너비아니구이, 염통구이, 도미구이, 갈비구이 등

부록

	고추장 양념구이	제육구이, 북어구이, 병어구이, 더덕구이, 오징어구이, 뱅어포구이 등
굽는 방법	직접구이	복사열로 석쇠나 브로일러를 사용하여 조리할 식품을 직접 불 위에 올려 굽는 방법
	간접구이	금속판에 의하여 열이 전달되는 전도열로 철판이나 프라이팬에 기름을 두르고 가열하는 방법
유장		참기름과 간장을 섞은 것으로 고추장 양념을 발라 구우면 타기 쉬우므로 유장처리하여 먼저 구워 초벌구이할 때 사용
유의사항		• 구이의 색과 형태를 유지 : 부스러지지 않고, 타지 않게 굽는 것 • 양념 재워두는 시간 : 30분 정도가 좋으며 간을 하여 오래 두면 육즙이 빠져 맛이 없고 육질이 질겨지므로 주의

◢ 김치 조리

정의	배추, 무, 오이 등과 같은 채소를 소금이나 장류에 절여 고추, 파, 마늘, 생강, 젓갈 등 여러가지 양념에 버무려 숙성시켜 저장성을 갖는 발효식품 조리
전처리	다듬기, 씻기, 절이기 등
종류	깍두기, 보쌈김치, 오이소박이, 장김치, 파김치, 열무김치, 배추김치, 백김치, 갓김치, 나박김치
김치의 절임	10% 소금물에 7~8시간 정도 절임(계절에 따라 1~2시간 가감)
김치의 숙성	실온(18~20℃)에서 2일간 두었다가 냉장고(3~4℃)에 보관

◢ 한식 전골 조리

정의	육류, 해산물, 채소류, 버섯류를 용도에 맞게 썰어 양념한 뒤 건더기가 잠길 정도로 육수나 국물을 부어 함께 끓여내는 조리
전처리	맑은 육수를 만들기 위해 사전에 육류를 물에 담가 핏물을 제거하고, 끓는 물에 데쳐내는 과정과 채소류를 깨끗하게 다듬고 씻는 것
육수	• 소고기, 어패류, 닭고기, 채소류, 버섯류, 다시마 등을 사용하며, 끓일 때 향신채(파, 마늘, 생강, 통후추 등)와 함께 끓임 • 멸치로 육수를 낼 때는 내장을 제거하고 멸치를 살짝 구워 비린내를 제거한 후, 분량의 물을 붓고 15분 정도 끓임 • 조개류로 육수를 만들 때는 소금물에 해감을 한 후 약불로 단시간에 끓여냄
기타	• 전골을 그릇에 담을 때는 건더기를 국물보다 많이 담음 • 전골 종류에 따라 상 위에서 끓이도록 그릇에 담아 그대로 제공하거나 끓여서 제공

◢ 한식 볶음 조리

정의	육류, 어패류, 채소류 등에 간장, 고추장 양념을 넣어 재료에 맛이 충분하게 배도록 하는 조리
전처리	재료의 특성에 따라 다듬기, 씻기, 썰기
종류	제육볶음, 소고기볶음, 오징어볶음, 주꾸미볶음, 낙지볶음, 버섯볶음, 미역줄기볶음, 궁중떡볶음, 멸치볶음, 마른새우볶음, 어묵볶음 등
양념장	간장 양념장과 고추장 양념장이 있음

◢ 한식 튀김 조리

정의		육류, 어패류, 해조류, 채소류 등의 재료에 튀김 반죽옷을 입혀 기름에 튀겨내는 조리
전처리		다듬기, 씻기, 썰기, 수분제거
종류	튀김류	새우 튀김, 고구마 튀김, 단호박 튀김, 오징어 튀김, 깻잎 튀김, 채소 튀김, 고기 튀김 등
	부각류	김 부각, 다시마 부각, 가죽잎 부각, 들깨송이 부각, 우엉 부각, 연근 부각 등
소스		초간장
온도		170~180℃이며 전분식품은 호화를 위해 단백질 식품보다 조리시간이 오래 걸리므로 조금 낮은 온도에서 튀김
기름		옥수수유, 대두유, 포도씨유, 카놀라유 등(발연점이 높은 기름)
제공온도		튀김을 따뜻하게 제공하는 온도는 70℃ 정도
폐유처리		사용한 기름은 산화되기 쉬우므로 이물질 등을 제거한 후 폐유통에 처리 (하수구로 흘려보내지 않도록 함)

◢ 한식 숙채 조리

정의	채소를 손질하여 물에 데치거나 삶아 양념으로 무치거나 볶아서 조리
전처리	다듬기, 씻기, 삶기, 데치기, 썰기
종류	고사리나물, 도라지나물, 애호박나물, 시금치나물, 숙주나물, 비름나물, 취나물, 무나물, 방풍나물, 고비나물, 깻잎나물, 오이나물, 콩나물, 머위나물, 시래기나물
양념장	간장, 깨소금, 참기름, 들기름 등을 혼합하여 만들거나 겨자장을 사용
기타 채류	잡채, 원산잡채, 탕평채, 얼과채, 죽순채, 칠절판, 구절판 등

◢ 한과 조리

정의		곡물에 꿀, 엿, 설탕 등을 넣어 반죽하여 기름에 지지거나 튀기고 또는 과일, 열매, 채소, 견과류 등을 꿀, 설탕 등에 조려서 유밀과, 유과, 강정, 정과, 숙실과 등을 만드는 조리
전처리		다듬기, 씻기, 불리기, 수분제거
종류	유과	찹쌀가루를 발효, 숙성, 반죽, 성형, 건조의 과정을 거쳐 기름에 튀긴 후, 고물(깨, 흑임자, 잣, 튀밥)을 묻힌 과자
	정과	과일이나 생강, 연근, 인삼, 당근, 도라지 등을 꿀이나 설탕에 재우거나 조려 만든 과자
	과편	• 과일과 전분, 설탕 등을 조려서 묵처럼 엉기게 하여 만든 과자 • 과일로는 살구나 모과, 앵두, 귤, 버찌, 오미자 등을 사용 • 질감이 부드럽고 단맛을 냄
	유밀과	• 밀가루나 찹쌀가루 등을 반죽하여 과줄판에 찍어 내거나 일정한 모양으로 빚어 기름에 튀겨 낸 다음 꿀이나 조청을 듬뿍 묻히거나 바름 • 매작과, 약과, 다식과, 타래과 등의 과자
	숙실과	• 밤, 대추 등을 익혀 꿀이나 설탕에 조린 밤초, 대추초 • 과일의 열매를 삶아 꿀이나 설탕에 조린 후 다시 과일 모양으로 빚어 계핏가루나 잣가루를 묻힌 율란, 조란, 생란 등의 과자
	엿강정	견과류나 곡물을 튀기거나 볶아서 조청이나 시럽으로 버무려 만든 과자
즙청(汁清)		약과나 주악 등을 꿀이나 시럽 등에 재워두는 것

◢ 음청류 조리

정의		후식 또는 기호성 식품으로 향약재, 과일, 열매, 꽃, 잎, 곡물 등으로 화채, 식혜, 수정과, 숙수, 갈수, 수단 등을 조리
전처리		다듬고 흐르는 물에 깨끗하게 씻는 과정
종류		배숙, 수정과, 식혜, 오미자화채, 배화채, 유자화채, 진달래화채, 딸기화채, 원소병, 보리수단, 떡수단, 포도갈수, 제호탕, 봉수탕, 오과차 등
	식혜	밥알을 엿기름에 삭혀서 만들며 감주, 호박식혜, 안동식혜, 연엽식혜 등
	수정과	생강과 계피, 설탕을 넣어 끓인 물에 곶감을 넣어 먹는 수정과와 가련수정과, 잡과수정과 등

	차	차잎, 열매, 과육, 곡류 등을 말려 두었다가 물에 끓여 마시거나 뜨거운 물에 우려 마시는 감로차, 결명자차, 생강차, 계지차, 구기자차, 대추차, 두충차, 모과차, 유자차, 인삼차, 꿀차 등
	화채	오미자즙, 꿀물 등에 과일이나 꽃잎 등을 띄운 것으로 진달래화채, 배화채, 유자화채, 앵두화채, 귤화채, 장미화채, 딸기화채, 복숭아화채, 수박화채 등
	숙수	• 율추숙수 : 꽃이나 열매 등을 끓인 물에 담가 우려낸 음료로 밤속껍질을 곱게 갈거나 물에 넣어 끓인 후 체에 걸러 마심 • 자소숙수 : 자소잎을 살짝 볶아 물에 달여 마심 • 기타 : 향화숙수, 정향숙수 등
	갈수	• 오미갈수 : 갈증해소에 좋은 음료로 과일즙을 농축하여 한약재 가루를 섞거나 한약재와 곡물, 누룩 등을 달여 만든 것으로 오미자즙에 녹두즙과 꿀을 넣고 달여서 차게 마심 • 기타 : 모과갈수, 임금갈수, 어방갈수, 포도갈수 등
	수단	• 떡수단 : 재료에 전분을 묻혀 데친 후, 꿀물에 띄워 내는 음청류로 가래떡을 가늘고 짧게 잘라 꿀물에 띄움 • 보리수단 : 햇보리를 삶아 오미자 꿀물에 띄움 • 원소병 : 찹쌀가루를 여러 가지 색을 들여 익반죽하여 소를 넣고 동그랗게 빚어 삶아서 꿀물에 띄움
	탕	• 제호탕 : 약재를 달여 만들거나, 향약재나 견과류 등의 재료를 곱게 다지거나 갈아 꿀에 재워두었다가 물에 타서 마시는 것으로, 오매・사인・백단향・초과 등을 곱게 가루를 내어 꿀에 버무려 끓여 두었다가 냉수에 타서 마심 • 봉수탕 : 잣과 호두를 곱게 다져 꿀에 재웠다가 필요할 때 끓는 물에 타서 마심 • 기타 : 생맥산, 쌍화탕, 회향탕, 자소탕 등

◀ 한식 국・탕 조리

정의		육류, 어류, 채소류 등에 물을 넉넉하게 붓고 오래 끓이거나 육수를 만들어 육류, 해산물, 채소류 등을 넣어 조리
전처리		• 육류는 물에 담가 핏물을 제거하고, 끓는 물에 데쳐내는 과정 • 채소류 등을 다듬어 깨끗하게 씻는 과정
종류	국류	무맑은국, 시금치토장국, 미역국, 북엇국, 콩나물국, 감자국, 아욱국, 쑥국, 오이냉국, 미역냉국, 가지냉국 등
	탕류	완자탕, 애탕, 조개탕, 홍합탕, 갈비탕, 육개장, 추어탕, 우거지탕, 감자탕, 설렁탕, 삼계탕, 머위들깨탕 등

육수	육류 또는 가금류, 뼈, 건어물, 채소류, 향신채 등을 넣고 물에 충분히 끓여내어 국물로 사용하는 재료
담기	국을 그릇에 담을 때는 국물과 건더기의 비율이 6 : 4 또는 7 : 3이 되도록 담음

◢ 한식 전·적 조리

정의		육류, 어패류, 채소류 등의 재료를 익기 쉽게 썰어 그대로 혹은 꼬치에 꿰어서 밀가루와 달걀물을 입힌 후에 팬에 기름을 두르고 지져내는 조리
전처리		다듬기, 씻기, 자르기, 수분제거
종류	전류	• 전의 속 재료는 두부, 육류, 해산물을 다지거나 으깨서 양념한 것 • 생선전, 육원전, 호박전, 표고버섯전, 깻잎전, 파전. 묵전, 녹두전, 장떡, 메밀전병 등
	적류	• 적(炙)은 고기를 비롯한 재료를 꼬치에 꿰어서 불에 구워 조리하는 것으로 석쇠로 굽는 직화구이와 팬에 굽는 간접구이로 구분 • 섭산적, 화양적, 지짐누름적, 김치적, 두릅산적, 파산적, 떡산적, 사슬적 등
양념장		초간장을 곁들여 냄
기름		옥수수유, 대두유, 포도씨유, 카놀라유 등(발연점이 높은 기름)
제공온도		전·적을 따뜻하게 제공하는 온도는 70℃ 정도

◢ 양식 스톡의 재료

부케가르니☆ (Bouquet Garni)	• 스톡을 오래 조리하면서 재료의 향을 추출하기 위하여 월계수잎, 통후추, 마늘, 타임, 파슬리 줄기 등을 넣어 만든 향초 다발 • 실로 작은 것은 안쪽으로, 큰 것은 바깥쪽으로 겹쳐서 묶고, 묶은 후에는 여분의 실을 손잡이 부분에 묶어 건져내기 쉽게 함
미르포아☆ (Mirepoix)	• 스톡의 향과 향기의 맛을 돋우기 위해 네모나게 썬 양파, 당근, 셀러리 등을 말함 • 보통 양파 50%, 당근 25%, 셀러리 25% 비율로 사용함 • 흰색 미르포아는 양파 50%, 셀러리 25%, 무·대파·버섯 등을 25% 비율로 사용함
뼈 (Bone)	• 닭뼈 : 전체 또는 목, 등뼈 등을 5~6시간 이내 조리함 • 소뼈와 송아지뼈 : 등, 목, 정강이뼈를 7~8시간 이내 조리함 • 생선뼈 : 광어, 도미, 농어, 가자미 등을 찬물에서 불순물을 제거 후 사용함 • 기타 잡뼈 : 특정 요리에 사용함

달걀프라이(Fried Egg)

서니 사이드 업 (Sunny Side Up)	달걀의 한쪽 면만 살짝 익힌 것으로, 노른자는 반숙으로 조리
오버 이지 (Over Easy)	달걀의 양쪽 면을 살짝 익힌 것으로 흰자는 익고 노른자는 익지 않아야 하며, 노른자는 터지지 않게 조리
오버 미디엄 (Over Medium)	오버 이지와 같은 방법으로 조리하며, 노른자가 반 정도 익게 조리
오버 하드 (Over Hard)	프라이팬에 버터나 식용유를 두르고 달걀을 넣어 양쪽으로 완전히 익히는 조리

양식 육류 조리방법

① 건열 조리(Dry Heat Cooking)

그레티네이팅 (Gratinating)	재료 위에 버터, 치즈, 설탕 등을 올려서 오븐, 샐러맨더 등에 넣어서 색깔을 내는 방식
시어링(Searing)	오븐에 넣기 전에 강한 열을 가한 팬에 육류나 가금류를 짧은 시간 굽는 방식
윗불구이(Broilling)	불이 위에서 내리쬐는 방식으로, 불 밑으로 재료를 넣어서 굽는 방식
석쇠구이(Grilling)	불이 밑에 있어서 불에 직접 굽는 방식
로스팅(Roasting)	오븐에 고기를 통째로 넣어서 150~220℃에서 굽는 방식
굽기(Baking)	육류, 빵, 케이크 등을 오븐에서의 대류작용으로 굽는 방식
소테, 볶기 (Sauteing)	프라이팬에 기름을 두르고, 160~240℃에서 짧은 시간에 조리하는 방식
튀김(Frying)	기름에 튀기는 방식, 영양소 손실이 가장 적음

② 습열 조리(Moist Heat Cooking)

포칭(Poaching)	육류, 어패류, 가금류, 달걀 등을 끓는 물이나 스톡 등에 잠깐 넣어 익히는 방식
삶기, 끓이기 (Boiling)	끓는 물이나 스톡에 재료 넣고 삶거나 끓이는 방식
시머링 (Simmering)	소스나 스톡을 끓일 때 사용되며, 식지 않을 정도의 온도에서 조리하는 방식
찜(Steaming)	끓는 물에서 나오는 증기의 대류작용으로 조리하는 방식
데치기 (Blanching)	끓는 물에 재료를 잠깐 넣었다가 찬물에 식히는 방식
글레이징 (Glazing)	버터, 과일즙, 설탕, 꿀 등을 졸인 후 재료를 넣고 코팅하는 방식

부록

③ 복합 조리(Combination Heat Cooking)

브레이징 (Braising)	브레이징 팬에 채소류, 소스, 한번 구운 고기 등을 넣고 뚜껑을 덮은 뒤 150~180℃의 온도에서 천천히 조리하는 방식
스튜잉 (Stewing)	기름을 두른 팬에 육류, 가금류, 미르포아, 채소류 등을 넣고 익힌 후 브라운 스톡이나 그래비 소스를 넣어 110~140℃의 온도에 끓여 조리하는 방식

④ 비가열 조리(No Heat Cooking) : 수비드(Sous Vide) → 비닐 안에 육류나 가금류, 조미료, 향신료 등을 넣고 55~65℃ 정도의 낮은 온도에서 장시간 조리하는 방식

▌양식 소스의 종류(5모체 소스)✷

브라운 소스✷ (Brown Sauce)	• '에스파뇰 소스(Espagnole Sauce)'라고도 함 • 가장 중요한 소스 중의 하나로 브라운 스톡과 브라운 루, 미르포아, 토마토를 주재료로 만들어 데미글라스(Demi Glace)로 육류에 사용 • 오랜 시간 동안 끓이기 때문에 향과 맛, 풍미를 깊숙하게 느낄 수 있음
벨루테 소스✷ (Veloute Sauce)	• 흰색 육수 소스로, 화이트 스톡에 루(Roux)를 사용하여 농도를 냄 • 송아지 육수, 닭 육수, 생선 육수 각각에 연갈색 루(Blond Roux)를 넣어 끓여서 만듦 • 대표적으로 비프 벨루테, 치킨 벨루테, 피시 벨루테가 있음
토마토 소스✷ (Tomato Sauce)	• 토마토, 채소류, 브라운 스톡, 농후제 또는 허브, 스파이스 등을 혼합하여 퓌레 형식으로 농도를 조절하여 만듦 • 이탈리아를 비롯한 유럽 전역에서 빠지지 않는 재료 중 하나임
베샤멜 소스✷ (Bechamel Sauce)	• '우유 소스'라고도 함 • 과거에는 송아지 벨루테에 진한 크림을 첨가하여 사용함 • 우유와 루(Roux)에 향신료를 가미한 소스로 달걀, 그라탕요리에 사용함(버터를 두른 팬에 밀가루를 넣고 볶다가 색이 나기 직전에 향을 낸 차가운 우유를 넣고 만든 소스)
홀렌다이즈 소스 (Hollandaise Sauce)✷	• '유지 소스'라고도 함 • 기름의 유화작용을 이용해 만든 소스로 달걀노른자, 버터, 물, 레몬주스, 식초 등을 넣어 만듦 • 식용유 계통의 소스는 마요네즈와 비네그레트(Vinaigrette), 버터 계통의 소스는 홀렌다이즈와 뵈르블랑(Vert Blanc)임

▌중식 기초 조리 실무

내용	중식 조리작업 시 수행에 필요한 조리기능 익히기 실무 중식 조리도(切刀, 절도, qiedāo 치에 따오) 용어의 이해

중식 칼의 종류 및 용도	참도(斬刀, zhǎndāo, 짠 따오)	뼈 자르는 칼
	채도(菜刀, càidāo, 차이 따오)	채소 써는 칼
	조각도(雕刻刀, diāokèdāo, 띠아오 커 따오)	조각 칼
	면도(面刀, miàndāo, 미엔 따오)	밀가루 반죽을 자르는 칼
	딤섬도(點心刀, diǎnsīndāo, 디엔 신 따오)	딤섬 소를 넣을 때 사용하는 칼
중식 기본썰기	(丁) 띵 dīng / 정	깍둑썰기
	(片) 피엔 piàn / 편	편 썰기
	(條) 티아오 tiáo /조	채 썰기
	(絲) 쓰 sī / 사	가늘게 채 썰기
	(泥) 니 ní / 니	으깨서 잘게 다지기
	(粒) 리 lì / 입 또는 (未) 웨이 wèi / 미	쌀알 크기 정도로 썰기
초 (炒 chao 차오)	'볶다'라는 뜻으로, 알맞은 크기와 모양으로 만든 재료에 기름을 조금 넣고 센불이나 중간불에서 짧은 시간에 뒤섞으며 익히는 조리법	
폭 (爆 bao 빠오)	정육면체로 썰거나 칼집을 낸 재료를 뜨거운 물이나 탕 기름 등으로 먼저 열처리한 뒤 센불에서 재빨리 볶아내는 조리법	
류 (熘 liu 려우)	조미료에 잰 재료를 전분이나 밀가루 튀김옷을 입혀 기름에 튀기거나 삶거나 찐 후 다시 여러 가지 조미료와 혼합하여 걸쭉한 소스를 만들어 재료 위에 끼얹거나 재료를 소스에 버무려 묻혀 내는 조리법	
작 (炸 zha 짜)	넉넉한 기름에 밑손질한 재료를 넣어 센불에 튀기는 조리법	
전 (煎 jian 찌엔)	뜨겁게 달군 팬에 기름을 조금 두르고 밑손질한 재료를 펼쳐 놓아 중간불, 약불에서 한 면 또는 양면을 지져서 익히는 조리법	
증 (蒸 zheng 쩡)	재료를 증기로 쪄서 익히는 조리법	
민 (燜 men 먼)	푹 고는 것으로 약불에서 뚜껑을 덮고 오래 끓이는 조리법	
자 (煮 zhu 주)	삶는 것으로 동물성 재료를 작게 썰어서 넉넉한 탕에 넣고 센불에서 끓이다가 약불로 익히는 조리법	
팽 (烹 peng 펑)	적당한 모양으로 썬 주재료를 밑간하여 튀기거나 지지거나 볶아낸 뒤, 다시 부재료, 조미료와 함께 센불에서 뒤섞으며 탕즙을 재료에 흡수시키는 조리법	

부록

외 (煨 wei 웨이)		조금 질긴 재료를 큼직하게 잘라 물에 살짝 데친 다음 탕을 넉넉히 붓고 센불에서 끓이다가 약불에서 오랫동안 은근히 삶아 탕즙을 졸이는 조리법
소 (燒 shao 샤오)		조림으로 튀기거나 볶거나 지지거나 쪄서 미리 가열 처리한 재료에 조미료와 육수 또는 물을 넣고 우선 센불에서 끓여 맛과 색을 정한 다음, 다시 약불에서 푹 삶아 익히는 조리법
배 (扒 ba 바)		• 기본은 소와 같지만 조리 시간이 더 길고 완성된 요리는 부드럽고 전분을 풀어 넣어 맛이 매끄러움 • 요리의 모양새를 흐트러뜨리지 않는 것이 중요함 • 탕즙이 비교적 많이 남고 산동(山東)요리(북경요리)에 가장 많이 쓰이는 조리법
고 (烤 kao 카오)		• 건조한 뜨거운 공기와 복사열로 재료를 직접 익히는 조리법 • 조미된 재료를 직접 굽거나 오븐에서 굽는 방법 • 원적외선 오븐은 복사열을 이용한 것임
돈 (炖 dun 뚠)		• 탕을 넉넉히 붓고 재료를 넣어 오래 가열하는 방법 • 가열 방식과 열처리 방법에 따라 청돈(淸炖), 과돈(傍炖), 격수돈(隔水炖)으로 나뉨
	청돈 (淸炖)	재료를 끓는 물에 살짝 데친 뒤 물에 넣고 가열하는 방법
	과돈 (傍炖)	재료에 전분가루나 밀가루를 묻히고 다시 달걀을 입혀 지져서 모양을 만든 다음 물을 넣고 끓이는 방법
	격수돈 (隔水炖)	끓는 물에 데친 재료를 그릇에 담고 탕즙을 적당히 넣은 뒤 뚜껑을 꼭 닫고 직접 불 위에서 끓이거나, 증기로 익히는 방법

▌중식 냉채 조리

정의		전채요리로서 메뉴의 특성에 맞는 적합한 재료를 이용하여 냉채요리를 조리
특징		냉채(량차이)는 조리 과정을 통하여 처음 나가고 차갑게 내는 요리로 재료 종류와 방법에 따라 구분
종류	채소류·버섯류	봉황냉채
	육류	오향장육, 빵빵지(사천식 닭고기냉채), 샤오지(산동식 닭고기냉채)
	해물류	오징어냉채, 해파리냉채, 전복냉채, 관자냉채, 삼선냉채, 삼품냉채, 오품냉채, 왕새우냉채
기초장식		주로 무, 오이, 당근 등을 이용하여 만들어 음식을 장식함

◀ 중식 딤섬 조리

정의		딤섬류의 종류에 따라 밀가루와 전분 반죽에 육류와 해산물·채소류를 이용한 소를 넣어 다양한 모양을 만들어 조리
종류	지짐 딤섬	고기교자, 채소버섯교자
	튀김 딤섬	튀김교자, 춘권, 지마구(芝麻球)
	삶은 딤섬	수교자(물만두), 새우훈둔(완탕)
	찜 딤섬	수정새우교자, 게살수정교자, 찐교자, 돼지고기 소롱포, 샤오마이
딤섬 (点心)		속이 보이는 수정만두, 튀겨서 만드는 군만두, 물에 삶는 물만두, 발효시켜 만드는 소롱포, 포자 (숙성시킨 찐만두), 단팥빵, 만두소가 겉으로 보이게 만든 샤오마이 등
만드는 방법에 따른 5분류	권(捲)	말아서 만드는 방법
	교(餃)	교차하여 만드는 방법
	포(包)	주머니 모양으로 만드는 방법
	분(粉)	쌀가루로 만든 얇은 피로 만드는 방법
	매(賣)	오픈형으로 만드는 방법

◀ 중식 수프·탕 조리

정의		중식 육수에 육류와 해산물류·채소류와 양념류를 넣어 수프와 탕의 특성에 따라 조리
종류	맑은탕류	생선완자탕, 새우완자탕, 삼선탕, 배추 두부탕, 불도장
	걸쭉한 탕류 (수프)	달걀탕, 게살 팽이탕, 게살 상어지느러미탕, 산라탕, 비취탕, 옥수수 게살탕
호화		• 전분을 찬물에 분산시킨 후 가열처리하면 팽윤하여 겔화되는 것 • 수분이 많을수록 호화에 용이 • 호화의 최저 온도는 60℃로 온도가 높을수록 호화가 잘 됨
노화		• 가열되어 겔화된 전분이 굳어서 단단한 상태가 되는 것 • 곡류 전분은 노화가 쉽게 일어나고, 감자와 고구마 같은 서류 전분은 노화가 느림 • 온도가 0~4℃, 수분이 30~60%일 때 노화가 잘 일어남 • 빙점 이하거나 60℃ 이상일 때에는 잘 일어나지 않음

◀ 중식 볶음 조리

정의	볶음요리는 육류, 생선류, 두부, 채소류에 각종 양념과 소스를 이용하여 조리	
종류	전분을 사용하는 볶음류 (류채 熘菜 liu cai 리우 차이)	라조육, 마파두부, 새우케첩볶음(깐소 하인), 채소볶음, 류산슬, 전가복, 란화우육(브로콜리 소고기볶음), 하인완스(새우완자), 마라우육, 꽃게콩 소스볶음, 부용게살 등
	전분을 사용하지 않는 볶음류 (초채 炒菜 chao cai 차오 차이)	부추잡채, 고추잡채, 당면잡채, 토마토달걀볶음 등

◀ 중식 찜 조리

정의	육류, 해물류 등 재료의 특성에 어울리는 양념이나 소스를 이용하여 찜요리를 하는 조리	
전처리	조리재료와 방법에 따라 다듬기, 씻기, 밑간하기, 데치기, 핏물제거 등	
종류	육류찜	동파육, 팔보오리찜
	해물류찜	XO 새우관자찜, 홍소 상어지느러미찜, 굴소스 표고새우찜, 어향소스 전복찜, 우럭찜
적정온도	찜 요리의 적정한 온도는 60℃ 이상	

◀ 중식 구이 조리

정의	구이 재료의 특성을 이해하고 그에 따른 조리법에 맞게 조리
종류	북경오리구이, 양꼬치구이, 차샤오(叉燒, 중국식 돼지목살구이)
북경오리구이	오리, 오향분, 마늘가루, 소금, 고량주 물엿, 식초, 전분 등을 이용하여 오리 껍질을 바싹하게 구워낸 요리
양꼬치구이	꼬챙이에 작게 썬 양고기를 여러 개 꿰어서 숯불에 구운 꼬치 음식
차샤오 (叉燒, 중국식돼지목살구이)	• 꼬챙이에 꽂아서 불에 굽는다는 뜻 • 돼지고기 목살 덩어리를 하루 정도 핏물 제거 후 기름을 두른 팬에 구워 간장, 조청, 월계수잎, 마늘, 양파 등의 양념을 넣은 육수에 재웠다가 200℃의 오븐에서 20~30분 구워낸 요리

중식 후식 조리

정의		주요리와 어울릴 수 있도록 더운 후식류나 찬 후식류를 조리
종류	찬 후식류✿	행인두부, 메론시미로, 망고시미로, 홍시아이스
	더운 후식류	빠스옥수수, 빠스고구마, 빠스바나나, 빠스은행, 지마구(찹쌀떡 깨무침), 빠스 찹쌀떡
행인두부✿ (杏仁豆腐)		행인(살구씨)과 한천, 우유를 이용하여 만든 디저트
빠스 (拔絲)		• 탕이 녹을 수 있는 온도에서 설탕 시럽을 만들어 튀긴 주재료를 버무려 제공하는 대표적인 중식 후식 요리 • 누에고치에서 실을 뽑는 모양에서 유래✿
시미로✿ (西米露)		• 타피오카 전분✿으로 만든 펄을 '시미로'라고 함 • 감(연시), 코코넛, 복숭아 등을 이용한 셔벗 디저트

중식 식품조각

정의		식품조각은 요리와 조화를 이루어 음식에 맞는 이미지 연출로 시각적으로 표현할 수 있는 것
종류		입체 조각, 평면 조각, 각화, 누각, 병파
조각방법	선(旋)도법	꽃 조각 시 많이 쓰는 도법으로 칼을 타원을 그리며 재료를 깎는 도법
	착(戳)도법	U형도나 V형도로 재료를 찔러서 활용하는 도법으로 각종 꽃 조각의 외형 등에 많이 쓰이는 도법
	각(刻)도법	식품조각 시 많이 사용하는 도법으로, 주도를 사용하여 재료를 위에서 아래로 깎아 줄 때 주로 사용하는 도법
	절(切)도법	원재료를 조각하는 사물의 큰 형태를 만들 때 사용하는 도법으로 위에서 아래로 썰기할 때 쓰는 도법
	필(筆)도법	세밀한 부분의 조각과 외형을 그려 줄 때 사용하는 도법
학습방법 및 유의사항		• 밑그림작업(드로잉), 플레이팅, 꽃 조각을 기본으로 함 • 반복 학습을 통해 조각도가 손에 익히도록 숙련 • 식재료의 질감이나 재료에 따라 조각도의 강약조절 필요 • 사용 후 조각도 날이 상하지 않도록 깨끗이 닦아 보관함에 보관 • 사용 후 조각도 날이 틀어지지 않았는지 유무 확인 (날이 상하거나 틀어진 경우 힘을 가하지 않은 방향으로 나가서 손을 다칠 수 있음)

◢ 중식 튀김 조리

정의	육류, 갑각류, 어패류, 채소류, 두부류 등의 재료를 손질하여 기름에 튀기는 조리	
종류	채소류 튀김	채소춘권튀김, 가지튀김, 고구마튀김
	어패류 튀김	관자튀김, 굴튀김, 오징어튀김, 탕수생선
	갑각류 튀김	왕새우튀김, 깐쇼새우, 칠리바닷가재튀김, 게살튀김
	육류 튀김	소고기튀김, 탕수육, 마늘돼지 갈비튀김, 깐풍기, 유린기
	두부류 튀김	가상두부, 비파두부

◢ 중식 면 조리

정의	밀가루의 특성을 이해하고 반죽하여 면을 뽑아 각종 면요리를 하는 조리	
종류	냉면류	중국식 냉면, 냉짬뽕
	온면류	짜장면, 유니 짜장면, 짬뽕, 기스면, 울면, 굴탕면, 해물볶음면, 사천탕면
짬뽕	해산물, 양배추, 양파, 고추기름, 고춧가루, 마늘, 육수 등으로 매운 국물을 만들어 삶은 면에 부어 만든 음식	
냉짬뽕	• 닭 육수에 준비한 해산물(오징어, 새우, 홍합 등)을 데쳐내고 냉짬뽕 육수로 사용 • 파, 마늘, 양파, 호박, 죽순, 고추기름, 고춧가루와 준비한 육수로 짬뽕 국물을 만들고 차게 식힘 • 삶아낸 해산물과 채 썬 오이를 삶은 면 위에 얹고 찬 육수를 부어 만든 음식	
짜장면	돼지고기, 해산물, 양파, 호박, 생강 등을 기름에 볶아 춘장과 닭 육수를 넣고 익힌 후 물 전분으로 농도를 조절하여 삶은 면 위에 얹어 만든 음식	
유니 짜장면	곱게 다진 돼지고기와 쌀알 크기로 썬 부재료(양파, 양배추 등)를 식용유에 볶아 춘장과 닭 육수를 넣고 익힌 후 물 전분으로 농도를 조절하여 삶은 면 위에 얹어 만든 음식	
굴탕면	닭 육수에 생굴, 죽순, 청경채, 목이버섯, 마늘, 생강, 소금 등을 넣어 국물을 만들고 삶은 면에 부어 만든 음식	
울면	오징어, 홍합, 바지락 등의 해산물을 넣고 끓인 국물에 물 전분을 넣어 걸쭉하게 만든 소스를 면에 부어 만든 음식	
중국식 냉면	삶은 면위에 손질한 해산물(새우, 오징어 등), 삶은 고기, 오이, 표고버섯 등을 올리고 차갑게 준비한 냉면 육수를 끼얹어 만든 음식	
기스면	닭 가슴살, 닭 육수, 대파, 마늘, 생강, 소금, 간장, 후추 등으로 만든 맑은 닭 육수와 삶아 찢은 닭가슴살을 함께 삶은 면에 부어 만든 음식	

사천탕면	해산물(바지락, 오징어, 새우 등), 죽순, 양파, 배추, 목이버섯, 대파, 마늘, 생강, 청주, 육수, 후추, 참기름 등으로 국물을 만들어 삶은 면 위에 부어 만든 음식
해물볶음면	해산물, 양파, 죽순, 목이버섯, 파, 마늘, 생강, 고추기름, 두반장, 설탕, 전분, 청주, 굴소스 등의 재료로 매콤하게 볶아내고 여기에 육수와 삶은 국수를 넣어 다시 볶은 후 물 전분으로 농도를 정하여 담아낸 음식

일식 기초 조리 실무

내용		일식 조리에 필요한 칼 다루기, 곁들임, 조리방법, 조리용어 등의 기본 실무지식을 이해하여 조리
재료 보관방법	건냉소보관	환기(통풍)가 잘 되고 습하지 않은 곳
	냉장보관	0℃ ~ 5℃
	냉동보관	-50℃ ~ -20℃

일식 칼의 종류와 용도

생선회용 칼 (刺身包丁, さしみぼうちょう, 사시미보쵸)	생선회를 뜨거나 세밀한 요리를 할 때 사용
채소용 칼 (薄刃包丁, うすばぼうちょう, 우스바보쵸)	주로 채소를 자르거나 손질 또는 돌려깎기할 때 사용
뼈자름용 칼 (出刃包丁, でばぼうちょう, 데바보쵸)	• 절단칼 또는 토막용 칼이라고 함 • 주로 생선의 밑손질 시 뼈에 붙은 살을 발라내거나 뼈를 자를 때 사용
장어손질용 칼 (鰻包丁, うなぎぼうちょう, 우나기보쵸)	• 미끄러운 바다장어, 민물장어 등을 손질할 때 사용 • 장어칼은 칼끝이 45° 정도 기울어져 있고 뾰족하여 장어 손질에 적합하며, 사용에 주의가 필요함
메밀국수칼(소바기리보쵸)	메밀국수를 반죽하여 펴서 말은 후 일정하게 자를 때 사용
김초밥칼(노리마키보쵸)	김초밥을 자를 때 사용

일식 썰기의 종류

① 기본 썰기

은행잎 썰기⋇ (銀杏切り, いちょうぎり, 이쵸기리)	둥근 원통형을 세로로 4등분하여 끝에서부터 적당한 두께로 은행잎 모양을 만들어 썰어주는 방법(국물 조리에 주로 이용됨)
얇게 돌려 깎기⋇ (桂剝き, かつらむきぎり, 가쯔라무끼)	무, 당근, 오이 등을 길이 8~10cm로 잘라 감긴 종이를 풀듯이 얇게 돌려 깎기 하는 방법
바늘처럼 곱게 썰기⋇ (針切り, はりぎり, 하리기리)	생강, 김 등을 가능한 얇게 돌려 깎은 후 이것을 바늘 모양으로 가늘게 채썰어 사용하는 방법
용수철 모양 썰기⋇ (縒り独活切り, よりうどぎり, 요리우도기리)	꼬아썰기라고도 하는데, 무, 당근, 오이 등을 얇게 돌려 깎기한 후 비스듬히 7~8mm 폭으로 자른 다음, 물에 넣으면 꼬아지는 방법

② 모양 썰기

각 없애는 썰기⋇ (面取り, めんとり, 멘도리)	각 돌려 깎기, 모서리 깎기라고도 하고 무, 당근, 우엉 등 조림이나 끓임요리를 할 때 모서리 부분을 매끄럽게 잘라줌
국화꽃 모양 썰기⋇ (菊花切り, きくかぎり, 키쿠카기리)	• 맨 밑 부분을 조금 남기고 가로, 세로로 잘게 칼집을 넣어 3% 소금물에 담가 모양내어 펼침 • 죽순 : 길이 3~5cm로 잘라 지그재그로 껍질을 파도 모양처럼 얇게 썰어 모양을 만듦 • 무 : 1.5~2.5cm 두께로 둥글게 잘라 껍질을 벗겨 칼끝을 바닥에 붙이고, 칼 중앙 부분을 사용해 밑바닥을 조금 남기고 가로·세로로 조밀하게 칼집을 넣음
매화꽃 모양 썰기⋇ (ねじ梅切り, ねじうめぎり, 네지우메기리)	재료를 5~6cm 길이로 잘라 정오각형 모양으로 만든 후 오각기둥의 각 면의 중앙에 칼집을 넣어 꽃잎 모양으로 깎아주는 썰기
오이 뱀뱃살 썰기⋇ (蛇腹胡瓜切り, じゃばらきゅうりぎり, 자바라큐리기리)	자바라 모양 썰기라고도 하며, 오이 등의 재료 아래를 1/3 정도 남겨 잘려 나가지 않게 하고, 얇고 엇비슷하게 썰어 적당한 길이로 자른 후 반대로 돌려 다시 자름

일식 간장의 종류

진한 간장⋇ (濃口醬油, 고이구치쇼유)	• 밝은 적갈색으로 특유의 좋은 향이 있고 일본요리에 가장 많이 사용되는 간장 • 향기가 좋아서 가미 없이 뿌리거나 곁들여서 먹는 용도로 주로 사용됨 • 향기가 강해 생선, 육류의 풍미를 좋게 하고 비린내를 제거하는 효과가 있으며, 재료를 단단하게 조이는 작용이 있어 끓임요리에는 간장을 넣는 시기에 주의해야 함

엷은 간장✻ (薄口醬油, 우스구치쇼유)	• 색이 엷고 독특한 냄새가 없으며, 재료가 가지고 있는 색·향·맛을 잘 살리는 요리에 사용 • 염도는 다른 간장보다 강하지만, 색은 연하고 소금의 맛이 강한 편으로 국물요리에 적합함
타마리 간장✻ (たまりしょうゆ, 타마리쇼유)	• 흑색으로 부드럽지만 진함 • 단맛을 띠고 특유의 향이 있어 사시미, 구이요리, 조림요리의 마지막 색깔을 낼 때 사용하며, 깊은 맛과 윤기를 냄
생간장 (生醬油, 나마쇼유)	• 열을 가하지 않은 간장으로, 풍미가 좋고 특히 향기가 매우 좋음 • 오랜 시간 끓여도 향기가 날아가지 않는 것이 특징이며, 냉장고 또는 서늘한 곳에 보관함

◢ 일식 곁들임

초간장 (ポン酢, 폰즈)	• 등자나무(신맛이 나는 과일)에서 즙을 내서 만들거나 식초를 사용함 • 간장이나 다시물을 혼합하여 만듦
초생강 (ガリ, 가리)	• 통생강의 껍질을 벗기고, 얇게 편으로 잘라 소금에 절임 • 끓는 물에 데친 후 씻어 물기를 제거하고, 생강초에 담가 절여서 사용함
양념장 (やくみ, 야쿠미)	• 요리에 첨가하는 향신료나 양념으로, 향기를 발휘하여 식욕을 증진함 • 붉은 무즙, 실파, 레몬 등을 초간 장(폰즈)에 곁들이는 양념

◢ 일식 냄비 조리

정의	다양한 식재료를 이용하여 용도에 맞게 냄비요리를 하는 조리
양념장	맛술, 설탕, 간장, 청주, 흰깨, 식초, 소금, 레몬, 양파, 다시마 맛국물, 가다랑어포, 폰즈 등을 메뉴에 따라 다양하게 섞어 사용
유의사항	• 신선한 재료를 사용하며, 어패류, 육류, 채소류 등을 적절하게 배합 • 냄새가 나쁘거나 끓이면 부서지는 재료는 지양함 • 감자, 무, 당근, 토란 등은 사전에 삶아서 사용 • 곤약, 시금치, 배추 등은 데쳐서 사용 • 생선류는 국물 맛이 우러나오므로 가능한 한 빨리 끓이도록 함 • 튀긴 재료는 찬물에 씻어 기름기를 제거 후 사용 • 쑥갓이나 참나물, 팽이버섯 등은 살짝 익혀 고명으로 사용

부록

◀ 일식 튀김 조리

정의		다양한 식재료를 이용하여 용도에 맞게 튀김요리를 하는 조리
튀김의 종류	원형튀김✿ (스아게)	• 재료 자체를 그냥 튀기는 것 • 꽈리고추, 당면, 피망 등 • 소금 등
	덴뿌라✿ (고로모아게)	• 튀김옷을 묻혀 튀긴 것 • 튀김간장, 소금 등
	양념튀김✿ (가라아게)	• 재료에 양념은 한 후 밀가루와 전분을 묻혀 튀긴 것 • 레몬 등
	변형튀김✿ (카와리아게)	• 재료에 모양을 내서 튀긴 것 • 소금 등
튀김옷✿ (衣 : 고로모)		튀김옷은 재료의 수분이 과도하게 탈수되는 것을 막아주며 재료가 직접적으로 기름에 닿아 부분 탈수가 일어나는 것을 막아줌
튀김에 쓰이는 양념과 소스		• 튀김에 쓰이는 양념을 '야쿠미'라 하고 튀김을 찍어 먹는 소스를 '덴다시'라고 함 • 양념과 소스의 특징은 풍미를 더해 주고 튀김에 소스가 잘 묻도록 하는 역할
유의사항		• 튀김옷에 쓰이는 밀가루는 글루텐 함량이 적은 박력분을 사용 • 전분은 탄수화물로 이루어져 튀기면 딱딱한 느낌이 있음(밀가루의 글루텐 같은 구조의 물질이 없어서임) → 보완을 위해 달걀흰자 같은 단백질 물질을 첨가하면 안정된 형태가 됨 • 튀김 온도는 튀김의 완성도를 높이는 데 영향을 줌 • 식재료에 따라 온도변화를 주지 않으면 기름을 흠뻑 먹거나 태울 수 있음 • 소고기양념튀김, 모둠튀김, 닭고기튀김, 새우튀김, 생선튀김, 채소튀김, 도미살튀김, 돈까스, 비후까스 등 거의 모든 식재료를 이용한 튀김이 가능

◀ 일식 굳힘 조리

정의	다양한 식재료를 이용하여 용도에 맞게 굳힘요리를 하는 조리
국물	굳힘 조리의 맛국물은 '가다랑어포 국물' 사용
사각 굳힘 틀✿ (나가시깡)	굳힘 조리를 하기 위하여 스테인리스 재질의 사각형 상자에 이중으로 되어 있어 상자를 들어 올리면 속의 재료를 꺼낼 수 있도록 사각 틀을 빼기 좋게 특별히 제작된 것
종류	양갱, 참깨두부, 옥수수두부, 우유두부 등

한천	• 우뭇가사리를 열수 추출한 액을 여과 냉각시켜 얻은 응고물을 동결, 해동한 후 수분을 제거하여 만든 것으로 과자류나 요리에 사용 • 응고 온도 : 25~5℃ • 1시간 이상 물에 담가서 부드러운 형태에서 약불에 졸여서 사용
젤라틴	• 젤라틴은 동물의 뼈나 연골 껍질에 많이 분포되어 있으며 이를 가공한 것 • 제과, 아이스크림 등 여러 분야에 다양하게 사용 • 응고 온도 : 15~5℃(보통 5℃ 냉장고에 응고) • 굳힘 시간 : 2~3시간

■ 일식 흰살생선회 조리

정의	광어, 도미, 농어, 가자미, 보리멸 등의 식재료를 이용하여 흰살생선회요리를 조리
특징	• 쯔마의 역할이 중요 • 곁들임 재료 : 미역, 방풍, 소국, 차조기(잎과 꽃), 무순, 당근, 오이, 레몬, 래디쉬 등
기물 선택	생선이므로 신선도를 생각하여 위생적이고 선도를 유지하기 위하여 기물을 차갑게 하거나 차갑게 느껴지는 기물을 선택
조리용어	• 다시마 절임(곤부지메) • 살짝 데치기(마츠카와즈쿠리) • 뼈째 자르기(세고시) • 평 자르기(히라즈쿠리) • 가늘게 자르기(이토즈쿠리) • 당겨 자르기(히키즈쿠리) • 얇게 자르기(우스즈쿠리) • 데쳐 자르기(유비키즈쿠리)
폰즈 소스	• 감귤류를 짜낸 즙에 진간장을 잘 혼합한 소스 • 보통 등자나무 열매를 사용하지만 등자나무 열매 대신에 초귤나무 열매나 유자 열매 등을 사용하는 경우도 있음 • 폰즈의 맛이 너무 짙을 때는 다시마 국물이나 알코올성분을 제거한 청주로 맛을 조절 • 광어, 복어, 돌도다리 등 흰살 생선에 맞는 소스 • 특징 : 개운한 맛으로 입가심 역할, 색상의 조화로 계절의 풍미, 채소와 회요리의 종합적인 맛을 결정, 그릇에 담아낸 회요리를 계절감, 생선 특유의 비린내를 없애주며, 소화작용을 도와줌
매실 장아찌 회 간장	• 바이니쿠조유(梅肉醬油) • 매실 장아찌와 간장을 혼합하여 맛술을 첨가하여 만드는 방법이 일반적 • 매실장아찌 즙만으로는 짠맛이 강해 전분을 풀어서 만들기도 함 (전분을 걸쭉하게 만들어 넣으면 회에 묻히기 쉽고 흘러내리지 않아서 좋음) • 매실 장아찌 회 간장에 잘 어울리는 회는 흰살 생선류와 갯장어 그리고 양태나 문어 등

담는 특징	• 계절감을 살려 담고 맛의 중복을 피해서 담기 • 양은 많지 않게 하고 공간미를 살려서 균형있게 담기 • 생선의 특성에 따라 켜는 방법을 달리하기 • 장식이 화려하면 생선회의 가치가 저하되기 때문에 고려하여 담기
생선의 오로시카타 (おろし方)	생선에서 뼈와 살을 분리하는 방법

◀ 일식 붉은살생선회 조리

정의		참치, 연어, 방어 등의 식재료를 이용하여 붉은살생선회요리를 조리
생선의 구분	흰살 생선	• 시로미자카나(白身魚) • 대표적으로 광어, 도미, 우럭 등 • 담백한 맛
	붉은살 생선	• 아카미자카나(赤身魚) • 대표적으로 참치와 방어 등 • 색이 붉은 이유는 헤모글로빈(Hemoglobin)과 미오글로빈(Myglobin)이 많이 들어 있기 때문 • 연어는 카로티노이드(Carotinoid)에 의한 붉은 색
	등푸른 생선	• 아오자카나(青魚) • 대표적으로 고등어, 전갱이, 전어 등
조리용어		각 썰기(가쿠키리), 달걀노른자 묻히기(기미마부시), 살짝 구워 식히기(야키시모후리)
냉장 참치		숙성 온도는 2℃ 전후로 보관하는 것이 좋고, 가능한 한 수분이 없는 상태로 보관
연어 다시마절임		• 진한 소금물(6%)을 준비하고 여기에 연어를 넣어 30분 정도 절임 • 다시마를 바닥에 깔고 절여진 연어의 물기를 제거하여 다시마 위에 올려 주고 그 위에 다시마 를 올려 5시간 정도 절임
소스 (도사조유)		흰살·붉은살·등푸른생선을 포함한 대부분의 어패류에 잘 어울리는 도사즈 회간장은 대체로 진 간장에 가다랑어포만의 독특한 감칠맛과 향기를 첨가해 만들지만, 경우에 따라 청주를 더하거나 다시마, 조림간장, 국간장을 더해 만들기도 함

◢ 일식 패류 회 조리

정의	조개, 관자, 전복 등의 패류를 이용하여 조리
특징	• 생선의 온도는 2~3℃였을 경우 최고의 맛을 느낄 수 있으므로 접시를 차갑게 유지 • 온도 관리를 잘 하면 살아 있는 상태에서 2~3일 정도 보관이 가능
조리용어	담수로 씻기(아라이), 데쳐 자르기(유비키즈쿠리)

◢ 일식 롤 초밥 조리

정의	다양한 식재료를 이용하여 용도에 맞게 롤 초밥요리를 하는 조리
조리용어	김발(마키스), 김초밥(마키즈시), 손말이 김밥(데마끼), 오이김초밥(갑파마끼), 참치김초밥(데카마끼)
특징	• 초밥간장은 일반 간장에 비해 싱겁게 만들기 • 초밥의 곁들임에는 락교, 초 생강, 단무지, 오차, 장국 등

◢ 일식 모둠 초밥 조리

정의	다양한 식재료를 이용하여 용도에 맞게 모둠 초밥요리를 하는 조리
조리용어	유부초밥(이나리즈시), 상자초밥(하꼬즈시), 생선초밥(니기리즈시), 군함초밥(군칸마끼즈시), 주재료(완다네), 배합초(스시즈), 강판(오로시가네), 눌림상자(오시바코), 초밥 버무리는 통(한기리), 뼈 뽑기(호네누키), 초밥 밥통(샤리비쓰)
초밥용 비빔통✿ (한기리)	• 초밥용 비빔통은 작게 쪼갠 나무를 여러 개 이어서 둥글고 넓으면서 높지 않게 만들어 초밥을 식히는 데 사용하는 조리 기구 • 물로 깨끗하게 씻어 물기를 행주로 닦고 밥이 따뜻할 때 배합초를 버무려 사용 • 마른 통을 사용할 경우 밥이 붙고 배합초를 섞기가 불편하기 때문에 꼭 수분을 축여서 사용
배합초✿ (초양념) 만들기	• 은은한 불에서 식초에 소금, 설탕을 넣고 천천히 저어 소금과 설탕이 녹을 수 있도록 함(식초와 소금, 설탕이 눌지 않게 준비) • 레몬, 다시마를 넣을 수 있으며, 체에 걸러서 사용
배합초✿ 버무리기	• 초양념은 밥을 짓기 30분 전에 만들어 놓기(30분 전에는 만들어 놓아야 재료들이 잘 섞이기 때문) • 밥이 식으면 흡수력이 떨어지므로 '한기리(나무통)'에서 주걱을 이용하여 밥과 초양념을 섞기 • 부채 등을 이용하여 밥에 남아 있는 여분의 수분을 날려 보내고, 초밥의 온도가 사람 체온(36.5℃) 정도로 식으면 보온밥통에 담아 사용

◢ 일식 알 초밥 조리

정의	다양한 식재료를 이용하여 용도에 맞게 알 초밥요리를 하는 조리	
조리용어	주재료(완다네), 생선알초밥(교란즈시), 군함초밥(군칸마키즈시), 손말이김밥(데마키), 초밥 밥통(샤리비쓰), 배합초(스시즈)	
메뉴	연어알(이쿠라즈시), 성게알(우니즈시), 청어알(카즈노코)	
알종류	연어알	• 산란 직전 암컷연어에서 내장을 제거한 후 막에 둘러싼 알을 조심스럽게 꺼내어 물로 세척 • 알을 감싸고 있는 얇은 막을 조심스럽게 제거한 뒤 소금물 용액에 넣음 • 맛들임 소스에 침지하여 초밥과 카나페 등 다양한 요리에 사용
	성게알	• 일본에서 3대 진미 중 하나로 가장 사랑받는 고가 초밥 식재료 중 하나 • 성게알 중 가장 인기 있는 보라성게의 제철은 6~8월임
	청어알	• 일본에서 가즈노코(数の子)라고 불리며 청어의 난소에서 채취하여 소금에 염장하여 유통함 • 일본 정월 요리(오세치요리)에 빠져서는 안 될 중요한 식재료 • 초밥집에서는 소금기를 뺀 뒤 조미액(청주, 간장, 맛술, 가다랑어포)에 적셔서 사용
초밥 보관 방법	초밥용 밥은 한기리(半切り)라고 불리는 초밥 비빔용 나무통에서 잘 지어진 밥과 배합초를 혼합하여 초밥 전용 밥통 오히쯔(おひつ)에 보관하여 최적의 온도를 유지	

◢ 일식 초회 조리

정의	준비된 다양한 식재료에 혼합초를 이용하여 입맛을 돋우어 줄 초회요리 조리
전처리	• 불순물이 강한 것은 물이나 식초 물에 씻기 • 채소류는 소금에 주무르든지 소금물에 절여서 사용 • 생선, 어패류는 여분의 수분과 비린내를 없애기 위해 소금을 사용 • 식초에 절이거나 씻어내기 • 건조된 재료는 물에 불려 사용 • 소금에 살짝 절이거나 소금물에 씻어내기 • 삶거나 데쳐 내거나, 살짝 구워내기, 볶아내기 등
소스	• 이배초(니바이스), 삼배초(삼바이스) • 폰즈, 단초(아마즈), 도사초(도사즈), 남방초(난방즈), 매실초(바이니쿠즈) • 깨식초, 생강식초, 사과식초, 겨자식초, 난황식초, 산초식초, 고추냉이식초, 된장식초

초간장 종류와 특징	이배초 (니바이스)	• 살짝 끓여 식혀 사용 • 해산물 초무침이나 생선구이가 어울림
	삼배초 (삼바이스)	• 살짝 끓여 식혀 밀폐 용기에 담아 냉장고에 보관하여 사용 • 익힌 해산물과 채소, 해초류에 어울림
	폰즈	• 잘 혼합하여 밀폐 용기에 담아 냉장고에 보관하여 사용 • 싱싱한 해산물과 채소, 해초류에 어울림
그릇담기		• 작은 접시를 주로 사용 • 3, 5, 7, 9 등 홀수로 기물을 선택 • 일본요리의 기본 중 계절감에 어울리는 기물을 선택 • 화려한 기물은 주 요리를 어둡게 만들기 때문에 지양함
자바라큐리기리 (오이뱀뱃살썰기)		칼을 15° 정도 약간 들고(칼 끝만 닿게) 45° 정도 어슷하게 대각선으로 오이 높이 반까지만 칼집이 들어가게 썰기

▌일식 국물 조리

정의		준비된 맛국물에 다양한 식재료를 사용하여 계절감, 향미, 색, 맛 등의 특징을 살릴 수 있는 국물요리를 하는 조리
특징		국물요리(즙[汁]류)는 일본요리에 있어 가장 기본이 되는 요리로써 국물이 사용되는 모든 요리에 적용 가능
국물		일번국물, 이번국물, 다시마국물(곤부다시)
종류		• 맑은국물(스이모노)요리 : 회식요리(코스요리)에서 주로 사용하는 요리 예 조개맑은국, 도미 맑은국, 참깨두부 맑은국 • 탁한국물요리 : 식사와 함께 내는 요리 예 일본된장국(미소시루)
국물 요리의 구성	주재료(완다네)	• 어패류를 많이 사용하며, 육류, 채소류 등 사용 • 주재료로 많이 사용하는 어패류에는 도미, 대합 등 • 도미 : 봄이 제철로 지방의 함유량이 적어 소화에도 좋고 맛도 좋아 고급 생선에 속함 • 대합과 같은 조개 : 봄철에 먹을 때는 패류 독소에 유의 • 조개류에는 타우린 등의 감칠맛 성분이 높아 국물 요리에 많이 활용
	부재료(쯔마)	• 제철 채소류, 해초류로 맛, 색, 질감 등이 주재료와 어울리게 사용 • 맑은국의 죽순, 두릅과 된장국의 미역 등

향(스이구치)	계절에 맞는 유자, 산초, 시소, 와사비, 겨자, 생강, 깨, 고춧가루 등 예 • 봄, 여름 - 산초, 새순 / 여름 - 파란 유자 / 가을 - 노란 유자 껍질 등 • 맑은국 - 유자, 레몬 껍질 / 된장국 - 산초 가루 등	
곁들임	유자, 레몬, 산초 잎, 파드득 나물(미쓰바) 등	

일식 조림 조리

정의	자연적인 맛을 살리면서 색과 농도를 조절하고 재료의 선택, 조리는 시간 등에서 세밀한 신경이 필요한 조리
주재료	생선, 어패류, 육류, 채소류 사용
조림양념	설탕, 맛술, 간장, 소금, 청주, 된장, 식초 등
곁들임 채소	주재료의 맛을 부가시키기 위한 역할을 하는 부재료
종류	• 된장조림 : 된장 • 소금조림 : 소금 • 짠 조림 : 주로 간장으로 조림 • 단 조림 : 맛술, 청주, 설탕을 넣어 조림 • 초 조림 : 식품을 조림한 다음 식초를 넣어 조린 것 • 보통조림 : 장국, 설탕, 간장으로 적당히 조미하여 맛의 배합을 생각하며 조린 것 • 흰 조림, 푸른 조림 : 색상을 살려 간장을 쓰지 않고 소금을 사용하여 단시간에 조린 것
멘도리 (面取り)	채소는 조미료를 넣으면 조직이 줄어들어 감자류, 뿌리채소류 등을 부드럽게 잘 조리고 싶을 때는 부드럽게 삶아주며 조림 시에 모서리 부분이 부서지기 쉬운 재료는 멘도리(面取り)하여 두면 좋음
조리용어	• 멘도리(面取り) : 조림 시에 끝이 뾰족한 부분은 둥글게 사전 처리를 하는 방법 • 시모후리(霜降) : 전처리의 과정으로 재료 표면에 색이 살짝 변화하는 정도의 끓는 물을 끼얹는 것 • 간모도끼(油腐) : 두부 속에 잘 다진 채소, 다시마 등을 넣어 기름에 튀긴 것

일식 구이 조리

정의	다양한 식재료를 이용하여 구이요리를 조리
종류	볶음조리, 유안야끼, 화로구이(로바타야끼)팬, 철판구이(뎃빤야끼) 등
양념에 따른 종류	• 간장양념구이(데리야끼) : 방어, 장어, 소고기, 닭고기 등 • 된장절임구이(미소야끼) : 은대구, 옥도미, 병어, 삼치, 소고기 등 • 소금구이(시오야끼) : 연어구이, 도미구이, 삼치구이, 은어구이, 송이구이 등

구이 양념 조리법	시오야끼 소금 양념	• 소금은 감미의 역할도 하지만 열전도가 좋아 재료를 고루 익힘 • 작은 생선은 칼집을 내어 소금 간을 한 후 구움 • 흰살생선은 토막 내어 칼집을 내어 소금 간을 한 후 구움
	데리야끼 간장 양념	• 간장 양념은 간장, 청주, 맛술, 설탕, 대파, 생강을 준비 • 모든 재료를 넣고 끓으면 약한 불로 은근하게 줄임 • 데리야끼 소스의 농도를 확인하고 최종적으로 약불에 조림 • 단맛의 양념이 첨부되어 타기 쉽기 때문에 주의 • 번철이나 숯불, 샐러맨더에 데리 소스를 발라가며 구움
	미소야끼 된장 양념	• 된장 양념은 된장, 청주, 맛술, 설탕을 준비 • 구이 재료를 된장 양념에 재워둠 • 단맛의 양념이 첨부되어 타기 쉽기 때문에 주의 • 쇠꼬챙이에 끼워 샐러맨더나 숯불에 구움
	유안야끼 간장 유안지 양념	• 간장 유안지 양념은 간장, 청주, 설탕, 유자 또는 레몬을 준비 • 구이 재료를 간장 유안지양념에 재워둠 • 단맛의 양념이 첨부되어 타기 쉽기 때문에 주의 • 번철이나 숯불, 샐러맨더에 간장 유안지 양념을 발라가며 구움
곁들임☆		머위, 우엉, 꽈리고추 간장 양념조림, 밤 단조림, 고구마 단조림, 금귤 단조림, 초절임 연근, 무초절임, 햇생강대(하지카미) 등

◢ 일식 면류 조리

정의	면 재료를 이용하여 양념, 국물과 함께 면류요리를 하는 조리
맛국물	우동맛국물, 다시마맛국물, 가다랑어포 맛국물
양념	가다랑어포, 다시마, 연 간장, 맛술, 청주, 진간장, 소금 등
부재료	쑥갓, 팽이버섯, 당근, 오이, 표고버섯, 김, 실파, 죽순, 무, 와사비, 과일 등
종류	• 소면 및 라면 • 냄비우동, 튀김우동, 찬 우동, 온 우동 우동볶음 등 • 찬 메밀국수, 튀김 메밀국수, 온 메밀국수, 볶음 메밀국수 등
전처리	• 우동에는 다시물, 간장, 소금, 설탕, 맛술, 청주로 조미하여 우동다시 준비 • 소바는 가케소바인지 자루소바인지에 따라 소바쓰유의 염도와 농도를 다르게 준비 • 라멘은 보통 돼지뼈를 삶아서 돈코쓰 국물을 준비하고 소면은 맑고 담백한 맛국물을 준비 • 볶음우동이나 야키소바처럼 국물이 없는 요리는 볶을 때 진한 소스 준비 (모도간장 : 설탕과 간장을 1 : 3 ~ 1 : 4 정도로 혼합하여 끓여서 식혀두고 사용)

그릇		• 자루소바(모리소바) : 자루소바(모리소바)는 물기가 빠질 수 있는 그릇을 준비 • 국물 없는 면요리 : 볶음우동이나 냉우동 같은 경우에는 넓고 얕은 접시를 준비 • 국물이 있는 면요리 : 국물이 있는 우동이나 가케소바 같은 경우에는 깊이가 있고 넓이가 적당한 그릇을 준비
면 삶기	냉동 우동 면	• 끓을 때 냉동 우동면을 넣고 젓가락을 이용하여 면을 위로 올려 고르게 익힘 • 찬물을 준비하여 2~3회 씻어내어 전분 성분과 잡냄새를 제거 • 보관할 때에는 찬물에 담가 보관하여 면의 탄력을 유지
	메밀국수 소면	• 끓는 물에 소금을 넣고 젓가락을 이용하여 저어줌 • 끓어오르면 찬물을 넣어 온도를 낮추고 3~4회 반복하여 삶음 • 찬물에 신속하게 2~3회 헹구어 면의 호화를 막고 노화 작용을 상승시켜 면이 최대한 탄력을 유지

고명		• 가케소바, 가케우동에는 실파, 하리노리, 덴카스 등을 고명으로 준비
		• 색이 하얀 소면요리에는 붉은 어묵(찐어묵의 일종인 가마보꼬), 실파, 가늘게 채썬 김(하리노
		  리)를 고명으로 준비
		• 소면에는 달걀을 풀어서 올리는 경우가 많음
		• 자루소바나 냉소바처럼 국물 없이 접시에 면만 담아서 제공하는 경우에는 대부분 면사리 위에
		  하리노리(가늘게 채썬 김) 준비

▌일식 밥류 조리

정의	다양한 식재료를 이용하여 덮밥류, 죽류요리를 하는 조리
덮밥	규동, 덴동, 가쓰동
차덮 밥	오차쓰케, 연어차쓰케, 매실, 김
특징	• 녹차 밥의 고명에는 김, 깨, 와사비 등 • 녹차 맛국물은 녹차 물과 맛국물을 1 : 1, 또는 비율에 맞게 조합하는 것 • 쌀은 밥짓기 1시간에 전에 불려 체에 받쳐 놓기 • 덮밥 맛국물에는 다시마국물, 가다랑어포 국물 사용 • 맛국물에 튀기거나 익힌 재료는 다시마국물이나 가다랑어포 국물에 데치거나, 다시마국물이나 가다랑어포 국물에 익힌 재료를 넣고 덮밥을 만들 수 있음 • 다시물에 간장, 설탕, 맛술로 조미하여 맛국물 준비 • 덮밥은 맛국물의 농도를 비교적 진하게 맞춰서 다른 찬 없이 식사 가능 • 장어덮밥처럼 맛국물이 없이 진한 소스(다레)로 조리
덮밥류	• 우나기돈(鰻どん)부리 : 밥 위에 양념한 우나기를 얹은 것 • 가루비돈(カルビどん)부리 : 밥 위에 갈비, 불고기를 얹은 것 • 덴돈(天どん)부리 : 밥에 덴푸라 등을 얹어 양념에 찍어 먹는 것

	• 다마돈(玉どん)부리 : 파 등을 달걀에 섞어 쪄서 밥 위에 얹은 것
	• 고노하돈(木の葉どん)부리 : 튀김과 어묵을 달걀로 양념해서 밥 위에 얹은 것
	• 다닝돈(他人どん)부리 : 돼지고기나 소고기를 달걀에 섞어 찐 후 밥위에 얹음
	• 오야코돈(親子どん)부리 : 닭고기와 파 등을 양념으로 해서 삶아 달걀을 얹은 것
	• 시지미돈(しじみどん)부리 : 바지라기(가막조개)를 익힌 후 밥 위에 얹어 먹는 것
	• 가레돈(カレどん)부리 : 소고기나 채소를 카레가루에 양념하여 삶은 후 밥에 얹은 것
	• 교다이돈(兄弟どん)부리 : 뱀장어와 미꾸라지를 달걀에 섞어 익힌 후, 밥 위에 얹은 것
	• 덴카돈(鐵火どん)부리 : 초밥에 참치회를 얹어 와사비를 첨가한 돈부리로서 간장에 찍어 취식
	• 가키아게돈(かきあげどん)부리 : 가키아게(조개, 새우, 채소 튀김)를 밥 위에 얹어 양념에 찍어 먹는 것
	• 가이카돈(開花どん)부리 : 소고기 혹은 돼지고기에 양파를 넣고 달걀으로 양념을 하여 밥 위에 얹은 것
돈부리나베	• 덮밥에 쓰이는 냄비(丼鍋, どんぶりなべ, 돈부리나베)※
	• 덮밥용 냄비는 작은 프라이팬 모양으로 생겨 손잡이가 직각으로 놓여 있으며 익히는 과정에 맛국물이 너무 졸여지는 것을 방지하기 위해 뚜껑이 있음
	• 밥에 올리는 과정에서 힘을 적게 주기 위해 턱이 낮고 가벼운 것이 특징
죽류	• 죽 맛국물에는 가다랑어포 맛국물, 다시마맛국물 등
	• 밥 씻기(조우스이) : 짧은 시간에 끓여 간편하게 먹는 조우스이(雜炊 : ぞうすい)
	• 쌀 씻기(오카유) : 오래 끓여 부드럽게 먹는 오카유(粥 : おかゆ)

◀ 일식 찜 조리

정의	다양한 식재료를 이용하여 맛과 향, 형태를 유지되도록 찜요리를 하는 조리
고명	음식의 빛깔을 돋보이게 하고 음식의 맛을 더하기 위하여 음식 위에 얹거나 뿌리는 것
찜기의 종류	나무찜통, 스테인리스통, 알루미늄통
찜종류	• 달걀찜(쟈완무시) : 도미 술찜, 대합 술찜, 닭고기 술찜 등
	• 산마 찜(조요무시) : 강판에 간 산마를 곁들여 주재료에 감싸서 찐 것
	• 술찜(사카무시) : 도미, 전복, 대합, 닭고기 등에 소금을 뿌린 뒤 술을 부어 찐 것
	• 된장찜(미소무시) : 된장을 사용해서 냄새를 제거하고 향기를 더해줘서 풍미를 살린 것
	• 순무찜(가부라무시) : 흰살생선 위에 순무를 갈아서 달걀흰자가 거품낸 것을 섞은 것
	• 메밀국수 찜(신슈무시) : 흰살생선을 이용하여 메밀국수를 삶아 재료 속에 넣거나 감싸서 찜한 것
	• 찹쌀찜(도묘지무시) : 물에 불린 도명사 전분(찹쌀을 건조시켜 잘게 부숴놓은 상태)으로 재료를 감싸거나 위에 올려놓고 찌는 것

긴안 (칡전분 소스)	일번다시, 간장, 소금, 청주, 맛술(미림), 칡전분을 넣고 끓임
안카게 작업	• 일반적으로 재료 자체가 맛이 약하거나 맛이 잘 배지 않을 때 사용 • 전분에 조미한 다시 국물 넣어 만든 긴안, 벳꼬우안 등 여러 가지가 변화하여 만들어짐 • 조미한 다시 국물에 전분이나 칡전분으로 걸쭉하게 만들기도 함 • 재료가 가진 맛을 잃지 않고 맛을 더해 먹을 수 있도록 한 조리법 • 칡전분으로 걸쭉하게 만든 국물을 구즈안이라고 함 • 잘 식지 않고 몸을 따뜻하게 해주며 주로 맛을 보충하여 찜 조리에 사용
찜하기	찜 준비 완료 → 찜솥 속에 액체를 넣고 랙(rack) 올리기→ 뚜껑을 덮고 물 끓이기→ 식재료를 랙 위에 올리고 뚜껑을 덮기→ 수증기가 찜솥에서 빠지지 않도록 하기 → 원하는 익힘 정도까지 찌기 → 찌기 과정에서 식재료를 부분 조리하지 않기→ 음식을 즉시 제공하기

복어 독의 증상

제1도 (중독의 초기 증상)	• 입술과 혀끝이 가볍게 떨리면서 혀끝의 지각이 마비되며, 무게에 대한 감각이 둔화되는 현상 • 보행이 자연스럽지 않고 구토 등 제반 증상이 나타남
제2도 (불완전 운동 마비)	• 구토 후 급격하게 진척되며, 손발의 운동장애, 발성장애, 호흡곤란 등의 증상이 나타남 • 지각마비가 진행되어 촉각·미각 등이 둔해지며, 언어장애, 혈압저하 현상 • 조건 반사는 그대로 나타나면서 의식도 뚜렷한 편임
제3도 (완전 운동 마비)	• 골격근의 완전 마비로 운동이 불가능 • 호흡곤란, 혈압강하, 언어장애 등으로 의사 전달이 불가능하고, 가벼운 반사 작용만 가능 • 의식불명의 초기 증상 • 산소결핍으로 입술, 빰, 귀 등이 파랗게 보이는 현상이 나타남
제4도 (의식 소실)	의식 불능 상태에 돌입하여 호흡곤란으로 사망

식용 가능한 복어(21종)와 식용 가능한 부위

우리나라 식품의약품안전처 농수산물안전과는 21종의 식용 가능한 복어를 지정하고 있음

① 살과 뼈, 껍질과 지느러미, 정소의 섭취가 가능한 복어 : 자주복, 참복(검자주복), 까치복, 흰밀복, 금(민)밀복, 물밀복, 검은(흑)밀복, 강담복, 가시복, 브리커가시복, 쥐복 등

② 껍질은 섭취가 불가능하고 정소, 살과 뼈만 섭취 가능한 복어 : 황복, 까칠복(청복, 깨복), 검복, 눈불개복, 매리복, 거북복 등

③ 정소와 껍질을 모두 섭취하지 못하고 살만 섭취가 가능한 복어 : 졸복, 흰점복, 복섬, 삼채복(황점복) 등

◢ 복어 기초 조리 실무

내용	복어조리에 필요한 지식과 기술을 습득하여 복어 기본 실무지식을 이해하는 조리
썰기	기본 썰기, 채썰기, 깍둑썰기, 돌려 깍기, 연필깍기 썰기, 모서리 깍기, 모양 썰기, 엇갈려 썰기, 모양 만들기, 다지기 등
복어 칼	• 복어회칼(사시미보쵸) • 토막칼(데바보쵸) • 채소용 칼(우스바보쵸)
기본썰기	채썰기, 깍둑썰기, 돌려 깍기, 다지기 등
재료보관	• 어패류의 선도 유지 중요함 • 재료의 보관방법에는 냉동(-50℃~-20℃), 냉장(0℃~5℃), 건냉소보관

◢ 복어 껍질 굳힘 조리

정의	복어껍질을 손질 및 전처리하여 굳힘요리를 하는 조리
조리용어	• 복어껍질굳힘(니코고리[煮凍, にこごり]) 　복어 껍질이나 생선살을 조린 국물을 냉각시켜 응고된 것으로, 아교질(젤라틴)이 풍부한 생선을 조려 굳힌 요리 예 복어, 도미, 가자미, 넙치, 양태 등 • 찜틀(流し缶 : ながしかん; 나가시깡)
젤라틴 (ゼラチン)	젤라틴(ゼラチン)의 응고 온도 조절 • 60℃ 정도에서 녹이고 바로 불에서 내려 놓음 　(젤라틴은 열에 약하기 때문에 지나친 가열금지) • 15℃ 이하에서 1시간 이상 냉각하면 젤리 상태가 됨 • 완성 후 보관은 0~5℃ 냉장보관

◢ 복어 튀김 조리

정의	제독 처리한 복어를 이용하여 다양한 방법으로 튀김요리를 하는 조리
종류	• 복어살 튀김(덴뿌라) • 복어 원형튀김(스아게) • 복어 양념튀김(가라아게) • 복어 변형튀김(카와리아게)

튀김조리		일반적 튀김의 온도는 180℃ 정도이지만 가라아게는 양념이 있어 160℃ 정도
	가라아게	박력분이나 전분만을 그대로 묻혀 튀기거나 재료에 양념하여 튀김
	스아게	아무것도 묻히지 않은 식재료 그 자체를 튀겨 재료가 가진 색과 형태 유지
	고로모아게	박력분, 전분으로 튀김옷(고로모)에 차가운 물을 넣고 반죽하여 재료에 묻혀 튀긴 것
지역별 가라아게 종류	기후현 세키가라아게 (関からあげ)	• '쿠로(黑, 검은색) 가라아게' • 닭고기를 톳과 표고버섯을 빻은 가루에 묻혀 검은색으로 튀김
	니이가타현 한바아게 (半羽揚げ)	닭고기를 뼈째 반으로 가르고 밀가루를 얇게 묻혀 튀김
	아이치현 데바사끼 가라아게 (手羽先から揚げ)	• 닭 날개를 사용한 가라아게 • 튀긴 후에는 달콤한 소스와 소금, 후추, 산초, 참깨 등을 곁들임
식재료별 가라아게	토리노 가라아게	치킨 가라아게
	모모니쿠노 가라아게	치킨 가라아게에 가장 많이 쓰이는 닭 다리살 부위를 사용
	무네니쿠노 가라아게	닭 넓적다리 부위를 사용한 가라아게(육질이 부드럽고 담백한 맛)
	난코츠노 가라아게	닭 날개 또는 다리 부분의 연골을 사용한 가라아게(이자카야에서 안주로 주로 사용)
조리용어		튀김옷(衣 : 고로모)✿

◢ 복어 찜 조리

정의	복어와 부재료의 맛을 최대한 살려 찜요리를 하는 조리
복어의 정의 및 특징✿	• 한자의 표기는 河豚(하돈)이며, 육식성으로 이가 단단함 • 복은 복어목복과 어류를 총칭하는 말로 몸 표면이 매끄러운 것과 가시 모양을 한 것이 있음 • 복어의 독은 '테트로도톡신' 신경독으로 청산가리보다 13배 정도 강하여 마비와 두통, 복통, 구토 등을 동반 • 복어의 독성은 복어의 종류와 서식지, 내장과 껍질과 살코기 등의 부위 및 계절에 따라서도 다름
찜요리의 정의 및 특징✿	• 증기에서 수증기를 이용하여 만든 요리 • 모양과 형태가 변하지 않고 재료 본연의 맛 유지 • 채소류, 어패류, 달걀, 두부 등 떫은맛이 없고 담백한 재료를 사용 • 물은 찜통의 7~8할 정도에서 증기가 올라올 때 재료를 넣음

	• 뚜껑을 덮을 때 뚜껑에 물이 떨어지지 않도록 요리용 수건을 덮기 (물방울이 수직으로 재료에 떨어지는 것을 방지)
도빙무시 (土瓶蒸し)	닭고기, 송이버섯, 장어, 은행 등을 찜 주전자에 넣고 다시 국물을 넣어 찐 요리

◢ 복어 선별·손질관리

정의	복어의 종류와 선도를 구분하고 안전하게 복어를 손질관리하는 것 • 복어를 세척 후 순서와 용도에 맞게 기초 손질 • 복어의 속껍질과 겉껍질을 분리하고 가시를 제거 • 복어의 제독처리를 위해서 손질과 흐르는 물에서 제독 • 복어를 항상 일정한 취급 장소와 용도에 맞게 칼로 손질
복어의 종류	• 검자주복(참복) : 하얀 테두리가 있는 커다란 흑색 반점이 한 개 있는 것이 특징 • 까치복 : 회보다는 탕과 튀김 요리와 한국에서 식용으로 인기가 많은 복어 • 자주복 : 복어 중에서 최고급으로 여겨지는 종류로 '참복'(가격이 비쌈) • 졸복 : 봄이 되면 산란을 위해 연안으로 이동, 가을에는 수심이 깊은 곳으로 이동
복어독	• 복어의 알과 내장에는 신경 독소인 '테트로도톡신(tetrodotoxin)'이 함유 • 테트로도톡신 섭취 후 30분~4시간이 지나면 입술과 혀끝 등의 마비 현상, 두통, 복통, 지각마비, 언어 장애, 호흡 곤란 등 중독 증상이 나타남 • 테트로도톡신은 열에도 강하여 120℃에서 1시간 이상 가열해도 파괴되지 않음 • 복어독에 중독되면 구토뿐만 아니라 신경마비 등의 증상이 나타나며, 심할 경우 사망

◢ 복어 회 국화 모양 조리

정의	복어살을 전처리하여 얇게 포를 떠서 국화 모양 복어 회를 조리
복어 회뜨기	우스즈쿠리(うすづくり : 薄作り) – 얇게 자르기 • 복어회의 선도와 탄력 있는 생선회에 적합한 방법 • 기술력에 따라서 학 모양, 나비 모양, 꽃 모양 등 다양하게 표현 • 복어나 광어 등 흰살생선에 주로 자르는 방법
복어 회 뜨는 방법의 종류	• 나미쓰쿠리(なみつくり : 波造り) : 파도회 • 쓰루쓰쿠리(つるつくり :鶴造り) : 학회 • 기쿠쓰쿠리(きくつくり : 菊造り) : 국화회 • 구쟈쿠쓰쿠리(クジャクつくり : 孔雀造り) : 공작회 • 모쿠렌쓰쿠리(もくれんつくり : 木蓮 造り) : 목련회 • 쓰바키노하나쓰쿠리(つばきのはなつくり : 椿の花造り) : 동백꽃회

조리용어	• 아라이(あらい :洗い) - 씻음
	• 시모후리즈쿠리(しもふりづくり :霜降作り) - 표면에 서리가 내린 듯 살짝 데친 회
	• 마쓰가와즈쿠리(まつがわづくり :松皮姿作り) - 소나무 껍질 모양의 도미회
	• 콘부지메(こんぶじめ :昆布締め) - 다시마에 절임
	• 다타키(たたき :叩) - 다지거나 살짝 구운 회
	• 기미마부리(ぎみまぶり :黄身ま鰤) - 노른자 가루 묻힌 회
	• 야마카케(やかかけ :山掛け) - 참치 등살을 산마즙에 곁들인 요리

■ 복어 샤브샤브 조리

정의	끓는 맛국물에 얇게 썬 복어와 채소 등을 데치고 양념장을 준비하여 조리
냄비요리	나베모노(鍋物 : なべもの) 또는 오나베(お鍋 : おなべ)라고 부르기도 하는데, 재료를 그릇에 옮겨 담지 않고 냄비에 담긴 그대로 제공하는 요리
조리용 냄비 종류와 용도	• 알루미늄 냄비[알루미늄나베(アルミニウム鍋)] 빨리 끓고 빨리 식기 때문에 요리를 빨리할 때 유리 • 토기 냄비[도나베(土鍋 : どなべ)] 열전도율과 보온력이 좋지만 깨질 염려가 있으니 조심히 다뤄야 함 • 달걀말이 냄비[다마고야키나베(卵卷き燒き鍋 : たまごやきなべ)] 사용 후 물로 씻는 것보다 그냥 잘 닦아 얇게 기름을 발라 보관 • 양수냄비[료데나베(兩手鍋 : りょうてなべ)] 냄비의 양쪽에 손잡이가 있으며 다량의 조림요리나 다시 국물 등을 만들 때 이용 • 샤브샤브 냄비(샤브샤브나베 : しゃぶしゃぶなべ) 샤브샤브 전용 냄비

■ 복어 맑은탕 조리

정의		복어, 채소를 맛국물로 맑게 익히고 양념장을 준비하여 조리
다시마의 활용	일번다시 [이치반다시 : (一番出汁 : いちばんだし)]	• 다시마와 가다랑어포(가쓰오부시)만을 이용하여 짧은 시간 안에 맛을 우려내 최고의 맛과 향을 지닌 맛국물 • 고급 국물 요리에 가장 많이 사용됨
	이번다시 [니반다시 : (二番出汁 : にばんだし)]	• 일번다시를 만들고 난 후의 다시마, 가다랑어포를 재활용하여 재료에 남아 있는 감칠맛 성분을 약한 불에서 천천히 우려서 만드는 맛국물 • 여기에 새로운 가다랑어포를 약간 첨가할 수도 있음 • 일번다시보다는 맛과 향이 약하므로 조림이나 된장국 등에 사용

다시마 다시 [곤부다시] (こんぶだし : 昆布出汁)]	• 다시마만을 이용한 맛국물 • 찬물에 담가 천천히 맛을 우려내거나 찬물에 다시마를 넣고 끓어오르기 직전까지 끓여 만듦
맑은탕 양념장	폰즈[(ポン酢 : ポンず) : 감귤류의 과즙] : 식초와 간장을 섞은 초간장으로 지리 냄비나 생선회, 초회 등의 요리에 곁들여 먹는 소스

◢ 복어 초밥 조리

정의		초밥과 복어살(완다네)로 복어 초밥을 조리
조리용어		• 주재료(완다네) • 배합초(샤리스) • 쥔 초밥(니기리즈시)
초밥[寿司] (すし)]용 쌀☆ [米(こめ)]	외관 확인	일정한 크기와 모양을 하고 있고, 단단하며 금이 가거나 깨지지 않은 것
	맛 확인	도정 후 3일 이내의 쌀을 사용하고 7일 이내로 권장(15일이 지나면 주의)
	향 확인	밥을 지은 후 냄새를 확인하여 쌀의 상태를 확인
	질감 확인	햅쌀의 경우 수확한 지 얼마 안 된 경우 쌀의 전분이 아직 완전히 굳지 않아 부적절
초밥용 쌀 씻기 및 밥 짓기☆		• 쌀은 물에 불리면 부서지기 쉬우므로 초밥용 쌀을 씻을 때 너무 강한 힘을 주지 않음 • 항상 5분~10분에서 쌀을 씻고 체에 받쳐 수분이 내부에까지 침투할 시간(봄 45분, 여름 30분, 가을 45분, 겨울 1시간)을 줌 • 밥 짓는 시간은 보통 30~40분으로 15~20분간 밥을 짓고 나머지 시간은 뜸(불을 끄고 5~10분)을 들임 • 강한 불에서 밥이 끓어오른 후 불을 약하게 함
고추냉이☆ [山葵(わさび)]의 특징		• 고추냉이(와사비)는 다년생 초본으로 일본 특산의 십자화과의 식물이며, 1급수가 흐르는 맑은 물과 오염되지 않은 환경에서 자생 • 고추냉이(와사비)는 될 수 있는 한 곱게 갈수록 향신이 강하여 생선과 같이 먹었을 때 비린 맛의 제거는 물론 풍미를 높이는 효과 • 강력한 항균 작용으로 식중독을 예방 • 갈았다면 빠르게 사용(와사비의 매운맛 성분은 발산)

복어 껍질초회 조리

정의		복어껍질에 채소를 곁들여 초간장에 무쳐서 조리
아와세스 (合せ酢 : あわせず)	니바이스(이배초) (二杯酢 : にばいず)	• 주재료 : 청주, 간장, 미림 • 재료 전체를 잘 혼합하여 초회 등에 사용
	삼바이스(삼배초) (三杯酢 : さんばいず)	• 주재료 : 술과 국간장, 설탕 • 재료 전체를 잘 혼합하여 사용하며, 일반적으로 폭넓게 사용
	도사스 (土砂酢 : とさず)	삼바이스에 가쓰오부시, 미림을 넣어 한 번 끓인 다음 식혀서 사용
	아마스 (甘酢 : あまず)	• 주재료 : 청주, 설탕, 미림 • 재료 전체를 잘 혼합하여 사용
모둠초 (合わせ酢 : あわせず)	폰즈☆ (ポン酢 : ぽんず)	등자나무즙과 니다시지루, 간장을 주재료로 하여 부재료를 잘 혼합하여 사용
초회양념☆ (酢の物の薬味 : すのものやくみ)	무즙 만들기	• 무를 강판에 갈아 흐르는 물에 냄새를 제거한 후 고운 고춧가루와 혼합하여 붉은색의 무즙(아카오로시)을 만듦 • 실파를 곱게 흐르는 물에 씻어 물기를 제거
	초간장 만들기	다시마 맛국물과 가쓰오부시로 일번 맛국물을 만들어서, 진간장, 식초, 레몬, 미림, 설탕 등을 넣어 초간장(ポン酢 : ぽんず)을 만듦
	양념 만들기	붉은색의 무즙(아카오로시)과 물기가 제거된 실파를 초간장에 넣어 초회 양념을 만듦

복어 구이 조리

정의		복어 구이 조리란 제독 처리한 복어에 양념을 준비하여 구이요리를 하는 조리
구이의 종류		• 된장구이(미소야끼 : 味噌焼き) • 간장구이(데리야끼 : 照り焼き) • 소금구이(시오야끼 : 塩焼き) • 간장절임구이(유안야끼 : 幽庵焼き) 등
구이 꼬챙이 끼우기 방법	노보리쿠시 (登り串)	• 생선의 모양을 그대로 구이하는 방법 • 작은 도미나 은어 등의 생선에 주로 이용
	히라쿠시 (平串)	• 얇게 포를 떠서 적당한 크기로 잘라 굽는 방법 • 껍질이 있는 재료는 두툼한 중앙에 꽂고, 껍질이 없는 재료는 껍질에 가까운 쪽에 꽂음 • 가장 많이 사용하는 꼬챙이 끼우기 방법

노시쿠시 (のし串)		새우등을 바로 펴고 싶을 때 사용하는 방법
복어 양념장 만들기와 재우기✿		• 간장, 미림, 청주 등의 양념으로 간장구이(데리야끼 : 照り焼き)를 만들어 굽는 것과 소금으로 (시오야끼) 조미하여 굽는 방법 2가지의 기본법 • 이 기본법에 생선이나 고기의 종류에 따라 다른 양념을 더하기도 함 • 생선은 강한 불에 익혀야 맛이 있고, 굽기 전에 양념장을 따로 만들어 고기를 연하게 잔칼질 한 다음 양념장에 재워두어 간이 충분히 배었을 때 굽는 방법도 있고 절반이 익었을 때 간장 구이를 발라 굽는 방법이 있음

복어 죽 조리

정의	맛국물에 밥, 복어살, 채소 등을 넣어 복어죽을 조리
복어 정소 [河豚白子 (ふぐしらこ) 시라코]	• 복어의 정소는 소금으로 씻어 흐르는 물에 담가 실핏줄과 핏물을 제거하고, 한입 크기로 잘라 놓거나, 고운 체에 걸러 놓음 • 복어의 정소는 수컷의 생식 기관으로 고소하고 녹진한 맛이 진해 복어 부위에서도 귀한 식재료로 취급
오카유 [粥(おかゆ)]	• 오카유는 밥알의 형체가 없는 죽으로 장시간 끓이기 때문에 밥에서 나온 전분으로 충분한 농도가 나오므로 달걀을 넣어도 되고 안 넣어도 됨 • 불린 쌀을 사용할 경우 쌀을 반만 갈아서 맛국물을 넉넉히 넣고 끓이고, 밥을 이용할 경우 밥에 물을 넣고 밥알을 국자로 으깨어 가면서 끓임
조우스이 [雑炊(ぞうすい)]	• 복어 조우스이는 밥알의 형체가 있는 죽으로 오래 끓이지 않아서 농도가 묽기 때문에 달걀을 넣어 농도를 냄 • 밥을 씻어 해물이나 채소를 넣어 다시로 끓인 것으로 재료에 따라 채소죽, 전복죽, 굴죽, 버섯 죽, 알죽 등 다양하게 만듦

부록

가장 위대한 영광은 한 번도 실패하지 않음이 아니라
실패할 때마다 다시 일어서는 데 있다.

공자(孔子)

박문각 취밥러 시리즈

조리산업기사 · 기능장 필기

초판인쇄　2025. 2. 10
초판발행　2025. 2. 15

저자와의
협의 하에
인지 생략

발 행 인　박용
출판총괄　김현실, 김세라
개발책임　이성준
편집개발　김태희
마 케 팅　김치환, 최지희, 이혜진, 손정민, 정재윤, 최선희, 윤혜진, 오유진
일러스트　㈜ 유미지

발 행 처　㈜ 박문각출판
출판등록　등록번호 제2019-000137호
주　　소　06654 서울시 서초구 효령로 283 서경B/D 4층
전　　화　(02) 6466-7202
팩　　스　(02) 584-2927
홈페이지　www.pmgbooks.co.kr

ISBN　　979-11-7262-437-8
정가　　　30,000원

MEMO